煤矿井下安全避险“六大系统”建设指南

编委会主任　赵铁锤

编委会副主任　王树鹤　彭建勋

主　编　孙继平

副主编　杨大明　张志钰

煤炭工业出版社

·北　京·

《煤矿井下安全避险“六大系统”建设指南》
编 审 委 员 会

前　　言

党中央、国务院历来高度重视煤矿安全生产，相继采取一系列重大举措加强煤矿安全生产工作并取得了明显成效。特别是2008年以来，针对影响煤矿安全的一些深层次矛盾尚未得到根本解决、重特大事故时有发生等问题，温家宝总理、张德江副总理等党和国家领导同志先后多次作出重要批示，强调要借鉴国外煤矿安全管理先进经验，提高煤矿安全生产水平。遵照党中央、国务院领导同志的重要批示精神，国家安全监管总局、国家煤矿安监局成立了学习南非经验专题工作组，多次召开会议进行研究部署，采取有力措施积极探索实践，特别是组织赴南非等国家考察学习矿山安全生产经验、开展煤矿井下安全防护体系与技术装备研究，并应用研究成果进行煤矿井下紧急避险设施建设试点。在此学习借鉴国外先进经验的基础上，结合我国矿山事故成功救援经验的总结，提出健全完善煤矿井下安全避险“六大系统”的总体思路，得到了国务院的充分肯定。2010年7月出台的《国务院关于进一步加强企业安全生产工作的通知》（国发〔2010〕23号，以下简称国务院《通知》）明确要求煤矿、非煤矿山要制定和实施生产技术装备标准，安装监测监控系统、井下人员定位系统、紧急避险系统、压风自救系统、供水施救系统和通信联络系统等安全避险“六大系统”，并于三年内完成。

建设完善煤矿井下安全避险“六大系统”，构建起了有效实施以事前灾害预防为主的“防灾”，以事中人员自救、逃生、避险为主的“避灾”和以事后应急救援为主的“减灾”全过程的安全保障体系；建设完善监测监控、井下人员定位、压风自救、供水施救、通信联络和紧急避险系统，实现了井下人员自救、逃生、避险等整体功能，与灾害事故预防和事故应急救援共同构成防范事故发生、减少人员伤亡、降低事故危害的有机整体。煤矿井下安全避险“六大系统”作为有效保护广大矿工根本利益的“生命工程”，体现了以人为本、执政为民的理念，体现了预防为主、综合治理的工作要求，是贯彻落实中央关于进一步加强新形势下安全生产工作的一系列决策部署的重要举措，是推进我国安全生产状况持续稳定好转的有效载体，是提升煤矿安全保障能力的重大理论和实践创新，必将为促进我国煤炭工业科学发展、安全发展发挥重要的作用，产生重大而深远的影响。

按照国务院《通知》提出在三年内完成矿山井下安全避险“六大系统”建设完善工作的总体要求，各地、各有关单位、各企业积极行动，建立机构、加强领导，明确责任、落实措施，推动了煤矿“六大系统”建设工作的全面启动。然而，由于“六大系统”涉及很多新理念、新思路、新技术、新装备和新要求，一些地方和企业对建设完善“六大系统”的重要性认识还不到位，对如何执行国家关于“六大系统”建设的规定理解上有偏差，对如何管理好、维护好和使用好“六大系统”缺乏经验。根据许多煤矿企业的意见和建议，为指导各地“六大系统”建设工作，国家安全监管总局、国家煤矿安监局组织相关企业、院校、研究机构、设计单位的学者、专家、管理人员和技术人员编写了这本《煤矿井下安全避险“六大系统”建设指南》（以下简称《指南》）。

《指南》阐释了“六大系统”各大系统之间的相互联系和各自的作用，以及六大系统有机整体的安全保障作用；介绍了各系统的功能、构成、设备设施、维护注意事项，以及设计和建设完善各系统应遵循的原则、技术要求和技术标准。尤其是注重对《煤矿井下紧急避险系统建设暂行规定》、《煤矿井下安全避险“六大系统”建设完善基本规范（试行)》和《煤矿可移动硬体救生舱通用技术条件（征求意见稿)》等规定标准的诠释，以帮助读者更好地理解和掌握规定标准的精神实质。为充分发挥典型引路的带动作用，书中还列举了一些示范案例，并对案例的特点和有可能存在的问题进行了分析，以供各相关地区、部门、企业和广大读者学习借鉴。

《指南》凝结了许多积极探索、大胆创新的煤炭企业及研究院所等单位和相关人员所积累的经验。它的编写出版得到了中国矿业大学（北京)、国家矿用产品安全标志中心、山西潞安矿业集团、煤炭信息研究院、煤炭工业出版社、煤炭科学研究总院、北京科技大学、中煤国际工程集团北京华宇工程有限公司、中煤科工集团重庆研究院、煤炭科学研究总院沈阳研究院、北京中煤矿山工程有限公司、新疆科源矿业设计研究院有限责任公司、长春金鹰智谷科技集团有限公司、中煤平朔煤业有限责任公司、中煤综合利用公司、山西省煤炭工业厅、中国平煤神马集团、兖矿集团、潞安职业技术学院等单位的大力支持。尤其是孙继平（主编第二篇、第三篇、第七篇)、杨大明（主编第一篇、第四篇)、张志钰和潞安矿业集团的相关同志（编写第五篇、第六篇、第八篇)，为完成《指南》的编写工作倾注了大量的心血。在此，向在《指南》编写出版工作中作出贡献的各有关单位和专家学者表示衷心的感谢！

鉴于建设完善煤矿井下安全避险“六大系统”是近年来安全生产的一项实践应用创新，其理论及其配套的规章制度仍在不断健全完善之中，各地成功的经验也需进一步深入总结提升，同时，由于本《指南》编写时间紧、任务重，又是首次组织编写，难免会有疏漏，敬请广大读者见谅并提出宝贵意见。

《煤矿井下安全避险“六大系统”建设指南》
编审委员会

二〇一二年二月二日·北京

目　　录

第1篇　绪　　言

第2篇　煤矿安全监测监控系统

第 3 篇 井下人员定位系统

第 4 篇　紧急避险系统

第5篇 压风自救系统

第6篇　供水施救系统

第7篇　通信联络系统

第 8 篇 常村煤矿井下安全避险"六大系统"实例

第1篇　绪　　言

安全生产是煤矿永恒的主题。在党和政府的正确领导下，经过不懈努力，我国煤矿在产量快速增长的同时保持了安全生产总体稳定、逐步好转的态势。2002—2010年，全国煤炭产量增长123.37%，煤矿事故死亡人数、百万吨死亡率则分别下降65.22%和85.0%。但煤矿事故总量仍然过大，与发达国家的差距明显。为进一步提高煤矿安全保障程度，坚决遏制煤矿重特大事故，《国务院关于进一步加强企业安全生产工作的通知》（国发〔2010〕23号）明确要求煤矿企业在三年内建设完善监测监控、人员定位、紧急避险、压风自救、供水施救、通讯联络等井下安全避险“六大系统”（以下简称“六大系统”）。国家安全监管总局、国家煤矿安监局先后下发多个文件、采取多种措施，规范和有力推进“六大系统”建设。“六大系统”建设完善工作，必将创造煤矿安全生产新的工作格局，推动煤矿安全保障能力上一个新台阶，有力促进煤矿安全生产形势的持续稳定好转。

1 建设完善“六大系统”的作用与意义

建设完善井下“六大系统”，既是大力提升煤矿安全保障能力的“固安工程”，又是广泛惠及煤矿职工的“民生工程”，对煤矿安全生产具有重大作用和深远意义。

1. 建设完善“六大系统”是落实科学发展观、坚持以人为本的客观要求

煤矿安全事关安全生产工作全局，事关经济社会发展大局，事关广大煤矿职工最关心、最直接、最现实的切身利益，有效防范和坚决遏制煤矿重特大事故，是贯彻“以人为本”的科学发展观的具体体现，是构建社会主义和谐社会的必然要求。

煤矿安全生产必须坚持“安全第一、预防为主、综合治理”的方针。一方面，要立足关口前移，把工作重心放在超前防范上，努力减少灾害事故的发生，特别要坚决遏制重特大事故的发生；另一方面，要提高抗灾减灾能力，万一发生灾害事故时尽量降低事故危害程度，保障遇险矿工的生命安全，减少事故损失。建设完善“六大系统”，既是防范灾害事故发生的需要，也是降低事故危害程度、减少人员伤亡，为应急救援创造条件的要求，是有效保护广大矿工根本利益的“生命工程”，体现了党的以人为本、执政为民的崇高理念，体现了预防为主、综合治理的工作要求，是贯彻落实中央关于进一步加强新形势下安全生产工作的一系列决策部署的必然要求，是推进我国安全生产状况持续稳定好转的重要载体和提升煤矿安全保障能力的实践创新，必将有力促进我国煤炭工业实现安全发展和可持续发展。

2. 建设完善“六大系统”是安全生产理论的重大创新

建设完善“六大系统”，创造性地提出了安全避险的科学理念；把以预防为主、超前防范的“防灾”和以安全逃生、避险、自救为主的“避灾”，以及以紧急救援为主的“减灾”放在同等重要的地位，着力构建了以事前灾害预防为主的“防灾”，以事中人员自

救、逃生、避险为主的“避灾”和以事后应急救援为主的“减灾”全过程的安全保障体系；明晰了在立足生产过程事故防范的前提下，在突发紧急情况下保证人员安全逃生，在逃生路径被阻和逃生不能的情况下保证人员安全避险及应急救援成功的安全生产整体工作内容；进一步丰富了安全生产的内涵，是安全生产的重大理论创新，将对安全生产工作产生重大而深远的影响，从而载入我国安全生产事业的发展史册。

建设完善监测监控、人员定位、压风自救、供水施救、通信联络和紧急避险系统，实现井下人员自救、逃生、避灾等整体功能，与灾害事故预防和事故应急救援共同构成防范事故发生、减少人员伤亡、降低事故危害的有机整体，是系统工程的理论和方法在安全生产领域的创新性应用和发展。

3. 建设完善“六大系统”是灾害事故安全避险和紧急救援的客观要求，对我国煤矿安全生产具有特别重要的意义

国内外矿山井下安全避险系统是在对灾害事故案例的深入剖析总结中不断发展和完善的。加拿大1928年Hollinger矿火灾（39人死亡）后，就出现初期避险设施，利用压缩空气通过面罩提供O_2；后来出现有害气体处理系统，处理空气中的CO和CO_2；20世纪80年代后，在金属矿山得到广泛应用，目前法律强制井下必须建立紧急避险设施。南非20世纪70年代出现井下紧急避险设施；1986年Kinross金矿矿难（177人死亡）后，法律强制井工矿山必须建立紧急避险系统。2006年1月2日，美国西弗吉尼亚萨戈煤矿发生矿难，造成12人死亡、1人重伤。这起事故的发生在美国各界造成巨大震动，修改后的《矿工法》要求煤矿井下必须建设紧急避险设施，并要求美国职业安全健康研究院（NOISH）立即开展相关技术研究，美国矿山安全健康监察局（MSHA）根据NOISH的研究结果和建议开展相关标准的建设工作。西弗吉尼亚州政府率先对井下紧急避险设施实施州政府许可。

国内外安全生产发展历史也证明：建立完善“六大系统”对提高遇险人员的生存几率十分重要。美国矿山安全健康监察局（MSHA）分析了1900—2006年的煤矿井下事故，发现264名矿工在事故发生后依然幸存，但最终在逃生和等待救援中丧生。针对类似情况下的矿工安全，MSHA认为，通过实施新的MSHA标准可挽救其中43名矿工的生命，余下221名应通过建立紧急避险系统为其提供生命保障。MSHA估计，如果使用救生舱等避险设施，可使井下发生事故后矿工生命挽救率提高25%～75%。

有关专家对国外36起典型事故进行分析发现：发生在工作面的爆炸事故，工作面区域人员绝大部分立即死亡；发生在工作面以外的爆炸事故，工作面区域的人员死亡绝大部分发生在逃生途中；火灾和窒息事故的人员死亡主要发生在人员逃生或逃生受阻的过程中。建设完善“六大系统”，对保证遇险逃生及逃生受阻人员的生命安全必不可少且十分重要。

我国现有煤矿14000余处，以小型煤矿为主，整体水平参差不齐，自然灾害严重，是世界各主要产煤国家中开采条件最复杂的。近年来，经过各方的共同努力，安全生产取得重大成效，但形势仍然十分严峻。2010年，仍然发生各类事故1403起，死亡2433人，其中一次死亡30人以上特别重大事故6起，死亡233人。中、东部矿井由于工作面向深部延伸，面临高地压、高温、高瓦斯等灾害的威胁更大；煤炭生产逐步向西部转移和资源整合工作的全面展开，面临新的制约因素，隐蔽灾害的威胁也愈加严重，我国煤矿安全生

产会面临更大挑战。据统计，我国煤与瓦斯突出矿井和高瓦斯矿井分别占煤矿总数的7%和16%。国有重点煤矿中，地质构造复杂或极其复杂的占36%，简单的只占23%。大中型煤矿中，平均开采深度达到456 m，最深达1365 m；水文地质条件属于复杂或极复杂类型的占25.04%，受水害威胁的矿井煤炭储量达到250亿t，其中华北地区受底板承压水威胁的煤炭储量达到150亿t；大部分生产矿井采掘工作面气温超过《煤矿安全规程》规定的26 ℃，其中130对矿井超过30 ℃，最高达到40 ℃；预计“十二五”末，大部分矿井将进入二级热害区（围岩温度超过37 ℃）。煤矿建设项目数量多、分布广，也给安全生产带来新的挑战。据统计，全国纳入整合技改的5428处煤矿中，正在施工和即将进入施工阶段的多达4400余处，占到80%以上。建设完善“六大系统”，努力减少灾害事故造成的人员伤亡，坚决遏制重特大事故发生，对我国煤矿安全生产具有特别重要的意义。

4. 建设完善“六大系统”是国内外矿山事故成功救援所验证的有效措施

大量国内外矿山事故成功救援实例，证明了安全避险系统的有效性和重大作用。

1）澳大利亚

2005年，坎博尔达的Leviathan金矿因遥控装运机火灾，9人被困，躲避至紧急避险设施后成功获救。

2006年，1000 m深井发生矿难，2名矿工被困13天后获救。原因是他们在紧急避险设施内得到了维持生命的必需品。

2007年10月，巴瑞克矿区的Kanowna Belle金矿发生井下车辆火灾，54人被困，躲入紧急避险设施后全部成功获救。

2009年6月，必和必拓公司在澳西部的帕赛佛伦斯镍矿发生冒顶事故，1人被困，躲入硬体避难舱16 h后成功获救。

2）加拿大

1990年10月6日，位于北马尼托巴湖的Rutta矿，井下皮带走廊着火，火区有38名工人。由于井下设置了避难硐室，救护队在4.5 h内把遇险人员全部安全救出。

1990年，Ontario铜矿，机车着火，当班工人及时进入井下避难硐室，后被救护队员安全救出。

2006年1月29日，萨斯喀彻温省一座盐矿发生大火，72名矿工被困，矿工成功躲进避难硐室内，经26 h的营救全部获救。

3）南非

2003年，一特大金矿发生停电事故，井下3400多人，结果只死亡9人，有280人是救护队从井下各个避难硐室内救出。

2004年，一特大金矿发生火灾事故，2600人返回地面后发现有52人失踪，2天后在井下避难硐室和救生舱里找到，全部安然无恙。

2007年10月4日，位于约翰内斯堡以西110 km的埃兰兹兰金矿，因一根断裂坠落的钢管砸坏提升系统的电力供应，3200余名矿工被困井下2200 m深处，经过30多小时的救援，全部安全脱险。

4）智利

智利时间2010年10月13日晚21时55分，圣何塞铜矿最后一名受困矿工路易斯·乌尔苏亚安全升井，33名矿工被困井下69天后全部获救。

5）中国

20 世纪 80 年代，江西丰城建新矿发生煤与瓦斯突出事故，36 人利用压风自救装置成功获救。

2007 年，辽宁抚顺老虎台矿发生煤与瓦斯突出事故，16 人利用压风自救装置成功获救。

2007 年 7 月 29 日，河南陕县支建煤矿发生水灾，69 人被困，畅通的井下电话成为希望热线，压风管道成为生命线，经过 75 个多小时的紧急营救全部安全脱险。

2008 年 8 月 1 日，河南平禹煤电公司发生煤与瓦斯突出事故，2 名矿工及时躲进 20 m 外的避难硐室成功获救。

2010 年 3 月 28 日，山西王家岭矿难，115 名矿工被困近 9 天后获救。

2 “六大系统”的基本构成与功能定位

煤矿井下安全避险系统是在井下发生突发紧急情况时，为遇险人员安全避险提供支持和生命保障的设备、设施、措施组成的有机整体，具体由“六大系统”组成，即监测监控系统、人员定位系统、紧急避险系统、压风自救系统、供水施救系统和通信联络系统，如图1-1-1所示。“六大系统”是一个有机整体，各系统相辅相成、缺一不可。

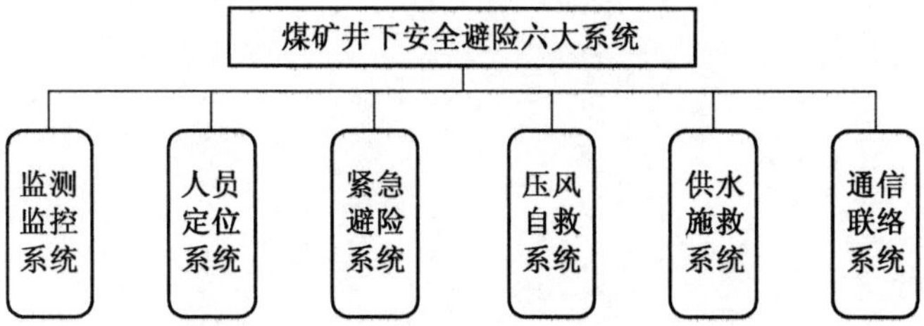

图1-1-1 “六大系统”的基本构成

“六大系统”的整体功能定位，是当井下突发紧急情况时为遇险矿工安全逃生提供支撑支持，在逃生受阻和逃生不能的情况下为遇险矿工提供安全的避险空间和生命保障，并为应急救援赢得时间、创造条件。

监测监控、人员定位、通信联络、供水施救和压风自救系统又是煤矿安全系统、生产系统的重要组成部分，各系统应有各自明确的功能定位：

（1）监测监控系统。对煤矿井下CH_4、CO、温度、风速、风机开停等实施动态监控；紧急情况下及时断电撤人，指导人员安全逃生；为煤矿安全管理和应急救援提供决策、调度、指挥的依据。

（2）人员定位系统。对入井人员实施动态管理；准确掌握各个区域作业人员的分布情况；为加强人员安全管理、人员安全避险、应急救援和应急指挥创造条件。

（3）紧急避险系统。在井下发生突发紧急情况时，在逃生路径被阻和逃生不能的情况下，为无法及时撤离的遇险人员提供一个安全的密闭空间，对外能够抵御高温烟气，隔绝有毒有害气体；对内能为遇险人员提供氧气、食物、水，去除有毒有害气体，创造人员生存的基本条件；为应急救援创造条件，赢得时间。

（4）压风自救系统。满足井下生产需求；在井下突发紧急情况时为遇险人员供应充足的氧气，为逃生、避险创造支撑条件。

（5）供水施救系统。满足井下生产和灾害防治需求；在突发紧急情况时为遇险人员提供清洁水源或必要的营养液。

（6）通信联络系统。保证井上下和各个作业地点通信畅通；为人员安全逃生、安全避险提供快速准确的信息服务；为防灾抗灾、应急救援快速反应和应急指挥创造条件。

“六大系统”应建立有机联系，形成有机整体。监测监控系统应对救生舱外、避难硐室内外的 CH_4、CO 等环境参数进行实时监测；人员定位系统应实时监测人员分布，并对进、出紧急避险设施的人员进行实时监测；压风自救系统应在采区避灾路线上敷设有压风管路，压风管路要接入紧急避险设施，并保证足够的风量风压供应；供水施救系统应在采区避灾路线上敷设供水管路，供水管路要接入紧急避险设施，并保证足够的水量水压供应；通信联络系统应设置有线调度电话系统，并设置应急广播和无线通信系统并互联互通，紧急避险设施内应设有直通矿井调度室的电话。

3 “六大系统”建设的基本要求

《国务院关于进一步加强企业安全生产工作的通知》（国发〔2010〕23 号）对井下“六大系统”建设做出了明确要求。《国家安全监管总局 国家煤矿安监局关于建设完善煤矿井下安全避险“六大系统”的通知》（安监总煤装〔2010〕146 号）对“六大系统”建设的目标、任务、时限、要求作了全面部署。《煤矿井下紧急避险系统建设管理暂行规定》（安监总煤装〔2011〕15 号）对紧急避险系统设计、建设、维护、管理、培训与应急演练等作了具体规定。《煤矿井下安全避险“六大系统”建设完善基本规范（试行）》（安监总煤装〔2011〕33 号）对“六大系统”建设、验收等提出了具体要求。这些规定规范是“六大系统”建设完善工作的重要指导性文件。

1. 总体要求

建设完善“六大系统”，要坚持与矿井安全实际需要相结合，从实际出发，坚持科学合理、安全可靠、因地制宜、简单实用的原则；要坚持与安全质量标准化建设等工作相结合，坚持面向煤矿生产一线，重点是建设完善好采掘工作面的“六大系统”；要坚持与矿井安全生产技术条件、灾害防治及井下应急救援实际相结合，统筹考虑、合理规划，优先选择先进适用技术装备，切实提高矿井的安全保障能力。

“六大系统”是一个有机整体，要注重“六大系统”之间的有机衔接，确保有效运转并发挥整体效能；要建立完善规章制度，健全管理机构，明确工作职责，落实工作责任，对“六大系统”实施动态管理；要健全和不断完善应急预案，科学确定避灾路线，加强人员培训和联合应急演练，确保培训到位，力求实现系统可靠、设施完善、管理到位、运转有效。

2. 基本要求

1）监测监控系统

（1）必须按照《煤矿安全监控系统及检测仪器使用管理规范》（AQ 1029—2007）的要求，建设完善监测监控系统，实现对煤矿井下甲烷和一氧化碳的浓度、温度、风速等的动态监控，为煤矿安全管理提供决策依据。

（2）煤矿安装的监测监控系统必须符合《煤矿安全监控系统通用技术要求》（AQ 6201—2006）的规定，并取得煤矿矿用产品安全标志。监测监控系统各配套设备应与安全标志证书中所列产品一致。

（3）甲烷、馈电、设备开停、风压、风速、一氧化碳、烟雾、温度、风门、风筒等传感器的安装数量、地点和位置必须符合《煤矿安全监控系统及检测仪器使用管理规范》（AQ 1029—2007）要求。监测监控系统地面中心站要装备 2 套主机，1 套使用、1 套备用，确保系统 24 h 不间断运行。

（4）应按规定对传感器定期调校，保证监测数据准确可靠；及时升级、拓展系统功能和监控范围，确保设备性能完好，系统灵敏可靠。

(5) 要健全完善规章制度和事故应急预案，明确值班、带班人员责任；矿井监测监控系统中心站实行 24 h 值班制度，值班人员应在矿井调度室或地面中心站，以确保及时做好应急处置工作；当系统发出报警、断电、馈电异常信息时，能够迅速采取断电、撤人、停工等应急处置措施，并保持闭锁状态，充分发挥其安全避险的预警作用。

(6) 监测监控系统应能对紧急避险设施内外的甲烷和一氧化碳浓度等环境参数进行实时监测。

(7) 2010 年底前，全国所有煤矿要完成监测监控系统的建设完善工作。

2) 人员定位系统

(1) 必须按照《煤矿井下作业人员管理系统使用与管理规范》(AQ 1048—2007) 的要求，建设完善井下人员定位系统。应优先选择技术先进、性能稳定、定位精度高的产品，并做好系统维护和升级改造工作，保障系统安全可靠运行。

(2) 安装井下人员定位系统时，应按规定设置井下分站和基站，确保准确掌握井下人员动态分布情况和采掘工作面人员数量。矿井人员定位系统必须满足《煤矿井下作业人员管理系统通用技术条件》(AQ 6210—2007) 的要求，并取得煤矿矿用产品安全标志。定位分站、基站等相关设备应符合相应的标准。

(3) 所有入井人员必须携带识别卡 (或具备定位功能的无线通讯设备)，确保能够实时掌握井下各个作业区域人员的动态分布及变化情况。

(4) 矿井各个人员出入井口、重点区域出入口、限制区域等地点均应设置分站，并能满足监测携卡人员出入井、出入重点区域、出入限制区域的要求；巷道分支处应设置分站，并能满足监测携卡人员出入方向的要求。

(5) 煤矿紧急避险设施入口和出口应分别设置人员定位系统分站，对出、入紧急避险设施的人员进行实时监测。

(6) 要进一步建立健全管理制度，矿井调度室应设人员定位系统地面中心站，配备显示设备，执行 24 h 值班制度。

3) 紧急避险系统

(1) 必须按照《煤矿安全规程》、《煤矿井下紧急避险系统建设管理暂行规定》(安监总煤装〔2011〕15 号) 和《国家安全监管总局国家煤矿安监局关于煤矿井下紧急避险系统建设管理有关事项的通知》(安监总煤装〔2012〕15 号)，建设完善紧急避险系统。

(2) 紧急避险系统应与监测监控、人员定位、压风自救、供水施救、通信联络等系统相互连接，在紧急避险系统安全防护功能基础上，依靠其他避险系统的支持，提升紧急避险系统的安全防护能力。

(3) 紧急避险设施应具备安全防护、氧气供给保障、有害气体去除、环境监测、通讯、照明、动力供应、人员生存保障等基本功能，在无任何外界支持的条件下额定防护时间不低于 96 h。

(4) 紧急避险设施的容量应满足服务区域所有人员紧急避险需要，包括生产人员、管理人员及可能出现的其他临时人员，并按规定留有一定的备用系数。

(5) 紧急避险设施的设置要与矿井避灾路线相结合，紧急避险设施应有清晰、醒目的标识。

(6) 紧急避险系统应随井下采掘系统的变化及时调整和补充完善，包括紧急避险设施、配套系统、避灾路线和应急预案等。

（7）紧急避险设施的配套设备应符合相关标准的规定，纳入安全标志管理的应取得煤矿矿用产品安全标志。可移动式救生舱应符合相关规定，并取得煤矿矿用产品安全标志。

（8）2012年6月底前，所有煤（岩）与瓦斯（二氧化碳）突出矿井，中央企业和国有重点煤矿中的高瓦斯、开采容易自燃煤层的矿井，要完成紧急避险系统的建设完善工作；2013年6月底前，其他所有煤矿要完成紧急避险系统的建设完善工作。

4）压风自救系统

井下压风管路要采取保护措施，防止灾变破坏。突出矿井的采掘工作面要按照《防治煤与瓦斯突出规定》（国家安全监管总局令第19号）要求设置压风自救装置。其他矿井掘进工作面要安设压风管路，并设置供气阀门。

（1）在按照《煤矿安全规程》要求建立压风系统的基础上，必须满足在灾变期间能够向所有采掘作业地点提供压风供气的要求，进一步建设完善压风自救系统。

（2）空气压缩机应设置在地面。对深部多水平开采的矿井，空气压缩机安装在地面难以保证对井下作业点有效供风时，可在其供风水平以上2个水平的进风井井底车场安全可靠的位置安装，并取得煤矿矿用产品安全标志，但不得选用滑片式空气压缩机。

（3）压风自救系统的管路规格应按矿井需风量、供风距离、阻力损失等参数计算确定，但主管路直径不小于100 mm，采掘工作面管路直径不小于50 mm。

（4）所有矿井采区避灾路线上均应敷设压风管路，并设置供气阀门，间隔不大于200 m。有条件的矿井可设置压风自救装置。水文地质条件复杂和极复杂的矿井应在各水平、采区和上山巷道最高处敷设压风管路，并设置供气阀门。

（5）压风管路应敷设牢固平直，采取保护措施，防止灾变破坏。进入避难硐室和救生舱前20 m的管路应采取保护措施（如在底板埋管或采用高压软管等）。主送气管路应装集水放水器，在供气管路与自救装置连接处，要加装开关和汽水分离器。压风自救系统阀门应安装齐全，阀门扳手要在同一方向，以保证系统正常使用。

（6）煤与瓦斯突出矿井要按照《防治煤与瓦斯突出规定》（国家安全监管总局令第19号），在距采掘工作面25～40 m的巷道内、爆破地点、撤离人员与警戒人员所在的位置以及回风巷有人作业处等地点至少设置一组压风自救装置；在长距离的掘进巷道中，应根据实际情况增加压风自救装置的设置组数。每组压风自救装置应可供5～8人使用。其他矿井掘进工作面应敷压风管路，并设置供气阀门。

（7）压风自救装置应符合《矿井压风自救装置技术条件》（MT 390—1995）的要求，并取得煤矿矿用产品安全标志。应具有减压、节流、消噪声、过滤和开关等功能，零部件的连接应牢固、可靠，不得存在无风、漏风或自救袋破损长度超过5 mm的现象。应操作简单、快捷、可靠；避灾人员在使用压风自救装置时，应感到舒适、无刺痛和压迫感。在压风管道供气压力为0.3 MPa时，压风自救装置的供气量应在100～150 L/min分钟范围内，工作时的噪声应小于85 dB。

（8）压风自救装置安装在采掘工作面巷道内的压缩空气管道上，设置在宽敞、支护良好、水沟盖板齐全、没有杂物堆的人行道侧，人行道宽度应保持在0.5 m以上，管路敷设高度应便于现场人员自救应用。

（9）压风管路应接入避难硐室和救生舱，并设置供气阀门，接入的矿井压风管路应设减压、消音、过滤装置和控制阀，压风出口压力在0.1～0.3 MPa之间，供风量不低于0.3 m^3/min·人，连续噪声不大于70 dB。

（10）2010年底前，全国所有煤矿要完成压风自救系统的建设完善工作。

5）供水施救系统

（1）煤矿企业必须结合自身安全避险的需求，在按照《煤矿安全规程》规定建设完善防尘供水系统的基础上，建设完善供水施救系统。

（2）供水水源应引自消防水池或专用水池。有井下水源的，井下水源应与地面供水管网形成系统。地面水池应采取防冻和防护措施。

（3）除按照《煤矿安全规程》要求设置三通及阀门外，还要在所有采掘工作面和其他人员较集中的地点设置供水阀门，保证各采掘作业地点在灾变期间能够实现提供应急供水的要求。所有矿井采区避灾路线上应敷设供水管路，压风自救装置处和供压气阀门附近应安装供水阀门。

（4）矿井供水管路应接入紧急避险设施，并设置供水阀，水量和水压应满足额定数量人员避险时的需要，接入避难硐室和救生舱前的20 m供水管路要采取保护措施。

（5）供水施救系统应能在紧急情况下为避险人员供水、输送营养液提供条件。

（6）要加强供水管路维护，不得出现跑、冒、滴、漏现象，保证阀门开关灵活。

6）通信联络系统

（1）根据矿井安全避险具体需求，依据《煤矿安全规程》的规定，并按照在灾变期间能够及时通知人员撤离和实现与避险人员通话的要求，进一步建设完善井下通信联络系统。

（2）煤矿应安装有线调度电话系统。井下电话机应使用本质安全型。积极推广应急广播系统和无线通信系统，安装的无线通信系统应与调度电话互联互通。

（3）在矿井主副井绞车房、井底车场、运输调度室、采区变电所、水泵房等主要机电设备硐室以及采掘工作面和采区、水平最高点，应安设电话。紧急避险设施内、井下主要水泵房、井下中央变电所和突出煤层采掘工作面、爆破时撤离人员集中地点等地方，必须设有直通矿井调度室的电话。

（4）距掘进工作面30～50 m范围内，应安设电话；距采煤工作面两端10～20 m范围内，应分别安设电话；采掘工作面的巷道长度大于1000 m时，在巷道中部应安设电话。

（5）机房及入井通信电缆的入井口处应具有防雷接地装置及设施。

（6）井下基站、基站电源、电话、广播音箱应设置在便于观察、调试、检验和围岩稳定、支护良好、无淋水、无杂物的地点。

（7）煤矿井下通信联络系统的配套设备应符合相关标准规定，纳入安全标志管理的应取得煤矿矿用产品安全标志。

（8）2010年底前，全国所有煤矿要完成通信联络系统的建设完善工作。

3. 管理要求

要建立安全避险"六大系统"的管理制度。要加强安全避险"六大系统"的日常管理，整理完善各系统图纸等基础资料，并根据井下采掘系统变化情况，及时补充建设完善安全避险"六大系统"。要定期对各系统完好情况进行检查，加强系统维护，保证系统灵敏可靠。要建立应急演练制度，科学确定避灾路线，编制应急预案，每年开展一次安全避险“六大系统”的联合应急演练。要赋予企业生产现场带班人员、班组长和调度人员在遇到险情时第一时间下达停产撤人命令的直接决策权和指挥权；加强入井人员培训，使其熟悉各种灾害情况的避灾路线，并能正确使用安全避险设施，充分发挥其作用。

4. 监管监察要求

各地煤矿安全监管、煤炭行业管理部门要加强日常监管，强化监督检查，推动各煤矿企业按照规划和方案加快建设进度。驻各地煤矿安全监察机构要把安全避险“六大系统”的建设纳入监察工作重点，依照相关法律法规标准，严格监察执法，严厉处罚违法违规行为，对不能按期完成建设要求的，依法暂扣安全生产许可证。要结合安全生产许可证的颁发管理，督促基建、整合技改矿井在投入生产前完成安全避险“六大系统”建设。各地要由省级煤矿安全监管部门牵头，会同省级煤炭行业管理部门和驻地煤矿安全监察机构，每半年开展一次安全避险“六大系统”建设进展情况的检查，并将进展情况及时报国家煤矿安监局。

第 2 篇　煤矿安全监测监控系统

1 系统的作用与功能

1.1 引言

煤矿安全监控系统用来监测甲烷浓度、一氧化碳浓度、二氧化碳浓度、氧气浓度、风速、风压、温度、烟雾、馈电状态、风门状态、风筒状态、局部通风机开停、主要通风机开停等，并实现甲烷超限声光报警、断电和甲烷风电闭锁控制等。煤矿安全监控系统是瓦斯、火、冲击地压、煤尘等重特大事故防治的有效措施之一，在煤矿安全生产中发挥着重要作用。《国务院关于进一步加强企业安全生产工作的通知》（国发〔2010〕23 号）要求“煤矿和非煤矿山要制定和实施生产技术装备标准，安装监测监控系统、井下人员定位系统、紧急避险系统、压风自救系统、供水施救系统和通信联络系统等技术装备，并于 3 年之内完成”。《国家安全生产监督管理总局国家煤矿安全监察局关于建设完善煤矿井下安全避险“六大系统”的通知》要求建设完善矿井监测监控系统，“充分发挥其安全避险的预警作用。2010 年底前，全国所有煤矿要完成监测监控系统的建设完善工作”。

煤矿井下是一个特殊的工作环境，有易燃易爆可燃性气体和腐蚀性气体，潮湿、淋水、矿尘大、电网电压波动大、电磁干扰严重、空间狭小、监控距离远。因此，矿井监控系统同一般工业监控系统相比具有如下特点：①电气防爆；②传输距离远；③网络结构宜采用树形结构；④监控对象变化缓慢；⑤电网电压波动大，电磁干扰严重；⑥工作环境恶劣；⑦传感器（或执行机构）宜采用远程供电；⑧不宜采用中继器。因此，直接用一般工业监控的理论和技术解决矿井监控的问题是行不通的。不是不符合电气防爆要求，就是传输距离太近，或网络结构不适合用于矿井监控系统，或不能进行总线供电，或节点容量太小等等。因此，有必要研究适合矿井监控系统的理论和技术。

1.2 系统的作用

1. 瓦斯及通风监控

监测甲烷浓度、风速、风压、馈电状态、风门状态、风筒状态、局部通风机开停、主通风机开停等。当瓦斯超限或局部通风机停止运行或掘进巷道停风时，煤矿安全监控系统自动切断相关区域的电源并闭锁同时报警。其作用有：①避免或减少由于电气设备失爆、违章作业、电气设备故障电火花或危险温度引起瓦斯爆炸；②避免或减少采、掘、运等设备运行产生的摩擦撞击火花及危险温度等引起瓦斯爆炸；③提醒领导、生产调度等及时将人员撤至安全处；④提醒领导、生产调度等及时处理事故隐患，防止瓦斯爆炸等事故发生。

2. 瓦斯抽采（放）系统监控

①监测抽采（放）管路中甲烷浓度、流量、压力、温度、一氧化碳浓度、阀门开度等管道参数；②监测瓦斯抽采（放）泵站室内甲烷浓度、井下临时抽采（放）瓦斯泵站

下风侧栅栏外甲烷浓度等环境参数；③监测电机温度、抽采（放）泵真空度、抽采（放）泵轴温等设备参数；④监测水量、水压、冷却水池水温、水位等供水参数；⑤监测电流、电压、功率因数等供电参数；⑥监测供气管道正压、温度、甲烷浓度、流量、供气阀开度等供气参数；⑦监测罐高、罐压、罐内甲烷浓度、密封水位、密封水温等储气罐参数；⑧监测瓦斯抽采（放）泵状态、阀门状态、供水状态等；⑨监测瓦斯抽采（放）混合量和纯瓦斯量等；⑩控制瓦斯抽采（放）泵、阀门等。

3. 火灾监控

监测一氧化碳浓度、二氧化碳浓度、氧气浓度、温度、压差、烟雾等，控制风门、风窗实现均压灭火，控制制氮和注氮等。

4. 瓦斯突出预警

监测煤岩体声发射、瓦斯涌出量等，结合瓦斯地质信息等，实现煤与瓦斯突出预警。

5. 矿山压力监测与预警

监测声发射、液压支架和单体液压支柱工作阻力及下缩量、巷道顶底板位移、顶板离层位移、锚杆拉力、钻孔应力等，预警冲击地压、顶板大面积来压等。

6. 煤矿安全监控系统在应急救援和事故调查中的作用

当煤矿井下发生瓦斯（煤尘）爆炸等事故后，系统的监测记录是确定事故时间、爆源、火源等重要依据之一。

1.3 现存问题

煤矿应按照《煤矿安全规程》和《AQ 1029—2007 煤矿安全监控系统及检测仪器使用管理规范》安装、使用、维护和管理系统。

但部分煤矿传感器装备数量和地点不满足上述规程和标准的要求，更没有按照规程和标准调校和维护，甚至将传感器报警浓度调高，不使用断电控制功能等。有的传感器装备数量不足；有的安装地点不正确；有的报警浓度、断电浓度和断电控制设置不正确；有的从不调校，有的系统不能正常运行、形同虚设。甚至部分煤矿有意调高系统报警值和断电值；调低甲烷传感器灵敏度；将甲烷传感器置于局部通风机风筒中或新鲜风流中；遮盖甲烷传感器气室；不使用甲烷电闭锁和风电闭锁功能；系统报警时将甲烷传感器拔脱等等。

1.4 使用与维护技术要点

（1）选用符合《AQ 6201—2006 煤矿安全监控系统通用技术要求》等，取得矿用产品安全标志准用证和防爆合格证的系统。

（2）按照《煤矿安全规程》和《AQ 1029—2007 煤矿安全监控系统及检测仪器使用管理规范》设计、安装、使用、管理与维护系统。

（3）甲烷、风速、风压、风筒、风门、局部通风机开停、主通风机开停、馈电状态等传感器要按规定的数量和地点正确安装与维护。

（4）根据被控对象的不同，正确连接甲烷断电闭锁和风电闭锁。

（5）根据工作面和回风巷等不同地点，正确设置报警浓度、断电浓度、复电浓度和断电区域。

（6）每隔 10 天使用校准气样和空气气样对甲烷传感器进行正确调校，同时对甲烷断电闭锁和风电闭锁功能进行测试。

(7) 甲烷超限报警、断电、馈电异常，停风报警后，要及时采取停电、撤人等安全措施。

(8)《煤矿安全规程》第 132 条第二款规定："井下个别机电设备设在回风流中的，必须安装甲烷传感器并具备甲烷超限断电功能"。这就要求开关等电气设备应设置在全风压进风处，若不能满足，必须设置甲烷传感器，并具备甲烷超限断电闭锁功能。由于采煤工作面回风巷和掘进巷道已按要求设置了甲烷传感器，因此，设置在采煤工作面回风巷和掘进巷道的电气设备可不再单独设置甲烷传感器。但设置在其他没有甲烷传感器地点的电气设备，必须设置甲烷传感器，并具备甲烷超限断电闭锁功能。

(9) 严禁调高瓦斯报警浓度和断电浓度。因为煤矿安全监控系统显示的瓦斯浓度滞后于现场实际，并且不一定是最高浓度：①空气中甲烷气体爆炸界限一般是 5% ~16%，当混入一氧化碳、硫化氢等其他可燃性气体和煤尘后，爆炸下限会下降至 4%。②瓦斯报警浓度和断电浓度的确定考虑了时间（瓦斯运移时间、传感器反应时间和监控系统传输和处理时间等）的滞后。③瓦斯报警和断电浓度的确定考虑了瓦斯空间分布的不均匀性：传感器吊挂位置不一定是瓦斯浓度最高的位置。

1.5 相关标准及规程

有关煤矿安全监控系统的安装、使用、维护与管理的标准和规程有《煤矿安全规程》第 3 章通风安全监控、《AQ 1029—2007 煤矿安全监控系统及检测仪器使用管理规范》。

有关煤矿安全监控系统生产、设计、测试与检验的标准有《AQ 6201—2006 煤矿安全监控系统通用技术要求》、《MT/T 1004—2006 煤矿安全生产监控系统通用技术条件》、《MT/T 1005—2006 矿用分站》、《MT/T 1006—2006 矿用信号转换器》、《MT/T 1007—2006 矿用信息传输接口》、《MT/T 1008—2006 煤矿安全生产监控系统软件通用技术要求》、《MT/T 1079—2008 矿用断电控制器》、《MT/T 1078—2008 矿用本质安全输出直流电源》、《MT/T 772—1998 煤矿监控系统性能测试方法》、《MT/T 899—2000 矿用信息传输装置》等。

煤矿安全监控系统是煤矿井下安全避险"六大系统"之一，在煤矿安全生产中发挥着重要作用。要充分发挥煤矿安全监控系统的安全保障作用，就必须按照《煤矿安全规程》和有关标准的要求，正确安装、使用、维护与管理系统，避免或减少瓦斯爆炸等事故发生。

1.6 主要功能与技术指标

煤矿安全监控系统应符合《AQ 6201 煤矿安全监控系统通用技术要求》的规定，系统中的设备应符合有关标准及各自企业产品标准的规定，并按规定程序批准的图样及文件制造和成套。

1.6.1 主要功能

1. 数据采集、显示

(1) 系统必须具有甲烷浓度、风速、风压、一氧化碳浓度、温度等模拟量采集、显示及报警功能。

(2) 系统必须具有风机开停、风筒状态、风门开关、烟雾等开关量采集、显示及报警功能。

(3) 系统必须具有瓦斯抽采（放）量监测、显示功能。

(4) 系统必须具有馈电状态采集、显示及报警功能。

2. 控制

甲烷超限声光报警和断电、掘进工作面停风后断电是矿井安全监控系统的最根本功能。因此，矿井安全监控系统必须具备甲烷断电仪和甲烷风电闭锁装置的全部功能。为防止系统主机和电缆发生故障时，无法实现甲烷超限声光报警、断电和停风断电，甲烷断电仪和甲烷风电闭锁装置的全部功能必须由现场设备完成。

(1) 系统必须由现场设备完成甲烷浓度超限声光报警和断电/复电控制功能：

① 甲烷浓度达到或超过报警浓度时，声光报警。

② 甲烷（瓦斯）电闭锁。甲烷浓度达到或超过断电浓度时，切断被控设备电源并闭锁；甲烷浓度低于复电浓度时，自动解锁。

③ 故障闭锁。为防止安全监控设备发生故障时，无法实现甲烷超限断电等功能，与闭锁控制有关的设备（含甲烷传感器、分站、电源、断电控制器、电缆、接线盒等）未投入正常运行或故障时，切断该设备所监控区域的全部非本质安全型电气设备的电源并闭锁；当与闭锁控制有关的设备工作正常并稳定运行后，自动解锁。

(2) 系统必须由现场设备完成甲烷风电闭锁功能：

① 掘进工作面甲烷浓度达到或超过1.0% CH_4 时，声光报警；掘进工作面甲烷浓度达到或超过1.5% CH_4 时，切断掘进巷道内全部非本质安全型电气设备的电源并闭锁；当掘进工作面甲烷浓度低于1.0% CH_4 时，自动解锁。

② 掘进工作面回风流中的甲烷浓度达到或超过1.0% CH_4 时，声光报警，切断掘进巷道内全部非本质安全型电气设备的电源并闭锁；当掘进工作面回风流中的甲烷浓度低于1.0% CH_4 时，自动解锁。

③ 被串掘进工作面入风流中甲烷浓度达到或超过0.5% CH_4 时，声光报警，切断被串掘进巷道内全部非本质安全型电气设备的电源并闭锁；当被串掘进工作面入风流中甲烷浓度低于0.5% CH_4 时，自动解锁。

④ 局部通风机停止运转或风筒风量低于规定值时，声光报警，切断供风区域的全部非本质安全型电气设备的电源并闭锁；当局部通风机或风筒恢复正常工作时，自动解锁。

⑤ 局部通风机停止运转，掘进工作面或回风流中甲烷浓度大于3.0% CH_4，必须对局部通风机进行闭锁使之不能起动，只有通过密码操作软件或使用专用工具方可人工解锁；当掘进工作面或回风流中甲烷浓度低于1.5% CH_4 时，自动解锁。

⑥ 与闭锁控制有关的设备（含分站、甲烷传感器、设备开停传感器、电源、断电控制器、电缆、接线盒等）故障或断电时，声光报警，切断该设备所监控区域的全部非本质安全型电气设备的电源并闭锁；与闭锁控制有关的设备接通电源1 min内，继续闭锁该设备所监控区域的全部非本质安全型电气设备的电源；当与闭锁控制有关的设备工作正常并稳定运行后，自动解锁。严禁对局部通风机进行故障闭锁控制。

(3) 安全监控系统必须具有地面中心站手动遥控断电/复电功能，并具有操作权限管理和操作记录功能。断电/复电响应时间应不大于系统巡检周期。中心站手动遥控断电/复电功能是防止瓦斯超限违章作业的措施之一。当瓦斯超限时，中心站值班人员可通过系统切断有关区域的电源，待瓦斯浓度降低，通风系统工作正常后，中心站值班人员可通过系统遥控有关区域复电。中心站手动遥控断电/复电功能，由中心站发送命令，传输系统传至相应分站，因此，断电/复电响应时间应不大于系统巡检周期。

(4) 安全监控系统应具有异地断电/复电功能。异地断电/复电功能是解决接于A分站甲烷等被测量超限时，控制接于B分站的被控设备断电，以提高系统的灵活性。在主从式系统中，A分站的监控信息，需经传输系统传至中心站后，再经传输系统传至B分站，因此，断电/复电响应时间应不大于2倍系统巡检周期。

3. 调节

系统宜具有自动、手动、就地、远程和异地调节功能。

4. 存储和查询

系统必须具有以地点和名称为索引的存储和查询功能：

(1) 甲烷浓度、风速、风压、一氧化碳浓度等重要测点模拟量的实时监测值。

(2) 模拟量统计值（最大值、平均值、最小值)。

(3) 报警及解除报警时刻及状态。

(4) 断电/复电时刻及状态。

(5) 馈电异常报警时刻及状态。

(6) 局部通风机、风筒、主通风机、风门等状态及变化时刻。

(7) 瓦斯抽采（放）量等累计量值。

(8) 设备故障/恢复正常工作时刻及状态等。

5. 显示

(1) 系统必须具有列表显示功能。

① 模拟量及相关显示内容包括：地点、名称、单位、报警门限、断电门限、复电门限、监测值、最大值、最小值、平均值、断电/复电命令、馈电状态、超限报警、馈电异常报警、传感器工作状态等。

② 开关量显示内容包括：地点、名称、开/停时刻、状态、工作时间、开停次数、传感器工作状态、报警及解除报警状态及时刻等。

③ 累计量显示内容包括：地点、名称、单位、累计量值等。

(2) 系统应能在同一时间坐标上，同时显示模拟量曲线和开关状态图等。

(3) 系统必须具有模拟量实时曲线和历史曲线显示功能。在同一坐标上用不同颜色显示最大值、平均值、最小值等曲线。在同一屏上同时显示不少于3个模拟量，并设时间标尺，可显示出对应时间标尺的模拟量值。在同一屏上同时显示不少于3个模拟量是为了分析事故和甲烷等重要监测物理量的变化规律，例如：为分析事故需了解工作面甲烷、回风巷甲烷和总回风巷甲烷浓度的变化情况。

(4) 系统必须具有开关量状态图及柱状图显示功能。显示内容包括地点、名称、最后一次开/停时刻和状态、工作时间、开机率、开/停次数、传感器状态等，并设时间标尺。

(5) 系统必须具有模拟动画显示功能，以便形象、直观、全面地反映安全生产状况。显示内容包括：通风系统模拟图、相应设备开停状态、相应模拟量数值等。为满足大型复杂生产系统的需要，应具有漫游、总图加局部放大、分页显示等方式。为便于使用模拟图，除具有一幅显示全矿概况的总图外，一般按使用功能划分多个系统图，例如，通风安全系统模拟图、轨道运输系统模拟图、胶带运输系统模拟图、提升运输系统模拟图、供电系统模拟图、排水系统模拟图、巷道布置图、避灾路线图等。

（6）系统必须具有系统设备布置图显示功能，以便及时了解系统配置、运行状况，便于管理与维修。显示内容包括：传感器、分站、电源箱、断电控制器、传输接口和电缆等设备的设备名称、相对位置和运行状态等。若系统庞大一屏容纳不了，可漫游、分页或总图加局部放大。

6. 打印

系统必须具有报表、曲线、柱状图、状态图、模拟图、初始化参数等打印功能（定时打印功能可选）。报表包括：模拟量日（班）报表、模拟量报警日（班）报表、模拟量断电日（班）报表、模拟量馈电异常日（班）报表、开关量报警及断电日（班）报表、开关量馈电异常日（班）报表、开关量状态变动日（班）报表、监控设备故障日（班）报表、模拟量统计值历史记录查询报表等。

7. 人机对话

系统必须具有人机对话功能，以便于系统生成、参数修改、功能调用、控制命令输入等。

8. 自诊断

系统必须具有自诊断功能。当系统中传感器、分站、传输接口、电源、断电控制器、传输电缆等设备发生故障时，报警并记录故障时间和故障设备，以供查询及打印。

9. 双机切换

系统必须具有双机切换功能。系统主机必须双机备份，并具有手动切换功能或自动切换功能。当工作主机发生故障时，备份主机投入工作。

10. 备用电源

系统必须具有备用电源。当电网停电后，保证对甲烷、风速、风压、一氧化碳、主通风机、局部通风机开停、风筒状态等主要监控量继续监控。

11. 数据备份

系统必须具有数据备份功能。

12. 模拟报警和断电

传感器应具有现场模拟测试报警和断电功能。

13. 防雷

系统必须具有防雷功能，分别在传输接口、入井口、电源等采取防雷措施，防止雷电击毁设备，引起井下瓦斯爆炸。

14. 抗干扰措施

系统应具有抗干扰措施，防止变频器、架线电机车火花、大型机电设备启停等电磁干扰影响系统正常工作。

15. 分站存储功能

系统分站应具有初始化参数掉电保护功能，以防分站停电后，初始化参数丢失。系统分站应能存储 2 h 以上的监测数据。当系统电缆等发生故障，恢复正常后可以将存储的数据传输给地面中心站。

16. 其他

（1）系统应具有网络通信功能。

（2）系统应具有软件自监视功能。

（3）系统应具有软件容错功能。

（4）系统应具有实时多任务功能，能实时传输、处理、存储和显示信息，并根据要求实时控制，能周期地循环运行而不中断。

1.6.2 主要技术指标

1. 模拟量输入传输处理误差

模拟量输入传输处理误差应不大于1.0%。

2. 模拟量输出传输处理误差

模拟量输出传输处理误差即传感器输出值（显示值）与中心站计算机显示值之间的误差应不大于1.0%。

3. 累计量输入传输处理误差

累计量输入传输处理误差（中心站计算机输入值与执行器输入值之间的误差）应不大于1.0%。

4. 最大巡检周期

系统最大巡检周期（系统在满容量条件下，传感器输出变化到中心站计算机显示所需要的时间）应不大于30 s，并应满足监控要求。

5. 控制执行时间

控制时间应不大于系统最大巡检周期。异地控制时间应不大于2倍的系统最大巡检周期。甲烷超限断电及甲烷风电闭锁的控制执行时间应不大于2 s。

6. 调节执行时间

调节执行时间应不大于系统最大巡检周期。

7. 存储时间

甲烷、温度、风速、风压、一氧化碳等重要测点的实时监测值存盘记录应保存7天以上。模拟量统计值、报警/解除报警时刻及状态、断电/复电时刻及状态、馈电异常报警时刻及状态、局部通风机、风筒、主通风机、风门等状态及变化时刻、瓦斯抽采（放）量等累计量值、设备故障/恢复正常工作时刻及状态等记录应保存1年以上。当系统发生故障时，丢失上述信息的时间长度应不大于5 min。

8. 画面响应时间

调出整幅画面85%的响应时间应不大于2 s，其余画面应不大于5 s。

9. 误码率

误码率应不大于10^{-8}。

10. 最大传输距离

传感器及执行器至分站之间的传输距离应不小于2 km；分站至传输接口、分站至分站之间最大传输距离不小于10 km。

11. 最大监控容量

系统允许接入的分站数量宜在8、16、32、64、128中选取；被中继器等设备分隔成多段的系统，每段允许接入的分站数量宜在 8、16、32、64、128 中选取。分站所能接入传感器、执行器的数量宜在 2、4、8、16、32、64、128 中选取。

12. 双机切换时间

从工作主机故障到备用主机投入正常工作时间应不大于 5 min。

13. 备用电源工作时间

在电网停电后，备用电源应能保证系统连续监控时间不小于 2 h。

14. 统计值时间

模拟量统计值应是 5 min 的统计值。

15. 本安供电距离

向传感器及执行器远程本安供电距离应不小于 2 km。

2 系统组成与信息传输

2.1 系统组成

系统一般由传感器、执行机构、分站、电源箱（或电控箱）、主站（或传输接口）、主机（含显示器）、系统软件、服务器、打印机、大屏幕、UPS电源、远程终端、网络接口、电缆和接线盒等组成，如图2-2-1所示。

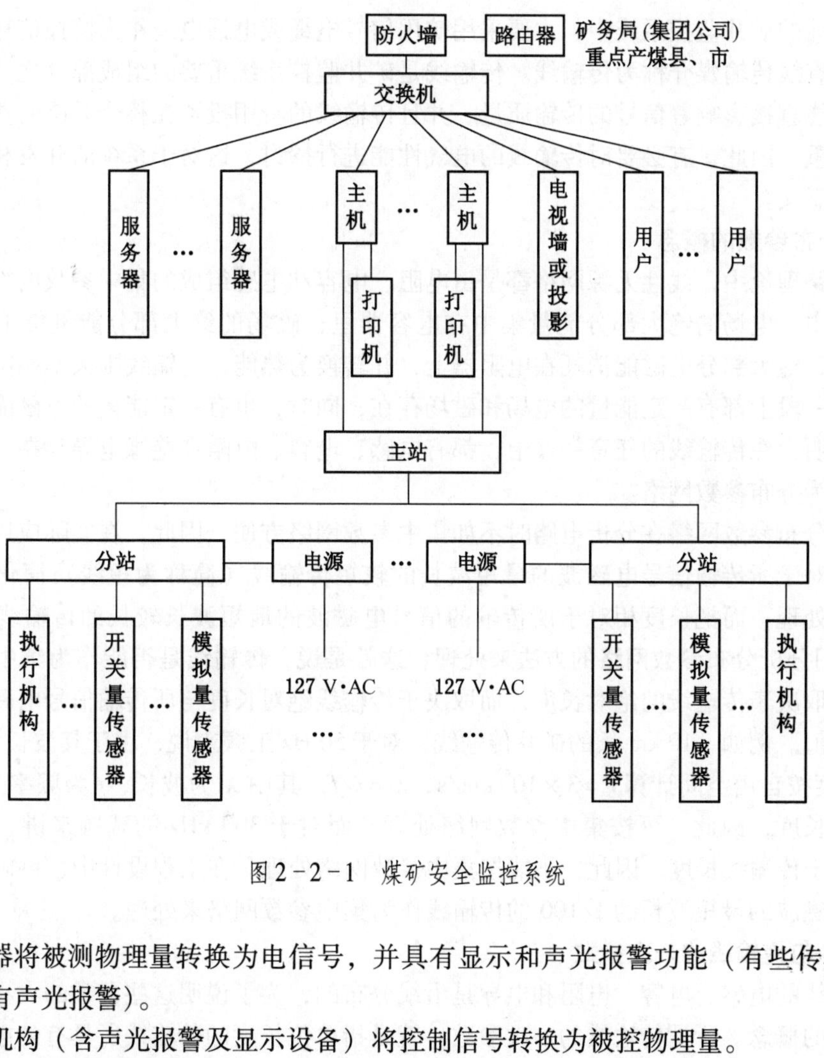

图2-2-1 煤矿安全监控系统

传感器将被测物理量转换为电信号，并具有显示和声光报警功能（有些传感器没有显示或没有声光报警）。

执行机构（含声光报警及显示设备）将控制信号转换为被控物理量。

分站接收来自传感器的信号，并按预先约定的复用方式远距离传送给主站（或传输接口），同时，接收来自主站（或传输接口）的多路复用信号。分站还具有线性校正、超限判别、逻辑运算等简单的数据处理能力，对传感器输入的信号和主站（或传输接口）传输来的信号进行处理，控制执行机构工作。

电源箱将交流电网电源转换为系统所需的本质安全型直流电源，并具有维持电网停电后正常供电不小于 2 h 的蓄电池。

传输接口接收分站远距离发送的信号，并送主机处理；接收主机信号，并送相应分站。传输接口还具有控制分站的发送与接收、多路复用信号的调制与解调、系统自检等功能。

主机一般选用工控微型计算机或普通微型计算机，采用双机或多机备份。其主要作用是接收监测信号、校正、报警判别、数据统计、磁盘存储、显示、声光报警、人机对话、输出控制、控制打印输出、联网等。

2.2　传输线

在目前的矿井监控系统中，主要采用矿用信号电缆或电话电缆作为监控信号的传输媒介，这种有线传输媒介称为传输线。传输线是矿井监控系统重要的组成部分之一，传输线的电气性能直接影响着信号的传输质量，并且传输线的费用投资在整个系统的费用中占有较大的比重。因此，有必要对传输线的电气性能进行探讨，这对于系统的开发和使用都具有重要的意义。

2.2.1　分布参数的概念

在电路理论中，线性无源网络都是由电阻、电容和电感组成的集中参数网络。在集中参数网络中，电场的绝大部分能量集中在电容器里；磁场的绝大部分能量集中在电感器里；同时，绝大部分电磁能消耗在电阻器上，并转换为热能。传输线则大不相同，在传输线的任意一段上都有一定能量的电场和磁场存在，同时，也有一定能量的电磁能转换为热能。这说明：在传输线的任意一段上，都有电感、电容、电阻和绝缘电导存在。因此，传输线又称为分布参数网络。

由于分布参数网络在分析电路时不如集中参数网络方便，因此，在实际应用中，往往把长度相对于所传输信号电磁波的最短波长的较短传输线（简称为短线）简化为集中参数网络来处理；而把长度相对于所传输的信号电磁波的最短波长较长的传输线（简称为长线），用分析分布参数网络的方法来处理。这就是说，传输线是否能作为集中参数来处理，并不取决于传输线的绝对长度，而取决于传输线绝对长度与所传输信号电磁波的最短波长的比值。例如，10 km 长的矿井传输线，对于 50 Hz 工频来说，由于其波长为 6000 km（传播速度按自由空间计算 $v = 3 \times 10^5$ km/s，$\lambda = v/f$，其中 λ 为波长，f 为频率），远远大于传输线长度，因此，可按集中参数网络处理。而对于 300 kHz 的载频来讲，其波长为 1 km，小于传输线长度，因此，不能按集中参数网络处理。在工程设计中，可以将长度小于信号电磁波的最短波长的 1/100 的传输线作为集中参数网络来处理。

2.2.2　均匀传输线的一次参数

传输线的电感、电容、电阻和电导是沿线分布的，为了说明这些参数的大小，可引入一次参数的概念。所谓传输线的一次参数，就是指单位长度的传输线所具有的电阻 R、电感 L、电容 C 和电导 G。如果传输线每单位长度所具有的一次参数都是相同的，就称这种传输线为均匀传输线。传输线的一次参数具有实在的物理意义。

2.2.2.1　电阻 R

传输线的电阻 R 由直流电阻 R_0 和交流电阻 $R_{\sim}$ 组成，即

$$R = R_0 + R_{\sim}$$

直流电阻 R_0 的大小与传输线所采用的金属导电材料的电阻率、导线截面积、长度、温度有关，并且与导线截面积成反比，与导线电阻率成正比，与温度成正变关系。

交流电阻 $R_{\sim}$ 主要是由集肤效应产生的。集肤效应就是当导线通过交流电时，由于导线周围交变磁场的作用，导线中心处电流密度减小，而导线表面处的电流密度增大，从而减小了导线的有效导电截面，电阻增大。交流电阻除包括集肤效应而产生的电阻外．还包括由邻近效应和邻近金属损耗所产生的附加电阻。

邻近效应是指构成传输线回路的两根导线邻近时，其中一根导线中的交变电流所产生的交变磁场，在另一根导线内产生涡流，而使相邻的内侧电流密度增大，外侧电流密度减小，从而减小了导线有效导电面积，电阻增大的现象。

邻近金属损耗所产生的附加电阻是指交变电流所产生交变磁场在附近导体中所产生的涡流损失。

由于交流电阻 $R_{\sim}$ 的大小随频率的增大而增大，因此，传输线的电阻 R 随频率的增大而增大。不同截面的矿用电话电缆和信号电缆的直流电阻不同，但一般在 25 Ω/km ~ 90 Ω/km 以内，也有部分型号的电缆电阻超出上述范围。

2.2.2.2　电感

当传输线内通有交变电流时，在导线的内部和外部便有交变磁通存在，导线的内部磁通量与产生此磁通的导线内电流之比称为传输线的内电感。传输线外部磁通与产生此磁通的导线内电流之比称为传输线的外电感。传输线内电感和外电感统称为传输线的电感。传输线电感的大小与线间距离、导线直径、导线的导磁系数、导线周围物体的导磁率成正比关系，与交流电频率成反比关系。由于传输线内通过的交变电流频率增高时，导线的集肤现象严重，导线内部磁通量减小，内电感减小，而外电感不变，因此传输线电感随频率的变化不大。矿用电话电缆和信号电缆的单线电感在 800 Hz 时，一般不大于 0.8 mH/km。

2.2.2.3　电容 C

任何两绝缘体之间均有电容存在。传输线电容 C 的大小与线间距离成反比，与导线直径和绝缘材料的介电常数成正比，与材料、环境温度及所传输交流电频率无关。矿用电话电缆和信号电缆的电容一般不大于 0.06μF/km。

2.2.2.4　电导 G

传输线的绝缘电导 G 是由传输线绝缘材料漏电流产生的，代表着传输线两导线间的绝缘程度。一般地讲，传输线绝缘材料的绝缘性能越好，环境湿度越小，环境温度越低，交变电流频率越低，绝缘电导越大。矿用电话电缆和信号电缆的电导 G 一般不大于 0.33 nS/km。

2.2.3　均匀传输线的等效电路

通过上面的分析不难看出：均匀传输线是一种由电阻 R、电感 L、电容 C 和电导 G 组成的分布参数网络，如图 2-2-2 所示。图中，R 是长度为 l(l→0，以下同）的传输线分布电阻、L 是长度为 l 的传输线分布电感、C 是长度为 l 的传输线分布电容、G 是长度为 l

的传输线分布电导。图 2-2-2 所示的电路被称作均匀传输线的等效电路。

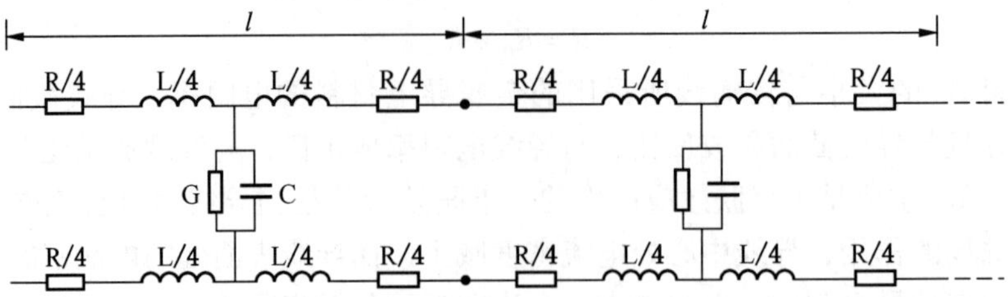

图 2-2-2 均匀传输线的等效电路

均匀传输线的等效电路为我们分析和研究传输线带来了极大的方便。特别在系统开发和测试工作中，用集中参数网络（$l \to 0$）近似地模拟矿用电话电缆或信号电缆，不但具有简单、快速、方便的优点，而且节省了大量的人力、物力和财力。此外，由于用总长度达几十千米，甚至上百千米的矿用电话电缆和信号电缆做系统电气性能和防爆性能试验是一种十分困难的事。因此，在矿井监控系统开发、防爆性能试验和例行检验过程中，宜采用集中参数网络（又称模拟传输线）近似模拟矿用电话电缆或信号电缆。为了避免用模拟传输线模拟矿用电话电缆或信号电缆带来较大的误差，一般在选择模拟传输线基本长度时，遵循下列原则：

（1）模拟传输线基本长度不大于所模拟电缆总长度的 1/10。

（2）模拟传输线基本长度不大于信号电磁波最短波长的 1/100。

由于目前矿井监控系统所传输的信号速率较低，因此上述第（2）条可具体为：模拟传输线的基本长度不大于 1 km。用按上述原则所选择的模拟传输线模拟矿用电话电缆或信号电缆时，所带来的误差在工程上是允许的。

2.3 网络结构

系统网络结构是指系统中的分站与分站之间、分站与中心站之间、分站与传感器（含执行机构）之间的相互连接关系。矿井监控系统的网络结构同一般的数字通信和计算机通信网络相比，具有本质安全防爆的特点。

为保证系统的安全性能和可靠性，降低系统成本，便于使用维护，矿井监控系统的网络结构应满足下列要求：①有利于系统本质安全防爆；②在传感器分散分布的情况下，通过与适当的复用方式配合，使系统的传输电缆用量最少；③抗电磁干扰能力强；④抗故障能力强，当系统中某些分站发生故障时，力求不影响系统中其余分站的正常工作；当传输电缆发生故障时，不影响整个系统的正常工作；当主站及主干电缆发生故障时，保证甲烷断电及甲烷风电闭锁等功能。

2.3.1 星形网络结构

星形（又称放射状）网络结构，就是系统中的每一分站（或传感器）通过一根传输电缆与中心站（或分站）相连，如图 2-2-3 所示。这种结构具有发送和接收设备简单、传输阻抗易于匹配、各分站之间干扰小、抗故障能力强、可靠性高等优点。但是这种结构所需传输电缆用量大，特别是当系统监控容量大、使用分站（或传感器）多时，系统的造价高，且不便于安装和维护。因此，该网络系统仅用于小容量的矿井监控系统。

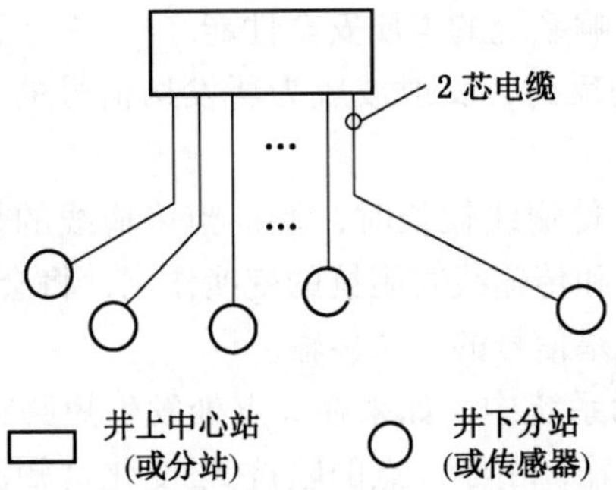

图 2-2-3 星形网络结构

2.3.2 树形网络结构

树形（又称树状）网络结构就是系统中每一分站（或传感器）使用一根传输电缆就近接到系统传输电缆上，如图 2-2-4 所示。采用这种结构的监控系统所使用的传输电缆最少。但由于采用该结构的监控系统传输阻抗难以匹配，并且多路分流，因此在信号发送功率一定的情况下，信噪比较低，抗电磁干扰能力较差，系统电缆短路会影响整个系统正常工作。在半双工传输系统中，分站的故障还会影响系统的正常工作。例如：当分站死机时，若分站处于发送状态，将会长时间占用信道，影响系统正常工作，直至故障排除或分站从系统中脱离。

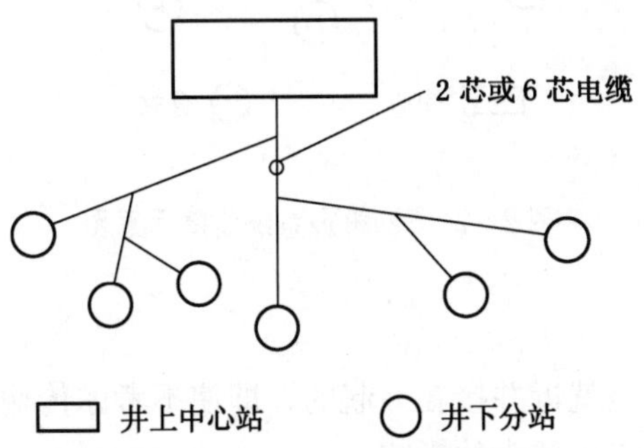

图 2-2-4 树形网络结构

采用该种结构的矿井监控系统，其信号传输质量与分支多少、分支位置、线路长度、端接阻抗、分站发送电路截止时漏电流等因素有关，由于不确定因素太多，难以保证质量。在严重的情况下，还会严重影响可靠性。

总之，树形系统缺点是传输性能不稳定，不利于本质安全防爆，抗电磁干扰能力差，分站之间相互影响较大，其优点是使用电缆最少、成本低、使用维护方便、抗故障能力较强。

2.3.2.1 传输阻抗不匹配问题

传输阻抗不匹配将会造成信号电磁波的反射，从而带来如下不良后果：

(1) 由于信号电磁波的反射，将会造成在传输线上某些点的电压或电流值大于正常值，在严重的情况下，将影响系统的本质安全性能。

(2) 由于信号电磁波的反射，反射波成为所发送信号的干扰波形，影响信号传输的可靠性。

(3) 当信号频率较高，传输线较长时，特别当传输线的长度可以与信号基波波长比拟时，由于传输阻抗不匹配和传输线对阻抗的变换作用，将会在传输线的某些点上出现近于短路和开路现象，从而阻塞信号的正常传输。

(4) 在图2-2-5所示系统中，如果在a点处发生短路或开路故障，不但A、B、C分站的信号无法向中心站传输，由于a点的阻抗 Z_a 变化（短路或开路）将会导致b点的阻抗 Z_b 变化 $\left(Z_b = Z_c \dfrac{Z_a + Z_c th\gamma l}{Z_c + Z_a th\gamma l}\right.$，式中 Z_c 为a点到b点传输线特性阻抗；γ 为该段传输线的传输常数，l 为该段传输线长度$\left.\right)$。因此还会影响其他分站同中心站的联系，系统的抗故障能力较星形结构差。

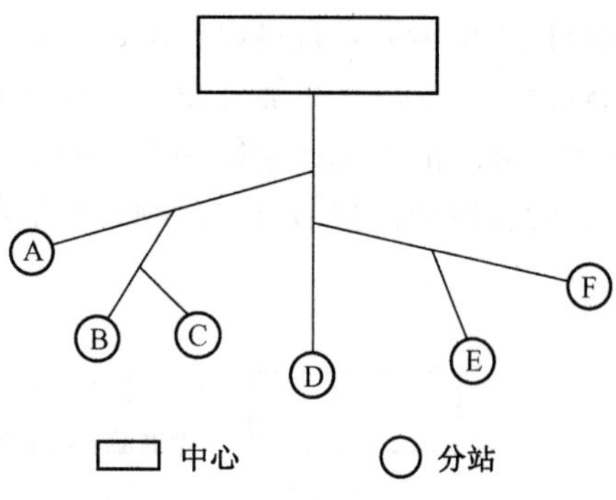

图2-2-5 树形系统故障示意图

2.3.2.2 分支影响

树形系统中的传输线是就近并接在一起的，即使不考虑传输阻抗不匹配的问题，其本身的并接方式对系统也会造成较大的影响。

(1) 系统主干电缆或分支电缆的短路，将会使整个系统无法正常工作。

(2) 多路分流。所谓多路分流就是指在不考虑信号电磁波反射和传输线对信号衰减的情况下，电缆分支对信号能量传输有分流的影响。在图2-2-6所示系统中，P_i 是第 j 个分支的分流系数，它代表着该分支获得信号能量的大小程度（$P_i \leqslant 1$）。若分站A发送的信号能量为 W，由于多路分流，中心站k所获得的信号能量为（$P_1 \times P_2 \times \cdots \times P_k$）$\times W$。由于 $P_i \leqslant 1$，因此，信号所经过的节点越多，到达中心站k的信号能量就越小。在信号发送功率受本质安全防爆限制的情况下，多路分流大大降低了系统的信噪比，从而使系统的可靠性大大降低。

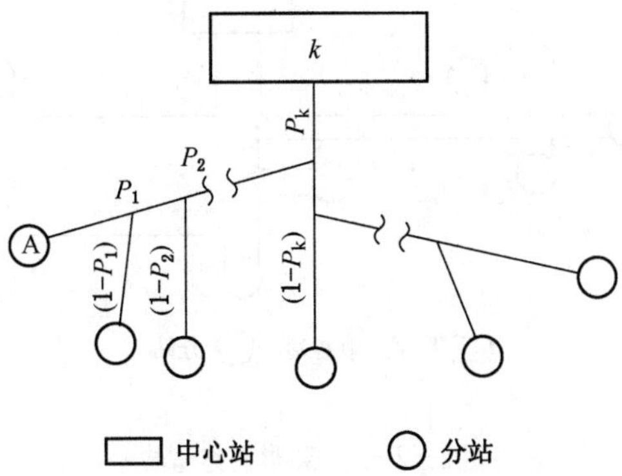

图 2-2-6　树形系统多路分流示意图

（3）在树形时分系统中，分站是否发送信号是受中心站咨询信号控制的。如果由于噪声干扰，将会造成咨询信号错误，从而会出现数台分站同时发送的现象。例如，中心发出 00000001 咨询信号，要求 1 号分站发送信号，但是假如该信号在传输至第 3 号分站时，由于附近某种干扰而误成为 00000011，而被 3 号分站接收响应，则第 1 号分站和第 3 号分站将同时发送，这时，传输线上的总功率（或电流）是叠加的。这必然会影响系统的本质安全性能和中心站接收数据的正确性。

（4）在树形时分基带传输系统中，由于各分站和中心站的输出电路在截止时漏电流输出，将会影响信号的正常传输，特别当系统所接分站较多时，这种漏电流的影响将很大。

在实际树形系统中，为了减轻树形系统传输阻抗难以匹配和多路并联对系统性能的影响，一般加大分站容量，以减少树形系统分支数$\left(\text{当每一个分站都处于满容量工作时，分支数 } m \text{ 与分站容量 } L\text{、系统容量 } n \text{ 的关系为 } m = \dfrac{n}{L}\right)$。同时，降低信号的传输速率，以减小信号电磁波反射的影响。

2.3.3　环形网络结构

环形网络结构就是系统中各分站与中心站用一根电缆串在一起，形成一个环，如图 2-2-7 所示。不难看出，环形系统需要电缆往复敷设，因此，使用电缆数量大于树形系统，小于星形系统。环形系统中的各分站的工作状态是受中心站控制的，在图 2-2-8 所示的环形矿井监控系统中，系统信号传输电缆是 6 芯电缆，这 6 根芯线分别是：①数据下行线 DD；②数据上行线 DU；③移位脉冲线 SH；④转移脉冲线 TR；⑤鉴别线 ID；⑥公共线 CO。数据下行线 DD 和数据上行线 DU 将中心站和分站串在一起形成一个环，将中心站发送的回控信号传至各分站，同时，将分站监测到的信号传送至中心站。移位脉冲线 SH 和转移脉冲线 TR 传送中心站发出的信号，控制各分站的工作状态。鉴别线 ID 将各分站的鉴别脉冲传送至中心站，以便随时了解环上分站是否正常工作。公共线 CO 是零电位参考。环形网络除传输电缆用量居 3 种网格结构中外，还具有如下特点：

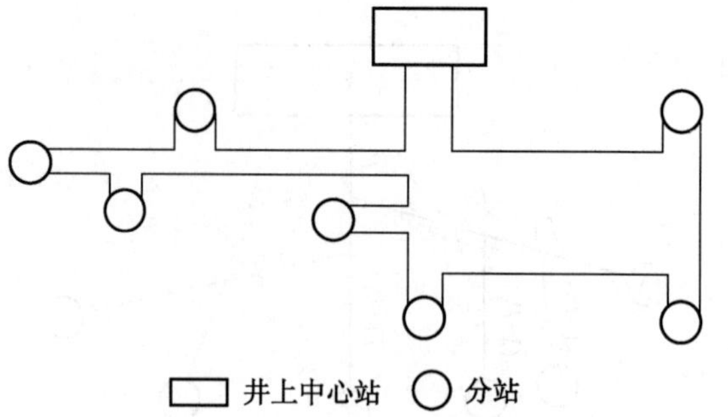

图2-2-7　环形网络结构

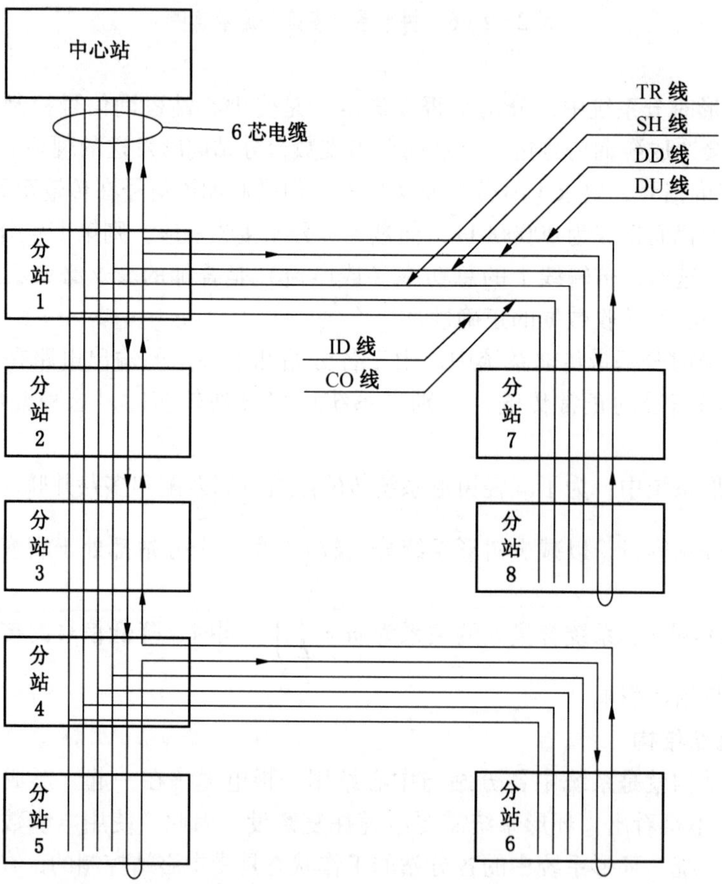

图2-2-8　环形矿井监控系统示意图

（1）传输电缆没有分支。因此传输阻抗易于匹配，不存在过电压、过电流、电磁波反射严重等问题，系统抗电磁干扰能力强，利于防爆。

（2）上一分站的信号仅仅传给下一分站接收。因此不存在多路分流问题，并且当分站误动作时，不会出现传输线上信号能量叠加问题，也不会因为发送电路漏电流较大而影响系统工作。

(3) 环形系统中任一分站既是上一分站的接收机，又是下一分站的发送机，分站对接收到的数字信号进行门限判决、整形、放大。因此在数字传输方式下，抗干扰能力进一步加强。

(4) 环形系统的致命问题是抗故障能力差。当系统电缆在任一处发生故障（短路或开路）或任一分站发生故障时，整个系统将无法正常工作。因为在故障点之前的分站虽能接收到同步信号，但信号不能传至中心站，而在故障点之后的分站，接收不到信号，无法正常工作。

在实际系统中，为了提高环形系统的抗故障能力，采用故障时形成新的环的方法，如图2-2-9所示。当分站B（或分站C、D、E）发生故障或传输故障时，分站A通过内部继电器将a、a′短路，构成不包括分站B、C、D、E的新环。而当分站G或H发生故障时，分站F通过内部继电器将b、b′短路，形成不包括G和H的新环。不难看出，在某种情况下，在形成新的环时，一些正常工作的分站也从系统中脱离，这是该方法的缺点。为了保证系统对各处故障都有形成新环的再生能力，尽量避免正常工作的分站从系统中脱离，在图2-2-9所示系统中还需要增设一些分站，如图2-2-10所示，或者将传输线多次往复敷设，以满足下一分站的全部进、出线都必须经过上分站的要求，如图2-2-11所示，显然，这将大大增加系统的投资。

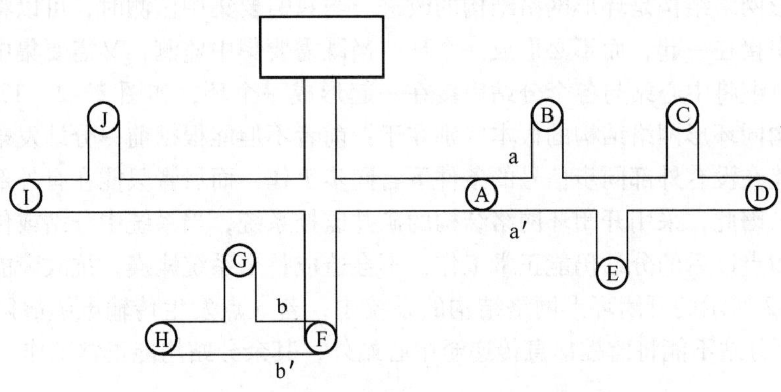

图2-2-9 故障时形成新环的方法示意图

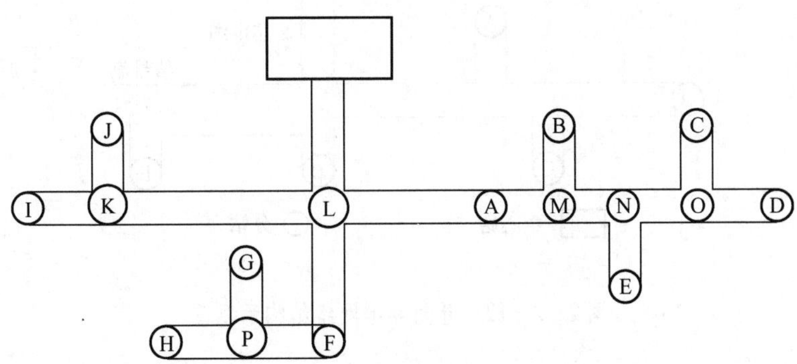

图2-2-10 增设分站后的系统示意图

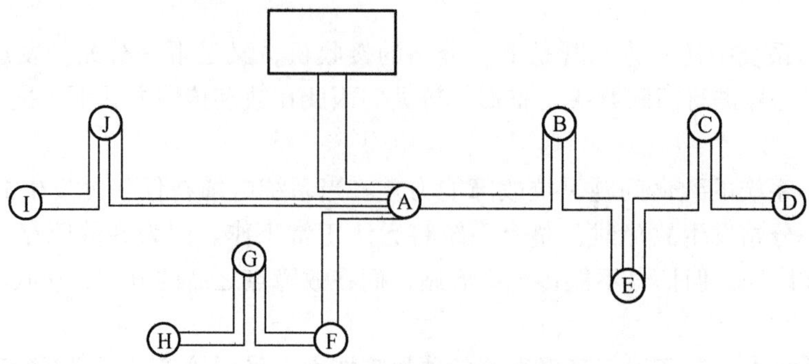

图 2－2－11 增设传输电缆后的系统示意图

总之，环形系统的电缆用量居 3 种网络结构之中，抗干扰能力较强，抗故障能力较差。

通过对三种不同网络结构的分析，可以看到，这三种网络结构各有优缺点。在实际系统中，一般将星形网络结构用于监控容量较小的系统中，而将树形和环形结构用于大中型矿井监控系统中。

2.3.4 开闭环形网络结构

开闭环形网络结构是环形网络结构的改进。当只需要集中监测时，可以将中心站与各分站用电缆串接在一起，而不必形成一个环。当既需要集中监测，又需要集中控制时，就需要用一根电缆将中心站与各个分站串接在一起形成一个环，如图 2－2－12 所示。开闭环形网络结构同环形网络结构的根本区别在于：前者不但能根据前一分站发来的信号同步工作，而且能在没有外部同步信号的条件下自同步工作，而后者只能在有外部同步信号的条件下工作。因此，采用开闭环网络结构的矿井监控系统，当系统中分站或传输电缆发生故障时，故障点以后的分站仍能正常工作，不会造成整个系统瘫痪，抗故障能力强。例如在图 2－2－12 所示的开闭环形网络结构的系统中，若 a 点发生传输电缆故障，除故障点以前的 A、B 分站不能将监控信息传递至中心站外，其余分站均能正常工作。

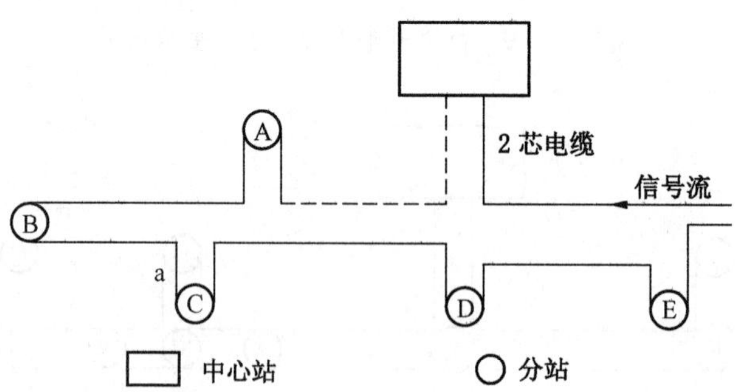

图 2－2－12 开闭环形网络结构示意图

开闭环形网络结构保留了环形系统的优点，同时解决了故障点以后各分站的信号传输。但故障点以前各分站的信息仍不能传递，为此，提出以下进一步增强开闭环形网络抗故障能力的方法：

（1）反向传输法。在闭环连接的开闭环形系统中，当分站或传输线发生故障时，故障点以后的各分站仍然正向发送，而故障点以前的各分站借助于中心站的指令反向传输。因此，当系统传输电缆或分站发生一处故障时，除发生故障的分站外，其余分站均能将信号传送至中心站。在图2－2－13所示的采用反向传输法的开闭环形网络结构系统中，若a点发生传输电缆故障，故障点以前的A、B分站反向发送，故障点以后的C、D、E、F分站正向发送，系统中全部分站均能将监控信息传递至中心站。

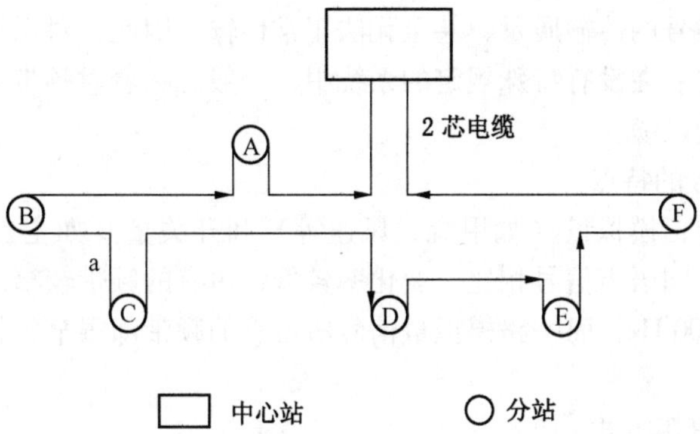

图2－2－13　采用反向传输法的开闭环形网络结构示意图

（2）脱离法。当分站发生故障时，系统通过自检单元将有故障的分站通过继电器从系统中脱离，从而不影响其他分站的正常工作，分站脱离电路如图2－2－14所示。K_1、K_2闭合，K_3断开，分站投入工作；K_1、K_2断开，K_3闭合，分站脱离工作。脱离法不但能用于开闭环形网络结构，而且能用于一般环形网络结构。

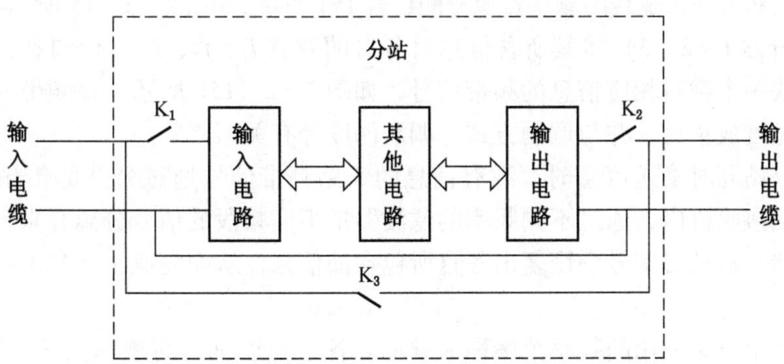

图2－2－14　分站脱离系统原理示意图

开闭环形网络结构具有环形网络所具有的一切优点，同时克服了环形网络的缺点，抗故障能力强，适用于大中型矿井监控系统中。

2.4 多路复用

2.4.1 复用的基本概念

1. 传输线的实在资源

传输线的实在资源包括时间和频带两个方面。如果矿井监控系统采用专用电缆，那么传输线的所有时间和频带是专供传输矿井监控信息使用的，可用时间是任一时间区域，可用频带是由传输线本身特性所决定的频率范围。一般地讲，传输线的可用频带越宽，传输线的造价越高。

在实际系统中，可以用频带较宽的传输线去替代频带较窄的传输线，但不能反过来替代，否则将会影响信号的传输质量，甚至无法正常传输。因此，对系统所允许使用的传输电缆应进行明确规定，在没有特殊规定的系统中，一般意味着对频带要求不高，可以使用传输频带较窄的传输电缆。

2. 矿井监控信号的特点

矿井监控信号包括模拟量（如甲烷、风速等）和开关量（如主要设备的开停）两种信号。矿井监控信号同语声信号相比，变化率较低，占有的频带较窄。一路电话所占有的频带一般为300~3400 Hz，而一路模拟量信号所占有的频带却很窄，特别是开关量信号所占有的频带就更窄。

3. 多路复用和复用方式

用一对电缆传输一路监控信号是极不合理的，这将会造成传输线实在资源的浪费，这就要求多路信号共用一对电缆传输，这就是电缆的多路复用。

多路复用是指在一个公共的传输通道上，传送多路信源提供的信息，而又互不串扰。因此，复用方式关系到传输信道的资源是否得到充分利用，信息传输质量的好坏，以及系统硬件的复杂性等。

用于矿井监控系统的复用方式有频分制、时分制和码分制以及他们的复合方式。

2.4.2 频分制

频分制是将一条传输线的频率资源分配给若干个对象，如图2-2-15所示。图2-2-15a中各对象（分站1、2、3）将其所含信息对各自的载波f_1、f_2、f_3进行调制，在这些载波附近各自形成一个载有相应信息的频带信号，如图2-2-15b所示。该频带的宽度与所含信息的频带宽度成正比，并与调制方式、调制深度等有关。

当3个分站同时发送信息时，载有信息的3路频带信号通过公共的传输线传到中心站。在中心站接收机内，通过不同频率的滤波器把不同频段的信号分离开来，然后借助于各自的解调器，从频带信号中恢复出各自所包含的信息，从而完成了信息发送与接收的全过程。

分配给每个对象使用的频率范围称为频道。各个频道所占的频率范围必须互不重叠，否则将导致不同路信息间的串扰。因此，在相邻频道之间一般要留一段不载有信息的频带，称为隔离频带。隔离频带的宽度因滤波器的滤波能力而异。

从以上讨论可知，频分复用的关键在于：根据各对象所含信息的频率成分、所采用的调制方式、滤波器的性能，以及传输线本身的频率资源，合理地安排各自的频道，以达到最经济、最合理地利用传输线频率资源的目的。

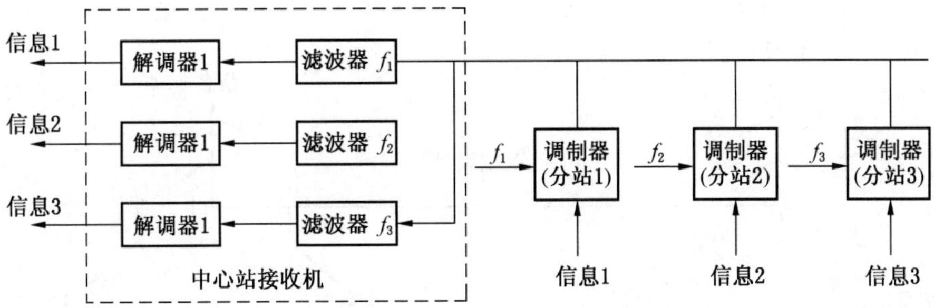

(a)

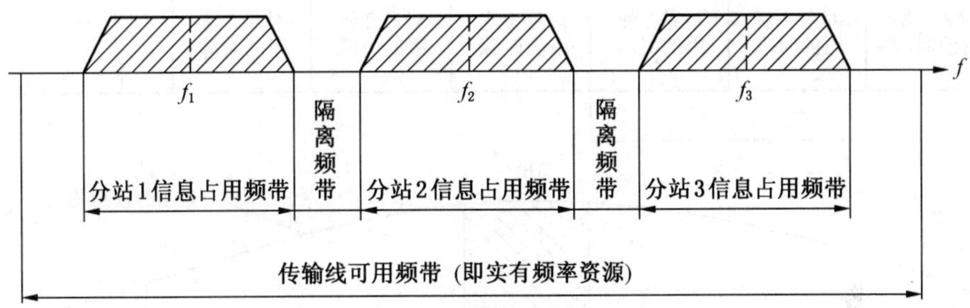

(b)

图 2－2－15 频分制原理示意图

2.4.3 时分制

时分制是将一条传输线的时间资源分配给若干个对象，每个对象按一定的规则轮流地使用该传输线，同一时间内，只允许一个对象使用，如图 2－2－16 所示。图 2－2－16a 表示三个对象通过一条公共传输线传送各自信息，其传输方式为：在发送和接收端各有一个同步旋转着的高速电子开关，同时接通一路对象的发送和接收部分。由于轮流地接通和断开，因此可以将三路信息在不同的时间内轮流传送出去。每路对象所分配到的那一段传送时间，称为时隙，如图 2－2－16b 所示。

在时分制传输中，每路传送信息的时间是间断的，但是所要传送的信息本身却可能是连续的。例如，人们的话音便是一个连续变化着的模拟信号。如果只是间断地传送所分配时隙中的信号值，即该模拟信号的采样值，见图 2－2－16c，那么，在给定时隙以外没能传送出去的那一部分信号是否会导致信息的丢失？这是时分制传输必须解决的问题。

研究表明，时分制传输是否会导致信息的丢失，关键在于正确选择时隙的间隔，也即采样周期 $T_{采}\left(或是采样频率 f_{采}=\dfrac{1}{T_{采}}\right)$。可以证明，只要符合 $f_{采}\geqslant 2f_{高}$（$f_{高}$ 是被采样信号最高频率，即原有模拟信号本身所含的最高频率成分）的要求，便可以从离散的采样值中恢复出原有的连续信号，而不致造成信息丢失，这就是采样定理。

可见，时分制传输的关键在于：根据各路对象信息量的多少和信息变化的快慢特点，合理分配各路时隙及采样周期的长短，并且要求收、发两端严格同步。信息变化缓慢的对象，采样周期可长些，而变化快的对象，采样周期可短些。

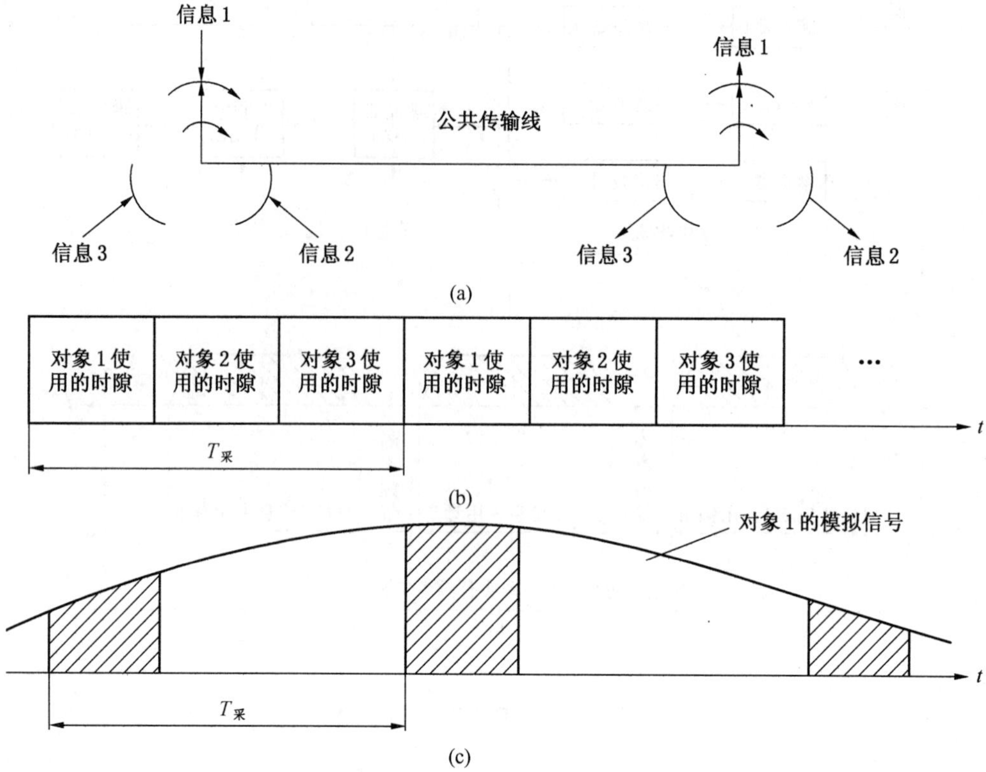

图2-2-16　时分制原理示意图

2.4.4　码分制

频分制和时分制在原理上有很大不同，但也有共同点：它们都是通过将各路信息调制在各自的载波上实现。其中频分制的各路载波是频率各不相同的正弦波，而时分制的载波是在时间上互不重叠的时隙脉冲序列，如图2-2-17a和2-2-17b所示。事实上，为了实现传输线多路复用，上述两种载波并不是仅有的，例如图2-2-16c所示的波形，也可以用作多路复用的载波。图中的两个波形是经一定时间（称为周期）周而复始出现的码串组成，第一个波形的码串特征是11001100，第二个波形则是10010110。理论研究表明：只要两个（或多个）波形的码串特征各不相同，而且它们之间的波形相关系数为零，便可作为多路复用的载波，这种基于载波码串特征的不同来区分多路信息复用方式，称为码分制。

在码分制系统中，为了正确解调，在接收端必须产生一系列与发送端的载波码型特征相同而且同步变化着的波形。接收端利用相关检测器来区分各路信号，相关解调器的工作原理是：只对特定的（相关）码型起反应，而对其他（非相关）码型无反应。

2.4.5　理想复用方式的概念

电缆的复用方式是影响系统可靠性和性能价格比的主要因素。因此，在系统的研制、设计或选型时，需要对一些复用方式作比较，从中选择比较合理的方式，这就要求有一个

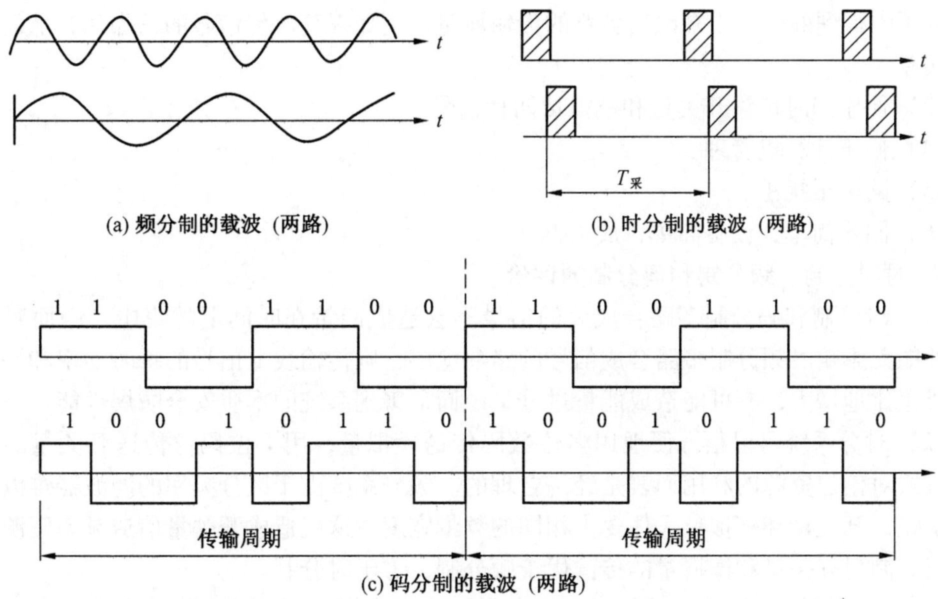

图 2-2-17 频分制、时分制和码分制载波示意图

评价合理性的标准——理想的复用方式。

1. 本质安全防爆

本质安全防爆是以限制火花放电能量和电气设备的热效应，使其不足以点燃环境中可燃性气体来达到防爆目的的。在放电能量一定的情况下，火花点燃周围环境中可燃气体的能力还与放电时间、放电材料、电极形状等因素有关。除放电时间是可控因素外，一般地讲，当传输电缆、电路材料一定的情况下，电极形状是一个不可控因素，这是由于故障点的随机性造成的。因此，在多路复用时，除应考虑限制火花放电能量外，还应避免能量在时间上的集中。

2. 矿井监控信息的特点

由于地质条件、生产条件的不同，带来了矿井监控信息的如下特点：各个矿监控容量要求不一，同一矿不同时期监控容量不一，变化率慢。

3. 理想的复用方式

理想的复用方式应满足以下几个方面的要求：

（1）有利于本质安全防爆。针对井下危险环境的特点，要求对多路复用后合成信号功率和能量要有所限制，即合成信号的最大瞬时功率与单路信号中的最大瞬时功率相比应没有显著增大；合成信号的最大瞬时功率与平均功率的比值应最小。上述考虑总的思想是合成信号的能量在时间分布上比较均匀，其能量集中的程度并不比单路信号更严重，这样就不会影响系统的本质安全性能。

（2）自适应调节。针对多路信源共用一条传输通道，而井下信源数量以及单位时间内所传送的信息量并非固定的情况，为了充分利用公共信道的资源，理想的情况应是：不是将信道的某一部分资源（如频带、时间）固定地分配给某一个信源，而要力求做到多路共享，灵活分配。例如，当传输的路数减少时，其他仍在传输着的各路应能从空出来的那路资源中得到好处，用来改善各路的传输质量。例如提高所传信号的信噪比，从而减小传输误差。

（3）便于同时传输开关量和模拟量两种信号。

（4）便于计算机管理。

（5）路际干扰小。

（6）同步简单，设备简单，成本低。

2.4.6 对时分制、频分制和码分制的评价

（1）时分制和码分制多路合成后的信号不会造成能量在时间上的集中，因而对本质安全性能无影响。频分制多路合成信号的路数愈多，则传输线上信号的瞬时功率和平均功率都成正比地增大，有可能造成能量过分集中而危害到系统的本质安全防爆性能。

（2）时分系统可以很方便地用多位数码传送模拟量，用 1 位码位传送开关量。这种传输方式对信道资源的利用而言是经济合理的。频分系统由于区分频率的滤波器难以做得非常敏锐，开关量和模拟量大体要占相同的频带宽度，这就造成开关量信道频率资源的浪费。码分制对开关量和模拟量的传输优于频分制，劣于时分制。

（3）时分系统的信号与计算机所需的信号非常相近，故时分系统便于计算机接口，也便于系统的智能化，码分制系统也便于计算机管理，而频分系统与计算机的接口则比较复杂。

（4）在信息传输速率不很高的情况下，时分系统中各路之间的相互干扰较小。码分制系统在系统同步情况下，各路之间无干扰。频分制系统各路干扰较大。

（5）时分系统和码分系统中各路信息的发送与接收需要严格同步，否则将造成重大差错，而频分系统则不需要同步，特别适用在传感器分散分布难以集中发送信息的场合。

（6）从传输信道资源的利用方面来考虑，时分系统是将信道按时间分配给某一路信源，而频分系统则是按频率分配给某一信源。当某一路信源停止工作时，该路资源就闲置不用，造成浪费。这是两者共同的缺点。码分制不将传输线的实在资源固定地划分，可以随时将冗余转化为系统的抗干扰能力，适合矿井监控系统多变的要求，达到自适应限错。

2.5 信息传输技术要求

2.5.1 一般要求

矿用信息传输装置通常由分站、信息传输接口、主机、串行数字传输的传感器和执行器等组成，在矿用以太网中，还包括矿用网络交换机等。通常将主机和信息传输接口等用于管理的信息传输与处理设备称为管理节点设备，将分站、传感器和执行器等用于工业现场的信息传输与处理设备称为现场节点设备。

矿用信息传输装置按工作方式可分为主从、多主和无主工作方式：

（1）主从工作方式就是装置中只有一个主节点设备的工作方式。主节点设备除控制本节点的信息传输与处理外，还控制着装置中从节点信息传输的信息传输与处理设备。

（2）多主工作方式就是装置中有两个或两个以上主节点设备的工作方式。

（3）无主工作方式就是装置中的所有节点设备均为无主节点设备的工作方式。无主节点设备的信息传输不受其他节点控制，本节点只控制本节点的信息传输的信息传输与处

理设备。

矿用信息传输装置，按使用环境，可分为矿用防爆型、矿用一般型、地面普通型和复合型；按复用方式，可分为时分、频分、码分和其他复用方式；按网络结构，可分为树形、环形、星形、总线形和复合形；按所传输的信号可分为模拟、数字；按信号传输方向可分为单向、半双工、全双工；按同步方式可分为异步、同步；按调制方式可分为基带、调幅、调频、调相、其他调制方式。

煤矿用信息传输装置应符合《MT/T 899 煤矿用信息传输装置》等标准的要求，并按照经规定程序批准的图样及文件制造。

2.5.1.1 环境条件

煤矿用信息传输装置应能在表 2-2-1 规定的相应条件下正常工作。

表2-2-1 环境条件

环境条件	设于井下的设备	设于地面的设备
温度	符合 MT 209—1990 中 4.2.1 的规定	符合 MT 209—1990 中 4.2.3 的规定
湿度	平均相对湿度≤95%（+25 ℃）	符合 MT 209—1990 中的 4.4.2
大气压力	80～106 kPa	
机械环境	无显著振动和冲击的场合	

煤矿用信息传输装置应能承受表 2-2-2 规定的最恶劣的贮运条件。

表2-2-2 最恶劣的贮运条件

环境条件	设于井下的设备	设于地面的设备
高温/℃	+60	
低温/℃	-40	
湿度	平均相对湿度 95%（+25 ℃）	相对湿度 93%（+40 ℃）
振动/($m \cdot s^{-2}$)	50	20
冲击/($m \cdot s^{-2}$)	500	300

2.5.1.2 供电电压

交流供电电压应符合《GB 156 标准电压》的规定，一般在 36、127、220、380、660、1140 V 中选取，允许电压波动范围应符合《MT 209 煤矿通信、检测、控制用电工电子产品通用技术要求》等有关规定。

直流供电电压应符合《GB 156 标准电压》的规定，一般在 5、9、12、15、18、24 V 中选取，允许电压波动范围由产品标准规定。

2.5.2 信息传输要求

煤矿安全生产监控系统信息传输应符合《MT/T 899 煤矿用信息传输装置》的要求。该标准对矿井监控系统的传输介质、网络结构、工作方式、连接方式、传输方向、复用方式、信号、传输方式、调制方式、字符、帧格式、传输速率、误码率、传输处理误差、最大巡检周期、最大传输距离、最大节点容量等进行了规定：

（1）传输介质。煤矿井下的特殊环境制约了井下无线通信的发展，因此，除移动设备的监控外，一般都采用价格低廉，又便于安装维护的双绞线矿用电缆，也有采用大容量的光缆，以适应多媒体综合监控的需要。因此，矿井监控系统的传输介质可以是电缆、光缆等传输介质。由于顶板垮落、机械碰撞、人为破坏等，会造成电缆和光缆断缆，而光缆又难以接续，特别是光纤的熔接防爆问题，目前还没有解决。因此，除矿井监视系统外，矿井安全监控系统一般都采用双绞线矿用电缆。采用双环冗余结构的光缆，可用于断缆概率小、瓦斯不易积聚的大巷。

（2）网络结构。一般工业监控系统电缆敷设的自由度较大，可根据设备、电缆沟、电杆的位置选择星形、环形、树形、总线形等结构。而矿井监控系统的传输电缆必须沿巷道敷设，挂在巷道壁上。由于巷道为分支结构，并且分支长度可达数千米。因此，为便于系统安装维护，节约传输电缆，降低系统成本，宜采用树形网络结构，也可采用环形、总线形、星形或其他网络结构。

（3）工作方式。现有的矿井监控系统均为主从工作方式。主从工作方式与无主工作方式相比，具有抗故障能力差等缺点。但是考虑到环境安全、轨道运输，胶带运输等单方面集中监控的需要，矿井监控系统宜采用多主或无主工作方式，也可采用主从等其他工作方式。

（4）连接方式。为满足环境安全、轨道运输、胶带运输等就地监控的需要，矿井监控系统的连接方式宜灵活多样，既可单层连接，如图 2－2－18 所示，又可多层连接，如图 2－2－19 所示。

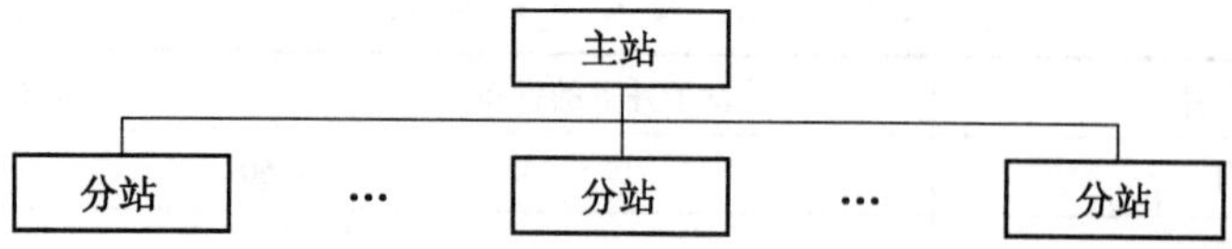

图 2－2－18　单层连接图

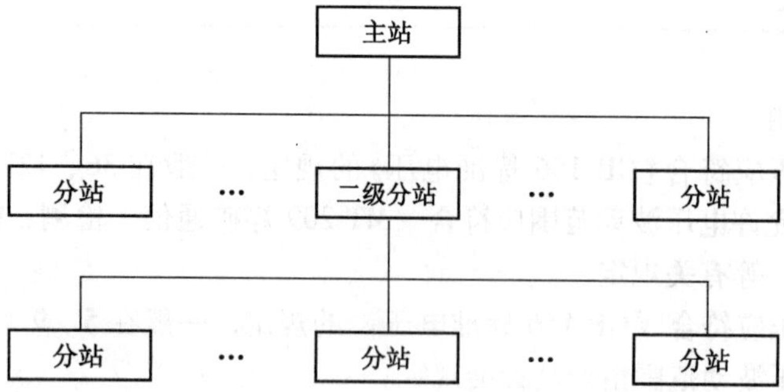

图 2－2－19　多层连接图

（5）传输方向。单向传输仅适用于监测系统，全双工传输使用传输通道较多。因此，矿井监控系统宜采用半双工传输，也可采用全双工传输。

(6) 复用方式。常用的复用方式有频分制、时分制、码分制和他们的混合方式。在矿井监控的特殊条件下，三种复用方式的比较如表2-2-3所示。通过比较不难看出：频分制各项指标均不如时分制和码分制；码分制虽在信道自适应分配方面优于时分制，但在模拟量与开关量共同传输和设备复杂性方面劣于时分制。因此，矿井监控系统宜采用时分制复用方式，也可采用频分制、码分制等复用方式。

表2-2-3　频分制、时分制、码分制对比

复用方式	本安防爆	模拟量与开关量共同传输	各路信号之间干扰	自适应能力	设备复杂程度	复用路数
频分制	差	差	大	无	简单	低
时分制	好	好	小	无	简单	高
码分制	好	一般	小	有	复杂	高

(7) 信号。表示模拟量的信号可以是模拟信号和数字信号两种。数字信号同模拟信号相比具有以下特点：抗干扰能力强；传输中的差错可以控制、传输质量高；可以传递各种消息，灵活通用；便于计算机存储、处理、传输；便于本质安全防爆隔离等。因此，宜采用数字信号传输，这包括分站至主站和传感器及执行机构至分站之间。虽然在现有多数系统中，传感器及执行机构到分站间的传输仍采用频率型和电流型等模拟信号，但由于现有传感器及执行机构有的已采用单片机，并且进行数字信号传输已十分方便，并不会过多增加成本。因此，传感器及执行机构到分站间的传输也宜采用数字信号。在同样传输速率情况下，不归零信号比归零信号的脉冲持续时间长、抗干扰能力强、传输距离远；矩形信号较其他波形信号设备简单。因此，矿井监控系统宜采用不归零矩形脉冲数字信号传输，也可采用频率型等模拟信号。

(8) 串行异步传输。串行传输与并行传输相比具有使用传输通道少、适宜远距离传输等优点。矿井监控的监控点分散，每一分站、传感器（或执行机构）每次需发送或接收的数据（或状态）较少，且信号变化较慢，宜采用低速、小容量、设备简单的串行异步传输方式。现有矿井监控系统大多数采用性能价格比较高的单片机，这些单片机均提供了串行异步传输方式。因此，矿井监控系统宜采用串行异步传输方式，也可采用串行同步传输方式。

(9) 调制方式。基带传输与频带传输相比具有设备简单、成本低、便于本质安全防爆、便于树状系统使用（传输频带在低频段）等优点。而调频和调相具有抗干扰能力强的优点。因此，矿井监控系统宜采用基带、调频和调相传输。

(10) 字符。字符长度通常有5、6、7、8位等，为提高编码效率，实际使用中一般采用8位。单片机为便于多机通信，可将8位数据后的第9位用作地址/数据标志位。停止位有1、1.5、2位，为提高编码效率，一般采用1位停止位。因此，矿井监控系统的字符长度宜为8位，由1位逻辑“0”表示开始，1位逻辑“1”表示停止，任意长度的逻辑“1”表示空闲。字符最高位与停止位之间设1位地址/数据标志位，如图2-2-20所示。该位为逻辑“1”表示该字符为地址字符，该位为逻辑“0”表示该字符为数据（除地址

之外的各种信息）字符。字符最高位与停止位之间也可设 1 位奇偶校验位，宜采用奇校验，如图 2-2-21 所示。

空闲位	起始位	数据或地址								标志位	停止位	空闲位
1	0	D0	D1	D2	D3	D4	D5	D6	D7	A/D	1	1

图 2-2-20　带有地址/数据标志位的字符

空闲位	起始位	数据或地址								校验位	停止位	空闲位
1	0	D0	D1	D2	D3	D4	D5	D6	D7	P	1	1

图 2-2-21　带有校验位的字符

（11）帧格式。为标明一帧信息的接收地址、长度和类别等，并保证可靠的传输，在一帧中通常包括地址场、控制场、数据场和校验场。还有标志帧开始和结束的开始标志和结束标志。在采用具有地址/数据标志位字符的帧格式中，地址场可兼作帧开始标志，停止位兼作结束标志。信号在远距离传输过程中，会受到各种干扰而发生差错，为保证装置的传输质量，除提高装置的信噪比外，采用差错控制措施是十分有效的。常用的差错控制方法有检错法和纠错法。在计算机通信和工业监控系统中，通常采用奇偶校验和循环冗余校验，以提高编码效率和降低设备的复杂性。因此，矿井监控系统的差错控制方法宜采用奇偶校验或循环冗余校验。为便于统一，奇偶校验采用奇校验。循环冗余校验常用的循环码生成多项式有 CRC-CCITT（即 $X^{16}+X^{12}+X^5+1$）、CRC-16（即 $X^{16}+X^{15}+X^2+1$）、CRC-32（即 $X^{32}+X^{26}+X^{23}+X^{22}+X^{16}+X^{12}+X^{11}+X^{10}+X^8+X^7+X^5+X^4+X^2+X+1$）。CRC-CCITT 同 CRC-16 具有相同的检错能力，检验位为 16 位。CRC-32 检错能力优于前两者，但检验位为 32 位。由于 SDLC/HDLC 规程采用 CRC-CCITT，矿井监控系统的循环冗余校验的循环码生成多项式宜采用 CRC-CCITT。因此，矿井监控系统的 1 帧宜由 1 个字符的地址场、1 个字符的控制场、N 个字符的数据场和 2 个字符的 CRC 校验场组成，如图 2-2-22 所示。字符应符合图 2-2-20 的规定，CRC 生成多项式宜采用 CRC-CCITT，也可采用 HDLC 的帧格式，如图 2-2-23 所示。

空闲位 *L* 位	地址场 1 字符	控制场 1 字符	数据场 *N* 字符	CRC 校验场 2 字符	空闲位 *M* 位

注：*L*、*M*、*N* 均为自然数

图 2-2-22　异步帧格式

开始标志 01111110	地址场 8 位	控制场 8 位	数据场 (0～*N*)位	CRC 校验场 16 位	停止标志 01111110

注：*N* 为自然数

图 2-2-23　HDLC 帧格式

（12）传输速率。理论分析及实验表明：使用矿用电缆作传输媒介，采用树形网络结构，当无中继器传输距离为 10 km 时，最大传输速率为 4800 bps。考虑到现有系统在无中继器最大传输距离为 10 km 时，传输速率为 600、1200 和 2400 bps。因此，矿井监控系统的传输速率宜在 1200、2400、4800 bps 等中选取。

（13）误码率。用于监测的矿井监控系统的误码率要求较低，其误码率应不大于 10^{-6}，用于监控的矿井监控系统的误码率要求较高。其误码率应不大于 10^{-8}。

（14）传输处理误差。为降低系统成本，模拟量一般都采用 8 位字长来表示，在 A/D 转换过程中的处理误差应不大于 1/256，因此，矿井监控系统的传输处理误差应不大于 0.5%。

（15）最大巡检周期。为保证实时性，需对最大传输容量下巡检周期进行规定。由于矿井监控信号的变化比较缓慢，因此，矿井监控系统的最大巡检周期应不大于 30 s，并应满足监控要求。当然，在不过多增加系统成本的前提下，传输周期越短越好。

（16）最大传输距离。煤矿井下工作环境恶劣、维护困难，若采用中继器延长矿井监控系统的传输距离，由于中继器是有源设备，故障率较无中继器系统高，并且在煤矿井下矿井监控系统的供电受电气防爆限制，在中继器处不一定好取电源，若采用远距离供电还需要增加供电芯线，因此，矿井监控系统不宜采用中继器延长传输距离。根据我国煤矿的具体情况，为满足大、中、小各类矿井的监控需要，主站至分站、分站至分站之间的最大传输距离应不小于 10 km。这里没有提出满足中、小型矿井的传输距离，这是因为在现有技术条件下，达到 10 km 传输距离已没有什么困难，并且不会增加设备成本，因此，没有必要再提出满足中、小型矿井的传输距离。由于高产高效工作面的出现，工作面走向长度可达 1500 m，工作面长度可达 200 m。因此，传感器及执行机构至分站的最大传输距离应不小于 2 km。因此，矿井监控系统不宜采用中继器来延长传输距离；分站至主站之间、分站至分站之间的最大传输距离应不小于 10 km；传感器及执行机构至分站之间的最大传输距离应不小于 2 km。

（17）最大节点容量。一个网段的节点容量一般由译码能力、接口的驱动能力、传输距离等决定。译码能力一般与地址场的字长有关，因此决定节点容量的关键因素是物理层。根据 RS-485，CAN 等有关标准严格分析及测试，无中继器传输距离达 10 km 的网段，其最大节点容量为 128。虽然现有一些系统号称可接分站数百个、上千个，这仅仅是译码能力，还没有任何实验及数据来证明该系统容量是可靠的，在使用中往往会出现系统工作不稳定等问题。因此，矿井监控系统的最大节点容量宜在 8、16、32、64、128 中选取，取上述值除考虑物理层外，还考虑便于二进制编码的问题。

2.5.3 其他技术要求

1. 本安参数

装置中用于爆炸性环境的设备，其输入输出信号应是本质安全的，本安参数由产品标准规定，一般包括最大开路电压和最大输出电流。

2. 电源波动适应能力

供电电压在产品标准规定的允许电压波动范围内，装置的电气性能应符合各自产品标准的规定。

3. 结构

（1）紧固件必须有防止自动松脱的措施。

（2）金属零件必须进行防锈、防蚀处理。

（3）隔爆兼本质安全型产品的隔爆接合面应符合《GB 3836.1 爆炸性环境 第 1 部分：设备 通用要求》、《GB 3836.2 爆炸性环境 第 2 部分：由隔爆外壳“d”保护的设备》的有关规定。

（4）零部件、元器件及其他结构要求应符合《MT 209 煤矿通信、检测、控制用电工电子产品通用技术要求》的有关规定。

4. 外观

应符合《MT 209 煤矿通信、检测、控制用电工电子产品通用技术要求》的有关规定。

5. 外壳防护性能

应符合《MT 209 煤矿通信、检测、控制用电工电子产品通用技术要求》的有关规定。

6. 电气安全

（1）带电回路与接地（或外壳）间的绝缘电阻应符合《MT 209 煤矿通信、检测、控制用电工电子产品通用技术要求》的有关规定。测量部位应在产品标准中明确规定。

（2）装置应能承受历时 1 min 的交流 50 Hz 正弦波工频耐压试验，且无击穿和闪烁，工频耐压试验电压值应符合《MT 209 煤矿通信、检测、控制用电工电子产品通用技术要求》的有关规定。试验部位应在产品标准中明确规定。

7. 表面温度

应能符合《MT 209 煤矿通信、检测、控制用电工电子产品通用技术要求》的有关规定。

8. 工作稳定性

装置应进行工作稳定性试验，通电试验时间不小于 7 天，其电气性能应符合各自产品标准的规定。

9. 抗干扰性能

（1）设于地面的设备应能通过《GB/T 17626.2 电磁兼容试验和测量技术 静电放电抗扰度试验》规定的严酷等级为 3 级的静电放电抗扰度试验，其电气性能应符合《MT/T 899 煤矿用信息传输装置》等标准的规定。

（2）装置应能通过《GB/T 17626.3 电磁兼容试验和测量技术 射频电磁场抗扰度试验》规定的严酷等级为 2 级的辐射电磁场抗扰度试验，其电气性能应符合《MT/T 899 煤矿用信息传输装置》等标准的规定。

（3）装置应能通过《GB/T 17626.4 电磁兼容试验和测量技术 电快速瞬变脉冲群抗扰度试验》规定的严酷等级为 3 级的电快速瞬变脉冲群抗扰度试验，其电气性能应符合《MT/T 899 煤矿用信息传输装置》等标准的规定。

（4）装置应能通过《GB/T 17626.5 电磁兼容试验和测量技术 浪涌（冲击）抗扰度试验》规定的严酷等级为 3 级的浪涌（冲击）抗扰度试验，其电气性能应符合《MT/T 899 煤矿用信息传输装置》等标准的规定。

10. 可靠性

装置平均无故障时间（MTBF）应不小于800 h。

11. 环境适应性

（1）装置应能通过高温工作试验，其电气性能及外观应符合《MT/T 899 煤矿用信息传输装置》等标准的规定。

（2）装置应能通过低温工作试验，其电气性能及外观应符合《MT/T 899 煤矿用信息传输装置》等标准的规定。

（3）装置应能通过高温贮存试验，恢复后其电气性能及外观应符合《MT/T 899 煤矿用信息传输装置》等标准的规定。

（4）装置应能通过低温贮存试验，恢复后其电气性能及外观应符合《MT/T 899 煤矿用信息传输装置》等标准的规定。

（5）装置应能通过湿热试验，其电气性能、电气安全及外观应符合《MT/T 899 煤矿用信息传输装置》等标准的规定。

（6）装置应能通过振动试验，试验后其电气性能及外观应符合《MT/T 899 煤矿用信息传输装置》等标准的规定。

（7）装置应能通过冲击试验，试验后其电气性能及外观应符合《MT/T 899 煤矿用信息传输装置》等标准的规定。

（8）包装后的装置应能承受模拟运输试验，试验后包装箱应无损害和明显变形，箱内设备的电气性能及外观应符合《MT/T 899 煤矿用信息传输装置》等标准的规定。

2.5.4 防爆性能

（1）防爆型设备应符合《GB 3836.1 爆炸性环境　第1部分：设备　通用要求》、《GB 3836.2 爆炸性环境　第2部分：由隔爆外壳“d”保护的设备》、《GB 3836.3 爆炸性环境　第3部分：由增安型“e”保护的设备》、《GB 3836.4 爆炸性环境　第4部分：由本质安全型“i”保护的设备》的规定，并经国家指定的检验单位检验合格，取得“防爆合格证”。

（2）矿用一般型设备应符合《GB 12173 矿用一般型电气设备》的规定，并经国家指定的检验单位检验合格，取得“矿用合格证”。

2.6 矿用现场总线

2.6.1 现场总线

现场总线（Field Bus）是用于工业监控系统最底层的现场设备互连的计算机通信网络，是计算机技术、通信技术、控制技术的集成，是工业监控领域的一场技术革命。它用多节点、双向数字传输的通信网，替代传统的分布式监控系统 DCS（Distributed Control System）中的传输电缆，大大降低了传输电缆用量和系统成本，提高了系统可靠性，便于用户使用与维护。因此，得到了工业监控领域生产商、研究机构和用户的公认，获得了广泛应用。

现场总线是一种实时监控计算机网络，同计算机局域网和广域网相比具有如下特点：

（1）节点的数据处理能力和数据存储能力较差，仅能完成监测和控制功能。

（2）传送的数据报文短，且实时性强，以满足实时监控的需要。

（3）体系结构及协议简单，以便于提高网络的实时性和可维护性。

（4）组网成本低，以提高系统的性能价格比。

现场总线控制系统由智能仪表（含执行机构），现场总线和工作站组成，如图 2－2－24 所示。现场总线控制系统同传统的分布式控制系统 DCS（由现场仪表、控制站和操作站组成，如图 2－2－25 所示）相比，具有如下优点：

（1）采用一对传输线连接多台智能数字仪表，较传统的一对传输线只连接一台仪表，省去了大量的传输电缆，既降低了系统成本，又便于安装与维护。

（2）采用双向数字传输，较传统的单向模拟传输具有抗干扰能力强，传输精度高等优点，提高了系统可靠性。

（3）采用具有检测、变换、补偿、控制和运算等多种功能的智能仪表，省去了传统的控制站，通过智能仪表就可实现就地控制，实现了分散控制，既提高了系统可靠性和灵活性，又降低了系统成本。

（4）采用开放式互连网络，公开所有技术和标准，不同厂家的设备，均可方便地接入系统，提高了设备的互换性。

因此，世界各国对此都十分重视，研究和制定了总线标准，如 CANBUS、LONWORKS、PROFIBUS、HART、FF 等。

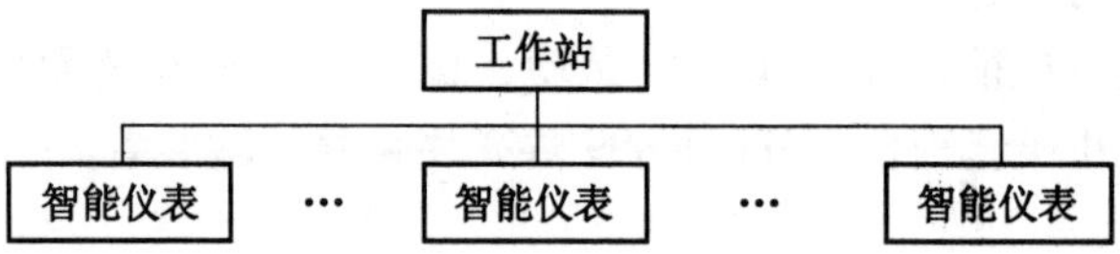

图 2－2－24　现场总线控制

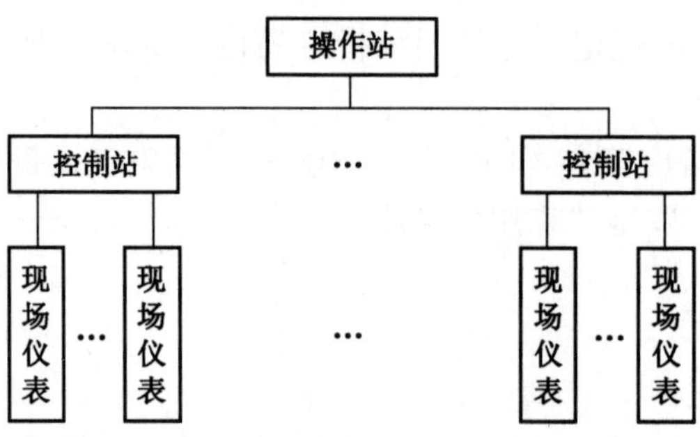

图 2－2－25　分布式控制系统

2.6.1.1　控制器局域网络 CAN

控制器局域网络 CAN（Control Area Network）是德国 BOSCH 公司为汽车监控而设计的一种无主局域网络。由于其优良的性能，现已被广泛用于其他监控领域，并已成为国际标准化组织 ISO 11898 标准，是现有各种现场总线中组网成本最低的一种。其特点如下：

（1）传输介质无特殊要求，可以是普通双绞线或同轴电缆。

（2）网络结构为总线结构，网络拓扑形式单一，适应性差。

（3）最大传输距离可达 10 km（传输速率为 5 kbps 时）。

（4）最大传输速率为 1 Mbps（传输距离为 40 m 时）。

（5）最大节点数可达 110 个。

（6）既可以主从方式工作，又可以无主方式工作。当以无主方式工作时，网络上任意节点均可以在任意时刻主动向其他节点发送信息，提高了系统可靠性，克服了主从式网络主节点的传输瓶颈问题。

（7）网络上的节点可分成不同的优先级，以满足不同的实时监控要求。

（8）采用非破坏性总线裁决技术，当两个节点同时向网络上传送信息时，优先级高的节点可不受影响地继续传送数据，大大节省了总线冲突裁决时间，特别是网络负载很重的情况下，不会出现网络瘫痪情况。

（9）以短帧方式传送数据，每帧的有效字节数为 8 个，传输时间短，重发时间短。

（10）可以点对点、一点对多点及全局广播几种方式传送数据。

（11）无用于爆炸性环境的本质安全型防爆产品。

（12）不可使用同一电缆向现场设备供电。

2. 6. 1. 2　局域操作网络 LONWORKS

局域操作网络 LONWORKS（Local Operating Network）是美国 Echelon 公司推出的监控网络，其关键芯片神经元 Neuron 由美国 Motorola 和日本 Toshiba 生产，在工控领域获得了广泛应用。其特点如下：

（1）网络结构灵活，用户可以根据需要组成总线形、环形、树形、混合形等多种结构，为网络的安装与维护提供了很大的方便。

（2）传输介质开放，可在双绞线、同轴电缆、光纤、电力线、射频电缆等各种通信介质上通信，并且可以在同一网络中多种不同介质混合使用。

（3）既可以主从方式工作，又可以无主方式工作。当以无主方式工作时，网络上任意一个节点均可以在任意时刻主动向其他节点发送信息，提高了系统可靠性，克服了主从式网络主节点传输瓶颈问题。

（4）总线访问采用改进的 CSMA 技术（Predictive p-persistant CSMA），根据总线负载随机调整时间槽 n(1 ~63)。从而在负载较轻时，使介质访问延迟最小化；在负载较重时，使冲突的可能最小化。

（5）最大传输距离（无中继器时）2700 m（双绞线、78 kbps）。

（6）最大传输速率为 1. 25 Mbps（传输距离为 130 m 时）。

（7）最大节点数为 127。

（8）具有用于爆炸性环境的本质安全型防爆产品。

（9）可使用同一电缆向现场设备供电。

2. 6. 1. 3　Profibus 总线

Profibus 总线遵守德国国家标准 DIN19245 和欧洲标准 EN50170 的现场总线标准，多用于过程控制、大型装配和物料输送机械，由 Profibus-DP（主从），Profibus-FMS（多从），Profibus-PA（本质安全防爆）2 个兼容部分组成。Profibus-DP 用于设备级控制系统与分散式 I/O 之间的通信；Profibus-FMS 用于车间级通用性通信任务，提供大量的通信服务，完成中等传输速度的循环和非循环通信任务；Profibus-PA 专为过程自动化设计，可使传感器和执行机构连在 1 根总线上，具有本质安全规范。

Profibus 总线具有如下技术特点：

（1）Profibus 提供了 3 种类型传输技术：DP 和 FMS 采用 RS485 方式（称为 H2）；PA 采用 IEC1158 -2（称为 H1）和光纤传输。

RS485 方式（H2）采用屏蔽双绞铜线电缆，传输速度为 9.6 kbps ~ 12 Mbps，相应传输距离为 1200 m ~ 100 m，总线拓扑为线性拓扑。每分段为 32 个站，最多 127 个。

IEC1158 -2（H1）传输技术可保持本质安全性并使现场总线设备通过总线供电，这种传输方式采用 Manchester 编码，传输速度为 31.25 kbps，传输介质为屏蔽或无屏蔽双绞线，网络拓扑为总线型、树型，或者二者的组合，每个段最大 32 个节点，总数 126 个节点，最大线路长度为 1900 m。

Profibus 还提供了光纤介质传输方式，在 50 m 以内时可以使用便宜的塑料纤维导体，在 1000 m 以内时可以使用玻璃纤维导体。

（2）Profibus-DP 总线存取基于混合、分散、集中 3 种方式，主站间用令牌传送，主站与从站之间用主 - 从方式。最小的系统配置由一个主站和一个从站或两个主站组成。

（3）Profibus-PA 段与 Profibus-DP 总线之间可通过耦合器连接，并实现两段间的透明传输。

2.6.1.4 现场总线基金会 FF 现场总线

现场总线基金会 FF（Field Bus Foundation）是制定国际现场总线标准的国际标准化组织。现场总线基金会制定的现场总线标准，由于其公正性、技术先进性和无专利许可要求，得到了越来越多厂商的支持，是世界公认的现场总线标准，代表着监控领域的发展方向。现场总线基金会现场总线分为低速网络 H1 和高速网络 H2 两种，其特点如下：

（1）网络结构灵活，用户可根据需要组成总线形、树形结构，为网络的安装与维护提供方便。

（2）传输介质多样，可采用有线电缆，光纤和无线通信。

（3）采用令牌结合查询的一体化通信方式，一个网络中可以有多个主站，提高了系统可靠性，克服了单主站主从式网络主节点的传输瓶颈问题。

（4）最大传输距离（无中继器时）：①H1 标准 1900 m（传输速率为 31.25 kbps 时）；②H2 标准 750 m（传输速率为 1 Mbps 时）。上述距离可使用中继器延长，但不超过 4 次。

（5）最大传输速率：①H1 标准 31.25 kbps（传输距离为 1900 m 时）；②H2 标准 2.5 Mbps（传输距离为 500 m 时）。

（6）最大节点数量：①H1 标准 一般型 32 台；本质安全型 6 台；②H2 标准 12 台（总线供电非本安）。

（7）具有用于爆炸性环境的本质安全型产品。

（8）可由总线供电。

2.6.2 矿用现场总线

煤矿井下是一个特殊的工作环境，有易燃易爆可燃性气体和腐蚀性气体，潮湿、淋水、矿尘大、电网电压波动大、电磁干扰严重、空间狭小、监控距离远。因此，矿用现场总线不能照搬一般工业现场总线标准，而应根据矿井监控的特点，借鉴一般工业现场总线的新技术，研究适用于矿井监控的矿用现场总线。

矿井监控系统同一般工业监控系统相比具有如下特点：①电气防爆；②传输距离远；③网络结构宜采用树形结构；④监控对象变化缓慢；⑤电网电压波动大，电磁干扰严重；⑥工作环境恶劣；⑦传感器（或执行机构）宜采用远程供电；⑧不宜采用中继器。可以看出，直接采用一般工业监控的总线技术是行不通的，不是不符合电气防爆要求，就是传输距离太近，或网络结构不适用于矿井监控系统，或不能进行总线供电，或节点容量太小等等。为此，提出理想矿用现场总线概念。理想矿用现场总线应满足以下要求：

（1）既可无主方式工作，又可多主方式工作。采用无主方式工作可以减少主站故障和电缆故障（如砸断等）对整个系统的影响，避免瓶颈效应，提高系统的抗故障能力。

（2）传输介质多样。既可采用目前普遍采用的价格低廉的双绞线，又可采用大容量的光缆，以适应多媒体综合监控和综合业务数字网的需要，也可采用无线传输，以满足移动设备（如电机车等）监控及便携式仪器接入。

（3）网络结构灵活，至少有树形结构，以适应井下巷道布局。

（4）无中继器最大传输距离不小于 10 km，以满足大、中、小各种矿井监控的要求。

（5）既可总线供电，又可就地供电，以解决传感器及执行机构供电的问题。

（6）节点设备（包括智能传感器和智能执行机构、智能监控站、工作站）既可单层连接，如图 2－2－26 所示，又可多层连接，如图 2－2－27 所示，以适应环境安全、轨道运输、胶带运输等就地监控的需要，并减少对无中继器最大传输距离的要求。

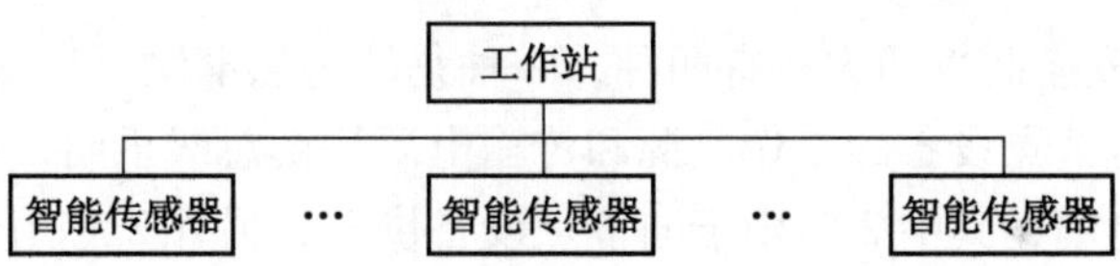

图 2－2－26　单层网络

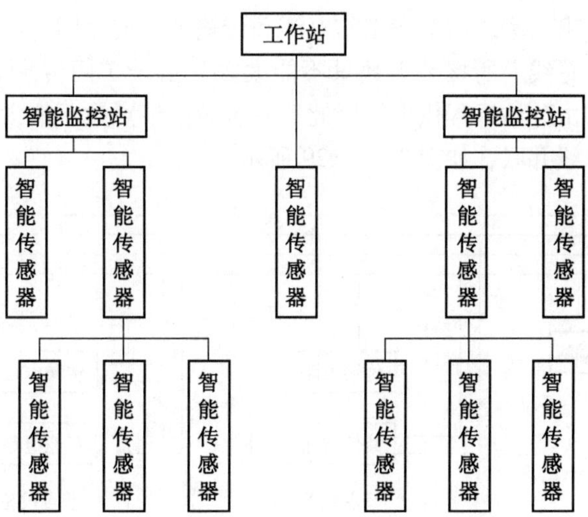

图 2－2－27　多层网络

(7) 传感器（含执行机构）网络层的最大节点数宜不大于 32，具体节点数量应根据传感器的耗能、工作电压、最大传输距离、传输线分布参数和本质安全防爆要求确定。

(8) 智能监控站网络层的最大节点数宜不大于 128，具体节点数应根据传输距离、传输线分布参数、总线收发电路和本质安全防爆要求确定。

(9) 符合矿用防爆要求。为减小设备体积、重量和成本，应尽量采用本质安全防爆措施。

(10) 电网电压波动适应能力强、抗干扰能力强、防潮、防水、防霉、防腐、防尘、抗机械冲击。

不难看出，理想矿用现场总线，借鉴了一般工业现场总线监控系统的传感器与执行机构智能化、数字化、多路复用、总线供电的先进技术，但没有采用智能现场设备与工作站 2 层结构。而采用智能传感器（传感器、执行机构），智能监控站和工作站多层结构，这样做既能解决对总线无中继最大长度和节点数量的要求，又符合矿井环境安全、轨道运输、胶带运输监控等分归通风与不同生产部门的管理要求。

2.6.2.1 控制器局域网络 CAN 在矿井监控系统中的应用

CAN 具有无主方式工作，实时性强，传输介质无特殊要求，节点数多，传输距离远，传输速率高等优点。但由于 CAN 是一种非防爆的现场总线，并且为总线结构、不可使用同一电缆向现场设备供电。因此，用作矿用现场总线还应解决电气防爆和网络结构等问题。

1. 电气防爆

解决 CAN 本质安全防爆的方法有两种，一种是统一供电法，另一种是隔离供电法。

统一供电法就是节点设备的工作电源和传输电源均由总线供给，如图 2－2－28 所示。传输媒介采用 4 芯电缆，其中 2 芯用于向节点设备供电，另外 2 芯用于信号传输。此方法的优点是节点设备简单，不需用于隔离节点工作电路和节点传输电路的光电隔离电路；缺点是总线上所接节点数量小。这是因为本质安全防爆电源的输出功率受防爆要求限制不能太大，特别是电缆的分布参数和节点设备中的储能元件（电感和电容）将进一步制约本质安全防爆电源的输出功率，而节点工作电源和传输电源使用同一电源供电，对电源的功率要求较大，因此，总线上所接节点数量不能太多。由于矿用传感器（含执行机构）一般不能就地供电，需由分站远程供电，因此每一区域的节点数不能太多，当节点数要求较多时，需采用多条总线并联，如图 2－2－29 所示。

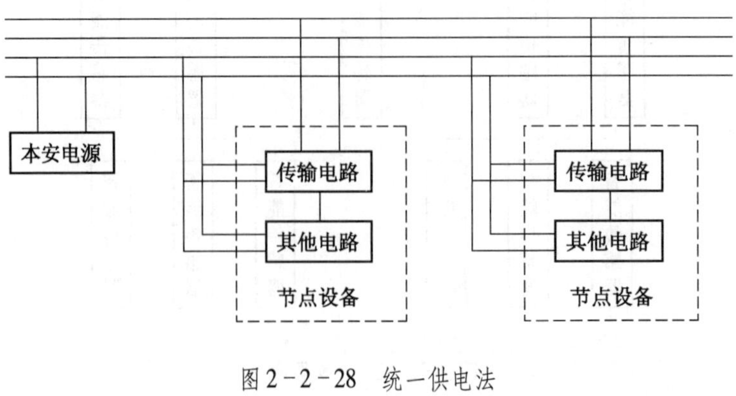

图 2－2－28 统一供电法

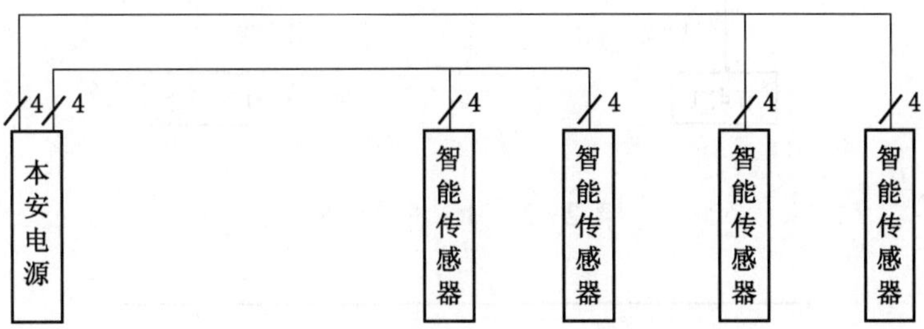

图 2-2-29 多总线统一供电法

隔离供电法就是将节点设备的工作电源和传输电源分隔开，总线仅提供传输电源，通过电缆向传输电路供电，而节点工作电源可就地供给或由其他电缆芯线单独供给，如图 2-2-30 所示。该种方法对传输电源的功率要求不高，因此，在本质安全型防爆电源输出功率允许的条件下，节点数量较多，适宜用作智能监控站（类似于分站和主站，但通用性强）的互连。该种方法需在节点设备中增加光电隔离电路，以便将节点设备的工作电路和传输电路隔离，保证系统的本质安全防爆性能。

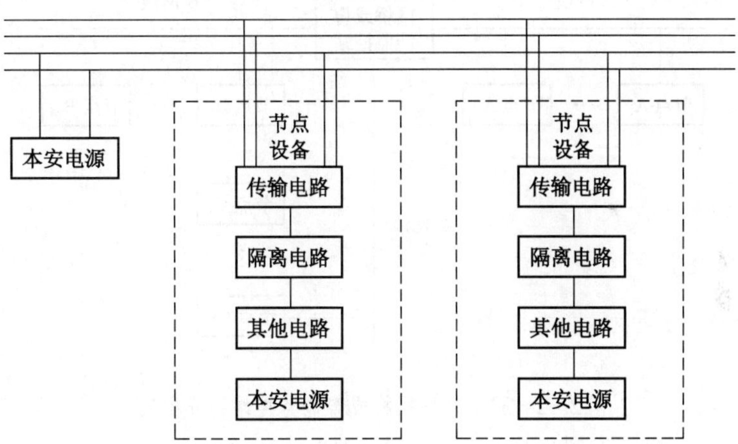

图 2-2-30 隔离供电法

2. 网络结构

煤矿井下电缆必须沿巷道敷设，吊挂在巷道壁上。而井下巷道多为分支结构，每分支的长度可达数千米，因此，为减少电缆用量，降低系统成本，便于安装与维护，矿井监控系统适宜采用树形网络结构。树形网络结构的节点设备可采用长电缆接在总线上，如图 2-2-31 所示，而 CAN 的网络结构为总线形，该种网络结构中的节点设备采用短电缆接在总线上，如图 2-2-32 所示。为此可采用分段法、树形连接法、降速法和转发节点法解决 CAN 用于矿井监控系统的网络结构问题。

分段法就是在分支处采用网桥或智能监控站将整个网络分割成许多网段，在每一网段

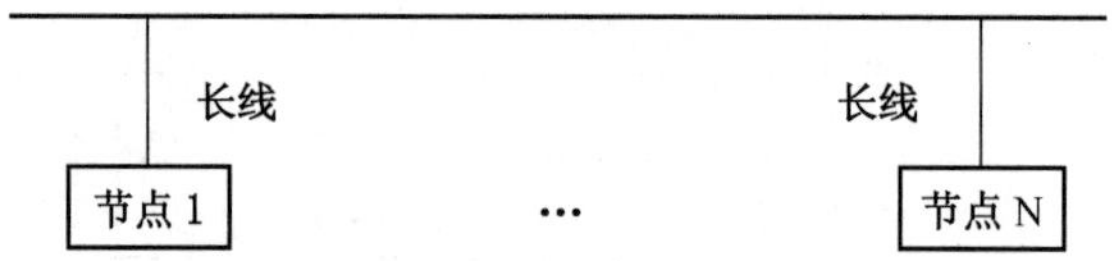

图 2-2-31 树形网络

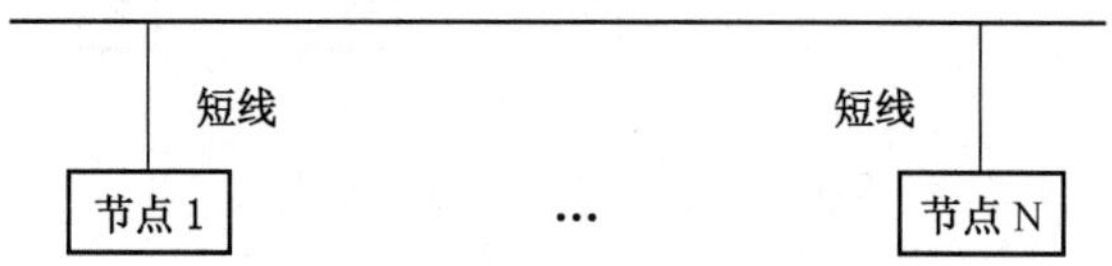

图 2-2-32 总线形网络

上没有长线分支如图 2-2-33 所示。这样既满足了 CAN 总线形网络结构的要求，又适应了矿井电缆宜树形分布的特殊性。该方法的缺点是整个系统的可靠性降低，设在分支处的网桥和智能监控站的故障将会影响各网段间的信息交换。

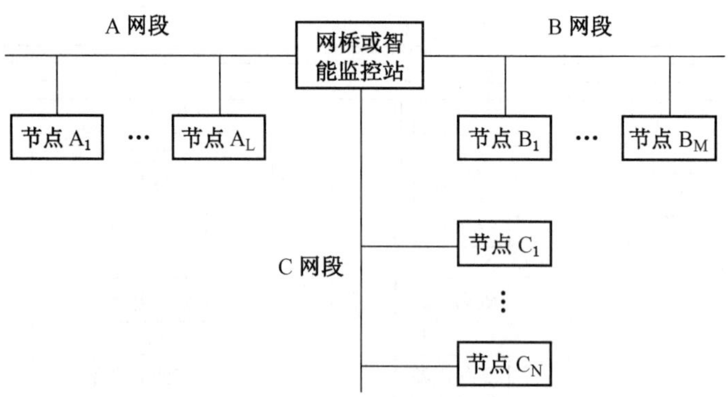

图 2-2-33 采用网桥或智能监控站的分段法

树形连接法就是电缆沿分支巷道往复敷设，不产生长线分支，如图 2-2-34 所示。由于电缆往复敷设，因此电缆用量大，系统成本高。当然也可采用 6 芯电缆，其中 2 芯用于供电，2 芯用于“往”，2 芯用于“返”，但这样仍增加了系统成本。更重要的是该方法是以牺牲传输距离为代价的，如 CAN 最大传输距离为 10 km，若在一个 3 km 长的分支内往返 1 次，将牺牲 6 km 的传输距离。

降速法就是通过降低传输速率，使分支长度 L 远小于信号电磁波的最小波长 λ_{min}，这时就可将实际长度较长而相对长度较短的传输线（$L \ll \lambda_{min}$）按短线处理。因此，CAN 在矿井监控系统中应用，应将传输速率降为 2400 bps 或更低。

3. 转发节点法

转发节点法就是在分支处增加转发节点，使其成为一个多 CAN 总线的树型结构，如图 2-2-35 所示。一个转发节点由两个 CAN 接口（图 2-2-35 中的 CANJ 和 CANK、

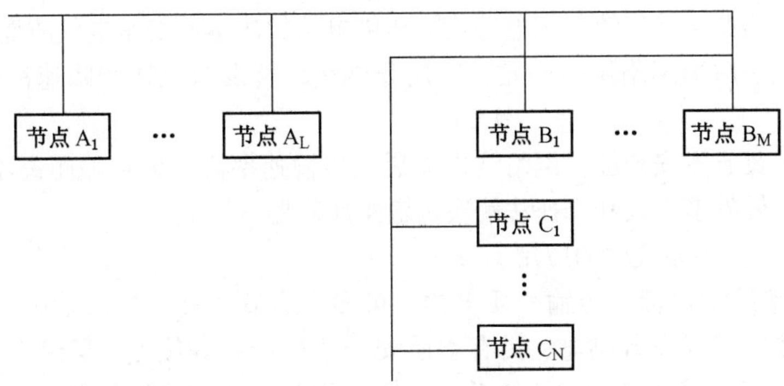

图 2-2-34 树形连接法

CANL 和 CANM）和一个单片机组成（图 2-2-35 中的 MCU1、MCU2）。

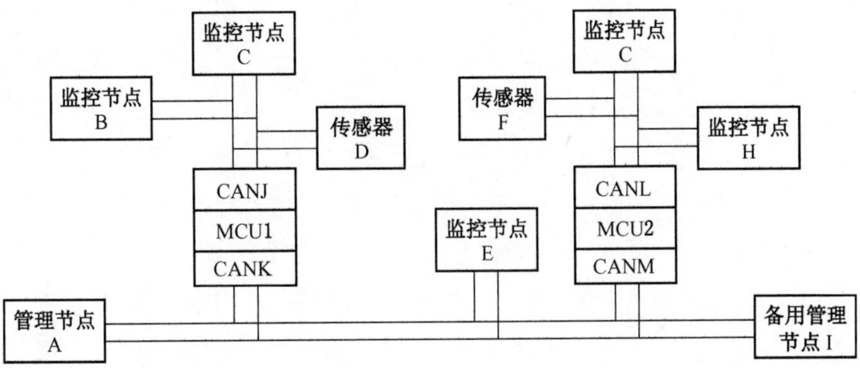

图 2-2-35 多 CAN 总线的树型结构

2.6.2.2 LONWORKS、Frofibus 及 FF 在矿井监控系统中的应用

1. LONWORKS 在矿井监控系统中的应用

LONWORKS 具有网络结构灵活、传输介质开放、可以无主方式工作、实时性强、节点数多、传输速率高、可共用同一电缆向现场设备供电、具有本质安全防爆产品等优点，但最大传输距离仅为 2700 m。因此，LONWORKS 用作矿井监控系统总线应解决传输距离问题。

解决 LONWORKS 传输距离的方法有两种，一种是分段法，另一种是降速法。

分段法就是采用网桥或智能监控站将每段传输距离不大于 2700 m 的网络连接起来，以满足矿井监控系统传输距离不小于 10 km 的要求。该方法的缺点是用于中继器的网桥和智能监控站的故障将会影响各网段间的信息交换。

降速法就是通过降低传输速率，延长系统传输距离，当传输速率降为 2400 bps 时，传输距离不小于 10 km，可以满足矿井监控系统传输距离的要求。

2. Profibus 在矿井监控系统中的应用

Profibus-DP的传输速率高，系统配置灵活，但采用了线性总线结构，传输距离短，不能总线供电。为此可采用统一供电法或隔离供电法解决本质安全电气防爆问题；采用分段法、转发节点法解决网络结构问题；采用分段法，转发节点法和降速法解决传输距离问题。

Profibus-PA具有本安特征，网络结构灵活，传输速率高，但传输距离不能满足要求，可采用分段法、转发节点法和降速法解决传输距离问题。

3. FF在矿井监控系统中的应用

FF具有网络结构灵活、传输介质多样、可多主方式工作、实时性强、传输速率高、可使用同一电缆向现场设备供电、具有本质安全防爆产品等优点，但最大传输距离仅为1900 m。因此，FF用作矿井监控系统总线也应采用分支法、转发节点法和降速法提高系统的传输距离。

3　矿用分站与信息传输接口

3.1　矿用分站

分站是煤矿安全生产监控系统的重要设备，接收来自传感器的信号，并按预先约定的复用方式（时分制或频分制等）远距离传送给传输接口，同时接收来自传输接口的多路复用信号（时分制或频分制等），且具有简单数据处理能力，能控制执行器工作的设备。

分站种类较多，可按复用方式、调制方式、同步方式、工作方式、供电电源、断电等多种分类方法进行分类。

（1）按复用方式可分为：频分制、时分制、码分制、复合复用方式（同时采用频分制、时分制、码分制中两种或两种以上）。

（2）按调制方式可分为：基带、调幅、调频、调相、其他。

（3）按传输方式可分为：同步、异步。

（4）按工作方式可分为：主从、多主、无主。

（5）按供电电源可分为：交流供电、直流供电。

（6）按断电可分为：内置断电控制器、外接断电控制器。

3.1.1　组成与工作原理

分站一般由模拟输入接口、开关量输入接口、开关量输出接口、数字串口（部分分站没有）、累计量输入接口（部分分站没有）、模拟量输出接口（部分分站没有）、系统接口、信息处理与存储单元、显示单元、报警单元（部分分站没有）、稳压单元等组成，如图2-3-1所示。

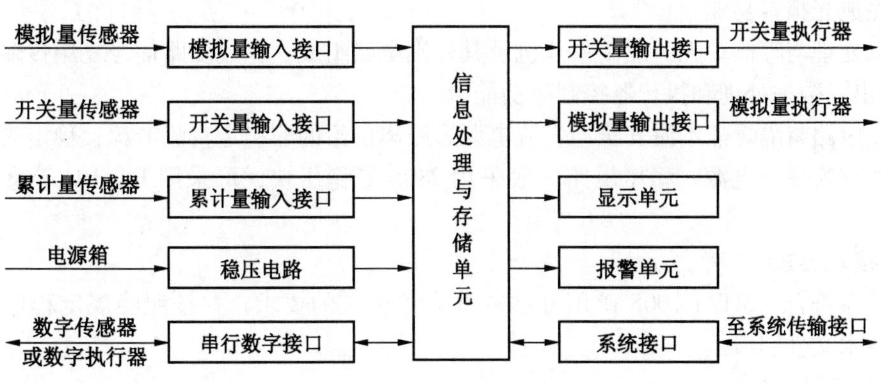

图2-3-1　分站组成框图

模拟量输入接口将甲烷等模拟量传感器输出的频率型（或电流型、电压型）模拟信号转换为数字信号送信息处理与存储单元，并具有本质安全防爆隔离、抗电磁干扰等功能。模拟量输入接口通常由用于本质安全防爆隔离和抗干扰隔离的光电耦合器、频率/数字（F/D）转换器和滤波器等电路组成。若模拟量输入为电流型或电压型，除具有上述电路外，还具有电压/频率（V/F）或电流/频率（I/F）转换器，当然，也可以采用光电隔离的模/数（A/D）转换器。部分分站的模拟量输入口也可用作开关量输入。

开关量输入接口通常由用于本质安全防爆隔离和抗干扰隔离的光电耦合器和滤波器等电路组成，将设备开停等开关量传感器输出的开关量信号经隔离后送信息处理与存储单元。

累计量输入接口将煤炭产量计量装置等累计量传感器输出的信号转换为数字信号送信息处理与存储单元。累计量输入接口的功能可以由模拟量输入接口或开关量输入接口完成，因此，部分分站不专设累计量输入接口。

开关量输出接口一般由光电耦合器等电路组成，将信息处理与存储单元的数字信号转换为开关量信号输出至断电控制器等执行器，并具有本质安全防爆隔离和抗干扰隔离功能。部分分站的开关量输出接口可用作频率型模拟量输出接口。

模拟量输出接口一般由光电耦合器、数/模（D/A）转换器、滤波器等电路组成，将信息处理与存储单元的数字信号转换为模拟量信号，并具有本质安全防爆隔离和抗干扰等功能。

串行数字接口由光电耦合器、滤波器、放大器等电路组成；将数字式传感器输出的串行数字信号隔离后送信息处理与存储单元；将信号处理与存储单元输出的串行数字信号隔离放大后送数字式执行器。

系统传输接口由光电耦合器、滤波器、放大器等电路组成；接收系统传输接口输出的串行数字信号，隔离后送信息处理与存储单元；将信息处理与存储单元输出的串行数字信号隔离放大后送系统传输接口。

显示单元由显示电路及其驱动电路等组成，用于分站电源指示、通信指示、故障指示、光报警、模拟量和开关量显示等。

报警单元由光报警和声报警两部分组成。声光报警可以外接声光报警器，也可以由显示单元完成光报警功能。

信息处理与存储单元一般由单片机及其外围电路组成，完成多路信号复用传输、信号输入/输出、数据处理和执行器控制等功能。

稳压电路将隔爆兼本质安全型直流电源远距离供给的非稳定直流电源，稳定为可供分站使用的直流稳压电源。稳压电路一般采用 7805 等稳压块，可采用 DC/DC 等直流变换电路。

3.1.2　技术要求

分站应符合《MT/T 1005 矿用分站》等有关标准的要求，并按照经规定程序批准的图样及技术文件制造。

3.1.2.1　环境条件

（1）分站一般应在下列条件下正常工作：

① 环境温度：见表 2-3-1；

② 湿度：见表 2-3-1；

③ 大气压力：80 ~ 106 kPa；

④ 无显著振动和冲击的场合。

表 2－3－1　工作环境温度及湿度

工 作 场 所	温度/℃		湿　度
	最低温度	最高温度	
煤矿井下	0	+40	平均相对湿度：95%（+25 ℃）
	−5	+40	
	−10	+40	
	−20	+40	
有空调设备的可控环境	+10	+30	最大相对湿度：75%
有保温保暖及通风的室内	0	+40	最大相对湿度：90%
无供暖条件的室内	−10	+40	
室外露天	−20	+60	最大相对湿度：93%
	−40	+60	

（2）分站应能承受表 2－3－2 规定的最恶劣的贮运条件。

表 2－3－2　最恶劣的贮运条件

环 境 条 件	工　作　场　所	
	煤矿井下	煤矿地面
高温/℃	+60	
低温/℃	−40	
湿度	平均相对湿度 95%（+25 ℃）	相对湿度 93%（+40 ℃）
振动/$(m \cdot s^{-2})$	50	20
冲击/$(m \cdot s^{-2})$	500	300

3.1.2.2　供电电源

1. 交流供电电源

（1）额定电压：36 V/127 V/220 V/380 V/660 V/1140 V，允许偏差：

① 用于地面：−15% ～ +10%；

② 专用于井底车场、主运输巷：−20% ～ +10%；

③ 其他井下产品：−25% ～ +10%。

（2）谐波：不大于 10%。

（3）频率：50 Hz，允许偏差 ±5%。

2. 直流供电电源

电压范围为 9～24 V，周期与随机偏移应符合相关标准的规定。

3. 电源波动适应能力

供电电压在规定的电压波动范围内变化时，分站的基本功能和主要技术指标不得低于

《MT/T 1005 矿用分站》等标准的要求。

3.1.2.3 主要功能

1. 通信

分站应具有与传输接口双向通信及工作状态指示功能。

2. 数据采集、显示

（1）分站应具有模拟量采集功能，模拟量输入信号应优选数字信号和频率型模拟信号。安全监控分站应具有甲烷、风速、风压、一氧化碳、温度等模拟量采集及显示功能。

（2）分站应具有开关量采集及显示功能。安全监控分站应具有馈电状态、风筒开关、风门开关、烟雾等开关量采集及显示功能。

（3）分站应具有累计量采集及显示功能。

3. 控制

分站应具有控制（含断电和声光报警，声光报警可由传感器或声光报警器完成）功能。

安全监控分站应具有甲烷浓度超限声光报警和断电/复电控制功能和甲烷风电闭锁功能。

（1）甲烷浓度超限声光报警和断电/复电控制功能：

① 甲烷浓度达到或超过报警浓度时，声光报警（声光报警可由传感器或声光报警器完成）。

② 甲烷浓度达到或超过断电浓度时，切断被控设备电源并闭锁。甲烷浓度低于复电浓度时，自动解锁。

③ 与闭锁控制有关的设备未投入正常运行或故障时，应切断该设备所监控区域的全部非本质安全型电气设备的电源并闭锁。当与闭锁控制有关的设备工作正常并稳定运行后，自动解锁。

（2）甲烷风电闭锁功能：

① 掘进工作面甲烷浓度达到或超过 1.0% CH_4 时，声光报警；掘进工作面甲烷浓度达到或超过 1.5% CH_4 时，切断掘进巷道内全部非本质安全型电气设备的电源并闭锁；当掘进工作面甲烷浓度低于 1.0% CH_4 时，自动解锁。

② 掘进工作面回风流中的甲烷浓度达到或超过 1.0% CH_4 时，声光报警，同时切断掘进巷道内全部非本质安全型电气设备的电源并闭锁；当掘进工作面回风流中的甲烷浓度低于 1.0% CH_4 时，自动解锁。

③ 被串掘进工作面入风流中甲烷浓度达到或超过 0.5% CH_4 时，声光报警，同时切断被串掘进巷道内全部非本质安全型电气设备的电源并闭锁；当被串掘进工作面入风流中甲烷浓度低于 0.5% CH_4 时，自动解锁。

④ 局部通风机停止运转或风筒风量低于规定值时，声光报警，同时切断供风区域的全部非本质安全型电气设备的电源并闭锁；当局部通风机或风筒恢复正常工作时，自动解锁。

⑤ 局部通风机停止运转，掘进工作面或回风流中甲烷浓度大于 3.0% CH_4 时，应对局部通风机进行闭锁使之不能起动，只有通过密码操作软件或使用专用工具方可人工解锁；当掘进工作面或回风流中甲烷浓度低于 1.5% CH_4 时，自动解锁。

⑥ 与闭锁控制有关的设备（含分站、电源、甲烷传感器、设备开停传感器、断电控制器等）故障或断电时，切断该设备所监控区域的全部非本质安全型电气设备的电源并闭锁。与闭锁控制有关的设备接通电源 1 min 内，应继续闭锁该设备所监控区域的全部非本质安全型电气设备的电源。当与闭锁控制有关的设备工作正常并稳定运行后，自动解锁。严禁对局部通风机进行故障闭锁控制。

4. 初始化参数设置

分站应具有初始化参数设置和掉电保护功能。初始化参数可通过主站或编程器输入和修改。

5. 自诊断及故障指示

分站应具有自诊断和故障指示功能。

6. 备用电源

分站应具有备用电源或外接备用电源。当电网停电后，应能对甲烷、风速、风压、一氧化碳、局部通风机开停、风筒状态等主要监控量继续监控。

7. 输入输出信号

用于爆炸性环境的分站应是防爆型，其输入输出信号应满足下列要求：

（1）外接断电控制器分站的输入、输出信号应是本质安全的。

（2）内置断电控制器分站，除控制隔爆开关的断电信号外，其他输入输出信号应是本质安全的。

3.1.2.4 主要技术指标

1. 模拟量

（1）数字信号应符合《MT/T 899 煤矿用信息传输装置》等有关规定。

（2）频率型信号应符合下列要求：

① 频率范围为 200 ~ 1000 Hz；

② 在整个频率范围内其正脉冲和负脉冲宽度均不得小于 0.3 ms；

③ 有源输出高电平电压应不小于 +3.0 V（输出电流为 2 mA 时）；有源输出低电平电压应不大于 +0.5 V（输出电流为 2 mA 时）；

④ 无源输出截止状态的漏电阻应不小于 100 kΩ；无源输出导通状态的电压降应不大于 0.5 V（电流为 2 mA 时）。

（3）电流型信号范围：1 ~ 5 mA 或 4 ~ 20 mA。

2. 开关量

（1）数字信号应符合《MT/T 899 煤矿用信息传输装置》的有关规定。

（2）采用双电平和无源输出的开关量信号应符合下列要求：

① 有源输出高电平电压应不小于 +3.0 V（输出电流为 2 mA 时），有源输出低电平电压应不大于 +0.5 V（输出电流为 2 mA 时）；

② 无源输出截止状态的漏电阻应不小于 100 kΩ，无源输出导通状态的电压降应不大于 0.5 V（电流为 2 mA 时）。

3. 模拟量输入与输出处理误差

模拟量输入与输出处理误差应不大于 0.5% 。

4. 累计量输入处理误差

累计量输入处理误差应不大于 0.5%。

5. 系统信号传输

分站与传输接口，分站与分站之间信号传输应符合《MT/T 899 煤矿用信息传输装置》的有关规定。

6. 控制执行时间

控制执行时间应满足有关要求。安全监控分站甲烷超限断电及甲烷风电闭锁的控制执行时间应不大于 2 s。

7. 调节执行时间

调节执行时间应满足有关要求。

8. 最大传输距离

传感器及执行器至分站之间的最大传输距离应不小于 2 km；分站至传输接口、分站至分站之间的最大传输距离应不小于 10 km。

9. 最大监控容量

分站所能接入传感器、执行器的数量宜在 2、4、8、16、32、64、128 中选取。

10. 备用电源连续工作时间

电网停电后，备用电源连续工作时间应不小于 2 h。

3.1.2.5　其他要求

1. 结构

（1）紧固件应有防止自动松脱的措施。

（2）金属零件应进行防锈、防蚀处理。

（3）其他结构要求应符合《GB 3836.1　爆炸性环境　第 1 部分：设备　通用要求》、《GB 3836.2　爆炸性环境　第 2 部分：由隔爆外壳“d”保护的设备》、《GB 3836.3　爆炸性环境　第 3 部分：由增安型“e”保护的设备》、《GB 3836.4　爆炸性环境　第 4 部分：由本质安全型“i”保护的设备》、《GB/T 12173 矿用一般型电气设备》和国家及行业有关标准的规定。

2. 外观

（1）分站表面不应有明显的凹痕、划伤、裂缝和变形，表面涂镀层须均匀，不应起泡、龟裂和脱落。

（2）金属零部件不应有锈蚀和其他机械损伤。

（3）开关、按键应操作灵活可靠，零部件应紧固无松动，插接的活动部件应插接自如。

（4）不同功能的指示灯应色彩分明，说明功能的符号文字及分站的所有标志应清晰端正、安装牢固。

（5）其他外观要求应符合《GB 3836.1　爆炸性环境　第 1 部分：设备　通用要求》、《GB 3836.2　爆炸性环境　第 2 部分：由隔爆外壳“d”保护的设备》、《GB 3836.3　爆炸性环境　第 3 部分：由增安型“e”保护的设备》、《GB 3836.4　爆炸性环境　第 4 部分：由本质安全型“i”保护的设备》、《GB/T 12173 矿用一般型电气设备》和国家及行业有关标准的规定。

3. 外壳防护性能

应符合《GB 3836.1 爆炸性环境 第1部分：设备 通用要求》、《GB 3836.2 爆炸性环境 第2部分：由隔爆外壳“d”保护的设备》、《GB 3836.3 爆炸性环境 第3部分：由增安型“e”保护的设备》、《GB 3836.4 爆炸性环境 第4部分：由本质安全型“i”保护的设备》、《GB/T 12173 矿用一般型电气设备》和国家及行业有关标准的规定。

4. 电气安全

（1）分站带电回路与接地（或外壳）间的绝缘电阻应符合表2-3-3的规定。测量部位应在相应标准中明确规定。

（2）分站应能承受历时1 min的交流50 Hz正弦波工频耐压试验，试验电压见表2-3-3。试验期间泄漏电流不大于5 mA，且无击穿和闪络现象。试验部位应在相应标准中明确规定。

表2-3-3 绝缘电阻及工频耐压

测量部位的额定绝缘电压 U/V	绝缘电阻/MΩ		工频耐压试验电压/V
	常 态	湿热试验后	
$U \leqslant 60$	10	1.0	500
$60 < U \leqslant 380$	50	1.5	2000
$380 < U \leqslant 660$	50	1.5	2500
$660 < U \leqslant 1140$	50	2.0	4200

（3）接口本质安全电路和非本质安全电路之间的绝缘应能承受历时1 min、50 Hz、（$2U+1000$）V的交流电压，其中，U指本质安全电路和非本质安全电路的电压有效值之和。但不低于1500 V的正弦工频耐压试验，试验期间泄漏电流不大于5 mA，且无击穿和闪络现象。

5. 表面温度

防爆型分站应符合《GB 3836.1 爆炸性环境 第1部分：设备 通用要求》、《GB 3836.2 爆炸性环境 第2部分：由隔爆外壳“d”保护的设备》、《GB 3836.3 爆炸性环境 第3部分：由增安型“e”保护的设备》、《GB 3836.4 爆炸性环境 第4部分：由本质安全型“i”保护的设备》的有关规定。矿用一般型分站应符合《GB/T 12173 矿用一般型电气设备》的有关规定。

6. 工作稳定性

分站应进行工作稳定性试验，通电试验时间不小于2天，其基本功能和主要技术指标不得低于《MT/T 1005 矿用分站》标准要求。

7. 抗干扰性能

（1）设于地面的分站应能通过《GB/T 17626.2 电磁兼容试验和测量技术 静电放电抗扰度试验》规定的严酷等级为3级（接触放电）的静电放电抗扰度试验，其基本功能和主要技术指标不得低于《MT/T 1005 矿用分站》标准要求。

（2）分站应能通过《GB/T 17626.3　电磁兼容试验和测量技术　射频电磁场抗扰度试验》规定的严酷等级为 2 级的射频电磁场辐射抗扰度试验，其基本功能和主要技术指标不得低于《MT/T 1005 矿用分站》标准要求。

（3）分站应能通过《GB/T 17626.4　电磁兼容试验和测量技术　电快速瞬变脉冲群抗扰度试验》规定的严酷等级为 3 级的电快速瞬变脉冲群抗扰度试验，其基本功能和主要技术指标不得低于《MT/T 1005 矿用分站》标准要求。

（4）分站应能通过《GB/T 17626.5　电磁兼容试验和测量技术　浪涌（冲击）抗扰度试验》规定的严酷等级为 3 级的浪涌（冲击）抗扰度试验，其基本功能和主要技术指标不得低于《MT/T 1005 矿用分站》标准要求。

8. 可靠性

分站的平均无故障时间（MTBF）应不小于 1000 h。

9. 环境适应性

（1）分站应能通过高温工作试验，其基本功能、主要技术指标及外观不得低于《MT/T 1005 矿用分站》标准的要求。

（2）分站应能通过低温工作试验，其基本功能、主要技术指标及外观不得低于《MT/T 1005 矿用分站》标准的要求。

（3）分站应能通过高温贮存试验，恢复后其基本功能、主要技术指标及外观不得低于《MT/T 1005 矿用分站》标准的要求。

（4）分站应能通过低温贮存试验，恢复后其基本功能、主要技术指标及外观不得低于《MT/T 1005 矿用分站》标准的要求。

（5）分站应能通过湿热试验，其基本功能、主要技术指标、电气安全及外观不得低于《MT/T 1005 矿用分站》标准的要求。

（6）分站应能通过振动试验，试验后其基本功能、主要技术指标及外观不得低于《MT/T 1005 矿用分站》标准的要求。

（7）分站应能通过冲击试验，试验后其基本功能、主要技术指标及外观不得低于《MT/T 1005 矿用分站》标准的要求。

10. 防爆性能

防爆型分站应符合《GB 3836.1　爆炸性环境　第 1 部分：设备　通用要求》、《GB 3836.2　爆炸性环境　第 2 部分：由隔爆外壳“d”保护的设备》、《GB 3836.3　爆炸性环境　第 3 部分：由增安型“e”保护的设备》、《GB 3836.4　爆炸性环境　第 4 部分：由本质安全型“i”保护的设备》的规定。

矿用一般型分站应符合《GB/T 12173 矿用一般型电气设备》的规定。

本安参数应由有关标准进行规定，一般包括最高输出电压和最大输出电流。

3.2　矿用信息传输接口

矿用信息传输接口接收分站远距离发送的信号，并送主机处理；接收主机信号、并送相应分站。传输接口还具有控制分站的发送与接收，多路复用信号的调制与解调，系统自检等功能。

矿用信息传输接口的分类方法主要有：复用方式、网络结构、调制方式、同步方式、工作方式、防爆等多种分类方法。

（1）按复用方式可分为：频分制、时分制、码分制、复合复用方式（同时采用频分制、时分制、码分制中两种或两种以上）。

（2）按网络结构可分为：星形、环形、树形、总线形、复合形（同时采用星形、环形、树形、总线形中两种或两种以上）。

（3）按调制方式可分为：基带、调幅、调频、调相、其他方式。

（4）按传输方式可分为：同步、异步。

（5）按工作方式可分为：主从、多主、无主。

（6）按结构可分为：独立设备、板卡。

（7）按防爆功能可分为：具有本安与非本安隔离功能、外接安全栅。

3.2.1 组成及工作原理

矿用信息传输接口由系统通信电路、主机通信电路、信息处理电路、显示电路、双机切换电路和电源等组成，如图 2－3－2 所示。

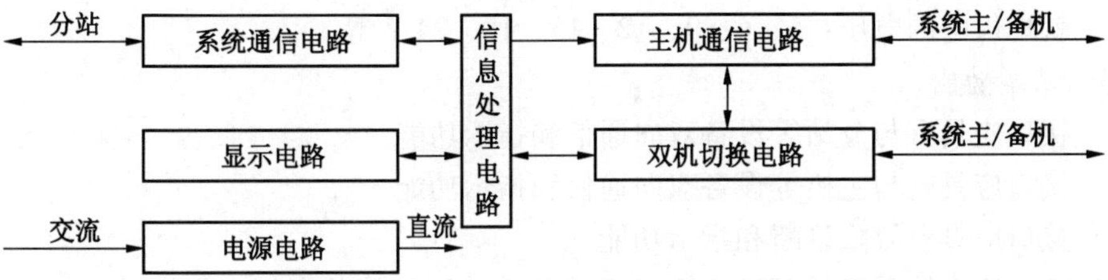

图 2－3－2 矿用信息传输接口

系统通信电路负责与分站双向串行数字通信，并具有本质安全防爆隔离功能。系统通信电路通常由光电耦合器、整形电路、滤波电路和放大电路等组成。

主机通信电路负责与主机双向串行数字通信。

显示电路用来指示电源、系统通信状态、主机通信状态、主/备机工作状态等。

信息处理电路用来系统通信管理、主机通信管理、双机切换控制等。

双机切换电路用来监测主/备机工作状态及切换控制。

电源电路将 220 V 等交流电源转换为矿用信息传输接口所需的直流电源。

3.2.2 技术要求

矿用信息传输接口应符合《MT/T 1007 矿用信息传输接口》等标准的要求，并按照经规定程序批准的图样及文件制造。

3.2.2.1 环境条件

（1）接口应能在下列条件下正常工作：

① 环境温度：15 ℃ ~30 ℃；

② 相对湿度：40% ~70%；

③ 湿度变化率：小于 10 ℃/h，且不得结露；

④ 大气压力：80 kPa ~106 kPa；

⑤《GB/T 2887 电子计算机场地通用规范》规定的尘埃、照明、噪声、电磁场干扰和

接地条件。

（2）接口应能承受的最恶劣的贮运条件为：

① 高温：+60 ℃；

② 低温：-40 ℃；

③ 相对湿度：93%（+40 ℃）；

④ 振动：加速度 20 m/s^2；

⑤ 冲击：峰值加速度 300 m/s^2。

3.2.2.2　供电电压

1. 交流供电电源

（1）额定电压：220 V/380 V，允许偏差 -15% ~ +10%；

（2）谐波：10%；

（3）频率：50 Hz，允许偏差 ±5%。

2. 直流供电电源

（1）远程供电的电压范围 9 ~ 24 V；

（2）就地供电的电压：5、6、9、12、15、18、24 V 等。

3.2.2.3　基本功能

（1）接口应具有与分站等设备双向通信和指示功能。

（2）接口应具有与主机等设备双向通信和指示功能。

（3）接口应具有故障诊断和指示功能。

（4）接口应支持系统的双机切换（自动和手动）功能并有相应的指示。

（5）接口应具有防雷措施。

（6）接口应具有电源指示。

（7）具有本安与非本安隔离功能的接口与分站通信的输入、输出信号应为本质安全信号。

3.2.2.4　主要技术指标

1. 最大传输距离

接口至分站之间最大传输距离不小于 10 km，独立设备的接口至主机之间最大传输距离不小于 5 m。

2. 最大监控容量

接口所能接入分站的数量宜在 8、16、32、64、128 中选取。

3. 系统信号传输

接口与分站之间信号的传输应符合《MT/T 899 煤矿通信、检测、控制用电工电子产品通用技术要求》的有关规定。接口与主机之间应采用串行数字信号传输、通用标准接口，并符合有关规定。网络接口应采用通用标准接口，并符合有关规定。

3.2.2.5　电源波动适应能力

供电电压在规定的电压波动范围内变化时，接口的基本功能和主要技术指标不得低于本标准的要求。

3.2.2.6　其他要求

1. 结构

（1）紧固件应有防止自动松脱的措施。

（2）金属零件应进行防锈、防蚀处理。

（3）其他结构要求应符合《GB 3836.1　爆炸性环境　第1部分：设备　通用要求》、《GB 3836.4　爆炸性环境　第4部分：由本质安全型“i”保护的设备》和国家及行业有关标准的规定。

2. 外观

（1）接口表面不应有明显的凹痕、划伤、裂缝和变形，表面涂镀层须均匀，不应起泡、龟裂和脱落。

（2）金属零部件不应有锈蚀和其他机械损伤。

（3）开关按键应操作灵活可靠，零部件应紧固无松动，插接的活动部件应插接自如。

（4）不同功能的指示灯应色彩分明，说明功能的符号文字及接口的所有标志应清晰端正、安装牢固。

（5）其他外观要求应符合《GB 3836.1　爆炸性环境　第1部分：设备　通用要求》、《GB 3836.4　爆炸性环境　第4部分：由本质安全型“i”保护的设备》和国家及行业有关标准的规定。

3. 外壳防护性能

具有独立外壳的接口，其防护能力应不低于IP20。

4. 电气安全

（1）接口带电回路与接地（或外壳）间的绝缘电阻应符合表2-3-4的规定。测量部位应在相应标准中明确规定。

（2）接口带电回路与接地（或外壳）间应能承受历时1 min的交流50 Hz正弦工频耐压试验，试验电压见表2-3-4。试验期间泄漏电流不大于5 mA，且无击穿和闪络现象。试验部位应在相应标准中明确规定。

表2-3-4　绝缘电阻及耐压试验

测量部位的额定绝缘电压 U/V	绝缘电阻/MΩ		工频耐压试验电压/V
	常　态	湿热试验后	
$U \leqslant 60$	10	1.0	500
$60 < U \leqslant 380$	50	1.5	2000

（3）接口本质安全电路和非本质安全电路之间的绝缘应能承受历时1 min、50 Hz、（$2U+1000$）V的交流电压，其中，U指本质安全电路和非本质安全电路的电压有效值之和。但不低于1500 V的正弦工频耐压试验，试验期间泄漏电流不大于5 mA，且无击穿和闪络现象。

5. 工作稳定性

接口应进行工作稳定性试验，通电试验时间不小于2天，其基本功能和主要技术指标不得低于《MT/T 1007 矿用信息传输接口》等标准的要求。

6. 抗干扰性能

（1）接口应能通过《GB/T 17626.2 电磁兼容试验和测量技术 静电放电抗扰度试验》规定的严酷等级为3级（接触放电）的静电放电抗扰度试验，其基本功能和主要技术指标不得低于《MT/T 1007 矿用信息传输接口》等标准的要求。

（2）接口应能通过《GB/T 17626.3 电磁兼容试验和测量技术 射频电磁场抗扰度试验》规定的严酷等级为2级的射频电磁场辐射抗扰度试验，其基本功能和主要技术指标不得低于《MT/T 1007 矿用信息传输接口》等标准的要求。

（3）接口应能通过《GB/T 17626.4 电磁兼容试验和测量技术 电快速瞬变脉冲群抗扰度试验》规定的严酷等级为3级的电快速瞬变脉冲群抗扰度试验，其基本功能和主要技术指标不得低于《MT/T 1007 矿用信息传输接口》等标准的要求。

（4）接口应能通过《GB/T 17626.5 电磁兼容试验和测量技术 浪涌（冲击）抗扰度试验》规定的严酷等级为3级的浪涌（冲击）抗扰度试验，其基本功能和主要技术指标不得低于《MT/T 1007 矿用信息传输接口》等标准的要求。

7. 可靠性

接口的平均无故障时间（MTBF）应不小于1000 h。

8. 环境适应性

（1）接口应能通过高温工作试验，其基本功能、主要技术指标及外观不得低于《MT/T 1007 矿用信息传输接口》等标准的要求。

（2）接口应能通过低温工作试验，其基本功能、主要技术指标及外观不得低于《MT/T 1007 矿用信息传输接口》等标准的要求。

（3）接口应能通过高温贮存试验，恢复后其基本功能、主要技术指标及外观不得低于《MT/T 1007 矿用信息传输接口》等标准的要求。

（4）接口应能通过低温贮存试验，恢复后其基本功能、主要技术指标及外观不得低于《MT/T 1007 矿用信息传输接口》等标准的要求。

（5）接口应能通过湿热试验，其基本功能、主要技术指标、电气安全及外观不得低于《MT/T 1007 矿用信息传输接口》等标准的要求。

（6）接口应能通过振动试验，试验后其基本功能、主要技术指标及外观不得低于《MT/T 1007 矿用信息传输接口》等标准的要求。

（7）接口应能通过冲击试验，试验后其基本功能、主要技术指标及外观不得低于《MT/T 1007 矿用信息传输接口》等标准的要求。

9. 防爆性能

具有本安与非本安防爆隔离功能的接口应符合《GB 3836.1 爆炸性环境 第1部分：设备 通用要求》和《GB 3836.4 爆炸性环境 第4部分：由本质安全型“i”保护的设备》的规定。

本安参数应由有关标准进行规定，一般包括最高输出电压和最大输出电流。

4 矿用传感器

在矿井监控系统中，所需监测的物理量大多数是非电量，如：甲烷、风速、温度等，而这些物理量是不宜直接进行远距离传输的。为了便于传输、存储和处理，就必须对这些物理量进行变换，将他们变换成便于传输、存储和处理的物理量。目前最能满足这些要求的是电信号。电信号的测量、传输、存储和处理手段最为成熟，便于信号的放大、传输、存储和计算机处理。这就需要使用传感器将被监测的非电量信号转换为电信号。传感器作为监控系统的第一个环节，完成着信息的获取和转换功能，其性能的好坏直接影响着系统的监控精度。当然，随着光传输、存储和处理技术的发展，光信号将会成为另一种便于信号传输、存储和处理的信号。

4.1 通用要求

传感器主要由敏感元件、转换元件、测量电路和辅助电源组成，如图 2－4－1 所示。在矿井监控领域又将敏感元件和转换元件统称为传感元件。

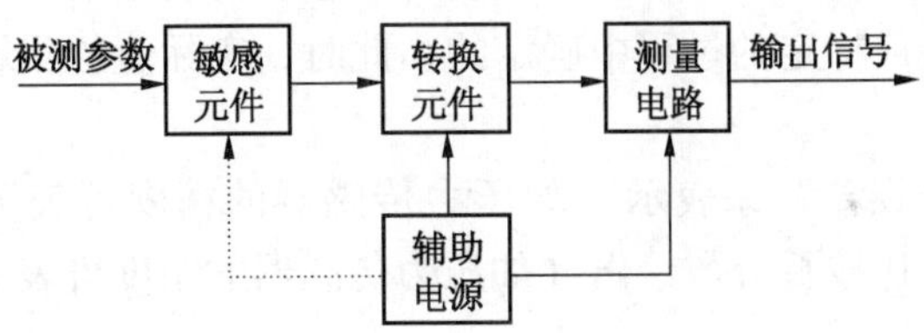

图 2－4－1 传感器组成

在进行非电量到电量的转换时，并非所有的非电量都能利用现有技术一次直接转换为电量，而是将被测非电量先转换为另一种便于转换为电量的非电量。敏感元件就是将被测的非电量转换成另一种便于转换为电量的非电量的器件。转换元件是将敏感元件所输出的非电量转换为电量的器件。例如，矿用超声波旋涡式风速传感器，首先通过敏感元件将风速转换为与风速成正比的旋涡频率，然后再通过转换元件将与风速成正比的旋涡频率转换为电脉冲频率。有时敏感元件同时兼做转换元件，这时被测的非电量被直接转换为电量，例如热催化式甲烷传感器的传感元件。

转换元件的输出可以是电信号（电压、电流或脉冲），也可以是电阻、电容和电感等参数的变化。当转换元件输出为电信号时，测量电路就是一般的放大器，否则就需要通过电桥先将这些参数变换成电信号，然后再进行放大。测量电路除完成上述功能外，一般还应具有非线性补偿、阻抗和电平匹配等功能。随着集成电路集成度的提高，微处理机芯片的应用，在智能传感器里，测量电路还具有信号的预处理等功能。

为便于传感器的研究和使用，人们对传感器进行了分类。传感器的分类方法主要有：按输入量（物理量）和按变换原理分类两种方法。按输入量分类的方法明确指出了传感器所能监测的物理量，便于使用者选择，但不便于了解传感器的变换原理和性能，如甲烷、风速、负压等传感器。按变换原理分类的方法说明了传感器的变换原理，便于专业人员设计和研究，便于使用者了解传感器的变换原理，但不便于使用者选择，如电化学、热催化等。为利用上述两种分类方法的优点，通常将上述两种分类方法同时使用，如热导式甲烷传感器、超声波旋涡式风速传感器等。此外，还有按能量的传递方式（有源和无源）、使用型式（固定式、机载式等）、输出信号（模拟式和数字式）等分类方法。

4.1.1 基本概念

4.1.1.1 量程

量程是传感器的主要输入特性，在实际应用中经常遇到。量程是指传感器所允许测量被测物理量的量值范围。一般用传感器允许测量的物理量的上、下极限来表示，其中上限值又称为满量程值。如低浓甲烷传感器的量程为 0 ~ 4.0% CH_4，风速传感器的量程为 0.3 ~ 15 m/s 等。在使用中，如果被测物理量超出了传感器所规定的量程范围，将会造成较大的测量误差或传感器的损坏。

4.1.1.2 精度

任何传感器的测量结果都是被测物理量的近似表示，为表示传感器的测量结果与被测物理量的近似程度引入了精度的概念。精度表示传感器的测量结果与被测实际值的接近程度。精度一般是在校验或标定的过程中确定的。此时，实际值的测量是靠其他更精确的仪器或工作基准给出的。

精度一般用“极限误差”来表示（如压力传感器的精度可表示为：±1 kPa），或用极限误差与满量程值之比按百分数给出（如压力传感器的精度可表示为：±1%）。

4.1.1.3 迟滞

由于物理惯性，传感器在输入量 x 增大（正行程）或减小（反行程）时，对应同一输入值的输出值是不相同的。为表示传感器在输入量 x 增大（正行程）或减小（反行程）时对应同一输入值的输出值的差异，引入了迟滞的概念。迟滞是指传感器在输入量 x 增大（正行程）或减小（反行程）时，输出/输入曲线不重合的程度，如图 2-4-2 所示。一般取标定过程中所得的下述值作为迟滞的指标：

$$迟滞 = (\Delta y_{max}/y_{max}) \times 100\% \qquad (2-4-1)$$

式中 Δy_{max}——对应同一输入值的输出值在正反行程间的最大差值；

y_{max}——满量程输出值。

在具有机械运动部分的叶轮式风速传感器中，它反映了机械部分的某些缺损，如轴承摩擦和间隙、灰尘的积塞等。

4.1.1.4 重复性

由于传感器的老化和磨损，在相同的工作状态下，重复地输入一个相同的值时，传感器的输出是不同的。重复性就是指传感器在相同的工作状态下，重复地输入一个相同的值时，其输出的一致性程度，如图 2-4-3 所示。

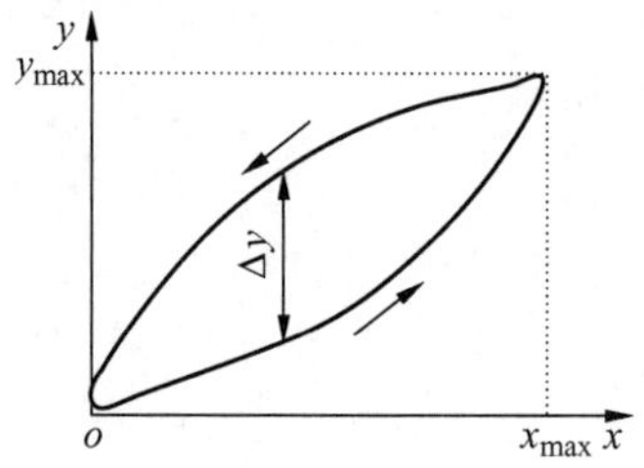

图2-4-2 迟滞特性

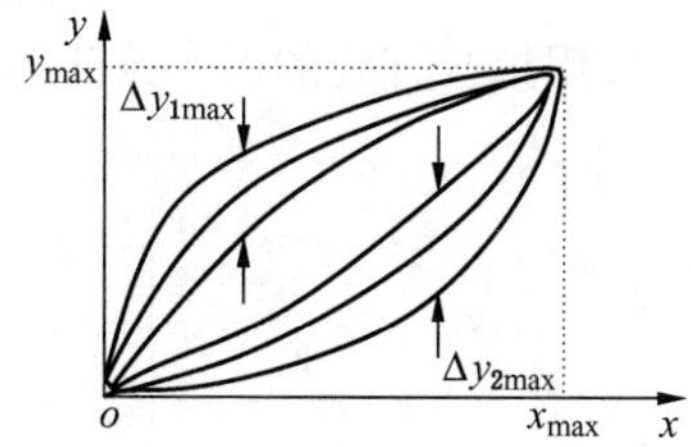

图2-4-3 重复性

重复性可以用行程输出值之间的最大偏差与满量程输出的百分比来表示。这时，要先求出正反行程多次测量的输出值之间的最大偏差 Δy_{1max}、Δy_{2max}，再取这两个最大偏差中较大者作为 Δy_{max}，再根据 Δy_{max} 与满量程输出 y_{max} 相比，求出重复性误差：

$$重复性误差 = (\Delta y_{max}/y_{max})\times 100\% \tag{2-4-2}$$

重复性误差的计算方法，除上述方法外，还有均方根偏差与满量程输出的百分比来计算的方法。

4.1.1.5 线性度

为了标定和数据处理，一般要求传感器的输出与输入成线性关系，并能准确地反映被测量的实际值。然而，实际使用的传感器，其输出与输入之间并不是所要求的线性关系，如图2-4-4所示。这就是要求对实际传感器进行线性化处理，即用一条直线去逼近传感器的实际工作曲线，如图2-4-5所示。图2-4-5a是采用拟合最小的直线，而图2-4-5b是采用通过零点和满量程点的直线。

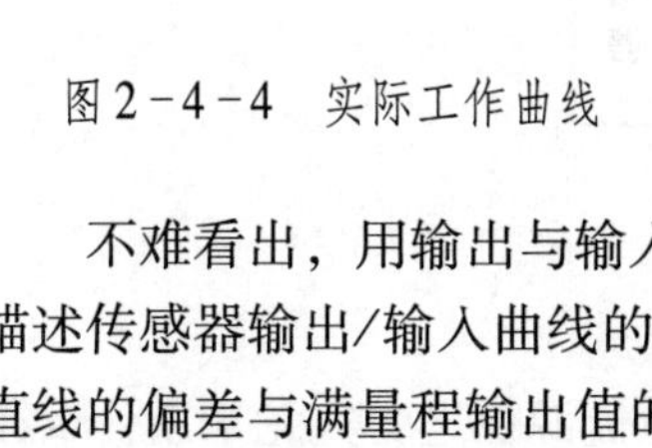

图2-4-4 实际工作曲线

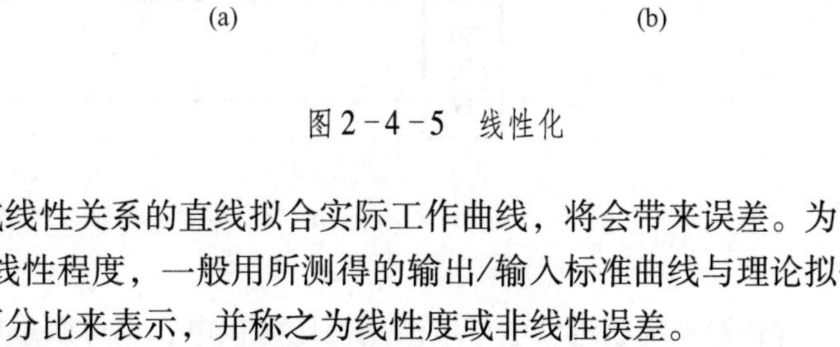

图2-4-5 线性化

不难看出，用输出与输入成线性关系的直线拟合实际工作曲线，将会带来误差。为了描述传感器输出/输入曲线的非线性程度，一般用所测得的输出/输入标准曲线与理论拟合直线的偏差与满量程输出值的百分比来表示，并称之为线性度或非线性误差。

$$线性度 = (\Delta y_{max}/y_{max})\times 100\% \tag{2-4-3}$$

不难看出，线性度不但与传感器实测输出/输入曲线的非线性程度有关，而且与所选择的拟合直线有关。

4.1.1.6 灵敏度

灵敏度是指传感器的输出增量与输入增量之比，即：

$$灵敏度 = \Delta y / \Delta x \tag{2-4-4}$$

灵敏度一般用拟合直线的斜率来表示，如图 2-4-6 所示。

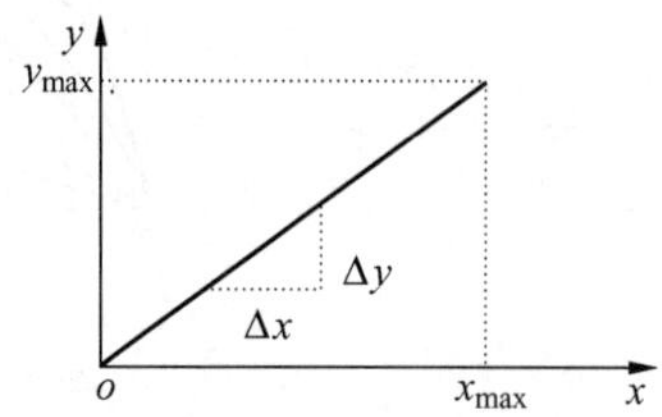

图 2-4-6　灵敏度

4.1.2　供电方式

矿用传感器的供电方式有内部供电和外部供电两种。

传感器的内部供电方式包括传感器自带整流电源和蓄电池（或干电池）两种。传感器自带整流电源，体积大、重量重，并且在传感器的设置位置上，不一定好取交流电源。因此，该种供电方式在矿用传感器中很少采用。蓄电池（或干电池）供电，需要定期对蓄电池充电（或更换干电池），维护工作量较大，只适用于能耗很小的传感器。

矿井监控系统中的传感器一般都需要有辅助电源，并且对电源的功率要求都较高。为了满足传感器对电源功率的要求，减小传感器体积，便于维护，一般都采用外部供电方式。传感器的外部供电方式包括就近供电和集中供电两种。

4.1.2.1　就近供电

外部就近供电方式是指由系统分站电源、或电控箱、或电源箱向传感器供电的方式，如图 2-4-7 所示。外部就近供电方式同集中供电相比具有供电距离近、功耗小、简单方便等优点。因此是矿井监控系统传感器的主要供电方式，得到了广泛的应用。为了保证在交流电网短时停电的情况下，传感器仍能正常工作不小于 2 小时，在一些分站电源、或电控箱、或电源箱中还设置了一定容量的蓄电池。

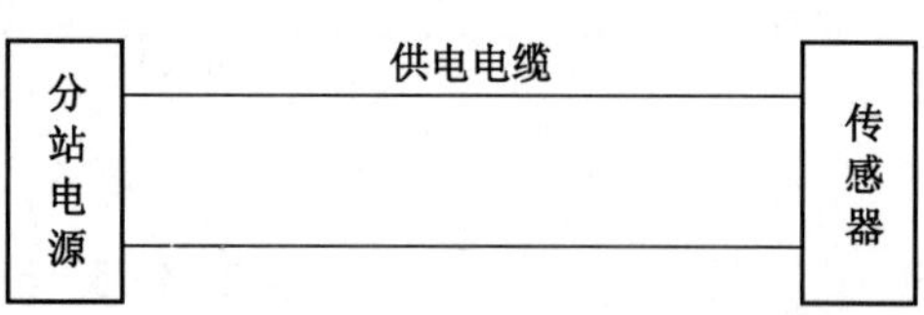

图 2-4-7　外部就近供电方式

传感器外部就近供电可以采用恒压源供电，也可以采用恒流源供电，究竟采用什么方式取决于传感器对电源的要求。采用恒压源供电，传感器所得到的电压大小受供电电缆的长度、芯线直径、材质、接触电阻影响，同时也受负载波动的影响。在供电电压一定的情况下，供电电缆越长，芯线直径越细，材质电阻率越大，接触电阻越大，传感器吸收电流越大，线路压降就越大，传感器得到的电压值就越小。因此，采用恒压源供电的传感器一般在传感器内部又设置了二次稳压电路，以保证传感器的正常工作。采用恒流源供电，传感器所得到的电流大小受外界因素影响较小，这是因为电缆的绝缘电阻很大。但由于传感器电路一般需要在稳定的电压下工作，因此采用恒流源供电的传感器一般也在内部设置稳压电路。

4.1.2.2 集中供电方式

为了保证在井下供电不正常的情况下，仍能对被测物理量进行监测，有的矿井监控系统采用了中心站集中供电方式，如图 2－4－8 所示。不难看出，在中心站集中供电方式中，每一传感器都必须有一电缆与中心站相连。因此，在同样的监控容量下，需要的电缆较多，系统投资较大，并且不便于安装维护。中心站向传感器供电，即可以采用恒流源供电，又可以采用恒压源供电，究竟采用什么方式取决于传感器对电源的要求。

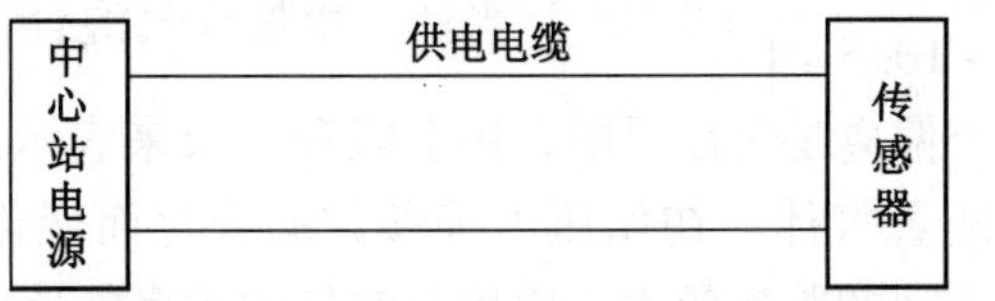

图2－4－8 集中供电方式

4.1.3 通用要求

矿用传感器应符合有关国家及行业标准的要求，其防爆型式应优选本质安全型，用于安全监控的矿用传感器的防爆型式应为本质安全型，载体催化式甲烷传感器等难以做成本质安全型的，其防爆型式可采用本质安全兼隔爆型。矿用传感器及其关联设备应通过国家授权的防爆检验机构的联检。

矿用传感器应结构合理，坚固耐用，防水、防潮、防腐、防霉、防尘，满足井下悬挂等要求。采用扩散取样方式的传感器，取样头应具有防尘和防风的防护罩。

矿用传感器一般应具有显示功能，显示应清楚准确。具有报警功能的矿用传感器，其报警点应能在测量范围内任意设定，报警声级强度在距其 1 m 远处的声响信号的声压级应不小于 80 dB(A)；光信号应能在 20 m 远处清晰可辨。

矿用传感器应能在 9 ~ 24 V 范围内正常工作，使用单芯截面面积为 1.5 mm^2 的电缆时，传感器与分站等之间的传输和供电距离应不小于 2 km。矿用传感器的工作稳定性应不小于 15 d。为便于调校，传感器应具有采用遥控器调校的功能。

矿用传感器应能在下列条件下正常工作：①温度为 0 ~ 40 ℃；②相对湿度不大于 98%；③大气压力为（80 ~ 116）kPa；④风速不大于 8 m/s。矿用传感器的储存温度为（－40 ~ 60）℃。

矿用传感器的输出信号宜满足下列要求：①电流型为（1 ~ 5）mA（井下优选），（4 ~ 20）mA；②频率型为（200 ~ 1000）Hz，脉冲宽度大于 0.3 ms 的电流型脉冲；③数字信号的传输速率为 1200、2400、4800、9600 bps 等电流型。

4.2 甲烷传感器

甲烷（CH_4）浓度监测是矿井安全监控的首要内容。当环境中甲烷浓度大于或等于报警浓度时，发出声光报警信号；当环境中甲烷浓度大于或等于断电浓度时，切断被控区域的全部非本质安全型电气设备的电源并闭锁，当甲烷浓度低于复电浓度时解锁。因此，甲烷传感器既是矿井安全监控最重要的设备，又是矿井安全监控必备的设备之一。

甲烷是一种可燃性气体，只有在与空气或氧化剂按一定的比例均匀混合后才具有爆炸性。甲烷氧气混合物在火源的作用下，完全反应的方程式为

$$CH_4 + 2O_2 \xlongequal{点火} 2H_2O + CO_2 + Q \tag{2-4-5}$$

式中 Q——反应放出的热量。

不难看出，为了使 1 个摩尔的甲烷完全反应，需要 2 个摩尔的氧气。由于空气中的主要含量为氧气（O_2，占 21%）和氮气（N_2，占 78%），因此，甲烷空气混合物最易引爆的甲烷浓度应为$\frac{10.5}{21+78+10.5+1}=9.5\%$。当然，甲烷空气混合物中甲烷的含量偏离这个比例也能发生爆炸，这个偏离是爆炸界限，用上限和下限来表示，即 5% ~15%。爆炸界限不是恒定不变的，它随着气体的初始压力等参数的变化而变化。在爆炸下限，甲烷不足，氧气过剩，甲烷分子间的距离较大，甲烷与空气中的氧气反应生成的反应热被多余的氧气和惰性气体吸收，不能激活其他的甲烷分子，因此，爆炸或火焰得不到传播。在爆炸上限，甲烷过剩，氧气不足，甲烷与空气中的氧气反应生成的热量较低，不足以引起其他的甲烷分子与氧分子反应，因此，超过爆炸上限，爆炸或火焰也不能在其中传播。

甲烷传感器按其工作原理可分为催化燃烧式、热导式、红外吸收式等。在矿井安全监测中，用于低浓甲烷监测的主要是催化燃烧式和红外吸收式，用于高浓甲烷监测的主要是热导式。

4.2.1 催化燃烧式甲烷传感器

催化燃烧式甲烷传感器的工作原理是：在传感元件（含敏感元件，以下同）表面的甲烷（或可燃性气体），在催化剂的催化作用下，发生无焰燃烧，放出热量，使传感元件升温，进而使传感元件电阻变大，通过测量传感元件电阻变化就可测出甲烷气体的浓度。催化燃烧式甲烷传感元件有铂丝催化元件和载体催化元件两种。

铂丝催化元件采用高纯度（99.99%）的铂丝制成线圈，铂丝既是催化剂，又是加热器。当铂丝催化元件通电后，铂丝电阻将电能转换成热能，在铂丝的催化作用下，吸附在铂丝表面的甲烷无焰燃烧，放出热量，进而使铂丝升温，电阻变大，通过测量其电阻变化就可测得空气中甲烷浓度。铂丝催化元件结构简单，稳定性好，受硫化物中毒影响小。但铂丝的催化活性低，必须在 900 ℃以上高温才能使元件工作，这不仅耗电大，在高温的作用下还会导致元件表面蒸发，使铂丝变细，电阻增大，造成传感器零点漂移。另外，铂丝催化元件机械强度低，由于机械振动等会改变其几何形状，影响传感器参数。因此，在矿井安全监控装置中，测量低浓的甲烷传感器主要是载体催化元件。

4.2.1.1 载体催化元件结构及工作原理

载体催化元件一般由一个带催化剂的传感元件（俗称黑元件）和一个不带催化剂的补偿元件（俗称白元件）组成，如图 2-4-9 所示。白元件与黑元件的结构尺寸完全相同。但白元件表面没有催化剂，仅起环境温度补偿作用。

黑元件由铂丝线圈、Al_2O_3 载体和表面的催化剂组成。其中铂丝线圈用来给元件加温，提供甲烷催化燃烧所需要的温度，同时，甲烷燃烧放出的热量使其升温，通过测量其

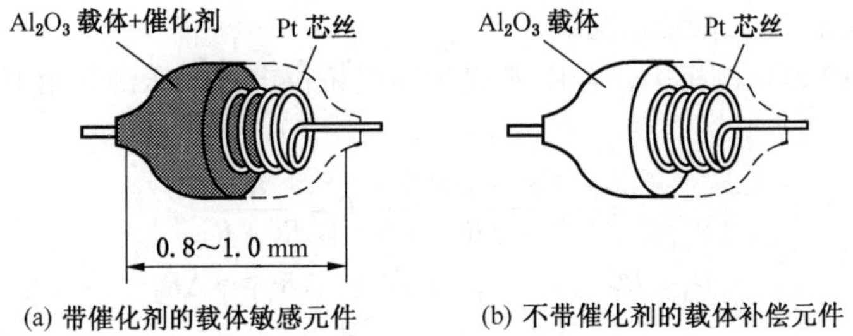

图 2-4-9 载体催化元件结构（黑白元件）

电阻变化，就可测得空气中甲烷浓度。Al_2O_3 载体用来固定铂丝线圈，增强元件的机械强度。涂在元件表面的铂（Pt）和钯（Pd）等重金属催化剂，使吸附在元件表面的甲烷无焰燃烧。其反应方程式为

$$CH_4 + 2O_2 \xrightarrow[\Delta]{Pt、Pd} 2H_2O + CO_2 + 795.5\ kJ \tag{2-4-6}$$

甲烷无焰燃烧放出的热量，使黑元件升温，从而使铂丝线圈的电阻增大，通过电桥，就可测得由于甲烷无焰燃烧使铂丝线圈电阻增大的值。当然，由于环境温度的变化也会使铂丝线圈的电阻发生变化。为克服环境温度变化对甲烷浓度测量的影响，在电桥中引入了与黑元件结构尺寸完全相同的白元件，如图 2-4-10 所示。由于白元件表面没有催化剂，因此甲烷不会在白元件表面燃烧，白元件铂丝线圈的电阻变化仅与环境温度有关。由于黑元件 R_1 与白元件 R_2 处于电桥的同一侧，通过的电流相等（不考虑电压测量电路的漏电流），因此，在甲烷（可燃性气体）浓度为 0 的新鲜空气中，其电阻相等（不考虑由于制造过程中的结构差异），即 $R_1 = R_2$，这时，电桥处于平衡状态，输出电压 U_{AB} 为 0。若环境温度发生变化或通过黑白元件的电流发生变化，使黑白元件电阻发生变化，但由于变化后的黑白元件电阻仍相等，不会使电桥失衡。因此，白元件具有环境温度补偿作用。

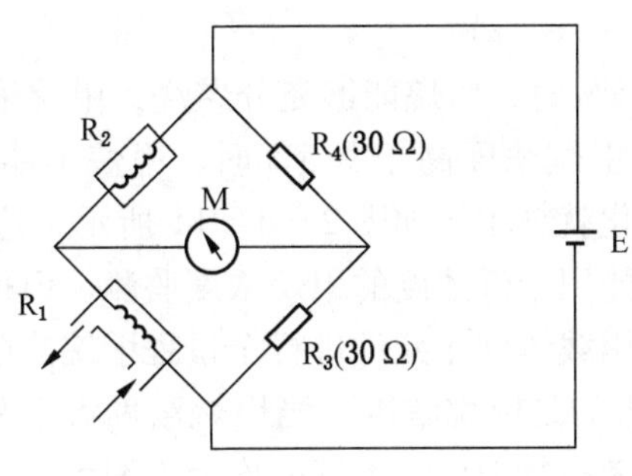

图 2-4-10 催化元件检测电路

当空气中甲烷浓度不为 0，吸附在黑元件表面的甲烷在黑元件表面催化燃烧，燃烧放出的热量与甲烷浓度成正比（在浓度小于 9.5% 的低浓情况下），在燃烧热量的作用下，

黑元件温度上升，黑元件铂丝电阻也随之增大 ΔR_1，因此，通过测量 ΔR_1 的变化，就可测得空气中的甲烷浓度（低浓情况下）。

在图2-4-10所示电桥中，若用 E 表示向电桥供电的恒压源，用 U_{AB} 表示电桥输出电压，则有：

$$U_{AB}=\frac{(R_1+\Delta R_1)}{(R_1+\Delta R_1)+R_2}E-\frac{R_3}{R_3+R_4}E \tag{2-4-7}$$

$$R_3=R_4 \qquad R_1=R_2 \qquad R_1\gg\Delta R_2 \tag{2-4-8}$$

$$\begin{aligned}U_{AB}&=\frac{\Delta R_1}{2R_1+\Delta R_1}E+\frac{R_1}{2R_1+\Delta R_1}E-\frac{1}{2}E\\&\approx\frac{E}{2R_1}\Delta R_1+\frac{R_1}{2R_1}E-\frac{1}{2}E\\&=\frac{E}{2R_1}\Delta R_1\end{aligned} \tag{2-4-9}$$

不难看出，由于 E、R_1 设计为常数，可由常数 K_1 表示$\frac{E}{2R_1}$。因此，电桥输出电压 U_{AB} 正比于黑元件电阻变化 ΔR_1，即

$$U_{AB}=K_1\cdot\Delta R_1 \tag{2-4-10}$$

若用 α 表示铂丝电阻温度系数，ΔH 表示甲烷燃烧热量，h 表示黑元件热容量，D 表示甲烷扩散系数，C 表示被测环境中的甲烷浓度，Q 表示甲烷分子燃烧热，R_0 表示铂丝0 ℃时的阻值，则有：

$$\Delta R_1=\alpha(\Delta H/h)R_0=\alpha(DCQ/h)R_0 \tag{2-4-11}$$

由于 α、h、R_0 与黑元件材料、性质、结构尺寸有关，元件出厂后为一常数，D 和 Q 为常数。因此，可用常数 K_2 表示，即

$$\Delta R_1=K_2\cdot C \tag{2-4-12}$$

$$U_{AB}=K_1\cdot K_2\cdot C \tag{2-4-13}$$

不难看出，在低浓情况下，电桥输出电压与空气中甲烷浓度成正比。

4.2.1.2 影响载体催化元件主要技术性能的因素

1. 双值性

空气中甲烷浓度低于9.5%时，甲烷能够充分燃烧，甲烷浓度越高，载体催化元件的电阻变化就越大。当空气中甲烷浓度高于9.5%时，甲烷不能够充分燃烧，甲烷浓度越高，载体催化元件的电阻变化就越小，如图2-4-11所示，这就是载体催化元件的双值性。因此，载体催化元件只能用于低浓度的甲烷浓度监测。但也有使用载体催化元件进行全量程甲烷浓度监测的。使用载体催化元件进行全量程甲烷浓度监测，准确地讲，就是在甲烷浓度小于9.5%时，测出的是甲烷浓度，当甲烷浓度大于9.5%时，测出的是氧气浓度。因为在高浓时燃烧热量随空气中氧气浓度的增大而增大。然后，根据氧气浓度计算出空气中甲烷浓度。当然，在实施过程中，还要解决激活和非线性等问题。

由于甲烷燃烧产生的 CO_2 和 H_2O 会阻止甲烷向元件扩散，并且元件温度增高时，其散热量也增大，元件温度很难随燃烧热量的增加而成比例增加，因此，实际测量值达不到理论分析值。但当甲烷浓度较低时，燃烧产生的 CO_2 和 H_2O 较少，元件温度也较低，对测量的影响较小，实际测量值与理论分析值比较接近，传感元件的线性度较好。为补偿催

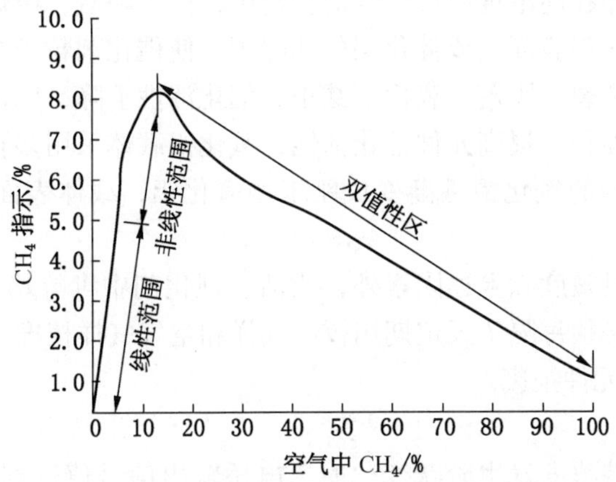

图 2-4-11 催化元件的双值性

化元件的热辐射，甲烷传感器将补偿元件也制成黑色，并封闭，以提高补偿元件的热辐射率。

2. 激活

在黑元件制造时，是将 Al_2O_3 载体浸在 $PdCl_2$ 溶液中，然后热分解后，催化剂以 Pd 和 PdO 形式存在于载体上，元件表面呈黑褐色，对甲烷的催化活性较低。在元件出厂前，为使其具有较高的活性，通常在加热条件下通 12% CH_4 进行活化处理，使 PdO 还原为 Pd，这个过程被称为激活。激活后的元件要经过老化和稳定性处理后才能出厂使用。

元件在甲烷浓度 1% 以下的甲烷空气混合物中使用，一部分 Pd 会被氧气氧化，生成 PdO，使元件活性降低，但当空气中甲烷浓度大于 10% 时，PdO 又被还原为 Pd，元件灵敏度提高，元件又被激活，元件的稳定性被破坏，并且在短时间内不能恢复。

当元件被激活后，要及时用新鲜空气校准零点，用甲烷校准气样校准精度。为避免元件被激活，低浓甲烷传感器应具有高浓保护功能。在煤（岩）与瓦斯突出矿井使用高低浓甲烷传感器。

3. 催化剂中毒

硫化合物（H_2S、SO_2）、磷化合物（H_3P）以及有机硅蒸气等能强烈地吸附在催化剂上，与 Pd 反应生成新的化合物，例如 H_2S 与 Pd 反应生成 PdS($2H_2S + 2Pd + O_2 \rightarrow 2PdS + 2H_2O$) 降低催化剂活性，严重时会使催化剂完全失去活性，这种现象被称为催化剂中毒。催化剂中毒分为暂时性中毒和永久性中毒。硫化物和氯化物中毒是暂时性中毒，暂时性中毒后可以恢复。Si、Sn 等中毒是永久性中毒，是不能恢复的。一些矿井中有 H_2S 和 SO_2 气体，爆破作业也会释放 SO_2 等气体，在这些矿井中使用载体催化元件，可以选用抗中毒元件，也可以使用碱性物质和活性炭吸收剂吸附 H_2S、SO_2 等毒性物质，并定期更换吸收剂，防止失效。

4. 灵敏度变化

由于高温烧结，催化剂活性物质的粒子会变大，还会升华为气态等，这些都会使元件的催化活性下降，使灵敏度下降。催化剂升华还会使置于同一气室的补偿元件载体上吸附微量催化剂，使甲烷能够在补偿元件上催化燃烧，从而使电桥输出灵敏度下降。

催化元件长期工作在高浓度甲烷空气混合物中，由于缺氧，甲烷不能充分燃烧，产生的碳粒子会沉积在催化剂表面，或催化层的孔隙中，使催化剂粒子和载体粒子之间的结合力减少，导致催化层断裂、脱落，表面积减小，催化活性下降，元件灵敏度下降。

为增大催化层表面积，提高元件催化活性，氧化铝载体采用多孔结构。但当元件长期处于高温下，多孔结构的氧化铝逐渐变成刚玉型氧化铝，载体表面积变小，元件灵敏度下降。

影响催化元件的灵敏度除上述因素外，激活、催化剂中毒等均会使元件灵敏度变化。因此，载体催化元件必须每隔 7 天定期用校准气样和空气气样校准。当元件灵敏度降到初始值 50% 时，则认为元件报废。

5. 响应时间

响应时间是指甲烷浓度发生阶跃变化时，电桥输出信号值达到稳定值 90% 时所需要的时间。一般要求连续式响应时间为 20 s，间断式响应时间为 6 s。催化元件的响应时间除与元件尺寸、形状有关，还与气室结构及通气方式有关。响应时间包括甲烷空气混合气体通过扩散孔（烧结金属孔）充满气室，并到达元件表面的整个扩散过程所需的时间和甲烷在催化元件表面燃烧，产生热量，使元件升温并稳定所需的时间。

6. 气体流量

进入检测气室的气体流量影响催化元件灵敏度，如图 2－4－12 所示。因此，对于扩散式甲烷传感器，在校准时的流量应与甲烷传感器在井下安装地点的风速相吻合，否则会造成测量误差。

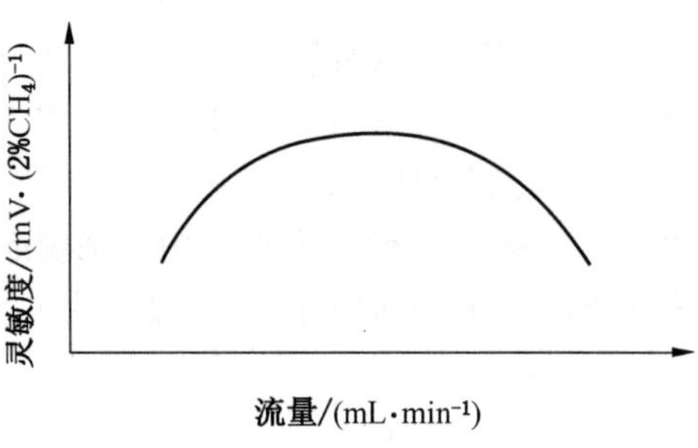

图 2－4－12　元件灵敏度与流量变化关系

7. 线性度

在低浓范围内，催化燃烧产生的热量随甲烷浓度的增加而增大。但由于元件温度增加时，其散热量也增大，从而导致元件温度不随催化燃烧热量而线性增大。因此，当甲烷浓度不大于 4.0% 时，元件的输出与甲烷浓度基本成线性关系，当甲烷浓度大于 5.0% 时，元件的输出与甲烷浓度很难保持线性关系。

4.2.2　热导式甲烷传感器

热导式甲烷传感器的工作原理是：利用甲烷的热导率高于新鲜空气的热导率，通过热敏元件测量甲烷空气混合物热导率的变化，进而测得甲烷空气混合物浓度的变化。矿井空气中主要气体成份的热导率如表 2－4－1 所示。不难看出，热导式甲烷传感器的选择性较差，空气中其他气体的浓度变化会影响甲烷浓度的测量，例如二氧化碳浓度的增加会使热导率降低，湿度的增加将使热导率增大，因此，热导式甲烷传感器要排除二氧化碳和空气湿度的影响。

表2-4-1 矿井空气中主要气体成分的热导率

气体名称	分子式	W·(m·K)$^{-1}$×10^{-2}(273 K)	W·(m·K)$^{-1}$×10^{-2}(373 K)	$\frac{W\cdot(m\cdot K^{-1})\times10^{-2}(273\ K)}{W\cdot(m\cdot K^{-1})\times10^{-2}(273\ K)空气}$
空气		2.43	3.14	1.0
氧	O_2	2.47	3.18	1.016
氮	N_2	2.43	3.14	1.0
甲烷	CH_4	3.013	4.56	1.24
氢气	H_2	17.4	22.34	7.115
一氧化碳	CO	2.34	3.013	0.96
二氧化碳	CO_2	1.464	2.22	0.707
乙烷	C_2H_6	1.8	3.05	0.74
丙烷	C_3H_8	1.5	2.636	0.839

由于气体的热导率随温度的增大而增大，所以环境温度的变化也将影响热导式甲烷传感器的测量精度。因此，热导式甲烷传感器必须对环境温度进行补偿，并保持气室温度恒定。

传导、热对流和热辐射决定了气室内的热交换，当温度不高时，热交换主要取决于热传导和热对流。并且气室尺寸和气体流速对对流的影响，会进一步造成对热导式甲烷传感器测量值的影响。由于空气中甲烷浓度的微量变化很难通过甲烷空气混合物热导率的变化测得，因此，目前热导式甲烷传感器主要用于高浓甲烷检测。

测量热导率的元件有金属丝热电阻、半导体热敏电阻、固体热导元件等，测量电路如图2-4-13所示。R_1 为测量元件，R_2 为补偿元件，测量元件与补偿元件结构、形状、电参数完全相同，但测量元件置于与被测气体连通的气室中，而补偿元件置于密封的空气室中。在新鲜空气中，由于 $R_1=R_2$，所以电桥平衡，输出电压为0。当气室中通入甲烷空气混合气体时，由于甲烷空气混合气体的热导率大于新鲜空气的热导率，因此，测量元件 R_1 的传导出的热量大于补偿元件 R_2，R_1 变小，$R_1\neq R_2$，电桥失去平衡，输出电压不为0。

4.2.3 红外吸收式甲烷传感器

不同气体分子对特定波长的红外光具有吸收能力。当气体压力、气室长度、入射光强一定时，气体对特定波长的红外光的吸收强度取决于气体分子浓度，即

$$I=I_0e^{-\alpha CL} \tag{2-4-14}$$

式中 I_0——入射光强；

I——被测气体吸收后的光强；

C——被测气体浓度；

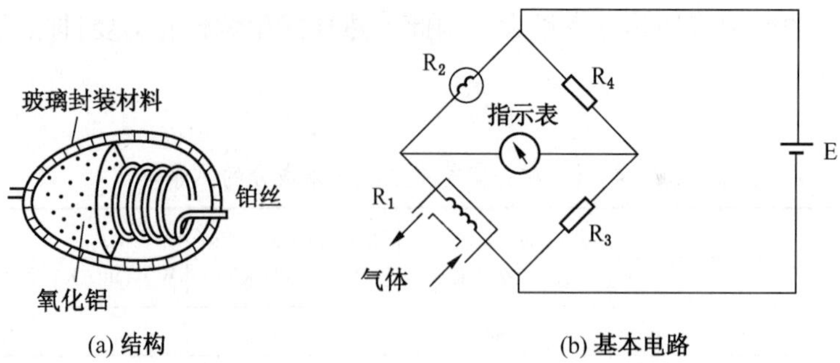

(a) 结构 (b) 基本电路

图 2-4-13 气体热导元件及检测电路

L——光通过被测气体路径长度；

α——被测气体的吸收常数。

将式（2-4-14）改写为

$$C=(1/\alpha L)\ln(I_0/I)$$

不难看出，当被测气体（α），气体室长度（L），入射光强（I_0）一定时，通过监测被气体吸收后的光强 I，就可计算出被测气体浓度 C。

红外吸收式甲烷传感器从原理上讲可以用于全量程甲烷监测，但目前主要用于低浓度甲烷监测。红外吸收式甲烷传感器同催化燃烧式甲烷传感器相比具有如下优点：①不会发生传感器元件被高浓瓦斯冲击激活；②不会发生传感器元件在硫化物等作用下发生催化剂中毒；③不会发生催化剂高温升华，烧结、表面积碳等问题。因此，红外吸收式甲烷传感器稳定性好，调校周期长，寿命长，但红外吸收式甲烷传感器受矿尘、水蒸气、温度等影响较大，成本较高。

为解决温度对红外吸收式甲烷传感器的影响，通常采用温度补偿的办法。为解决矿尘对红外吸收式甲烷传感器的影响，通常采取滤膜过滤，光补偿等方法。为解决水蒸气对红外吸收式甲烷传感器的影响，通常采用干燥剂吸收，湿度补偿等方法。微孔直径为 0.2 ~ 3 μm 的微孔丙纶防尘、防潮滤膜具有防尘、拒水、拒油、表面光滑、化学稳定性好，矿尘不会渗透到织物内部，清理方便等优点，可同时解决红外吸收式甲烷传感器防尘和防潮问题。

红外吸收式甲烷传感器工作原理如图 2-4-14 所示。在 3.33 ~ 3.9 μm 波长范围内的恒亮度光源，经 3.33 μm 和 3.9 μm 窄带滤光片滤为 3.33 μm 的甲烷吸收光和 3.9 μm 的参考光，参考光具有温度、背景气体、湿度、干扰光等补偿作用。测量光和参考光经低噪声前置放大器和差分放大器放大后，得到随空气中甲烷浓度变化的电信号，载有空气中甲烷浓度信息的电信号经 A/D 转换，送 CPU 处理，温度补偿传感元件输出电信号，经 A/D 转换后送 CPU，供温度补偿用。

4.2.4 低浓度甲烷传感器技术要求

低浓传感器应以百分体积浓度表示测量值，采用数字显示，其分辨率应不低于 0.01% CH_4，并应能表示显示值的正或负。在（0 ~ 4.00）% CH_4 范围内，当甲烷浓度保持恒定时，传感器的显示值或输出信号值（换算为甲烷浓度值）的变化量应不超过

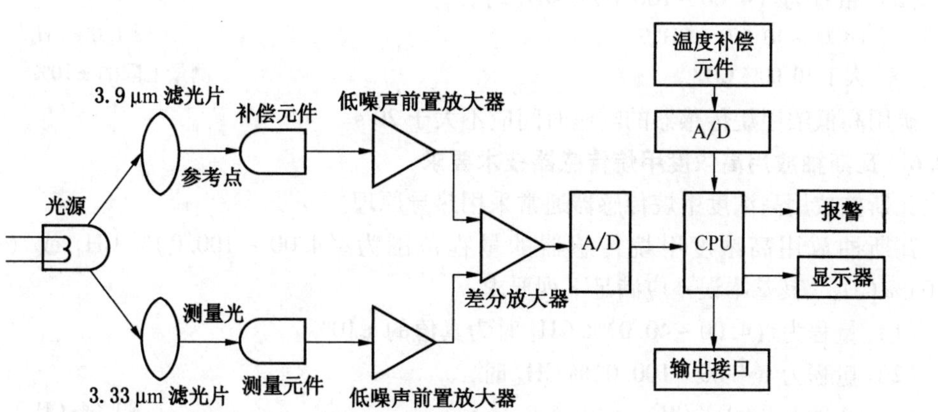

图 2-4-14　红外吸收式甲烷传感器

0.04% CH_4。

矿用低浓度甲烷传感器通常采用载体催化原理和红外吸收原理。载体催化式低浓甲烷传感器在甲烷浓度超过测量范围上限时，传感器应具有载体催化元件保护功能，并使传感器的显示值和输出信号值均维持在超限状态。

低浓甲烷传感器的响应时间应不大于 20 s。低浓甲烷传感器的测量范围为（0～4.0）% CH_4，其基本误差应满足下列要求：

(0～1.0)% CH_4	±0.1% CH_4
(1.0～3.0)% CH_4	真值的 ±10%
(3.0～4.0)% CH_4	±0.3% CH_4

4.2.5　高低浓度甲烷传感器技术要求

矿用高低浓度甲烷传感器通常由用于低浓甲烷监测的载体催化元件和用于高浓甲烷监测的热导元件组成。载体催化元件与热导元件工作转换点设置范围为（2.00～4.00）% CH_4，由低浓度转换为高浓度和由高浓度转换为低浓度可设置不同的转换点。传感器在转换点转换时的附加误差不超过 1.00% CH_4。传感器应具有载体催化元件的保护功能。

传感器应采用数字显示，以百分体积浓度表示测量值，并应能表示显示值的正或负。在（0～4.00）% CH_4 范围内，分辨率应不低于 0.01% CH_4，当甲烷浓度恒定时，传感器显示值或输出信号值（换算为甲烷浓度值）变化量不超过 0.04% CH_4。在（4.00～100）% CH_4 范围内，分辨率应不低于 0.1% CH_4，当甲烷浓度恒定时，传感器显示值或输出信号值（换算为甲烷浓度值）变化量不超过 0.4% CH_4。

低浓甲烷监测范围为（0～4.00）% CH_4，其基本误差应满足下列要求：

(0～1.00)% CH_4	±0.10% CH_4
(1.00～3.00)% CH_4	真值的 ±10%
(3.00～4.00)% CH_4	±0.30% CH_4

高浓甲烷监测范围为（4.00～40.0）% CH_4 或（4.00～100.0）% CH_4，其基本误差应满足下列要求：

（1）量程为（4.00～40.0）% CH_4 时，基本误差为真值的 ±10%；

（2）量程为（4.00～100.0）% CH_4 时，

（4.00～10.00）% CH_4	±1.0% CH_4
大于 10.00% CH_4	测量上限的 ±10%

矿用高低浓甲烷传感器的响应时间应不大于 20 s。

4.2.6 瓦斯抽放用高浓度甲烷传感器技术要求

瓦斯抽放用高浓度甲烷传感器通常采用热导原理。

瓦斯抽放用高浓度甲烷传感器的量程范围为（4.00～100.0）% CH_4 或（4.00～40.0）% CH_4，其基本误差应满足下列要求：

（1）量程为（4.00～40.0）% CH_4 时为真值的 ±10%。

（2）量程为（4.00～100.0）% CH_4 时，

（4.00～10.00）% CH_4	±1.0% CH_4
大于 10.0% CH_4	测量上限的 ±10%

在（4.00～100）% CH_4 范围内，甲烷浓度恒定时，传感器显示值或输出信号值（换算为甲烷浓度值）变化量不超过 0.4% CH_4。在 20 m/s 流速条件下时，其指示值的漂移量应不大于 ±0.1% CH_4。

瓦斯抽放用高浓度甲烷传感器的响应时间应不大于 30 s，工作稳定性应不少于 21 天。

4.2.7 便携式甲烷检测报警仪

便携式甲烷检测报警仪是一种可连续检测环境中甲烷浓度，具有数字显示、声光报警功能的便携仪器。当甲烷浓度超过设定的报警点（一般为 1.00% CH_4）时，仪器能发出声光报警信号。它具有连续检测、自动报警、数字显示甲烷浓度、欠压显示、故障显示、体积小、重量轻、操作简单、使用方便等优点。便携式甲烷检测报警仪通常采用载体催化原理和自然扩散取样方式。

报警仪应采用数字显示，应以百分体积浓度表示测量值，显示值为三位以上（含三位）有效读数，其分辨率应不低于 0.01% CH_4，并应能表示显示值的正或负。在（0～4.00）% CH_4 范围内，当甲烷浓度保持稳定时，报警仪显示值的变化量应不超过 0.03% CH_4。

报警仪应有声光报警功能和报警自检功能。在甲烷浓度超过测量范围上限时，报警仪应具有保护载体催化元件的功能，并应使报警仪的显示值维持在超限状态。

报警仪电池正常充电后，其工作时间应不小于 10 h。正常工作时间内，报警仪不应出现欠压关机。报警仪的电池应采用无“记忆效应”电池或具有防“记忆效应”措施。报警仪应有电源电压显示，欠压提示、欠压自动关机功能。报警仪进行充电时，应有充电指示、充电完成关断及指示功能。

报警仪器测量范围为（0～4.00）% CH_4，其基本误差应满足下列要求：

（0～1.00）% CH_4 时	±0.10% CH_4
1.00～3.00 时	真值的 ±10%
3.00～4.00 时	±0.30% CH_4

报警仪工作稳定性应不小于 15 天（每天运行 10 h），响应时间应不大于 20 s。

报警仪应能在（0.50～2.50）% CH_4 范围内任意设置报警点，报警显示值与设定值的差值应不超过 ±0.05% CH_4。报警声级强度在距其 1 m 处应不小于 75 dB(A)；光信号在暗处的能见度应不小于 20 m 远。

报警仪的工作位置发生变化时，其显示值的附加误差应不超过 ±0.03% CH_4。报警仪在 8 m/s 风速条件下试验时，其指示值的漂移量应不超过 ±0.10% CH_4。

4.3 一氧化碳传感器

一氧化碳（CO）是一种无色、无臭、无味的气体，对空气的比重为 0.97，空气中一氧化碳的爆炸浓度为 13% ~75% 。矿井火灾、瓦斯和煤尘爆炸、爆破作业等都会产生大量的一氧化碳。一氧化碳是有毒气体，吸入人体后会造成人体组织和细胞缺氧，大量吸入后会中毒窒息。井下空气中一氧化碳浓度较高时，会使人中毒，同时，一氧化碳浓度又是预测和监测煤炭自燃发火、胶带输送机火灾等的主要技术指标。因此，一氧化碳监测是矿井安全监测的主要内容之一。矿用一氧化碳传感器主要是电化学式一氧化碳传感器。

4.3.1 工作原理

电化学式一氧化碳传感器工作原理如图 2-4-15 所示。其敏感元件由透气膜、阳极、阴极及电解质等组成。当一氧化碳气体经过透气膜扩散进入阳极，在催化剂作用下与电解溶液中水发生阳极氧化反应，同时放出电子。而在阴极上，氧气透过透气膜到达催化剂层，在催化剂作用下与电解液中的氢离子发生阴极还原反应，生成水并吸收电子。其化学反应方程式为

阳极：$$CO + H_2O \rightarrow CO_2 + 2H^+ + 2e$$

阴极：$$O_2 + 4H^+ + 4e \rightarrow 2H_2O$$

$$2CO + O_2 = 2CO_2$$

电化学反应在阳极上给出电子，在阴极上得到电子。当内部电解质与外电路形成回路时，将有电流流过。如果采用气体扩散电极，反应电流 i 与 CO 浓度 C 具有线性关系：

$$i = \frac{nFAD}{L} \cdot C \tag{2-4-15}$$

式中 i——反应电流；

C——CO 浓度；

A——反应界面面积；

L——扩散电极膜厚；

D——膜中气体扩散系数；

n——反应中电子转移数；

F——法拉第常数。

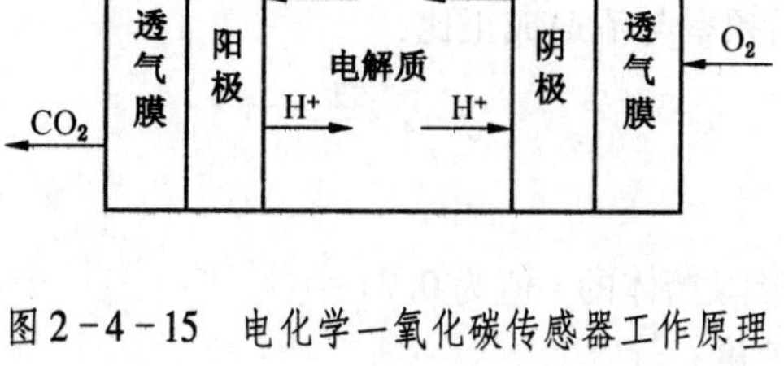

图 2-4-15 电化学一氧化碳传感器工作原理

4.3.2 技术要求

矿用一氧化碳传感器量程范围为：$(0\sim100)\times10^{-6}$、$(0\sim500)\times10^{-6}$、(0～500 以上)$\times10^{-6}$；采用数字显示，以 10^{-6} 单位表示测量值，分辨率不低于 1×10^{-6}，量程为 $(0\sim100)\times10^{-6}$CO 的传感器，一氧化碳浓度恒定时，传感器显示值或输出信号值（换算为一氧化碳浓度值）变化量不超过 2×10^{-6}CO。量程为 $(0\sim500)\times10^{-6}$CO 及以上 的传感器，一氧化碳浓度恒定时，传感器显示值或输出信号值（换算为一氧化碳浓度值）变化量不超过 4×10^{-6}CO。

传感器应具有避免因断电而影响电化学原理敏感元件工作稳定的措施。

矿用一氧化碳传感器的基本误差应满足下列要求：

（1）量程为 $(0\sim100)\times10^{-6}$CO 时，

$(0\sim20)\times10^{-6}$CO　　$\pm2\times10^{-6}$CO

$(20\sim100)\times10^{-6}$CO　　$\pm4\times10^{-6}$CO

（2）量程为 $(0\sim500)\times10^{-6}$CO 时，

$(0\sim100)\times10^{-6}$CO　　$\pm4\times10^{-6}$CO

$(100\sim500)\times10^{-6}$CO　　测量值的 ±5%

（3）量程为（0～大于 500）$\times10^{-6}$CO 时，

$(0\sim100)\times10^{-6}$CO　　$\pm4\times10^{-6}$CO

$(100\sim500)\times10^{-6}$CO　　测量值的 ±5%

大于 500×10^{-6}CO　　测量值的 ±6%

传感器的响应时间应不大于 35 s。

4.4 风速传感器

在煤炭开采的过程中，总有瓦斯涌出，为稀释矿井空气中的瓦斯，需不断地向井下输送新鲜空气，因此，对矿井风速的监测是矿井监控的主要内容之一。用于矿井风速监测的传感器主要有超声波旋涡式和超声波时差式两种。

4.4.1 超声波旋涡式风速传感器

超声波旋涡式风速传感器首先将风速转换成与风速成正比的旋涡频率，然后通过超声波将旋涡频率转换成超声波脉冲，再将超声波脉冲转换成电脉冲，从而测得风速。由于超声波旋涡式风速传感器具有寿命长，易维护，成本低等优点，因此，在矿井监控系统中获得了广泛应用。

我们知道，在流动的水中，垂直于流向插入一阻挡体，在阻挡体的下游会产生两列内旋的互相交替的旋涡。可以证明：在无限界流场中，垂直流向插入一根无限长非流线形阻挡体，阻挡体的下游将产生两列内旋、互相交替的旋涡，若对流速、阻挡体截面面积和形状作适当的限制，则旋涡频率与流速成正比：

$$f=s\cdot\frac{v}{d} \tag{2-4-16}$$

式中 f——旋涡频率；

s——常数；圆柱形阻挡体的 s 值为 0.21；

v——未扰动流体速度；

d——阻挡体宽度（或直径）。

超声波旋涡式风速传感器工作原理如图 2-4-16 所示。在风洞中设置一旋涡发生杆（即阻挡体），在阻挡体下方安装一对超声波发射器和接收器，当流动空气经过旋涡发生杆时，在其下方产生两列内旋相互交替的涡旋。由于旋涡对超声波的阻挡作用，超声波接收器将会收到强度随旋涡频率变化的超声波，即旋涡没有阻挡超声波时，接收到的超声波强度最大，旋涡正好阻挡超声波时，接收到的超声波强度最小。超声波接收器将接收到的幅度变化的超声波转换成电信号，经过放大、解调、整形等就可获得与风速成正比的脉冲频率。

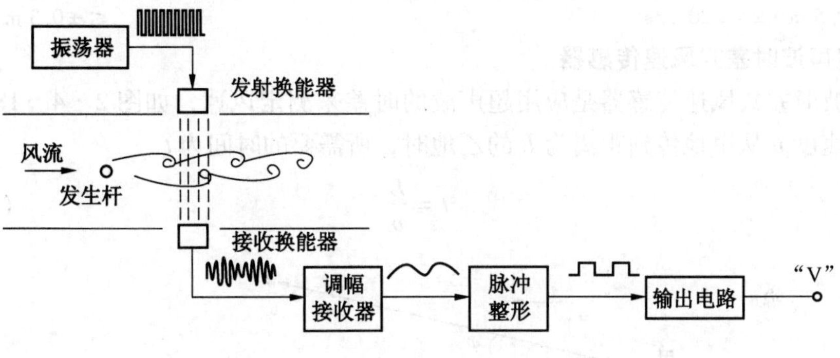

图 2-4-16 超声波旋涡风速传感器原理图

当发生杆一定时，风速越大，形成的卡曼旋涡就越强，对超声波束调制度越大；当风速很低时，不会形成旋涡。为检测较低的风速，可以增大发生杆直径或提高超声波接收器的灵敏度，能产生旋涡的发生杆直径与风速关系如图 2-4-17 所示。

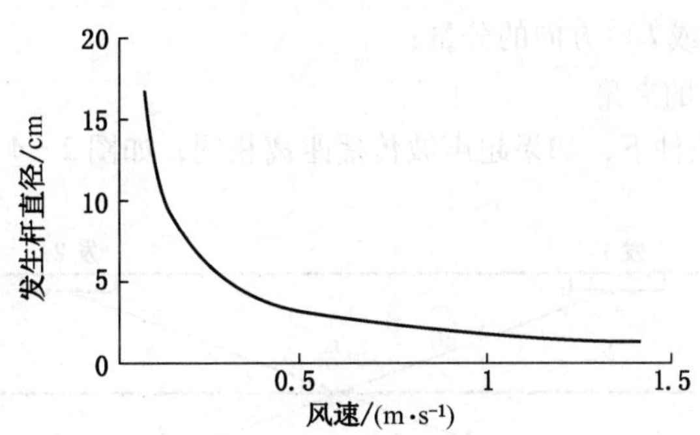

图 2-4-17 风速与发生杆直径之间的关系曲线

超声波发射与接收器的形状、截面尺寸、相对位置、坚固程度、发射与接收器偏移角度等都会影响灵敏度。超声波发射与接收器应设置在其轴线与发生杆的距离为发生杆直径 6 倍的地方，以保证线性度。超声波的工作频率应为 140 ~ 150 kHz，即高于风速旋涡频率两个数量级，但不要过高，过高会造成超声波在空气中传播时的严重衰减。

超声波旋涡式风速传感器具有如下优点：

(1) 无可动部件，无机械磨损，性能稳定，使用寿命长。

(2) 输出本身就是与风速成线性关系的脉冲频率信号，没有零点漂移，且敏感元件灵敏度变化不会直接影响输出，测量精度高。

(3) 输出信号不受流体特性（温度、湿度、压力、成份、密度、粘度、矿尘等）影响。

(4) 响应迅速。

超声波旋涡式风速传感器的测量范围和基本误差应满足下列要求：

$0.3\ m/s \leqslant x \leqslant 10\ m/s$	$\leqslant \pm 0.3\ m/s$
$0.4\ m/s \leqslant x \leqslant 15\ m/s$	$\leqslant \pm 0.3\ m/s$
$0.5\ m/s \leqslant x \leqslant 20\ m/s$	$\leqslant \pm 0.3\ m/s$

4.4.2 超声波时差式风速传感器

超声波时差式风速传感器是应用超声波的时差来测定风速，如图 2-4-18 所示，当超声波以速度 v 从甲地传到距离为 L 的乙地时，所需要的时间为 t。

$$t=\frac{L}{v} \tag{2-4-17}$$

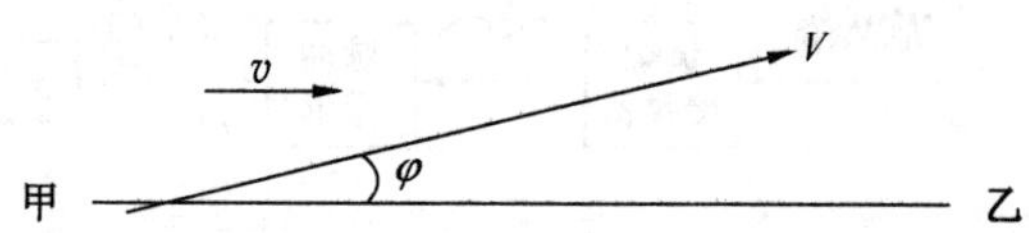

图 2-4-18 超声波传播速度示意图

在图 2-4-19 中，如果空气以速度 $\vec{v}$ 运动时，超声波从甲地到乙地所需要的时间为

$$t=\frac{L}{v+v_L}=\frac{L}{v+v\cos\varphi} \tag{2-4-18}$$

式中 v_L——$\vec{v}$ 在 v（或 L）方向的分量；

φ——$\vec{v}$ 和 v 间的夹角。

在顺风和逆风的条件下，如果超声波传播距离相同，如图 2-4-19 所示。

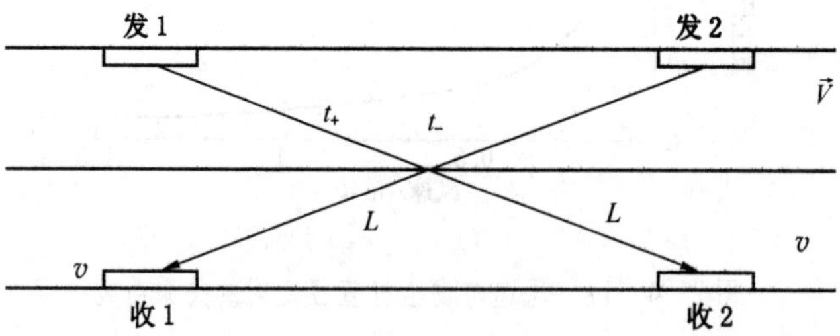

图 2-4-19 顺风和逆风超声波传播时间

所需的传播时间分列为 t_+ 和 t_-，即

$$t_+=\frac{L}{v+v\cos\varphi} \quad 顺风 \tag{2-4-19}$$

$$t_{-}=\frac{L}{v-v\cos\varphi} \qquad 逆风 \tag{2-4-20}$$

$$\therefore \quad \frac{1}{t_{+}}-\frac{1}{t_{-}}=\frac{v+v\cos\varphi}{L}-\frac{v-v\cos\varphi}{L}=\frac{2v\cos\varphi}{L} \tag{2-4-21}$$

$$\therefore \quad v=\frac{L}{2\cos\varphi}\left(\frac{1}{t_{+}}-\frac{1}{t_{-}}\right) \tag{2-4-22}$$

不难看出，通过测量顺风和逆风超声波的时差关系$\left(\frac{1}{t_{+}}-\frac{1}{t_{-}}\right)$，就可测定风速大小。

超声波时差式风速传感器具有如下优点：

(1) 属于非接触式，无机械传动，因而不干扰流体的状态，不影响测试点的风速分布。

(2) 只基于时间、距离和角度的检测，因而不受流体压力、温度和湿度的影响。

(3) 无机械传动，使用寿命长，性能稳定。

(4) 转换精度高。

但结构复杂，造价高，体积大。

4.5 温度传感器

矿井环境温度除影响着矿工的工作效率和身心健康外，还是煤炭自燃发火的重要指标之一，因此，矿井环境温度监测是矿井安全监测的重要内容之一。用于矿井环境温度监测的传感器有热电偶、热电阻、热敏电阻、半导体红外和光纤等。

4.5.1 热电偶式、热电阻式与热敏电阻式温度传感器

热电偶温度传感器就是将两种不同的金属材料连接在一起，形成一个闭合回路，当两种不同的金属材料的两个接点（冷端和热端）之间存在温差时，就在两者之间产生电动势，进而在回路中形成电流。

热电阻式温度传感器就是利用导体电阻随温度的变化而变化的特性来测量温度。

热敏电阻温度传感器就是利用半导体电阻随温度变化而变化的特性来测量温度的。热敏电阻可分为正温度系数和负温度系数两种。

4.5.2 半导体式温度传感器

半导体温度传感器是利用半导体 PN 结正向电压随温度变化而变化的特性来测量温度的。半导体二极管正向电压温度特性如图 2-4-20 所示。

利用半导体三极管基极-发射极电压 U_{be} 的温度特性及外部电路，可测得环境温度的变化。半导体温度传感器 AD590 等就是将晶体管电路与放大电路等集成在一个芯片上，因此，半导体温度传感器具有体积小、成本低、功耗低、响应快、线性度好的优点，在矿井监控系统中获得了广泛的应用。

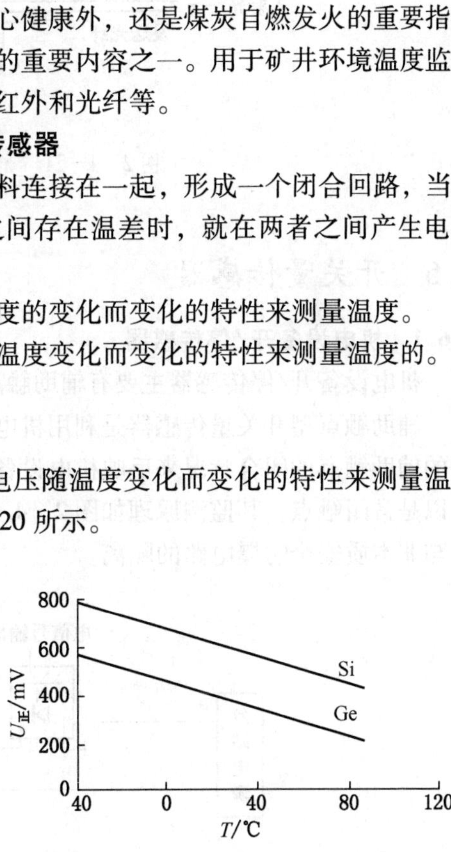

图 2-4-20 晶体二极管正向电压对温度的关系特性

4.5.3 红外式温度传感器

温度高于绝对零度（-273 ℃）的任何物体均会产生红外辐射，辐射功率 P 随物体温度

增大而增大。

$$P = \varepsilon\sigma T^4 \tag{2-4-23}$$

式中 σ——常数，$\sigma = 5.6697 \times 10^{-12}$ w/(cm^2 · k^4)；

ε——比辐射率，绝对黑体 $\varepsilon = 1.0$，非绝对黑体 $0 < \varepsilon < 1.0$。

因此，可通过热敏电阻或光敏电阻测量红外辐热功率，进而计算出物体的温度。

红外测温具有灵敏度高，反应快，测温范围广，不影响被测温度场分布，非接触测量等优点。

4.5.4 光纤式温度传感器

光纤温度传感器的工作原理较多，利用半导体材料吸收光谱特性随温度变化的原理研制出的装有 GeAs（砷化锗）、CdTe（碲化镉）等晶片的光纤温度传感器是其中的一种。

半导体 GeAs、CdTe 对于波长小于 λ_g（λ_g 由半导体本身性质决定）的光几乎全部吸收，并且随着温度的升高，λ_g 增大。因此在发送光纤和接收光纤之间放入上述半导体晶片，在入射光强一定的情况下，通过测量接收光纤输出光信号的强弱，就可间接测得温度，如图 2-4-21 所示。由半导体晶片所组成的传感头尺寸和一般小型半导体二极管相当。

图 2-4-21 光纤温度传感器原理示意图

4.6 开关量传感器

4.6.1 机电设备开/停传感器

机电设备开/停传感器主要有辅助触点型和电磁感应型两种。

辅助触点型开关量传感器是利用机电设备的接触器或继电器中没有被其他电气设备使用的辅助触点的闭合状况来反映机电设备的开停状况，这些辅助触点可以是常开触点，也可以是常闭触点，其监测原理如图 2-4-22 所示。使用辅助接点要注意本质安全防爆电路与非本质安全防爆电路的隔离。

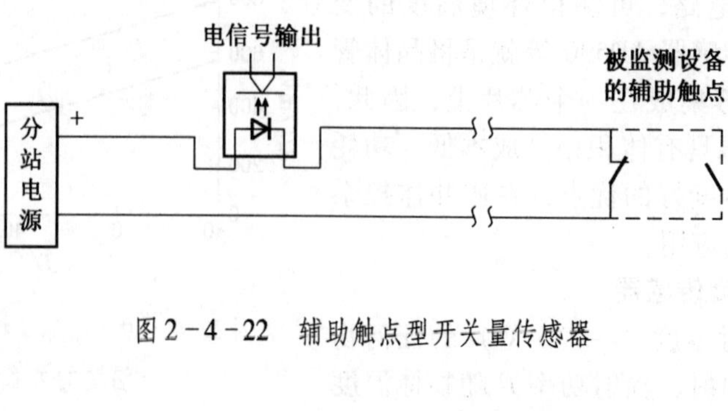

图 2-4-22 辅助触点型开关量传感器

电磁感应型开关量传感器是通过测量向机电设备馈电的电缆周围有无磁场存在，来间接地监测设备的工作状态。其工作原理是：向机电设备供电的三芯电缆中的三相电流有对称和不对称之分，但无论对称与否，在电缆的外皮上，总可以找到一个与三相芯线不等距的点，该点的磁场强度以靠近该点的芯线起主导作用，如图 2－4－23 所示的点 C。如果将电磁感应型开关量传感器安装在点 C，传感器中的检测线圈就可测得微弱的磁感应信号，供电电流越大，该感应信号就越强。感应出的信号再经过放大和变换就可获得反映设备工作状况的电信号。

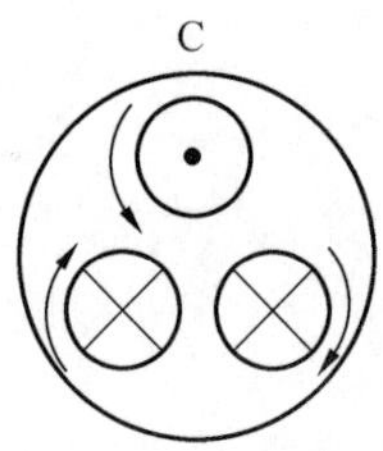

图 2－4－23 电磁感应式开关量传感器

4.6.2 风门开关传感器

风门开关传感器是一种检测煤矿井下风门开闭状态的开关量传感器，它由干簧开关组件与磁性组件两部分组成。在使用时，将磁性体组件装在风门上，而把干簧开关组件安装在毗邻的门框上。当风门关闭时，磁性体靠近干簧开关组件，由磁性体产生的磁场使干簧开关维持闭合（或断开）状态，这时，由干簧开关组件输出一个闭合（或断开）接点信号。当风门打开时，磁性体离开了干簧开关组件，使接点断开（或闭合），同时输出一个断开（或闭合）接点信号。通过图 2－4－22 所示的开关量检测电路，就可以将该接点信号转换为电信号。

4.6.3 风筒风量传感器

风筒风量传感器主要用来监测风筒中的风量。当局部通风机停止运转或风筒漏风造成风量不足时，输出风量不足信号。当局部通风机正常工作，并且风筒没有漏风，风量满足要求时，输出风量足信号。风筒风量传感器是开关量传感器，输出风量足和风量不足两种状态，是甲烷风电闭锁装置和矿井监控系统的重要传感器之一。

风筒风量传感器由卡子、弹簧、接点组成，如图 2－4－24 所示。卡子卡在局部通风机风筒的最后一节，当局部通风机工作正常，风筒没有漏风，风筒中风量满足要求时，风筒将卡子撑开，接点闭合。当局部通风机停止工作或风筒漏风等造成风筒风量不足时，风筒无法撑开受弹簧作用的卡子，接点打开。

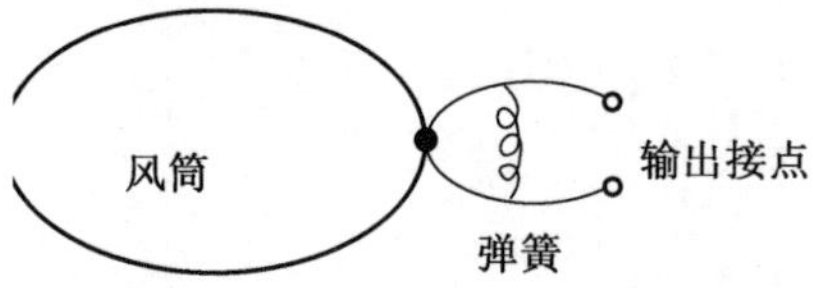

图 2－4－24 风筒风量传感器

4.6.4　馈电状态传感器

馈电状态传感器用于监测被控开关负荷侧的馈电状态。馈电状态传感器可以采用被控开关（馈电开关或磁力起动器）辅助接点，但要注意本质安全防爆电路与非本质安全防爆电路的隔离。当被控开关是直接控制用电设备时，由于被控开关馈电，馈电电缆就有电流，被控开关不馈电，馈电电缆无电流，因此，使用设备开停传感器即可。当馈电开关不直接控制用电设备，用电设备由下一级磁力起动器控制时，馈电状态的监测应采用测量被控开关负荷侧的电场或电压的方法，如光纤法、电容法等。

5 矿用直流电源及备用电源

电源是矿井安全生产监控系统的重要设备之一。矿用直流电源（指矿井监控系统电源，以下同）除向分站、传感器、声光报警器、断电器等提供本质安全防爆直流电源外，还必须保证井下交流电网停电后，维持系统正常工作时间不少于2小时。因此，矿用直流电源除将交流电转换成本质安全防爆的直流电源外，还有备用蓄电池。

5.1 矿用直流电源

5.1.1 矿用直流电源的特点

由于煤矿井下具有甲烷等易燃、易爆性气体，硫化氢等腐蚀性气体，环境潮湿，有淋水，有矿尘，电网电压波动范围大75% ~110%，空间狭小，工作场所分散，因此，矿井监控系统电源具有如下特点：

（1）本质安全型防爆输出。煤矿井下具有甲烷、一氧化碳等易燃易爆性气体和煤尘，为防止电气设备的危险温度和电火花引起瓦斯和煤尘爆炸，用于煤矿井下爆炸性环境的电气设备必须是防爆型电气设备。由于本质安全型防爆电气设备具有体积小、重量轻、成本低，特别当电缆发生故障所产生的电火花能量很低，不会引爆井下爆炸性气体混合物等优点，因此，矿井监控设备应优先采用本质安全型或本质安全型与其他防爆型式的复合型。特别是当甲烷超限时，断电控制区域的矿井安全监控设备必须为本质安全型，以保证当甲烷超限时，监控设备连续工作，因此，矿井监控系统电源必须为本质安全型输出。由于矿井监控系统电源需从井下交流电网获取电能，交流电网的引入使矿井监控系统电源难以制作成单一本质安全型，因此，矿井监控系统电源一般为隔爆兼本质安全型或浇封兼本质安全型。

（2）电网电压波动适应能力强。采煤机、掘进机、输送机等井下电气设备功率大，负载变化大，直接启动，频繁启动，供电距离远等造成了井下交流电网电压波动范围大(75% ~110%)，因此，要求矿用电源电网电压波动适应能力强，在75% ~110%的额定电压范围内正常工作。

（3）效率高、体积小、重量轻。井下空间狭小，因此，要求矿用电源体积小，重量轻。矿用电源电网电压波动范围大，负载变化大，为减小矿用电源的体积和重量，就必须提高电源效率，减小散热片面积。因为散热片体积的增大，还会进一步导致隔爆外壳体积的增大和重量的增加。

（4）保护功能强。矿用电源工作在环境恶劣的煤矿井下，井下潮湿，有淋水和矿尘，顶板垮落，机械碰撞等，这些会造成负载或电缆短路，因此，矿用电源要有短路保护，过流保护等功能，同时要防潮、防水、防尘、防霉、防腐。

（5）输入电压范围宽。煤矿井下交流电网电压等级较多，有36、127、380、660、1140、3300 V等电压等级，矿用电源的输入电压一般选127、380和660 V，还应兼顾地面的 220 V，因此，要求矿用电源输入电压范围宽。

5.1.2 矿用开关电源特点

由于煤矿井下的特殊性，矿用本质安全型防爆开关电源同地面普通开关电源相比具有如下特点：

(1) 输出功率受限制。本质安全防爆措施是限制放电火花能量，这就限制了电源的输出能量。限制输出能量就必须限制输出功率，即限电流（或恒流）、限电压（稳压）。对于输出功率较大的本质型安全防爆电源还应具有过流（或短路）快速切断保护措施（即限时间）。

(2) 输出端滤波电容和电感受限制。本质安全防爆限制火花放电能量，不但要限制电源输出能量，而且要限制电源输出端和负载中的电容和电感的储能，以防电容或电感等储能元件的储能使火花放电能量的增大。

(3) 输入、输出必须电气隔离。矿用电源的输入为非本安交流，输出为本质安全型防爆直流，为防止交流电压窜入本质安全型防爆直流回路，引起瓦斯爆炸，矿用电源的输入与输出之间必须电气隔离。对主回路一般采用电磁隔离，对监控回路一般采用光电隔离或电磁隔离。

(4) 大的电压允许输入范围。煤矿井下电网电压波动范围大 75% ~110%，设备功率大，起动频繁，供电距离远，因此，要求矿用电源有较大的电压允许输入范围。为防止输入电压等级的错误使用，损坏矿用电源的防爆性能，矿用本质安全防爆电源不允许采用初级绕组多抽头、多接线端子来满足不同的输入电压等级（如：36、127、220、380 V 等），这就限制了矿用电源的应用范围，即每一个矿用电源只允许有一个电压等级。因此，为适应多种电压等级，要求矿用电源有较宽的输入电压范围，例如，既可用于127 V，又可用于 220 V 的输入电压范围应为 95 V ~242 V。

(5) 多重化保护。为保证本质安全防爆电源在正常工作条件下和规定的故障状态下，所产生的电火花和热效均不会引燃爆炸性气体混合物，本质安全型电源的限流（或恒流）、限压（或稳压）等保护性元件必须双重化（对 i_b 级）或三重化（对 i_a 级）。

(6) 恒压－恒流输出特性。为满足本质安全防爆要求，电源的最大输出电压和最大输出电流均受到限制，因此，在满足本质安全防爆要求的前提下，为提高电源的带负载能力，本质安全型电源的输出宜为恒压－恒流输出，当负载较重时为恒流输出，当负载较轻时为恒压输出。

(7) 故障自动恢复。为检验本质安全防爆电源的防爆性能，需在国家规定防爆检验站进行火花试验。火花试验是电源带负载和不带负载条件下的短路和开路试验，如果矿用电源短路和开路故障排除后不能自动恢复，将无法进行试验，因此，矿用电源当输出短路或开路故障排除后必须自动恢复。同时由于煤矿井下工作环境恶劣，输出短路和开路故障时有发生，并且监控距离远，因此，当故障排除后，电源应自动恢复工作，而不应由人工恢复。另外，由于矿用电源一般设在隔爆外壳内，人工恢复也比较困难。

(8) 体积小、重量轻、可靠性高。由于井下空间狭小，搬运困难，维修困难，因此矿用电源要体积小，重量轻，可靠性高。

5.1.3 矿用直流电源的主要技术指标

矿用电源的主要技术指标有额定输入电压、允许输入电压范围、额定输出电压、输出电压范围、最大输出电压、额定输出电流、最大输出电流、稳定系数、电压调整率、电流调整率、输出电阻（内阻）、最大纹波电压、纹波系数，其中最大输出电压、最大输出电流是本质安全防爆电源的必备安全参数。

（1）额定输入电压 U_1 是矿用电源标称输入电压，如：36、127、220、380 V 等。

（2）允许输入电压范围是矿用电源允许输入电压范围，通常用额定输入电压的百分比表示（如：（75% ~110%）U_1），也可用允许输入电压的上限和下限表示（如 95 ~140 V）。当输入电压超出输入电压范围，电源将损坏或工作不正常，甚至失去防爆性能。

（3）额定输出电压是矿用电源标称输出电压，如 5、6、9、12、15、18、24 V 等。

（4）输出电压范围是矿用电源在规定的输入电压范围内和输出电流不大于额定输出电流的情况下，输出电压的变化范围。输出电压的变化范围可以用输出电压的上、下限表示，如 4.75 ~5.25 V，也可以用额定输出电压的相对值来表示，如 ±5%。

（5）最大输出电压是指矿用电源在开路等情况下输出的最大电压。这是本质安全型防爆电源的一个重要指标。若矿用电源的输出电压大于最大输出电压，将无法保证电源的防爆性能，这种电源严禁在井下爆炸性环境中使用。

（6）额定输出电流是矿用电源的标称电流。当输出电流不大于额定输出电流，输入电压不超过允许输入电压范围时，电源的防爆性能和输出电压范围均可得到保证。当电源的输出电流大于额定输出电流时，电源的一些技术指标将难以保证，但防爆性能必须保证。

（7）最大输出电流是指矿用电源在短路等情况所能输出的最大电流。这是本质安全防爆电源的一个重要指标。若矿用电源的输出电流大于最大输出电流，将无法保证电源的防爆性能，这种电源严禁在井下爆炸性环境中使用。

（8）稳压系数是指输入交流电压变化 ΔV_i 所引起的输出直流变化 ΔV_o 的变化量。稳压系数越小，说明输出越稳定。稳压系数又分为绝对稳压系数和相对稳压系数两种。绝对稳压系数是指：当负载不变（$\Delta I_o=0$），环境温度不变（$\Delta T=0$），而输入交流电压变化时，稳压电源输出直流电压变化量 ΔV_0 与输入交流电压变化量 ΔV_i 之比，即：$K=\Delta V_0/\Delta V_i$。相对稳压系数是指：当负载不变（$\Delta I_0=0$），环境温度不变（$\Delta T=0$），交流输入电压相对变化 $\Delta V_i/V_i$ 所引起的输出直流电压相对变化 $\Delta V_0/V_0$ 的比值，即：$S=(\Delta V_0/V_0)/(\Delta V_i/V_i)$。

（9）电压调整率是指负载为额定负载时，输入交流电压在额定值上下变化 ±10% 时，稳压电源输出电压的相对变化量，即 $S_V=(\Delta V_0/V_0)\times 100\%$。

（10）电流调整率是指在额定交流输入电压条件下，负载电流从零变化到额定输出电流值时，输出电压变化 ΔV_0 与输出额定电压 V_0 的比值，即 $S_i=(\Delta V_0/V_0)\times 100\%$。$S_i$ 反映了电源对负载电流变化的适应能力，S_i 越小越好。

（11）输出电阻（内阻）是指在额定输入电压（$\Delta V_i=0$）的情况下，负载电流变化 ΔI_0 所引起的输出电压变化 ΔV_0，即 $R_0=|\Delta V_0/\Delta I_0|$。$R_0$ 越小越好。

（12）纹波电压是指在额定输出电压、额定输出电流、额定输入电压情况下，输出交流分量电压的绝对值大小，通常用峰值或有效值表示。

（13）纹波系数是指在额定输出电压、额定输出电流、额定输入电压情况下，输出纹波电压的有效值 V_{Nms} 与输出直流电压 V_0 的比值，即：$\gamma=(V_{Nms}/V_0)\times 100\%$。纹波系数越小，说明电源输出电压越平滑、越好。

5.1.4　矿用直流电源的分类

矿用直流电源有多种分类方法。

（1）按防爆型式可分为：①隔爆兼本质安全型；②地面一般兼本质安全型；③矿用一般兼本质安全型；④浇封兼本质安全型。

（2）按工作原理可分为：①线性直流电源；②开关型直流电源；③复合型直流电源（线性与开关复合型）。

（3）按输出功能可分为：①单路输出；②多路输出。

（4）按备用蓄电池可分为：①具有备用电源；②无备用电源。

线性直流电源具有电源稳定度高及负载稳定度高，输出纹波电压小，瞬态响应速度快，线路结构简单，便于维护，没有开关干扰等优点，但也存在以下缺点：

（1）承受短路能力差。煤矿井下的恶劣环境会造成矿用电源输出短路或过载。负载短路时输出电压将全部由调整管来承担，再加上在正常工作条件下调整管必需的压降，因此，当输出短路或过载时，调整管发热严重。为保证在输出短路的情况下，调整管不被烧毁，除需要必备的保护电路外，还需要较大的散热片，从而增大了电源的体积和重量。

（2）电网电压波动适应能力差。煤矿井下交流电网的电压波动范围大（75% ~ 110%）。为保证矿用电源在整个波动范围内正常工作，调整管的最小输入电压必须按电网电压下限设计。当电网电压达到上限电压时，在整个波动范围（75% ~110%）内的全部压差将全部加在调整管上，使调整管功耗大大增加，发热严重，效率大大下降。为防止调整管损坏，还需采用大散热片，进而增大了体积和重量。

（3）变压器及滤波电容体积大。为将输入与输出隔离，保证矿用电源的本质安全防爆性能，线性直流电源均采用 50 Hz 工频变压器降压并隔离。50 Hz 工频变压器效率一般只有 80% ~90%，因此，体积大，重量重，并且使整个电源效率下降。为保证有效的滤波，滤波电容较大，进而造成体积和重量的增加。

（4）线性直流电源效率较低，进而导致备用蓄电池容量的增大，加大了蓄电池的体积、重量和成本。

由于开关电源的调整管工作在开关状态，隔离变压器采用高频变压器，滤波电容按高频设计，因此，开关电源具有体积小，重量轻，电网电压波动适应能力强，过载能力强，输入电压范围宽等优点。但由于开关电源输出端一般都有用于滤波的大电感和大电容，难以满足本质安全电气防爆的要求，因此，目前在矿用电源的应用较少。但随着矿用本质安全型开关电源的研究的深入，矿用开关电源将会获得越来越广泛的应用。

5.1.5　矿用线性直流电源

线性直流电源又可分为稳压源、恒流源和非稳定电源 3 种。矿用线性直流电源一般由变压器、整流电路、滤波电路、双重限流（恒流）限压（稳压）电路组成，如图 2 -5 -1 所示。变压器除具有降压作用外，还具有电磁隔离功能，以保证本质安全防爆的性能。整流电路将交流整定为直流。滤波电路滤除整流电路输出中的交流成份。双重限流（恒流）限压（稳压）电路保证本质安全型防爆电源的输出，同时可作为稳压或恒流电路，输出稳压或恒流电源。

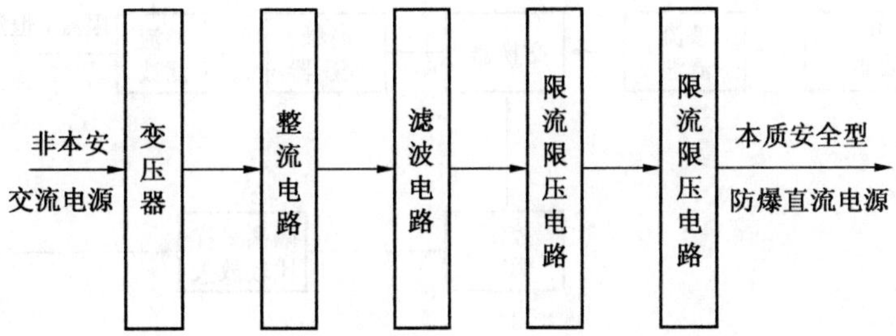

图2-5-1 矿用线性直流电源

典型的矿用线性直流电源一般由电源变压器、整流电路、滤波电路、双重化（或多重化）限流（恒流）限压（稳压）电路组成，如图2-5-2所示。电源变压器将交流输入电压降为电源所需的交流低电压，并具有电磁隔离功能。因此，初级、次级绕组应分绕，或用接地屏蔽隔离或加强两绕组间绝缘。整流电路一般采用桥式整流电路将交流整定为直流。滤波一般采用电容滤波电路，滤除交流分量。双重化（或多重化）限流（恒流）限压（稳压）电路，保证电路在正常工作条件下和规定的故障状态下，输出最高电压和输出最大电流不大于允许值。对于 i_a 等级的本安电路，应具有三重化限流（恒流）限压（稳压）电路，对于 i_b 等级的本安电路，应具有双重化限流（恒流）限压（稳压）电路。

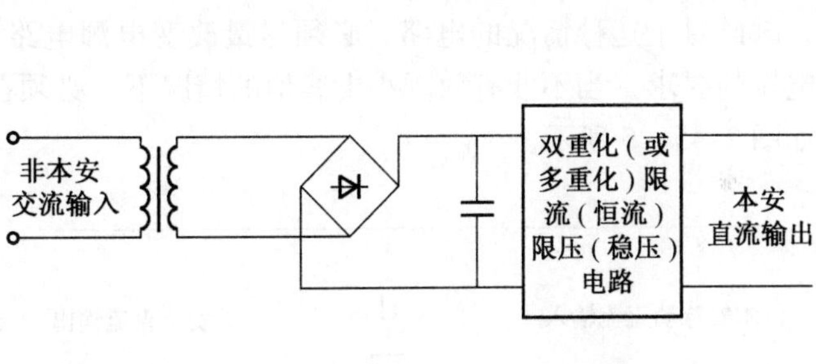

图2-5-2 典型的矿用线性直流电源

5.1.6 矿用开关电源

矿用开关直流电源如图2-5-3所示。交流电经EMI滤波器，直接整流、滤波，变换器将直流电压变换为数十或数百千赫兹的高频方波或准方波；经高频变压器隔离、降压（或升压），再经高频整流滤波输出直流电压；经光电隔离、采样、比较、放大及控制驱动电路，控制变换器中功率开关管的占空比，得到限流（恒流）限压（稳压）的直流电源。

不难看出，开关电源的输出端通常并联有一个大容量滤波电容或串联有大的电感，这样的开关电源电路难以实现本质安全性能，需要对其主电路进行研究，采取措施，以保证电源的本质安全防爆性能。

5.1.6.1 接入保护元件法

接入的保护元件应采用双重化或多重化保护，当一个或两个元件损坏时，应能继续正

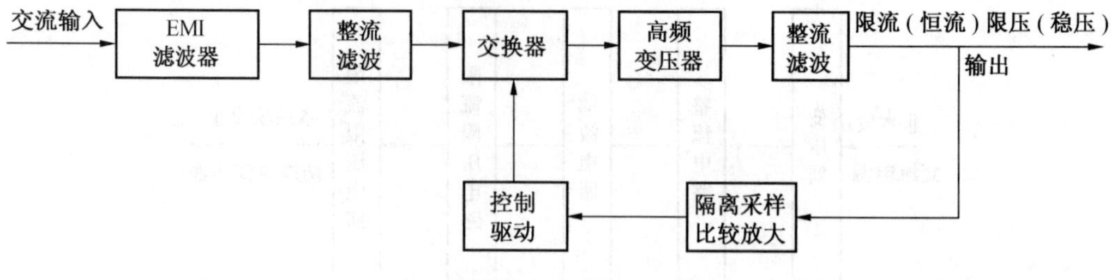

图 2-5-3 矿用开关电源

常工作，满足 i_b 或 i_a 等级的本质安全防爆性能。

1. 滤波电容

对于输出端具有大电容的电路，其放电火花是短路火花，火花能量不仅有电源的输出能量，而且包括电容的瞬时放电能量。要提高这种电路的本质安全性能，不仅要求电源前端具有稳压限流特性，而且需要对电容采取一定的限流措施。当电路中的电容不作为滤波元件使用时，可采用电容储能经电阻放电的方法减小电火花放电能量，如图 2-5-4 所示。但当电容并联在电源输出端，作为滤波元件使用时，不能采用电容串电阻放电的方法，因为，用电容做滤波元件，主要利用其阻抗随频率增大而减小的特性，旁路纹波电流。如果电容串联了电阻，在同样大小的纹波电流情况下，会产生高的输出纹波电压，不能起到滤波的作用，因此对于这种情况的电路，必须尽量改变电源电路设计，减小电容，使其满足最小点燃电压的要求。当不能有效减小电容值的情况下，必须在电容的下一级串联限流保护电路，如图 2-5-5 所示。

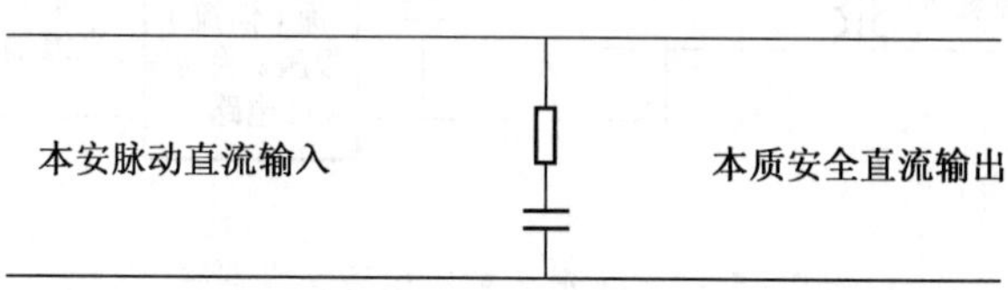

图 2-5-4 电容串电阻放电的电路

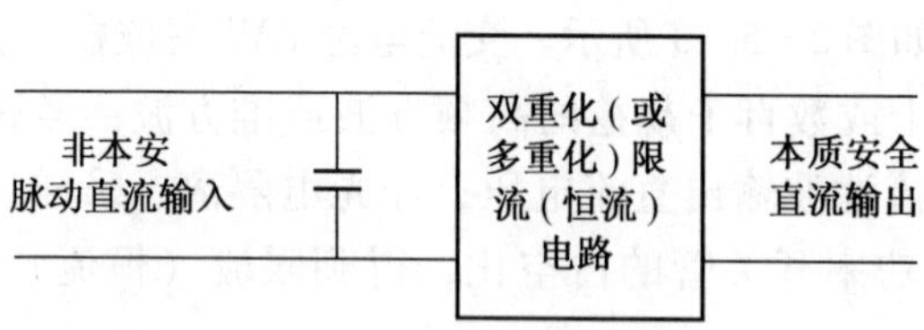

图 2-5-5 串联限流电路

2. 滤波电感

对于输出端含有电感的电路，其放电火花是断路火花。与电容电路类似，在保证电源输出特性的前提下，要尽量减小电感放电火花能量。有 4 种方法可用于减小电感放电能量。

1）在电感元件两端并联电阻

在电感两端并联电阻的滤波电路如图2－5－6所示。当输出变为开路时，电感元件的感应电动势就通过并联的电阻构成续流回路，使电感的放电火花能量大大减少，提高了本安电路的安全性。但由于并联了电阻，增加了功率损耗，并降低了滤波效果。

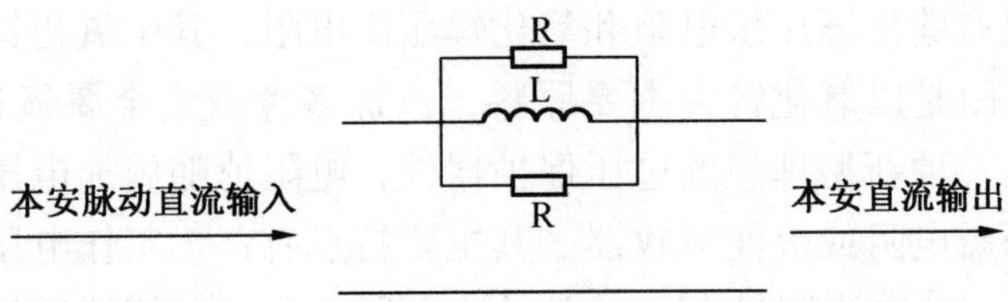

图2－5－6 电感并联电阻的滤波电路

2）在电感元件两端并联电容

在电感元件两端并联电容的滤波电路如图2－5－7所示。在电感元件两端并联电容可以吸收电感储能，减小电路断开时产生的火花。由于并联了电容，降低了滤波效果，同时增加了电容在输出短路时的火花放电能量。

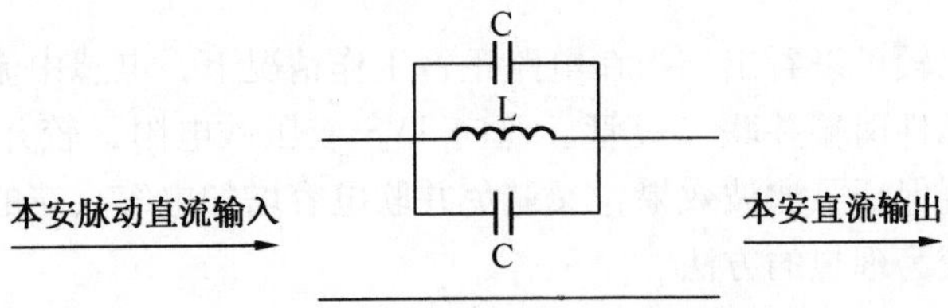

图2－5－7 电感并联电容的滤波电路

3）在电感两端并联二极管

在电感元件两端并联二极管的滤波电路如图2－5－8所示。由于电感元件两端反向并联二极管，电感元件得到了续流回路，当电路触点断开时，电感元件的电流就会通过半导体二极管续流，电感元件所产生的感应电动势近乎短路，大大降低了火花放电电压。电路的安全性得到大大提高。

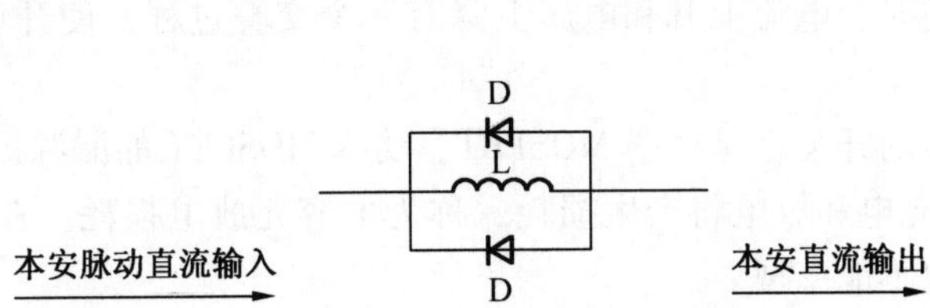

图2－5－8 电感并联二极管的滤波电路

4）在电感两端并联双向瞬态电压抑制器或压敏电阻

瞬态电压抑制器简称 TVS，也称为 TVP、AJTVS、SAJTVS 等，是一种高效保护器件。当 TVS 的两极受到反向瞬态高能量冲击时，它能以 10^{-12}秒量级的速度，将其两极间的高阻抗变为低阻抗，吸收高达数千瓦的浪涌，使两极间的电压钳位于一个预定值。它具有响应速度快、瞬态功率大、漏电流低、击穿电压偏差小、钳位电压较易控制、没有损坏极限、体积小等优点。

常用的压敏电阻有碳化硅压敏电阻和氧化锌压敏电阻，其中氧化锌压敏电阻应用更为广泛，氧化锌压敏电阻是以氧化锌为主要原料，添加多种微量金属氧化物，经混合成型，烧结装配而成，它是一种新型理想的过压保护器件，电阻值随施加电压的改变而成非线性变化，所以称它为压敏电阻或浪涌吸收器。其主要特点有：①工作电压范围宽，一般电压范围在 3 V 至数万伏；②通流容量大，一般可达 2000 A/cm^2；③残压比小，电压温度系数小；④响应速度快，对于急速的电涌响应一般不大于 50 ns；⑤功耗小，非保护状态下，漏电流为 10^{-6} A 数量级；⑥可靠性高、一般寿命在正常使用条件下大于数十年；⑦制造方便、成本低、体积小、重量轻。

可以利用 TVS 和压敏电阻的上述特性，作为电感断路的保护性元件。在电感两端并联双向 TVS 或压敏电阻的电路与并联二极管（或电阻）的电路类似，只是改变了并联元件。当触点断开时，电流发生突变，电感产生反向的感应电势，通过合理选择 TVS 或压敏电阻的元件参数，可使 TVS 或压敏电阻的阻抗迅速降低，形成电感续流，使电路的安全性得到大大提高。

经过上面分析比较可以看出，当在电路正常工作情况下，电感中流过的电流始终为单向电流时，在电感元件两端并联二极管、双向 TVS 或压敏电阻，较并联电阻和电容的方法有更多的优点，既保证了滤波效果，又避免并联电容增加电容火花的弊端，是减小电感滤波电路放电火花较为理想的方法。

5.1.6.2 增频法

不管何种电路形式，输出滤波电容和电感都随开关频率的增大而减小，因此，提高开关电源的工作频率，可以降低滤波电容的电容量和滤波电感的电感量，有利于本质安全防爆。

但提高开关频率也同时会带来一些问题，最突出的就是开关损耗增大。目前，开关电源常用的是 PWM 功率变换技术，它是一种硬开关技术。功率开关管的开通或关断是在器件上的电压或电流不等于零的状态下进行的。在开关过程中，开关管上的电压和电流有一个过渡过程。关断时，其电流下降和电压上升有一个交叠过程，使关断过程有功率损耗，称为关断损耗。开通时，电流上升和电压下降有一个交叠过程，使开通过程有功率损耗，为开通损耗。

目前，应用较多的开关管是功率 MOSFET。功率 MOSFET 的漏源极之间具有较大的寄生电容 C_{ds}，该电容充电和放电将产生损耗，称为电容充放电损耗。在高频条件下，寄生电容的充放电损耗也不能忽视。

开关管的开关损耗和寄生电容充放电损耗都近似与开关频率成正比，因此，采用常规 PWM 技术时，提高本质安全型开关电源的开关频率是有一定的适用范围的。虽然正在发展的软开关技术可大大提高电源的开关频率，但软开关技术多采用电感、电容储能元件构成谐振或准谐振电路，不但电路复杂，稳定性差，而且增加了电路的储能元件，不利于提高电源的本质安全防爆性能，因此在设计本质安全开关电源时，不宜采用软开关技术。

5.1.6.3 稳压限流法

稳压限流法就是在常规开关电源电路的输出端加稳压限流环节。限流环节的目的主要是限制电容短路放电电流，解决电感断路火花问题。虽然在开关电源电路本身也可增加短路保护功能，但它只能切断或限制外部输入电能，并不能切断或限制电容放电电流，因此在尽量减小输出电容的同时，必须能够限制电容放电电流。采用这种方法时，主电路可尽量采用简单的电路结构，并采用集成化元件，降低系统的复杂性，同时也提高了可靠性。这一方法对各种含储能元件的电路都适用，可集中、统一处理电感、电容储能问题，不需要对其另增保护性元件，是一种简便的处理方法。

5.2 矿用备用电源

5.2.1 特点

为保证井下交流电网停电后，安全监控设备的正常工作，矿井监控设备必须配备备用电源，并保证电网停电后维持正常工作时间不小于2 h。由于矿井监控的特殊性，矿用备用电源同一般备用电源相比具有如下特点：

（1）应采用蓄电池。备用电源有蓄电池、原蓄电池、贮备蓄电池和燃料蓄电池。由于要求备用电源至少维持2 h的正常工作，并且输出功率较大，因此，采用原蓄电池是不合理的，因为原蓄电池能量耗尽后要更换，在煤矿井下爆炸性环境中经常更换蓄电池是一件很困难的事情。贮备蓄电池在使用前处于惰性活态，直到使用时才使蓄电池“激活”，因此，难以保证停电频率较高、不间断供电的要求。燃料蓄电池是将活性物质贮存在蓄电池体系之外，使用时将活性物质连续注入蓄电池，因此，也不能满足停电频率较高，并要不间断供电的要求。因此，矿用备用电源应采用蓄电池。

（2）蓄电池应采用连续浮充制。蓄电池可工作在循环充放电制、定期浮充制和浮充制。①循环充放电制一般用于移动、便携式蓄电池，如：蓄电池电机车、矿灯、便携式甲烷检测报警仪和便携式工具等。若用于固定式蓄电池需有两组，一组工作（放电），一组备用（充电或待机）。该种工作方式输出直流中无脉冲交流成分，线路简单。②连续浮充制（又称全浮充制）是将蓄电池始终并接在负载回路上，负载所需的能量主要由整流电路提供，整流电路同时向蓄电池小电流充电。当电网停电或整流电路输出电压低于蓄电池电压时，蓄电池向负载放电。不难看出，蓄电池具有平滑输出电压的功能。连续浮充制可保证连续供电，但不能保证蓄电池的充满和放净。因此，镉镍等具有记忆效应的蓄电池不宜采用连续浮充制，否则会降低蓄电池的使用寿命。③定期浮充制（又称半浮充制）是部分时间由整流设备供电，并对蓄电池充电，部分时间由蓄电池供电。该种方法难以保证当电网停电后维持2 h正常供电的要求，例如当蓄电池供电阶段结束时，恰好遇到井下停电，由于蓄电池已放净，因此，不能继续向负载供电。不难看出，为保证井下交流电网停电后蓄电池供电时间不小于2 h，矿用备用电源的蓄电池应采用连续浮充制。

（3）备用电源要与主电路共用输出限压（稳压）和限流（恒流）电路。为保证备用蓄电池的本质安全防爆性能，蓄电池不能直接向负载供电，必须经过双重或多重限压（稳压）和限流（恒流）保护，而主电路也必须具备双重或多重限压（稳压）和限流

（恒流）保护。为避免电路的重复设置，减小体积和重量，降低成本，提高效率，备用电源输出的双重化和多重化的限压（稳压）和限流（恒流）电路要与主电路的双重化和多重化的限压（稳压）和限流（恒流）电路共用。

（4）蓄电池要全密封免维护。矿用备用电源蓄电池一般置于隔爆腔内。为防止电解液泄漏，破坏隔爆外壳的防爆性能，矿用备用电源蓄电池要全密封。置于隔爆外壳内的电气设备维护比较困难，因此，矿用备用电源蓄电池要免维护。蓄电池体积大，则要求较大的隔爆外壳，大大增加设备重量，因此，矿用备用电源的蓄电池要体积小、重量轻。

（5）蓄电池无记忆效应。由于矿用备用电源蓄电池应采用连续浮充制，因此，其蓄电池应无记忆效应，以防止蓄电池容量的迅速下降和使用寿命的降低。

5.2.2　主要技术指标

蓄电池的技术指标是选择蓄电池的重要依据。蓄电池的主要技术指标有电动势、开路电压、工作电压、容量、内阻、自放电率、比能量、比功率和寿命等。

1. 电动势

电动势表明蓄电池在理论上输出能量大小。如果其他条件相同，电动势愈高的蓄电池，理论上能输出的能量就愈大，使用价值就愈高。蓄电池的电动势等于组成蓄电池的两个电极的平衡电势之差。

2. 开路电压与工作电压

蓄电池在开路状态下的端电压称为开路电压。开路电压在数值上接近蓄电池的电动势。

工作电压指蓄电池接通负荷后在放电过程中显示的电压，又称负荷（载）电压或放电电压。在蓄电池放电初始的工作电压称为初始电压。由于蓄电池存在内阻，在接通负荷后，其工作电压低于开路电压。蓄电池的放电电压随放电时间的平稳性表示电压精度的高低。电压随放电时间变化的曲线，称放电曲线。蓄电池工作电压的数值及平稳程度除与蓄电池的活性物质有关外，还依赖于放电条件。高速率、低温条件下放电时，蓄电池的工作电压将降低，平稳程度下降。

3. 容量

蓄电池在一定放电条件下所能供出的电量称蓄电池的容量，可分为理论容量、额定容量、实际容量和标称容量。

理论容量是活性物质的质量按法拉弟定律计算而得的最高理论值。为了比较不同系列的蓄电池，常用比容量的概念，即单位体积或单位质量蓄电池所能给出的理论电量。

实际容量是指蓄电池在一定条件下所能输出的电量，其值小于理论容量。因为组成实际蓄电池的物质和部件中，除活性物质外还包括非反应成分（如外壳、导电零件等），同时还与活性物质被有效利用的程度有关。

额定容量也叫保证容量，是按国家或有关部门颁布的标准，保证蓄电池在一定的放电条件下应该放出的最低限度的容量。

标称容量（或公称容量）只标明蓄电池的容量范围而没有确切值，因为在没有指定放电条件下，蓄电池的标称容量是无法确定的。

蓄电池的实际容量主要与蓄电池正、负极活性物质的数量及利用的程度（利用率）有关，而活性物质利用率主要受到放电制度、电极的结构、制造工艺等因素的影响。

4. 内阻

蓄电池的内阻表示电流通过蓄电池内部时引起输出电压变化的程度。蓄电池的内阻不是常数，在放电过程中随时间而变化，因为活性物质的组成、电解液浓度和温度都在放电过程中不断地变化。

蓄电池内阻包括欧姆内阻和极化内阻，两者之和为蓄电池的全内阻。其中欧姆内阻遵守欧姆定律，极化内阻随电流密度的增加而增大，但不是线性变化，常随电流密度的对数增大而增大。

5. 自放电

蓄电池的自放电是指蓄电池在存贮期间容量降低的现象。自放电速率用单位时间容量降低的百分数表示。即

$$\text{自放电率} = \frac{C_a - C_b}{C_a T} \times 100\% \tag{2-5-1}$$

式中 C_a——蓄电池存贮前的容量；

C_b——蓄电池存贮后的容量；

T——蓄电池存贮的时间。

荷电保持能力也是表示蓄电池自放电性能的物理量。它是指蓄电池经一定时间存贮后（其存贮时间是固定的），剩余容量为最初容量的多少，也用百分数表示。

$$K = \frac{C_b}{C_a} \times 100\% \tag{2-5-2}$$

6. 比能量与比功率

蓄电池的能量是指在一定放电制度下，蓄电池所能给出的电能，通常用瓦小时（Wh）表示蓄电池的能量。其能量可分为理论能量和实际能量。理论能量是理论容量与电动势的乘积，实际能量是实际容量与平均工作电压的乘积。通常用比能量来比较不同的蓄电池系列。比能量是蓄电池单位质量或单位体积所能输出的电能，同样有理论比能量和实际比能量之分。

蓄电池的功率是指在一定放电制度下，蓄电池在单位时间内所能给出的能量的大小，单位为瓦（W）。单位质量的蓄电池所能给出的功率称为比功率。比功率也是蓄电池的重要性能指标，蓄电池的比功率大，表示可承受大电流放电。

7. 寿命

在规定条件下，蓄电池的有效寿命期限称为该蓄电池的使用寿命。蓄电池的使用寿命可分为循环寿命和浮充寿命。蓄电池的容量减小到规定值以前，蓄电池的充放电循环次数称为循环寿命。在正常工作条件下，蓄电池浮充供电的时间称为浮充寿命。

5.2.3 铅酸蓄电池

5.2.3.1 工作原理

铅酸蓄电池的工作原理可用如下化学方程式表示：

$$PbO_2 + 2H_2SO_4 + Pb \xrightleftharpoons[\text{充电}]{\text{放电}} PbSO_4 + 2H_2O + PbSO_4 \tag{2-5-3}$$

铅酸蓄电池正极板上的活性物质是二氧化铅（PbO_2），负极板活性物质为海绵状纯铅（Pb），电解液由蒸馏水和纯硫酸按一定比例配置而成。放电过程中，正、负极板上的活

性物质都转变为硫酸铅（$PbSO_4$）。由于硫酸铅的导电性能比较差，而且在放电过程中，硫酸逐渐变为水，使电解液浓度下降，因此蓄电池内阻增加，电动势降低。充电过程中，正极板上的硫酸铅逐渐变为二氧化铅，负极板上的硫酸铅逐渐变为海绵状铅，同时，电解液中的硫酸分子逐渐增加，水分子逐渐减少，电解液浓度逐渐增加，蓄电池电动势也逐渐增加。

过去普通铅酸蓄电池在使用过程中，需要经常加水、补酸，而且会产生腐蚀性气体，污染环境，损伤人体和设备。近年来，全密封免维护铅酸蓄电池在国内外得到广泛应用。全密封免维护铅酸蓄电池具有密封好、无泄露、无污染等优点，能够保证人体和各种用电设备的安全，而且在整个寿命期内无需任何维护。下文如无特别说明，铅酸蓄电池均指全密封免维护铅酸蓄电池。

全密封免维护铅酸蓄电池正负极板均采用涂浆式极板，活性材料涂在铅钙合金骨架上，耐酸性强，导电性好，寿命较长，自放电速率较小。隔板采用超细玻璃纤维制成，全部电解液吸附在极板和隔板中，蓄电池内没有流动的电解液，即使外壳破裂也能正常工作。蓄电池顶部装有安全阀，当蓄电池内部压力达到一定值时，安全阀自动开启，排出多余气体，当压力低于一定数值时，安全阀自动关闭。顶盖上还有内装陶瓷过滤器的气塞，可防止酸雾从蓄电池中逸出。电解液全部吸附在隔板和极板中，负极活性物质（海绵状铅）在潮湿的条件下活性很高，能与氧气快速反应。充电过程中，正极板产生的氧气通过隔板扩散到负极板，与负极板活性物质快速反应，化合成水。因此，在整个使用过程中，不需要加水补酸。

5.2.3.2　充放电特性

单体铅酸蓄电池的标称电压为2 V，充电电压最高为2.3～2.4 V，放电终止电压随放电率的不同而不同，一般为1.8 V。在充电过程中，铅酸蓄电池负极板上的硫酸铅逐渐变为铅，正极板上的硫酸铅逐渐变为二氧化铅。当正负极板上的硫酸铅完全变成铅和二氧化铅后，蓄电池开始发生过充电反应，产生氢气和氧气。这样，在非密封铅酸蓄电池中，电解液中的水将逐渐减少。在密封铅酸蓄电池中，采用中等充电速率时，氢气和氧气能够重新化合为水。

过充电开始的时间与充电速率有关。当充电速率大于C/5时，蓄电池容量恢复到放出容量的80%以前，即开始过充电反应，如图2－5－9所示。只有充电速率小于C/100，才能使蓄电池在容量恢复到100%后，开始过充电反应。由图2－5－9还可以看出，采用较大充电速率时，为了使蓄电池容量恢复到100%，必须允许一定的过充电反应。过充电反应发生后，单格蓄电池的电压迅速上升，达到一定数值后，上升速率减小，然后蓄电池电压开始缓慢下降。

铅酸蓄电池的充电方法主要有恒流充电法、分阶段电流充电法、恒压限流充电法和快速充电法：

(1) 恒流充电法是用一恒定不变的电流对蓄电池进行充电。随着充电的进行，蓄电池的端电压将逐步升高，因此，充电电源的电压必须随着蓄电池端电压的升高而提高，或者在充电电路中串联一个可满足功率要求的可变电阻，通过改变电阻值来保持充电电流恒定不变。采用恒流充电法充电时，充电电流都比较小，一般采用0.05～0.1C电流进行充电。如果充电电流太大，一方面在充电末期电流利用率不高，另一方面还会造成水的大量

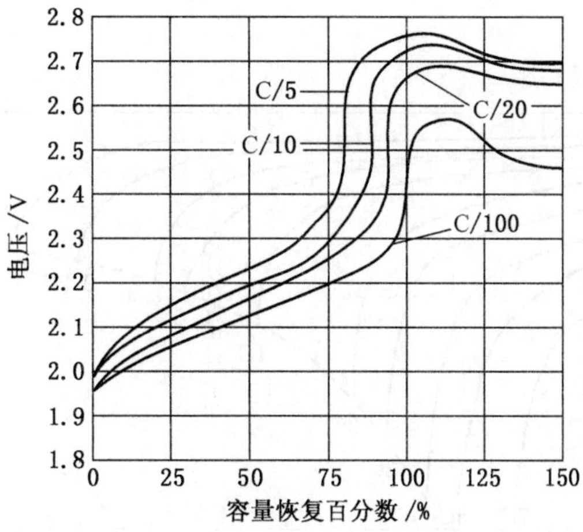

图 2-5-9 铅酸蓄电池充电特性曲线

分解与蒸发并使电解液温升过高，从而降低蓄电池的使用寿命。这种充电方法的优点是充入电量的计算很方便，只要用充电电流乘以充电时间即可求得充入电量，而且充电设备简单。其缺点是充电电流小，充电时间较长。

（2）分阶段电流充电法是在充电过程中分阶段逐步减小充电电流，以更有效地利用电能的充电方法，又称为递减电流充电法。根据蓄电池的具体情况，可将充电过程分为数个阶段（如二阶段或四阶段）。一般用途的铅酸蓄电池多采用二阶段充电法。充电开始即第一阶段采用 0.2 ~ 0.3C 较大的恒定电流进行充电，当蓄电池的端电压升高至 2.4 V 左右或电解液温度显著升高时，将电流降低到 0.05 ~ 0.1C 电流继续充电至充足为止。与恒流充电法相比，这种充电方法的优点是充电时间较短，电流利用率较高，但充电设备复杂。

（3）恒压限流充电法是在充电全过程中保持充电电源的电压恒定不变的一种充电方法，其电源电压按每个单体蓄电池的充电电压为 2.3 ~ 2.4 V 进行计算。因此，充电初期的电流很大，随着充电的进行，充电电流随蓄电池端电压的升高而降低，到充电末期几乎没有电流通过。这种充电方法的优点在于它适应蓄电池的充电特性，可以避免发生过充电，减少氢、氧气体的产生，而且在充电过程中不需调整电流，设备简单。它的缺点是充电设备必须适应充电初期的大电流，充入电量也很难计算。

（4）脉冲快速充电法可使正常充电时间由 12 ~ 15 h，缩短到 1 h 左右，但设备复杂。

免维护铅酸蓄电池一般采用恒压限流充电法，单格铅酸蓄电池的工作电压为 2 V，环境温度为 25 ℃时，单格蓄电池的浮充电压为 2.23 V，最高不超过 2.4 V，充电电流限制在 0.1 ~ 0.3C。当蓄电池的电量全部放完时，先用 0.1C 恒定电流充电，充入 80% 的电量后，再用 2.23 V 恒定电压充电，24 h 内可充入 100% 以上的电量。充电时间与蓄电池的放电量、起始充电电流和温度有关，适当增加起始充电电流可缩短充电时间。在充电后期，充电电流很小（0.01C 以下），蓄电池内气体再化合率保持 100%。环境温度升高时，充电电压必须适当降低，每升高 1 ℃，单格蓄电池浮充电压下降 0.03 V。

12 V 免维护蓄电池组放电特性曲线如图 2-5-10 所示。该曲线表明蓄电池电压与放电时间的关系。不难看出，放电速率越高，放电电流越大，放电终止电压越低；反之，放电终止电压越高。

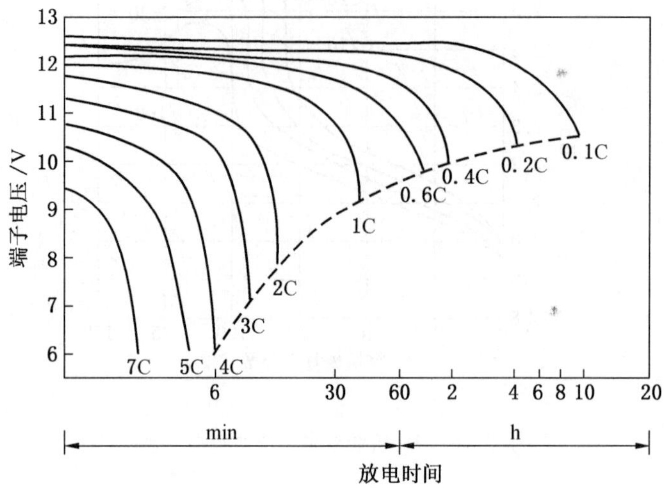

图 2-5-10　铅酸蓄电池放电特性曲线

温度和放电速率对蓄电池放出的容量也有较大影响。通常，环境温度越低，放电速率越大，蓄电池放出的容量越小。为保证蓄电池放出足够的电量，环境温度应在 -15 ~ +50 ℃之间，放电速率应在 0.05 ~ 0.2C 之间，必要时可高速率放电。

免维护铅酸蓄电池的循环寿命与蓄电池每次放电的深度有密切关系。当放电深度为 30% 时，循环寿命为 1200 次，当放电深度为 100% 时，循环寿命为 200 次，因此使用中应避免深度放电，控制放电终止电压。

铅酸蓄电池制造工艺简单，价格便宜，容量大，可大电流放电，无记忆效应。近年来使用的全密封免维护铅酸蓄电池特别适用于井下长时间无人看守的场合。铅酸蓄电池对充放电电路要求不高，只要求充电时稳压限流，不过放电即可，因此可简化充放电电路。由于铅酸蓄电池的比能量不是很高，相对于同容量的镉镍、镍氢、锂等蓄电池，其体积及重量较大。总之，铅酸蓄电池可用做矿用备用电源。

5.2.4　镉镍蓄电池

镉镍蓄电池有多种形式，如袋式、开口烧结式、密封式等，这里只介绍免维护保养的密封式镉镍蓄电池。

5.2.4.1　工作原理

镉镍蓄电池的正极板上的活性物质由氧化镍粉和石墨粉组成，石墨不参加化学反应，主要作用是增强导电性。负极板上的活性物质由氧化镉粉和氧化铁粉组成，氧化铁粉的作用是使氧化镉粉具有较高的扩散性，防止结块，并增加极板的容量。电解液为氢氧化钠或氢氧化钾。

镉镍蓄电池经充电后，正极板上的活性物质为氢氧化镍 $Ni(OH)_3$，负极板上的活性物质为金属镉（Cd）。放电终止时，正极板上的活性物质变为氢氧化亚镍［$Ni(OH)_2$］，

负极板上的活性物质变为氢氧化镉［$Cd(OH)_2$］。充放电过程中，镉镍蓄电池的化学反应式为

$$Cd + 2KOH + 2Ni(OH)_3 \xrightleftharpoons[\text{充电}]{\text{放电}} Cd(OH)_2 + 2KOH + 2Ni(OH)_2 \qquad (2-5-4)$$

从上述反应可以看出，氢氧化钠或氢氧化钾并不直接参与反应，只起导电作用。

5.2.4.2　充放电特性

单体镉镍蓄电池的标称电压为1.25 V，充电终止电压为1.75～1.8 V，放电终止电压随放电率的不同而不同，最低可到0.5 V。镉镍蓄电池充电特性曲线如图2－5－11所示。当放完电的蓄电池，以恒定电流充电时，充电开始由于电池内阻产生压降，蓄电池电压很快上升（A点）。此后，蓄电池开始接受电荷，蓄电池电压以较低的速率持续上升。在这个范围内（AB之间），电化学反应以一定的速率产生氧气，同时氧气也以同样的速率与氢气化合，因此，蓄电池内部的温度和气体压力都很低。

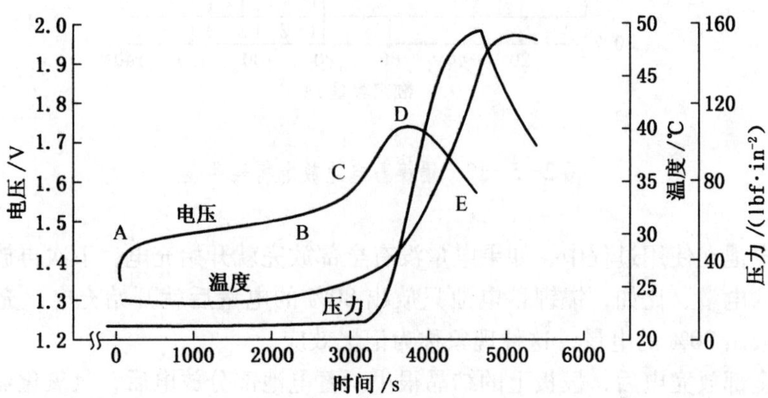

注：1 lbf/in² = 6894.76 Pa

图2－5－11　镉镍蓄电池充电特性曲线

经过一定时间充电后（C点），电解液中开始产生气泡，这些气泡聚集在极板表面，使极板的有效面积减小，所以蓄电池的内阻抗增加，蓄电池电压开始较快上升，这是接近充足电的现象。

充足电后，再充入蓄电池的电流不是转换为蓄电池的贮能，而是在正极板上产生氧气超电位。这时氧气是由于电解液电解而产生的，不是由氢氧化镉还原为镉而产生的。在氢氧化钾和水组成的电解液中，氢氧离子变成氧、水和自由电子。

虽然电解液产生的氧气能很快在负极板表面的电解液中复合，但是蓄电池的温度仍显著升高。此外由于充电电流用来产生氧气，所以蓄电池内的压力也升高。由于从大量的氢氧离子中比从很少的氢氧化镉中更容易分解出氧气，所以蓄电池内的温度急剧上升，这样就使蓄电池电压下降。因此蓄电池电压曲线出现峰值（D点）。

电解液中，氧气的产生和复合是放热反应。蓄电池过充电时（E点），不停地产生氧气，从而使蓄电池内的温度和压力升高。如果强制排出气体，将引起电解液减少、蓄电池容量下降并损伤蓄电池。若气体不能很快排出，蓄电池将会爆炸。

采用低速率恒流涓流充电时，蓄电池内将产生枝晶。这些枝晶能够通过隔板在极板之间扩散。在扩散较严重的情况下，这些枝晶会造成蓄电池部分或全部短路。

镉镍蓄电池放电电压比较平稳，一般在 1.29 ~ 1.28 V 之间，仅到了放电终了时，由于活性物质被大量消耗，极化明显增大，蓄电池电压急剧下降至终止电压。对同一蓄电池而言，在放出相同容量时，放电电流越大，则放电电压就越低，放电曲线平缓部分越短，其倾斜也越大。放电特性曲线如图 2－5－12 所示，曲线 1 为 8C；曲线 2 为 4C；曲线 3 为 1C；曲线 4 为 0.2C。

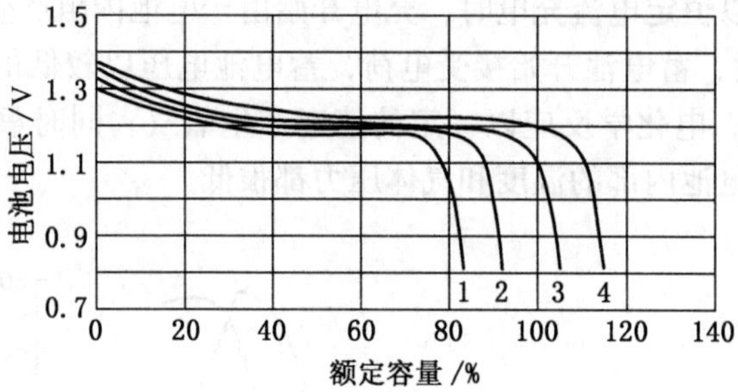

图 2－5－12　镉镍蓄电池放电特性曲线

镉镍蓄电池在使用过程中，如果电量没有全部放完就开始充电，下次再放电时，就不能放出全部的电量。比如，镉镍蓄电池只放出 80% 的电量后就开始充电，充足后，该蓄电池也只能放出 80% 的电量，这种现象称为记忆效应。

蓄电池全部放完电后，极板上的结晶很小。蓄电池部分放电后，氢氧化亚镍没有完全变为氢氧化镍，剩余的氢氧化亚镍将结合在一起，形成较大的结晶体。结晶体变大是镉镍蓄电池产生记忆效应的主要原因。

5.2.4.3　特点

镉镍蓄电池最大的缺点是存在记忆效应。如果应用于地面普通场合，如手机蓄电池等，可采用先放电再充电的方法，克服记忆效应。但是矿井监控系统要求不间断供电，如采用先放电再充电的方法，就有可能在电池处于充电前的放电过程中，出现需要电池给外电路供电的情况，这就不能保证系统的不间断供电。矿用备用电源的蓄电池应在连续浮充状态下运行，由于每次外部电源故障持续时间是很短的，一般都不能使蓄电池完全放电，蓄电池总是处于不完全放电状态。因此在记忆效应作用下，工作一段时间后即出现“一充就满，一放就完”的现象，蓄电池的实际使用容量急剧下降，因此，矿用备用电源的蓄电池不宜采用镉镍蓄电池。

5.2.5　镍氢蓄电池

氢是一种干净的燃料，以氢作为蓄电池的负极活性物质是实现水－氢循环能量体系的重要方法。镍氢蓄电池有两种类型：一种是以气体氢为活性物质，因蓄电池内部处于较高压力，称为高压镍氢蓄电池；另一种是以具有吸、脱氢能力的金属氢化物为活性物质的蓄电池，表示为 MH－Ni，因蓄电池内压较低，称为低压镍氢蓄电池。在这两种蓄电池中，电解液是碱性水溶液。高压镍氢蓄电池主要用于航天部门，初投资大，蓄电池内部压力达

3～4 MPa，且为易爆的氢气。高压镍氢蓄电池不适用于矿用备用电源，下面仅介绍 MH－Ni 蓄电池，以下简称镍氢蓄电池。

5.2.5.1　工作原理

镍氢蓄电池是以金属氢化物为负极、氧化镍为正极组成的碱性蓄电池。反应方程式为

$$NiOOH + MH \underset{\text{充电}}{\overset{\text{放电}}{\rightleftharpoons}} Ni(OH)_2 + M \tag{2-5-5}$$

镍氢蓄电池与镉镍蓄电池的反应类似，只是负极充放电过程中生成物不同，碱性电解液不直接参加反应。

5.2.5.2　充放电特性

单体镍氢蓄电池的标称电压为 1.25 V，充电终止电压为 1.5 V，放电终止电压为 1 V。在常温（20 ℃）下，采用 1C、0.2C 和 0.5C 充电速率时，蓄电池电压随充入电量的变化规律如图 2－5－13 所示。镍氢蓄电池充足电后，电压基本上保持不变。通常，采用 1C 充电速率时，70 min 以内，镍氢蓄电池可以充足电，采用 0.2C 充电速率时，充电时间约为 7 h。

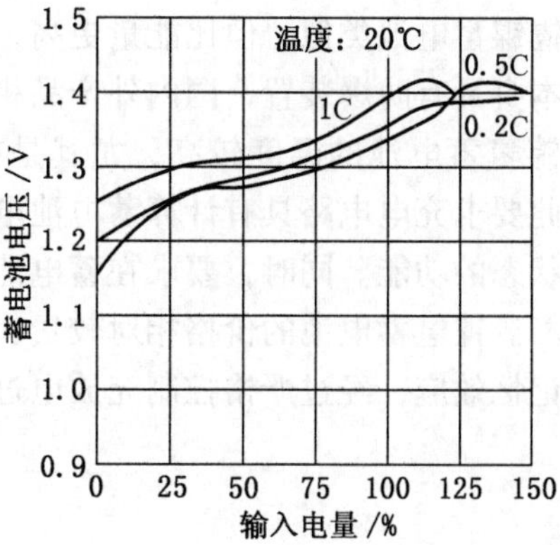

图 2－5－13　镍氢蓄电池的充电特性曲线

在常温（20 ℃）下，采用 3C、1C 和 0.2C 放电速率时，镍氢蓄电池的电压随放电容量的变化规律如图 2－5－14 所示。由图可以看出，采用 0.2C 放电速率时，电压下降到 1.2 V 时，镍氢蓄电池已放出标称容量的 90% 以上。采用大电流（放电速率为 1C）放电时，蓄电池电压降到 1.2 V 时，放出的容量也已达到 70% 以上。

镍氢蓄电池具有较好的低温放电特性。当环境温度为 －20 ℃时，采用 0.2C 放电速率时，镍氢蓄电池放出的容量可达到标称容量的 90%；采用大电流（放电速率为 1C）放电时，镍氢蓄电池放出的容量也能达到标称容量的 85% 以上。在常温下，镍氢蓄电池的自放电率很小，镍氢蓄电池充满后，放置 28 天，蓄电池容量仍能保持在标称容量的 75%～80% 之间。

镍氢蓄电池在许多特性上与镉镍蓄电池类似，但镍氢蓄电池没有记忆效应，不需要先放电再充电，这是镍氢蓄电池与镉镍蓄电池的最大区别，在一般情况下，可完全取代镉镍蓄电池。

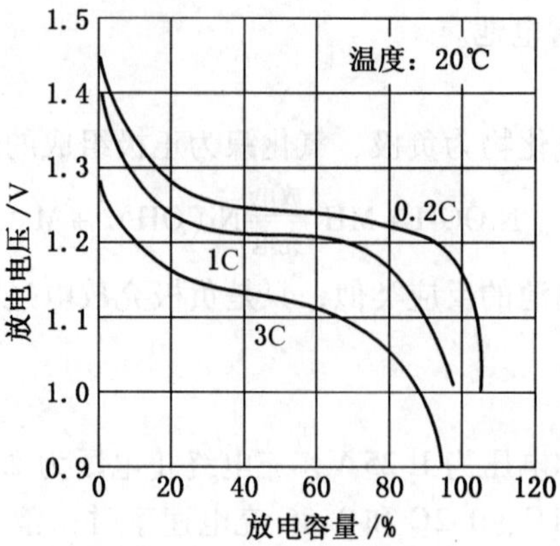

图2-5-14 镍氢蓄电池的放电特性曲线

5.2.5.3 特点

镍氢蓄电池基本特性与镉镍蓄电池类似，但比能量更高，没有记忆效应。镍氢蓄电池负极为储氢合金，且蓄电池本身具有防爆装置，国内外产品相对成熟。镍氢蓄电池对充电电路要求较高。在充电时，镍氢蓄电池的温度较高，尤其是在过充电时内部温度急剧上升，可能使蓄电池冒气，因此要求充电电路具有计算蓄电池电压变化曲线斜率，准确判断充电时电压拐点，改变充电状态的功能。同时，要求在蓄电池组中装入温度开关，防止蓄电池温度过高，影响防爆性能。镍氢蓄电池的价格相对较贵，且单体容量越高，价格增加越多。总之，镍氢蓄电池无记忆效应，经过严格控制充放电过程，可避免氢气的析出，可用作矿用备用电源。

5.2.6 锂离子蓄电池

5.2.6.1 工作原理

锂离子蓄电池的阳极为石墨晶体，阴极通常为二氧化钴锂（$LiCoO_2$）。石墨晶体和$LiCoO_2$都具有层状结构，这种层状结构化合物，允许锂离子进出，而材料结构不会发生不可逆变化。$LiCoO_2$为一层氧（O）原子紧邻一层Li锂原子，再紧邻一层氧原子和钴（Co）原子，即O—Li—O—Co—O—Li—O。阳极为碳电极，从理论上讲，每六个碳原子可吸藏一个锂离子。

充电时，阴极中的锂原子电离成锂离子和电子。得到外部输入能量的锂离子，在电解液中由能量较低的阴极向能量较高的阳极迁移，并且锂离子和电子在阳极上复合成锂原子，插入到石墨晶体的晶状层之间。

放电时，插入到石墨晶体晶状层中的锂原子从石墨晶体内部向阳极表面移动，并在阳极表面电离成锂离子和电子。锂离子和电子分别通过电解质和负载流向阴极，在阴极表面复合成锂原子，然后插入到二氧化钴锂的晶状层中。从以上反应可知，正常情况下在该蓄电池中，锂永远以离子的形态出现，不会以金属的形态出现，所以这种蓄电池叫做锂离子蓄电池。

5.2.6.2 充放电特性

单体锂离子蓄电池的标称电压为3.6 V，充电终止电压为4.2 V，放电终止电压为2.5 V。以500 mAh的AA型锂离子蓄电池为例，其充电特性曲线如图2－5－15所示。单体锂离子蓄电池的充电电压必须严格保持在4.1 V±50 mV，充电电流通常应限制在1C以下，若充电电压超过4.5 V，可能造成锂离子蓄电池永久性损坏。锂离子蓄电池通常都采用恒流转恒压充电模式，首先用1C(即500 mA）充电速率充电，在此过程中，充电电流稳定不变，蓄电池电压逐渐上升。当单体蓄电池的电压上升到4.1 V(或4.2 V）时，充电器应立即转入恒压充电，充电电压波动应控制在50 mV以内。在恒压充电过程中，充电电流逐渐减小，当蓄电池充足电时，电流下降到涓流充电电流。用这种方法，大约经2 h，蓄电池可充到额定容量（500 mAh)。

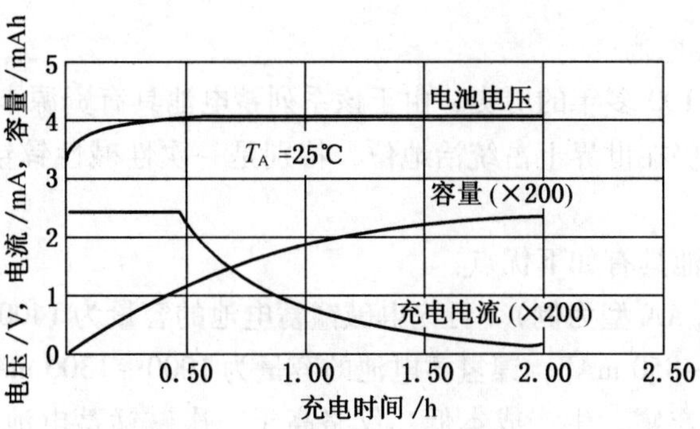

图2－5－15　锂离子蓄电池充电特性曲线

当环境温度为25 ℃时，500 mAh的AA锂离子蓄电池的放电特性曲线如图2－5－16所示。AA型锂离子蓄电池放电电流通常不应超过3C；单体蓄电池放电电压不得低于2.2 V，若低于2.2 V，就会造成永久性损坏。采用0.2C放电速率（即放电电流为100 mA)时，单体蓄电池电压下降到2.7 V时，可放出额定容量（500 mAh）。采用1C放电速率(即放电电流为500 mA）时，能够放出额定容量的90%左右。环境温度对蓄电池的放电容量有较大影响，采用0.2C放电速率时，当环境温度为25 ℃时，可放出额定容量(500 mAh)；当环境温度为－10 ℃时，蓄电池容量下降约5%，当环境温度为－20 ℃时，蓄电池容量下降约10%，锂离子蓄电池放电时，允许环境温度为－20～＋60 ℃。

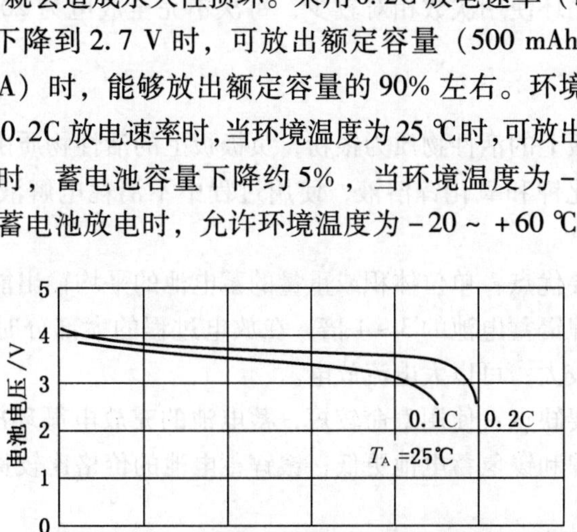

图2－5－16　锂离子蓄电池放电特性曲线

锂离子蓄电池比较容易显示剩余电量，因为锂离子蓄电池的工作电压随时间徐徐下降。而镉镍或镍氢蓄电池则保持一定的电压值，直到放电末期，电压才急速下降。

5.2.6.3 特点

锂离子蓄电池体积小，重量轻，比能量高，性能好，无记忆效应，但价格较镍氢蓄电池更贵。锂离子蓄电池目前的容量较小，最大为 2000 mAh。锂离子蓄电池对充放电电路要求也很高，过充电不但会导致锂离子蓄电池的永久性损坏，而且会在阴极析出金属锂，若遇高温或内部短路，就会发生爆炸。在过放电时，电解液将被分解，蓄电池内压力上升。因此在蓄电池组内部需增加检测过充电与过放电的集成电路。

总之，锂离子蓄电池可用于矿用备用电源。

5.2.7 其他蓄电池

5.2.7.1 可充碱锰蓄电池

锌锰蓄电池具有 100 多年的历史，由于该系列蓄电池具有资源丰富、价格便宜、存储性能好等优点，至今仍在世界上占统治地位，特别是一次性碱性锌锰蓄电池具有高容量、重负荷连续放电性能。

可充电碱锰蓄电池具有如下优点：

（1）容量大（以 AA 型为例）。可充电碱锰蓄电池的容量为 1400 ~ 1800 mAh；而镉镍蓄电池的容量为 500 ~ 850 mAh；镍氢蓄电池的容量为 1000 ~ 1300 mAh。

（2）蓄电池来源丰富，生产成本低，仅略高于一次碱锰蓄电池，不到镉镍蓄电池的 1/2，镍氢蓄电池的 1/3。

（3）存储性能好。可充电碱锰蓄电池一年容降率不大于 10%；而镉镍蓄电池 28 天容降率为 15% ~30%；镍氢蓄电池 28 天容降率为 20% ~30%。

（4）无记忆效应。可充电碱锰蓄电池不像镉镍蓄电池那样有记忆效应，相反，可充电碱锰电池不完全放电就充电还可增加可充电碱锰的使用次数。

蓄电池的缺点是循环使用次数相对较少，每次不完全放电为 200 ~ 500 次，每次完全放电时为 25 次左右。

5.2.7.2 银锌蓄电池

银锌蓄电池正极板上的活性物质为银粉，负极板上的活性物质由锌粉和氧化锌粉末组成，电解液采用氢氧化钾和氧化锌溶液，使用过程中不消耗电解液，蓄电池装在金属外壳内。

银锌蓄电池的主要优点：单位体积或重量的蓄电池的平均输出能量较高，它的体积比能量和重量比能量是镍镉蓄电池的 3 ~ 4 倍；在放电过程的大部分时间内，端电压非常平稳；蓄电池的比功率较大；可以大电流放电。

银锌蓄电池的主要缺点：使用寿命较短，蓄电池的充放电循环次数约为 10 ~ 150，比铅酸蓄电池低，比镉镍和镍氢蓄电池更低；银锌蓄电池的价格比较贵；低温性能比较差。

5.2.7.3 铁镍蓄电池

铁镍与镉镍蓄电池在结构和特性方面均有很多相似之处，只是负极为铁电极。其充电效率为 80% 左右，低于镉镍蓄电池。铁镍蓄电池不适合大电流放电。由于铁电极在低温下容易发生钝化，因而负极容量显著减小，低温特性不好。现在使用不多。

5.2.7.4 镉银蓄电池

镉银蓄电池以氧化银为正极活性物质，以海绵状金属镉为负极活性物质，基本上保存了锌银蓄电池的结构特征。由于镉电极的电位比锌电极的电位大 +0.35 V 左右，所以镉银蓄电池的电压也比锌银蓄电池低同一数值。镉银蓄电池比容量也低一些，因此其比能量仅为锌银蓄电池的1/2，但仍比铅酸或镉镍蓄电池高一倍。镉银蓄电池寿命比锌银蓄电池长，但仍不如铅酸、镉镍等蓄电池，因此使用受到很大限制。

5.2.7.5 锌镍蓄电池

锌镍蓄电池的质量比、能量比和体积比都优于其他系列蓄电池，而且其低温放电特性好、价格低。但是锌镍蓄电池在循环使用中会出现锌枝晶的生长和锌电极的变形，镍电极的膨胀及被氧化锌毒化，隔膜被强氧化和被锌枝晶穿透等问题，造成了使用寿命短，影响了商品化生产。

5.2.7.6 小结

通过上述分析可知，可充碱锰蓄电池价格便宜，无记忆效应，充放电性能较好，但循环寿命相对较短。可充电碱锰蓄电池供电质量好、断电几率小、可用于更换蓄电池操作方便的场所或设备，以便降低成本，但不宜用作矿用备用电源。其他如锌镍等蓄电池，其密封型尚处在研制或未成熟阶段，不宜用作矿用备用电源。

5.2.8 矿用备用电源与矿用电源的连接方式

矿用备用电源与矿用电源的连接可分为相互独立的连接方法和一体化的连接方法。

5.2.8.1 矿用备用电源与矿用电源相互独立的连接方法

为保证矿用电源的本质安全防爆性能，相互独立的矿用备用电源与矿用电源的连接方式主要有以下几种。

1. 矿用备用电源接矿用电源的交流输入端

矿用备用电源接矿用电源的交流输入端的连接方式如图 2-5-17 所示，在该种连接方式中，矿用备用电源为隔爆型或浇封型等非本质安全型。矿用备用电源的内部电路为普通 UPS 电路，当交流电网有电时，矿用备用电源经 AC/DC 电路向蓄电池充电，当电网停电或电压值较低时，蓄电池经 DC/AC 电路向矿用本质安全防爆直流电源供电。该种连接方式适合矿用电源与矿用备用电源相互独立的情况。

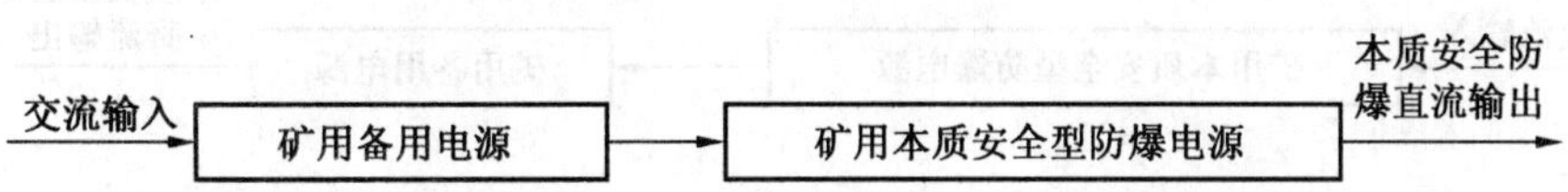

图 2-5-17 矿用备用电源接矿用电源的交流输入端

2. 矿用备用电源与矿用电源并联

矿用备用电源与矿用电源并联如图 2-5-18 所示，该种连接方式没有实用价值。这是因为矿用本质安全防爆备用电源是一个完整的电源，完全可以替代矿用本质安全防爆电源。输出并联后，矿用本质安全防爆电源和矿用本质安全防爆备用电源的最大输出电流之和不得引起爆炸性混合物燃烧和爆炸，即矿用备用电源和矿用电源的最大输出电流均减小。

3. 矿用备用电源与矿用电源输出并接

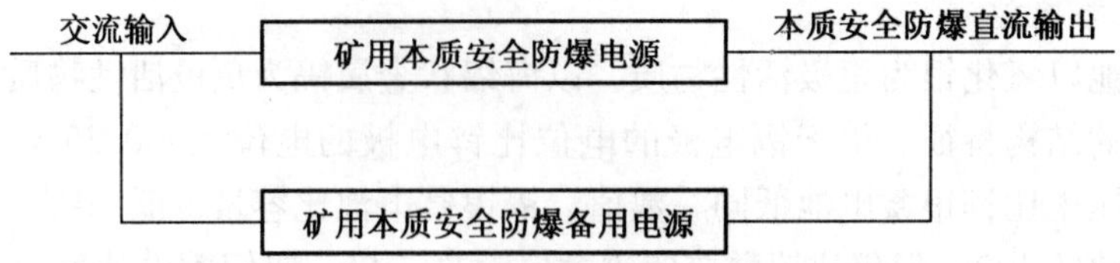

图2-5-18 矿用备用电源与矿用电源并联

矿用备用电源与矿用电源输出并接方式如图2-5-19所示。矿用备用电源为本质安全型防爆，该种连接方式也没有实用价值。当交流电网有电时，矿用电源向负载及矿用备用电源供电，电网停电或矿用电源输出电压较低时，矿用备用电源向负载供电。由于矿用备用电源的并入，矿用电源的带负载能力下降，同时为保证本质安全防爆性能，矿用电源和矿用备用电源的最大输出电流必须很小，以保证两者之和满足本质安全防爆要求。

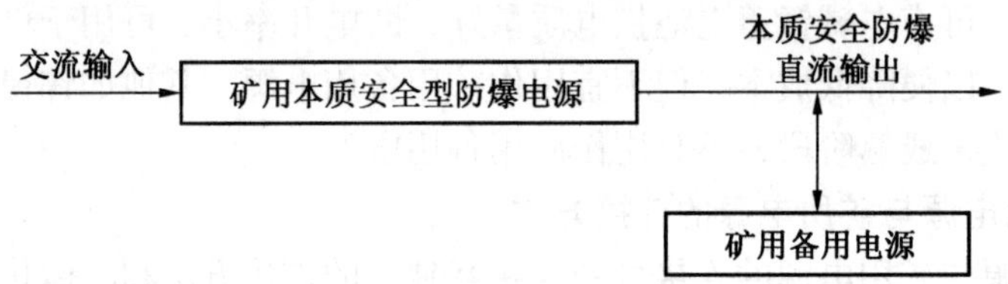

图2-5-19 矿用备用电源与矿用电源输出并接

4. 矿用备用电源接矿用电源输出

矿用备用电源接矿用电源输出的方式如图2-5-20所示。矿用备用电源为本质安全防爆型，当电网有电时，矿用电源经矿用备用电源向负载供电时，矿用备用电源蓄电池充电，当电网停电或输出电压较低时，矿用备用电源向负载供电。该种方式的矿用电源与矿用备用电源的双重化（或多重化）限流（恒流）限压（恒压）电路重复设置，效率低、成本高、体积大。

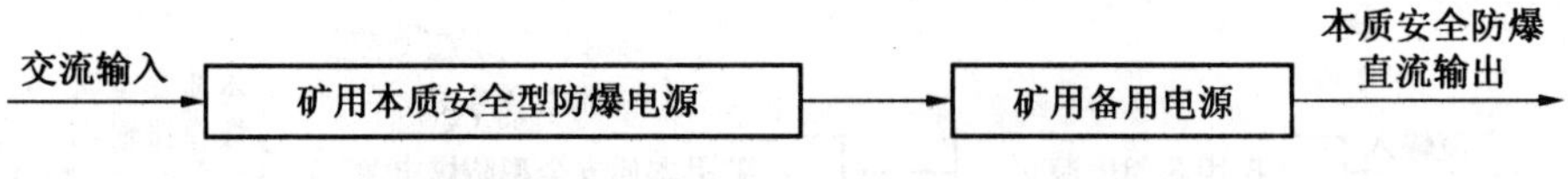

图2-5-20 矿用备用电源接矿用电源输出

5.2.8.2 矿用备用电源与矿用电源一体化的连接方法

矿用备用电源与矿用电源一体化，可共用双重化（或多重化）限流（恒流）限压（稳压）电路和防爆外壳，因此，具有体积小、重量轻、成本低、效率高等优点。矿用备用电源与矿用电源一体化的连接方法有两种。

1. 蓄电池并接在整流电路输出端

蓄电池并接在整流电路输出端的连接方式如图2-5-21所示。交流电网有电时，整流滤波电路除经双重化（或多重化）限流（恒流）限压（稳压）电路向负载供电外，还向蓄电池供电；当交流电网停电或电压较低时，蓄电池经双重化（或多重化）限流（恒流）限压（稳压）电路向负载供电，其中充电电路应根据所选用的蓄电池设计，可以是简单的限流电阻，也可以是具有电压、电流调节功能的集成电路芯片。该种连接方法具有电路简单、体积小、重量轻、效率高，适用于线性电源和开关电源的优点，在具有备用电源的矿用电源中应用较多。

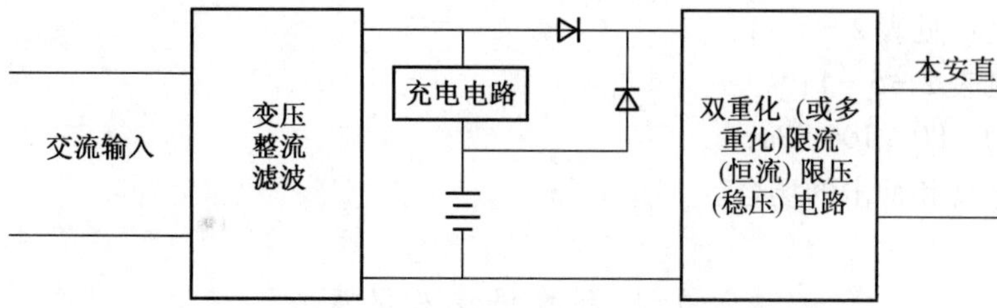

图 2-5-21　蓄电池并接在整流电路输出端的连接方式

2. 采用交/直双向变换器

蓄电池采用 AC/DC 双向变换器的连接方式如图 2-5-22 和图 2-5-23 所示。交流电网有电时，通过变压器次级绕组和整流、滤波、双重化（或多重化）限流（恒流）限压（稳压）电路向负载供电，同时通过交/直双向变换器向蓄电池充电。当交流电网停电时，蓄电池经交/直双向变换器、变压器次级绕组和整流、滤波、双重化（或多重化）限流（恒流）限压（稳压）电路向负载供电。该连接方法电路复杂、成本高。

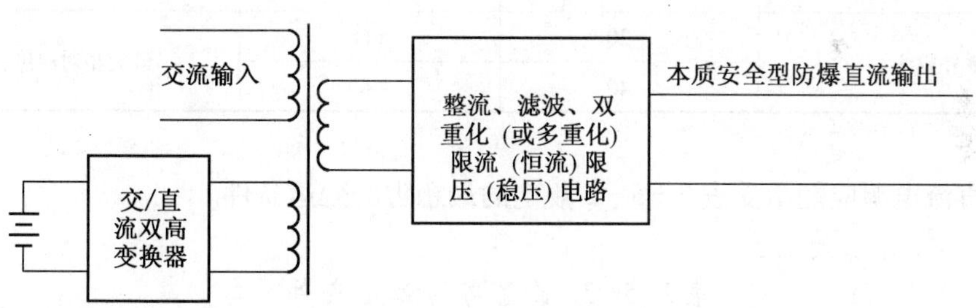

图 2-5-22　蓄电池采用低频变压器和 AC/DC 双向变换器的连接方式

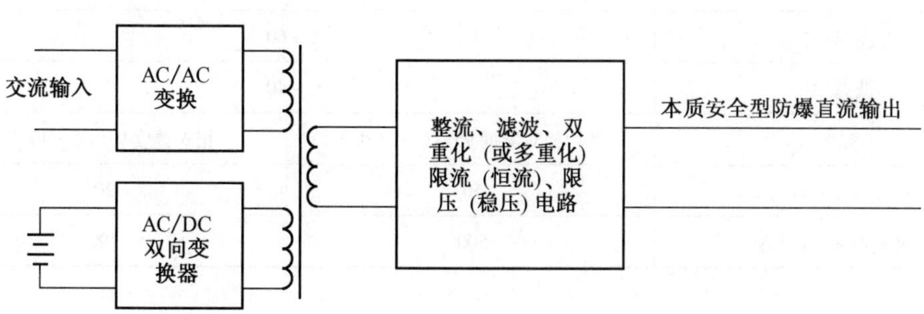

图 2-5-23　蓄电池采用高频变压器和 AC/DC 双向变换器的连接方式

5.3 技术要求

矿用直流电源应符合《MT/T 1078 矿用本质安全输出直流电源》等标准的要求，并按照经规定程序批准的图样及技术文件制造。

5.3.1 环境条件

（1）直流电源一般应在下列条件下正常工作：

① 环境温度：见表2-5-1；

② 湿度：见表2-5-1；

③ 大气压力：80～106 kPa；

④ 无显著振动和冲击的场合。

表2-5-1 环境温度及湿度

工作场所	温度/℃		湿度/%
	最低温度	最高温度	
煤矿井下	0	+40	平均相对湿度：95（+25 ℃）
	-5	+40	
	-10	+40	
	-20	+40	
有空调设备的可控环境	+10	+30	最大相对湿度：75
有保温保暖及通风的室内	0	+40	最大相对湿度：90
无供暖条件的室内	-10	+40	
室外露天	-20	+60	最大相对湿度：93
	-40	+60	

（2）直流电源应能承受表2-5-2规定的最恶劣的贮运条件。

表2-5-2 最恶劣的贮运条件

环境条件	工作场所	
	煤矿井下	煤矿地面
高温/℃	+60	
低温/℃	-40	
湿度	平均相对湿度95%（+25 ℃）	相对湿度93%（+40 ℃）
振动/($m \cdot s^{-2}$)	50	20
冲击/($m \cdot s^{-2}$)	500	300

5.3.2 电源额定条件

（1）源电压：应符合表2-5-3的规定。

表2-5-3　源电压波动范围

使用场所	源电压波动范围
井底车场、主运输巷	标称值的80%～110%
其他井下场所	标称值的75%～110%
地面	标称值的90%～110%
	标称值的85%～110%
	标称值的80%～110%

（2）源频率：50 Hz，允许偏差±5%。

（3）谐波：不大于10%。

5.3.3　主要技术指标

5.3.3.1　交流额定输入电压

宜同时满足交流127 V和220 V输入，也可在127 V、220 V、380 V、660 V、1140 V中选取。

5.3.3.2　最小输出电压

应能满足远端受电设备正常工作的需要，并在相关标准中明确规定。

5.3.3.3　额定工作电流

应能满足受电设备正常工作的需要，并在相关标准中明确规定。

5.3.3.4　周期与随机偏移（峰—峰值）

（1）线性电源不小于50 mV。

（2）开关电源不小于250 mV。

5.3.4　基本功能

（1）输入、输出电源指示功能。

（2）具有双重化的限流、限压和短路保护功能，故障撤消后应能自动恢复。

（3）具有备用蓄电池的直流电源应：

① 具有备用电源指示；

② 采用浮充充电方式，并具有防过充、过放保护；

③ 在相关标准中规定转换时间、工作时间和充电时间。

5.3.5　结构

（1）紧固件应有防止自动松脱的措施。

（2）金属零件应进行防锈、防蚀处理。

（3）其他结构要求应符合《GB 3836.1　爆炸性环境　第1部分：设备　通用要求》、《GB 3836.2　爆炸性环境　第2部分：由隔爆外壳“d”保护的设备》、《GB 3836.3　爆炸性环境　第3部分：由增安型“e”保护的设备》、《GB 3836.4　爆炸性环境　第4部分：由本质安全型“i”保护的设备》、《GB/T 12173 矿用一般型电气设备》和国家及行业有关标准的规定。

5.3.6　外观

（1）直流电源表面不应有明显的凹痕、划伤、裂缝和变形，表面涂镀层须均匀，不应起泡、龟裂和脱落。

（2）金属零部件不应有锈蚀和其他机械损伤。

（3）开关、按键应操作灵活可靠，零部件应紧固无松动，插接的活动部件应插接自如。

（4）不同功能的指示灯应色彩分明，说明功能的符号文字及直流电源的所有标志应清晰、端正、安装牢固。

（5）其他外观要求应符合《GB 3836.1　爆炸性环境　第 1 部分：设备　通用要求》、《GB 3836.2　爆炸性环境　第 2 部分：由隔爆外壳“d”保护的设备》、《GB 3836.3　爆炸性环境　第 3 部分：由增安型“e”保护的设备》、《GB 3836.4　爆炸性环境　第 4 部分：由本质安全型“i”保护的设备》、《GB/T 12173 矿用一般型电气设备》和国家及行业有关标准的规定。

5.3.7　外壳防护性能

应符合《GB 3836.1　爆炸性环境　第 1 部分：设备　通用要求》、《GB 3836.2　爆炸性环境　第 2 部分：由隔爆外壳“d”保护的设备》、《GB 3836.3　爆炸性环境　第 3 部分：由增安型“e”保护的设备》、《GB 3836.4　爆炸性环境　第 4 部分：由本质安全型“i”保护的设备》、《GB/T 12173 矿用一般型电气设备》和国家及行业有关标准的规定。

5.3.8　电气安全

（1）直流电源带电回路与接地（或外壳）间的绝缘电阻应符合表 5.4 的规定。测量部位应在相应标准中明确规定。

（2）直流电源应能承受历时 1 min 的交流 50 Hz 正弦工频耐压试验，试验电压见表 2-5-4。试验期间泄漏电流不大于 5 mA，且无击穿和闪络现象。试验部位应在相应标准中明确规定。

表 2-5-4　绝缘电阻及试验电压

<table>
<tr><th rowspan="2">试验部位</th><th rowspan="2">额定电压/V</th><th colspan="2">绝缘电阻/MΩ</th><th rowspan="2">试验电压/V</th></tr>
<tr><th>常　态</th><th>湿热试验后</th></tr>
<tr><td rowspan="6">电源输入端与外壳间</td><td>1140</td><td rowspan="5">50</td><td>2.0</td><td>4200</td></tr>
<tr><td>660</td><td rowspan="4">1.5</td><td rowspan="2">2500</td></tr>
<tr><td>380</td></tr>
<tr><td>220</td><td rowspan="2">2000</td></tr>
<tr><td>127</td></tr>
<tr><td>36</td><td rowspan="2">10</td><td rowspan="2">1.0</td><td rowspan="2">1000</td></tr>
<tr><td>电源输出端与外壳间</td><td>≤60</td></tr>
</table>

5.3.9　表面温度

防爆型直流电源应符合《GB 3836.1　爆炸性环境　第 1 部分：设备　通用要求》、《GB 3836.2　爆炸性环境　第 2 部分：由隔爆外壳“d”保护的设备》、《GB 3836.3　爆炸性环境　第 3 部分：由增安型“e”保护的设备》、《GB 3836.4　爆炸性环境　第 4 部分：

由本质安全型“i”保护的设备》的有关规定。矿用一般型直流电源应符合《GB/T 12173 矿用一般型电气设备》的有关规定。

5.3.10　工作稳定性

直流电源应进行工作稳定性试验，通电试验时间不小于 2 天，其主要技术指标和基本功能不得低于《MT/T 1078 矿用本质安全输出直流电源》等标准的要求。

5.3.11　抗干扰性能

（1）直流电源应能通过《GB/T 17626.3　电磁兼容试验和测量技术　射频电磁场抗扰度试验》规定的严酷等级为 1 级的射频电磁场辐射抗扰度试验，其主要技术指标和基本功能不得低于《MT/T 1078 矿用本质安全输出直流电源》等标准的要求。

（2）直流电源应能通过《GB/T 17626.4　电磁兼容试验和测量技术　电快速瞬变脉冲群抗扰度试验》规定的严酷等级为 2 级的电快速瞬变脉冲群抗扰度试验，其主要技术指标和基本功能不得低于《MT/T 1078 矿用本质安全输出直流电源》等标准的要求。

（3）直流电源应能通过《GB/T 17626.5　电磁兼容试验和测量技术　浪涌（冲击）抗扰度试验》规定的严酷等级为 1 级的浪涌（冲击）抗扰度试验，其主要技术指标和基本功能不得低于《MT/T 1078 矿用本质安全输出直流电源》等标准的要求。

5.3.12　可靠性

直流电源的平均无故障时间（MTBF）宜不小于 1000 h。

5.3.13　环境适应性

（1）直流电源应能通过高温工作试验，其主要技术指标、基本功能和外观不得低于《MT/T 1078 矿用本质安全输出直流电源》等标准的要求。

（2）直流电源应能通过低温工作试验，其主要技术指标、基本功能和外观不得低于《MT/T 1078 矿用本质安全输出直流电源》等标准的要求。

（3）直流电源应能通过高温贮存试验，恢复后其主要技术指标、基本功能和外观不得低于《MT/T 1078 矿用本质安全输出直流电源》等标准的要求。

（4）直流电源应能通过低温贮存试验，恢复后其主要技术指标、基本功能和外观不得低于《MT/T 1078 矿用本质安全输出直流电源》等标准的要求。

（5）直流电源应能通过湿热试验，其主要技术指标、基本功能、电气安全和外观不得低于《MT/T 1078 矿用本质安全输出直流电源》等标准的要求。

（6）直流电源应能通过振动试验，试验后其主要技术指标、基本功能和外观不得低于《MT/T 1078 矿用本质安全输出直流电源》等标准的要求。

（7）直流电源应能通过冲击试验，试验后其主要技术指标、基本功能和外观不得低于《MT/T 1078 矿用本质安全输出直流电源》等标准的要求。

5.3.14　防爆性能

防爆型直流电源应符合《GB 3836.1　爆炸性环境　第 1 部分：设备　通用要求》、《GB 3836.2　爆炸性环境　第 2 部分：由隔爆外壳“d”保护的设备》、《GB 3836.3　爆炸性环境　第 3 部分：由增安型“e”保护的设备》、《GB 3836.4　爆炸性环境　第 4 部分：由本质安全型“i”保护的设备》等规定。

5.3.15　矿用一般型性能

矿用一般型性能应符合《GB/T 12173 矿用一般型电气设备》的规定。

5.3.16　本安参数

（1）最高输出电压：应能满足本质安全防爆要求，并在相关标准中明确规定。

（2）最大输出电流：应能满足本质安全防爆要求，并在相关标准中明确规定。

（3）最大负载电容：应能满足本质安全防爆要求，并在相关标准中明确规定。

（4）最大负载电感：应能满足本质安全防爆要求，并在相关标准中明确规定。

6 矿用断电控制器

甲烷浓度超过断电浓度、掘进工作面停风或风量低于规定值时，必须切断被控区域非本质安全型电气设备的电源。因此，断电控制是矿井安全监控最基本、最重要的功能。

断电控制既要完成甲烷断电和甲烷风电闭锁功能，又要保证不影响被控低压防爆开关的正常工作，更不允许不经过防爆审查和检验在防爆开关设备中增减元件。断电控制是通过控制矿用低压防爆开关实现对被控设备的控制。矿用低压防爆开关有隔爆型馈电开关、隔爆型电磁启动器和隔爆兼本质安全型电磁启动器等。

6.1 组成与分类

6.1.1 组成

矿用断电控制器一般由信号输入电路、信号输出电路、信息处理电路、断电输出电路、监测电路、显示电路、电源等组成，如图 2－6－1 所示。

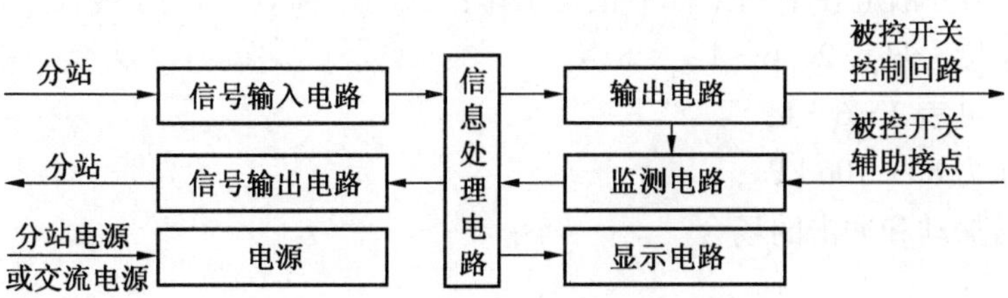

图 2－6－1 矿用断电控制器

信号输入电路一般由用于本质安全防爆隔离和抗干扰隔离的光电耦合器等电路组成，接收分站输出的断电控制信号，送信息处理电路。

控制输出电路一般由电磁继电器（或固态继电器）、驱动电路、消弧保护电路等组成，将信息处理电路输出的断电器控制信号放大后，驱动电磁继电器（或固态继电器）动作，控制被控开关控制回路。

为监测被控开关的馈电状态，断电控制器一般都有监测电路。监测电路应直接监测被控开关的负载侧的电压，但这样会增加断电控制器的成本。监测电路可通过监测被控开关的辅助接点，间接监测被控开关的馈电状态。也可通过监测被控开关控制回路电压，间接监测被控开关的馈电状态，但这种馈电状态监测方法不如直接监测馈电开关负载侧电压或监测被控开关辅助接点有效。

信号输出电路由用于本质安全防爆隔离和抗干扰隔离的光电耦合器等电路组成，将馈电状态信号送分站。

信息处理电路有采用单片机或数字电路等多种。对于复用传输线的串行数字输入/输出电路，信息处理电路一般为单片机，完成串行数字通信、译码、逻辑控制等功能。对于不复用传输线的开关量输入/输出电路，信息处理电路较简单，完成逻辑控制等功能。

断电控制器一般由分站电源供电，因此，其电源电路一般采用7805等稳压器或DC/DC变换电路。也有采用交流供电，这样的电源电路就较复杂，一般由隔离降压变压器、整流电路、滤波电路、双重化限流限压电路（或稳压恒流电路）等组成。

显示电路用来指示电源、馈电状态、输出状态等。

6.1.2 分类

矿用断电器的分类方法主要有：

（1）按防爆型式分，可分为本质安全型、隔爆兼本质安全型、其他。

（2）按供电电源分，可分为交流供电、直流供电。

（3）按结构分，可分为独立、与电源一体化、与分站一体化、其他。

6.2 技术要求

矿用断电控制器应符合《MT/T1079 矿用断电控制器》等标准的要求，并按照经规定程序批准的图样及技术文件制造。

6.2.1 环境条件

（1）断电器一般应在下列条件下正常工作：

① 环境温度，见表2-6-1；

② 湿度，见表2-6-1；

③ 大气压力80～106 kPa；

④ 无显著振动和冲击的场合。

表2-6-1 环境温度及湿度

工作场所	温度/℃		湿度/%
	最低温度	最高温度	
煤矿井下	0	+40	平均相对湿度（+25 ℃）：95
	-5	+40	
	-10	+40	
	-20	+40	
有空调设备的可控环境	+10	+30	最大相对湿度：75
有保温保暖及通风的室内	0	+40	最大相对湿度：90
无供暖条件的室内	-10	+40	
室外露天	-20	+60	最大相对湿度：93
	-40	+60	

（2）断电器应能承受表2-6-2规定的最恶劣的贮运条件。

表2-6-2　最恶劣的贮运条件

环境条件	工作场所	
	煤矿井下	煤矿地面
高温/℃	+60	
低温/℃	-40	
湿度	平均相对湿度95%（+25℃）	相对湿度93%（+40℃）
振动/($m \cdot s^{-2}$)	50	20
冲击/($m \cdot s^{-2}$)	500	300

6.2.2　供电电源

1. 交流供电电源

（1）额定电压：36、127、220、380、660、1140 V。允许偏差：①用于地面，-15% ~ +10%；②专用于井底车场、主运输巷，-20% ~ +10%；③其他井下产品，-20% ~ +10%。

（2）谐波：不大于10%。

（3）频率：50 Hz，允许偏差±5%。

2. 直流供电电源

电压范围9 ~ 24 V，周期与随机偏移应符合相关标准的规定。

6.2.3　基本功能

（1）断电器应具有动合和动开接点输出，动合和动开接点均能根据输入输出相应的控制状态且保持。

（2）断电器的输出应能满足交流和直流控制的需要。

（3）断电器应具有被控设备馈电状态监测和显示功能。

（4）断电器应具有电源指示。

（5）断电器应具有输出状态指示。

6.2.4　主要技术指标

1. 输入输出信号

（1）数字信号应符合《MT/T 899 煤矿用信息传输装置》的有关规定。

（2）采用双电平和无源输出的开关量信号应符合下列要求：

① 有源输出高电平电压应不小于+3.0 V（输出电流为2 mA时），有源输出低电平电压应不大于+0.5 V（输出电流为2 mA时）；

② 无源输出截止状态的漏电阻应不小于100 kΩ，无源输出导通状态的电压降应不大于0.5 V（电流为2 mA时）。

2. 输出控制接点容量

应能满足控制要求，并在相关标准中明确规定。但不得低于下列要求：

（1）交流660 V，3 A。

（2）直流60 V，1 A。

3. 输出控制接点组数

应能满足控制要求，并在相关标准中明确规定。但至少有 1 组常开和常闭接点。

4. 输出控制接点参数

（1）机械接点：①导通电阻小于 0.1 Ω；②分断电阻大于 100 MΩ。

（2）电子接点：①导通压降不大于 2 V；②截止漏电流不大于 0.3 mA。

5. 信号传输距离

分站至断电器最大传输距离不得少于 2 km。

6. 输出控制距离

应能满足控制要求，并在相关标准中明确规定。

7. 控制执行时间

从接收到控制信号到输出相应控制状态的时间应不大于 0.5 s。

6.2.5　电源波动适应能力

供电电压在规定的电压波动范围内变化时，断电器的基本功能和主要技术指标不得低于《MT/T 1079 矿用断电控制器》标准的要求。

6.2.6　结构

（1）紧固件应有防止自动松脱的措施。

（2）金属零部件应进行防锈、防蚀处理。

（3）其他结构要求应符合《GB 3836.1　爆炸性环境　第 1 部分：设备　通用要求》、《GB 3836.2　爆炸性环境　第 2 部分：由隔爆外壳“d”保护的设备》、《GB 3836.3　爆炸性环境　第 3 部分：由增安型“e”保护的设备》、《GB 3836.4　爆炸性环境　第 4 部分：由本质安全型“i”保护的设备》和国家及行业有关标准的规定。

6.2.7　外观

（1）断电器表面不应有明显的凹痕、划伤、裂缝和变形，表面涂镀层须均匀，不应起泡、龟裂和脱落。

（2）金属零部件不应有锈蚀和其他机械损伤。

（3）开关、按键应操作灵活可靠，零部件应紧固无松动，插接的活动部件应插接自如。

（4）不同功能的指示灯应色彩分明，说明功能的符号文字及断电器的所有标志应清晰端正、安装牢固。

（5）其他外观要求应符合《GB 3836.1　爆炸性环境　第 1 部分：设备　通用要求》、《GB 3836.2　爆炸性环境　第 2 部分：由隔爆外壳“d”保护的设备》、《GB 3836.3　爆炸性环境　第 3 部分：由增安型“e”保护的设备》、《GB 3836.4　爆炸性环境　第 4 部分：由本质安全型“i”保护的设备》和国家及行业有关标准的规定。

6.2.8　外壳防护性能

应符合《GB 3836.1　爆炸性环境　第 1 部分：设备　通用要求》、《GB 3836.2　爆炸性环境　第 2 部分：由隔爆外壳“d”保护的设备》、《GB 3836.3　爆炸性环境　第 3 部分：由增安型“e”保护的设备》、《GB 3836.4　爆炸性环境　第 4 部分：由本质安全型“i”保护的设备》和国家及行业有关标准的规定。

6.2.9　电气安全

（1）断电器带电回路与接地（或外壳）间的绝缘电阻应符合表 2-6-3 的规定。测量部位应在相应标准中明确规定。

（2）断电器应能承受历时1 min的交流50 Hz正弦波工频耐压试验，试验电压见表2-6-3。试验期间泄漏电流不大于5 mA，且无击穿和闪络现象。试验部位应在相应标准中明确规定。

表2-6-3 绝缘电阻与耐压试验

测量部位的额定绝缘电压 U/V	绝缘电阻/MΩ		工频耐压试验电压/V
	常 态	湿热试验后	
$U \leqslant 60$	10	1.0	500
$60 < U \leqslant 380$	50	1.5	2000
$380 < U \leqslant 660$	50	1.5	2500
$660 < U \leqslant 1140$	50	2.0	4200

（3）断电器本质安全电路和非本质安全电路之间的绝缘应能承受历时1 min、50 Hz的交流$(2U+1000)$V，但不低于1500 V的正弦工频耐压试验，试验期间泄漏电流不大于5 mA，且无击穿和闪络现象。其中，U指本质安全电路和非本质安全电路的电压有效值之和。

6.2.10 表面温度

应符合《GB 3836.1 爆炸性环境 第1部分：设备 通用要求》、《GB 3836.2 爆炸性环境 第2部分：由隔爆外壳“d”保护的设备》、《GB 3836.3 爆炸性环境 第3部分：由增安型“e”保护的设备》、《GB 3836.4 爆炸性环境 第4部分：由本质安全型“i”保护的设备》等有关规定。

6.2.11 工作稳定性

断电器应进行工作稳定性试验，通电时间不小于2天，其基本功能和主要技术指标不得低于《MT/T 1079 矿用断电控制器》标准要求。

6.2.12 抗干扰性能

（1）设于地面的断电器应能通过《GB/T 17626.2 电磁兼容试验和测量技术 静电放电抗扰度试验》规定的严酷等级为3级（接触放电）的静电放电抗扰度试验，其基本功能和主要技术指标不得低于《MT/T 1079 矿用断电控制器》等标准的要求。

（2）断电器应能通过《GB/T 17626.3 电磁兼容试验和测量技术 射频电磁场抗扰度试验》规定的严酷等级为2级的射频电磁场辐射抗扰度试验，其基本功能和主要技术指标不得低于《MT/T 1079 矿用断电控制器》等标准的要求。

（3）断电器应能通过《GB/T 17626.4 电磁兼容试验和测量技术 电快速瞬变脉冲群抗扰度试验》规定的严酷等级为3级的电快速瞬变脉冲群抗扰度试验，其基本功能和主要技术指标不得低于《MT/T 1079 矿用断电控制器》等标准的要求。

（4）断电器应能通过《GB/T 17626.5 电磁兼容试验和测量技术 浪涌（冲击）抗扰度试验》规定的严酷等级为3级的浪涌（冲击）抗扰度试验，其基本功能和主要技术指标不得低于《MT/T 1079 矿用断电控制器》等标准的要求。

6.2.13　可靠性

断电器的平均无故障工作时间（MTBF）应不小于 1000 h。

6.2.14　环境适应性

（1）断电器应能通过高温工作试验，其基本功能、主要技术指标及外观不得低于《MT/T 1079 矿用断电控制器》等标准的要求。

（2）断电器应能通过低温工作试验，其基本功能、主要技术指标及外观不得低于《MT/T 1079 矿用断电控制器》等标准的要求。

（3）断电器应能通过高温贮存试验，恢复后其基本功能、主要技术指标及外观不得低于《MT/T 1079 矿用断电控制器》等标准的要求。

（4）断电器应能通过低温贮存试验，恢复后其基本功能、主要技术指标及外观不得低于《MT/T 1079 矿用断电控制器》等标准的要求。

（5）断电器应能通过湿热试验，其基本功能、主要技术指标、电气安全及外观不得低于《MT/T 1079 矿用断电控制器》等标准的要求。

（6）断电器应能通过振动试验，试验后其基本功能、主要技术指标及外观不得低于《MT/T 1079 矿用断电控制器》等标准的要求。

（7）断电器应能通过冲击试验，试验后其基本功能、主要技术指标及外观不得低于《MT/T 1079 矿用断电控制器》等标准的要求。

6.2.15　防爆性能

应符合《GB 3836.1　爆炸性环境　第 1 部分：设备　通用要求》、《GB 3836.2　爆炸性环境　第 2 部分：由隔爆外壳“d”保护的设备》、《GB 3836.3　爆炸性环境　第 3 部分：由增安型“e”保护的设备》、《GB 3836.4　爆炸性环境　第 4 部分：由本质安全型“i”保护的设备》等规定。

6.2.16　本安参数

本安参数应由有关标准进行规定，一般包括最高输出电压和最大输出电流。

6.3　隔爆型和隔爆兼本质安全型电磁启动器控制

6.3.1　隔爆型和隔爆兼本质安全型电磁启动器

隔爆型和隔爆兼本质安全型电磁启动器由隔爆外壳、交流接触器、换相隔离开关、保护电路（包括熔断器、热继电器和电动机综合保护）、控制电路、控制变压器等组成，如图 2－6－2 所示。交流接触器直接把电网电压加到电动机的定子绕组上，使电动机在全电压下启动。隔爆型和隔爆兼本质安全型电磁启动器主要用于煤矿井下交流电动机直接启动、停止和反转，并对电动机及有关电路进行保护。

隔爆型和隔爆兼本质安全型电磁启动器按接触器主触点灭弧原理的不同可分为空气式和真空式。空气式电磁启动器主回路采用空气式交流接触器，主要用于启动不频繁的电气设备。空气式电磁启动器具有结构简单、维护方便、价格便宜等优点。但极限分断能力较低，短路保护必须采用熔断器。置于隔爆外壳内的空气式交流接触器散热条件差，因此应降容使用，降容大小一般通过实验确定。真空式电磁启动器主电路采用真空式交流接触器，主触点密封在真空容器中，其电弧不会外喷。因此具有分断能力强、燃弧时间短、触

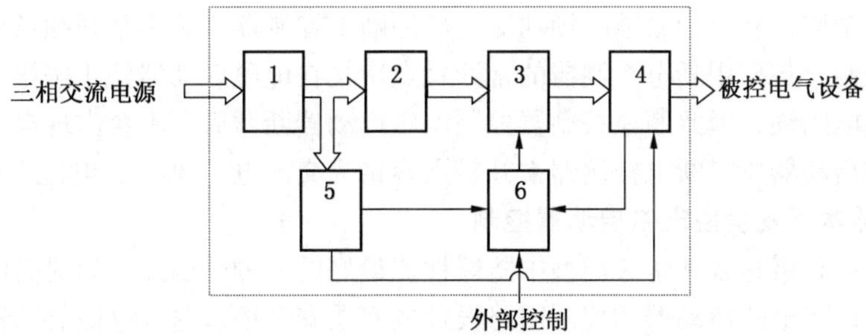

1—换相隔离开关；2—主电路熔断器；3—交流接触器；4—保护电路；5—控制变压器；6—控制电路

图2-6-2 电磁启动器工作原理

点磨损小、电寿命长、安全可靠等优点，适用于煤矿井下启动频繁的电气设备。真空式交流接触器会产生操作过电压，并且真空管真空度的保持和检测也存在一些困难。真空式电磁启动器的结构与空气式电磁启动器基本相同，不同的是增加了过电压保护。

就地控制时，将旋转开关转到近控挡，按启动按钮，通过中间继电器控制主电路交流接触器线圈接通电源，三相交流接触器闭合，向被控设备供电。同时，交流接触器的辅助常开触点闭合，使控制电路自保。按停止按钮，接触器线圈失电、主触点分断，被控设备断电。发生故障（如短路、过载、断相）时，热继电器或电动机综合保护器均按要求的时间动作，切断被控设备的电源。

远距离控制时，将旋转开关转到远控挡，通过远方的控制按钮进行控制。

程序控制时，将第一台启动器的旋转开关转到近控挡或远控挡，第二台及以下启动器的旋转开关转到程序挡，并调整时间继电器，使它延时的时间符合要求，然后通过第一台的近控或远控按钮进行控制。

电磁启动器主要技术性能如下：

（1）额定工作电压（U_e）。额定工作电压 U_e 与额定工作电流 I_e 共同决定着电磁启动器的接通与分断能力。电磁启动器的额定工作电压有380、660、1140 V等。

（2）额定发热电流。额定发热电流指接触器等电气元件安装在确定的外壳内，在规定的工作条件下所承载的最大电流。额定发热电流有40(30)、100(80)、160(120、200)、315、400 A等。

（3）额定控制电源电压。额定控制电源电压是指提供给控制电路的电压，交流有6、12、24、36、42、127、220、380、660 V，直流有6、12、24、48、110、200 V。其中先导电路电压不高于36V。隔爆型和隔爆兼本质安全型电磁启动器的控制电压一般不大于直流24 V。

（4）动作性能。动作性能是指控制电源电压在额定控制电压的波动范围（75% ~ 110%）内，电磁启动器应能可靠闭合，当控制电压不低于60%额定控制电源电压时处于吸合状态的启动器不应释放。

（5）电磁启动器应具有失压保护、过载保护和短路保护，并根据需要可设断相保护、主电路漏电闭锁保护及控制电路绝缘监视保护等。

6.3.2　隔爆型电磁启动器控制

为保证安全监控装置的故障闭锁功能，矿用断电控制器应采用常开触点对隔爆型电磁启动器进行控制，将矿用断电控制器的常开触点串接在电磁启动器停止按钮开关上。电磁启动器都有断电闭锁，因此断电控制器控制电磁启动器断开后，不会出现自启动现象。控制隔爆型电磁启动器所需断电控制器常开触点容量为交流电压 36 V、电流 3 A。

6.3.3　隔爆兼本质安全型电磁启动器控制

本质安全型防爆是各种防爆类型中防爆性能最好的一种。因此，为提高电磁启动器的防爆性能，可以将电磁启动器的控制回路设计成本质安全型。这种电磁启动器被称为隔爆兼本质安全型电磁启动器。隔爆兼本质安全型防爆电磁启动器的启动和停止控制按钮可以是非隔爆型按钮，特别当控制电缆发生断路或短路产生电火花时，不会引起周围爆炸性气体混合物燃烧和爆炸。

为保证安全监控设备的故障闭锁，应采用断电控制器常开触点与电磁启动器本质安全回路中的停止开关串联。要控制所有的隔爆兼本质安全型电磁启动器，矿用断电控制器的触点容量为直流电压 24 V、电流 100 mA。

6.4　隔爆型馈电开关控制

隔爆型馈电开关用来接通和分断承载的正常电流，并能在规定的异常条件下（如短路），在一定的时间内分断承载的异常电流，分断后一次回路中具有明显的断口。隔爆型馈电开关用于额定电压不大于 1140 V 电网中的配电总开关、馈出开关和分支开关，也可以控制不频繁启动的大容量电动机。隔爆型馈电开关可分为独立使用的馈电开关和与移动变电站配套的馈电开关。独立使用的馈电开关具有完整的隔爆外壳，可直接用于煤矿井下的供电系统中。与移动变电站配套使用的馈电开关必须安装在移动变电站低压侧方可形成完整的隔爆外壳。隔爆型馈电开关有空气式和真空式两种。

隔爆型馈电开关由隔爆外壳和以断路器为主的本体两部分组成。本体上设有脱扣器、信号辅助装置和电流互感器等。外壳由主腔、壳盖和接线盒三部分组成。

低压断路器一般由触点系统、灭弧室、自由脱扣机构、操作机构、过电流脱扣器、欠电压（失压）脱扣器、分励脱扣器、辅助触点、框架等组成。其中，过流脱扣器、欠压脱扣器、分励脱扣器或电子脱扣器是断路器的保护和控制电路。

过电流脱扣器是短路和过流的保护电路。当回路发生过载或短路时，过电流脱扣器的动作时间长短与过电流大小成反比，过电流越大，动作时间越短。当电流大到一定程度时可发生瞬时断开。前者称为反时限过电流脱扣器，后者称为瞬时过电流脱扣器。反时限过电流脱扣器用双金属片制成，或者由继电器与互感器共同完成。瞬动过电流脱扣器都是电磁脱扣器。新发展的半导体脱扣器可实现反时限和瞬动两种动作。一般断路器的每一极与一个过电流脱扣器串联。三极断路器有三个脱扣器，但也可装设两个脱扣器。在瞬动电磁式过电流脱扣器中设有阻尼（例如钟表机构）装置，可得到短延时动作，以实现延时断开，短延时在 0.1 ~1 s 之间。

欠压脱扣器在电网电压低于 35% 额定电压时使断路器分断。欠电压（失压）脱扣器也多为电磁式。当主电路电压消失或降至一定数值以下时，其电磁吸力不足以继续吸持衔铁，在弹簧的作用下，衔铁的顶板推动脱扣器半轴，从而使断路器断开。

分励脱扣器一般用来遥控分断断路器。分励脱扣器由控制电源供电，它是一个电磁铁，可以按操作人员的命令或继电保护信号使其线圈通电，其衔铁（或铁心）动作，从而使断路器分断电路。

为保证安全监控设备的故障闭锁功能，矿用断电控制器应采用常闭触点对隔爆型馈电开关进行控制，通过控制分励脱扣线圈，从而达到控制馈电开关的目的。

电子式脱扣器由信号检测、过电流保护、触发单元、执行单元和稳压电源等组成，具有过载延时、短路瞬动及欠电压延时等保护功能。断路器可同时采用电磁式过电流脱扣器和电子式脱扣器，也可以只采用其中一种。馈电开关主要技术参数见表2-6-4。

表2-6-4 馈电开关主要技术参数

馈电开关型式	额定电流/A	短路接通与分断能力（当 $\cos\varphi=0.40\pm0.05$ 时）/kA（有效值）			电磁过电流脱扣器整定值/A	电子式脱扣器整定电流调节范围/A	检漏单元动作电阻整定值/kΩ（单相）		
		380 V	660 V	1140 V			380 V	660 V	1140 V
独立使用	200 350 400	10~15	7~7.5	6.5~7.5	200~300~600 400~600~1200 400~600~1200	50~200 100~200 160~400	3.5	11	20
移动变电配套	300 400 440		9	7.5		120~300 160~400 176~440	3.5	11	20
	500 630		12.5	10		200~500 250~630			

为保证矿井安全监控设备的故障闭锁功能，矿用断电控制器对隔爆型馈电开关的控制应采用常闭触点，将矿用断电控制器的常闭触点并接在馈电开关分励开关上。当煤矿井下瓦斯达到或超过断电浓度时，断电控制器动作，馈电开关分励。要控制所有馈电开关，矿用断电控制器的触点容量应不小于：交流电压660 V、电流0.38 A；直流电压60 V、电流0.96 A。

7 矿用信号转换器

矿用传感器输出信号有电压型、电流型、频率型和数字型等，为将各种输出信号的传感器接入分站，需使用矿用信号转换器。

7.1 工作原理

7.1.1 传感器输出信号

在矿井监控系统中，被测物理量可分为开关量和模拟量两大类。

开关量就是只取两种状态的物理量，如采煤机、掘进机、输送机、通风机的开停等。开关量可以用电压的有无、电流的有无和极性等来表示，这种反映开关量状态的非编码信号称为开关信号，如图2-7-1所示。开关量状态也可以用一组码字中的一位的取值（0或1）来表示，如图2-7-2所示。我们称这种反映开关量状态的编码信号为数字信号。一组编码的数字信号可以表示多个开关量。

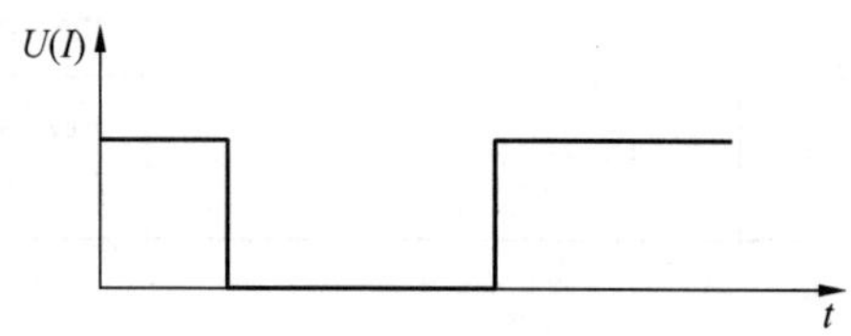

图2-7-1 用电压U或电流I表示的开关量状态

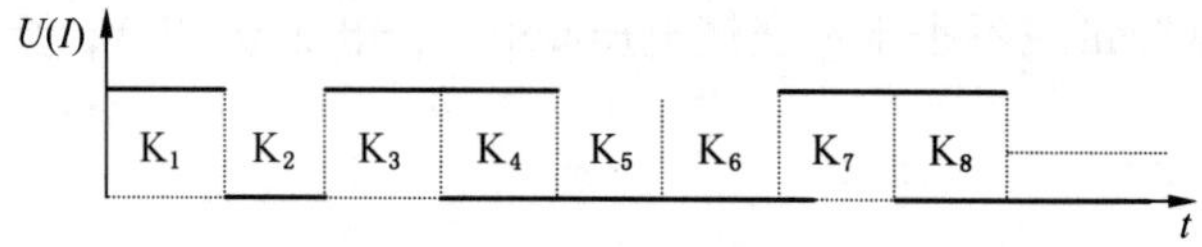

图2-7-2 数字信号表示开关量状态

模拟量就是量值连续变化的物理量，如甲烷浓度、风速、一氧化碳浓度等。模拟量可以用电压的大小、电流的大小和频率的高低等来表示，这种反映模拟量大小的非编码信号称为模拟信号，如图2-7-3所示。模拟量大小也可以用一组码字的编码来近似表示（存在量化误差），如图2-7-4所示。我们称这种反映模拟量大小的编码信号为数字信号。

数字信号和频率型模拟信号均用脉冲表示，但有以下根本区别：①数字信号的每位脉冲持续时间恒定不变（当传输速率一定时）；而频率型模拟信号的脉冲持续时间随着频率的增高而减小。②数字信号采用脉冲编码表示数值大小，由于编码长度有限，因此数字信号表示模拟量大小存在量化误差；而频率型模拟信号的脉冲频率可以连续变化，因此频率

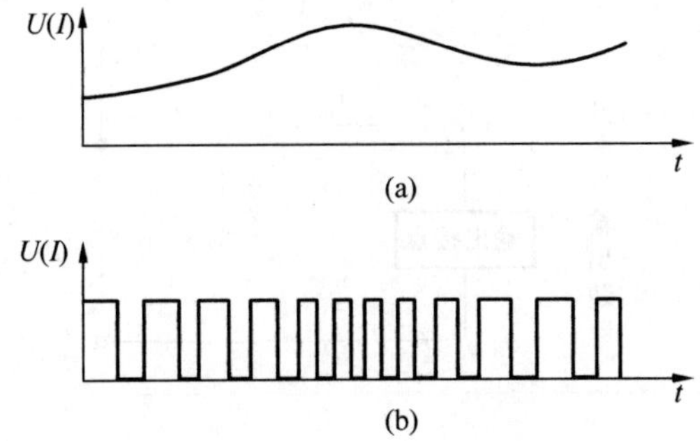

图2-7-3 模拟信号

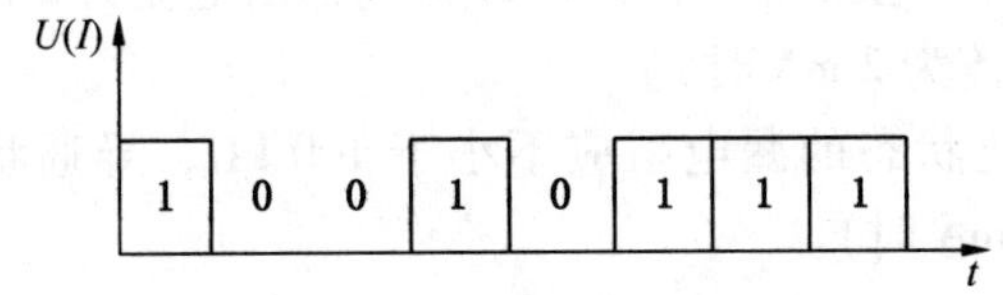

图2-7-4 数字信号表示模拟量大小

型模拟信号可以准确表示模拟量大小。③数字信号中不同位置的脉冲表示不同的数值；而频率型模拟信号的任何位置的脉冲均表示同一数值。

虽然数字信号表示模拟量大小存在量化误差，但当数字信号的字长较长时，其量化误差完全能够满足要求，例如字长为8位的数字信号的量化误差小于0.5/256。由于数字信号较模拟信号和开关信号具有许多优点，因此数字信号获得了越来越广泛的应用。矿用传感器输出信号宜采用数字信号，并应满足《MT/T 899 煤矿用信息传输装置》的有关要求。

7.1.1.1 开关信号

开关信号的输出可以是机械接点，也可以是半导体电路或其他电气元件，这些被统称为输出接点。输出接点可以是有源接点，如图2-7-5所示，也可以是无源接点，如图2-7-6所示。无论是有源接点还是无源接点，其输出端的短路电流和输出端灌入电流均应不大于20 mA，为此须设置限流措施，并应加在供给此电流的那一侧装置中。

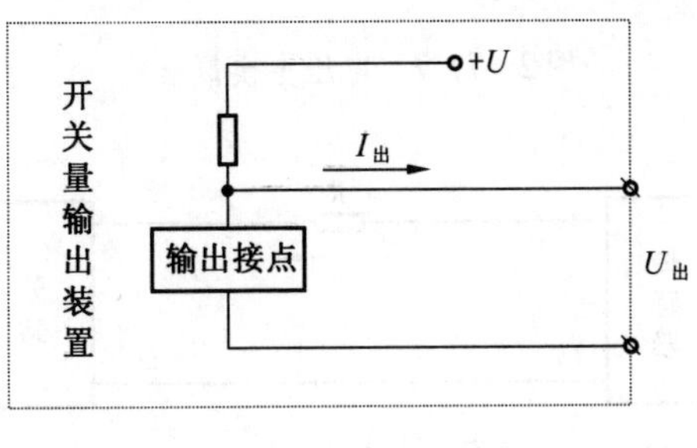

图2-7-5 有源接点

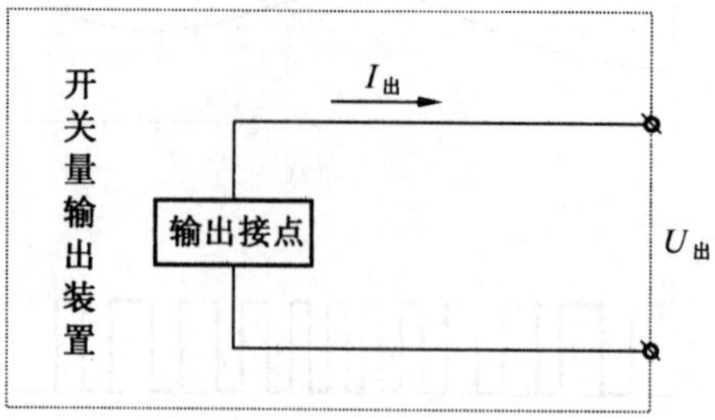

图 2-7-6　无源接点

有源接点输出的高电平电压应不小于 +3.0 V（输出电流为 2 mA 时），低电平电压应不大于 +0.5 V（输出电流为 2 mA 时）。

无源接点输出的截止状态的漏电阻应不小于 100 kΩ，导通状态的电压降应不大于 +0.5 V（灌入电流为 2 mA 时）。

7.1.1.2　模拟信号

模拟信号主要有电压型、电流型和频率型。

1. 电压型

电压型模拟信号的电压随被测物理量变化而变化，如图 2-7-7 所示。电压型模拟信号一般为 0～5 V。由于传感器输出的电压型模拟信号 U_0 需经电缆传输至分站（图 2-7-8），因此分站输入的电压型模拟信号 U_i 受信号电缆长度、芯线直径、材质、接触电阻和负载电流 I 的影响。若电缆环路电阻和接触电阻用 R 表示，则分站输入的电压型模拟信号 U_i 可用下式表示：

$$U_i = U_0 - RI$$

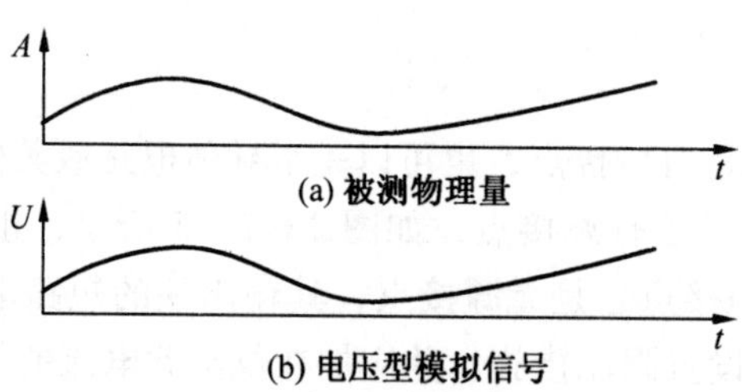

图 2-7-7　电压型模拟信号

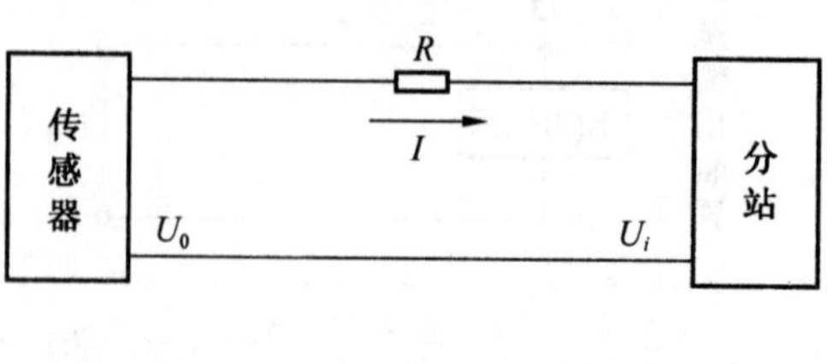

图 2-7-8　分站输入的电压型模拟信号

在实际应用中，为减小电缆长度、芯线直径、材质、接触电阻和负载电流 I 对分站输入的电压型模拟信号的影响，通常在传感器的输出端串接一个可变电阻，通过调节这个可变电阻，使可变电阻值与电缆环路电阻和接触电阻之和为一个常数 R_1，当负载电流 I 一定的情况下，电压降 R_1I 为常数，则可通过补偿解决。但是，由于电缆长度和接触电阻受工作面搬迁和环境潮湿等影响，需要经常调整可变电阻，大大增加了维护工作量。因此，电压型模拟信号不宜采用。

2. 电流型

电流型模拟信号的电流随被测物理量变化而变化，如图 2-7-9 所示。电流型模拟信号一般为 1~5 mA（优选）和 4~20 mA（仅用于地面）。为了监测传感器的工作状态，规定输出信号下限不为零，是为了监测传感器的工作状态。因为当规定传感器输出信号下限不为零时，传感器在正常工作时，其输出信号不会为零；若出现传感器输出信号为零的情况，则说明传感器工作不正常，发生了断线、停电、传感器故障等问题。

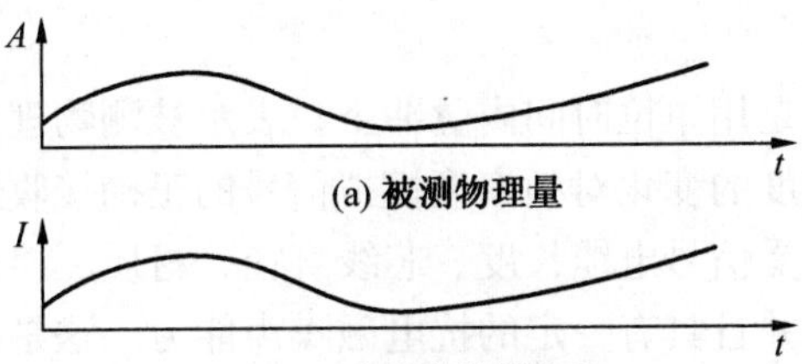

(a) 被测物理量

(b) 电流型模拟信号

图 2-7-9 电流型模拟信号

传感器输出的电流型模拟信号 I_0 也需经电缆传输至分站，如图 2-7-10 所示。但是由于电流型模拟信号主要受电缆绝缘电阻所造成的漏电流 ΔI 的影响，并且矿用电缆的绝缘电阻 R 较大所造成的漏电流 ΔI 很小，因此分站输入的电流型模拟信号 I_i 受信号电缆长度、芯线直径、材质、接触电阻、负载电阻的影响很小。

$$I_i = I_0 - \Delta I \approx I_0$$

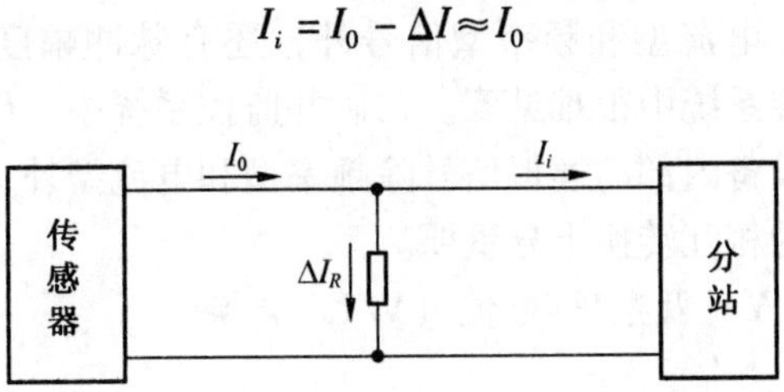

图 2-7-10 分站输入的电流型模拟信号

3. 频率型

频率型模拟信号的频率随被测物理量变化而变化，如图 2-7-11 所示。频率型模拟信号一般为 200~1000 Hz（优选），在整个频率范围内其正脉冲和负脉冲宽度均不得小于 0.3 ms。频率型模拟信号的输出分有源和无源两种：①有源输出高电平电压应不小于

+3 V（输出电流为 2 mA 时），低电平电压应不大于 +0.5 V（输出电流为 2 mA 时）；②无源输出截止状态的漏电阻应不小于 100 kΩ，导通状态的电压降应不大于 +0.5 V（灌入电流为 2 mA 时）。规定输出信号下限不为零，也是为了监测传感器的工作状态。

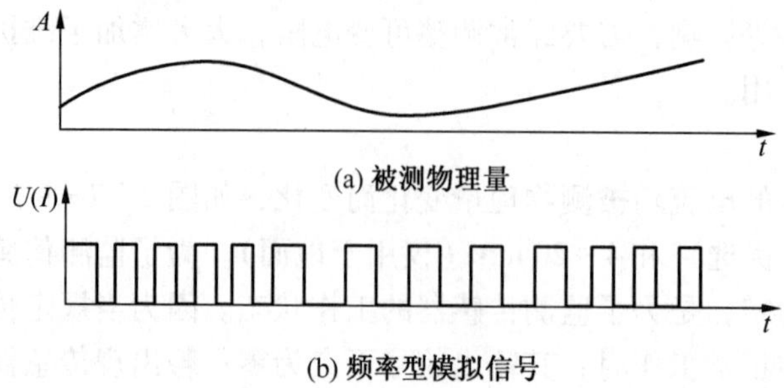

图 2－7－11　频率型模拟信号

由于频率型模拟信号是用单位时间内脉冲个数表示被测物理量大小的，因此在判决门限允许的范围内，脉冲幅度的变化对频率型模拟信号的正确接收影响不大。因此，无论是电流脉冲还是电压脉冲，受信号电缆长度、芯线直径、材质、接触电阻、负载电阻和电缆绝缘电阻的影响都很小，并且具有一定的抗电磁噪声能力。这是因为频率型模拟信号是用单位时间内脉冲个数表示被测物理量大小的，当频率型模拟信号在传输过程中受到干扰而发生增加脉冲或减少脉冲时，所带来的相对误差为单位时间内增减的脉冲数与所传输的脉冲数的比值。并且，频率型模拟信号的接收是一个积分过程，在一个周期内由于受到干扰而发生的增加脉冲和减少脉冲数可以抵消，最后的影响仅为增加脉冲数与减少脉冲数的差值。频率型模拟信号还便于使用性能价格比高的光电耦合器进行本质安全防爆隔离。光电耦合器是非线性器件，不能用于电流型和电压型模拟信号的本质安全防爆隔离。因此，模拟信号宜优选频率型。

7.1.2　模拟信号的转换

模拟信号除电压型、电流型和频率型信号外，还有脉冲幅度、脉冲宽度、脉冲相位等，这些信号在矿井监控系统中很难见到。在矿井监控系统中，最常用的模拟信号是频率型和电流型，近距离和设备内部的模拟信号除频率型和电流型外，还有电压型。因此，电压、电流和频率型信号的相互转换十分重要。

7.1.2.1　电流/电压（I/V）及电压/电流（V/I）转换

1. I/V 转换

I/V 转换的方法很多，图 2－7－12 所示的电路就是其中的一种。图中，V_0 为输出电压，I_i 为输入电流，R_F 为运算放大器反馈电阻。其转换关系推导如下：

$$I_i = I_F + I_B$$

$$V_\Sigma = R_F I_F + V_0$$

因为
$$I_B \to 0,\ V_\Sigma \to 0$$

所以
$$I_i = I_F$$

$$V_0 = -R_F I_F = -R_F I_i$$

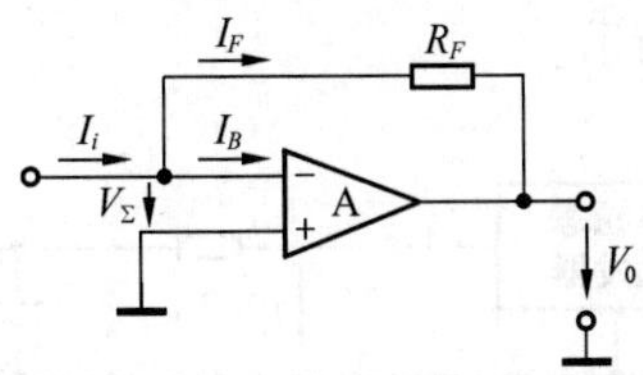

图 2-7-12 I/V 转换电路

2. V/I 转换

图 2-7-13 所示是一种 V/I 转换电路，图中，I_0 为输出电流，V_i 为输入电压，R_L 为负载等效电阻，R_S 为取样电阻。其转换关系推导如下：

因为
$$V_i = V_\Sigma + V_B$$
$$V_\Sigma = 0$$
所以
$$V_i = V_B$$
又因为
$$I_B \to 0$$
$$I_0 = I_B + I_S$$
所以
$$I_0 = I_S$$
$$V_B = I_S \cdot R_S$$
$$V_B = I_0 \cdot R_S \ (\because I_0 = I_S)$$
$$V_i = I_0 \cdot R_S \ (\because V_i = V_B)$$
$$I_0 = \frac{V_i}{R_S}$$

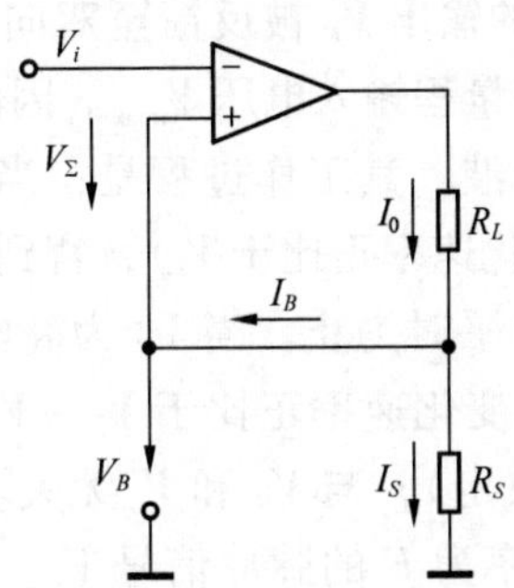

图 2-7-13 V/I 转换电路

7.1.2.2 频率/电压（F/V）及电压/频率（V/F）转换

1. F/V 转换

一种 F/V 转换电路如图 2-7-14a 所示，其工作原理是：利用输入脉冲 F 的上升沿（或下降沿）触发单稳态触发器，单稳态触发器对应每一个输入脉冲的上升沿（或下降沿）都有一个恒定宽度的脉冲输出，并且输出脉冲频率与输入脉冲频率相等。该脉冲经 RC 滤波器滤波后，电压 V_0 随输入脉冲频率的增大而增大，从而将频率信号转换为电压信号。各点波形如图 2－7－14b 所示。

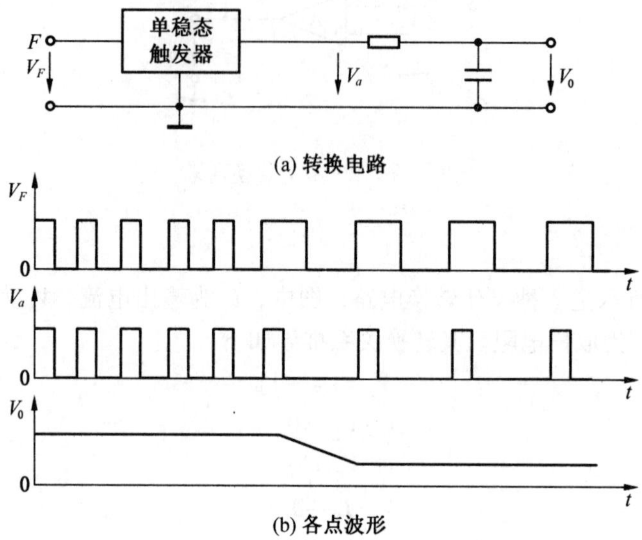

图 2－7－14　F/V 转换电路及各点波形

2. V/F 转换

由运算放大器和 555 时基电路组成的 V/F 转换转换器，如图 2－7－15 所示。在图中，V_i 为输入电压，F 为输出信号 V_F 的频率。运算放大器与 R_1、C_1、R_2、C_2 共同组成双向积分电路，555 时基电路与 R_3、C_3 共同组成单稳态电路。积分器的输出信号 V_0 控制单稳态触发电路的触发端，单稳态电路的输出 V_F 被反馈至双向积分器的正向输入端。由于在设计上要求输出脉冲幅度 V_F 大于满量程输入电压 V_{imax}。因此，双向积分器的输出电压 V_0 作斜坡式上升/下降变化，形成三角波。其工作过程是：当 V_F 为低电平时，V_0 作下降变化（在 R_1、C_1 一定的条件下，其变化速率正比于 V_i），直到达到单稳态触发器门限值 $V_{CC}/3$，使单稳态触发器输出 V_F 变为高电平时为止。当 V_F 为高电平时，V_0 作定时上升变化（在 R_1、C_1、R_2、C_2 一定的条件，其变化速率正比于 $V_F - V_i$），其定时时间仅取决于单稳态触发器的时间常数（由 R_3、C_3 决定），与 V_F 和 V_i 无关。当定时结束后，V_F 又变为低电平，重复上述过程，从而产生频率为 F 的脉冲信号 V_F。不难看出，在 R_1、C_1、R_2、C_2、R_3、C_3 一定的条件下，V_i 越大，V_0 作下降变化的时间 t_1 就越短。由于 V_0 作上升变化的时间 t_2 仅取决 R_3、C_3，恒定不变。因此，V_i 越大输出脉冲周期（$t_1 + t_2$）就越小，脉冲频率 F 就越大，可以证明：F 正比于 V_i。

7.1.3　数字信号的转换

要进行模拟信号与数字信号之间的相互转换，通常需要单片机。数字信号转换器通常由模拟信号输入电路、开关信号输入电路、模拟信号输出电路、开关信号输出电路、数字信号输入/输出电路、信号转换电路、显示电路和电源等组成，如图 2－7－16 所示。

模拟信号输入电路具有放大、光电隔离等功能，可以输入电压型、电流型和频率型模拟信号。

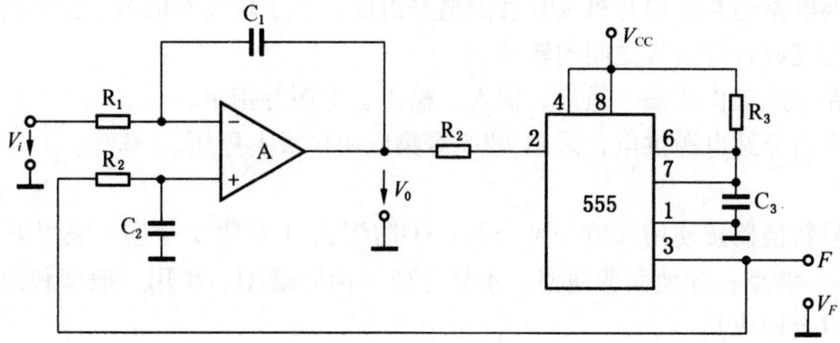

(a) 电路图

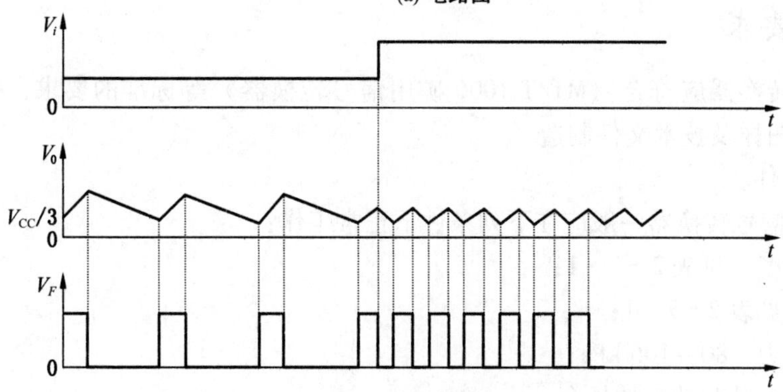

(b) 波形图

图 2－7－15　V/F 转换电路及其波形关系

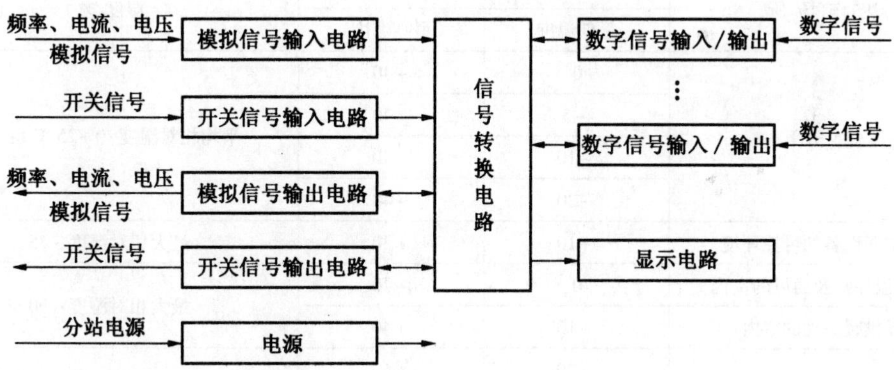

图 2－7－16　矿用数字信号转换器

开关信号输入电路具有整形、光电隔离等功能。

模拟信号输出电路具有驱动、光电隔离等功能，通常输出频率型信号，也可以输出电流型和电压型模拟信号。

开关信号输出电路具有驱动、光电隔离等功能。

数字信号输入/输出电路具有放大、光电隔离、驱动等功能。数字信号输入/输出电路可以有 RS－485、CAN、PROFIBUS、LANWORKS、以太网等多种接口。

信号转换电路通常由单片机及其外围电路组成。对于较复杂的数字信号转换，可以采用专用芯片等完成各种信号之间的转换。

显示电路完成工作状态、通信、输入、输出、电源等指示。

电源通常由分站电源供电，采用7805等集成块作板上稳压。

7.1.4　分类

矿用信号转换器按使用环境分可分为：①防爆型（本质安全型、隔爆兼本质安全型等）；②矿用一般型；③地面普通型；④复合型（由防爆型、矿用一般型和地面普通型中两种或两种以上构成）。

7.2　技术要求

矿用信号转换器应符合《MT/T 1006 矿用信号转换器》等标准的要求，并按照经规定程序批准的图样及技术文件制造。

7.2.1　环境条件

（1）矿用信号转换器一般应在下列条件下正常工作：

① 环境温度，见表2-7-1；

② 湿度，见表2-7-1；

③ 大气压力，80～106 kPa；

④ 无显著振动和冲击的场合。

表2-7-1　环境温度及湿度

工作场所	温度/℃		湿度/%
	最低温度	最高温度	
煤矿井下	0	+40	平均相对湿度（+25 ℃）：95
	-5	+40	
	-10	+40	
	-20	+40	
有空调设备的可控环境	+10	+30	最大相对湿度：75
有保温保暖及通风的室内	0	+40	最大相对湿度：90
无供暖条件的室内	-10	+40	
室外露天	-20	+60	最大相对湿度：93
	-40	+60	

（2）转换器应能承受表2-7-2规定的最恶劣的贮运条件。

表2-7-2　最恶劣的贮运条件

环境条件	工作场所	
	煤矿井下	煤矿地面
高温/℃	+60	

表2-7-2（续）

环境条件	工作场所	
	煤矿井下	煤矿地面
低温/℃	-40	
湿度	平均相对湿度95%（+25 ℃）	相对湿度93%（+40 ℃）
振动/(m·s⁻²)	50	20
冲击/(m·s⁻²)	500	300

7.2.2　供电电压

直流供电电压范围9～24 V。

7.2.3　基本功能

（1）转换器应具有下列信号转换功能之一或其组合：

① 将频率型、电流型、电压型模拟量信号转换为数字信号的功能；

② 将电流型、电压型模拟量信号转换为频率型模拟量信号的功能；

③ 开关量信号与数字信号相互转换的功能；

④ RS-485、工业现场总线、工业以太网信号等数字信号相互转换功能；

⑤ 其他信号转换。

（2）转换器应具有自诊断功能，并具有电源指示和故障指示等工作状态指示。

（3）用于爆炸性环境的转换器的输入、输出信号应是本质安全的。

7.2.4　主要技术指标

1. 模拟量

（1）数字信号应符合《MT/T 899 煤矿用信息传输装置》等有关规定。

（2）频率型信号应符合下列要求：

① 频率范围：200～1000 Hz；

② 在整个频率范围内其正脉冲和负脉冲宽度均不得小于0.3 ms；

③ 有源输出高电平电压应不小于+3.0 V（输出电流为2 mA时），低电平电压应不大于+0.5 V（输出电流为2 mA时）；

④ 无源输出截止状态的漏电阻应不小于100 kΩ，导通状态的电压降应不大于0.5 V（电流为2 mA时）。

（3）电流型信号范围：1～5 mA或4～20 mA。

2. 开关量

（1）数字信号应符合《MT/T 899 煤矿用信息传输装置》等有关规定。

（2）采用双电平和无源输出的开关量信号应符合下列要求：

①有源输出高电平电压应不小于+3.0 V（输出电流为2 mA时），低电平电压应不大于+0.5 V（输出电流为2 mA时）；

②无源输出截止状态的漏电阻应不小于100 kΩ，导通状态的电压降应不大于0.5 V（电流为2 mA时）。

3. 模拟量信号转换处理误差

模拟量信号转换处理误差应不大于 0.5% 。

4. 转换时间

信号转换时间应不大于 2 s。

5. 最大容量

信号转换器接入传感器和执行器的数量宜在 1、2、4、8、16、32、64、128 中选取。

7.2.5　电源波动适应能力

供电电压在允许的电压波动范围内变化时，其基本功能和主要技术指标不得低于《MT/T 1006 矿用信号转换器》标准的要求。

7.2.6　结构

（1）紧固件应有防止自动松脱的措施。

（2）金属零件应进行防锈、防蚀处理。

（3）其他结构要求应符合《GB 3836.1　爆炸性环境　第 1 部分：设备　通用要求》、《GB 3836.2　爆炸性环境　第 2 部分：由隔爆外壳“d”保护的设备》、《GB 3836.3　爆炸性环境　第 3 部分：由增安型“e”保护的设备》、《GB 3836.4　爆炸性环境　第 4 部分：由本质安全型“i”保护的设备》、《GB/T 12173 矿用一般型电气设备》和国家及行业有关标准的规定。

7.2.7　外观

（1）转换器表面不应有明显的凹痕、划伤、裂缝和变形，表面涂镀层须均匀，不应起泡、龟裂和脱落。

（2）金属零部件不应有锈蚀和其他机械损伤。

（3）开关、按键应操作灵活可靠，零部件应紧固无松动，插接的活动部件应插接自如。

（4）不同功能的指示灯应色彩分明，说明功能的符号文字及转换器的所有标志应清晰端正、安装牢固。

（5）其他外观要求应符合《GB 3836.1　爆炸性环境　第 1 部分：设备　通用要求》、《GB 3836.2　爆炸性环境　第 2 部分：由隔爆外壳“d”保护的设备》、《GB 3836.3　爆炸性环境　第 3 部分：由增安型“e”保护的设备》、《GB 3836.4　爆炸性环境　第 4 部分：由本质安全型“i”保护的设备》、《GB/T 12173 矿用一般型电气设备》和国家及行业有关标准的规定。

7.2.8　外壳防护性能

应符合《GB 3836.1　爆炸性环境　第 1 部分：设备　通用要求》、《GB 3836.2　爆炸性环境　第 2 部分：由隔爆外壳“d”保护的设备》、《GB 3836.3　爆炸性环境　第 3 部分：由增安型“e”保护的设备》、《GB 3836.4　爆炸性环境　第 4 部分：由本质安全型“i”保护的设备》、《GB/T 12173 矿用一般型电气设备》和国家及行业有关标准的规定。

7.2.9　电气安全

（1）转换器带电回路与接地（或外壳）间的绝缘电阻应大于等于 10 MΩ，湿热试验后应大于等于 1 MΩ。测量部位应在相应标准中明确规定。

（2）转换器应能承受交流 50 Hz、500 V，历时 1 min 的正弦工频耐压试验。试验期间泄漏电流不大于 5 mA，且无击穿和闪络。试验部位应在相应标准中明确规定。

7.2.10　表面温度

防爆型转换器应符合《GB 3836.1　爆炸性环境　第 1 部分：设备　通用要求》、《GB 3836.2　爆炸性环境　第 2 部分：由隔爆外壳“d”保护的设备》、《GB 3836.3　爆炸性环境　第 3 部分：由增安型“e”保护的设备》、《GB 3836.4　爆炸性环境　第 4 部分：由本质安全型“i”保护的设备》等有关规定。矿用一般型转换器应符合《GB/T 12173 矿用一般型电气设备》的有关规定。

7.2.11　工作稳定性

转换器应进行工作稳定性试验，通电试验时间不小于 2 天，其基本功能和主要技术指标不得低于《MT/T 1006 矿用信号转换器》等标准的要求。

7.2.12　抗干扰性能

（1）设于地面的转换器应能通过《GB/T 17626.2　电磁兼容试验和测量技术　静电放电抗扰度试验》规定的严酷等级为 3 级（接触放电）的静电放电抗扰度试验，其基本功能和主要技术指标不得低于《MT/T 1006 矿用信号转换器》等标准的要求。

（2）转换器应能通过《GB/T 17626.3　电磁兼容试验和测量技术　射频电磁场抗扰度试验》规定的严酷等级为 2 级的射频电磁场辐射抗扰度试验，其基本功能和主要技术指标不得低于《MT/T 1006 矿用信号转换器》等标准的要求。

（3）转换器应能通过《GB/T 17626.4　电磁兼容试验和测量技术　电快速瞬变脉冲群抗扰度试验》规定的严酷等级为 3 级的电快速瞬变脉冲群抗扰度试验，其基本功能和主要技术指标不得低于《MT/T 1006 矿用信号转换器》等标准的要求。

（4）转换器应能通过《GB/T 17626.5　电磁兼容试验和测量技术 浪涌（冲击）抗扰度试验》规定的严酷等级为 3 级的浪涌（冲击）抗扰度试验，其基本功能和主要技术指标不得低于《MT/T 1006 矿用信号转换器》等标准的要求。

7.2.13　可靠性

转换器平均无故障时间（MTBF）应不小于 1000 h。

7.2.14　环境适应性

（1）转换器应能通过高温工作试验，其基本功能、主要技术指标及外观不得低于《MT/T 1006 矿用信号转换器》等标准的要求。

（2）转换器应能通过低温工作试验，其基本功能、主要技术指标及外观不得低于《MT/T 1006 矿用信号转换器》等标准的要求。

（3）转换器应能通过高温贮存试验，恢复后其基本功能、主要技术指标及外观不得低于《MT/T 1006 矿用信号转换器》等标准的要求。

（4）转换器应能通过低温贮存试验，恢复后其基本功能、主要技术指标及外观不得低于《MT/T 1006 矿用信号转换器》等标准的要求。

（5）转换器应能通过湿热试验，其基本功能、主要技术指标、电气安全及外观不得低于《MT/T 1006 矿用信号转换器》等标准的要求。

（6）转换器应能通过振动试验，试验后其基本功能、主要技术指标及外观不得低于《MT/T 1006 矿用信号转换器》等标准的要求。

（7）转换器应能通过冲击试验，试验后其基本功能、主要技术指标及外观不得低于

《MT/T 1006 矿用信号转换器》等标准的要求。

7.2.15　防爆性能

防爆型转换器应符合《GB 3836.1　爆炸性环境　第 1 部分：设备　通用要求》、《GB 3836.2　爆炸性环境　第 2 部分：由隔爆外壳“d”保护的设备》、《GB 3836.3　爆炸性环境　第 3 部分：由增安型“e”保护的设备》、《GB 3836.4　爆炸性环境　第 4 部分：由本质安全型“i”保护的设备》等规定。

7.2.16　矿用一般型性能

矿用一般型转换器应符合《GB/T 12173 矿用一般型电气设备》的规定。

7.2.17　本安参数

本安参数应由有关标准进行规定，一般包括最高输出电压和最大输出电流。

8 系统软件

系统软件是煤矿安全生产监控系统的重要组成部分，具有信息传输、处理、存储、查询、显示、打印、报警、控制、网络通信、初始化、组态等功能。系统软件应符合《MT/T 1008 煤矿安全生产监控系统软件通用技术要求》等标准的规定。

8.1 组成

煤矿安全生产监控系统软件由信息传输、信息处理、存储与查询、显示、打印、报警、控制、网络通信、初始化、组态、数据库等模块组成，如图 2-8-1 所示。

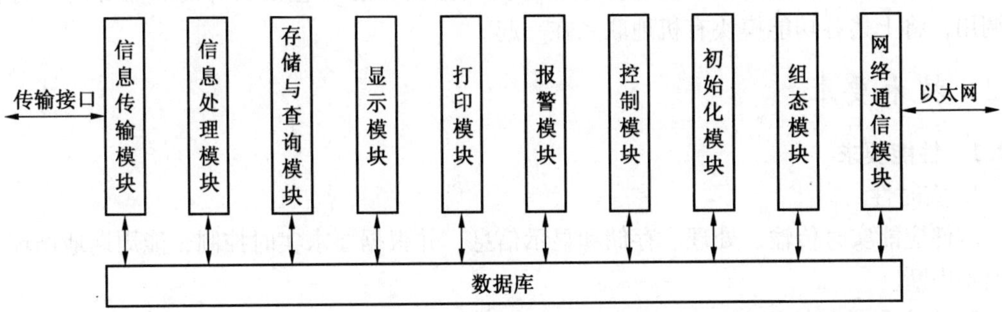

图 2-8-1 煤矿安全生产监控系统软件

信息传输模块接收经信息传输接口传输的、来自分站的模拟量数据、开关量状态、传感器及分站工作状态等信息；经信息传输接口向分站发送断电控制等命令；并具有系统通信管理功能。信息传输模块应符合《MT/T 899 煤矿用信息传输装置》等有关标准的要求。信息传输模块一般有多种通信接口：RS-232 接口、RS-485 接口、CAN 接口、PROFIBUS 接口、LANWORKS 接口、FF 接口、以太网接口等。

信息处理模块对接收到的模拟量进行校正、判别、统计等；对接收到的开关量进行判别等；根据实时数据和历史数据控制声、光报警及远程断电等；部分信息处理模块还具有瓦斯突出、煤炭自燃、顶板周期来压预测预报功能。

存储与查询模块将模拟量统计值、模拟量报警、模拟量断电、模拟量馈电异常、开关量动作、开关量报警及断电、开关量馈电异常、监控设备故障等信息按规定存储并根据要求调用查询。

显示模块具有模拟量表格显示、开关量表格显示、模拟量曲线显示、开关量状态图与柱状图显示、模拟图显示等功能。可根据需要显示初始化参数、实时数据及状态、历史数据及状态、监控设备工作状态等。

打印模块具有模拟量表格打印、开关量表格打印、模拟量曲线打印、开关量状态图与柱状图打印、模拟图打印、初始化参数打印、监控设备工作状态打印等功能。可根据需要打印初始化参数、实时数据及状态、历史数据及状态等。

报警模块具有模拟量报警、模拟量断电报警、模拟量馈电异常报警、开关量断电报警、开关量馈电异常报警、监控设备故障报警等声光报警功能。

控制模块具有远程自动控制和手动控制功能；根据需要，可实现分级、分区控制，地面远程自动控制或手动控制。当就地控制因故障失效时，可对上级实施断电控制等。这对保障煤矿安全监控系统甲烷风电闭锁控制的可靠性，实现井下各水平中央变（配）电所、采区变电所、主排水泵房、主通风机房、胶带输送机无人值守等具有重要作用。

初始化模块具有系统参数、分站参数、传感器参数、断电器参数等配置功能。当系统初始运行或传感器、分站等配置修改后，可通过初始化模块对系统进行初始化。

组态模块主要用来绘制模拟图，并在图中定义模拟量和开关量。组态模块也可绘制表格、曲线、状态图、柱状图和打印表格。组态模块一般由工具箱、图库等组成。

网络通信模块是系统与局域网通信的接口，将监控信息送监控数据服务器。

数据库负责初始化参数、组态参数、监控数据及状态（包括实时的和历史的）存储和调用，将上述各功能模块有机地联系在一起。

8.2　技术要求

8.2.1　性能要求

1. 实时性

软件应能实时传输、处理、存储和显示信息，并根据要求实时控制，能周期地循环运行而不中断。

2. 中文显示与打印

软件应具有汉字显示、汉字打印和汉字提示功能。

3. 信息输出与存储

软件应具有显示、打印、报警和存储功能。

4. 人机对话

软件应有人机对话功能，在不中断系统正常运行条件下，通过操作生成或修改系统参数、图表和图形等。

5. 自检

软件应能对接入系统的传感器、分站等设备的工作状态进行自检。

6. 容错

软件应具有容错功能，人为操作错误、存储读写错误、打印机没连机等应不影响系统实时采集、报警、显示及控制，并具有错误提示。

7. 操作管理

软件应具有操作权限管理功能，对参数设置、控制等必须使用密码操作，并具有操作记录。

8. 主菜单

在各种显示模式下均应有主菜单显示，主菜单应包括参数设置、页面编辑、控制、列表显示、曲线显示、状态图及柱状图显示、模拟图显示、打印、查询、帮助、其他等。

9. 分类查询

（1）报警查询。根据输入的查询时间，将查询期间内报警的全部模拟量和开关量显示或打印。

（2）断电查询。根据输入的查询时间，将查询期间内断电的全部模拟量和开关量列表显示或打印。

（3）馈电异常查询。根据输入的查询时间，将查询期间内馈电异常的全部开关量和模拟量列表显示或打印。

10. 更改存储内容

软件应具有防止修改存储内容的功能（参数设置及页面编辑除外）。

11. 快捷方式

在任何显示模式下，均可直接进入所选监控量的列表显示、曲线显示或状态图及柱状图显示、模拟图显示、打印、参数设置、页面编辑、查询等方式。

12. 数据处理精度

软件在完成数据运算和处理时，所带来的各种运算和处理误差应小于0.5%。

13. 死机率

在连续运行过程中，软件引起的死机率应小于1次/720 h。

14. 键盘响应

在连续运行过程中，软件应能响应操作人员从键盘输入的命令，从键盘输入到执行该条命令的最长间隔时间应小于10 s。

8.2.2 报警

当模拟量监测值超限（需要报警或断电）、馈电异常（断电命令与馈电状态不符）或开关量状态为报警状态时，软件应能发出报警信号。

1. 声音报警

当模拟量监测值超限（需要报警或断电）、馈电异常（断电命令与馈电状态不符）或开关量状态为报警状态时，报警喇叭或蜂鸣器应发出声响或语音提示，点击后关闭。必要时，向有关人员手机发出报警信号。

2. 光报警

在表格显示方式中，当模拟量监测值超限（需要报警或断电）、馈电异常（断电命令与馈电状态不符）或开关量状态为报警状态时，有关该模拟量或开关量的文字、数值和图符等闪烁，也可用红色显示，或用红色显示加闪烁。

在模拟量曲线显示和各类图形显示方式中，当模拟量监测值超限（需要报警或断电）、馈电异常（断电命令与馈电状态不符）或开关量状态为报警状态时，相应的曲线和图样应变为红色，数值变为红色或闪烁，或红色显示加闪烁。

8.2.3 存储记录

1. 统计值记录

软件应能根据人机对话输入的存储时间和时间间隔，定时将模拟量平均值、最大值、最小值等存储在磁盘等存储介质上。

2. 模拟量报警记录

当模拟量报警、解除报警、填写措施时，自动将相关内容及时刻记录在磁盘等存储介质上。

3. 模拟量断电记录

当模拟量断电、复电、填写措施时，自动将相关内容及时刻记录在磁盘等存储介质上。

4. 模拟量馈电异常记录

当馈电状态由正常变为异常、由异常变为正常、填写措施时，自动将相关内容及时刻记录在磁盘等存储介质上。

5. 开关量状态变动记录

当开关量状态发生变动时（由开变关或由关变开），自动将该开关量的状态变动状况和变动时刻记录在磁盘等存储介质上。

6. 开关量报警及断电记录

当开关量由正常状态变为报警及断电状态、由报警及断电状态变为正常状态、填写措施时，自动将相关内容及时刻记录磁盘等存储介质上。

7. 开关量馈电异常记录

当馈电异常变为正常、正常变为异常、填写措施时，自动将相关内容及时刻记录在磁盘等存储介质上。

8. 监控设备故障记录

当监控设备（分站、传感器等）故障、恢复正常、填写措施时，自动记录其状态及时刻。

8.2.4 单位、格式、时间、色标、符号及字符长度

1. 单位

所有计量单位应采用法定计量单位。

2. 表示格式

（1）模拟量值一般采用三位或四位有效数字表示。常用参量的表示格式见表2-8-1。

表2-8-1 常用参量的表示格式

参量名称	表示格式	单位	备注
低浓度甲烷	0.00	% CH_4	
高浓度甲烷	00.0	% CH_4	
一氧化碳	00.0	ppm	0~99 ppm 量程
一氧化碳	000	ppm	0~500 ppm 量程
风速	00.0	m/s	
温度	00.0	℃	
风压	000	kPa	
煤仓煤位	00.0	m	
煤产量	0000	kt	
电压	000	V	660 V 以下和 660 V

表2-8-1（续）

参量名称	表示格式	单 位	备 注
电压	0000	V	1140 V 及 1140 V 以上
电流	000	A	
电功率	00.0	kW	
电度	0000	kW·h	

（2）开关量状态可用汉字（如开/停）、字符（如 ON/OFF）、图形颜色（如红色为停止，绿色为工作），或其他方式（如模拟旋转表示工作等）表示。

3. 时间系列

在计算、显示、打印、存储等功能中凡涉及时间期限时，宜选用表 2-8-2 所列的系列值。

表2-8-2 时 间 系 列 值

时间分挡	单位	系 列 值						
短时期	s	1	5	10	30	60	—	—
中时期	min	5	10	30	60	120	240	480
中时期	h	1	2	4	8	16	24	48
长时期	天	1	3	7	10	20	30	—
长时期	月	1	3	6	12	—	—	—

4. 色标

颜色所代表的意义可按下列选择：

（1）红色代表超限报警、设备故障、停止运行、电力网有电。

（2）黄色代表设备维修不用、测点不巡检、接收不到信号、电力网无电。

（3）绿色代表正常运转、工作。

5. 符号

用符号代替汉字时，应取该汉字表示的英文词组首字母为符号，有约定成俗的除外。常用符号见表 2-8-3。

表2-8-3 常 用 符 号

符 号	意 义	符 号	意 义	符 号	意 义
A	模拟量	D	开关量	C	控制量
I	输入	O	输出	ON	接通
OFF	关断	U	电压	A	电流
W	电功率	WH	电度	CH 或 CHL	低浓度甲烷传感器
CH 或 CHH	高浓度甲烷传感器	CO	一氧化碳传感器	V	风速传感器
T	温度传感器	P	压力传感器	-	表示空位连接符

6. 字符长度

显示或打印汉字名称长度应不超过 8 个汉字长度。

8.3 显示

8.3.1 模拟量数据表格显示

1. 显示内容

模拟量数据表格显示应包括如下内容：

（1）传感器设置地点（系统初始化时，通过人机对话输入，如：1 号采煤工作面回风巷等）。

（2）传感器所测物理量（系统初始化时，通过人机对话输入，如：甲烷等）。

（3）单位（可缺省，系统初始化时，通过人机对话输入，如:% CH_4 等）。

（4）报警门限（可缺省，系统初始化时，通过人机对话输入，如：1.00% CH_4 等）。

（5）断电门限（可缺省，系统初始化时，通过人机对话输入，如：1.50% CH_4 等）。

（6）复电门限（可缺省，系统初始化时，通过人机对话输入，如：1.00% CH_4 等）。

（7）断电范围（可缺省，系统初始化时，通过人机对话输入，如：工作面和回风巷等）。

（8）监测值（系统实时监测到的模拟量数值，如：1.00% CH_4）。

（9）平均值［对单位时间内多次监测值取平均后所得数值，平均值是对单位时间内多次监测值取平均值。其时间间隔一般为 5 min（或 10 min）、1 h、8 h、24 h、10 天、30 天（1 个月）、3 个月、6 个月和 12 个月。若单位时间内对模拟量 x 采样次数为 N、每次监测值为 x_i（$i=1, 2, 3, \cdots, N$），则模拟量 x 的平均值应满足下列关系：$\overline{X}=(x_1+x_2+\cdots+x_N)/N$］。

（10）最大值（对单位时间内多次监测值所取的最大值）。

（11）最小值（对单位时间内多次监测值所取的最小值）。

（12）报警/解除报警状态及时刻，就是将模拟量报警及解除报警状态及时刻显示并记录下来。

（13）断电/复电命令及时刻，就是当模拟量大于或等于断电浓度时，发出断电命令及时刻；当模拟量小于复电浓度时，发出复电命令及时刻。

（14）馈电状态及时刻，就是系统监测到的被控电源的馈电状态及时刻；不馈电状态及时刻。

（15）实时时钟，就是当前的年、月、日、时、分、秒信息。该信息应在各种显示型式中输出。

2. 实时显示

模拟量报警、模拟量断电、馈电异常应实时显示。

3. 调用显示

软件应能根据操作人员所选择的模拟量，显示其相应内容。显示内容应包括：地点、名称、单位（可缺省）、报警门限（可缺省）、断电门限（可缺省）、复电门限（可缺省）、监测值，以及最近一次统计的最大值、最小值、平均值，最后一次报警/解除报警时刻，最后一次断电/复电时刻，见表 2-8-4。

表2-8-4 模拟量调用显示

模拟量调用显示						
地点\名称	监测值	最大值	平均值	报警\时刻	断电\时刻	馈电状态\时刻
1号采煤工作面\甲烷	0.51	0.58	0.56	解除\01-08/09:30	复电\01-08/09:30	正常\01-08/09:30

4. 报警显示

当模拟量大于或等于报警门限时，自动将超限时刻及当前数值在屏幕上列表显示，显示内容包括：地点、名称、单位（可缺省）、报警门限（可缺省）、断电门限（可缺省）、复电门限（可缺省）、监测值、最近一次统计的最大值（可缺省）和平均值（可缺省）、报警时刻、最后一次断电或复电时刻、措施（报警后所采取的安全措施，其中所采取的安全措施为人工录入，采取措施时间自动生成，以下同）等，见表2-8-5。

表2-8-5 模拟量报警显示（断电显示、馈电异常显示）

模拟量报警显示（断电显示、馈电异常显示）							
地点\名称	监测值	最大值\时刻	平均值	报警\时刻	断电\时刻	断电区域\馈电状态\时刻	措施
2号采煤工作面\甲烷	1.65	1.70\01-18/19:50	1.60	报警\01-18/18:10	断电\01-18/19:25	工作面\正常\01-18/16:00+回风巷\正常\01-18/16:00	停电、撤人\01-18/19:25

5. 断电显示

当模拟量大于或等于断电门限时，自动将当前数值、断电命令及时刻、断电区域、馈电状态与断电命令是否相符及时刻在屏幕上列表显示，见表2-8-5。

6. 馈电异常显示

馈电异常是指被控设备的馈电状态与系统发出的断电/复电命令不一致。

当模拟量断电命令与馈电状态不一致时，自动显示地点、名称、断电/复电命令时刻、断电区域、馈电异常时刻，见表2-8-5。

7. 报警记录查询显示

软件应能根据所选择的查询时间，将查询时间内报警的全部模拟量的报警和解除报警时刻、累计报警次数、累计报警时间、报警期间最大值及时刻和每次报警期间最大值及时刻、措施等记录调出，并列表显示，见表2-8-6。

表2-8-6 模拟量报警记录查询显示

模拟量报警记录查询显示（01-08/00：00~01-08/24：00）						
地点\名称	报警次数	累计报警时间	最大值/时刻	第1次最大值\时刻\时间\起止时刻\措施	第2次最大值\时刻\时间\起止时刻\措施	第3次最大值\时刻\时间\起止时刻\措施
3号采煤工作面\甲烷	3	05:00	1.25\01-08/03:30	1.10\01-08/01:20\01:00\01-08/01:00~01-08/02:00\01-08/01:00撤人	1.25\01-08/03:30\02:00\01-08/03:00~01-08/05:00\01-08/03:00撤人	1.20\01-08/07:00\02:00\01-08/06:00~01-08/08:00\01-08/03:00撤人

8. 断电记录查询显示

软件应能根据所选择的查询时间，将查询时间内模拟量的断电和复电命令及时刻、断电区域、馈电状态及时刻、累计断电次数、累计断电时间、断电期间最大值和每次断电期间最大值调出，并列表显示，见表 2-8-7。

表 2-8-7　模拟量断电记录查询显示

模拟量断电记录查询显示(01-18/00:00~01-18/24:00)				
地点\名称	断电次数	累计断电时间	最大值\时刻	第 1 次最大值\时刻\时间\命令\时刻\断电区域\馈电状态\时刻\备注
5 号采煤工作面\甲烷	1	02:00	1.70\01-18/03:30	1.70\01-18/03:30\02:00\断电\01-18/03:00~01-18/05:00\工作面\正常\01-18/03:00~01-18/05:00+回风巷\正常\01-18/03:00~01-18/05:00\01-18/03:30 撤人

9. 馈电异常记录查询显示

根据所选择的查询时间，将查询时间内的模拟量断电命令与馈电状态不符记录次数、累计时间、每次起止时间调出，并列表显示，见表 2-8-8。

表 2-8-8　馈电异常记录查询显示

馈电异常记录查询显示（01-08/00：00~01-08/24：00）					
地点\ 名称	断电区域	累计时间	次数	第 1 次馈电状态\ 时间\ 起止时刻	备　注
1 号采煤工作面\ 甲烷	1 号采煤工作面	01:00	1	异常\01:00\01-08/15:00~01-08/16:00	01-08/15:00 人工断电

10. 统计值记录查询显示

软件应能根据操作人员所选择的模拟量及查询时间，将查询时间内模拟量的平均值、最大值调出，并列表显示。显示内容应包括：地点、名称、单位（可缺省）、报警门限（可缺省）、断电门限（可缺省）、复电门限（可缺省），查询期间最大值、平均值，每次统计最大值、平均值，见表 2-8-9。

表 2-8-9　模拟量统计值记录查询显示

模拟量统计值历史记录查询显示(01-28/00:00~01-28/24:00)										
地点\名称	单位	报警浓度	断电浓度	复电浓度	最大值\时刻	平均值	00:00~00:05		00:05~00:10	
							最大值	平均值	最大值	平均值
2 号采煤工作面\甲烷	% CH_4	1.00	1.50	1.00	0.70\01-28/10:00	0.50	0.60	0.50	0.60	0.50

8.3.2　开关量状态表格显示

1. 显示内容

开关量状态表格显示，一般应包括以下内容：

（1）所监测设备地点（系统初始化时，通过人机对话输入，如：1 号掘进工作面）；

（2）所监测设备名称（系统初始化时，通过人机对话输入，如：局部通风机）；

（3）报警状态（可缺省，系统初始化时，通过人机对话输入，如：停）；

（4）断电状态（可缺省，系统初始化时，通过人机对话输入，如：停）；

（5）断电范围（可缺省，系统初始化时，通过人机对话输入，如：掘进巷道）；

（6）当前状态（系统实时监测到的开关量状态，如：开）；

（7）状态变动时刻（系统通过对开关量状态变动的实时监测，而给出变动时刻信息，如：01－16/15：40 等）；

（8）报警/解除报警时刻（就是将开关量状态报警及解除报警时刻记录下来）；

（9）断电/复电时刻（就是将断电命令及复电命令时刻记录并显示）；

（10）馈电状态及时刻（就是将监测到的被控开关的状态及时刻显示并记录）。

2. 调用显示

软件应能根据所选择的开关量显示其相关内容，显示内容应包括：地点、名称、报警及断电状态（可缺省）、设备状态及变动时刻、命令、断电区域、馈电状态及时刻等，见表 2－8－10。

表 2－8－10 开关量报警与断电显示（调用显示、馈电异常显示、状态变动显示）

开关量报警与断电显示（调用显示、馈电异常显示、状态变动显示）			
地点\名称	状态\命令\断电及报警时刻	断电区域\馈电状态\时刻	措施及时刻
2 号掘进工作面\局部通风机	停\报警、断电\01－18/15:00	掘进巷道\正常\01－18/15:00	01－18/15:00 断电、撤人

3. 报警与断电显示

当开关量为报警与断电状态时，自动将报警与断电时刻和状态、馈电状态及时刻列表显示。显示内容包括：地点、名称、报警及断电状态（可缺省）、设备状态、断电及报警时刻、断电区域、馈电状态及时刻，见表 2－8－10。

4. 馈电异常显示

当开关量断电命令与馈电状态不符时，自动将断电区域、断电命令与馈电状态不符时刻列表显示，显示内容包括：地点、名称、报警及断电状态（可缺省）、设备状态、断电及报警时刻、断电区域、馈电异常及时刻，见表 2－8－10。

5. 状态变动显示

当开关量状态发生变化时，将当前状态变化的开关量的状态变动时刻和状态变动状况（由“开”变“停”或“停”变“开”）显示，一般保持 5 min 或 10 min，显示内容包括：地点、名称、报警及断电状态（可缺省）、设备状态及变动时刻、断电区域、馈电状态及时刻等，见表 2－8－10。

6. 报警及断电记录查询显示

软件应能根据所选择的查询时间，将查询时间内开关量累计报警次数、累计报警时间、每次报警及解除报警时间及时刻列表显示，见表 2－8－11。

表2-8-11 开关量报警及断电记录查询显示

开关量报警及断电记录查询显示（01-28/00：00~01-28/24：00）					
地点\名称	报警及断电状态	报警及断电累计时间	报警及断电次数	第1次累计时间\起止时刻\措施	第2次累计时间\起止时刻\措施
3号掘进工作面\局部通风机	停	02:00	2	01:00\01-28/01:00~01-28/02:00\01-28/01:00 撤人	01:00\01-28/08:00~01-28/09:00\01-28/08:00 撤人

7. 状态变动记录查询显示

软件应能根据所选择的开关量及查询时间，将某一段时间内开关量状态变动次数、变动时刻和变动状态调出，并列表显示，见表2-8-12。

表2-8-12 状态变动记录查询显示

状态变动记录查询显示（01-18/00：00~01-18/24：00）					
地点\名称	报警及断电状态	累计报警及断电时间	动作次数	第1次状态\时刻	第2次状态\时刻
5号掘进工作面\局部通风机	停	01：00	2	停\01-18/01：00	开\01-18/02：00

8. 馈电异常查询显示

软件应能根据所选择的查询时间，将查询时间内的开关量断电命令与馈电状态不符次数、累计时间、每次馈电状态和每次起止时间调出，并列表显示，见表2-8-13。

表2-8-13 馈电异常查询显示

馈电异常查询显示（01-28/00：00：00~01-28/24：00）					
地点\名称	断电区域	累计时间	次数	第1次馈电状态\累计时间\起止时刻\备注	第2次馈电状态\累计时间\起止时刻\备注
6号掘进工作面\局部通风机	掘进巷道	02:00	2	异常\01:00\01-28/07:00~01-28/08:00\01-28/07:00 人工断电	异常\01:00\01-28/18:00~01-28/19:00\01-28/18:00 人工断电

8.3.3 模拟量曲线显示

软件应能将模拟量监测值和统计值随时间变化的状况用带坐标和门限值的曲线直观地显示出来，并可无极放大或弹出放大窗。坐标的竖轴为监测值和统计值，横轴为时间。用平行于横轴的黄色虚线给出报警浓度，用平行于横轴的红色虚线给出断电浓度，用平行于横轴的蓝色虚线给出复电浓度。实时监测值、最大值、平均值等用不同颜色表示。在屏幕上方标明传感器设置地点、所测物理量名称，起始、终止日期和时间，断电浓度（可缺省）、复电浓度（可缺省）、报警浓度（可缺省）、断电范围（可缺省）、监测值、最大值、平均值等曲线的颜色等。为便于读值，应设置游标，游标所到之处应标出对应点的时刻、监测值、最大值、平均值、是否报警、是否断电、馈电状态等，并随着游标的移动，起始、终止日期和时间变化，如图2-8-2所示。

1988-11-20/12:00 ～ 1988-11-20/13:00

地点\名称	报警浓度	断电浓度	复电浓度	断电范围	读值时刻	监测值（黑）	最大值（棕）	平均值（蓝）	报警/解除	断电/复电	馈电状态	措施及时刻
1号采煤工作面\甲烷	1.00	1.50	1.00	工作面及回风巷	12:25:00	1.25	1.35	1.20	报警	复电	正常	12:10停电、撤人

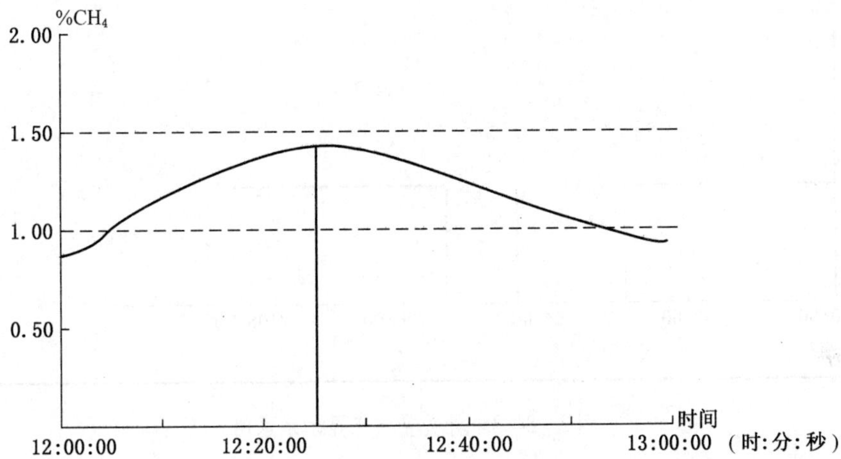

图2-8-2 模拟量曲线显示示意图

8.3.4 开关量状态图显示

软件应能将开关量状态随时间变化的状态用直线显示。在屏幕上方标明传感器的设置地点，所监测设备名称，起始、终止日期和时间，报警状态。为便于读值，应设置游标，游标所到之处应标出对应区间的起止时刻、报警及断电状态、馈电状态、措施等，如图2-8-3所示。

8.3.5 开关量柱状图显示

软件应能将开关量单位时间内的开机效率（单位时间内开机时间）用直方图直观显示，坐标竖轴为开机效率，横轴为时间。在屏幕上方标明传感器设置地点，所监测设备名称，起始、终止日期和时间，报警状态。为便于读值，应设置游标，游标所到之处应标出对应区间的开机效率、开机时间、开停次数等，如图2-8-4所示。

8.3.6 模拟图显示

模拟图应采用组态软件。在具有说明巷道、设备布置等背景图上，将实时监测到的开关量状态，用相应的图样在相应的位置模拟显示；将实时监测到的模拟量数值在相应位置显示。同时用红色等标注报警、断电及馈电异常。点击设备模拟图或模拟量显示值，可以弹出相关信息的选择菜单，供进一步查询。

对于较复杂的系统，模拟图可以分为总图及局部详图，并具有漫游、弹出详图等功能。

2004-08-18/00:00 ～ 2004-08-18/08:00

地点\名称	报警及断电状态	读值时区	读值时刻	开机效率	开机时间	开机次数	报警/解除	断电/复电	馈电状态	措施及时刻
1 号掘进工作面\局部通风机	停	04:00 ～ 05:00	04:30	0	0	0	报警	断电	正常	03:00 停电、撤人

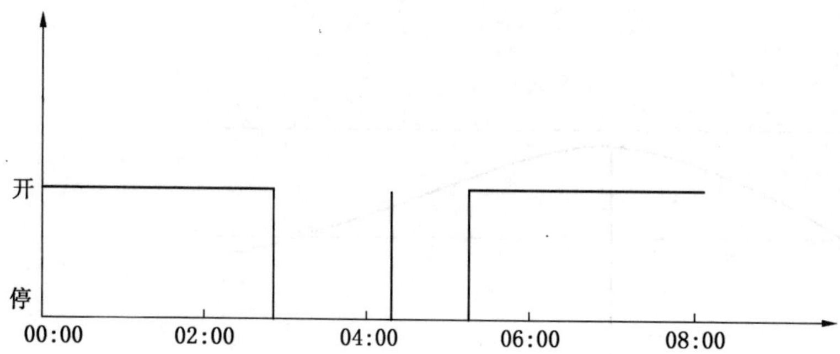

图 2-8-3　开关量状态显示示意图

2004-08-18/00:00 ～ 2004-08-18/08:00

地点\名称	报警及断电状态	读值时区	读值时刻	开机效率	开机时间	开停次数	报警 / 解除	断电 / 复电	馈电状态	措施及时刻
1 号掘进工作面\局部能风机	停	04:00～05:00	04:30	40%	24 min	1次	报警	断电	正常	04:30 停电、撤人

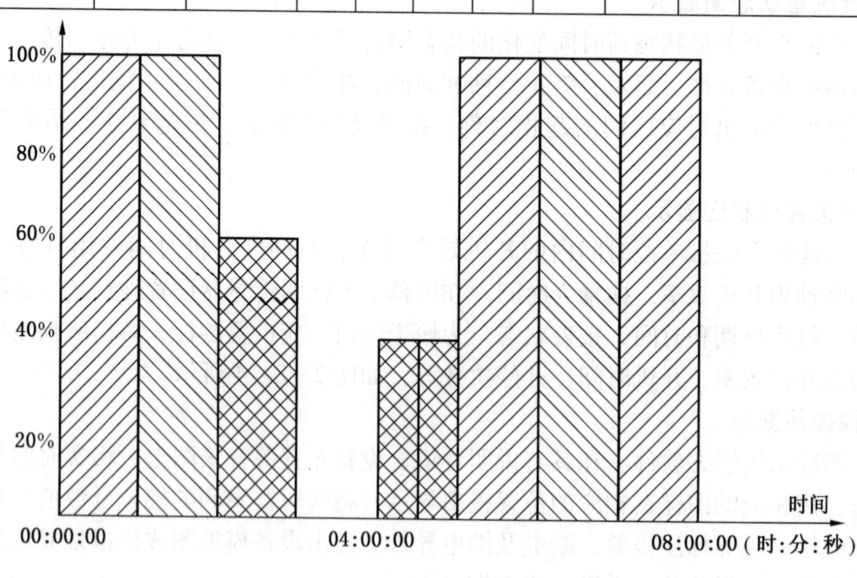

图 2-8-4　柱状图显示示意图

采用 GIS 技术的模拟图显示还具有地理位置显示等功能。

1. 供电系统模拟图显示

供电系统模拟图显示一般包括如下内容：

(1) 能够说明供电系统线路和设备布置等的模拟图形。

(2) 根据实时监测到的开关量状态，实时显示有关设备（如电磁启动器、馈电开关等）的动作状况等。一般改变有关设备的开闭符号和颜色，例如：某馈电开关打开时，其对应图形符号为开启，并用蓝色；某馈电开关闭合时，其对应图形符号为闭合，并用绿色。

(3) 及时显示供电系统供电情况等，如对于供电的线路用红色，不供电的用蓝色。

(4) 在相应位置用数字实时显示电压、电流、功率值等。

2. 运输系统模拟图显示

运输系统模拟图显示一般包括如下内容：

(1) 能够说明运输系统设备和铁路布置的模拟图形等。

(2) 根据实时监测到的开关量状态，实时显示有关设备和电机车的运行状态（如煤仓是否出煤，输送机是否运转，电机车的运行方向、位置）等。

(3) 在相应位置用数字显示运煤量，煤仓煤位，机车位置、速度等。

3. 采、掘、开系统模拟图显示

采、掘、开系统模拟图显示一般包括如下内容：

(1) 能够说明采、掘、开系统设备配置和巷道布置的模拟图形等。

(2) 根据实时监测到的开关量状态，实时显示有关设备（如采煤机、掘进机等）的动作状况等。

(3) 在相应位置用数字显示机组位置、速度等。

4. 排水系统模拟图显示

排水系统模拟图显示一般包括如下的内容：

(1) 能够说明排水系统设备和管路配置的模拟图等。

(2) 根据实时监测到的开关量状态，实时显示有关设备（如水泵、阀门）的动作状况等。

(3) 及时显示排水情况等。

(4) 在相应位置实时数字显示水压、流量、水仓水位等。

5. 通风系统模拟图显示

通风系统模拟图显示一般包括如下内容：

(1) 能够说明通风系统网络及设备配置的模拟图。

(2) 根据实时监测到的开关量状态，实时显示通风网络风流、设备工况（如主通风机、局部通风机、风门、风窗等）。

(3) 在相应位置实时数字显示风速（或风量）、风压等。

6. 瓦斯抽放系统模拟图显示

瓦斯抽放系统模拟图显示一般包括如下内容：

(1) 能够说明瓦斯抽放系统管路和设备配置的模拟图等。

(2) 根据实时监测到的开关量状态，实时显示相关设备工况（如抽放泵、阀门等）。

（3）在相关位置实时数字显示甲烷浓度、温度、压力、流速等。

7. 监控系统自检模拟图显示

软件应支持系统具有故障自检功能，并及时将故障（传感器、分站、传输接口主要设备故障或传输线发生故障的位置）在系统自检图上显示出来。监控系统自检图应包括如下内容：

（1）能够说明监控系统设备（传输接口、分站、传感器）布置和电缆敷设的模拟图形等。

（2）根据系统自检情况，将具有故障的设备和电缆的故障点用不同颜色显示出来（如正常时为蓝色，故障时为红色）等。

8. 避灾路线模拟图显示

软件应能将避灾路线图存储在计算机内。当井下发生灾变时，调出避灾路线图，并根据避灾路线图中“模拟人”的撤离路线，指挥井下工作人员撤离灾变现场。

9. 人员位置模拟图显示

人员位置模拟图显示一般包括如下内容：

（1）巷道布置图。

（2）人员位置（区域）显示。

（3）到达时间。

（4）姓名等。

8.4 打印

软件应支持系统具有报表、曲线、柱状图、状态图、模拟图、初始化参数等打印（定时打印功能可选）功能。

8.4.1 模拟量日（班）报表

模拟量日（班）报表应包括如下内容：表头，打印日期和时间，传感器设置地点，所测物理量名称，单位（可缺省），报警门限（可缺省），断电门限（可缺省），复电门限（可缺省），平均值（本日或本班平均值），最大值及时刻（本日或本班最大值），报警次数（本日或本班累计报警次数），累计报警时间（本日或本班累计报警时间），断电次数（本日或本班累计断电次数），累计断电时间（本日或本班累计断电时间），馈电异常次数（本日或本班断电命令与馈电状态不符累计次数），馈电异常累计时间（本日或本班断电命令与断电状态不符累计时间）等。模拟量日（班）报表见表 2－8－14。

表 2－8－14　模拟量日（班）报表

××矿模拟量日（班）报表　日期：1988－09－26　时间：16：00

地点\名称	单位	报警浓度	断电浓度	复电浓度	平均值	最大值\时刻	报警次数	累计报警时间	断电次数	累计断电时间	馈电异常次数	馈电异常累计时间
1 号采煤工作面\甲烷	$\%CH_4$	1.00	1.50	1.00	0.73	1.60\10:00	2	02:00	1	01:00	1	01:00

8.4.2 模拟量报警日（班）报表

模拟量报警日（班）报表应包括如下内容：表头，打印日期和时间，传感器设置地点，所测物理量名称，单位（可缺省），报警门限（可缺省），报警次数（本日或本班累计报警次数），累计报警时间（本日或本班累计报警时间），最大值及时刻（本日或本班报警期间最大值），平均值（本日或本班报警期间平均值），每次报警时刻及解除报警时刻，每次报警时间，每次报警期间平均值和最大值及时刻，每次报警期间的措施及时刻等。模拟量报警日（班）报表见表2－8－15。

表2－8－15 模拟量报警日（班）报表

××矿模拟量报警日（班）报表 日期：1988－09－28 时间 16：00							
地点\名称	单位	报警浓度	报警次数	累计报警时间	最大值\时刻	平均值	第1次最大值\时刻\平均值\时间\起止时刻\措施及时刻
1号采煤工作面回风巷\甲烷	%CH_4	1.00	1	01：00	1.20\09：30	1.14	1.20\09：00\1.14\01：00\09－28/09：00～09－28/10：00\09－28/09：00停电、撤人

8.4.3 模拟量断电日（班）报表

模拟量断电日（班）报表应包括如下内容：表头，打印日期和时间，传感器设置地点，所测物理量名称，单位（可缺省），断电门限（可缺省），复电门限（可缺省），断电范围（可缺省），断电次数（本日或本班累计断电次数），累计断电时间（本日或本班累计断电时间），最大值及时刻（本日或本班断电期间最大值），平均值（本日或本班断电期间平均值），每次断电累计时间、断电时刻及复电时刻，每次断电期间平均值和最大值及时刻，馈电状态及其时刻，每次断电期间的措施及时刻等。模拟量断电日（班）报表见表2－8－16。

表2－8－16 模拟量断电日（班）报表

××矿模拟量断电日（班）报表 日期：2000－08－16 时间：08：00								
地点\名称	单位	断电浓度	复电浓度	断电次数	累计断电时间	最大值\时刻	平均值	第1次最大值\时刻\平均值\累计时间\起止时刻\断电区域\馈电状态 \时间\起止时刻\措施及时刻
1号采煤工作面\甲烷	%CH_4	1.50	1.00	1	01:00	1.80\00:30	1.60	1.80\00:30\1.60\01:00\08－16/00:00～08－16/01:00\工作面\正常\01:00\08－16/00:00～08－16/01:00＋回风巷\正常\01:00\08－16/00:00～08－16/01:00\08－16/00:00停电、撤人

8.4.4 模拟量馈电异常日（班）报表

模拟量馈电异常日（班）报表应包括下列内容：表头，打印日期和时间，地点，名称，断电区域，累计次数（本日或本班模拟量断电命令与馈电状态不符累计次数），累计时间（本日或本班模拟量断电命令与馈电状态不符累计时间），每次馈电状态累计时间及起止时刻，每次馈电异常的措施及时刻等。模拟量馈电异常日（班）报表见表2－8－17。

表 2-8-17 模拟量馈电异常日（班）报表

××矿模拟量馈电异常日（班）报表 日期：2000-08-01 时间：08：00					
地点\名称	断电区域	累计次数	累计时间	第 1 次馈电状态\累计时间\起止时刻\措施	第 2 次馈电状态\累计时间\起止时刻\措施
1 号掘进工作面\甲烷	1 号掘进巷道	2	02:00	异常\01:00\08-01/01:00~08-01/02:00\01:00 停电、撤人	异常\01:00\08-01/06:00~08-01/07:00\08-01/06:00 人工断电

8.4.5 开关量报警及断电日（班）报表

开关量报警及断电日（班）报表应包括如下内容：表头，打印日期和时间，所监测设备地点，所监测设备名称，报警及断电状态（可缺省），累计时间（本日或本班累计报警及断电时间），累计次数（本日或本班累计报警及断电次数），每次累计时间及起止时刻，每次措施及时刻等。开关量报警及断电日（班）报表见表 2-8-18。

表 2-8-18 开关量报警及断电日（班）报表

××矿开关量报警及断电日（班）报表 日期：2000-08-02 时间：08：00				
地点\名称	报警/断电状态	累计时间	累计次数	第 1 次累计时间\起止时刻\断电区域\馈电状态\时间\起止时刻\措施及时刻
1 号掘进工作面\局部通风机	停	02:00	1	02:00\08-02/00:00~08-02/02:00\掘进巷道\正常\02:00\08-02/00:00~08-02/02:00\08-02/00:00 停电、撤人

8.4.6 开关量馈电异常日（班）报表

开关量馈电异常日（班）报表包括：表头，打印日期和时间，被监测设备地点与名称，断电区域，累计时间（本日或本班馈电异常累计时间），累计次数（本日或本班馈电异常累计次数），每次馈电状态，每次累计时间及起止时刻，每次措施及时刻等。开关量馈电异常日（班）报表见表 2-8-19。

表 2-8-19 开关量馈电异常日（班）报表

××矿开关量馈电异常日（班）报表 日期：2000-08-02 时间：08：00					
地点\名称	断电区域	累计时间	累计次数	第 1 次馈电状态\累计时间\起止时刻\措施及时刻	第 2 次馈电状态\累计时间\起止时刻\措施及时刻
2 号掘进巷道\局部通风机	2 号掘进巷道	02:00	2	异常\01:00\08-02/02:00~08-02/03:00\02:00 人工断电	异常\01:00\08-02/05:00~08-02/06:00\08-02/05:00 人工断电

8.4.7 开关量状态变动日（班）报表

开关量状态变动日（班）报表应包括如下内容：表头，打印日期和时间，所监测设备地点，所监测设备名称，累计运行时间（本日或本班累计运行时间），累计变动次数（本日或本班累计变动次数），状态变动状况及时刻等。开关量状态变动日（班）报表见表 2-8-20。

表2-8-20 开关量状态变动日（班）报表

××矿开关量状态变动日（班）报表 日期：1988-09-27 时间：08：00								
地点\名称	累计运行时间	累计变动次数	第1次状态\时刻	第2次状态\时刻	第3次状态\时刻	第4次状态\时刻	第5次状态\时刻	第6次状态\时刻
选煤楼\转载皮带	06:00	6	开\09-27/01:00	关\09-27/04:00	开\09-27/04:30	关\09-27/05:30	开\09-27/06:00	关\09-27/08:00

8.4.8 监控设备故障日（班）报表

监控设备故障日（班）报表应包括如下内容：表头，打印日期和时间，故障设备（传感器或分站）设置地点、编号、名称、所测物理量，累计时间（本日或本班累计故障时间），累计次数（本日或本班累计故障次数），每次累计时间及起止时刻。在有传输电缆故障监测的系统中，还应包括电缆故障位置内容、措施及时刻等。监控设备故障日（班）报表见表2-8-21。

表2-8-21 监控设备故障日（班）报表

××矿监控设备故障日（班）报表 日期：1988-09-25 时间 08：00			
故障设备地点\名称	累计时间	累计次数	第1次累计时间\起止时刻\措施及时刻
1号采煤工作面\2号分站1号模拟量甲烷传感器	01：00	1	01：00\09-25/01：00~09-25/02：00\09-25/01：00 维修

8.4.9 模拟量统计值历史记录查询表

模拟量统计值历史记录查询表应包括如下内容：表头，查询起始日期、时间和终止日期、时间，取平均值、最大值的时间间隔及每一时间间隔的起止时刻，传感器设置地点，所测物理量名称，单位（可缺省），报警门限（可缺省），断电门限（可缺省），复电门限（可缺省），平均值和最大值及时刻（查询期间内平均值和最大值），每段时间内平均值和最大值等。模拟量统计值历史记录查询报表见表2-8-22。

表2-8-22 模拟量统计值录查询报表

××矿统计值记录查询表 起始日期：1988-09-10 时间：00：00 终止日期：1988-09-10 时间：01：00 时间间隔：00：10												
地点\名称	单位	报警浓度	断电浓度	复电浓度	最大值\时刻	平均值	00:00-00:10 平均值\最大值	00:10-00:20 平均值\最大值	00:20-00:30 平均值\最大值	00:30-00:40 平均值\最大值	00:40-00:50 平均值\最大值	00:50-00:60 平均值\最大值
1号采煤工作面\甲烷	$\%CH_4$	1.00	1.50	1.00	1.10\00:55	0.80	0.40\0.52	0.47\0.56	0.49\0.62	0.62\0.83	0.85\1.05	1.07\1.10

9　系统建设、使用与管理

9.1　设计与安装

9.1.1　一般要求

煤矿安全监控设备装备标准应以保障煤矿安全生产为原则。因此，煤矿安全监控设备的装备标准主要依据矿井瓦斯等级、自然发火状况等确定，并不考虑矿井的生产能力。这是因为对于小煤矿，并不因为产量小，发生事故的概率小，每次事故的伤亡人数少。并且由于小煤矿井田尺寸小，在同样装备标准条件下，安全监控设备投入的总数量要少，总造价要低。

(1) 瓦斯矿井必须装备煤矿安全监控系统。矿井安全监控系统除具有甲烷超限声光报警、超限断电、甲烷风电闭锁功能外，还可在地面监视和存储矿井甲烷等参数变化、馈电/断电状态等，具有可靠性高、漏报概率小、功能强等优点。因此，瓦斯矿井必须装备矿井安全监控系统。

(2) 矿井安全监控系统必须实时监控全部采掘工作面的瓦斯的浓度变化及被控设备的通、断电状态。这就要求装备矿井安全监控系统的矿井不能部分采掘工作面装备与系统相连的分站和断电仪等，而部分采掘工作面装备不与系统相连的甲烷断电仪和甲烷风电闭锁装置。煤矿安全监控系统必须 24 h 连续运行。接入煤矿安全监控系统的各类传感器稳定性应不小于 15 天。煤矿安全监控系统传感器的数据或状态应传输到地面主机。

(3) 煤矿必须按矿用产品安全标志证书规定的型号选择监控系统的传感器、断电控制器等关联设备，严禁对不同系统间的设备进行置换。

(4) 原国有重点煤矿必须实现矿务局（公司）所属高瓦斯和煤与瓦斯突出矿井的安全监控系统联网；国有地方和乡镇煤矿必须实现县（市）范围内高瓦斯和煤与瓦斯突出矿井安全监控系统联网。矿务局（公司）、产煤县（市）范围内低瓦斯矿井的安全监控系统宜进行联网。

(5) 矿长、矿技术负责人、爆破工、采掘区队长、通风区队长、工程技术人员、班长、流动电钳工、安全监测工下井时，必须携带便携式甲烷检测报警仪或甲烷检测报警矿灯。瓦斯检查工下井时必须携带便携式甲烷检测报警仪和光学甲烷检测仪。便携式甲烷检测报警仪是一种便携设备，具有甲烷浓度监测、显示、声光报警等功能。便携式甲烷检测报警仪应设专职人员负责充电、收发及维护。每班要清理隔爆罩上的煤尘，下井前必须检查便携式甲烷检测报警仪的零点和电压值，不符合要求的禁止发放使用。便携式甲烷检测报警仪应固定专人使用，使用时要严格按照产品说明书进行操作，严禁擅自调校和拆开仪器。

(6) 煤矿采掘工、打眼工、在回风流工作的工人下井时宜携带甲烷检测报警矿灯或甲烷报警矿灯。

9.1.2　设计和安装

煤矿安全监控设备必须工作稳定、性能可靠，严禁由于设备在设计、制造中的隐患引起瓦斯、煤尘爆炸等事故或危及人身安全。为确保煤矿安全监控设备的产品质量，煤矿安全监控设备必须符合有关国家标准和行业标准，通过煤炭行业标准化归口审查，通过国家技术监督局认证的检测机构的型式检验，并取得“MA 标志准用证”。用于爆炸性环境的煤矿安全监控设备，还必须通过国家技术监督局认证的检测机构的防爆检验，并取得“防爆合格证”。

在各种防爆型式中，本质安全型防爆电气设备具有防爆安全性能好、体积小、重量轻、电缆上传递的信号安全可靠等优点。因此，用于爆炸性环境的煤矿安全监控设备应优先采用本质安全型，防爆型煤矿安全监控设备之间的输入输出信号必须为本质安全型信号。

在使用安全监控设备前，必须按产品使用说明书的要求，调试合格后方可使用。

(1) 煤矿编制采区设计、采掘作业规程和安全技术措施时，必须对安全监控设备的种类、数量和位置，信号电缆和电源电缆的敷设，断电区域等做出明确规定，并绘制布置图和断电控制图。这样就从设计开始保证了安全监控装置的装备和使用。

(2) 煤矿安全监控系统的装置之间必须使用专用阻燃电缆连接，严禁与调度电话电线和动力电缆等共用，确保其本质安全防爆性能。同时当监控信号电缆发生故障时，还可通过调度电话及时了解井下甲烷浓度等信息。若监控信号与调度电话共用电缆，其本质安全防爆性能难以保证，并且当电缆发生故障时，监控设备和调度电话均无法正常工作，不能及时了解井下甲烷浓度等信息。

(3) 井下分站应设置在便于人员观察、调试、检验及支护良好、无滴水、无杂物的进风巷道或硐室中，安设时应垫支架，使其距巷道底板不小于 300 mm，或吊挂在巷道中。模拟量传感器应设置在能正确反映被测物理量的位置。开关量传感器应设置在能正确反映被监测状态的位置。声光报警器应设置在经常有人工作便于观察的地点。

(4) 隔爆兼本质安全型防爆电源宜设置在采区变电所，严禁设置在下列区域：①断电范围内；②低瓦斯和高瓦斯矿井的采煤工作面和回风巷内；③煤与瓦斯突出矿井的采煤工作面、进风巷和回风巷；④掘进工作面内；⑤采用串联通风的被串采煤工作面、进风巷和回风巷；⑥采用串联通风的被串掘进巷道内。

(5) 为防止甲烷超限断电，切断安全监控设备的供电电源，安全监控设备的供电电源严禁接在被控开关的负荷侧。

(6) 安装断电控制时，必须根据断电范围要求，提供断电条件，并接通井下电源及控制线。断电控制器与被控开关之间必须正确接线，具体方法由煤矿主要技术负责人审定。

① QBZ－80D/660 型电磁启动器瓦斯电闭锁可参照图 2－9－1 接线，将断电控制器的动合接点接入 QBZ－80D/660 型电磁启动器 2、8 端子，当瓦斯超限或分站无电后，开关断电闭锁。

② BKD1－500/1140.660 型矿用隔爆型真空馈电开关瓦斯电闭锁可参照图 2－9－2 接线，将分站断电的动合接点接入开关欠压线圈回路，当瓦斯超限或分站失电后，断电控制继电器释放，开关断电闭锁。

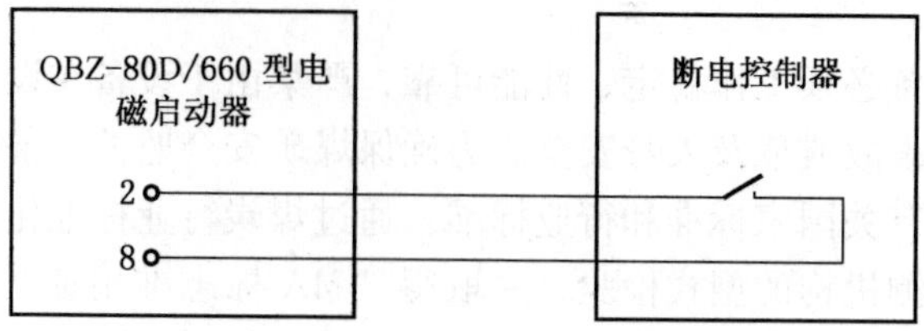

图2-9-1 QBZ-80D/660型电磁启动器瓦斯电闭锁接线原理图

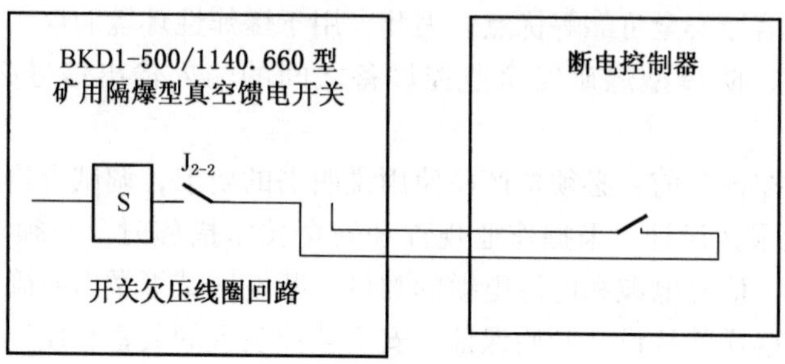

图2-9-2 BKD1-500/1140.660型矿用隔爆型真空馈电开关瓦斯电闭锁接线原理图

③ BGP9L-6A矿用隔爆型高压真空开关瓦斯电闭锁可参照图2-9-3接线，将分站断电的动开接点接入开关后腔单元的4、5端子，当瓦斯超限或分站失电后，断电控制继电器释放，开关断电闭锁。

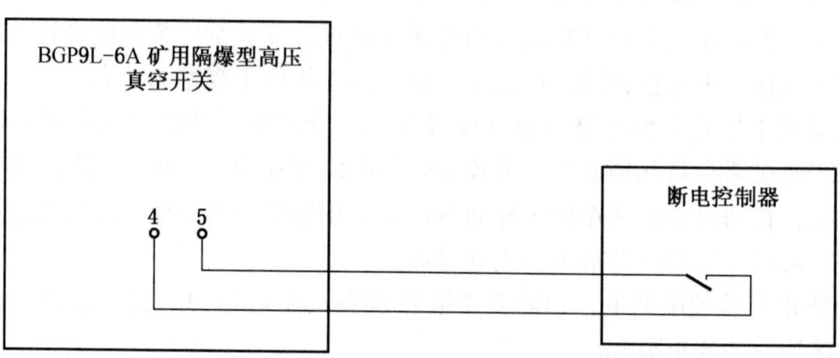

图2-9-3 BGP9L-6A矿用隔爆型高压真空开关瓦斯电闭锁接线原理图

（7）与安全测控仪器关联的电气设备、电源线和控制线在改线或拆除时，必须与安全测控管理部门共同处理。检修与安全测控仪器关联的电气设备，需要安全测控仪器停止运行时，必须经矿主要负责人或主要技术负责人同意，并制定安全措施后方可进行。

9.2 甲烷传感器的设置

在矿压的作用下，顶板将产生裂隙，瓦斯会通过裂隙涌出。甲烷的密度小于空气，一般情况下，巷道上方的甲烷浓度大于下方。因此，甲烷传感器应垂直悬挂在巷道上方风流稳定的位置，距顶板（顶梁）不得大于300 mm，距巷道侧壁不得小于200 mm，并应安装维护方便，不影响行人和行车。

甲烷传感器的报警浓度、断电浓度、复电浓度和断电范围及便携式甲烷检测报警仪的报警浓度必须符合表2－9－1的规定。

表2－9－1　甲烷传感器的报警浓度、断电浓度、复电浓度和断电范围

设置地点	甲烷传感器	报警浓度/% CH_4	断电浓度/% CH_4	复电浓度/% CH_4	断电范围
采煤工作面上隅角	T_0	≥1.0	≥1.5	<1.5	工作面及其回风巷内全部非本质安全型电气设备
采煤工作面上隅角设置的便携式甲烷检测报警仪	—	≥1.0	—	—	—
低瓦斯和高瓦斯矿井的采煤工作面	T_1	≥1.0	≥1.5	<1.0	工作面及其回风巷内全部非本质安全型电气设备
煤与瓦斯突出矿井的采煤工作面	T_1	≥1.0	≥1.5	<1.0	工作面及其进、回风巷内全部非本质安全型电气设备
采煤工作面回风巷	T_2	≥1.0	≥1.0	<1.0	工作面及其回风巷内全部非本质安全型电气设备
高瓦斯、煤与瓦斯突出矿井采煤工作面进风巷	T_3	≥0.5	≥0.5	<0.5	进风巷内全部非本质安全型电气设备
采用串联通风的被串采煤工作面进风巷	T_4	≥0.5	≥0.5	<0.5	被串采煤工作面及其进、回风巷内全部非本质安全型电气设备
采用两条以上巷道回风的采煤工作面第二条、第三条回风巷	T_5	≥1.0	≥1.5	<1.0	工作面及其回风巷内全部非本质安全型电气设备
	T_6	≥1.0	≥1.0	<1.0	
专用排瓦斯巷	T_7	≥2.5	≥2.5	<2.5	工作面内全部非本质安全型电气设备
有专用排瓦斯巷的采煤工作面混合回风流处	T_8	≥1.0	≥1.0	<1.0	工作面内及其回风巷内全部非本质安全型电气设备
高瓦斯、煤与瓦斯突出矿井采煤工作面回风巷中部		≥1.0	≥1.0	<1.0	工作面及其回风巷内全部非本质安全型电气设备
采煤机	—	≥1.0	≥1.5	<1.0	采煤机电源
采煤机设置的便携式甲烷检测报警仪	—	≥1.0	—	—	—
煤巷、半煤岩巷和有瓦斯涌出岩巷的掘进工作面	T_1	≥1.0	≥1.5	<1.0	掘进巷道内全部非本质安全型电气设备
煤巷、半煤岩巷和有瓦斯涌出岩巷的掘进工作面回风流中	T_2	≥1.0	≥1.0	<1.0	掘进巷道内全部非本质安全型电气设备

表2-9-1（续）

设置地点	甲烷传感器	报警浓度/% CH_4	断电浓度/% CH_4	复电浓度/% CH_4	断电范围
采用串联通风的被串掘进工作面局部通风机前	T_3	≥0.5	≥0.5	<0.5	被串掘进巷道内全部非本质安全型电气设备
		≥1.5	≥1.5	<0.5	包括局部通风机在内的被串掘进巷道内全部非本质安全型电气设备
双巷掘进工作面混合回风流处	T_4	≥1.5	≥1.5	<1.0	包括局部通风机在内的掘进巷道内全部非本质安全型电气设备
高瓦斯和煤与瓦斯突出矿井掘进巷道中部	—	≥1.0	≥1.0	<1.0	掘进巷道内全部非本质安全型电气设备
掘进机	—	≥1.0	≥1.5	<1.0	掘进机电源
掘进机设置的便携式甲烷检测报警仪	—	≥1.0	—	—	—
采区回风巷	—	≥1.0	≥1.0	<1.0	采区回风系统内全部非本质安全型电气设备
一翼回风巷及总回风巷	—	≥0.7	—	—	—
回风流中的机电硐室的进风侧	—	≥0.5	≥0.5	<0.5	机电硐室内全部非本质安全型电气设备
使用架线电机车时，矿井进风的主要运输巷道内装煤点处	—	≥0.5	≥0.5	<0.5	装煤点处上风流100 m内及其下风流的架空线电源和全部非本质安全型电气设备
矿井进风的主要运输巷道内使用架线电机车时，瓦斯涌出巷道的下风流处	—	≥0.5	≥0.5	<0.5	瓦斯涌出巷道上风流100 m内及其下风流的架空线电源和全部非本质安全型电气设备
矿用防爆特殊型蓄电池电机车内	—	≥0.5	≥0.5	<0.5	机车电源
矿用防爆特殊型蓄电池电机车内设置的便携式甲烷检测报警仪	—	≥0.5	—	—	—
矿用防爆特殊型柴油机车内	—	≥0.5	≥0.5	<0.5	机车电源及油路
矿用防爆特殊型柴油机车内设置的便携式甲烷检测报警仪	—	≥0.5	—	—	—
兼做回风井的装有带式输送机的井筒	—	≥0.5	≥0.7	<0.7	井筒内全部非本质安全型电气设备
回风巷道内临时施工的电气设备上风侧	—	≥1.0	≥1.0	<1.0	回风巷道内全部非本质安全型电气设备

表2-9-1(续)

设置地点	甲烷传感器	报警浓度/% CH_4	断电浓度/% CH_4	复电浓度/% CH_4	断电范围
井下煤仓上方、地面选煤厂煤仓上方	—	≥1.5	≥1.5	<1.5	贮煤仓运煤的各类运输设备
封闭的地面选煤厂内	—	≥1.5	≥1.5	<1.5	选煤厂内全部电气设备
封闭的带式输送机地面走廊内，带式输送机滚筒上方	—	≥1.5	≥1.5	<1.5	带式输送机地面走廊内全部电气设备
地面瓦斯抽放泵站室内	—	≥0.5	—	—	—
井下瓦斯抽放泵站内	—	≥0.5	≥1.0	<0.5	切断抽放泵站电源
地面瓦斯抽放泵站输出利用管路中	—	≤30	—	—	—
不利用瓦斯、采用干式抽放瓦斯设备的瓦斯抽放泵站输出管路中	—	≤25	—	—	—
井下临时抽放泵站下风侧栅栏外	—	≥1.0	≥1.0	<1.0	抽放瓦斯泵电源

由于回风巷煤壁中有瓦斯涌出，因此，回风巷甲烷平均浓度一般不低于工作面甲烷浓度。但由于回风巷甲烷传感器设置在瓦斯与空气混合均匀、风流稳定的位置，而工作面甲烷传感器设置在瓦斯与空气混合不均匀的位置。因此，工作面甲烷传感器的断电浓度一般为1.5% CH_4，回风巷甲烷传感器的断电浓度一般为1.0% CH_4，即工作面甲烷传感器的断电浓度一般大于回风巷甲烷传感器的断电浓度。同理，掘进工作面甲烷传感器断电浓度一般大于回风流中甲烷传感器断电浓度。

人工检测，检测周期长，为防止在下一次检测之前，瓦斯浓度达到爆炸门限，报警和断电浓度定的较低。矿井安全监控系统最大监控周期为30 s，远远小于瓦斯检查人员每8/3小时1次（每班至少3次），并且当系统工作正常时，不会出现漏报等情况。

9.2.1 采煤工作面甲烷传感器的设置

为及时监测采煤工作面的甲烷浓度的变化，采煤工作面必须设置工作面甲烷传感器。为尽早监测工作面甲烷浓度的变化，工作面甲烷传感器应尽量靠近工作面设置。但由于设置地点风流不稳定，因此，工作面甲烷传感器不能反映甲烷的平均浓度。为监测甲烷的平均浓度，防止工作面甲烷传感器漏报，采煤工作面还必须在回风巷设置甲烷传感器。由于工作面上隅角通风条件较差，易造成瓦斯积聚，采煤工作面上隅角必须设置便携式甲烷检测报警仪或甲烷传感器。

低瓦斯和高瓦斯矿井的采煤工作面进风巷的甲烷浓度一般较低。因此，工作面甲烷传感器和回风巷甲烷传感器的断电范围为工作面和回风巷。当煤（岩）与瓦斯突出时，在突出压力的作用下，突出的瓦斯会逆风流而进入进风巷，因此，煤（岩）与瓦斯突出矿井采煤工作面的甲烷传感器，其断电范围为工作面及其进、回风巷。若煤（岩）与瓦斯突出矿井采煤工作面的甲烷传感器不能控制其进风巷内全部非本质安全型电气设备，则必须在进风巷设置甲烷传感器。为尽早监测到煤（岩）与瓦斯突出，进风巷甲烷传感器应尽量靠近工作面。

采煤工作面采用串联通风时，被串工作面的进风巷必须设置甲烷传感器。

9.2.1.1　不同地点甲烷传感器的设置

1. 采煤工作面甲烷传感器的设置

为及时监测采煤工作面的瓦斯变化情况，采煤工作面甲烷传感器应尽量靠近工作面设置，如图 2-9-4 所示。其报警浓度为 1.0% CH_4，断电浓度为 1.5% CH_4，复电浓度为 1.0% CH_4，断电范围为工作面及回风巷中全部非本质安全型电气设备。有煤与瓦斯突出矿井的采煤工作面，断电范围为进风巷、工作面和回风巷内的全部非本质安全型电气设备。若工作面甲烷传感器不能控制进风巷内全部非本质安全型电气设备，则必须在进风巷布置甲烷传感器，其布置见采煤工作面进风巷甲烷传感器的设置。

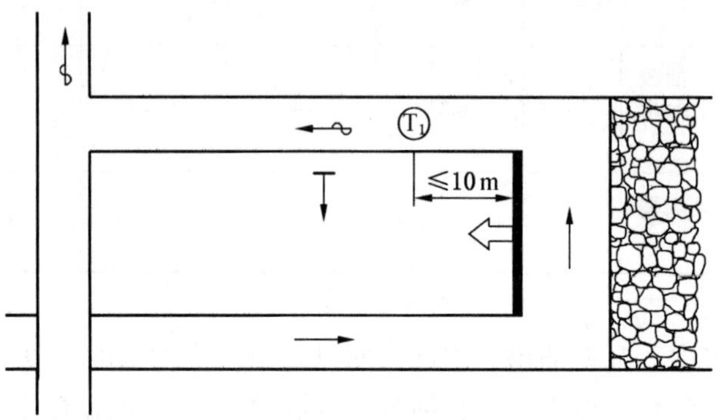

T_1—采煤工作面甲烷传感器

图 2-9-4　采煤工作面甲烷传感器的设置

2. 采煤工作面回风巷甲烷传感器的设置

为保证采煤工作面回风巷甲烷传感器能正确反映采煤工作面回风巷内的瓦斯含量，回风巷甲烷传感器应设置在瓦斯等有害气体与新鲜风流混合均匀，且风流稳定的位置，如图 2-9-5 所示。其报警浓度为 1.0% CH_4，断电浓度为 1.0% CH_4，复电浓度为 1.0% CH_4，断电范围为工作面和回风巷内的全部非本质安全型电气设备。

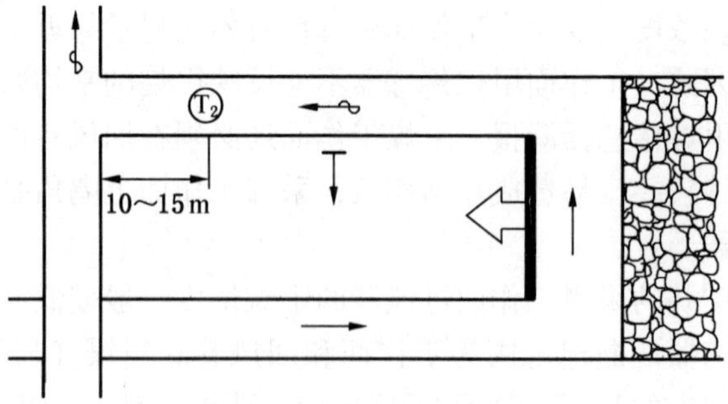

T_2—采煤工作面回风巷甲烷传感器

图 2-9-5　采煤工作面回风巷甲烷传感器的设置

3. 采煤工作面进风巷甲烷传感器的设置

用于监测有煤与瓦斯突出矿井的采煤工作面的进风巷甲烷传感器，应尽量靠近工作面设置，如图 2－9－6 所示，以便及时监测采煤工作面的瓦斯变化情况。其报警浓度为 0.5% CH_4，断电浓度为 0.5% CH_4，复电浓度为 0.5% CH_4，断电范围为进风巷内的全部非本质安全型电气设备。

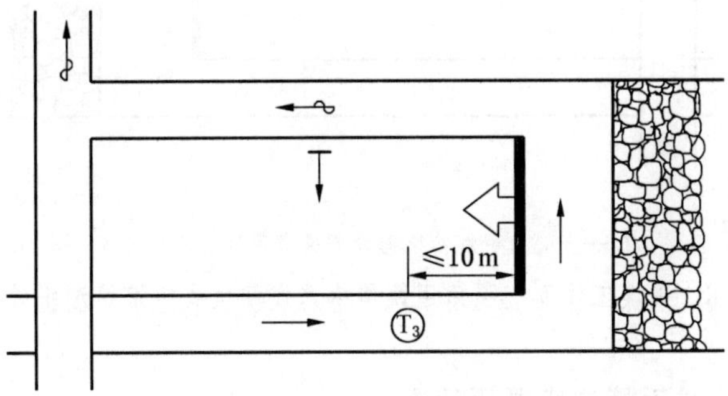

T_3—有煤与瓦斯突出矿井的采煤工作面进风巷甲烷传感器

图 2－9－6　采煤工作面进风巷甲烷传感器的设置

采煤工作面采用串联通风时，被串工作面的进风流中必须布置进风巷甲烷传感器。为保证进风巷甲烷传感器能正确反映所监测区域的瓦斯含量，进风巷甲烷传感器应设置在瓦斯等有害气体与新鲜风流混合均匀，且风流稳定的位置，如图 2－9－7 所示。其报警浓度为 0.5% CH_4，断电浓度为 0.5% CH_4，复电浓度为 0.5% CH_4，断电范围为进风巷、工作面和回风巷内的全部非本质安全型电气设备。

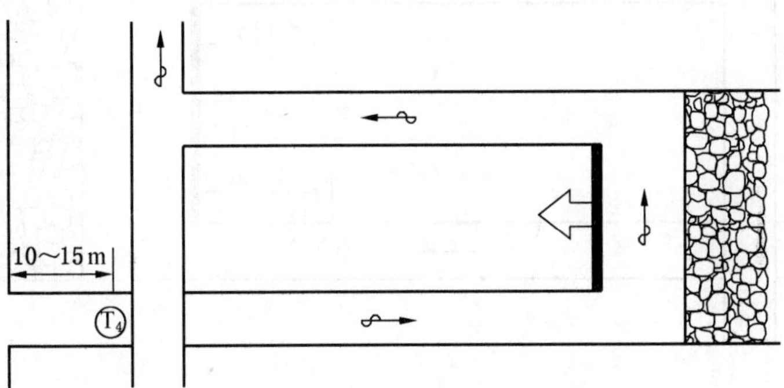

T_4—串联通风被串采煤工作面进风巷甲烷传感器

图 2－9－7　串联通风被串采煤工作面进风巷甲烷传感器的设置

4. 采煤工作面上隅角甲烷传感器的设置

上隅角甲烷传感器应尽量靠近采空区和回风巷帮，如图 2－9－8 所示。其报警浓度 1.0% CH_4，断电浓度 1.5% CH_4，复电浓度 1.5% CH_4，断电范围为工作面及其回风巷内全部非本质安全型电气设备。

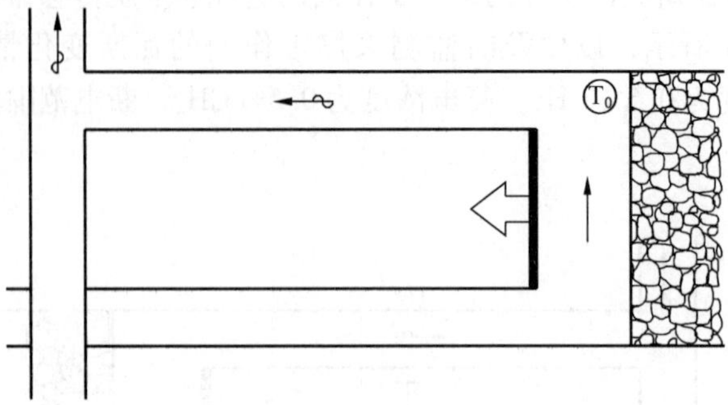

T_0—上隅角甲烷传感器或便携式甲烷检测报警仪

图2-9-8　采煤工作面上隅角甲烷传感器或便携式甲烷检测报警仪的设置

9.2.1.2　不同通风方式甲烷传感器的设置

1. U型通风方式采煤工作面甲烷传感器的设置

U型通风方式采煤工作面必须设置上隅角甲烷传感器 T_0 或便携式甲烷检测报警仪、工作面甲烷传感器 T_1、回风巷甲烷传感器 T_2；若煤与瓦斯突出矿井的工作面甲烷传感器 T_1 不能控制采煤工作面进风巷内全部非本质安全型电气设备，则必须设置进风巷甲烷传感器 T_3，如图2-9-9所示。

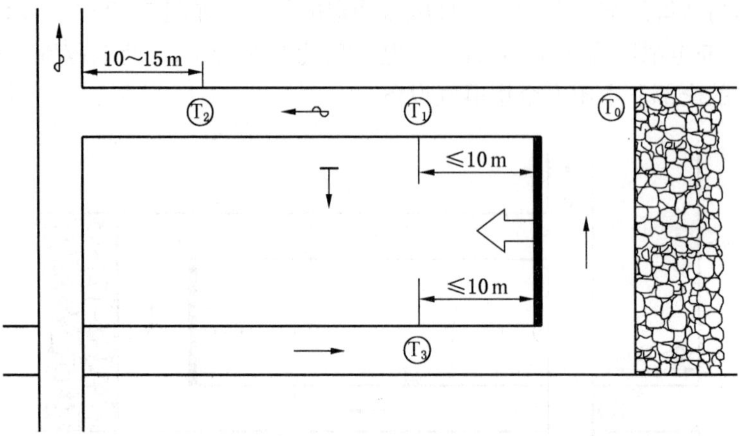

图2-9-9　U型通风方式采煤工作面甲烷传感器的设置

2. Z型通风方式采煤工作面传感器的设置

Z型通风方式采煤工作面必须设置上隅角甲烷传感器 T_0 或便携式甲烷检测报警仪、工作面甲烷传感器 T_1、回风巷甲烷传感器 T_2；若煤与瓦斯突出矿井的工作面甲烷传感器 T_1 不能控制采煤工作面进风巷内全部非本质安全型电气设备，则必须设置进风巷甲烷传感器 T_3；如图2-9-10所示。

3. Y型通风方式采煤工作面传感器的设置

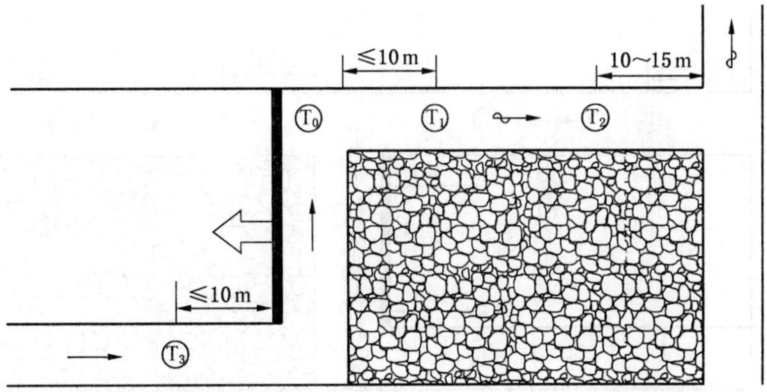

图 2-9-10　Z 型通风方式采煤工作面甲烷传感器的设置

Y 型通风方式采煤工作面必须设置工作面甲烷传感器 T_1、回风巷甲烷传感器 T_2；若煤与瓦斯突出矿井的工作面甲烷传感器 T_1 不能控制采煤工作面进风巷内全部非本质安全型电气设备，则必须设置进风巷甲烷传感器 T_3，如图 2-9-11 所示。

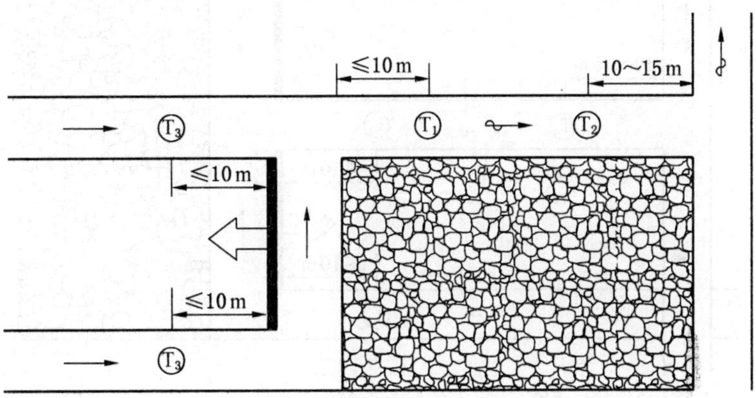

图 2-9-11　Y 型通风方式采煤工作面甲烷传感器的设置

4. H 型通风方式采煤工作面甲烷传感器的设置

H 型通风方式采煤工作面必须设置上工作面甲烷传感器 T_1、回风巷甲烷传感器 T_2；若煤与瓦斯突出矿井的工作面甲烷传感器 T_1 不能控制采煤工作面进风巷内全部非本质安全型电气设备，则必须设置进风巷甲烷传感器 T_3，如图 2-9-12 所示。

5. W 型通风方式采煤工作面传感器的设置

W 型通风方式采煤工作面必须设置工作面甲烷传感器 T_1、回风巷甲烷传感器 T_2；若煤与瓦斯突出矿井的工作面甲烷传感器 T_1 不能控制采煤工作面进风巷内全部非本质安全型电气设备，则必须设置进风巷甲烷传感器 T_3，如图 2-9-13 所示。

6. 采用两条巷道回风的采煤工作面传感器的设置

采用两条巷道回风的采煤工作面必须设置上隅角甲烷传感器 T_0 或便携式甲烷检测报

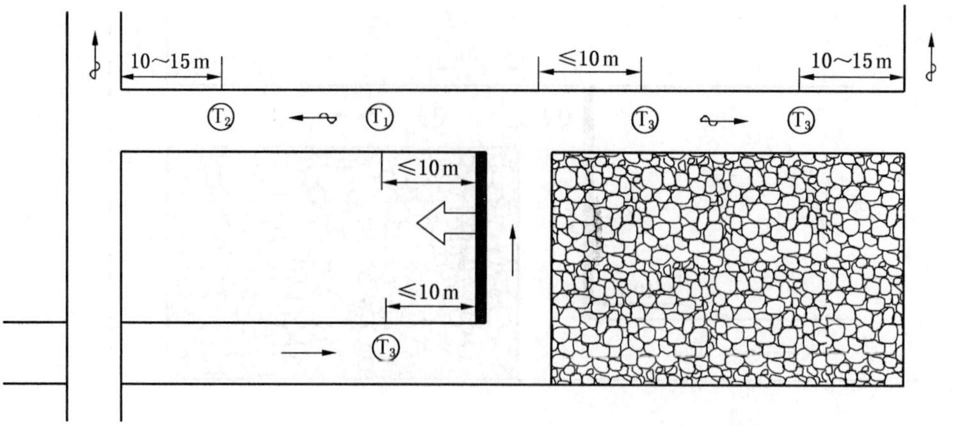

图 2－9－12　H 型通风方式采煤工作面甲烷传感器的设置

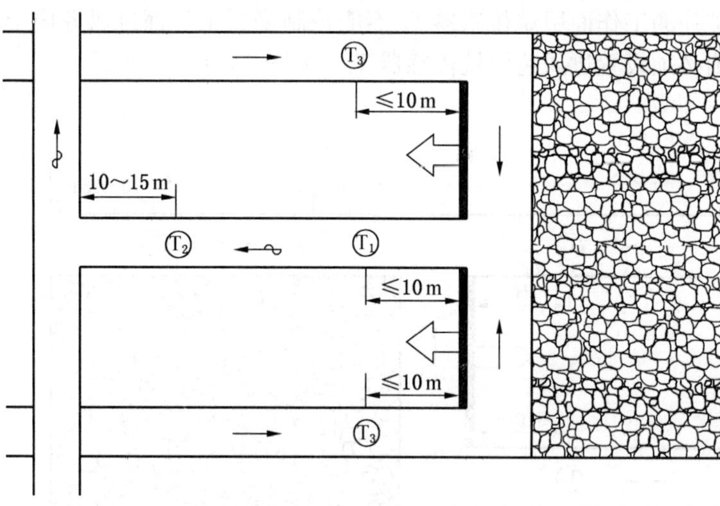

图 2－9－13　W 型通风方式采煤工作面甲烷传感器的设置

警仪、工作面甲烷传感器 T_1、回风巷甲烷传感器 T_2；若煤与瓦斯突出矿井的工作面甲烷传感器 T_1 不能控制采煤工作面进风巷内全部非本质安全型电气设备，则必须设置进风巷甲烷传感器 T_3；在第二条回风巷设置甲烷传感器 T_5 和 T_6；采用三条巷道回风的采煤工作面，第三条回风巷甲烷传感器的设置与第二条回风巷甲烷传感器 T_5 和 T_6 的设置相同，如图 2－9－14 所示。

7. 有专用排瓦斯巷的采煤工作面传感器的设置

专用排瓦斯巷的采煤工作面必须设置上隅角甲烷传感器 T_0 或便携式甲烷检测报警仪、工作面甲烷传感器 T_1、回风巷甲烷传感器 T_2；若煤与瓦斯突出矿井的工作面甲烷传感器 T_1 不能控制采煤工作面进风巷内全部非本质安全型电气设备，则必须设置进风巷甲烷传感器 T_3；在专用排瓦斯巷设置甲烷传感器 T_7，在工作面混合回风风流处设置甲烷传感器 T_8，如图 2－9－15 所示。

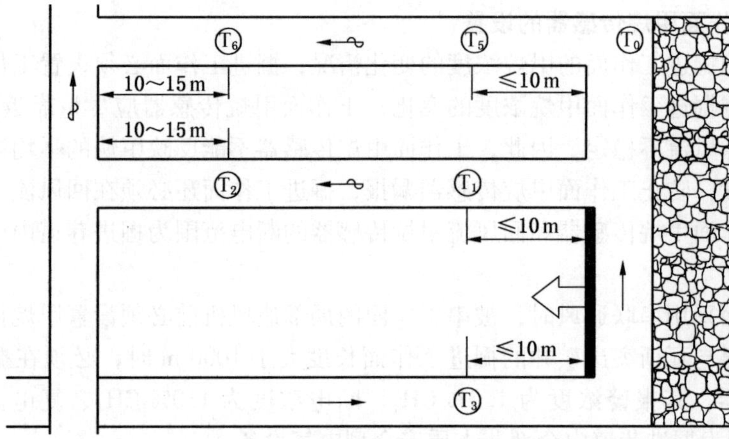

图 2-9-14 采用两条巷道回风的采煤工作面甲烷传感器的设置

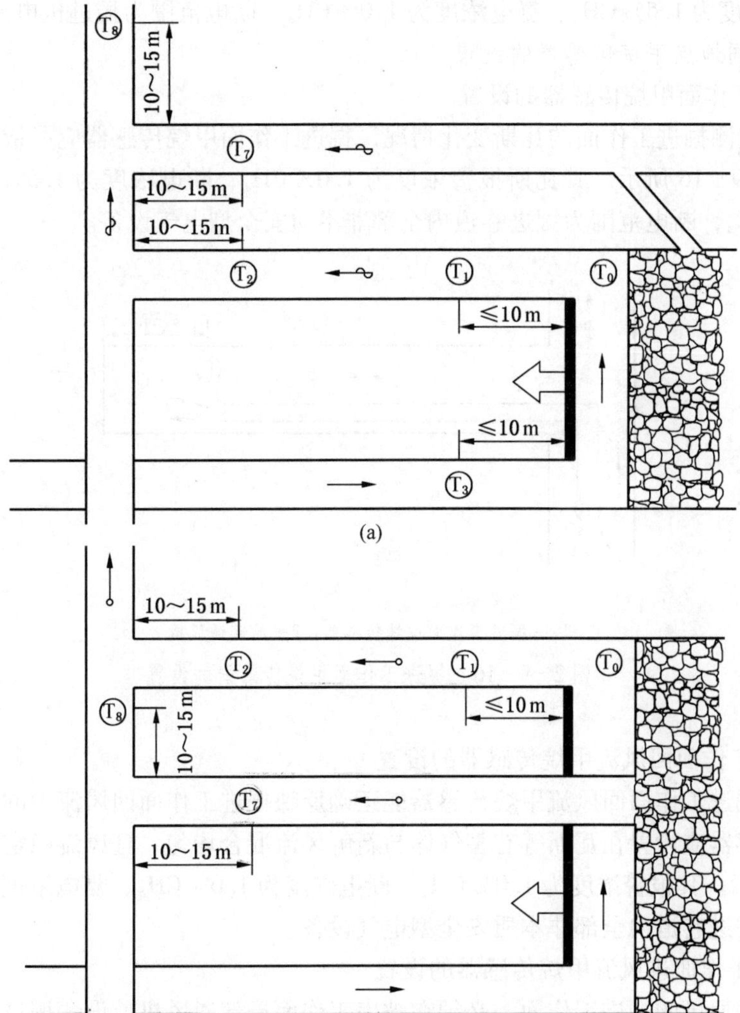

图 2-9-15 有专用排瓦斯巷的采煤工作面甲烷传感器的设置

9.2.2　掘进工作面甲烷传感器的设置

为及时监测掘进工作面的甲烷浓度的变化情况，掘进工作面必须设置工作面甲烷传感器。为尽早监测掘进工作面甲烷浓度的变化，工作面甲烷传感器应尽量靠近工作面设置。但由于设置地点风流不稳定，因此，工作面甲烷传感器不能反映甲烷的平均浓度。为监测甲烷的平均浓度，防止工作面甲烷传感器漏报，掘进工作面还必须在回风流中设置甲烷传感器。掘进工作面甲烷传感器和回风流甲烷传感器的断电范围为掘进巷道内全部非本质安全型电气设备。

掘进工作面采用串联通风时，被串工作面的局部通风机前必须设置甲烷传感器。

高瓦斯和煤与瓦斯突出矿井的掘进工作面长度大于1000 m时，必须在掘进巷道中部增设甲烷传感器，其报警浓度为1.0% CH_4、断电浓度为1.0% CH_4、复电浓度为1.0% CH_4，断电范围为掘进巷道内全部非本质安全型电气设备。

掘进机必须设置机载式甲烷断电仪或便携式甲烷检测报警仪，其报警浓度为1.0% CH_4、断电浓度为1.5% CH_4、复电浓度为1.0% CH_4，断电范围为掘进机电源。

9.2.2.1　不同地点甲烷传感器的设置

1. 掘进工作面甲烷传感器的设置

为及时监测掘进工作面的瓦斯变化情况，掘进工作面甲烷传感器应尽量靠近工作面设置，如图2-9-16所示。其瓦斯报警浓度为1.0% CH_4、断电浓度为1.5% CH_4、复电浓度为1.0% CH_4，断电范围为掘进巷道内全部非本质安全型电气设备。

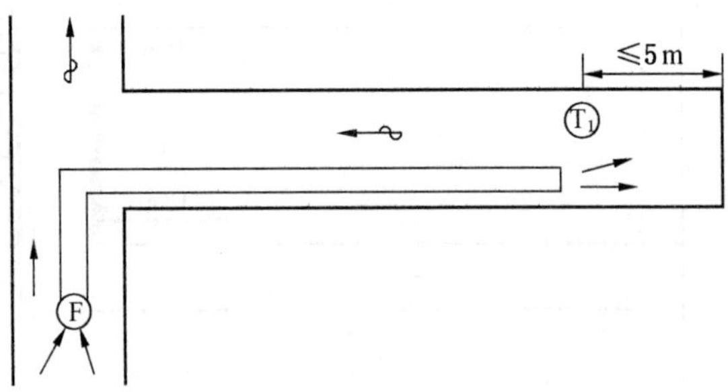

T_1—掘进工作面甲烷传感器；F—局部通风机

图2-9-16　掘进工作面甲烷传感器的设置

2. 掘进工作面回风流甲烷传感器的设置

为保证掘进工作面回风流甲烷传感器能正确反映掘进工作面回风流中的瓦斯含量，回风流甲烷传感器应设置在瓦斯等有害气体与新鲜风流混合均匀、且风流稳定的位置，如图2-9-17所示。其报警浓度为1.0% CH_4、断电浓度为1.0% CH_4、复电浓度为1.0% CH_4，断电范围为掘进巷道内全部非本质安全型电气设备。

3. 掘进工作面进风流甲烷传感器的设置

采用串联通风的掘进工作面，必须在被串工作面局部通风机前设置掘进工作面进风流甲烷传感器，如图2-9-18所示。其报警浓度为0.5% CH_4、断电浓度为0.5% CH_4、复电浓度为0.5% CH_4，断电范围为掘进巷道内全部非本质安全型电气设备。

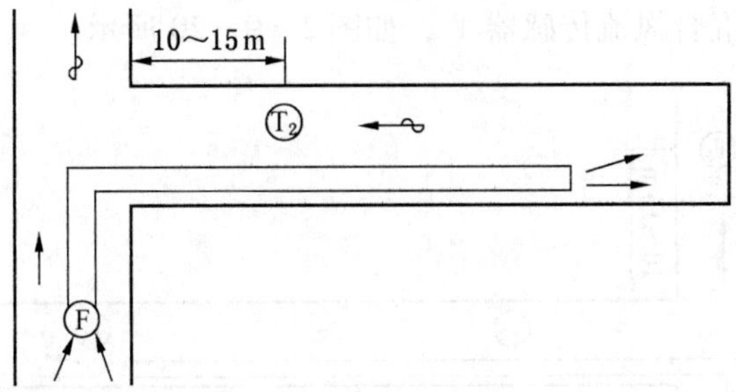

T_2—掘进工作面回风流甲烷传感器；F—局部通风机

图 2-9-17　掘进工作面回风流甲烷传感器的设置

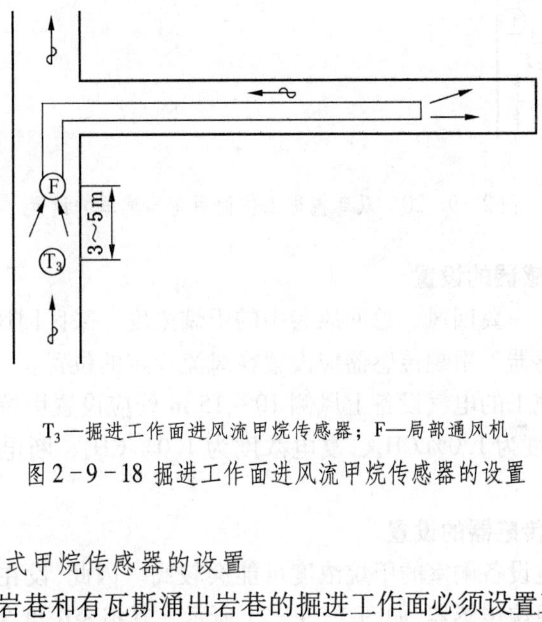

T_3—掘进工作面进风流甲烷传感器；F—局部通风机

图 2-9-18 掘进工作面进风流甲烷传感器的设置

9.2.2.2　不同通风方式甲烷传感器的设置

（1）煤巷、半煤岩巷和有瓦斯涌出岩巷的掘进工作面必须设置工作面甲烷传感器 T_1、回风流甲烷传感器 T_2，如图 2-9-19 所示。

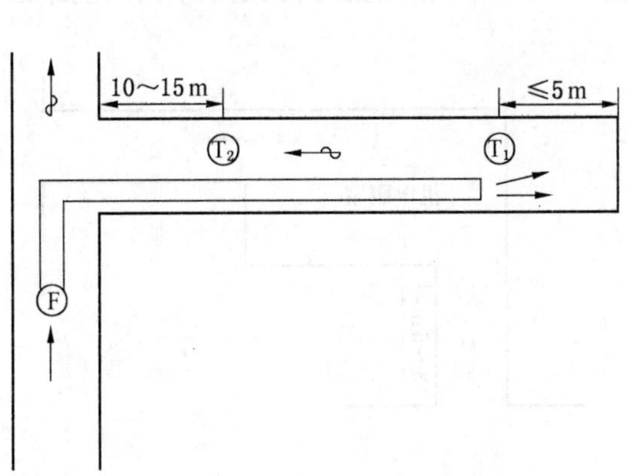

图 2-9-19　掘进工作面甲烷传感器的设置

（2）高瓦斯和煤与瓦斯突出矿井双巷掘进工作面必须设置工作面甲烷传感器 T_1、回风流甲烷传感器 T_2 和混合风流传感器 T_3，如图 2-9-20 所示。

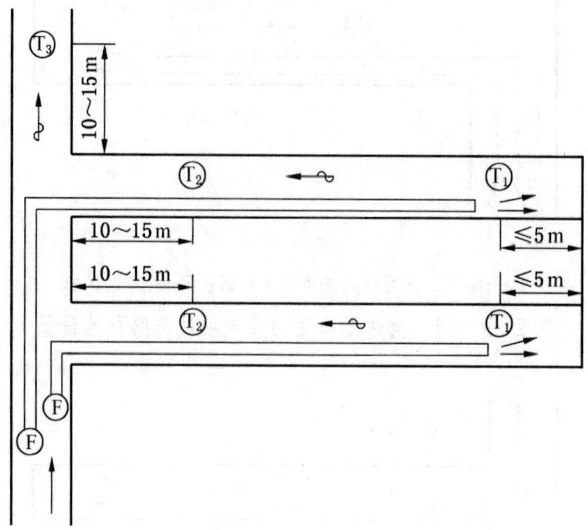

图 2-9-20　双巷掘进工作面甲烷传感器的设置

9.2.3　回风巷甲烷传感器的设置

为监测采区回风、一翼回风、总回风巷中的甲烷浓度，采区回风、一翼回风、总回风测风站应设置甲烷传感器。甲烷传感器应设置在风流稳定的位置。

回风巷道中临时施工的电气设备上风侧 10 ~ 15 m 处应设置甲烷传感器，其报警浓度为 1.0% CH_4、断电浓度为 1.0% CH_4、复电浓度为 1.0% CH_4，断电范围为巷道内全部非本质安全型电气设备。

9.2.4　机电硐室甲烷传感器的设置

在回风流中的机电设备硐室的甲烷浓度可能会较高。因此，设在回风流中的机电硐室的进风侧中必须设置甲烷传感器，如图 2-9-21 所示。其报警浓度为 0.5% CH_4、断电浓度为 0.5% CH_4、复电浓度为 0.5% CH_4，断电范围为机电硐室内的全部非本质安全型电气设备。

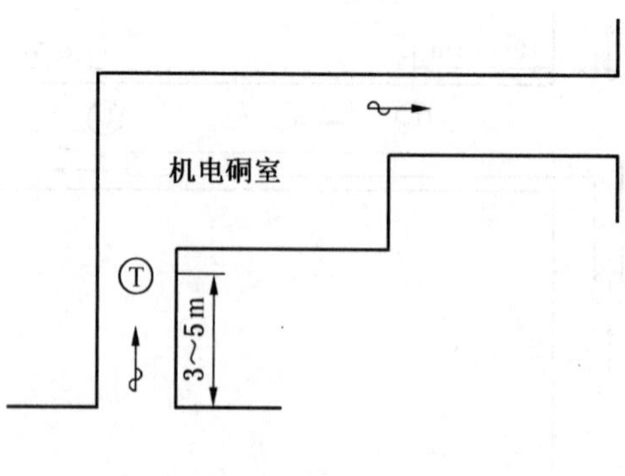

T—机电硐室进风流甲烷传感器

图 2-9-21　机电硐室甲烷传感器的设置

9.2.5 运输巷道、煤仓及选煤厂甲烷传感器的设置

（1）使用架线电机车的主要运输巷道，装煤点处必须设置甲烷传感器，如图2-9-22所示。其报警浓度为0.5% CH_4、断电浓度为0.5% CH_4、复电浓度为0.5% CH_4，断电范围为装煤点处上风流100 m内及其下风流的架空线电源和全部非本质安全型电气设备。

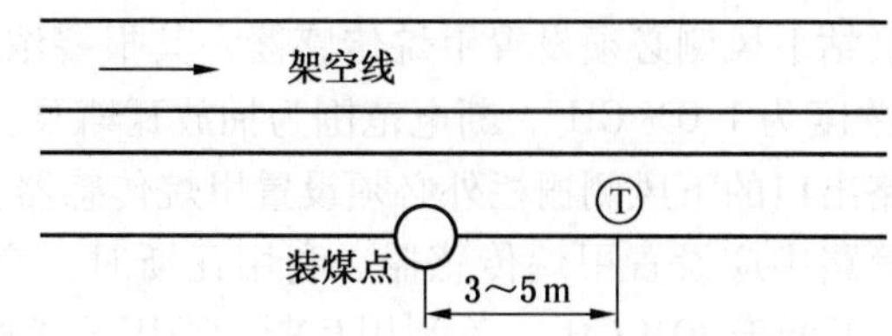

T—使用架线电机车的主要进风运输巷道，装煤点处甲烷传感器

图2-9-22 装煤点甲烷传感器的设置

（2）矿井进风的主要运输巷道使用架线电机车时，在瓦斯涌出巷道的下风流中必须设置甲烷传感器，如图2-9-23所示。其报警浓度为0.5% CH_4、断电浓度为0.5% CH_4、复电浓度为0.5% CH_4，断电范围为瓦斯涌出巷道上风流100 m内及其下风流的架空线电源和全部非本质安全型电气设备。

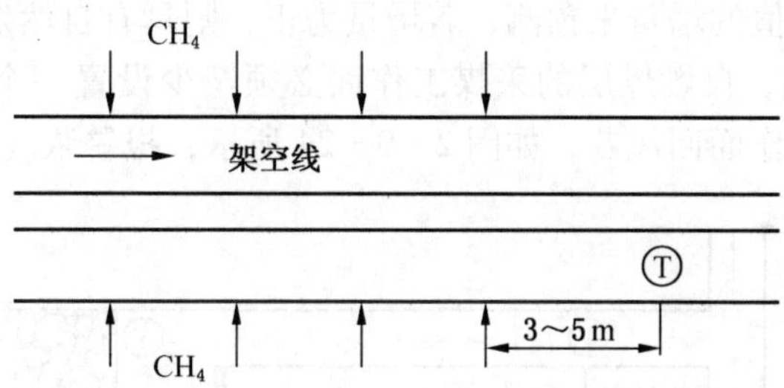

T—矿井进风的主要运输巷道使用架线电机车时，在瓦斯涌出巷道的甲烷传感器

图2-9-23 运输巷道甲烷传感器的设置

（3）蓄电池电机车必须设置车载式甲烷断电仪或便携式甲烷监测报警仪，柴油机车内必须设置便携式甲烷检测报警仪。当甲烷浓度超过0.5%时，必须停止机车运行。

（4）兼作回风井的装有带式输送机的井筒内必须设置甲烷传感器，其报警浓度为0.5% CH_4、断电浓度为0.7% CH_4、复电浓度为0.7% CH_4，断电范围为井筒内全部非本质安全型电气设备。

（5）井下煤仓、地面选煤厂煤仓上方应设置甲烷传感器，其报警浓度为1.5% CH_4、断电浓度为1.5% CH_4、复电浓度为1.5% CH_4，断电范围为储煤仓运煤的各类运输设备。

（6）封闭的地面选煤厂机房内上方应设置甲烷传感器，其报警浓度为1.5% CH_4、断电浓度为1.5% CH_4、复电浓度为1.5% CH_4，断电范围为选煤厂内全部非本质安全型电气设备。

（7）封闭的带式输送机地面走廊上方宜设置甲烷传感器，其报警浓度为1.5% CH_4、

断电浓度为1.5% CH_4、复电浓度为1.5% CH_4，断电范围为带式输送机地面走廊内全部非本质安全型电气设备。

9.2.6 瓦斯抽放泵站甲烷传感器的设置

（1）地面瓦斯抽放泵站内必须在室内设置甲烷传感器，与屋顶距离不得小于300 mm，与墙体距离不得小于200 mm，其报警浓度为0.5% CH_4。

（2）井下临时抽放泵站下风侧必须设置甲烷传感器，其报警浓度为1.0% CH_4、断电浓度为1.0% CH_4、复电浓度为1.0% CH_4，断电范围为抽放瓦斯泵。

（3）井下排瓦斯管路出口的下风侧栅栏外必须设置甲烷传感器。

（4）在抽放泵输入管路中应设置甲烷传感器。利用瓦斯时，应在输出管路中设置甲烷传感器，其报警浓度为不低于30% CH_4。不利用瓦斯、采用干式抽放瓦斯设备时，应在输出管路中设置甲烷传感器，其报警浓度不低于25% CH_4。

9.3 其他传感器的设置

9.3.1 一氧化碳传感器的设置

开采容易自燃、自燃煤层的矿井应设置一氧化碳传感器。一氧化碳传感器应布置在巷道的上方，并应不影响行人和行车，安装维护方便。一氧化碳传感器应垂直悬挂，距顶板（顶梁）不得大于300 mm，距巷壁不得小于200 mm。一氧化碳传感器的报警值为0.0024% CO。一氧化碳传感器除用于环境监测外，还可用于自然发火预测。自然发火可根据每天一氧化碳平均值的增量来预测，若增量为正，则具有自然发火的可能。

（1）开采容易自燃、自燃煤层的采煤工作面必须至少设置一个一氧化碳传感器，地点可设置在上隅角或工作面回风巷，如图2-9-24所示，报警浓度不小于0.0024% CO。

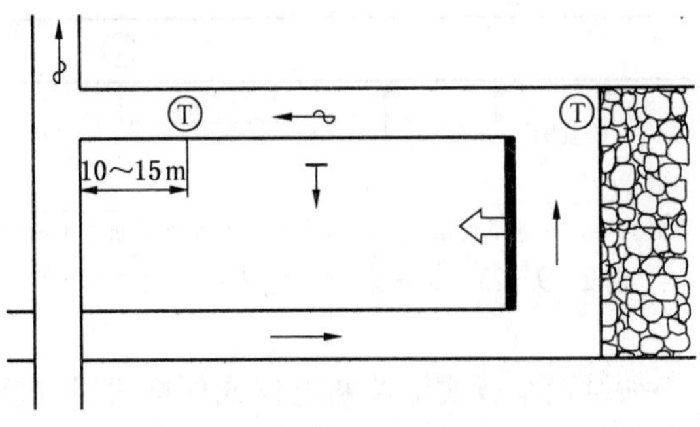

T——一氧化碳传感器

图2-9-24 采煤工作面一氧化碳传感器的设置

（2）带式输送机滚筒下风侧10～15 m处应设置一氧化碳传感器，报警浓度为0.0024% CO。

（3）自然发火观测点、封闭火区防火墙栅栏外宜设置一氧化碳传感器，报警浓度为0.0024% CO。

（4）开采容易自燃、自燃煤层的矿井，采区回风巷、一翼回风巷、总回风巷应设置一氧化碳传感器，报警浓度为0.0024% CO。

9.3.2 温度传感器的设置

（1）开采容易自燃、自燃煤层和地温高的矿井应设置温度传感器。温度传感器应布置在巷道的上方，并应不影响行人和行车，安装维护方便，距顶板(顶梁)不得大于300 mm，距巷道侧壁不得小于200 mm。温度传感器的报警值为30 ℃。温度传感器除用于环境监测外，还可用于自然发火预测。自然发火可根据每天温度平均值的增量来预测，若增量为正，则具有自然发火的可能。为保证温度传感器能正确反映所监测环境的温度，温度传感器应设置在风流稳定的位置，如图2-9-25所示。

（2）机电硐室内应设置温度传感器，报警值为34 ℃。

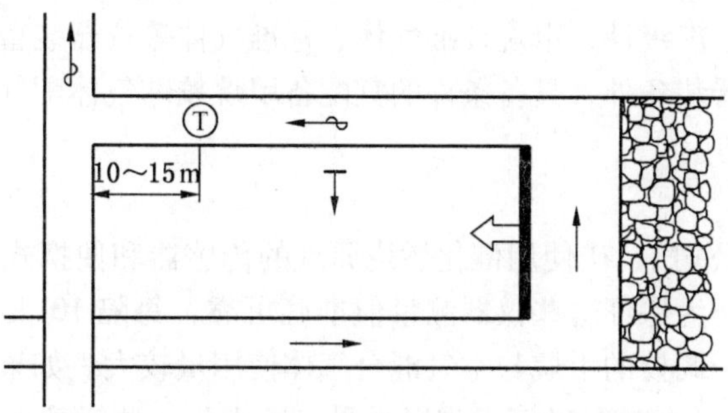

T—采煤工作面回风巷温度传感器

图2-9-25 采煤工作面回风巷温度传感器的设置

9.3.3 风速传感器的设置

采区回风巷、一翼回风巷及总回风巷的测风站应设置风速传感器。风速传感器应设置在巷道前后10 m内无分支风流、无拐弯、无障碍、断面无变化、能准确计算风量的地点。当风速低于或超过《煤矿安全规程》的规定值时，应发出声、光报警信号。

9.3.4 风压传感器的设置

主要通风机的风硐内应设置风压传感器。

9.3.5 瓦斯抽放管路中其他传感器的设置

瓦斯抽放泵站的抽放泵输入管路中宜设置流量传感器、温度传感器和压力传感器；利用瓦斯时，应在输出管路中设置流量传感器、温度传感器和压力传感器。防回火安全装置上宜设置压差传感器。

9.3.6 烟雾传感器的设置

带式输送机滚筒下风侧10～15 m处应设置烟雾传感器。

9.3.7 开关量传感器的设置

（1）主要通风机、局部通风机必须设置设备开停传感器。

（2）矿井和采区主要进、回风巷道中的主要风门必须设置风门传感器。当两道风门同时打开时，发出声光报警信号。

（3）掘进工作面局部通风机的风筒末端应设置风筒传感器。

（4）为监测被控设备瓦斯超限是否断电，被控开关的负荷侧必须设置馈电传感器。

9.4 使用与维护

9.4.1 检修机构

煤矿应建立安全监控仪器检修室，负责本矿安全监控仪器的调校、维护和简单维修工作。未建立检修室的小型煤矿应将安全监控仪器送到检修中心进行调校和维修。

国有重点煤矿的矿务局（公司）、产煤县（市）应建立安全监控仪器检修中心，负责安全监控仪器的调校、维修、报废鉴定等工作，有条件的可配置甲烷校准气体，并对煤矿进行技术指导。

安全监控仪器检修室宜配备甲烷传感器和测定器校验装置、稳压电源、示波器、频率计、万用表、流量计、声级计、甲烷校准气体、标准气体等仪器装备；安全监控仪器检修中心除应配备上述仪器装备外，具备条件的宜配备甲烷校准气体配气装置、气相色谱仪或红外线分析仪、风洞等。

9.4.2 校准气体

在我国，各局（公司）、矿使用催化燃烧原理的传感器和便携式甲烷检测报警仪数量较大，一般超过千台。为保证这些仪器测量值准确可靠，每隔 10 天必须对这些仪器进行一次调校。因此，用于调校的甲烷与空气混合气体使用量较大。如果采用空气中甲烷二级标准气体，各局（公司）、矿在经济上难以承受，特别是一些远离大中城市、交通不便的矿，由于空气中甲烷标准气体是危险品，运输十分困难，难以满足现场日常标校工作的需求。同时考虑到仪器的日常校准与周期检定不同，检定是为评定计量器的计量特性、确定其是否符合法定要求所进行的工作，而校准仅仅是为了确定计量器显示值的误差，并不判断其合格与否，无法制性。因此，煤矿瓦斯监测仪器日常校准采用自行管理的甲烷与空气混合气体——空气中甲烷校准气体。

空气中甲烷校准气体与空气中甲烷标准气体的主要区别在于，前者是由国家煤矿安全监察局负责管理、组织考核发证；后者是由国家技术监督部门负责管理、组织考核定级发证。空气中甲烷一级标准物质浓度范围为 0.5% CH_4 ~ 3.0% CH_4，不确定度不大于 1%，稳定性一年以上。空气中甲烷二级标准物质浓度范围为 0.5% CH_4 ~ 3.0% CH_4，不确定度不大于 3%，稳定性半年以上。空气中甲烷校准气体浓度范围为 1.0% CH_4 ~ 3.0% CH_4，不确定度不大于 5%，主要用于催化燃烧原理甲烷测量仪器的日常校准。

催化燃烧原理的甲烷传感器和便携式甲烷检测报警仪，其误差为：0 ~ 1.0% CH_4 时，±0.1% CH_4；1.0% CH_4 ~ 2.0% CH_4 时，±0.2% CH_4；2.0% CH_4 ~ 4.0% CH_4 时，±0.3% CH_4。因此，采用不确定度不大于 5% 的校准气体可以满足校准要求，具有 2 倍传递关系。校准甲烷传感器和便携式甲烷检测报警仪，一般只校准 1.0% CH_4 的报警点或 1.5% CH_4 的断电点。因此，空气中甲烷校准气体浓度范围为 1.0% CH_4 ~ 3.0% CH_4，这样既可满足校准的需要，同时又使本配制校准气体的难度大大降低。

配制甲烷校准气样的装备和方法必须符合国家有关标准，选用纯度不低于 99.9% 的甲烷标准气体作原料气。配制好的甲烷校准气体应以标准气体为标准，用气相色谱仪或红外线分析仪分析定值，其不确定度应小于 5%。

甲烷校准气体配气装置应放在通风良好，符合国家有关防火、防爆、压力容器安全规定的独立建筑内。配气气瓶应分室存放，室内应使用隔爆型的照明灯具及电气设备。高压气瓶的使用管理应符合国家有关气瓶安全管理的规定。

9.4.3 调校

为保证安全监控设备灵敏可靠，安全监控仪器设备必须定期调试校正，在设备验收时、安装前也必须调试校正，并在地面试运行 1～2 天方能下井。

由于甲烷载体催化组件的稳定性不小于 15 天，因此采用载体催化组件的甲烷传感器、便携式甲烷检测报警仪等，每隔 10 天必须使用校准气样和空气样，按产品使用说明书的要求调校一次。调校时，应先在新鲜空气中或使用空气样调校零点，使仪器显示值为零，再通入浓度为 1.0% CH_4～2.0% CH_4 的甲烷校准气体，调整仪器的显示值与校准气体浓度一致，气样流量应符合产品使用说明书的要求。

为保证甲烷超限断电和停风断电功能准确可靠，每隔 10 天必须对甲烷超限断电闭锁和甲烷风电闭锁功能进行测试。

安全监控仪器及设备校正包括零点、灵敏度、报警点、断电点、复电点、指示值、控制逻辑等。

监测气体的安全监控仪器及设备，应每隔 10 天采用空气样和相应的标准气样或校准气样进行调试和校准。测量风速的安全监控仪器及设备，选用经过标定的风速计校对。测量温度的安全监控仪器及设备，选用经过标定的温度计校对。其他传感器和便携仪也应按使用说明书要求定期调校。

1. 低浓度甲烷传感器定期调校方法

低浓度甲烷传感器每隔 10 天应按以下方法调校：

（1）准备 1.0% CH_4～2.0% CH_4 的校准气体、空气样、配套的减压阀、气体流量计和橡胶软管等调校仪器及器材。

（2）空气样用橡胶软管连接传感器气室。调校零点，范围控制在 0.00～0.03% CH_4 之内。

（3）校准气瓶流量计出口用橡胶软管连接传感器气室。打开气瓶阀门，先用小流量向传感器缓慢通入 1.0% CH_4～2.0% CH_4 校准气体，在显示值缓慢上升的过程中，观察报警值和断电值。然后调节流量控制阀把流量调节到传感器说明书规定的流量，使其测量值稳定显示，持续时间大于 90s。使显示值与校准气浓度值一致。若超差应更换传感器，预热后重新测试。

（4）在通气的过程中，观察报警值、断电值是否符合要求，注意声、光报警和实际断电情况。当显示值小于 1.0% CH_4 时，测试复电功能。测试结束后关闭气瓶阀门。

（5）填写调校记录，测试人员签字。

2. 低浓度甲烷传感器调校方法

新甲烷传感器使用前、在用甲烷传感器大修后应按以下方法调校：

（1）准备催化燃烧式甲烷测定器检定装置、秒表、温度计、校准气（0.5、1.5、2.0、3.5% CH_4）、直流稳压电源、声级计、频率计、系统分站等调校仪器及器材。

（2）检查甲烷传感器外观是否完整，清理表面及气室积尘。甲烷传感器与稳压电源、频率计（或分站）连接，通电预热 10 min。

（3）在新鲜空气中调仪器零点，零值范围控制在 0.00～0.03% CH_4 之内。

（4）按说明书要求的气体流量，向气室通入 2.0% CH_4 校准气，调校甲烷传感器精度，使其显示值与校准气浓度值一致，反复调校，直至准确。在基本误差测定过程中不得再次调校。

（5）基本误差测定。按校准时的流量依次向气室通入 0.5、1.5、3.5% CH_4 校准气各 3 min，记录传感器的显示值或输出信号值（换算为甲烷浓度值）。重复测定 4 次，取其后 3 次的算术平均值与标准气样的差值，即为基本误差。

（6）在每次通气的过程中同时要观察测量报警点、断电点、复电点和声光报警情况。以上内容也可以单独测量。

（7）声、光报警测试。报警时报警灯应闪亮，声级计距蜂鸣器 1 m 处，对正声源，测量声级强度。

（8）测量响应时间。用秒表测量通入 2.0% CH_4 校准气，显示值从零升至最大显示值 90% 时的起止时间。

（9）测试过程中记录分站的传输数据，误差值不超过 0.01% CH_4。数字传输的传感器，必须接分站测量传输性能。

（10）填写调校记录，测试人员签字。

9.4.4　维护

井下安全监测工必须 24 h 值班，每天检查安全监控设备及电缆，使用便携式光学瓦斯检测仪或便携式甲烷检测报警仪与甲烷传感器进行对照，并将记录和检查结果报地面中心站值班员。当两者读数误差大于允许误差时，先以读数较大者为依据，采取安全措施，并必须在 8 h 内对两种设备进行调校完毕。

下井管理人员发现便携式甲烷检测报警仪与甲烷传感器读数误差大于允许误差时，应立即通知安全监控机构进行处理。

安装在采煤机、掘进机和电机车上的机（车）载断电仪，由司机负责监护，并经常检查清扫，每天使用便携式甲烷检测报警仪与甲烷传感器进行对照，当两者读数误差大于允许误差时，先以读数最大者为依据，采取安全措施，并立即通知安全监测工，必须在 8 h 内对两种设备进行调校完毕。

炮采工作面设置的甲烷传感器在爆破前应移动到安全位置，爆破后应及时恢复设置到正确位置。对需要经常移动的传感器、声光报警器、断电控制器及电缆等，由采掘班组长负责按规定移动，严禁擅自停用。

分站、传感器、声光报警器、断电器及电缆等安全监控设备，由所在采掘区的区队长、班组长负责保管和使用，如有损坏应及时向安全监控管理机构汇报。

传感器经过调校检测误差仍超过规定值时，必须立即更换；安全监控仪器发生故障时，必须及时处理，在更换和故障处理期间必须采用人工监测等安全措施，并填写故障记录。

低浓度甲烷传感器经大于 4.0% CH_4 的甲烷冲击后，应及时进行调校或更换。

电网停电后，备用电源不能保证设备连续工作 1 h 时，应及时更换。

使用中的传感器应经常擦拭，清除外表积尘，保持清洁。采掘工作面的传感器应每天除尘；传感器应保持干燥，避免洒水淋湿；维护、移动传感器应避免摔打碰撞。

9.4.5　便携仪

便携式甲烷检测报警仪和甲烷报警矿灯等检测仪器应设专职人员负责充电、收发及维护。每班要清理隔爆罩上的煤尘，下井前必须检查便携式甲烷检测报警仪和甲烷检测报警矿灯的零点和电压值，不符合要求的禁止发放使用。

使用便携式甲烷检测报警仪和甲烷报警矿灯等检测仪器时要严格按照产品说明书进行操作，严禁擅自调校和拆开仪器。

9.4.6 备件及报废

矿井应配备传感器、分站等安全测控仪器备件，备用数量应不少于20% 。

安全监控仪器符合下列情况之一者，应当报废：设备老化、技术落后或超过规定使用年限的；通过修理，虽能恢复精度和性能，但一次修理费用超过原价80% 以上，不如更新经济的；严重失爆不能修复的；遭受意外灾害，损坏严重，无法修复的；国家或有关部门规定应淘汰的。

9.5 中心站及信息处理

9.5.1 地面中心站的装备

煤矿安全监控系统的主机及系统联网主机必须双机或多机备份，24 h 不间断运行。当工作主机发生故障时，备份主机应在5 min 内投入工作。

中心站应双回路供电并配备不小于2 h 在线式不间断电源。

中心站设备应有可靠的接地装置和防雷装置。

联网主机应装备防火墙等网络安全设备。

中心站应使用录音电话。

9.5.2 煤矿安全监控系统信息的处理

地面中心站必须24 h 有人值班。值班人员应认真监视监视器所显示的各种信息，详细记录系统各部分的运行状态，接收上一级网络中心下达的指令并及时进行处理，填写运行日志，打印安全监控日报表，报矿主要负责人和主要技术负责人审阅。

系统发出报警、断电、馈电异常信息时，中心站值班人员必须立即通知矿井调度部门，查明原因，并按规定程序及时报上一级网络中心。处理结果应记录备案。

调度值班人员接到报警、断电、馈电异常信息后，应立即向矿值班领导汇报，同时按规定指挥现场人员停止工作，断电时撤出人员，处理过程应记录备案。

当系统显示井下某一区域瓦斯超限并有可能波及其他区域时，矿井有关人员应按瓦斯事故应急预案手动遥控切断瓦斯可能波及区域的电源。

9.5.3 联网信息的处理

煤矿安全监控系统联网实行分级管理。国有重点煤矿必须向矿务局（公司）安全监控网络中心上传实时测控数据，国有地方和乡镇煤矿必须向县（市）安全监控网络中心上传实时测控数据。网络中心对煤矿安全监控系统的运行进行监督和指导。

网络中心必须24 h 有人值班。值班人员应认真监视测控数据，核对煤矿上传的隐患处理情况，填写运行日志，打印报警信息日报表，报值班领导审阅。发现异常情况要详细查询，按规定进行处理。

联网网络中心值班人员发现煤矿瓦斯超限报警、断电、馈电状态异常情况等必须立即通知煤矿核查情况，按应急预案进行处理。

煤矿安全监控系统中心站值班人员接到网络中心发出的报警处理指令后，要立即处理落实，并将处理结果向网络中心反馈。

网络中心值班人员发现煤矿安全监控系统通讯中断或出现无记录情况，必须查明原因，并根据具体情况下达处理意见，处理情况记录备案，上报值班领导。

网络中心每月应对瓦斯超限情况进行汇总分析。

9.6 管理与技术资料

9.6.1 管理制度

煤矿应建立安全监控管理机构。安全监控管理机构由煤矿主要技术负责人领导，并应配备足够的人员。

煤矿应制定瓦斯事故应急预案、安全监测岗位责任制、操作规程、值班制度等规章制度。

从事安全监控仪器管理、维护、检修、值班人员应经培训合格，持证上岗。

9.6.2 账卡及报表

安全监控机构应建立以下账卡及报表：①设备、仪表台账；②监控设备故障登记表；③检修记录；④巡检记录；⑤传感器调校记录；⑥甲烷电闭锁、甲烷风电闭锁测试记录；⑦中心站运行日志；⑧安全监控日报；⑨报警、断电、馈电异常记录月报；⑩矿井安全监控设备使用情况月报、季报表。

安全测控日报应包括以下内容：①表头；②打印日期和时间；③传感器设置地点；④所测物理量名称；⑤平均值；⑥最大值及时刻；⑦报警次数；⑧累计报警时间；⑨断电次数；⑩累计断电时间；⑪馈电异常次数；⑫馈电异常累计时间等。

报警断电记录月报应包括以下内容：①表头；②打印日期和时间；③传感器设置地点；④所测物理量名称；⑤报警次数、对应时间、解除时间、累计时间；⑥断电次数、对应时间、解除时间、累计时间；⑦馈电异常次数、对应时间、解除时间、累计时间；⑧每次报警的最大值、对应时刻及平均值；⑨每次断电累计时间、断电时刻及复电时刻，平均值、最大值及时刻；⑩每次采取措施时间及采取措施内容等。

甲烷超限断电闭锁和甲烷风电闭锁功能测试记录应包括以下内容：①表头；②打印日期和时间；③传感器设置地点；④断电测试起止时间；⑤断电测试相关设备名称及编号；⑥校准气体浓度；⑦断电测试结果等。

煤矿必须绘制煤矿安全测控布置图和断电控制图，并根据采掘工作的变化情况及时修改。布置图应标明传感器、声光报警器、断电控制器、分站、电源、中心站等设备的位置、接线、断电范围、报警值、断电值、复电值、传输电缆、供电电缆等；断电控制图应标明甲烷传感器、馈电传感器和分站的位置、断电范围、被控开关的名称和编号、被控开关的断电接点和编号。

煤矿安全监控系统和网络中心应每 3 个月对数据进行备份，备份的数据介质保存时间应不少于 2 年。

图纸、技术资料的保存时间应不少于 2 年。

9.7 故障诊断与维修

矿井监控系统是一种防爆型电气设备。因此，维修后的监控设备应仍保持设备原有的防爆性能。矿井监控系统由传感器、分站、电源、断电器、传输接口等多种设备组成。因此，在进行监控设备维修前，应根据系统的工作原理，认真分析故障现象，迅速查找和修理故障设备。

9.7.1 防爆考虑

在维修本质安全型监控设备时，应保证本质安全电路的电气参数和保护性能不变。维修后的本质安全型监控设备，其电气参数应保持在产品说明书标定的范围之内，其保护性能应满足产品使用说明的要求。若需更换本质安全电路及其关联电路的电气组件时，应选用规格、型号相同的电气组件，不得擅自更改。特别当更换保护组件时，除应保证更换的新组件的规格和型号与原设计完全相同外，还应经过严格的筛选，并保证保护整定值及性能满足原设计的要求。对于特制的防爆组件（如胶封组件）应向厂家购买或按原设计仿制，如果需要修改本质安全型电路的设计时，应将修改后的图样和样机送国家指定的防爆检验单位审查检验，合格后方可使用。

在井下检修防爆型监控设备时，应切断前级电源。严禁在井下用非防爆仪器、仪表检查和测量防爆型监控设备。

9.7.2 故障诊断及维修

在具有自动诊断功能的矿井监控系统中，可以利用系统的自诊断功能迅速查找故障。在查找故障时，一般遵循从系统到具体设备、从具体设备到设备内组件、从组件到元器件的从大到小的查找原则。并且，首先测试电源供电电压和输出电流。一般地讲，由 TTL 集成电路组成的电路及其设备，如果工作电源超出（5 ± 5%）V 的范围，将会工作不正常。由 CMOS 集成电路组成的电路及其设备，如果电源超出 3 ~ 18 V 的范围，将会工作不正常。

在查找故障时，采用替换法是比较方便的。所谓替换法就是：首先将故障设备的全部印制板组件用相应的备用组件替下，若此时该设备恢复正常，说明替换下的印制板组件有问题，然后再将替换下的原印制板组件逐一替换上，直至设备不正常时，再将最后替换上的印制板组件用相应的备用组件替下。此时，可确定该组件是故障组件，然后继续上述操作，直至所有组件都替换一遍，找出全部故障组件为止，将有故障的组件带到井上维修。若用备用组件替换原组件后设备仍不正常工作时，应查找接线端子和传输线是否有问题。

故障组件一般返回生产厂维修或以旧换新。需要现场维修时，一般在井上维修室进行。在维修前，应了解该组件的工作原理、工作电压、各点波形和频率，根据电路原理图和印制线路板图维修。维修故障组件时，也可采用替换法查找组件上的故障元器件。维修室一般应配备万用表、电工组合工具、数字频率计、信号发生器和双踪示波器等。

10　安全监控系统典型实例

10.1　KJ70N 型煤矿安全监控系统

10.1.1　系统简介

KJ70N 煤矿安全监控系统是我国自主开发的产品，其软件和硬件均有独创风格和与众不同的技术性能。KJ70N 煤矿安全监控系统的设计以《煤矿安全规程》为依据，可采集瓦斯、风速、负压、温度、一氧化碳等环境参数，以及设备开停、供电状态等生产参数，可以控制设备的通、断电。该系统具有如下特点：

（1）系统全面执行新版本防爆标准、监控标准及新版的《煤矿安全规程》。

（2）KJ70N 监控软件可以网站上下载，免费在线升级。

（3）监控系统软件可在 Windows2000 中文版、WindowsXP 中文版等系统下运行，由于操作系统支持多任务，因此在运行监控系统的同时还可以运行其他软件。

（4）监控系统软件窗口有：参数及状态显示、多屏组合显示、分区模拟显示、趋势曲线显示、动态柱显示、设备运行动画显示、各种运动动画显示、各种事件检索显示、重要测点高密度显示及传输线断路等报警显示。

（5）特有的软件容错、纠错技术，提高了系统的可靠性。

（6）功能齐全、人机界面友好、操作方便；具有语音报警功能，可配接各种子系统。

（7）KJ70N 监控系统能做到监控计算机真正的双机热备。

（8）系统采用差分平衡式无地线传输方式，数据传输质量高，抗干扰能力强，符合欧洲工业标准。

（9）全隔离式监控分站，由大容量多路不间断电源集中供电；分站在接传感器时可不区分开关量、模拟量；分站在配接各种传感器时能适应频率、电压、电流等多种信号制，使用方便灵活。传感器可一对一连接。

（10）大容量多路不间断电源，备用时间可达 2 h。

（11）监控设备、矿用传感器、执行器全系列配套。

（12）配置灵活，能满足大、中、小不同类型矿井的监控设备需要。

（13）系统智能化遥控传感器调校方便，使用寿命长。

（14）具有异地、远程手动控制及自动断电功能。

（15）能实现甲烷风电闭锁及断电仪的所有功能；甲烷风电闭锁及断电仪可脱离系统独立运行。

10.1.2　系统组成

KJ70N 煤矿安全监控系统由监控计算机、计算机网络及监控软件、传输接口及传输通道、分站及供电电源、各种传感器及执行器等组成，如图 2－10－1 所示。

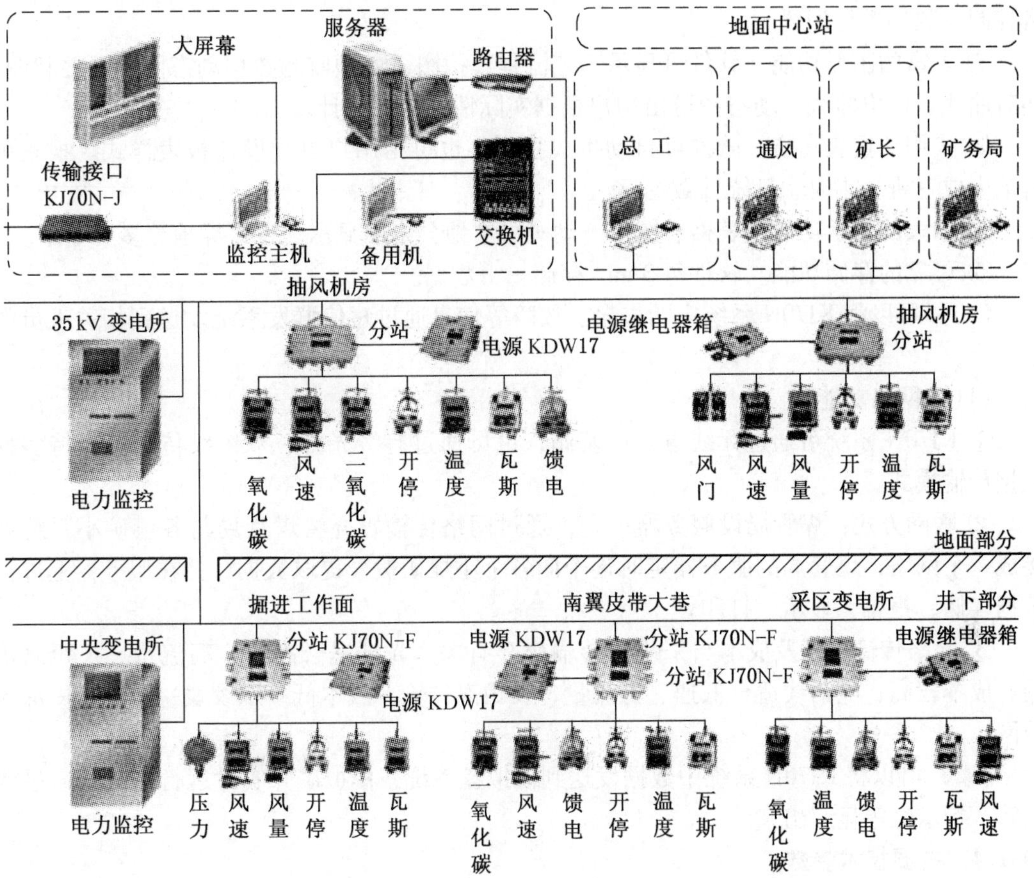

图 2-10-1　KJ70N 煤矿安全监控系统组成示意图

10.1.3　KJ70N 系统主要功能

（1）系统可监测瓦斯、风速、一氧化碳、烟雾、温度、风门开关等环境参数，也可监测煤仓煤位、水仓水位、压风机风压、箕斗计数、各种机电设备开停等生产参数和电压、电流、功率、电度等电量参数，以及胶带跑偏、胶带速度，轴承温度、机头堆煤等各种机电设备的运行情况。

（2）系统兼容多种分站，最多可配置 255 台监控站。

（3）系统可实现风、电、瓦斯闭锁和断电仪的全部功能。

（4）计算机或传输系统故障时，井下分站可继续独立工作。

（5）系统具有模拟量、开关量故障报警及报警统计。

（6）系统同时具有自动、手动断电，可实现本地、异地、区域断电。

（7）系统具有模拟量故障统计：模拟量数据三班、小时、日统计；开关量的开、停时间累计；开关量的开、停次数累计。

（8）停电后系统可工作 2 h 以上。

（9）软件功能：

① 简单配置功能。地面可对井下分站、传感器的安装位置、传感器的特性参数、设备控制参数等进行配置。

② 丰富的图形功能。软件可显示工艺流程模拟图，各种监测数据动态图形、柱状图、实时曲线、历史曲线。动态图可由用户根据实际情况自行设计。

③ 实用的报表功能。软件可自动生成报表，也可由用户自行设计报表样式。报表可自动生成三班、小时、日统计数据。

④ 强大的显示功能。表格、图形、动画可本地分多屏显示，也可异地分多屏显示。

⑤ 可靠的存储功能。软件每 3 min 存储一组数据。

(10) 可以将 KJ70N 系统中的报警、故障等信息通过短信群发系统发送到相关人员的手机上。

(11) 网络功能：

① KJ70N 系统可通过无线电台、基站，也可通过有线光纤、双绞线传输。支持多种数据传输模式。

② 联网方式：煤管局设服务器一台，通过网络传输媒介将煤管局与各煤矿小系统连接成一个网络，煤管局的服务器定时逐个向各个小煤矿拨号提取数据，并在服务器上进行数据存储、报警、显示、打印。

③ 网络传输速度及成本与采用的传输媒介有关。光纤适合高速、高流量、长距离传输，成本较高；电话线适合低速、低流量、长距离传输，成本低；双绞线一般用于内部局域网。

(12) 可以将 KJ70N 系统中数据发送到模拟盘系统，模拟矿井实时运行情况，通过数码管、指示灯等显示出来。

10.1.4　主要技术参数

(1) 系统中用于机房、调度室的设备，应能在下列条件下正常工作：

① 环境温度：15 ~ 30 ℃。

② 相对湿度：40% ~ 70%。

③ 温度变化率小于 10 ℃/h，且不得结露。

④ 大气压力：80 ~ 106 kPa。

⑤ GB/T 2887 规定的尘埃、照明、噪声、电磁场干扰和接地条件。

(2) 除有关标准另有规定外，系统中用于煤矿井下的设备应在下列条件下正常工作：

① 环境温度：0 ~ +40 ℃。

② 平均相对湿度：不大于 95% (+25 ℃)。

③ 大气压力：85 ~ 106 kPa。

④ 无显著震动、冲击和淋水的场合。

⑤ 煤矿井下有爆炸性气体混合物，但无破坏绝缘的腐蚀性气体的 I 类场合。

(3) 系统容量：

① 可接分站数量 128 台。

② 每个分站容量为 16 路模拟量或开关量输入，6 路开关量输出。

(4) 数据传输方式：接口与分站 1200、2400、4800 bit/s 异步时分制，半双工 RS485 接口传输。

（5）传输距离：

① 监控分站到传感器为 2 km（采用 MHYVR 通信电缆，截面积不小于 1.5 mm^2）。

② 监控分站到断电器为 2 km（采用 MHYVR 通信电缆，截面积不小于 1.5 mm^2）。

③ 监控分站到声光报警器为 2 km(采用 MHYVR 通信电缆,截面积不小于 1.5 mm^2)。

④ 数据传输接口到监控分站为 10 km（采用 MHY32 通信电缆，截面积不小于 1.5 mm^2）。

（6）误码率：中心站到接口、接口到分站、分站到传感器传输误码率均 10^{-8}。

（7）巡检周期：小于 20 s。

（8）可接入的传感器信号制：

① 模拟量，200～1000 Hz（优选）、1200～2000 Hz 高低浓传感器，1～5 mA 或 4～20 mA 电流，0～5 V 电压。

② 开关量，0/5 mA、-5/5 mA、无电位触点。

（9）模拟量输入传输处理误差应不大于 1.0%

（10）累计量输入传输处理误差不大于 1.0%。

（11）控制执行时间：甲烷超限断电及甲烷风电闭锁的控制执行时间应不大于 2 s；其他控制执行时间应不大于 30 s；异地控制执行时间应不大于 60 s。

（12）存储时间：甲烷、温度、风速、负压、一氧化碳等重要测点的实时监测值存盘记录应保存 7 天以上。模拟量统计值，报警/解除报警时刻及状态，断电/复电时刻及状态，馈电异常报警时刻及状态，局部通风机、风筒、主通风机、风门等状态及变化时刻，瓦斯抽采（放）量等累计量值，设备故障/恢复正常工作时刻及状态等记录应保存 1 年以上。当主机发生故障时，丢失上述信息的时间长度应不大于 5 min。

（13）画面响应时间：调出整幅画面 85% 的响应时间应不大于 2 s,其余画面应不大于 5 s。

10.1.5　主要设备

主要设备见表 2-10-1。

表2-10-1　系统组成产品清单

序号	名　称	序号	名　称
1	监测主计算机	13	矿用隔爆兼本安电源 KDW17
2	监测备用计算机	14	隔爆兼本安不间断电源 KDW28
3	监测主服务器	15	多参数气体检测仪 CD4
4	地面后备电源（UPS）	16	GYH25 矿用氧气传感器
5	打印机	17	矿用粉尘浓度传感器 GC1000J
6	交换机	18	矿用超声物位仪 KGU5B
7	煤矿安全监控系统软件 KJ70N	19	矿用隔爆兼本安变压器 KDB1140/660(380)
8	网络终端	20	矿用隔爆兼本安电源继电器箱 KDW1140/18D
9	数据传输接口 KJ70N-J，KJ70N-J（B）	21	电源继电器箱 KDW0.7/18-J
10	电源防雷栅 KNF220-5	22	煤矿用低浓度甲烷传感器 GJC4
11	接线式信号保护器（避雷器）SI-024TR1	23	煤矿用高低浓度甲烷传感器 GJC4/100
12	监控分站 KJ70N-F(B),KJ70N-F1(A)	24	煤矿用管道式高浓度甲烷传感器 GJT100G

表2-10-1（续）

序号	名称	序号	名称
25	矿用红外甲烷传感器 GJG5H	39	矿用机电设备开停传感器 KGT9
26	矿用红外二氧化碳传感器 GRG5H	40	矿用隔爆兼本安型断电器 KDG1140
27	矿用风量传感器 KGF2	41	矿用本质安全型烟雾传感器 GQL0.1(A)
28	煤矿用收缩管风速传感器 KGF6	42	馈电状态传感器 GKD127 V(A、B、C、E)
29	数字式温度传感器 KGW5	43	矿用风门开关传感器 GFK30(A)、GFK30(B)
30	声光报警器 KXH18(A)	44	煤矿用风筒风量开关 GFD6
31	甲烷断电仪 DJ4G	45	断电执行器 KDG2.5/127(A)
32	煤矿用一氧化碳传感器 GTH1000	46	本安电路用电缆接线盒 JHH-2
33	投入式液位传感器 GUY5(A)	47	本安电路用电缆接线盒 JHH-3
34	负压(压力)传感器 GPD5000F	48	矿用传感器电缆(1×4×7/0.3)MHYVR
35	煤矿用压力传感器 GPD10	49	主传电缆(1×4×1)MHYBV
36	电压变送器 GYD120	50	井筒信号电缆(1×4/1.38)MHY32
37	电流变送器 GLD5	51	矿用二氧化硫传感器
38	馈电状态传感器 GKD127～660 V	52	GLH100 矿用硫化氢传感器

10.1.6 维护与故障处理

（1）严禁带电插拔监控主机、副机与传输接口间的连接线。

（2）监测系统应有单独接地，不允许与其他系统共地。地面设备的外壳和主传输电缆的屏蔽层应接到安全保护地，接地电阻应不大于4 Ω，其他井下设备接地要求应满足《煤矿安全规程》482～487条的规定。系统通讯电缆干线的屏蔽层仅允许在地面中心站机房或竖井一处可靠接到屏蔽地上，决不允许多点接地。

（3）与井下分站连接的所有电路和设备必须是本质安全型电路或本质安全型电气设备。

（4）井下电源箱只有断开与分站连接及关闭交流电源后才能开盖。

（5）井下电源箱只有按规定的配套设备配接，不得配接其他设备。

（6）严禁在井下更换电源箱的后备电池。

（7）断电器只有在关闭所控制的被控开关电源后才能开盖，断电器的触点出厂时根据用户的要求接为常开或常闭方式。

（8）对于分站的风电甲烷闭锁功能必须使用专用工具才能进行人工解锁。

（9）系统中的设备检修时不得改变原本安电路及关联电路元器件的规格、型号和电气参数。

（10）系统井下的供电系统执行《煤矿安全规程》。

（11）监测安全用的甲烷传感器及相关断电设备应定期调校。

（12）维修时应注意防止“失爆”（保护隔爆面，注意紧固件和注意引入装置里的橡胶密封圈）。

10.1.7 主要设备介绍

10.1.7.1　KJ70N－J（B）型数据传输接口

KJ70N－J（B）型数据传输接口是一种矿用数据信息转换传输装置，是 KJ70N 型煤矿安全监控系统以及 KJ128A 型矿用人员管理系统的主要配套设备。传输接口以微处理器为核心，按标准的 RS485 通讯协议为主干，并采用先进、独特的双向切换技术，传输数据格式为透明传输方式，传输过程中只需 TXD、RXD、GND 三根数据线。

传输接口分三组信号输出，两组为井下分站传输（本安），另一组为地面分站传输（非安）。传输接口本安传输采用高速光电隔离器将 RS232 信号与外部数据总线信号有效且可靠的隔离，这样传输接口的可靠性显著增强，同时也延长了它的使用寿命。

传输接口与 KJ70N 型煤矿安全监控系统或 KJ128A 型矿用人员管理系统配合使用可实现双机切换功能，同时传输接口提供一组非安 DC18V/400 mA 调试电源（不得下井使用），为用户在调试维修中提供方便。

1. 工作原理

传输接口主要由供电电源、本安传输及非安传输三部分组成。电源部分：输入 220VAC 经变压器输出三组电源，经整流滤波后的三组电源分别为 DC15V 两组（本安）和 DC20V 一组。DC15V 两组供本安传输用，所以两组本安信号传输为相互独立的不共地传输模式；DC20V 一组（非安）供非安传输使用；调试电源 DC18V（非安不可下井使用）和非安传输用的供电电源共用一组线圈。传输接口将主计算机和辅计算机发送的 RS232 信号隔离变换成三组信号，两组为本安信号用于与井下分站通讯，另一组为非本安信号用于与地面分站通讯（这组信号不可下井使用）。

2. 主要技术指标

（1）传输距离：

① 传输接口与主、备计算机通讯为 5 m。

② 数据传输接口到监控分站为 10 km(采用 MHY32 通信电缆，线径截面不小于 1.5 mm^2)。

（2）监控容量：接口接入的分站数量为 16 台。

（3）系统信号传输：

① 传输接口与计算机通讯，传输端口 2 路；传输方式为主从、半双工、RS232、双极性；传输速率 1200 bps。

② 传输接口与监控分站通讯，传输端口 3 路（非安 1 路用于地面分站通讯，本安 2 路用于井下分站通讯）；传输方式为主从、半双工、RS485、双极性；传输速率 1200 bps；传输距离 10 km（采用煤矿用通信电缆 MHY32，线径截面不小于 1.5 mm^2）；通讯信号电压峰峰值（Vp－p）为 1～9V；通讯信号电流峰值不大于 150 mA。

（4）电源波动适应能力：传输接口的供电电源在 90%～110% 范围内波动时，传输接口的基本功能及主要技术指标符合规定。

10.1.7.2　KJ70N－F1（A）矿用分站

KJ70N－F1（A）矿用分站是一种矿用数据信息采集和控制装置，属矿用本质安全型设备，是煤矿安全监控系统的主要组成部分之一。它以微处理器为核心，可同时挂接 8 台传感器，模拟量和开关量设备可任意接入。断电方式（如多对一，多对多方式）可由上位机系统软件定义，分站自动识别断电方式。分站操作简单，使用方便。

1. 工作原理

分站上电的瞬间，读取用户设置的地址、工作方式或开出电平设置。分站正常工作时，按照上位计算机的配置检测 8 个输入口的数据大小或设备状态并上传，并根据 8 个输入口数据的大小或设备状态及时切断/打开相关巷道内的非本安电气设备的电源开关，原理框图如图 2－10－2 所示。

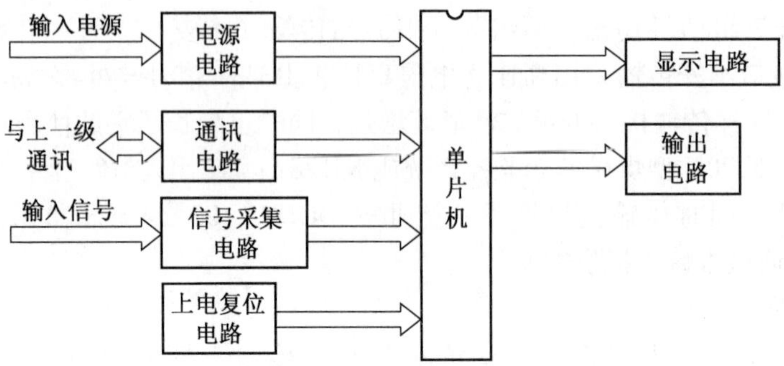

图 2－10－2　原理框图

2. 主要技术指标

（1）供电电源：

① 额定工作电压 DC18V；

② 工作电流不大于 400 mA。

（2）信号制：

① 模拟量。除高低浓甲烷外，模拟量传感器输出信号都为 200～1000 Hz 频率信号，信号脉冲宽度大于 0.3 ms，高电平大于 3 V（输出电流为 2 mA 时），低电平小于 0.5 V。对于高低浓甲烷，频率信号 200～1000 Hz 对应检测范围 0～4% CH_4，1200～2000 Hz 对应检测范围 0～100% CH_4；信号脉冲宽度大于 0.15 ms，高电平大于 3 V（输出电流为 2 mA 时），低电平小于 0.5 V。

② 累计量。电平信号脉冲宽度不低于 0.3 s，高电平大于 3 V（输出电流为 2 mA 时），低电平小于 0.5 V，计数范围 0～9999。

③ 开关量。电平信号为输出高电平时应不小于 3.0V（输出电流为 2 mA 时），输出低电平时不大于 0.5V，高电平对应逻辑“1”，低电平对应逻辑“0”。电流信号为 0/5 mA，不大于 0.2 mA 对应逻辑“0”，不小于 3 mA 对应逻辑“1”。

④ 控制量输出信号。高电平拉出电流为 2 mA 时电压幅度大于 3 V，低电平小于 0.5 V。

（3）模拟量输入处理误差应不大于 0.5%。

（4）系统信号传输。传输接口与控制分站通讯：

① 传输端口 1 路；

② 传输方式为主从、半双工、RS485、双极性；

③ 传输速率 1200 bps；

④ 通讯信号电压峰峰值 2～12 V。

（5）控制执行时间。甲烷超限断电及甲烷风电闭锁的控制执行时间应不大于 2 s，其他控制执行时间应不大于 30 s。

（6）最大传输距离：

① 控制分站到传感器为 2 km（采用 MHYVR 通信电缆，截面积不小于 1.5 mm^2）；

② 控制分站到断电器为 2 km（采用 MHYVR 通信电缆，截面积不小于 1.5 mm^2）；

③ 控制分站到声光报警器为 2 km（采用 MHYVR 通信电缆，截面积不小于 1.5 mm^2）；

④ 数据传输接口到控制分站为 10 km（采用 MHY32 通信电缆，截面积不小于 1.5 mm^2）。

（7）最大监控容量：

① 分站能接入传感器数量为 8 路，不区分模拟量和开关量；

② 分站能接入 6 路执行器。

（8）备用电源连续工作时间。电网停电后，外接备用电源连续工作时间应不小于 2 h（可外接 KDW17、KDW18 及 KHJ6.2 电源）。

（9）电源波动适应能力。直流供电电压在 12～24 V 范围内波动时，分站的电气性能应符合规定。

（10）本安参数：U_i 为 19.5 V，I_i 为 1000 mA，L_i 为 0 mH，C_i 为 2.4μF。

10.1.7.3　KJ70N－F（B）矿用本安型安全监控分站

KJ70N－F（B）矿用本安型安全监控分站是一种矿用数据信息采集和控制装置，属矿用本质安全型设备，是 KJ70N 型煤矿安全监控系统的主要组成部分之一。它以微处理器为核心，可同时挂接 8 台传感器，模拟量和开关量设备可任意接入。断电方式（如多对一，多对多方式）可由上位机系统软件定义，分站自动识别断电方式。分站操作简单，使用方便，同时能兼容国内多个厂家的传感器。

1. 工作原理

分站上电的瞬间，读取用户设置的地址、工作方式或开出电平设置。分站正常工作时，按照上位计算机的配置检测 16 个输入口的数据大小或设备状态并上传，并根据 16 个输入口数据的大小或设备状态及时切断/打开相关巷道内的非本安电气设备的电源开关，原理框图如图 2－10－3 所示。

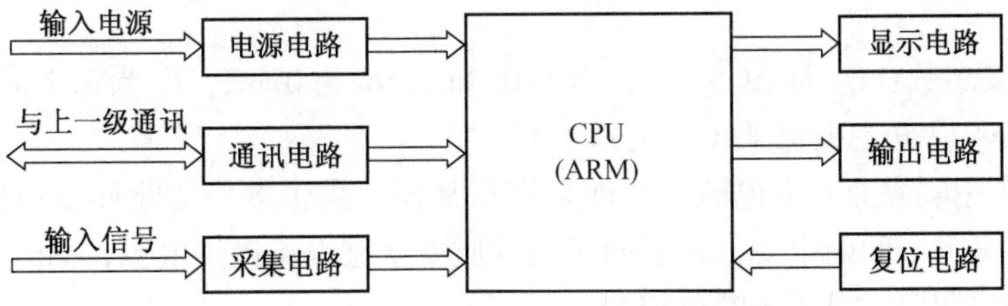

图 2－10－3　原理框图

2. 主要技术指标

（1）供电电源：

① 额定工作电压 DC18V；

② 工作电流不大于 200 mA。

（2）信号制：

① 模拟量。200 ~ 1000 Hz，输出高电平时应不小于 3 V(输出电流为 2 mA 时)，输出低电平时不大于 0.5 V，其正脉冲和负脉冲宽度均不得小于 0.3 ms；1200 ~ 2000 Hz，输出高电平时应不小于 3 V(输出电流为 2 mA 时)，输出低电平时不大于 0.5 V，其正脉冲和负脉冲宽度均不得小于 0.15 ms。

② 累计量。输出高电平时应不小于 3 V(输出电流为 2 mA 时)，输出低电平时不大于 0.5 V，其正、负脉冲宽度不应小于 0.3 s，正、负脉冲的转换时间不大于 5 ms。

③ 开关量输入信号。对于电平信号，输出高电平时应不小于 3.0 V（输出电流为 2 mA 时），输出低电平时不大于 0.5 V，高电平对应逻辑“1”，低电平对应逻辑“0”；电流信号为 0/5 mA，不大于 0.3 mA 对应逻辑“0”，不小于 3 mA 对应逻辑“1”。

④ 对于控制量输出信号，高电平输出电流为 2 mA 时电压幅度大于 3 V，低电平小于 0.5 V。

（3）模拟量输入处理误差应不大于 0.5%。

（4）累计量输入处理误差应不大于 0.5%。

（5）监控分站与传输接口之间的传输：传输端口 1 路；传输方式为主从、半双工、RS485、双极性；传输速率 1200 bps；通讯信号电压峰峰值 2 ~ 9 V；通讯信号电流峰值不大于 150 mA。

（6）控制执行时间。甲烷超限断电及甲烷风电闭锁的控制执行时间应不大于 2 s；其他控制执行时间应不大于 20 s。

（7）最大传输距离：

① 监控分站到传感器、断电器、声光报警器为 2 km（采用 MHYVR 通信电缆，截面积不小于 1.5 mm^2）；

② 监控分站到数据传输接口为 10 km（采用 MHY32 通信电缆，截面积不小于 1.5 mm^2）。

（8）最大监控容量：分站能接入传感器数量为 22 路（模拟量、开关量、累计量共用 16 路，控制量 6 路）。

（9）备用电源连续工作时间。电网停电后，外接备用电源连续工作时间应不小于 2 h。

（10）本安参数：U_i 为 19.5 V，I_i 为 1000 mA，L_i 为 0 mH，C_i 为 2.2 μF。

10.1.7.4　KDW17 矿用隔爆兼本安电源

KDW17 矿用隔爆兼本安电源是一种允许在瓦斯、煤尘爆炸危险环境中使用的通用型隔爆兼本质安全型不间断电源，用于向矿用本质安全型设备提供电源，同时具有 2 组继电器控制隔离输出回路，可用于断电控制。

1. 工作原理

电压经由变压器降压经隔离式 AD/DC 转换输出稳定的直流电压，此电压经充电电路对备用蓄电池充电，储存电能。同时，经稳压环节得到稳定的电压输出。为满足本安性能要求，采用双重过流过压保护，使输出满足本安性能要求。

2. 主要技术指标

（1）防爆型式：隔爆兼本质安全型 Ex d[ib]I。

（2）输入：

① 电压 AC 127/660 V（变压器为抽头式）；

② 频率 50 Hz；

③ 电压波动范围 75% ~110% 。

（3）输出：三路独立输出应分别符合表 2-10-2 的规定。

表 2-10-2 KDW17 电源参数

输出参数/V	12	18	24
额定输出电压/V	DC 12	DC 18	DC 24
输出电压偏离值/%	≤5	≤5	≤3
额定输出电流/mA	850	800	400
源效应/%	≤5		
负载效应/%	≤8		
周期与随机偏移峰峰值/mV	≤250	≤250	≤250
短路电流/mA	≤50	≤30	≤20
过压保护动作值/V	≤14	≤19.5	≤25
过流保护动作值/mA	≤1000	≤1000	≤500

（4）备用电源：

① 电池容量 6 V/7Ah，电池数量 4 节，串联使用。电池类型为密封铅酸电池。

② 转换时间不大于 0.5 s。

③ 工作时间不小于 2 h（内置电池放电电流为表 2-10-2 中额定电流）。

④ 放电终止电压 20 ~22 V。

⑤ 充电方式为浮充充电方式。

⑥ 最高充电电压 26 ~28 V。

（5）继电器控制回路：

① 本安输入为二路无源接点或直流开关量 TTL 电平信号（低电平不大于 0.5 V，高电平不小于 3 V）。

② 非本安输出为二组继电器常开、常闭转换接点，接点容量为 AC 60 V/1 A。

（6）功能：

① 电源本安输出具有过压、过流和短路保护功能，故障解除后能自动恢复正常工作。

② 电源具有交流供电和备用电池供电的状态信号输出，可供系统采集。其输出在高电平状态，输出电压不小于 3 V（拉出电流为 2 mA 时）；在低电平状态，输出电压不大于 0.5 V。

（7）电池箱主要技术指标：

① 转换时间不大于 0.5 s。

② 电池容量 12 V/12Ah，电池数量 2 节，串联使用。电池类型为密封铅酸电池。

③ 放电时间不小于 3 h（放电电流为表 2-10-2 中额定电流）。

④ 放电终止电压 20~22 V。

⑤ 充电方式为浮充充电方式（需将电池箱接入电源）。

⑥ 最高充电电压 26~28 V。

10.1.7.5　KDW28 矿用隔爆兼本安不间断电源

KDW28 矿用隔爆兼本安不间断电源是一种允许在瓦斯、煤尘爆炸危险环境中使用的通用本质安全型不间断电源，适用于向矿用本质安全型设备提供电源。

1. 工作原理

交流电源经由变压器降压后经整流、滤波及稳压等环节，输出稳定的直流电压，此电压经充电电路对备用蓄电池充电，储存电能。同时，经稳压环节得到稳定的电压输出。为满足本安性能要求，采用双重过流过压保护，使输出满足本安性能要求。

2. 主要技术指标

（1）电源输入：AC127/220/660 V，频率 50 Hz，电压变化范围 80% ~110%。

（2）电源输出：DC 18 V 或 24 V，具体参数见表 2-10-3。

表 2-10-3　KDW28 电源电源输出

序号	额定输出电压/V	额定输出电流/A	过压保护电压/V	过流保护电流/A
1	18	0.80	<19.8	<0.90
2	24	0.45	<25.0	<0.50

（3）保护方式：双重过压、过流保护。

（4）工作方式：连续，不间断供电。

（5）备用电池：电池容量 24 V/1.3Ah，供电时间 2 h。充电方式为自动浮充。

10.1.7.6　KDW0.7/18-J 矿用隔爆兼本安型电源继电器箱

KDW0.7/18-J 矿用隔爆兼本安型电源继电器箱是一种允许在甲烷、煤尘等爆炸危险环境中使用的通用隔爆兼本质安全型电源，体积小巧，重量轻，装拆、移位、使用十分方便，并配有后备电源及 1 组被控开关可实现断电闭锁、解锁控制功能，适用于向各种矿用本质安全型设备提供电源。

1. 工作原理

电源继电器箱的功能是输出本安电源，同时可将一路本安控制信号转换成非本安的继电器触点输出。可作为固定式断电仪的供电电源及断电器用，也可在监测系统中作为通用的本安不间断电源使用。

2. 主要技术指标

（1）供电电源：

① 电压为 AC 127/380/660 V（变压器带抽头）；

② 电压波动范围 75% ~110%；

③ 额定输入视在功率不大于 250 V·A。

（2）本安输出：

① 本安额定输出电压 DC 18 V；

② 本安额定输出电流 700 mA；

③ 源效应不大于 5%；

④ 负载效应不大于 6%；

⑤ 输出电压偏离值不大于 6%；

⑥ 周期与随机偏移峰峰值不大于 250 mV。

（3）具有以下保护功能，故障解除后能自动恢复正常工作：

① 过压保护值不大于 19 V；

② 过流保护值不大于 750 mA；

③ 短路电流值不大于 50 mA。

（4）备用电池：

① 供电时间不小于 2 h（在额定负载下）；

② 电池型号为镍氢电池 SC 型，单节容量 1.2 V/2.3Ah，18 节串联（每节反向并联二极管防止反充）。

③ 转换时间不大于 0.5 s；

④ 最高充电电压不大于 25.2 V；

⑤ 放电截止电压 18 ~19 V。

（5）断电控制输入信号（本安）。开关量输入信号，输入高电平时应不小于 2.5 V（输出电流为 2 mA 时），输入低电平时不大于 1 V，高电平时继电器吸合。

（6）断电控制输出信号为一路继电器输出。继电器触点形式为常开（或常闭）。继电器接点容量为 AC 660 V/0.35 A（阻性负载）、AC 127 V/1.5 A（阻性负载）、AC 36 V/5 A（阻性负载），接触电阻小于 0.1 Ω。

（7）馈电输入信号：AC 95 ~726 V 对应“有电”，小于 AC 10 V 对应“无电”。

（8）馈电状态返回（本安）。“无电”状态：0 ~0.5 mA。“有电”状态：4.5 ~5.5 mA（负载电阻 1 kΩ）。

（9）供电信号（本安）：当电网供电时，供电信号输出为 0 mA/0 V；当蓄电池供电时，供电信号输出为 5 mA/18V。

10.1.7.7　KDG 2.5/127（A）矿用隔爆兼本安型断电器

KDG 2.5/127（A）矿用隔爆兼本安型断电器是一种矿用隔爆兼本质安全型保护设备。作为风电甲烷闭锁装置的组成部分之一，由 KJ70N - F1 矿用分站检测掘进工作面及其相关巷道内的甲烷浓度，当甲烷浓度超限时 KJ70N - F1 矿用分站发出断电信号，该断电信号作为断电器的输入信号经断电器处理后，切断相关巷道内的动力电源，反之亦然。断电器也可与其他相关设备配套使用。

1. 工件原理

断电器主要由光电隔离部分和继电器组成。断电器的两组输入信号中，任意一路信号经光电隔离后有效时，该信号使继电器动作吸合，切断与继电器相关联巷道内的动力电源以起到保护的作用，同时提供一组断电返回信号供分站或其他设备采集，以确定继电器的动作是否有效。原理如图2－10－4所示。

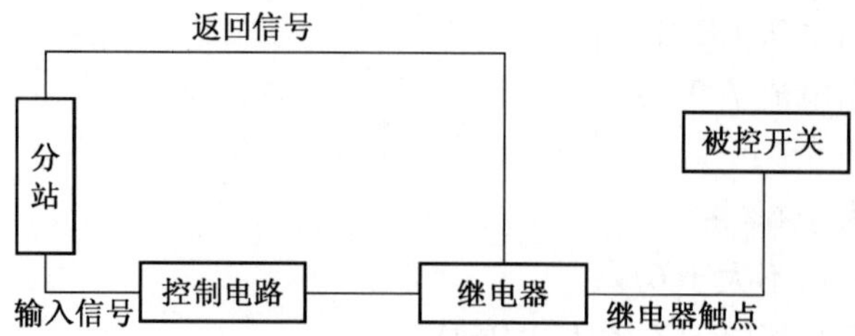

图2－10－4 原理框图

2. 主要技术指标

（1）供电电压及功耗：

① 工作电压为DC 18 V；

② 工作电流不大于120 mA。

（2）开关量输入信号：

① 开关量输入通道2个（两通道关系为“或”）；

② 电平信号，输入高电平时应不小于2.5V（输出电流为2 mA），输入低电平时不大于1V，高电平对应逻辑“1”，低电平对应逻辑“0”；

③ 电流信号为0/5 mA，不大于0.5 mA对应逻辑“0”，不小于2 mA对应逻辑“1”。

（3）非本安控制输出：

① 输出状态为一常开、一常闭转换接点；

② 接触电阻小于0.1 Ω；

③ 通断能力为AC 36 V/2.5 A（阻性负载）、AC 127 V/0.75 A（阻性负载）。

（4）功能：接收关联设备的控制命令，实现弱电信号控制强电的功能。

（5）电源波动适应能力。供电电源在DC 12～24 V范围内波动时，断电器的电气性能应符合规定。

10.1.7.8 CD4多参数气体检测仪

CD4多参数气体检测仪为便携式气体（甲烷、一氧化碳、硫化氢、氧气）检测类产品，作为单独的检测气体浓度使用。此检测仪具有甲烷检测、一氧化碳检测、硫化氢检测、氧气检测四种气体检测功能，适用于煤矿井下含有甲烷、一氧化碳、硫化氢等危险气体的场合。

1. 工作原理

本传感器有催化燃烧式和电化学式两类传感头，由传感器信号放大电路、电源调整电路、键盘电路、声光报警电路、实时时钟电路、MSP430系列CPU等部分组成。其工作原理如图2－10－5所示。

1）催化燃烧式和电化学式传感头

催化燃烧式传感头用于检测甲烷气体，内部由气室、黑白元件组成。黑元件和白元件

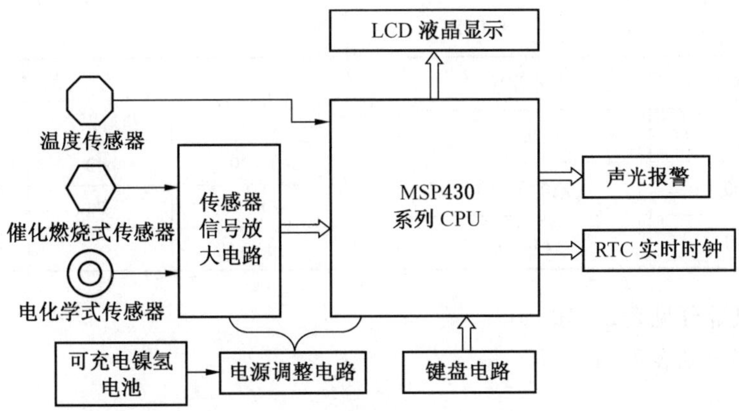

图 2-10-5 原理框图

分别作为检测电桥的两臂，另两臂由电阻组成。将两种元件置于同一气室中，施加工作电压，无瓦斯时电桥处于平衡输出约为零。当瓦斯气体进入气室，接触到元件表面时，元件的温度升高、阻值增大，于是破坏了检测电桥平衡，在一定瓦斯浓度范围内，产生正比于瓦斯浓度的直流电压输出信号。

电化学式传感头共三种，分别用来检测一氧化碳、硫化氢、氧气三种气体，它由传感电极（或工作电极）和反电极组成，并由一个薄电解层隔开，穿过屏障扩散的气体与传感电极发生反应，传感电极可以采用氧化机理或还原机理。这些反应由针对被测气体而设计的电极材料进行催化。通过电极间连接的电阻器，与被测气浓度成正比的电流会在正极与负极间流动，该电流与被测气体的浓度成正比。

2）电源调整部分

镍氢电池作为电源的输入部分，经过 LDO 线性稳压芯片转为 3.0V，给催化燃烧式元件、传感信号放大部分、液晶显示等部分供电，MSP430 系列 CPU 直接由镍氢电池供电。

3）传感器信号放大电路

电化学信号放大部分采用高精度运算放大器，把电化学传感头传过来的电流信号进行放大并送到单片机的 AD 口。催化燃烧式信号放大部分则采用运算放大器，放大倍数较小，同样传送给单片机的 AD 口进行 AD 采样。

4）单片机

本检测仪使用 MSP430 十六位单片机，主要用于信号 AD 采样模块、驱动显示模块、声光报警模块、过流保护模块的控制，在整个系统中处于最核心的部位。

2. 主要技术指标

（1）防爆形式：本安兼隔爆型，防爆标志“Exibd I”。

（2）测量范围：0～4% CH_4，(0～500)×10^{-6}CO，(0～100)×10^{-6} H_2S，0～25.0% O_2。

（3）测量误差：

① 甲烷部分见表 2-10-4。

② 一氧化碳部分见表 2-10-5。

表2-10-4 基本误差

% CH_4

检测范围	基本误差
0.00~1.00	±0.10
1.00~3.00	真值的±10
3.00~4.00	±0.30

表2-10-5 基本误差

1×10^{-6}CO

测量范围	基本误差	
	绝对误差	相对误差
0~20	±2	—
>20~100	±4	—
>100~500	—	测量值的±5%

③ 硫化氢部分见表2-10-6。

④ 氧气部分见表2-10-7。

表2-10-6 基本误差

测量范围/$\times10^{-6}H_2S$	0~49	50~100
允许误差/%	±3	真值的±10

表2-10-7 基本误差

测量范围/% O_2	基本误差/% O_2
0.0~5.0	±0.5
>5.0~25.0	±3% FS (Full Scale)

(4) 响应时间。检测仪甲烷部分的响应时间应不大于20 s，一氧化碳部分的响应时间应不大于45 s，硫化氢部分的响应时间应不大于45 s，氧气部分的响应时间应不大于35 s。

(5) 遥控距离：不小于0.5 m。

(6) 报警点：

① 检测仪甲烷部分报警点应能在0.50% CH_4~2.50% CH_4 测量范围内任意设置，报警时显示值与设定值的差值应不超过±0.05% CH_4，出厂时默认报警点设置为1.00% CH_4。

② 检测仪一氧化碳部分报警点在测量范围内可任意设置，报警显示值与设定值的差值不超过$\pm1\times10^{-6}$CO，仪器出厂时报警点设置为24×10^{-6}CO。

③ 检测仪硫化氢部分报警点在$(0\sim20)\times10^{-6}H_2S$范围内任意设定，报警值与设定值的差值应不超过$\pm3\times10^{-6}H_2S$，仪器出厂时报警点设置为$10\times10^{-6}H_2S$。

④ 检测仪氧气部分报警点能在测量范围内任意设置，报警显示值与设定值的差值应不超过±0.3% O_2，仪器出厂时报警点设置为18.0% O_2。

(7) 工作电流：不大于200 mA。

(8) 标定流量：200 mL/min。

(9) 显示方式：128×64点阵液晶显示，能显示汉字、数字及字母。

10.1.7.9 GYH25矿用氧气传感器

GYH25矿用氧气传感器是矿用连续检测矿井下氧气浓度的高精度仪表。传感器能够实时地测量并且显示矿井下的氧气浓度，而且根据浓度值的大小产生声光报警信号，并且输出与氧气浓度相对应的模拟信号。传感器能在具有瓦斯、煤尘爆炸的矿井内，对煤层自然发火、机电设备、运输胶带事故等多种因素可能引发火灾和爆炸事故进行早期的预测和预报。传感器除了与KJ70N煤矿监控系统配合使用外，还可以和其他煤矿监控系统相兼容，也可以独立使用于多种矿用火灾监测系统。

1. 工作原理

氧气传感器采用隔膜式伽伐尼电池工作原理。传感头通常包括具有催化活性的金属阴极,易极化的活泼金属阳极,酸、碱、盐的水溶液和其他离子导体构成的电解质,密闭外壳和管脚。氧气传感头的外壳顶部有一个毛细微孔,允许氧气通过并进入工作电极。此时氧气将在传感器内部被电解,导致传感器内部导电离子浓度发生变化。通过测量流过两电极的电解电流可以准确感知环境中氧气浓度的变化,电解电流与氧气浓度呈良好的线性关系。氧气在传感器中的电化学过程被描述为:当氧气到达工作电极时,立即被还原成氢氧根离子:

$$O_2 + 2H_2O + 4e \longrightarrow 4OH^-$$

这些氢氧根离子通过电解质到达阳极（铅），与铅发生氧化反应，生成对应的金属氢氧化物：

$$2Pb + 4OH^- \longrightarrow 2Pb(OH)_2 + 4e$$

总电池反应：

$$O_2 + 2Pb + 2H_2O \xlongequal{\quad} 2Pb(OH)_2$$

反应生成的电流大小相应地取决于氧气扩散速度，氧气的扩散速度则取决于氧分压和毛细孔孔径的大小。可外接一只已知电阻来测量产生的电势差，经线性放大后可直接进行模拟数字转换，经单片机采集并且运算后通过三位数码管显示氧气的浓度值，当氧气的浓度超过报警值时，单片机产生间歇的声光报警信号，同时输出 200 ~ 1000 Hz 的频率。原理如图 2-10-6 所示。

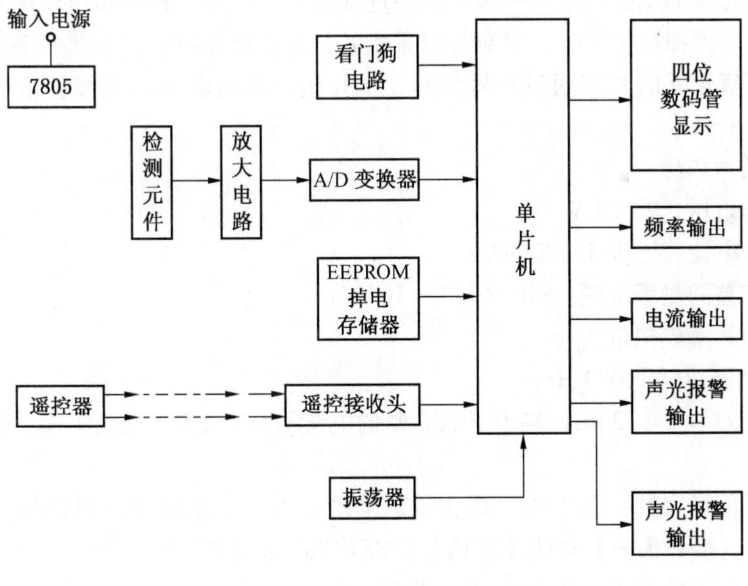

图 2-10-6 传感器原理框图

2. 主要特点

（1）传感器使用高品质的检测元件，使传感器的性能更加稳定、测量更加精确，使用寿命大大延长。

（2）传感器采用新型的单片微机和高集成数字化电路，使电路的结构更加简单，调试和维护更加方便。

（3）传感器具有红外遥控调校零点、灵敏度、报警点等功能，使得传感器的调校特别方便。

（4）传感器具有自检测功能，使得仪表的使用和维护更加简单。

10.1.7.10 GTH1000煤矿用一氧化碳传感器

GTH1000煤矿用一氧化碳传感器是矿用连续检测矿井下一氧化碳浓度的高精度仪表。传感器能够实时地测量并且显示矿井下的一氧化碳浓度，而且根据浓度值的大小产生声光报警信号，并且输出与一氧化碳浓度相对应的模拟信号。传感器能在具有瓦斯、煤尘爆炸的矿井内，对煤层自然发火、机电设备、运输胶带事故等多种因素可能引发火灾和爆炸事故进行早期的预测和预报。传感器除了和KJ70N型煤矿监控系统配合使用外，还可以和其他煤矿监控系统相兼容，也可以独立使用于多种矿用火灾检测系统。

1. 工作原理

传感头采用定电位电解法原理，采用三电极电化学一氧化碳敏感元件。一氧化碳气体扩散到传感头的表面，经过过滤尘罩经一氧化碳敏感元件透气薄膜扩散到具有恒电位的电极上，在催化剂的作用下与电解液中的水发生氧化反应，反应的化学方程式如下：

传感极 $CO + H_2O \longrightarrow CO_2 + 2H^+ + 2e$

对　极 $O_2 + 4H^+ + 4e \longrightarrow 2H_2O$

反应极 $2CO + O_2 \rightarrow 2CO_2$

工作极上释放的电子产生与一氧化碳浓度成正比的电流经检测电路温度补偿和线性放大后可直接进行模拟数字转换，经单片机采集并且运算后通过三位数码管显示一氧化碳的浓度值，当一氧化碳的浓度超过报警值时，单片机产生间歇的声光报警信号，同时输出200～1000 Hz的频率。

2. 主要技术指标

（1）工作电压：9～24 V。

（2）工作电流：不大于100 mA。

（3）传感器的量程范围：$(0 \sim 1000) \times 10^{-6}$CO。

（4）输出频率模拟量信号：

① 频率范围200～1000 Hz；

② 脉冲宽度大于0.3 ms，高电平状态时的电压不小于3 V，低电平输出状态时的电压小于0.5 V。

（5）显示值稳定性：在本传感器测量范围内，当一氧化碳浓度恒定时，传感器显示值或输出信号（换算为一氧化碳浓度值）的变化量不超过4×10^{-6}CO。

（6）基本误差应符合表2－10－8的规定。

表2－10－8 误 差 表

测量范围/10^{-6}CO	基本误差	
	绝对误差	相对误差
0～100	±4%	—
＞100～500	—	测量值的±5%
＞500	—	测量值的±6%

（7）响应时间：不大于35 s。

（8）传输距离2 km时，传感器的基本误差应不超过规定（采用煤矿用聚乙烯绝缘聚氯乙烯护套通信软电缆MHYVR：分布电阻不大于12.7 Ω/km，分布电容不大于0.06 μF/km，分布电感不大于0.8 mH/km，单芯线径截面不小于1.5 mm^2）。

（9）显示分辨率：1×10^{-6}CO。

（10）遥控距离：不小于5 m。

（11）通气流量：200 mL/min。

（12）显示方式：4位数码管显示，第一位显示功能，后三位显示浓度。第一位功能码显示如下：0－零点，1－灵敏度，2－报警点，3－断电点，4－电压显示，5－自检，6－温度显示，7－复位。

（13）防爆标志："Exibd I"。

（14）结构参数：外型尺寸190 mm×125 mm×55 mm。

（15）本安参数：U_i为25 V，I_i为1.0 A，L_i为0 mH，C_i为0.22 μF。

10.1.7.11　GJC4煤矿用甲烷传感器

GJC4煤矿用甲烷传感器用于检测煤矿井下空气中的甲烷含量，它是一种智能型检测仪表，具有自动调零、自动调灵敏度、非线性补偿等功能，且所有功能均可通过遥控器来实现，具有精度高、稳定可靠、使用方便等特点，并能与KJ70N等煤矿监控系统配套使用。

传感器由供电电源、传感头、检测电桥、放大器、A/D变换器、遥控器、红外接收头、单片机、显示电路、频率（或电流）信号输出及断电输出电路等部分组成。

主要技术指标如下：

（1）防爆型式为本质安全兼隔爆型，标志"Exibd I"。

（2）供电电压DC 9～24 V。

（3）工作电流不大于100 mA。

（4）测量范围为0～4.00% CH_4。

（5）输出频率模拟量信号：

① 频率范围200～1000 Hz；

② 脉冲宽度大于0.3 ms，高电平状态时的电压不小于3 V，低电平输出状态时的电压小于0.5 V；

③ 传输距离2 km时，传感器的基本误差应不超过规定（采用煤矿用聚乙烯绝缘聚氯乙烯护套通信软电缆MHYVR，单芯线径截面不小于1.5 mm^2）。

（6）响应时间不大于20s。

（7）基本误差应符合表2－10－9的规定。

（8）显示值稳定性。在测量范围内，当甲烷浓度恒定时，传感器显示值或输出信号（换算为甲烷浓度值）的变化量不超过0.04% CH_4。

（9）功能：

① 甲烷传感器具有甲烷浓度LED数字显示功能，其分辨率为0.01% CH_4。

② 甲烷传感器具有声光报警功能：报警点应能在测量范围内任意设置，报警点与设定值的差值应不超过±0.05% CH_4；声信号响度在距其1 m远处应不小于80 dB（A），光

信号应能在 20 m 远处清晰可见。

③ 甲烷传感器具有断电控制信号输出功能，断电点应能在测量范围内任意设置，断电点与设定值的差值应不超过 ±0.05% CH_4，输出信号为高电平拉出电流为 2 mA 时电压幅度大于 3V，低电平小于 0.5 V。

表 2-10-9　误差表

测量范围/% CH_4	基本误差/% CH_4
0.00 ~ 1.00	±0.10
1.00 ~ 3.00	真值的 ±10%
3.00 ~ 4.00	±0.30

④ 甲烷传感器具有采用遥控器调校的功能。

（10）遥控距离不小于 5 m。

（11）报警点，在测量范围内任意设置（出厂设为 1.0% CH_4）。

（12）断电点，在测量范围内任意设置（出厂设为 1.5% CH_4），断电输出高电平状态，拉出电流为 2 mA 时的电压不小于 3 V，低电平输出状态时的电压小于 0.5 V。

（13）显示方式为 4 位数码管显示，第一位显示功能，后三位显示浓度。第一位功能码显示如下：0 为零点，1 为放大倍数，2 为非线性补偿，3 为报警点，4 为断电点，5 为复电点，6 为输出测试，7 为电压显示，8 为复位，9 为自检点调节。

10.1.7.12　KGF2 矿用风量传感器

KGF2 矿用风量传感器，主要用于煤矿井下各种坑道、风口、通风机井口等处的风速、风量的检测，以确保煤矿的安全生产。

1. 工作原理

根据卡曼涡节理论（图 2-10-7），在无限界流场中垂直插入一根无限长的非线性阻力体时（阻力体称旋涡发生体），则在一定的雷诺数范围内（$Red = 200 \sim 5 \times 10000$），阻力体下游会产生两排交替的、内旋的旋涡列，而其旋涡率正比于流速，公式表示：

$$f = St\ V/d$$

式中　f——旋涡频率；

St——常数（斯特拉哈尔数范围为 0.21）；

V——风速；

d——旋涡发生体线径。

因此，只要测出 f，就可以知道风速 V，这样测量的风速就归结为测量旋涡频率，而超声波风量传感器就是利用超声波被旋涡调制的原理来测定旋涡频率的。

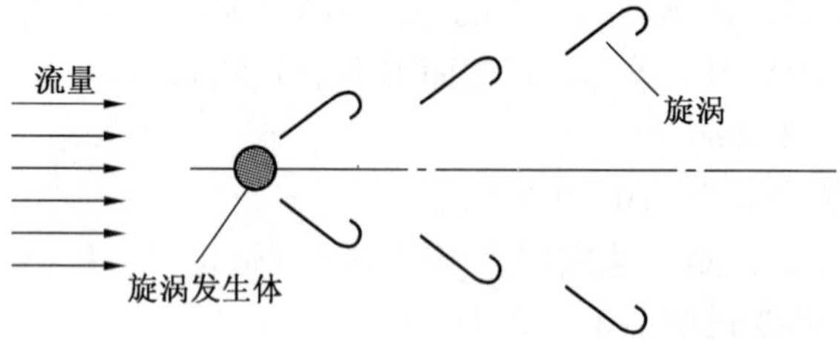

图 2-10-7　卡曼涡节理论原理图

图 2-10-8 中，A、B 为一对性能相同或相近的声头。A 为发射声头，B 为接收声

头，C 为旋涡发生体。A 发射一束连续等幅的超声波，超声波穿过空气到达对面被接收，当没有旋涡通过超声波束时，B 接收到连续等幅的超声波信号。当旋涡与超声波相碰时，因旋涡运动产生的内部压力梯度，使通过的旋涡的声能被折射和反射，结果 B 接收到的超声波束幅度就减小。在旋涡流过超声波束后，而下一个旋涡未到达之前，超声波立即恢复原状，B 就收到原来幅值的超声波束。因此，只要有一个旋涡通过超声波束，超声波就被调制一次。通过旋涡有多少个，超声波就被调制多少次，所以超声波束的调制频率就是我们要测量的旋涡频率 f。测量的频率信号 f 由 89C51 单片机进行平均值、瞬时值、统一化、非线性补偿、修正等计算处理后送三位 LED 数字显示电路，同时输出频率 200 ~ 1000 Hz(5 ~ 15 Hz）的方波信号供煤矿监测系统采用。传感器为本质安全型。

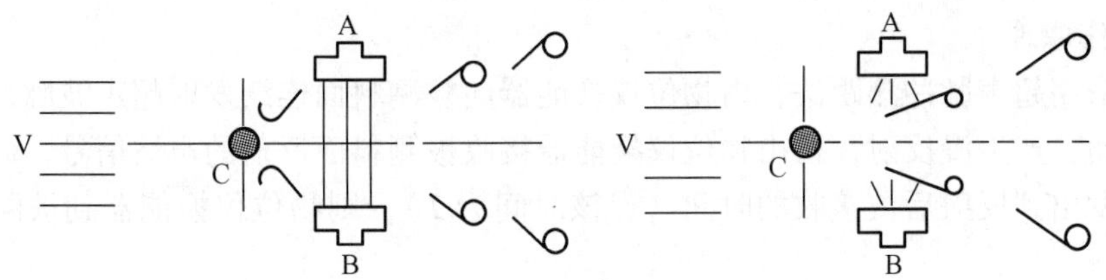

图 2 - 10 - 8　旋涡调制图

2. 主要技术指标

（1）测量范围：风速 0.3 ~ 15 m/s，风量 0 ~ 600 m^3/s。

（2）巷道截面积：小于 40.0 m^2（任意设置）。

（3）允许误差：小于 ±0.3 m/s。

（4）输出方式：频率 200 ~ 1000 Hz；5 ~ 15 Hz；电流 1 ~ 5 mA，4 ~ 20 mA。

（5）输入电源：本安 DC18V，工作电流小于 60 mA。

（6）防爆形式：Exib I（矿用本质安全型）。

（7）防护等级：IP54。

10.1.7.13　KGF6 煤矿用收缩管风速传感器

KGF6 煤矿用收缩管风速传感器，主要用于煤矿井下各种坑道、风口、通风机井口、掘进工作面、采煤工作面等处风速、风量的检测，以确保煤矿的安全生产。该传感器具有自动调零、自动调灵敏度等功能，且所有功能均可通过遥控器来实现，具有精度高、稳定可靠、使用方便等特点，并能与 KJ70N 等煤矿安全生产监控系统配套使用。

主要技术指标如下：

（1）防爆形式为矿用本质安全型“Exib I”。

（2）测量范围为风速 0.4 ~ 15 m/s。

（3）基本误差不大于 ±0.3 m/s。

（4）输出频率模拟量信号：

① 频率范围 200 ~ 1000 Hz；

② 脉冲宽度大于 0.3 ms，高电平状态时的电压不小于 3 V，低电平输出状态时的电压小于 0.5 V；

③ 传输距离2 km时，传感器的基本误差应不超过规定（传输电缆采用煤矿用聚乙烯绝缘聚氯乙烯护套通信软电缆，型号MHYVR，分布电阻不大于12.1 Ω/km，分布电容不大于0.06 μF/km，分布电感不大于0.8 mH/km）。

（5）显示为3位LED数字显示，分辨率为0.1 m/s。

（6）供电电压DC 9~24 V。

（7）工作电流小于260 mA。

（8）防护等级为IP54。

10.1.7.14 KGU5B型矿用超声物位仪

KGU5B系列矿用超声物位仪，可用于煤炭等行业具有爆炸性危险的环境下，对颗粒、块状、液体等物料仓料位进行非接触自动连续检测。

1. 工作原理

本机采用超声脉冲测距法，由物位仪换能器向被测料面连续发射超声波脉冲，该声波传播到料面，产生漫反射，再由物位仪换能器接收被测料面反射的声波信号，微处理器计算声波从发出到反射后被接收的时间（设该时间为T），则物位仪换能器到被测料面的距离S为

$$S=1/2CT \quad (C\text{为空气中声速})$$

微处理器根据本机设定的量程、调零等参数，自动计算物位值或百分比物位值，再由百分比物位值（或空仓距离）计算输出相应的模拟量和限位控制信号。

物位仪有很好的软件支持，CPU自动控制功率发射和信号接收电路，自动修正工作参数，以达到最佳的工作状态。它识别真实的回波信号，有效地滤除噪声和干扰信号，进行目标识别和数值计算等数据处理，达到理想的测量效果。

2. 主要技术指标

测量范围	2~30 m（盲区：≤2.0 m）
测量误差	≤2%（满量程，镜面反射）
波束角	约10°（3 dB）
工作频率	16~22 kHz
物料平均颗粒直径	≮6 mm
环境温度	0~40 ℃
环境湿度	<95%
防护等级	IP54
电源	AC127/220V 50 Hz，<30 VA
模拟输出	电流信号1~5 mA，R≤800 Ω
频率信号	200~1000 Hz，R≥1000 Ω
控制输出	高、低位报警继电器本安触点（常开）输出
安装距离	物位仪换能器与物位仪控制箱最大距离10 m
	物位仪显示器与物位仪控制箱最大距离500 m

10.1.7.15 GJC4/100煤矿用高低浓度甲烷传感器

GJC4/100煤矿用高低浓度甲烷传感器是为了满足我国煤矿检测井下甲烷的需要而研制。传感器能够实时地测量并且显示矿井下的甲烷浓度，而且根据浓度值的大小产生声光报警信号和断电信号，并且输出与甲烷浓度相对应的模拟信号。本传感器适合在煤矿采掘

工作面、机电硐室、回风巷道等固定使用。传感器除了与 KJ70N 型煤矿监控系统配合使用外还可以和其他煤矿监控系统相兼容，也可以独立使用于多种矿用火灾检测系统。

本传感器由供电电源、传感头、检测电桥、A/D 变换器、遥控器、红外接收头、单片机、显示电路和频率（或电流）信号输出及断电输出电路等部分组成。

主要技术指标如下：

（1）供电电压 DC 9 ~ 24 V。

（2）工作电流不大于 100 mA。

（3）测量范围，低浓 0. 00 ~4. 00% CH_4；高浓：4. 0% CH_4 ~ 100. 0% CH_4。

（4）输出信号，低浓范围 200 ~ 1000 Hz，对应浓度 0. 00 ~ 4. 00% CH_4；高浓范围 1200 ~2000 Hz，对应浓度 4. 0% CH_4 ~100. 0% CH_4；脉冲宽度大于 0. 3 ms，高电平状态时的电压不小于 3 V，低电平输出状态时的电压小于 0. 5 V。

（5）显示值稳定性，在 0. 00 ~4. 00% CH_4 范围内，当甲烷浓度恒定时，传感器显示值或输出信号值（换算为甲烷浓度）的变化量不超过 0. 04% CH_4；在 4. 0% CH_4 ~100. 0% CH_4 范围内，当甲烷浓度恒定时，传感器显示值或输出信号值（换算为甲烷浓度）的变化量不超过 0. 4% CH_4。

（6）基本误差。传感器在载体催化元件检测时基本误差符合表 2 - 10 - 10 的规定。

传感器在热导元件检测且测量量程为 4. 0% CH_4 ~100. 0% CH_4 时的基本误差应符合表 2 - 10 - 11 的规定。

表 2 - 10 - 10　基本误差

测量范围/% CH_4	基本误差/% CH_4
0. 00 ~ 1. 00	±0. 10
>1. 00 ~ 3. 00	真值的 ±10%
>3. 00 ~ 4. 00	±0. 30

表 2 - 10 - 11　基本误差
（量程 4. 00% CH_4 ~100. 0% CH_4）

测量范围/% CH_4	基本误差/% CH_4
4. 0 ~ 40. 00	真值的 ±10%
>40. 00	测量上限的 ±10%

（7）传感器在转换点转换时的附加误差不超过 1. 00% CH_4。

（8）传感器的响应时间应不大于 20 s。

（9）传输距离 2 km 时，传感器的基本误差应不超过规定（采用煤矿用聚乙烯绝缘聚氯乙烯护套通信软电缆 MHYVR，单芯线径截面不小于 1. 5 mm^2）。

（10）显示功能，四位数码显示，第一位数码管显示功能码，后三位数码管显示甲烷浓度。低浓段显示分辨率为 0. 01% CH_4，高浓段显示分辨率为 0. 1% CH_4，并能表示指示值的正或负。

（11）报警功能。报警方式为声光报警；传感器应能在 0 ~4% CH_4 范围内任意设置，报警值与设定值的差值应不超过 ±0. 05% CH_4；声信号响度在距其 1 m 远处应不小于80 dB（A），光信号应能在 20 m 远处清晰可见。

（12）甲烷传感器具有断电控制信号输出功能，断电点应能在测量范围内任意设置，在 0. 00 ~4. 00% CH_4 范围内，断电点与设定值的差值应不超过 ±0. 05% CH_4；在 4. 0 ~ 100. 0% CH_4 范围内，断电点与设定值的差值应不超过 ±0. 5% CH_4；输出信号为高电平拉出电流为 2 mA 时电压幅度大于 3 V，低电平小于 0. 5 V。

（13）在甲烷浓度超过 3.5% CH_4 时，传感器的低浓元件停止工作；当高浓元件检测浓度小于 3% CH_4 以下时，高浓元件停止工作自动转入低浓元件工作。

（14）传感器具有遥控调校功能。

（15）本安参数 U_i 为 25 V、I_i 为 150 mA、L_i 为 0.1 mH、C_i 为 2.2 μF。

10.1.7.16　GJT100G 煤矿管道用高浓度甲烷传感器

GJT100G 煤矿管道用高浓度甲烷传感器能够实时地测量并且显示输气管道的甲烷浓度，而且根据浓度值的大小产生声光报警信号和断电信号，并且输出与甲烷浓度相对应的模拟信号。传感器除了与 KJ70N 煤矿监控系统配合使用外还可以和其他煤矿监测系统相兼容，也可以独立使用于多种矿用火灾检测系统。

本传感器由供电电源、传感头、检测电桥、A/D 变换器、遥控器、红外接收头、单片机、显示电路和频率（或电流）信号输出及断电输出电路等部分组成。

主要技术指标如下：

（1）供电电压 DC 9 ~ 24 V。

（2）工作电流不大于 100 mA。

（3）测量范围 4.0% CH_4 ~ 100.0% CH_4。

（4）输出信号范围为 200 ~ 1000 Hz，对应浓度 0 ~ 100% CH_4；脉冲宽度大于 0.3 ms，高电平状态时的电压不小于 3 V，低电平输出状态时的电压小于 0.5 V。

（5）显示值稳定性。在 4.0% CH_4 ~ 100.0% CH_4 范围内，当甲烷浓度恒定时，传感器显示值或输出信号值（换算为甲烷浓度）的变化量不超过 0.4% CH_4。

（6）基本误差见表 2 - 10 - 11。

（7）响应时间不大于 30 s。

（8）传输距离 2 km 时，传感器的基本误差应不超过规定（采用煤矿用聚乙烯绝缘聚氯乙烯护套通信软电缆 MHYVR，单芯线径截面不小于 1.5 mm^2）。

（9）显示方式为 4 位数码管显示。

（10）本安参数 U_i 为 25 V、I_i 为 150 mA、L_i 为 0.1 mH、C_i 为 2.2 μF。

10.1.7.17　GPD10 煤矿用压力传感器

GPD10 煤矿用压力传感器，属矿用本质安全型设备，可对管道中的气体、液体的压力进行连续监测，并实时地显示被测点的表压值。除了与 KJ70N 煤矿监控系统配合使用外还能够和国内其他的煤矿监测系统相兼容。

本传感器由供电电源、传感头、A/D 变换器、单片机、显示电路、输出电路等部分组成。传感器的电源部分向传感头提供工作电源，传感头把压力差变换成电信号，然后由 A/D 变换器将模拟的电信号变换成数字信号，单片机对数字信号进行运算和处理把压力值通过数码管显示出来，并且把压力值以频率信号或者电流信号输出。

主要技术指标如下：

（1）额定供电电压 DC 18 V。

（2）工作电流不大于 80 mA。

（3）测量范围 0 ~ 10 MPa，分辨率 0.01 MPa。

（4）基本误差 ±0.2 MPa。

（5）输出信号：

① 范围 200 ~ 1000 Hz；

② 脉冲宽度大于 0.3 ms，高电平状态时的电压不小于 3 V，低电平输出状态时的电压小于 0.5 V；

③ 传输距离 2 km 时，传感器的基本误差应不超过规定（采用煤矿用聚乙烯绝缘聚氯乙烯护套通信软电缆 MHYVR，分布电阻不大于 12.7 Ω/km，分布电容不大于 0.06 μF/km，分布电感≤0.8 mH/km）。

（6）重复性、回程误差、过载性能符合要求。

（7）密封性。传感器的测量部分经密封性试验后，压力下降不得超过 2%，并不得有损坏现象。

（8）电源波动适应能力。在 12 ~ 24 V 范围内波动时，传感器的基本误差应符合有关规定。

（9）遥控距离不小于 5 m。

（10）本安参数 U_i 为 25 V、I_i 为 1.0 A、L_i 为 0 mH、C_i 为 0.22 μF。

10.1.7.18 GPD5000F 煤矿用负压传感器

GPD5000F 煤矿用负压传感器可对矿井风机、风门密闭、通风巷道等地的差压进行连续监测。它可以实时地显示被测点的差压值，除了与 KJ70N 煤矿监控系统配合使用外，还能够和国内其他的煤矿监控系统相兼容。

本传感器由供电电源、传感头、放大器、A/D 变换器、单片机、显示电路、输出电路等部分组成。传感器的电源部分向传感头提供工作电源，传感头把压力差变换成微弱的电信号，放大器把微弱的电信号加以放大，然后由 A/D 变换器将模拟的电信号变换成数字信号，单片机对数字信号进行运算和处理把压力值通过数码管显示出来，并且把压力值以频率信号或者电流信号输出。

主要技术指标如下：

（1）基本误差 ±2%。

（2）测量范围 0 ~ 5 kPa。

（3）输出频率模拟量信号：

① 频率范围 200 ~ 1000 Hz；

② 在整个频率范围内其正脉冲和负脉冲宽度均不得小于 0.3 ms；

③ 有源输出高电平电压应不小于 3 V（输出电流为 2 mA 时），有源输出低电平电压不大于 0.5 V（输出电流为 2 mA 时）。

（4）传输电缆单芯截面积不小于 1.5 mm^2 时，传感器到分站之间的传输距离应不小于 2 km。

（5）供电电压 DC 12 ~ 24 V。

（6）工作电流为 DC 18 V 不大于 100 mA。

（7）显示功能。传感器具有 4 位数码管显示功能，第一位功能码显示，另三位显示负压值，其分辨率为 0.01 kPa。功能码与对应调节参数：0 为零点，1 为放大倍数，2 为报警点，4 为断电点，5 为复电点，6 为自检，7 为复位，8 为电压，9 为调自检点。

（8）声光报警功能：

① 报警点应能在测量范围内任意设置，报警点与设定值的差值应不大于 ±0.05 kPa。

② 声信号响度在距其1 m远处应不小于80 dB（A），光信号应能在20 m远处清晰可见。

③ 传感器具有断电控制信号输出功能，断电点应能在测量范围内任意设置，断电点与设定值的差值应不大于±0.05 kPa，输出信号为高电平拉出电流为2 mA时电压幅度大于3 V，低电平小于0.5 V。

④ 传感器具有采用遥控器调校的功能。

（9）防爆形式为矿用本质安全型“Exib I”。

（10）过载能力为120%最大测量值。

（11）外型尺寸为（280×180×68）mm。

10.1.7.19　GUY5（A）煤矿用投入式液位传感器

GUY5（A）煤矿用投入式液位传感器选用不锈钢隔离膜片敏感器件，将芯片装入一不锈钢壳体内，通过特制的电缆将信号引出。传感头投入被测液体内，电缆接入仪表盒。传感头采用特制的防水防腐电缆，感压膜片的背压腔与密封于传感头中的标准气压良好相通，从而使传感头测量液位不受外界大气压的影响，测量准确，长期稳定性好，并具有优良的密封和防腐性能，可直接投入水、油等液体（包括腐蚀性液体）中长期使用。经过仪表的特殊处理还可用于仓底有固体淤积的场所。环境适应性强，安装调试方便，除了与KJ70煤矿监控系统配合使用外，还可以和其他煤矿监控系统相兼容。

仪表盒和传感头之间，用防水通气电缆连接，仪表盒提供DC18V的电压给传感头供电，传感头根据液体中的压力与标准大气压的压差，将其转换成微弱的电信号，通过电缆将信号送给仪表盒。该信号经放大器放大后送A/D变换器，单片机将采集到的数字信号经运算处理后，将液位高度用数码管显示出来，同时输出对应的频率或电流信号。

主要技术指标如下：

（1）基本误差±5%。

（2）测量范围0~5 m。

（3）输出频率模拟量信号：

① 频率范围200~1000 Hz。

② 在整个频率范围内其正脉冲和负脉冲宽度均不得小于0.3 ms。

③ 有源输出高电平电压应不小于3 V（输出电流为2 mA时），有源输出低电平电压不大于0.5 V（输出电流为2 mA时）。

（4）输出频率电流信号。电流范围1~5 mA或4~20 mA两种。DC 18 V输出为1~5 mA时，负载为0~1000 Ω；DC 18V输出为4~20 mA时，负载为0~ 250 Ω。

（5）传输电缆单芯截面积不小于1.5 mm^2 时，传感器到分站之间的传输距离应不小于2 km。

（6）供电电压DC 12~24 V。

（7）工作电流为DC 18 V不大于100 mA。

10.1.7.20　GQL0.1（A）型矿用本质安全型烟雾传感器

GQL0.1（A）矿用本质安全型烟雾传感器用于监测煤矿井下因机械摩擦、电缆发热、煤层自燃等原因引起的火灾事故。本产品为矿用本质安全型，可安装在煤矿井下的带式输送机巷、机电硐室、采空区和工作面。本传感器可配接断电装置及声光报警装置，实现报警及断电控制，也可与各种生产、安全监控系统配套使用。

主要技术指标如下：

（1）防爆型式为本质安全型“Exib Ⅰ”。

（2）供电电压及功耗：

① 额定工作电压 DC 18 V；

② 额定工作电流不大于 60 mA；

③ 输入功率不大于 2 W。

（3）响应时间。当烟的浓度为 0.1 mg/m^3 时，传感器报警响应时间不大于 60 s。

（4）输出信号：

① ±5 mA 输出和触点信息，1～5 mA 输出，2～8 mA 输出，1～10 mA 输出和触点信号。

② 输出电流信号允许偏差 ± 5%。

③ 输出信号传输距离不大于 2 km（额定电压 DC 18 V 时）。

（5）电源波动适应能力为 DC 12～24 V。

10.1.7.21　GRG5H 型矿用红外二氧化碳传感器

GRG5H 型矿用红外二氧化碳传感器用于检测煤矿井下空气中的二氧化碳含量。它是一种智能型检测仪表，具有自动标定、自带温度补偿等功能，且所有功能均可通过遥控器来实现，具有精度高、稳定可靠、使用方便等特点，并能与 KJ70N 等煤矿监控系统配套使用。

本传感器由供电电源、传感头、放大器、A/D 变换器、遥控器、红外接收头、单片机、显示电路和频率（或电流）信号输出及断电输出电路等部分组成。

主要技术指标如下：

（1）防爆型式为本质安全兼隔爆型，标志“Exibd Ⅰ”。

（2）测量范围 0～5% CO_2。

（3）基本误差见表 2-10-12。

表 2-10-12　基本误差

测量范围	基本误差
0～1.00% CO_2	±0.10% CO_2
1.00% CO_2～5.00% CO_2	±(0.05 + 真值的 5%) CO_2

（4）输出频率模拟量信号：

① 频率范围 200～1000 Hz。

② 脉冲宽度大于 0.3 ms，高电平状态时的电压不小于 3 V，低电平输出状态时的电压小于 0.5 V。

③ 传输距离 2 km 时，传感器的基本误差应不超过规定（采用煤矿用聚乙烯绝缘聚氯乙烯护套通信软电缆 MHYVR，单芯线径截面不小于 1.5 mm^2）。

（5）响应时间应不大于 30 s。

（6）供电电压 DC 12～24 V。

（7）工作电流 DC 18 V，小于 150 mA。

（8）遥控距离不小于 5 m。

（9）报警点在测量范围内任意设置（出厂设为 1.0% CO_2）。

（10）断电点在测量范围内任意设置（出厂设为 1.5% CO_2），断电输出高电平状态，拉出电流为 2 mA 时的电压不小于 3 V，低电平输出状态时的电压小于 0.5 V。

（11）调校周期为 15 天。

10.1.7.22　GJG5H 型矿用红外甲烷传感器

GJG5H 型矿用红外甲烷传感器用于检测煤矿井下空气中的甲烷含量。它是一种智能型检测仪表，具有自动标定、自带温度补偿等功能，且所有功能均可通过遥控器来实现，具有精度高、稳定可靠、使用方便等特点，并与 KJ70N 等煤矿监控系统配套使用。

本传感器由供电电源、传感头、放大器、A/D 变换器、遥控器、红外接收头、单片机、显示电路和频率（或电流）信号输出及断电输出电路等部分组成。

主要技术指标如下：

（1）防爆型式为本质安全兼隔爆型，标志“Exibd Ⅰ”。

（2）测量范围 0 ~5% CH_4。

（3）基本误差见表 2 - 10 - 13。

表 2 - 10 - 13　基本误差

测量范围/% CH_4	基本误差/% CH_4
0 ~ 1.00	±0.06
1.00 ~ 5.00	真值的 ±6

（4）输出频率模拟量信号：

① 频率范围 200 ~ 1000 Hz。

② 脉冲宽度大于 0.3 ms，高电平状态时的电压不小于 3 V，低电平输出状态时的电压小于 0.5 V。

③ 传输距离 2 km 时，传感器的基本误差应不超过规定（采用煤矿用聚乙烯绝缘聚氯乙烯护套通信软电缆 MHYVR，单芯线径截面不小于 1.5 mm^2）。

（5）响应时间应不大于 25 s。

（6）供电电压 DC 12 ~24 V。

（7）工作电流 DC 18 V，小于 150 mA。

（8）遥控距离不小于 5 m。

（9）报警点在测量范围内任意设置（出厂设为 1.0% CH_4）

（10）断电点在测量范围内任意设置（出厂设为 1.5% CH_4），断电输出高电平状态，拉出电流为 2 mA 时的电压不小于 3 V，低电平输出状态时的电压小于 0.5 V。

（11）调校周期为 15 天。

10.1.7.23　GC1000J 型矿用粉尘浓度传感器

GC1000J 型矿用粉尘浓度传感器是为了满足现有煤矿监测井下粉尘浓度而利用激光散射原理开发的高科技传感器。该传感器能够长时间连续实时检测井下粉尘浓度并同时输出与矿用监控系统相适应的信号，传感器除了与 KJ70N 型煤矿监控系统配合使用外，还可以和其他煤矿监控系统相兼容。

1. 工作原理

本传感器由供电电源、激光传感头、光电二极管、光学清扫系统、自动空气过滤系统、A/D 变换器、遥控器、红外接收头、单片机、显示电路和频率（或电流）信号输出及断电输出电路等部分组成，其工作原理如图 2 - 10 - 9 所示。

当空气中的粉尘颗粒经过传感器时，被粉尘散射的激光散射到光电二极管上，光电二极管将粉尘浓度的微弱光信号变成微弱电信号，再将电信号进行放大、检波变成模拟直流信号，直流信号经 A/D 转换后变成数字信号由单片机进行处理后显示粉尘浓度，同时输出与粉尘浓度相对应的频率信号，并且根据粉尘浓度输出断电信号。

光学清扫系统主要是清洁激光器的发射面，保证激光器和光电二极管在全量程范围内

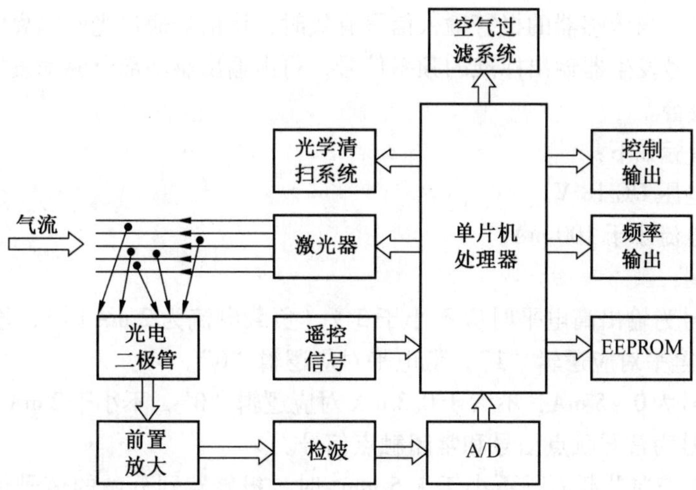

图2-10-9 传感器的组成原理框图

都能够准确发射激光信号。单片机根据粉尘浓度大小每隔一段时间向清扫系统发出自动清扫命令，对激光头及光电二极管部分进行清扫。当进行清扫时，三位显示浓度数码管从左往右轮流显示“-”，持续约30 s后数码管从右往左轮流显示“-”，也持续30 s，两个循环后清扫结束恢复正常测量状态。空气过滤系统主要是为光学系统提供清洁空气，保证激光器和光电二极管尽量不受到粉尘污染。当传感器连续工作1000 h后应更换空气过滤器。

2. 主要技术指标

（1）防爆形式：矿用本安型，标志“Exib Ⅰ”。

（2）测量范围：1~1000 mg/m^3。

（3）基本误差：±15%。

（4）频率输出信号：0.5~1000 mg/m^{3}对应200~1000 Hz。

（5）输出控制信号：在测量范围内任意设置（出厂设为50 mg/m^3），当粉尘浓度达到设置值时输出高电平状态，输出电流为2 mA时的电压不小于3 V，低电平输出状态时的电压小于0.5V。

（6）工作电源：DC18V。

（7）显示方式：4位数码管直接显示。第一位小数码管显示功能码：0为零点，1为灵敏度，3为输出控制点，4为自检，7为清扫。后三位数码管直接显示粉尘浓度（mg/m^3）。

（8）调校周期：30天。

10.1.7.24 KXH18（A）矿用本质安全型声光报警器

KXH18（A）矿用本质安全型声光报警器是一种将声和光相结合并交替产生报警的一种矿用本质安全型仪器。分站监测掘进工作面及其相关巷道里的甲烷浓度，当甲烷浓度达到报警值时，由分站发出信号作为报警器输入信号从而产生声光的报警信号。报警器也可与其他相关设备配套使用。

报警器内部主要由光电隔离部分、标准频率输出部分、输出驱动部分、声报警部分和光报警部分组成。当传感器的报警输入信号有效时，该信号通过光电隔离触发标准信号发生器，由标准信号发生器输出标准的频率信号，再由输出驱动部分驱动发光二极管和蜂鸣器交替的声光报警。

主要技术指标如下：

（1）工作电压 DC 18 V。

（2）工作电流小于 100 mA。

（3）信号制：

① 电平信号为输出高电平时应不小于 3 V（负载电流为 2 mA 时），输出低电平时不大于 0.5 V，高电平对应逻辑“1”，低电平对应逻辑“0”。

② 电流信号为 0 ~ 5 mA，不大于 0.3 mA 对应逻辑“0”，不小于 2 mA 对应逻辑“1”。

③ 触点信号为常开触点信号和常闭触点信号。

（4）传输电缆单芯截面积不小于 1.5 mm^2 时，报警器到分站的信号传输距离应不小于 2 km。

（5）报警方式为声光报警。

（6）音响频率。紧急报警音响、光信号采用断续时间比为 1∶1，交替时间为 0.5 ±0.1s 的急促报警信号。

（7）声报警强度不小于 85 dB（A）。

（8）光报警强度为 20 m 处可见。

（9）本安参数 U_i 为 19.5 V、I_i 为 1000 mA、L_i 为 0 mH、C_i 为 0.4 μF。

10.1.7.25　矿用二氧化硫传感器

矿用二氧化硫传感器是矿用连续检测矿井下二氧化硫浓度的高精度仪表。传感器能够实时地测量并且显示矿井下的二氧化硫浓度，而且根据浓度值的大小产生声光报警信号，并且输出与二氧化硫浓度相对应的模拟信号。传感器除了与 KJ70N 煤矿监控系统配合使用外，还可以和其他煤矿监控系统相兼容，也可以独立使用于多种矿用火灾监测系统。

1. 工作原理

二氧化硫传感器采用电化学式测量方法。被测环境中二氧化硫气体通过透气膜扩散到传感头内部具有恒定电位的电极上，在催化剂的作用下在阴极与电解液中的水发生氧化反应，并在工作电极上输出与二氧化硫浓度成线性关系的电流。传感头内部的化学反应如下：

阴极　$$SO_2 + 2H_2O \longrightarrow H_2SO_4 + 2H^+ + 2e^-$$

阳极　$$O_2 + 4H^+ + 4e^- \longrightarrow 2H_2O$$

总反应式　$$2SO_2 + 2H_2O + O_2 \longrightarrow 2H_2SO_4$$

传感头输出电流经前置板放大处理后直接进行模拟数字转换，经单片机采集并且运算后通过三位数码管显示二氧化硫的浓度值。当二氧化硫的浓度超过报警值时，单片机产生间歇的声光报警信号，同时输出 200 ~ 1000 Hz 的频率。

2. 主要技术指标

（1）工作电压：DC 9 ~ 24 V。

（2）工作电流：不大于 100 mA。

（3）传感器的量程范围：（0～20）$\times 10^{-6}SO_2$。

（4）输出信号：

① 频率模拟量信号，频率范围200～1000 Hz；脉冲宽度大于0.3 ms，高电平状态时的电压不小于3 V，低电平输出状态时的电压小于0.5 V。

② 输出电流信号，电流范围1～5 mA或4～20 mA；DC 18 V，输出1～5 mA时，负载为0～1000 Ω；DC 18 V，输出4～20 mA时，负载为0～250 Ω。

（5）基本误差应符合表2－10－14的规定。

（6）响应时间：不大于45 s。

（7）传输距离2 km时，传感器的基本误差不超过规定（采用煤矿用聚乙烯绝缘聚氯乙烯护套通信软电缆MHYVR，分布电阻不大于12.8 Ω/km，分布电容不大于0.06 μF/km，分布电感不大于0.8 mH/km，单芯线径截面不小于1.5 mm^2）。

表2－10－14 基本误差

测量范围/10^{-6}	0～20
允许误差/%	±5

（8）显示分辨率：$0.1\times 10^{-6}SO_2$。

（9）遥控距离：不小于5 m。

（10）通气流量：200 mL/min。

（11）显示方式：4位数码管显示，第一位显示功能，后三位显示浓度。

（12）防爆标志："Exib Ⅰ"。

（13）本安参数：U_i为25 V，I_i为1.0 A，L_i为0 mH，C_i为0.22 μF。

10.1.7.26 GLH100矿用硫化氢传感器

GLH100矿用硫化氢传感器是矿用连续检测矿井下硫化氢浓度的高精度仪表。传感器能够实时地测量并且显示矿井下的硫化氢浓度，而且根据浓度值的大小产生声光报警信号，并且输出与硫化氢浓度相对应的模拟信号。传感器除了与KJ70N煤矿监控系统配合使用外，还可以和其他煤矿监控系统相兼容，也可以独立使用于多种矿用火灾监测系统。

1. 工作原理

硫化氢传感器采用电化学式测量方法。被测环境中硫化氢气体通过透气膜扩散到传感头内部具有恒定电位的电极上，在催化剂的作用下在阴极与电解液中的水发生氧化反应，并在工作电极上输出与硫化氢浓度成线性关系的电流。传感头内部的化学反应如下：

阴极 $H_2S + 4H_2O \longrightarrow H_2SO_4 + 8H^+ + 8e^-$

阳极 $2O_2 + 8H^+ + 8e^- \longrightarrow 4H_2O$

总反应式 $H_2S + 2O_2 \longrightarrow H_2SO_4$

传感头输出电流经前置板放大处理后直接进行模拟数字转换，经单片机采集并且运算后通过三位数码管显示硫化氢的浓度值。当硫化氢的浓度超过报警值时，单片机产生间歇的声光报警信号，同时输出200～1000 Hz的频率。

2. 主要技术指标

（1）工作电压：DC 9～24 V。

（2）工作电流：不大于100 mA。

（3）传感器的量程范围：（0～100）$\times 10^{-6}H_2S$。

（4）输出信号：

① 频率模拟量信号，频率范围 200～1000 Hz；脉冲宽度大于 0.3 ms，高电平状态时的电压不小于 3 V，低电平输出状态时的电压小于 0.5 V。

② 输出电流信号，电流范围 1～5 mA 或 4～20 mA；DC 18 V，输出 1～5 mA 时，负载为 0～1000 Ω；DC 18 V，输出 4～20 mA 时，负载为 0～250 Ω。

（5）基本误差应符合表 2-10-15 的规定。

表 2-10-15 基本误差

测量范围/10^{-6}	0～49	50～100
允许误差/%	±3	真值的 ±10

（6）响应时间：不大于 45 s。

（7）传输距离 2 km 时，传感器的基本误差不超过规定（采用煤矿用聚乙烯绝缘聚氯乙烯护套通信软电缆 MHYVR，分布电阻不大于 12.8 Ω/km，分布电容不大于 0.06 μF/km，分布电感不大于 0.8 mH/km，单芯线径截面不小于 1.5 mm^2）。

（8）显示分辨率：$0.1\times10^{-6}H_2S$。

（9）遥控距离：不小于 5 m。

（10）通气流量：200 mL/min。

（11）显示方式：4 位数码管显示，第一位显示功能，后三位显示浓度。

（12）防爆标志："Exib I"。

（13）本安参数：U_i 为 25 V，I_i 为 1.0 A，L_i 为 0 mH，C_i 为 0.22 μF。

10.1.7.27 GKD127V 馈电状态传感器

GKD127V 馈电状态传感器是符合《煤矿安全规程》要求而设计的检测断电和馈电状态的传感器。

馈电状态传感器利用检测电缆芯线对地电场的原理来测量设备是否带电，与负载是否工作、电缆有无电流流过无关，只要电缆芯线带有一定电压的交流电，则输出馈电状态，反之，输出非馈电状态。

主要技术指标如下：

（1）防爆型式为矿用本质安全型，标志为"Exib I"。

（2）动作电压 AC 127～1140 V。

（3）响应时间不大于 1 s。

（4）输出信号及引线方式，见表 2-10-16（可选表中任意一种）。

（5）额定工作电压 DC 18 V。

（6）最大工作电流不大于 15 mA。

（7）被测设备供电电缆为矿用橡套电缆，电缆外径 ϕ16～70 mm。

（8）具有显示功能，采用发光管对应指示馈电设备通、断电状态，馈电设备断电为红灯，馈电设备通电为绿灯。

表 2-10-16 规格型号及对应输出

序号	规格代号	输出信号 （对应开关：通/断）	输出信号要求	引线方式
1	A型	恒流：+5±0.5 mA/-5±0.5 mA	负载阻抗≤1 kΩ	四线
2	B型	恒流：+5±0.5 mA/0 mA		四线
3	C型	恒流：+5±0.5 mA/+1±0.5 mA		二线

表 2-10-16（续）

序号	规格代号	输出信号（对应开关：通/断）	输出信号要求	引线方式
4	E 型	无电位接点：接通/断开	接点断开时，两输出端之间的漏电阻应不小于 100 kΩ；接点闭合（导通）时，输出端电压应不高于 0.5V（灌入电流 2 mA 时）	四线

10.2 KJ95N 型煤矿综合监控系统

10.2.1 概述

KJ95N 型煤矿综合监控系统（以下简称 KJ95N 系统）融计算机网络技术、监测监控技术、程控调度通信技术于一体，作为全矿井综合自动化系统的一部分，主要监控矿井上下各类安全、生产参数及电力参数，汇接管理多个安全与生产环节子系统，实现了信息共享和局部环节的自动化控制。KJ95N 系统符合《煤矿安全监控系统通用技术要求》（AQ 6201—2006），适于大中小各类矿井使用。整个系统具有三级网络结构形式，是一种先进的集散型微处理机系统。先进可靠的软件，总线型的分站和传感器使系统保持领先的技术水平。局部传感器及其连接线的故障不会影响系统的正常工作，从而确保整个系统的可靠性。具有技术先进、结构合理、运行可靠、故障分散、维修方便等优点。

10.2.2 主要功能

（1）主机软件满足 MT/T 1004—2006《煤矿安全监控系统通用技术条件》。

（2）系统具有甲烷浓度、风速、风压、一氧化碳浓度、温度等模拟量的采集、显示及报警功能，具有馈电状态、风机开停、风筒状态、风门开关、烟雾等开关量的采集、显示及报警功能，具有瓦斯抽采（放）量的监测、显示功能。

（3）系统软件具有可调校设备（瓦斯）智能管理功能，自动管理瓦斯调校周期。

（4）系统软件具有井下不间断电源综合管理功能，实时监测电源工作状态，预防分站、传感器、执行器断电，造成不必要的断电和危险的隐患。

（5）实时性：软件能实时传输、处理、存储和显示信息，并根据要求实时控制，能周期地循环运行而不中断。

（6）自检：软件能对接入系统的传感器、分站等设备的工作状态进行自检。

（7）操作管理：软件具有操作权限管理功能，对参数设置、控制等必须使用密码操作，并具有操作记录。

（8）数据处理精度：软件在完成数据运算和处理时，所带来的各种运算和处理误差应小于 0.5% 。

（9）死机率：在连续运行过程中，软件引起的死机率应不小于 1 次/720 h。

（10）键盘响应：在连续运行过程中，软件应能响应操作人员从键盘输入命令，从键盘输入到执行该条命令的最长时隔时间应小于 10 s。

（11）可以配接胶带集中控制、轨道运输信集闭、电力监测、火灾监测等系统，实现局部环节的自动化。

(12) 可以在全监测系统范围内通过便携式调试电话机与地面中心站或分站、传感器处的维护人员进行语音通信。

(13) KJ95N系统操作平台采用Windows2000/XP软件，所有功能操作均具有在线帮助，在中文菜单提示下完成。并可方便地点击图形，即点即得所需信息。可随时显示监测数据、图形、曲线和报警点及数值。

10.2.3　系统技术指标

(1) 系统容量：异步传输方式128台分站级设备。

(2) 单通道容量：36台分站。

(3) 传输速率：10/100 M，1200/2400 bps。

(4) 传输方式：以太网，RS485。

(5) 传输电缆芯线：光/电缆2芯。

(6) 地面中心站到分站之间无中继最小传输距离：电缆15 km。

(7) 分站到传感器之间的最小传输距离：3 km。

(8) 模拟量传感器信号：200～1000 Hz及现场总线数字信号。

(9) 开关量传感器信号：0、5 mA，无电位接点及现场总线数字信号。

(10) 地面中心站供电为AC 220 V。

(11) 井下设备供电为AC 127、380或660 V。

10.2.4　系统主要设备技术指标

10.2.4.1　工作主机、备用主机

(1) 工控机：CPU奔腾Ⅳ处理器，内存128 Mb，硬盘20 G以上。

(2) 显卡：标准VGA，16位真彩色，显示器分辨率1024×768。

10.2.4.2　传输接口

1. KJJ14A传输接口

(1) 额定工作电压：DC 15 V。

(2) 额定工作电流：小于300 mA。

(3) 与分站的传输方式：信号为本质安全型，RS485信号制。

(4) 与分站的传输速率：1200 bps。

(5) 与分站的最大传输距离：15 km。

(6) 与计算机的传输方式：10/100 M以太网。

(7) 实现以太网光纤信号转换RS485信号进行传输。

2. CJJ02地面环网接入器

(1) 供电电源额定值：AC 220 V，工频50 Hz，允许电压波动范围85%～115%。

(2) 2个冗余光纤以太网口，与其他环网接入器连接，组成冗余以太环网。

(3) 6个传输通讯口，其中3个通讯口为以太网电接口，另外3个通讯口可根据实际要求配置为以太网电接口或6个RS485口（1个以太网口可配置为2个RS485口）。

(4) 信道：

① 环网通讯介质采用光缆（通信光缆衰减小于0.4 dB/km），波长1310 nm。

② 单模：发射功率不小于－15 dBm，接收灵敏度－32 dBm，最大传输距离15 km。

③ 多模：发射功率不小于－20 dBm，接收灵敏度－30 dBm，最大传输距离2 km。

④ 以太网电接口通讯介质采用双绞线，速率 10/100 M 自适应。

⑤ RS485 通讯介质采用矿用阻燃屏蔽信号电缆。速率 1200 bps 时，最大传输距离 6 km。

（5）支持环网冗余，恢复时间小于 300 ms。

（6）提供网络设备状态信息，具有工业以太网管理功能。

（7）具备串口设备（RS485/232）联网功能。

3. KJJ31 矿用环网接入器

（1）供电电源额定值：AC 127、220、380 或 660 V，工频 50 Hz，允许电压波动范围 85% ~115%。

（2）2 个冗余光纤以太网口，与其他环网接入器连接，组成冗余以太环网。

（3）6 个传输通讯口，其中 2 个通讯口为本安以太网电接口，4 个通讯口可根据实际要求配置为本安以太网电接口或本安 RS485 口（RS232 口）。

（4）信道：

① 环网通讯介质采用光缆（通信光缆衰减小于 0.4 dB/km），波长 1310 nm。

② 单模：发射功率不小于 -15 dBm，接收灵敏度 -32 dBm，最大传输距离 15 km。

③ 多模：发射功率不小于 -20 dBm，接收灵敏度 -30 dBm，最大传输距离 2 km。

④ 以太网电接口通讯介质采用双绞线，速率 10/100 M 自适应。

⑤ RS485 通讯介质采用矿用阻燃屏蔽信号电缆。速率 1200 bps 时，最大传输距离 6 km。

（5）支持环网冗余，恢复时间小于 300 ms。

（6）提供网络设备状态信息，具有工业以太网管理功能。

（7）具备串口设备（RS485/232）联网功能。

（8）交流停电时，自动切换至设备内电池供电，并保证工作时间不小于 2 h。

4. KJJ58 矿用环网接入器

（1）供电电源额定值：AC 127、220、380 或 660 V，工频 50 Hz，允许电压波动范围 85% ~115%。

（2）光纤以太网口：速率 10/100/1000 M，接口数量可灵活配置。

（3）以太网电接口：速率 10/100 M 自适应，接口数量可灵活配置，最大配置为 4 个。

（4）RS485 口/以太网电接口：1 ~4 个，可通过跳接片任意设置。以太网电接口，速率 10/100 M 自适应；RS485 口，速率 1200 bps。

（5）信道：

① 环网通讯介质采用光缆（通信光缆衰减小于 0.4 dB/km），波长 1310 nm。

② 单模：发射功率不小于 -15 dBm，接收灵敏度 -32 dBm，最大传输距离 15 km。

③ 多模：发射功率不小于 -20 dBm，接收灵敏度 -30 dBm，最大传输距离 2 km。

④ 以太网电接口通讯介质采用双绞线，速率 10/100 M 自适应。

⑤ RS485 通讯介质采用矿用阻燃屏蔽信号电缆。速率 1200 bps 时，最大传输距离 6 km。

（6）支持环网冗余，恢复时间小于 300 ms。

（7）提供网络设备状态信息，具有工业以太网管理功能。

（8）具备串口设备（RS485/232）联网功能。

（9）交流停电时，自动切换至设备内电池供电，并保证工作时间不小于 2 h。

5. KTG2A 矿用本安型光端机

（1）额定工作电压 DC 15 V（±20%），工作电流不大于 650 mA。

（2）1 个光纤以太网口，速率 100 M。

（3）2 个以太网电接口，速率 10/100 M 自适应。

（4）2 个 RS485 接口，速率 1200 bps。

（5）信道：

① 通讯介质采用光缆（通信光缆衰减小于 0.4 dB/km），波长 1310 nm。

② 单模：发射功率不小于 -15 dBm，接收灵敏度 -32 dBm，最大传输距离 15 km。

③ 以太网电接口通讯介质采用双绞线，速率 10/100 M 自适应。

④ RS485 通讯介质采用矿用阻燃屏蔽信号电缆，最大传输距离 15 km。

⑤ 信号转换：以太网信号与 RS485 信号相关转换传输。

⑥ 以太网光电转换：以太网电信号与以太网光信号相关转换传输。

⑦ 以太网信息交换：以太网接口设备间信息交换。

（6）实现以太网光纤信号转换 RS485 信号进行传输，同时也可以作为以太网光电收发器来使用。

10.2.4.3 KJF16B 通用分站

（1）额定工作电压 DC15V（±20%），工作电流不大于 180 mA。

（2）8 个测点输入（开关量和模拟量任意接入）。

（3）8 个开关量输出。

（4）8 路馈电监测或开关量输入。

（5）16 路 RS485 总线式传感器接入。

（6）与上级计算机传输：RS485 方式，速率 1200 bps，最大距离 15 km。

（7）输入信号：

① 频率型模拟量信号：200～1000 Hz，输出高电平时应不小于 3 V（输出电流为 2 mA 时），输出低电平时不大于 0.5 V，其正脉冲和负脉冲宽度均不得小于 0.3 ms。

② 频率型模拟量信号：1200～2000 Hz，输出高电平时应不小于 3 V（输出电流为 2 mA 时），输出低电平时不大于 0.5 V，其正脉冲和负脉冲宽度均不得小于 0.15 ms。

③ 累计量信号：输出高电平时应不小于 3 V（输出电流为 2 mA 时），输出低电平时不大于 0.5 V，其正、负脉冲宽度不应小于 0.3 s，正、负脉冲的转换时间不大于 5 ms。

④ 无电位开关量接点信号：截止状态输出时，漏电阻不小于 100 kΩ；导通状态输出时，电压降不大于 0.5 V（电流为 2 mA 时）。截止状态对应逻辑“0”，导通状态对应逻辑“1”。

⑤ 电平型开关量信号：输出高电平时应不小于 3 V（输出电流为 2 mA 时），输出低电平时不大于 0.5 V。高电平对应逻辑“1”，低电平对应逻辑“0”。

（8）输出信号：电平型控制量信号，输出高电平时应不小于 3 V（输出电流为 2 mA 时），输出低电平时不大于 0.5 V。逻辑“1”对应高电平，逻辑“0”对应低电平。

（9）测量误差：满量程时不低于 0.5%（不包括传感器的测量误差）。

（10）自动断电：分站接入的模拟量输入信号可以自动控制分站的开出控制信号（断电逻辑由主机初始化定义）。

（11）异地断电：其他分站接入的模拟量输入信号通过上级计算机可以控制在本分站的开关量信号输出。

（12）人工断电：分站上的开关量输出口可以通过上级计算机操作控制。

（13）具有初始化参数掉电保护功能，分站停电后初始化参数不会丢失。

（14）具备数据液晶显示功能，通过键盘和遥控进行察看和参数设置。

（15）通过 GB/T 17626.4 规定的严酷等级为 2 级的电快速瞬变脉冲群抗扰度试验，加强了系统的抗干扰能力。

（16）支持挂接数字总线式传感器。

（17）支持数字/频率传感器现场标校设置。

（18）显示智能电源电池及输出电压电流。

（19）RS485 主传输接口双备用，一路接口损坏可以快速接入备用接口继续传输。

10.2.4.4　矿用隔爆兼本质安全型电源箱

1. KDW15A 本安电源（仅用于生产监测）

（1）额定工作电压：AC127、220、380、660 V 任选，电源波动范围 -25% ~ +10%。

（2）输出电压：一组 DC18 V、1 A（或 15 V、1 A 或 24 V、0.5 A）。

2. KDW16A 隔爆兼本质安全型不间断电源

（1）额定工作电压：AC127、220、380、660 V 任选，电源波动范围 -25% ~ +10%。

（2）输出电压：一组 DC18 V、1 A（或 15 V、1 A 或 24 V、0.5 A）。

（3）供电时间：交流停电时，输出额定电流条件下，电池供电时间不小于 2 h。

3. KDW65 隔爆兼本质安全型不间断电源

（1）额定工作电压：AC127、220、380、660 V 任选，电源波动范围 -25% ~ +10%。

（2）输出电压：共三组，两组 DC18 V（0.9 A），一组 DC15 V（1 A）。

（3）供电时间：交流停电时，输出额定电流条件下，电池供电时间不小于 2 h。

（4）智能充放电维护，带智能接口，将电源参数上传到分站及主机。

10.2.5　系统组成及工作原理

KJ95N 系统将计算机网络、光纤高速通道、矿井安全和生产监控及其他子系统综合在一起，形成一个完整、实用的矿井综合监控系统。根据需要各部分既可以集成在一起，又可以单独使用，可满足各个矿井的不同需求。系统为集散型结构，其信息检测及分站等设备的布置完全按照矿井特点设置，使各部分设备都能被充分合理地运用，以满足矿井管理的要求。

系统在地面主要由监测主机、传输接口、避雷器、网络服务器、各工作站等组成；井下主要由分站、串行扩展器、报警箱、本安电源、断电执行器以及各种传感器组成。系统可以混接三种传输方式，电缆总线传输方式由 KJJ14、KJJ14A 传输接口组成；光缆传输方式由矿用本安型光端机 KTG2A 组成，光端机以下为总线传输方式；环网交换机的网络传输方式由地面环网接入器 CJJ02 和矿用环网接入器 KJJ31 或 KJJ58 组成，井下环网接入器以下为总线传输方式。

KJ95N 系统主机连续不断地轮流与各个分站进行通信，每个分站接收到主机的询问后，立即将该分站接收的各测点的信号传给主机，各分站又不停地对接收到的各传感器信号（开关量、模拟量和累计量）进行检测变换和处理，时刻等待主机的询问，以便把检测的参数送到地面。需要对井下设备进行控制时，主机将控制命令与分站巡检信号一起传给分站，由分站输出通过远动开关控制设备。监测主机将接收到的实时信号进行处理和存盘，并通过本机显示器、大屏幕、模拟盘等外设显示出来。可显示各种工艺过程模拟盘、测量参数表、各种参数的实时或历史曲线、柱状图、圆饼图等，也可通过打印机打印各种报表，或通过绘图仪绘制各种图表和曲线。

KJ95N 系统在地面建立了一套局域网络，配置服务器和若干台工作站。中心站主机都插有网卡，作为计算机网络的一个工作站，监测主机的信息可以全部上网。其余的工作站分别放置在矿领导和有关的职能部门。

10.2.6　使用方法与使用注意事项

安装使用 KJ95N 系统各设备之前，应详细阅读产品使用说明书，按要求操作和维护。另外需注意以下几点：

（1）地面中心站和网络应有专业的操作、管理和维护人员，发现问题后及时处理，使监测主机及网络等各设备都能保证可靠的正常运行。

（2）为保障 KJ95N 系统的可靠运行，系统应有一根单独的接地线，并与线缆的屏蔽层连接。在连接主传输电缆的接线盒中也应将屏蔽层连接，地线的接地电阻应不大于 4 Ω。

（3）对井下分站、电源、传感器等设备要经常派人下井维护，以保证系统设备的正常工作，监测信号准确。

（4）为保证井下安全生产，甲烷等主要传感器应严格按有关规定定期调校，对达不到要求的传感器应及时更换和修理。

（5）井下敷设信号电缆和主传输电缆时，应避免与动力电缆同一侧走线。如果信号电缆在同一侧敷设时，其间距应大于 300 mm。

（6）系统中心站到井下各分站的主传输电缆一般为四芯电缆，连线应按照“信号蓝、白，电源红、白”原则。一对蓝、白线与分站相连，另一对红、白线备用或作为调试电话的通讯线。分站到各传感器的信号电缆为四芯电缆，连线应按照“信号蓝、绿，电源红、白”接线。主传输电缆和信号电缆连接分站或传感器等设备时，一般蓝（红）线为 +，白（绿）线为 -，便于查线。

（7）计算机与打印机、大屏幕、传输接口相连时，应断电后进行，严禁带电拔插。

（8）分站安装地点应选择在环境相对好一些的硐室、大巷中，尽量避免淋水，可挂在墙壁上。分站地址设定时应注意系统中分站地址的唯一性。

（9）无电位接点作为开关量或累计量接入分站时，应在回路中串入 2 ~4 kΩ 电阻。

（10）所有设备在安装接线和更换设备等操作时，不允许带电操作。应先停电源，检查设备安装和接线无误后，再给设备供电。

（11）应注意避免系统中设备供电电源 AC 127/660 V 与大的机电设备供电共用一根电缆，以免设备启动时电源波动影响系统正常工作。

（12）将分站、传感器等设备接入系统之前应仔细阅读有关产品说明书，并按照要求接线和维护。

10.2.7 常见故障及处理方法

1. 系统传输中断

地面中心站监测主机接收不到分站信息，可能有以下几个方面的问题。

（1）主机没有发出巡检信号，如果传输接口的下行发送指示灯不闪烁，应检查：

① 用示波器或万用表检查主机串行口是否有信号发出；

② 主机与接口之间的电缆是否脱落或断开，两端的9芯插头是否脱焊；

③ 传输接口是否有问题。

（2）主机发出巡检信号，传输接口的下行发送指示灯闪烁，上行指示灯不闪烁，应检查：

① 用示波器或万用表检查巡检信号是否从传输接口送出到分站；

② 传输接口电缆与主传输电缆之间的接线盒内部接线是否错接或线头是否脱落；

③ 主传输电缆短路或断路，打开传输接口电缆与主传输电缆之间的接线盒，拆开主传输电缆的蓝、白线头，测量其电阻值；

④ 在接线盒处用示波器或万用表检查有分站发出的上行信号，检查传输接口两端的电缆及传输接口是否有问题。

2. 系统传输时断时续

主机的下行巡检信号和分站送到主机的上行信号都有，在主机上显示传感器或分站信号时断时续，应检查：

（1）主传输电缆较远端或分支电缆是否有短路。

（2）主传输电缆长期使用，是否参数变化较大。

（3）分站传输部分是否有故障。

3. 部分分站和传感器无信号传输

（1）分站传输光耦或485接口芯片损坏或芯片性能下降。

（2）传感器损坏，信号电缆断开，分站接入测点的光耦损坏。

4. 监测主机接收信息紊乱

（1）分站供电电源电压波动较大、负载重、供电不稳。

（2）监测主机感染病毒。

5. 网络上接收不到监测信息

（1）监测主机没有联网。

（2）网络集线器及线缆有故障。

（3）网络集线器与工作站之间距离较远。

10.2.8 维护与保养

KJ95N系统在使用过程中的维护和管理，对于一个系统能否正常运行，在生产和管理过程中能否发挥更大的作用，有着直接的关系。

（1）应严格管理制度，职责明确。

（2）中心站软件操作人员应按照说明书和软件操作流程的要求操作系统软件。

（3）经常观察主机屏幕信息，发现分站和传感器有故障时，及时通知有关人员处理。

（4）不在系统配套的监测主机及其他计算机上做与系统本身无关的工作，拒绝其他软件或U盘，以防病毒侵入。

（5）维修人员应经常下井检查分站、电源和传感器等设备，保证设备的完好。

（6）甲烷等传感器应按规定要求定时调校，以保证监测数据的准确可靠。

（7）所有设备在使用前，都应仔细阅读产品说明书，详细了解产品的技术参数、使用范围、调试方法，尤其应注意信号制式和接线方式。

第 3 篇　井下人员定位系统

1　系统的功能与建设

《国务院关于进一步加强企业安全生产工作的通知（国发〔2010〕23号）》要求“煤矿和非煤矿山要制定和实施生产技术装备标准，安装监测监控系统、井下人员定位系统、紧急避险系统、压风自救系统、供水施救系统和通信联络系统等技术装备，并于3年之内完成”。《国家安全生产监督管理总局国家煤矿安全监察局关于建设完善煤矿井下安全避险“六大系统”的通知（安监总煤装〔2010〕146号）》要求“建设完善煤矿井下人员定位系统，发挥井下人员定位系统在定员管理和应急救援工作中的作用。2010年底前，中央企业和国有重点煤矿企业的所有煤矿要完成井下人员定位系统的建设完善工作；2011年底前，其他所有煤矿要完成井下人员定位系统的建设完善工作。”

煤矿井下人员位置监测系统是煤矿井下安全避险“六大系统”之一。煤矿井下人员位置监测系统又称煤矿井下人员定位系统和煤矿井下作业人员管理系统。煤矿井下人员位置监测系统具有人员位置、携卡人员出入井时刻、重点区域出入时刻、限制区域出入时刻、工作时间、井下和重点区域人员数量、井下人员活动路线等监测、显示、打印、存储、查询、异常报警、路径跟踪、管理等功能，在遏制超定员生产、事故应急救援、领导下井带班管理、特种作业人员管理、井下作业人员考勤等方面发挥着重要作用。

1.1　系统组成、工作原理与分类

煤矿井下环境特殊而又恶劣：无线电信号传输衰减大、GPS信号不能覆盖煤矿井下巷道、有甲烷等易燃易爆气体。目前，煤矿井下人员位置监测系统主要采用RFID技术，部分系统采用漏泄电缆、WiFi、ZigBee等技术。该系统除具有人员位置监测功能外，还具有单向或双向紧急呼叫等功能。

1.1.1　系统组成与工作原理

煤矿井下人员位置监测系统一般由识别卡、位置监测分站、电源箱（可与分站一体化）、传输接口、主机（含显示器）、系统软件、服务器、打印机、电视墙或投影、UPS电源、远程终端、网络接口、电缆和接线盒等组成，具体如图3-1-1所示。

识别卡由下井人员携带，保存有约定格式的电子数据，当下井人员进入位置监测分站的识别范围时，识别卡将用于人员识别的数据发送给分站。

位置监测分站通过无线方式读取识别卡内用于人员识别的信息，并发送至地面传输接口。

电源箱将交流电网电源转换为系统所需的本质安全型直流电源，并具有维持电网停电后正常供电不小于2 h的蓄电池。

传输接口接收分站发送的信号，并送主机处理；接收主机信号、并送相应分站；控制分站的发送与接收，多路复用信号的调制与解调，并具有系统自检等功能。

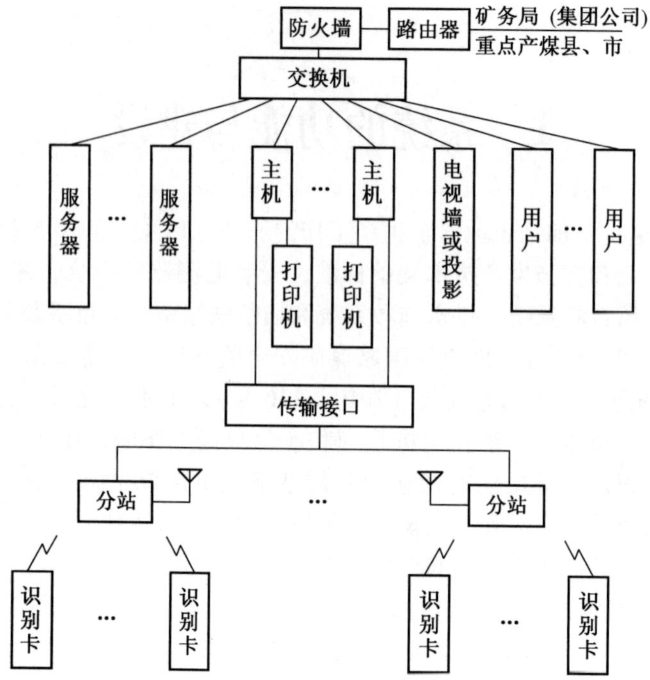

图 3-1-1　煤矿井下人员位置监测系统

主机主要用于接收监测信号、报警判别、数据统计及处理、磁盘存储、显示、声光报警、人机对话、控制打印输出、与管理网络连接等。

1.1.2　系统分类

煤矿井下作业人员管理系统可按工作原理、信号传输方向、识别卡结构、系统结构、识别卡供电方式、识别卡工作频率、功能等多种方法加以分类。

（1）按工作原理分，可分为：场强式；射频标签式；其他。

（2）按信号传输方向分，可分为：单向；半双工；全双工。

（3）按识别卡结构分，可分为：帽卡；胸卡；腰卡；其他。

（4）按系统结构分，可分为：独立式；与煤矿安全监控系统一体；与煤矿井下移动通信系统一体；其他。

（5）按识别卡供电方式分，可分为：无源；有源。

（6）按识别卡的工作频率分，可分为：特高频（300 MHz ~ 3 GHz）；超高频（3 ~ 30 GHz）；其他。

（7）按功能分，可分为：非连续监测式；连续监测式；其他。

1.2　系统作用

煤矿井下人员位置监测系统在遏制超定员生产、事故应急救援、领导下井带班管理、特种作业人员管理、井下作业人员考勤等方面发挥着重要作用。

（1）遏制超定员生产。通过对进入采区、采煤工作面、掘进工作面等重点区域人数进行监控，遏制超定员生产。

（2）防止人员进入危险区域。通过对进入盲巷、采空区等危险区域人员进行监控，及时发现误入危险区域人员，防止发生窒息等伤亡事故。

（3）及时发现未按时升井人员。通过对人员出/入井时刻进行监测，可及时发现超时作业和未升井人员，以便及时采取措施，防止发生意外。

（4）加强特种作业人员管理。通过对瓦斯检查员等特种作业人员巡检路径及到达时间监测，及时掌握检查员等特种作业人员是否按规定的时间和线路巡检。

（5）加强带班干部管理。通过对带班干部出入井及路径监测，及时掌握干部下井带班情况，加强干部下井带班管理。

（6）煤矿井下作业人员考勤管理。通过对入井作业人员的出/入井和路径监测，及时掌握入井工作人员是否按规定出/入井，是否按规定到达指定作业地点等。

（7）应急救援与事故调查技术支持。通过系统可及时了解事故发生时入井人员总数、分布区域、人员的基本情况等。若事故发生时，系统不被完全破坏，还可在事故发生后 2 h 内（系统有 2 h 备用电源），掌握被困人员的流动情况。在事故后 7 d 内（识别卡电池至少工作 7 d），若识别卡不被破坏，则可通过手持设备测定被困人员和遇难人员的大致位置，以便及时搜救和清理。

（8）持证上岗管理。通过设置在人员出入井口的人脸、虹膜等检测装置，检测入井人员特征，与上岗培训、人脸、虹膜数据库资料对比，对没有取得上岗证的人员不允许下井，特殊情况（如上级检查等）需经有关领导批准，并存储记录。

（9）具有紧急呼叫功能，调度室可以通过系统通知携卡人员撤离危险区域，携卡人员可以通过预先规定的紧急按钮向调度室报告险情。

1.3 技术要求

1.3.1 一般要求

（1）系统及其软件、识别卡、分站、传输接口应符合《AQ 6210 煤矿井下作业人员管理系统通用技术条件》、《AQ 1048 煤矿井下作业人员管理系统使用与管理规范》、《MT 209 煤矿通信、检测、控制用电工电子产品通用技术要求》、《MT 1004 煤矿安全生产监控系统通用技术条件》、《MT 1005 矿用分站》、《MT 1007 矿用信息传输接口》、《MT 1008 煤矿安全生产监控系统软件通用技术要求》、《AQ 6201 煤矿安全监控系统通用技术要求》等标准的有关规定，系统中的其他设备应符合国家及行业有关标准的规定，并按照经规定程序批准的图样及文件制造和成套。

（2）中心站及入井电缆的入井口处应有防雷措施。

（3）帽卡式识别卡应通过国家有关部门的检测，并出具对人身健康无害的报告。

1.3.2 环境条件

（1）系统中用于机房、调度室的设备，应能在下列条件下正常工作：

① 环境温度：15 ~ 30 ℃。

② 相对湿度：40% ~70% 。

③ 温度变化率：小于 10 ℃/h，且不得结露。

④ 大气压力：（80 ~ 106）kPa。

⑤《GB/T 2887 电子计算机场地通用规范》规定的尘埃、照明、噪声、电磁场干扰和接地条件。

(2) 除有关标准另有规定外，系统中用于煤矿井下的设备应在下列条件下能正常工作：

① 环境温度：0 ~ 40 ℃。

② 平均相对湿度：不大于 95% （+25 ℃）。

③ 大气压力：(80 ~ 106) kPa。

④ 有爆炸性气体混合物，但无显著振动和冲击、无破坏绝缘的腐蚀性气体。

1.3.3 供电电源

1. 地面设备交流电源

(1) 额定电压：380 V/220 V，允许偏差 -10% ~ +10%。

(2) 谐波：不大于 5%。

(3) 频率：50 Hz，允许偏差 ±5%。

2. 井下设备交流电源

(1) 额定电压：127 V/380 V/660 V/1140 V。允许偏差：专用于井底车场、主运输巷：-20% ~ +10%；其他井下产品：-25% ~ +10%。

(2) 谐波：不大于 10%。

(3) 频率：50 Hz，允许偏差 ±5%。

1.3.4 系统组成

系统一般由主机、传输接口、分站、识别卡、电源箱、电缆、接线盒、避雷器和其他必要设备组成。

1.3.5 主要功能

1. 监测

(1) 系统应具有携卡人员出/入井时刻、出/入重点区域（采区、采煤工作面、掘进工作面等重要区域）时刻、出/入限制区域（盲巷、采空区等不允许人员进入的区域）时刻等监测功能。

(2) 系统应具有识别携卡人员出/入巷道分支方向等功能。

(3) 系统应能对乘坐电机车等各种运输工具的携卡人员进行准确识别。

(4) 系统应能识别多个同时进入识别区域（系统能正确识别识别卡的无线覆盖区域）的识别卡。

(5) 系统应具有识别卡工作是否正常和每位下井人员携带 1 张卡唯一性检测功能。

2. 管理

(1) 系统应具有携卡人员下井总数及人员、出/入井时刻、下井工作时间等显示、打印、查询等功能，并具有超时人员总数及人员、超员人员总数及人员报警、显示、打印、查询等功能。

(2) 系统应具有携卡人员出/入重点区域总数及人员、出/入重点区域时刻、工作时间等的显示、打印、查询等功能，并具有超时人员总数及人员、超员人员总数及人员报警、显示、打印、查询等功能。

(3) 系统应具有携卡人员出/入限制区域总数及人员、出/入限制区域时刻、滞留时间等的显示、打印、查询、报警等功能。

（4）系统应具有特种作业人员等下井、进入重点区域总数及人员、出/入时刻、工作时间的显示、打印、查询等功能，具有工作异常人员（未在规定时间到达指定地点的人员）总数及人员、出/入时刻及工作时间等的显示、打印、查询、报警等功能。

（5）系统应具有携卡人员下井活动路线显示、打印、查询、异常报警等功能。

（6）系统应具有携卡人员卡号、姓名、身份证号、出生年月、职务或工种、所在区队班组、主要工作地点、每月下井次数、下井时间、每天下井情况等的显示、打印、查询等功能。

（7）系统应具有按部门、地域、时间、分站、人员等进行分类查询、显示、打印等功能。

3. 存储和查询

（1）系统应具有存储功能，存储内容包括：

① 出/入井时刻；

② 出/入重点区域时刻；

③ 出/入限制区域时刻；

④ 进入分站识别区域时刻；

⑤ 出/入巷道分支时刻及方向；

⑥ 超员总数、起止时刻及人员；

⑦ 超时人员总数、起止时刻及人员；

⑧ 工作异常人员总数、起止时刻及人员；

⑨ 卡号、姓名、身份证号、出生年月、职务或工种、所在区队班组、主要工作地点等。

（2）系统应具有查询功能，查询类别如下：

① 按人员查询；

② 按时间查询；

③ 按地域查询；

④ 按识别区域查询；

⑤ 按超时报警查询；

⑥ 按超员报警查询；

⑦ 按限制区域报警查询；

⑧ 按工作异常报警查询；

⑨ 按人员分类查询；

⑩ 按部门查询；

⑪ 按工种查询等。

（3）系统应具有防止修改实时数据和历史数据等存储内容（参数设置及页面编辑除外）功能。

（4）系统应具有数据备份功能。

（5）分站应具有数据存储功能。当系统通信中断时，分站存储识别卡卡号和时刻；系统通信正常时，上传至中心站。

4. 显示

(1) 系统应具有汉字显示和提示功能。

(2) 系统应具有列表显示功能。显示内容包括：下井人员总数及人员、重点区域人员总数及人员、超时报警人员总数及人员，超员报警人员总数及人员、限制区域报警人员总数及人员、特种作业人员工作异常报警总数及人员等。

(3) 系统应具有模拟动画显示功能。显示内容包括：巷道布置模拟图、人员位置及姓名、超时报警、超员报警、进入限制区域报警、特种作业人员工作异常报警等。系统应具有漫游、总图加局部放大、分页显示等显示方式。

(4) 系统应具有系统设备布置图显示功能。显示内容包括：分站、电源箱、传输接口和电缆等设备的设备名称、相对位置和运行状态等。若系统庞大，一屏容纳不了，可采用漫游、分页或总图加局部放大等显示方式。

5. 打印

系统应具有汉字报表、初始化参数召唤打印功能（定时打印功能可选）。打印内容包括：下井人员总数及人员、重点区域人员总数及人员、超时报警人员总数及人员、超员报警人员总数及人员、限制区域报警人员总数及人员、特种作业人员工作异常报警总数及人员、领导干部每月下井总数及时间统计等。

6. 人机对话

(1) 系统应具有人机对话功能，以便于系统生成、参数修改、功能调用、图形编辑等。

(2) 系统应具有操作权限管理功能，对参数设置等必须使用密码操作，并具有操作记录。

(3) 在任何显示模式下，均可直接进入所选的列表显示、模拟图显示、打印、参数设置、页面编辑、查询等方式。

7. 自诊断

系统应具有自诊断功能。当系统中分站、传输接口等设备发生故障时，系统报警并记录故障时间和故障设备，以供查询及打印。

8. 双机切换

系统主机应具有双机切换功能。

9. 备用电源

系统应具有备用电源。

10. 网络通信

系统应具有网络接口，将有关信息上传至各级主管部门。

11. 其他功能

(1) 系统应具有软件自监视功能。

(2) 系统应具有软件容错功能。

(3) 系统应具有实时多任务功能，对参数传输、处理、存储和显示等能以一定周期、连续循环运行。

1.3.6 主要技术指标

1. 最大位移速度

煤矿井下人员位置监测系统识别卡位移速度是指识别卡被正确识别的情况下能具有的最大速度。该指标偏高，将会影响并发识别数量和漏读率，对监测分站（读卡器）的阅读速度和无线传输距离提出较高要求，产生增大设备成本等影响；该指标偏低，难以满足人员乘坐各种运输工具等要求。根据架空乘人装置、乘人皮带、斜井人车、平巷人车、胶轮车等煤矿井下乘人运输工具的移动速度，结合矿井无线传输和 RFID 现有技术等情况，确定了煤矿井下作业人员识别卡的位移速度不得小于 5 m/s。

2. 并发识别数量

煤矿井下人员位置监测系统并发识别数量是指携卡人员以最大位移速度同时通过识别区时，系统能正确识别的最大数量。该指标偏大，要求监测分站（读卡器）读卡速度高，无线传输距离远，会增大设备成本；该指标偏低，当进入读卡区人员较多时，会造成漏读。根据煤矿井下各种乘人运输工具一次乘人数量、现有防碰撞算法和读卡速度等，提出了煤矿井下作业人员识别卡的并发识别数量不得小于 80 个。

3. 漏读率

煤矿井下人员位置监测系统漏读率是指携卡人员以最大位移速度和最大并发识别数量通过识别区域时，系统漏读和误读的最大数量与通过识别区域的识别卡总数的比值。该指标偏高，将会影响并发识别数量和漏读率，对监测分站（读卡器）的阅读速度和无线传输距离等提出了较高要求，增大设备成本；该指标偏低，将会出现较大的差错，难以满足对煤矿井下作业人员管理要求。用于地面的 RFID 系统漏读率可达 10^{-5}，综合考虑煤矿井下人员位置监测系统现有技术水平和煤矿井下安全生产对人员位置监测系统的实际需求，确定系统漏读率不得大于 10^{-4}。

4. 最大传输距离

(1) 识别卡与分站之间的无线传输距离。煤矿井下人员位置监测系统识别卡与位置监测分站（读卡器）之间无线传输距离太远，将会增大识别卡无线发射功率、天线尺寸、位置监测分站接收灵敏度，增加设备成本、体积和重量；传输距离太近将会增加漏读率。根据煤矿井下巷道宽度，并综合考虑煤矿井下无线传输衰减大、携卡人员乘坐的各种运输工具对无线传输的影响、发射功率、接收灵敏度、工作频率等，通过理论分析和现场测试，确定识别卡与分站之间的无线传输距离不小于 10 m。

(2) 分站至传输接口之间最大传输距离应不小于 10 km；分站至传输接口之间可串入可靠的中继器（或类似产品），但所串的中继器（或类似产品）最多不超过 2 台。

5. 最大监控容量

最大监控容量应满足下列要求：

(1) 系统允许接入的分站数量宜在 8、16、32、64、128 中选取；被中继器等设备分隔成多段的系统，每段允许接入的分站数量宜在 8、16、32、64、128 中选取。

(2) 煤矿井下人员位置监测系统识别卡数量指标体现了识别卡的最大编号容量。该指标偏大就会增大编码位数，在其他指标不变的条件下，系统就要有更好的防冲撞算法和较高的传输速率，系统的复杂度也将增大。识别卡在煤矿井下使用时易丢失和损坏，需要识别卡有足够的备用余量，编号也需有备用冗余。结合煤矿井下人员位置监测系统现有技术水平和煤矿井下安全生产对人员位置监测系统的实际需求情况，识别卡数量 8000 个都是可以接受的。因此，提出识别卡数量应不小于 8000 个要求。

6. 最大巡检周期

系统最大巡检周期应不大于30 s。

7. 误码率

误码率应不大于10^{-8}。

8. 存储时间

存储时间应满足下列要求：

（1）携卡人员出/入井时刻、出/入重点区域时刻、出/入限制区域时刻、进入识别区域时刻、出/入巷道分支时刻及方向、超员、超时、工作异常、卡号、姓名、身份证号、年龄、职务或工种、所在区队班组、主要工作地点等记录应保存3个月以上。当主机发生故障时，丢失上述信息的时间长度应不大于5 min。

（2）分站存储数据时间应不小于2 h。

9. 画面响应时间

调出整幅画面85%的响应时间应不大于2 s，其余画面应不大于5 s。

10. 双机切换时间

从工作主机故障到备用主机投入正常工作时间应不大于5 min。

11. 识别卡电池寿命

为通过本安防爆检验和型式检验，部分识别卡与其电池封装在一起，电池不可更换，因此，电池寿命就是整个识别卡寿命。因此，要求不可更换电池的识别卡的电池寿命应不小于2年，可更换电池的识别卡的电池寿命应不小于6个月。

12. 识别卡电池工作时间

为满足煤矿井下灾害事故应急救援的需求，并考虑目前识别卡功耗情况及其电池有关技术和产品现状，要求可充电电池的识别卡，每次充电能保证识别卡连续工作时间不小于7 d。

13. 备用电源工作时间

在电网停电后，备用电源应能保证系统连续监控时间不小于2 h。

14. 远程本安供电距离

远程本安供电距离应不小于2 km。

1.3.7　传输性能

系统的信息传输性能应符合《MT/T 899 煤矿用信息传输装置》的有关要求。

1.3.8　电源波动适应能力

供电电压在产品标准规定的允许电压波动范围内，系统的位置监测、并发识别、最大传输距离、最大监控容量、最大巡检周期应能满足要求。

1.3.9　工作稳定性

系统应进行工作稳定性试验，通电试验时间不小于7 d，系统的位置监测、并发识别、最大传输距离、最大监控容量、最大巡检周期应能满足要求。

1.3.10　防爆性能

防爆型设备应符合《GB 3836.1　爆炸性环境　第1部分：设备　通用要求》、《GB 3836.2　爆炸性环境　第2部分：由隔爆外壳“d”保护的设备》、《GB 3836.3　爆炸性环境　第3部分：由增安型“e”保护的设备》、《GB 3836.4　爆炸性环境　第4部分：

由本质安全型“i”保护的设备》等规定。

1.4　相关标准

有关煤矿井下人员位置监测系统安装、使用、维护与管理的标准有《AQ 1048—2007 煤矿井下作业人员管理系统使用与管理规范》。

有关煤矿井下人员位置监测系统生产、设计、测试与检验的标准有《AQ 6210—2007 煤矿井下作业人员管理系统通用技术条件》、《MT/T 1004—2006 煤矿安全生产监控系统通用技术条件》、《MT/T 1005—2006 矿用分站》、《MT/T 1007—2006 矿用信息传输接口》、《MT/T 1008—2006 煤矿安全生产监控系统软件通用技术要求》、《MT/T 1081—2008 矿用网络交换机》、《MT/T 1078—2008 矿用本质安全输出直流电源》、《MT/T 772—1998 煤矿监控系统主要性能测试方法》、《MT/T 899—2000 矿用信息传输装置》等。

煤矿井下人员位置监测系统是煤矿井下安全避险“六大系统”之一，在遏制超定员生产、事故应急救援、领导下井带班管理、特种作业人员管理、井下作业人员考勤等方面发挥着重要作用。系统主要技术要求和测试方法是实现系统安全保障作用的关键。因此，煤矿井下人员位置监测系统必须按照《AQ 1048—2007 煤矿井下作业人员管理系统使用与管理规范》和《AQ 6210—2007 煤矿井下作业人员管理系统通用技术条件》等有关标准生产、设计、测试、检验、安装、使用、维护与管理。

1.5　系统安装、使用与维护

1.5.1　系统安装与维护

（1）各个人员出/入井口、重点区域出/入口、限制区域等地点应设置分站，并能满足监测携卡人员出/入井、出/入重点区域、出/入限制区域的要求。

（2）巷道分支处应设置分站，并能满足监测携卡人员出/入方向的要求。

（3）下井人员应携带识别卡。

（4）识别卡严禁擅自拆开。

（5）工作不正常的识别卡严禁使用。性能完好的识别卡总数，至少比经常下井人员的总数多10%。不固定专人使用的识别卡，性能完好的识别卡总数至少比每班最多下井人数多10%。

（6）矿调度室应设置显示设备，显示井下人员位置等情况。

（7）各出入井口应设置检测识别卡工作是否正常和唯一性检测的装置，并提示携卡人员本人及相关人员。识别卡工作正常和唯一性检测可以采用机器与人工配合的方法，也可采用虹膜、人脸等自动检测方法。煤矿井下人员位置监测系统正常工作和下井人员每人携带一张表明自己身份的识别卡，是遏制超能力生产、加强煤矿井下作业人员管理、为应急救援提供技术支持的必要条件。

（8）分站应设置在便于读卡、观察、调试、检验、围岩稳定、支护良好、无淋水、无杂物的位置。

（9）设备使用前，应按产品使用说明书的要求调试设备，并在地面通电运行24 h，合格后方可使用。防爆设备应经检验合格，并贴上合格证后，方可下井使用。

（10）设备发生故障时，应及时处理，在故障期间应采用人工监测，并填写故障登记表。

（11）安全监测工应 24 h 值班，应每天检查设备及电缆，发现问题应及时处理，并将处理结果报中心站。

（12）当电网停电后，备用电源不能保证设备连续工作 1 h 时，应及时更换。

（13）入井电缆的入井口应有防雷措施。

1.5.2　中心站

（1）系统主机及系统联网主机应为双机或多机备份，24 h 不间断运行。当工作主机发生故障时，备用主机应在 5 min 内投入工作。

（2）中心站应为双回路供电，并配备不小于 2 h 的在线式不间断电源。

（3）中心站设备应有可靠的接地装置和防雷装置。

（4）中心站应配置防火墙等网络安全设备。

（5）中心站应使用录音电话。

（6）中心站应 24 h 有人值班。值班员应认真监视监视器所显示的各种信息，详细记录系统各部分的运行状态，填写运行日志，打印监测日（班）报表，报矿长和有关负责人审阅。接到报警后，值班员应立即通知生产调度及值班领导，生产调度及值班领导应立即采取措施，将处理结果记录备案。

1.5.3　技术资料

（1）应建立以下账卡及报表：

① 设备、仪表台账；

② 设备故障登记表；

③ 检修记录；

④ 巡检记录；

⑤ 中心站运行日志；

⑥ 监测日（班）报表；

⑦ 设备使用情况月报表。

（2）煤矿应绘制设备布置图，图上标明分站、电源、中心站等设备的位置、接线、传输电缆、供电电缆等，根据实际布置情况及时修改，并报矿技术负责人审批。

（3）中心站应每 3 个月对数据进行备份，备份数据应保存 1 年以上。

（4）图纸、技术资料应保存 1 年以上。

1.5.4　管理机构

（1）煤矿安全监控管理机构负责煤矿井下作业人员管理系统的安装、使用、调校、维护与管理工作。小型煤矿可将系统的安装、调校、维护工作委托维护中心完成。

（2）煤矿安全监控管理机构应制定岗位责任制、操作规程、值班制度等规章制度。

（3）监测工和中心站操作员应培训合格，持证上岗。

1.5.5　报废

符合下列情况之一者，系统可以报废：

（1）设备老化、技术落后或超过规定使用年限的。

（2）通过修理虽能恢复性能及技术指标，但一次修理费用超过设备原值 80% 以上的。

（3）失爆不能修复的。

（4）受意外灾害，损坏严重，无法修复的。

（5）不符合国家及行业标准规定的。

（6）国家或有关部门规定应淘汰的。

2 煤矿井下人员位置监测

2.1 自动识别技术

自动识别技术是对字符、影像、条码、声音、电子标签等记录数据的载体进行机器自动识别，获取所携带的相关信息，并提供给计算机处理系统来进行处理的技术。自动识别技术以计算机技术和通信技术的发展为基础，是一种高度自动化的信息采集和特征提取技术。自动识别技术根据载体和对象特征的不同可分为多种，目前主流的自动识别技术有条码技术、光学字符识别技术、磁卡识别技术、智能卡识别技术、生物识别技术、语音识别技术、射频识别技术等。自动识别技术广泛应用于工业、商业、交通、物流、卫生、安检等各领域,超市的条形码扫描、公交卡、电话卡等正是日常生活中常见的自动识别技术的典型应用。随着煤炭工业科技水平的提高，自动识别技术在煤炭行业的应用也越来越广泛。

2.1.1 条码识别技术

条码是由一组规则排列的条、空以及相应的数字组成的。这种用条、空组成的数据编码可以供条码阅读器识读，且容易译成二进制数和十进制数。条码成本较低，适用于需求量大且数据不需更改的场合，但较易磨损，且数据量有限，而且一个条码只对应唯一的下井人员。

2.1.2 光学字符识别技术

光学字符识别技术的原理是对文本资料进行扫描生成图像，然后对图像进行分析处理，获取文字及版面信息。光学字符识别的重要应用领域有办公室自动化中的文本输入、邮件自动处理，以及与自动获取文本过程相关点的其他领域，这些领域包括零售价格识读，订单数据输入，单证、支票和文件识读，微电路及小件产品状态特征识读等。光学字符识别的优点是人眼可识读、可扫描，但输入速度和可靠性不及条码，其数据格式有限，通常要用接触式扫描器。

2.1.3 磁卡识别技术

磁卡识别技术应用了物理学和磁力学的基本原理。磁条是一层薄的、由定向排列的铁性氧化粒子组成的材料，用树脂黏合在一起，作为信息载体，并黏在塑料等非磁性基片上。磁条技术具有以下优点：数据可读写，即可以现场改写数据；数据存储能满足大多数需求，便于使用，成本低廉，还具有一定的数据安全性；能黏附在许多不同规格和形式的基材上。磁条技术的这些优点，使其在众多领域得到了广泛应用。

磁条技术是接触识读，灵活性较差，它与条码的不同在于其数据可做部分读写操作，给定面积编码容量比条码大，但对物品进行逐一标志的成本比条码高。磁卡的价格便宜，但很容易磨损，磁条不能折叠、撕裂，且数据量相对较小。

2.1.4 生物识别技术

生物识别技术是指利用生命个体的生理特征或行为特征，来识别验证个体身份的自动识别技术，如指纹识别技术和虹膜识别技术等。生物识别技术是依靠生物的生理或行为特征来进行身份验证的一种解决方案，由于这些特征具有不可复制的特性，使得生物识别技术的安全系数比传统意义上的身份验证有了明显提高。生物统识别技术广泛应用于安全控制领域。生物识别技术的成本和复杂性曾经限制了生物识别系统的应用，而随着技术的发展，生物识别系统的成本持续下降，性能不断提高，在各领域的应用也将逐渐扩大。为加强煤矿入井人员身份唯一性管理，杜绝冒用他人识别卡现象的发生，研究适合煤矿井下环境的生物识别技术具有重要的意义。

2.1.5 语音识别技术

语音识别的原理是将语音信号通过机器识别转变为计算机可读的命令或相应的文本。语音识别技术的应用主要有语音拨号、语音查询、语音控制、语音记事本、语音智能玩具等。

2.1.6 智能卡识别技术

智能卡又称 IC 卡，IC 卡即集成电路卡（Integrated Circuit Card），是超大规模集成电路技术、计算机技术以及信息安全技术等发展的产物。智能卡将集成电路芯片镶嵌在塑料基片的指定位置上，利用集成电路的可存储特性，保存、读取和修改芯片上的信息。IC 卡与磁卡是有区别的，磁卡通过卡内的磁力记录信息，而 IC 卡通过卡里的集成电路存储信息。IC 卡与磁卡相比，具有以下优点：IC 卡的成本一般比磁卡高，但保密性更好，存储容量大，便于应用，方便保管；防磁，防一定强度的静电，抗干扰能力强，可靠性比磁卡高，使用寿命长，一般可重复读写 10 万次以上。同时，IC 卡的缺点在于价格稍高，而且如果触点暴露在外，有可能因人为原因而损坏。日常生活中 IC 卡的应用也很广泛，如电话 IC 卡、购电购气卡、手机 SIM 卡、交通卡等。

按照与外界数据传送的形式来分，IC 卡有接触式和非接触式两种。接触式 IC 卡的芯片金属触点暴露在外，可以直观看见，数据存储在卡体内嵌的集成电路中，通过芯片上的触点可与读写设备接触、交换信息。

按存储介质分，最常用的接触卡类型是存储卡（Memory 卡）和处理器卡（CPU 卡）。存储卡只能存储数据，而处理器卡在存储数据的同时还可以进行计算机相似的运算操作。

2.1.7 射频识别技术（RFID）

RFID 是射频识别技术的英文 Radio Frequency Identification 的缩写，又称电子标签。射频识别技术是 20 世纪 90 年代开始兴起的一种自动识别技术，射频识别技术是一项利用射频信号通过空间耦合（交变磁场或电磁场）实现无接触信息传递，并通过所传递的信息达到识别目的的技术。

RFID 系统组成包括两个核心部分：读卡器和识别卡（也称射频卡）。阅读器通过发射天线发送一定频率的射频信号，识别卡进入磁场后，如果接收到读卡器发出的特殊射频信号，识别卡获得能量被激活。识别卡将自身编码等信息通过卡内置发送天线发出，读卡器接收天线接收到从识别卡发送来的载波信号，经天线调节器传送到读卡器，读卡器对接收的信号进行解调和解码，然后送到后台主系统进行相关处理。

前面介绍了接触式 IC 卡，而识别卡，就是一种结合射频识别技术的非接触式 IC 卡。它的芯片全部封于卡基内，无暴露部分。不仅如此，在卡体内还嵌有一个微型天线，可实现嵌入的芯片与读卡器之间的相互通信，通过无线电波或电磁场的感应来交换信息。它成功地将射频识别技术和IC技术结合起来，解决了无源（卡中无电源）和免接触这两大难题，是电子器件领域的一大突破。该技术的优势是信息的交换不需要卡和读卡器之间有任何接触，通常用于门禁、公交收费、地铁收费等需要“一晃而过”的场合。

射频识别技术的优点是不局限于视线，识别距离比光学字符系统远，射频识别卡具有读写能力，可携带大量数据，同时具有难以伪造和智能性较高等特点。射频识别技术的最大优点就在于非接触性，因此完成识别工作时无须人工干预，能够实现自动化且不易损坏，可识别高速运动物体并可同时识别多个射频识别卡，操作快捷方便。识别卡不怕油渍、灰尘污染等恶劣的环境，短距离的识别卡可以在这样的环境中替代条码，长距离的产品则多用于交通上，可达几十米，如自动收费或识别车辆身份等。射频识别技术的缺点是识别卡成本相对较高。

主流自动识别技术的比较见表3-2-1。

表3-2-1　主流自动识别技术比较

参数	条码	光学字符	磁卡	智能卡	生物识别	语音识别	射频识别
载体	物品表面	物品表面	磁条	E^2P ROM	生物特征	语音	E^2P ROM
信息量	小	小	较小	大	大	大	大
数据密度	低	低	很高	很高	高	高	很高
读/写	只读	只读	可读写	可读写	只读	只读	可读写
读取方式	光扫描	光电转换	电磁转换	电擦写	机器识读	机器识读	无线通信
读取距离	近	很近	接触	接触	接触	很近	远
识别速度	慢	慢	慢	慢	很慢	很慢	快
通信速度	慢	慢	快	快	很慢	慢	很快
智能化	无	无	无	无	无	有	有
使用寿命	一次性	短	短	长	一般	一般	很长
保密性	无	无	一般	好	无	好	好
环境适应性	差	差	一般	一般	差	差	好
国际标准	有	无	有	有	无	无	有
成本	最低	一般	低	较高	较高	较高	较高
多识别卡识别	无	无	无	无	无	无	有

自动识别系统通常由识别终端、中间件和应用软件三部分组成，如图3-2-1所示，三者分别完成数据存储和识别、数据转换、数据处理和使用等功能，其中识别终端可采用不同的自动识别技术，中间件为识别端和应用端提供必要的数据转换和通信接口，使同一操作系统的应用软件能够使用来自不同识别终端的数据。

注：箭头表示业务流向

图3-2-1　自动识别系统模型

2.2 无线定位技术

无线定位技术主要包括：基于电波入射角（AOA）的定位技术、基于信号强度（RSSI）的定位技术、基于电磁波传播时间（TOA）的定位技术、基于电磁波到达时间差（TDOA）的定位技术、基于蜂窝小区标识（CELL－ID）的定位技术。

2.2.1 基于电波入射角的定位技术

电波入射角（AOA）定位方式通过获取被测点与两个或两个以上接收机的信号到达角度进行定位，如图3－2－2所示。AOA定位一般需要采用定向天线与相控阵列来得到信号能量峰值的来源。在理想情况下，两个接收机的距离已知，各自与目标发射机的角度已知，则目标位置是两个接收机各自以测量角度发出的射线交点。

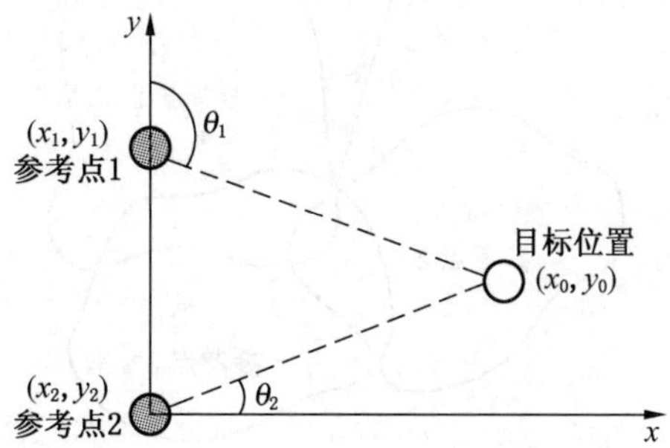

图3－2－2 AOA定位原理图

AOA定位技术通常被称为“小缝隙方向寻找”，它需要在每个站点上放置4～12组的天线阵列来确定移动终端发送信号相对于接收机的角度。AOA定位具有确定性，不存在多解性。

根据图3－2－2可以得出如下方程组：

$$\tan\theta_1 = \frac{y - y_1}{x - x_1} \tag{3-2-1}$$

$$\tan\theta_2 = \frac{y - y_2}{x - x_2}$$

已知角度θ_1、θ_2、参考点1（x_1，y_1）和参考点2（x_2，y_2），通过求解方程组（3－2－1）就可以得到目标位置的坐标（x_0，y_0）。

从图3－2－2可以看出，如果目标位置位于参考点1和参考点2的连线上，方程组（3－2－1）将无解。为了避免出现这样的情况，在采用基于AOA方法的定位过程中，当发现目标位置到达参考点1和参考点2的信号方向与参考点1与参考点2之间的连线重叠时，则就需要考虑重新选择用于定位的参考点。

AOA定位技术容易受外界噪声、NLOS（非视距效应）和多径效应等问题的影响，而且AOA技术的实现主要通过采用传感器阵列和阵列信号处理技术，这需要添加额外的硬件支持。天线阵列尺寸比较大，功耗较高，并且，安装和维护天线阵列是比较昂贵的。

2.2.2　基于信号强度的定位技术

信号强度（RSSI）定位方法依托路径损耗模型，利用接收信号强度与移动目标至参考点距离成反比的关系，通过在某一参考结点测出接收信号的场强值，再利用已知的信道衰落模型和目标结点处的场强值估算出基站和未知结点之间的距离，如图 3-2-3 所示。这种基于距离的方法至少需要 3 个基站来实现 1 个待测结点的定位。

采用 RSSI 方法确定距离，必须清楚信道特性。RSSI 方法主要受传输信道的三种因素影响：随着距离的增加，功率呈负幂规律衰减；有障碍物造成的缓变阴影衰落和多径衰落。由于 RSSI 的测量依赖于信道特性，因此，基于信号强度定位算法对信道参数估计极其敏感。

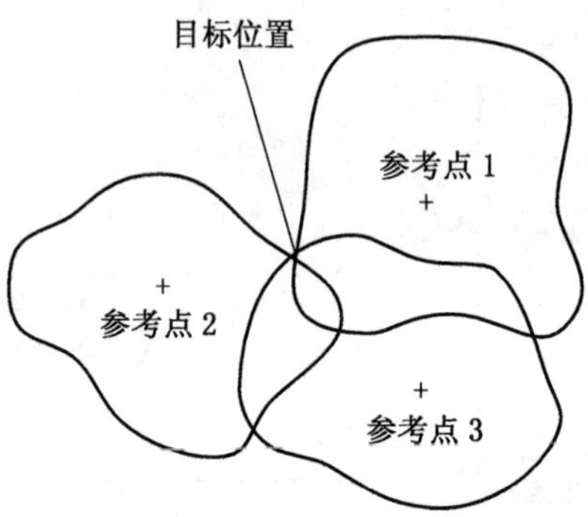

图 3-2-3　RSSI 定位原理图

无线电波在空间中传输的能量损耗是传输距离的函数，接收信号功率可用式（3-2-2）表示：

$$P_r(d)=P_tG_tG_r\left(\frac{\lambda}{4\pi d}\right)^2 \tag{3-2-2}$$

式中　$P_r(d)$——接收信号功率；

G_t——发射增益；

P_t——信号发射功率；

G_r——接收增益；

d——传播距离；

λ——波长。

由式（3-2-2）可知，在发射信号波长一定的条件下，接收信号功率同信号传播距离的平方成反比。

如果在距离目标节点 d_0 处测到接收信号的功率为 $P_r(d_0)$，则在距目标结点 d 处的接收功率 $P_r(d)$ 可定义为

$$P_r(d)=P_r(d_0)\left(\frac{d_0}{d}\right)^2 \tag{3-2-3}$$

但是，在现实的生活工作环境或者工业生产环境中，无线电波的相对接收功率 $P_r(d)$ 需要表示为

$$P_r(d)=P_r(d_0)\left(\frac{d_0}{d}\right)^n \tag{3-2-4}$$

其中，n 为路径损耗因子。

在自由空间 n 为 2，但在现实的工作环境中大多数情况下 n 不为 2，而是根据实际情况估算出来的，n 的值非常容易受环境影响。

RSSI 定位技术基本不需要额外的硬件设备支持，很多无线通信模块本身都可以直接提供 RSSI 值，实现方法比较简单，设备的价格也相对比较便宜。基于 RSSI 的算法比较简单，容易理解，通常将其看作为一种粗糙的测距技术，因为各种因素影响会使其产生很大的测距误差，这主要是因为 RSSI 技术采用的是射频信号，射频信号抗噪声能力比较弱，很难适应井下噪声严重、障碍物繁多的复杂环境，例如多径效应、非视距传播等影响，都会使射频信号产生很严重的损耗。

2.2.3 基于电磁波传播时间的定位技术

电磁波传播时间（TOA）定位方式采用基于距离的定位算法进行定位，被测点发射的信号被 3 个或 3 个以上的接收机接收，根据信号到达接收机的时间计算发射点与接收机的距离，然后以接收机为圆心，以计算的距离为半径画圆，几个圆的交点就是被测点的位置，如图 3-2-4 所示。TOA 方式要求参考节点与被测点时钟必须严格同步，否则距离估算会产生较大误差，导致定位精度下降。

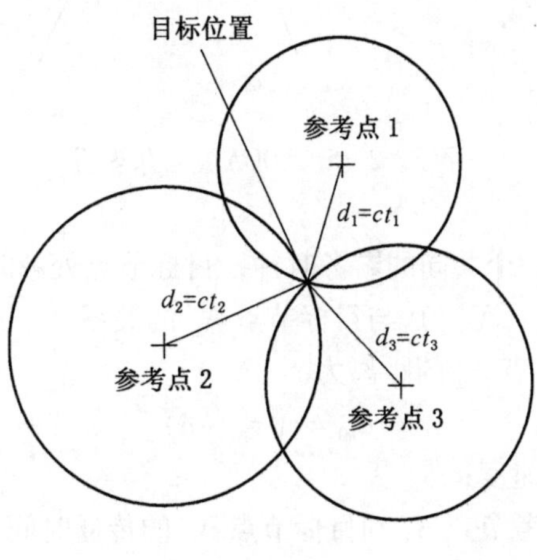

图 3-2-4 TOA 定位原理图

在二维空间中，假设图 3-2-4 中参考点 1、参考点 2、参考点 3 的坐标分别为（x_1，y_1）、（x_2，y_2）、（x_3，y_3），到目标位置的距离分别为 d_1、d_2、d_3，假设目标位置的坐标为（x，y），则可得到如下方程：

$$\begin{aligned}\sqrt{(x-x_1)^2+(y-y_1)^2}&=d_1\\\sqrt{(x-x_2)^2+(y-y_2)^2}&=d_2\\\sqrt{(x-x_3)^2+(y-y_3)^2}&=d_3\end{aligned} \tag{3-2-5}$$

根据式（3-2-5）相关方程，可以得出目标位置的坐标：

$$\begin{bmatrix} x \\ y \end{bmatrix} = \begin{bmatrix} 2(x_1 - x_3) & 2(y_1 - y_3) \\ 2(x_2 - x_3) & 2(y_2 - y_3) \end{bmatrix}^{-1} \begin{bmatrix} x_1^2 - x_3^2 + y_1^2 - y_3^2 + d_3^2 - d_1^2 \\ x_1^2 - x_3^2 + y_2^2 - y_3^2 + d_3^2 - d_2^2 \end{bmatrix} \quad (3-2-6)$$

TOA 定位方式在定位系统中能够为参考点和目标节点提供高精度的共同参考时钟的情况下，可以获得较理想的定位效果。但现实情况下，时钟未对准和时钟漂移都会引起随机时延。如果时钟有 1 μs 的误差，定位误差就会达到 300 m。因此，时钟不精确的情况下，定位效果会受到很大影响。

2.2.4 基于电磁波到达时间差的定位技术

电磁波到达时间差（TDOA）定位与 TOA 类似，区别在于：TDOA 方式采用的是测量得到的时间差而非绝对时间，然后利用双曲线交叉进行定位，如图 3-2-5 所示。TDOA 方式只需参考节点之间时钟保持同步，不要求参考节点与被测点之间严格的时间同步，使系统相对简化。

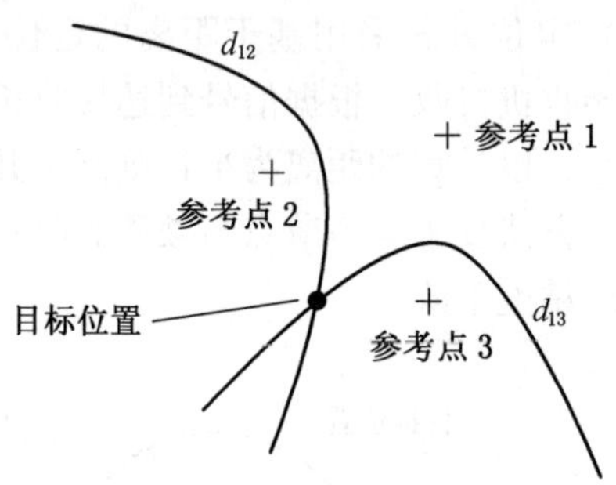

图 3-2-5 TDOA 定位原理图

假定 k 个参考节点用一个共同的参考时钟，目标节点处的时间与参考时钟相比延迟了 δ。研究一对参考节点（N_k，N_{k-1}）与目标节点 N_0 的关系。

参考节点 N_k 与目标节点 N_0 的距离为

$$d_{k0} = c(\tau_{k0} + \delta) \quad (3-2-7)$$

式中 c——电磁波传播速度；

τ_{k0}——电磁波从参考节点 N_k 到目标节点 N_0 的传播时间；

δ——目标节点相对参考时钟的时延。

同理可得参考节点 N_{k-1} 与目标节点 N_0 的距离为

$$d_{(k-1)0} = c(\tau_{(k-1)0} + \delta) \quad (3-2-8)$$

两个距离值相减可得

$$d_{k0} - d_{(k-1)0} = c(\tau_{k0} + \delta) - c(\tau_{(k-1)0} + \delta) = c(\tau_{k0} - \tau_{(k-1)0}) \quad (3-2-9)$$

根据式（3-2-9）的推导可以看出，通过不同参考节点相减可以消除时延 δ 的影响。

在二维空间中，假设图 3-2-5 中参考点1、参考点2、参考点3 的坐标分别为（x_1，y_1）、（x_2，y_2）、（x_3，y_3）目标位置的坐标为（x_0，y_0），则可得到如下方程：

$$\sqrt{(x_2 - x_0)^2 + (y_2 - y_0)^2} - \sqrt{(x_1 - x_0)^2 + (y_1 - y_0)^2} = d_{12}$$

$$\sqrt{(x_3-x_0)^2+(y_3-y_0)^2}-\sqrt{(x_2-x_0)^2+(y_2-y_0)^2}=d_{23} \quad (3-2-10)$$
$$\sqrt{(x_3-x_0)^2+(y_3-y_0)^2}-\sqrt{(x_1-x_0)^2+(y_1-y_0)^2}=d_{13}$$

通过求解式（3-2-10）中相关方程即可得到目标位置的坐标。

TDOA 定位方式不要求参考点和目标节点之间的时钟严格同步，只要求参考点网络的时钟同步。对于基础设备网络，参考点时钟的协调和维护相对容易实现。

2.2.5　基于蜂窝小区标识的定位技术

基于蜂窝小区标识的定位技术（CELL-ID），它通过采集身份识别卡所处的小区编号来确定用户位置。系统通过采集身份识别卡所在小区基站的地理位置，以及小区的覆盖半径，确定用户处于哪一小区。这种技术的定位精度取决于所在小区的半径，基站密度越高，定位精度越高。

2.3　基于 RFID 的识别卡与分站

2.3.1　射频识别技术（RFID）与系统

射频识别技术是一种通过射频信号和电磁或电感的空间耦合来自动识别目标对象并获取相关数据的非接触式自动识别技术，该技术具有识读距离远、速度快、精度高、耐久性和可靠性高、可重复使用、可多目标同时识别等特点。

2.3.1.1　工作原理

射频识别系统的工作原理如图 3-2-6 所示。射频识别系统一般由识别卡、读写器和上位系统三部分组成。识别卡和读写器之间的能量供给和通信是通过电磁波来实现的。识别卡和读写器之间通过耦合元件实现射频信号的无接触耦合，在耦合通道内根据时序关系，实现能量的传递和数据的交换。射频识别系统的工作过程始终以能量为基础，通过一定的时序关系来实现数据交换。

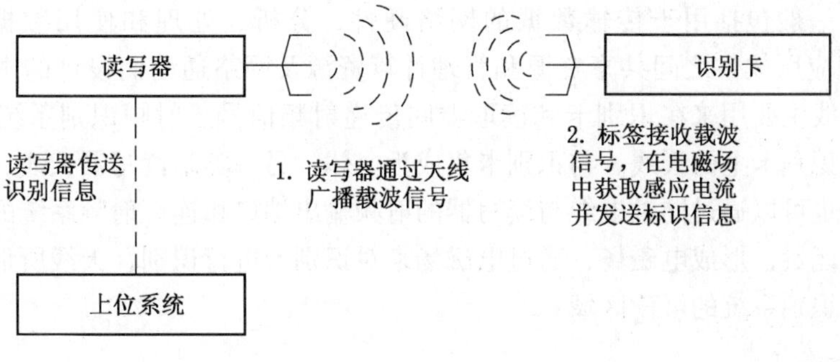

图 3-2-6　射频识别（RFID）系统工作原理示意图

RFID 系统的基本工作流程如下：读写器通过射频天线发射无线电载波信号；识别卡进入读写器射频天线的工作区域时，自身天线通过耦合产生感应电流，为识别卡提供能量，识别卡被激活，并根据读写器信号要求决定是否响应和发送数据；读写器天线接收到识别卡发射的载波信号，经解调和解码读出识别卡数据，送至上位系统。

RFID 系统的读写器和识别卡的工作次序称为时序关系，无源和有源识别卡系统的时序关系有所不同。无源识别卡（不含电池或其他电源）必须依靠读写器的能量来激活，一般是读写器先工作，当识别卡进入射频识别场时，读写器就会发出射频波来激活识别卡电路，识别卡将射频波转换为电能储存在识别卡中的电容里，为识别卡的工作提供能量，完成数据交换；有源识别卡（工作电源完全由内部电池提供）则始终是激活的，处于主动工作状态，它和读写器发出的射频波是相互作用的。

对于多识别卡同时识别，由于时序关系的不同，其工作原理也会有差异。若是读写器先工作，读写器会先对一批识别卡发出隔离指令，使读写器识别范围内的一部分识别卡被隔离，只保留一个识别卡处于激活状态与其建立通信联系，通信结束后发出指令，使该识别卡处于休眠状态，重新指定一个新的识别卡与其建立通信联系，如此反复；若是识别卡先工作（有源识别卡），识别卡就会随机反复发送自己的标识号码，不同的识别卡在不同的时间段被读写器正确读取，这样就可以完成多识别卡的同时识读。

2.3.1.2 系统结构

射频识别系统由识别卡、读写器和上位系统组成三层结构。识别卡内部一般集成有内存储器、射频模块、射频天线等，部分带有电源（有源识别卡），识别卡通常附在目标物体上，可以自带电源或通过读写器电磁场提供能量，用于存储待识别目标的名称、身份、特征等相关信息，并且可供读写器对其所存储的数据进行读写操作；读写器内部一般集成有数据读写模块、射频模块、电源、时钟电路等，部分带有射频天线，读写器使用射频技术来读取识别卡信息和对识别卡写入数据，并且可以将读取的信息传送给上位系统；上位系统包括网络硬件、中间件和应用软件等，负责传输、转换、处理和使用读写器传送来的信息，由于中间件的存在，采用不同识别技术的终端可以使用同样的网络硬件和应用软件。

上位系统是一个统称概念，是指射频识别系统中执行除识别卡识别和读写外其他功能的部分，一般包括用于传输数据的网络硬件，分析、处理和使用数据的应用软件，以及为实现应用软件之间共享资源和管理计算资源及网络通信而设计的中间件。

射频天线主要用来在识别卡和读取器间传递射频信号。射频识别系统中包括两类天线，一类是识别卡上的天线，与识别卡集成为一体；另一类是读写器天线，既可以内置于读写器中，也可以通过同轴电缆与读写器的射频输出端口相连。射频系统的读写器必须通过天线发射能量，形成电磁场，通过电磁场来对识别卡进行识别，天线所形成的电磁场范围就是射频识别系统的可读区域。

2.3.1.3 系统分类

根据 RFID 系统的工作原理和特点，按照不同分类依据对系统进行分类，见表 3－2－2。

表 3－2－2 RFID 系统分类

分类依据	分类
供电形式	有源系统、无源系统
数据调制方式	主动式系统、被动式系统、半主动式系统
工作频率	低频系统、高频系统、超高频和微波系统

表3-2-2（续）

分类依据	分　类
识别卡可读写性	只读系统、可读写系统、一次写入多次读出系统
识别卡数据存储能力	标识识别卡系统、便携式数据文件系统

射频识别系统按识别卡的供电形式可分为有源系统和无源系统。有源系统识别卡采用识别卡内电源提供能量，传输距离远，稳定性好，但是体积大，不易做成薄片卡，且寿命有限，价格较高；无源系统识别卡利用耦合的读写器发射的电磁场能量，传输距离短，需要较大的读写器发射功率，但是体积小，寿命长，价格便宜。

按照识别卡的数据调制方式，系统可以分为主动式、被动式和半主动式。通常无源系统为被动式，有源系统为主动式。主动式的射频系统用自身的射频能量主动发送数据给读写器，调制方式可以为调幅、调频和调相；被动式的射频系统使用调制散射方式发送数据，必须利用读写器的载波来调制自身信号，其读写器只能确保激活一定范围内的射频系统。

按照系统的工作频率，系统可以分为低频、高频和超高频系统。系统的工作频率是指读写器发送无线信号时所使用的频率，基本上划分为 3 个工作主要范围：低频（30 kHz ~ 300 kHz）、高频（3 MHz ~ 30 MHz）和超高频（300 MHz ~ 3 GHz）。低频系统一般工作在(100 ~ 500) kHz，常见的低频工作频率为 125 kHz 和 134.2 kHz；高频系统一般工作在(10 ~ 15)MHz，常见的高频工作频率为 13.56 MHz；超高频系统一般工作在（850 ~ 960）MHz，常见的工作频率为 915 MHz。

按识别卡的可读写性，系统可分为只读（RO）、读写（RW）和一次写入多次读写（WORM）系统。RO 系统中识别卡内部只有只读存储器和随机存储器 RAM，用于存储发射器操作系统说明和安全性要求较高的数据，它与内部的处理器或逻辑处理单元完成内部的操作控制功能；WORM 系统的识别卡可一次性写入，写入后数据不能改变，可以多次读出；RW 系统识别卡可多次读写，适用性强，功能多样，但安全性较差。

根据识别卡中存储器数据存储能力的不同，还可以将识别卡分成仅用于标识目的的标识识别卡与便携式数据文件两种。对于标识识别卡来说，一个数字或者多个数字字母字符串存储在识别卡中，是为了识别的目的或者是进入信息管理系统中数据库的钥匙，标识识别卡中存储的只是标识号码，用于对特定的标识项目，如人、物、地点进行标识。关于被标识项目的详细特定信息，只能在与系统相连接的数据库中进行查找。便携式数据文件是指识别卡中存储的数据非常大，可以看作是一个数据文件，这种识别卡一般都是用户可编程的，识别卡中除了存储标识码外，还存储有大量的被标识项目的相关信息，如包装说明，工艺过程说明等等。在实际应用中，关于被标识项目的所有的信息都是存储在识别卡中的，读识别卡就可以得到关于被标识项目的所有信息，而不用再连接到数据库进行信息读取。

2.3.1.4　技术特点

射频识别技术作为自动识别技术的一种，与其他自动识别技术相比具有鲜明的特点：射频系统的优点是不局限于视线，能够穿透纸张、木材和塑料等非金属或非透明的材质，并能够进行穿透性通信，识别距离远；识别卡具有可读写能力，可以携带大量数据信息，能够重复修改、新增、删除内存信息，同时还具有难以伪造和智能性较高等特点；识别卡最大的优点在于非接触性，它的识别工作不需要任何的人工干预，能够实现自动化且不易损坏，可识别高速运动的物体，并可同时识别多个识别卡，操作方便快捷；识别卡不怕油渍、灰尘污染等，因此可在各种恶劣环境下工作。

2.3.2　基于 RFID 的识别卡与分站

无线射频识别技术基于识别卡和读写器的结构，以无需接触和人工干预、体积小、耐久性和可靠性高、可重复使用等特点，使其在煤矿井下人员定位系统中有着广泛的应用前景。采用 RFID 技术构建人员定位系统中的识别卡与位置检测分站（读写器）部分，可以很好地实现位置检测、运动方向判断等功能。基于 RFID 的识别卡与分站的工作原理如图 3-2-7 所示。

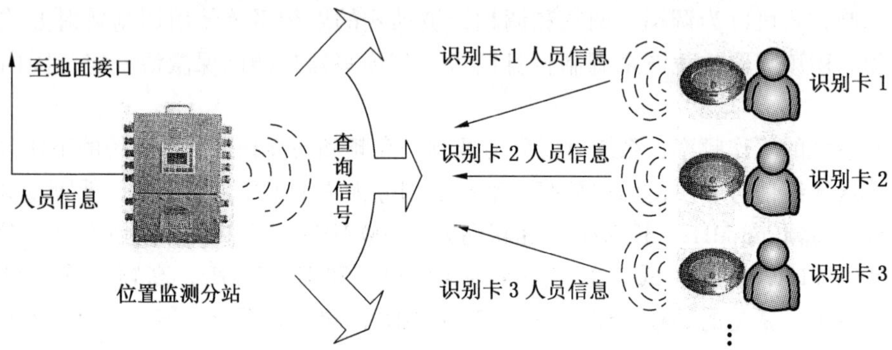

图 3-2-7　基于 RFID 的识别卡与分站的工作原理

2.3.2.1　基于 RFID 的识别卡

RFID 识别卡由下井人员携带，具有唯一的电子编码，保存有约定格式的有关人员信息的电子数据，当进入位置检测分站的识别范围时，将用于人员识别的数据发送至分站。RFID 识别卡可安置于头盔、胸前、腰带等处，按供电方式可分为有源式（内部电池供电）和无源式（分站射频场供电），按工作方式可分为主动式（自动向分站发送人员数据）和被动式（由分站查询信号触发），按工作频率分为特高频（300 MHz ~ 3 GHz）、中高频式（3 GHz ~ 30 GHz）和其他。

2.3.2.2　基于 RFID 的位置检测分站

位置检测分站通过射频方式读取识别卡内用于人员识别的信息，并通过现场总线或无线方式将其向上传输。RFID 位置监测分站安装于下井人员可能经过的所有区域，携带识别卡的下井人员经过时，立即识别该识别卡并接收所对应的信息，并发送至地面传输接口。

2.3.2.3　配置要求

在人员出入井口，采煤工作面、掘进工作面等重点区域的出入口，盲巷、采空区等限制区域，以及巷道分支处等地点设置 RFID 位置监测分站，监测分站能满足监测携卡人员出入井、出入重点区域和限制区域、出入方向的要求。此外，各个巷道应设置分站或天线。位置检测和运动方向判断功能由两台分站或天线，以检测信号强度方式实现。定位精度为两台分站或天线之间的距离。基于 RFID 的识别卡与分站的配置如图 3-2-8 所示。

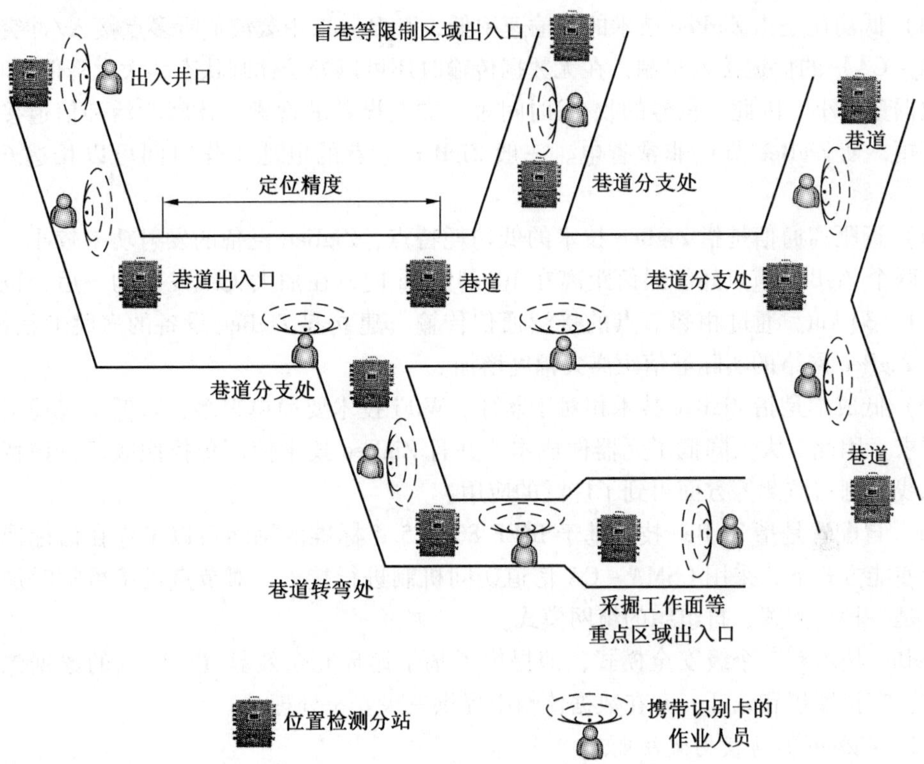

图 3-2-8　基于 RFID 的识别卡与分站的配置

2.4　基于 ZigBee 的识别卡与分站

2.4.1　ZigBee 简介

2.4.1.1　ZigBee 技术特点

ZigBee 是 IEEE 802.15.4 协议的代名词，是基于这个协议规定的一种短距离、低功耗的无线通信技术。这一名称来源于蜜蜂的 ZigZag 形舞蹈，由于蜜蜂（Bee）是靠飞翔和“嗡嗡”（Zig）地抖动翅膀的“舞蹈”来与同伴传递花粉所在方位信息，也就是说蜜蜂依靠这样的方式构成了群体中的通信网络。人们借此来命名一种低功耗、低成本、低复杂度、低速率的短距离无线网络通信技术。

ZigBee 技术的显著特点是低速率、短延时、低功耗、近距离通信、低成本、自配置和多种网络拓扑结构。

（1）低速率是指 ZigBee 技术根据不同的工作频段，其数据传输速率会有所不同，但都处于较低的速率。在 2.4 GHz 频段，有 16 个 250 kbps 的信道；在 915 MHz 频段，有 10 个 40 kbps 的信道；在 868 MHz 频段，有 1 个 20 kbps 的信道。从能量消耗和成本、效率方面来看，不同的数据速率能为不同的应用提供较好的选择。

(2) 短延时是指 ZigBee 技术的通信时延以及从休眠状态激活的时延都非常短。典型的搜索设备时延为 30 ms，休眠激活的时延是 15 ms，活动设备信道接入的时延为 15 ms。因此，ZigBee 技术适用于对时延要求苛刻的无线控制应用。

(3) 低功耗是指 ZigBee 技术的传输速率低，ZigBee 采用载波侦听多点接入/冲突避免（CSMA－CA）的信道接入机制，在无数据传输时还可以处于休眠状态，大大降低了功耗，传输数据量较小。因此，信号的收/发时间短，加上设备的搜索、休眠激活和信道接入时延都很短，使 ZigBee 节点非常省电。一般 ZigBee 节点的电池工作时间可以长达 6～24 个月。

(4) 近距离通信是指 ZigBee 技术的低功耗特点，ZigBee 设备的发射功率较小。一般相近的两个 ZigBee 节点间的通信距离在 10～100 m 内，在加大无线发射功率后，也可增加到（1～3）km。通过相邻节点的接续通信传输，建立起 ZigBee 设备的多跳通信链路，还可使 ZigBee 网络的实际通信距离大幅度增加。

(5) 低成本是指 ZigBee 技术相对于蓝牙、WiFi 技术要简单得多，降低了对通信控制器的要求。因此，大大降低了元器件成本，并且 ZigBee 技术使用免执照频段，该特点使其在无线控制与监测等方面得到了广泛的应用。

(6) 自配置是指 ZigBee 技术基于 IEEE 802.15.4 标准的网络可以工作在信标使能或非信标使能方式下，采用 CSMA－CA 信道访问机制进行接入，对节点设备可随时加入和退出，是一种自配置、自组织的组网模式。

ZigBee 技术有三个级安全模式，即提供了基于循环冗余效验（CRC）的数据包完整性效验，支持鉴权和认证，并在数据传输中提供三级安全处理。

2.4.1.2　ZigBee 的协议构架及规范

由于 ZigBee 技术是基于 IEEE 802.15.4 标准研制开发的，属于低速无线个人局域网（LR－WPAN）范畴，它们的关系类似于 WiFi 与 IEEE 802.11 标准的关系。IEEE 802.15.4 标准定义了物理层和媒体介质访问控制层，ZigBee 联盟在此基础上定义了网络层和应用层。

ZigBee 协议栈从下到上分别为物理层（PHY）、媒体介质访问控制层（MAC）、网络层（NWK）、应用层（APL），如图 3－2－9 所示。ZigBee 协议栈的每层为其上层提供一套服务功能：数据实体提供数据传输服务，管理实体提供其他服务。每个服务实体和上层之间的接口被称作“服务访问点（SAP）”，通过 SAP 交换一组服务原语为上层提供相关的服务功能。

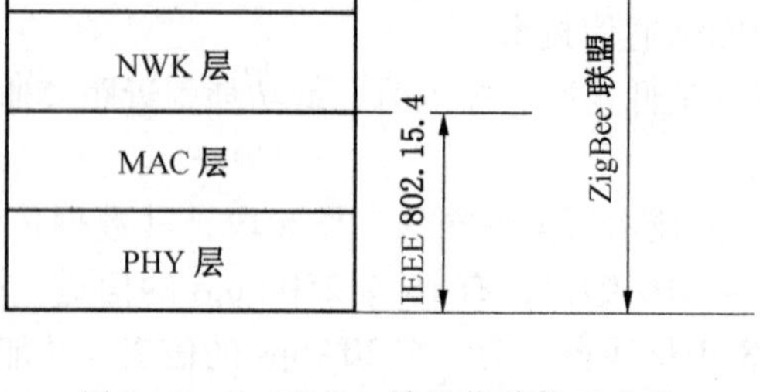

图 3－2－9　ZigBee 协议栈结构示意图

1. 物理层

ZigBee 所使用的频率范围分别是 868 Hz/915 Hz 和 2.4 GHz，ZigBee 的物理层规范了通信的频率。IEEE802.15.4 分别定义了 2.4 GHz 和 868 Hz/915 Hz 两个物理层标准。两个物理层使用相同的物理层数据包格式，也都基于直接序列扩频技术。

物理层提供两个服务：PHY 管理服务和 PHY 数据服务。PHY 数据服务接收和发送协议数据单元是在物理无线信道上实现的。物理层通过射频固件和射频硬件提供了一个从 MAC 层到物理层无线信道的接口。

如图 3－2－10 所示，在物理层中存在物理层管理实体服务的接入点和数据服务接入点。这两个服务接入点可以提供如下服务：通过物理层管理实体（PLME）服务的接入点（PLME－SAP）为物理层管理提供服务，通过物理层数据服务接入点（PD－SAP）为物理层数据提供服务。

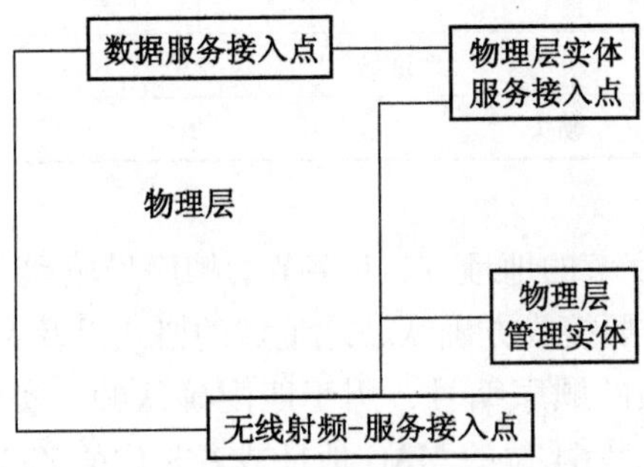

图 3－2－10 物理层参考模型

表 3－2－3 给出了物理层的数据包格式。ZigBee 物理层数据包由物理层载荷、同步包头和物理层包头三部分组成。

表 3－2－3 PHY 帧结构

4 字节	1 字节	1 字节		变量（127 字节）
前导码	帧起始分隔符	帧长（7bit）	预留（1bit）	PSDU
同步头		PHY 帧头		PHY 载荷

同步包头由数据包（帧）定界符和前同步码（前导码）组成，用于获取帧同步、符号同步、扩频码同步，对于粗略的频率调整也有所帮助。物理层包头指示载荷部分的长度，物理层载荷部分含有 MAC 层数据包，载荷部分的最大长度是 127 字节。如果，数据包的长度类型为 5 字节或大于 8 字节，那么，物理层服务数据单元携带 MAC 层的帧信息，即 MAC 层协议数据单元。

2. 媒介接入控制层

IEEE802.15.4 的媒介接入控制层（MAC）的子层能够实现包括设备间无线链路的维护、建立以及断开，确认模式的帧校验与快速自动请求重发（ARQ），帧传送与接收，信道接入与控制，预留广播信息管理以及时隙管理等。MAC 子层能够处理所有物理层的无线信道的接入，它的主要工作如下：在两个对等的实体之间提供一个可靠的通信链路；网络协调器产生并发送网络信标帧；与网络信标同步；支持个域网（PAN）的关联和取消关联；为设备的安全提供支持；信道接入方式采用载波监听多址接入和冲突避免机制；处理和维护保护时隙机制。

表3－2－4给出了 MAC 子层的数据包格式。MAC 子层的数据包由子层帧尾（MFR，MAC Footer）、子层帧头（MAC Header，MHR）和子层载荷组成。

表3－2－4　MAC 层帧表格

2字节	1字节	0/2字节	0/2/8字节	0/2字节	0/2/8字节	变　量	2字节
帧控制信号	帧序列号	目标 PAN ID	目标地址	源 PAN ID	源地址	帧载荷	FCS 校验码
		地址域					
帧头						MAC 载荷	MFR 帧尾

子层的帧头由最多20字节的地址域、1字节的帧序号域和2字节的帧控制域组成。

帧控制域指明了是否需要接收方确认、地址域的格式以及 MAC 帧的类型等控制信息，帧序号域包含了发送方对帧的顺序编号，用于匹配确认帧，实现 MAC 子层的可靠传输；地址域采用的寻址方式可以是64位的 MAC 地址或者8位的 ZigBee 网络地址。

IEEE802.15.4的子层定义了两种基本的信道接入法，分别用在两种网络拓扑结构中。这两种网络结构分别是基于对等操作的网状网络和基于中心控制的星状网络。在对等网状方式的网络中，无中心设备的控制，也无广播信息和广播信道，而是使用标准的信道 CSMA/CA 接入算法接入网络；在星状网络中，中心设备承担网络的形成和维护、时隙的划分、信道接入控制和专用带宽分配等，其余设备根据中心设备的广播信息来决定如何接入和使用无线信道。这是一种时隙化的载波侦听和冲突避免的信道接入算法。

3. ZigBee 网络层

提供一些必要的函数，确保 ZigBee 的 MAC 层能够正常工作，并且能为应用层提供合适的服务接口，这些就是 ZigBee 网络层的主要功能。为了向应用层提供接口，网络层提供了管理服务实体和数据服务实体两个功能的服务实体，如图3－2－11所示。网络层数据实体通过网络层数据实体服务接入点（NLDE－SAP）提供数据传输服务，网络管理层实体通过网络层管理实体服务接入点（NLME－SAP）提供网络管理服务。网络层管理实体利用网络层数据实体完成一些网络的管理工作，并且网络层管理实体完成对网络信息库的维护和管理。

网络层通过 NLME－SAP 和 MCPS－SAP 接口为 MAC 层提供接口，通过 NLME－SAP 和 MCPS－SAP 接口为应用层提供接口服务。网络管理服务由网络层管理实体提供，允许协议栈跟应用相互作用，提供下列服务：邻居设备发现，路由发现，接收控制；加入或离开网络；寻址；初始化网络；配置一个新设备。

网络层数据实体提供生成网络层协议数据单元（NPDU）和指定拓扑传输路由的服

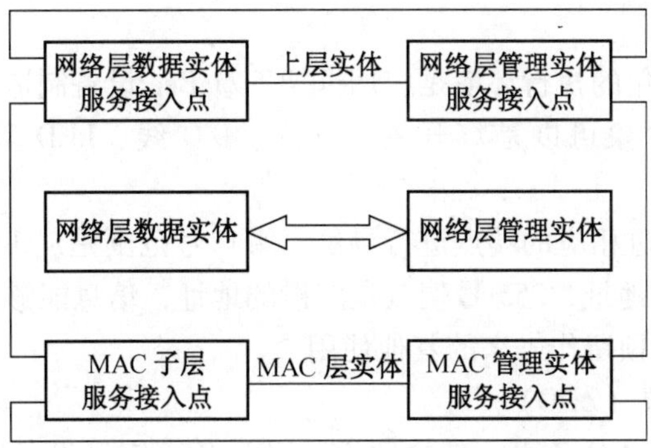

图 3-2-11 网络层参考模型

务。网络协议数据单元（NPDU）即网络层帧的结构，见表 3-2-5。网络层管理实体为数据提供服务。在两个或者多个设备之间传送数据的时候，将按照应用协议的数据单元（APDU）格式进行传送，并且这些设备也要必须在同一个网络中，即在同一个内部的个域网中。

表 3-2-5 网络层数据包（帧）的结构

2 字节	2 字节	2 字节	0/1 字节	0/1 字节	可变长度载荷
帧控制	目的地址	来源地址	半径域	序列号	帧载荷
	路由域				
网络层帧报头					网络层有效载荷

网络层帧报头是网络协议数据单元结构的帧结构的基本组成部分，包含帧类型所指定的信息，包含地址、序列信息网络层帧的可变长有效载荷和帧控制。表 3-2-5 主要表示的是网络层的通用帧结构，不是所有的帧都包含地址和序列域，有的 ZigBee 网络协议中也定义了数据帧和网络层命令帧。

4. ZigBee 应用层

应用层的框架包括制造商所定义的应用对象、应用支持层（APS）和 ZigBee 设备对象（ZDO）。ZigBee 应用层除了提供一些必要的函数以及为网络层提供合适的服务接口外，一个重要的功能就是应用者可在这层定义自己的应用对象。应用支持层的功能包括在绑定的设备之间传送信息和维持绑定表。ZigBee 设备对象的功能包括发现网络中的设备，定义设备在网络中的角色，发起和响应绑定请求，在网络设备之间建立安全机制。

1）应用支持子层

应用支持子层（APS）负责的工作如下：设备间信息发送的绑定；64 位长地址映射到 16 位网络地址；定义与管理组地址；绑定表格；分组与组装包；可靠传输数据。服务水平和需求水平的接口关键是绑定设备。绑定表保存在网络中的路由器和协调器中。绑定表能把源端点和源地址映射到一个或多个目标端点和目标地址，一组绑定设备的簇的 ID

号是相同的。

2）应用框架

应用对象发包和收包的执行环境是应用框架。ZigBee 设备制造商定义应用对象，处于应用层的顶部。应用对象可以是灯开关、灯泡、I/O 线、LED 等。应用对象运行应用层面。

每个应用对象都通过相应的端点进行寻址，端点号范围是从 1 号到 240 号。0 号端点是 ZigBee 的设备对象的地址，255 号端点是广播的地址，信息能够发送到特定节点的所有端点。241 ~ 254 号端点预留作未来的其他使用。

3）ZigBee 设备对象（ZDO）

所有设备的管理由 ZDO 负责，具体地说：ZDO 负责定义设备的工作模式，如终端设备、协调器和路由器；发现设备和确定设备能够提供的应用服务；绑定请求的发起和响应；安全管理；开启应用支持子层和网络层。

只有协调器或路由器才能发起设备发现。终端设备在响应了设备发现查询之后，会根据请求发送自己的网络地址或者 IEEE 地址。路由器或者协调器发送附加上关联设备网络地址的网络地址或者发送自己的 IEEE 地址。在设备是路由器或者协调器的子节点的情况下，设备就会关联路由器或者协调器。每个节点找出服务适合的应用过程是服务发现，用在绑定表中关联需要服务的设备和提供服务的设备。设备发现允许自愈网络和 AD hoc 网络。

4）ZigBee 配置文件

ZigBee 配置文件，是应用领域接口和应用领域所需要的设备描述，是不同设备上的应用之间信息处理的协定，又称为层面。配置文件描述了逻辑组件和接口，为不同制造商提供了互用性。例如，家庭灯光配置文件方便了一家制造商生产的无线开关去控制另一家制造商生产的照明设备。

配置文件包括出版层面和私立层面，还有公共层面（或标准层面）。在层面的所有者出版了层面的情况下，私立层面就转变成出版层面。私立层面由 ZigBee 产品的卖主定义，进行使用的限制。公共层面是由 ZigBee 联盟管理的。

2.4.1.3 ZigBee 协议的拓扑结构

1. 星形拓扑结构

在星形拓扑结构的网络中，有若干个从设备和一个称为网络协调器的中央控制器。从设备可以是全功能设备（FFD），而在大多数情况下从设备是采用电池供电的 RFD，它与其他从设备之间的通信必须经过网络协调器转发，与网络协调器能够直接进行数据通信。协调器必须是全功能设备（FFD），并且一般来说应该有稳定的电能供给，从而需要考虑耗能问题，协调器负责网络的建立和维护。图 3 - 2 - 12 是星形拓扑网络结构图。

2. 树簇形拓扑结构

树簇形拓扑结构是一种适合用在分布范围相对较大的场合的结构形式。一个全功能设备 FFD 上连接若干个节点设备形成一个“簇”，若干个“簇”再连接而形成“树”，所以又称为树簇形拓扑网络。图 3 - 2 - 13 是树簇形拓扑网络结构。

3. 网状拓扑结构

网状网络与树簇网络不同，它是在树簇网络基础上实现的。在网状网络中，所有具有

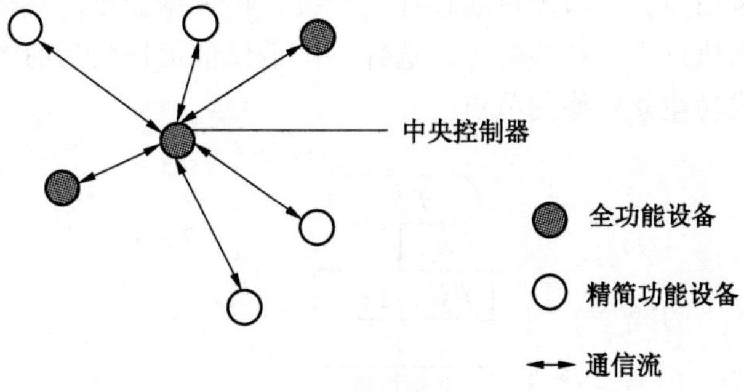

图3-2-12　星形拓扑网络结构

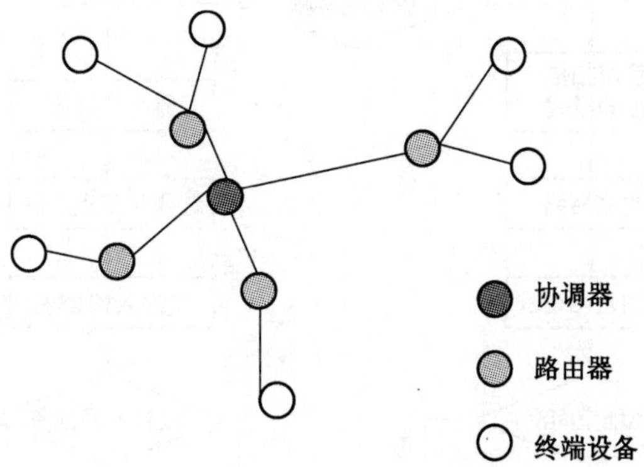

图3-2-13　树簇形拓扑网络结构

路由功能的节点是可以直接互连的，消息的网状路由是由路由节点中的路由表配合实现的。这种拓扑结构的优点是增强了可靠性，减少了消息延时，缺点是需要更多存储空间的开销。其结构如图3-2-14所示。

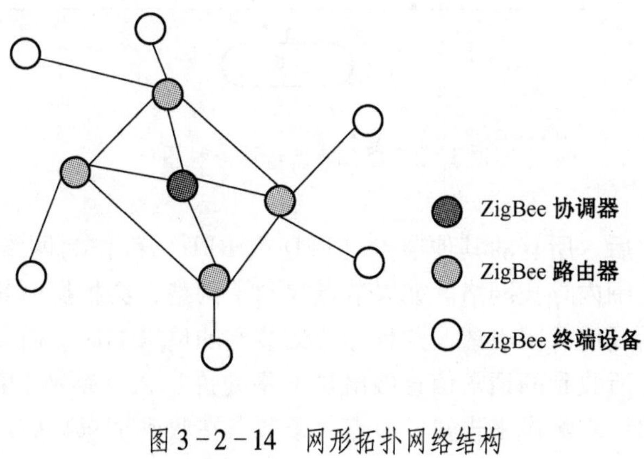

图3-2-14　网形拓扑网络结构

4. 组网

节点组网流程如图3-2-15所示。当激活第一个FFD设备后，首先对物理层所默认的有效信道进行能量扫描，以检测可能存在的干扰，再根据能量值对检测到的信道进行信道的排序；然后根据执行主动扫描过程，选择一个最佳信道作为当前的工作信道。协调器节点也就是第一个成功建立网络的节点。

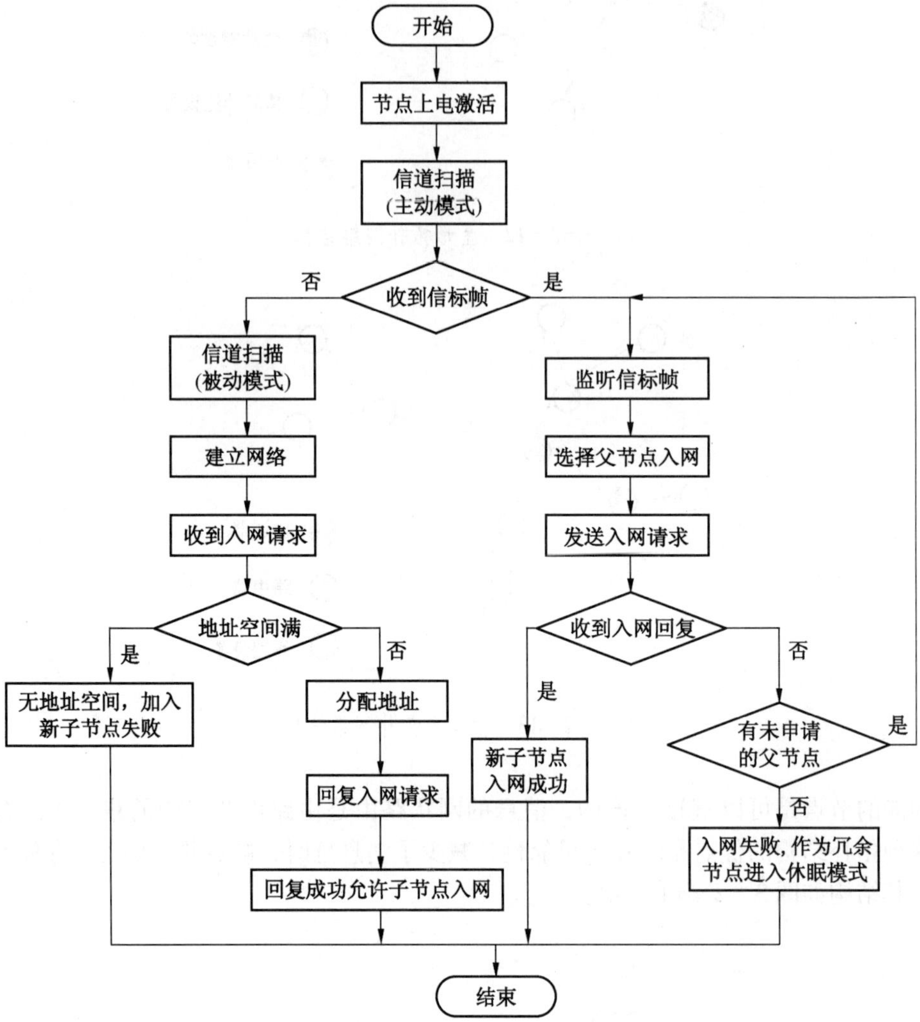

图 3-2-15　节点组网流程图

在网络建立了之后，所有的其他节点（FFD 或 RFD）都作为网络中的子节点发送入网请求，在其通信范围内寻找网络。如果节点找到了网络，会根据所获取的网络信息，选择一个父节点，然后提出入网申请，并且等待父节点的请求响应。而父节点收到一个入网申请之后，将会根据所收到的请求信息做出是不是允许加入网络的判断，如果允许加入，父节点将会通过发出请求响应来告知子节点。子节点在收到请求响应后，将会获得一个父节点给它分配的网络地址（又称短地址），作为在网络内唯一的身份标识，到此，节点就成功加入了网络。首个 FFD 激活节点又将作为协调器广播信标帧，同时接受新节点的入网请求。这样，经过一级一级的短信地址分配，网络区域内的所有节点将组成一定形式的网络结构。

2.4.2　ZigBee 的应用

ZigBee 技术主要应用在各个行业的低速数据传输速率的无线通信。根据 ZigBee 联盟和一些厂商的推荐，在无线传感器网络、工业领域、智能家居、智能交通、医疗领域、环境监测、安全保障等领域得到广泛应用。

1. 工业领域

通过 ZigBee 网络收集生产线上的各个设备信息，并将信息传送至中央控制系统进行数据处理与分析，以掌握其整体信息。例如，通过 ZigBee 网络控制生产车间不同区域的温度、湿度、照明，及时得到生产线上的机器运转状态信息，并可对生产线流程控制等。通过 ZigBee 网络的应用，还可以取消目前工业上的管道、线缆和人工的使用，这样可以大大消减生产成本。

2. 智能家居

通过将 ZigBee 模块安装在电视、灯泡、遥控器、空调、门禁等，使人们的居家生活变得更加方便。例如，照明系统可以通过遥控器实现开关；电话响起时，电视声音自动减弱，等等。ZigBee 网络可以收集家居的各种信息，传送至中央控制设备，人们不仅可以实现远程控制，还可以只用一个 ZigBee 遥控器去控制所用家居设备。

3. 环境监测

通过 ZigBee 网络可以 24 h 收集大气、江河水质等信息。

4. 医疗领域

在医院里，通过 ZigBee 网络可以及时收集病人的信息，如体温、脉搏、位置等，不仅可以实现 24 h 监控，还可以使医生在紧急事件中及时、准确地做出诊断。

2.4.3　基于 ZigBee 的识别卡与分站

2.4.3.1　基于 ZigBee 技术的井下人员定位原理

ZigBee 井下人员定位系统主要由定位基站、无线定位机和定位系统服务器等设备组成。无线信号不能直接监测到井下人员的位置，因为参照点（ZigBee 路由器）在其信号覆盖范围内，只能收到 ZigBee 终端器一定水平的信号强度。定位基站和无线定位机之间是通过 SARD 的 ZigBee 通信原语进行通信的。

每个无线定位机都有唯一的 ID，它每隔 10 s 给定位基站发送一次状态信息，定位基站在接收到一个无线定位机的信息后，就会进行判别比较，判断该无线定位机的 ID 是否在 IDTable 中已经存在，如果存在了，就把相对应的标志字段清零，表明收到了存在子机的消息；如果不存在，那么就要把该子机的 ID 写入 IDTable，并且把新 ID 标志置 1。在接收到子机发送的信息之后，马上回复一个 ACK。

定位基站通过定时查询，判断一个无线定位机是否离开。定义一个定时器，对现有的 IDTable 中的数据进行查询，如果某一 ID 对应的无线定位机已经连续 10s 没有上报信息，就可以认为该无线定位机已经离开定位基站，把该 ID 的 LosFlag 标志设置为 1。

2.4.3.2　井下人员监测系统配置

井下人员监测系统，是一种通过无线多跳自动组网而成的网络系统，主要由分站（ZigBee 协调器）、中继器（ZigBee 路由器）以及识别卡（ZigBee 终端器）三部分组成，具体如图 3－2－16 所示。

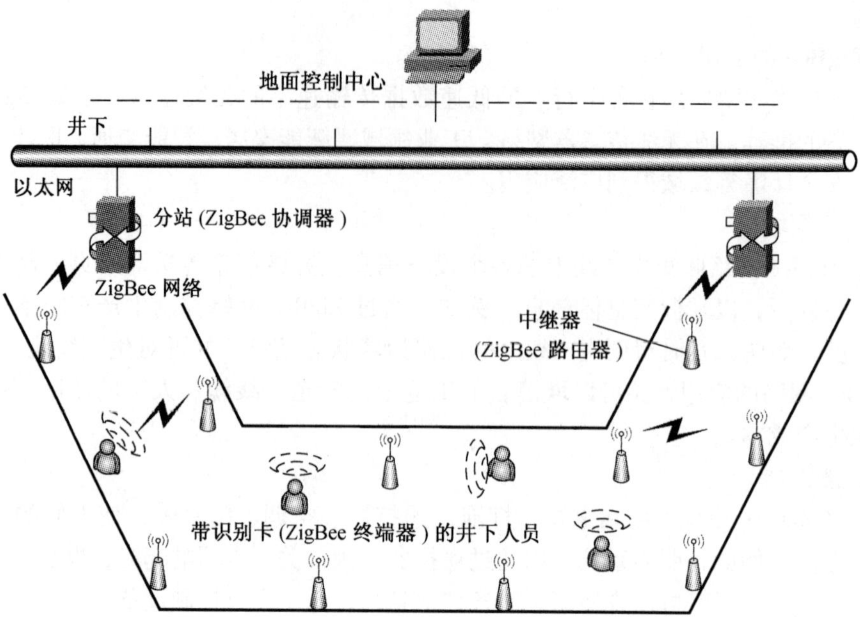

图 3-2-16 基于 ZigBee 的井下人员监测系统配置示意图

在井下人员监测系统中，ZigBee 识别卡（ZigBee 终端器）由下井人员携带，可安置于头盔、胸前、腰带等处。该识别卡存储着下井人员的信息，如姓名、入井时间、出井时间等。在井下人员监测系统开启后，分站（ZigBee 协调器）首先建立一个 ZigBee 网络，然后通过发送超帧使所有附属设备与它同步，由下井人员携带的识别卡（ZigBee 终端器）在井下将实时位置信息以无线信道方式通过中继器（ZigBee 路由器）传送给分站，中继器(ZigBee 路由器)安装在下井人员可能经过的所有区域，最后分站通过串行接口或者以太网与地面主机连接，在对接收到的数据信息进行分析处理后，实现井下人员的定位监测。

2.5 基于 WiFi 的识别卡与分站

2.5.1 WiFi 技术简介

WiFi（Wireless Fidelity），即无线保真或无线相容性认证，是一种无线局域网数据传输的技术与规格，也就是 IEEE 定义的无线通信标准 IEEE802.11。从 1997 年无线局域网标准 IEEE802.11 发布以来，在众多公司组成的 WiFi 联盟的大力推动下，WiFi 迅猛发展，曾发布过几个版本，各版本相关特性见表 3-2-6。

表 3-2-6 WiFi 各版本比较

无线通信标准	802.11	802.11b	802.11a	802.11 g
发布时间/年	1997	1999	1999	2003
使用频段/GHz	2.4	2.4	5	2.4
最高速率/Mbps	2	11	54	54

表3-2-6（续）

无线通信标准	802.11	802.11b	802.11a	802.11 g
传输距离/m	100	100～300	10～100	150
业务	数据	图像、数据	语音、图像、数据	语音、图像、数据
物理层		CCK、DSSS	OFDM	CCK、OFDM、PBCC
优点		成本相对较低、工作稳定、技术成熟	频率干扰小、传输速率高	传输速率高
缺点		速率低、频率干扰大	成本高	频谱干扰较大
使用情况	很少	广泛使用	未普及	发展潜力较大

WiFi 无线组网方式非常简单，由 AP（Access Point）和无线网卡组成，AP 一般称为接入点或网络桥接器，它是有线局域网与无线局域网之间的桥梁，相当于一个内置无线发射器的 HUB 或路由，无线网卡则是接收 AP 所发射信号的用户端设备。通常将能搜索到 WiFi 网络的地方称为“热点”区域，任何一个带有 WiFi 无线网卡的终端进入“热点”区域，都可以通过 AP 高速接入互联网。无线网卡采用的标准不同，WiFi 的速率也有所差别，其中 IEEE 802.11b 的最高速率为 11Mbps，IEEE 802.11a 和 IEEE 802.11g 的最高速率为 54Mbps。在信号较弱的情况下，其传输速率可以自动调整，保障了网络的稳定性和可靠性，WiFi 的覆盖半径可达 100 m，相对于蓝牙和 ZigBee 技术覆盖范围更广。

2.5.2　WiFi 的技术特点

（1）无线电波的覆盖范围广。WiFi 覆盖半径可达 100 m（蓝牙覆盖半径只有 15 m 左右），适合煤矿井下使用。

（2）速度快，可靠性高。目前，WiFi 速率可达 54 Mbps(IEEE 802.11a)，或者 11 Mbps (IEEE 802.11b)，能够广泛支持数据、图像、语音和多媒体等业务。在数据链路层的 MAC 子层采用 CSMA/CA 媒体访问控制协议，能够避免网络中封包碰撞的发生，可以大幅度提高网络的可靠性。

（3）无需布线，组网灵活，节约成本。WiFi 采用无线传输方式，其应用场合不受地理条件限制，组网灵活。这一点非常适合应用在煤矿井下这种易受布线条件限制的场合，只要在需要的地方设置“热点”区域，并通过高速线路接入网络，WiFi 的终端设备即可通过网络与监控中心交换信息，免去了复杂的布线，其成本也相应降低。

（4）强大的移动性。通过与 WiFi 网络配合，可以方便、灵活地实现无线调度，为生产调度指挥提供可靠的技术支持。另外，通过部署 WiFi 基站，就近接入 IP 网即可实现系统互联，不受距离限制，无线 WiFi 终端可轻松接入网络，实现井上、井下的无线调度终端部署。完全基于统一平台开发，实现全网的有线、无线调度功能，系统性能优于小灵通技术。

（5）功率低，使用安全。WiFi 协议限制了网络内设备的功率，其发射功率不超过 100 mW，其实际发射功率约 60～70 mW，手机发射功率约在 200 mW～1 W 之间，手持式对讲机发射功率高达 5 W，所以 WiFi 不仅对人身健康没有影响，在煤矿井下爆炸性环境中也是安全的，这使基于 WiFi 的网络设备可以设计成符合煤矿安全要求的本质安全型设备。

2.5.3　WiFi 通信系统的组网方式

WiFi 通信系统的组网方式有两种：自组网络模式（Ad – hoc mode）和基础结构模式（Infrastructure mode）。

1. 自组网络模式

在自组网络模式中，客户端不能直接与网络外的其他客户端通信，在同一个频谱覆盖范围内的客户端之间能够互相通信。如果一个 Ad-hoc 网络模式中的客户端需要和该网络外的客户端通信，则该网络中必须有一个客户端做网关并执行路由功能。图 3 – 2 – 17 为 Ad-hoc 自组网络模式原理的示意图。

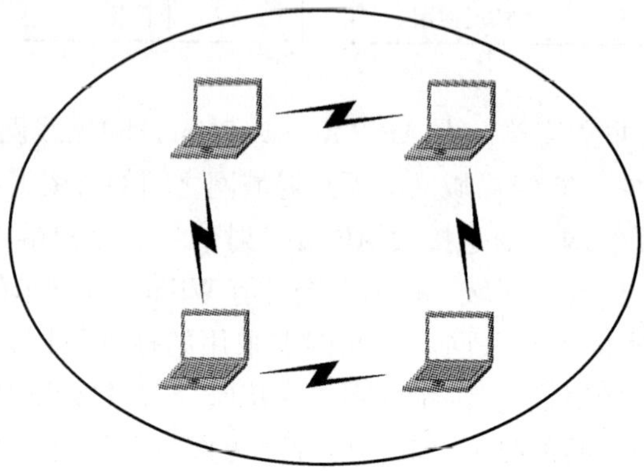

图 3 – 2 – 17　自组网络模式原理示意图

2. 基础结构模式

基础结构模式，是一种整合以太网和无线网络架构的应用模式。每一个客户端将其通信报文发往 AP，AP 负责转发所有的通信报文，这些报文既可以是发往以太网的报文，也可以是发往无线网络的报文。无线访问节点负责频段管理及漫游等指挥工作，一个 AP 最多可连接 1024 个站点。图 3 – 2 – 18 是一个典型的应用 Infrastructure 模式的基础网络结构模式原理示意图。

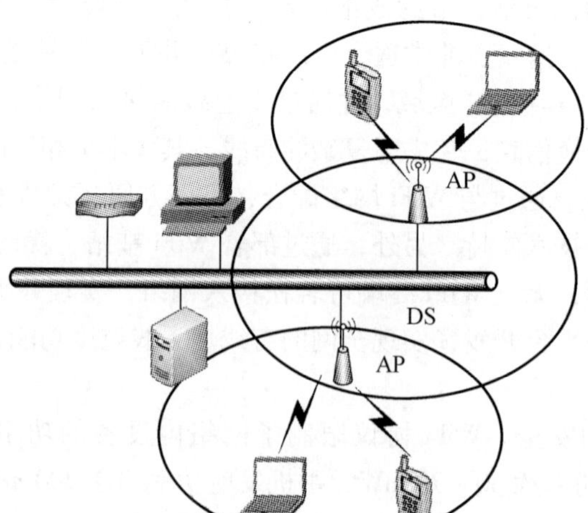

图 3 – 2 – 18　基础网络结构模式原理示意图

WiFi 技术不仅广泛应用于矿井通信，在定位方面也应用较广。基于 WiFi 的定位系统主要由识别卡、分站（AP）和定位服务器（位于井上）构成。

在煤矿井下环境中，AP 的信号覆盖范围一般在 100 m 以内，而无线电波传播速度接近于光速，在这样短距离内传播时间非常短，对设备的时间精度要求极高。因此，基于传播时间的 TOA 和传播时间差的 TDOA 定位技术，并不适合用于 WiFi 技术。另一方面，煤矿井下多径衰落严重，巷道形状、截面、分支、拐弯、倾斜和巷道围岩介质横向导体、纵向导体、风机均影响信号无线传播，而无线信号在遇到障碍物时会发生反射和散射现象，到达信号接收端时，相位、入射角和幅度都将产生失真。因此，以电波入射角为基础的 AOA 定位技术同样无法应用在煤矿井下。在短距离范围内，无线信号的信号强度与传播距离存在衰减模型关系，通过信号强度可以计算出传播距离。因此，采用以信号强度（RSSI）为基础的定位技术，根据移动终端接收到的信号强度和已知的无线信号衰落模型，可以估算出收发双方之间的距离，根据多个估算的距离值，可以计算出移动终端的位置，这种方法相对简单，不需要对网络添加额外的硬件设备。

2.5.4 WiFi 身份识别卡种类

（1）按照供电方式不同，可分为有源识别卡和无源识别卡。有源识别卡自带供电电池，其作用距离较远，但使用寿命依赖于电池，体积相对较大，成本高；无源识别卡自身无电源，它利用波束供电技术将接收到的射频能量转化为直流电源，为卡内电路供电，其作用距离相对有源识别卡近，使用寿命相对较长，对工作环境要求不高。

（2）按照调制方式不同，可分为主动式和被动式。主动式身份识别卡利用自身的射频能量主动向基站发送信息；被动式身份识别卡利用调制散射方式发送信息，需要利用基站的载波来调制自己的信号。主动式身份识别卡作用距离相对被动式身份识别卡更远。

基于 WiFi 的无线网络定位系统包括了多台 WiFi 基站。通常，WiFi 基站的位置等信息，需要预先录入到定位软件系统中，这样，系统才能够通过身份识别卡采集、回传的数据进行定位、跟踪等地址信息的计算。

（3）按作用距离的不同，可分为密耦合卡（作用距离小于 1 cm）、近耦合卡（作用距离小于 15 cm）、疏耦合卡（作用距离约 1 m）和远距离卡（作用距离 1 ~ 10 m，甚至更远）。

2.5.5 WiFi 监测系统的构成及工作原理

WiFi 监测系统由三部分构成，即识别卡、分站（AP）和定位服务器（位于井上）。煤矿井下 WiFi 无线定位系统示意图如图 3 - 2 - 19 所示。

主要工作原理有以下三种：

（1）在整个定位系统中 WiFi 身份识别卡安装在设备上或由工作人员佩戴。分站在通电的情况下，向周围发射信号，侦听带有 WiFi 模块的识别卡。识别卡侦听附近有哪些分站，检测每个分站的信号强弱，然后把这些信息发送给定位服务器。定位服务器根据这些信息，查询每个分站在数据库里记录的坐标，进行运算，就能确定识别卡的具体位置。该技术的定位精度与接收到的 AP 信号的个数有很大关系，接收到的 AP 信号越多，定位结果就越准确。通过采用这种办法实现定位，既可实现井上与井下的语音通讯，也可实现井上与井下之间的信息反馈，为生产调度、应急救援、安全监控等提供可靠依据。

（2）WiFi 身份识别卡放置在需要定位的人员、设备上，每个 WiFi 定位识别卡都拥有

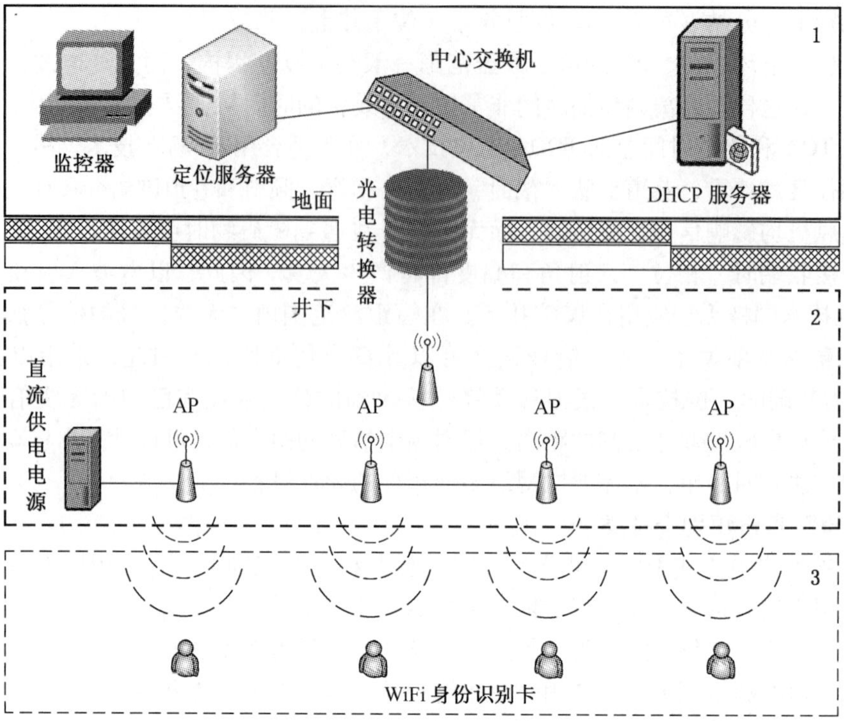

图 3-2-19　煤矿井下 WiFi 无线定位系统示意图

唯一的编码。其主要功能是周期性地扫描周边环境中基站发射的 WiFi 信号，并获取 WiFi 分站的信息（如 MAC 地址、信号强度、信噪比等信息）；发射周期可由用户根据实际需要自行设置。在覆盖无线局域网的地方，WiFi 分站接收到识别卡发出的信号后，将信号传送给定位服务器，定位服务器根据信号强弱或信号到达时间差判断出识别卡所处位置，实时在 Web 界面的电子地图上显示识别卡的具体位置信息（如：是谁，在哪个位置，具体时间）。同时，识别卡可以通过 AP 实现与服务器之间的双向通信，身份识别卡可以向定位服务器发出信息，定位服务器也可以向识别卡发出指令，对识别卡进行分类管理。WiFi 身份识别卡具有多种不同规格，可实现不同间距、满足不同的矿井环境和电池续航能力等要求。工作人员携带身份识别卡终端可以在网络内部自由地进行定位信息的采集。

（3）根据煤矿井下的实际地理位置和定位精度的要求，用基于射频数字标识技术的位置识别卡在井下巷道布放标识，位置识别卡用射频数字标识码将井下每个巷道的具体物理位置进行标志，然后将巷道地理位置资料存储在定位服务器中，实现了煤矿井下的位置数字信息化。当人员经过识别卡时，识别卡进入位于识别卡上的读卡器的发射天线工作区域，并传送到相应的数据库中。将位置识别卡作为参照物，通过读取不同位置的数字信息标识码，可以得到井下人员的位置信息，识别卡读取数字化的地理位置信息，通过 WiFi 模块发送信息给接入点 AP，AP 与井下以太网相连，把信息传送给定位服务器。定位服务器接收到 AP 的信号，从数据库中读出相应读卡器的采集信息，对人员信息进行采集记录和分析处理。另外，WiFi 监测系统还能实现实时显示、历史数据存储报表和查询打印等功能，使管理人员能准确及时地查询井下人员位置信息，便于人员管理、考勤等，尤其是在发生事故时，对人员的分布情况能够一目了然，为营救工作提供了许多便利条件。

2.6 传输系统

前面介绍了几种关于煤矿井下人员位置监测的识别卡与分站，总的来看，它们都是通过对信号的采集和处理产生一些供监控中心分析的信息，这些信息一般通过分站就近接入井下的传输系统（与井下的其他系统共享的统一的井下宽带网络传输系统），传输系统再将这些信息传送到监控中心，监控中心通过传输系统将反馈和控制信息传动到各子系统，传输系统是整个监控系统的神经网络。

目前，在煤矿井下成熟利用的宽带网络传输系统主要有工业以太网系统、GEPON 无源光网络系统和基于多业务的 MCTP 系统，其中以前两者应用最为普遍。

2.6.1 工业以太网系统

2.6.1.1 工业以太网简介

工业以太网的技术与标准以太网（IEEE802.3 标准）兼容，但在产品设计时，从材料的选取、产品的强度、适应性到实时性、可操作性、抗干扰性、适用性以及本质安全等方面都需要满足工业现场的需求，可以这样理解：工业以太网就是将以太网应用于工业管理和控制的局域网技术。

工业以太网可以方便地和现场总线相结合，拥有令人满意的传输速率和带宽，能够方便地实现整个企业信息系统的“一网到底”。

计算机技术和互联网技术的发展使工业以太网得到了越来越广泛的应用，它的优势主要有：

（1）应用广泛。以太网技术是应用最广泛的计算机网络技术，Visual C + +、Java、VisualBasic 等几乎所有的编程语言都支持以太网的应用与开发。

（2）成本低廉。以太网网卡的价格比现场总线网卡便宜得多，而且以太网应用已久，人们在以太网的设计、应用开发等方面拥有很多经验，具有相当成熟的技术。大量的软件资源和设计经验能够显著地降低系统的开发和维护费用，降低系统的整体成本。

（3）通信速率高。目前，10 Mb/s、100 Mb/s 的快速以太网开始广泛应用，1Gb/s 以太网技术也日趋成熟，而传统的现场总线最高速率只有 12Mb/s。显然，以太网的速率要比传统现场总线要快得多，完全可以满足煤炭行业不断增长的网络带宽要求。

（4）资源共享能力强。随着 Internet/Intranet 的发展，以太网已渗透到各个角落，网络上的用户已解除了资源地理位置上的束缚，接入互联网的任何一台计算机都可以浏览工业控制现场的数据，实现“控管一体化”，这是其他任何一种现场总线都无法比拟的。

工业以太网能够提供一个开放的标准，使企业从现场控制到管理层实现全面的无缝信息集成，解决了由于协议上的不同导致的“信息孤岛”问题。

2.6.1.2 煤矿工业以太网传输系统

随着煤矿安全生产的实际需要，越来越多的煤矿企业建成了应用于矿山的工业以太网传输系统。该系统是建立在煤矿井下以及地面的更为可靠、可用的数字化网络平台，能够实现将井下的泵房、供电、传送带以及地面风机等各监测系统的数据直接或经过数据网关接入网络，地面的监控中心对数据进行集中采集、处理，以及相应信息的反馈和控制信息的发布。

在煤矿实现工业以太网传输系统，一个必要的设备是矿用工业以太网交换机，它是整个传输系统的“神经中枢”，也是工业以太网区分于普通商用以太网的一个重要特征。

矿用工业以太网交换机的设计应符合《MT/T 1081—2008 矿用网络交换机》、《MT/T 1131—2011 矿用以太网》等行业标准的要求，以高性能的以太网交换机芯片负责各个端口之间的数据包转发，并以高读写速度的存储芯片实现其高速运行，以保证其实时性和大的“吞吐量”；软件设计包括总线控制程序、串口服务器程序等，各个厂家的产品有所不同，但都是完成对交换机的管理和控制。软硬件设计加上必要的防爆技术，共同保证了矿用以太网交换机拥有工业级的可靠性和实时性，并能在井下恶劣的环境中长期、稳定的工作。

下面是几种矿用以太网交换机。

（1）赫斯曼核心交换机 MACH4002 - 24G/48G，如图 3 - 2 - 20 所示。

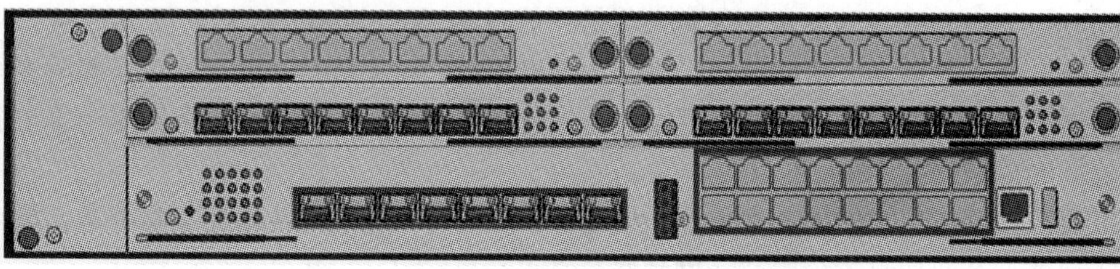

图 3 - 2 - 20 赫斯曼核心交换机 MACH4002 - 24G/48G

相关参数：

环形结构（HIPER - Ring）：回复时间小于 50 ms；

最大端口数：24G/48GE；

固定端口数：8 × Gigabit Ethernet Combo 端口，SFP 双速插槽，或 TP 10/100/1000 Mbit/s、8 × Gigabit Ethernet TP/RJ45 10/100/1000 Mbit/s 端口，2/4 个 32 介质模块插槽，16/32 × 10/100/1000 Mbit/s 端口。

（2）赫斯曼地面及井下环网交换机 Power MICE，如图 3 - 2 - 21 所示。

图 3 - 2 - 21 赫斯曼地面及井下环网交换机 Power MICE

相关参数：

模块：使用MM4－4TX/SFP模块，模块集成4个千兆RJ45接口，提供4个SFP插槽，SFP插槽与RJ45端口对应，使用SFP获得一个光纤接口，对应RJ45端口关闭；最大端口数量：28个（4GE＋24FE）；冗余：HIPER－Ring，环间耦合冗余；Dual-Homing，RSTP快速生成，链路聚合；路由：静态路由，动态路由RIP（V1/2），VRRP。

（3）矿用以太网交换机在煤矿的应用如图3－2－22所示。

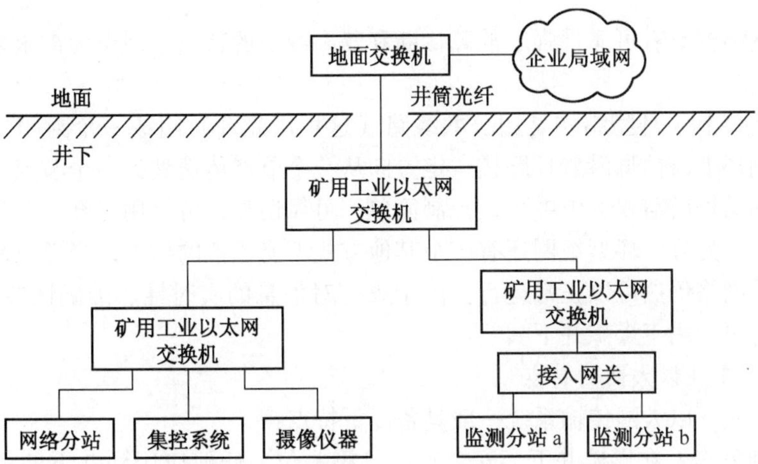

图3－2－22 矿用以太网交换机在煤矿的应用

从图3－2－22中可以看出，矿用以太网交换机在这个传输系统中起到了“神经中枢”的作用，并且，大部分交换机都布设在井下。所以，保证其在井下环境中的安全性、实时性、可靠性和使用长久性显得尤为重要。

由于煤矿的特殊环境，煤矿工业以太网有着自身独特的构成形式，比较典型的煤矿工业以太网结构如图3－2－23所示。

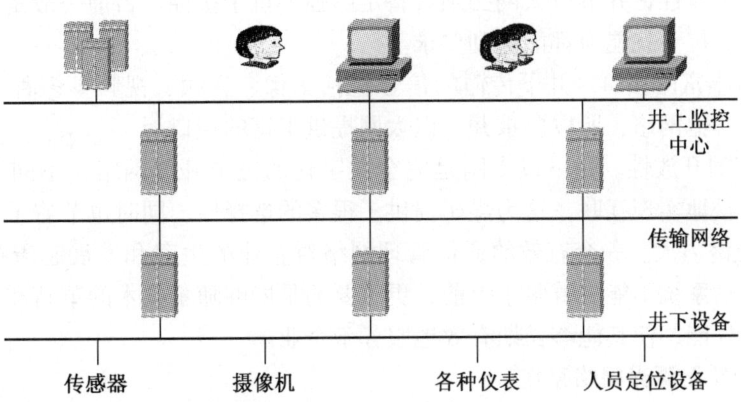

图3－2－23 典型的煤矿工业以太网结构

由图3－2－23可以看出，井下工业以太网将井下人员定位系统、设备在线监测系统、矿井瓦斯监测系统、井下供电等系统的自动化控制功能应用于矿井生产中，实现了矿井的自动化。

2.6.1.3　煤矿工业以太网组网方式

井下以太网的组网方式，这里给出两种组网方式：

（1）星型结构。星型结构是用一个节点作为中心节点，其他节点直接与中心节点相连构成的网络。星型拓扑结构相对简单，管理方便，建网容易，是被普遍采用的一种组网方式。

星型组网结构具有可靠性强、故障诊断和隔离容易的特点，但电缆需求多，对中心节点依赖性强。

（2）环型结构。环型结构是用公共线路（这里用光纤）组成一个封闭的环路，各节点直接连接到环上，信息沿着环路按一定方向从一个节点传送到另一个节点。

环型组网结构所需要的电缆少，控制简单，可靠性高，可使用光纤，并且故障诊断简单，性价比高。另外，环型组网还有一个其他方式不能比拟的特点，当任意两点之间出现故障时，整个网络仍然可以正常运行。由于煤矿对信息的实时性、准确性要求高，所以，环型组网结构更适用于煤矿井下。

2.6.1.4　煤矿工业以太网的特点

具体讲，井下以太网传输系统一般具备以下特点：

（1）本质安全。在煤矿井下，安全永远是第一位，任何应用到井下的设备，都必须满足这个要求。

（2）传输距离足够远。在大型煤矿中井下与井上的距离一般都是以公里甚至是十几公里、几十公里为计算单位，要达到实现井上与井下的信息传递，必须有足够大的传输距离。所以，目前井下的传输系统一般都是以光纤为传输介质，可以完全满足煤矿的要求。

（3）传输速率足够快。要达到井上对井下的实时监控，传输速率必须足够快，目前井下以太网系统的传输速率都能达到以“兆”为单位计算，能够很好地实现实时监控。

（4）抗干扰能力足够强。煤矿井下受自然噪声和工业噪声影响严重，为保证数据传输的准确性和可靠性，井下以太网必须具备足够强的抗干扰性。目前一般是以光纤作为主要的传输介质，抗干扰能力都能达到要求。

（5）拥有丰富的接口。井下传输的信号包括图像、音频、视频等多种，还有些需要接入因特网等其他网络，所以要求井下以太网提供丰富的接口。

（6）很好的开放性。井下以太网是完全数字化的完全开放网络，不同厂商提供的设备都可以很轻松地实现互联，这为煤矿提供了很多的选择性，同时也节省了成本。

（7）扩充潜力大。一个有效的通信管理网络对企业的生存和发展起着举足轻重的作用，现有的传输系统不能只着眼于眼前，更重要的是能够随着技术的革新和煤矿的发展不断扩充功能和性能，使其能够长期有效地服务于企业。

2.6.2　GEPON 无源光网络系统

EPON（Ethernet Positive Optical Network，以太无源光网络），它是几种最佳技术和网络结构的结合体。目前，EPON 速率已经上升到 Gbit，因此，业界称之为 GEPON。

EPON 采用点到多点的网络结构，以无源光纤为介质，中间采用无源光分路器和暗光纤传输方式，基于高速以太网平台和 TDMA 时分媒体访问控制 MAC（Media Access Control）方式，在以太网之上提供多种业务服务。

2.6.2.1 EPON 体系结构

EPON 是由 APON（ATM Positive Optical Network，ATM 无源光网络）逐渐演化而来。在用户端，用 ONU（Optical Network Unit，光网络单元）代替 APON 的 SDH 分叉复用器和路由器；在端局端，用 OLT（Optical Line Terminal，光线路终端）代替 APON 的 SDH 分叉复用器和 ATM 交换机，具体如图 3-2-24 所示。

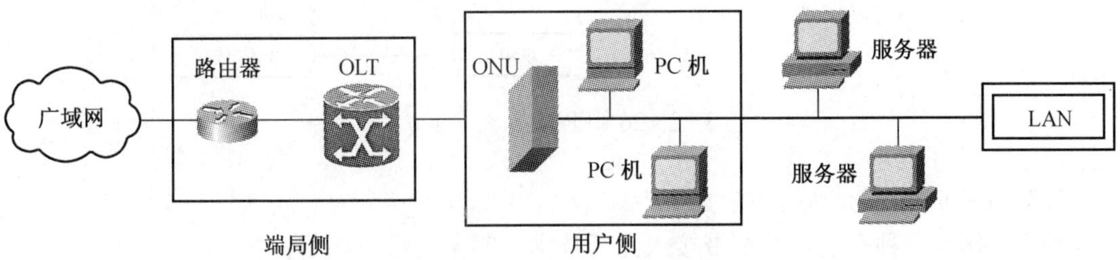

图 3-2-24 EPON 体系结构

OLT 是 EPON 的中心设备，它向地面核心以太网提供具有二/三层交换和路由功能的千兆以太网端口，向 ONU 提供千兆级以太网端口，并具有光纤端口冗余功能。

ONU 是 EPON 的现场设备，用于终结从 OLT 传送来的以太网数据。它与 OLT 配合，可向相连的数字化系统提供宽带综合通信。ONU 产品如图 3-2-25 所示。

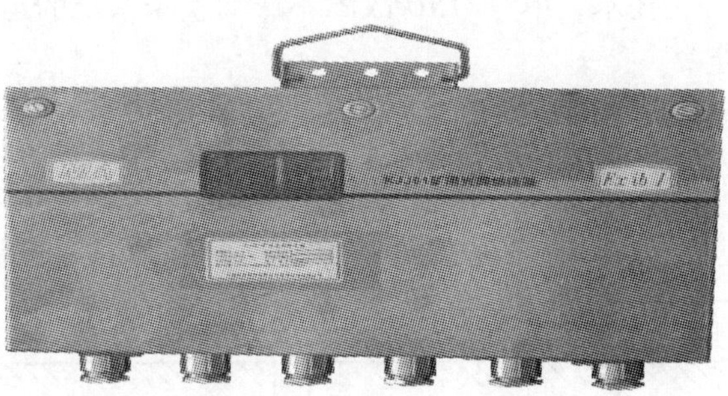

图 3-2-25 ONU 产品

另外，EPON 还使用无源光纤分配器用于光缆接续或 EPON 系统中的光功率分配。

2.6.2.2 EPON 的传输模式

EPON 的传输不需要任何协议，光信号就能够准确地传送到终端，终端数据也能被集中传送到中心网络。它使用了千兆位以太网的物理层，在 PON 的传输机制上，针对 ONU 和 OLT 之间的突发性数据通信和实时的 TMD 通信需求，EPON 通过新的 MAC 层控制命令来对其进行控制和优化。EPON 采用成熟的全双工以太网技术，并且 ONU 在自己的时隙内发送数据，没有碰撞的发生，所以不需要 CDMA/CD，从而可以充分地利用带宽。

典型的 EPON 系统由光线路终端 OLT、光网络单元 ONU、无源光纤分支器 POS 等组成。其中，OLT 位于中心位置，ONU 位于网络接口单元，OLT 和 ONU 由 POS 连接，POS 工作是分发下行数据和汇集上行数据。

EPON 系统连接方式如图 3－2－26 所示。

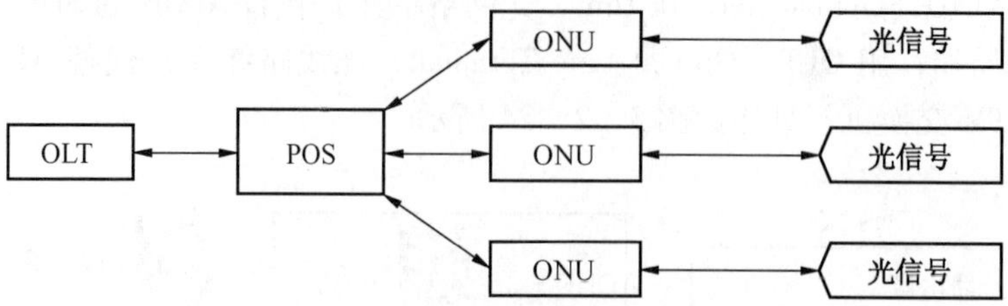

图 3－2－26　EPON 系统连接方式

2.6.2.3　EPON 在矿井通信中的应用

EPON 作为一种多业务的宽带接入光纤技术，其主要特点如下：

（1）一根光纤就可实现多路工业电视信号、各自动化子系统信号、IP 调度通信信号的同时传输。

（2）用下行广播、上行时分复用（Time Division Multiplex，TDM）通信方式，每台网络终端 ONU 动态分配的流量最大可达 100 M 带宽，保证了信息交换的实时性及传输质量。

（3）可采用双总线、环形两种冗余方式，在保证系统可靠性的同时，也增加了系统组网的灵活性。

（4）光网络终端即接即用，使用方便，易维护。

（5）采用光无源分支技术，单一 ONU 故障不影响整个系统的运行，防爆性能优，抗干扰能力强，运行稳定。

结合以上优点，可知将 GEPON 网络技术用于组建煤矿传输系统是一个很好的选择。

采用 GEPON 网络构成的矿井传输系统如图 3－2－27 所示。

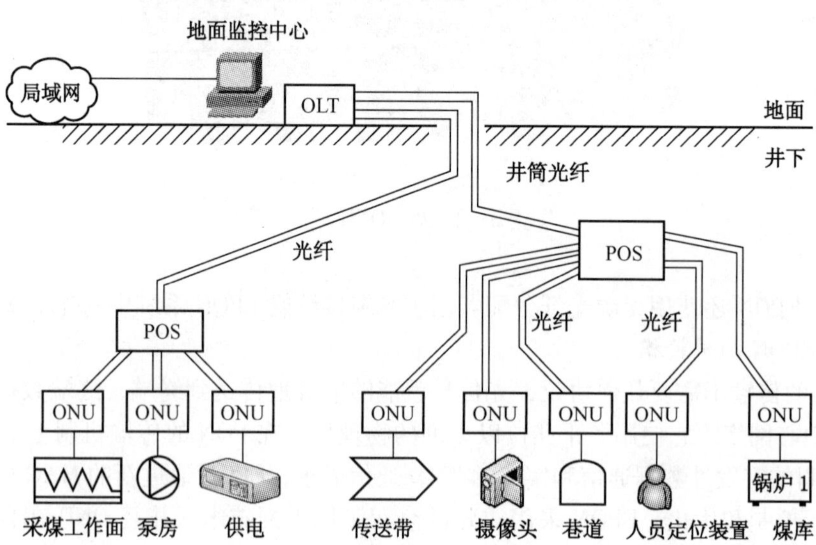

图 3－2－27　GEPON 网络构成矿井传输系统

由图3-2-27可以看出，这是一种星型结构网络，从工作面掘进头、供电系统及井下各种设施的信息，通过光缆全部汇总到支巷道；再到大巷；从井筒光纤到地面的工业广场，再进入地面局部网络。可以在一个工作面安置一个或者多个POS。

可以看出，GEPON实现了将井上、井下区域控制器和设备监控站所采集的信息、控制信号及IP数字化工业电视信号用同一光纤传送给地面监控中心。而且，GEPON还实现了地面局域网与井下监控网的无缝连接。从用户局域网、用户接入网全部是以太网结构，全部采用了与IP统一的以太网帧结构，各网之间的连接不需要任何格式转换。这样，大大提高了整个网络的运行效率，并且方便管理，更降低了煤矿通信系统的成本。

2.6.3 基于多业务的MCTP系统

MCTP（Multi-Channel Transmission Platform）为光纤多通道传输平台，是由宽带接入器等设备组成。它基于电信主流的SDH/MSTP（同步数字体系/基于SDH的多业务传送平台），采用成熟的光纤传输技术，结合优化的工业以太网数据交换技术，可以为煤矿井下提供三网合一的综合信息传输平台，实现语音、数据、以太网和工业电视等业务的灵活接入；使矿山井下安全检测、生产自动化系统、调度电话和工业电视等业务通过一对光纤实现宽带传输。

2.6.3.1 MCTP的组网构成

基于MCTP构造煤矿工业以太环网系统构架，MCTP底层控制网的现场节点设备将井下/地面输入的电话信号、视频信号、串行通信信号和以太网信号通过光纤传输到监控中心，监控中心主节点设备再将光信号还原为原来的信号，除了视频信号是由工作现场至监控中心的单向传输外，其余信号均为双向传输。

MCTP节点之间采用光纤传输，站与站之间的无中继传输距离可达数十公里，并且设备之间在电导方面完全隔离。因此，这个系统有较强的抗电磁和防雷击能力。MCTP光纤多通道传输平台具有网络管理功能，能够实现对整个网络的统一监控和管理。

MCTP节点设备可以组成双光纤自愈环，即当一处光纤出故障时，系统可以自动倒换，并且倒换时间极短，可以保证通信系统的可靠性。基于这一优点，在煤矿发生灾变时，矿井内的监控数据也能及时传送到地面监控中心，这一点对于各种矿难的营救工作有着巨大的辅助作用。

图3-2-28中从左到右的设备依次是：机房MCTP-M多通道工业环网综合接入器、地面MCTP-D多通道工业环网综合接入器、井下多通道工业环网综合接入器。

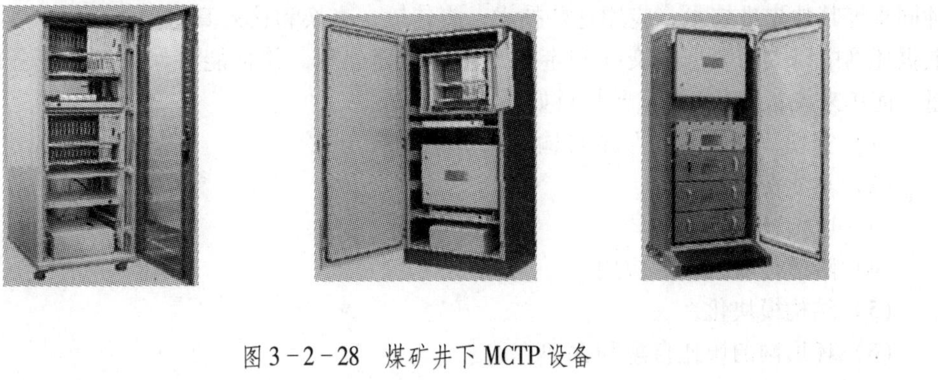

图3-2-28 煤矿井下MCTP设备

图 3－2－29 中所示的综合接入器，有 16 个业务模块槽位，除第一槽位安装光通信模块外，其余 15 个槽位可供用户根据实际需要，灵活安装各种业务模块。

图 3－2－29　综合接入器

图 3－2－30 中所示的主要的业务模块，从左到右依次是光环网主模块、以太网接口模块、数据接口模块、音频模块、视频模块。

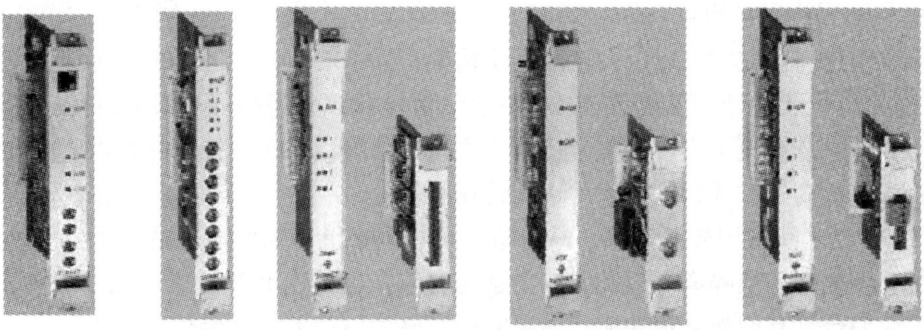

图 3－2－30　主要业务模块

2.6.3.2　MCTP 系统技术特点

MCTP 系统采用了先进的弹性分组环（Resilient Packet Ring，RPR）技术，解决了在网络中大规模应用的 SDH、ATM 和以太网技术的一些局限性问题，采用创新的隧道技术，使不同协议的数据帧或包，在不同的隧道中进行传输。除此之外，还应用了虚拟网络、时钟同步等其他先进技术。应用这些技术，将传输、交换和接入真正融为一体，实现共享的数据环网中以太网数据的交换和带宽流量的合理分配，并且能够保证实时业务的传输质量。简单来说，MCTP 的主要特点如下：

（1）实现“三网合一”的传输接入功能。

（2）本质安全。

（3）电信技术的应用。

（4）隧道传输技术的应用。

（5）结构模块化。

（6）环形网的快速自愈和保护。

(7) 全部业务模块支持热插拔。

(8) 透明传输，以适应复杂的传输协议。

(9) 支持多种信号的综合接入。

2.7 系统软件

2.7.1 系统软件的具体功能

煤矿井下人员定位系统，必须能够实时、准确地获得每个作业人员在煤矿井下的位置及活动轨迹信息。一方面，在事故发生时，可以利用这些信息向抢险人员提供科学的搜救抢险依据；另一方面，可利用人员定位系统的日常考勤管理功能，对全矿人员进行考勤管理。

系统软件具体功能如下：

(1) 系统需要具备对携带有射频识别卡（RFID，ZigBee 或者 WiFi 识别卡）的工作人员进行出入井时刻，出入掘进工作面等重点区域时刻，出入限制性区域时刻的监测和记录功能。

(2) 在功能 (1) 的基础上实现考勤管理。实现与考勤管理系统的整合或者将考勤管理系统集成到人员定位系统，作为其子系统。系统可以随时导出数据，并能获得任意井下工作人员的活动轨迹等信息。

(3) 突发情况发生时，可以实时、准确地获取所有井下人员的当前和历史位置信息。依据现有的精确定位算法原理，合理布局分站，并通过软件计算，获得人员精确、实时的位置信息。

(4) 分站管理功能。系统需提供按各种关键字（如分站模糊位置关键字查询附近分站，分站运行状况关键字查询相关分站等）查询分站信息的人机交互接口，并提供分站及射频接收模块参数配置接口。系统还需具备可视化地图漫游、缩放，查看分站在井下分布情况的功能。

(5) 人员定位系统设计需考虑与其他安全避险系统，如煤矿安全监控系统、矿井无线及有线通信系统等的兼容性问题。

(6) 系统需具备自诊断、检测及报警功能。当系统分站、传输接口、传输线路发生故障时能够主动报警，并且将故障设备信息及时间记录至数据库，以供查询。对于人员定位这种安全避险系统，系统的稳定性、可靠性和安全性必须得到重视。

(7) 人机交互接口要求。系统的人机交互接口需方便用户对系统参数进行修改，对系统相关信息进行查询。系统查询及配置界面需直观简洁，以便于观察、分析和操作。

(8) 打印报表功能。系统应能方便地生成日常工作需要的报表，并将数据库中的数据导入供打印。

(9) 存储、查询及显示功能。系统对人员信息，报警信息等提供存储功能，并能通过多种方式查询需要的信息。信息通过列表方式显示，实时显示下井人员总数及人员信息，重点区域和限制区域人员总数及信息。

2.7.2 软件系统性能要求

(1) 可靠性：系统设计应保证系统运行中设备出现故障的概率达到一定要求。此外，在系统设备发生故障时应具备自恢复能力，并及时检测故障点，向控制中心报警。可靠性要求还包括保证数据的准确性、一致性与完整性。

（2）实时性：系统必须对各种突发事件及时反应，及时报警，记录事件信息，并配合其他避险系统做出反应。

（3）安全性：必须保障系统的运行安全，防止数据库数据被窃取，以及服务器软硬件受到破坏，耽误抢险时机。

2.7.3　人员定位管理设计原则与设计目标

为了便于人员精确定位和考勤管理，可以设置多种筛选条件用于人员定位，如依据下井时间定位，依据连班情况定位，依据矿井区域定位，依据工种定位，依据员工信息定位等。在系统数据库设计时，需要向相应的员工信息表、动态更新表、历史记录表中添加相应字段。系统可以自动根据下井人员下井时长的不同，在电子地图中将人员标识为不同的颜色，以便于管理。系统需要详细统计下井人员班次信息，例如下井时间、迟到早退时长、每天每人下井班次信息等。

1. 系统设计原则

系统设计原则如下：

（1）实现井下定位需求的同时，应充分考虑用户系统扩展的需要。

（2）井下定位管理系统设计应遵循集中控制、分散管理原则。控制中心设置中心服务器，井下分站具备主动报警功能，且具备单机独立运行能力。

（3）系统设计应遵循安全、可靠、优先原则。依照这一原则，可以在井下设置一定数量的备用分站，一旦分站发生故障，备用分站可以自动替换离线分站工作；在井上设置备份数据库，以保证数据库数据损坏或丢失时，及时恢复系统的正常运行。备份数据库需要定时更新，以保证与原始数据库一致。

（4）实时、精确原则。根据实际的矿井环境条件和成本要求，选择达到定位精度要求的定位算法及网络设备。

2. 系统设计目标

系统设计目标如下：

（1）使用标准化网络设备，实现精确、实时定位需求。

（2）基于 Client/Server 或者 Browser/Server 网络结构，实现管理、查询功能，使终端设备可以方便、快捷地连接到内部局域网。

（3）实现定位管理、考勤管理、报表汇总、记录查询等功能，为煤矿企业办公自动化提供支持。

（4）实现安全可靠的人员定位系统，设计具备自恢复、报警、单机运行功能的系统。

（5）突发事件发生时，实时、准确地统计井下人员数量和位置信息。

2.7.4　系统整体结构

系统整体结构如图 3-2-31 所示。

矿井人员定位系统井下部分主要负责数据的采集、传输工作，井上部分主要实现对采集数据的处理、存储及显示。

井下部分主要由分站、识别卡、电缆线等部件组成。井下定位可以利用各种射频技术实现，如 RFID 技术、ZigBee 技术、WiFi 技术。在关键区域放置一定数量的射频接收器，由员工随身佩戴识别卡，当识别卡处于接收器作用范围内时，接收读卡器可以读取到识别

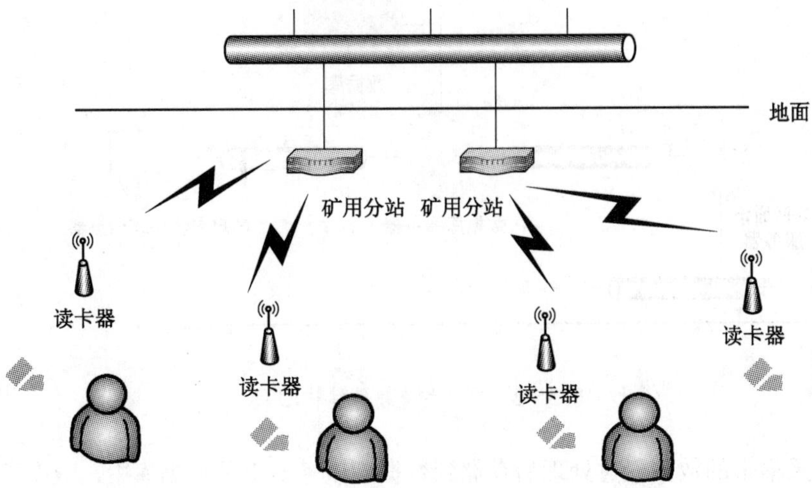

图 3-2-31　系统整体结构

卡信息，并将读取到的信息上传到工业以太网网络（读卡器可以与 WiFi 模块集成，通过无线方式上传数据），然后通过工业以太网进一步将数据上传到地面数据通信服务器。

井上部分通过上位机软件实时对井下射频网络采集来的数据进行处理、存储，对系统的故障和异常情况进行报警，实现人员的考勤管理，系统设备的控制管理。井上部分主要由数据通信服务器、数据库服务器及终端组成，各部分具体功能在第 2.7.5 节系统软件结构中详细介绍。

2.7.5　系统软件结构

井下人员定位系统软件可以采用 C/S 模式（客户机/服务器模式）或者 B/S 模式（浏览器/服务器模式）。

C/S 模式的客户机端软件主要负责提供系统参数设置及信息查询的人机交互界面，接收用户数据输入，处理应用逻辑，产生对数据库服务的请求（request），并将请求提交给服务器端，将服务器端返回的结果以直观的形式显示给用户。服务器端接收客户端提出的服务请求，进行处理（如查询数据库或对数据库操作），并将结果返回（respond）给客户端。

B/S 模式是目前较为流行的一种基于超文本传输协议的网络通信交互方式。客户机不需要专门的客户端软件，只要通过浏览器访问服务器，向服务器提出请求（request），并接收服务器返回数据（respond）。由于终端不需要专门的客户端软件，所以也可称为瘦客户端模式。

这两种系统软件的设计结构均可用于人员定位系统。

无论是采用哪种方式，服务器端都需要根据功能分成两类服务器：数据通信服务器和数据库服务器。系统软件结构具体如图 3-2-32 所示。

数据通信服务器主要负责接收井下分站上传的信息或者向井下人员及分站发送文本及控制信息，它是整个井下人员定位系统中各种人员位置信息、报警信息的来源。通过工业以太网和无线模块传输分站采集的井下数据，依据所用传输技术不同进行具体设计。数据

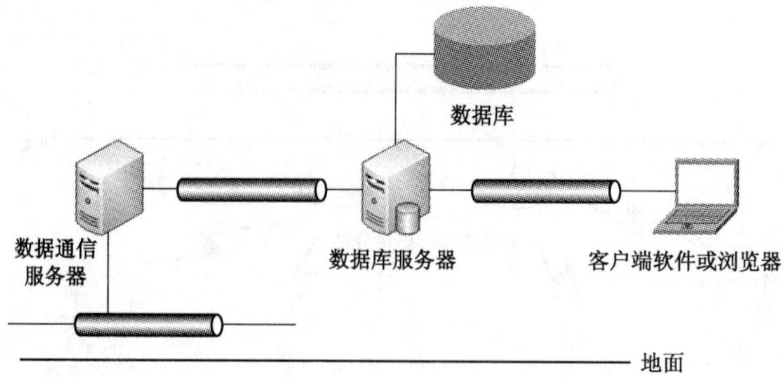

图3-2-32 系统软件结构

通信服务器将采集来的数据经过处理后存储到数据库服务器上的数据库中，数据库可以采用 Oracle 或 SQL Server。数据库管理系统 DBMS 的选取要保证数据的安全性要求，尽量使用安全性高的专业企业级数据库管理系统，如 SQL Server，如果数据量要求较高，还可以使用 Oracle。

数据库服务器可以使用 SQL Server、Oracle 等关系型数据库管理系统。数据库中存储着系统所需的各种信息，如人员及识别卡信息、分站及读卡器信息、人员井下实时定位信息等。数据库服务器将数据通信服务器采集来的信息存储到数据库中。系统客户端或者浏览器向数据库服务器发出请求，数据库服务器对请求进行分析并查询数据库管理系统，将结果数据返回给用户。

客户端软件 Client 或者浏览器 Browser 主要负责提供给终端用户人机交互界面，显示查询信息，或对系统参数加以设定，由终端将请求提交给数据库服务器。

2.7.6 软件系统功能设计

煤矿井下发生突发情况时，如果能够确定井下人员数目，以及井下人员的分布情况，对于营救工作是十分重要的。人员定位系统的主要功能是实时确定下井人员的信息，实现考勤办公自动化，查询人员下井活动轨迹。系统具备报警功能，可对系统故障及井下人员误入限制性区域等进行报警。

系统软件功能结构如图3-2-33所示。

（1）信息管理功能：系统管理员可对系统中的数据参数加以修改。当系统需要改变分站位置、添加分站或者删除分站时，可以修改数据库中的分站信息。当出现人事调动时可以添加、修改、删除人员信息。在识别卡损坏等情况下可以修改识别卡信息以及与相应员工对应的关系信息。信息管理功能设计应力求方便管理、操作简便、相关数据同步修改，保证数据的一致性。

（2）信息查询功能：用户可以查询人员的基本信息，分站的位置信息，出、入井时刻信息，考勤信息等。

（3）人员定位子系统：用户可以实时查看井下员工分布图，实时跟踪重点区域员工行踪，查询员工历史轨迹。

（4）考勤管理：系统需要具备对携带有射频识别卡（RFID，ZigBee 或者 WiFi 识别

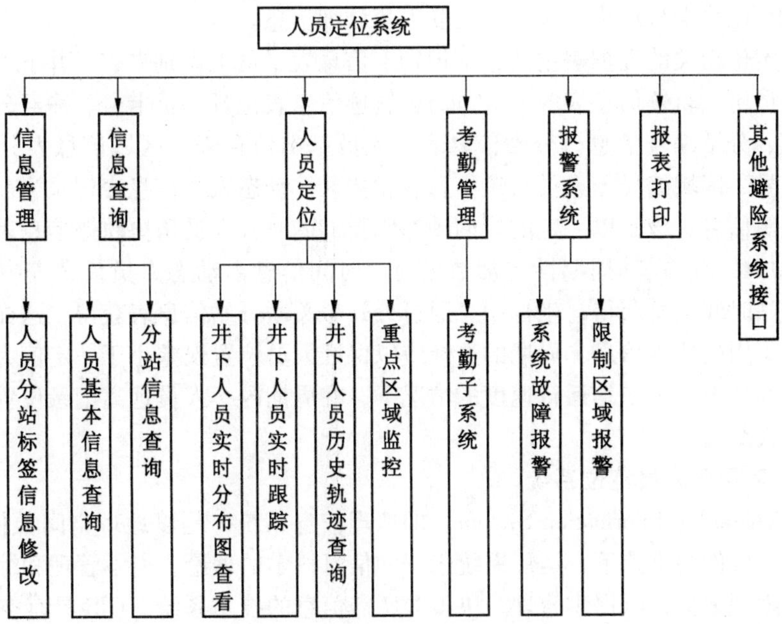

图3-2-33　系统软件功能结构

卡）的工作人员进行出入井时刻、出入掘进工作面等重点区域时刻、出入限制性区域时刻等必要区域的监测和记录功能，便于为考勤管理子系统提供数据。

（5）报警系统：系统具备自诊断、检测及报警功能。当系统分站、传输接口、传输线路发生故障时能够主动报警，并且将故障设备信息及时间记录至数据库，以供查询。同时，系统对员工进入限制性区域进行报警。

（6）报表打印：系统可以方便地导出数据，生成用户需要的报表。

（7）与其他避险系统的兼容接口：系统提供与煤矿安全监控系统、矿井无线及有线通信系统等其他安全避险系统的兼容。兼容性要求主要包括数据库信息格式的兼容性、网络设备的兼容性，以及各系统之间通信时，严格按照已有矿井通信协议标准进行通信。

2.7.7　数据库设计

数据库是用来管理数据的一种有效手段，数据库设计影响系统软件的开发。根据具体应用对数据库管理系统性能的要求不同，可以选用不同的数据库管理系统。人员定位管理系统对数据的安全性能要求较高，所以应选用企业级数据库，如 Oracle、SQL Server 等。对于数据量相对较小的情形，可以选用 SQL Server 2000 及以上版本；而对大型的煤矿企业，可以选用 Oracle 数据库管理系统。

数据库设计应依据具体的用户要求进行，但对于人员定位管理系统来说，要实现其人员定位信息存储、考勤等基本功能，数据库表应分为两部分进行设计：一是与信息查询相关的数据库表设计；二是与井下人员定位相关的数据表设计。

信息查询主要包括查询人员基本信息、井下分站基本信息、煤矿井下区域信息、出入井信息、出入重点限制区域信息表等。人员信息表详细记录工作人员的具体资料，如姓名、卡号、工作区域等基本信息，以员工卡号为主键。对于出入井信息、出入重点限制区域信息表，可以将卡号作为外键，来关联人员详细信息。

与人员定位相关的数据表主要包括识别卡信息表、员工识别卡表、井下人员位置动态更新表、人员历史轨迹信息表等。人员历史轨迹信息表记录人员卡号、途经分站时间、离开分站时间、分站编号信息。分站信息表、人员基本信息表、区域信息表分别通过分站号、人员卡号、区域编号与人员轨迹信息表相关联。动态人员信息表记录当前时刻人员的位置、时间等信息，该表以一定的周期动态刷新。同时，人员历史轨迹信息表也以一定的周期更新追加数据。在其周期性追加数据时，时间信息由动态人员信息表中的出入井时间、途经分站时间信息获得；坐标信息通过分站号关联分站信息表获得，这样便可以不断更新员工井下历史轨迹信息。周期的选择应以保证人员位置误差小于一定值为基础进行选择，例如，在井下人员平均运行速度的情况下，在周期内，人员远离记录位置的距离应小于规定的最大距离。

2.7.8　GIS 应用于人员定位系统

GIS（Geographic Information System）即地理信息系统，是以地理空间数据库为基础，在计算机软、硬件的支持下，运用系统工程和信息科学的理论，科学管理和综合分析具有空间内涵的地理数据，以提供管理、决策等所需信息的技术系统。GIS 具有空间数据的获取、存储、显示、编辑、处理、分析、输出和应用等功能。GIS 系统具有直观、方便的可视化效果，可以将地图这种独特的视觉化效果和地理分析功能与一般的数据库操作（例如，查询和统计分析等）集成在一起，具有强大的地理信息空间分析功能。

GIS 应用于人员定位系统中，可以将人员定位系统功能和效果进一步增强。

（1）利用 GIS 控件提供的功能，实现电子地图的可视化。用户可以对地图进行放大、缩小、平移、漫游、导航等。

（2）实现人员实时位置显示。根据系统数据库中人员动态信息表的实时位置信息，将人员信息显示在电子地图的对应位置，监控更加直观。

（3）实现基站分站信息的图形化显示、离线故障分站及线路的突出显示、员工进入限制区域突出显示。

（4）还可引入 GPRS 模块以及 3G 模块，短信通知控制中心管理人员和技术检修人员，安全性更高。

（5）查询员工历史轨迹信息，将特定员工轨迹信息显示在电子地图上。

2.7.9　井下节点定位算法

在煤矿井下人员定位算法的研究中，提出了多种节点定位算法：基于 RSSI 测距的加权质心算法，基于 DV - HOP 算法和概率栅格方案的新节点定位算法，用固定节点间的距离与 RSSI 值校正移动节点与每个固定节点间权值的定位算法，信号强度经验值与信道估计相结合的 RSSI 强度值匹配定位算法，基于无线信号传播时间 TOSP（Time of Signal Propagation）的地下坑道定位算法，基于信号到达时间的煤矿井下定位算法，基于 RSSI 算法的信号强度插值算法等。

总的来说，井下节点定位算法可以分为非测距算法与测距算法两类。

上面的算法中，加权质心算法与 DV - HOP 算法都属于非测距算法，这类算法无需测量节点间的角度和距离信息，主要通过节点间的连通性和多跳路由信息交换等方法来进行距离估算，以此实现节点位置的估计。这类算法对网络布局、节点密度的要求较为严格，信标节点应均匀部署在网络的外侧，而且节点密度对定位精度影响较大。

TOSP、RSSI 属于基于测距的算法，主要通过测量节点间的距离或者信号到达的角度，经过计算后得到节点的位置，TOSP、AOA 算法虽然可以获得较精确的定位精度，但成本、功耗一般较高。

下面介绍一种基于测距的定位原理。

RSSI（Received Signal Strength Indicator）测距法原理：已知发射节点的发射信号强度，接收节点根据收到的信号强度，计算出信号的传播损耗，利用理论和经验模型将传播损耗转化为距离。信号衰减和传播距离间的关系为

$$P(d)=P(d_0)-10n\lg(d/d_0)-X_\sigma$$

式中 $P(d)$——基站接收到节点在距离基站 d 处发送信号的强度；

$P(d_0)$——基站接收到节点在距离基站 d_0 处发送信号的强度；

n——路径长度和路径损耗之间的比例因子，一般在 2 ~4 范围内取值；

d——节点和基站间的距离；

d_0——节点和基站间的距离；

X_σ——均值为零、方差为 σ 的高斯随机噪声变量，其取决于周围环境因素。

RSSI 测距法相对比较简单，但由于实际环境中多径效应、温度条件容易变化，使计算出的距离有很大误差。

加权质心算法是一种无需测距的算法，该算法的核心思想是信标节点向邻居节点广播信标信号，信号中包含自身和位置信息。当未知节点接收到来自不同信标节点的信标信号数量超过某一个预设门限，确定该节点自身位置为这些信标节点所组成的多边形质心。然而，这种算法仅能实现粗粒度定位，需要较高的信标节点密度，但这种算法简单，基于网络连通性，无需信标节点和未知节点间的协调。

定位算法的选取对于分站位置的布局、系统软件的编写具有重要的意义。选择适合具体情形的定位算法是进一步进行系统设计的基础。

3　入井人员唯一性检测

3.1　入井人员唯一性检测方法

入井人员唯一性是指入井人员身份与其所携带的识别卡身份信息一一对应，即不同的入井人员，其识别卡的身份信息一定是不同的。现有的人员定位系统的识别卡中具有携卡人的身份信息，但并没有身份验证功能，系统只是检测到识别卡的身份信息，但如果识别卡被他人冒用，系统是无法甄别的。煤矿井下作业人员流动性较大，工种繁多，不同工种的工作职责、场所和路径有很大不同，而冒用他人识别卡的现象较为普遍。因此，进行入井人员唯一性检测研究，快速、有效地对入井人员身份进行识别，已成为煤矿企业所面临的一个急需解决的重要问题。

目前主流的身份识别技术主要有以下几种：虹膜唯一性识别技术、指纹唯一性识别技术、掌纹唯一性识别技术、人脸识别技术、基于人体步态和手指折痕的身份识别技术。

目前所有的身份识别技术全部是基于人体的生物特征的检测，由于生物特征他人无法进行替代，因此解决了防作弊的问题。

无论身份识别系统是基于何种人体的生物特征检测，其系统结构均可以分为视频数据采集、图像处理、图像识别特征提取、数据对比系统、纠错报警系统几部分，具体如图 3-3-1 所示。

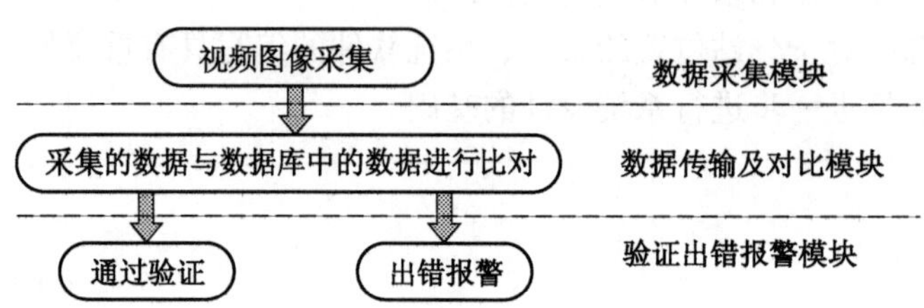

图 3-3-1　身份识别系统功能框图

不同的身份识别技术在身份识别系统中起着识别不同人体生物特征的作用。

各种身份识别技术在系统中的应用主要集中在两个部分，一是底层的身份特征数据采集；二是数据库中的数据存储与采集数据验证。因此，同一个身份识别系统可以采用各种不同的身份识别技术来实现。

井下身份识别系统应具有的特点：实时性、简易性、安全性、自动识别性。

（1）实时性是指身份识别系统能够快速地进行身份识别，不能耽误工作人员下井作业，即人体生物特征信息一经采集，必须在较短的时间给出是否通过验证的结论。

（2）简易性是指身份识别系统的实现装置不要过于复杂，应便于安装和维护，一旦出现故障能够及时进行处理、修复和系统升级。

(3) 安全性是指身份识别系统本身不存在任何安全隐患，识别系统应取得矿用产品安全标志证书，系统中的设备应取得防爆合格证。

(4) 自动识别性是指身份识别系统在监控室处于无人状态时，仍能实时进行工作，对入井人员进行排查。

图3-3-2所示为典型井下人员身份识别系统的组成框图，将人体生物特征采集器布置在井口和井下特定工作区域的出入口，在井下的入口或其他重要区域设置身份识别系统，可以将权限不同的从业人员进行区分，以便于对井下重要区域的人员进出进行控制。身份识别系统的信息传输平台将采集数据上传至井上的地面监控中心，再将采集的数据与数据库中原有的人体生物特征数据进行对比，实现井下人员出入权限的自动化和信息化管理。

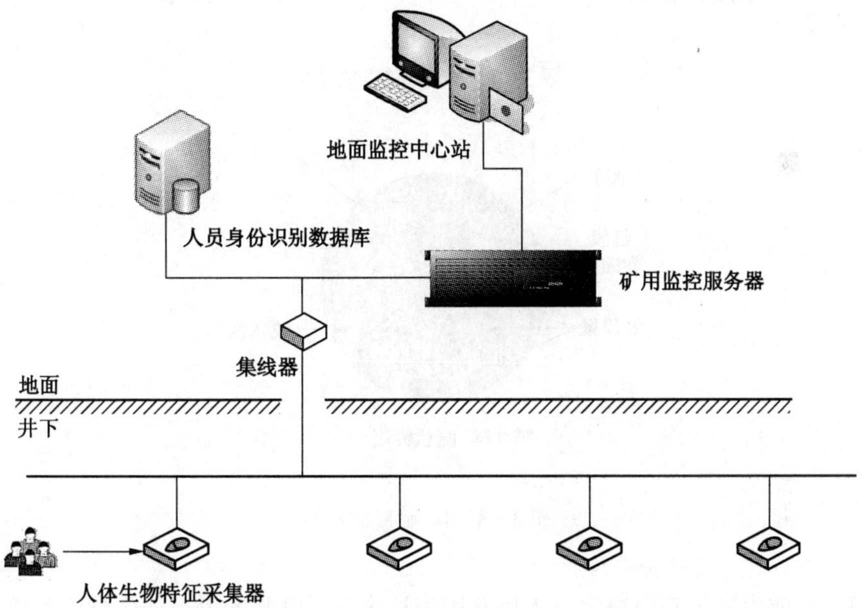

图3-3-2　井下人员身份识别系统组成框图

3.2　入井人员身份识别技术

3.2.1　虹膜识别技术

3.2.1.1　虹膜识别的生理特征基础

人眼睛的外观图由巩膜、虹膜、瞳孔三部分构成。巩膜即眼球外围的白色部分，约占总面积的30%；眼睛中心为瞳孔部分，约占5%；虹膜位于巩膜和瞳孔之间，包含了最丰富的纹理信息，占65%，人眼眼球结构如图3-3-3所示。

从外观上看，虹膜是一种在眼睛瞳孔内的织物状各色环状物，每一个虹膜都包含一个独一无二的、基于像冠、水晶体、细丝、斑点、结构、凹点、射线、皱纹和条纹等特征的结构，具体如图3-3-4所示。

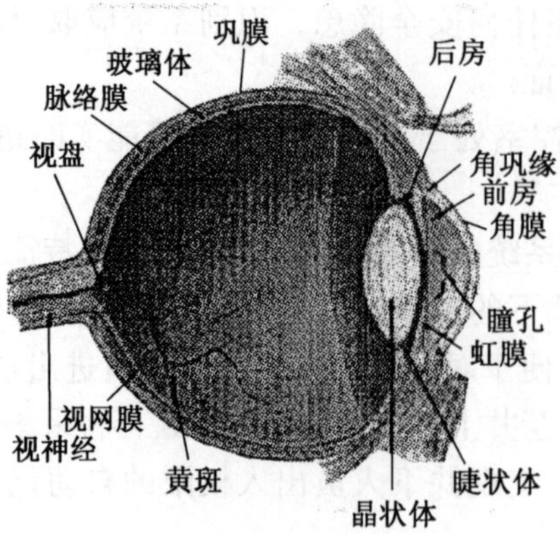

(a) 眼球结构图

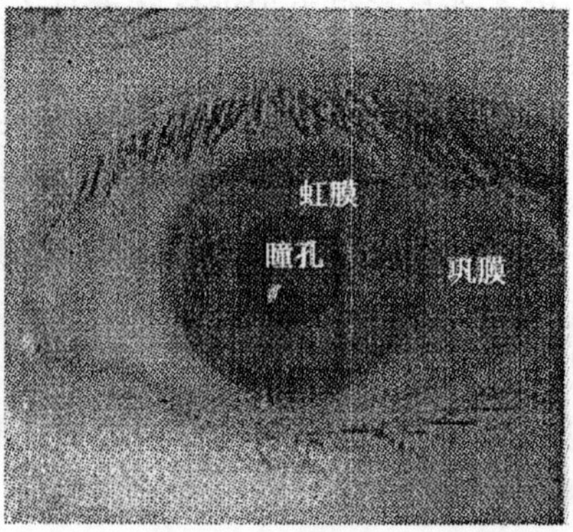

(b) 人眼图像

图 3-3-3　人眼眼球结构

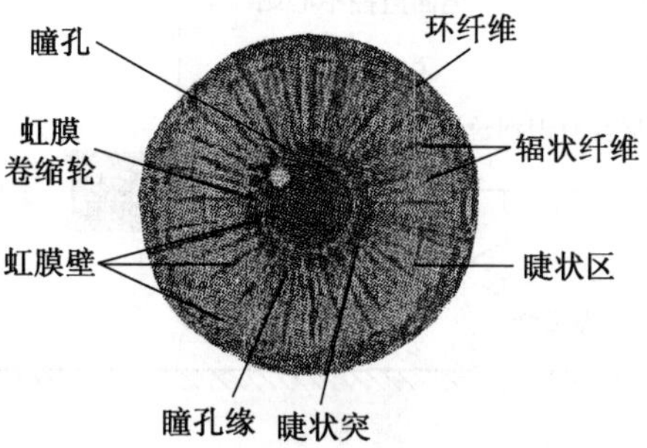

图 3-3-4　虹膜的结构

虹膜的形成由遗传基因决定，人体基因表达决定了虹膜的形态、生理、颜色和总的外观。眼科学家和解剖学家经过大量观察发现虹膜具有独特的结构，即使是同一个人，左右眼的虹膜区别也是很明显的。婴儿发育到 8 个月左右，虹膜就基本上发育到了足够尺寸，进入相对稳定时期，一个人的虹膜 2 岁后就基本稳定不变了，除极少见的反常状况、身体或精神上大的创伤造成虹膜外观上的改变外，虹膜形貌可以保持数十年没有多少变化；另一方面，虹膜外部可见，但同时又属于内部组织，位于角膜后面，要改变虹膜外观，需要非常精细的外科手术，而且要冒着视力损伤的危险。虹膜的高度独特性、稳定性及不可更改的特点，是虹膜可用作身份鉴别的物质基础。

3.2.1.2　虹膜识别技术简介

虹膜，作为重要的身份鉴别特征，具有唯一性、稳定性、非接触式采集等优点。与脸像、声音等身份鉴别方法相比，虹膜具有更高的准确性。两个不同的虹膜信息有 75% 匹配信息的可能性是 1/1200 000，两个不同的虹膜产生相同虹膜代码（Iris Code）的可能性是 1/1078，比其他任何生物认证技术的精确度高几个到几十个数量级。到目前为止，虹膜识别的错误率是各种生物特征识别中相对低的，虹膜识别技术与相应的算法结合后，可以达到很高的准确度。虹膜识别技术能够用于安防、国防、电子商务等众多领域。

利用虹膜来识别身份的思想最早可以追溯到19世纪80年代。1885年，巴黎刑罚系统中用肉眼察看囚犯的虹膜，当时只用到了虹膜的颜色和形状信息，并且受到技术的限制，这种信息只能通过人的观察来获取。1987年，眼科专家 Aran Safir 和 Leonard Flom 提出利用虹膜图像进行虹膜自动识别的概念。1991年，美国洛斯阿拉莫斯国家实验室的 Johnson 研制了一个自动虹膜识别系统。英国剑桥大学的 John. G. Daugman 于1993年提出二维小波编码虹膜纹理的识别算法，这一算法是当今世界上所有商用虹膜识别系统的理论基础。1994年，美国普林斯顿 David Sarnoff 研究中心也独立研制出一套虹膜识别算法，并于1996年获得美国专利。1996年，Wildes 研制成功基于虹膜的身份认证系统。1998年，昆士兰大学的 Boles 等人提出了基于零交叉小波变换的虹膜识别方法。

在国内，虹膜识别的研究工作开始相对较晚，20世纪末虹膜识别技术的研究工作开始兴起。上海交通大学1998年开始进行虹膜识别技术的跟踪研究工作。2000年以来，北京大学信息科学中心也开展了虹膜识别技术的研究工作，并研究出一套方法。2002年，中国科技大学也实现了虹膜识别系统演示。中国科学院自动化所的研究人员，用不同方法进行虹膜识别的研究工作，并对一些特定干扰条件下的虹膜图像进行计算机模拟试验，取得了较好的结果。

3.2.1.3 虹膜识别系统

一个完整的虹膜识别系统的构成如图3-3-5所示。

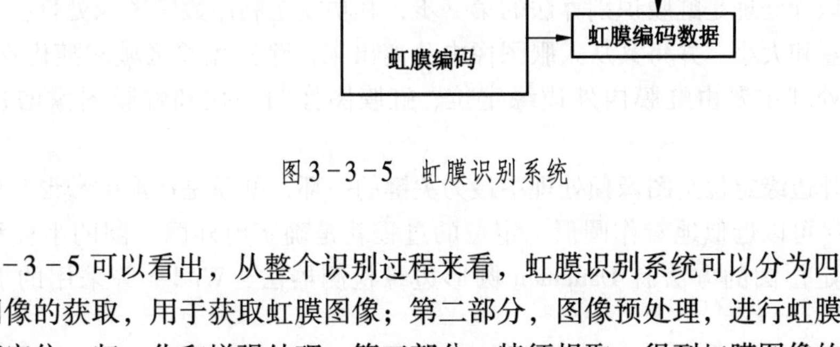

图3-3-5 虹膜识别系统

由图3-3-5可以看出，从整个识别过程来看，虹膜识别系统可以分为四个部分：第一部分，图像的获取，用于获取虹膜图像；第二部分，图像预处理，进行虹膜图像的质量评估、虹膜定位、归一化和增强处理；第三部分，特征提取，得到虹膜图像的纹理特征编码；第四部分，特征匹配，将得到的虹膜编码与数据库中的编码模板进行对比。

1. 图像的获取

图像的获取功能是指在自然光和辅助光源的照射下，通过光学成像设备在一定距离内采集包含虹膜的人眼图像。图像的获取为虹膜识别提供原始的图像数据，是整个虹膜识别系统的基础。获得高质量的虹膜图像是虹膜识别的关键一步。因为，所采集到的虹膜图像的灰度分布特性和质量优劣将直接影响到后续的图像处理、特征提取算法的设计，以及最终的识别效果。因此，图像采集装置的研发尤为重要。

虹膜图像采集装置设计过程中主要考虑以下几个问题：一是，虹膜图像面积小，颜色灰暗，要采集到足够高的分辨率和对比度的图像难度很大；二是，照明是虹膜图像采集中的关键因素，尤其对纹理不清晰的黑眼睛更是如此；三是，要保证采集图像的准确度，应尽可能不包含过多的无关区域，如鼻子等。

Daugma 的图像采集装置是最早的产品，该装置用点光源进行照明并利用标准照相机采集虹膜图像。Daugma 的图像采集装置可以在 15 ~46cm 内获取虹膜直径为 1 像素的眼睛图像，虹膜图像可以直接显示到 LCD 显示器上，从而根据图像及时调整眼睛的距离和位置，使照相机采集到最佳图像。该图像采集装置的优点是简单、小巧；缺点是由于采用点光源照明，点光源照在眼睛上时，由于角膜的镜面反射可能会在虹膜区域形成很亮的光斑，从而影响虹膜纹理的采集。

Wildes 等的图像采集装置与 Daugma 的设计方法不同，为了避免点光源照在眼睛上时在虹膜上形成光斑，Wildes 等的采集装置使用圆形偏光镜消除反光，低照度相机和漫射光源结合使光源分散，可以在距离 20cm 处获得虹膜直径约 256 像素的眼睛图像，以自动距离测定技术保证图像质量。因此，Wildes 等的采集系统虽然设计上比 Daugma 的复杂，装置也没有 Daugma 的小巧，但是性能要好很多。

在 Daugma 和 Wildes 等的图像采集装置开发之后，随着人们对虹膜识别技术关注度的不断提高，更多公司和研究机构投入虹膜识别技术的研究之中，许多新的虹膜采集装置陆续问世，如 2002 年新加坡南洋理工大学的 Eric Sung 及美国卡内基梅隆大学的博士提出的关于无需人协助、远距离、互动型虹膜识别系统；松下公司、三菱公司也分别推出新产品，虹膜图像采集装置的性能也有了大幅度提高。中国科学院模式识别研究所谭铁牛等人最初提出的虹膜识别装置，经过改进，该系统可以在一定的距离内快速采集纹理清晰的虹膜图像。

2. 图像预处理

虹膜图像预处理是虹膜识别算法的第一步，其功能是利用数字图像处理技术，确定环形虹膜的位置和大小，并将其从人眼图像中分离出来，除去无关区域和随机噪声等干扰。虹膜图像预处理主要由虹膜内外边缘定位、虹膜图像归一化和虹膜图像增强等几部分组成。

虹膜内外边缘定位是图像预处理中最为关键的一环，虹膜是环形区域形状的，它的外边缘和内边缘可以近似地看作圆形，定位的过程就是确定内外两个圆的半径和圆心的过程。传统的定位圆的方法有 Daugman 圆形边缘检测器法、Wildes 等采用的 Hough 变换方法。

Daugman 利用眼睛不同区域灰度差比较大的特点，采用圆形边缘检测器法进行定位。

$$\max_{(r,x_0,y_0)}\left|G_\sigma(r) * \frac{\partial}{\partial\ r}\int_{r,x_0,y_0}\frac{I(x,y)}{2\pi r}\mathrm{d}s\right| \qquad (3-3-1)$$

其中，$I(x,\ y)$ 表示输入图像；$*$ 表示卷积；$G_\sigma(r)$ 表示一个标准方差是 r 的 Guassian 平滑函数。

这个算子通过在三维参数空间（$r,\ x_0,\ y_0$）中搜索最大环路积分的方法，确定虹膜内外边缘的圆心坐标和半径，起到圆形边缘检测器的作用。

Wildes 等的定位算法分为两步：首先，通过边缘检测将图像转换成二值图像；其次，利用 Hough 变换方法进行虹膜内外边缘定位。

这两个传统的定位方法主要缺点是定位速度慢、对图像的质量要求比较高。近年来提出的各种改进算法对提高速度都有很好的效果，大部分都是采用由粗到细的方法进行定位。

因为采集虹膜图像时，存在一定程度的“漂移”、“旋转”和“放缩”现象，所以在提取虹膜后，不能立即对其进行特征提取等编码工作，而应先进行图像的校准。在极坐标下进行虹膜图像的归一化，确保了虹膜在整个识别过程中对平移、尺度放缩和瞳孔收缩具有鲁棒性。

Daugman 将虹膜图像由直角坐标系（x，y）映射到极坐标系（r，θ）中：

$$I(x(r,\theta),y(r,\theta))\rightarrow I(r,\theta)$$
$$x(r,\theta)=(1-r)x_p(\theta)+rx_s(\theta) \tag{3-2-2}$$
$$y(r,\theta)=(1-r)y_p(\theta)+ry_s(\theta)$$

其中，$I(x,y)$为虹膜图像；$r\in[0,1]$，无量纲；$(x_{\mathrm{p}}(\theta),y_{\mathrm{p}}(\theta))$、$(x_{\mathrm{s}}(\theta),y_{\mathrm{s}}(\theta))$分别为虹膜内、外边缘上点的坐标。

Wildes 等采用映射函数，将输入的虹膜图像与数据库中的模板图像进行逐点映射，以补偿虹膜的缩放和旋转。

对图像进行增强处理是为了提高图像质量，克服由于光照不足或不均，造成的图像对比度过低或图像的亮度不均问题。图像增强的方法主要分为空间域法和频域法两类。空间域是指图像平面自身，这类方法是以图像像素的直接处理为基础；频域方法是以修改图像的傅立叶变换为基础。

3. 特征提取

特征提取的功能是从归一化的虹膜图像中提取出足够多的虹膜特征，去粗存精，并将图像数据转换为某种包含这些特征的虹膜模式，采用模式识别的方法给出虹膜识别的结果。目前，在众多的虹膜识别算法中，Daugman 提出的基于 Gabor 变换的虹膜识别算法成熟度最高。该算法的主要原理是利用二维 Gabor 滤波器对虹膜图像进行滤波，根据滤波值进行相位编码，最终得到 256 字节的二进制虹膜特征码。Wildes 提出用各向同性的高斯－拉普拉斯滤波器对图像进行分解，构成 4 层拉普拉斯金字塔的方法来提取特征。

4. 特征匹配

不同的特征提取方法对应着不同的特征匹配模式。目前最常用的是 Daugman 采用的基于汉明距离的特征匹配方法。由于其可以采用二进制位操作，方法简单，匹配速度快，能减少对比时间。Wildes 的匹配方法是在计算两幅待对比图像的均值和方差后，将得到的两个图像的协方差作为相关系统，最后由 Fisher 线性判决函数获取两个图像的匹配结果。

3.2.1.4　虹膜识别中存在的问题

近年来通过对虹膜识别的研究，在硬件和软件方面都有很大的进展，在一定程度上弥补了传统方法的不足，提高了虹膜识别技术的准确度和精确度，但在生产中广泛使用仍需进一步改进。虹膜识别主要存在以下技术难题：

1. 图像采集

目前大多数虹膜采集装置要求被采集者距离采集设备在几十厘米之内，远距离虹膜采集设备还处于研究阶段。虹膜采集设备对光照的影响较为敏感：光线过暗，采不到清晰的虹膜纹理；光线过亮，会引起眼睛的不适；不稳定的光照条件会改变图像的灰度分布特征，从而影响虹膜定位算法的准确性，进而影响识别结果的可靠性。

易用性差使得虹膜识别的产业化和大范围推广受到限制。在基于视频序列的虹膜识别系统中，采集设备是高清晰的摄像机，所采集到的虹膜图像极容易受到光照、运动失焦的影响，往往要求被采集者长时间注视摄像机的镜头；由于摄像机焦距的限制，需要使用者的眼睛与摄像机镜头间的距离处于指定的范围内，否则会导致图像变模糊，影响识别结果。这些限制增加了设备的使用难度。

2. 虹膜识别算法的通用性差

由于虹膜图像采集装置的工作原理、硬件条件不同，至今还没有一个统一的、被广泛接受的虹膜图像库供研究者使用。为了进行算法研究，科研人员都研制了各自的图像采集设备，并在由各自的图像采集设备所采的图像库上进行算法研究。由于虹膜定位和特征提取算法依赖于特定的灰度分布特征。所以，同一个虹膜识别算法很难在不同类型的虹膜图像上应用，需要继续寻求有效的虹膜开发模式，建立虹膜识别软件与其他应用软件的接口和开放式标准。

3.2.1.5　虹膜识别技术应用于入井人员身份识别

虹膜识别技术是一种利用虹膜的纹理特征进行身份识别的生物特征识别技术。在各种基于生物特征的身份识别技术中，虹膜识别技术具有准确率高和天然的防伪性等优点，但也存在着一定的不足。特别是煤矿井下粉尘大、光照度低，矿工眼睛上常会附着煤尘、粉尘等，这对煤矿井下环境中虹膜识别的准确性造成非常不利的影响。

针对煤矿井下人员身份识别技术的现状，采用虹膜识别技术，将虹膜识别技术、计算机网络、应用管理软件等技术集成一体，通过一对一的眼睛虹膜注册识别，对入井人员进行身份识别、登记与实时安全监控，实现井下人数实时统计和清点，从而彻底堵塞传统煤矿人员身份识别管理的漏洞。虹膜识别技术不仅在井下发生事故时可起到重要作用，而且可用于日常的管理工作，为日常管理提供了较多的实用功能；减少人为因素，提高矿井现代化管理水平，比较适合煤矿企业的需求，对煤矿安全监管具有重要的意义。

3.2.2　人脸识别技术

人脸识别是基于生物特征识别技术的身份认证中最主要的方法之一。人脸识别技术是基于人的脸部特征，对输入的人脸图像或者视频流，首先判断其是否存在人脸，如果存在人脸，则进一步给出每个脸的位置、大小和各个主要面部器官的位置信息。依据这些信息，提取每个人脸中所包含的身份特征，并将其与已知的人脸进行对比，从而识别每个人脸的身份。广义的人脸识别实际包括构建人脸识别系统的一系列相关技术，包括人脸图像采集、人脸定位、人脸识别预处理、身份确认以及身份查找等；狭义的人脸识别特指通过人脸进行身份确认或者身份查找的技术或系统。

不同于指纹识别、掌纹识别、虹膜识别、DNA识别等需要被识别人主动配合的识别方式，人脸识别方式具有直接、方便、非接触性、非侵犯性等特点。

3.2.2.1　人脸识别的基本过程

人脸识别分为人脸检测、人脸表征和人脸识别三个过程。

（1）人脸检测：在扫描到的图像范围内，确定其中是否存在人脸，确定存在人脸后，给出人脸所处位置、大小等状态信息，即在一幅图像或视频流的一帧中检测出人像并将人像同背景分离。人脸跟踪是指利用人像捕获技术，当指定的人像在图像获取设备的拍摄范围内移动时自动对其跟踪。如果图像中存在多张人脸或者人脸背景十分复杂，检测会相对困难。人脸检测的主要困难是人脸具有多变性，例如，人脸在不同表情下脸部器官会表现出不同特征，在佩戴眼镜，胡须、头发变化，外部环境（如光照角度等）不同时会对检测结果产生不利影响。

（2）人脸表征：该过程是获取人脸的特征，将扫描到的现实环境图像映射到机器环境。人脸表征具有多样性和唯一性，需要研究人脸共性和特性之间的关系，才能够保证人脸表征的准确性。在人脸表征的过程中，人脸图像信息数据量巨大，需要通过对图像进行压缩、降低向量维数来提高监测和识别速度。在实际操作中主要是通过各种变换来达到降低向量维数的效果，如 K－L 变换、DFT、DCT、小波变换等。此外，局部特征的提取方法也在实际操作中被应用，如利用显著器官（眼、鼻、耳、嘴等）之间的距离关系，以及通过训练学习求得局部特征等方法。

（3）人脸识别：这里所说的人脸识别是指狭义人脸识别，是广义人脸识别的一个过程，是将获取到的人脸信息同已知人脸信息比较，得出相关程度的信息。人脸识别分为两类：一类是核实式的比对，用于一对一的图像比较过程，将指定的人像或者捕获得到的人像与数据库中登记的某一对象作比对核实，确定是否为同一人；另一类是搜索式的比对，是一对多的图像匹配比对过程，是指从数据库中已登记的所有人像中搜索查找是否有指定的人像存在。需要注意的是，相对而言，搜索式人脸识别过程涉及大量数据的比对，因而相对复杂。典型的人脸识别系统如图 3－3－6 所示。系统的各部分功能和作用具体是：

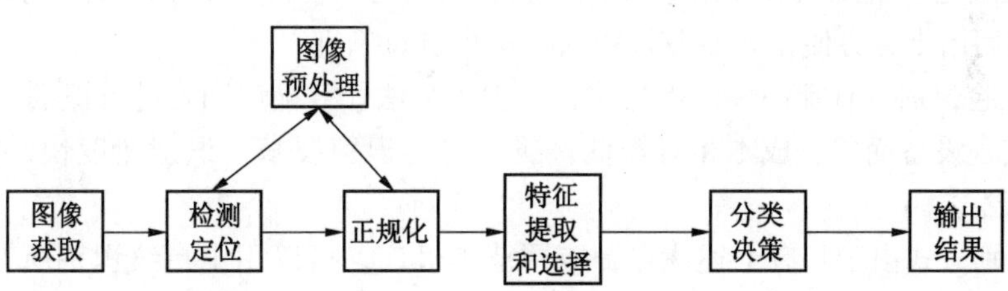

图 3－3－6　典型的人脸识别系统

图像获取部分通过图像采集设备，例如数码照相机、摄像机、扫描仪等设备获取图像并将其格式转换为可处理格式。由于图像采集设备成像机理不同，采集效果会有差别，采集效果较好会使识别率较高，否则会降低识别率。人脸图像获取主要有两种形式，即静态人像的获取和动态人像的获取，后者提供的信息量远远大于前者，同时动态图像获取中图像序列存在多变性，具有特殊性。

图像预处理部分包括一些最基本的图像操作，为检测部分提供必要的基础。检测定位部分通过对输入的图像处理分析，判断图像中是否有人脸，如果有则作出准确的定位，在上文中已经作了阐述，在此不做赘述。正规化部分要将提取出的人脸图像进行几何归一化、灰度归一化处理，使不同图像中人脸大小和亮度统一。

人脸检测得到的人脸图像，由于角度和光照的问题，需要进行几何归一化和灰度归一化。几何归一化是将人脸通过图像处理技术变换为大小一致且人脸不存在偏角的图片；灰度归一化则就是对图像进行光照补偿，如主元分析法则采用去均值的手段，必要时可以用标准差进行归一化。

特征提取部分会将正规化的人脸图像按照一定的标准提取识别特征，在此过程中需要对原始数据进行变换，目的是提高准确率、减少运算量。通过变换，可以把维数较高的测量空间中表示的模式变为在维数较低的特征空间中表示的模式。通常测量空间是指原始数据组成的空间，特征空间是指分类识别进行的空间，特征空间中的模式也被称为一个样本，即特征空间的一个点。

分类决策部分，在后台完成分类器的设计，生成用于分类识别的分类器，然后按照一定的判决标准，将获取的人脸信息进行分类，然后对获取到的人脸图像与人脸库中的人脸图像进行匹配，包括人脸辨认和身份证实。人脸辨认即确认被识别者的具体个人信息，身份证实是指判断被识别者信息是否在数据库中。

最后，输出人脸识别的识别结果和相应信息。

3.2.2.2 人脸识别的特点和影响因素

生物识别应用于人的身份识别的方法有多种，相对于指纹、虹膜、声音、手型、指纹、掌纹、DNA 等识别方式，人脸识别具有以下优点：

(1) 人脸识别不需要被识别者主动配合，既可以应用于指向性的识别环境，又可以应用于隐蔽性的识别环境，适用于安全监控、安全防范甚至罪犯监控等领域。

(2) 人脸识别采用非接触式的识别方式，利用摄像头等图像采集设备即可获取图像，是非侵犯性、易被接受的识别方式。

(3) 人脸是最直观的人体信息源，人脸识别符合最基本的认知规律，后期的人工确认和信息再利用十分方便，非专业技术人员即可进行判别。

(4) 人脸识别具有唯一性，不易仿冒，他人无法代替被识别者进行识别。

(5) 实现设备简单、成本相对较低，属于自动识别技术，识别速度快，能够实现实时识别的功能。

人脸识别方式由于具有上述优点，应用范围极广，可以用于指纹识别所有应用领域、各种视频监控系统以及未来的机器人等。

另一方面，人脸属于三维非刚性对象，而且识别一般基于视图模式，因此人脸识别受很多不确定性因素影响，主要包括以下几种影响因素：

(1) 相似性：不同个体之间的区别不大，所有的人脸结构都相似，甚至人脸器官的结构外形都很相似，这样的特点对于利用人脸进行定位是有利的，但是对于利用人脸区分人类个体是不利的。

(2) 易变性：人脸的外形容易发生一些变化，如人脸会随着年龄增长而发生变化，人通过脸部的变化可以产生很多表情；被识别人采取不同姿势、处于不同观察角度时，人脸的视觉图像相差很大；人脸识别受环境背景，成像条件（如白天和夜晚、室内和室外等），遮盖装饰物（例如口罩、墨镜、头发、胡须等），年龄等多方面因素的影响。此外，一些特殊的情况也会导致人脸识别出现偏差，如双胞胎问题等。

3.2.2.3 人脸识别的测试标准和衡量指标

评价一个人脸识别系统或比较多个人脸识别系统的性能，需要一定的测试标准，这需要包括一个大容量的人脸数据库和一套专用的测试方法。目前测试标准有 FRTNT（Face Recognition Technology Test）、FRVT（Face Recognition Vendor Test）以及 XM2VTS。

美国国防高级研究项目组（DARPA）和美国军方研究实验室（ARL）开展了人脸识别技术工程 FERET 计划，建立了用于测试人脸识别技术的通用标准人脸数据库 FERET Database，制定了一套通用测试标准，并组织了多次测试，比较已有的各种人脸识别算法。从 2000 年开始，FERET 在全球范围内组织 FRVT 测试，较近的一次 FRVT 测试 FRVT2002 通过高强度测试评价人脸识别系统，处理存有海量真实世界照片的数据库性能，通过中等强度测试评价不同光照、姿态条件下人脸识别系统对静态图像和视频图像的性能。

此外，还对三维可变模型技术、相似度量归一化、视频序列中的人脸识别三种新技术进行评价，得出的结论是：采用前两种技术可以显著提高性能，第三种技术与在静态照片上识别相比，对性能提高有限。最近一次的测试 FRVT2006 是第一次将静态人脸识别、虹膜识别与 3D 人脸识别放在一起进行的测试，与 FRVT2002 相比，静态人脸识别与 3D 人脸识别算法的错误率下降了一个数量级。FRVT2006 是第一次将机器识别效果与人的识别能力进行比较，结果发现，在不同的光照环境下，给定一个低的虚警率，7 个自动人脸识别算法的性能相当于或优于人的识别能力；若不指定虚警率，则 7 个算法中的 3 个算法的性能相当于或优于人的识别能力。FRVT2006 总结了 4 方面的进步：实现了将人脸识别的错误率下降一个数量级的目标；建立了 3D 人脸识别的 benchmark；不同光照环境下的人脸比对取得了进步；人脸识别算法优于人的识别能力。

XM2VTS 标准的主要目标则是通过采用结合图像识别和语音识别技术的多模态方法，来提高人脸验证的性能。此外，中国科学院自动化研究所发起成立了“生物特征认证与测评中心”（Center for Biometric Authentication and Testing，CBAT），向世界免费共享数据库，也是我国最大的专业从事生物识别的研究机构。

下面具体介绍国际上公认的用于人脸自动识别系统性能评价的一些重要定义和指标。

（1）拒检率：被拒检的人脸图像占总数的比例，用百分数表示。拒检指检测失败，包括不能正常检测到人脸，人脸不能定位以及人脸检测失败。

（2）比对：人脸特征之间进行比较的过程。

（3）匹配相似度：两个人脸特征比对后得出的相似程度，用 0 ~ 1 的小数表示，数字越大代表相似程度越大。

（4）错误拒绝率：发生错误拒绝的比对次数占总数的比例，用百分数表示。错误拒绝是指定某匹配相似度为判定阈值，在来自于同一个体的人脸特征间匹配相似度小于设定阈值，即某被授权人不能被正确接受的比率。

（5）错误接受率：发生错误接受的比对次数占总数的比例，用百分数表示。错误接受是指定某匹配相似度为判定阈值，在来自于同一个体的人脸特征间匹配相似度大于设定阈值，即某非授权人被错误判断为某授权人的比率。

（6）相等匹配率：制定某给定匹配相似度下，错误拒绝率与错误接受率相等时的错误率。

（7）首选识别率：匹配相似度最大的人脸是正确的人的比率，即将识别结果按照匹配相似度从大到小排列，在第一位的人脸就是正确的被识别人的比率。

（8）累计识别率：将识别结果按匹配相似度排序后（从大到小），在前N个结果中存在被识别人的比率。

3.2.2.4 人脸识别技术应用于入井人员身份识别

人脸识别技术采用非接触式的识别方式，获取直观的人体信息源，识别具有唯一性，不易仿冒，他人无法代替被识别人进行识别，且实现设备简单、成本相对低，可作为自动识别技术，实现快速识别。基于这些特点，人脸识别技术，一方面，可以作为入井人员唯一性识别的方式，弥补目前我国煤矿依靠识别卡等非唯一性识别方式进行入井人员识别定位的不足，避免可能发生的代替入井、旷工等状况，消除安全隐患，并为定位、救灾系统提供辅助数据；另一方面，人脸识别技术应用于入井人员身份识别也存在着一些难题亟待解决：煤矿井下环境不同于一般环境，光线弱，条件复杂，可能存在一个工作面内存在多个人脸的状况，与此同时，入井人员需要身着工作服、佩戴外顶矿灯的安全帽，有的入井人员还会佩戴毛巾等，在煤矿井下工作面，入井人员脸部还可能沾染煤灰、粉尘，这些都是人脸检测的不利因素，需要深入研究解决。总的来说，人脸识别技术为入井人员身份识别提供了可行的方案，对煤矿安全监管具有深刻意义。

3.2.3 掌纹与指纹识别技术

3.2.3.1 掌纹识别技术

掌纹是指手掌上的纹路特征，掌纹图像如图3-3-7所示，掌纹是相当稳定的生理特征。掌纹识别是一种非侵犯性的识别方法，用户比较容易接受，对采集设备要求不高。

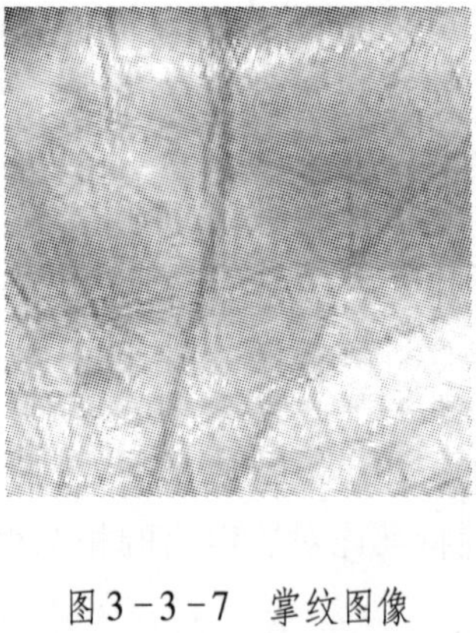

图3-3-7 掌纹图像

掌纹是指手指末端到手腕部分的手掌图像，其中很多特征可以用来进行身份识别，如几何外形、主线、皱纹、细小的纹理、脊末梢、分叉点等。掌纹的形态由遗传基因控制，即使由于某种原因表皮剥落，新生的掌纹纹线仍保持着原来的结构。每个人的掌纹纹线都不一样，即使是孪生同胞，他们的掌纹也只是比较相似，而不会完全一样。掌纹中最重要的特征是纹线特征，其中最清晰的几条纹线基本上是伴随人的一生且不发生变化的，而且在低分辨率和低质量的图像中能够被清晰辨认。

1. 掌纹特征

掌纹特征包括以下几个方面：

（1）主要纹线特征：指手掌掌纹中最主要的几条纹线，又称为屈肌纹线，这些纹线具有终身不变性，而且在低分辨率或低质量图像中就能够被清晰辨认，是掌纹识别的主要特征。

（2）点特征：指手掌上所具有的和指纹类似的皮肤表面特征，如掌纹乳突纹在局部形成的奇异点及纹形。点特征需要在高分辨率和高质量的图像中获取，因此对图像的质量要求较高。

（3）纹理特征：主要是指比主要纹线更短、更细的一些纹线，但其在手掌上分布是毫无规律的，因此难以提取。但正是由于其体现了掌纹的唯一性，所以，也成了掌纹的重要特征。

（4）几何特征：手掌的宽度、长度和几何形状，以及手掌不同区域的分布等特征。

2. 掌纹识别系统

掌纹中所包含的信息远比一枚指纹包含的信息丰富，利用掌纹的纹线特征、点特征、纹理特征、几何特征完全可以确定一个人的身份。因此，从理论上讲，掌纹具有比指纹更好的分辨能力和更高的鉴别能力。掌纹识别系统组成如图 3-3-8 所示。

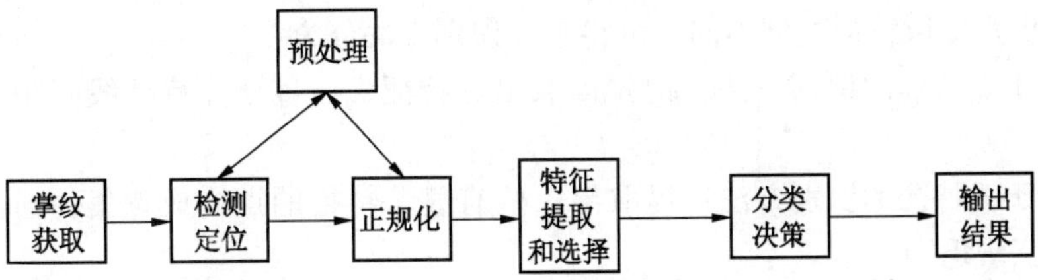

图 3-3-8 掌纹识别系统

掌纹获取：掌纹获取主要有两种方法，一种方法是通过手掌沾上墨水按在纸上的掌纹，在通过扫描转化为数字图像；另一种方法是摄像设备或者扫描设备（如数字扫描仪）获取掌纹图像并储存，然后转换成计算机可以识别运用的符号，如用矩阵或者向量来表示掌纹图像数据。第一种方法获得的图像是二值灰度图像，纹理清晰，但是不易被接受，被识别者可能产生抵触心理；第二种方法清晰度相对差，自动定位也相对复杂，但用户易于接受，因而成为目前掌纹获取的主要方法。

预处理：为了能对掌纹图像数据进行后续处理，需要进行一个预处理过程，包括通过去除噪声使图像清晰化，恢复图像获取中所产生的退化现象，对图像进行归一化处理等。

特征提取和选择：特征提取部分会将预处理的掌纹图像按照一定的标准提取识别特征，在此过程中需要对原始数据进行变换，目的是提高准确率、减少运算量，通过变换，可以把维数较高的测量空间中表示的模式变为在维数较低的特征空间中表示的模式。

分类决策在后台完成分类器的设计，生成用于分类识别的分类器，然后按照一定的判决标准，将获取的人脸信息进行分类，然后对获取到的图像与数据库中的图像进行匹配。基本做法是在样本训练集上确定某个判决规则，按这种判决规则对被识别对象进行分类识别，造成的错误识别率最小。特征提取和选择在很大程度上影响了分类效果，好的分类器设计和方法会提高系统分类性能。

3. 掌纹识别的特点和影响因素

相对于机理相似的手型识别和指纹识别，掌纹识别具有独特的优势。相对于手型识别，掌纹特征比手型特征更加稳定，具有终身不变性；独特性特征更加突出；可靠性高，利用掌纹进行识别，欺骗的可能性很低；在获取掌纹的同时，也获取了手型信息，可作为手形识别的重要补充。相对于指纹识别，掌纹识别更加复杂，而且提取掌纹时不易受到噪声干扰，不易受外界环境的影响；利用中心和基准点对掌纹进行定义具有旋转不变性和唯一性，掌纹的面积更大，信息量更多，必要时甚至可以通过非完整或低质量掌纹图像来进行识别。此外，掌纹识别技术对图像分辨率和质量要求较低，所要求的设备简单，系统成本低，用户可接受程度相对较高，可以作为独立的识别系统，也可以作为其他识别系统的补充。

另一方面，由于掌纹识别的计算复杂度高，造成了识别速度相对缓慢，需要的处理时间较长。同时，由于手掌的区域相对大，相比指纹识别而言，要求识别设备的体积也较大。另外，一些特殊情况会对掌纹识别带来一定的困难，如手掌受伤和劳动造成变化的情况。

4. 掌纹识别基本方法

按掌纹识别提取特征类型不同，可将掌纹识别方法分为：

（1）基于点特征的识别方法：指先提取出点特征，通过计算特征线间距进行判决的方法。

（2）基于线特征的识别方法：提取出一些有显著特征的点构成点集，通过对点集进行几何对比实现识别。

（3）基于纹理特征的识别方法：提取出纹理特征进行识别。

（4）基于图像变换进行识别：包括时域变换、频域变换、K－L变换、傅里叶变换等。

3.2.3.2 指纹识别技术

指纹是人体手指皮肤上的乳突状花纹纹线，最常用的是手指上第一指节的纹线。指纹有以下特点：

（1）稳定性。从胎儿指纹完全形成开始，到人体死亡之前，尽管指纹的外形、粗细会随着年龄增长有所变化，但从总体上看，指纹的基本属性，如纹线形态结构、细节特征的总体布局等方面是恒定的。

（2）唯一性。每个人的指纹都是独一无二的，不仅是不同人的指纹不同，同一个人的十指之间的指纹也不一样。

（3）可分类性。指纹纹线的排列有一定的规律，也就是说指纹纹线的形态可以用有限的类型来表示。

指纹识别技术是基于生物特征的身份认证技术之一，是利用指纹的某些特点来对其主体进行识别和确认的有关技术，根据人体指纹的纹路、细节特征等信息对操作或者被操作者进行身份鉴定。

现代绝大多数指纹识别技术的基础是建立在Minutia-Based经典理论之上的，在Minutia-Based体系中，人体指纹的特征是由指纹的中心点、三角点、端点、叉点、桥接点、断点和环点等细节特征点构成的。随着指纹识别理论和技术的发展，人们又增加了折皱、疤痕、纹型、纹密度、纹曲率等辅助特征。细节特征是实现指纹精确比对的基础，而纹形特征、纹理特征等则是指纹分类及检索的重要依据。

指纹的基本纹路图案有环形、弓形、螺旋形，如图3-3-9所示。其他的指纹图案都基于这三种基本图案。仅仅依靠图案类型来分辨指纹是远远不够的，这只是一个粗略的分类，但通过分类使在大数据库中搜寻指纹更为方便。

(a) 环形纹　(b) 弓形纹　(c) 螺旋形纹

图3-3-9　指纹的基本纹型

指纹识别系统主要由指纹图像采集、指纹图像预处理、指纹细节特征信息提取、指纹匹配等，基本结构图如图3-3-10所示。

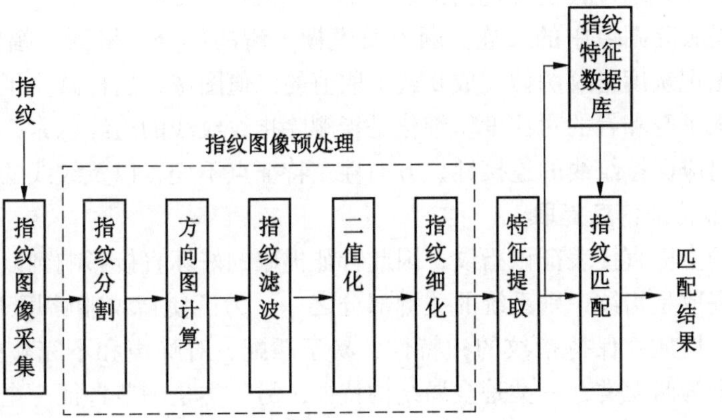

图3-3-10　指纹识别系统的结构

下面分模块对指纹识别系统加以介绍。

1. 指纹图像采集

指纹取像设备可以分为三类：光学取像设备、晶体传感器和超声波扫描。光学取像设备依据指纹的生理特征和光的全反射原理设计。指纹的纹路称为脊，纹路之间的凹下部分称为谷。当光线照到压有指纹的玻璃表面时，射到谷的光线会发生全反射，反射光线由CCD获得，而射向脊的光线被玻璃的接触面吸收，这样在CCD上就形成了指纹的图像。

也可采用微型三棱镜，当手指压在其表面时，由于脊和谷的压力不同而改变了微型三棱镜的表面，这些变化通过三棱镜光的反射而反映出来。

晶体传感器取像原理是当用户的手指放在晶体传感器上面时，电容器的电容值由于脊和谷之间的距离而变化，将其转化为电压记录下来就得到了指纹的灰度图像。

超声波扫描是指纹取像技术中非常好的一类，当超声波扫描指纹的表面时，接收设备获取了其反射信号，测量信号范围，从而得到脊的深度。这三种指纹取像技术都有它们各自的优缺点，具体可见表3-3-1。

表3-3-1 三种指纹取像技术的比较

比较项目	光学成像技术	晶体传感器技术	超声波扫描
体积	大	小	中
耐用性	非常耐用	容易损坏	一般
成像能力	干手指差，但汗多的和稍脏的手指成像模糊	干手指好，但汗多的和稍脏的手指不能成像	非常好
耗电	较多	较少	较多
成本	低	低	很高

2. 指纹图像预处理

获取到指纹图像后，由于各种原因的影响，要对原始图像进行预处理。预处理的目的是改善输入指纹图像的质量，增强脊和谷的对比度，将它变成一幅清晰的点线图，以便于进行特征提取。预处理过程主要包括指纹分割、二值化、细化等。

指纹分割是去除图像中的叉连、断点及模糊不清的部分，得到一幅较清晰的灰度图像。二值化就是把灰度指纹图像变成0或1取值的二值图像，这样减少了需要存储和处理的数据量，增强了脊和谷的对比度。细化是指删除指纹纹线的边缘像素，使之只有一个像素宽度。细化时应保持纹线的连接性、方向性、特征点不变，以及纹线的中心基本不变。

3. 指纹细节特征信息提取

细节特征的坐标直接表征该指纹，因此特征提取的好坏直接影响到以后的指纹匹配结果，所以特征提取是指纹识别系统的关键部分之一。为了使指纹能够用于身份识别系统，指纹应具有如下性质：保持指纹的独特性、易于匹配、对噪声和不完整指纹具有鲁棒性等。指纹特征分为两大类，一类是全局结构特征，另一类是细节特征。全局结构特征是用来进行指纹分类，以减少查询匹配时间；细节特征主要是用于指纹的精确匹配，能够唯一识别一个指纹。对于最终检测出来的细节特征应具有以下信息：细节点的坐标、方向、类型以及细节点对应的脊线。

4. 指纹匹配

指纹匹配是指在两枚指纹的细节特征分别提取后，通过比较两者的细节特征点是否吻合，以达到身份识别的目的。在大规模应用时，通常需要寻求一种有效的指纹分类方法把待识指纹归纳到已登记指纹档案中某一确定的类型中，然后再进行细节特征的匹配，从而提高识别效率。

指纹识别技术的主要指标主要有拒识率和误识率。拒识率（False Rejection Rate,

FRR)：把应相互匹配成功的指纹当成不能匹配的指纹的概率；误识率（False Accept Rate，FAR)：把不应匹配的指纹当成匹配的指纹的概率。对于一个已有的系统而言，通过设定不同的系统阈值，就可以看出这两个指标之间是相关的，FRR与FAR成反比关系。

指纹识别技术有着广泛的应用，它目前正广泛地应用于刑侦领域和民用领域。在刑侦领域，可以进行十指查十指、现场查十指、十指查现场以及现场查现场。能够管理上百万人的十指指纹，快速从指纹数据库中查询按印指纹或现场指纹，获取犯罪嫌疑人的信息。当前教育考试中存在替考舞弊现象，影响教育考试的公平性和公信力，针对这种现象，利用指纹识别技术防范“硬替考”是一种行之有效的方法。另外，还有许多指纹识别应用系统，如信息安全领域利用指纹验证计算机密码、网络安全防范、网上贸易等，公共安全方面利用指纹门禁系统、指纹考勤系统、指纹医疗保险系统、幼儿接送指纹管理系统、指纹献血管理系统、证券交易指纹系统、指纹枪械管理系统、驾驶员指纹管理系统等。

指纹技术仍有许多尚未解决的问题困扰着广大研究人员，如对于残缺、污损指纹图像识别的鲁棒性和适应性方面不能令人满意；缺乏可靠的细节特征提取方法，在进行比对的指纹图像中定量的定义匹配程度仍然是困难的；指纹的方向信息是指纹图像各种处理的一种重要依据，但目前缺乏准确、有效、快速地提取出指纹图像的方向信息的方法；不成熟的指纹分类方法，对于汗多、肿胀或蜕皮造成的非常模糊的指纹图像，系统误识率和拒识率较高等。这些技术难题阻碍了指纹识别技术的发展和普及。

3.2.3.3 掌纹识别与指纹识别技术应用于入井人员身份识别

掌纹识别与指纹识别技术分别通过掌纹和指纹这类唯一性特性进行人员识别，不易仿冒，其他人无法代替被识别人进行识别，且实现设备简单、成本相对低，基于这些特点，其可以作为入井人员唯一性识别的方式，避免发生代替入井、旷工等状况，消除安全隐患，有助于实现更加精确、完善的煤矿安全生产监管机制。

另一方面，人脸识别技术应用于入井人员身份识别也存在着一些实际问题，煤矿井下的环境不同于一般环境，空气中存在粉尘，入井人员在煤矿井下工作会使掌纹和指纹受到煤的污染，会对掌纹和指纹图像的采集造成困难，这些问题亟待解决。

总之，掌纹识别与指纹识别技术作为可行的唯一性身份识别技术，可以作为入井人员身份识别的参考方案，对煤矿安全监管具有重要意义。

3.2.4 小结

虹膜识别技术、人脸识别技术、掌纹识别技术和指纹识别技术各自具有表3－3－2所示的特点，它们作为可靠性高的唯一性识别技术，尽管还存在一些实际的不足之处，但由于它们应用的广泛性、使用的方便性、识别的唯一性，可以作为入井人员身份识别技术的参考方案进行研究。

表3－3－2 四种生物特征识别技术的比较

类 型	虹 膜	人 脸	掌 纹	指 纹
检测方法	非接触	非接触	接触	接触
人的行为配合	需要	不需要	需要	需要
采集装置成本	高	低	低	低

表3-3-2（续）

类　型	虹　膜	人　脸	掌　纹	指　纹
采集速度	较快	最快	快	快
采集装置尺寸	较大	较大	小	小
软件的难易	难	最难	较难	较难
复制的可能性	不易	不易	静态能复制	静态能复制
可靠性	最高	高	高	高
使用	较方便	最方便	方便	方便
应用	较广泛	最广泛	广泛	广泛

4　人员位置检测系统典型实例

4.1　KJ128A 型矿用人员管理系统

4.1.1　系统简介

井工煤矿生产有其本身的产业特点，主要工作大多集中于井下。伴随着井下巷道不断向四面延伸，巷道纵横交错，人流、车流错综复杂，而与其形成鲜明对照的通信、寻呼手段又大大落后于地面。因而，作为地面生产指挥和控制核心部门，实时了解井下人员、车辆的流动情况，并加以跟踪就显得尤其重要。当井下发生事故时，如果在最短的时间内能获取事故现场的人员状况（包括人员数量和地理位置），将为后续救援工作提供主要依据，以在最短的时间内做出准确判断，减少盲目性。

KJ128A 型矿用人员管理系统是专为煤矿设计，用来实时监测流动人员、流动车辆的数量、区域、时间信息等，能够实时地了解井下人员流动情况、了解当前井下人员的数量及分布情况，能够查询任一指定下井人员当前或指定时刻所处的区域，查询任一指定人员当天或指定日期的活动踪迹，为人员、车辆的生产管理、考勤统计、安全保障提供可靠依据。

4.1.2　系统组成

KJ128A 型矿用人员管理系统由地面设备和井下设备两部分组成。地面设备包括：监测主机、KJ70N－J[KJ70N－J(B)] 型数据传输接口、UPS 电源、打印机、交换机、避雷器；井下设备包括：KJ128A－F 型传输分站、KJ128A－F1 型读卡分站、KJ128A－K2（KJ128A－K3）型识别卡、KDW17 型矿用隔爆兼本安电源、KDW28 型矿用隔爆兼本安不间断电源、避雷器、接线盒和通信电缆。

KJ128A 系统设备连接、接入工业环网分别如图 3－4－1、图 3－4－2 所示。

4.1.3　系统主要功能

1. 考勤功能

（1）能够准确统计矿工下井、升井时间，并可按班次、按部门、按人员生成日考勤、月考勤统计报表。

（2）能够按人员统计某段时间的下井次数、下井总时间、平均每次下井时间。

2. 定位功能

（1）能够对井下矿工的分布情况分重点、禁止、普通区域进行实时监测。

（2）能够实时监测全矿井井下矿工总数，能够实时监测采煤工作面矿工总数，能够实时监测掘进工作面矿工总数，以及井下其他区域矿工总数。

（3）实时监测、查询员工的位置。

3. 安全管理功能

（1）干部跟班下井管理：系统能对干部下井情况进行统计、监督，领导在办公室通

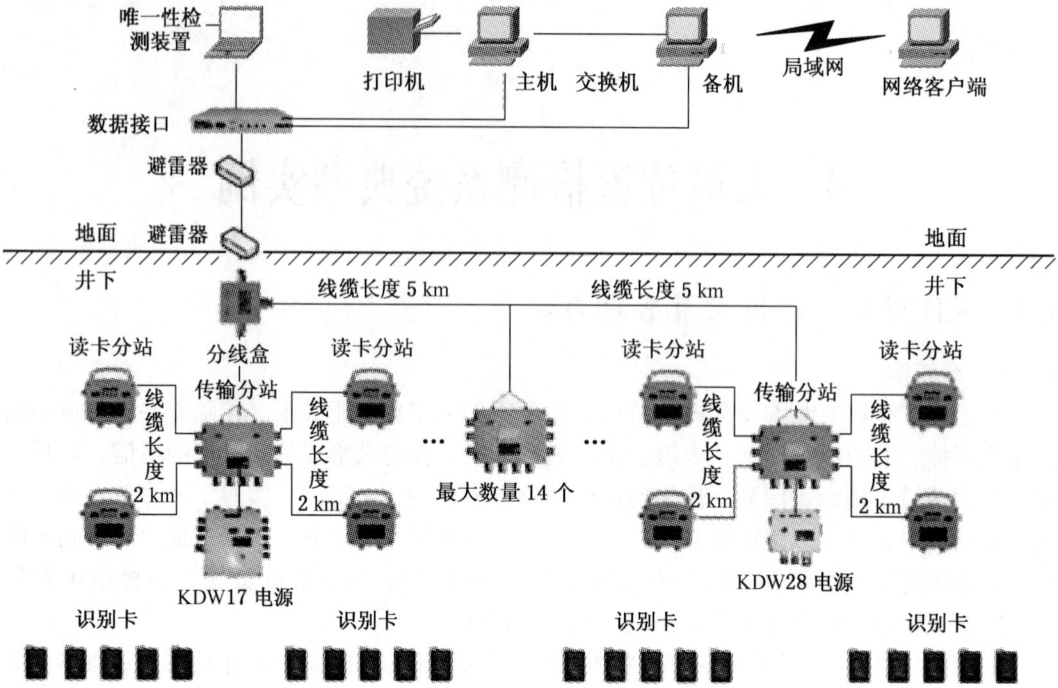

图 3-4-1　KJ128A 系统设备连接示意图

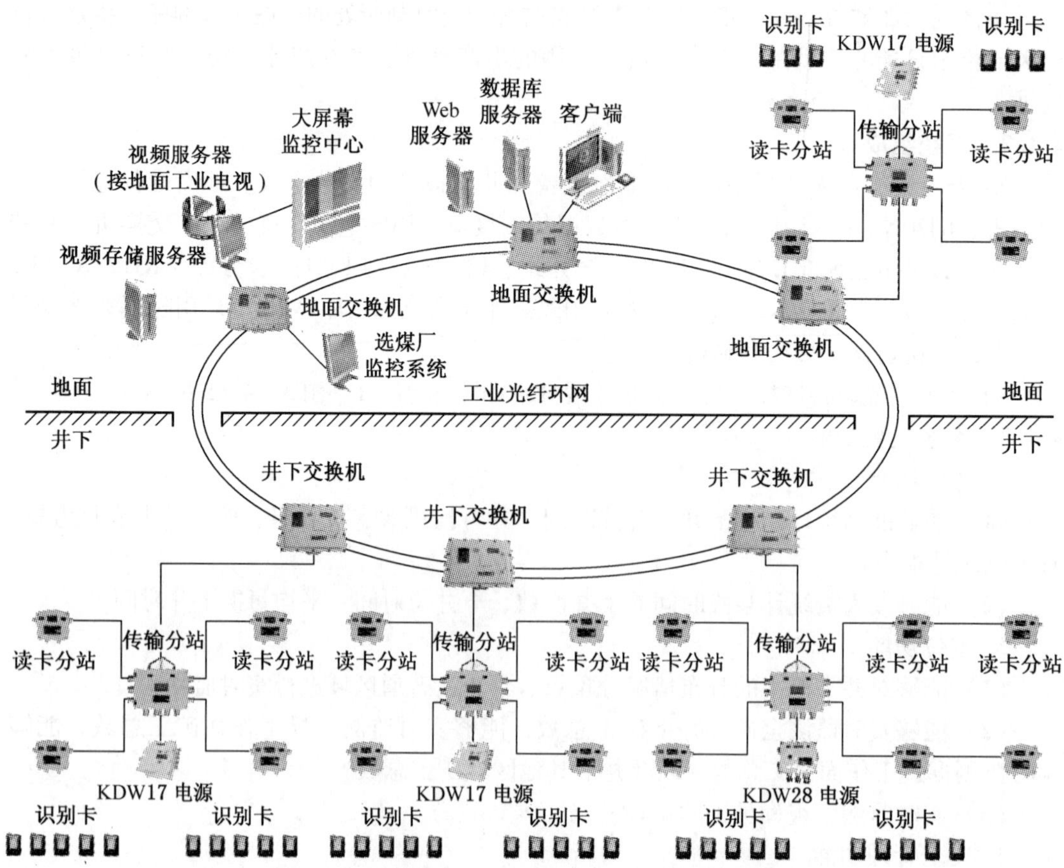

图 3-4-2　KJ128A 系统设备接入工业环网示意图

过电脑或在调度室大屏幕就可以看到哪些干部在井下、哪些干部已升井、哪些干部未到达指定区域等。

(2) 区域超员报警：对某个区域的人员数量进行限制，如果超员则报警。

(3) 禁区报警（可配套声光报警器）：对某些特殊区域进行禁区设置，可以有效管理非相关人员进入。当有非相关人员进入时，禁区读卡分站会以蜂鸣器报警提醒人员离开，监控软件将立刻报警并显示进入禁区的人员身份，禁区读卡分站如果外接语音终端，会立刻向闯入禁区者发出警告，如“禁区，请勿进入”。

(4) 工作超时报警、超员报警：当矿工在井下超出规定时间或者下井人数超过核定下井人数，系统将报警并记录。

(5) 识别卡好坏识别功能：在识别卡使用过程中，为了判断识别卡的好坏，系统中提供了识别识别卡的装置。它可以迅速判断识别卡的好坏及输入信息的正确性，输入信息将直接在显示屏上显示，并有声音提示。

4. 图形显示功能

(1) 系统具有模拟动画显示功能。图形可放大缩小，操作简单，可以把煤矿用的CAD图纸直接导入系统作为人员行进的参考地图。

(2) 可以在矿井巷道图上明确标示出当前井下的人员、车辆、设备分布情况，并可通过点击人员、车辆信息查看其当日运动轨迹。

(3) 可以根据部门、班次等情况，查看多个人员的历史运动轨迹，能同时在一幅轨迹图上显示多个（10个）人员的历史运动轨迹。

(4) 可以显示某一历史时刻的人员、车辆信息。

5. 打印功能

系统具有汉字报表、初始化参数召唤打印功能。打印功能包括：下井人员总数及人员、重点区域人员总数及人员、超时报警人员总数及人员、超员报警人员总数及人员、限制区域报警人员总数及人员、特种作业人员工作异常报警总数及人员、领导干部每月下井总数及时间统计等。

6. 自诊断功能

系统具有自诊断功能。当系统中读卡分站、传输分站、传输接口等设备发生故障时，系统报警并记录故障时间和故障设备，以供查询及打印。

7. 联网功能

系统可将多个不同矿井人员监测系统的数据统一传输到局数据服务器，局服务器通过数据发布功能，用户可以通过查看网页的形式，查看各矿人员检测系统的数据。

系统具有长期稳定运行的可靠性，无论硬件处于什么状态都能反映真实情况。

8. 其他功能

(1) 软件自监视功能。

(2) 软件容错功能。

(3) 实时多任务功能，对参数传输、处理、存储和显示等能周期循环运行而不中断。

(4) 双机热备功能。

(5) 紧急呼救功能。

4.1.4 主要技术参数

1. 环境条件

系统中用于机房、调度室的设备，应能在下列条件下正常工作：

（1）环境温度0～40℃。

（2）相对湿度不大于95%（+25℃）。

（3）温度变化率小于10℃/h，且不得结露。

（4）大气压力80～106 kPa。

（5）GB/T 2887规定的尘埃、照明、噪声、电磁场干扰和接地条件。

2. 设备正常工作的条件

除有关标准另有规定外，系统中用于煤矿井下的设备应在下列条件下正常工作：

（1）环境温度0～+40℃。

（2）平均相对湿度不大于95%（+25℃）。

（3）大气压力85～106 kPa。

（4）无显著震动、冲击和淋水的场合。

（5）煤矿井下有爆炸性气体混合物，但无破坏绝缘的腐蚀性气体的Ⅰ类场合。

3. 系统最大监控容量

（1）系统可接传输分站数量16台。

（2）每个传输分站可接读卡分站数量1～4台。

（3）系统最大可管理识别卡不少于8000个。

4. 数据传输方式

接口与分站（1200/2400/4800）bit/s异步时分制，半双工RS485接口传输。

5. 最大传输距离

（1）传输接口到传输分站:10 km(采用MHYVR通信电缆,截面面积不小于1.5 mm^2)。

（2）传输分站到读卡分站:2 km(采用MHYVR通信电缆:截面面积不小于1.5 mm^2)。

6. 误码率

中心站到接口、接口到分站、分站到传感器传输误码率均为10^{-8}。

7. 最大巡检周期

最大巡检周期不大于30 s。

8. 地面设备交流电源

（1）额定电压：220 V；允许偏差-10%～+10%。

（2）谐波：不大于5%。

（3）频率：50 Hz；允许偏差±5%。

9. 井下设备交流电源

（1）额定电压：127 V/380 V/660 V；允许偏差：-25%～+10%。

（2）谐波：不大于5%。

（3）频率：50 Hz；允许偏差±5%。

10. 识别卡最大位移速度

识别卡最大位移速度不小于5 m/s。

11. 并发识别数量

并发识别数量不小于80个。

12. 无线工作频率

(2.405 ±0.03) GHz。

13. 识别卡电池寿命

KJ128A－K2、KJ128A－K3 识别卡采用可更换电池，连续工作时间不小于6个月。

14. 画面响应时间

调出整幅画面的85%的响应时间应不大于2 s，其余画面应不大于5 s。

15. 存储时间

(1) 对携卡出/入重点区域总数及人员，出/入重点区域时间，进入识别区域时刻，出/入巷道分支时刻和方向，超员，超时，工作异常，卡号，姓名，身份证号，出生日期，职务或工种，所在区队班组，主要工作地点的记录，主机保存数据时间应大于3个月，主机发生故障时，丢失数据的时间长度应不大于5 min。

(2) 传输分站存储数据时间应不小于2 h。

16. 双机切换时间

采用双机热备自动切换方式，从工作主机故障到备用主机投入正常工作的时间应不大于5 min。

4.1.5 主要设备

系统主要组成设备见表3－4－1。

表3－4－1 系统主要组成设备

序号	名 称	序号	名 称
1	工控机 P4 3.0G/1G/160G	12	接线式信号保护器（避雷器）
2	人员管理系统软件 KJ128A	13	识别卡 KJ128A－K2
3	避雷器	14	声光识别卡 KJ128A－K3
4	地面后备电源 UPS	15	矿用隔爆兼本安电源 KDW17
5	智能数据传输接口 KJ70N－J	16	隔爆兼本安不间断电源 KDW28
6	交换机	17	矿用本安型识别卡搜索仪 YHSK20
7	智能数据传输接口 KJ70N－J（B）	18	声光报警器 KXH18
8	网络终端	19	本安电路用电缆接线盒 JHH－2
9	传输分站 KJ128A－F	20	本安电路用电缆接线盒 JHH－3
10	电源防雷栅	21	通信电缆 MHYV 系列
11	读卡分站 KJ128A－F1		

4.1.6 维护与故障处理

(1) 严禁带电插拔监控主机、副机与传输接口之间的连接线。

(2) 系统应有单独接地，不允许与其他系统共地，地面设备的外壳和主传输电缆的屏蔽层应接到安全保护地，接地电阻应不大于4 Ω，其他井下设备接地要求应满足《煤矿安全规程》的规定。系统通信电缆干线的屏蔽层仅允许在地面中心站机房或竖井一处可靠接到屏蔽地上，决不允许多点接地。

（3）与井下分站连接的所有电路和设备必须是本质安全型电路或本质安全型电气设备。

（4）井下电源箱只有断开与分站连接及关闭交流电源后才能开盖。

（5）井下电源箱只有按规定的配套设备配接，不得配接其他设备。

（6）严禁在井下更换电源箱的后备电池。

（7）本安电路部分维修时不得擅自修改本安电路的电气原理，设备在检修时不得改变原本安电路及关联电路中元器件的规格、型号和电气参数。

（8）设备具有一定的防水能力，但绝不能浸泡在水里使用。

（9）系统井下的供电系统执行《煤矿安全规程》相关规定。

（10）维修时应注意防止“失爆”（保护隔爆面，注意紧固件和引入装置里的橡胶密封圈）。

4.1.7 主要设备介绍

4.1.7.1 KJ128A－F型传输分站

KJ128A－F型传输分站与KJ128A－F1读卡分站、KJ128A－K2（KJ128A－K3）系列识别卡配套使用。当流动人员携带识别卡经过无线读卡分站的接收天线时，读卡分站接收到识别卡发出的身份号码并上传到传输分站。传输分站对所接收到的信息进行处理、存储，并通过RS－485接口自动传输给地面计算机，传输分站带有液晶显示功能，为读卡分站提供DC18 V电源，为各读卡分站校准时间。KJ128A－F型传输分站为本质安全型，适用于具有瓦斯、煤尘爆炸危险的煤矿中使用。

1. 工作原理

KJ128A－F传输分站由主CPU、从CPU、存储器、RS485接口等组成。其原理如图3－4－3所示。

主CPU用来与上位机进行通信，同时处理、存储来自从CPU的信息。从CPU接收、处理来自读卡分站的信息，用来接收来自读卡分站检测到的人员识别卡信息，并传输给主CPU。存储器用来存储还未向上位机传出的信息，等待上传到地面上位机系统的数据。RS485接口通过传输电缆分别与上位机和读卡分站进行通信。液晶显示功能，可以显示时间、传输分站号和各读卡分站的状况。

2. 主要技术指标

（1）传输分站和数据传输接口的传输速率：1200 bps。

（2）传输分站与数据传输接口的传输距离：不小于10 km。

（3）传输分站与读卡分站的传输速率：2400 bps。

（4）传输分站与读卡分站的传输距离：不小于2 km。

（5）供电电源：DC18 V；KDW17矿用隔爆兼本安电源或KDW28－18矿用隔爆兼本安不间断电源。

（6）工作电流：不大于200 mA。

4.1.7.2 KJ128A－F1型读卡分站

KJ128A－F1型读卡分站与KJ128A－F传输分站、KJ128A－K2（KJ128A－K3）识别卡配套使用。当流动人员携带识别卡经过读卡分站天线时，读卡分站接收并记录识别卡身

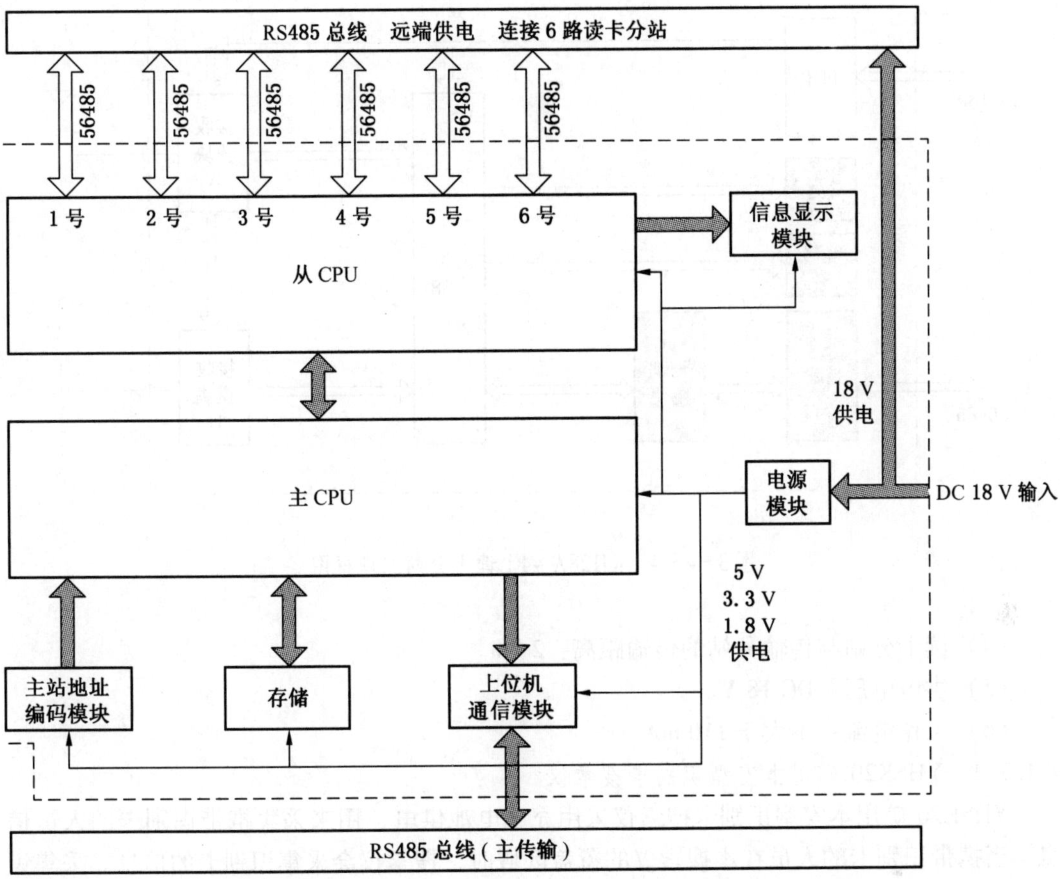

图 3-4-3　KJ128A-F 型传输分站原理框图

份信息，并用 LED 显示和蜂鸣器提示；接收传输分站的巡检命令后，把存储的识别卡信息上传到传输分站。传输分站把接收到的信息进行处理，通过 RS-485 总线自动传输给地面接口，同时传输分站的 LCD 模块上能实时反映各读卡分站的工作状态。KJ128A-F1 型读卡分站为本质安全型，适用于具有瓦斯、煤尘爆炸危险的矿井。

1. 工作原理

KJ128A-F1 读卡分站由无线收发模块和 CPU、RS485 接口等组成。KJ128A-F1 读卡分站原理如图 3-4-4 所示。

CPU 接收、处理接收模块传来的信息，用来识别识别卡的前进方向，并传输给传输分站。存储器用来存储还未向无线传输分站传出的信息。RS485 接口通过传输电缆与传输分站进行通信，LED 显示功能。

2. 主要技术指标

（1）无线频率：(2.405 ±0.03) GHz。

（2）无线接收灵敏度：不大于 -80 dBm。

（3）读卡分站和传输分站的数据传输速率：2400 bps。

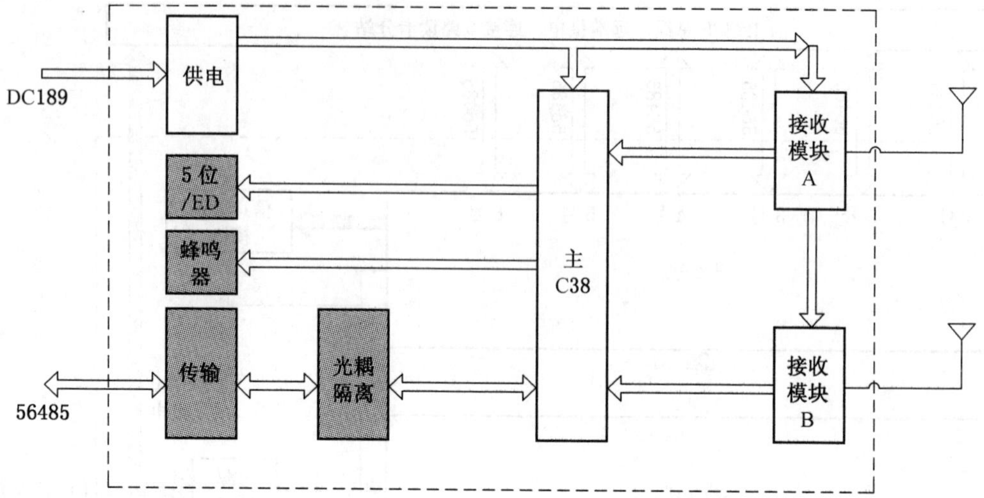

图3-4-4 KJ128A-F1读卡分站原理框图

（4）读卡分站与传输分站的传输距离：2 km。

（5）供电电压：DC 18 V。

（6）工作电流：不大于110 mA。

4.1.7.3 YHSK20矿用本安型识别卡搜索仪

YHSK20矿用本安型识别卡搜索仪采用充电电池供电，用来采集携带识别卡的人员信息。当携带识别卡的人员在本搜索仪的覆盖区域时，搜索仪会采集识别卡的信息。采集识别卡信息时，通过不断移动搜索仪，大致可以确定识别卡的位置，从而达到搜救的目的。

1. 主要特点

（1）本质安全型的搜索仪是智能化的装置，集无线数据接收，高速数据处理、存储，数据传输等功能为一体。

（2）搜索仪工作频率为超高频，调制方式为O-QPSK，采用专门的收发模块、先进的校验技术和算法处理，保证了数据的可靠性，使系统具有较高的抗干扰能力。

2. 主要技术指标

（1）无线发射、接收频率：

① 无线发射频率（2.455±0.03）GHz。

② 无线接收频率（2.405±0.03）GHz。

（2）无线发射、接收灵敏度，无线发射灵敏度大于或等于5 dBm。

（3）读卡距离：与人员识别卡之间可视距离大于或等于20 m。

（4）呼叫距离：与人员识别卡之间可视距离大于或等于20 m。

（5）供电电压3.0~4.2 V，采用充电电池供电。

（6）工作电流小于或等于100 mA。

（7）电池工作时间大于或等于10 h。

（8）电池保持时间大于或等于160 h。

4.1.7.4 KJ128A - K3 型识别卡

KJ128A - K3 型识别卡每 3 s 向空中发射代表本身数字编码的无线信号，它必须与 KJ128A - F 型传输分站和 KJ128A - F1 型读卡分站配套使用。识别卡本身为矿用本质安全型，适用于具有瓦斯、煤尘爆炸危险的矿井。

1. 工作原理

KJ128A - K3 型识别卡由高频发射、微控器、电池及天线组成。KJ128A - K3 型识别卡组成如图 3 - 4 - 5 所示。

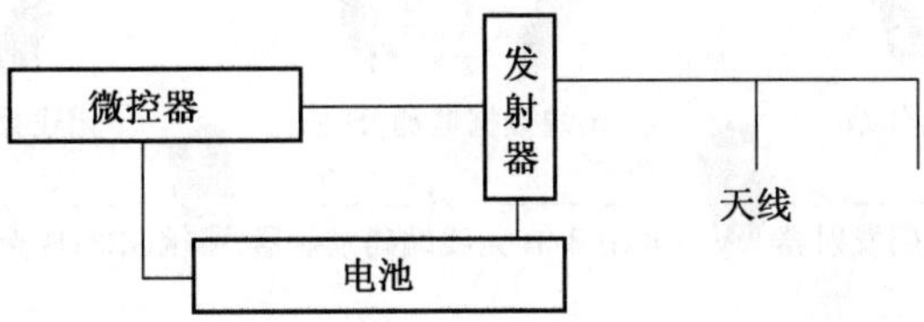

图 3 - 4 - 5 KJ128A - K3 型识别卡组成框图

发射器由石英晶体振荡器、锁相环电路 PLL、输出功率放大器和模式逻辑控制所组成。微控器有 16KB FLASH，1KB RAM，SPI 接口连接 802.15.4 调制解调器。天线为印制 F 形天线，尺寸小，受人体影响小。

2. 主要特点

（1）识别卡体积小、重量轻、防潮、安装方便，它由 LR03 电池供电。

（2）发射频率为 2.4 GHz，O - QPSK 调制，抗干扰能力强。

（3）采用微功耗器件，功耗极低。

（4）软件采取先进的校验和算法处理，保证无线数据高度可靠。

（5）当识别卡正常工作时，识别卡上显示绿灯会 30 ~ 35 s 显示一次；当电量低时，识别卡上红灯会 3 s 显示一次；当接收到井上信号后，识别卡蜂鸣器会一直响。

4.2 KJ69J 型矿用人员定位管理系统

4.2.1 系统概述

KJ69 型矿用人员安全监测系统是应用 RFID 技术于井下移动目标位置监测的系统，可实现煤矿井下作业人员和运输车辆位置的监测查询及多种实用的报警功能，适于大、中、小各类矿井使用。该系统具有被测目标无负担、通行方式无限制、安装使用简便、双向通信等特点。

KJ69J 型矿用人员定位管理系统是采用先进的计算机技术、ARM 嵌入式技术及无线识别和定位技术的人员定位管理系统。该系统在原有人员定位系统的基础上增加了精确定位功能，定位精度小于 5 m，适合大中小各类煤矿安装使用。

KJ69J 矿用人员安全监测系统，可实现煤矿井下作业人员和运输车辆位置的监测查询、考勤及多种实用的报警功能。KJ69J 系统结构如图 3 - 4 - 6 所示。

主要设备配置表见表 3 - 4 - 2。

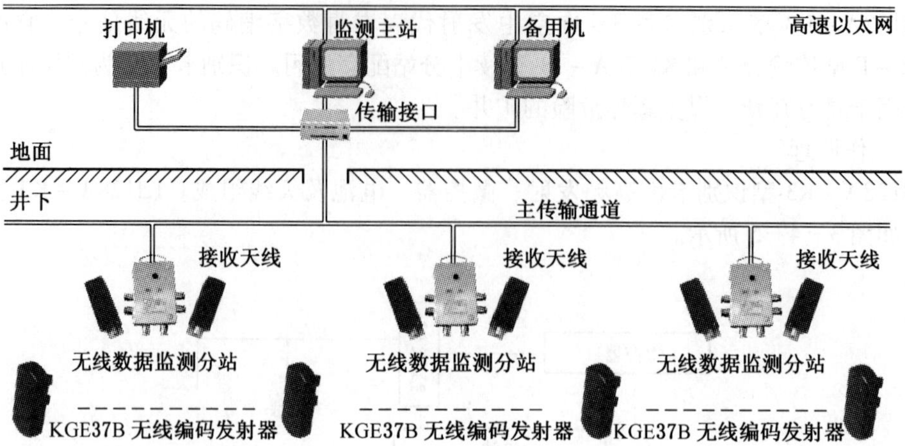

图 3-4-6　系统结构图

表 3-4-2　主要设备配置表

序号	设备名称	型号规格	防爆型式	备注
1	监测主机		地面一般型	必选
2	打印机		地面一般型	可选
3	不间断电源		地面一般型	可选
4	WEB 服务器		地面一般型	可选
5	主控软件	KJ69N	煤矿专用	必选
6	Web 浏览软件	KJ69J - WEB	煤矿专用	可选
7	无线数据监测站	KJF80	本质安全型	必选
8	无线编码发射器	KGE37B	浇封兼本安型	必选
9	传输接口	KJJ14A	一般兼本安型	可选
10	综合数据接口箱	MT8000	地面一般型	可选
11	本安数据光端机	KTG2A	本质安全型	可选
12	地面环网接入器	CJJ02	地面一般型	可选
13	本安环网接入器	KJJ31	隔爆兼本安型	可选
14	本安电源	KDW16A - 18	隔爆兼本安型	必选
15	信号避雷器	GPU1 - JP12/2S	地面一般型	必选
16	电源避雷器	GPU - 25/440/4PI	地面一般型	必选
17	信号测录仪	CFC1	地面一般型	必选
18	唯一性检测设备		地面一般型	可选

4.2.2　系统功能

1. 井下人员监测查询功能

井下人员监测查询功能可实时监测查询当前井下人员的数量及分布情况、人员的活动轨迹及在各区域停留时间；可查询区域当前人员信息、人员进入区域的时间和各监测点人员的经过信息；可实时监测当前各区域、各部门、各工种、各职务的下井人数及任一历史时刻的人员分布情况；可对特定人员实时跟踪，对重要区域单独显示。

2. 安全保障功能

双向呼叫功能：上位机和井下人员可以实现双向紧急呼叫。当井下某处发生紧急情况时，上位机可以向某区域发送紧急寻呼，让该区域所有人员紧急撤离。同样，当某人员发生紧急情况时，该人员可以发送求救信号，便于地面人员及时采取应急措施。

门禁功能：在井下一些重要硐室、危险场合（如盲巷等）配备 RFID 识别器和语音站，可有效阻止人员违章进入，并将违章人员记录在案。

超时报警功能：人员在井下时间超过给定时间，系统自动报警提示并提供相关人员的名单等信息。

区域超员报警功能：特定危险区域超过安全规定人数时，自动报警，可有效阻止其他人员继续进入。

在发生事故和出现紧急状况时，系统地面管控指挥中心能与应急预案联动，显示相应事故应急预案、避灾路线；能够快速查询井下灾前各时段全部人员位置和状态，准确掌握被困人员位置及被困人员的全部信息，为抢险指挥部提供所需图形。

3. 统计考勤功能

可以查询任一班次及时间段各部门下井人数及下井时间。

可以显示一个月或任一时间段，某部门或某个人的下井考勤情况，并根据工种、职务、部门等规定足班时间，判断不同类别的人员是否足班。

可以显示一个月或任一时间段某部门及某人员的下井时长分布情况，以及该时间段内平均下井时长。

显示下井人员确切的下井时间和上井时间，统计井下持续时间。

可单独统计考核某些特殊工种、部门人员的上下井情况。

可以单独统计、考核某部门一个月或任一时间段的所有人员班次考勤。

4. 信息联网功能

KJ69J 人员定位系统通过局域网实时、同步看到各种监测信息，可以进行各种查询操作。

工作站模式（C/S）：服务器装服务器软件，相关部门可通过安装工作站软件浏览信息。

WEB 浏览模式（B/S）：在有互联网（或局域网）的情况下，通过建立 WEB 服务器，以浏览网页的方式实现信息共享，在客户端无须另加任何软件。

5. 系统运行状态提示（自诊断功能）

（1）当系统监测分站出现故障，分站栏显示由绿色变成红色告警。

（2）当无线接收器出现故障，提示具体分站接收器无信号。

（3）当无线编码发射器需要充电时，提前提示该发射器缺电（自带电源式发射器）。

（4）当井下交流供电中断时，系统提示直流供电报警。

6. 遇险救灾指引功能

当井下发生重特大突发事故，地面人员能够在调度室，按照预先设定的紧急情况处理方案，通过控制安装在矿井内的语音报警器（KXT22.1通信和信号装置主机）、LED电子显示牌（KXH32×128、KXH16×16矿用本安型信号牌）、人员定位分站、无线编码发射器（KGE37B、KGE37D）等设备的语音播报和指示信息的显示，指导工作人员安全撤离危险区域。

7. 井下搜救功能

利用中心站提供的井下人员的大致地点，借助手持式读卡器，可对井下人员进行精确搜寻。

8. 爆破闭锁功能

人员定位系统与发爆器连接，实现煤矿爆破区域无人启动发爆器，进行爆破操作，对保障矿井安全、避免爆破伤人事故的发生和提高爆破科学管理有着重要的作用。

9. 双卡考勤功能

将地面考勤系统和井下人员定位系统完全融合，通过无源卡刷卡实现考勤、验卡等功能，将考勤信息和人员轨迹联系在一起，防止考勤作弊，使考勤信息准确无误。

4.2.3 系统特点

（1）被测目标“无负担”，被测人员通过检测点无需主动进行任何操作。

（2）通行方式无限制，对被测人员经过检测点的通行方式没有限制，允许多人以“鱼贯而入”、“成组成群”的方式通过检测点，不影响井下人员的正常通行和正常作业。

（3）结构简单，配置灵活，可根据具体需要及投资情况，灵活设置井下无线数据监测站。监测站设置得越多，则划分的人员定位区域越多，人员定位的空间范围越准确。

（4）一站多点，节省投入，每个无线接收站（读卡器）可连接1~8个无线接收头，可满足井下丁字巷、十字巷、井口等复杂条件的安装要求，减少投入，增加系统可靠性。

（5）系统自维护，系统可实时监测在用无线编码发射器的供电情况、无线接收器的通信情况及数据监测站的供电状态。

（6）安装简便，系统与矿灯完全结合在一起，不额外增加携带人员的负担，可有效防止一人携带多卡下井的情况发生。

（7）双向通信功能，携带编码发射器人员遇到紧急情况可向地面监测中心发送紧急呼叫；井下发生险情时，监测中心也可向具体区域或全矿井发送报警撤退信号。

（8）矢量放大缩小功能，系统具备图形矢量放大、缩小功能。

4.2.4 主要技术参数

（1）系统容量：可连接无线数据监测站64个，无线接收器512个（每个监测站最多可连接8个无线接收器），无线编码发射器8190个。

（2）传输方式：RS485主从方式，速率1200 bps，传输误码率小于或等于10^{-8}。

（3）同时读卡数量大于或等于80个。

（4）最大巡检周期小于或等于30 s。

（5）漏读率小于或等于10^{-4}。

（6）地面中心站至数据监测分站传输距离：电缆传输时不小于20 km。

（7）数据监测分站至无线接收器传输距离最大可达1.5 km。

（8）数据监测分站最大有效无线接收区半径：有效距离大于或等于30 m（最大200 m），位移速度大于或等于10 m/s。

（9）存储时间：

① 当主机发生故障时，丢失携卡人员出/入井时刻、出/入重点区域时刻等信息的时间长度不大于 5 min。

② 分站存储数据时间不小于 2 h，通信故障时，每台人员接收分站可存储至少 6000 条人员过站信息，待通信恢复时再将数据上传。

③ 地面监控主机能保存 1 年以上的监测数据。

（10）双机切换时间：从工作主机故障到备用主机投入正常工作时间不大于 5 min。

4.2.5 系统主要产品

4.2.5.1 KJF80 无线数据监测站

KJF80.1 型监测站处理器是以微处理器为核心的智能化矿用电子设备，结合目前最先进的无线电通信技术，通过 KJF80.2A 无线接收器对无线编码发射器发出的无线编码信号进行接收处理，可检测出井下人员及机车等动目标的位置、编码等信息，并可提供开关量信号输出。KJF80.1 型处理器是 KJ69J 型矿用人员安全监测系统的主要组成设备，可实现对动目标的监测功能。

主要技术参数：

（1）工作电压 DC12 ~ 18 V。

（2）工作电流：KJF80.1 不大于 100 mA；KJF80.2A 不大于 75 mA。

（3）主传输：RS485，1200 bps。

（4）防爆型式：矿用本质安全型 ExibI。

（5）测点输入：最多可接 8 个 KJF80.2A 无线接收器。

4.2.5.2 KGE37B 无线编码发射器

KGE37B 自带电池，安装在矿灯绳上（靠近灯盒处），此安装方式为最佳方式，可有效防止一人携带多卡下井情况发生。

（1）供电电源：由纽扣电池供电，一个电池可至少工作半年以上。

（2）工作频率：（2402 ± 2）MHz 或（2410 ± 2）MHz。

（3）外形尺寸（$l \times b \times h$）：67 mm × 30 mm × 14 mm。

（4）重量：约 30 g。

（5）防护等级：IP54。

（6）防爆类型：本质安全型。

4.2.5.3 专用检测仪 CFC1

一般放在矿灯房内，即可以用来登记临时下井人员，也可以用来检测无线编码发射器的好坏，能检测识别卡的故障。

（9）存储时间：

① [illegible]，以入量 [illegible] 数据存储时间 [illegible]

[illegible] 5 000。

② [illegible]，每台入口 [illegible] 可存储 6 000

[illegible]

[illegible]

（10）[illegible] 不大于 5 min。

4.2.8　流量计产品

4.2.8.1　KR80 [illegible]

KR80 [illegible]

[illegible]

[illegible]

[illegible]

[illegible]

（1）[illegible] D112～1 [illegible]

（2）[illegible] KR80 [illegible]

（3）[illegible] RS485 [illegible] 1 200 [illegible]

（4）[illegible]

（5）[illegible] KR80 [illegible]

4.2.8.2　KC [illegible]

KR80 [illegible]

[illegible]

（1）[illegible]

（2）[illegible]（210 ± 2）MHz [illegible]（2.10 ± 23 MHz）

（3）[illegible] 65 mm × 30 mm × 14 mm

（4）[illegible]

（5）[illegible]

（6）[illegible]

4.2.8.3　[illegible] CPCI

[illegible]

[illegible]

第4篇　紧急避险系统

紧急避险系统是井下安全避险“六大系统”的核心内容，紧急避险系统的建设和管理是安全避险“六大系统”建设完善工作的重点和难点。合理设计、建设、维护和管理紧急避险系统，对建设完善安全避险系统整体功能，保障遇险人员生命安全，减轻灾害影响程度具有特别重要的意义，是煤矿安全生产的重要内容。

1 概 述

紧急避险系统在国外已有数十年的发展历史，在安全生产中已经并正在发挥重要作用，但在我国尚处于不断深入认识和开创阶段。正确认识紧急避险系统的作用与功能定位，借鉴国外煤矿的成功经验和做法，是建设完善“六大系统”的重要方面。

1.1 紧急避险系统发展背景

国内外紧急避险系统是随着对安全生产认识的不断深入和对灾害事故发生原因的深刻剖析而逐步建设和发展的。对灾害事故发生时遇险人员紧急避险的实际需求分析，促进了煤矿井下紧急避险设施的建立，并逐步成为各国的法律规定。

1.1.1 国外煤矿紧急避险系统的发展

国外各主要采煤国的法律均要求建立完善煤矿井下紧急避险系统，加拿大、南非、美国、澳大利亚等国家煤矿井下紧急避险系统的建设与发展已有数十年的历史。

加拿大自1928年的Hollinger矿火灾事故（39人死亡）后，就出现了初期井下避险设施，利用压缩空气通过面罩提供O_2。后来出现有害气体处理系统，处理空气中的CO和CO_2。20世纪80年代后，井下避险设施在金属矿山得到广泛应用。目前，法律强制矿山井下必须建立紧急避险设施。

南非自20世纪70年代就出现井下避险设施。某金矿发生火灾，矿工碰巧逃到一个有压缩空气的盲巷里，首次建立了简单的避难硐室，因而全部获救。1986年，Kinross金矿发生矿难（177人死亡）后，法律强制井工矿山必须设立紧急避险设施。

澳大利亚金矿自2000年来一直使用紧急避险设施，目前已是法律对井工矿山的基本要求。

2006年1月2日，美国西弗吉尼亚萨戈煤矿发生矿难，造成12死亡、1人重伤。美国国会通过了《2006年矿工法》，规定煤矿必须在井下设置气密性避险设施。西弗吉尼亚州政府率先对救生舱实施州政府批准，规定防护时间不得少于48 h。2008年12月，美国矿山健康安全监察局（MSHA）发布了救生舱标准，规定2009年12月前所有美国煤矿井下必须配备紧急避险设施，保证所有入井人员都有灾变时期的避险位置，且防护时间不低于96 h。

法国煤炭研究所曾提出充气硐室的设想，并作了若干试验。充气硐室用柔性材料作为硐室的挡帘，起到隔火、隔热、隔绝有毒气体的作用，从而有效地保护人员。硐室内有压缩机送入的新鲜空气、通讯电话及巷道平面图等。充气硐室是一种原始的避难硐室，在实际生产中很少应用。

印度、英国、德国等也在研究和应用避险设施。从使用情况看，早期主要用于金属矿，煤矿应用很少，认为煤矿在灾变时期容易发生火灾或爆炸，人员应尽可能撤离。目前，越来越多的国家规定煤矿也必须设立避险设施。

1.1.2 国内煤矿紧急避险系统的发展

我国煤矿井下紧急避险系统的建设与发展可追溯到 20 世纪 60 年代，最初起源于煤与瓦斯突出矿井。1980 年 2 月 25 日煤炭工业部发布的《煤矿安全规程》第一百六十三条规定："在有突出危险煤层的采掘工作面附近的进风巷道中必须设有通达矿调度室的电话，并应备有供给空气设施的避难所。"其后各版本的《煤矿安全规程》均强调这一要求。1983 年、1986 年及 1992 年出版的《〈煤矿安全规程〉执行说明》明确了避难硐室的具体技术要求。1995 年煤炭工业部出台的《防治煤与瓦斯突出细则》第九十七条规定，突出矿井应在井下设避难所或压风自救系统。2009 年国家安全监管总局令第 19 号发布的《防治煤与瓦斯突出规定》第一百零二条进一步明确："有突出煤层的采区必须设置采区避难所。避难所的位置应当根据实际情况确定。"

2006 年，我国将救生舱相关技术研究纳入"十一五"国家科技支撑计划；2008 年、2009 年，学习借鉴南非在紧急避险系统建设管理等方面的经验；2009 年 12 月，国家煤矿安监局出台《煤矿井下避险设施试点建设基本要求》；2010 年 7 月 19 日，《国务院关于进一步加强企业安全生产工作的通知》（国发〔2010〕23 号）对井下"六大系统"建设做出了明确要求。国家安全监管总局、国家煤矿安监局于 2010 年 8 月 24 日发布了《关于建设完善煤矿井下安全避险"六大系统"的通知》（安监总煤装〔2010〕146 号），对"六大系统"建设的目标、任务、时限、要求作了全面部署；于 2011 年 1 月 25 日出台了《煤矿井下紧急避险系统建设管理暂行规定》（安监总煤装〔2011〕15 号），对紧急避险系统设计、建设、维护、管理、培训与应急演练等作了具体规定；于 2011 年 3 月 21 日发布《煤矿井下安全避险"六大系统"建设完善基本规范（试行）》（安监总煤装〔2011〕33 号）；于 2012 年 1 月 20 日发布了《关于煤矿井下紧急避险系统建设管理有关事项的通知》（安监总煤装〔2012〕15 号），对"六大系统"建设、完善、验收和维护管理提出具体要求。国家安全监管总局、国家煤矿安监局先后在山西潞安、平朔召开"六大系统"建设推进会，推广、研讨先进经验与做法。各省市也结合自身情况，采取多种措施推进紧急避险系统建设各项工作。目前，煤矿井下紧急避险系统建设正在全国范围内有序开展。

1.2 紧急避险系统的作用与功能定位

紧急避险系统是在煤矿井下突发紧急情况（如瓦斯煤尘爆炸、火灾、冒顶等灾害事故）下，为遇险人员安全避险提供生命保障的设施、设备、措施组成的有机整体。建设完善紧急避险系统，对提升煤矿安全保障能力，保证矿工生命安全具有十分重要的作用。

1.2.1 紧急避险系统的作用

根据煤矿事故统计和救援经验，在瓦斯煤尘爆炸、矿井火灾等恶性事故发生第一现场，因爆炸冲击、高温燃烧、冒顶坍塌等伤害死亡的矿工仅占事故总死亡人数的 10% 左右，绝大多数遇难矿工是在灾难发生后不能迅速逃离高温、有毒有害气体的灾区环境和及时升井，导致窒息或中毒死亡的。因此，在煤矿灾害事故中，无法及时应急逃生、长时间暴露于有毒有害的危险环境导致中毒窒息，是造成人员伤亡的最直接原因。

有关专家对国外36起典型事故进行了分析，发现发生在工作面的爆炸事故，工作面区域人员绝大部分立即死亡；发生在工作面以外的爆炸事故，工作面区域的人员死亡绝大部分发生在逃生途中；火灾或窒息事故的人员死亡主要发生在人员逃生或逃生受阻的过程中。2001年，我国某煤矿井下排放瓦斯过程中发生瓦斯煤尘爆炸事故，造成160余人死亡，超过75%的遇难人员系中毒窒息。

美国矿山安全健康监察局（MSHA）分析了1900—2006年的煤矿井下事故，发现264名矿工在事故发生后依然幸存，但最终在逃生和等待救援中丧生。针对类似情况下的矿工安全，MSHA认为，通过实施新的MSHA标准可挽救其中43名矿工的生命，余下221名应通过建立紧急避险系统为其提供生命保障。MSHA估计，如果将救生舱等避险设施实用，可使井下发生事故后矿工生命挽救率提高25%～75%。

紧急避险系统对提高遇险人员的生存几率的重要性，在国内外矿井灾害事故应急处置实践中得到了充分证明。

2006年澳大利亚的一次矿难中，2名矿工在被困井下13天后获救，原因就是他们在矿井千米深处的救生舱里得到了维持生命的必需品，为救援赢得了足够的时间。2007年10月，澳大利亚巴瑞克矿区发生井下车辆火灾，54人被困躲入紧急避险设施后全部成功获救。

类似的“神话”也曾在加拿大上演过，该国一矿井发生大火，72名矿工被困，矿工们成功躲进避难硐室，经过26 h的营救最终全部获救。

南非的例子更具有说明性。2003年和2004年，南非两个特大金矿先后发生停电和火灾事故，当时一个矿井下有3400多人，结果只死亡9人，有280人是救护队从井下各个避难硐室里救出的；另一个矿在2600人返回地面后，发现有52人失踪，2天后在井下的避难硐室和救生舱里找到，全部安然无恙。

2008年8月1日，我国河南平禹煤电公司发生煤与瓦斯突出事故，2名矿工及时躲进20 m外的避难硐室，成功获救。

1.2.2 安全避险的基本理念

由于煤矿井下特殊的作业条件和作业环境，一旦发生爆炸、火灾、突出、水灾等突发紧急情况，容易发生次生灾害，引起多种事故的耦合。因此，井下突发紧急情况下，安全避险的基本理念应是先逃生、后避险。只有在逃生路线被阻或逃生不能的情况下才进入紧急避险设施避险待救。

美国矿山安全健康监察局（MSHA）认为，紧急避险设施是突发紧急情况下井下人员无法逃脱时的最后保护方式，为被困矿工提供维持生命环境，使其与救援人员联络获得逃生方式，或等待救护队到达，提高救援的成功率。

1.2.3 紧急避险系统的功能定位

根据安全避险的基本理念，紧急避险系统的功能应定位于：在井下发生突出、火灾、瓦斯煤尘爆炸、水害等突发紧急情况后，为遇险矿工应急逃生提供支撑和保障；在逃生路径被阻和逃生不能的情况下，为无法及时撤离的遇险人员提供一个安全的密闭空间，对外能够抵御高温烟气，隔绝有毒有害气体；对内能为遇险人员提供氧气、食物、水，去除有毒有害气体，创造基本生存条件；并为应急救援创造条件，赢得时间。

1.3 紧急避险系统的组成与基本类型

建设完善紧急避险系统，应了解紧急避险系统的基本组成，掌握紧急避险设施的基本类型，以充分发挥紧急避险系统的主要作用与功效。

1.3.1 紧急避险系统的基本组成

井下一旦突发紧急情况，应迅速逃生，撤出危险区域并最终撤离矿井，这就需要自救器、矿灯、通讯设备等个体防护设备；在逃生路径被阻和逃生不能情况下，迅速进入紧急避险设施避险待救。因此在内涵上，紧急避险系统应包括应急逃生及紧急避险两部分内容。

为保证应急逃生和紧急避险的成功率，需要合理设置避灾路线，科学制定应急预案，加强矿工应急培训与演练，建立完善相关的管理体系与规章制度体系。

紧急避险系统基本组成应包括：自救器、紧急避险设施、避灾路线、应急预案、培训与应急演练、管理体系与制度等，如图4-1-1所示。

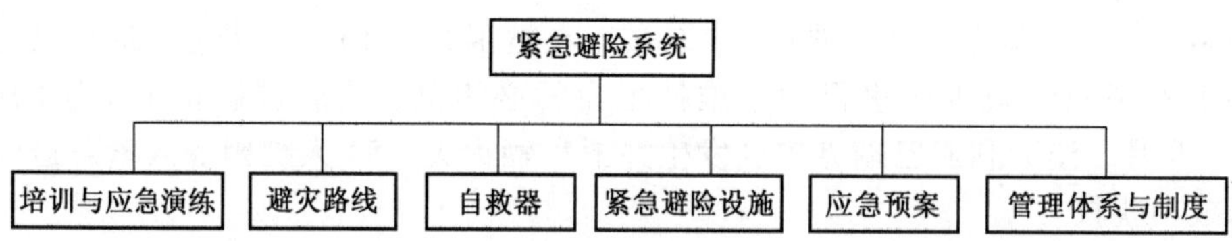

图4-1-1 紧急避险系统的基本组成

紧急避险系统建设的基本内容应包括：为入井人员提供安全可靠的自救器，建设井下紧急避险设施，与其他安全避险系统有机结合，形成完整体系；合理设置、优化避灾路线；科学制定、完善应急预案；进行紧急避险相关技术培训和应急演练；建立完善相关管理体系与规章制度。

1.3.2 应急逃生系统的基本组成

在井下突发紧急情况下，矿工应沉着冷静，在语音广播或调度人员的指示下沿避灾路线迅速逃生，撤出危险区域并最终撤离矿井。自救器是最基本、最重要的设备，井下矿工必须随身携带防护时间不低于30 min的自救器。此外，还需要矿灯、通讯设备等个体防护设备，及应急广播、避灾路线、避灾指示系统、应急预案等。

由于矿工随身携带的自救器防护时间有限，在井巷较长的条件下往往不能满足应急逃生的需要，澳大利亚采用“空气呼吸器+加气站”的避险设施。灾害事故发生后，遇险人员迅速佩戴随身携带的自救器逃至空气呼吸器存放点，换佩后逃生。空气呼吸器维持时间不足时，通过快速加气站提高续航能力。

“自救器+中继站”方式的逃生设施在美国煤矿也有使用。遇险人员逃生中佩戴自救器的维持时间不足时，通过中继站安全换佩自救器后继续逃生。

1.3.3 紧急避险设施的基本类型

井下紧急避险设施主要有避难硐室和可移动式救生舱。随着紧急避险系统建设完善工作的全面展开和不断深入，紧急避险设施的新类型、新型式也在逐步涌现。

避难硐室是在矿井避灾路线上的井巷两侧地层中直接挖掘洞穴或利用两条巷道间的联络巷，配备必要的避险设施设备而成。根据服务年限，可分为永久避难硐室和临时避难硐室。永久避难硐室设置在矿井大巷或采（盘）区避灾路线上，服务于整个矿井、水平或采区，服务年限一般不低于5年。临时避难硐室设置在采掘区域或采区避灾路线上，主要服务于采掘工作面及其附近区域，服务年限一般不大于5年。永久避难硐室与临时避难硐室的主要区别在于服务年限、服务对象、供氧方式和防护等级等的不同。当临时避难硐室所服务区域采掘活动完成后，其防护密闭门等设施、配备供氧、通讯、检测监测、口气调节等设备仪器可转移到新的临时避难硐室，实现设备设施的可移动。

避难硐室依据主要供氧方式的不同分为钻孔供氧、专用管路供氧、自备氧供氧等。钻孔供氧方式是指布置地面或井下大直径钻孔，为避难硐室建立相应供应保障系统。通过该钻孔为避难硐室供给氧气（空气），并借助该钻孔实现通风、供电、通信等。钻孔供氧应在地面或至少在该硐室所在水平以上2个水平的进风巷道上开孔，确保供氧安全可靠。专用管路供氧方式是指从地面通过井巷或钻孔布设有效保护的专用管路至避难硐室，通过专用管路为避难硐室供给氧气（空气），并可借助该管路实现通风、供电、通信等功能。自备氧供氧指在避难硐室内储存足够氧气（空气）或设置自生氧装置，在突发紧急情况下主要依靠自备氧气（空气）或自生氧装置为避险人员提供氧气供给。

可移动式救生舱是在井下发生灾变事故时，为遇险矿工提供应急避险空间和生存条件，并可通过牵引、吊装等方式实现移动，以适应矿井采掘作业要求的避险设施。根据外壳材质，救生舱又可分为硬体式和软体式。前者采用钢铁等硬质材料制成；后者采用阻燃、耐高温帆布等软质材料制造，依靠快速自动充气膨胀架设。根据机械结构特点，硬体式救生舱还可划分为组装式（舱体为组装式结构）和整体式（舱体为一整体机械结构）。目前对软体式救生舱的安全技术要求和检测检验方法尚在研究探讨之中。

紧急避险设施的基本类型如图4－1－2所示。

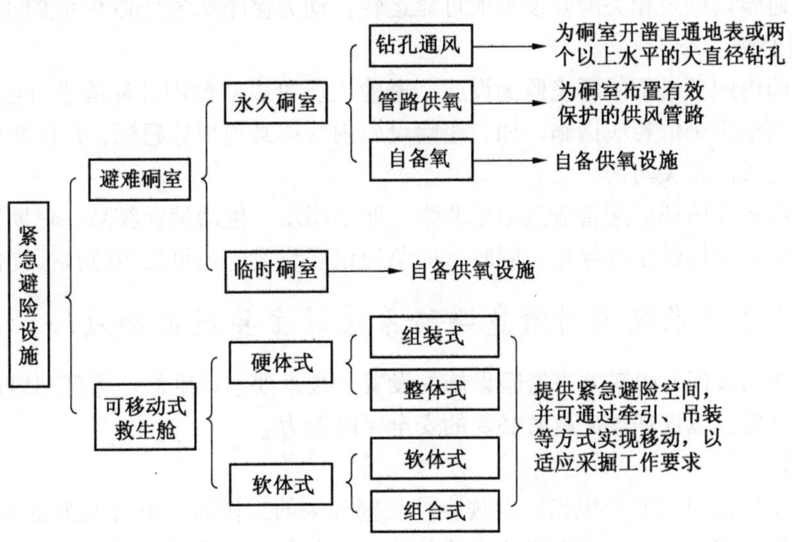

图4－1－2　紧急避险设施的基本类型

我国有些煤矿也在探讨紧急避险设施与压风自救装置有机结合、条带式避险系统与避难硐室有机结合等方式。紧急避险设施与压风自救装置有机结合方式，即设计避险系统时将矿井压风系统直接引入井下避险设施，同时将压风系统中的压风管路采取埋地等保护措施，有效防止在灾变过程中对压风管路（系统）的破坏，保证灾变后可给避险设施提供新鲜风源，从而满足避险设施中人员生存需要。

1.3.4　紧急避险设施的功能要求

井下紧急避险设施必须足够坚固，能够抵御一定的外部危害因素的冲击，如顶板冒落、爆炸冲击、高温气流的冲击等；气密、隔热，能够将外部有害的气体环境、高温热环境隔绝。空间内部能在一定的时间内提供维持生命所必需的氧气、水、食物等；内部设备能够监测空间内外环境状况，并能依靠通讯设备进行井上下信息的双向传递。为实现上述功能，对紧急避险设施的设计或选型应考虑以下几个方面：

1. 结构与防护

井下避险设施应具备一定的结构和防护能力。结构设计上应能承受一定强度，承受爆炸冲击、顶板冒落等灾变事故；同时避险设施还应进行气密性和隔热设计，能隔绝外部有毒有害气体、高温高湿的侵入，为遇险人员创造基本的生存条件。

2. 可呼吸氧气

充分的可呼吸氧气是人员生存的必要条件。井下避险设施应配备可呼吸氧气（空气）供应系统是避险设施基本要求，使其内部空气环境氧含量维持在安全水平，满足遇险人员生存需要。氧气供应可为压缩氧气（空气）、化学生氧等方式。

3. 环境净化与调节

避险设施内部为相对独立、密闭空间，需要配备相应空气净化及温湿度调节设施。空气净化系统可对遇险人员带入及避险人员释放的有毒有害气体进行去除。同时，温湿度调节设施可以对舱内的温湿度进行调节，保障舱内环境不影响生存。

4. 动力保障

为保障避险设施及相关配套设施的可靠运转，动力保障系统是必不可少的。

5. 环境监测

避险设施内配备必要的环境监测设施，避险人员可以对舱内外环境进行监（检）测。根据相关监测结果采取相应措施，如：避险设施内气体某项指标超标，则提醒应更换相应的环境净化装置的相关药剂。

此外，避险设施还应配备应急通讯联络、照明指示、生活消耗物品、辅助工具等设施设备，为避险人员提供生存保障。同时，应急通讯联络设施还可为应急救援提供支持。

1.4　国外主要采煤国对紧急避险系统的主要规定和做法

国外主要采煤国对煤矿井下避险设施的设置、技术要求、维修、管理和培训演练均有明确的法律规定，以保证煤矿具备必要的安全保障能力。

1.4.1　南非

南非《矿山健康与安全规程》等规定，长壁开采的工作面，距离工作面不超过 750 m 的地点必须建立避险设施；采用房柱式开采时，每 1000 m 应设置避险设施。

避险设施的选址必须考虑：从工作地点到避险设施行走难易程度（如井巷高度、倾角、设施布置、人员方向迷失的可能性等)，逃入避险设施所需时间，随身佩戴自救器的维持时间。

避险设施应能够容纳所服务区域可能出现的所有人员，且每人占有容积不小于 0.6 m^3；应采用两道风门结构，以便形成风障，防止有毒有害气体侵入；必须有供氧、通讯、报警设备及自救器、饮用水、急救设备等，有效防护时间 8 ~ 24 h。

为帮助遇险人员在低可视环境下安全进入避险设施，应采用 3 种指示：声指示，在避险设施入口设置警报器；光指示，在避险设施入口处设立报警灯；物理指示，从工作地点到避险设施设置生命绳。

为保证避险设施时刻处于完好状态，《矿产法》规定：避险设施和其他安全设施需要定期检查，检查的时间间隔由矿主咨询矿井督察后决定，或者由矿主指定专人调查后上交的报告决定。《矿山安全与健康法》规定：矿主应指定称职的专人定期检查避险设施等安全设施，从而保证井下作业人员在发生爆炸、火灾或水灾时，有足够的逃生机会。

1.4.2 美国

2006 年，西弗吉尼亚州政府率先对避险设施做出规定，并对救生舱产品实施州政府批准，规定防护时间不得少于 48 h。2008 年 12 月，MSHA 发布救生舱条例，规定 2009 年 12 月前所有美国煤矿井下必须配备避险设施，保证所有入井人员都有灾变时期的避险位置，防护时间提高到 96 h。

避险设施的设置位置距离最近工作面不超过 300 m；距离工作面较远区域，两个避险设施间隔不超过矿工 1 h 的行进距离。但矿工在 30 min 或更短时间内能够到达地面的矿山可不设置避险设施。避险设施的容积应足以容纳所有工作人员，包括经理、供应商、检测员及联邦监察员。

救生舱应至少为每人提供 1.4 m^2 的平面空间和 0.85 ~ 1.70 m^3 的立体空间；保证供给救生舱的气体未被污染，O_2 在 18.5% ~ 23% 之间；应有效清除 CO、CO_2、CH_4 等有毒有害气体，体感温度不得超过 95 ℉，并对救生舱内的大气进行监测；应配备双向通信设施，存储组件或给养的容器应密封、防水及防啃。

救生舱摆放处的顶板及支护应在顶板管理平面图中明确说明；救生舱的位置和逃生路线应在通风系统图中准确标注；放置救生舱的地点及周边区域在任何时候都不得放置影响救生舱组装或使用的设备材料；救生舱应有醒目的标识或标记，包括由反光材料制成的救生舱标识和指向救生舱放置地点的方向标识；应加强对救生舱定期检查和维护，如果检查显示救生舱受到的损坏已影响其正常功能，应停止使用，并应将该救生舱所服务区域的全体人员撤离。

1.4.3 加拿大

加拿大采矿安全规程等规定,每个矿井必须设置固定式避难硐室或者可移动式救生舱。

避险设施的设置位置，应综合考虑 3 方面因素：其一，工作地点的特征。矿难发生时遇险人员难于正常出逃或距离安全出口较远的地点、新开拓水平、新建矿井或者老矿重新开采，应考虑设置避险设施。其二，遇险人员抵达的难易程度。应设置在正常避灾路线上,岩体安全、支护良好,远离可能存在危险的地区,并方便救护队到达。其三,遇险人员到达避险设施的时间,应尽可能靠近采掘工作区域,人员步行到达的时间不超过 15 ~ 30 min。

避险设施的容量，必须根据当班工作的人数，并考虑其他人员。避险设施的防护时间，应根据矿难发生后，矿山救护队能够到达的时间确定。在整个防护时间内，应将 O_2 浓度控制在 19.5% ~20.9%，CO_2 浓度小于 0.5%。

加拿大某矿井下避难硐室如图 4-1-3 所示。

图 4-1-3　加拿大某矿井下避难硐室

1.4.4　澳大利亚

西澳州矿山安全和检查规章规定：地下矿井中必须有明确的紧急情况预防措施，为遇险人员提供避险设施和新鲜空气。

避险设施距工作地点的距离，应不超过人以合适身体状态、使用 50% 自救器防护时间、中等行进速度可以走出的最远距离；应远离潜在岩崩、淹井、火灾、爆炸等危险的区域，岩层稳定、支护良好。

避险设施的容量，应能容纳服务区域的所有工作人员，包括管理人员，推荐避险设施容量为服务区域作业人员数量的 2 倍以上。

避险设施应具备通讯设施及相关内部装备，并应考虑避险人员的心理安全。避险设施可能存在 3 种工作方式，即备用方式、外部支持和独立方式，独立方式应至少维持 36 h。

避险设施在井下首次安装时应进行实验测试，包括真空测试、电源支持测试。以后一个合理周期（6 或 12 月）也应检测。应按照制造商的要求对避险设施进行经常性检查和维护，并作为日常工作的重点。

1.4.5　其他国家

苏联也是煤矿井下避难设施建设完善较早的国家，我国早期关于煤与瓦斯突出矿井建立避难硐室的相关规定也多借鉴苏联的做法。

图 4-1-4 是波兰煤矿井下标准避难硐室。

1.4.6　国外相关规定和做法的借鉴

国外各主要采煤国很多成功经验和做法，值得我们认真分析、借鉴：

（1）建立井下避险设施是世界各主要采煤国的法律规定和通行做法，也是煤矿安全

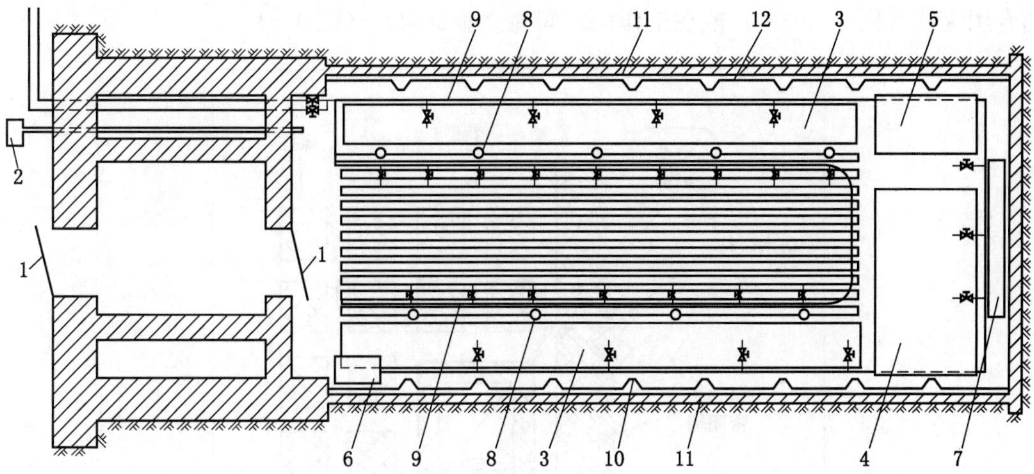

1—密闭门；2—虹吸排气管；3—坐椅；4—板床；5—食物与贮水柜；6—药箱；7—自救器存放架；8—氧气瓶；9—压缩空气管路；10—槽钢拱支架；11—水泥隔板；12—白灰喷涂层

图4-1-4　波兰煤矿井下标准避难硐室

生产的客观需求。井下避险设施在煤矿安全生产中已经并正在发挥重要作用。

(2) 井下避险设施是煤矿井下安全避险系统的有机组成部分，必须从矿井整体安全角度考虑避险设施的布局、建设和管理。

(3) 井下避险设施应实现对矿井的全覆盖，所有井下人员应有避难空间，包括生产人员、管理人员及可能临时出现的人员。

(4) 避险设施的设置应考虑4方面因素，即：所服务区域的特点（空间结构、危险源分布、作业类型等）；灾变时期人员抵达难易程度、所需时间；随身佩戴自救器的防护时间；岩体稳定性和支护有效性。

(5) 避难硐室的具体建造位置，既可在巷道旁侧建立（图4-1-5），也可利用预留

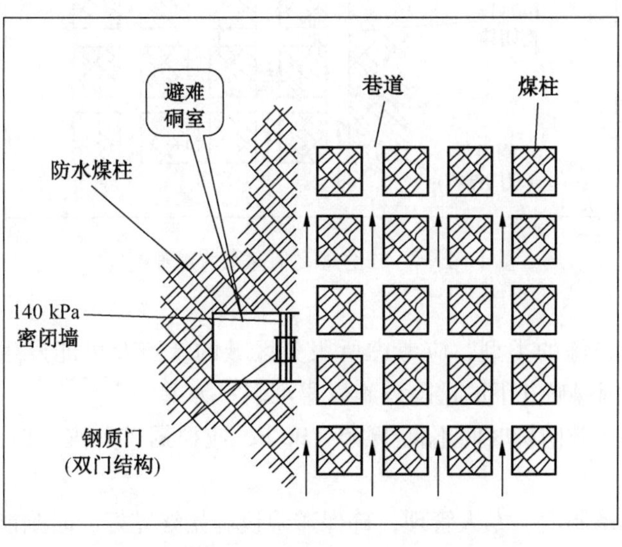

图4-1-5　在巷道旁侧建立的避难硐室

的专用煤柱（图4－1－6）或在工作面之间建立避难硐室（图4－1－7）。

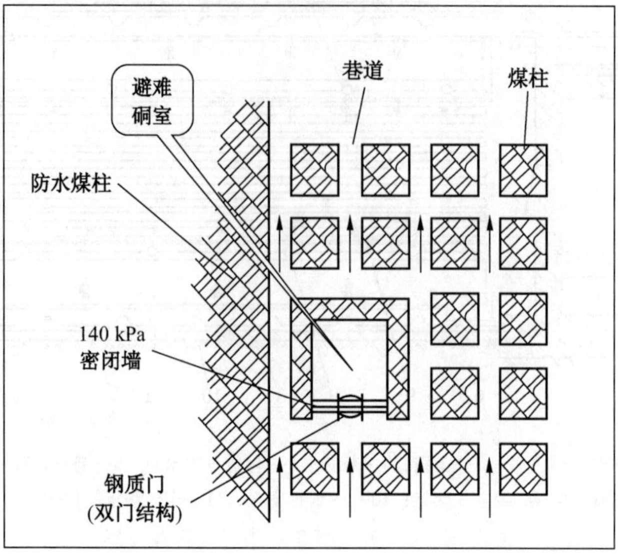

图4－1－6　预留专用煤柱建立的避难硐室

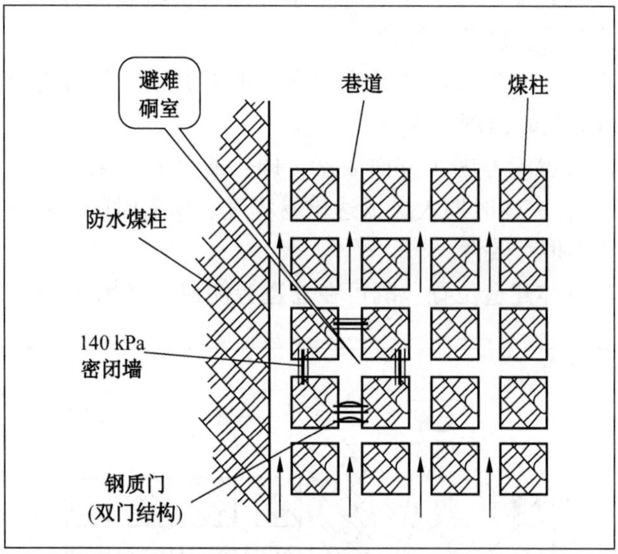

图4－1－7　工作面之间建立的避难硐室

（6）选择避险设施的类型，应考虑所服务区域的特点及可能发生的主要灾害类型。从整体情况看，各国煤矿井下的避险设施以避难硐室为主。

（7）避险设施有效防护时间不低于36～96 h，应根据矿井灾变时期应急救援所需时间具体确定。

（8）应建立规章制度、专人管理，确保避险设施始终完好、时刻能用。

（9）应将避险设施安全使用作为员工培训和应急演练重要内容，确保人皆会用。

1.5 国内紧急避险系统建设的现行规定

根据国务院23号文的要求，国家安全监管总局、国家煤矿安监局在充分调查研究、吸纳借鉴国外成功经验和做法的基础上，着力开展了紧急避险系统相关规范标准的建设工作。《关于建设完善煤矿井下安全避险“六大系统”的通知》、《煤矿井下紧急避险系统建设管理暂行规定》、《煤矿井下安全避险“六大系统”建设完善基本规范（试行）》及《煤矿安全规程》、《防治煤与瓦斯突出规定》等是目前煤矿井下紧急避险系统建设的主要现行法规。此外，《煤矿用可移动式硬体救生舱通用技术条件》已形成报批稿，《避难硐室建设管理规定》等一批规范性文件、标准也正在抓紧研究、起草。

1.5.1 《关于建设完善煤矿井下安全避险“六大系统”的通知》的基本要求

2010年8月24日发布的《关于建设完善煤矿井下安全避险“六大系统”的通知》对“六大系统”建设的目标、任务、时限、要求作了全面规定。主要包括：

（1）建设完善井下紧急避险系统。煤矿企业必须按照《煤矿安全规程》的要求，为入井人员配备额定防护时间不低于30 min的自救器。煤与瓦斯突出矿井应建设采区避难硐室，突出煤层的掘进巷道长度及采煤工作面走向长度超过500 m时，必须在距离工作面500 m范围内建设避难硐室或设置救生舱。煤与瓦斯突出矿井以外的其他矿井，从采掘工作面步行，凡在自救器所能提供的额定防护时间内不能安全撤到地面的，必须在距离采掘工作面1000 m范围内建设避难硐室或救生舱。2012年6月底前，所有煤（岩）与瓦斯（二氧化碳）突出矿井，中央企业和国有重点煤矿中的高瓦斯、开采容易自燃煤层的矿井，要完成紧急避险系统的建设完善工作；2013年6月底前，其他所有煤矿要完成紧急避险系统的建设完善工作。

（2）加强对建设完善安全避险“六大系统”的组织领导。各煤矿企业是建设完善安全避险“六大系统”的责任主体，煤矿企业主要负责人要高度重视，落实分管负责人和具体分管部门，明确工作职责，组织做好安全避险“六大系统”的建设完善工作。要根据各矿实际，制定切实可行的工作规划和方案，明确安全避险“六大系统”建设完善的目标、任务、措施及进度安排。

（3）加强对安全避险“六大系统”的管理。各煤矿企业要建立安全避险“六大系统”的管理制度。要加强安全避险“六大系统”的日常管理，整理完善各系统图纸等基础资料，并根据井下采掘系统变化情况，及时补充建设完善安全避险“六大系统”。要定期对各系统完好情况进行检查，加强系统维护，保证系统灵敏可靠。要建立应急演练制度，科学确定避灾路线，编制应急预案，每年开展一次安全避险“六大系统”的联合应急演练。要赋予企业生产现场带班人员、班组长和调度人员在遇到险情时第一时间下达停产撤人命令的直接决策权和指挥权；加强入井人员培训，使其熟悉各种灾害情况的避灾路线，并能正确使用安全避险设施，充分发挥其作用。

（4）加强对建设安全避险“六大系统”的监管监察。各地煤矿安全监管、煤炭行业管理部门要加强日常监管，强化监督检查，推动各煤矿企业按照规划和方案加快建设进度。驻各地煤矿安全监察机构要把安全避险“六大系统”的建设纳入监察工作重点，依照相关法律法规标准，严格监察执法，严厉处罚违法违规行为，对不能按期完成建设要求的，依法暂扣安全生产许可证。要结合安全生产许可证的颁发管理，督促基建、整合技改矿井在投入生产前完成安全避险“六大系统”建设。

1.5.2 《煤矿井下紧急避险系统建设管理暂行规定》的主要要求

2011年1月25日出台的《煤矿井下紧急避险系统建设管理暂行规定》对紧急避险系统的主要技术要求、设计、建设、维护、管理、培训与应急演练等作了比较具体的规定，是目前我国煤矿井下紧急避险系统建设的主要技术规范。

《煤矿井下紧急避险系统建设管理暂行规定》共8章，47条。其中：第一章总则，共3条，明确了制定目的和依据，适用范围，煤矿企业、安全监管部门和煤矿安全监察机构的职责。第二章紧急避险系统，共13条，明确了紧急避险系统的定义、设计建设内容和基本要求。第三章避难硐室，共8条，规定了永久避难硐室、临时避难硐室的设计、建设及验收的基本要求。第四章可移动式救生舱，共8条，规定了可移动救生舱基本要求、设置要求和安装完成后的验收要求。第五章维护和管理，共7条，规定了煤矿企业对紧急避险设施管理、维护、检查、报告的相关要求及紧急避险设施不能正常使用时处置的相关规定。第六章培训与应急演练，共2条，规定了煤矿企业对井下职工培训的相关要求和应急演练的相关规定。第七章监督检查，共4条，明确了煤矿安全监管监察机构对煤矿井下紧急避险系统实施监督检查的相关要求及发现违规时的处置规定。第八章附则，共2条，规定了省级煤矿安全监管部门可以根据实际情况制定《煤矿井下紧急避险系统建设管理暂行规定》的实施细则。

《煤矿井下紧急避险系统建设管理暂行规定》重点明确了紧急避险系统的建设要求，特别是对紧急避险系统的设计、紧急避险设施布局、选型、位置设计、功能及技术指标、“六大系统”有机联系等提出了具体要求，用于指导煤矿企业按规定要求建设紧急避险设施；还明确了煤矿企业是紧急避险系统建设完善工作的责任主体，是承担紧急避险系统建设、使用和维护管理工作的主体责任者；规定了各级煤矿安全监管部门负责本行政区域内煤矿井下紧急避险系统建设、使用、管理等的监督检查，各级煤矿安全监察机构负责对所驻辖区内煤矿井下紧急避险系统的建设、使用、管理等实施监察；明确了监督检查的具体要求。

1.5.3 《煤矿井下安全避险“六大系统”建设完善基本规范（试行）》的主要内容

2011年3月21日发布的《煤矿井下安全避险“六大系统”建设完善基本规范（试行）》进一步明确了“六大系统”建设管理的责任主体，对紧急避险系统提出了以下具体要求：

（1）煤矿企业必须按照《煤矿井下紧急避险系统建设管理暂行规定》建设完善紧急避险系统。

（2）紧急避险系统应与监测监控、人员定位、压风自救、供水施救、通信联络等系统相互连接，在紧急避险系统安全防护功能基础上，依靠其他避险系统的支持，提升紧急避险系统的安全防护能力。

（3）紧急避险设施应具备安全防护、氧气供给保障、有害气体去除、环境监测、通讯、照明、动力供应、人员生存保障等基本功能，在无任何外界支持的条件下额定防护时间不低于96 h。

（4）紧急避险设施的容量应满足服务区域所有人员紧急避险需要，包括生产人员、管理人员及可能出现的其他临时人员，并按规定留有一定的备用系数。

(5) 紧急避险设施的设置要与矿井避灾路线相结合，紧急避险设施应有清晰、醒目的标识。

(6) 紧急避险系统应随井下采掘系统的变化及时调整和补充完善，包括紧急避险设施、配套系统、避灾路线和应急预案等。

(7) 紧急避险设施的配套设备应符合相关标准的规定，纳入安全标志管理的应取得煤矿矿用产品安全标志。可移动式救生舱应符合相关规定，并取得煤矿矿用产品安全标志。

(8) 提出了维护管理和验收的基本要求，规定：按企业安全生产属地监管要求，煤矿（包括中央管理煤矿企业下属煤矿）“六大系统”建设完善工程由其所在地省级煤矿安全监管部门组织或委托省辖市（地）煤矿安全监管部门组织验收。验收报告报省级煤矿安全监管部门备案，同时抄报省级煤矿安全监察机构。

1.5.4 《国家安全监管总局 国家煤矿安监局关于煤矿井下紧急避险系统建设管理有关事项的通知》的主要内容

为进一步执行好《煤矿井下紧急避险系统建设管理暂行规定》，加快推进煤矿井下紧急避险系统建设工作，根据煤矿进行紧急避险设施建设完善工作中积累的经验和《煤矿井下紧急避险系统建设管理暂行规定》执行过程中普遍反映的相关问题，2012 年 1 月 20 日发布了《国家安全监管总局 国家煤矿安监局关于煤矿井下紧急避险系统建设管理有关事项的通知》（安监总煤装〔2012〕15 号），主要明确了以下问题：

(1) 矿井紧急避险系统的整体设计和永久避难硐室设计，应当在煤矿企业和具备紧急避险系统研发经验的机构配合下，由具备煤炭行业专业（矿井）设计资质的机构完成；设计中应当坚持科学合理、因地制宜、安全实用的原则。

(2) 永久避难硐室的建设，除应当符合《煤矿井下紧急避险系统建设管理暂行规定》第 11 及 17 ~ 22 条目的要求外，还应当具备应急逃生出口或采用 2 个安全出入口。有条件的矿井应当将安全出入口或应急逃生出口分别布置在 2 条不同巷道中。如果布置在同一条巷道中，2 个出入口的间距应当不小于 20 m。

(3) 煤与瓦斯突出矿井的采区避难硐室，应当按照永久避难硐室的标准建设。

(4) 临时避难硐室的建设，采（盘）区布置永久避难硐室的，该采（盘）区内采掘工作面的临时避难硐室应当符合《防治煤与瓦斯突出规定》（国家安全监管总局令第 19 号）第 102 条的要求，且硐室隔离门应当满足气密性要求，门墙设单向排气管，硐室内应当存放足量食品、急救用品及防护时间不小于 45 min 的隔离式自救器，安设压风自救装置。采（盘）区没有永久避难硐室的，该采（盘）区内采掘工作面的临时避难硐室应当符合《煤矿井下紧急避险系统建设管理暂行规定》有关要求。

(5) 对于布置有大直径钻孔、专用管路供氧的永久避难硐室，煤矿企业可在设计计算和测试的基础上，对避难硐室利用钻孔或管路进行氧气（空气）供给、有害气体去除、温湿度调节、通信联络、动力供应等能力进行评估。如用钻孔或专用管路不能保证可靠实现相关功能的，应当合理设计、选择自备氧气（空气）供给、有害气体去除、温湿度调节、大容量后备电源等设备设施。

1.5.5 《煤矿安全规程》及《防治煤与瓦斯突出规定》的相关要求

《煤矿安全规程》第二百一十三条规定：在突出煤层采掘工作面附近、爆破时撤离人员集中地点必须设有直通矿调度室的电话，并设置有供给压缩空气设施的避难硐室或压风自救系统。工作面回风系统中有人作业的地点，也应设置压风自救系统。

《防治煤与瓦斯突出规定》第一百零二条规定：有突出煤层的采区必须设置采区避难所。避难所的位置应当根据实际情况确定。避难所应当符合下列要求：

（1）避难所设置向外开启的隔离门，隔离门设置标准按照反向风门标准安设。室内净高不得低于2 m，深度满足扩散通风的要求，长度和宽度应根据可能同时避难的人数确定，但至少能满足15 人避难，且每人使用面积不得少于0. 5 m^2。避难所内支护保持良好，并设有与矿（井）调度室直通的电话。

（2）避难所内放置足量的饮用水、安设供给空气的设施，每人供风量不得少于0. 3 m^3/min。如果用压缩空气供风时，设有减压装置和带有阀门控制的呼吸嘴。

（3）避难所内应根据设计的最多避难人数配备足够数量的隔离式自救器。

《防治煤与瓦斯突出规定》第一百零六条规定：突出煤层的采掘工作面应设置工作面避难所或压风自救系统。应根据具体情况设置其中之一或混合设置，但掘进距离超过500 m 的巷道内必须设置工作面避难所。工作面避难所应当设在采掘工作面附近和爆破工操纵放炮的地点。根据具体条件确定避难所的数量及其距采掘工作面的距离。工作面避难所应当能够满足工作面最多作业人数时的避难要求，其他要求与采区避难所相同。

2　紧急避险系统设计

《煤矿井下紧急避险系统建设管理暂行规定》明确要求，紧急避险系统应有整体设计。科学合理地进行矿井紧急避险系统设计，是保证紧急避险系统与其他安全避险系统有机结合，形成安全避险有机整体，充分发挥安全避险系统整体功效，提高矿井安全保障能力的基本保证。

2.1　紧急避险系统设计的原则与内容

紧急避险系统设计是对紧急避险系统建设进行整体规划和布局，力求系统优化、功能完备，切实提高矿井应急救援能力和突发紧急情况下矿工生命安全保障能力。

2.1.1　紧急避险系统设计的基本原则

在紧急避险系统设计中，应坚持以下基本原则：

(1) 科学合理。紧急避险系统建设需要综合应用多领域、多学科的知识，具备高技术含量。紧急避险系统设计应坚持科学合理原则，在科学的设计计算、综合比对和试验验证的基础上进行，保证设计的每项内容均具备科学依据。

(2) 安全可靠。紧急避险系统建设是生命工程，应以安全性和高可靠性为首选。紧急避险设施工作条件特殊、环境恶劣，应比常规矿用设备具备更高安全等级，并有保证随时能用的技术保障手段。可不断提高紧急避险设备设施的自动化、智能化程度，但必须以可靠的手动控制为基础。

(3) 因地制宜。应紧密结合矿井的具体条件和突发紧急情况下矿工安全避险需求，采取针对性的对策措施，进行有针对性的设计、建设和管理，使紧急避险系统建设适应本矿安全生产的需要。要充分利用已有硐室、井巷建立紧急避险设施，探讨适应自身特点和要求的紧急避险系统建设方案，提高紧急避险系统的实用性。

(4) 简单实用。设计应力求简单，避免系统的复杂性增加失效点和失效概率，最大限度减少人员混用、滥用的几率。系统设施和功能应该实用，避免功能多样化、装修高档化带来新的不安全因素，以满足紧急避险基本安全需求为目的。

2.1.2　紧急避险系统设计的基本要求

紧急避险系统设计应满足以下基本要求：

(1) 紧急避险系统必须有整体设计。设计方案应符合国家有关规定要求。新建、改扩建煤矿建设项目安全设施设计专篇中应包含煤矿井下紧急避险系统的设计相关内容。矿井紧急避险系统的整体设计和永久避难硐室设计，应当在煤矿企业和具备紧急避险系统研发经验的机构配合下，由具备煤炭行业专业（矿井）设计资质的机构进行。

(2) 紧急避险系统设计应在系统分析矿井内外部环境条件、进行全面风险分析的基础上有针对性的进行。对国内外的成功经验和做法，应紧密结合矿井自身的特点，吸纳、借鉴或再创新，确保设计的实用性、适用性。

（3）紧急避险系统设计应坚持先逃生、后避险的理念。在具体设计过程中，应优先采取突发紧急情况下保证人员安全逃生的措施，包括矿工随身携带防护时间不少于 30 min 的自救器、固定地点放置自救器或设立中继站、优化避灾路线和应急预案等。在逃生路线被阻或逃生不能的情况下保证人员就近避险，从工作地点到避险设施的距离应在自救器的防护时间内并有富余。

（4）紧急避险系统设计应经充分的技术论证，经企业技术负责人批准后，报属地煤矿安全监管部门和驻地煤矿安全监察机构备案。

2.1.3　紧急避险系统设计的基本内容

紧急避险系统设计应有明确的设计理念、目标、依据和原则，内容应全面具体，具备指导性和可操作性，应包括以下基本内容：

（1）总体说明。对设计进行概括性描述，主要包括：项目背景；主要依据；指导思想、理念和目标；安全避险系统现状，包括自救器配置，安全监测监控系统、人员定位系统、压风系统、供水施救系统、通信联络系统，避灾线路、事故处理应急预案等；井下可能发生的重大灾害事故评价；设计的井下紧急避险系统整体布局及主要技术特点和内容；存在问题与建议等。

（2）矿井基本情况。重点是与紧急避险相关的信息，包括监测监控、人员定位、压风自救、供水施救、通信联络、供电保障等系统的现状、存在问题与发展需求等的分析。主要内容包括：矿井自然条件；矿井安全条件；矿井生产技术条件，包括开拓部署、巷道布置与特征、生产布局、采掘接替，人员分布等；安全生产系统、安全避险系统、供电保障系统等的现状及存在问题等。

（3）矿井安全风险分析。重点是矿井可能发生灾害事故的地点、类型、危害程度及影响范围，可能出现的次生灾害；灾害事故条件下人员应急逃生的制约因素及成功可能性，可能需要应急避险的人员数量及分布；应急避险可能遭遇的内外部环境条件及可能变化；现有安全保障系统的能力分析等，为紧急避险系统设计创造前提条件。

（4）紧急避险系统布局设计。主要内容包括应急逃生装置设施的优化调整；紧急避险设施的布局与类型选择；与监测监控、人员定位、压风自救、供水施救、通信联络、供电安全保障等系统的有机结合。

（5）应急逃生系统优化调整。包括下井人员随身携带自救器的配置，以及为提高自救器应急逃生续航能力，在避灾路线上安全地点固定放置自救器或设置充气（氧）站等；完善应急逃生信息与指示系统；结合紧急避险设施的建设，优化、调整避灾路线；结合紧急避险系统的建设，制定重大事故应急预案的补充、完善方案。

（6）紧急避险设施设计。对紧急避险设施的位置、结构与功能等进行具体设计，并进行设备选型与系统配套。

（7）设备安装与竣工验收。包括设备进矿验收、安装要求；安装完成后的测试与联合试运行；竣工验收条件与方法等。

（8）维护与管理。主要包括紧急避险设施日常管理、维护保养、检测检验要求；物品、配件更换要求；管理体系，管理机构和人员的确定及职责范围；规章制度、操作规程等。

（9）安全培训与应急演练。对紧急避险相关安全培训与应急演练进行设计，保证入井人员具备紧急避险基本知识，掌握紧急避险设施使用方法，提高整体素质的技术途径及条件。

（10）建设进度与工期。设计施工进度，估算建设的总工期。

（11）投资概算与资金筹措。对总体投资进行概算，说明资金筹措渠道。

（12）存在问题分析及其他相关内容。分析设计存在的问题，提出相关意见建议，并对其他需要说明的问题进行阐述。

2.1.4 紧急避险系统设计的程序、依据及方法

紧急避险系统设计应根据矿井的具体条件，按照国家有关规定有针对性地进行，并力求系统全面，具备指导性和可操作性。

2.1.4.1 设计的程序

紧急避险系统设计应参照国家有关规定进行，一般执行以下程序：

（1）矿井基本条件和国家相关法规标准要求分析。

（2）确定紧急避险系统设计的理念、原则和目标。

（3）矿井安全风险具体分析。

（4）方案设计与优选，技术经济分析。

（5）专家论证。

（6）企业技术负责人批准。

（7）安全生产监管部门、煤矿安全监察机构备案。

（8）施工设计与实施。

2.1.4.2 设计的主要依据

紧急避险系统设计中，应紧密结合自身特点，严格执行国家有关规定，吸纳、借鉴国内外的成功经验和做法，以提高设计的科学性、规范性、实用性和可操作性。设计的主要依据应包括以下方面：

（1）矿井自然条件、安全条件、生产技术条件、井巷布置、生产布局、人员分布，监测监控、人员定位、压风自救、供水施救、通信联络、供电保障等系统的基本信息。

（2）国家有关规定。包括《矿井设计规范》、《煤矿安全规程》、《煤矿井下紧急避险系统建设管理暂行规定》、《煤炭工业设计规范》等。

（3）研究确定的设计基本原则、理念、目标定位等。

（4）本矿井、本矿区及类似条件矿井灾害事故应急救援成功经验和事故教训。

（5）国内外的成功经验和做法。

（6）其他相关资料。

2.1.4.3 设计应收集整理的基础资料

紧急避险系统设计应收集以下几方面的基础资料，并进行系统分析：

（1）井田概况。井田位置、范围、交通，地形、地貌、河流及水体，气象与地震，煤层开采条件。

（2）矿井安全条件。瓦斯、煤尘、顶板、地热、火灾、动力灾害等的基本情况。

（3）矿井生产概况。井筒、安全出口及服务范围，井底车场及主要硐室布置，主要大巷及采区巷道、硐室布置，采区划分及采区接替，生产采区内采掘工作面布置，井下采掘队组、其他辅助队组安排。

（4）井下主要作业区域及人员分布情况。

（5）矿井安全避险系统概况。矿井安全监测监控系统、矿井人员定位系统、矿井压风系统、矿井供水施救系统、矿井通信联络系统、矿井供电系统及矿井自救器的配置等。

（6）矿井、矿区及类似条件矿井灾害事故应急救援的成功经验和教训。

（7）国内外矿井紧急避险系统建设、完善的成功经验和做法。

2.1.4.4 设计方案确定的技术方法

确定避险系统的设计方案必须遵循科学合理的技术方法，如专家分析法、方案比较法等。

1. 专家分析法

专家分析法也称专家调查法，是以专家为索取未来信息的对象，组织各领域的专家运用专业方面的知识和经验，通过直观的分析、归纳，对设计方案进行研究、判断、优化的技术方法。在紧急避险系统设计建设中采用专家分析法，可以充分发挥专家的重要作用。

专家分析法主要有个人判断法、专家会议法、头脑风暴法和德尔菲法等。个人判断法主要依靠个别专家对预测对象未来发展趋势及状况做出专家个人的判断。专家会议是指依靠一些专家，对预测对象的未来发展趋势及状况做出判断而进行的一种集体研讨形式。头脑风暴法是通过专家间的相互交流，引起“思维共振”，产生组合效应，形成宏观智能结构，进行创造性思维。德尔菲法是根据有专门知识的人的直接经验，对研究的问题进行判断、预测的一种方法，也称专家调查法。它是美国兰德公司于1964年首先用于预测领域的。

专家分析法的优点：能够紧密结合矿井具体情况进行具体的分析、判断，使专家意见具有较强的针对性；采用本领域的专家进行方案评估，且实行少数服从多数的原则，具备一定的科学性；程序相对固定，可操作性强，容易推广使用。但这种方法的缺陷也是非常明显的，主要表现在：主要依靠评标专家的知识和经验进行判断，主观性有余，客观性不足；定性方法与定量方法的结合不够紧密。

专家分析法的实施过程，主要包括员工积极参与、部门统一汇总、专家分析评价、企业技术负责人最终确认。

2. 方案比较法

方案比较法是运用多方案评价的指标及综合评价方法，对方案进行优选的统称。方案比较法可以对项目机会研究和可行性研究中提出的众多方案进行比较分析，从中选出技术先进、经济合理的方案，作为详细论证的基础。方案比较法是通过比较来选择最佳方案的方法，是技术经济分析中最常用的方法。

1）方案比较法工作步骤

方案比较法一般按以下步骤进行：

（1）确定对比方案。对比方案可按技术目标确定若干个，对比的对象应根据对比的内容具体确定。

（2）确定对比方案的指标体系。包括一般的共性指标，不同方案的目标、要求和特点，确定特点的评价指标和重点指标。

（3）确定方案要达到的目标。提出实现目标的各个待选方案。

（4）运用统计分析方法。对调查、搜集到的大量数据，进行整理、研究，为分析、评价方案提供依据。

(5) 运用系统分析法。用定性和定量的方法，以系统观点分析各方案的技术经济效果。计算、分析和比较指标，对不可计量的指标也要得出定性分析结果。

(6) 综合比较分析。在以上分析的基础上，对不同方案进行综合比较、评价，以选定最优方案。

(7) 将其他方案的优点充实到最佳方案中，使所选方案更趋完善，以取得更好的技术经济效果。

2）方案比较法应注意的问题

应用方案比较法的过程中应注意以下问题：

(1) 方案的质量问题。备选方案的质量是整个设计质量的基础。为保证入选方案的质量，可提出“技术上可行和先进”的原则。“可行”就是方案或某一项技术决定能行得通、能够实施，这个技术决定或方案是“适合于本设计具体条件”的；“先进”就是方案或某项技术决定水平先进。

(2) 方案的遗漏问题。在保证方案质量的前提下，尽可能防止漏掉较好的备选方案。

(3) 方案比较法是综合决策的过程，要考虑技术优越、经济合理，还要考虑符合国家政策。同时，方案比较法是重点比较的过程，费用相同或相近的项目可不参与比较。

(4) 方案比较法应从实际出发，具体问题具体分析。要注意备选方案进行的可比性，条件、范围、单价及指标应具备一致性。

紧急避险系统设计中，采用方案比较法对不同设计方案进行技术先进性、安全性及投资费用比较，选择最优方案，是一种定性与定量结合、简单明了的方法。

2.1.4.5 紧急避险系统设计应注意的问题

紧急避险系统设计中，应注意以下几方面的问题：

(1) 合理布局。应根据矿井灾害事故发生的特点、演变规律，以及矿井作业人员分布情况，进行紧急避险设施的布局设计。采掘工作面是人员集中的地点，且处于移动之中，应根据工作面工艺流程和人员分布，合理设置临时避难硐室或可移动式救生舱，容量应满足现场的实际需要。采区和矿井可根据需要建设永久避难硐室，为零散作业人员、安全管理人员等流动性较大的人员及采区撤出人员服务。在矿井井筒、大巷等处，经风险分析在灾害事故发生时不会受到破坏的地点，可设置自救器中继站等设施，以提高应急逃生的续航能力。各种紧急避险设施之间可通过某种途径建立联系，永久避难硐室可作为支持中心或应急救援的指挥中心。

(2) 保证足够的紧急避险空间。南非《矿产法》及《矿山安全与健康法》中规定矿主应该保证矿井下设有避难硐室，旨在发生爆炸、火灾或其他紧急状态下保障井下所有矿工的生命安全。美国矿山安全健康监察局在《煤矿救生最终规则》中明确规定在矿井中建设专门的避难硐室或设置救生舱，矿难发生时，被困井下的矿工都可以进入避难硐室或救生舱，等待救援人员的到来；同时规定下井人员必须每人都有避险位置，否则不予下井。在紧急避险系统设计时，应保证避难硐室和救生舱等避险设施有足够的容量，以保证突发紧急情况下遇险矿工的避险需要。

(3) 方便人员快捷进入避险设施。为方便避灾人员快捷进入避难空间，紧急避险系统设计应该充分考虑人员逃生的各种情况，避难硐室、救生舱等避险设施均应设置在避灾路线上，且人员进入方便快捷。巷道内应明确标示避险设施的方位和距离，在紧急出口处、避灾路线等地点应对避险设施的位置进行明显标注。为了帮助矿工在昏暗光线环境下进入避险设施，可采用发声定位、视觉定位及移动定位等方法或将三种方法融合。发声定位是在紧急避险设施入口设置警报器，视觉定位是在紧急避险设施入口设置警报灯（指示灯），移动定位是指在巷道中设置生命绳等，矿工借助这些标志，循其指引顺利到达避险设施。

2.2　紧急避险系统的总体布局设计

合理设计紧急避险系统总体布局是紧急避险系统设计的核心内容，应坚持具体问题具体分析的原则，紧密结合矿井具体条件并借鉴国内外成功经验具体、有针对性地进行。

2.2.1　紧急避险设施布局的基本要求

《煤矿井下紧急系统建设管理暂行规定》的规定：煤与瓦斯突出矿井，应设置井下紧急避险设施，采区应建设采区避难硐室；距离采掘工作面500 m范围内应建设避难硐室或设置救生舱。其他矿井，在自救器额定防护时间内靠步行不能安全撤至地面的应设置井下紧急避险设施；距离采掘工作面1000 m范围内应建设避难硐室或设置救生舱。

《煤矿安全规程》第二百一十三条的规定：在突出煤层采掘工作面附近、爆破时撤离人员集中地点必须设有直通矿调度室的电话，并设置有供给压缩空气设施的避难硐室或压风自救系统。工作面回风系统中有人作业的地点，也应设置压风自救系统。

《防治煤与瓦斯突出规定》第一百零二条规定：有突出煤层的采区必须设置采区避难所。第一百零六条规定：突出煤层的采掘工作面应设置工作面避难所或压风自救系统。应根据具体情况设置其中之一或混合设置，但掘进距离超过500 m的巷道内必须设置工作面避难所。工作面避难所应当设在采掘工作面附近和爆破工操纵放炮的地点。根据具体条件确定避难所的数量及其距采掘工作面的距离。工作面避难所应当能够满足工作面最多作业人数时的避难要求，其他要求与采区避难所相同。

紧急避险系统的整体布局设计应满足以上基本要求。对国家未有规定的其他地点，设计中应根据井下具体条件确定紧急避险设施的布局，并经不断的研究探讨，逐步优化完善。

2.2.2　紧急避险系统布局设计应考虑的主要问题

紧急避险系统合理的布局设计应充分考虑以下几方面内容：

1. 矿井生产布局与巷道布置

紧急避险系统布局设计应考虑避险设施所服务区域的特征和巷道布置，统筹考虑逃生系统需要，紧急避险设施应设置在正常避灾路线上，以遇险人员迅速撤离、安全避险为前提条件，兼顾应急救援的实际需要，同时考虑与其他避险系统的有机结合。

我国煤矿一般采用分区式开拓、长壁后退式采煤方式。因此，井下避灾硐室按区域和巷道划分，可以建立3类避险设施：

（1）中央避灾硐室（永久硐室）。可设在井底车场附近，与井下其他硐室（如医疗室、候车室等）结合在一起。依托巷道或者废弃硐室，用水泥砌筑，为全矿井服务。大巷可修筑永久性避难硐室，硐室之间距离可取1000～1500 m，如果开采深度小，则可采用钻孔提供生存必需品。

（2）采区避灾硐室（永久硐室）。设于采区安全出口的路线上，距人员集中工作地点约750～800 m。为了节省资金，这种类型的避灾硐室最好充分利用围岩无裂隙、顶板完整、支护有力的独头巷道、存料场、车场、废弃的水泵房和风桥等。其容积应能容纳一个工作班的采区全体人员。

（3）采掘作业面避灾硐室（临时硐室）。此类硐室可以利用工作地点的临时巷道、硐室临时修建，也可设置可移动式救生舱。

2. 可能发生的灾害事故类型及特点

紧急避险系统布局设计应充分考虑矿井可能发生的灾害事故类型及特点，灾害事故的影响范围和严重程度。远离潜在岩崩、淹井、火灾、爆炸等危险的区域，如变电站、火药库、燃料存贮设施或停车场等；岩体安全，支护良好，附近无杂物堆积，如具有瓦斯煤尘爆炸危险性的矿井设计避险设施布局时应考虑避开瓦斯爆炸易发地点、爆炸冲击波强度较大区域等。水害易发矿井设置避险设施时应考虑将其设置在相对位置较高处。

3. 人员分布情况

根据矿井日常生产情况，考虑所有井下人员全员覆盖需要，这些人员应包括当班人员、换班人员及其他可能下井人员。根据人员分布情况兼顾避险设施的容量等因素来合理设置避险系统的布局。

4. 突发紧急情况下人员逃生制约因素

1）煤矿逃生有效时间

目前，国内在计算疏散时间时是假设灾害发生后，人员立即投入到疏散行动中的理想化状态。而实际上，灾害中人员的安全性，即是否能够安全逃生应有4种时间决定（图4-2-1）：

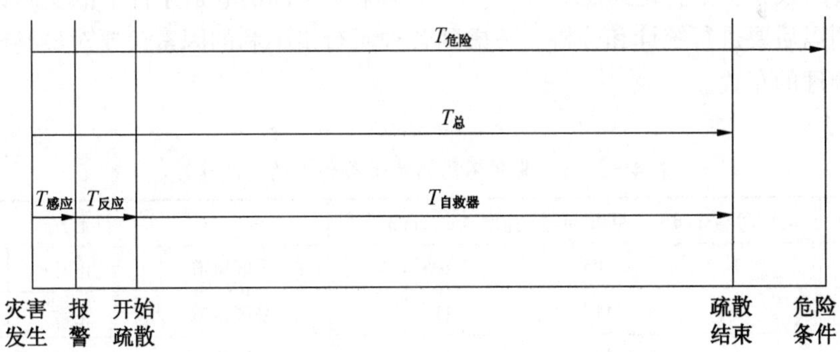

图4-2-1　灾害时人员疏散过程时间示意图

（1）$T_{感应}$——从灾害发生到人员感知灾害之间的时间间隔。灾害发生后，产生的烟气启动灾害探测器报警，使人们知道有异常情况发生，这段时间就是灾害感应时间。

（2）$T_{反应}$——从人员感知到开始逃生的时间间隔。人员意识到有灾情时，一般不急于疏散，而是首先通过获取信息进一步确定是否真的发生了灾害，然后采取相应的行动，这段时间的长短因人而异，通常情况下人一旦感到危险来了时便会迅速做出反应，因此这段时间很短。

（3）$T_{自救器}$——从打开自救器到自救器失效时刻的时间间隔。人在灾害情况下，紧张慌乱时呼吸急促，所以自救器实际有效使用时间一般小于自救器的标准防护时间。

（4）$T_{总}$——矿井灾害中安全避灾有效时间。

遇险人员进入避险设施所需时间应在自救器的维持时间内，并有富余。根据国外的经验数据，矿工距离避难空间的最大距离不超过 1000 m，这个距离是自救器正常使用 50% 时间段内人员正常行走距离的经验数值。因此不同区域的避灾人员应该在自救器使用时间范围内就近进入避难空间。

2）巷道条件

在斜井井筒、井下大巷等处，如果突发紧急情况下一般不会出现避灾路线被堵，可利用设置固定自救器存放点、过渡站或加气站等方式，提高人员依靠自救器安全撤离的续航能力。固定自救器存放点的间隔距离，应小于在自救器的有效防护时间内人员以中等行进速度步行所能达到的距离。据测试，在平巷条件下，人员步行中等行进速度为 1500 ~ 2000 m/h，在倾斜巷道、条件较差的巷道，行进距离要减少。

避难设施布置点距离工作面人员逃生的最大距离要基于人员在合理的状态下采用合理的装备以正常的行走方式在自救器持续时间限度内行走的距离。采用自救器持续时间的 50% 内能行走的距离，基于以下因素考虑：

（1）危险环境中的人的不安、焦虑会对自救器的持续时间产生不利影响。

（2）当行走时，可能会碰到各种难以预料的困难，影响行走速度。

（3）井下的浓烟可能浓度极大，避灾路线的光照度、可见度降低，甚至可能采用爬行的方式移动。

为准确了解巷道内人员的行走速度，建议煤炭企业组织现场试验，以准确掌握不同条件下各年龄阶段人员的行走速度。表 4-2-1 为某矿不同的巷道条件下的实测速度。在实测数据得到以后要进行统计和分析。考虑到各种对行走不利的因素，要对最终确定的距离进行科学合理的布置。

表 4-2-1　某矿不同的巷道条件下的实测速度

编号	年龄	时间间隔/min	距离/m	速度/(m · min^{-1})	地　点	行走方式	巷道照明
1	35	1	105	105	采区轨道	正常	有
2	28	1	117	117	采区轨道	正常	有
3	30	1	106	106	采区轨道	正常	有
4	24	1	151	151	带式输送机上山	快速	有
5	28	1	138	138	带式输送机上山	快速	无
6	28	1	125	125	带式输送机上山	快速	无
7	39	1	98	98	综采工作面	正常	无
8	26	1	115	115	掘进工作面	正常	无
9	27	1	110	110	掘进工作面	正常	无
10	33	1	107	107	掘进工作面	正常	无
平均速度/(m · min^{-1})				117.2			

考虑最大安全系数 0.5，计算得出人员在井下行走的平均速度 117.2 m/min，乘 0.5 的系数后得 58.6 m/min。

以煤矿常用的自救器 ZH30 为例，额定使用时间为 30 min，考虑安全系数即自救器持续时间的 50%，即 15 min，其中包含应急响应时间，按照行走平均速度与有效使用时间的乘积得出逃生最大距离为 879 m。该矿布置救生舱距离作业地点的距离应该考虑布置在 870 m 以内，理论上认为是比较安全的。具体到其他矿井也可以用同样的方法进行试验，得出一个概念值。由于工作面的设计长度千差万别，要根据工作面实际情况而定。

在美国煤矿一般配备 1 h 自救器。美国矿山安全与健康管理局（MSHA）推荐的在行人巷道中自救器存放柜布置地点之间的最大距离参考值，见表 4-2-2。

表 4-2-2 美国煤矿自救器存放柜布置地点间最大距离参考值

巷道平均高度/m	自救器存放柜布置地点间最大距离/m	巷道平均高度/m	自救器存放柜布置地点间最大距离/m
<1.02（爬行）	671	1.27～1.65（低头走）	1342
1.02～1.27（鸭步走）	1006.5	>1.65（直立）	1738.5

有条件的矿井也可探讨紧急避险设施与压风自救装置、条带式避险系统有机结合的方式，以满足突发紧急情况下矿工安全避险需要为基本原则。

2.2.3 紧急避险可以采用的布局方式

1. 自救器 + 永久避难硐室 + 临时避难硐室

在采掘面 1000 m 范围内建设临时避难硐室，在水平大巷和井底车场建永久避难硐室；在自救器有效防护时间内不能达到的其他地点设置自救器存放点；避难硐室与安全避险系统有效连接。

某矿具体设计如下：

（1）采煤工作面。设置临时避难硐室，额定避险人数 40 人，数量 1 个，设置在采煤工作面距二采区运输巷 980 m 处，服务于整个回采工作面。

（2）掘进工作面。设置临时避难硐室，额定避险人数 40 人，数量 1 个，设置在掘进工作面距二采区运输巷 980 m 处，硐室贯通进风巷槽和回风巷槽，服务于 2 个掘进工作面。

（3）其他区域设置 3 个永久避难硐室，额定避险人数均为 80 人，服务于矿井除回采工作面和掘进工作面的其他人员。

（4）为保证人员依靠自救器逃生，在井筒中间位置分别设置一定数量固定放置的自救器，以提高续航能力。在井底车场的机电硐室也放置一定数量的自救器。

采用自救器 + 避难硐室的避险系统具有如下特点：

（1）避难硐室一般设置在稳固的煤（岩）层中，受灾破坏小，性能稳定可靠，抗灾能力强。

（2）工程量大，投入成本高。

（3）灵活性较差。随着生产的推进，超出先有硐室服务范围后，需要重新建设硐室。

2. 自救器 + 永久避难硐室 + 救生舱

使用自救器 + 永久避难硐室 + 救生舱整体避险设施系统；在水平大巷和井底车场建永久避难硐室。如某矿的设计方式：为入井人员配备额定防护时间不低于 30 min 的自救器；采区设置永久避难硐室，额定容量 100 人，在带式输送机巷、轨道巷、带式输送机尾变电所联络巷的位置设置可移动式救生舱，形成自救器 + 永久避难硐室 + 救生舱避险系统模式。

采用自救器 + 避难硐室 + 救生舱的避险系统具有如下特点：

（1）避难硐室一般设置在稳固的煤（岩）层中，受灾破坏小，性能稳定可靠，抗灾能力强。

（2）可移动式硬体救生舱可重复利用性好，使用布置灵活，可随生产需要推进。

（3）可移动式硬体救生舱容量较小，往往需要布置多台。

3. 自救器 + 避难硐室 + 避险条带

避险条带集成了避灾指导和井下避险用的监测系统、人员定位系统、通信联络系统、压风自救系统、供水施救系统等的综合功能。主要包括：利用从地面通往井下的抗破坏救生管线，连接永久避难硐室、临时硐室和可移动式救生舱，按照井下人员分布，从工作面到井口避灾路线沿途在硐、舱内外布设自救点。避险条带装有避毒式面罩，在避毒呼吸的同时，不摘面罩便可进行通话、饮水并显示使用人员位置。避灾路线同时装有事故类型监测、灾害范围监测、次灾情况监测；还装有通知人员撤离、原地自救或进出硐、舱避险的多种通讯装置，满足井下避灾和地面救援指挥的需要。

某矿采用自救器 + 避难硐室 + 避险条带避险系统技术路线，具体设计：

（1）井下避难硐室 8 个，其中：永久避难硐室 1 个，临时避难硐室 5 个，开放式避难硐室 2 个。

永久避难硐室设置在井底车场靠近上山处，额定避险人数 80 人。

临时避难硐室分别布置在：+1432 m 水平回风石门（5 号硐室），为回风水平及 B2 煤层的掘进工作面服务，额定避险人数 20 人；W1143 回采工作面联络巷（1 号硐室），为采煤工作面及进风巷、回风巷服务，额定避险人数 18 人；E114（2）2 回采工作面联络巷（2 号硐室），为回采工作面及进风巷、回风巷服务，额定避险人数 18 人；东翼两掘进巷道的联络巷（3 号硐室），为两掘进工作面服务，将来为回采工作面服务，额定避险人数 18 人；西翼两掘进巷道的联络巷（4 号硐室），为进风巷、回风巷掘进工作面服务，将来为回采工作面服务，额定避险人数 18 人。

开放式避难硐室的位置分别设在回采工作面的进风巷、回风巷巷道中，距工作面 200 ~ 300 m 的范围内。

（2）避险条带总长度共计 7600 m，其中：热灾避灾路线 4800 m，冷灾避灾路线 2800 m。

热灾避灾路线上水感、温感、CO、CO_2、CH_4 等传感器监测点共计 1068 个，人员定位无线基站及精确定位装置共计 346 个，通信联络对讲电话、广播、大屏幕、撤离指示等装置共计 680 个，压风自救呼吸点装置共计 532 个，供水施救饮水点装置共计 346 个。

冷灾避灾路线上水感、温感、CO、CH_4 等传感器监测点共计 545 个，人员定位无线基站及精确定位装置共计 175 个，通信联络短信装置共计 343 个，压风自救装置共计 316

个，供水施救装置共计175个。

地面设置有控制中心、供给中心、指挥中心，分别设置在调度室、供气室内、会议室内。通过条带有机连接，形成井上井下避险网络，满足避险指导和控制。

设计采用避难硐室、避险条带（避险用专用管线）、自救器有机结合的紧急避险系统，具有如下特点：

（1）简单实用、安全可靠、易于维护。

（2）由点避险扩展到线避险，点线结合覆盖在避灾路线上。

（3）地面支撑避险信息指导井下科学、有序、及时、准确避险。

（4）避险、救援、指挥集成化装备、一体化工作。

（5）灾情连续监测。

（6）系统抗事故破坏。

（7）水灾预警监测和快速撤离指导体系化工作。

（8）避毒、供氧、通信、供水/营养液、人员位置一体化完成。

（9）采用地面模拟巷道及模拟主要灾害的技术手段，提高应急避险指导的综合能力，提高井下作业人员使用避险装备的熟练程度和应急自救的心理承受能力。

2.2.4 紧急避险设施的位置设计

紧急避险设施的具体位置设计，对有效发挥紧急避险设施的功能具有重要影响，应满足以下要求：

（1）设置在正常避灾路线上，遇险人员、救护队员均容易到达。

（2）遇险人员进入避险设施所需时间应在自救器的维持时间内，并有富余。

（3）远离潜在岩崩、淹井、火灾、爆炸等危险的区域，如变电站、火药库、燃料存贮设施或停车场等。

（4）岩体安全，支护良好，附近无杂物堆积，满足安全出口的要求。

（5）考虑人员避险过程中的心理安全。

（6）保证紧急避险设施在备用状态下的安全，并保证其具备足够的抗灾能力。如美国规定，救生舱不能正面面对可能发生瓦斯煤尘爆炸的地点，避免受到可能发生的瓦斯煤尘爆炸的正面冲击。

避难硐室原则上应设置在岩层中，特殊情况下需设在煤层中时应有预防瓦斯涌出、煤层自然发火等措施。

2.3 紧急避险设施设计

避难硐室、救生舱的设计，包括紧急避险设施类型的选择、功能设计、设备选型等基本内容。

2.3.1 紧急避险设施类型的选择

紧急避险设施主要有避难硐室和可移动式救生舱两类，避难硐室又有永久避难硐室和临时避难硐室之分。选择紧急避险设施的类型，应综合考虑以下因素：

（1）所服务区域的特征和巷道布置。

（2）可能发生的灾害事故类型及特点。

（3）人员分布。

（4）突发紧急情况下人员逃生、应急救援的其他制约因素，如井巷状况、井巷中设备设施的布置等等。

应优先选用避难硐室。原因在于：避难硐室建于煤岩体内部，不易受到灾害事故的冲击破坏，更具安全保障；使用状态下更易与灾区环境隔离，人员生存保障更可靠；充分利用已有井巷设置避难硐室，并实现硐室用设备、设施的可移动，有效提高其经济性。相比避难硐室，可移动式救生舱初期投资更大，后期维修管理费用更高。在国内外煤矿灾害事故应急救援历史中，避难硐室发挥的作用也更为突出。

在国外，南非、澳大利亚、加拿大等国以避难硐室为主。虽然美国煤矿较多地采用了救生舱，主要是其短壁开采比重高，开采深度浅，井巷断面大，灾害危险程度相对较低，不考虑发生二次爆炸的危险等，且有些理念和规定也在不断更新。我国煤矿多采用长壁开采方式，可充分利用已有巷道或两条巷道间的联络巷设置永久或临时避难硐室。

按主要供氧方式，避难硐室有地面钻孔供氧、井下钻孔供氧、管路供氧、自备氧等。每种供氧方式都需要一定的条件，有各自的优势、劣势和适用范围，应进行具体选择，必要时应进行技术经济比较分析。永久避难硐室优选采用地面钻孔供氧方式，其具有较高的安全保障程度，适用范围也较广。

2.3.2 紧急避险设施的功能设计

根据我国现行规定，紧急避险设施应具备安全防护、氧气供给、有害气体去除、环境监测、通讯、照明、人员生存保障等基本功能，在无任何外界支持的条件下额定防护时间不低于 96 h，并且永久避难硐室的备用系数不低于 1.2，临时避难硐室和可移动式救生舱备用系数不低于 1.1。在紧急避险系统设计中，应根据矿井具体条件，按照需要与可能的原则，设计实现这些功能具体技术手段和措施。

紧急避险设施应采用过渡室（舱）结构，以形成风障，防止有毒有害气体直接侵入生存室（舱）。过渡室外侧应为防护密闭门，内侧为密闭门；内部设压缩空气幕和压气喷淋装置，利用空气幕阻止有毒有害气体进入，利用压风喷淋装置将人员进入时带入的有毒有害气体快速冲洗，避免带入生存室（舱）。为尽量增加一次进入紧急避险设施的人员数量，可适当加大过渡室（舱）的有效容积。

紧急避险设施应有足够的强度。美国规定救生舱舱体抗爆炸冲击能力不低于 0.1 MPa，主要是考虑当爆炸冲击压力超过这一数值时人员几乎没有生存机会，并不考虑发生二次爆炸的可能。我国煤矿条件差、灾害严重，对紧急避险设施应有更高的强度要求。目前我国规定救生舱舱体及避难硐室防护密闭门（墙）强度不低于 0.3 MPa，系最低要求，设计中应根据具体条件及应对的主要灾害事故类型合理设定。

紧急避险设施应有供氧、环境控制（有害气体去除）和温湿度调节功能，供氧量不低于 0.5 L/min · 人，处理 CO_2 能力不低于 0.5 L/min · 人，处理 CO 的能力应能保证在 20 min 内将 CO 浓度由 0.04% 降到 0.0024% 以下。在整个额定防护时间内，紧急避险设施内部环境中氧气含量在 18.5% ~23.0% 之间，CO_2 浓度不大于 1.0%，CH_4 浓度不大于 1.0%，CO 浓度不大于 0.0024%，温度不高于 35 ℃，湿度不大于 85%，并保证紧急避险设施内始终处于不低于 100 Pa 的正压状态。实现这些功能有许多技术手段，应根据现实需要，在充分的计算和试验验证的基础上进行设计。如果避难硐室布置有直达地表的大直径钻孔，其有效的通风措施，既可提供足够的氧气，排除有害气体和热量，还可通过钻孔提供食品和饮用水，建立通讯联系，应可大大简化避难硐室内的配套设施。井巷围岩温度不高时，可充分利用围岩散热降温，在进行热平衡计算的基础上，可不配或少配降温设施。

紧急避险设施应具有内外环境参数检测或监测功能，配备独立的内外环境参数检测或监测仪器仪表，在突发紧急情况下人员避险时，能够对避险设施过渡室（舱）内的 O_2、CO，生存室（舱）内的 O_2、CH_4、CO_2、CO、温度、湿度和避险设施外的 O_2、CH_4、CO_2、CO、温度进行检测或监测。

紧急避险应配备人员生命安全保障设施、物品，如食品、饮用水、自救器、人体排泄物收集处理装置及急救箱、照明设施、工具箱、灭火器等辅助设施。配备的食品发热量不少于5000 kJ/d·人，饮用水不少于1.5 L/d·人；配备的自救器应为隔绝式，有效防护时间应不低于45 min。

2.3.3 紧急避险设备的选型

救生舱是重要的紧急避险设施，但不同的救生舱有各自不同的特性、不同的适用范围和适用对象。矿井应根据自身具体条件有针对性地选择和使用。选择救生舱时，应分析救生舱的运输安装条件、待用状态下的环境条件、使用状态（灾变条件）下的环境条件及能够应对的灾情、灾种是否适应矿井的实际。高温矿井使用的救生舱应具备较高的空气调节能力，瓦斯条件复杂的矿井应对救生舱强度提出更高要求。具体选择时，应核对其安全标志和认证文件。

对避难硐室不实施安全标志管理，但硐室内部使用的仪器仪表、防爆电气设备、非金属制品等应选用具有安全标志的产品，高压气瓶、压力仪表等应符合特种设备安全监察的相关规定。

2.4 紧急避险系统与其他安全避险系统的连结

紧急避险设施必须与监测监控、人员定位、压风自救、供水施救、通信联络系统有机结合，形成有机整体，才能发挥整体功效。供电保障系统也应接入紧急避险设施，以满足备用状态下的供电需要和备用电源的充电需要。

2.4.1 与监测监控系统的结合

矿井安全监控系统应延伸到紧急避险设施，对紧急避险设施外和避难硐室内的 CH_4、CO 等环境参数进行实时监测，并通过监测分站传输至地面信息中心。

紧急避险设施内部应有独立的监测或检测设施，在突发紧急情况下矿井安全监控系统受到破坏、不能正常工作时，独立对紧急避险设施内外部环境参数进行监测或检测。紧急避险设施内部的监测系统可与矿井安全监控系统联网，但必须通过本质安全关联检验，且确保能够独立、安全地使用。

2.4.2 与人员定位系统的结合

人员定位系统的实时监测、查询统计、员工管理、考勤管理等功能，能实时掌握井下队组作业人员情况，及时掌握单岗作业人员的活动轨迹，为矿山安全生产和灾变情况下的及时营救提供信息支撑，最大限度地保证人员的生命安全。

矿井人员定位系统应能实时监测井下人员分布和进出紧急避险设施的情况，在紧急避险设施进出口应设监测分站（基站），实时监测人员进出紧急避险设施的情况。

2.4.3 与供水施救系统的结合

各矿井下所有采掘作业地点、硐室和其他人员较集中地点应有供水施救系统，保证在灾变期间应急供水需要。矿井防尘、消防系统所用永久性水池的容量满足矿井用水需求，贮水量不得小于井下连续 2 h 的用水量，并有备用水池，其容量不小于永久性水池的一半。应有过滤和净化设施，以及防冻、防杂物混入的措施。

矿井供水施救系统应接入紧急避险设施，能在紧急情况下为避险人员供水，并为在紧急情况下输送液态营养物质创造条件。接入的矿井供水管路应有专用接口和供水阀门。

2.4.4 与压风自救系统的结合

矿井压风自救应完好，具备抗灾能力。空气压缩机应设置在地面，保证连续、可靠地供风。

矿井压风自救系统应接入紧急避险设施，能为紧急避险设施供给足量氧气。接入的矿井压风管路应设减压、消音、过滤装置和控制阀，压风出口压力在 0.1 ~ 0.3 MPa 之间，供风量不低于 0.3 m^3/(min · 人)，连续噪声不大于 70 dB。

2.4.5 与通信系统的结合

矿井必须有有线调度通讯，推广无限通讯和应急广播，并互联互通，在保证矿井正常通信的同时，满足矿井安全避险的需要。

紧急避险设施内必须安设直通矿调度室的有线电话，并为无线通讯创造必要条件。由于矿井有线通讯、无线通讯及应急广播在突发紧急情况下均可能受到破坏，应采取特殊措施保证突发紧急情况下避险设施内的通信需要。如对永久避难硐室布设专用通讯线路，并实施可靠保护；采用超低频透地通信系统等，建立多方式、多形式、多手段的通信组合结构，保证通信联络的畅通和安全。

可通过某种方式，建立永久避难硐室与临时避难硐室或可移动式救生舱之间的通信联系。

2.4.6 与供电保障系统的结合

供电保障系统应接入紧急避险设施，满足紧急避险设施备用状态下的供电需要，并为紧急避险设施备用电源安全、可靠的充电。应有供电设计，具备完善的供电安全保护。

3　井下应急逃生系统

井下突发紧急情况时，首先应保证遇险人员安全逃生，只有当无法及时撤离时才可考虑进入紧急避险设施避险待救。因此，井下应急逃生系统是井下紧急避险系统的重要组成部分。在井下突发紧急情况时，井下应急逃生系统对保障遇险人员迅速撤离危险地区，促进矿山应急救援顺利开展，保障遇险矿工生命安全具有十分重要的作用。

3.1　井下应急逃生装备及设施

为保证井下突发紧急情况下矿工安全避险需要，应为下井的每位矿工配备额定防护时间不低于 30 min 的自救器，在矿井避灾路线上设置相关设施设备，以提高遇险人员自救设备安全保险的续航能力。

3.1.1　自救器

自救器是一种小型的供矿工随身携带的防毒呼吸器具，是矿工在井下突发紧急情况时进行自救的一种重要装备。在井下发生瓦斯煤尘爆炸、火灾或瓦斯突出等事故时，只要人员没有受到事故的直接伤害，佩戴自救器，可帮助矿工平安脱险。《煤矿安全规程》规定，入井人员必须随身携带自救器。

3.1.1.1　自救器的类型与结构原理

因自救器属个体逃生用品，必须体积小、质量轻、便于携带，且应有保护外壳，防止因碰撞而损坏。外壳还必须保证气密，防止水汽、煤尘等进入而造成自救器内部药品失效。此外，自救器必须有足够的防护时间，以保护遇险人员从危险区域撤到安全地带。自救器按其作用原理可以分为过滤式和隔绝式两类，隔绝式又包括化学式和压缩氧式两种类型。按自救器有效防护时间，又分 15、30、45 和 60 min 等几种。由于 15 min 自救器不符合《关于建设完善煤矿井下安全避险“六大系统”的通知》（安监总煤装〔2010〕146 号）的规定，已被列入《禁止井工煤矿使用的设备及工艺目录（第三批）》，2013 年 6 月底后禁止使用。

1. 过滤式自救器

过滤式自救器是利用催化剂在常温下将空气中的 CO 氧化为无毒的 CO_2 而制成的呼吸系统保护装置。适用于空气中氧气浓度不小于 18%，一氧化碳浓度不大于 1.5% 的环境中，做个人防护逃生使用。由于过滤式自救器使用条件非常有限，安全性较差，已被列入《禁止井工煤矿使用的设备及工艺目录（第三批）》，自 2012 年 1 月起禁止使用。

2. 隔绝式化学氧自救器

隔绝式化学氧自救器是根据化学生氧物质产生氧气供人呼吸原理制造的个人呼吸保护装置，是一种专用于个体防护逃生脱险的呼吸保护器。

呼吸保护器与外界空气隔绝，为循环式闭路呼吸系统。人体呼气进入生氧药罐，药罐产生的氧气进入气囊，贮存起来，吸气时直接吸入气囊中的氧气，完成整个呼吸循环。当生氧剂所产生的氧气超出人体耗氧量时，进入气囊的氧气将会越来越多，气囊内压力逐渐增大，达到排气压力时，气囊上的排气阀自动开启，排出多余气体。当气囊内压力减少，排气阀自动关闭，避免氧气浪费和保护佩戴者的正常呼吸。

隔绝式化学氧自救器主要由上下外壳、前后封口带、锁口带、鼻夹、呼吸口具、气囊、生氧罐、氧烛启动装置等部件构成，其结构如图4-3-1所示。

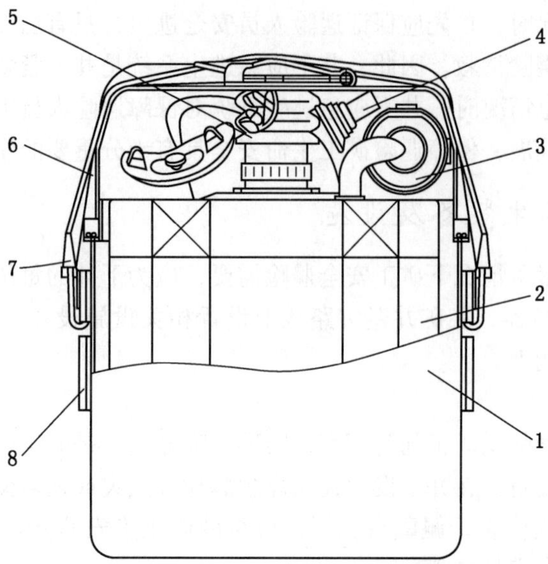

1—下外壳；2—药罐组；3—初期生氧器；4—鼻夹组；5—呼吸管组；6—封口带组；7—锁口带；8—号码牌

图4-3-1　隔绝式化学氧自救器结构图

根据生氧剂的不同，隔绝式化学氧自救器又有氯酸盐生氧启动器型和超氧化钾片状生氧剂型两种类型。

氯酸盐生氧启动器型隔绝式化学氧自救器的工作原理是采用引发装置使生氧启动器内的生氧剂氯酸钠分解放出 O_2 供人吸取，呼出的 CO_2 由清净罐来吸收，以此构成呼吸循环。化学反应式为

$$NaClO_3 \xrightarrow[\text{催化剂}]{\text{引发燃料}} NaCl + \frac{3}{2}O_2$$

$$2Ca(OH)_2 + 2CO_2 \longrightarrow 2CaCO_3 + 2H_2O$$

超氧化钾片状生氧剂型隔绝式化学氧自救器的工作原理是使人呼出的 CO_2 和水汽与药罐中的生氧剂反应生成氧气进入气囊，然后供人吸取。反应式为

$$2KO_2 + H_2O \longrightarrow 2KOH + \frac{3}{2}O_2$$

$$2KO_2 + CO_2 \longrightarrow K_2CO_3 + \frac{3}{2}O_2$$

由于超氧化钾片状生氧剂在反应生成 O_2 的同时，还能吸收掉人呼出气体中的 CO_2，

对呼气起到了再生与净化的双重作用，即同一种药剂同时起到了隔绝式化学氧自救器中的氧气瓶和清净罐的作用功能。与之相比，氯酸盐生氧启动器型隔绝式化学氧自救器，因氯酸盐只能生氧，不能同时吸收 CO_2，必须另外增加清净罐，内装 CO_2 吸收剂碱类物质以进行 CO_2 的吸收，质量和体积较大，结构复杂，受到了一定的限制。因此超氧化钾片状生氧剂型隔绝式化学氧自救器受到更加广泛的应用，并且始终是主流。

3. 隔绝式压缩氧自救器

隔绝式压缩氧自救器是一种小型、轻便的隔绝式再生闭路循环呼吸保护装置，是小型的呼吸器，供矿工逃生脱险自救使用。在三大类自救器中，它是机械化和自动化程度最高、佩戴使用最舒适的一种自救器。但其价格偏高，体积和质量也最大，维护工作较为复杂，在煤矿中的使用不及隔绝式化学氧自救器。

隔绝式压缩氧自救器主要由高压系统、呼吸系统及 CO_2 过滤系统组成。高压系统包括氧气瓶、氧气瓶开关、减压器、自动手动补给阀和压力表等；呼吸系统由口具、鼻夹、呼吸软管、气囊、排气阀及呼吸阀等组成；清净罐内装入定量的、符合标准的 CO_2 吸收剂形成 CO_2 过滤系统。其结构如图 4-3-2 所示。

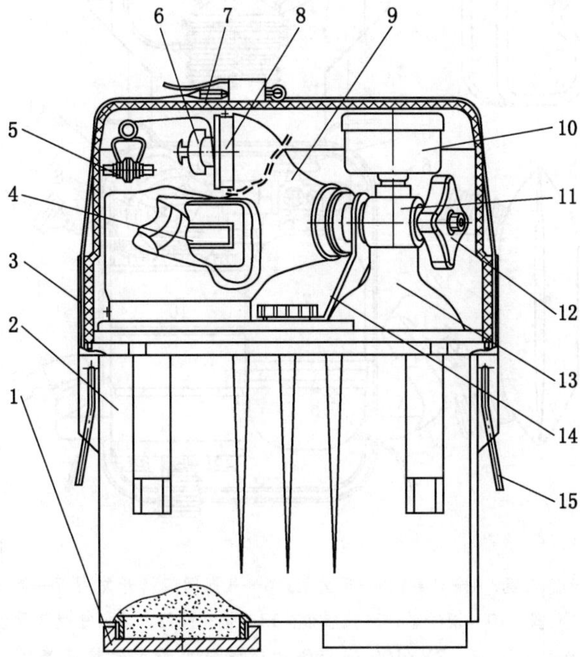

1—底盖；2—清净罐；3—封口带组；4—补气压板；5—鼻夹；6—口具；7—上盖；8—呼吸阀；9—气囊；10—压力表；11—减压阀；12—氧气瓶开关；13—氧气瓶；14—固定支架；15—背带组

图 4-3-2　隔绝式压缩氧自救器结构图

隔绝式压缩氧自救器的工作原理是利用压缩氧气瓶进行定量供气，清净罐吸收呼气中的 CO_2，吸气直接吸取气囊中的新鲜空气，从而形成一个闭路循环呼吸系统。当气囊中氧气过多时，可用排气阀自动排出；当气囊中氧气浓度太低时，可通过手动补给阀向气囊内补充氧气。通过压力指示器可以观察储气瓶中剩余氧气的多少。平时所有系统装置都装在壳体之中，使用者能通过上盖上的观察窗清楚地看到压力表的压力指示。在下壳上设有皮带孔和背带，可固定在矿工皮带上或挎在肩上。

隔绝式压缩氧自救器使用后可更换 CO_2 吸收剂和充氧，然后再重复使用，其价格虽比化学氧仪器高，但每次的使用费用低。

综上所述，在矿用三大类型的自救器中，隔绝式化学氧自救器的价格、体积、质量等都高于过滤式自救器而低于隔绝式压缩氧自救器。

随着科学技术的发展，隔绝式压缩氧自救器的使用时间也在不断地延长，出现了额定防护时间 100 min 的压缩氧自救器，如 ZYX100 型压缩氧自救器。但 ZYX100 型压缩氧自救器的体积和质量相对较大，比较适用于在井下固定放置。其结构示意图如图 4-3-3 所示。

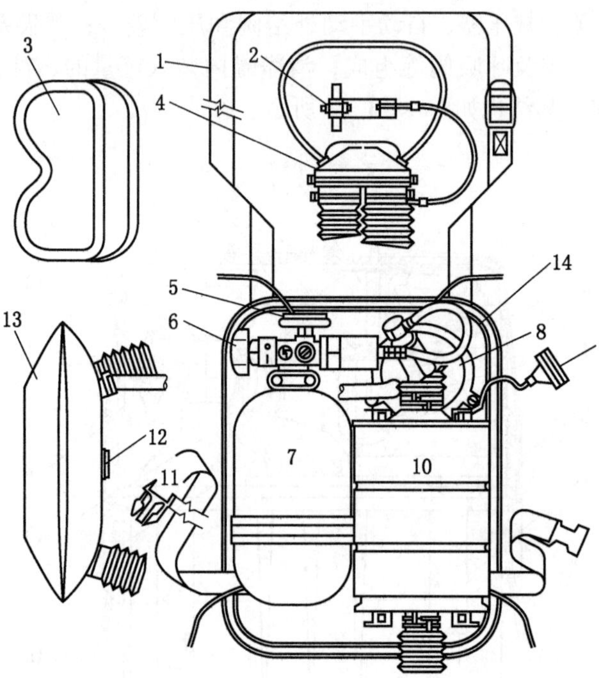

1—脖带；2—鼻夹组；3—护目镜；4—口具；5—压力表；6—气瓶阀门（开关）；7—氧气瓶；8—(压力、流量)调节器；9—口具塞；10—清净罐；11—腰带；12—排气阀门；13—呼吸气囊组；14—封条

图 4-3-3 ZYX100 型隔绝式压缩氧自救器结构示意图

3.1.1.2 维护管理要求

1. 隔绝式化学氧自救器

1）维护要求

（1）不使用时，应存放在通风干燥、室温在 20 ~ 40 ℃的室内。

（2）自救器必须随身携带，尽量避免碰撞。严禁将自救器当坐垫使用，禁止砸、扔等粗暴行为。

（3）自救器不使用时严禁随意打开。

（4）在携带自救器前，应检查外观有无损坏和碰撞凹痕。若发现不正常现象不得携带，应及时送交有关部门检查。

（5）按自救器使用管理规定，定期检查自救器气密是否良好。气密不良的自救器严禁使用。随身携带的自救器一般 1 个月检查一次，受到剧烈撞击有漏气可能的自救器应随时进行检查。

（6）自救器只能佩戴使用一次，使用过的自救器已经报废，不得再次使用。

（7）用过、报废的化学氧自救器，应把药罐和启动装置一起放入水中销毁，使残药与水反应知道无气泡为止。

（8）具体维护方法应参照具体产品的使用说明书。

2）注意事项

（1）使用前须由专业人员现场示范培训，熟练掌握佩戴及使用方法。

（2）在井下作业时，当发现有火灾、瓦斯爆炸的征兆时，必须立即佩戴。

（3）使用时，必须先启动初期生氧启动器（即氧烛）。若启动器未启动生氧，可吹鼓气囊，并急促呼吸 2～3 次，使呼出的气体快速与药剂反应生氧。

（4）佩戴过程中，应防止气囊被划破和挤压，使气囊完好、平整。

（5）撤离灾区时应匀速行进，呼吸均匀，使仪器最大限度提供防护时间。

（6）逃生途中感到吸气不足时，不必惊慌，应放慢脚步，做深呼吸，待气量充足时再加快步伐。严禁取下口具呼吸环境气体。

（7）如呼吸气体中有轻微的盐或碱味，属少量药物粉尘吸入的缘故，没有危险。

（8）使用过程中，氧气温度会逐渐升高，属正常，不必担心。

（9）仪器一经打开只能不间断使用一次，并予以报废，严禁重复使用。

2. 隔绝式压缩氧自救器

1）维护要求

（1）不使用时，应存放在室温不小于 5 ℃、湿度小于 80% 的室内，并防止日光曝晒。

（2）禁止沾染油脂和腐蚀性物质。

（3）自救器必须随身携带，尽量避免碰撞。严禁将自救器当坐垫使用，禁止砸、扔等粗暴行为。

（4）自救器不使用时严禁随意打开。

（5）仪器的维护与保养应由专人监管，严格遵守有关规章制度，定期对仪器进行技术检查。确保氧气瓶内的氧气压力充足，专用二氧化碳吸收剂有效可用。一般每隔半年要检查氧气瓶压力、正负压气密、排气压力、定量供氧等指标。当发现氧气瓶压力不足时应及时充填氧气。重新充装的氧气应符合《医用及航空呼吸用氧》（GB 8982—2009）的规定。发现达不到规定指标要进行调整和修理。如果在携带时遇到激烈撞击等情况，对仪器性能有怀疑时，也要检查上述指标，并进行修理。每隔 3 年要对氧气瓶作水压试验。每隔半年更换二氧化碳吸收剂。重新更换的二氧化碳吸收剂吸收率应符合《压缩氧呼吸器和压缩氧自救器用二氧化碳吸收剂——氢氧化钙技术条件》（MT 454—1995）的规定。

（6）气瓶充气方法：拧下压帽，拔出气瓶，卸下减压阀，便可对氧气瓶进行充填氧气。在充填完氧气和装药后进行组装。在组装时必须注意：安装气囊内的呼气软管时注意不能扭曲，否则会增加呼气阻力，严重扭曲会使呼气气路阻断；把减压阀拧紧在氧气瓶开关上，把气囊上的胶圈完全挂在减压阀的环形槽内。

（7）经氧气充填和药物填装后的仪器须对其呼吸系统进行气密性检查。校正压气密时应使排气阀不排气。

（8）应及时对使用过的自救器气囊和口具等进行清洗、消毒和干燥处理，以备下次再用。

（9）自救器一次使用不足其额定时间时，应进行重新充氧和重新更换二氧化碳吸收剂并检验其呼吸系统气密性。

（10）具体维护方法应参照具体产品的使用说明书。

2）注意事项

（1）自救器佩戴使用前，须由专业人员进行试用培训，并认真阅读说明书。

（2）携带自救器下井前和在佩戴过程中，要经常观察压力表的示值，不得低于说明书规定的相应值。

（3）严禁无故开启、磕碰和坐压自救器。

（4）使用时保持沉着，在呼气和吸气时保持慢速深呼吸。口与自救器的距离应保证气囊尽量拉展，以免气囊内的呼气软管打折，使呼气阻力增加。在使用的中后期，清净罐的温度略有上升是正常的，不必紧张。

（5）自救器使用过程中应避免气囊被划伤或挤压气囊。

（6）当气囊内有气时，不可挤压气囊及补气压板。

（7）严禁在井下随意拆解自救器。

（8）使用者在未脱离灾区或在高温环境中使用时，切勿摘下自救器。

3.1.1.3　自救器选型

矿井装备自救器的类型，应根据矿井中的有害气体及各类型自救器的用途来选用。在具体选择时，可参考以下内容：

（1）隔绝式化学氧自救器的原理是利用化学生氧物质与人呼出气体中的水汽和 CO_2 反应来产生氧气。其结构与隔绝式压缩氧自救器相比较为简单，价格较为便宜，因此其具有经济上的优势。但缺点是，隔绝式化学氧自救器属于一次性产品，使用一次就报废；而且即使是没有佩戴使用过的自救器，当其存放期超过有效期（一般为 3 ~ 5 年）后也要报废。

（2）隔绝式压缩氧自救器的结构与隔绝式化学氧自救器相比，较为复杂。虽然隔绝式压缩氧自救器的价格较高，约为化学氧自救器的 3 ~ 4 倍。但隔绝式压缩氧自救器可更换 CO_2 吸收剂和充氧，可以多次重复使用，服务年限长，每次的使用费用低。因此，从使用方面、舒适程度等方面来看，使用压缩氧自救器是合适的。

（3）隔绝式化学氧自救器与隔绝式压缩氧自救器这两种自救器，呼吸系统与外界空气隔绝，都是本身自产氧气。因此，只要有足够的氧气供给，并且又能与外界有害空气隔绝，就能保证人体不受侵害。

3.1.2　呼吸器

呼吸器又称贮气式防毒面具，有时也称为消防面具，广泛应用于消防、化工、船舶、石油、冶炼、仓库、试验室、矿山等部门，供消防员或抢险救护人员在浓烟、毒气、蒸汽或缺氧等各种环境下使用。目前在煤矿中使用较多的呼吸器主要有两种，一种是隔绝式正压氧气呼吸器，另一种是矿用潜水空气呼吸器。

3.1.2.1 呼吸器的分类

呼吸器按设计原理不同一般分为空气呼吸器和氧气呼吸器。空气呼吸器的工作时间一般为 30 ~ 360 min，根据呼吸器型号的不同，防护时间的最高限值有所不同。总的来说，空气呼吸器的防护时间比氧气呼吸器短。

1. 空气呼吸器

空气呼吸器是隔绝式的防护器材，自成一套呼吸系统，不受毒物浓度的影响，不受氧气含量的影响。空气呼吸器主要由供气阀组件、减压器组件、压力显示组件、背架组件、面罩组件、气瓶和瓶阀组件、高压及中压软管组件等组成，如图 4-3-4 所示。

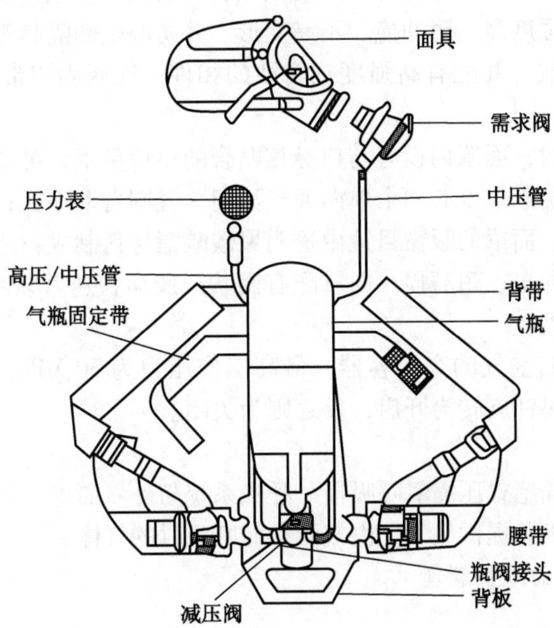

图 4-3-4 空气呼吸器组成图

空气呼吸器采用气瓶自带压缩空气为气源，呼吸气流的流通方式是自给开放式。吸气时，新鲜空气由气瓶经气瓶阀、减压器、中压导管、供气阀、面罩，被吸入到人体肺中；呼气时，呼出气体通过面罩上的呼气阀排到外界环境大气中，以此呼吸循环，直至工作结束。

在呼吸过程中，吸入的气体由供气阀控制。供气阀必须与安装有呼吸阀的面罩密封连接，以保证面罩内的绝对压力。供气阀的工作靠腔室内的倾斜隔膜和偏弹簧实现系统的气压平衡，使输出的气体量始终大于或等于被吸入的气体量，保证面罩内的气压始终高于外界环境的大气压力。

黑色橡胶重置按钮可用于关闭供气阀的输出气量，在测试过程中或任务完成后取下面罩而不使气瓶内的气体泄出。供气阀进气端的红色旋钮是旁通阀的开关，逆时针旋转为打开，反之则为关闭，正常输出的流量为 120 L/min 左右。旁通阀主要用于辅助供气，如排放掉系统内余气压、气刷除雾或第二种方式的恒流供气（在供气阀出现不正常的供气故障时）。

减压器的作用是将气瓶内高压气体减压为中压，以保证供气阀的正常工作。在气瓶压力为 2 ~ 30 MPa 时，输出的中压值范围为 0.5 ~ 1.1 MPa。活塞上内置安全泄压阀，当中压值大于 1.1 MPa 时可安全泄压，保证中压系统不会超压。

压力显示组件主要由压力表和报警气哨组成。压力表用于指示气瓶内的气体压力，该压力表表盘有荧光，使用者在暗处也可观察压力指示。表蒙由聚碳酸酯材料制成，耐磨且抗冲击，压力表外还设有橡胶护套。当气瓶压力为（5 ± 0.5）MPa 时，报警哨会发出 90 dB 以上的报警声响，警示使用者撤离险区。

背架组件主要包括背板、背带、腰带、气瓶固定带等。背板的结构形状符合人体功效学，使呼吸器的重量主要分布于臀部，可使佩戴者活动灵活，减少疲劳；背板采用高强度复合材料制成，具有强度高、耐冲撞、不易变形、并防静电和隔热等特点。背带和腰带采用阻燃的聚酯织带制成，并配有高强度抗腐蚀的扣件；气瓶固定带有凸轮锁扣与插销封闭，以防意外打开。

面罩为双折边密封，面罩内设有与口鼻相贴合的小口鼻罩，可最大限度地减小面罩内的实际有害空间；口鼻罩上设有两个单向通气活门，气刷自动除雾；在面罩的下颚处设有呼气阀和发话传声器；面罩的眼窗目镜由透明聚碳酸酯材料制成，清晰明亮，目镜上涂有防刮伤的保护层，抗冲击、耐磨损。面罩配有网状或胶质快速着装系带，可以全面调整，以适应不同尺寸的头型。

气瓶是储存和压缩空气的高压容器，最高工作压力为 30 MPa，气瓶上设有气瓶阀。阀开关为手轮式，逆时针旋转为开启，反之则为关闭。

2. 氧气呼吸器

氧气呼吸器又称隔绝式压缩氧呼吸器。呼吸系统与外界隔绝，仪器与人体呼吸系统形成内部循环，由高压气瓶提供氧气，由气囊存储呼吸时的气体。

3.1.2.2　空气呼吸器的维护管理

1. 维护要求

（1）使用前的检查。气瓶压力是否符合要求，部件是否齐全完好，空气呼吸器应始终保持完好状态。

（2）常规功能检查每月进行一次，由车间安全工程师负责检查气瓶的压力、部件的完好状况，并做气密检查（系统和面罩）、正压测试和报警哨测试。

（3）气密检查。系统检查，打开气瓶阀，使系统充满压力，再关闭气瓶阀，观察压力表指示值，1 min 内压力下降不超过 1 MPa；面罩检查，戴好面罩，关闭气瓶阀屏气 10 s，仔细听有没有泄漏声，并观察压力表，看压力值是否下降，测试后请立即打开气瓶阀。

（4）正压测试。佩戴好空气呼吸器，用一手指扒开面罩一条缝，查看供气阀是否连续不断向面罩内供气。

（5）报警哨测试。系统内充满压力后，关闭气瓶阀，用手旋转与供气阀相连接的红色旋钮，缓缓放出余气，观察压力表，压力降至红色警戒线时，报警哨响起，余气排出后复位。

2. 注意事项

（1）使用前必须检查气瓶压力，低于 20 MPa 不宜使用。

（2）危险区域内，任何情况下严禁摘下面罩。

（3）听到报警哨响起，应立即撤出危险区域。

（4）进入危险区域作业，必须两人以上，相互照应。如有条件，再有一人监护最好。

（5）呼吸器及配件应避免接触明火、高温。

（6）呼吸器严禁沾染油脂。

（7）当气瓶压力不足时，须及时更换，然后继续使用或储存。更换顺序如下：将空气呼吸器平放；气瓶阀关闭，将供气阀相连接的红色旋钮逆时针旋转将余气放掉后复位；捏住束带扣上黄色按钮，将束带扣上盖翻开，解开气瓶箍紧束带；顺时针方向拧开减压器连接手轮，卸下气瓶；将实瓶口对准减压器连接手轮，逆时针方向拧紧即可，扣好气瓶束带。

3.1.3　其他逃生避险设备

为提高遇险矿工在避灾时利用自救器（呼吸器）逃生避险的续航能力，近年国内外研究开发出过渡站（中继站）、加气站等设备设施，一方面可以更好地发挥自救器的作用，另一方面可以为避险人员提供更多的逃生避险时间。

3.1.3.1　过渡站（中继站）

过渡站（中继站）是一种用于井下发生突发事件时，为矿工沿避险路线逃生过程中提供临时避难空间，以便更换自救器、矿灯并补充必要的生命保障物品、延长矿工逃生时间的多功能应急避险装备。

过渡站的作用主要是在自救器快要使用完时进行安全、快速的更换。在避灾路线上设置一个或多个过渡站，一旦避险矿工逃生避险过程中随身携带的自救器防护时间不够时，可以进入过渡站进行自救器的快速替换，然后继续逃生。国外某单位研究开发的过渡站如图4－3－5所示。

图4－3－5　过渡站

过渡站中装有储物架，可容纳备用自救器、矿灯、食品等物品，如图4－3－6所示。过渡站有一个进口门和一个出口门，以供矿工通过。每个门上装有厚重塑料门帘，以减少污染物进入主舱。

过渡站的呼吸空气系统可以使用压缩氧气瓶和二氧化碳洗涤器提供新鲜可呼吸的空

图4-3-6　自救器储物架和二氧化碳洗涤器

气，如图4-3-7所示。氧气瓶中产生的氧气直接通过二氧化碳洗涤系统，输送到设备的中央交换区域。当过渡站处于完全独立运作状态时，能提供长达几个小时的可呼吸空气。二氧化碳洗涤器由氧气瓶中的压缩空气驱动。食物、水、通讯设施、额外的自救器和急救箱都可以存放在设备单元内。

图4-3-7　氧气瓶和过滤系统

气隔式塑料透明条状挂帘安装在入口和出口处。这些透明挂帘必须保持闭合状态，最大限度地减少空气污染物进入，保证中央安全区域免受有毒气体侵袭。

2. 快速加气站

遇险矿工使用空气呼吸器逃生时，由于空气呼吸器有一定的使用时间限制，为提高其续航能力，一些矿井在避灾路线上每隔一定距离设置1台或多台快速加气站，可以在较短的时间里为空气呼吸器加气，满足避险人员继续使用和逃生的需要。国外某公司研发的快速加气站如图4-3-8所示。

图4-3-8 快速加气站

快速加气站具有35 MPa储气瓶、5个接口充气面板，可在45~75 s将60 min空气呼吸器充满。

这种加气站在澳大利亚的煤矿得到较多的应用。

快速加气站与过渡站（中继站）在一定程度上延长了自救器与呼吸器的使用时间，为逃生避险人员提供了宝贵的时间，大大增加了逃生获救的机会，是井下避险救生设施的重要组成部分。

3.2 井下避灾路线与逃生指示

为保证在煤矿井下突发紧急情况下，井下人员能够安全、有序逃生避险，每一矿井都必须针对可能发生的不同灾害类型，制定不同作业地点的避灾路线，以最大限度保障遇险矿工的生命安全。

3.2.1 井下避灾路线

3.2.1.1 灾害事故避灾的一般原则

1. 瓦斯煤尘爆炸事故

一旦井下发生瓦斯煤尘爆炸事故，掘进工作面和其他地区的人员在发生事故时，应迎着新鲜风流方向迅速撤到安全出口。事故区回风流中的人员，应就近迅速通过风门进入进风巷道，再撤到地面，但通过风门时，必须及时将风门关好，以防风流短路、混乱，造成事故范围扩大。

2. 水灾事故

一旦发生水灾事故，遇险人员应遵循沿标高较高的巷道撤退的原则。当水势较大时，应尽量避开泄水主流，防止被水平流动的木料和矸石撞伤；当无法撤退时，可选择标高尽可能高的巷道避灾等待救援。发生水灾事故时，只要不是独头上山，要本着水往低处流、人往高处走的原则，从工作地点立即就近进入回风巷、轨道大巷撤至地面；独头上山的人员也要尽快从工作地点撤离，然后就近从上山巷道撤退至安全地点。

3. 火灾事故

一旦发生火灾事故，遇险人员应迅速辨认出风流的方向，尽快佩戴自救器由捷径绕至新鲜风流处，并迅速向调度室汇报。如果火势不大应尽快组织人员进行直接灭火；如果火势较大应尽量控制火势的蔓沿，并迅速通知受火灾影响区域的人员撤离灾区；当巷道内已充满烟雾，切不可惊慌，要沉着冷静地在有经验的老工人或班组长的带领下，俯身有秩序的撤退至最近的避难硐室或救生舱；当无路可退时，应尽量利用临时构筑物或两道风门之间形成临时避难硐室，设法与外界联系，努力维持改善自身的生存条件，等待救援。

3.2.1.2　避灾路线的基本要求

避灾路线的设置要满足以下要求：

（1）分类设置。煤矿灾害主要有水、火、瓦斯、煤尘、顶板五类，各类事故性质不同，影响范围各异，如矿井火灾及瓦斯事故的影响范围受通风系统影响明显，矿井水灾受底板标高影响明显。煤矿企业在进行避灾路线设置时要充分考虑各类事故的影响范围与制约因素，科学合理设置，确保有效避灾。

（2）路线最优。某一发生事故的地点可能有多条通往安全区域的避灾路线，在设置避灾路线时要充分对比、分析，在保证安全避险的情况下选择路线最短的为灾变时的避灾路线。

（3）沿途通畅。避灾路线尽量选择风门数量最少的巷道，以缩短人员撤离时间。加强对避灾路线沿途巷道的日常管理、维护，保证巷道支护完好，沿途无影响人员撤离的障碍物，确保人员顺利撤离。

（4）适时修订。避灾路线要根据矿井采掘延伸情况及时修订，确保避灾路线适应灾变时避灾需要。

（5）标识明显。巷道交叉口及沿途必须设置醒目的避灾路线标识，并随巷道延伸或封闭及时更新。

3.2.1.3　避灾路线的制定

矿井避灾路线制定过程中，应注意以下问题：

（1）遵循灾害事故避灾的一般原则，满足上述基本要求。

（2）选择最佳的避灾路线应是求解安全最短的撤退时间，要注意的是，最短的撤退路线并不等于最短的撤退时间，这是因为巷道的通行难易度不一样的缘故。对于井下巷道，影响人员行走速度的因素有巷道断面、坡度、风速及局部通行障碍物等。

（3）选择方法上，首先应选择理想避灾路线，即无烟流影响的最短安全路线；其次选择可行避灾路线，即有烟流影响但可通行的路线。无上述两种路线时，计算遇险人员最大耐受时间，以其为依据的路线为逃生避灾路线。

（4）由于井下条件的复杂性及灾害事故发生演变过程中的诸多不确定性因素，事先确定的避灾路线可能受阻。为保证遇险人员安全避险，美国煤矿通常对一个作业地点确定两条避灾路线，其中一条优先使用，在矿井避灾路线图上以不同颜色或线条表示，这种方法值得借鉴和参考。

3.2.2　广播通信系统

广播通信系统是为保证煤矿井下遭遇突发性事件时，能以最简捷、最快的途径通知井下作业人员，并指导相关人员紧急疏散或采取相应安全措施，做到及时并有效的应急救援。广播通信系统的一般组成如图 4－3－9 所示。

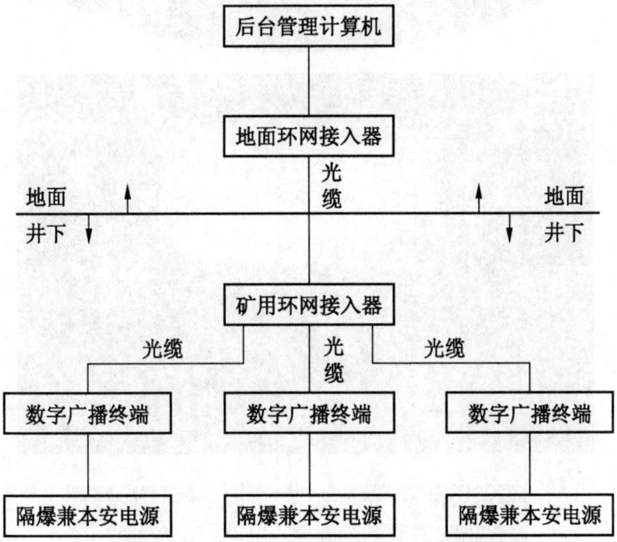

图 4－3－9　广播通信系统基本组成

系统一般由管理用上位机、广播控制主机、信号传输部分、矿用防爆音箱等组成。系统集安全播报、调度指挥、安全监测、公共语音为一体，结合煤矿安全生产的需要，日常可以进行安全宣传、教育，在指定区域播放安全规章、安全措施、注意事项等，增强职工安全意识；井下出现重大安全事故时，可以根据事先设定程序，调动相关应急预案，指挥现场人员撤离；也可以人工调用应急预案语音材料，播放给指定区域，并可以通过麦克风，直接指挥有关人员撤离。

3.2.3　逃生指示系统

逃生指示系统是灾变条件下引导遇险人员合理选择逃生避灾路线、迅速逃离灾害区域、顺利到达地面或避险设施的可靠保障。目前逃生指示系统主要有逃生路线指示牌和“生命绳”等。

3.2.3.1　逃生路线指示牌

每一矿井都应建立避灾指示系统，在矿井巷道与交叉路口有醒目的安全出口的指示标志，为井下遇险人员提供逃生方向指示，显示距离前方避难硐室的距离。带有明显反光的标志，可在黑暗环境中清晰显示指示信息。

新型逃生指示牌样式如图 4－3－10 所示，具备以下特点：

图4-3-10　避灾路线指示牌样式图

（1）亮处吸光，暗处发光。亮处吸收灯光、环境杂散光等各种可见光，黑暗处即可自动持续发光，给工人黑暗中更多的信息指示。

（2）无需电源，无毒、无放射性、化学性能稳定。

（3）激发条件低，阳光、普通照明、环境杂散光都可作为激发光源。发光亮度高，发光时间长。

(4) 可无限次重复使用，安全系数高，具有良好的抗老化性、耐腐蚀性、耐热性，具有一定的阻燃性及抗划伤性能。

随着科学技术的发展，一些研究单位也在开发根据灾情发展，提供应急逃生实时指挥的指示系统，可以为遇险人员提供最有效、最直接的逃生指挥。

3.2.3.2　生命绳

"生命绳"是一种紧急逃生指引绳，是井下安全逃生时的一种物理指示，旨在井下出现火灾或爆炸时，帮助遇险人员撤离矿井或进入避险设施。井下发生紧急情况下，特别是只有在用手能触摸（无灯、有烟）的情况下，提高遇险人员成功逃离的概率。

我国某矿井井下设置的"生命绳"，在线轴上每隔一定距离安装锥形体。锥形体从小到大的方向为逃生的正确方向。当遇险人员手握生命绳逃生时，遇锥形体容易通过，说明方向正确；否则，应调转方向。

有的矿井也在"生命绳"线轴上每隔一定距离安装一些示向标，每种示向标表示一种意义，如表示附近有自救器、饮用水、食品、救生舱等。

图4-3-11为某矿在"生命绳"上附加的示向标。

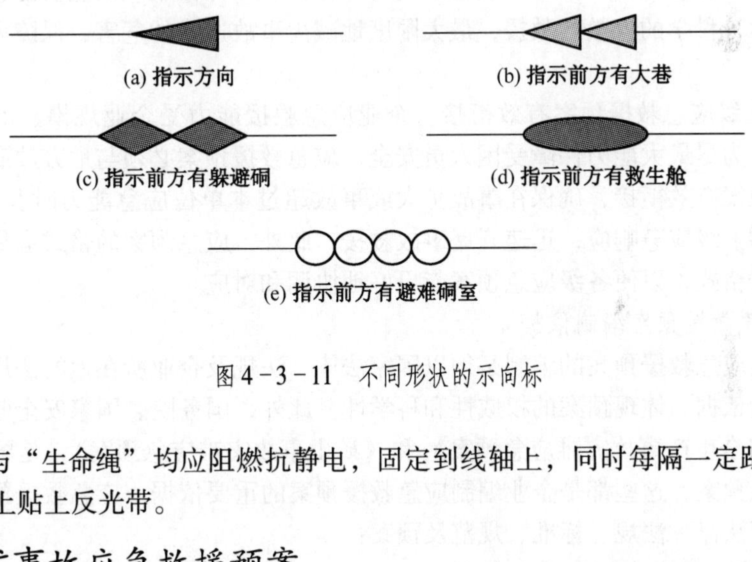

图4-3-11　不同形状的示向标

示向标与"生命绳"均应阻燃抗静电，固定到线轴上，同时每隔一定距离在各个示向标（锥）上贴上反光带。

3.3　煤矿事故应急救援预案

煤矿事故应急救援预案是针对可能发生的重大事故所需的应急准备和响应行动而制定的指导性文件，编制应急救援预案是贯彻落实"安全第一、预防为主、综合治理"方针，规范煤矿企业应急管理工作，提高应对风险和防范事故的能力，保证职工安全健康，最大限度地减少财产损失、环境损害和社会影响的重要措施。

3.3.1　应急救援预案编制的原则与依据

3.3.1.1　应急救援预案编制原则

(1) 符合国家有关法律法规以及标准、规范要求。法律法规及各类标准、规范是开展应急救援工作的重要前提保障，也是编制应急救援预案的重要依据，应急救援预案的编制必须符合国家、省、市现行的法律法规及标准、规范要求。

(2) 体系完善。一个体系完善的应急救援预案由综合应急预案、专项应急预案和现场处置方案三部分组成。其中综合应急预案是从总体上阐述处理事故的应急方针、政策，应急组织结构及相关应急职责，应急行动、措施和保障等基本要求和程序，是应对各类事故的综合性文件。专项应急预案是针对具体的事故类别（如煤矿瓦斯爆炸、危险化学品泄漏等事故）、危险源和应急保障而制定的计划或方案，是综合应急预案的组成部分，应按照综合应急预案的程序和要求组织制定，并作为综合应急预案的附件。专项应急预案应制定明确的救援程序和具体的应急救援措施。现场处置方案是针对具体的装置、场所或设施、岗位所制定的应急处置措施。现场处置方案应具体、简单、针对性强。现场处置方案应根据风险评估及危险性控制措施逐一编制，做到事故相关人员应知应会，熟练掌握，并通过应急演练做到迅速反应、正确处置。矿井灾害预防与处理计划也是现场处置方案的一种。

（3）要素齐全。无论是综合应急预案、专项应急预案还是现场处置方案均有若干必备的要素，要素齐全是预案完整的重要体现。要素评审是预案评审的重要内容之一，应急救援预案必须符合 AQ/T 9002—2006 中规定的预案要素要求。

（4）现场操作性强。应急救援预案是事故发生时现场有效避灾与地面迅速救援的指导性文件，因此应急救援预案必须具备现场可操作性，以保证事故发生时能够按照预案进行快速、有效、科学的自救与救援，最大限度地减少事故造成的危害，保障人员生命和财产安全。

（5）与上级应急救援预案有效衔接。企业应急救援能力受企业规模、事故级别等客观条件制约，为尽最大能力保障受困人员安全，应急救援预案必须与地方政府及上级有关部门的应急预案有效衔接，确保在事故扩大或事故超过本单位应急能力时及时扩大应急，第一时间得到上级应急响应，迅速开展事故救援。此外，应急预案的格式应尽量采取与上级机构一致的格式，以便各级应急预案能更好地协调和对应。

3.3.1.2　应急救援预案编制依据

煤矿事故应急救援预案的编制必须以国家法律、法规及企业所在地的法规、有关行业标准、规范为依据，体现预案的权威性和科学性。此外，国务院、国家安全监管总局也制定了《国家安全生产事故灾难应急预案》和《矿山事故灾难应急预案》，是国家、行业最高层面的应急预案，这些都是企业编制应急救援预案的重要依据。应急救援预案的编制依据主要有以下法律、法规、标准、规范及预案：

（1）《中华人民共和国安全生产法》。

（2）《中华人民共和国突发事件应对法》。

（3）《中华人民共和国矿山安全法》。

（4）《煤矿安全监察条例》。

（5）《生产安全事故报告和调查处理条例》。

（6）《生产经营单位应急预案管理办法》。

（7）《煤矿安全规程》。

（8）《生产经营单位安全生产事故应急预案编制导则》（AQ/T 9002—2006）。

（9）《职业健康安全管理体系规范》（GB/T 28001—2001）。

（10）《国家安全生产事故灾难应急预案》。

（11）《矿山事故灾难应急预案》。

(12) 煤矿企业所在地各级政府颁布的有关安全生产法规、规定。

(13) 国家安全监管总局、国家煤矿安监局及各级煤矿安全监察机构、行业管理部门颁布的有关安全生产、应急救援的规定、条例、文件。

3.3.2 应急救援预案编制的主要内容

应急救援预案应形成体系，针对各级各类可能发生的事故和所有危险源制定综合应急预案、专项应急预案和现场应急处置方案，并明确事前、事发、事中、事后的各个过程中相关部门和有关人员的职责。生产规模小、危险因素少的生产经营单位，综合应急预案和专项应急预案可以合并编写。

3.3.2.1 综合应急预案的主要内容

综合应急预案的主要内容应包括以下 11 个方面内容。

1. 总则

(1) 编制目的。简述应急救援预案编制的目的、作用等。

(2) 编制依据。简述应急救援预案编制所依据的法律法规、规章，以及有关行业管理规定、技术规范和标准等。

(3) 适用范围。说明应急救援预案适用的区域范围，以及事故的类型、级别。

(4) 应急预案体系。说明本单位应急救援预案体系的构成情况。

(5) 应急工作原则。说明本单位应急救援工作的原则，内容应简明扼要、明确具体。应急救援预案应有明确的方针和原则作为指导应急救援工作的纲领。体现保护人员安全优先、防止和控制事故蔓延优先、保护环境优先。同时体现事故损失控制、预防为主、常备不懈、统一指挥、高效协调以及持续改进的思想。

2. 危险性分析

(1) 生产经营单位概况。主要包括单位地址、从业人数、隶属关系、主要原材料、主要产品、产量等内容，以及周边重大危险源、重要设施、目标、场所和周边布局情况。必要时，可附平面图进行说明。

(2) 危险源与风险分析。主要阐述本单位存在的危险源及风险分析结果。危险分析结果应提供：地理、人文、地质、气象等信息；煤矿功能布局及交通情况；重大危险源分布情况；重大事故类别；特定时段、季节影响；可能影响应急救援的不利因素。危险目标的确定，可选择对以下材料辨识的事故类别、综合分析的危害程度，确定危险目标：重大危险装置、设施现状的安全评价报告；健康、安全、环境管理体系文件；职业安全健康管理体系文件；重大危险源辨识、评价结果；其他。

3. 组织机构及职责

1) 应急组织体系

明确应急组织形式，构成单位或人员，并尽可能以结构图的形式表示出来。

2) 指挥机构及职责

依据煤矿重大事故危害程度的级别，明确应急救援指挥机构总指挥、副总指挥、各成员单位及其相应职责。

应急救援指挥机构根据事故类型和应急工作需要，可以设置相应的应急救援工作小组，并明确各小组的工作任务及职责。主要职责为：

(1) 组织制定煤矿重大事故应急救援预案。

（2）负责人员、资源配置、应急队伍的调动。

（3）确定现场指挥人员。

（4）协调事故现场有关工作。

（5）批准预案的启动与终止。

（6）事故状态下各级人员的职责。

（7）煤矿事故信息的上报工作。

（8）接受上级单位的指令和调动。

（9）组织应急救援预案的演练。

（10）负责保护事故现场及相关数据。

4. 预防与预警

1）危险源监控

明确本单位对危险源监测监控的方式、方法以及采取的预防措施。

2）预警行动

明确事故预警的条件、方式、方法和信息的发布程序。

3）信息报告与处置

按照有关规定，明确事故及未遂伤亡事故信息报告与处置办法。

（1）信息报告与通知。明确 24 h 应急值守电话、事故信息接收和通报程序。

（2）信息上报。明确事故发生后向上级主管部门和地方人民政府报告事故信息的流程、内容和时限。

（3）信息传递。明确事故发生后向有关部门或单位通报事故信息的方法和程序。

5. 应急响应

（1）响应分级。针对事故危害程度、影响范围和单位控制事态的能力，将事故分为不同的等级。按照分级负责的原则，明确应急响应级别。

（2）响应程序。根据事故的大小和发展态势，明确应急指挥、应急行动、资源调配、应急避险、扩大应急等响应程序。

（3）应急结束。明确应急终止的条件。事故现场得以控制，环境符合有关标准，导致次生、衍生事故隐患消除后，经事故现场应急救援指挥机构批准后，现场应急结束。

应急结束后，应明确：

（1）事故情况上报事项。

（2）需向事故调查处理小组移交的相关事项。

（3）事故应急救援工作总结报告。

6. 信息发布

明确事故信息发布的部门和发布原则。事故信息应由事故现场指挥部及时准确向新闻媒体通报事故信息。

7. 后期处置

后期处置主要包括污染物处理、事故后果影响消除、生产秩序恢复、善后赔偿、抢险过程和应急救援能力评估及应急预案的修订等内容。

8. 保障措施

（1）通信与信息保障。明确与应急工作相关联的单位或人员通信联系方式和方法，并提供备用方案。建立信息通信系统及维护方案，确保应急期间信息通畅。

（2）应急队伍保障。明确各类应急响应的人力资源，包括专业应急队伍、兼职应急队伍的组织与保障方案。

（3）应急物资装备保障。明确应急救援需要使用的应急物资和装备的类型、数量、性能、存放位置、管理责任人及其联系方式，明确井下移动救生舱、永久避难硐室的布置地点、数量、管理单位、责任人等内容。

（4）经费保障。明确应急专项经费来源、使用范围、数量和监督管理措施，保障应急状态时生产经营单位应急经费的及时到位。

（5）其他保障。根据本单位应急工作需求而确定的其他相关保障措施（如交通运输保障、治安保障、技术保障、医疗保障、后勤保障等）。

9. 培训与演练

（1）培训。明确对本单位人员开展的应急培训计划、方式和要求。如果预案涉及到社区和居民，要做好宣传教育和告知等工作。

（2）演练。明确应急演练的规模、方式、频次、范围、内容、组织、评估和总结等内容。

10. 奖惩

明确事故应急救援工作中奖励和处罚的条件和内容。

11. 附则

（1）术语和定义。对应急预案涉及的一些术语进行定义。

（2）应急救援预案备案。明确应急救援预案的报备部门。

（3）维护和更新。明确应急救援预案维护和更新的基本要求，定期进行评审，实现可持续改进。

（4）制定与解释。明确应急救援预案负责制定与解释的部门。

（5）应急救援预案实施。明确应急救援预案实施的具体时间。

3.3.2.2 专项应急预案的主要内容

专项应急预案的主要内容应包括以下7个方面内容。

1. 事故类型和危害程度分析

在危险源评估的基础上，对其可能发生的事故类型和可能发生的季节及其严重程度进行确定。

2. 应急处置基本原则

明确处置安全生产事故应当遵循的基本原则。

3. 组织机构及职责

（1）应急组织体系。明确应急组织形式、构成单位或人员，并尽可能以结构图的形式表示出来。

（2）指挥机构及职责。根据事故类型，明确应急救援指挥机构总指挥、副总指挥以及各成员单位或人员的具体职责。应急救援指挥机构可以设置相应的应急救援工作小组，明确各小组的工作任务及主要负责人职责。

4. 预防与预警

（1）危险源监控。明确本单位对危险源监测监控的方式、方法，以及采取的预防措施。

（2）预警行动。明确具体事故预警的条件、方式、方法和信息的发布程序。

5. 信息报告程序

（1）确定报警系统及程序。

（2）确定现场报警方式，如电话、警报器等。

（3）确定 24 h 与相关部门的通讯、联络方式。

（4）明确相互认可的通告、报警形式和内容。

（5）明确应急反应人员向外求援的方式。

6. 应急处置

（1）响应分级。针对事故危害程度、影响范围和单位控制事态的能力，将事故分为不同的等级。按照分级负责的原则，明确应急响应级别。

（2）响应程序。根据事故的大小和发展态势，明确应急指挥、应急行动、资源调配、应急避险、扩大应急等响应程序。

（3）处置措施。针对本单位事故类别和可能发生的事故特点、危险性，制定应急处置措施（如煤矿瓦斯爆炸、冒顶片帮、火灾、透水等事故应急处置措施，危险化学品火灾、爆炸、中毒等事故应急处置措施）。

7. 应急物资与装备保障

明确应急处置所需的物质与装备数量、管理和维护、正确使用等。

3.3.2.3　现场处置方案的主要内容

现场处置方案的主要内容应包括以下 4 个方面：

1. 事故特征

（1）危险性分析，可能发生的事故类型。

（2）事故发生的区域、地点或装置的名称。

（3）事故可能发生的季节和造成的危害程度。

（4）事故前可能出现的征兆。

2. 应急组织与职责

（1）基层单位应急自救组织形式及人员构成情况。

（2）应急自救组织机构、人员的具体职责，应同单位或车间、班组人员工作职责紧密结合，明确相关岗位和人员的应急工作职责。明确可移动式救生舱“一人一位”安排情况，在紧急避险设施内避险期间的人员分工和职责。

3. 应急处置

（1）事故应急处置程序。根据可能发生的事故类别及现场情况，明确事故报警、各项应急措施启动、地面指挥部同事故现场及井下紧急避险系统的信息链接、应急救护人员的引导、事故扩大及同企业应急预案的衔接程序。

（2）现场应急处置措施。针对可能发生的火灾、爆炸、突出、水患、冒顶等事故灾害，从操作措施、工艺流程、现场处置、事故控制，人员救护、现场恢复等方面制定明确的应急处置措施。包括井下可移动式救生舱、永久避难硐室的使用方法，避难期间通信、环境监测、创伤急救、生命维持等系统、设施、设备的操作方法、程序及注意事项等。

（3）报警电话及上级管理部门、相关应急救援单位联络方式和联系人员、紧急避险系统的通信联络方式及号码（有线、无线、应急广播）、事故报告的基本要求和内容。

4. 注意事项

（1）佩戴个人防护器具方面的注意事项。

（2）使用抢险救援器材方面的注意事项。

（3）采取救援对策或措施方面的注意事项。

（4）现场自救和互救注意事项。

（5）现场应急处置能力确认和人员安全防护等事项。

（6）应急救援结束后的注意事项。

（7）其他需要特别警示的事项。

3.3.2.4 附件

1. 有关应急部门、机构或人员的联系方式

列出应急工作中需要联系的部门、机构或人员的多种联系方式，并不断进行更新，包括：组织机构名单，值班联系电话，煤矿事故应急救援有关人员联系电话，煤矿生产单位应急咨询服务电话，外部救援单位联系电话，政府有关部门联系电话，供水、供电单位联系方式，组织保障制度等。

2. 重要物资装备的名录或清单

列出应急救援预案涉及的重要物资和装备名称、型号、存放地点和联系电话等。应急装备一般包括：监测监控系统，人员定位系统，压风自救系统，供水施救系统，通信联络系统，井下应急照明和动力，自救器、呼吸器，井下可移动式救生舱、永久避难硐室及其他安全避难场所，紧急隔离栅、开关和切断阀，消防设施，急救设施，通讯设备等。

3. 规范化格式文本

信息接收、处理、上报等规范化格式文本。

4. 关键的路线、标识和图纸

主要包括：警报系统分布及覆盖范围；重要防护目标一览表、分布图；应急救援指挥位置及救援队伍行动路线；避灾路线、重要地点等标识；相关平面布置图纸、救援力量的分布图纸等；矿井平面图，矿井立体图，巷道布置图，采掘工程平面图，井下运输系统图，矿井通风系统图，矿井系统图，排水、防尘、防火注浆、压风、充填、抽放瓦斯等管路系统图，井下避灾路线图，安全监测装备布置图，瓦斯、煤尘、顶板、水、通风等数据，程序、作业说明书和联络电话号码，井下通信系统图等。

5. 相关应急救援预案名录

列出直接与应急救援预案相关的或相衔接的应急预案名称。

6. 有关协议或备忘录

与相关应急救援部门签订的应急支援协议或备忘录。

3.3.3 应急救援预案编制要求

《生产安全事故应急预案管理办法》第二章第五条对应急预案的编制有如下要求：

（1）符合有关法律、法规、规章和标准的规定。

（2）结合本地区、本部门、本单位的安全生产实际情况。

（3）结合本地区、本部门、本单位的危险性分析情况。

（4）应急组织和人员的职责分工明确，并有具体的落实措施。

（5）有明确、具体的事故预防措施和应急程序，并与其应急能力相适应。

（6）有明确的应急保障措施，并能满足本地区、本部门、本单位的应急工作要求。

（7）预案基本要素齐全、完整，预案附件提供的信息准确。

（8）预案内容与相关应急预案相互衔接。

此外，应急救援预案的编制还必须符合如下 8 个方面的要求。

1. 针对性

应急救援预案是针对可能发生事故，为迅速、有序的开展应急行动而预先制定的行动方案，因此，应急救援预案应结合危险分析的结果。

（1）针对重大危险源。重大危险源是指长期地或是临时地生产、搬运、使用或贮存危险性物品，且危险物品的数据等于或超过临界量的单位。重大危险源历来就是生产经营单位监管重点对象。

（2）针对可能发生的各类事故。在编制应急救援预案之初需要对生产经营单位中可能发生的各类事故进行分析和编制，在此基础上编制预案，才能保证应急救援预案更广范围的覆盖性。

（3）针对关键的岗位和地点。不同的生产经营单位，同一生产经营单位不同生产岗位所存在的风险大小都往往不同，特别是在危险化学品、煤矿开采、建筑等高危行业，都存在一些特殊或关键的工作岗位和地点。

（4）针对薄弱环节。生产经营单位的薄弱环节主要是指生产经营单位为应对重大事故发生而存在的应急能力缺陷或不足方面，企业在编制预案过程中，必须针对生产经营在进行重大事故应急救援过程中，人力、物力、救援装备等资源是否可以满足要求而提出弥补措施。

（5）针对重要工程。重要工程的建设和管理单位应当编制预案，这些重要工程往往关系到国计民生的大局，一旦发生事故，其造成的影响或损失往往不可估量，因此，针对这些重要工程应当编制应急救援预案。

2. 科学性

应急救援工作是一项科学性很强的工作，编制应急救援预案必须以科学的态度，在全面调查研究的基础上，实行领导和专家结合的方式，开展科学分析和论证，制定出决策程序和处置方案。

3. 可操作性

应急救援预案应具有实用性和可操作性。可操作性包括两个方面，一是灾害现场的可操作性，二是救灾指挥的可操作性。发生重大事故灾害时，现场遇险人员可有效组织、迅速处置、及时撤离；而有关应急组织、人员可以按照应急预案的规定的迅速、有序、有效地开展应急救援行动，降低事故损失。

4. 完整性

（1）功能完整。应急救援预案中应说明有关部门应履行的应急准备、应急响应职能和灾后恢复职能，说明为确保履行这些职能而应履行的支持性职能。

（2）应急过程完整。包括应急管理工作中的预防、准备、响应和恢复 4 个阶段。

（3）适用范围完整。要阐明预案的使用范围，针对不同事故性质可能会对预案的适用范围进行扩展。

5. 合法合规

应急救援预案的内容应符合国家法律、法规、标准和规范的要求。

6. 可读性

（1）易于查询。

（2）语言简洁、通俗易懂。

（3）层次及结构清晰。

7. 相互衔接

安全生产应急救援预案应相互协调一致、相互兼容。

8. 权威性

应急救援预案应明确救援工作的管理体系、救援行动的组织指挥权限和各级救援组织的职责、任务等，保证救援工作的统一指挥。制定的预案要经相应级别、相应管理部门批准后实施。

4　避　难　硐　室

避难硐室是煤矿井下的主要避难场所，《煤矿井下紧急避险系统建设管理暂行规定》明确要求要优先建设避难硐室。合理进行避难硐室的设计、建设、维护和管理，对保证井下矿工生命安全、提高煤矿安全保障能力具有特别重要的意义。

避难硐室是具有紧急避险功能的井下专用巷道硐室。在井下发生灾害事故时，为无法及时撤离的遇险人员提供生命保障，对外能够抵御高温烟气、隔绝有毒有害气体，对内提供氧气、食物、饮用水，去除有毒有害气体，创造基本生存条件，并为应急救援创造条件、赢得时间。随着煤矿井下紧急避险系统建设完善工作的深入，出现了不同类型的避难硐室。

4.1　避难硐室的基本类型与要求

4.1.1　避难硐室的基本类型

4.1.1.1　按服务年限分

按避难硐室的服务年限，可分为永久避难硐室和临时避难硐室。

永久避难硐室设置在矿井大巷或采（盘）区避灾路线上，服务于整个矿井、水平或采区，服务年限一般不低于 5 年。

临时避难硐室设置在采掘区域或采区避灾路线上，主要服务于采掘工作面及其附近区域，服务年限一般不大于 5 年。

临时避难硐室与永久避难硐室的主要区别在于服务年限、服务区域、防护等级的不同，临时避难硐室的容量也通常小于永久避难硐室。

对于临时避难硐室，由于其服务年限较短，当被废弃时，其内配备的设施、设备可移动到新的临时避难硐室内，实现设备、设施的再利用。

4.1.1.2　按主要供氧方式分

按避难硐室的主要供氧方式，可分为钻孔供氧、专用管路供氧、自备氧等避难硐室。

钻孔供氧是指布置地面或井下大直径钻孔，为避难硐室建立相应供应保障系统。通过该钻孔为避难硐室供给氧气（空气），并借助该钻孔实现通风、供电、通信等。钻孔供氧应在地面或至少在该硐室所在水平以上 2 个水平的进风巷道上开孔，以确保供氧安全可靠。

专用管路供氧是指从地面通过井巷或钻孔布设有效保护的专用管路至避难硐室，通过专用管路为避难硐室供给氧气（空气），并可借助该管路实现通风、供电、通信等。

自备氧供氧是指在避难硐室内储存足够氧气（空气）或设置自生氧装置，在突发紧急情况下主要依靠自备氧气（空气）或自生氧装置为避险人员提供氧气供给。

采用钻孔、专用管路供氧的避难硐室通常为永久避难硐室，采用自备氧的避难硐室可为永久避难硐室也可为临时避难硐室。

4.1.1.3 按设计额定容量分

按设计额定容量，可分为大型、中型或小型避难硐室。

大型避难硐室的额定避险人数在60人以上，不宜超过100人；中型避难硐室的额定避险人数为30～60人；小型避难硐室的额定避险人数在10人以上、30人以下。

4.1.1.4 按井下布置位置分

按避难硐室在井下的布置位置，可分为采掘工作面避难硐室、采区（盘区）避难硐室、矿井（水平）避难硐室等。

采掘工作面避难硐室一般容纳人数较少，属小型避难硐室，专门为某个或某几个采掘工作面服务。

采区（盘区）避难硐室容纳人数相对较多，为中型或大型避难硐室，为具体采区（盘区）服务。

矿井（水平）避难硐室容纳人数最多，属大型避难硐室，为整个矿井、一翼或水平服务，其基本结构、配套设备、功能要求也相对复杂。

4.1.2 避难硐室的基本结构与功能要求

避难硐室有不同的类型，但应满足《煤矿井下紧急避险系统建设管理暂行规定》的基本结构与功能要求，以适应煤矿井下紧急避险的需要。

4.1.2.1 基本结构要求

避难硐室应采用向外开启的两道门结构。外侧第一道门采用既能抵挡一定强度的冲击波，又能阻挡有毒有害气体的防护密闭门；第二道门采用能阻挡有毒有害气体的密闭门。两道门之间为过渡室，密闭门之内为避险生存室，如图4-4-1和图4-4-2所示。永久避难硐室还应具备应急逃生出口。避难硐室的平面布置如图4-4-3所示。

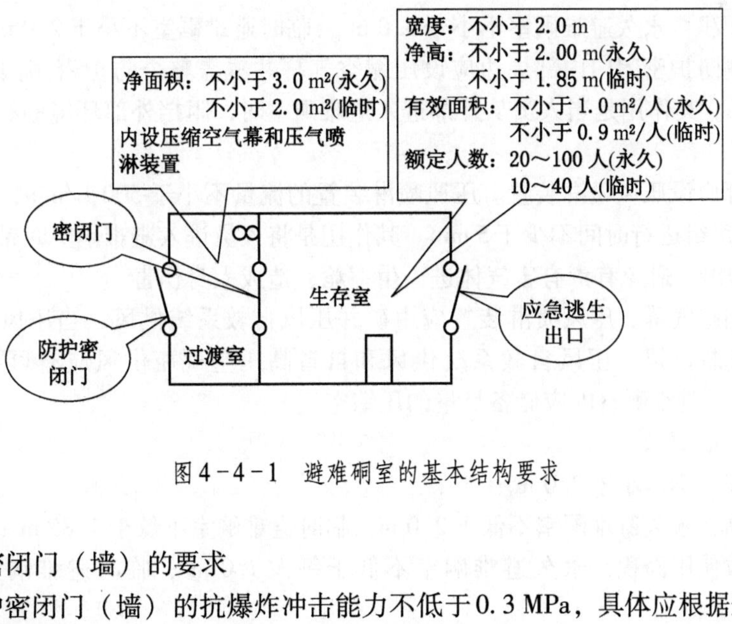

图4-4-1 避难硐室的基本结构要求

1. 防护密闭门（墙）的要求

（1）防护密闭门（墙）的抗爆炸冲击能力不低于0.3 MPa，具体应根据避难硐室应对的主要灾害类型确定。

（2）防护密闭门（墙）应采用气密结构，保证避难硐室具有足够的气密性。

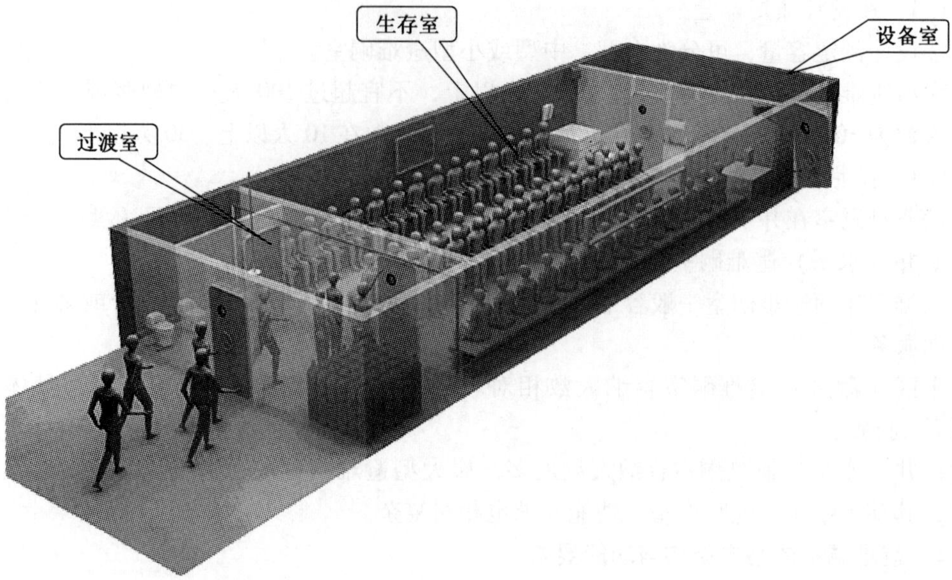

图4-4-2　避难硐室三维效果图

（3）防护密闭门上设观察窗，观察窗的强度不低于门的强度。

（4）门墙设单向排水管（阀）和不少于2趟的单向排气管（阀），排水管和排气管应加装手动阀门，至少有1趟单向排气管（阀）能满足压风喷淋装置使用时大流量排风的需要。

2. 过渡室的要求

（1）净面积，永久避难硐室不小于3.0 m^2，临时避难硐室不小于2.0 m^2。

（2）外侧防护密闭门内部周边应设压缩空气幕并覆盖整个防护密闭门，出气速度应不低于10 m/s。其作用是当人员从外部进入避难硐室时，阻挡外部环境的有毒有害气体进入。

（3）内部应设压风喷淋装置。压风喷淋装置的流量不小于500 L/min，出口压力不低于0.3 MPa，每组运行时间不少于5 min。其作用是将人员进入避难硐室时带入的有毒有害气体冲洗、排出，避免有毒有害气体进入生存舱，造成人身伤害。

（4）压缩空气幕、压风喷淋装置应由矿井压风自救系统供风，当压风失去时，应由自备高压空气瓶供风。压风自救系统供风和自备高压空气瓶供风应有可靠的转换装置（图4-4-4）。避难硐室内应储备足量的压缩空气。

3. 生存室的要求

（1）宽度，不得小于2.0 m。

（2）净高，永久避难硐室不低于2.0 m，临时避难硐室不低于1.85 m。

（3）有效使用面积，永久避难硐室不低于每人1.0 m^2，临时避难硐室不低于每人0.9 m^2。

（4）内部应设置不少于两趟单向排气管（阀）和一趟单向排水管（阀），排水管和排气管应加装手动阀门。

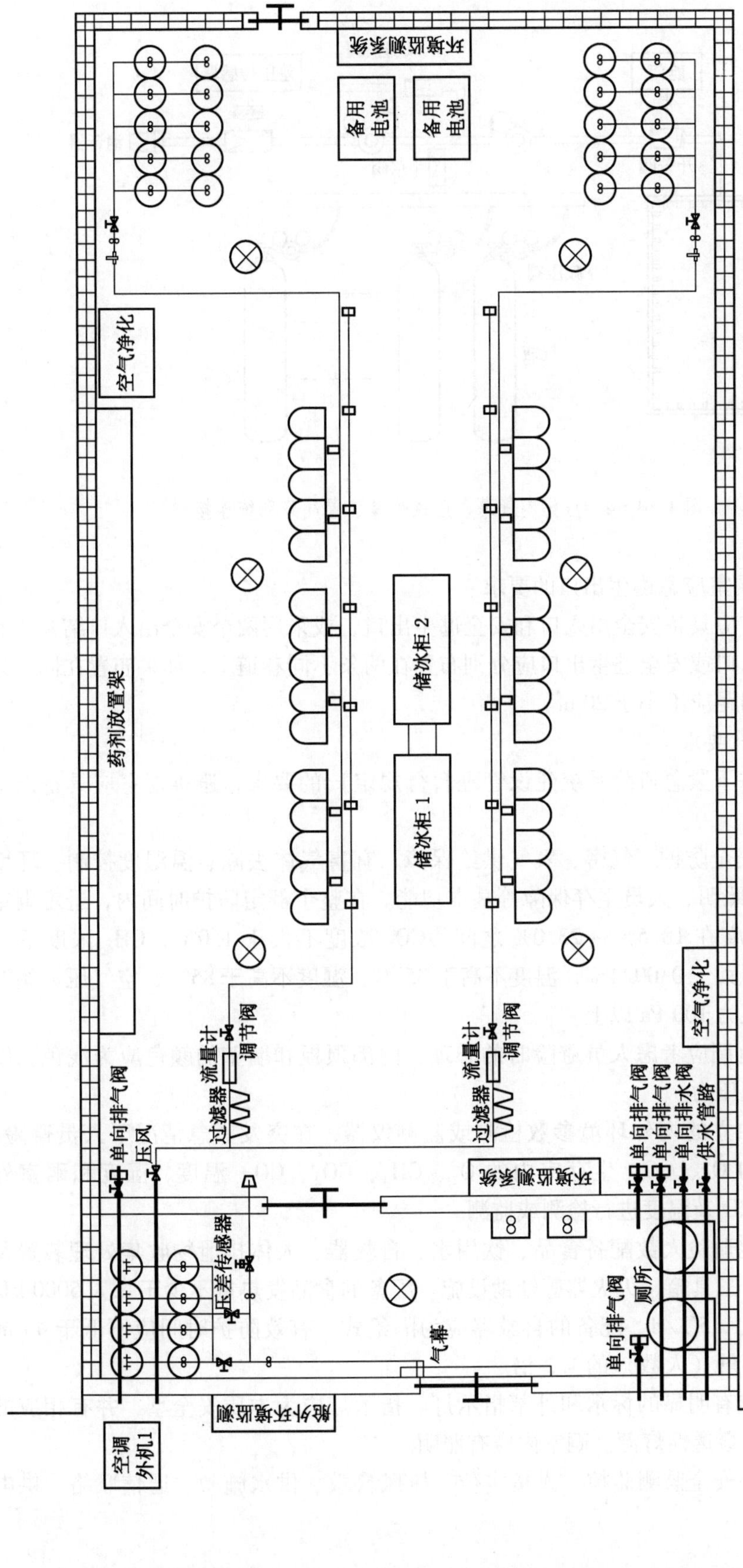

图4-4-3 避难硐室平面布置图

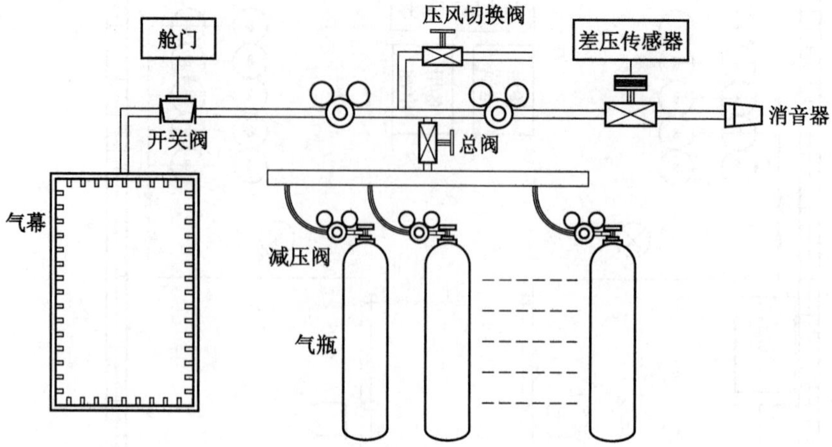

图4-4-4　压缩空气幕、压风喷淋装置气路系统连接

4. 永久避难硐室应急逃生出口的要求

永久避难硐室应具备安全出入口和安全逃生出口，或采用两个安全出入口结构。有条件的矿井安全出入口或安全逃生出口应分别布置在两条不同巷道上，如果布置在同一条巷道两个出入口的间距应不小于 20 m。

4.1.2.2　基本功能要求

根据《煤矿井下紧急避险系统建设管理暂行规定》的要求，避难硐室应具备以下基本功能：

（1）应具备安全防护、气密、氧气供给保障、有害气体去除、温湿度控制、环境监（检）测、通信、照明、人员生存保障等基本功能。在整个额定防护时间内，避难硐室内部环境中 O_2 的浓度在 18.5% ~23.0% 之间，CO_2 浓度不大于 1.0%，CH_4 浓度不大于 1.0%，CO 浓度不大于 0.0024%，温度不高于 35 ℃，湿度不高于 85%，空气压力始终高于外部环境空气压力 100 Pa 以上。

（2）结构与色调应考虑人员避险时的心理，内部顶板和墙壁的颜色应为浅色，以减小避险人员的心理压力。

（3）应配备独立的内外环境参数检测或监测仪器，在突发紧急情况下人员避险时，能够对过渡室内的 O_2、CO，生存室内的 O_2、CH_4、CO_2、CO、温度、湿度和硐室外的 O_2、CH_4、CO_2、CO 及温度进行检测或监测。

（4）应按额定避险人数配备食品、饮用水、自救器、人体排泄物收集处理装置及急救箱、照明设施、工具箱、灭火器等辅助设施。配备的食品发热量不少于每人 5000 kJ/d，饮用水不少于每人 1.5 L/d。配备的自救器应为隔绝式，有效防护时间应不低于 45 min，数量不低于额定容量（人数）的 1.2 倍。

（5）硐室外应有明显的标示和外部指示灯。指示灯应为本质安全型，并有相应的防护措施，宜采用高穿透性灯源。硐室内应有照明。

（6）应与矿井安全监测监控、人员定位、压风自救、供水施救、通信联络、供电等系统有效联接。矿井安全监测监控系统应对避难硐室内外的 CH_4、CO 等环境参数进行实时监测。矿井人员定位系统应能实时监测井下人员分布和进出避难硐室的情况。矿井压风自救系统应能为避难硐室供给足量氧气，接入的矿井压风管路应设减压、消音、过滤装置和控制阀，压风出口压力在 0.1 ~ 0.3 MPa 之间，供风量不低于每人 0.3 m^3/min，连续噪声不大于 70 dB（A）。矿井供水施救系统应能在紧急情况下为避险人员供水，并为在紧急情况下输送液态营养物质创造条件，接入的矿井供水管路应有专用接口和供水阀门。矿井通信联络系统应延伸至避难硐室。避难硐室内应设置直通矿井调度室的有线电话，宜设无线电话、应急广播和应急通信设备，并应有正常通信中断时的联络方式。矿井供电系统应确保避难硐室内电气设备可靠用电，并满足后备电源的充电需要。

应该指出，实现避难硐室的上述功能有不同的技术手段和措施，在避难硐室设计中，应根据具体条件进行有针对性的设计计算和方案优选后确定。

4.2 避难硐室的设计

避难硐室设计是保证避难硐室功能和作用的前提，应根据矿井具体条件和紧急避险系统设计方案有针对性地进行，并经充分的分析、比对、计算和方案优选。紧急避险硐室设计应由具备井巷工程设计资质的机构进行。

4.2.1 避难硐室设计的基本内容

避难硐室设计的基本内容应包括以下方面：

（1）确定避难硐室的技术性能指标；

（2）选择避难硐室类型；

（3）设计避难硐室建造位置；

（4）设计避难硐室的结构尺寸与支护方式；

（5）设计避难硐室的功能实现措施；

（6）设备选型和配套；

（7）其他相关内容。

4.2.2 避难硐室设计的依据

避难硐室设计，应在综合考虑以下因素的基础上进行：

（1）矿井紧急避险系统设计方案；

（2）所服务区域地质条件、安全条件、采掘布局、巷道特征、人员分布等；

（3）所服务区域可能发生的灾害事故地点、类型、危害程度及紧急避险需求；

（4）所服务区域监测监控、人员定位、压风自救、供水施救、通信联络及供电系统布局；

（5）矿井避灾路线；

（6）围岩物理力学性质、瓦斯含量与涌出特性、围岩温度等基本参数。

4.2.3 避难硐室技术性能指标设计

避难硐室应有明确的设计技术性能指标，至少应包括额定容量、额定防护时间、气密性、防护密闭门（墙）强度、应对的主要灾害类型、适用的避灾外部环境条件、使用年限等。

4.2.3.1 额定容量

避难硐室的设计额定容量，应满足突发紧急情况下所服务区域人员的紧急避险需要，包括生产人员、管理人员及可能出现的其他临时人员，并有一定的备用系数。

永久避难硐室的设计额定避险人数不少于 20 人，不宜多于 100 人，并有不低于 1.2 的备用系数。

临时避难硐室的设计额定避险人数不少于 10 人，不宜多于 40 人，并有不低于 1.1 的备用系数。

4.2.3.2　额定防护时间

额定防护时间是指在规定做功条件下，不依靠外界支持，避难硐室在独立工作条件下保证额定遇险人员维持生命所能持续的时间。

避难硐室的额定防护时间，应根据服务区域可能发生的灾害事故类型、危害程度及应急救援所需时间等确定，最低不得低于 96 h。

地质条件、生产技术条件复杂，一旦突发紧急情况应急救援困难的矿井，应在分析灾害事故应急救援所需时间的基础上，合理延长避难硐室的额定防护时间，永久避难硐室更应如此。

具备直达地面的大直径钻孔、有效保护的供风管路的避难硐室，其有效防护时间应远远大于 96 h。

4.2.3.3　气密性

气密性是指避难硐室内部与外界环境气体隔绝的程度。避难硐室的气密性应有具体、可考核的指标，气密性好的避难硐室应能有效防止避难硐室外部环境有毒有害气体渗入。

4.2.3.4　防护密闭门（墙）的强度

避难硐室防护密闭门（墙）的强度应根据主要应对的灾害类型进行设计，可包括应对水灾事故的抗水压力、抗瓦斯煤尘爆炸的抗爆炸冲击压力等指标。

避难硐室防护密闭门（墙）的抗爆炸冲击压力不低于 0.3 MPa。

4.2.3.5　使用年限

避难硐室使用年限，应满足所服务区域生产期间的应急避险需要。

4.2.4　避难硐室供氧方式设计

根据服务区域的生产布局，确定建设永久或临时避难硐室。

避难硐室主要供氧方式的选择，应系统研究矿井地形地貌、地质条件、开采技术条件、水文地质条件、开采深度等因素，必要时应在进行详细的技术经济分析的基础上进行。

永久避难硐室优先选用地面钻孔供氧方式，以确保其安全可靠性。

4.2.5　避难硐室位置设计

避难硐室位置的设计，应根据矿井紧急避险系统建设整体方案，综合考虑服务区域的特点、岩（煤）层物理力学性能等因素。

4.2.5.1　总体要求

根据《煤矿井下紧急避险系统建设管理暂行规定》的规定，避难硐室的位置应满足以下要求：

（1）避难硐室应设置在避灾路线上，遇险人员、救护队员均容易到达。

（2）应布置在稳定的岩层中，避开地质构造带、高温带、应力异常区以及透水危险区。

（3）远离可能存在岩崩、淹井、火灾、爆炸等危险的区域，如变电站、火药库、燃料存贮设施或停车场等。

（4）遇险人员进入避险设施所需时间应在自救器的额定防护时间内，并有富余。如美国规定，自救器的额定防护时间为60 min，遇险人员从工作地点到避险设施所用时间不能超过30 min。

（5）前后20 m范围内巷道应采用不燃性材料支护，且顶板完整、支护完好，符合安全出口的要求。

（6）特殊情况下确需布置在煤层中时，应有控制瓦斯涌出和防止瓦斯积聚、煤层自燃的措施。

（7）永久避难硐室应确保在服务期间不受采动影响，临时避难硐室应在服务期间避免受到采动损害。

4.2.5.2　永久避难硐室位置设计

永久避难硐室的位置应综合考虑井上下对照图、现场实际情况、人员分布情况、煤层顶底板特点、矿井巷道布置情况等诸多因素，经过一系列的实验测定和现场勘探以后才能最终选定。设计中应注意以下问题：

（1）所处围岩有较好的稳定性，避开地质构造带、高温带、应力异常区以及透水危险区。同时，避难硐室倾角尽量与岩（煤）层的走向和倾斜角保持一致，充分利用围岩自身的稳定性，降低支护的难度。

（2）考虑地应力方向，避难硐室的走向最好与主地应力方向一致，以尽量降低支护难度。

（3）硐室两端断面标高尽可能相等，以有利于减小避难硐室坡度，尽量将设备安设在断面坡度较缓的巷道段。

（4）根据理论分析和实验研究得知，硐室围岩的应力升高区不能超过硐室跨度的5～6倍，因此，避难硐室所处位置与相邻硐室的距离不应小于30 m。

（5）若为避难硐室专门布置地面或井下大直径钻孔，应结合矿井上下对照图，避开村庄、河流、桥路、厂房、流沙层、强含水层等，同时应考虑地面标高。布置井下大直径钻孔还应避开采动影响区。

（6）从工作面到避难硐室的路线要保持通畅，使逃生人员可以用最短的时间到达避难硐室，可以从高度、表面行走能力、梯度、方向迷失的可能性等方面进行考虑。

4.2.5.3　临时避难硐室位置设计

临时避难硐室一般服务2～3个工作面，其位置设计较永久避难硐室相对简单。主要考虑以下问题：

（1）尽量避开巷道、联络巷密集区域，以减小巷道压力、降低支护难度。

（2）尽量避开交叉点、大断面，需与其他临近硐室保持一定距离（根据各矿实际情况定）。

（3）布置在人员行走的主要避灾路线上，保证所服务的各工作面的人员均容易到达。

（4）考虑风流方向、煤层自然坡度等情况。

4.2.6　避难硐室结构尺寸与支护设计

避难硐室结构尺寸与支护设计包括避难硐室结构设计、断面尺寸设计、支护设计等，应在上述各方面设计的基础上进行。

4.2.6.1　设计的主要依据

（1）《煤矿井下紧急避险系统建设管理暂行规定》的相关规定，《煤炭工业矿井设计规范》（GB 50215—2005）、《煤矿斜井井筒及硐室设计规范》（GB 50415—2007）、《煤矿井底车场硐室设计规范》（GB 50416—2007）等的相关要求。

（2）设计的避难硐室技术性能指标。

（3）周边巷道布置特点及围岩温度场、物理力学性质。

4.2.6.2　避难硐室结构设计

1. 可以采用的主要结构形式

可以在巷道一侧建造避难硐室，如图4－4－5所示，也可在两条巷道间或利用两条巷道间的联络巷建造避难硐室，如图4－4－6所示。

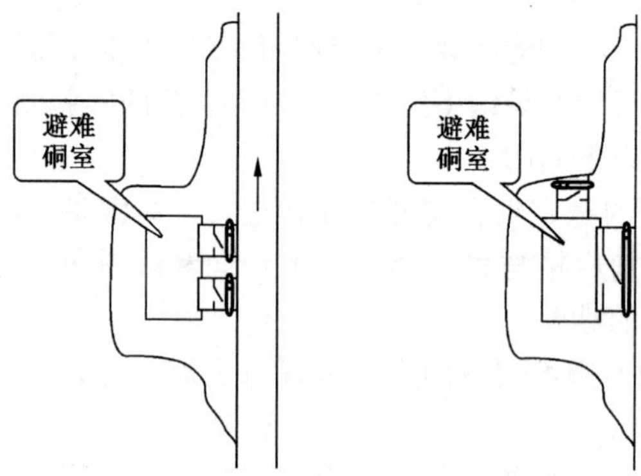

图4－4－5　在巷道一侧建造避难硐室

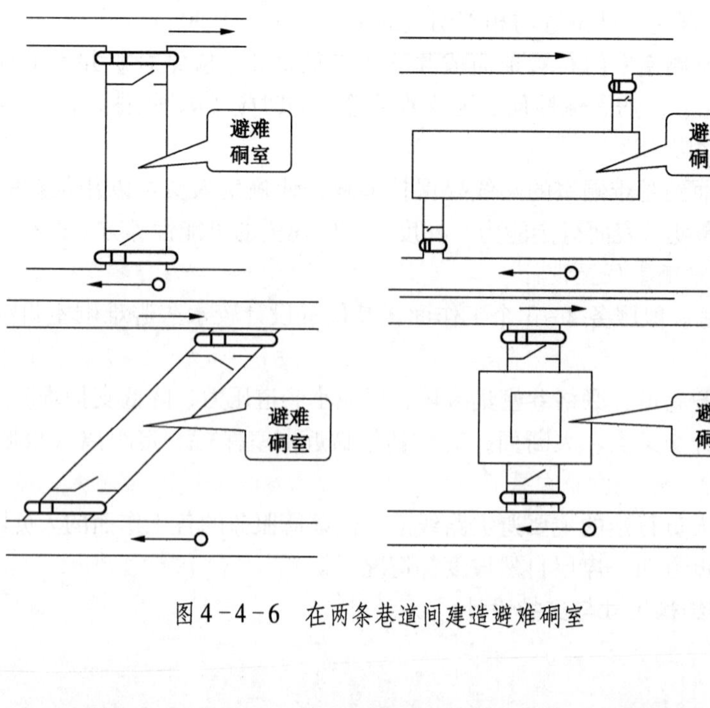

图4－4－6　在两条巷道间建造避难硐室

2. 应注意的主要问题

避难硐室的结构应满足《煤矿井下紧急避险系统建设管理暂行规定》的基本要求，同时还应注意以下问题：

（1）永久避难硐室应具备应急逃生出口或采用两个安全出入口。有条件的矿井永久避难硐室安全出入口或应急逃生出口应分别布置在两条不同巷道上。如果布置在同一条巷道上，两个出入口的间距应不小于 20 m。煤与瓦斯突出矿井的采区避难硐室应按永久避难硐室的标准建设。

（2）避难硐室有多个出口时，每个出口均应采用过渡室结构，并采取相应的气密措施。

（3）在条件许可的情况下，两道门应错开布置，避免在纵向上正好相对。

（4）避难硐室额定容量较大，需配备较多高压空气瓶、氧气瓶时，最好开掘单独的小硐室用以专门存放。机电设备较多时，高压空气瓶、氧气瓶不宜直接布置在生存室。

（5）避难硐室采用液态 CO_2 汽化降温方式时，存储的 CO_2 气瓶应与生存室隔离，避免 CO_2 泄漏可能带来的危害。

（6）避难硐室在备用状态下应处于常闭状态，因此在结构设计上应考虑其日常通风问题。

（7）避难硐室设计额定容量较大时，应尽量加大过渡室的面积，以增加一次进入避难硐室的人数。

（8）硐室地面应高于巷道底板不小于 0.2 m。

4.2.6.3 避难硐室结构尺寸设计

硐室断面的设计包括断面形状的选择和断面尺寸的确定。

1. 断面形状的选择

我国煤矿井下使用的巷道断面形状，按其轮廓线构成可分为折线形和曲线形两大类。前者有矩形、梯形、不规则形等，后者有半圆拱形、圆弧拱形、三心拱形、马蹄形、椭圆形和圆形等。不同的断面形状具备不同的特点：

（1）梯形断面利用率虽高但其承压能力较差，适用于岩层稳定、服务年限较短和用棚式支架支护的巷道内的硐室。

（2）拱形断面承压能力较强，适用于岩层不稳定、围岩压力较大或服务年限长的硐室。但过大的围岩压力会在大小圆接弧处（三心拱）或拱基线附近（圆弧拱）造成开裂现象，影响工程质量和使用寿命。

（3）半圆拱因拱高大且拱与墙为平滑连接，虽然其压力分布均匀、承压能力大，但是因其断面利用率较低，会相对增加施工成本。

（4）三心拱形断面，施工难度较大，按质量标准挂线检查，很难找出合格点数。

断面形状的选择，主要应考虑硐室所处位置及围岩性质、作用在硐室上地压的大小和方向、硐室的用途及其服务年限、选用的支架材料和支护方式、硐室的掘进方法和采用的掘进设备等因素。一般情况下，作用在硐室的地压大小和方向是选择断面形状时考虑的主要因素。当顶压和侧压均不大时，可选用矩形或梯形断面；当顶压较大、侧压较小时，则应选用直墙拱形断面；当顶压、侧压都很大同时底鼓严重时，需选用诸如马蹄形、椭圆形或圆形等封闭式断面。

2. 断面尺寸的确定

硐室的断面尺寸，应在满足安全和使用要求的条件下，力求提高断面利用率，缩小断面尺寸，降低造价并便于施工。应根据硐室设备的大小和数量、硐室额定人数、空间要求、地质条件、支护材料、结构形式及各种安全间隙等确定。为了节约生产费用，获得经济型断面，硐室的设计应力求掘进、支护、维护及通风等费用之和为最小。

1）硐室净宽度的确定

矩形和直墙硐室的净宽度，是指硐室两侧内壁或锚杆露出端之间的水平距离，如果进行适度装修，还应减去装修层的厚度。

硐室整个空间的设计要考虑人体在避难硐室内部的舒适度，考虑人体正常工作休息、检修时的方便程度，同时要克服人们心理上产生的“空间压抑感”。要根据设备尺寸、内部容纳人员情况、挖掘成本、支护成本、地质条件、人体空间要求等因素，最终确定硐室断面宽度。

《煤矿井下紧急避险系统建设管理暂行规定》要求，避难硐室的宽度不得小于2.0 m。

2）硐室净高度的确定

硐室的净高度是指正中心的顶板到底板的高度，由两个部分组成，即拱高和墙高。

硐室净高的确定，要考虑以下四方面因素：满足人均空间尺寸的需要；支护方便、可靠，具备较好的技术经济效果；便于硐室内风流流动，尤其是大型避难硐室；人员在内避险时，避免产生“空间压抑感”。

《煤矿井下紧急避险系统建设管理暂行规定》要求，永久避难硐室不低于2.0 m，临时避难硐室不低于1.85 m。为保证遇险人员避险时良好的环境条件，建议大型永久避难硐室的净高应在3～3.5 m。

3）掘进断面尺寸的确定

掘进断面分为设计掘进断面和计算掘进断面。设计掘进断面是在其净断面基础上，考虑支架及道床本身占用空间后得到的断面。与其相对应的设计掘进宽度是巷道净宽度加上水平方向支架占用空间的尺寸，设计掘进高度是巷道净高度加上垂直方向支架和道床本身占用空间的尺寸。

计算掘进断面是在设计掘进断面基础上，加上巷道允许超挖值后所得到的断面。与其相对应的计算掘进宽度是设计掘进宽度加上水平方向巷道允许超挖数值，计算掘进高度是设计掘进高度加上垂直方向巷道允许超挖数值。计算掘进断面及其尺寸是施工队伍进行巷道毛断面施工的依据。

3. 避难硐室面积设计

避难硐室的面积设计，应保证避难硐室的净面积满足《煤矿井下紧急避险系统建设管理暂行规定》的要求：

过渡室的面积，永久避难硐室应不小于3.0 m^2，临时避难硐室不小于2.0 m^2。

生存室的有效使用面积，永久避难硐室不小于每人1.0 m^2，临时避难硐室不小于每人0.9 m^2。

为此，应根据确定的避难硐室技术性能指标、选用设备设施的情况，进行具体的计算后确定。

4.2.6.4　避难硐室支护设计

1. 防护密闭门（墙）的设计

避难硐室防护密闭门（墙）周边应掏槽，深度不小于0.2 m，墙体用强度不低于C30的混凝土浇筑，并与岩（煤）体接实，保证足够的气密性。

临时避难硐室可利用可移动式救生舱的过渡舱作为过渡室。过渡舱外侧门框宽度应不小于0.3 m，安装时在门框上整体灌注混凝土墙体，四周掏槽深度、墙体强度及密封性能要求不低于防护密闭门的安装要求。

2. 硐室支护设计

硐室支护设计包括支护载荷的计算、支护形式的选择与参数的确定、支护材料的选择等。

1）支护荷载的计算

支护所受到的围岩应力荷载可以概括为两个方面力的共同作用：原岩应力和围岩变形阻力。

（1）原岩应力。原岩应力也叫做初始应力或天然应力，主要是由岩体的自重和构造的运动引起的。确定原岩应力的方法有很多种，包括现场测量法（应力解除法、应力恢复法和水压致裂法）和估算法。

（2）围岩变形阻力。该应力主要是由于围岩变形受阻而作用在支护上的作用力。

（3）围岩应力的计算。支护主要承载的就是松动圈内的围岩应力，围岩应力计算采用的是松动圈理论。所谓松动圈理论就是当岩层原来的稳定状态被破坏以后，岩层内的应力会重新进行分布，达到一个稳定状态，这时就会形成4个围岩受力圈，从圆心到外依次为弹性区、松动圈、塑性软化区和塑性硬化区，如图4-4-7所示。

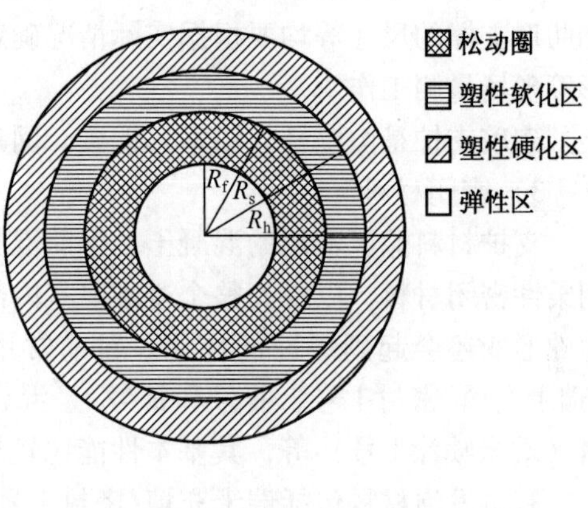

图4-4-7 松动圈图

（4）支护密度计算。

支护密度是控顶范围内单位面积顶板所支设的支柱数量。支护密度既是支护参数，又是确定生产组织管理方式和衡量经济技术指标的重要参数。

支护密度
$$n=p/(f\eta)$$

式中 p——工作面支护强度；

f——支柱额定工作阻力；

η——支柱额定工作阻力实际利用系数，一般单体液压支柱 $\eta=0.85$。

工作面支柱的合理承载能力就是控制顶板的合理支护强度，应当保证工作面来压前后，有支柱所控制的结构力学系统处于合理的平衡条件之下。

① 避免硐室发生大面积的切顶垮塌事故，为此支柱的承载能力除必须承受直接顶的岩重外，还要尽可能承受住基本顶运动的冲击。

② 把来压完成时刻的最大顶板下沉量，控制在支柱下缩量及保持必要工作空间所允

许的范围内。

③ 尽可能保持直接顶板完整。

2）支护方式

井下支护方式分为补强式和支撑式。补强式包括锚索、锚杆、锚网、锚喷支护等，支撑式包括砌碹、砌墙、戗柱、丛柱、增加钢梁、密集支护等。

避难硐室宜采用锚喷、砌碹等方式支护，支护材料应阻燃、抗静电、耐高温、耐腐蚀，顶板和墙壁的颜色宜为浅色。

锚喷支护是由锚杆和喷射混凝土面板组成的支护。锚杆和喷射混凝土与围岩共同形成一个承载结构，可有效地限制围岩变形的自由发展，调整围岩的应力分布，防止岩体松散坠落。根据围岩的地质条件，可以采用多种支护形式：

（1）单独采用锚杆，一般只用于局部；

（2）单独采用喷射混凝土，有时也只用于局部；

（3）锚杆结合喷射混凝土，多用于地下洞室的顶拱和边墙；

（4）锚杆和喷射混凝土，加设单层或双层钢筋网，可提高喷层抗拉强度和抗裂能力，从而提高支护能力；

（5）锚喷加金属网，并在喷层内加设工字钢等型钢作肋形支撑。

上述各种形式的锚喷支护，所采用的锚杆根数、深度、间距，喷层的厚度以及金属网和肋形支撑的尺寸等均要根据实际情况确定。为做好支护工作，还需要进行围岩变位和变形等现场量测工作。

砌碹支护是由锚杆、锚索、钢梁、网片和喷浆组成的支护。

3）密闭材料

支护材料除了常用的混凝土、钢筋混凝土、U型钢、金属支架、锚杆等外，还可以使用柔性密闭材料，以提高整个避难硐室内部的密闭性，防止瓦斯涌出，同时对因煤岩所发生的形变还会起到缓冲的作用。目前常用的效果良好的柔性密闭材料有有机发泡材料（瑞米充填/密封Ⅰ号、Ⅱ号和Ⅲ号）、混合发泡浇注材料（瑞米密闭Ⅱ号）、混合喷涂材料（瑞米喷涂Ⅰ号）等，其基本性能比较见表4-4-1所示。

有机发泡材料包括瑞米充填/密封Ⅰ号、Ⅱ号和Ⅲ号，其中Ⅰ号、Ⅱ号为有机树脂材料，Ⅲ号为无机粉体材料。瑞米充填/密封Ⅰ号技术参数见表4-4-2，瑞米充填/密封Ⅲ号技术参数见表4-4-3。

表4-4-1　柔性密闭材料基本性能比较

基本性能	有机发泡材料	混合发泡浇注材料	混合喷涂材料
产品优点	发泡迅速，发泡倍数高，可控； 无挥发刺激性气体释放； 阻燃； 韧性和变形性好，密封性能优异； 施工操作简易、方便、高效、快捷	低成本，操作简单、高效； 强度增长快，能达到很高强度而不开裂； 无毒、阻燃； 不发泡到数倍发泡，有很好的渗流性； 可变形，不开裂，高可靠性	高抗拉强度，变形性大，黏结力强； 快速凝固，墙体表面喷涂不流淌、流挂； 施工方便、高效，耐久性好； 无毒、阻燃，整体美观

表4-4-1（续）

基本性能	有机发泡材料	混合发泡浇注材料	混合喷涂材料
适用范围	采空区的充填，防止有害气体积聚、泄漏； 巷道或回采工作面围岩冒落空间的充填； 封堵围岩或煤壁裂隙，防止漏风； 工作面上下隅角的封闭	沿空留巷支护； 构筑不同安全等级、用途的密闭墙； 采空区或巷帮支撑体的充填； 浇注井下临时支护体； 隧洞内衬砌与岩壁之间的充填； 紧急通风密闭，封堵有害气体，防止泄漏； 空穴和支架壁后的充填，隔离有害气体	膨胀性围岩掘进后暴露表面的喷涂，隔离潮气对软岩的侵蚀； 沿空掘巷采空区侧煤壁和顶板表面的喷涂，防止侧壁和顶板开裂造成的瓦斯渗漏； 大巷和硐室表面喷涂，防止煤岩层漏风和渗水； 对各类密闭墙体表面和煤壁裂隙处的喷涂，防止墙体开裂造成有害气体渗漏； 隧道内壁表面的喷涂，密封有害气体和防止渗水

表4-4-2 瑞米充填/密封Ⅰ号技术参数

技术参数	A组分	B组分
外观	浅褐色黏稠液态	深褐色黏稠液态
黏度（23±2℃）/(MPa·s)	200~400	<100
密度（23±2℃）/(kg·m^{-3})	1260±20	1510±20
配比	4：1	
发泡终止时间（23±2℃）/s	80~120	
发泡倍数	10~15、15~20、30~45	
用料量/(kg·m^{-3})	约70、50~60、35~45	
最大抗压强度/MPa	0.2、0.1~0.2、约0.05	
阻燃特性	阻燃	

表4-4-3 瑞米充填/密封Ⅲ号技术参数

技术参数	数值	技术参数	数值
水：灰	2：1	初凝时间/s	50~70
用料量/(kg·m^{-3})	80~100	抗压强度/MPa	0.2~0.4

有机充填材料瑞米充填Ⅰ号材料是双组分有机树脂类材料，按适当配比混合，快速发泡成型堆积，流淌性小，发泡倍数高，反应温度低（小于90℃），无挥发刺激性气体释放，固化物具有较大的韧性和变形性，不发脆、不开裂，有优异的密封性能。材料的优点：发泡迅速，发泡倍数高，且可以控制，无挥发刺激性气体，阻燃，韧性和变形性好，密封性能优异。

无机充填材料瑞米充填Ⅲ号材料是经过特殊加工处理的无机粉体材料，使用时按适当配比与水混合，即可形成泡沫状浆体并快速凝固成型，凝固后可承受岩层变形，从而保证密封效果，能远距离泵送，使用方便，材料阻燃。材料的优点：快速发泡成型并可堆积，凝固时间短，固化物密度小，施工安全，操作简单，性价比高，阻燃。

有机充填材料瑞米充填Ⅰ号材料与无机充填材料瑞米充填Ⅲ号材料的主要差异在以下3方面：

（1）凝固时间：瑞米充填Ⅰ号凝固时间较瑞米充填Ⅲ号凝固时间短；

（2）强度：瑞米充填Ⅰ号通过调节发泡倍数改变充填材料密度，可调节材料的抗压强度，而瑞米充填Ⅲ号的强度则不可调；

（3）价格：瑞米充填Ⅰ号的价格约为瑞米充填Ⅲ号价格的7倍。

通过比较可以看出，现场使用充填材料，应根据材料适用范围有选择地使用，以提高工程的综合经济效益。

有机材料和无机材料适用范围也有些不同。有机材料由于其终凝时间短，还适用于快速充填，如快速充填工作面冒顶，最大限度地减少影响割煤的时间；快速充填大巷冒顶，最大限度地减少大巷修复的时间，以避免影响矿井的正常生产。无机材料用于处理时间上要求不紧张的施工，如区段巷冒顶、沿空留巷冒顶等。材料的这些特点对选择充填材料处理冒顶至关重要。另外有机材料还具有一定的黏附性，可提高充填效果，防止碎矸冒落。

混合发泡浇注材料是经过特殊加工处理的无机粉体材料，应用时直接与水按设计配比混合，具有凝结时间短，强度增长快，均质性好，可远距离泵送，施工操作简单、快捷、高效等优点。

混合喷涂材料是经过特殊加工处理的无机粉料与有机树脂按一定配比混合而成的材料，具有硬化时间快，喷涂层固化后具有较高的抗拉强度、较大的变形性能和很高的黏结力；能随巷道变形而不会开裂、脱落；施工过程简便，涂层固化后呈白色或黄色，整体效果美观等特点。其中瑞米喷涂Ⅰ、Ⅱ、Ⅲ号为有机与无机混合材料，瑞米喷涂Ⅳ、Ⅴ号为无机材料。

图4-4-8是某矿在煤层中布置的永久避难硐室支护中密闭材料的使用情况。

4）注意问题

（1）避难硐室前后20 m范围内巷道应采用不燃性材料支护，且顶板完整，支护完好。

（2）避难硐室应避免过度装潢而带来新的危险有害因素。有些材料虽然具备阻燃、抗静电性能，但并非完全不燃，一旦燃烧可能产生更大毒性，造成更大危害。

（3）密闭材料通常具备良好的隔热效果，它既影响围岩向硐室传热，也影响围岩吸收硐室热量，需要综合各种因素后选择使用。

4.2.7 避难硐室功能实现措施设计

《煤矿井下紧急避险系统建设管理暂行规定》规定避难硐室应具备氧气供给保障、有害气体去除、温湿度控制、环境监（检）测等基本功能。实现这些功能有诸多对策措施，需要因陋就简、因地制宜，依据需要与可能的原则，在借鉴国内外成功经验，根据具体条件进行有针对性的计算和必要试验的基础上进行设计。

4.2.7.1 氧气供给保障

1. 基本要求

（1）采用矿井压风供氧时，压风出口压力在0.1～0.3 MPa之间，供风量不低于每人0.3 m^3/min，连续噪声不大于70 dB（A）。

（2）采用自备氧供氧时，供氧量不低于每人0.5 L/min。

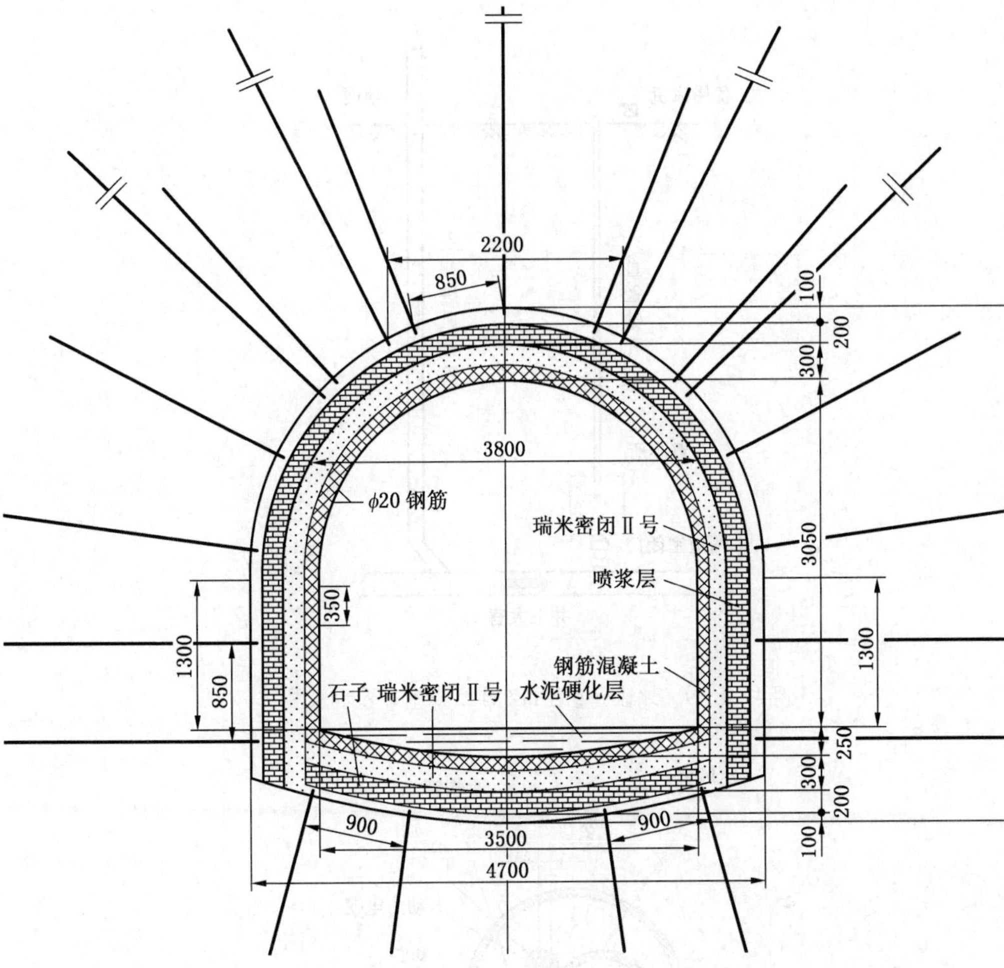

图4-4-8 煤层永久避难硐室支护中密闭材料的使用

(3) 在整个额定防护时间内，避难硐室内部环境中 O_2 浓度在18.5% ~23.0%之间，空气压力始终高于外部环境空气压力100 ~1000 Pa。

2. 主要供氧方式

1) 矿井压风自救系统供氧

无论何种避难硐室均应接入矿井压风自救系统，管路应设减压、消音、过滤装置和控制阀。

2) 钻孔供氧

地面大直径钻孔供氧硐室布置示意图如图4-4-9所示。图4-4-10是某矿永久避难硐室地面钻孔剖面图。

硐室采用地面钻孔供氧时，应注意以下问题：

(1) 钻孔直径不小于200 mm，宜在240 mm以上；

(2) 钻孔地表出口应有必要的保护，并防止空气受到污染；

(3) 储备自带动力压风机，数量不少于2台；

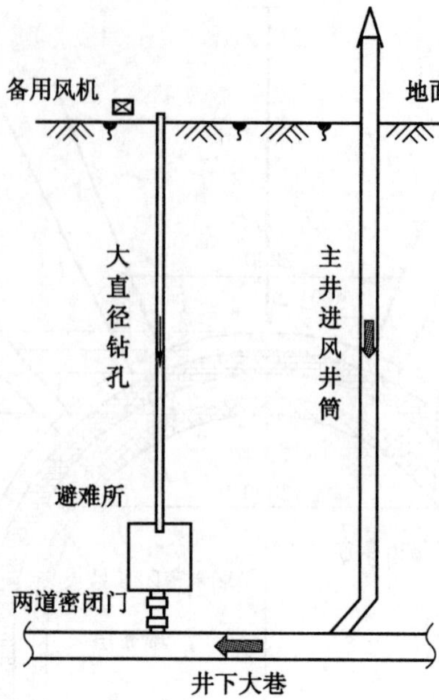

图4-4-9　地面大直径钻孔供氧硐室布置示意图

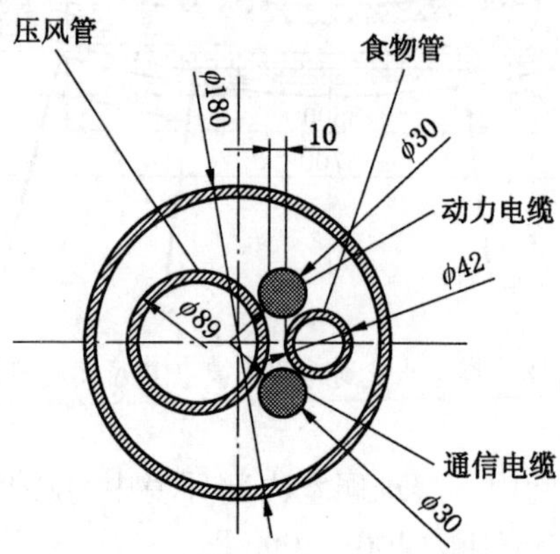

图4-4-10　某矿永久避难硐室地面钻孔剖面图

（4）供风量应保证生存室内所有区域人员的氧气需要；

（5）配备自备氧，氧气量应不低于避难硐室额定工况下24 h的用氧量，以保证钻孔准备期间及其他意外情况下的供氧需要。

采用井下钻孔供氧时，还应注意以下问题：

（1）井下专用钻孔应直达生产水平之上的至少2个水平，具体位置应经充分的风险评估，确保其在突发紧急情况下能够安全使用。

（2）钻孔上出口应储备防爆空气压缩机或其他可靠的供风方式，并有保证在突发紧急情况下能够安全使用的措施。

3）专用管路供氧

专用供风管路的保护可采用埋地保护，也可将风管布置在具备一定抗爆能力的保护管内，一同放入巷道地脚处，如图 4-4-11 所示。

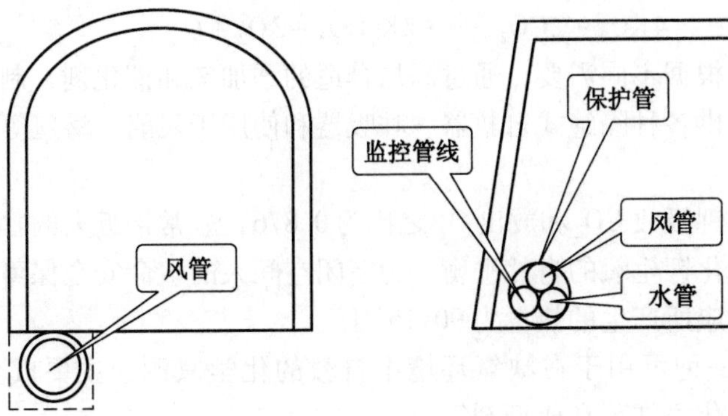

(a) 埋地保护　(b) 保护管保护

图 4-4-11　供风管路的保护措施

采用经可靠保护的管路供氧时，应注意以下问题：

（1）管路的保护方式及范围应经充分的风险评估，确保安全可靠。

（2）避难硐室内管路布局应保证生存室内所有区域人员的氧气需要，管路的管径及配套用压风机应经设计计算后确定，并有必要的备用系数。

（3）有保证管路供风系统能够随时可靠启动的措施。

（4）配备自备氧，氧气量应不低于避难硐室额定工况下 24 h 的用氧量，以保证管路系统准备期间及其他意外情况下的供氧需要。

4）自备氧供氧

（1）自备氧氧源主要类型。

自备氧氧源主要有存储氧和制氧两种。存储氧有高压氧气瓶存储、液态氧存储和临界氧存储，制氧主要有水电解制氧和化学制氧。根据煤矿井下实际情况，避难硐室可选择的自备氧氧源主要有高压氧气瓶存储和化学制氧。

① 高压氧气瓶存储：利用高压气瓶进行氧气存储。使用时利用减压阀、管路、控制阀等进行氧气供给。这是一种目前应用最广泛的供氧方式，其优点是成本低、系统简单、对存储环境要求低、成熟可靠。高压气瓶常见规格为 40 L、60 L 等，标称压力为 15 MPa、30 MPa 等。

② 化学制氧：利用化学物质反应生成氧气。目前应用的制氧物质（也称制氧剂）主要有超氧化钾、超氧化锂、氧烛等。超氧化钾、超氧化锂的优点是可以吸收 CO_2，安全可靠性较高；缺点是系统较为复杂，反应产生大量的热。在封闭空间中较常用的是超氧化钾和氧烛。

a）超氧化钾。超氧化钾是一种碱金属过氧化物，本身是一种氧化剂。原粉为金黄色粉末，密度 0.45～0.65 g/cm³，熔点 546 ℃，在 145 ℃开始分解，660 ℃完全分解，分解产物为氧化钾和氧气。能分别与水和 CO_2 反应放出 O_2，与易燃有机物接触易发生燃烧。

利用超氧化钾与含水蒸气的 CO_2 反应能放出氧气的特性，将其用于制备各种化学制氧剂和密闭环境中的空气再生。化学反应方程式为：

$$4KO_2 + 2H_2O \longrightarrow 4KOH + 3O_2 + Q$$

$$4KO_2 + 2CO_2 \longrightarrow 2K_2CO_3 + 3O_2 + Q$$

超氧化钾药剂可以根据不同需要，通过添加合适的添加剂和催化剂，制成不同形状的药粒、药片和药板，可供各种隔绝式自救器、呼吸器和使用于飞船、潜艇等密闭空间环境中的空气再生。

试验表明，超氧化钾吸收 CO_2 和放出 O_2 之比为0.876，非常接近人的呼吸熵，这样容易实现人的呼吸与超氧化钾生氧的自然平衡，为密闭空间人的生命安全保障创造条件。

每摩尔超氧化钾反应所产生的热量为90.15 kJ。

b）氧烛。氧烛是一种可用于在缺氧环境中自救的化学氧源，主要成分为 $KClO_3$ 或 $NaClO_3$，另有适当的催化添加剂和成型剂等。

氧烛在由撞击火帽点燃后即能持续燃烧并放出高纯氧气，放氧速度快而总放热量很小。一根氧烛大约可以供100个人呼吸1 h。其化学反应方程式为：

$$2NaClO_3 \longrightarrow 2NaCl + 3O_2$$

$$2KClO_3 \longrightarrow 2KCl + 3O_2$$

氯酸钾氧烛与超氧化钾的特点比较见表4－4－4。由于氧烛放氧速度控制及反应温度等存在的问题，使氧烛在密闭空间的使用受到限制。但在南非煤矿井下的避难硐室和可移动式救生舱中，氧烛的使用占有一定的比例。

表4－4－4　化学制氧剂特点比较

制 氧 剂	氯酸钾氧烛	超氧化钾
特点	无需动力； 经济可靠； 单位体积含氧量高； 易于保养和维护； 需配备 CO_2 吸收剂； 产生微量有害气体CO和氯	无需动力； 经济可靠； 无需 CO_2 吸收剂； 对环境温度有一定要求

（2）压缩氧与化学氧的对比分析。

压缩、化学氧源储氧量的对比见表4－4－5。

表4－4－5　压缩、化学氧源储氧量对比

类　　型	储氧量/L	CO_2 吸收量/L
超氧化钾颗粒	168	122
氯酸钾氧烛	394	—
压缩空气（20 MPa）	42	—
压缩氧气（20 MPa）	200	—
液态氧	805	—

压缩氧在使用过程中，本身不发生化学反应，因而不放出热量，使用起来较为方便。但压缩氧存储需要的气瓶数量较多，不仅占用空间大，还可能潜存较大的安全风险。大量高压氧气瓶的集中存储可能形成重大危险源。

化学氧通过发生化学反应产生氧气，同时放出一定的热量，这就需要相应的热量处理措施，以维持避难硐室良好的生存条件，此外还有生氧速度控制问题。但超氧化钾能够吸收 CO_2，有利于避难硐室内有害气体的处理。

在美国、澳大利亚和加拿大的煤矿避难硐室和可移动式救生舱中多使用压缩氧，使用化学氧的情况比较少见。化学氧在南非煤矿的紧急避险设施中有所使用。

(3) 储氧量的确定。

应根据避难硐室设计的额定容量和防护时间，计算确定储氧量的数量，保证每人供氧量不低于 0.5 L/min。

如果某避难硐室额定人数为 80 人、人均供氧量为 0.5 L/min、额定防护时间为 110 h（按 1.2 倍安全系数），配用 40 L 压缩氧气瓶，公称压力为 15 MPa，可用最大压力为 13 MPa，则

储氧量 Q：

$$Q = 0.5 \times 80 \times 60 \times 110 = 264000\ \text{L}$$

需要压缩氧气瓶数量 S：

$$S = 264000/(40 \times 130) = 50.7\ \text{瓶} \approx 51\ \text{瓶}$$

化学氧不宜作为主氧，其储氧量的确定应根据其化学反应方程式和生氧特性进行有针对性的计算。

(4) 注意的问题。

① 优先采用压缩氧供氧方式。采用化学氧等供氧方式时，应进行充分的风险评估，并要满足相关规定和要求。

② 储存的氧气量应根据额定避险人数计算后确定。

③ 有可靠的氧气供应量控制手段，确保按需、安全供氧。供氧设施布局应保证生存室内所有区域人员的氧气需要。

④ 采用压缩氧供氧时，氧气浓度不低于 99.8%，并满足 GB 8982 的规定；供氧管路应采取将氧气瓶压力减至 0.3 MPa 以下后低压汇流的方式（图 4-4-12），供氧管路的流速应不超过 30 m/s；应按规定对供氧管路和阀件进行脱脂处理。

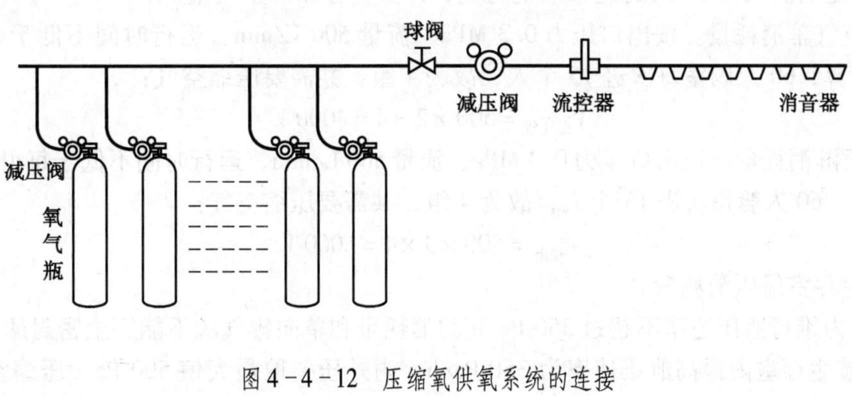

图 4-4-12 压缩氧供氧系统的连接

⑤ 采用化学氧作为辅助供氧时，应能保证有效氧气释放速度，温度应满足相关标准的规定，并保证储存及使用时安全可靠。

5）空气供给

各类硐室均应存储一定量的空气，以满足气幕、压风喷淋和可能的补氮及保持正压的需要。

（1）主要用途。

避难硐室内应存储一定量的空气，以用于万一矿井压风自救系统受损，压风失去时环境的维持。其主要用于气幕、喷淋、补氮和维持正压。

在矿井发生灾害时，会产生大量的有毒有害气体，当矿工进入避难硐室时，可能将有毒气体带进避难硐室内。为防止这种情况发生，设计中应在过渡室中设置压缩空气幕和压气喷淋装置，用于人员进入时阻止外部环境中的有毒有害气体涌入过渡室内。

气幕是在避难硐室防护密闭门周边安装铜管，铜管上均匀地布满小孔，当压缩空气通过时，气体从孔内喷出，形成一帘空气幕，从而有效地阻挡外界有害气体的进入。为保障必要的效果，压缩空气幕应覆盖整个防护密闭门，出气速度应不低于10 m/s。

喷淋是用高压空气流把矿工身上的有毒有害气体及各种粉尘冲洗，通过泄压阀排出室外。为保证冲洗效果，压风喷淋装置流量一般不小于0.5 m^3/s，出口压力不低于0.3 MPa，运行时间不少于每组3 min。

在避难硐室内，气体泄漏以及排掉浊气都会造成避难硐室内失氮，从而引起氧气浓度过高，为了调节避难硐室内氧气浓度，可能需要向硐室内补充空气。

此外，为防止有害气体侵入避难硐室，需要维持避难硐室内气压始终高于外部环境100~1000 Pa的正压状态，这也可能需要部分空气。

（2）基本要求。

为满足上述可能的需要，避难硐室的空气供给系统应满足以下基本要求：

① 在矿井压风自救系统能够使用时，由其供给足够的风量；在压风自救系统失效时，由存储的高压空气瓶供气。为此，应设置自动连锁装置，实现二者间的自动转换。

② 高压空气瓶应配有减压装置，分别满足气幕、压风喷淋、补氮和维持正压的需要。

③ 存储的空气量应经计算和必要的试验后确定，以满足实际需要为原则，并有足够的安全系数。

（3）存储空气量的计算示例。

以额定避险人数60人的避难硐室为例，计算应存储的空气量。

① 空气幕消耗量。按出口压力0.3 MPa，流量500 L/min，运行时间不低于2 min/组的要求计算，60人硐室每次进15个人，故为4组，共需要压缩空气：

$$V_{空气幕}=500\times2\times4=4000\ \text{L}$$

② 喷淋消耗量。按出口压力0.3 MPa，流量500 L/min，运行时间不低于每组3 min的要求计算，60人舱每次进15个人，故为4组，共需要压缩空气：

$$V_{喷淋}=500\times3\times4=6000\ \text{L}$$

③ 生存室保压消耗量。

主要为维持泄压速率不超过350 Pa/h的消耗量和单向排气阀不能完全密封的泄漏量。

a）按生存室内最高泄压速率为350 Pa/h，内外压差取最大值500 Pa，压缩空气的出口压力为0.15 MPa，生存室有效体积为75 m^3，取2倍安全系数，计算保压所需压缩空气流量为：

$$Q_{保压}=350\times75\times2/(0.15\times10^6\times60\times10^{-3})=5.83\ L/min$$

b）按室内100～500 Pa正压，经测试2″意大利YORK单向排气阀需要流量为0.5～1.5 L/min。按额定防护时间96 h的1.1倍计算生存室中保压所消耗压缩空气量为：

$$V_{保压}=(5.83+1.5)\times96\times60\times1.1=46442.88\ L$$

④ 所需存储空气气瓶数量计算。

按压缩空气瓶公称工作压力 $P=15$ MPa，气瓶容积 $V_1=60$ L，可用压力范围最大值 $P_{max}=13$ MPa，最小值 $P_{min}=0.2$ MPa 计算，每瓶放出压缩空气有效容积为：

$$V_2=P_{max}V_1-P_{min}V_1=(13-0.2)\times10\times60=7680\ L$$

则需钢制无缝气瓶数量：

$$N_{气瓶}=(V_{空气幕}+V_{喷淋}+V_{保压})/V_2=(4000+6000+46442.88)\div7680=7.35\ 瓶$$

选取 $N_{气瓶}=8$ 瓶。在实际使用过程中，由于氧气瓶供氧、压风供风及可能存在较大漏风等的影响，存储的空气量可能有所变化，可在典型试验的基础上进行确定。

4.2.7.2 有害气体去除

人员在避难硐室避险时人体会排出有害气体，人员进出时外部环境中的有毒有害气体也可能窜入避难硐室。因此，避难硐室应配备有害气体去除设施。

1. 基本要求

（1）避难硐室处理 CO_2 的能力不低于每人0.5 L/min，处理CO的能力应能保证在20 min内将CO浓度由0.04%降到0.0024%以下，可能存在其他有害气体时应有相关的处理措施。

（2）在整个额定防护时间内，避难硐室内部环境中 CO_2 浓度不大于1.0%，CH_4 浓度不大于1.0%，CO浓度不大于0.0024%。

2. 主要方式

（1）通风冲淡排除。通风是冲淡或排除有害气体的有效措施。当采用大直径钻孔供氧、有效保护的专用管路供氧等方式能够有效排除有害气体时，可以不配或少配有害气体去除设施。为此应经计算或必要的试验后确定，但应保证足够的风量，并覆盖生存室的所有区域。

（2）化学药剂去除。可采用集中去除或分散去除的方法。前者通过风机将室内空气抽入净化装置，有毒有害气体在化学药剂的作用下被去除，净化后的空气再排到室内，如此循环往复，保证室内空气满足规定的要求。后者将装有化学药剂的药帘分散悬挂于硐室各处，依靠气体自然扩散去除有害气体。

3. CO_2 去除

1）可使用的药剂种类及特点

去除 CO_2 的药剂主要有氢氧化钙、氢氧化钾、氢氧化锂等，化学反应方程式分别为：

$$Ca(OH)_2+CO_2\longrightarrow CaCO_3\downarrow+H_2O+Q$$

$$2KOH+CO_2\longrightarrow K_2CO_3+H_2O+Q$$

$$2LiOH+CO_2\longrightarrow Li_2CO_3+H_2O+Q$$

氢氧化钙吸附剂为细腻的白色粉末，密度为2.24 g/cm^3，加热到580 ℃失去结合水成为氧化钙，露置于空气中能慢慢吸收 CO_2 变为碳酸钙，溶于酸、甘油，难溶于水。氢氧化钙原材料容易获得，生产工艺、加工过程比较简单，且配套的生产设备也比较便宜，所以用该产品作催化剂比较经济适用。

采用氢氧化钙作吸附剂时，最高吸附效率可达 72%，平均超过 50% 以上。吸附剂呈蜂窝多孔状结构，可充分进行化学反应，并吸收部分空气中的水蒸气。另外圆柱状颗粒也能更容易地降低粉尘率，且不容易被人体吸入肺中，可以起到保护操作工人健康的作用。

氢氧化钾为白色粉末或片状固体，具有强碱性及腐蚀性，极易吸收空气中的水分而潮解，吸收 CO_2 而生成碳酸钾；溶于水、乙醇和甘油；0.1 mol/L 溶液的 pH 值为 13.5，密度为 2.044 g/cm^3，熔点 380 ℃。氢氧化钾具有碱的通性，有强烈腐蚀性，溶于水放出大量热。

氢氧化锂为白色单斜细小结晶，有辣味，强碱性，在空气中能吸收 CO_2 和水分。1 mol/L 溶液的 pH 值约为 14，密度 1.51 g/cm^3，熔点 471 ℃，沸点 925 ℃（分解），有腐蚀性。

氢氧化锂和氢氧化钾曾用于空间站舱内 CO_2 气体的净化，但因其成本较高、碱性较强、安全系数较低而被淘汰。目前，避难硐室一般选用氢氧化钙作为 CO_2 的吸收剂，主要是因其价格低廉，性能可靠，保质期长。

选择 CO_2 吸收剂时，应根据避难硐室的额定容量、空间大小、反应效率、药剂储存时间等各方面因素综合考虑。

2）药剂量的计算

生存室内 CO_2 主要来源于人的呼出，其他因素产生的 CO_2 很少。因此，要维持 CO_2 浓度小于 1%，生存室药剂吸附 CO_2 的速率不应小于遇险人员在其中避险时 CO_2 产生的速率。《煤矿井下紧急避险系统建设管理暂行规定》要求避难硐室处理 CO_2 的能力不低于每人 0.5 L/min。

以额定防护人数 50 人、额定防护时间 96 h、安全系数 1.2 的避难硐室为例：

50 人额定防护时间内产生 CO_2 的总量 Q_{CO_2} 为：

$$Q_{CO_2}=0.5\times60\times50\times96\times1.2=172800\ \text{L}$$

CO_2 药剂的处理能力通过生产厂家提供的数据和 CO_2 清除试验验证而获得。厂方提供的数据表明：CO_2 净化装置每次使用 10 包药剂，可清除 9000 L CO_2 气体，并使室内的 CO_2 浓度保持在 1% 以下。

需要更换的净化剂的次数为 $N=172800/9000=19.2$ 次 ≈ 20 次。

因此需要配置 CO_2 净化药剂数量为 $10\times20=200$ 包。

以上计算为示例计算，实际避难硐室去除 CO_2 药剂用量要根据实际情况确定。

4. CO 去除

突发紧急情况下，人员从灾区进入避难硐室可能带入 CO。人体在密闭空间也会自身代谢 CO，但数量较少。试验表明，在硐室中人体经过几个小时后会排出 CO，代谢速率平均每人 0.52 ppm/h，每人一昼夜产生 15 mg 左右，一般对人体不会产生太大影响。对硐室 CO 去除能力的要求主要在于其瞬间处理能力，即应能保证在 20 min 内将 CO 浓度由 0.04% 降到 0.0024% 以下。

1）主要方法

空气中微量 CO 的净化方法可分为物理净化与化学净化两种方法。通常，物理吸附时的吸附热较小、吸附容量较大、吸附后不放出其他气体，广泛应用于真空技术领域。但物理吸附的吸附速率较小，吸附条件较为苛刻，且吸附容量受到吸附剂比表面积的限制，因而，在有害气体产生速率较快的空气净化场所，其应用受到限制。而化学吸附或化学吸收剂可弥补物理吸附剂的吸附速率慢的缺陷，在许多场合已发挥作用。

化学吸附法去除 CO 主要采用催化剂的方法，化学反应方程式为：

$$2CO + O_2 \xrightarrow{\text{催化剂}} 2CO_2 + Q$$

2）主要催化剂

去除 CO 化学催化剂主要有贵金属催化剂、陶瓷金属整体催化剂等。

（1）贵金属催化剂。贵金属催化剂是一种能改变化学反应速度而本身又不参与反应的贵金属材料。几乎所有的贵金属都可用作催化剂，但常用的是铂、钯、铑、银、钌等，其中尤以铂、铑应用最广。它们的 d 电子轨道都未填满，表面易吸附反应物，且强度适中，利于形成中间"活性化合物"，具有较高的催化活性，同时还具有耐高温、抗氧化、耐腐蚀等综合优良特性，成为最重要的催化剂材料，但价格较贵。

（2）陶瓷金属整体催化剂。陶瓷金属整体催化剂是传统的多相催化剂载体的良好替代品，具有整体结构的载体，如陶瓷具有小的均一的平行孔道，直径一般为 0.7～4 mm，催化剂活性组分附着在孔道的壁上。与传统的颗粒催化剂相比，整体催化剂具有许多优点和更高的实用价值：低的压降，减少床层过热点的产生；良好的热性质（耐热冲击、高热应力、高熔点等）；具有大的几何表面积，扩散距离短，有利于反应物进出和生成物排出；具有高的催化活性，良好的热稳定性，长的使用寿命，高的强度等。

根据煤矿井下避难硐室的实际情况以及催化剂的综合性能，去除 CO 的催化剂主要为贵金属催化剂。

3）催化剂使用量计算

以额定防护人数 50 人、额定防护时间 96 h、安全系数 1.2、有效生存空间 100 m^3 的避难硐室为例，其处理 CO 的能力应能保证在 20 min 内将 CO 浓度由 0.04% 降到 0.0024% 以下。

根据试验数据，常温条件下，在 40 kg 贵金属催化剂的催化作用下 CO 浓度随时间的变化曲线如图 4－4－13 所示。

由图 4－4－15 可见，40 kg 贵金属催化剂对 CO 的吸附性能较好，1 min 后空气中 CO 含量从 400 ppm 降到 246 ppm，7 min 后 CO 含量降到 24 ppm 以下。考虑到 1.2 的安全系数，避难硐室内配备 48 kgCO 催化剂。

避难硐室去除 CO 试剂的实际用量，应在计算的基础上经过实际测试后确定。

5. 注意的问题

（1）化学药剂应采用真空包装，使用过程中产生的粉尘率不大于 2% 。

（2）药剂失效时应有明显的颜色指示；需要更换药剂时，应有相关更换方法指示或语音提示。

（3）使用净化装置集中去除有害气体时，应有促进避难硐室内空气循环的措施。

4.2.7.3 环境检（监）测

1. 基本要求

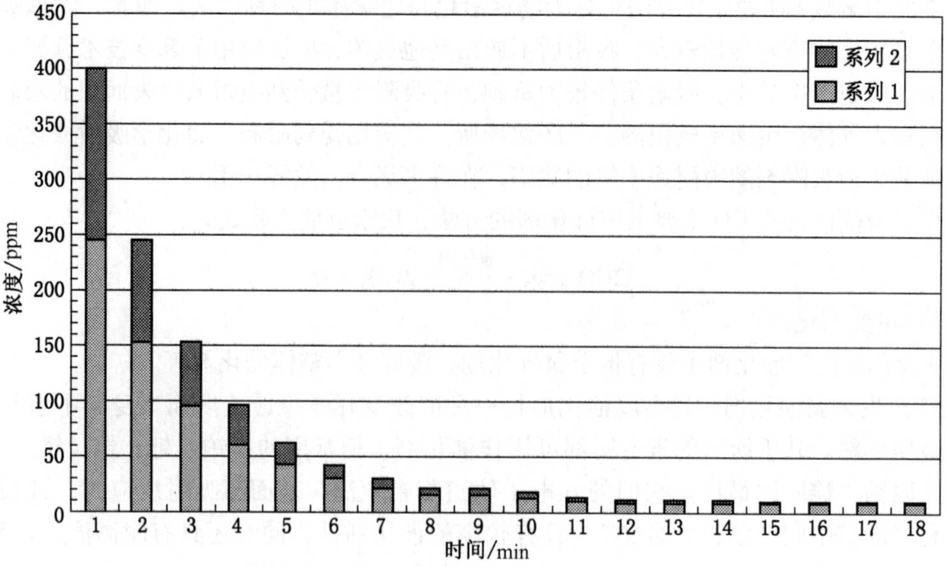

注：1 ppm = 10^{-6}

图4-4-13 常温下贵金属催化后CO的浓度变化

配备独立的内外环境参数检测或监测仪器仪表，在突发紧急情况下人员避险时，能够对避险设施过渡室（舱）内的 O_2、CO，生存室（舱）内的 O_2、CH_4、CO_2、CO、温度、湿度和避险设施外的 O_2、CH_4、CO_2、CO、温度进行检测或监测。

2. 主要方式

可以采用以下几种方式：

（1）检测。配备便携式仪表。

（2）自动监测。配备监测装置。

（3）自动监测与检测相结合。主要参数采用监测装置自动监测，个别参数或地点采用便携式仪表检测。

采用便携式仪表检测方式简单实用，实施容易，但需要良好的组织、分工和培训，如何保证安全地检测硐室外部环境参数需要认真研究，采取专门措施。

采用监测装置监测自动化程度高，但需要后备电源，对硐室外环境参数监测的仪表有更高的安全要求。

大型永久避难硐室应采用自动监测方式，临时避难硐室可采用检测或检测与监测相结合的方式。

3. 注意的问题

避难硐室配备的监测装置应能独立工作。在矿井正常生产情况下可与矿井安全监控系统联网，但必须通过本质安全关联检验，且必须保证在突发紧急情况下矿井安全监控系统遭到破坏时，能够独立、安全地工作。

4.2.7.4 温湿度调节

1. 基本要求

在整个防护时间内，避难硐室内温度不高于 35 ℃，湿度不高于 85% 。但国外一般规定，避难硐室内的体感温度不得超过 35 ℃。正在报批的硬体救生舱通用技术条件也采用了这一指标。

2. 主要方式

温湿度调节的主要方式有以下几种：

（1）通风、围岩吸热吸湿自然降温。

（2）蓄冰降温。在避难硐室内储存一定量的冰，突发紧急情况下利用冰融化吸热降温。

（3）液态 CO_2 汽化降温。利用液态 CO_2 汽化时吸热降温。

（4）材料相变降温。特殊材料发生相变时要吸收热量，以此达到降温目的。

自然降温简单、经济，但需一定条件，即人体、设备等的散热量与通风排热、围岩吸热能够达到热平衡。

蓄冰降温安全可靠性高，但需制冷机组在线运转，耗能高，维修量大，突发紧急情况下需要风机排出冷气，需要较大的后备电源。

液态 CO_2 汽化降温不需电源，且能实现与有害气体去除一体化处理，但使用范围受限（温度超过 31. 1 时没有降温效果），需要存储大量（大型硐室可能需数百个）高压 CO_2 气瓶，可能形成重大危险源，且气瓶 CO_2 泄漏可能带来新的危险有害因素。

材料相变降温是正在研究开发的新技术，实用性有待提高，成本也是需要考虑的问题。

设计过程中，应根据矿井的具体条件，结合上述降温方式的优缺点，在热平衡的基础上进行选择。

3. 热平衡计算

热平衡计算是设计避难硐室温湿度调节系统的基础，应根据具体条件进行。

1）基本参数

进行热平衡计算，应掌握以下基本参数：

（1）围岩温度、热容量。

（2）门墙、支护材料导热系数。

（3）人体散热量。可按每人每天 110 W 计算。

（4）设备散热量。可按功率大小计算。

（5）化学药剂反应散热。根据选用的化学药剂种类、特性、数量等确定。如每公斤氢氧化锂可吸收 0. 92 kg CO_2，会释放出 1344. 91 kJ 热量。

（6）初始温度。根据矿井实际工况，结合附近区域岩石、煤层的物理化学热特性来确定。

（7）外部环境温度。根据应对的主要灾害类型进行计算。

2）计算方法

计算总产生热量和总散热量，二者基本相等时，可以不设专门降温设施。如果产生热量大于散热量，需要选用降温装备，二者之差即为降温装置的能力要求。

4. 注意问题

（1）采用蓄冰降温方式时，应明确工作方式及意外事件发生时的处理措施。空调机组应有规定的安全保护，冷却管应有必要的安全防护，以保障空调机组的工作安全，并有防止制冷剂意外泄漏的措施。

(2) 采用液态 CO_2 汽化降温方式时，气瓶、压力表应符合《钢制无缝气瓶》（GB 5099）、《一般压力表》（GB/T 1226—2010）和《压力容器安全技术监察规程》的有关规定。气瓶宜放置在与生存室隔离的独立硐室内，并有防止 CO_2 泄漏和渗入生存室的有效措施。

(3) 采用其他温湿度调节系统时，不应增加新的危险、有害因素，应进行充分的安全评估和论证。

4.2.7.5 动力保障

避难硐室应具有动力保障系统，具备外接电源和内部后备电源。后备电源应在外部供电失去的情况下维持避难硐室额定工况下的能源需要，应有详细的能耗计算与动力保障设计。图4-4-14是某矿永久避难硐室动力保障系统示意图。

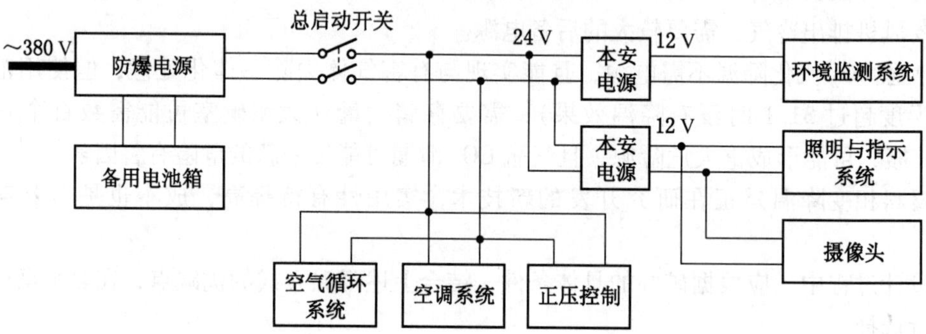

图4-4-14 避难硐室动力保障系统

动力保障系统设计中应注意以下问题：

(1) 外接电源应有完善的安全保护，保证备用条件下的供电安全及灾变条件下避难硐室内部的供电安全。

(2) 后备电源可采用集中、分散或集中与分散相结合的方式。集中电源和容量较大的分散电源应具备自动充电、电量显示、均衡充放电等电源管理和防止过充、过放等安全保护功能。隔爆型电源应不直接暴露于爆炸性危险环境。

(3) 外接电源和后备电源应能自动转换，转换时间不大于1.0 s。

(4) 避难硐室内部用电设备的额定电压应不高于24 V。

4.3 避难硐室的主要配套设备

避难硐室一般应具有多级防护功能，如防爆密闭、动力供应、氧气供应、监测监控、视频、通信、有毒有害气体处理、硐室空气温度控制、食品饮水供应、提供应急设备等功能。为实现这些功能，硐室内应设有各类生命保障设备，包括供氧设备、压风设备、降温除湿设备、环境监测设备等，还包括个体防护设备、担架、照明设备、应急救援光棒、急救包、食品、饮用水、工具箱、指示标志牌等辅助设施。目前不少生产单位研究开发出配套设备，可供避难硐室设计建设时选择使用。

4.3.1 供氧装置

由于煤矿井下发生瓦斯爆炸、火灾、坍塌等灾害性事故时，都会导致避难硐室外环境的缺氧和有毒有害气体的出现。因此，必须在避难硐室内部设置具有向人员提供氧气以保证避险人员能够维持正常呼吸的供氧装置。

目前主要利用储存在钢瓶中的医用压缩氧气，通过供氧控制装置为避险人员输出规定数值的氧气。医用压缩氧气钢瓶出口经高压管路并联后集中至减压器，减压并输出稳定的压力至可调节浮子流量计。

该装置由 3 部分组成，即汇流供氧装置（图 4－4－15）、氧气控制装置（图 4－4－16）、生氧净化装置。

图 4－4－15 汇流供氧装置

图 4－4－16 氧气控制装置

该装置能在硐室地面钻孔供氧系统和井下压风供氧系统失效时为硐室内避难人员提供生存所必需的 O_2，同时去除密闭空间内的 CO_2、CO、H_2S 等有毒有害气体，并与制冷除湿装置共同作用，调节硐室内的温度及湿度。

汇流供氧装置对氧气瓶中的气体进行总控制，根据不同人数进行流量及压力调节。将氧气瓶中 15 MPa 左右的高压气体经过分级降压后将压力控制在 1 MPa 以下输送给氧气控制装置。

氧气控制装置将汇流系统输送的氧气再次分级降压、保证出口压力为 0.1～0.2 MPa，同时根据避难人数调节输出供氧量，将氧气输送到生氧净化器中。如 100 人永久避难硐室的氧气输送量不低于每人 50 L/min，40 人临时硐室氧气输送量不低于每人 20 L/min。

生氧净化装置将氧气控制系统输送的氧气与去除了多余 CO_2、CO、H_2S 等有毒有害的空气混合后释放到硐室中，释放气体中氧气含量完全满足每人 0.5 L/min 的需求。经生氧净化装置净化后的空气中，氧气含量为 18.5%～23%，CO_2 浓度小于 1.0%，甲烷浓度小于 1.0%，CO 浓度小于 0.0024%。生氧净化装置与制冷除湿系统共同保证硐室内的温度不低于 35 ℃、湿度小于 85%。

4.3.2　气动降温除湿与空气净化一体式装置

该装置是煤矿井下避难硐室不可或缺的重要组成部分，集降温、除湿、空气净化功能于一体。井下发生突发事件时，在一定的时间内维持硐室内温度、湿度及 CO、CO_2 浓度在一定的范围内，满足避难人员生存需要。

某单位开发的 ZYTW－03 型气动降温除湿与空气净化一体式装置，适用于密封性能好的井下避难硐室，且避难硐室内应储备高压液态 CO_2（制冷剂）作为动力源，本体如图 4－4－17 所示。

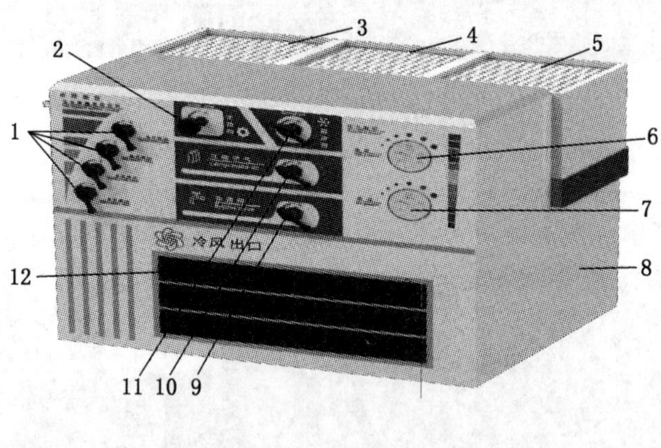

1—温控阀；2—主控阀；3—CO_2 吸附床；4—CO_2 吸附床；5—CO 吸附床；6—高压表；7—低压表；8—壳体；9—旁通阀；10—压缩空气切换阀；11—制冷剂切换阀；12—百叶出风口

图 4－4－17　降温除湿净化装置本体

温控阀主要用于控制制冷量输出；主控阀是装置总开关；CO_2 吸附床用于放置 CO_2 吸附剂；CO 吸附床用于放置 CO 吸附剂；高压表测量输入制冷剂压力；低压表测量输入高压空气压力；旁通阀的作用是当制冷剂压力不足、风机停止工作，无法同时保证降温与吸附功能的情况下，开启此阀可使风机继续运转，保证吸附功能；压缩空气切换阀用于切换压缩空气驱动气动风机；制冷剂切换阀用于切换制冷剂驱动的气动风机。

装置的工作原理如图4-4-18所示。系统主要由高压CO_2气瓶、降温除湿净化装置本体以及相关连管气路组件构成。降温除湿净化装置主要由节流阀、控制阀、蒸发器、固定支架以及气动风机组成。

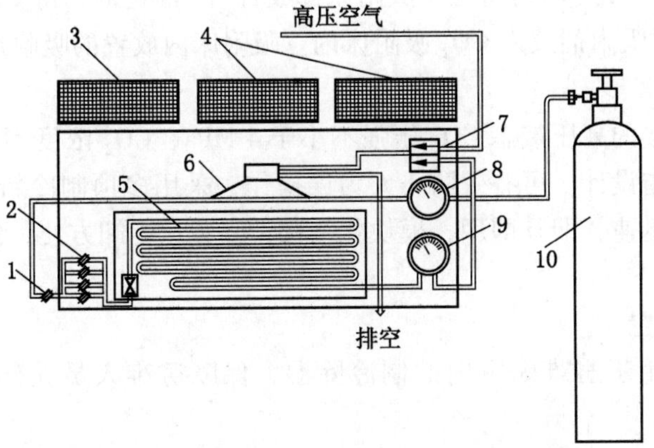

1—总阀；2—节流阀；3—CO吸附剂；4—CO_2吸附剂；5—蒸发器；6—气动风机；
7—换向阀；8—高压表；9—低压表；10—制冷剂瓶

图4-4-18 气动降温除湿净化装置工作原理图

装置工作时，开启总阀1，制冷剂（CO_2）或高压空气经过连接管通过总阀1进入节流阀2，节流阀的主要功能是通过控制制冷剂流量控制制冷量输出。从节流阀出来的制冷剂节流后进入蒸发器5。节流后的制冷剂为低温流体，该低温气体通过蒸发器与外界的空气进行热交换。蒸发器出来的CO_2气体通过气动风机进行鼓风，实现周围环境空气的对流，空气流过吸附床里的吸附剂得到净化，最后CO_2排出舱外。该装置的具体参数见表4-4-6。

表4-4-6 气动降温除湿净化装置技术性能参数

项目	参数
长度/mm	660
宽度/mm	500
高度/mm	540
空载重量/kg	40
常规维护时限	1个月维护1次
额定人数/人	12
启动时间/s	<10
空气净化与温湿度调节（在特定条件下）	CO_2吸收能力不低于4 L/min，CO吸收能力在20 min内将CO浓度由400 ppm降到24 ppm。保证在额定防护时间内CO≤24 ppm，CO_2<1.0%，温度<35 ℃，湿度≤85%
内部空气循环	流量20 L/min以上

注：1 ppm = 10^{-6}。

装置使用时，打开吸附剂托盘，将封装 CO_2 吸附剂和 CO 催化剂的袋子打开，然后分别倒入 CO_2 吸附剂箱和 CO 吸附箱内即可，每次倒入1袋（桶）。

正常情况下，在 CO_2 吸附床中放置 CO_2 吸附剂，CO 吸附床中放置 CO 催化剂。若舱内环境稳定后长时间监测 CO 浓度小于 10 ppm，则可将三个吸附床都放置 CO_2 吸附剂，待仪器监测 CO 浓度升高时再放回 CO 催化剂；若刚进舱带入的 CO 气体致使舱内 CO 含量过高（超过 200 ppm），则暂时可将三个吸附床都放置 CO 催化剂，待 CO 浓度较低时（小于 24 ppm），再将 CO_2 吸附剂放入 CO_2 吸附床内。吸附床内放置的吸附剂可根据实际情况进行更换。

该装置需要外接的高压液态 CO_2 压强不小于 4 MPa，CO_2 浓度不低于 99.99%。该装置的特点：采用冗错设计，可有效防止人为误操作；采用多项制冷新技术，制冷效率高；启动速度快、反应迅速，即开即用；模块化结构，安装、拆卸方便，便于运输；控制简单可靠，易操作。

4.3.3　蓄冰空调装置

蓄冰空调装置用于避难硐室内的制冷除湿，保障避难人员在硐室生存期间的热舒适度。

4.3.3.1　基本组成

蓄冰空调装置由蓄冰箱和制冷机组两大部分组成。蓄冰箱放置在避难硐室内，制冷机组一般放置在避难硐室外。

制冷机组主要包括隔爆兼本质安全型电气控制箱、浇封型压缩机、煤矿用防爆风机、煤矿用浇封型电磁阀、矿用隔爆型电源控制箱等。ZSK 系列制冷机组根据制冷量和制冷功率的不同可分为 ZSK－6.0/380 和 ZSK－8.5/380，基本组成见表4－4－7和图4－4－19。

表4－4－7　ZSK－6.0/380与ZSK－8.5/380空调装置组成

名　称		型　号	额定电压/V	额定电流/A
煤矿用隔爆兼本质安全型电气控制箱		BZK－53	380	20
煤矿用空调装置浇封型压缩机	ZSK－6.0/380	KmY－6.0	380	6.39
	ZSK－8.5/380	KmY－8.5	380	8.55
煤矿用防爆风机		KBF－400	380	0.316
矿用浇封型电磁阀		DFB7.0/220（127）	220	0.025
隔爆型矿用温度传感器		BKGWD200		

4.3.3.2　工作原理

蓄冰空调装置在井下使用时，在矿井正常生产条件下由矿井电力系统为机组的隔爆型控制箱持续供电。隔爆型控制箱分别为压缩机、换热器风扇、电磁阀分别供电，支持系统持续运行，为避难硐室内蓄冰箱制冷。当蓄冰箱冷量达到预期指标后，控制箱通过热电偶传感器检测到设定温度下限，停止空调机组运行；此时，蓄冰箱内温度会缓慢上升，当温度升高到设定温度上限时，控制箱控制机组重新运行，直至达到设定温度下限，如此重复间断工作以维持蓄冰箱内的冷量。井下突发紧急情况时井下可能断电，这时可依靠蓄冰箱

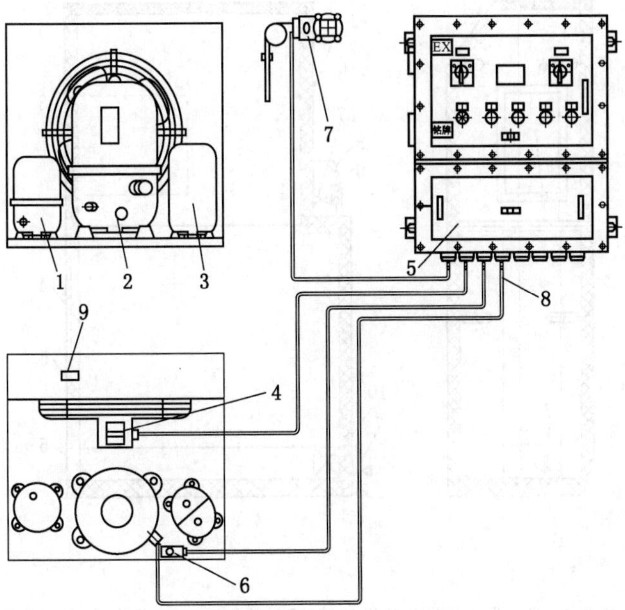

1—储气瓶；2—矿用空调机浇封型压缩机；3—油分离器；4—煤矿用防爆风机；5—煤矿用空调机隔爆兼本质安全型电气控制柜；6—矿用浇封型电磁阀；7—隔爆型矿用温度传感器；8—矿用橡胶软电缆；9—防爆标示牌

图 4－4－19 ZSK 系列空调装置组成图

存储的冷量为避难硐室降温。

4.3.3.3 冷气排放方式

保证蓄冰箱存储的冷量的有控排放，是创造避难硐室基本生存环境条件的客观要求。目前有两种主要方式，即利用风机排放和利用超导材料传导排放。

1. 风机排放

利用风机排放蓄冰箱内冷量时，蓄冰箱由外壳、发泡绝缘脂保温材料、蓄冰柜、保鲜箱、通风管道、出风口、排水口、连接管、上水口、防爆风机等组成，如图 4－4－20 所示。为增加蓄冰量，舱内箱体通常由上、下蓄冰箱两部分拼装而成。

风机开启时，促进风流在风道中流动，同时风流与蓄冰箱的冰产生热交换，促进风流温度下降，达到降温的目的。通过调节风机风量，可控制冷量的排放速度。

2. 超导材料传导排放

利用重力热管技术的特点，通过热管技术将蓄冰柜中的冷量传导并释放到避难硐室内，以达到降低避难硐室环境温度的目的。热管技术具有以下特点：

（1）热管传热能力高。因为热管的传热主要靠工质相变过程中吸收、释放气化潜热和蒸汽流的传热，所以它的传热能力较其他导热材料高几十倍。

（2）热管的均温特性好。热管工作时，管内蒸汽处于饱和状态，蒸汽流动和相变时的温差小，因此沿热管蒸发端表面的温度梯度很小，可自动地形成均匀的热流温度。

（3）具有可变热流密度的能力。由于热管中的蒸发和冷凝空间是分开的，若在蒸发端输入高热流密度，则在冷凝端可得到低的输出热流密度，实现“热变压器”的作用。

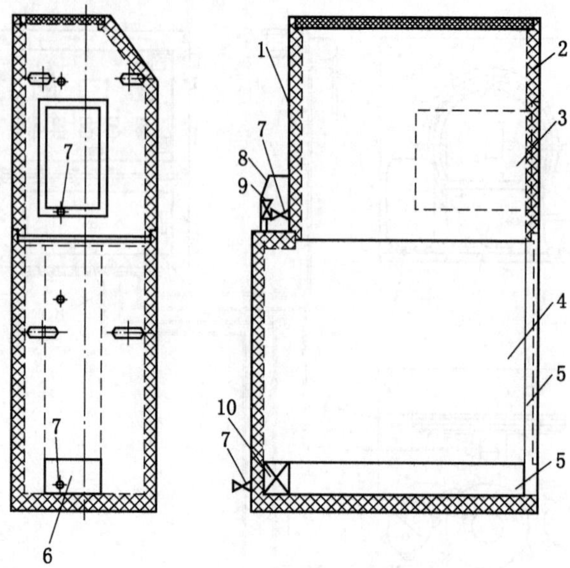

1—不锈钢外壳；2—发泡绝缘脂保温材料；3—保鲜箱；4—蓄冰柜；5—通风管道；
6—出风口；7—排水口；8—连接管；9—上水口；10—防爆风机

图4-4-20 蓄冰箱组成示意图

（4）具有良好的恒温特性。采用一种充有惰性气体的可控热管，当输入端的热量变化时，因蒸汽压力的变化使冷凝端的冷凝面积改变，以维持热源温度的恒定。

利用热管技术，将贮存在蓄冰箱里的冷能传导到散热器中，经风机循环完成对避难硐室内空气温度的调节。图4-4-21为利用热管技术调节避难硐室温度的装置示意图。

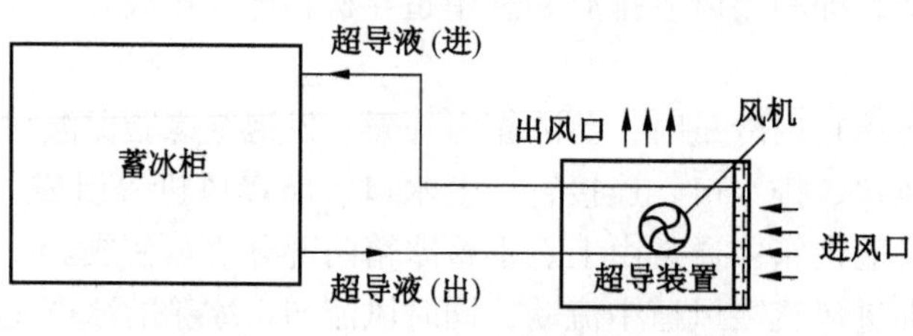

图4-4-21 超导材料传导排放工作示意图

先将蓄冰柜中的水通过外部空调压缩机制成-17℃的冰，将冷量蓄存在蓄冰柜中。超导装置一头和蓄冰柜连接，另一头连接散冷器。当避难硐室内需要降温时，开启风机将外界空气通过散冷器抽入超导装置，进行冷却后再排到避难硐室内，起到对室内空气快速降温的目的。

4.3.3.4 主要技术参数和特点

ZSK系列空调装置的主要技术参数见表4-4-8。适用于具有瓦斯混合物及煤尘爆炸危险的煤矿井下非采掘工作面。

表4-4-8 ZSK系列空调装置主要技术参数

型 号	电 源	制冷量/W	制冷额定功率/W	制冷剂及注入量
ZSK-6.0/380	AC 380 V/50 Hz	6000	2430	R22/1.9 kg
ZSK-8.5/380	AC 380 V/50 Hz	8500	3250	R22/2.6 kg

蓄冰空调可在外部环境发生改变下（电力、压风中断，高温）为避难硐室内提供足够冷量，以保障室内热湿环境满足人体需要。与液态 CO_2 制冷相比，具有占用体积小、潜热大、安全性能好、可靠性高、制冷效率高、除湿效果好、平时维护方便、不受外界高温环境影响等优点。但缺点也比较明显，需要制冷机组在线工作，能耗较高；蓄冰冷量排放需要采用风机，要求避难硐室内配备大容量防爆后备电源；如何保证其安全可靠使用，还需要进行更充分的研究探讨。

4.3.4 除湿帘

除湿帘是根据避难硐室的环境特点特殊配制而成的，具有吸湿速度快、吸湿能力强、水分不流失等特点。吸湿剂采用特种纸包装，该特种纸具有单向锁水功能，水汽可以从外面进入，但液态水无法从内部渗出，包装外形如图4-4-22所示。

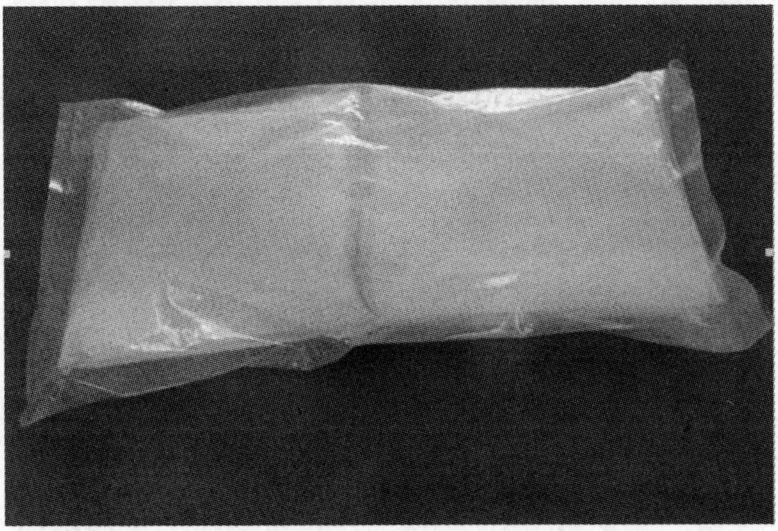

图4-4-22 包装状态下的除湿帘

主要技术参数：

（1）标准包装：1 kg/包；

（2）干燥帘尺寸：1000 mm×150 mm×30 mm（长×宽×厚）；

（3）吸湿效率：100 g干燥剂连续工作4天，可吸收85 g的水；

（4）使用方式：有挂钩，可挂到硐室内任意位置；

（5）使用时间：每包可连续使用5天；

（6）储存方式：真空包装，纸箱存储；

（7）保质期：3 年；

（8）化学放热：740 kJ/kg。

4.3.5 气体监测检测设备

随着煤矿井下紧急避险系统的建设和发展，不少单位开发出适应避难硐室要求的气体监测检测设备，可供选择使用。

4.3.5.1 CD4 多参数气体测定器

CD4 多参数气体测定器外形如图 4-4-23 所示。

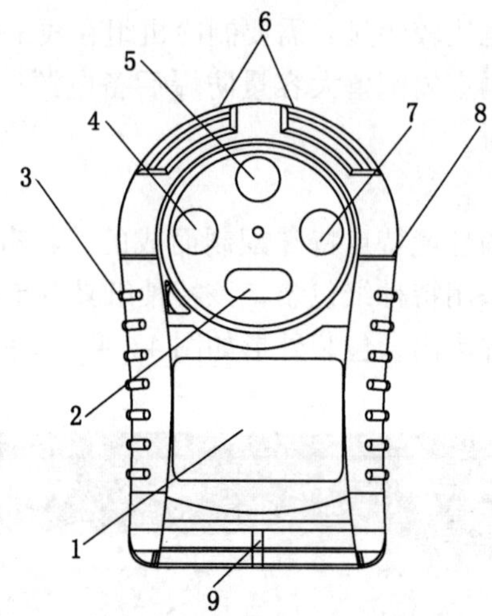

1—液晶显示；2—载体催化元件；3—功能键；4—H_2S 传感器；5—CO 传感器；6—LED 报警透明窗；7—O_2 传感器；8—开机键；9—充电口

图 4-4-23 CD4 多参数气体测定器

测定器工作原理：环境中的被测气体及温湿度经过测定器阵列，转化为数字信号，该信号送至 MCU 内部进行运算处理和补偿，最终显示在 240×64 点阵液晶显示器上。根据测定器的测量结果，测定器做出相应的动作。MCU 同时监测状态指示、语音提示、电池电压、报警输出以及键盘输入并做出相应的处理。测定器采用专用的充电芯片，配合 CPU 全程监控，并采用不间断电源切换方式，实现系统的断电后连续运行。工作原理如图 4-4-24 所示。

该测定器可同时连续检测 CH_4、O_2、CO、CO_2 共 4 种气体的浓度，并可超限报警。测定器采用 8 位微控制器作为控制单元，采用高精度检测元件，灵敏度高、响应速度快，屏幕采用宽温范围的 128×64 液晶，显示清晰可靠。当检测到待测气体的浓度达到或超过或低于预置报警值时，测定器立即发出声光报警，声级强度在距讯响器 1 m 远处不小于 75 dB（A），光信号在黑暗处的能见度不小于 20 m。使用 1500 mA·h 聚合物锂电池，电池采用保护板进行保护，具有过流保护功能，工作时间为 10 h（非报警状态）。能实时显示测定器的工作状态、故障及欠压指示。使用寿命 2 年，防护等级为 IP54。

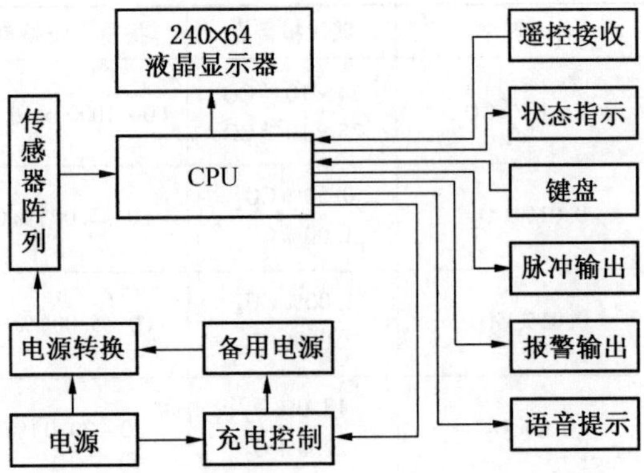

图4-4-24 CD4多参数气体测定器工作原理图

CD4多参数气体测定器技术参数见表4-4-9。

表4-4-9 CD4多参数气体测定器技术参数

测量气体	测量范围	基本误差	报警误差及报警设置范围	响应时间/s
CH_4	(0.00~1.00)% CH_4	±0.10% CH_4	报警设置范围:0.5% CH_4 ~4.00% CH_4 报警点:1.00% CH_4 报警误差:±0.05% CH_4	20
	(1.00~3.00)% CH_4	真值的±10%		
	(3.00~4.00)% CH_4	±0.30% CH_4		
O_2	(0~30)% O_2	测量范围的±3.0%	报警设置范围: 16% O_2 ~19.5% O_2 报警点:18% O_2 报警误差:±0.1% O_2	30
CO	(0~100)×10^{-6}CO	不大于±(1.5+2.0%真值)	报警设置范围:25×10^{-6}CO~100×10^{-6}CO 报警点:24×10^{-6}CO 报警误差:±1×10^{-6}CO	45
	(100~500)×10^{-6}CO	不大于±4.0%真值		
	>500×10^{-6}CO	不大于10.0%真值		
CO_2	(0.00~0.50)% CO_2	±0.1% CO_2	报警设置范围:(0.00~0.50)% CO_2 报警点:0.50% CO_2 报警误差:±0.04% CO_2	30
	(0.50~5.0)% CO_2	±(0.05+真值的5%)		

4.3.5.2 GD7矿用多参数传感器

GD7矿用多参数传感器适用于煤矿井下救生舱及避难硐室局部的CO、O_2、CO_2、CH_4、H_2S及温湿度的测定和报警，不对外提供信号输出。其外形如图4-4-25所示，技术参数见表4-4-10。

主要技术参数：

(1) 采样方式：自然扩散；

表4-4-10 GD7矿用多参数传感器技术参数

项目	测量范围	分辨率	默认报警点	报警点调整范围	响应时间/s
CO	$(0\sim1000)\times10^{-6}$CO	1×10^{-6}CO	24×10^{-6}CO 25×10^{-6}CO	$(0\sim1000)\times10^{-6}$CO	35
CO_2	$(0\sim5.00)\%CO_2$	$0.01\%CO_2$	$0.50\%CO_2$ $1.00\%CO_2$	$(0\sim5.00)\%CO_2$	30
CH_4	$(0\sim5.00)\%CH_4$	$0.01\%CH_4$	$1.00\%CH_4$ $2.00\%CH_4$	$(0\sim5.00)\%CH_4$	35
O_2	$(0\sim30.0)\%O_2$	$0.1\%O_2$	$18.0\%O_2$ $22.0\%O_2$	$(0\sim30.0)\%O_2$	35
H_2S	$(0\sim100)\times10^{-6}H_2S$	$1\times10^{-6}H_2S$	$7\times10^{-6}H_2S$ $12\times10^{-6}H_2S$	$(0\sim100)\times10^{-6}H_2S$	45
温度	0~40.0 ℃	0.1 ℃	—	—	—
湿度	(0~100)% RH	0.1% RH	—	—	—

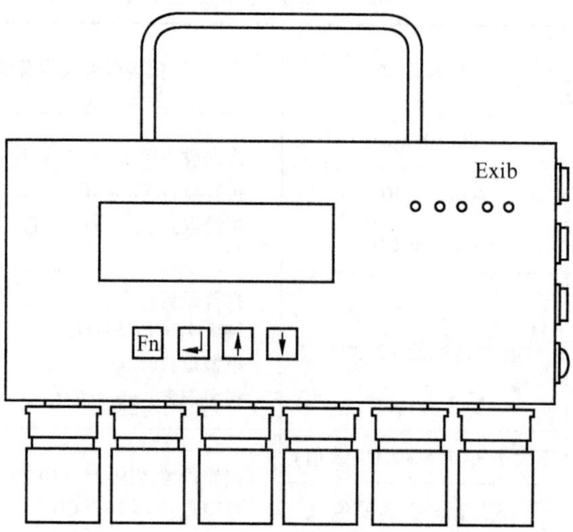

图4-4-25 GD7矿用多参数传感器外形示意图

(2) 指示方式：240×64点阵液晶显示实时数据、菜单及系统状态，发光二极管和语音报警、故障提示灯及电源状态指示；

(3) 工作环境：温度0~40 ℃，湿度不大于98% RH，大气压力86~116 kPa，具有瓦斯等爆炸性混合物的井下；

(4) 工作电压：DC12~24 V；

(5) 工作电流：不大于600 mA；

(6) 电池规格：6×1.2 V镍氢电池（带输出保护）；

(7) 电池容量：2500 mA·h；

(8) 充电时间：8~12 h；

(9) 传感器寿命：用于检测 CH_4、CO_2、温湿度5年，其他2年；

(10) 防护等级：IP54；

(11) 防爆型式：矿用本质安全型。

4.3.5.3 CJC4J 甲烷测定器

CJC4J 甲烷测定器是一款甲烷专用检测仪器，可用于矿用救生舱及避难硐室内甲烷气体检测和超限报警，具有超长工作时间、在线监测功能、语音报警、低功耗等特点。其外形如图4-4-26所示。

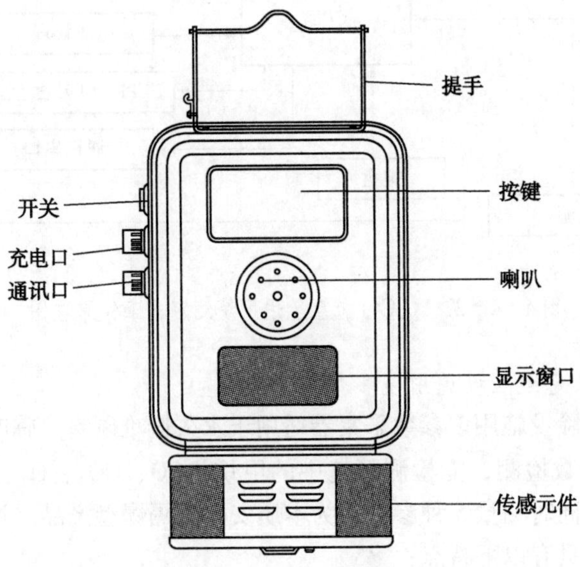

图4-4-26 CJC4J 救生舱用甲烷测定器

主要功能及技术参数：

(1) 测量范围：0~4.00% CH_4；

(2) 配套电池型号和规格：NI/MHAAA，2300 mA·h/1.2 V×3；

(3) 频率200~1000 Hz信号输出；

(4) 低于50 dB报警声；

(5) 不锈钢外壳；

(6) 采用先进的超低功耗微控制器；

(7) 自动调零，菜单标校，方便用户使用；

(8) 128×64 点阵液晶显示；

(9) 友好的中文界面；

(10) 电池欠压提示。

测定器工作原理如图4-4-27所示。被测环境中的甲烷经过传感器转化为正比于甲烷浓度的电压信号，该信号经过高增益低噪声线性放大器放大后，送至MCU内部的AD转换器转换为数字信号，再进行运算处理和补偿，最终显示在128×64点阵液晶屏上。根据测定器的测量结果，测定器做出相应的动作。MCU同时监测温度、电池电压、报警状态以及键盘输入并做出相应的处理。测定器采用专用智能充电管理器，整个充电过程由充电 MCU 监控，充电器做出指示。

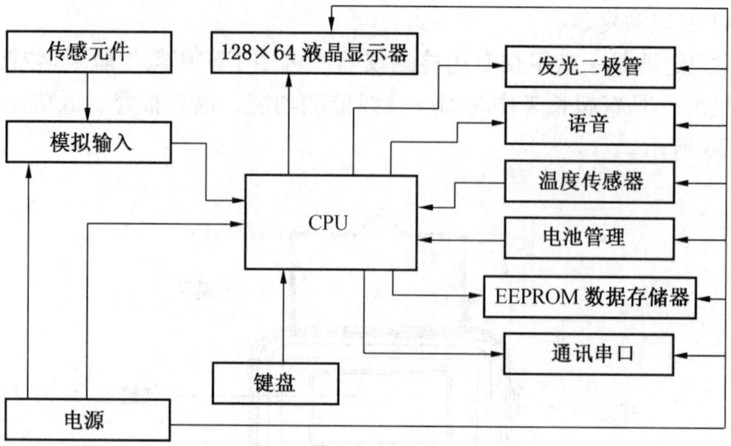

图 4-4-27　CJC4J 救生舱用甲烷测定器工作原理图

4.3.5.4　煤矿井下紧急避险设施用多参数采集器

煤矿井下紧急避险设施用多参数采集器适用于永久避难硐室、临时避难硐室、可移动式救生舱内外环境参数检测，能检测环境中的甲烷、CO、CO_2、O_2、H_2S、温度、差压、湿度等参数，最多可同时测量 5 种参数，为本质安全兼隔爆型产品。该多参数采集器是一种智能型检测设备，具有以下特点：

(1) 多参数采集器的测量部分采用了变送器方式，变送器之间可以快速互换；

(2) 多参数采集器的变送器具有即插即用和故障自诊断功能；

(3) 煤矿井下紧急避险设施内的多参数采集器之间采用 CAN 总线通讯；

(4) 多参数采集器具有开关量检测和开关量输出控制功能；

(5) 多参数采集器采用了低功耗和抗干扰设计。

该多参数采集器外形结构如图 4-4-28 所示，工作原理如图 4-4-29 所示。

多参数采集器由检测元件、信号放大器电路、A/D 变换器、单片机以及显示电路和输出电路等部分组成。当各种气体进入检测元件时，检测元件输出微弱信号，此电压信号经过变送器的放大器放大后由 A/D 转换器转化成相对应的数字信号，由单片机计算出相应的浓度，变送器通过总线与显现部分的单片机进行数据交换，显现部分的单片机通过显示电路、输出电路显示和输出相关信号，同时通过 CAN 总线接口将多参数采集器的数据传给其他设备。

多参数采集器的主机主要由显示电路、输出电路、输出控制电路、单片机、CAN 总线电路等组成。多参数采集器的主机通过与变送器总线交换数据，将遥控器接受的控制命令和 CAN 总线命令进行解析，并将控制命令发送到变送器，实现变送器的零点、精度、报警点等参数的调整。多参数采集器的主机同时通过 CAN 总线接口接收监控主机或其他多参数采集器的数据，根据预先设置好的逻辑控制命令，对监测主机的开关量输入或其他

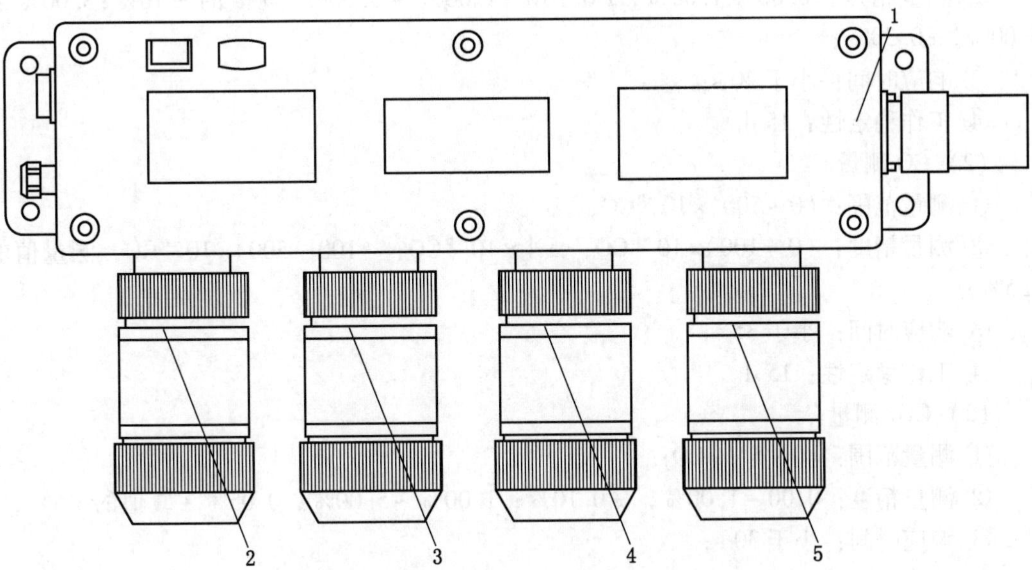

1—多参数采集器的主机；2、3、4、5—不同的多参数采集器的变送器

图4-4-28　多参数采集器结构图

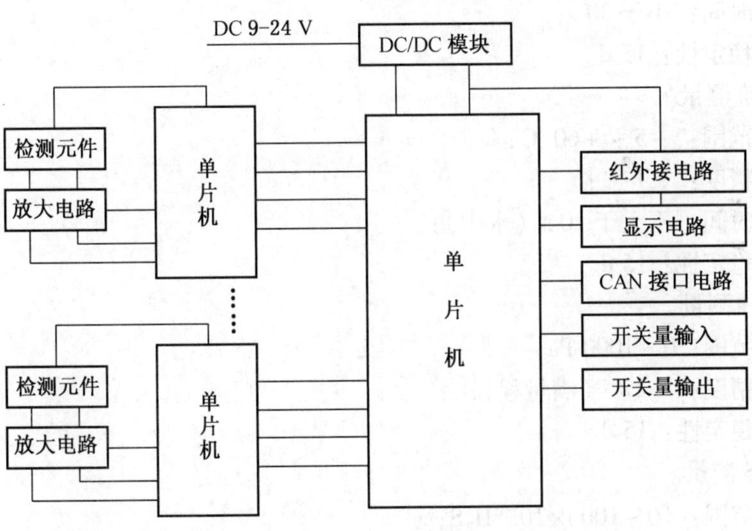

图4-4-29　煤矿井下紧急避险设施用多参数采集器工作原理图

设备的状态进行监测，满足多参数采集器的主机逻辑条件时，多参数采集器的主机对进出口进行控制，实现控制设备的无主控制。

该多参数采集器的主要技术参数如下：

(1) CH_4 测量。

① 测量范围：(0 ~4)% CH_4；

② 测量精度：0.00 ~ 1.00%，± 0.10%；1.00% ~ 3.00%，真值的 ± 10%；3.00% ~ 4.00%，± 0.30%；

③ 响应时间：小于 20 s；

④ 工作稳定性：15 d。

（2）CO 测量。

① 测量范围：$(0\sim500)\times10^{-6}$CO；

② 测量精度：$(0\sim100)\times10^{-6}$CO，$\pm4\times10^{-6}$CO；$(100\sim500)\times10^{-6}$CO，测量值的 ±5%；

③ 响应时间：小于 35 s；

④ 工作稳定性：15 d。

（3）CO_2 测量。

① 测量范围：$(0\sim5)\%$ CO_2；

② 测量精度：0.00 ~ 1.00%，±0.10%；1.00% ~ 5.00%，0.05% + 真值的 ±5%；

③ 响应时间：小于 30 s；

④ 工作稳定性：15 d。

（4）O_2 测量。

① 测量范围：$(0\sim25)\%$ O_2；

② 测量精度：±3% O_2；

③ 响应时间：小于 30 s；

④ 工作稳定性：15 d。

（5）温度测量。

① 测量范围：−5 ~ +60 ℃；

② 测量精度：±1 ℃；

③ 响应时间：不大于 10 s（水中）；

④ 工作稳定性：15 d。

（6）差压测量。

① 测量范围：0 ~ 1000 Pa；

② 测量精度：±2%（满量程）；

③ 工作稳定性：15 d。

（7）H_2S 测量。

① 测量范围：$(0\sim100)\times10^{-6}H_2S$；

② 测量精度：$(0\sim50)\times10^{-5}$，$\pm5\times10^{-6}$；$(50\sim100)\times10^{-6}$，真值的 ±10%；

③ 响应时间：小于 45 s；

④ 工作稳定性：15 d。

（8）湿度测量。

① 测量范围：30% ~ 95%；

② 测量精度：±10%；

③ 工作稳定性：15 d。

（9）输出信号制式。

① 传输方式：CAN；

② 传输速率：5 kbps（可调）；

③ 传输距离：不小于 2 km。

（10）开入开出。

① 8 路开关量输入，高电平应不小于 3 V，低电平应不大于 0.7 V；

② 4 路开关量输出，输出高电平时其高电平应不小于 3 V，输出低电平时其低电平应不大于 0.7 V。

该多参数采集器在避难硐室中的使用比较广泛，其集成的系统的主要用途有：

（1）环境监测系统。环境监测系统主要由多参数气体采集控制器及监控主机组成。多参数气体采集控制器可以对硐室内外的 CH_4、O_2、CO、CO_2、H_2S、压力、温度、湿度等参数进行采集，监控主机采用嵌入式操作系统构架平台、彩色液晶显示，可以实现救生舱或永久避难硐室内的环境参数在线监测、曲线显示等功能。

（2）空气净化及温湿度调节系统。空气净化及温湿度调节系统采用气、电混合动力空气净化、制冷技术，多参数气体采集控制器根据环境参数打开液态 CO_2 钢瓶的电磁阀，液态 CO_2 吸热气化后通过蒸发器与硐室内空气进行热交换。同时，利用 CO_2 的压力或电力推动硐室内循环风扇，加速硐室内空气循环，达到制冷、干燥、空气净化的效果。

（3）氧气供给保障系统。煤矿用户根据多参数气体采集控制器所测量到的救生舱或永久避难硐室内 O_2 的浓度值，可以采取手动或自动的控制方式释放出 O_2，确保救生舱或永久避难硐室内的氧气浓度在 18% ~23.5% 之间。

4.3.6 有害气体净化材料

人员在避难硐室内避险时，由于人体和机械设备运转会释放多种有毒有害气体，当其聚集超过安全标准值后会对人体造成伤害，应予净化、去除。

4.3.6.1 CO_2 净化材料

CO_2 净化与吸收，根据使用的材料和原理的不同，气体净化率和成本也不同。

采用氢氧化锂和碱石灰净化时，其化学反应式分别为：

$$2LiOH + CO_2 \longrightarrow Li_2CO_3 + H_2O$$

$$Ca(OH)_2 + CO_2 \longrightarrow CaCO_3 + H_2O$$

氢氧化锂与碱石灰性能对比分析见表 4-4-11。

表 4-4-11 氢氧化锂与碱石灰性能对比

材料	吸收率	受温湿度影响	成 本	其 他
氢氧化锂	高（约 80%）	小	高（300 元/kg）	反应过程颗粒不破碎、不结块
碱石灰	低（20% ~30%）	大	低（几到几十元/kg）	反应过程结块

4.3.6.2 CO 净化材料

CO 气体净化采用常温催化燃烧方法，催化剂多为常温贵金属型催化剂，载体结构为颗粒型和蜂窝型。该催化剂在常温下即可将 CO 迅速氧化燃烧而生成微量的 CO_2，从而实现 CO 净化。

常温贵金属型催化剂具有良好的催化性能，可在常温常压下催化 CO 使之转化成 CO_2。该催化剂对水汽不敏感，具有良好的抗湿性能。它对低浓度 CO 具有非常好的催化效果。

常温贵金属型催化剂主要技术参数见表4－4－12。常温贵金属型催化剂具备如下特点：受环境温度影响小，常温就可以使用，普通催化剂要耗能加热才可以；空气相对湿度不大于95%，受环境湿度影响小；单位体积催化剂处理气体量大；对于蜂窝载体结构其床层阻力很小；CO 消除效率应不小于80%（满足在 20 min 内将 400 ppm 降到 24 ppm 以下）。缺点：该催化剂活性组分为贵金属钯等，同传统的 CO 消除材料相比价格偏高，市场价格每千克在8000 元左右。

表4－4－12 常温贵金属型催化剂主要技术参数

吸附深度/ppm	≤0.5
堆密度/($g \cdot mL^{-1}$)	50
颗粒度/mm	ϕ1.5×(1~5)
压碎强度/N	>70
吸附容量/($mL \cdot g^{-1}$)	≥50

4.3.7 煤矿避难硐室、救生舱专用食品

煤矿避难硐室专用食品是根据井下紧急避险的特点与需求专门研制的特殊食品。随着相关研究的不断深入，品种和规格均在不断增多，这使煤矿有了更多的选择。

4.3.7.1 国产食品

×××研究所研制了煤矿井下紧急避险成套专用食品，由特制压缩干粮、能量棒、营养液、救生水等组成。特制压缩干粮体积小、能量高，营养全面；能量棒口感松软、营养丰富，能持续均衡地为机体供应能量；营养液富含人体所需的各种营养素，能快速被人体吸收利用；救生水是小分子团水，能有效地被机体利用，延缓人体对水的需求。

一套专用食品要能满足一名矿工遇险待救情况下 96 h 所需的最低能量、营养素及饮用水供给，保证机体不发生不可逆损伤。国产避难硐室食品热量与成分见表4－4－13。

表4－4－13 国产避难硐室食品热量与成分表

主要成分	每份含量	单 位	主要成分	每份含量	单 位
蛋白质	41.4	g	尼克酸	21.3	mg
脂肪	37.6	g	钙	479.5	mg
碳水化合物	184.8	g	磷	140.0	mg
维生素 A	558.8	μgRE	钾	240.0	mg
维生素 B1	2.2	mg	钠	384.0	mg
维生素 B2	1.5	mg	镁	70.0	mg
维生素 B6	2.2	mg	铁	10.1	mg
维生素 B12	1.5	μg	锌	14.3	mg
维生素 C	93.6	mg	碘	83.3	μg
维生素 D	2.8	μg	硒	28.0	μg
维生素 E	15.6	mg	热量	5200	kJ

4.3.7.2 进口食品

除了国产的避难硐室专用食品外，目前还有一些进口的专用食品正在井下得到使用，如德国模仕救生口粮等。

模仕救生口粮采用低温烘烤加工工艺，质地松软、入口易化，不含肉、蛋、奶粉等动物成分，无防腐剂、化学香精，食后不易引起“口干舌燥”，易下咽，不加重胃肠和机体代谢负荷，故体液水分消耗少，组织代谢耗氧低，可节省避难硐室内宝贵的饮水、氧气，延续生存条件；优质蛋白含量高，复合维生素及矿物质配料，利于维持人体代谢健康，增强人在高温、潮湿等恶劣生存环境下的抗病能力，减少口角溃疡、阴囊炎等易发的维生素缺乏症。钙、镁、锌等矿物质，能维持酸碱平衡，改善微循环，防治休克。

德国模仕救生口粮主要技术指标见表4-4-14。

表4-4-14 德国模仕救生口粮主要技术指标

德国模仕救生口粮技术指标		中国成人日膳食营养摄入标准
项　目	数　值	
热量	1920 kJ/100 g	2300 kcal/d
蛋白质	14.50%	68 g/d
脂肪	17.30%	60 g/d
碳水化合物	60.20%	375 g/d
每100 g维生素含量		
维生素A	1570 IU	800 μgRE
维生素D	172 IU	5 μg/200 μg
维生素E	3.5 mg	14.0 mg
维生素C	40 mg	100 mg
维生素B1	0.52 mg	1.4 mg
维生素B2	0.52 mg	1.4 mg
维生素B6	0.87 mg	1.2 mg
维生素B12	1.3 μg	2.4 μg
尼克酸/烟酸	6.5 mg	14.0 mg
泛酸	2.2 mg	5.0 mg
叶酸	130 μg	400 μg
生物素	62.5 μg	30 μg
每100 g矿物质含量		
钙	300 mg	800 mg
磷	300 mg	700 mg
钾	250 mg	2000 mg
镁	60 mg	350 mg
氯	60 mg	—
钠	15 mg	2200 mg

表4-4-14（续）

德国模仕救生口粮技术指标		中国成人日膳食营养摄入标准
项　目	数　值	
铁	10 mg	18 mg
锌	10 mg	15.5 mg
铜	0.2 mg	2.0 mg
碘	100 μg	150 μg
重要特点		
保质期限	6年	
适应年龄	婴儿、幼童、哺乳期妇女及成人、伤患等	
饮水消耗	纯植物配料，食后不口渴，消耗体液少，仅需少量饮水	
是否为“膳食营养”配方食品	国家质检总局核准为“特殊膳食营养”配方食品，具备“营养干预、平衡”功能	
健康食品	低温烘烤加工，无防腐剂、化学香精	
消化吸收和副作用	含麦芽粉，易消化，绝无上火、便秘副作用，连食性佳	
可否调成“流食”	可兑饮用水（冷、热均可）调为“流食”	
质量认证	美国国土安全部、德国BD、法国BV、国家质检总局进口审核认证	

注：1 cal = 4.2 J。

4.3.8 避难硐室用急救箱

除了需要提供一个安全防护的场所外，避险设施内矿工“自救互救”的急救和医疗药品必不可少，它将直接关系到避难矿工的伤势、生命体征维持、甚至存亡。

VM1D1型避难硐室用急救箱含有外用药、医用敷料、外科消毒剂、急救用品、煤矿事故急救手册等，适合80~100人使用。箱外壳采用优质冷轧钢板，表面防锈喷涂，内多重分隔，专设药品储放箱等。

VM3D-Y2型避难硐室用急救箱含有充足的护创敷料、急救用品、多种外用药、伤口消毒剂及不锈钢器皿、上下肢骨折固定夹板、伤员营养流食碗具及煤矿专用急救手册等，并含有可防高温中暑、抗休克（复苏）、抗感染等的必要药品。

4.4 避难硐室的配套工程

避难硐室建造是一个系统工程，除本身空间、设施的建造外，其配套工程也是硐室建造的主要内容。

4.4.1 进入避难硐室管线的保护

要使避难硐室能正常可靠工作，就需要对外部进入硐室的压风、供水、动力供应、通信、监测监控系统等的管线进行可靠保护。一般采用将管线提前预埋在巷道底板中或采用保护管的方式进行保护。

4.4.2 指示系统设置

避灾指示系统是灾变条件下引导遇险人员合理选择避灾路线迅速逃离灾害区域顺利到达地面或避险设施的可靠保障。每一矿井都应建立避灾指示系统，在矿井巷道与交叉路口要有醒目的安全出口的指示标志。

"生命绳"是一种紧急逃生指引绳，其作用是在井下发生火灾或爆炸时，帮助遇险人员撤离矿井，或进入避险设施。井下发生紧急情况下，特别是只有在用手能触摸（无灯、烟）的情况下，提高遇险人员成功逃离的概率。

应每隔一定距离在"生命绳"上安装示向标，根据不同目的可以采用不同形状的示向标（锥），同时每隔一定距离在各个示向标（锥）上贴上反光带。

4.4.3 避灾路线设置

煤矿井下可能会出现各种意外情况，为使在出现意外情况时，井下人员能够安全撤出，每一个矿井都应在灾害预防和处理计划中规定各类事故的避灾路线。逃生过程中合理使用紧急避险系统进行避险，若正常避灾路线受阻，则立即撤离至最近的应急救生舱或永久避难硐室内等待救援。

瓦斯、煤尘爆炸事故避灾路线：掘进头和其他地区的人员在发生事故时，应迎着新鲜风流方向迅速到安全口；事故区回风流中的人员，应就近迅速通过风门进入进风巷道，再撤到地面。但通过风门时，必须及时将风门关好，以防风流短路、混乱，造成事故范围扩大。

水灾事故的避灾路线（避水灾的一般原则）：沿标高较高的巷道撤退，当水势较大时，应尽量避开泄水主流，防止被水平流动的木材和矸石撞伤；当无法撤退时，可选择标高尽可能高的巷道避灾等待救援。发生水灾事故时，只要不是独头上山，要本着"水往低处流，人往高处走"的原则，从工作地点立即就近进入回风巷、轨道大巷并撤至地面，独头上山的人员也要尽快从工作地点撤离下来，然后就近从上山巷道撤退出来，直至安全地点。

火灾事故避灾路线（避火灾的一般原则）：应迅速辨认出风流的方向，尽快佩戴自救器由捷径绕至新鲜风流处，并迅速向调度室汇报。如果火势不大应尽快组织人员进行直接灭火；如果火势较大应尽量控制火势的蔓延，并迅速通知受火灾影响区域的人员撤离灾区；当巷道内已充满烟雾，切不可惊慌，要沉着冷静地在有经验的老工人或班组长的带领下，俯身有秩序地撤退至最近的避难硐室或救生舱；当无路可退时，应尽量利用临时构筑物或两道风门之间形成的临时避难硐室，设法与外界联系，努力维持和改善自身的生存条件，等待救援。

4.4.4 地面钻孔设计与施工

4.4.4.1 地面钻孔设计应考虑的问题

（1）钻孔选址应考虑地面情况，保证地面地势平坦，便于施工；

（2）钻孔选址应考虑地表以下地质情况，尽量避开防水层、回填区等地质情况不佳的地点；

（3）钻孔选址应考虑井下巷道布置情况。

4.4.4.2 地面钻孔施工应考虑的问题

（1）钻孔施工应委托专业钻孔施工队伍进行施工；

（2）钻孔应保证不小于 240 mm 的内径，以实现内部管路吊装等施工需求；

（3）钻孔施工应保证坐标打孔精确度，钻孔误差不应过大。

4.4.4.3 钻孔地面要求

（1）钻孔地面部分要求具备防水、防破坏等功能，必要时可进行封口处理，以保证待机状态时的完好性；

(2) 应对地面钻孔系统配置专用应急救援车，保证实现钻孔供风、供电、供水、通信等功能；

(3) 也可在钻孔地面位置设置专用机房，并派专人看守及维护。

4.4.5 避难硐室操作说明

科学操作避难硐室是避难硐室发挥作用的基本条件与前提。因此，编制避难硐室操作手册，让遇险人员正确使用避难硐室是一项必要的工作。操作说明至少应包括下列内容。

4.4.5.1 避难硐室概况

(1) 概述；

(2) 使用环境条件与功能用途；

(3) 主要技术参数；

(4) 安全使用注意事项；

(5) 正常情况下的安全使用方法；

(6) 异常情况下的紧急处理措施。

4.4.5.2 避难硐室图示操作说明

(1) 避难硐室外部设施；

(2) 进入避难硐室操作说明；

(3) 气幕洗气操作说明；

(4) 氧气供给设备操作说明；

(5) 过滤降温除湿设备操作说明；

(6) 硐室监控与通信设备操作说明；

(7) 自救与卫生设备操作说明；

(8) 其他。

4.4.5.3 保养、维护

简明的操作说明应悬挂在避难硐室明显处，方便井下人员看见并迅速捕捉到相关重要操作信息，从而能正确地操作硐室内的各个设备。

矿井安全管理层应定期组织矿工对避难硐室及其设备操作说明进行学习，并在所学理论知识的基础上进行应急演练，使避难硐室在煤矿井下真正发生险情时发挥应有的作用，从而保障矿井人员生命及财产安全。

5　可移动式救生舱

可移动式救生舱是在井下发生灾变事故时，为遇险矿工提供应急避险空间和生存条件，并可通过牵引、吊装等方式实现移动，以适应矿井采掘作业要求的避险设施。正确选择、安装、移动、维护和管理可移动式救生舱是充分发挥其重要功效的关键。

5.1　救生舱的基本类型

随着煤矿井下紧急避险系统建设完善工作的不断深入，先后研究开发出不同类型的救生舱，以适应不同的安全避险需求。

5.1.1　按外壳材料划分

根据外壳材料，救生舱可分为硬体式和软体式救生舱。前者采用钢、铁等硬质材料制成，后者采用阻燃、耐热、抗静电的特殊软体材料制成。软体材料日常存储于钢制容器内，一旦发生灾害事故等突发紧急情况时，能在数分钟内通过高压气体膨胀、支撑一个独立密封的空间。

目前硬体式救生舱的安全技术要求和检测检验方法已基本成熟，软体式救生舱的安全技术要求和检测检验方法尚在探讨之中。

5.1.2　按机械结构特点划分

硬体式救生舱按其机械结构特点，可划分为组装式（舱体为组装式结构）和整体式（舱体为整体式结构）。组装式救生舱由几段舱体通过法兰连接，一般体型较为庞大，在井下完成舱体安装；整体式救生舱由于舱体无法拆卸，对运输与安装的要求较高。

5.1.3　按额定容量划分

根据救生舱的设计额定容量，可分为中型或小型救生舱。硬体式救生舱的划分方法见表4－5－1。

表4－5－1　硬体式救生舱的基本规格

类　型	小　型　舱		中　型　舱		
额定人数/人	6	8	10	12	16

5.1.4　按动力单元是否使用电源划分

按照动力单元是否使用电源划分，可分为有电力支持救生舱和无电力支持救生舱。

在井下突发紧急情况下，当井巷中瓦斯浓度超过断电浓度时，将会切断该区域内非本安设备供电，因此，对于有电力支持的救生舱应采用大容量防爆蓄电池（原电池）作为后备电源。目前 GB 3836.2—2010 标准已禁止在隔爆外壳内使用铅酸蓄电池，而大容量镍氢电池、锂电池等电源暂无可直接依据的国家标准或行业标准，其安全性能也有待于进一步研究探讨。

一般来说，无电力支持的救生舱使用冰、压缩空气或液态二氧化碳等作为降温介质或舱内空气循环的动力，因不使用电源，不会产生火花，安全性较高，但设备舱较为庞大，运输管理不便，舱内的大量高压气瓶也可能形成重大危险源。以液态 CO_2 相变制冷原理的救生舱为例，额定防护人数为 12 人、额定防护时间为 96 h 的救生舱需配置约 60 个容积为 60 L 的高压 CO_2 气瓶，设备舱的体积甚至比生存舱还要大。

5.2 救生舱的结构与基本功能要求

国家安全监管总局、国家煤矿安监局发布的《煤矿井下紧急避险系统建设管理暂行规定》对可移动式救生舱的结构和基本功能要求作了明确规定，已广泛征求意见正在报批的安全生产行业标准《煤矿用可移动式硬体救生舱通用技术条件》对这些规定进行了细化与补充。这些文件与标准是可移动式救生舱设计、制造、选型与使用的基本依据。

5.2.1 基本结构要求

5.2.1.1 总体要求

救生舱的基本结构包括过渡舱、生存舱、设备舱、密闭门、压缩空气幕、压气喷淋装置、观察窗、逃生口等。

救生舱应具备过渡舱结构，采用向外开启的两道门结构。外侧第一道门采用既能抵挡一定强度的冲击波，又能阻挡有毒有害气体侵入的防护密闭门；第二道门采用能阻挡有毒有害气体侵入的密闭门。两道门之间为过渡舱，密闭门之内为生存舱。救生舱配备设备较多时，可设置设备舱。

救生舱应具有足够的强度，舱体抗爆炸冲击能力应根据救生舱应对的主要灾害类型和使用条件确定，但不低于 0.3 MPa。

救生舱的基本结构如图 4－5－1 所示。

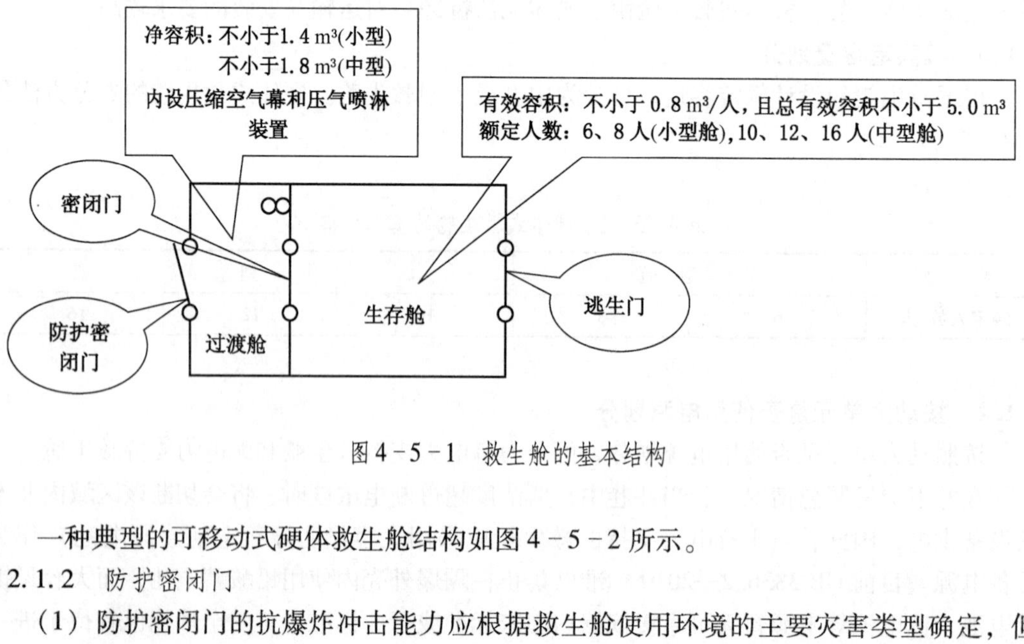

图 4－5－1 救生舱的基本结构

一种典型的可移动式硬体救生舱结构如图 4－5－2 所示。

5.2.1.2 防护密闭门

(1) 防护密闭门的抗爆炸冲击能力应根据救生舱使用环境的主要灾害类型确定，但

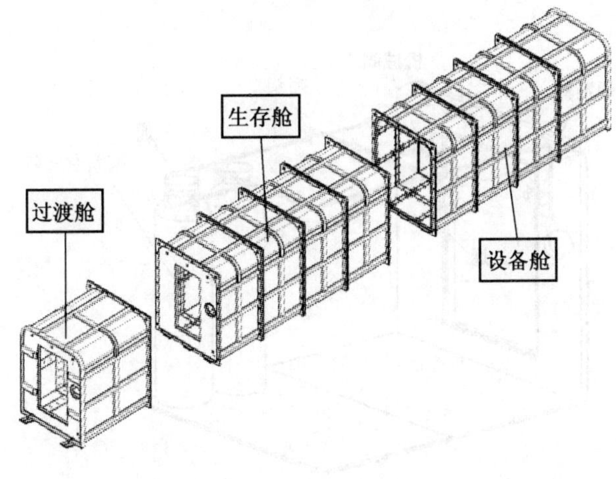

图4-5-2　典型救生舱结构图

不低于0.3 MPa。

（2）应采用气密结构，保证救生舱具有足够的气密性。

（3）高度不小于1.0 m，宽度不小于0.5 m。

（4）在救生舱内、外均可以自由开启、关闭，不得反锁。

（5）观察窗设置在防护密闭门上时，观察窗的材质应具有与整舱相匹配的耐高温、抗冲击等性能。

5.2.1.3　过渡舱

（1）过渡舱的净容积，小型救生舱应不小于1.4 m^3，中型救生舱不小于1.8 m^3。

（2）防护密闭门应设空气幕，过渡舱内部应设压气喷淋装置及不少于2个的单向排气阀。

（3）空气幕应覆盖整个防护密闭门，出气速度应不低于10 m/s。空气幕是救生舱的第一道保护，当遇险人员从外部进入过渡舱时，门周边气幕会发射高压空气流，在舱门开启处形成一道气流屏障，有效隔绝外界有毒有害气体的侵入。

（4）压风喷淋装置的流量不小于500 L/min，出口压力不低于0.3 MPa，运行时间每组不得低于2 min。其作用是将人员进入救生舱时带入的有毒有害气体进行冲洗、排出，避免有毒有害气体进入生存舱。气幕喷淋装置结构如图4-5-3所示。

（5）空气幕和压风喷淋装置应由接入救生舱的矿井压风自救系统和救生舱自备高压空气瓶供风，并实现自动、可靠转换。在矿井压风自救系统完好时由其供风，当压风失去时由自备空气瓶供风。供风管路连接方式如图4-5-4所示。

（6）接入救生舱的矿井压风管路、供水管路及通信线路应采取防护措施，具有抗冲击破坏能力，管路与救生舱应采用软连接。

5.2.1.4　生存舱

（1）生存舱提供的有效生存空间应不小于每人0.8 m^3，且总有效容积不小于5.0 m^3。

（2）应设有观察窗和不少于2个的单向排气阀。观察窗的材质应具有与整舱相匹配的耐高温、抗冲击等性能。

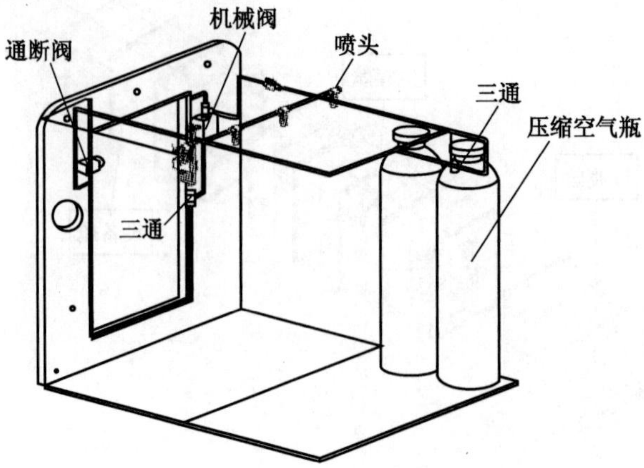

图 4-5-3　气幕喷淋装置结构示意图

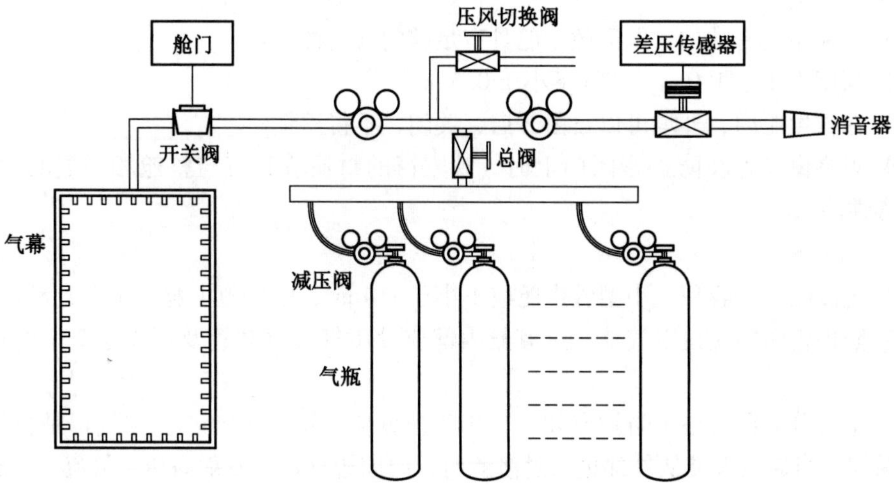

图 4-5-4　供风管路连接方式示意图

（3）在无任何外界支持的情况下额定防护时间不低于 96 h。

（4）用电设备电压应不高于 24 V。

5.2.1.5　设备舱

采用高压 CO_2 气体相变制冷方式的救生舱，设备舱与生存舱之间应采取隔离措施，防止可能的 CO_2 泄漏带来的危害。

设备舱用电设备电压应不高于 24 V。供（充）电设备电压高于 24 V 时应有可靠的隔离措施，防止人身触电。

5.2.1.6　应急逃生口

救生舱应设应急逃生口，保证在救生舱舱门无法正常开启的情况下遇险人员逃生需要。应急逃生口面积应不小于 0.25 m^2，并不宜设在救生舱门同一侧。

5.2.1.7　承压管路要求

所有承压管路应能承受1.5倍使用压力，保压测试不得有泄漏、变形现象。

5.2.2　基本功能要求

根据《煤矿井下紧急避险系统建设管理暂行规定》和安全生产行业标准《煤矿用可移动式硬体救生舱通用技术条件》（报批稿）的规定，救生舱应具备以下基本功能：

5.2.2.1　安全防护

为了最大限度地延长被困人员的生存时间，要求矿用救生舱对矿井突发事故如爆炸、冲击、火灾等具有相当的防护能力。救生舱应具备一定强度，以抵抗顶板垮塌、爆炸冲击波等的冲击破坏。救生舱抗爆炸冲击能力应根据救生舱应对的主要灾害类型和适用条件确定，但不小于0.3 MPa。

救生舱应具备耐高温性能。瞬间耐高温能力不低于900 ℃下3 s；持续耐高温能力应在产品标准中明确，并在使用说明书、产品永久性安全使用须知等中注明。因此，救生舱舱体、油漆、外露密封材料、部件等应具备耐高温性能。

5.2.2.2　气密性

救生舱应具有足够的气密性。舱内气压应始终保持高于外界气压100～500 Pa，且能根据实际情况进行调节。在500 Pa压力下，泄压速率应不大于350 Pa/h。

5.2.2.3　氧（空）气供给

救生舱在额定防护时间内供氧量不低于每人0.5 L/min，O_2含量应在18.5%～23.0%之间。

救生舱应具备空气供给系统，以满足气幕、压风喷淋和可能的补氮需要。空气量应经科学计算和充分试验后确定。

5.2.2.4　有毒有害气体去除

救生舱应具备有毒有害气体去除能力。处理CO_2的能力不低于每人0.5 L/min，处理CO的能力应能保证在20 min内将CO浓度由0.04%降到0.0024%以下。在整个额定防护时间内，救生舱内部环境中CO_2浓度不大于1.0%，CH_4浓度不大于1.0%，CO浓度不大于0.0024%。

5.2.2.5　温湿度调节

《煤矿井下紧急避险系统建设管理暂行规定》要求，在整个额定防护时间内，救生舱内部温度不高于35 ℃，湿度不大于85%。美国联邦矿山安全与健康监察局（MSHA）于2008年发布的救生舱最终标准中规定，救生舱内体感温度不高于35 ℃。《煤矿可移动式硬体救生舱通用技术条件（报批稿）》中规定体感温度不高于35 ℃，在《煤矿井下紧急避险系统建设管理暂行规定》的基础上进一步提高了要求。

体感温度是指人体实际感觉到的环境温度的高低，反映了湿度、风速、日照、衣服颜色等对冷暖感受的影响作用。如果体感温度高于气温，表明上述各项因子共同对人体起到加温的作用，反之为降温的作用。体感温度往往与实际气温感觉上不一样。气温仅仅代表空气的冷暖程度，并不能完全表示出人体对环境的冷暖感受。体感温度实际上就是人们舒适的感觉，是人通过自己的感觉器官，尤其是皮肤与外界环境接触时在身体上或精神上所获得的一种感受。

5.2.2.6　内外环境参数监测

应配备独立的内外环境参数检测或监测系统，在突发紧急情况下人员避险时，能够对过渡舱内的O_2、CO，生存舱内的O_2、CH_4、CO_2、CO、温度、湿度、压差和救生舱外的O_2、CH_4、CO_2、CO、温度进行检测或监测。

对救生舱外环境参数进行检测的传感器布置于舱外时，应具备防冲击设计。采用从舱外抽取气体在舱内进行检测的方法时，检测气体应直接排放到舱外，以免有毒有害气体泄漏到舱内造成人身伤害。

监测或检测仪器应操作简便、自动化程度高、性能可靠、低能耗，符合本质安全型的要求。应根据有毒有害气体对人体的危害的程度设定检（监）测仪器的检（监）测范围及报警数值。舱内报警的声级应不大于70 dB（A）。

5.2.2.7 通信

突发紧急情况下，在人员逃生路线被阻或逃生不能的情况下，遇险矿工安全进入救生舱之后，利用通信设施及时与外界取得联系，引导救援人员开展救援工作。因此，救生舱中应配备可靠的可与地面联络的有线或无线通信系统。

5.2.2.8 动力保障

救生舱应具备动力供应系统。在灾变条件或在外部供电失去的情况下救生舱内部电源应能维持救生舱额定工况下的能源需要，并具备足够的备用系数。在救生舱设计阶段应进行详细的能耗计算与动力保障设计。

救生舱内部供电可采用集中、分散的方式，也可采用集中与分散相结合的方式。内部供电电源应采用矿用隔爆（兼本质安全）型防爆型式，具备自动充电、电量显示、自检、均衡充电等电源管理和过充、过放等安全保护功能。

救生舱内、外部供电应能自动转换，转换时间不大于1.0 s。救生舱内部用电设备电压不高于24 V。

5.2.2.9 生命安全保障

应按额定避险人数配备食品、饮用水、自救器、人体排泄物收集处理装置及急救箱、照明设施、工具箱、灭火器等辅助设施。食品配备量不少于每人每天5000 kJ，饮用水不少于每人每天1.5 L。

救生舱应配备应急救助所需的卫生医疗设备，包括消毒液、急救箱、苏生器等。配备的自救器应为隔绝式，有效防护时间应不低于45 min，数量不低于额定容量（人数）的1.5倍。

救生舱应配备必要的应急维修所需的工具箱、灭火工具等。救生舱应配备人体排泄物处理装置，并应具有密封功能。

5.2.2.10 与矿井安全避险系统的集成

救生舱内设施应与矿井安全监测监控、人员定位、压风自救、供水施救、通信联络等系统相连接，形成井下完整的安全避险系统。

矿井安全监测监控系统应对救生舱外的O_2、CH_4、CO_2、CO、温度进行实时监测。矿井人员定位系统应能实时监测井下人员分布和进出救生舱的情况。矿井压风自救系统应能为救生舱供给足量的空气，接入的矿井压风管路应设减压、消音、过滤装置和控制阀，压风出口压力在0.1~0.3 MPa之间，供风量不低于0.3 m^3/(min·人)，连续噪声不大于70 dB(A)。矿井供水施救系统应能在紧急情况下为避险人员供水，并能在紧急情况下为输送液态营养物质创造条件。接入的矿井供水管路应有专用接口和供水阀门。矿井通信联络系统应延伸至井下救生舱，救生舱内应设置直通矿调度室的电话。

5.2.2.11　其他

救生舱内部结构与色调应考虑人员避险时的心理压力。内部顶板和墙壁的颜色应为浅色，以减小避险人员的心理压力。

救生舱应选用抗高温老化、无腐蚀性、无公害的环保材料；配套用电气设备应符合 GB 3836 和相关产品标准的规定；非金属部件应符合 MT 113 的规定；救生舱外体不应使用轻质合金材料，内部使用的轻质合金部件应符合 GB 3836 和 GB/T 13813 的规定。纳入安全标志管理的配套部件应取得煤矿矿用产品安全标志，纳入特种设备安全管理的应符合相关管理规定。

在煤矿井下照明条件下救生舱外部颜色应醒目，宜采用黄色或红色。同时，应设置明显的安全荧光条码、安全标志标识、安全使用须知、扳手启动符号等标识，配备外部指示灯。

救生舱及内部设备、设施应具有防腐蚀、防啃咬等的性能。应明确救生舱的设计使用寿命及配用设备、物品等的使用年限、维修和更换要求。

救生舱应便于移动、运输、吊装、安装，以适应煤矿井下环境条件。

5.3　救生舱的主要组成系统

为实现救生舱规定的各项功能，救生舱应包含必要的部件或系统，并彼此关联形成有机整体。救生舱的主要组成系统包括氧（空）气保障系统、有害气体去除及空气净化系统、环境监（检）测系统、温湿度调节系统、通信系统、舱内照明及指示系统、动力保障系统、生存保障系统等。

5.3.1　氧（空）气保障系统

救生舱的氧（空）气保障主要有压风供氧与自备供氧（空气）两种方式。

5.3.1.1　压风供氧系统

压风供氧系统是以地面压缩空气为气源，压风通过管路进入救生舱，经舱内设置的水、灰尘、油三级过滤，再经预先设置的减压器、浮子流量计、管路进入气体输出端，为避险人员提供新鲜空气。压风出口压力应在 0.1 ~ 0.3 MPa 之间，供风量不低于 0.3 m^3/(min·人)，连续噪声不大于 70 dB（A）。

救生舱典型的压风供氧系统如图 4-5-5 所示。

据有关研究成果，考虑避险人员在进入救生舱前的运动程度及心理恐慌等原因，此时人的最大肺通气量可达 0.12 m^3/min，静坐时为 0.009 m^3/min。因此人均 0.3 m^3/min 的空气供给量足以满足人的最大肺通气量 0.12 m^3/min 的要求，并在主舱内形成正压，避免外界气体向主舱内侵入。

在实际安装过程中还应根据救生舱安装地点的实际情况，进行压风自救系统供风能力核算。

5.3.1.2　自备氧供氧系统

在井下发生瓦斯、煤尘爆炸等灾害时，矿井压风自救系统可能遭到严重破坏，因此救生舱除应与矿井压风自救系统有效连接外，还应具备自备氧供氧系统，以保证矿井压风自

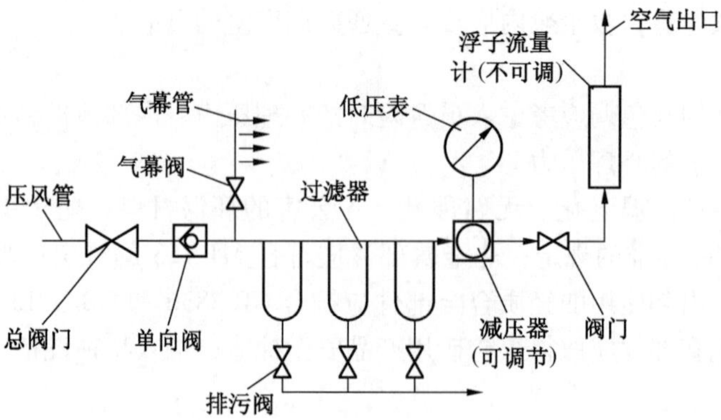

图4-5-5　典型的压风供氧系统图

救系统遭到破坏时仍能有效地供氧。

1. 基本要求

自备氧供氧系统应满足以下3方面的基本要求：

（1）提供可呼吸气体，气体组分接近新鲜空气的组分。

（2）能够持续不断、安全可靠地供应 O_2。

（3）能够调节 O_2 释放速率，并与救生舱中人员耗氧速率达到一致，以稳定 O_2 的浓度。采用高压气瓶供气系统的应有减压措施，以保证安全使用。

2. 主要氧源

自备氧主要有压缩空气、压缩氧、化学制氧、氧烛、电解水生氧等几种氧源。其中压缩氧是目前国内外矿用救生舱自备氧供氧系统所采用的主要氧源。

1）压缩空气

由于人一生都是依靠呼吸空气来生存，因此对于呼吸系统而言首选气源为空气。如果以储存在气瓶中的压缩空气作为气源，按照人均供氧量不低于0.5 L/min的要求，需要存储大量的空气瓶，这不利于在救生舱内布置。此外，压缩空气中含有的大量 N_2 等气体也会影响救生舱空气的各组分含量，增加泄压次数。因此，目前通常不使用压缩空气作为主要供氧源。

2）压缩氧

压缩氧供氧是利用储存在钢瓶中的医用压缩氧，通过供氧控制装置为避险人员输出规定数量的氧气。与压缩空气相比，压缩氧需要的钢瓶数量少，且 O_2 能够在人的呼吸作用后转化为约同等体积的 CO_2，CO_2 被处理后不影响舱内空气各组分浓度以及压力，因此压缩氧一般作为救生舱中的主要氧源。但需要注意的是，高浓度的 O_2 不适宜直接呼吸，一般需要经过与救生舱内气体或压缩空气混合后使用。同时，高压氧气瓶的安装、使用及维护均需要严格管理。

当 O_2 浓度小于18.5%时，被称为缺氧，缺氧可致人失去知觉甚至死亡；当 O_2 浓度大于32%时，被称为肺氧中毒；当 O_2 浓度大于95%时，被称为高氧（高浓度氧）。较长时间呼吸高浓度的 O_2 不仅损坏中枢神经系统和呼吸系统，还导致高可燃环境，带来安全隐患。因此，压缩氧供氧系统应具备调节流量计对供氧量进行调节控制。典型的压缩氧供氧示意图如图4-5-6所示。

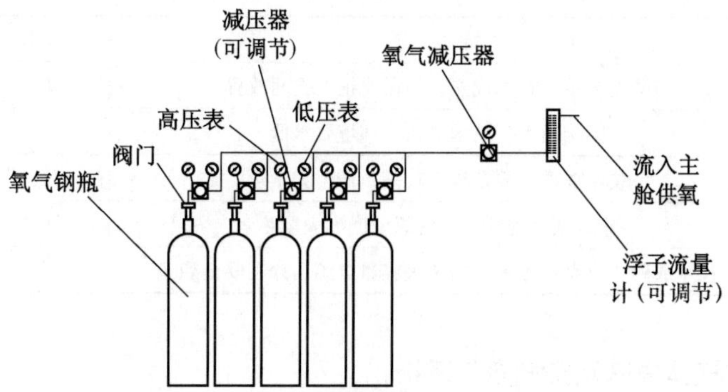

图4-5-6　典型压缩氧供氧示意图

美国联邦矿山安全与健康监察局(MSHA)要求救生舱内 O_2 消耗量按人均0.62 L/min计算。根据我国人群身体状况及遇险时人体生理状态，国家有关规定要求人体耗氧量按每人0.5 L/min计算，在救生舱的设计中应考虑一定的安全系数。

3）化学制氧

化学制氧是利用化学物质反应生成 O_2，目前广泛应用的制氧物质（也称为制氧剂）主要有超氧化钾和超氧化锂。化学制氧的化学反应是自主反应，且反应剧烈。虽然反应过程不需要耗能，但为了保证反应稳定进行，需要对制氧反应过程中的供水、CO_2 进行控制。系统较为复杂，在完全无电源的条件下，往往很难实现。另外，反应产生大量的热，是其在密闭空间使用的最大缺点。

鉴于上述，美国联邦矿山安全与健康监察局（MSHA）不允许化学氧在救生舱内使用。我国有些专家借鉴化学氧自救器在井下使用过程中存在问题的分析，也不建议救生舱采用化学制氧。

4）氧烛

氧烛是由氯酸盐、催化剂、黏结剂压制成形的固体制氧材料，其燃烧后产生的单位体积含氧量远高于 O_2 钢瓶。氧烛燃烧后不受外界温度和压力的干扰，能够在短时间内释放大量 O_2。例如，英国某公司生产的氧烛能在25 min内释放总量为720 L的 O_2，这足以使体积为24 m^3的空间内 O_2 的浓度从18%上升至21%。

氧烛点燃后反应速度很难控制，难以实现连续稳定供氧。此外，氧烛燃烧除产生 O_2 外，还伴有 Cl_2、CO、CO_2 等有毒有害气体。因此，煤矿井下避难硐室和救生舱不宜采用氧烛供氧。

5）电解水制氧

电解水制氧是利用电力将水电解生成氧气和氢气。因电解水制氧需要配置用于电解的大功率电源，且电解过程本身在煤矿井下就存在重大安全问题，因此煤矿井下避难硐室和救生舱不宜采用电解水供氧。

各种供氧方式对比见表4-5-2。

表4-5-2　自备供氧各种供氧方式对比

供氧方式	特　点	成本	适用情况
压缩空气	结构简单、技术成熟，但需要很大空间放置	低	不太适用
压缩氧	结构简单、技术成熟、环境要求低	低	适用
化学制氧	技术成熟、复杂程度较高，产生大量热	低	不太适用
氧烛供氧	难以实现连续稳定供氧，产生大量热	低	不适用
电解制氧	技术成熟、复杂程度高、需要大容量电源，存在安全隐患	高	不适用

5.3.2　有毒有害气体去除及空气净化系统

为去除避险人员生理代谢产生的 CO_2、H_2S 等有毒有害气体，以及避险人员进入救生舱时从外部带入的 CO、CH_4 等有毒有害气体，救生舱应具备有毒有害气体去除功能。该功能主要是依靠各种吸附剂或吸附材料来实现的。

5.3.2.1　CO 净化方法

空气中微量 CO 的净化可采用物理净化与化学净化两种方法。通常，物理吸附时的吸附热较小，吸附容量较大，吸附后不放出其他气体，广泛应用于真空技术领域。但物理吸附剂的吸附速率较小，吸附条件较为苛刻，且吸附容量受到吸附剂比表面积的限制，因而在有害气体产生速率较快的空气净化场所，其应用受到限制。

化学吸附或化学吸收剂可弥补物理吸附剂的吸附速率慢的缺陷，在许多场合已发挥作用。目前，比较有效的 CO 化学吸附方法是利用贵金属催化剂将 CO 常温催化氧化，实现空气中 CO 气体的净化去除。

5.3.2.2　CO_2 净化方法

CO_2 净化的方法多种多样，有物理吸附、化学吸收、膜分离等几种方法。

1. 物理吸附方法

CO_2 气体的物理吸附剂有介孔分子筛、固态胺树脂等。

分子筛是一种高效能、高选择性的超微孔型吸附剂，在化学工业中广泛应用，具有在低压高温环境中再生的能力。以沸石分子筛为例，在标准大气状态下静态吸附可达 0.7～0.8 kg/L。其优点是可重复使用，缺点是对进口空气要求较高，进口空气必须干燥。

固态胺是一种弱碱性阴离子交换树脂,其骨架结构是苯乙烯和二乙烯苯的共同体。其优点是可重复使用,缺点是结构较为复杂,降解产物三甲基苯有一定毒性,需要进行处理。

上述两种 CO_2 净化方法的解析过程需要耗费大量的电，而且吸附饱和后会释放 CO_2，常温常压时，这些吸附剂对 CO_2 的吸附性能较差，通常需在高温高压或低温与真空条件下进行吸附。

2. 化学吸收方法

化学吸附主要是利用 CO_2 与氢氧化物反应的特点。CO_2 为酸性气体，能够与多种碱性物质反应，如氢氧化钠、氢氧化钙、氢氧化锂、氧化钙等，其反应过程为放热过程且不可逆，吸收率高。该法常被应用于化工、救生等领域。

氢氧化锂曾用于空间站舱内 CO_2 气体的净化，但因其成本较高、碱性较强、安全系数较低而被淘汰。目前，救生舱中一般选用碱石灰（NaOH 与 CaO 组成的混合物）作为 CO_2 的吸收剂，主要是因其价格低廉、性能可靠、保质期长。

3. 膜分离方法

膜分离是利用不同气体对同一种膜的渗透能力不同的性质，实现 CO_2 净化，是一种新型的净化方法。其优点是质量轻、体积小和效率高，缺点是耗电，因此一般不适用于救生舱。

选择 CO_2 吸收剂时，应综合考虑救生舱空间大小、反应效率、药剂储存时间等各方面因素。

5.3.2.3　其他有害气体及粉尘净化方法

目前，粉尘及烟雾的净化材料主要有聚丙烯棉、玻璃纤维、不锈钢纤维、活性炭等微孔或纤维材料。聚丙烯棉主要用于初效过滤器，过滤空气中大于 10 μm 的颗粒；玻璃纤维棉用于中效过滤器，过滤空气中几百微米以上的颗粒；活性炭则主要用于中效过滤后残余有害气体的净化。

5.3.2.4　净化设备

去除有毒有害气体等除需要药品、药剂外，往往还需要风机等设备，以加速空气流动，提高净化效果。目前气体交换方式主要有后备电源驱动风机、高压气体驱动马达两种方式。前者需要一定容量后备电源；后者虽不需要后备电源，但是需要一定数量的高压气瓶，增加了救生舱设备舱的体积。

依靠高压气体驱动的空气净化设备原理如图 4－5－7 所示。

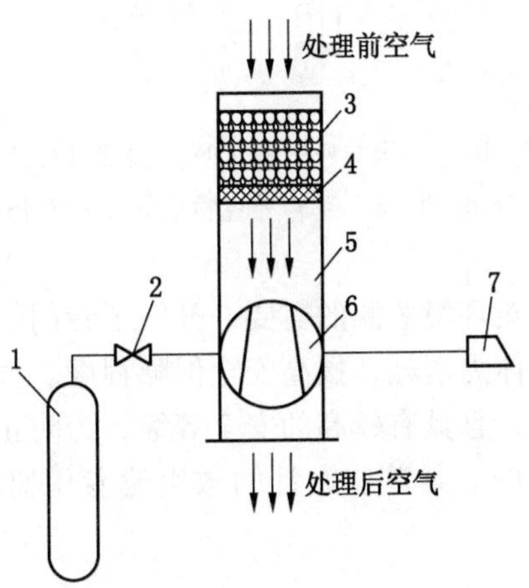

1—高压空气瓶；2—减压阀；3—吸附剂；4—过滤网；5—风道；6—气动风机；7—消音器

图 4－5－7　高压气体驱动的空气净化设备原理图

5.3.3　环境监（检）测系统

环境参数的监（检）测分为舱内环境参数监（检）测与舱外环境参数监（检）测。对于救生舱内外的环境参数，既可采用监测系统连续监测，也可利用便携式仪表进行间断检测。

5.3.3.1　舱内环境参数监测

为使救生舱中避险人员随时掌握所处密闭空间内的环境参数，以根据情况变化及时采取相应措施维持生存条件，应配备相应的监（检）测设备。

对舱内气体的监测可由若干针对不同类型气体的传感器或手持式测定器完成，对舱内温湿度的检测一般由机械式仪表完成。通过预先设定报警值，当有害气体超标时，仪表发出警报，舱内人员可根据舱内温湿度及气体浓度情况，按操作规程采取相应措施。

5.3.3.2　舱外环境参数监测

目前常规舱外环境参数检测的方法，是通过舱体气体采样预留口，进行外部气体采样，再利用检测仪表对采样气体进行检测。值得注意的是，采用该方法时，采样的气体经检测后应排放到舱外，不能排到舱内，以避免可能的高浓度有毒有害气体对避险人员造成伤害。同时，应制定措施保证气体采样检测装置的气密性，在检测过程中采样气体不得在舱内发生泄漏。

一种舱外环境检验设备如图4-5-8所示。

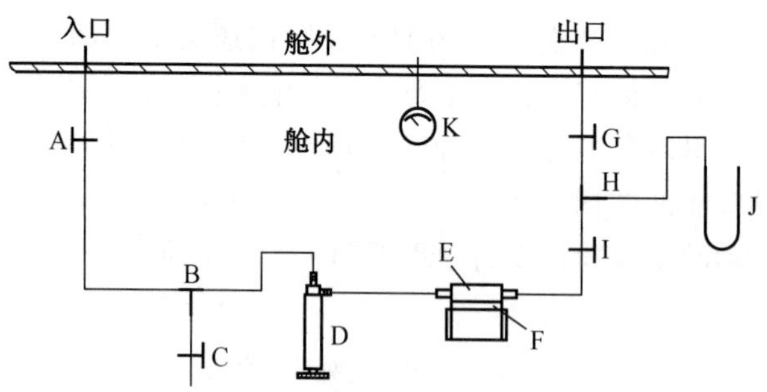

A、C、G、I—截止阀；B、H—三通；D—取样器；E—气室；F—多参数便携仪；J—U型压力计；K—双金属温度计

图4-5-8　舱外环境检验设备示意图

部分生产单位根据救生舱环境监测的需要，开发了专门的监测系统，以实现安全监测的自动化，减少避险人员的体力消耗，提高安全保障程度。值得注意的是，设置在舱外的监测传感器应为本质安全型，且具有较高的安全等级，为防止瓦斯、煤尘爆炸等的冲击破坏，应有可靠的安全保护措施。某单位设计的救生舱专用监测系统示意图如图4-5-9所示。

5.3.4　温湿度调节系统

温湿度调节包括两个方面，即温度调节与湿度调节。温湿度调节系统的能力决定着救生舱的环境适应性，在救生舱研制过程中必须经过详细的热平衡计算，并经试验验证。

5.3.4.1　主要降温方式

救生舱降温一般有蓄冰制冷、气体相变制冷、压缩机制冷、强制换热制冷等几种方式，各种方式都有其优缺点和适用条件。

1. 蓄冰制冷

蓄冰制冷首先要将水制成冰，备用时要维持水的结冰状态，因此，日常需要给电动制冷机供电，维护费用高。当瓦斯超过断电浓度时，必须切断井下非本安设备电源，利用冰

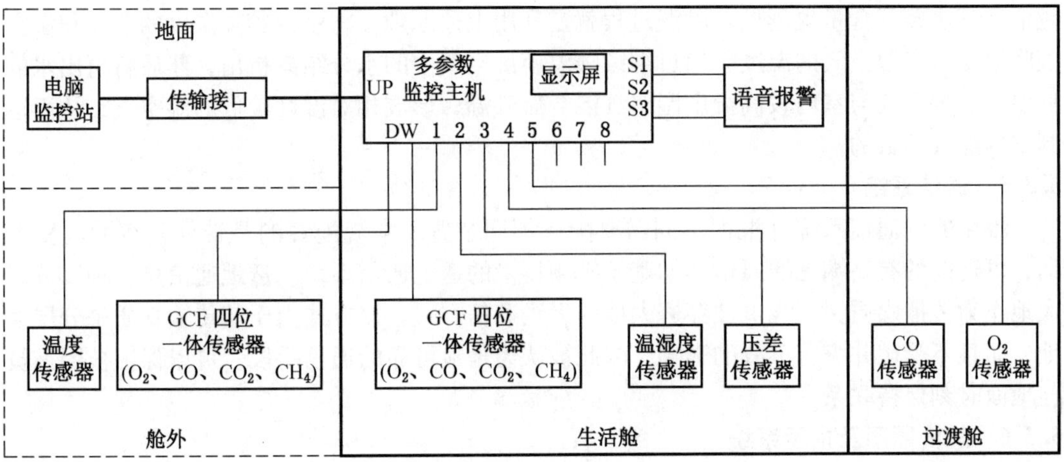

图4-5-9　救生舱环境监测系统示意图

的融化达到降温的目的。

2. 气体相变制冷

气体相变制冷是利用液态气体相变时吸热而制冷。气体相变制冷具有无电源、维护量小、维护费用低等优点。常用的制冷剂有 CO_2、液氨、氟利昂等。

CO_2 具有安全稳定、无毒等优点，但储藏设备体积较大、储存温度低，当其储存温度大于 31.1 ℃时，将失去制冷效果。

液氨具有储藏设备体积小、蓄冷量大等优点，但对储用设备的防腐蚀要求较高。液氨一旦泄漏，将会造成化学烧伤，引起中毒，因此液氨不宜用于救生舱。

氟利昂具有不燃烧、不爆炸、几乎无毒、易储存等优点，但对臭氧层有破坏作用，储藏设备体积较大，遇明火和高温会分解出有毒有害气体等，因此也不宜用于避难硐室和救生舱。

3. 压缩机制冷

采用压缩机制冷时，空调主机可置于救生舱内部，而压缩机必须外置，因此，在爆炸事故危险性较大的矿井中，救生舱外置空调压缩机的防爆安全问题至关重要。此外，要在舱内保持让人舒适的温度，需要有足够的电力来维持空调运行，而在煤矿发生紧急情况时外部电力极有可能中断。因此，救生舱生命维持时间很大程度上要取决于空调和储备电力容量之间的相互协调。

4. 强制换热制冷

强制换热主要是利用空气对流与外界进行热量交换。该方式的优点是体积小、能耗低。但采用该方式时，必须保证舱外温度一直低于舱内温度且保证一定温差范围，功耗主要用于通风换热，舱内外的温差越小，耗功越大。

5.3.4.2　湿度调节方法

救生舱内除湿的方法较多，利用制冷系统的热交换器表面凝水除湿是一种简单有效的方法。

根据工程热力学原理，在不同温度下，饱和湿空气中的含水量是定值，而湿空气温度越低，其水蒸气含量也越低。除湿过程就是利用上述原理，将室内较高温度的非饱和湿空气降温至饱和湿空气的温度，通过继续降温使湿空气中的水分结露析出，然后将析出水的低温饱和湿空气与室内较高温度湿空气混合后升温，形成相对湿度较低的湿空气，从而达到室内除湿的目的。

5.3.5 通信系统

救生舱的通信系统可根据不同需要配备不同装置。常规配置的是带外接线的本安电话，可选配的有高端无线通信，如基于扩频技术的透地通信系统。透地通信是一种以分层大地作为传播媒质，无线电波穿透大地的无线通信方式。该方式由于其传输媒质是分层大地，而且不受矿井灾害事故的影响，因此被认为是最可靠的通信手段，可以保证被困人员与地面时刻保持联系。

5.3.6 舱内照明及指示系统

舱内照明可采用照明灯、矿灯、荧光棒或以上几种相结合的方式。

部分生产单位根据紧急避险设施的需要已经开发出使用时间可超过 96 h 的低能耗照明灯，该照明灯既可使用救生舱的集中后备电源，也可使用自带电源。

荧光棒是一种非电发光产品，其中的化学物质主要为过氧化物、酯类化合物和荧光染料 3 种物质。荧光棒发光的原理就是过氧化物和酯类化合物发生反应，将反应后的能量传递给荧光染料，再由染料发出荧光。目前市场上常见的荧光棒中通常放置了一个玻璃管夹层，夹层隔离了内外的过氧化物和酯类化合物，经过揉搓，两种化合物反应使得荧光染料发光。

5.3.7 动力保障系统

根据救生舱原理不同，对动力保障系统要求也不尽相同。采用蓄冰降温方式的救生舱，在待用状态下需要制冷设备在线运转，要求应有可靠的外界电源供电。在突发紧急情况下，对于采用电动风机实现舱内气体循环的救生舱，也需要有较大容量的后备电源。而对于采用气体相变制冷的救生舱，对动力保障需求相对较低，如果不采用集中监测和控制方式，可不接入矿井供电系统，也不必配备大容量集中后备电源。

为保证动力供应可靠，保证避险人员的基本生存需要，应进行有针对性的动力保障计算和设计。在矿井供电系统可用时，利用其向救生舱供电，并向后备电源充电。在突发紧急情况下矿井供电系统失去时，利用后备电源供电。动力保障系统设计主要针对后备电源，要保证其有足够的安全系数。

5.3.8 生存保障系统

救生舱应配备足够的食品和饮用水。一般的救生食品应具有以下性能：

（1）食用接受性良好，口感松软，营养丰富，能持续均衡地为机体供应能量。

（2）效能高。可节省人体水分，不刺激口渴，具有良好的生津止渴功能；耐饥饿，可较长时间持续维持机体正常血糖水平；具有一定的镇静作用，能减少恐慌带来的代谢紊乱。

（3）易于存储和保管，保质期长。

随着矿井紧急避险系统建设完善工作的不断深入，一些生产单位也在积极研究开发紧急避险设施用专用食品和饮用水，有单位已经研制出特制压缩干粮、能量棒、营养液和救生水等产品，组合配套成煤矿救生舱（避难硐室）专用食品。

为能够及时救助受伤伤员，救生舱内至少应配置1个急救箱，其内应包含基本的急救、清创、包扎、烧伤、消炎、抗生素等药品和医疗设备。有条件的矿井可在救生舱内放置一定数量的含多种维生素、矿物质、优质蛋白等符合营养要求的液态或流质食物。

救生舱是一个密闭空间，舱内气体环境容易恶化，为能及时处理避难时期人体排泄物，宜采用具有连续打包功能的自动打包式积便器。

为便于及时维修，每台救生舱应配有一个工具箱，配置的常用工具见表4-5-3。

表4-5-3　工具箱工具表

名　称	规　格	数　量	名　称	规　格	数　量
活动板子	6″　150 mm	1	一字螺丝刀	杆长150 mm	1
活动板子	10″　250 mm	1	十字螺丝刀	杆长150 mm	1
活动板子	15″　375 mm	1	扩管器	458R	1
管钳	2″	1	生胶带	0.11 mm×20 mm	5盒
切管器	TC-103	1	剪刀	—	1

5.4　救生舱的选型

救生舱是煤矿井下重要的安全产品，合理选择、安装、使用、管理、维护好救生舱，是充分发挥其重要作用的关键。救生舱选型应根据矿井的具体条件和安全避险需求，在充分研究、比对、选优的基础上有针对性地进行。

5.4.1　救生舱选型的基本原则

救生舱选型是指购置救生舱时，根据矿井安全避险需求和市场供应情况，按照“安全上可靠、技术上先进、使用上适用、经济上合理”的原则，以及可行性、维修性、操作性等要求，进行调查和分析比较，以确定救生舱选型的优化方案。救生舱选型应遵循以下基本原则：

（1）安全上可靠。救生舱是重要的安全产品，直接关系到矿工的生命安全和健康，必须有足够的安全可靠性。在产品研究过程中必须经充分的实验研究和论证，生产中有严格的控制管理程序，确保产品的质量和安全性能。救生舱产品必须取得有效的煤矿矿用产品安全标志，配套的设备、材料、用品等应符合国家相关标准和规定，纳入特种设备安全管理的应取得特种设备安全许可，纳入安全标志管理的应取得煤矿矿用产品安全标志。

（2）技术上先进。在保证安全的前提下，尽可能采用技术先进实用、性能指标达到先进水平的救生舱产品，以保证产品质量和延长其使用寿命。对于纳入淘汰目录及禁止井工煤矿使用的设备、仪表、材料不得选用。

（3）使用上适用。任何救生舱均有各自的适用环境和适用对象，所选购的救生舱应与本矿井的生产技术条件、井巷条件和应对的主要灾害类型相适应，保证选择的救生舱在备用状态和使用状态（人员在其内避险）下，均满足矿井的相关要求。

（4）经济上合理。要求救生舱价格合理，在使用过程中能耗、维护费用低。

在救生舱实际选型过程中，应把安全上可靠、技术上先进、使用上适用与经济上合理统一起来，经充分比较分析，选择安全、可靠、先进、适用、价格合理的救生舱产品。

5.4.2 救生舱选型的基本程序

必须根据矿井具体条件研究紧急避险需求，开展调查研究，在广泛收集信息资料和进行必要的实际考察的基础上，经多方分析、比较、论证后，进行救生舱的选型决策。选型的基本程序如下：

（1）确定救生舱的基本性能要求。根据矿井自然条件、安全条件、作业人员分布等情况，分析矿井紧急避险的客观需求，结合紧急避险系统设计确定的基本原则和整体方案，确定对救生舱的适用条件和适用范围、主要技术性能和指标的要求，以此作为救生舱选择的依据。

（2）收集市场信息。通过广告、技术交流等各种渠道，广泛收集所需设备以及设备的关键配套件的技术性能资料、销售价格和售后服务情况，以及产品销售者的信誉等全面信息资料。国家将救生舱产品纳入安全标志管理。为方便煤矿用户选择使用救生舱，安全标志信息网（www. aqbz. org）即时公布取得安全标志的救生舱产品相关信息，每种救生舱产品均附有认证文件，文件描述了产品基本性能特点、研发过程中进行的相关工作、产品认证过程及相关信息、产品主要零（元）部件和重要原材料等信息，可供煤矿用户选择救生舱时参考。

（3）筛选信息资料。将所收集到的资料按自身的选择要求进行对比，详细了解救生舱产品的技术性能、可靠性、安全性、维修性、技术寿命以及其能耗、环保、灵活性等各方面情况；制造商的信誉和服务质量；各用户对产品的反映和评价；货源及供货时间；订货渠道；价格及随机附件等情况。通过分析比较，从中选择几个合适的机型和厂家。

（4）选型决策。对第一步选出的几个机型进一步到制造厂和用户进行深入调查，就产品质量、性能、运输安装条件、服务承诺、价格和配套件供应等情况分别进行仔细询问，最后在认真比较分析的基础上选定最终认可的订购厂家。

5.4.3 救生舱选型时应考虑的主要因素

救生舱的选型应根据矿井的具体条件，经充分的安全风险分析确定安全避险实际需求后，结合救生舱的适用范围和适用条件有针对性地进行。选择的救生舱应符合所服务区域的特点，数量和总容量应满足所服务区域人员紧急避险的需要。救生舱选型时需要考虑的主要因素有以下几个方面。

5.4.3.1 矿井基本条件和安全避险需求

要使所选择的救生舱满足矿井紧急避险需求，应根据矿井具体条件研究确定其应满足的主要技术性能要求和指标，这是救生舱选型的基础工作和前提条件。应该考虑的主要因素包括：

（1）矿井自然条件和安全条件。对矿井自然条件、安全条件进行分析，研究矿井致灾因素的种类、特点和危害程度，评估矿井可能发生的灾害事故类型、危害的严重程度和可能的影响范围，确定矿井紧急避险设施的技术性能要求，有针对性地选择避险设施。例如，受火灾威胁严重的矿井或区域，选择的救生舱等避险设施应具备较高的耐高温性能；受瓦斯、煤尘威胁较严重的矿井或瓦斯、煤尘爆炸容易诱发次生灾害（如二次爆炸）的区域，选择的救生舱应具备较高的抗爆炸冲击能力；井下围岩温度较高、存在地热危害的矿井或区域，选择的救生舱应具备较高的温度调节能力；存在腐蚀性危害的区域，选择的救生舱应具备更高的防腐性能。

（2）矿井采掘机械化程度和作业人员分布情况。采煤、掘进工作面人员集中的矿井，宜选择额定防护人数较多的救生舱；机械化程度高的工作面，推进速度快，可能要求救生舱具备更高的移动性能；矿井综合监控水平高、实现信息化管理的矿井，需要对紧急避险设施实施综合监控和维护管理，要求救生舱具备较高的自动化、智能化水平。

（3）井巷条件。井巷条件直接制约救生舱的运输、移动、安装和维护管理。井巷平直、断面大的矿井或区域，可以选择较大规格尺寸或整体式的救生舱；井巷断面小、起伏大、拐弯多，会严重制约大型设备的运输、安装和维护，不宜选择大规格或整体式救生舱。

（4）矿井紧急避险设施布局与系统设计。应根据紧急避险系统设计确定的基本原则和整体方案，选择适用的救生舱，以满足系统的整体要求，并有利于与监测监控、人员定位、压风自救、供水施救、通信联络等系统有机结合，形成安全避险整体系统。

5.4.3.2　生产单位的资质和能力

救生舱是重要的安全产品，其研究设计、生产制造和安全性能保障，必须综合应用多学科的知识，要求生产单位具有多方面的人才和科学实验手段。同时，救生舱在井下安装后，如何保证其始终处于完好状态更为重要，这也要求救生舱生产单位必须能够提供良好的售后服务、维修、人员培训，并为矿井紧急避险系统的建设完善提供指导。这些都对救生舱产品生产单位的资质和能力提出了很高要求。

另外，在选择救生舱产品时不能仅依据其宣传材料，而应进行实际考察，包括对生产单位和使用矿井的考察。

5.4.3.3　救生舱的技术性能特点

取得有效矿用产品安全标志的救生舱，尽管均满足国家现有基本规定，但均有各自的适用范围和适用对象，具备不同的技术性能特点。应根据这些具体特点有针对性地进行选择。

1. 适用范围和条件

《煤矿井下紧急避险系统建设管理暂行规定》和《煤矿用可移动式硬体救生舱通用技术条件》（报批稿）均明确规定，救生舱必须有明确的适用条件和适用范围，包括适用的灾害事故类型及海拔高度、环境条件、安装井巷空间尺寸等，并在产品标准、使用说明书、产品永久性安全使用须知等中注明，作为救生舱选型的重要依据。

例如，某单位救生舱产品安全标志认证文件中注明其适用范围和条件为：

（1）存在煤与瓦斯突出、瓦斯煤尘爆炸、冒顶危险的矿井。

（2）相对湿度 0 ~95%（25 ℃）。

（3）环境温度为 55 ℃（6 h）；23 ℃（90 h）。

（4）海拔高度不大于 1000 m。

（5）适用巷道条件（略）。

2. 技术性能指标

根据相关规定，救生舱产品至少应明确以下基本性能参数：

（1）额定人数。在产品型号已有标明，如某救生舱产品的规格型号为 KJYF –96/8，8 即为额定人数。

（2）额定防护时间（不低于 96 h）。在产品型号已有标明，如某救生舱产品的规格型号为 KJYF –96/8，96 即为额定防护时间。

（3）抗爆炸冲击能力（不低于 0.3 MPa）。在产品标准、使用说明书及安全标志认证文件中注明。

（4）瞬间耐高温能力（不低于 900 ℃下 3 s）。

（5）持续耐高温能力。在产品标准、使用说明书及安全标志认证文件中注明，如 55 ℃下 6 h 等。

（6）规格尺寸，如 10434 mm（长）×1490 mm（宽）×1850 mm（高）。

（7）质量等。

3. 主要技术特点

包括救生舱产品的结构特点、功能特点、基本功能实现手段、主要组成部件及重要原材料的基本特征等。

例如，某单位救生舱产品安全标志认证文件中对其产品技术特点作了如下描述：

（1）采用分体组合式结构，由过渡舱、生存舱、设备舱三部分组成，舱体之间通过法兰连接。舱体以 40 mm×100 mm 加强筋、24 mm×100 mm 法兰、底部 20 mm 钢板为框架。外层采用 6 mm 厚瓦楞形面板，组焊式结构；材料均为 Q345A。内饰 1.5 mm 厚不锈钢板，内部填充 50 mm 厚阻燃聚氨酯保温材料。具备气密性。

（2）具备压缩氧供氧系统、液态 CO_2 降温系统、有害气体去除系统、便携式仪表环境检测系统及相应辅助系统。

（3）外形尺寸：10434 mm（长）×1490 mm（宽）×1850 mm（高）。

（4）舱体抗冲击性能：0.3 MPa（未进行实际爆炸试验，有限元模拟计算 0.6 MPa）。

（5）额定防护时间：96 h（环境温度：55 ℃，6 h；23 ℃，90 h）。

（6）额定人数：8 人。

4. 操控性

救生舱的操控性属人机工程学范畴的内容，总的要求是方便、可靠、安全，符合人机工程学原理。通常要考虑以下几个方面：

（1）操控机构及其所设位置应符合劳动保护法规要求，适合一般体型的操作者的要求。

（2）充分考虑操作者生理限度，不能使其在法定的操作时间内承受超过体能限度的操作力、活动节奏、动作速度、耐久力等。例如操作手柄和操作轮的位置及操作力必须合理，脚踏板控制部位和节拍及其操作力必须符合劳动法规规定。

(3) 操控设计必须符合有利于减轻遇险人员精神疲劳的要求。例如，设备运行噪声必须小于规定值；设备控制信号、舱内色调、危险警示等都必须尽可能地符合人的生理与心理要求；应最大限度减少操控人员的体力消耗。

5. 维修性

设备一旦发生故障后能方便地进行维修，即设备的维修性要好。选择时，可从以下几方面衡量：

(1) 技术图纸、资料齐全。这便于维修人员了解设备结构，易于拆装、检查。

(2) 结构设计合理。救生舱结构的总体布局应符合可达性原则，各零部件和结构应易于接近，以便于检查与维修。

(3) 结构的简单性。在符合使用要求的前提下，救生舱的结构应力求简单，需维修的零部件越少越好，拆卸要容易，并能迅速更换易损件。

(4) 标准化、组合化原则。尽可能采用标准零部件和元器件，容易被拆成几个独立的部件、装置和组件，并且不需要特殊手段即可装配成整机。

(5) 结构先进。尽量采用参数自动调整、磨损自动补偿和预防措施自动化原理来设计，但必须保证其安全可靠。

(6) 状态监测与故障诊断能力。可以利用仪器、仪表、传感器和配套仪器来检测救生舱及其配套部件的技术状态和故障部位。

(7) 提供的特殊工具和仪器有适量的备件或有方便的供应渠道。

6. 研发过程中所进行的相关工作

我国救生舱的研究开发尚处在起步阶段，产品标准、试验条件和检验方法等均不成熟，因此研发过程中进行的设计、计算、模拟、试验、验证越充分，产品安全保障程度就越高。目前取得安全标志的救生舱产品，必须进行其适用条件下的真人综合防护试验，以保证其安全性。

7. 经济性

救生舱选择的经济性，其定义范围很宽，可视自身的特点和需要而从中选择影响设备经济性的主要因素进行分析论证，包括初期投资、能源与原材料消耗、维护修理费用、井下运输移动费用等。

5.4.4 国内部分救生舱基本参数

据不完全统计，目前我国从事救生舱研发的生产单位近200家，产品组成、特点、关键技术等不尽相同。表4-5-4列出了国内部分已取得安全标志的救生舱的基本特点及参数，供选型时参考，其安全标志认证文件可从 www. aqbz. org 查得。

5.5 救生舱的安装与配套工程

合理运输、安装救生舱，并完善配套工作，对救生舱功能的发挥和保障具有重要作用。应根据矿井具体条件，严格按照救生舱产品使用说明书的要求，在救生舱生产单位技术人员的指导下进行安装，并应建立相关管理制度和作业规程。

5.5.1 救生舱的布置位置

救生舱在井下的布置位置，应根据矿井及所服务区域的具体条件，按照紧急避险系统设计方案和相关要求确定。

表4-5-4 国内部分救生舱基本参数表

序号	生产单位	产品型号	适用条件	主要参数	舱体结构	降温系统
1	长治清华机械厂	KJYF-96/8	存在煤与瓦斯突出、瓦斯煤尘爆炸、冒顶危险的矿井 相对湿度:0~95%(25 ℃) 环境温度:55 ℃,6 h;23 ℃,90 h 海拔高度:≤1000 m	额定人数:8 人 舱体抗冲击性能:0.3 MPa	采用分体组合式结构,由过渡舱、生存舱、设备舱3个部分组成,舱体之间通过法兰连接。舱体以40 mm×100 mm加强筋、24 mm×100 mm法兰、底部20 mm钢板为框架;外层采用6 mm厚瓦楞形面板,组焊式结构。材料均为Q345A。内饰1.5 mm厚不锈钢板,内部填充50 mm厚阻燃聚氨酯保温材料 外形尺寸:10434 mm(长)×1490 mm(宽)×1850 mm(高)	液态 CO_2 降温系统
2	煤炭科学研究总院沈阳研究院	KJYF-96/10(A)	适用于有火灾、煤与瓦斯突出、瓦斯煤尘爆炸危险性的矿井 相对湿度:0~95%(25 ℃) 环境温度:55 ℃,6 h;25 ℃,90 h 海拔高度:≤1000 m	额定人数:10 人 抗冲击能力:0.3 MPa	采用分体组合式结构,由过渡舱、生存舱、设备舱3个部分组成,舱体之间通过法兰连接。壳体主结构材料使用16Mn,采用6 mm厚钢板和内、外骨架组焊式结构,骨架交错布置,形成矩形网格布局。舱体外骨架采用8号槽钢,内骨架采用50 mm×50 mm×6 mm方钢管。外舱门钢板厚12 mm。采用60 mm厚保温材料,内壁为1 mm厚不锈钢板 外形尺寸:10770 mm(长)×1400 mm(宽)×1763 mm(高)	液态 CO_2 降温系统
3	辽宁卓异装备制造有限公司	KJYF-96/12	存在煤与瓦斯突出、瓦斯煤尘爆炸、冒顶危险的矿井 相对湿度:0~95%(25 ℃) 环境温度:55 ℃,2 h;25 ℃,94 h 海拔高度:≤1000 m	额定人数:12 人 舱体抗冲击性能:0.3 MPa	采用分体组合式结构,由过渡舱、生存舱、设备舱3个部分组成,舱体之间通过法兰连接。舱体外层采用6 mm厚HQ600 MC钢板、80 mm×25 mm Q235法兰和60 mm×80 mm×5 mm 20号方钢管加强筋组焊式结构,加强筋交错布置,形成矩形网格布局。内部采用80 mm厚保温材料,内加2 mm厚不锈钢板 外形尺寸:11650 mm(长)×1590 mm(宽)×1860 mm(高)	液态 CO_2 降温系统
4	辽宁卓异装备制造有限公司	KJYF-96/8	存在煤与瓦斯突出、瓦斯煤尘爆炸、冒顶危险的矿井 相对湿度:0~95%(25 ℃) 环境温度:55.2 ℃,12 h;25.8 ℃,84 h 海拔高度:≤1000 m	额定人数:8 人 舱体抗冲击性能:2.0 MPa	采用分体组合式结构,由过渡舱、生存舱、设备舱3个部分组成,舱体之间通过法兰连接。舱体外层采用12 mm厚钢板、30 mm厚法兰和方钢管加强筋组焊式结构,加强筋交错布置,形成矩形网格布局。内部采用50 mm厚保温材料,内加2 mm厚的不锈钢板 外形尺寸:8290 mm(长)×1605 mm(宽)×1850 mm(高)	液态 CO_2 降温系统
5	黑龙江龙煤卓异救援装备科技有限公司	KJYF-96/10	有煤与瓦斯突出、瓦斯煤尘爆炸等危险的矿井 相对湿度:0~95% 环境温度:55 ℃,24 h;35 ℃,7 h;25 ℃,65 h 海拔高度:≤1000 m 大气压力:80~106 kPa	额定人数:10 人 舱体抗冲击性能:2.0 MPa	采用分体组合式结构,由过渡舱、生存舱、设备舱3个部分组成,舱体之间通过法兰连接,法兰厚度为30 mm。每节舱体采用箱体式焊接结构,外钢板厚度为10 mm,内钢板厚度为4 mm,中间采用10 mm的钢板做为加强筋;钢板和法兰钢材牌号为Q460。箱体之间采用70~90 mm厚保温材料,箱体内部采用30 mm厚保温材料,外用0.8 mm厚的不锈钢板作为内饰板 外形尺寸:9800 mm(长)×1550 mm(宽)×1860 mm(高)	液态复合型 CO_2 降温系统

表4-5-4(续)

序号	生产单位	产品型号	适用条件	主要参数	舱体结构	降温系统
6	电光防爆科技(上海)有限公司	KJY-96/10	存在煤与瓦斯突出、瓦斯煤尘爆炸、冒顶危险的矿井 相对湿度:0~95%(25 ℃) 环境温度:50 ℃,6 h;20 ℃,90 h 海拔高度:≤1000 m	额定人数:10人 舱体抗冲击性能:0.3 MPa	采用一体式结构,由过渡舱、生存舱、设备舱3个部分组成,舱体之间通过焊接连接。舱体外层采用12 mm厚Q345B钢板,并用140 mm×80 mm×6 mm Q345B的方钢管围成网状加强筋,在加强筋交汇处焊接240 mm×240 mm Q345B三角形加强。内饰2 mm厚不锈钢板。内部填充50 mm厚硅酸铝棉保温材料 外形尺寸:6500 mm(长)×2600 mm(宽)×2270 mm(高)	蓄冰降温系统。内部空气循环系统采用气动马达作为动力设备,高压空气作为动力源
7	中煤机械集团有限公司	KJYF-96/8	存在煤与瓦斯突出、瓦斯煤尘爆炸、冒顶危险的矿井 相对湿度:0~95%(25 ℃) 环境温度:55 ℃,12 h;28 ℃,84 h 海拔高度:≤1000 m	额定人数:8人 舱体抗冲击性能:0.3 MPa	采用分体组合式结构,由过渡舱、生存舱、辅助舱3个部分组成,舱体之间通过法兰连接。舱体采用钢框架结构设计,使用4 mm厚钢板和8 mm厚槽钢焊接而成。内部采用40 mm厚保温材料、20 mm厚真空保温材料,内加0.6 mm厚不锈钢板 外形尺寸:6220 mm(长)×1680 mm(宽)×1980 mm(高)	液体CO_2降温系统
8	楠江集团有限公司	KJYF-96/10	有煤与瓦斯突出、瓦斯煤尘爆炸、冒顶塌方危险的矿井 相对湿度:0~95%(25 ℃) 环境温度:55 ℃,9 h;22 ℃,87 h 海拔高度:≤1000 m	额定人数:10人 舱体抗冲击性能:0.3 MPa	采用分体组合式结构,由过渡舱、生存舱、设备舱3个部分组成,舱体之间通过法兰连接。舱体采用钢框架结构设计,使用6 mm厚钢板(Q345A)和8号槽钢(Q345A)焊接而成。内部采用50 mm厚岩棉毡保温材料,内加1 mm厚不锈钢板 外形尺寸:10780 mm(长)×1385 mm(宽)×1765 mm(高)	液体CO_2降温系统
9	中平能化集团机械制造有限公司	KJYF-96/6	存在煤与瓦斯突出、瓦斯煤尘爆炸、冒顶危险的矿井 相对湿度:0~95%(25 ℃) 环境温度:55 ℃,10 h;25 ℃,86 h 海拔高度:≤1000 m	额定人数:6人 舱体抗冲击性能:0.3 MPa	采用分体组合式结构,由过渡舱、生存舱、设备舱3个部分组成,舱体之间通过法兰连接。舱体以40 mm×40 mm Q235加强筋、40 mm×16 mm Q460加强筋沿舱体截面环形布置,46 mm×30 mm Q460法兰,底部12号Q235槽钢为框架;外层采用16 mm厚Q460钢板,并采用50 mm×30 mm Q235加强筋组焊式结构,交错布置形成矩形网格布局。内饰1.5 mm厚不锈钢板,内部填充50 mm厚阻燃聚氨酯保温材料。舱体两侧起弧 外形尺寸:8408 mm(长)×1440 mm(宽)×1907 mm(高)	液态CO_2降温系统
10	西安博深煤矿安全科技有限公司	KJYF-96/12	存在煤与瓦斯突出、瓦斯煤尘爆炸、冒顶危险的矿井 相对湿度:0~95%(25 ℃) 环境温度:55 ℃,4 h;30 ℃,92 h 海拔高度:≤1000 m	额定人数:12人 舱体抗冲击性能:0.3 MPa	采用分体组合式结构,由过渡舱、生存舱、设备舱3个部分组成,舱体之间通过法兰连接。舱体以25 mm×30 mm Q460C加强筋沿舱体截面环形布置、30 mm×70 mm Q460C法兰、底部6.3号Q460C槽钢为框架。外层采用8 mm厚Q460C瓦楞形面板,内饰1.5 mm厚不锈钢板,内部填充30 mm厚阻燃聚氨酯保温材料 外形尺寸:11340 mm(长)×1500 mm(宽)×1700 mm(高)	液态CO_2降温系统

国外一般规定，矿工距离避险设施的最大距离不超过随身佩戴自救器50%额定防护时间内按中等行进速度能够行走的距离。如美国规定，救生舱设置位置距离最近工作面不超过300 m，在距离工作面较远区域，两个避难所间隔不超过矿工1 h的行进距离，即矿工距离任一避难所或安全出口的行进时间不超过30 min（自救器额定防护时间为1 h）。南非的《矿山健康与安全规程》规定：长壁开采的工作面，距离工作面不超过750 m的地点必须建立避难所；采用房柱式开采时，每1000 m应设置避难所。我国《煤矿井下紧急避险系统建设管理暂行规定》要求：煤与瓦斯突出矿井应建设采区避难硐室，突出煤层的掘进巷道长度及采煤工作面推进长度超过500 m时，应在距离工作面500 m范围内建设临时避难硐室或设置可移动式救生舱；其他矿井应在距离采掘工作面1000 m范围内建设避难硐室或设置可移动式救生舱。

采用自救器持续时间的50%内能行走的距离，基于以下因素考虑：

（1）危险环境中的人的不安、焦虑会对自救器的持续时间产生不利影响。

（2）行走时，可能会碰到各种难以预料的困难，影响行走速度。

（3）井下的浓烟可能浓度极大，避灾路线的光照度、可见度降低，甚至可能采用爬行的方式移动。

矿井在确定救生舱的设置位置时，建议组织现场试验，以准确掌握在本矿、本区域同条件下各年龄段人员的行走速度，以便更科学、合理地设置救生舱的位置，在突发紧急情况下更有效地发挥其作用。具体确定设置位置时，还应注意以下问题：

（1）救生舱宜设置在进风风流中，设置后的巷道通风应满足《煤矿井工开采通风技术条件》（AQ 1028—2006）的相关要求。

（2）设置地点应避开地质构造带、应力异常区以及透水威胁区，应设置在围岩稳定、支护完好、人员相对集中的地点。

（3）设置地点应采用不燃性材料支护，不应堆放易燃物品及其他杂物，保证畅通，符合安全出口的相关要求。

5.5.2 救生舱的布置方式

从目前的情况看，救生舱在井下主要有以下4种主要布置方式。

5.5.2.1 直接布置在巷道中

将救生舱直接放置在轨道上的平板车上。国外也有将其吊挂在单轨道上，采用单轨吊辅助人工前移或后退的布置方式。这种布置方式有以下几个特点：

（1）无需专门开掘硐室或扩帮，移动方便、快捷。

（2）救生舱能紧随工作面，缩短人员进入的距离和时间。

（3）为不影响运输、通风和人员行走，需要有较大的巷道断面。

（4）不能有效防止瓦斯煤尘爆炸冲击波的冲击。

（5）无法有效固定。

（6）采用单轨道吊挂方式时，人员进出舱不便。

5.5.2.2 扩帮布置

为防止救生舱存放影响生产和通行，对巷道进行局部扩帮，如图4-5-10所示。扩帮的宽度和长度根据巷道断面、救生舱的结构参数和需要布置的救生舱的数量确定。

这种布置方式具有以下特点：

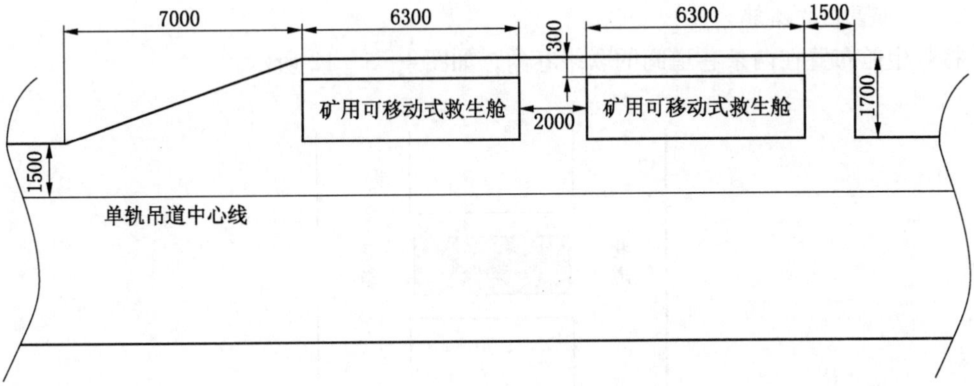

图4-5-10　救生舱在巷道中扩帮布置

(1) 救生舱能基本紧随工作面。

(2) 不影响运输、通风和人员行走，救生舱放置处无需采取专门通风措施。

(3) 能够在一定程度上减小瓦斯煤尘爆炸冲击波的正面冲击，抗灾能力较强。

(4) 可采取多种移动和固定措施，移动较方便。

(5) 巷道扩帮需要一定的工程量，需采取有效的支护措施。

5.5.2.3　布置在置舱硐室

在巷道壁一侧，掘出专用的置舱硐室，将救生舱布置在置舱硐室内，如图4-5-11所示。置舱硐室的规格尺寸根据救生舱的外形尺寸和安装、固定、移动等的要求而定。

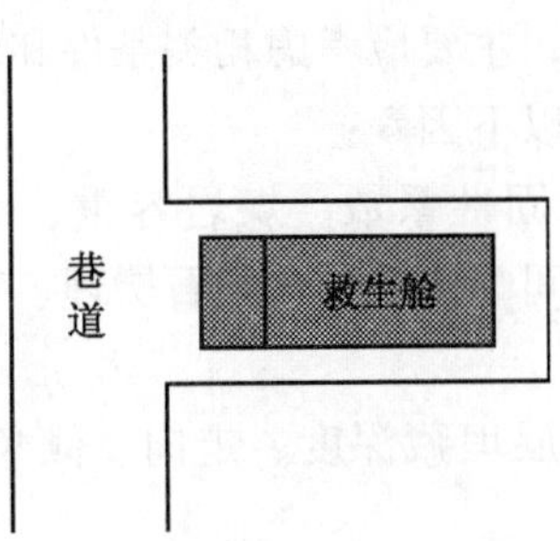

图4-5-11　救生舱在置舱硐室中布置

救生舱的此种布置方式有以下特点：

(1) 不影响运输、通风和人员行走。

(2) 可以免受瓦斯煤尘爆炸冲击波的正面冲击，抗灾能力强。

(3) 可以采取多种固定方式，方便与安全避险其他系统连接及相关管线的保护。

(4) 硐室掘进工作量较大，需采取有效的支护措施。

(5) 硐室较深时涉及其有效通风问题。

由于救生舱的置舱布置方式抗灾能力强、可靠性高，因此该方式是美国联邦矿山安全与健康监察局规定煤矿采取的救生舱布置方式。

5.5.2.4　布置在联络巷内

将救生舱布置在两条巷道间的联络巷内，如图 4－5－12 所示。

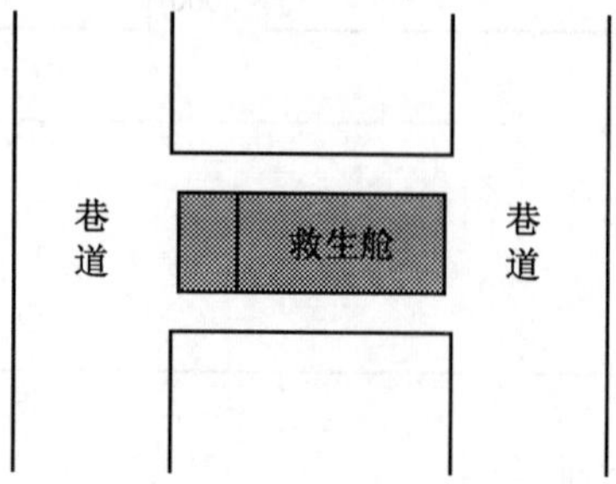

图 4－5－12　救生舱布置在联络巷内

这种布置方式的优点显而易见，但需要有相应的条件，距离采掘工作面的距离也应满足《煤矿井下紧急避险系统建设管理暂行规定》的相关要求。

对于救生舱在井下的布置方式，我国的有关规定还暂未提出要求。矿井应根据自身条件进行研究、探索，以保证救生舱在突发紧急情况下能够安全可靠使用为基本原则。

5.5.3　救生舱的安装

救生舱的安装必须保证其整体性能，应按照产品使用说明书的规定要求，在生产厂家的指导下进行。

5.5.3.1　救生舱的安装环境

救生舱在矿井下的安装环境，主要应考虑相关条件和环境因素对救生舱性能、状态等的影响作用。一般来讲，应注意以下因素：

（1）煤岩性质。包括煤岩坚固性系数、煤岩容重、内摩擦角、煤岩侧向压缩系数、煤岩基底压缩系数、岩层与衬砌间摩擦系数、岩石层理、节理、裂隙、破碎、煤岩风化情况、煤岩遇水后的性质等。

（2）煤岩储存情况。包括煤层埋藏深度、走向、倾角、层厚，所在位置与地质构造的关系等。

（3）水文地质情况。包括所在位置涌水量，季节变化情况，静水压力，渗水、淋水情况等。

（4）气象地震资料。包括地震等级、雨季降水量、最低和最高平均温度、冰冻深度等。

（5）救生舱的设计服务年限。与采区服务年限有关。

5.5.3.2　救生舱的安装要求

与救生舱安装相关的工程，如必要的巷道扩帮或硐室施工应有设计和作业规程，救生舱的安装应严格执行产品使用说明书的要求，并在生产厂家的指导下进行。

（1）救生舱布置在巷道中时，应注意：① 存放位置应高于巷道底板 0.2 m 以上，水泥铺底厚 150～200 mm，倾斜度不大于 3°，以保证救生舱水平放置时保持平稳。②救生舱应与巷道底板、顶板固定，以防止救生舱侧翻、滑移。

（2）救生舱布置在置舱硐室时，应注意：① 硐室的形状宜采用半圆拱形，净高应高于救生舱高度0.5 m，且不宜小于2.6 m；救生舱两侧距离巷帮不得小于0.4 m，且巷道宽度不宜小于2.4 m。具体结构和尺寸，应根据选用的救生舱的规格和通风要求确定。② 硐室顶板应安装防水设施，不得有滴水、淋水现象。③ 应根据不同岩性采用锚喷、砌碹等支护方式，支护材料应阻燃、抗静电、耐高温、耐腐蚀。④ 硐室应有防瓦斯积聚的措施，并配置瓦斯监测传感器。

（3）救生舱放置在平板矿车上时，救生舱与平板矿车应可靠连接、固定。平板矿车要求有卡道器，防止救生舱滑动。

（4）应清除救生舱舱门周围区域杂物和可能干扰舱门打开的障碍物。

（5）接入救生舱的矿井压风管路、供水管路及通信线路应采取防护措施，具有抗爆、抗冲击破坏能力，管道与救生舱之间应采用软管连接。

（6）救生舱安放处及置舱硐室应有清晰、醒目的标识和指示，井巷中应有救生舱方位的明显标示，以便灾变时遇险人员能够迅速到达救生舱。矿井避灾路线图中应明确标注救生舱位置、规格和种类。

5.5.3.3 救生舱的安装程序

救生舱的结构特点不同，其安装程序也不一致，其安装程序应符合产品使用说明书的要求。

对于整体式结构的救生舱，在出厂时已经经过整体检测、履行相关程序，在地面运输、下井及井下运输时均需一体化进行，其安装也比较简单、方便。

目前，我国生产的救生舱绝大多数为组装式结构，由若干舱体单元组成。在制造厂组装完成并履行出厂程序后，需局部解体后运输、下井，再在井下组装。由于对救生舱的气密性、隔热性、强度和抗冲击能力等要求较高，因此其安装工作应由制造厂家的技术人员完成。安装完成后应按规定进行相关检测、测试，满足要求后才能交付使用。

组装式结构的救生舱，一般按下列程序进行安装：

（1）按下列顺序将各部件运往安装地点：舱架、舱门组件、端面法兰（前）、舱体单元、端面法兰（后）、设备舱、空调机组、高压气瓶、专用电源箱等。

（2）放置救生舱的位置地面要平整，救生舱各部分按规定要求搬移到位。

（3）将专用密封条涂上硅脂，分别嵌入生存舱各舱段法兰上的相应位置。

（4）进行设备舱的安装。

（5）连接生存舱与设备舱之前，装入气瓶并将之固定，之后再连接气瓶管路系统。

（6）连接生存舱与设备舱法兰。

（7）完成生存舱与过渡舱连接后，进行过渡舱内空气瓶、氧气瓶的安装、固定。

（8）进行空气、氧气的管路连接。

（9）救生舱在井下安装完毕后，应进行气密性及正压维持检测、压风系统检测、气幕和压风喷淋系统检测、高压管路承压检测。

（10）进行电气系统和通信装置的安装、调试。

（11）检查氧气供给系统、气幕隔离系统、温度控制系统、有害气体去除系统工作是否正常。

（12）接入矿井压风管路、供水管路，并在舱内安装直通矿调度室的固定电话。

（13）配备生命保障的相关物品，包括饮用水、食品、卫生医疗物品、排放物收集处理设施、工具箱等。

（14）将救生舱与存放处底板用地锚固定，防止外力使救生舱发生位移。

（15）进行系统的功能测试和试运行，满足要求后方通过验收，交付使用。

（16）救生舱进行位置调整、重新组装等工作后，必须按规定重新安装并经检验合格后方可继续投入使用。

5.5.4 与井下其他系统的集成

为提高救生舱的安全可靠性，井下压风自救系统、供水施救系统、通信联络系统、供电系统的管线应接入救生舱内。在救生舱安装地点还应设置监测监控传感器和人员定位基站，及井巷相关标示、指示系统。与井下其他系统集成也是救生舱安装的不可或缺的内容。

（1）监测监控系统。矿井安全监测监控系统应对救生舱外的甲烷、CO、烟雾、温度等环境参数进行实时监测。

（2）人员定位系统。矿井人员定位系统应能实时监测井下人员分布和进出救生舱的情况。

（3）压风自救系统。在救生舱安装位置处10 m范围内预留压风自救系统接口；必须保证风源稳定可靠，应急时随时可用；接入的矿井压风管路应设减压、消音、过滤装置和控制阀，压风出口压力在0.1～0.3 MPa之间；按救生舱额定人数计算，供风量不低于每人0.3 m^3/min，连续噪声不大于70 dB（A）。

（4）供水施救系统。在救生舱设置巷道每隔50 m安装1个阀门；供水施救系统应能在紧急情况下为避险人员供水，并能在紧急情况下为输送液态营养物质创造条件；接入救生舱的矿井供水管路应有专用接口和供水阀门。

（5）通信联络系统。救生舱内应设置直通矿调度室的电话，且应与矿井主通信系统联网。将矿井原有的通信系统包括有线通信、无线通信和救生舱内预留通信系统接口进行对接，形成可靠的通信联络系统。电缆应设有防护装置，应防止电缆被意外砸伤、拉伤或刮伤，并应使电缆避开淋水、积水地点。

（6）供电系统。用于煤矿井下的救生舱用电单元应当充分考虑煤矿的供电条件，并符合煤矿用电安全的相关标准要求。供电设备应具有短路、过载和漏电（含漏电闭锁）保护。低压控制设备应具有短路、过载、断相、漏电闭锁等保护及远程控制装置。电源供电电缆应为煤矿用阻燃电缆，一般采用重型橡套铜芯多股电缆，并应带有一芯接地芯线，内接地芯线应与接线盒内的接地端子可靠连接。电缆应设有防护装置，应防止电缆被意外砸伤、拉伤或刮伤，并应使电缆避开淋水、积水地点。

5.6 救生舱操作规程

矿用可移动式救生舱应有明确的操作规程以指导避险人员正确使用避险设施。煤矿企业应将了解救生舱、正确使用救生舱作为入井人员安全培训的重要内容，确保所有入井人员熟悉救生舱，掌握救生舱的使用方法，具备安全避险基本知识。

5.6.1 救生舱操作规程编写要求

救生舱操作规程应由救生舱设备生产厂家起草，经矿方组织相关人员和专家评审通过后实施，并作为职工安全培训与应急演练的重要内容。操作规程的编写应满足以下要求：

（1）按照设备型号类别将设备的主要操作规范、特点、操作注意事项与维护要求分别列出，以便于操作者掌握要点，正确贯彻执行。

（2）对关键设备的操作维护要进行重点、细致的描述，必要时可结合图片、图标进行描述。容易操作错误的步骤应重点标示，要求操作者特别注意。

（3）操作规程编制力求做到内容精练、用词准确、突出重点、全面实用。一般应按操作顺序分条列出。

（4）操作规程应粘贴在救生舱内部适合阅读的舱壁上，并有相关的图例解释；过渡舱洗气、喷淋操作规程应粘贴于过渡舱壁，以方便人员进入过渡舱时阅读。另外，在舱内应备有操作规程手册，以方便避险人员查阅。

5.6.2 救生舱操作规程基本内容

操作规程的基本内容包括：装置简介、概述、指标、装置的技术原理、操作流程说明、装置的仪表控制系统及主要仪表性能参数，另外操作规程中应包含事故及异常情况的处理、外部故障造成装置事故的处理、装置内各种因素造成的事故的处理。例如，进入过渡舱时压风或供氧以及气幕装置的开启，过渡舱内气体浓度的检测，以及其他相关的注意事项等；生存舱内设备的操作、气体浓度的检测、气体吸附剂的更换、相关功能设备的开启，以及其他相关的注意事项等；可能的异常情况以及相关的处置方法。

6 井下紧急避险设施的施工、测试与验收

科学合理地进行井下紧急避险设施的施工、测试与验收，保证井下紧急避险设施的作用与功能，是提高矿井安全保障能力的基本保证。所有井工煤矿必须按照《煤矿井下紧急避险系统建设管理暂行规定》和《煤矿井下安全避险“六大系统”建设完善基本规范（试行）》等规定的要求，依据井下紧急避险系统设计方案，加强对紧急避险设施施工、测试和验收的管理，建设完善煤矿井下紧急避险系统，力求实现“系统可靠、设施完善、管理到位、运转有效”，提升煤矿安全保障水平。

6.1 紧急避险设施施工方案

为保证井下紧急避险设施施工的有序、高效进行，保障紧急避险设施的质量和功效，应根据井下紧急避险系统和紧急避险设施的设计方案，进行紧急避险设施施工方案设计，对紧急避险设施施工进行整体策划和部署。

6.1.1 方案编制原则

紧急避险设施施工方案编制应坚持以下基本原则：

（1）必须从实际出发，使制订的方案符合现场的实际情况，具备可操作性。制订的方案在资源、技术上提出的要求应该与当时已有的条件或在一定时间可具备的条件相吻合，在切实可行的范围内力求先进和快速。

（2）满足合同要求的工期。按工期要求投入生产，交付使用，发挥投资效益。在制订施工方案时，必须保证在竣工时间符合合同要求，并能争取提前完成。为此，在施工组织上要统筹安排，均衡施工，在技术上尽可能地采用先进的施工技术、施工工艺，使用新材料、新装备，在管理上采用现代化的管理方法进行动态管理和控制。

（3）确保工程质量和施工安全。在制订方案时应充分考虑工程质量和施工安全，并提出保证工程质量和施工安全的技术组织措施，使方案完全符合技术规范、操作规范和《煤矿安全规程》的要求。

（4）控制施工成本，使方案经济合理。从施工成本的直接费用（人工、材料、机具、设备、周转性材料等）和间接费用中找出节约的途径，采取措施控制直接消耗，减少非生产人员。

6.1.2 方案编制中应注意的问题

对于施工方案的编制，在施工前，应明确施工组织管理体系、施工部署、基础部分施工方法、施工总进度计划（各阶段节点）、施工准备工作计划及各项需要量计划（包括劳动力、施工机械、周转材料、材料等）等。工程开工后，随着工程的不断进展，分阶段编制实施方案，如主体结构阶段、装饰阶段等。重点以分部工程施工方法的选用、施工进度计划的调整及各项需要量计划等为主。

对于施工方案的编制组织，应采取各部门共同参与的方法，并由项目技术负责人主

编，使施工组织设计真正起到指导工程施工的作用。更重要的是，对于在项目实施过程中由于客观条件有可能发生的变化，必须编制相应的分部项施工方案。对分部项施工方案，也应看成是项目施工组织设计的补充与完善，是整个工程项目施工组织设计的组成部分。

对于实施方案的管理，应向规范化方向发展，做到动态管理、跟踪管理，确保管理到位、控制有效、不留死角。

6.1.3 方案编制依据与内容

紧急避险设施施工方案的编制应严格执行国家现有法律法规、规范标准，并力求编制规范，内容具体、全面。

6.1.3.1 编制依据

紧急避险设施施工方案编制的依据主要有：

(1)《国务院关于进一步加强企业安全生产工作的通知》(国发〔2010〕23号)。

(2)《国家安全监管总局、国家煤矿安监局关于建设完善煤矿井下安全避险“六大系统”的通知》(安监总煤装〔2010〕146号)。

(3)《国家安全监管总局、国家煤矿安监局关于印发煤矿井下紧急避险系统建设管理暂行规定的通知》(安监总煤装〔2011〕15号)。

(4)《国家安全监管总局、国家煤矿安监局关于印发煤矿井下安全避险“六大系统”建设完善基本规范（试行）的通知》(安监总煤装〔2011〕33号)。

(5) 国家现行煤炭工业矿井设计规范、《煤矿安全规程》、《煤与瓦斯突出防治规定》、《煤矿防治水规定》、已颁布实施的AQ标准等。

(6) 经批准、备案的煤矿井下紧急避险系统设计方案。

6.1.3.2 编制内容

紧急避险设施施工方案应当包括以下内容：

(1) 编制说明及依据。简述安全专项施工方案编制所依据的相关标准、规范及图纸(国标图集)、施工组织设计等。

(2) 工程概况。简要描述避难硐室概况、围岩情况、施工图的技术要求、施工平面布置、施工要求和技术保证条件。

(3) 施工计划。阐述施工目标、施工准备、主要材料与设备计划、施工现场平面布置、施工进度计划。

(4) 主要分项工程施工方法、技术措施及检查验收。描述施工顺序、施工测量、掘进支护的施工工艺、变形观测。

(5) 方案中应绘制相应的巷道平面图、立面图、剖面图。

(6) 质量保证措施。描述保证施工质量的技术措施。

(7) 安全保证措施。描述安全生产组织措施和施工安全技术措施。

(8) 文明施工措施。描述现场安全文明施工措施。

(9) 施工应急救援预案。施工应急救援预案应包括：各方主体的职责、针对各种突发情况的应急处理方案、报警救援及联络电话、异常情况报告制度等。

(10) 劳动力计划。描述专职安全生产管理人员、特种作业人员等的工作安排、工作内容。

(11) 相关附表、图。主要包括：主要施工机械设备表、施工进度计划表、硐室布置平、剖面图等。

6.2 紧急避险设施施工要求

紧急避险设施施工前必须委托具备煤炭行业专业（矿井）设计资质的单位进行全面、系统的设计，应由煤矿企业技术负责人组织最终审定、批准并报相关部门备案。紧急避险设施施工必须由具备施工总承包资质的单位进行。施工完成之后必须经过相关程序验收通过之后方可投入使用。

6.2.1 紧急避险设施施工基本要求

（1）紧急避险系统的设计必须经煤矿企业技术负责人审批后方可组织施工，并将审批后的设计报送县级以上煤矿安全监察单位备案。

（2）避难硐室或救生舱的安放硐室施工应由具有相应资质的施工单位承担。施工单位应当按照批准的设计施工，并对工程质量负责。

（3）硐室施工中应加强工程管理和过程控制，确保施工质量。工程完工并验收合格后方可进行设备安装。

（4）运输、安装避难硐室设备或救生舱时，应编制操作规程和安全技术措施，保证人员和设备安全。设备安装准确、连接处密封良好。

（5）施工单位应建立工程质量管理制度，成立以单项工程项目负责人为主要责任人的工程质量施工管理机构，落实质量责任，配备技术人员及安全管理人员。

（6）施工前应由施工单位和承建单位制定开工验收、施工验收、竣工验收等相关管理制度，双方达成一致意见后，遵照执行。

6.2.2 可移动式救生舱安装要求

选用的救生舱应符合有关标准规定，其适用范围和适用条件应结合煤矿安全实际，符合所服务区域的特点和可能发生的灾害类型，数量和总容量应满足所服务区域人员紧急避险的需要。救生舱的安装应满足以下要求：

（1）救生舱的设置地点和安装应有设计和作业规程，并严格按照产品说明书进行。设置地点符合规定要求，不得影响矿井正常生产和通风。

（2）救生舱安放硐室的形状宜采用半圆拱形，高度大于2.6 m。救生舱安放硐室的尺寸，应根据选用救生舱的规格和通风要求确定。

（3）存放在巷道中的可移动式救生舱，应保证巷道畅通，安全间距、风速等符合《煤矿安全规程》及相关标准的规定，并有预防爆炸冲击破坏的相关措施。

（4）接入救生舱的矿井压风管路、供水管路及通讯线路在接入前200 m范围内应埋设于巷壁或巷底或采取保护措施。管路与救生舱连接方式应采用抗冲击破坏的软连接。

6.3 紧急避险设施测试要求

按照《煤矿井下紧急避险系统建设管理暂行规定》第24条、第32条等的要求，对建设、安装完成后的避难硐室及救生舱进行系统检查和功能测试，以确保各系统安全可靠。救生舱在移动后也应进行系统检查和功能测试。测试的基本内容包括气密性及正压维持检测、压风系统检测、气幕和压风喷淋系统检测、高压管路承压检测。有条件的煤矿企业应在示范矿井进行硐室安全避险模拟（或真人）综合防护性能试验，研究确定适合本矿区避险设施建设的经验和相关技术参数。

6.3.1　气密性及正压维持测试

6.3.1.1　测试步骤

（1）将紧急避险设施的压风管路接口接入矿井压风自救系统（或空气压缩机充气管），在其中一个泄压口安装 U 型压差计，并密封好其他本项检测不用的接口。

（2）关闭紧急避险设施的所有门窗等密封部件，且不应增加设计图纸以外的任何密封措施。

（3）打开压风系统（空气压缩机）开关，向舱内通入压缩空气，使舱内外压差达到 600 Pa 左右。

（4）稳定 10 ~ 30 min 后，在舱内外压差不小于 500 Pa 的条件下，开始用秒表计时，同时读取和记录压差计显示值；每间隔 10 min 记录 1 次，共持续 60 min。

（5）用首次差压值减去末次差压值，即为泄压速率。

6.3.1.2　判别准则

在 500 Pa 压力下，泄压速率应不大于 350 Pa/h；舱内气压应始终保持高于外界气压 100 ~ 500 Pa，且能根据实际情况进行调节。不满足上述要求为不合格。

6.3.2　承压管路耐压性能测试

承压管路耐压性能测试包括对空气、O_2 供给保障系统中的承压管路及采用气体相变原理的降温系统中的承压管路耐压性能进行检测。

6.3.2.1　测试步骤

（1）将承压管路的全部进、出阀门关断。

（2）将其中一个出口阀门打开，卸掉管路中余压后卸下该阀门连接处，并接上量程合适的压力表。

（3）连接一个未配接减压阀的高压气瓶。

（4）逐渐打开该高压气瓶的出口阀门，向该段密封管路缓慢施加压力，同时观察压力表的读数。当压力达到该管路正常使用压力的 1.5 倍时立即关断高压气瓶的出口阀门，停止加压。

（5）稳定 10 min 后，读取压力表的初始读数。

（6）维持该压力状态 30 min 后，再读取压力表的读数。

6.3.2.2　判别准则

在测试时间内，压力表的读数下降不应超过 5% 。否则，为不合格。

6.3.3　压风系统检测

6.3.3.1　测试步骤

（1）目测法检查压风供氧装置的配置。

（2）连接压风系统（或空气压缩机），打开压风系统控制阀。分别用流量计和压力表检测压风系统供氧速率和出口压力。

（3）使用声级计在距噪声源 1 m 处进行测试，测试 4 次取平均值。

6.3.3.2　判别准则

压风出口压力应在 0.1 ~ 0.3 MPa 之间，供风量不低于每人 0.3 m^3/min，连续噪声不大于 70 dB（A）。

6.3.4　空气幕检测

6.3.4.1　测试步骤

（1）采用目测方法检查其构成设备状态及其连接状态。

（2）连接压风系统（或空气压缩机）。

（3）开启空气幕开关，检查空气幕覆盖情况，用法定风速测试设备测试空气幕出风处风流速度。

（4）关闭连接矿井压风系统的开关和空气幕开关，打开连接高压空气瓶的开关，开启空气幕开关，检查空气幕覆盖情况，用法定风速测试设备测试空气幕出风处风流速度。

6.3.4.2　判别准则

在6.3.4.1（3）、（4）两种情况下，空气幕均应覆盖整个防护密闭门，并且出气速度应不低于10 m/s。否则，为不合格。

6.3.5　压风喷淋装置检测

6.3.5.1　测试步骤

（1）采用目测方法检查其构成。

（2）在压风喷淋装置风路中连接法定流量计（量程宜为100～600 L/min，精度不低于1.5级）。

（3）打开连接矿井压风系统的开关，开启喷淋装置开关，检查喷淋装置运转情况和单向排气阀动作情况；记录流量计读数，每30 s读取1次，共4次，计算4次平均值。

（4）关闭连接矿井压风系统的开关和喷淋装置开关，打开连接高压空气瓶的开关；开启喷淋装置开关，检查喷淋装置运转情况和单向排气阀动作情况，进行与上一步相同的读数与记录。

6.3.5.2　判别准则

在6.3.5.1（3）、（4）两种情况下，喷淋装置流量均应不小于500 L/min，出口压力应不低于0.3 MPa，运行时间应不低于每组2 min。单向排气阀中至少有1个满足压风喷淋装置使用时的大风量排气需要。

6.3.6　试运行

有条件的矿井，在避难硐室建设或救生舱安装完成之后，宜进行安全避险模拟（或真人）综合防护性能试验。

6.3.6.1　试验目的

验证紧急避险设施空间结构、综合防护性能的合理性和可靠性，使用操作的方便性，综合防护能否达到设计要求。

6.3.6.2　试验主要方法

模拟避难人员分组进入过渡室，依次开启过渡室门、压缩空气气幕的气动阀（压风供气阀），然后关闭过渡室门，喷淋洗气之后，进入生存室，同小组最后进入的人员应关闭过渡室门。进入生存室后先开启压缩氧供气阀，调节供氧量（按每人0.4～0.5 L/min计），开启气体净化系统。

每30 min记录1次试验数据（CO、CO_2、H_2S、CH_4、压力、温度、湿度）、舱内与

调度室至少进行1次通话联系，记录测试数据是否正常。

当环境参数趋于平衡时可停止试运行。一般试运行时间应持续8 h以上。

6.3.6.3　试验方案

为保证试验的有序进行，力求达到预期目的，应事先编制详细的试验方案，明确试验目的、地点、时间、参加人员、试验项目和方法，确定试验的组织与分工，编制试验记录表格和填写要求，制定应急预案。

试验方案编制完成后，应进行会审，并传达至参加试验的所有人员。

本篇第8章中列出了某矿井永久避难硐室建成后工业性试验方案，供借鉴参考。

6.3.6.4　试验结果的分析

试验结束后，应对试验得出的数据进行系统、全面的分析总结，记录数据存档，作为本矿区同类避险设施设计、建设的重要基础数据。

6.4　紧急避险设施验收的程序与方法

井下紧急避险系统建设、安装完成后，应按照《煤矿井下安全避险“六大系统”建设完善基本规范（试行）》的要求组织验收。经验收合格的紧急避险设施方能正式投入使用。

6.4.1　基本要求

（1）各煤矿完成紧急避险系统建设后，由企业总工程师牵头对建设完善工程进行预验收，进行试运转及应急演练，确保紧急避险设施运转安全可靠，并出具书面的试运转情况报告。预验收合格的，方可逐级向上级验收单位提出验收申请。

（2）按企业安全生产属地监管要求，煤矿（包括中央管理煤矿企业下属煤矿）“六大系统”建设完善工程由其所在地省级煤矿安全监管部门组织或委托省辖市（地）煤矿安全监管部门组织验收。验收报告报省级煤矿安全监管部门备案，同时抄报省级煤矿安全监察机构。验收组织单位应根据“六大系统”建设完善基本要求、建设完成时限和有关规定、标准组织验收。

（3）新建矿井、改扩建矿井的紧急避险设施验收必须与矿井的验收同步进行。否则视为验收无效。

（4）验收单位应当成立紧急避险设施建设完善工程项目验收工作机构，按照“建设完善一个、组织验收一个”的原则，对井下紧急避险系统建设工程组织现场验收。

（5）验收合格后，由验收单位出具书面验收报告、批文，报市级煤矿安全监管单位备案。

（6）煤矿企业要加强对经验收合格、投入使用的紧急避险设施的日常维护与管理，并将紧急避险系统纳入日常重点检查项目中。要建立健全专用台账，对进出永久避难硐室等重要设施的人员进行登记管理。

（7）各级煤炭管理部门应将本行政区域内所辖煤矿井下紧急避险系统建设作为安全监管的重要内容，纳入年度安全监管执法工作计划，定期开展监督检查。

（8）各级煤炭管理部门要严格执法，对不能按期完成井下紧急避险系统建设或建设不符合规定要求的，依法暂扣其煤炭生产许可证，责令限期整改；逾期仍未完成的，提请地方人民政府依法予以关闭。

6.4.2　验收应提交的文件资料

煤矿企业申请“井下紧急避险系统”子系统建设完善工程验收时，应当提交下列资料：

（1）验收申请文件。

（2）预验收报告。内容包括井下紧急避险系统建设完善工程设计、施工、管理和试运行情况；预验收的时间、内容、方式、人员、发现问题的整改情况；预验收结论等。

（3）设计和管理的有关文件、资料，主要包括：

① 紧急避险系统设计资料、图纸及审批文件；

② 管理和维护人员岗位责任制，值班制度；

③ 操作规程、故障处理期间的安全措施；

④ 管理和维护人员的配备、培训情况；

⑤ 安全仪表计量检验制度等；

⑥ 系统运行和管理资料（设备布置图、设备台账、报表、维修记录等）；

⑦ 煤矿事故应急救援预案。

（4）设备供应单位资质证明材料。包括设备生产单位提供的防爆合格证、煤矿矿用产品安全标志证、检验合格证、计量器具许可证、产品合格证。

（5）工程施工单位资质证明材料。

（6）其他需要提交的材料。

6.4.3　验收程序和方法

验收单位收到验收申请后，应及时组织相关工程技术人员和专家对申请材料进行审查。审查合格的，组成验收专家组，对紧急避险设施建设完善工程进行现场验收。

井下紧急避险设施验收时，应进行气密性及正压维持检测、压风系统检测、气幕和压风喷淋系统检测、高压管路承压检测，并将检测结果与煤矿企业预验收中的测试结果进行比对。

发现下列情形之一的，为验收不合格：

（1）设计变更未按规定程序审批的；

（2）系统设备设施及数量不符合设计要求的；

（3）系统功能不完备或运行不稳定，不能满足安全生产和安全避险需要的；

（4）未按规定建立井下紧急避险设施维护管理制度的；

（5）系统相关资料缺失或不全的。

6.4.4　验收工作表格

为保证井下紧急避险系统验收的有序、规范进行，应预先编制相应的验收工作表格，明确验收项目、要求和判别准则。以下为一些省级安全监管监察部门编制的相关工作表格，供借鉴参考。

6.4.4.1　矿用可移动式救生舱安装验收

1. 矿用可移动式救生舱安装位置及支护验收项目

矿用可移动式救生舱安装完成后，其安装位置及支护验收项目及要求见表4－6－1。

2. 矿用可移动式救生舱安放硐室建设工程验收项目

表4-6-1 矿用可移动式救生舱安装位置及支护验收项目及要求

	高瓦斯及突出矿井		低瓦斯及非突出矿井	
	采区	采掘面	采区	采掘面
设置距离	距工作面距离≤500 m		距工作面距离≤1000 m	
支护	支护材料为不燃性材料，顶板完整，支护完好			
验收结果				

矿用可移动式救生舱安放硐室建设工程验收项目及要求见表4-6-2。

表4-6-2 矿用可移动式救生舱安放硐室建设工程验收项目及要求

序号	验收项目	验收内容	验收结果
1	救生舱安放硐室大小	净高≥2.6 m，巷道净宽不得小于2.4 m，深度根据选用的救生舱的型号和规格确定	
2	救生舱安放硐室形状	半圆拱形或梯形	
3	支护	救生舱硐室应根据不同岩性采用锚喷、砌碹等方式支护，支护材料应阻燃、抗静电、耐高温、耐腐蚀	
4	地面	救生舱安放硐室内地面应高于巷道底板0.2 m，水泥铺底厚150~200 mm，倾斜度≤3°	
5	供电	供电安全、可靠	
6	供风	按救生舱额定人数计算，每人每分钟供给风量不得少于0.3 m^3	
7	防水设施	救生舱硐室顶板应安装防水设施，不得有滴水现象	
8	压风、供水及信号传输管线保护措施	埋设深度≥50 cm，埋设高度≥0.5 m，保护距离≥200 m	
9	标志	井巷中应有避险设施方位的明显标示，在井下通往救生舱硐室的入口处应有“救生舱硐室”的反光显示标志，标志应符合AQ 1017—2005标准要求	

3. 矿用可移动式救生舱管理机构与制度验收项目

矿用可移动式救生舱管理机构与制度验收项目及要求见表4-6-3。

表4-6-3 矿用可移动式救生舱管理机构与制度验收项目及要求

序号	验收项目	验收内容	验收结果
1	紧急避险系统管理机构	对紧急避险系统进行全方位管理	
2	定期维护与保养制度	包含设备定期检查、校准及硐室维护、保养、过期食品、药品更换等	
3	培训演练制度	培训办法、演练预案	

4. 验收规则

表4-6-1、表4-6-2、表4-6-3中所列项目全部合格为通过验收，若有不合格项，必须整改后重新验收。

6.4.4.2 永久避难硐室验收

永久避难硐室验收项目见表4-6-4。

表4-6-4 避难硐室验收项目表

检查项目	检查标准	检查方法	标准分	评分办法	检查得分
一、避难硐室位置及支护			20		
1. 井底车场硐室			10		
设置地点	岩层中	现场检查	3	一项不符扣3分	
设置距离	井底车场附近	现场检查	2	一项不符扣2分	
支护材料	不燃性材料	现场检查	2	一项不符扣2分	
支护方式	锚喷、砌碹	现场检查	3	一项不符扣3分	
2. 高瓦斯与突出矿井采区、采掘面硐室			10		
设置地点	防逆流风门外的进风流中、设置于岩层中、若在煤层中应有防瓦斯突出和煤自燃措施	现场检查	2	一项不符扣2分	
设置距离	距工作面≤500 m	现场检查	2	一项不符扣2分	
额定避难人数	采区≥50人；采掘面≥15人	现场检查	2	一项不符扣2分	
支护材料	不燃性材料	现场检查	2	一项不符扣2分	
支护方式	锚喷、砌碹		2	一项不符扣2分	
3. 低瓦斯与非突出矿井			10		
设置地点	防逆流风门外的进风流中、设置于岩层中、若在煤层中应有防瓦斯突出和煤自燃措施	现场检查	2	一项不符扣2分	
设置距离	距工作面≤1000 m	现场检查	2	一项不符扣2分	
额定避难人数	采区≥50人；采掘面≥15人	现场检查	2	一项不符扣2分	
支护材料	不燃性材料	现场检查	2	一项不符扣2分	
支护方式	锚喷、砌碹	现场检查	2	一项不符扣2分	
二、硐室建设工程			30		
硐室大小	净高≥2 m、每人使用面积≥1 m^2	现场检查	5	一项不符扣2.5分	
硐室形状与颜色	拱形或梯形、内部为浅色	现场检查	1	一项不符扣0.5分	
排气设施	单向排气管	现场检查	3	一项不符扣3分	
防水措施	硐室地面高于巷道底板0.2 m及单向排水管	现场检查	4	一项不符扣4分	
吊装辅助装置	承重挂钩	现场检查	1	一项不符扣1分	

表4-6-4（续）

检查项目	检　查　标　准	检查方法	标准分	评分办法	检查得分
隔离门	1. 两道隔离门； 2. 高≥1.5 m，宽≥0.8 m； 3. 开闭灵活、密封可靠； 4. 隔离门旁掏槽深度不小于0.2 m； 5. 开启方向：向外	现场检查	5	一项不符扣1分	
喷淋装置与气幕	过渡舱内设空气幕，两道隔离门之间设喷淋装置	现场检查	2	一项不符扣2分	
压风、供水及信号传输管线保护措施	埋设深度≥50 cm，埋设高度≥0.5 m，保护距离≥200 m或支管全保护	现场检查	9	一项不符扣3分，保护距离为否决项	
三、避难硐室功能设施			40		
氧气供给	压缩氧供气、压风供气系统	现场检查	5	一项不符扣2.5分，此项为否决项	
有毒有害气体处理	矿用隔爆型空气循环净化系统	现场检查	5	一项不符扣5分	
温湿度控制	矿用防爆空调系统	现场检查	4	一项不符扣4分	
环境参数监测	O_2传感器、CO传感器、CO_2传感器、CH_4传感器、温度传感器、湿度传感器、压力传感器	现场检查	6	一项不符扣1分，此项为否决项	
自救器	45 min隔绝式压缩氧自救器数量：额定人数的1.5倍	现场检查	2	一项不符扣1分	
压风自救器	不少于额定保护人数	现场检查	2	一项不符扣2分	
自动苏生器	15人配备不少于4台；50人配备不少于20台；100人配备不少于30台	现场检查	2	一项不符扣2分	
呼吸器	2 h正压氧气呼吸器2~4台	现场检查	2	一项不符扣2分	
通讯	与值班室直通电话	现场检查	5	一项不符扣5分	
照明	矿灯、荧光棒等	现场检查	2	一项不符扣1分	
排泄物收集	集便器	现场检查	2	一项不符扣2分	
基本生存保障	食品不少于每人每天5000 kJ，饮用水不少于每人每天1.5 L	现场检查	2	一项不符扣1分	
动力保障	矿用隔爆型备用电池箱，矿用隔爆兼本安直流稳压电源	现场检查	3	一项不符扣1.5分	
指示牌	硐室标识牌、巷道指示牌、硐室内操作指示牌	现场检查	3	一项不符扣1分	
四、避难硐室管理制度			10		
定期维护与保养制度	包含设备定期检查、校准及硐室维护、保养、过期食品、药品更换等制度		5	一项不符扣1分	
培训演练制度	培训办法、演练预案制度		5	一项不符扣1分	

6.4.4.3 井下紧急避险系统验收

煤矿井下紧急避险系统验收工作表格见表4-6-5。

表4-6-5 煤矿井下紧急避险系统验收工作表

检查单位： 分数： 验收结论：

<table>
<tr><td colspan="6">矿 井 基 本 信 息</td></tr>
<tr><td>矿井名称</td><td></td><td>隶属公司（集团）</td><td colspan="3"></td></tr>
<tr><td>主要配套设备及型号</td><td></td><td>入井主要设备煤安标志证号</td><td colspan="3"></td></tr>
<tr><td>系统建设时间</td><td></td><td>设计审批情况</td><td colspan="3"></td></tr>
<tr><td>检查项目</td><td>检 查 标 准</td><td>检查方法</td><td>标准分</td><td>评分办法</td><td>检查得分</td></tr>
<tr><td colspan="3">一、避难硐室位置及支护</td><td>20</td><td></td><td></td></tr>
<tr><td colspan="3">1. 永久避难硐室</td><td>10</td><td></td><td></td></tr>
<tr><td>设置地点</td><td>硐室设置位置符合设计要求；布置在稳定岩层中时前后20 m范围内巷道顶板完整、支护完好；布置在煤层中时，有控制瓦斯涌出和煤层自燃措施；安全出口符合相关规定</td><td>现场检查</td><td>4</td><td>一项不符扣2分</td><td></td></tr>
<tr><td>额定避难人数</td><td>20≤人数≤100</td><td>现场检查</td><td>2</td><td>不符扣1分</td><td></td></tr>
<tr><td>支护方式及材料</td><td>硐室及巷道前后20 m范围内采用锚喷、砌碹等不燃性材料进行支护</td><td>现场检查</td><td>4</td><td>一项不符扣2分</td><td></td></tr>
<tr><td colspan="3">2. 煤与瓦斯突出矿井临时避难硐室、移动救生舱</td><td>10</td><td></td><td></td></tr>
<tr><td>设置地点</td><td>设置位置符合设计要求；距工作面≤500 m范围内；若在煤层中应有防瓦斯涌出和煤层自燃措施；前后20 m范围内巷道顶板完整、支护完好，安全出口符合相关规定</td><td>现场检查</td><td>4</td><td>一项不符扣2分</td><td></td></tr>
<tr><td>额定避难人数</td><td>临时硐室：10人≤人数≤40人；移动舱：小型≤8人，8人<中型<16人</td><td>现场检查</td><td>2</td><td>不符扣2分</td><td></td></tr>
<tr><td>支护方式及材料</td><td>硐室（移动舱）前后20 m范围内采用锚喷、砌碹等不燃性材料进行支护</td><td>现场检查</td><td>4</td><td>一项不符扣2分</td><td></td></tr>
<tr><td colspan="3">3. 其他矿井临时避难硐室、移动救生舱</td><td>10</td><td></td><td></td></tr>
<tr><td>设置地点</td><td>设置位置符合设计要求；距采掘工作面≤1000 m，若在煤层中要有防瓦斯涌出和煤层自燃措施；前后20 m范围内巷道顶板完整、支护完好，符合安全出口的要求</td><td>现场检查</td><td>4</td><td>一项不符扣2分</td><td></td></tr>
<tr><td>额定避难人数</td><td>临时硐室：10人≤人数≤40人；移动舱：小型≤8人，8人<中型<16人</td><td>现场检查</td><td>2</td><td>一处不符扣2分</td><td></td></tr>
</table>

表4-6-5（续）

检查项目	检 查 标 准	检查方法	标准分	评分办法	检查得分
支护方式及材料	硐室（移动舱）前后20 m范围内采用锚喷、砌碹等不燃性材料进行支护	现场检查	4	一处不符扣2分	
二、硐室建设工程			20		
生存室	1. 永久硐室：净高≥2 m，每人有效使用面积≥1.0 m^2； 2. 临时硐室：净高≥1.85 m，每人有效使用面积≥0.9 m^2； 3. 两趟单向排气管和一趟单向排水管及手动阀门	现场检查	8	一项不符扣2分	
过渡室	1. 永久硐室：净高≥2 m、面积≥3.0 m^2； 2. 临时硐室：净高≥1.85 m、面积≥2.0 m^2； 3. 压缩空气幕和压气喷淋装置； 4. 单向排水和排气管及手动阀门	现场检查	4	一项不符扣2分	
硐室形状与颜色	拱形或梯形，内部为浅色	现场检查	1	一项不符扣0.5分	
防水措施	硐室地面高于巷道底板不小于0.2 m	现场检查	1	不符扣1分	
密闭门	1. 防护密闭门（观察窗）； 2. 开闭灵活、密封可靠，能够里外锁死； 3. 密闭墙掏槽深度≥0.2 m； 4. 向外开启	现场检查	4	一项不符扣2分	
风水管线保护措施	保护距离≥20 m	现场检查	2	一项不符扣2分	
三、避难硐室（移动舱）功能设施			40		
氧气供给	压缩氧或自生氧供气	现场检查	2	一项不符扣2分	
压风自救系统	压风管路应设减压、消音、过滤装置和控制阀，出口压力0.1～0.3 MPa，每人供风量≥0.3 m^3/min，连续噪声≤70 dB（A）	现场检查	2	一项不符扣2分	
供水施救系统	供水管路应有专用接口和供水阀门	现场检查	2	一项不符扣1分	
有毒有害气体处理	处理 CO_2 能力不低于每人0.5 L/min；处理CO能力应保证在20 min内将CO浓度由0.04%降到0.0024%以下	查看相关设备技术参数	4	一项不符扣4分	
温湿度控制	温度≤35 ℃；湿度≤85%；保证紧急避险设施不低于100 Pa的正压状态	查看相关设备技术参数	2	一项不符扣2分	
人员定位	实时监测井下人员分布和进出紧急避险设施的情况	现场检查	2	一项不符扣2分	

表4-6-5（续）

检查项目	检查标准	检查方法	标准分	评分办法	检查得分
安全监测监控	配备独立的内外环境参数检测或监测仪器	现场检查	2	一项不符扣2分	
独立的内外环境参数监测	1. 生存室：O_2、CO、CO_2、CH_4、温度、湿度监测； 2. 过渡室：O_2、CO监测； 3. 外界：O_2、CO、CO_2、CH_4监测	现场检查	4	一项不符扣1分	
自救器	有效防护时间不少于45 min的隔绝式压缩氧自救器，数量为额定人数的120%	现场检查	2	一项不符扣1分	
通讯联络系统	直通电话，无线通讯或应急通讯	现场检查	2	一项不符扣1分	
照明	一体式矿灯、矿用防爆日光灯和应急照明	现场检查	2	一项不符扣1分	
排泄物收集	集便器	现场检查	2	一项不符扣2分	
消防器材	消防器材的种类、规格、数量符合设计要求，灭火器必须在保质期内。宜采用干粉灭火器，且容量不少于40 kg	现场检查	2	一项不符扣2分	
工具箱	担架、隔绝式正压氧气呼吸器、自动苏生器、铜锤、铜锹、铜镐、拐棍、扳子、钳子、螺丝钉等	现场检查	2	一项不符扣0.5分	
急救箱	绷带、纱布、速效救心丸、云南白药、剪刀、血压计、注射器等	现场检查	2	一项不符扣0.5分	
基本生存保障	食品不少于每人每天5000 kJ，饮用水不少于每人每天1.5 L	现场检查	2	一项不符扣1分	
动力保障	配备在紧急情况下满足基本生存条件的动力供应设施，如矿用隔爆型备用电池箱，矿用隔爆兼本安直流稳压电源	现场检查	2	不符扣2分	
指示牌	硐室（救生舱）入口标识牌、巷道指示牌、硐内操作指示牌	现场检查	2	一处不符扣1分	
四、紧急避险系统管理			20		
应急预案	有符合实际的应急预案，每年至少进行1次实际演练，职工掌握相关知识；避灾路线标识清楚	查看资料和现场检查	5	一项不符扣2分	
自救器	自救器的配置数量、类型、防护时间符合相关规定；职工熟练掌握使用方法	现场检查	5	一项不符扣2分	
管理制度	包含机构人员配备、岗位责任制、值班、设备定期检查和校准、系统功能测试、设备故障处理、硐室维护、过期食品和药品更换、培训和应急演练、操作规程、安全仪表计量检验、技术资料管理等制度	查阅资料	5	一项不符扣1分	

表4-6-5（续）

检查项目	检 查 标 准	检查方法	标准分	评分办法	检查得分
技术档案	紧急避险设施设计、安装、验收、使用、维护、配件配品更换、培训演练等相关信息及应急预案、系统布置图、矿井灾害预防与处理计划、采区设计及作业规程中应包含紧急避险系统的相关内容	查阅资料	5	一项不符扣1分	
五、否决项					
项目	1. 硐室（救生舱）高压氧或自生氧气供给； 2. 硐室（救生舱）有毒有害气体处理； 3. 硐室（救生舱）温湿度控制； 4. 硐室（救生舱）具有内外环境参数监测； 5. 矿井应急预案及演练； 6. 避险系统专项设计及批复	现场检查		有一项不具备，即为系统不合格	

检查人员（签字）： 检查日期：

说明：在自救器额定时间内，能步行到达地面的未建避难硐室和设置移动舱矿井，只考核第四项（第四项按100分计，得分比例按表）及否决项的相关内容。

判别准则：系统验收得分在80分及以上、否决项中全部符合规定要求，该系统为合格；总分小于80分或否决项中有1项达不到要求，该系统即为不合格。

7 紧急避险系统维护管理与培训演练

井下紧急避险系统的使用与维护是安全避险系统工程必不可少的专项工作，正确使用、合理维护、科学管理是煤矿井下紧急避险系统突发情况下能正常运转、为遇险人员提供安全庇护的前提和必要条件。建立井下紧急避险系统后，如果没有经过培训与演练，在紧急情况发生时，也会大幅降低井下紧急避险系统的使用效率，所以，全面的培训与演练也是井下紧急避险系统建设的重要组成部分。

7.1 紧急避险系统管理机构及要求

建立完善紧急避险系统管理机构，明确职责范围和岗位责任，是确保紧急避险系统始终处于完好状态、切实提高煤矿安全保障能力的基础和保证。

7.1.1 紧急避险系统的管理机构

煤矿企业是煤矿井下紧急避险系统建设管理的责任主体，负责紧急避险系统的建设、使用和维护管理工作。煤矿企业必须建立紧急避险系统管理制度，确定专门机构和人员，对紧急避险设施进行维护和管理，保证紧急避险系统始终处于正常待用状态。

紧急避险系统管理机构需以企业内部管理文件形式明确，将管理机构内人员用组织结构图表示，注明管理机构内人员的职务、职责、联系方式及所管理的部门及设备。紧急避险系统由许多部门分工负责时，应明确各自的职责边界，并加强对结合面的监控和管理，确保不出现空白点。

各级煤矿安全监管部门负责本行政区域内煤矿井下紧急避险系统建设、使用、管理等的日常监管。各级煤矿安全监察机构负责对所驻辖区内煤矿井下紧急避险系统的建设、使用、管理等实施监察。

7.1.2 维护管理基本要求

紧急避险系统的维护管理应满足以下基本要求：

(1) 煤矿企业应建立健全紧急避险系统管理机构，配备管理人员、专业技术人员、值班人员和维护人员等。维修管理人员应具备所需要的责任感和专业技能，具备相关的资格条件，能够胜任本职工作。

(2) 煤矿企业应建立健全井下紧急避险设施维护管理制度，完善制度体系。管理制度应包含主管部门职责、管理人员职责与要求、设备管理与维护规程、操作规程、违规处罚等方面的内容，并能保证规章制度得到严格执行。

(3) 煤矿企业应加强紧急避险系统的日常维护和管理。电气设备入井前应检查其产品合格证、煤矿矿用产品安全标志和防爆、各项保护功能等；应定期对各系统完好情况进行检查，定期进行调试、校正，及时升级、拓展系统功能和监控范围，确保设备性能完好，系统灵敏可靠；每季度至少应测试一次备用电源的放电容量或备用工作时间。备用电源不能保证设备连续工作时间达到标准时间的80%时，应及时更换。

(4) 煤矿企业应随井下生产系统的变化，及时调整和补充完善井下紧急避险系统，满足突发紧急情况下矿工的安全避险需求。

(5) 煤矿企业应建立应急演练制度，科学确定避灾路线，编制应急预案，每年开展一次“六大系统”联合应急演练。

(6) 煤矿企业应妥善保存系统设计基础文件、图纸，产品技术文件，设备运行记录，维护保养记录等基础资料，完善设备台账。

(7) 井下紧急避险设施长期处于备用状态，不易及时发现、处理可能存在的故障甚至隐患，加之我国煤矿紧急避险系统建设管理尚处在摸索阶段，煤矿企业应不断研究总结紧急避险系统、设施维护管理的成功做法，吸纳、借鉴国内外的成功经验，不断提高对紧急避险系统及设施、设备的维护管理水平，提升煤矿安全保障能力。

7.2 紧急避险系统维护管理制度

制度是要求各要素共同遵守的办事规程或行动准则。完善紧急避险系统维护管理制度体系并严格遵照执行，是充分发挥紧急避险系统功效的制度保障。

7.2.1 维护管理制度体系的主要内容

为保证紧急避险系统始终处于完好状态，实现设施有效、管理到位，煤矿井下紧急避险系统管理制度体系至少应包括以下内容：

(1) 紧急避险设施管理办法。

(2) 管理部门、人员岗位责任制。

(3) 设备检修管理办法。

(4) 设备的使用和维护保养规定。

(5) 避难硐室管理制度。

(6) 救生舱管理制度。

(7) 设备技术档案管理制度。

(8) 设备固定资产管理制度。

(9) 设备前期管理制度。

(10) 设备改造、更新管理制度。

(11) 设备检修计划管理制度。

(12) 设备检修技术管理制度。

(13) 设备管理与维修的财务管理制度。

(14) 设备统计、考核制度。

(15) 设备故障管理制度。

(16) 设备的使用、操作、维护和检修规程。

(17) 设备专用机具、设备管理制度。

(18) 紧急避险设施配套特种设备维护保养操作规程。

(19) 紧急避险设施维护人员工资管理制度。

(20) 管理制度的制订、修改与执行制度。

7.2.2 维护管理制度编制的原则

紧急避险系统维护管理制度的编制应坚持以下原则：

（1）借鉴先进，因地制宜。编制井下紧急避险系统维护管理制度是一项十分复杂、细致而又严肃的工作，应对国内外先进的经验和做法进行充分的研究分析，同时结合本地区、本矿井实际情况，因地制宜，促进井下紧急避险设施的科学管理。

（2）便于操作，执行有力。井下紧急避险系统维护管理制度应通俗易懂，具体明确，易操作，也有利于制度的贯彻落实。编制制度时，要避免用词含糊与自相矛盾，尽量使用简练的语言，具体明确的表述，减少制度的数量，增强可操作性。同时，相关部门的重视与支持，加强检查督促，是保证制度有效执行的重要手段。只有执行有力，制度才能发挥其应有的作用。

（3）形成体系，兼顾其他。井下紧急避险系统维护管理制度编制应考虑体系性，应涵盖避险设施使用、维护、管理、监督等日常管理的各个方面，形成较为权威的体系性管理规章制度。同时，紧急避险设施作为井下安全避险“六大系统”的重要组成部分，其管理制度编制还应考虑与其他井下安全避险系统的对接，达到“六大系统”相辅相成、互为补充的目的。

（4）职责明确，突出重点。管理制度应明确相关部门、人员的主要工作内容、责任、管理目标等，责任落实到人，提升管理制度的可操作性和实用性。同时，管理制度应针对避险设施的具体特点，对重点设备强化管理，突出重点，确保设备安全可靠。如将压缩氧供氧系统，应将压缩氧气瓶、阀件、管路等作为日常管理、维护的重点。

制度编制完成后，应在执行过程中不断的修订、完善，提高制度的适用性和执行力。

7.2.3　紧急避险系统维护管理制度

避难硐室、救生舱等紧急避险设施是井下紧急避险系统的关键要素，应切实加强对其维护管理。

7.2.3.1　基本要求

根据《煤矿井下紧急避险系统建设管理暂行规定》的要求：

（1）煤矿企业应定期对紧急避险设施及配套设备进行维护和检查，并按产品说明书要求定期更换部件或设备。

（2）应保证储存的食品、水、药品等始终处于保质期内，外包装应明确标示保质日期和下次更换时间。

（3）每天应对紧急避险设施进行1次巡检，设置巡检牌板，做好巡检记录。煤矿负责人应对紧急避险设施的日常巡检情况进行检查。

（4）每月对配备的高压气瓶进行1次余量检查及系统调试，气瓶内压力低于额定压力的95%时，应及时更换。每3年对高压气瓶进行1次强制性检测，每年对压力表进行1次强制性检验。

（5）每10天应对设备电源进行1次检查和测试。

（6）每年对紧急避险设施进行1次系统性的功能测试，包括气密性、电源、供氧、有害气体处理等。

（7）经检查发现紧急避险设施不能正常使用时，应及时维护处理。采掘区域的紧急避险设施不能正常使用时，应停止采掘作业。

此外，还应注意以下几个方面：

（1）避难硐室必须保持通风良好和气密性；可移动式救生舱在安装或拆解重组时必

须进行一次完整的抽真空测试以检验密封性能。

（2）每半年对避难硐室（救生舱）的各项功能进行一次检验，可移动式救生舱在每次移动后都必须进行仔细检验，做好相关记录并存档。

（3）避难硐室和救生舱不得挪作他用，舱内不得存放任何无关物品。

（4）氧气测定器每月进行一次零点和精度调校，若未超规定误差范围可继续使用；二氧化碳测定器必须每半年进行一次零点和精度的调校；急救箱药品必须每月进行一次检查，发现失效立即更换；食品要有详细食用说明，必须在保质期内定期更换。

（5）避难硐室（救生舱）内必须附置应急操作流程图和操作指南。

（6）避难硐室（救生舱）供电应使用专用电缆、专用开关和专用变压器。停电后再次启动前必须进行送电前的检查。

（7）严禁在任何情况下拆除或断开避难硐室（救生舱）的外界供电、供风、通讯系统。

（8）严禁任何人在维护、检修过程中敲打或撞击任何紧急避险设施、设备。

（9）除定期维护、专项检查（参观）、应急避灾时，任何人不得进入避难硐室（救生舱）内。

（10）采掘工作面救生舱的移动必须提前编制专项安全技术措施，并纳入月度计划中，作为重点监管项目。

（11）外来参观人员进入避难硐室（救生舱）的数量不得超过避难硐室（救生舱）的额定容量。

7.2.3.2　避难硐室的管理

某矿为加强对永久避难硐室的日常维护管理，切实做好硐室内部各种设备设施的检修维护、急救物资的更新补存，确保各种设施完好随时处于备用状态，制定了如下规定：

（1）明确管理责任。矿应急管理办公室（安监科）是紧急避险设施管理的牵头部门，总体负责永久避难硐室的日常维护管理工作，必须安排专人负责管理。

（2）加强对永久避难硐室具体作业人员的技术培训。培训内容包括永久避难硐室系统、结构、操作规程、设备操作流程等内容。作业人员经培训后考试合格，持证上岗，做到专业化维护管理。

（3）各种设备设施的检查维护和物资更新。

① 压风（供氧）、供电、通讯、监测监控、降温、除湿、供水、人员定位、动力照明等系统，由安监科监管。安监科要制定具体的管理办法，明确责任人。

② 必须按规定及时校验、更换硐室内各种仪器、仪表，确保其正常运行。

③ 硐室内急救药品每月进行检查，查看药品是否失效、短缺，及时更换、补存。

④ 发现氧气瓶（空气瓶）压力小于0.1 MPa时，应及时更换。更换完毕后，要对氧气瓶（空气瓶）的供气系统进行全面调试，保证完好可靠。

⑤ 机电科要对永久避难硐室供电、监测监控等所使用的电器设备每月进行一次防爆完好性检验，发现问题及时处理。

⑥ 机电科必须建立日常仪器调校、设备维护及药品、食品检查更换的专用台账。

（4）永久避难硐室的检修维护。

① 硐室内的氧气供给、监测监控、通讯、人员定位及其他系统必须始终保持完备状

态，因检修需要，必须办理停电等专用手续，按照程序审批后方可作业。检修完毕后应立即恢复各系统，并保证其正常运行。

② 日常检修维护过程中，发现设备、设施等系统出现故障，应及时与厂家联系进行维修。

（5）除专业维护、专项培训、专业检查（参观）人员外，其他人员不得随意进入永久避难硐室。硐室防爆密闭门平常应处于关闭状态，每 2 天打开硐室内压风、供氧系统使硐室通风 30 min。

（6）安监科等相关部门要明确硐室内各种设备、材料、物资的供应程序，确保永久避难硐室日常管理的物资维修保障。

（7）永久避难硐室纳入矿应急救援系统，对永久避难硐室进行专业管理。同时要定时组织员工技术培训，确保每位员工都会使用。

（8）永久避难硐室外两侧出、入口前后每隔 100 m 要有醒目指示牌，引导人员到达永久避难硐室。

7.2.3.3　救生舱的维护管理

某矿根据所购置的救生舱使用说明书要求，制定了如下维护管理制度。

（1）每天检查救生舱内门是否开启灵活，密封是否可靠，检查橡胶是否老化，舱体是否锈蚀。

（2）每天必须检查救生舱内氧气保障系统性能：

① 压缩氧供气。

a）减压器应定期检验完好性，流量在 0.16 ~0.48 m^3/h 范围内应可调。

b）应定期检查氧气瓶压力，如压力小于 13.5 MPa，应及时充气。

c）医用氧气瓶钢瓶符合《钢质无缝气瓶》（GB 5099—1994）和《气瓶安全监察规程》。

d）氧气瓶有效期 15 年，每 3 年检验一次，检验合格后方可使用。

e）充装后的气瓶，应有专人负责，逐只进行检查。检查内容包括：瓶阀开启的灵活性，阀门关闭的可靠性；瓶内压力是否在规定范围内。气瓶充装后，如出现鼓包变形或泄漏等严重缺陷，应立即停止使用。

② 压风供气。

a）每天必须检查压风供气系统的完好性，压风压力和压风供气量应符合标准要求。

b）油水分离器过滤芯每月更换一次，如发现过滤后气体有异味，应提前更换。

③ 自救器。

a）自救器应按《隔绝式压缩气自救器》（MT 711—1997）要求定期校验，并做好记录。

b）隔绝式压缩氧自救器应每月检验自救器的整机气密性以及性能完好性。每隔半年应检查氧气瓶压力，更换二氧化碳吸收剂。自救器 3 个月未使用，应更换二氧化碳吸收剂。

（3）移动救生舱内应派专人管理，及时进行维护、保养，以保证设备的正常运行。

（4）每周应检查救生舱与安放硐室的连接可靠性。同时还应检查安放硐室的支护情况，保证支护牢固、可靠。

（5）应定期检查电气设备和仪器仪表完好性，检查其是否能正常运行。

（6）检测仪器仪表应定期标定，且在使用有效期内。

（7）净化系统中所使用的化学药剂，应封装保存。如未使用，二氧化碳吸收剂、CO氧化催化剂和干燥剂等化学药剂需在有效期内及时更换；如果发生变色失效，也应及时更换；药剂如已开封，不得再次使用。

（8）降温系统按 ZSK-4.0/380 型煤矿救生舱用防爆空调装置使用说明书进行日常维护。每天检查制冰情况及系统完好性。

（9）动力保障系统应正常运行、完好，保持设备清洁；如出现故障，不得自行开盖检查，需联系专业人员维修。

（10）舱内外检测系统按现有传感器系统管理。

（11）每个月带上月未充电的一半矿灯上井充电（矿灯每两个月冲一次电，每月带总数一半矿灯上井充电）。

（12）生存保障系统。救生舱配备的食品、水和急救药品应在有效期内，过期或失效的必须及时更换。

7.3　紧急避险系统培训内容与方法

进行紧急避险系统培训时，应当遵循一定的顺序，理论结合实践，了解整体规划结合熟悉各项设备使用方式，才能使培训工作有序展开。

7.3.1　培训内容

培训内容应当包括紧急避险系统的建设原则、应急响应程序、本单位紧急避险系统布置、逃生线路规划、紧急避险设备相关使用事项。其中，应急响应程序培训应当包括应急预案宣贯、危险发生识别、井下信息传递方法、报告地面控制中心方法、应急措施等内容；本单位紧急避险系统布置的培训应当包括本单位紧急避险线路设置、紧急避险设备设施的安放地点、设施容量与安全防护时间等内容；逃生线路规划培训应当包括逃生基本常识、逃生线路选择原则、逃生方向辨识等内容；紧急避险设备相关使用事项培训应当包括紧急避险设备的使用方法和注意事项等内容。

所有职工在入井前通过接受培训，必须了解紧急避险系统、掌握和正确使用紧急避险设施。培训内容包括：

（1）基础理论培训，包括：避难硐室（救生舱）的结构、设计和工作原理；救生舱的使用方法、操作程序和标准；避难硐室（救生舱）内生存环境及活动要求。

（2）将应急救援安全防护知识纳入新工人入井前安全培训必授课程。

煤矿紧急避险系统的培训要采用因人施教，按不同阶段、人群、专业分教程进行培训，第一阶段对煤矿企业管理人员进行培训，第二阶段对班组长、区队长进行培训，第三阶段对煤矿井下作业人员进行培训。根据《煤矿井下紧急避险系统建设管理暂行规定》要求：对紧急避险系统进行调整后，应及时对相关区域的入井人员进行再培训，确保所有入井人员准确掌握紧急避险系统的实际状况。

7.3.2　培训方法

结合煤矿企业生产实际和紧急避险系统的建设要求以及相关文件要求，紧急避险系统培训采取以下几种方法：

（1）系统培训法。系统培训是对培训对象从理论到实践操作、现场应变能力和综合能力的培训。系统培训旨在提高培训对象的综合素质，是职工安全培训的基础培训。特点是通过系统培训让培训对象从理论上更具体、更详细、更完整地掌握理论知识，从实践上熟悉岗位技能要求和操作技巧，具有解决实际问题的能力和素质。对培训对象、培训群体的基本素质有较高的要求，比如班组长、技术骨干、企业管理人员等。系统培训不仅要求提高培训对象的安全技术素质和现场应变能力，还要重视对法律、法规尤其是煤矿安全法律、法规的培训。增强他们依法管理、依法办事和遵章守纪的自觉性。

（2）专题培训法。专题培训是为了适应某一个特定环节的需要，采取的有目的的针对性培训。这一方法的特点是具有很强的针对性和实用性。

（3）视听技术法。利用现代视听技术（如投影仪、录像、电视、电影、电脑等工具）对员工进行培训。

（4）案例研究法。案例研究法指为参加培训的学员提供员工或组织如何处理棘手问题的书面描述，让学员分析和评价案例，提出解决问题的建议和方案的培训方法。

培训应在日常培训的基础上，针对新员工入职与系统调整展开专项培训。

7.4　紧急避险系统演练方式方法

仅通过理论讲解来提高入井人员对紧急避险系统的认识及使用效率远达不到效果，紧急避险系统应急演练能确保每位入井人员熟悉井下紧急避险系统，掌握紧急避险设施的使用方法，并强化安全避险基本意识。

紧急避险系统的演练，需考察操作人员的技术素质、操作技能、对事故的判断、应变能力等。根据《煤矿井下紧急避险系统建设管理暂行规定》要求：煤矿应当每年开展1次紧急避险应急演练，建立应急演练档案，并将应急演练情况书面报告县级以上煤矿安全监管部门和驻地煤矿安全监察机构。煤矿紧急避险系统演练形式可采用模拟演练、实战演练，或是单项演练、组合演练和全面演练等多种形式。在按照规定开展紧急避险系统应急演练的基础上，有新员工加入或者紧急避险系统调整后也应当及时组织相关人员进行演练，以确保其准确掌握紧急避险系统的实际状况。

紧急避险系统演练的方法包括照本宣科法、随机抽题法、随机应变法。

（1）照本宣科法。即预先制订演练计划，事先分配和明确生产操作人员各自的职责和任务，然后模拟操作。这是最常用的一种方法，只要记忆好，演练起来就容易。

（2）随机抽题法。不告诉操作人员要演练什么内容，到现场后让他们随机抽取演练内容，然后按照紧急避险系统开始演练。这要求生产操作人员要有较高的技术素质，熟练掌握紧急避险系统的所有流程。

（3）随机应变法。在煤矿井下发生安全事故时，往往时间非常紧迫，要求各操作人员判断准确，配合默契。因此，针对多种多样的突发性紧急事故，培养生产操作人员的应变能力至关重要。而在实际的培训或演练过程中，由于条件限制和客观局限性无法模拟真实的过程，生产操作人员往往临场感不强、没有紧迫感，不能有效地体现到实际演练中去，通过人为的模拟生产安全事故中的各种突发情况，能够较好地培养生产操作人员的应变能力。

紧急避险系统演练应当包括演练方案制订、演练方案执行以及演练记录。演练方案应当由紧急避险系统建设管理人员参与制定，并经小组讨论后确定；演练应按照方案逐步执行，在演练全过程中必须掌握各个环节的实际情况，确保演练的安全性与有效性；演练结束后应当做好记录，并建立紧急避险系统应急演练档案。

7.5 紧急避险系统培训演练效果考核

紧急避险系统培训演练效果考核应当从受训人员考核与培训演练效果考核两个方面进行。

7.5.1 受训人员考核

受训人员考核主要通过笔试、现场提问等方式进行，确保受训人员经过培训与演练获得了应急救援安全防护知识、可移动式救生舱使用和操作、避难硐室的避难要求等紧急避险系统相关知识与技能。考核试卷及结果应当封存备案一段时间，作为下次培训的参考依据。

7.5.2 培训演练效果考核

紧急避险系统培训演练效果的考核工作，需组织相关人员组成评审小组对演练效果进行考核。

演练结束后，在全面分析演练记录及相关资料的基础上，比照参演人员表现与演练目标要求，对演练活动及其组织过程作出客观评价。演练效果考核内容一般包括演练执行情况、紧急避险系统的合理性与可操作性、指挥人员的指挥协调能力、参演人员对设备的操作能力、参演人员心理素质和协作能力、演练所用设备的适用性、演练目标的实现情况等，可以通过填写培训考核表、建立培训演练评价体系来完成。紧急避险系统培训与演练结束后应当要求受训人员填写培训考核表，建立与受训人员沟通的良好条件，以获取在培训演练过程中的反馈信息，从而便于发现培训演练实际过程中产生的问题；通过对培训演练的过程考核建立评价体系，不断修正与完善培训演练过程，使其保持与企业紧急避险系统发展的一致性和完善性。

8 实 用 范 例

根据国务院23号文件和国家安全监管总局、国家煤矿安监局一系列文件精神，各地、各煤矿大力开展了煤矿井下紧急避险系统的建设完善工作，积累了一定的经验，取得了初步成效，一些实用范例可供借鉴、参考。由于我国煤矿井下紧急避险系统的建设尚处于摸索和提升阶段，范例中也存在一些需要改进和提高的地方，请予关注。

8.1 紧急避险系统设计范例1

此范例为山西某煤矿井下紧急避险系统方案设计。

矿井特点：该矿属地方国有企业，批准开采3~15号煤层，现开采3号煤层；生产能力120万t/a；为低瓦斯矿井，煤尘没有爆炸性，煤自燃倾向性等级为Ⅲ级，水文地质条件简单—中等；井下布置1个生产采区，1个综放工作面和2个综掘工作面，采煤工作面走向长度1600~2000 m，工作面长度250 m；采用“三八”制作业，零点班223人，八点班280人，四点班260人。

紧急避险系统设计特点：设计采用自救器与避难硐室有机结合形式。在水平大巷和井底车场建永久避难硐室；在采掘工作面1000 m范围内建设临时避难硐室，在自救器有效防护时间内不能达到的其他地点设置自救器存放点；避难硐室与安全避险系统有效连接。共设永久避难硐室3个，临时避难硐室2个，建设工期7个月。

可能存在的问题：永久避难硐室建设在两条大巷之间，但仅设一个出入口，可能影响其抗灾能力；永久避难硐室与临时避难硐室的建造标准无明显差异；永久避难硐室的容量设计主要考虑除回采工作面和掘进工作面外的其他人员，能否满足矿井突发紧急情况下的实际需要。

8.1.1 系统设计概况

1. 项目背景

该煤矿属地方国有企业，为证照齐全的合法生产矿井，批准开采3~15号煤层，现开采3号煤层，生产能力为120万t/a，低瓦斯矿井。

根据《国务院关于进一步加强企业安全生产工作的通知》（国发〔2010〕23号），国家安全监管总局、国家煤矿安监局《关于建设完善煤矿井下安全避险“六大系统”的通知》（安监总煤装〔2010〕146号）、《关于印发煤矿井下紧急避险系统建设管理暂行规定的通知》（安监总煤装〔2011〕15号）、《关于印发煤矿井下安全避险“六大系统”建设完善基本规范（试行）的通知》（安监总煤装〔2011〕33号）等的规定，该煤矿应于2011年12月底前完成井下紧急避险系统的建设完善工作。

受该煤矿的委托，某研究院编制了《山西××煤矿井下紧急避险系统方案设计》。

2. 主要设计依据

（1）设计委托书。

（2）《国务院关于进一步加强企业安全生产工作的通知》（国发〔2010〕23 号）。

（3）《国家安全监管总局国家煤矿安监局关于建设完善煤矿井下安全避险“六大系统”的通知》（安监总煤装〔2010〕146 号）。

（4）《国家安全监管总局国家煤矿安监局关于印发〈煤矿井下紧急避险系统建设管理暂行规定〉的通知》（安监总煤装〔2011〕15 号）。

（5）《国家安全监管总局国家煤矿安监局关于印发〈煤矿井下安全避险“六大系统”建设完善基本规范（试行）〉的通知》（安监总煤装〔2011〕33 号）。

（6）《煤炭工业矿井设计规范》（GB 50215—2005）。

（7）《煤矿安全规程》。

（8）《防治煤与瓦斯突出规定》。

（9）《矿山救护规程》。

（10）矿井安全生产基础资料。

3. 安全避险系统现状

（1）自救器。现配备 ZL60 L 过滤式自救器，总计 450 台，全部经晋城市高新技术中心校验合格。

（2）安全监测监控系统。矿井安装 KJ340 矿井安全监控系统，山西阳光三极科技有限公司生产，联网及运行正常。

（3）矿井人员定位系统。矿井安装 KJ69J 井下作业人员管理系统，常州天地科技股份有限公司生产，联网及运行正常。

（4）矿井压风自救系统。地面压风机房安设 SA120A 型空气压缩机 2 台，电机功率 120 kW，额定电压 380 V，流量 21 m^3/min，输出压力 0.8 MPa。井下主管路为 $\phi108$ mm 无缝钢管，支管路为 $\phi80$ mm 无缝钢管。

（5）矿井供水施救系统。矿井装备有完善的消防供水系统和井下静压洒水系统，地面设有静压水池 2 座，容量约 700 m^3；布置有 2 套供水管路，管路长 20000 余米，该系统管路与生活用水连接，能满足井下供水施救要求。

（6）矿井通信联络系统。矿井装备有通达矿内外、井上下、重要场所和主要作业地点的固定电话和 KTW125 型无线通讯系统，可实现井上下无线通话，确保井上下通信畅通无阻。

4. 井下可能发生的重大灾害事故评价

瓦斯事故的可能性及严重程度：可能性，C 级；严重度，Ⅳ级。煤尘爆炸事故的危险性：可能性，E 级；严重性，Ⅳ级。

矿井火灾危险主要为外因火灾。外因火灾可能发生的地点：井下主要运输大巷、机械与电气设备存在的场所等。矿井火灾的危险性：可能性，C 级；严重度，Ⅲ级。矿井开采煤层属不易自燃煤层。

3 号煤层为顶板进水的砂岩孔隙裂隙充水矿床，水文地质条件简单；9、15 号煤层为顶板进水为主的岩溶裂隙充水矿床，水文地质条件简单—中等。矿井水害的危险性：可能性，C 级；严重度，Ⅳ级。

5. 设计的井下紧急避险系统整体布局

在采掘面 1000 m 范围内建设临时避难硐室，在水平大巷和井底车场建永久避难硐室；

在自救器有效防护时间内不能达到的其他地点设置自救器存放点；避难硐室与安全避险系统有效连接。

6. 系统设计主要技术特点和内容

（1）采煤工作面。设置临时避难硐室，额定避险人数40人，数量1个，设置在采煤工作面距二采区运输巷980 m处，服务于整个采煤工作面。

（2）掘进工作面。设置临时避难硐室，额定避险人数40人，数量1个，设置在掘进工作面距二采区运输巷980 m处，硐室贯通进风巷和回风巷，服务于2个掘进工作面。

（3）其他区域。设置3个永久避难硐室，额定避险人数均为80人，服务于矿井除采煤工作面和掘进工作面外的其他人员。

（4）建设工期：7个月。

（5）建设投资：××万元。

7. 系统存在的问题与建议

问题：现设计的掘进工作面临时避难硐室，尚不具备安装条件。

建议：在2个掘进工作面的掘进长度超过980 m后，再在两条掘进巷中间打一巷道，完成掘进工作面临时避难硐室的建设。

8.1.2 矿井概况

8.1.2.1 煤层开采条件

1. 开采煤层

井田内可采煤层为山西组3号及太原组9、15号煤层，特征见表4-8-1。

表4-8-1 主要可采煤层一览表

地层单位	煤层编号	煤层厚度/m	煤层间距/m	煤层结构		顶板岩性	底板岩性	煤层稳定程度	备注
		最小~最大 平均	最小~最大 平均	矸石层数	类别				
山西组 P_1	3	3.77~6.62 5.41	37.08~54.25 42.34	0~3	较复杂	粉砂岩	粉砂岩	稳定	一型
太原组 C_3t	9	0.19~1.73 0.90		0~1	简单	粉砂岩	粉砂岩	不稳定	三型
	15	2.02~3.48 2.53	31.39~67.50 41.10	0~3	较复杂	石灰岩	泥岩	稳定	一型

（1）3号煤层。位于山西组中下部，上距中间砂岩2 m左右，煤层厚度3.77~6.62 m，平均5.41 m，可采性指数100%，井田内该煤层呈西厚东薄之趋势。为井田内全部发育、全部可采之稳定煤层，为一型。含0~3层泥岩及炭质泥岩夹矸，时夹黄铁矿结核。煤层顶板为粉砂岩、底板多为粗粉砂岩。

（2）9号煤层。位于太原组中上部，上距 K_7 细砂岩29.34 m，距3号煤层42.34 m，煤层厚度0.19~1.73 m，平均0.90 m，可采性指数45%。为井田内全部发育、局部可采之不稳定煤层，为三型。可采区位于井田南部，呈南厚北薄之趋势，局部见有一层炭质泥岩夹矸。煤层顶板多为粉砂岩，底板也为粉砂岩。

（3）15号煤层。位于太原组底部，K_2 灰岩为其直接顶板，煤层厚度2.02~3.48 m，平均2.53 m，可采性指数100%，呈中间薄，西北及东南较厚之趋势。为全井田发育、全部可采之稳定煤层，为一型。煤层结构较复杂，多含0~3层泥岩夹矸。煤层顶板为K_2灰岩，底板为泥岩。

2. 3号煤层顶底板

伪顶：在井田内一般为黑色薄层状泥岩，水平层理十分发育，含有大量完整的植物化石，质软，随着煤层开采而向下冒落。厚0.1~0.30 m，当伪顶不发育时，煤层直接与老顶或直接顶板接触。

直接顶：伪顶以上有1层2 m左右的深灰色粗粉砂岩，质较坚硬，一般情况下不会随着煤层的回采向下冒落。

老顶：为灰、灰白色中厚层之中粒砂岩，钙硅质胶结，分选良好，含有泥岩包裹体。斜层理明显，裂隙不太发育。厚4.18~17.47 m，一般厚为8 m。在井田中部705、706、Y-02及Y-03等钻孔处厚为15 m，同时直接与煤层接触，大致成北东方向伸展。个别地段的老顶为细粒砂岩及粉砂岩。

底板：深灰色粗粉砂岩，含有植物根、茎化石及炭质碎屑，一般厚2 m。

参考邻近矿井资料，3号煤层顶底板岩芯物理试验结果见表4-8-2。

表4-8-2 3号煤层顶底板岩芯物理试验成果表

孔号	层位	岩石名称	天然状态下的基本物理特征				力学指标			
			比重/(t·m⁻³)	容重		含水性/%	抗压强度			抗拉强度/MPa
				湿/(t·m⁻³)	干		干燥状态/MPa	饱和状态/MPa	软化系数	
845	顶板	粗砂岩 细砂岩	2.75	2.69 (2.63~2.78)		1.58	44.2 (34.9~54.1)	29.2 (8.4~49.8)	0.66	7.7 (3.7~11.1)
845	底板	粉砂岩 细砂岩	2.75	2.62 (2.33~2.99)		1.01	54.7 (27~80.5)	0~8.8	0~0.16	9.3 (5.1~13.1)

从表4-8-2中可见，3号煤层顶底板细粗粒粉砂岩为中等坚硬岩石，属中等冒落的顶板（Ⅱ）。

8.1.2.2 矿井安全条件

1. 矿井瓦斯

根据山西省煤炭工业局晋煤安发〔2009〕35号《关于晋城市2009年度30万t/a及以上煤矿矿井瓦斯等级和二氧化碳涌出量鉴定结果的批复》，该煤矿2009年度三旬中最大一天的绝对涌出量CH_4为9.59 m^3/min，CO_2为2.54 m^3/min，月产量为46947 t时，CH_4和CO_2相对涌出量为8.24 m^3/t和2.18 m^3/t，批复为低瓦斯矿井。

2. 煤尘爆炸危险性及煤层自燃

据2008年9月山西煤炭工业厅综合测试中心提供的检验报告，3号煤层自燃倾向等级属于Ⅲ类别，属不易自燃煤层。3号煤层无煤尘爆炸危险性。

3. 地温

据该矿及邻矿开采情况，井下未发现有地温异常现象，属地温正常区。目前开采水平围岩温度一般为 18 ℃。

4. 冲击地压

该矿 3 号煤层开采较浅，无冲击地压显现。

8.1.2.3　矿井生产概况

1. 井筒、安全出口及服务范围

主斜井：担负煤炭提升、进风任务，兼作安全出口。井筒断面形状为三心拱形，荒料石砌碹支护，壁厚 350 mm。井筒净宽 4.0 m，净断面 9.82 m^2，倾角 16°，斜长 365.0 m。井筒左侧装有 1000 mm 带式输送机，右侧设检修道，轨距 600 mm，轨型 18 kg/m，胶带与检修道中间设行人台阶，扶手与带式输送机架固定在一起。

副斜井：担负辅助提升任务和进风，兼作安全出口；副斜井断面形状为三心拱形，荒料石砌碹支护，壁厚 350 mm。井筒净宽 4.0 m，净断面 11.58 m^2，倾角 20°，斜长 171.0 m。井筒右侧设行人台阶和扶手，铺设 30 kg/m 道轨，轨距 600 mm。

进风立井：圆形断面，净直径 3.0 m，荒料石砌碹支护，壁厚 300 mm，井筒垂深 60.5 m，担负矿井进风任务。

杜寨风井：圆形断面，净直径 5.0 m，混凝土碹支护，表土段壁厚 600 mm，基岩段壁厚 400 mm，井筒垂深 230 m，装备梯子间，担负全矿井回风兼安全出口。

井筒特征见表 4－8－3。

表 4－8－3　井筒特征表

序号	井筒特征		井筒名称			
			主斜井	副斜井	进风立井	杜寨风井
1	井筒坐标	经距（Y）/m	19664562.025	19664570.776	19664585.669	19661302.407
		纬距（X）/m	3965522.384	3965483.372	3965321.827	3965732.468
2	提升方位角/(°)					
3	井筒倾角/(°)		16	20	90	90
4	井口标高/m		+900.000	+898.000	+903.800	+976.666
5	标高/m	第一水平		+840.000		
		最终水平				
6	深度或斜长/m	第一水平	365	171	60.5	230
		最终水平				
7	直径或宽度/m	净	4.0	4.0	3.00	5.00
		掘进				
8	断面/m^2	净	9.82	11.58	7.07	19.6
		掘进	12.41	15.08		
9	砌壁	厚度/mm	350	350	300	600/400
		材料	荒料石	荒料石	荒料石	混凝土碹
10	井筒装备		1000 mm 强力带式输送机	单钩串车铺设单轨及管线		设梯子间

2. 井底车场及主要硐室布置

由于大巷布置在煤层中，故井底车场、硐室及主要巷道有部分在煤层中，部分在煤层顶板或底板。

井底煤仓形式为圆筒直立煤仓，净直径6.0 m，煤仓容量约600 t。

副斜井井底中央变电所处联合布置中央水泵房，设有主、副水仓，主、副水仓总容量为2000 m^3。

主要巷道以锚喷支护为主，主要机电硐室采用混凝土砌碹支护。煤仓等特殊硐室采用钢筋混凝土砌碹支护。

3. 主要大巷及采区巷道、硐室布置

1）主要大巷

本矿为低瓦斯矿井，为满足矿井运输、行人和通风要求外，大巷布置原则是尽量多送煤巷，少凿岩巷，以减少掘进费用。本井田煤层埋深较浅，煤层硬度大，根据矿井生产现状，矿压不大，大巷放在煤层中。

带式输送机大巷沿3号煤层底板布置；轨道和回风大巷沿3号煤层顶板布置。各大巷平行布置，间距40 m。

2）采区巷道

井下布置1个生产采区，1个综放工作面和2个综掘工作面，采掘比为1∶2。

根据矿井开拓布置，向南布置二采区回风巷和二采区运输巷。回风巷沿3号煤层顶板布置，运输巷沿3号煤层底板布置，二条采区巷道间距为40 m。

工作面布置3条巷道，一条为运输巷兼进风，一条为回风巷，由于工作面生产能力大，瓦斯绝对涌出量大，为减少巷道中的瓦斯浓度，在回风巷外侧布置瓦斯尾巷作为辅助回风。运输巷内铺设临时轨道，用来放置移动变电站、喷雾泵站、乳化液泵站、开关柜、电缆等设备列车。回风巷内铺设600 mm轨距轨道，担负工作面辅助运输任务。

工作面运输巷、回风巷均沿3号煤层底板布置，瓦斯尾巷沿3号煤层顶板布置。工作面运输巷直接与采区运输巷相连，回风巷、瓦斯尾巷与采区回风巷相连。

3）硐室

为便于井下供电，在副斜井底布置中央变电所，采区合理位置布置采区变电所。为保证巷运需要，在副斜井底、采区回风巷和工作面回风巷正对处的二采区回风巷东帮布置循环绞车硐室。

4. 采区划分及采区接替

全井田分两个水平开拓。其中主采煤层3号煤为第一水平（现有生产水平），水平标高为+840 m。

采区划分：以水平大巷为界，大巷以北为一采区，以南为二采区，大巷西部为三采区。一采区于大巷北侧布置走向长壁工作面；二、三采区布置倾斜长壁工作面。

工作面走向长度一般为1500~2000 m，工作面长度250 m。

5. 生产采区内采掘工作面布置

现采区内布置1个回采工作面，1个综掘工作面，回采工作面为3210工作面，综掘工作面为3209瓦斯尾巷。

6. 井下采掘队组及其他辅助队组安排

现井下安排有1个综放队、2个综掘队、1个维修队、1个准备队、1个机修队、1个机运队。

8.1.2.4 井下主要作业区域及人员分布情况

采用“三八”制作业，零点班223人，八点班280人，四点班260人。具体人员分布情况见表4-8-4～表4-8-9。

表4-8-4 轨道大巷人员分布情况

序号	工种	出勤人数及分布			
		零点班	八点班	四点班	分布地点
1	把钩工		1	1	副井底
2	信号工	1	1	1	副井底
3	绞车司机	1	1	1	副井底
4	清工卫工	2	2	2	轨道大巷中
5	猴车司机	3	4	3	轨道大巷中
6	配电工	1	1	1	中央变电所
7	排水工	1	1	1	中央水仓、副井底
8	跟班队干	1	2	1	巡回
9	电工	3	8	1	巡回
10	兑运工		15	17	巡回
11	安监员	1	1	1	巡回
12	瓦斯员	2	1	1	巡回
合计		16	38	31	

表4-8-5 皮带大巷、主井人员分布情况

序号	工种	出勤人数及分布			
		零点班	八点班	四点班	分布地点
1	给煤机司机	2	2	2	主井底
2	排水工	1	1	1	主井底
3	清工卫工	2	1	2	主井
4	水仓清挖工		3		主井底
5	修理工	1	1	2	主井、主井底
6	皮带司机	2	2	2	皮带大巷
7	清煤工	5	5	5	皮带大巷
8	排水工	1	1	1	一采区水仓
合计		14	16	15	

表4-8-6 二采区区域人员分布情况

序 号	工 种	出勤人数及分布			
		零点班	八点班	四点班	分布地点
1	掘进头作业人员	24	33	24	掘进工作面
2	掘进头作业人员	24	33	24	掘进工作面
3	综放工作面作业人员	37	46	45	综放工作面
4	配电工	2	2	2	二采区一变
5	配电工	2	2	2	二采区二变
6	防尘工	3	3	3	二采区回风巷
7	防尘工	2	2	2	巡回
8	排水工	2	2	2	巡回
9	通风工	2	2	2	巡回
10	瓦斯检查员	1	1	1	巡回
11	绞车司机		3	3	二采区回风巷
12	安监员	2	2	2	巡回
13	巷运工		15	17	回风巷、采掘面巷道
14	清煤工	10	8	8	
15	质检员	1	1	1	巡回
16	修理工	8	8	1	二采区回风巷
17	清工卫工	3	3	3	回风巷、采掘面巷道
18	猴车司机	4	4	5	
19	送餐工	4	4	4	二采区运输巷
20	修理工	12	12	12	二采区运输巷
21	运输机司机	9	9	9	二采区运输巷
22	跟班队干	3	3	2	巡回
23	班长	3	3	3	巡回
24	顶板监测工	2	2	2	巡回
合计		160	203	179	

表4-8-7 管理及其他人员

序 号	工 种	出勤人数及分布			
		零点班	八点班	四点班	分布地点
1	带班领导	1	1	1	巡回
2	跟班管理人员	4	4	4	巡回
3	巷道维护工	22	12	24	巡回
4	排水工	1	1	1	总回风巷
5	瓦斯检查工	1	1	1	总回风巷
6	救护、医疗组	4	4	4	巡回
合计		33	23	35	

表4-8-8 综掘工作面人员分布情况

序号	工种	出勤人数及分布			
		零点班	八点班	四点班	分布地点
1	掘进机司机	2	2	2	工作面
2	支护工	10	10	10	工作面
3	顶板工	1	1	1	工作面
4	运输机司机	2	2	2	巷道中
5	电工	1	6	1	巡回
6	维修工	1	1	1	巡回
7	清工卫工		3		巡回
8	瓦斯检查员	1	1	1	巡回
9	安监员	1	1	1	巡回
10	班长	1	1	1	工作面
11	验收员	1	1	1	工作面
12	跟班队长	1	2	1	巡回
13	通风机司机	1	1	1	巷道中
14	送餐工	1	1	1	巡回
合计		24	33	24	

表4-8-9 综放工作面人员分布情况

序号	工种	出勤人数及分布			
		零点班	八点班	四点班	分布地点
1	跟班队长	1	2	1	工作面
2	班长	1	1	1	工作面
3	采煤机司机	3	3	3	工作面
4	支架工	6	8	6	工作面
5	验收员	1	1	1	工作面
6	瓦斯检查员	1	1	1	工作面
7	安监员	1	1	1	工作面
8	电工	1	5	1	巡回
9	端头工	8	8	8	工作面
10	带式输送机、刮板输送机司机	5	9	5	巡回
11	设备平台司机	1	1	1	巷道中
12	杂工	5		5	巷道中
13	送餐工	1	1	1	巡回
14	乳化液泵站	1	2	1	巷道中
15	清煤工	2	2	2	工作面
16	排水工	1	1	1	巷道中
17	注水工			8	巷道中
合计		37	46	45	

8.1.2.5 矿井安全避险系统概况

1. 矿井安全监测监控系统

2002年安装了瓦斯监测监控系统，型号为KJ78。2008年对瓦斯监控系统进行了升级改造，型号为KJ340，并通过上级主管部门验收，联网运行正常。安装了防雷电设施。

网络机房安装防静电、防雷电、空调系统、后备电源系统，安装配备声光报警装置、录音电话、传真机和IP电话，安装硬件防火墙和瑞星杀毒软件，最大限度地保证了网络安全，确保系统正常运行。

配备工作人员11人，全部持证上岗，保证每班两人，24 h不间断值班。

制订完善了安全监测监控系统事故应急预案、运行岗位责任制、运行管理办法、各工种操作规程等管理制度。

设备选型、安装严格按照《煤矿安全规程》和AQ 6201标准执行，各类传感器做到定期调校、移位，系统每十天进行断电功能测试。

系统异常情况汇报严格按照上级主管部门相关要求执行。

系统运行情况：自运行以来，系统能准确的监测井下地点瓦斯及设备的运行情况，一旦井下监测点发生异常，系统能够发出声光报警信号，值机人员立即根据《安全监控系统异常情况上报程序》上报有关部门和领导，保证在最短时间内采取措施并处理隐患，能够有效避免瓦斯事故的发生。现系统运行正常、联网上传正常。

2. 矿井人员定位系统

2005年安装人员定位系统，型号为KJ69。2010年8月安装了KJ69J型作业人员管理系统，联网运行正常。安装了防雷电设施，配备了声光报警装置、传真机、硬件防火墙和瑞星杀毒软件，最大程度地保证了网络安全。

配备工作人员6人，保证每班两人，24 h不间断值班。

制订完善了运行岗位责任制、运行管理办法、各工种操作规程等管理制度。

设备选型、安装严格按照《煤矿安全规程》和AQ 6210标准执行，分站和无线接收器的安装严格按照《山西省煤矿井下作业人员管理系统管理办法（试行）》规定执行。系统异常时的情况汇报严格按照上级主管部门相关要求执行。

系统运行情况：自运行以来，系统能实现对下井人员的定位、跟踪及考勤功能，能实时监测井下人员的数量、各区域人员的分布及流动情况。监测重点区域、危险区域人员的分布情况，配置报警装置能有效阻止人员违章进入，为矿井的安全生产提供了有力保障。系统能实时、准确记录人员的上下井时间和经过各监测点时间，统计下井次数、班次、迟到、早退情况，记录人员进、出各区域的时间，能有效防止迟到、早退、缺岗、串岗现象，促进矿井的规范管理和提高矿井生产效率。现系统运行正常、联网上传正常。

3. 矿井压风自救系统

地面压风机房安设SA120A型空气压缩机2台，电机功率120 kW，额定排气量21 m^3/min，额定排气压力0.8 MPa。每台空压机出口安装一个6 m^3 储气罐。储气罐出口连接无缝钢管及五级过滤装置，经副斜井、轨道大巷、二采区运输巷至综放、综掘工作面。储气罐出口至井口、副斜井、轨道大巷、二采区运输巷均采用 ϕ108 mm无缝钢管；综放、综掘工作面各巷道均采用 ϕ80 mm无缝钢管。在井口、井下管道最低处，均安设油水分离器，井下轨道大巷、二采区运输巷每隔100 m安设一个三通阀门，掘进工作面和回采工作面每隔50 m安设一个三通阀门，三通为异径三通。在采掘工作面安装急救袋时，均在出口阀处安设减压阀。每个掘进工作面安设两组自救袋（每组10个），综放工作面运输巷安设两组自救袋，回风巷安设两组自救袋（每组10个）。

为保证压风系统供电可靠，压风机房供电系统采用双回路电源供电：一回路来自35 kV变电站低压配电柜0.4 kV母线段；另一回路来自生活区配电所0.4 kV母线段。一回路运行，一回路备用。

4. 矿井供水施救系统

井下防尘、供水管路共两趟，两趟均是污水处理站处理后的净化污水。净化污水来自处理站500 m^3漩流澄清池，沿主斜井南帮入井，沿皮带大巷、二采区运输巷至综掘工作面和综放工作面运输巷，主要用于沿途巷道防尘、消防及采掘工作面生产。同时地面1200 m^3生活用水池与井下供水管路接通，以备井下水量不足时补充用水和井下发生灾变时供人员饮用。地面至主斜井井底采用ϕ150 mm钢管；井底人行斜巷、皮带大巷、二采区运输巷、回风巷、综放、综掘各顺槽工作面均采用ϕ108 mm钢管。

井下消火栓及消防支管出水口水压一般为0.8～1.2 MPa。

防尘、供水两趟管路均沿主斜井敷设进入井下各工作面，两趟管路在主井口分别安设两趟支管阀门进行控制，井下一旦发生事故，可关闭其中防尘管路进行饮用水向工作面供应，保证有效进行施救。

5. 矿井通讯联络系统

通讯系统采用MTD958型（华络8000A）和MTD958型（华络2000）数字程控调度机。MTD958型交换机位于办公楼三楼，可用电话224门；MTD958型调度机位于综合调度楼二楼，可用电话88门。两部调度机之间采用光缆连接，可实现井上下任意两部电话通话。下井干线采用两条MHYVR20×2通信电缆：一条至中央变电所，另一条至二采区一变。井上所有办公室、连队队部、各固定岗位以及井下各变电所、带式输送机机头、工作面均安设固定电话。

安设有KTW125矿用无线通信系统，分为地面系统和井下系统两部分。地面系统包含1套局端设备、1套基站控制器、7个大功率基站和180部手机；井下系统包含1套隔爆型基站控制器、30个井下隔爆型基站及相关线缆等辅助材料组成。通信覆盖范围包括地面办公楼、宿舍楼、职工食堂、调度楼及周边地区；井下主副井筒、主井底、副井底、轨道大巷、皮带大巷、二采区运输巷、二采区回风巷、各采掘工作巷道。为各生产管理人员配备了KTW125S矿用本质安全型手机。

副斜井提升绞车、轨道大巷、采区材料运输巷、掘进面各小绞车巷运沿线均装有集打点、喊话功能为一体的语音信号装置；带式输送机沿线每隔100 m均装设有预警声光信号联络主机和集打点、喊话功能为一体的语音信号装置；无极绳绞车巷运轨道沿线除安装有集打点、喊话和闭锁功能于一体的语音信号装置外，跟车司机随身还携带有移动报话机，均可闭锁无极绳绞车。综放工作面每隔15 m配置一个TK200型通信控制装置，可闭锁综放工作面所有设备。

系统运行情况：通讯系统设施完善、运行可靠、管理到位。为确保通讯畅通，防止意外情况发生，安排专人每天对通讯系统进行巡回检查，及时发现问题，进行处理。

6. 矿井供电系统

采用双回路供电,分别来自神农220 kV变电站35 kV线路(线路型号LGJ－185,线路长度6.5 km)和马村110 kV变电站35 kV线路(线路型号LGJ－95,线路长度7.844 km)。地面设有35 kV变电站、10 kV配电室、380 V低压配电室等配电设施。主要通风机、空气压缩机等地面主要生产负荷及井下中央变电所、中央水仓、采区变电所、采区水仓、局部通风机均采用双回路供电。井下中央变电所及采区变电所采用10 kV高压电缆线路供电,综放工作面及运输巷带式输送机、乳化泵、二采区运输巷带式输送机、皮带大巷带式输送机等动力负荷采用1140 V供电。其他动力负荷采用660 V供电,照明信号采用127 V供电。

7. 矿井自救器配置

矿井现配备ZL60 L过滤式自救器,总计450台,全部经晋城市高新技术中心校验合格。

但根据国家有关规定,ZL60 L过滤式自救器属于淘汰产品。建议尽快更换自救器,额定防护时间应大于30 min。

8. 避灾线路

瓦斯、煤尘爆炸及火灾事故的避灾路线:

方案一:工作面—二采区运输巷—皮带大巷——贯通—副斜井—地面。

方案二:工作面—二采区运输巷—皮带大巷—行人巷—主斜井—地面。

方案三:工作面—二采区运输巷—轨道大巷——贯通—主斜井—地面。

方案四:工作面—二采区运输巷—轨道大巷—副斜井—地面。

掘进工作面和其他地区的人员在发生事故时,应迎着新鲜风流方向迅速到安全口,事故区回风流中的人员,应就近迅速通过风门进入进风巷道,再撤到地面。通过风门时,必须及时将风门关好,以防风流短路、混乱造成事故范围扩大。

水灾事故的避灾路线:

方案一:工作面—二采区回风巷—轨道大巷—副斜井—地面。

方案二:工作面—二采区回风巷—轨道大巷——贯通—主斜井—地面。发生水灾事故时,只要不是独头上山,要本着水往低处流、人往高处走的原则,从工作地点立即就近进入回风巷、轨道大巷撤至地面。独头上山的人员也要尽快从工作地点撤离下来,然后就近从上山巷道撤退,直至安全地点。

避灾路线示意图见附件(略)。

9. 事故处理应急预案

(1)接警。发生重大事故、事件或灾情,事故现场人员要立即向调度室汇报(外线电话000－1234567转8021、内线电话8021)。调度室要了解事故的基本情况,包括事故发生的单位、时间、地点,简要经过、伤亡人数、伤害程度、涉及范围、直接经济损失的初步估计,事故发生原因的初步判断,事故发生后已采取的措施及当前事故的抢险情况等。发生地面火灾时,事故现场人员也可以立即先向110指挥中心汇报(电话110),再向调度室汇报。调度室值班调度长在接到事故单位重大事故汇报后,做好事故的详细记录,并立即向当天值班矿长、矿应急救援办公室主任(调度室主任)和矿长汇报。

(2)应急响应级别的确定。矿应急救援总指挥接到汇报后,参照重大安全事故应急处理低限标准,迅速作出警情判断,确定警报和响应级别。

（3）应急启动。矿应急救援办公室接到总指挥命令后，立即按“重大安全事故电话通知顺序”，通知总指挥部成员和各专业组人员到调度室集中，通知矿救护队或应急消防队、应急分队立即赶赴事故现场。矿应急救援办公室同时根据总指挥的指示，立即将所发生重大事故的基本情况报告给上级有关部门。总指挥部全体成员接到通知后迅速赶到调度室集中，听取事故简单情况介绍，并接受总指挥命令，各专业组组长接到命令后立即分头开始行动。应急启动后，开通信息与通讯网络，通知企业员工（可采用紧急广播与警笛相结合方式），调配救援所需的应急资源（包括应急队伍和物资、装备等），派出现场指挥协调人员和专家技术组赶赴事故现场。

（4）救援行动。救援人员到达事故现场后，事故现场负责人或知情人员要立即汇报具体事故情况。抢救组和技术组根据现场情况，协同抢救总指挥部进行事故初评估，划分现场工作区（危险区、缓冲区、安全区），研究制定抢救方案和安全措施。矿救护队或应急消防队、应急分队、各专业组按照各自的职能和总指挥的命令及抢救方案进行现场抢救。在执行应急救援优先原则前提下，积极开展人员救助、工程抢险、警戒与交通管制、医疗救护、人群疏散、环境保护、现场监测等工作。

（5）扩大应急。在事故抢救抢险过程中，若事态扩大，无法得到有效控制，抢救总指挥部要立即向有关部门汇报，请求增援。

（6）应急恢复。抢险救援行动完成后，进入临时应急恢复阶段，总指挥部要组织现场清理、人员清点和撤离；治安保卫组解除戒严；接待组做好善后处理工作；事故调查组组织事故调查分析。抢救结束后，专家技术组要协助现场指挥部制定恢复生产、生活计划，由总指挥部组织实施恢复工作。

（7）应急结束。应急结束后，总指挥部宣布应急响应结束，应急人员撤回，抢救办公室进行应急总结评审。

8.1.3 矿井安全风险分析

8.1.3.1 矿井瓦斯事故

根据山西省煤炭工业局晋煤安发〔2009〕35号《关于晋城市2009年度30万t/a及以上煤矿矿井瓦斯等级和二氧化碳涌出量鉴定结果的批复》，该煤矿2009年度三旬中最大一天的绝对涌出量CH_4为9.59 m^3/min，CO_2为2.54 m^3/min，月产量为46947 t时，CH_4和CO_2相对涌出量为8.24 m^3/t和2.18 m^3/t，批复为低瓦斯矿井。

根据地质勘探资料和矿井的生产实际情况分析，该矿瓦斯含量不高，瓦斯危害程度一般，但如果管理不善，也有可能发生瓦斯事故。生产实践表明，发生瓦斯事故的主要地点在掘进工作面、采煤工作面、采空区及废弃巷道。

瓦斯事故的可能性及严重程度：可能性，C级；严重度，Ⅳ级。

8.1.3.2 煤尘爆炸事故

根据山西省煤炭工业局综合测试中心2008年9月20日出具的检验报告，3号煤层煤尘爆炸火焰长度为0，抑制煤尘爆炸最低岩粉用量为0，煤尘没有爆炸性。

煤尘爆炸事故的危险性：可能性，E级；严重性，Ⅳ级。

8.1.3.3 矿井火灾事故

根据山西省煤炭工业局综合测试中心2008年9月20日出具的检验报告，3号煤层吸氧量1.01 cm^3/g，自燃倾向性等级为Ⅲ级，属不易自燃煤层。

矿井火灾危险主要为外因火灾。外因火灾可能发生的地点：井下主要运输大巷、机械与电气设备存在的场所等。

矿井火灾的危险性：可能性，C 级；严重度，Ⅲ级。

8.1.3.4 矿井水害

井田内 3 号煤层埋藏相对较浅，矿坑充水的主要因素为顶板以上砂岩含水层水，沿构造裂隙和采空放顶后形成的塌陷裂隙向巷道渗透，特别是沿断层破碎带下渗所致。此外，井田北临杜寨水库及杜寨河，冲积层发育，接受大气降水较强，下伏基岩倾角 10°～15°，其与 3 号煤层的间距仅 50 余米，此处 3 号煤层开采时形成的裂隙可能将水库、河谷中的水倒入井下巷道，地表潜水补给地下水较为方便，应引起足够重视。

9、15 号煤层的充水因素有 3 方面：一是断层、陷落柱形成补充水的通道，会将地表水渗入煤层；二是 9、15 号煤层上部的石灰岩，溶洞发育，有利于地下水富集；三是井田周边矿井开采 15 号煤层形成不同范围的采空区，采空区有积水。上述因素对 15 号煤层的开采均有很大影响。

井田西部的 15 号煤层埋藏较深，最低处底板标高为 +540.0 m，低于地质报告提供的奥灰水静水位标高 +620 m 约 80 m。15 号煤层底板距奥灰岩顶板面间距为 10 m，按突水系数 $T=P/M$（T 为突水系数，MPa/m；P 为隔水层承受的水压，MPa；M 为底板隔水层厚度，m）计算，得到 $T=0.0784$ MPa/m，大于 0.06 MPa/m，小于 0.1 MPa/m。说明开采井田西部 15 号煤层时可能引发突水危险，水害是该矿井重大危险源之一。

9 号煤层位于 15 号煤层以上 41.1 m，为局部可采煤层，位于井田南部，最低采高为 +710 m，不受奥灰水威胁。

综上，3 号煤层为顶板进水的砂岩孔隙裂隙充水矿床，水文地质条件简单；9、15 号煤层为顶板进水为主的岩溶裂隙充水矿床，水文地质条件简单—中等。

矿井水害的危险性：可能性，C 级；严重度，Ⅳ级。

8.1.3.5 综合评述

（1）该煤矿不存在山西省煤炭工业厅《关于在全省井工煤矿开展重大危险源辨识评估和监控管理工作的通知》（晋煤执发〔2009〕272 号）所规定的重大危险源种类，但仍将矿井瓦斯和水害事故作为矿井的重大危险源进行管理，该煤矿评估为四级重大危险源矿井。

（2）根据对该矿井危险、有害因素的辨识与分析，结合我国煤矿事故统计资料，将该矿井危险、有害因素按照其危险程度（由可能性和严重程度综合确定）由大到小排序为：瓦斯，水害，顶板，火灾，提升运输事故，电气事故，机械伤害，爆破，高空坠落，其他危害（粉尘、有毒有害气体、噪声与振动等）。

（3）评估认为：该煤矿采取的防范各类事故的对策措施是可行有效的，2009 年编制的《安全生产事故应急救援预案》符合国家安全监管总局关于应急救援预案编制标准的要求，能够防范矿井安全生产事故的发生和提高应对事故灾难的能力，最大限度地减少事故灾难造成的人员伤亡和财产损失。

8.1.4 紧急避险系统建设方案

8.1.4.1 设计原则

保证设计、建设的井下紧急避险系统符合“系统可靠、设施完善、管理到位、运转有序”的要求。

紧急避险系统与矿井安全监测监控、人员定位、压风自救、供水施救、通信联络等系统有机联系，形成有机的井下安全避险系统。

随井下采掘系统的变化及时调整和补充完善紧急避险系统。

8.1.4.2 紧急避险设施布局

根据矿井具体条件进行紧急避险系统的布局设计。

1. 采掘工作区域

根据《煤矿井下紧急避险系统建设管理暂行规定》的要求，低瓦斯矿井在距离采掘工作面 1000 m 范围内应建设紧急避险设施。本矿井现有 1 个综放工作面、2 个综掘工作面，采煤工作推进长度在 1500 ~ 2000 m 之间，均应有紧急避险设施为其服务。2 个综掘工作面距离较近，可共用 1 个避险设施，因此，在采掘区域共设置临时避险设施，服务年限 2 年左右。

2. 采区

根据现采采区的具体情况，采区长度约 2000 m，在采区上山之间的联络巷应设永久避难硐室 2 个。2 个永久避难硐室相距 700 m。

3. 大巷

由于本矿大巷均布置在煤层中，万一发生灾变事故可能造成巷道破坏，为确保人员安全，在大巷距离井底车场较远处应设永久避难硐室，为附近工作及流动人员服务，目前设立 1 个。

4. 井筒及井底车场附近

由于本矿主副井筒均为斜井，一旦发生灾变事故，井筒一般不会受到严重破坏，人员可以自主逃生，因此，可以不设紧急避险设施。但主斜井倾角 16°，斜长 365 m；副斜井倾角 20°，长度 171 m，为保证人员依靠自救器逃生，在井筒中间位置分别设置一定数量固定放置的自救器，以提高续航能力。

在井底车场的机电硐室也放置一定数量的自救器。

8.1.4.3 紧急避险设施位置设计

根据本矿条件，经认真比对分析，紧急避险设施均布置在煤层中。

1 号永久避难硐室设置在二采区运输巷和回风巷中间的煤柱里，位于运输巷掘进面往北 300 m 处。

2 号永久避难硐室设置在二采区运输巷和回风巷中间的煤柱里，位于 1 号永久避难硐室往北 700 m 处。

3 号永久避难硐室设置在皮带大巷和轨道大巷中间，距二采区运输巷处往东 280 m。

1 号临时避难硐室设置回采工作面距二采区运输巷西 980 m 处。

2 号临时避难硐室设置在 2 个掘进工作面的连通巷里，距二采区运输巷西 980 m 处。

8.1.4.4 紧急避险设施容量设计

根据井下人员分布情况，永久避难硐室的额定人数为 80 人，临时避险硐室的额定人数 40 人。

8.1.4.5 紧急避险设施类型的选择

依据《煤矿井下紧急避险系统建设管理暂行规定》优先选用避难硐室的要求，结合本矿井大多采用双巷布置与掘进的实际，经比对分析，采用避难硐室更加安全、经济，故全部选用避难硐室。

8.1.4.6 总体方案

根据现有采掘工作面布置和人员分布情况，紧急避险系统由 3 个永久避难硐室、2 个临时避难硐室和固定存放自救器等组成。

1 号永久避难硐室设置在二采区运输巷和回风巷中间的煤柱里，位于运输巷掘进面往北 300 m 处，额定避险人数为 80 人；2 号永久避难硐室设置在二采区运输巷和回风巷中间的煤柱里，位于 1 号永久避难硐室往北 700 m 处，额定避险人数为 80 人；3 号永久避难硐室设置在皮带大巷和轨道大巷中间，距二采区运输巷处往东 280 m，额定避险人数为 80 人。

1 号临时避难硐室设置于采煤工作面距二采区运输巷西 980 m 处，额定避险人数为 40 人；2 号临时避难硐室设置在 2 个掘进工作面的连通巷里，距二采区运输巷西 980 m 处。

本次设计的紧急避险系统基于现有开采规模的要求，但若矿井采掘工作面增加，应按照相关规定进行增设和完善相关设施。山西某煤矿井下紧急避险设施布置如图 4－8－1 所示。

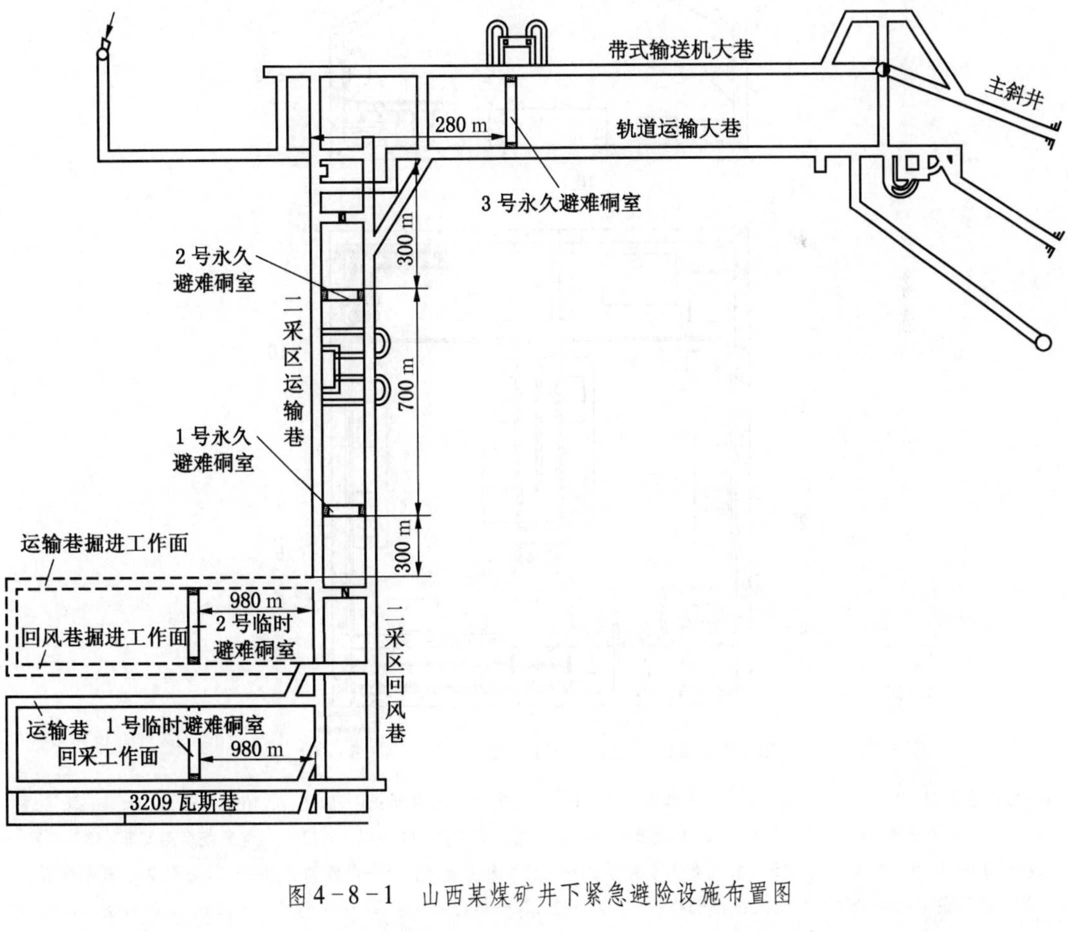

图 4－8－1 山西某煤矿井下紧急避险设施布置图

8.1.5　永久避难硐室设计

根据井下紧急避险系统设计方案，井下共设计3个永久避难硐室，分别为：1号永久避难硐室设置在二采区运输巷和回风巷中间的煤柱里，位于运输巷掘进面往北300 m处；2号永久避难硐室设置在二采区运输巷和回风巷中间的煤柱里，位于1号永久避难硐室往北700 m处；3号永久避难硐室设置在皮带大巷和轨道大巷中间，距二采区运输巷处往东280 m。3个永久避难硐室服务于整个矿井除采煤工作面和掘进工作面以外的区域。

8.1.5.1　永久避难硐室布置

1. 支护

永久避难硐室前后20 m范围内巷道应采用不燃性材料支护，且顶板完整、支护完好。

永久避难硐室采用锚喷、砌碹等方式支护，支护材料应阻燃、抗静电、耐高温、耐腐蚀，顶板和墙壁的颜色宜为浅色。硐室地面高于巷道底板0.2 m。

2. 结构、尺寸

永久避难硐室平面布置图如图4-8-2所示。

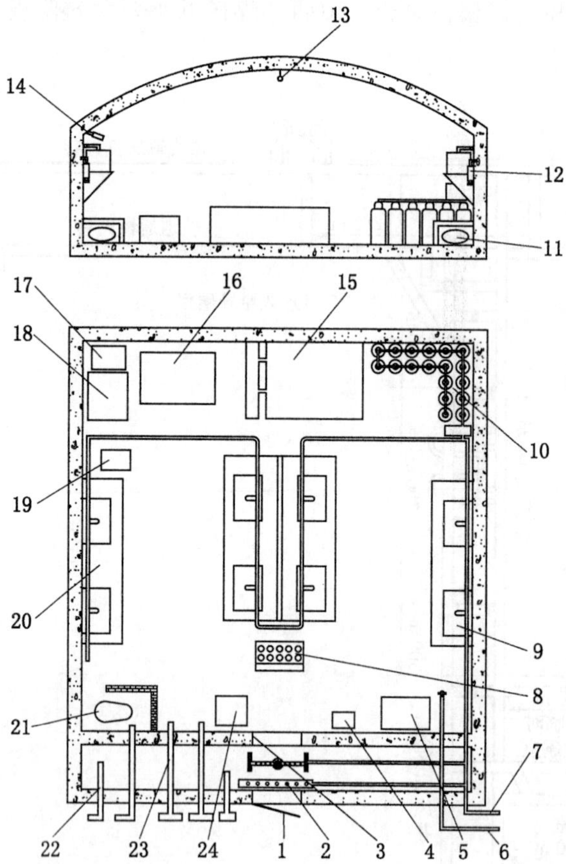

1—防护密闭门；2—压缩空气幕；3—压气喷淋装置；4—人员定位系统基站；5—储物柜（食品、药品、水等）；6—进水管；7—压风管路；8—灭火器；9—压风自救器；10—压缩氧供给装置；11—担架；12—环境参数检测仪器；13—照明装置；14—矿用红外摄像仪；15—温湿度调节装置；16—空气净化装置；17—电源箱；18—环境参数集中显示装置；19—通讯装置；20—座椅；21—人体排泄物收集处理装置；22—单向排水管；23—单向排气阀；24—自救器及工具柜

图4-8-2　永久避难硐室平面布置图

永久避难硐室由过渡室和生存室等构成，采用向外开启的两道隔离门结构。两道隔离门之间为过渡室，第二道隔离门以内为生存室。生存室每人应有不低于1 m^2 的使用面积，过渡室面积4 m^2。

3. 空气幕、喷淋装置、排水管和排气管设置

在过渡室内设压缩空气幕和压气喷淋装置。第一道隔离门上设观察窗，设单向排水管和单向排气管。

生存室设置两趟单向排水管和单向排气管。

4. 隔离门、墙体

隔离门、墙按不低于井下水泵房密闭门的标准建造，密封可靠，开闭灵活，隔离门抗爆要求大于0.3 MPa。隔离门墙周边掏槽，深度不小于0.2 m，墙体用强度不低于C30的混凝土浇筑，并与岩体接实，保证气密性。

5. 接入永久避难硐室的系统

永久避难硐室应接入矿井压风、供水、监测监控、人员定位、通讯和供电系统。

6. 管线保护

压风、供水、监测监控、人员定位、通信、供电等管线在接入硐室前必须采取埋入地下或其他保护措施，埋设距离不低于200 m。

压风、供水、监测监控、人员定位、通信、供电等管线布置两趟，分别从硐室的两边进入，一备一用。

7. 环境监测

永久避难硐室配备独立的内外环境参数检测或监测仪器，实现对硐室内的 O_2、CH_4、CO_2、CO、温度、湿度和硐室外的 O_2、CH_4、CO_2、CO 的检测或监测。

8. 数据传输及通信

硐室内、外的监测参数通过矿井现有的监控系统传达地面。

硐室内安装视频监控，并传输到地面，可直观了解硐室内避险人员的情况。

通信系统应用有线电话与矿井主通讯联网。

9. 照明

考虑永久避难硐室内照明电源、视频监控电源及其他设备电源，根据永久避难硐室的设置位置，1号永久避难硐室监控系统电源取自于二采区二变电所，2号永久避难硐室监控系统电源取自于二采区一变电所，3号永久避难硐室监控系统电源取自于二采区一变电所。在永久避难硐室巷道两侧进、出口处一侧分别敷设1趟 MY3×10+1×10 型电缆，通过穿管预埋进入永久避难硐室，实现永久避难硐室内部双回路供电。在永久避难硐室内巷道顶部安装5盏照明灯，安装1台 ZBZ-2.5 型照明综保装置控制照明，并安装矿用隔爆型备用电池箱、矿用隔爆兼本安直流稳压电源，当发生事故断电后采用备用电池箱供电。同时在永久避难硐室内配备一体式矿灯，数量为避难硐室额定避难人数的数量。

10. 管路接口

进水管：从硐室门框外下端进入永久避难硐室，管路直径 ϕ18 mm。

压风管：从硐室门框外下端进入永久避难硐室，管路直径 ϕ50 mm。

排水管：从硐室门框外下端穿出永久避难硐室，管路直径 ϕ50 mm。

单向排气阀：安装在门框外上端墙体内，出口管路直径为 ϕ100 mm。

8.1.5.2 永久避难硐室设备配置

永久避难硐室设备配置见表4-8-10。

表4-8-10 永久避难硐室设备配置

序号	产品名称	组成名称	型 号	单位	数量
1	隔离门			扇	2
2	供气系统	压缩氧供气系统	YYG	套	4
		压风自救器	AZY-J	台	16
3	净化系统		JHXT	套	4
4	降温系统		ZSK-4/380	套	4
5	监控、通讯、照明系统	红外甲烷传感器	GJG100H（A）	台	4
		多气体传感器	GH3	台	4
		温湿度计	温湿度计	台	1
		红外二氧化碳传感器	GRG5H	台	4
		多参数测定仪	CZ(C)-新	台	2
		矿用红外摄像仪	SBT127/220G	台	1
		矿灯	KL2M（A）	个	80
6	动力保障系统	矿用隔爆型备用电池箱	KDD1200	个	16
		矿用隔爆兼本安直流稳压电源	KDW666/12	个	4
7	生存保障系统	自动苏生器	MZS-30	台	4
		隔绝式压缩氧自救器	ZY45	台	96
		隔绝式正压氧气呼吸器	HY4	台	4
		集便器		个	2
		食品		kg	200
		饮用水		瓶	1152
		急救箱		个	4
		担架		副	4
		工具箱		个	2
8	排气阀			个	2
9	排水阀			个	2
10	辅助材料	电缆、通讯线及其他		批	1

8.1.5.3 与其他安全避险系统的连接

1. 安全监测监控系统

现使用的KJ340型煤矿监控系统在永久避难硐室的外部和内部设置O_2、CO_2、CH_4、CO、温度等传感器，对永久避难硐室内外的有关环境参数进行实时监测，保证实现24 h连续监测。

永久避难硐室内设置两台监控分站，配备后备电源。传感器将采集的数据传输给监控分站，通过监控分站传送给地面监控中心。铺设两趟安全监测线路（一用一备）。

1 号永久避难硐室供电电源取自二采区二变电所，2 号、3 号永久避难硐室取自二采区一变电所。

2. 人员定位系统

现有井下人员定位系统能够对各工作地区人员分布情况进行实时监控。紧急避险系统形成后，分别在永久避难硐室内安装 2 个 KJF69J 系列矿用读卡器，将采集的信息传输给监控分站，通过监控分站传送给交换机再传输至地面。两趟监测线路一用一备，防止发生事故后损坏通信线路而影响人员定位系统的正常工作。

3. 压风自救系统

矿井压风自救系统接入永久避难硐室，并设减压、消音、过滤装置和控制阀。压风出口压力在 0.1 ~ 0.3 MPa 之间，供风量每人不低于 0.3 m^3/min。

永久避难硐室额定避险人数为 80 人，故每个永久避难硐室供风量不低于 24 m^3/min。1 号、2 号压风管路分别与矿井二采区压风主管路相连；3 号永久避难硐室压风管路和矿井一采区压风主管路相连。

4. 供水施救系统

利用水管，在二采区运输大巷矿井供水施救管路上的三通阀门处，将供水施救系统分别连接到 1 号、2 号永久避难硐室内；在轨道大巷矿井供水施救管路上的三通阀门处，将供水施救系统连接到 3 号永久避难硐室内。供水施救管路要提前预埋巷道底板中，埋入底板中的供水施救管路需要采取保护装置，保证供水施救管路安全性。将供水施救管路设置为单向供水管路，并在管路上安装手动阀门，保证供水施救系统使用过程中的安全。

5. 通信联络系统

通信电缆途经永久避难硐室入口处。在施工永久避难硐室时，提前在通信电缆的主线道上分支出两趟通信线路，并穿管后埋设在巷底。永久避难硐室建设完成后安装防爆电话机即可投入使用，可直通矿调度室。同时，为保证通信联络系统的可靠性，计划在各永久避难硐室内另外建设一套应急通信设施，各安设一套直通矿调度室的固定电话，使各永久避难硐室内通信系统实现双线路、双通讯。

8.1.5.4 永久避难硐室内生存环境要求

1. 永久避难硐室技术参数

永久避难硐室技术参数见表 4-8-11。

表 4-8-11 永久避难硐室技术参数表

序号	技术名称	技术参数
1	额定人数	80
2	额定防护时间/h	>100
3	防爆门抗冲击力/MPa	>0.3
4	压风供气压力/MPa	0.2 ~ 0.7
5	备用电源供电时间/h	>100

表 4-8-11 (续)

序号	技术名称	技术参数
6	硐室内 O_2 浓度/%	18.5 ~ 23
7	硐室内 CO_2 浓度/%	≤1
8	硐室内 CO 浓度/($\times 10^{-6}$)	<24
9	硐室内温度/℃	≤35
10	硐室内湿度 (RH)/%	≤85
11	内空尺寸 (长×宽×高)/(m×m×m)	1 号硐室 30×3.5×2.6, 2、3 号硐室 40×2.6×2.6

2. 内部环境要求

在整个额定防护时间 96 h 内，永久避难硐室内部环境中氧气含量在 18.5% ~23.0% 之间，CO_2 浓度不高于 1.0%，CH_4 浓度不高于 1.0%，CO 浓度不高于 24×10^{-6}，温度不高于 35 ℃，湿度不高于 85%。

3. 服务年限

根据永久避难硐室设置位置和井下采掘进度计划，永久避难硐室的服务年限大于 5 年。

8.1.6 临时避难硐室

在采煤工作面和掘进工作面设置临时避难硐室。

8.1.6.1 临时避难硐室布置

1. 支护

临时避难硐室前后 20 m 范围内巷道应采用不燃性材料支护，且顶板完整、支护完好。

临时避难硐室采用锚喷、砌碹等方式支护，支护材料应阻燃、抗静电、耐高温、耐腐蚀，顶板和墙壁的颜色宜为浅色。硐室地面高于巷道底板 0.2 m。

2. 结构、尺寸

临时避难硐室平面布置参见图 4-8-2 所示。

临时避难硐室由过渡室和生存室等构成，采用向外开启的两道隔离门结构。两道隔离门之间为过渡室，第二道隔离门以内为生存室。每人应有不低于 1 m^2 的使用面积，过渡室面积 4 m^2。

3. 空气幕、喷淋装置、排水管和排气管设置

在过渡室内设压缩空气幕和压气喷淋装置。第一道隔离门上设观察窗，设单向排水管和单向排气管。

生存室设置两趟的单向排水管和单向排气管。

4. 隔离门、墙体

隔离门、墙应按不低于井下水泵房密闭门的标准建造，密封可靠，开闭灵活，隔离门抗爆要求 0.3 MPa。隔离门墙周边掏槽，深度不小于 0.2 m，墙体用强度不低于 C30 的混凝土浇筑，并与岩体接实，保证气密性。

5. 需要接入临时避难硐室的系统

临时避难硐室应接入矿井压风、供水、监测监控、人员定位、通信和供电系统。

6. 管线保护

压风、供水、监测监控、人员定位、通讯、供电等管线在接入临时避难硐室前必须采取埋入地下或其他保护措施。

7. 环境监测

临时避难硐室配备独立的内外环境参数检测或监测仪器，实现对硐室内的 O_2、CH_4、CO_2、CO、温度、湿度和硐室外的 O_2、CH_4、CO_2、CO 的检测或监测。

8. 数据传输及通讯

临时避难硐室内、外的监测参数通过矿井现有的监控系统传达地面。

临时避难硐室内安装视频监控，并接到地面，可直观了解临时避难硐室内避险人员情况。

通讯系统应用有线电话与矿井主通讯联网。

9. 照明

考虑临时避难硐室内照明电源、视频监控电源及其他设备电源，根据临时避难硐室的设置位置，1 号临时避难硐室监控系统电源取自于二采区二变电所，2 号临时避难硐室监控系统电源取自于二采区二变电所，在临时避难硐室巷道两侧进、出口处一侧分别敷设 1 趟 MY3×10+1×10 型电缆，通过穿管预埋进入临时避难硐室，实现临时避难硐室内部双回路供电。在临时避难硐室内巷道顶板安装 3 盏照明灯，安装 1 台 ZBZ-2.5 型照明综保装置控制照明，并安装矿用隔爆型备用电池箱、矿用隔爆兼本安直流稳压电源，当发生事故断电后采用备用电池箱供电。同时在临时避难硐室内设计配备一体式矿灯，数量为临时避难硐室的额定避险人数。

10. 管路接口

进水管：从硐室门框外下端进入临时避难硐室，管路直径 ϕ18 mm。

压风管：从硐室门框外下端进入临时避难硐室，管路直径 ϕ50 mm。

排水管：从硐室门框外下端穿出临时避难硐室，管路直径 ϕ50 mm。

单向排气阀：安装在门框外上端墙体内，出口管路直径 ϕ100 mm。

8.1.6.2 临时避难硐室技术要求

1. 临时避难硐室技术参数

临时避难硐室技术参数见表 4-8-12。

表 4-8-12 临时避难硐室技术参数表

序号	技术名称	技术参数
1	额定人数	40
2	额定防护时间/h	>100
3	防爆门抗冲击力/MPa	>0.3
4	压风供气压力/MPa	0.2~0.7
5	备用电源供电时间/h	>100
6	硐室内 O_2 浓度/%	18.5~23

表4-8-12（续）

序号	技 术 名 称	技 术 参 数
7	硐室内 CO_2 浓度/%	≤1
8	硐室内 CO 浓度/($\times 10^{-6}$)	<24
9	硐室内温度/℃	≤35
10	硐室内湿度（RH）/%	≤85
11	内空尺寸（长×宽×高）/(m×m×m)	24×2.6×2.6

2. 内部环境要求

在整个额定防护时间内，临时避难硐室内部环境中氧气含量在18.5%～23.0%之间，CO_2 浓度不高于1.0%，CH_4 浓度不高于1.0%，CO浓度不高于 24×10^{-6}，温度不高于35 ℃，湿度不高于85%。

3. 服务年限

临时避难硐室的设计服务年限大于2年。

8.1.6.3 与其他安全避险系统的连接

1. 安全监测监控系统

现使用的KJ340型煤矿监控系统在临时避难硐室的外部和内部设置 O_2、CO_2、CH_4、CO、温度等传感器，对临时避难硐室内外的相关环境参数进行实时监测，保证实现24 h连续监测。

临时避难硐室内设置两台监控分站，配备后备电源。传感器将采集的数据传输给监控分站，通过监控分站传送给地面监控中心；铺设两趟安全监测线路（一用一备）。临时避难硐室供电电源取自二采区二变电所。

2. 人员定位系统

在临时避难硐室内安装2个KJF69J系列矿用读卡器，分别安装在两道门的进口处，可将采集的信息传输给监控分站，通过监控分站传送给交换机再传输至地面。两趟监测线路一用一备，防止发生事故后损坏通信线路而影响人员定位系统的正常工作。

3. 压风自救系统

接入的矿井压风管路应设减压、消音、过滤装置和控制阀，压风出口压力在0.1～0.3 MPa之间，供风量每人不低于0.3 m^3/min。每个临时避难硐室设计额定避险人数40人，故供风量不低于12 m^3/min。

1号临时避难硐室的压风管路和采煤工作面运输巷的压风管路相连；2号临时避难硐室的压风管路和矿井掘进工作面的压风管路相连。

4. 供水施救系统

利用水管，在采煤工作面运输巷供水施救管路上的三通阀门处，将供水施救管路连接到1号临时避难硐室内；在掘进工作面供水施救管路上的三通阀门处，将供水施救管路连接到2号临时避难硐室内。供水施救管路提前预埋巷道底板中，埋入底板中的供水施救管路需要采取保护装置，保证供水施救管路安全性。将供水施救管路设置为单向供水管路，并在管路上安装手动阀门，保证供水施救系统使用过程中的安全。

5. 通信联络系统

通信电缆途经临时避难硐室入口处。在施工临时避难硐室时，提前在通信电缆的主线道上分支出两趟通信线路，并穿管后埋设在巷底。临时避难硐室建设完成后安装防爆电话机即可投入使用，可直通矿调度室。同时，为保证通信联络系统的可靠性，计划在各临时避难硐室内另外建设一套应急通信设施，各安设一套直通矿调度室的固定电话，使各临时避难硐室内通信系统实现双线路、双通讯。

8.1.6.4 临时避难硐室内配置

40 人临时避难硐室设备配置见表 4－8－13。

表 4－8－13 40 人临时避难硐室设备配置

<table>
<tr><th>序号</th><th>产品名称</th><th>组成名称</th><th>型 号</th><th>单位</th><th>数量</th></tr>
<tr><td>1</td><td>隔离门</td><td></td><td></td><td>扇</td><td>4</td></tr>
<tr><td rowspan="2">2</td><td rowspan="2">供气系统</td><td>压缩氧供气系统</td><td>YYG</td><td>套</td><td>2</td></tr>
<tr><td>压风自救器</td><td>AZY－J</td><td>台</td><td>8</td></tr>
<tr><td>3</td><td>净化系统</td><td></td><td>JHXT</td><td>套</td><td>2</td></tr>
<tr><td>4</td><td>降温系统</td><td></td><td>ZSK－4/380</td><td>套</td><td>2</td></tr>
<tr><td rowspan="7">5</td><td rowspan="7">监控、通讯、照明系统</td><td>红外甲烷传感器</td><td>GJG100H（A）</td><td>台</td><td>2</td></tr>
<tr><td>多气体传感器</td><td>GH3</td><td>台</td><td>2</td></tr>
<tr><td>温湿度计</td><td>温湿度计</td><td>台</td><td>1</td></tr>
<tr><td>红外二氧化碳传感器</td><td>GRG5H</td><td>台</td><td>2</td></tr>
<tr><td>多参数测定仪</td><td>CZ（C）－新</td><td>台</td><td>2</td></tr>
<tr><td>矿用红外摄像仪</td><td>SBT127/220G</td><td>台</td><td>1</td></tr>
<tr><td>矿灯</td><td>KL2M（A）</td><td>个</td><td>40</td></tr>
<tr><td rowspan="2">6</td><td rowspan="2">动力保障系统</td><td>矿用隔爆型备用电池箱</td><td>KDD1200</td><td>个</td><td>8</td></tr>
<tr><td>矿用隔爆兼本安直流稳压电源</td><td>KDW666/12</td><td>个</td><td>2</td></tr>
<tr><td rowspan="9">7</td><td rowspan="9">生存保障系统</td><td>自动苏生器</td><td>MZS－30</td><td>台</td><td>2</td></tr>
<tr><td>隔绝式压缩氧自救器</td><td>ZY45</td><td>台</td><td>48</td></tr>
<tr><td>隔绝式正压氧气呼吸器</td><td>HY4</td><td>台</td><td>2</td></tr>
<tr><td>集便器</td><td></td><td>个</td><td>2</td></tr>
<tr><td>食品</td><td></td><td>kg</td><td>100</td></tr>
<tr><td>饮用水</td><td></td><td>瓶</td><td>576</td></tr>
<tr><td>急救箱</td><td></td><td>个</td><td>2</td></tr>
<tr><td>担架</td><td></td><td>副</td><td>2</td></tr>
<tr><td>工具箱</td><td></td><td>个</td><td>2</td></tr>
<tr><td>8</td><td>排气阀</td><td></td><td></td><td>个</td><td>2</td></tr>
<tr><td>9</td><td>排水阀</td><td></td><td></td><td>个</td><td>2</td></tr>
<tr><td>10</td><td>辅助材料</td><td>电缆、通讯线及其他</td><td></td><td>批</td><td>1</td></tr>
</table>

8.1.7 自救器配备

下井人员随身携带的自救器防护时间为30 min，共450台；固定存放的自救器防护时间为60 min，共120台。

8.1.8 避灾线路的优化调整

突发紧急情况下，人员可以安全逃生时，原定避灾路线不变。如果逃生路线被阻或逃生不能，遇险人员进入就近的避难硐室内。在避灾路线上设立避难硐室的明显标示，避难硐室外部应有指示灯或警报器。

8.1.9 应急预案的完善

按照先逃生、后避险的原则，一旦发生灾害事故，立即佩戴自救器，沿避灾路线逃生。需要紧急避险时，根据应急广播提示，按照线路指示牌找到附近的避难硐室；开启避难硐室的第一道门，进入过渡室；开启冲洗开关，进行冲洗；开启第二道门，进入避难硐室待救区，并关闭第二道门；开启硐室内设备，待气体符合呼吸标准后，取下自救器，报告情况，等待救援。

8.1.10 施工、安装与验收

井下紧急避险系统应专门设计并编制施工方案，报矿总工程师批准后施工。设备安装应在厂家的指导下，严格按照使用说明书的要求进行。安装完成后要进行功能测试，包括气密性、高压管路抗压能力等。

全部完工后进行各系统联合试运行。运行时间以各方面技术指标到达稳定为止，但最低不低于8 h。

竣工后由安全副矿长组织通风、安全及生产部门相关人员进行验收，合格后才能投入使用。验收资料要存档备查。

8.1.11 管理和维护

8.1.11.1 日常管理

紧急避险系统由通防部负责管理,安监处负责监督检查。各紧急避险设施指定专人负责。

建立相应的管理制度和操作规程，紧急避险设施内张贴操作说明和使用须知。

按相关规定对其配套设施、设备进行维护、保养或调校，并做好记录，发现问题及时处理，确保设施完好可靠。

8.1.11.2 日常维护

1. 检查支护

每周需检查避难硐室的支护，保证支护牢固，可靠。

2. 检查供气性能

每周必须检查避难硐室内压缩氧和压风供气性能。

（1）压缩氧供气。应定期检验减压器的完好性；检查氧气瓶压力，若压力低于额定压力的95%时，应及时补充气体；医用氧气瓶钢瓶应符合 GB 5099 标准和《气瓶安全监察规程》。氧气瓶有效期15年，3年检验1次，检验合格后方可使用。充装后的气瓶，应有专人负责，逐只检查。检查内容包括：瓶阀开启灵活性，阀门关闭应可靠；瓶内压力是否在规定范围内；气瓶充装后，如出现鼓包变形或泄漏等严重缺陷，应立即停止使用。

（2）压风供气。检测压风供气装置的完好性，压风压力和压风供气量应符合压风自救系统的要求。

3. 检查化学药剂

避难硐室净化系统中所使用的化学药剂，应封装保存。CO_2 吸收剂、CO 吸收剂、活性炭、吸湿剂等化学药剂应根据其有效使用期进行管理，发现变色失效时，应及时更换。

4. 检查甲烷传感器

每周检查甲烷传感器的完好性，并实时监测通风瓦斯浓度。

5. 检查降温系统

每周检查降温系统的完好性。

6. 检查电气设备

每周需检查电气设备（直变器、矿用真空馈电开关、照明电源装置）的完好性及供电系统的可靠性。

7. 检查隔绝式压缩氧自救器

每隔半年要检查氧气瓶压力、更换 CO_2 吸收剂；每隔 3 年要对氧气瓶进行水压试验。

8. 检查油水分离器过滤芯

油水分离器过滤芯每月更换 1 次，如发现过滤后气体有异味，应提前更换。

9. 检查生存物品

紧急避险系统配备的食品、水和急救药品等，应在有效期内，过期或失效的必须及时更换。

8.1.12 建设工期

2011 年 5 月，完成系统方案设计。

2011 年 6 月—9 月，完成硐室井下施工。

2011 年 10 月—11 月，完成设备安装和调试。

2011 年 12 月完成验收工作。

建设工期：7 个月。

8.1.13 投资概算

8.1.13.1 永久避难硐室设备预算

永久避难硐室设备预算见表 4-8-14。

表 4-8-14 永久避难硐室设备预算

序号	产品名称	组成名称	型号	单位	数量	单价/万元	合计/万元
1	隔离门			扇	2		
2	供气系统	压缩氧供气系统	YYG	套	4		
		压风自救器	AZY-J	台	16		
3	净化系统		JHXT	套	4		
4	降温系统		ZSK-4/380	套	4		
5	监控、通讯、照明系统	红外甲烷传感器	GJG100H（A）	台	4		
		多气体传感器	GH3	台	4		
		温湿度计	温湿度计	台	1		
		红外二氧化碳传感器	GRG5H	台	4		

表4-8-14（续）

序号	产品名称	组成名称	型号	单位	数量	单价/万元	合计/万元
5	监控、通讯、照明系统	多参数测定仪	CZ(C)-新	台	2		
		矿用红外摄像仪	SBT127/220G	台	1		
		矿灯	KL2M（A）	个	80		
6	动力保障系统	矿用隔爆型备用电池箱	KDD1200	个	16		
		矿用隔爆兼本安直流稳压电源	KDW666/12	个	4		
7	生存保障系统	自动苏生器	MZS-30	台	4		
		隔绝式压缩氧自救器	ZY45	台	96		
		隔绝式正压氧气呼吸器	HY4	台	4		
		集便器		个	2		
		食品		kg	200		
		饮用水		瓶	1152		
		急救箱		个	4		
		担架		副	4		
		工具箱		个	2		
8	排气阀			个	2		
9	排水阀			个	2		
10	辅助材料	电缆、通讯线及其他		批	1		
11	设备费小计						
12	运费	1.5%					
13	税金	3.28%					
14	设备调试费	10%					
15	总计						
设备费总计：（大写）							

永久避难硐室（3个），设备总价：×××万元。

8.1.13.2 临时避难硐室设备预算

临时避难硐室设备预算见表4-8-15。

表4-8-15 临时避难硐室设备预算

序号	产品名称	组成名称	型号	单位	数量	单价/万元	合计/万元
1	隔离门			扇	4		
2	供气系统	压缩氧供气系统	YYG	套	2		
		压风自救器	AZY-J	台	8		

表4-8-15（续）

序号	产品名称	组成名称	型号	单位	数量	单价/万元	合计/万元
3	净化系统		JHXT	套	2		
4	降温系统		ZSK-4/380	套	2		
5	监控、通讯、照明系统	红外甲烷传感器	GJG100H（A）	台	2		
		多气体传感器	GH3	台	2		
		温湿度计	温湿度计	台	1		
		红外二氧化碳传感器	GRG5H	台	2		
		多参数测定仪	CZ(C)-新	台	2		
		矿用红外摄像仪	SBT127/220G	台	1		
		矿灯	KL2M（A）	个	40		
6	动力保障系统	矿用隔爆型备用电池箱	KDD1200	个	8		
		矿用隔爆兼本安直流稳压电源	KDW666/12	个	2		
7	生存保障系统	自动苏生器	MZS-30	台	2		
		隔绝式压缩氧自救器	ZY45	台	48		
		隔绝式正压氧气呼吸器	HY4	台	2		
		集便器		个	2		
		食品		kg	100		
		饮用水		瓶	576		
		急救箱		个	2		
		担架		副	2		
		工具箱		个	2		
8	排气阀			个	2		
9	排水阀			个	2		
10	辅助材料	电缆、通讯线及其他		批	1		
11	设备费小计						
12	运费	1.5%					
13	税金	3.28%					
14	设备调试费	10%					
15	总计						
设备费总计：（大写）							

临时避难硐室（2个），设备总价：×××万元。

8.1.13.3 其他费用

（1）自救器购置费用：×××万元。

（2）标示费用：×××万元。

（3）培训费用：×××万元。

（4）应急演练费用：×××万元。

（5）其他：×××万元。

8.1.13.4 总预算

总共投资：×××万元。

8.2 紧急避险系统设计范例2

此范例为神华新疆能源有限责任公司某煤矿井下紧急避险系统方案设计。

矿井特点：该煤矿于2005年8月开工建设，年设计能力1.20 Mt/a，主要环节留有5.00 Mt/a的规模，主要生产工艺采用综合机械化生产工艺。井田境界由14个坐标拐点的连线圈定。井田东西长9.7 km，南北宽3.15 km，井田面积约20.0166 km^2，资源储量为655.8452 Mt。矿井采用斜井开拓方式，共有主井、副井、风井3个斜井井筒。现开采一采区，其东翼可采走向长1750 m，西翼可采走向长2280 m；采用综合机械化生产工艺，布置1个综采工作面，2个综掘工作面和1个炮掘工作面。全矿在籍355人，实际在岗298人，最大班下井人数中采区人员68人。

设计特点：设计采用“自救器+避难硐室+避险条带（避险专用管线）”有机结合形式，由点避险扩展到线避险，点线结合覆盖整个避灾路线，并通过集成化装备，实现灾情的连续监测、预警及避险、救援、指挥一体化。共设计永久避难硐室1个，临时避难硐室5个，开放式硐室2个，避险条带总长7600 m，其中热灾（瓦斯煤尘爆炸、矿井火灾等）避灾路线4800 m，冷灾（水灾、冒顶事故等）避灾路线2800 m。永久避难硐室设置在井底车场靠近上山处，临时避难硐室分别布置在回风石门和回采工作面联络巷，避险条带沿避灾路线设置。

可能需关注的问题：该设计将KJ262煤矿救援信息及辅助系统与井下避难硐室有机结合，形成点（避难硐室）线（避险条带）有机结合的紧急避险模式，并形成相对独立的监测监控、人员定位、压风自救、供水施救及通讯联络系统，应注意与矿井生产过程中现有相关系统的配合和互相支撑问题，KJ262系统待机及在矿井突发紧急情况下可靠起动、在起动过程中为遇险人员提供生命安全保障和相关信息服务的及时性等问题。此外，永久避难硐室过渡室长2 m，面积10 m^2，一次性可进入10人；临时避难硐室过渡室长1 m，面积4 m^2，一次可进入5人，总体可能偏小。开放式硐室作为临时避难硐室的补充，应注意遇险人员避险时的安全性问题。

8.2.1 设计概况

8.2.1.1 项目背景

神华新疆能源有限责任公司（以下简称神新公司）于2005年8月正式挂牌成立，注册资本12.64亿元，是神华集团控股的子分公司。其前身是1979年成立的原煤炭部乌鲁木齐矿务局，2000年7月改制为新疆乌鲁木齐矿业（集团）有限责任公司，由新疆国资委管理。

神新公司主要经营煤炭开采和加工，拥有资产总额30亿元，在册职工5949人。现有生产矿井6对，露天矿1座，生产能力可达3000万t/a。所属各矿装备先进，7对生产矿井采煤机械化程度达100%，煤炭资源回收率达80%以上，全部实现了安全生产监测微机控制管理。

该矿井于2005年8月开工建设，年设计能力1.20 Mt/a，主要环节留有5.00 Mt/a的规模，已经正式验收投产。主要生产工艺采用综合机械化生产工艺。

根据《国务院关于进一步加强企业安全生产工作的通知》（国发〔2010〕23号）和《国家安全监管总局　国家煤矿安监局关于建设完善煤矿井下安全避险“六大系统”的通知》（安监总煤装〔2010〕146号）等文件的精神，为建设完善煤矿井下监测监控、人员定位、紧急避险、压风自救、供水施救和通信联络等安全避险系统，全面提升矿井安全保障能力，受神新公司委托，新疆某研究院有限责任公司开展了神新公司某煤矿井下“六大系统”设计编制工作。

8.2.1.2　设计指导思想和原则

（1）先撤离后避险的指导思想。

（2）撤离避险、避灾路线上随时随地避险、硐室避险有机结合。

（3）井下避灾路线上生存避险和地面避险信息指导避险上下结合。

（4）与现有五大系统各自完善、相互独立、互相支撑。

（5）建立多级防护体系，保证矿井突发紧急情况下系统安全有效运行。

（6）坚持科学合理、因地制宜、简单实用、安全可靠的原则。

8.2.1.3　设计编制的依据

（1）《国务院关于进一步加强企业安全生产工作的通知》（国发〔2010〕23号）。

（2）《国家安全监管总局　国家煤矿安监局关于建设完善井下安全避险“六大系统”的通知》（安监总煤装发〔2010〕146号）。

（3）新疆煤矿安全监察局关于《新疆煤矿井下安全避险“六大系统”建设方案》的通知（新煤安技发〔2010〕162号）。

（4）《煤矿井下紧急避险系统建设管理暂行规定的通知》（安监总煤装〔2011〕15号）。

（5）《国家安全监管总局　国家煤矿安监局关于认真贯彻落实国务院〈通知〉精神切实加强煤矿安全生产工作的实施意见》（安监总煤监〔2010〕152号）。

（6）《国家煤矿安全监察局办公室关于印发赵铁锤同志在推进煤矿井下安全避险“六大系统”建设完善工作座谈会上的讲话的通知》（煤安发监司〔2010〕33号）。

（7）《防治煤与瓦斯突出规定》（国家安全监管总局令第19号文）。

（8）《煤矿安全规程》。

（9）《煤矿安全监控系统及检测仪器使用管理规范》（AQ 1029—2007）。

（10）《煤矿井下作业人员管理系统使用与管理规范》（AQ 1048—2007）。

（11）《煤矿紧急避灾和应急救援系统企业标准》（QB/2200D623）。

（12）矿井经审批的地质报告。

（13）经审批的初步设计和安全专篇。

（14）安全评价报告。

（15）由矿井提供的井下采掘工程实测资料。采掘工程平面图、通风系统图、避灾路线图等及井下监测监控、人员定位、压风、供水、供电通讯等现状资料。

（16）矿井应急预案。

（17）设计委托书。

8.2.1.4　设计的主要技术特点与投资

设计采用硐室、条带（避险用专用管线）、自救器有机结合的技术路线，具有如下特点：

（1）简单实用、安全可靠、易于维护。

（2）由点避险扩展到线避险，点线结合覆盖在避灾路线上。

（3）地面支撑避险信息指导井下科学、有序、及时、准确避险。

（4）避险、救援、指挥集成化装备、一体化工作。

（5）灾情连续监测。

（6）系统抗事故破坏。

（7）水灾预警监测和快速撤离指导体系化工作。

（8）避毒、供氧、通讯、供水/营养液、人员位置一体化完成。

（9）采用地面模拟巷道及模拟主要灾害的技术手段，提高应急避险指导的综合能力，提高井下作业人员使用避险装备的熟练程度和应急自救的心理承受能力。

共设计井下避难硐室8个，其中：永久避难硐室1个，临时避难硐室5个，开放式硐室2个；避险条带总长7600 m，其中：热灾（瓦斯煤尘爆炸、矿井火灾等）避灾路线4800 m，冷灾（水灾、冒顶事故等）避灾路线2800 m。

总投资估算：×××万元。

8.2.2　矿井概况

8.2.2.1　矿井基本情况

1. 地质构造及煤层特征

受区域单斜构造的影响，井田地层总体形态为向北倾斜的单斜构造，岩层倾角10°~18°左右。地质勘探没有发现断距大于20 m的断层及其他构造，属地层稳定，构造简单类型。

本区煤层均属低变质烟煤阶段，依据各煤层化验资料，井田各煤层煤类单一，均属特低灰分-低中灰分、特低硫、特低-中磷、高发热量的31号不粘煤。

2. 开采技术条件

1）煤层顶底板

矿区主要煤层的底板岩性为粉砂质泥岩、泥质粉砂岩、含炭泥岩、炭质泥岩、泥岩、粉砂岩、粗砂岩等，泥质、粉砂质结构发育，岩石较软。粗砂岩为粗砂状结构，中厚层-块状构造，钙质胶结。岩石较硬，裂隙节理不发育。

地质报告结论为：矿区内煤层顶底板岩石稳固性属中等-差的类别。

2）瓦斯

地质报告提供井田B_1、B_2、B_4煤层的最大瓦斯含量为0.907 mL/g·r、0.878 mL/g·r、0.174 mL/g·r，吨煤瓦斯含量分别为1.0171 m^3/t、0.9897 m^3/t、0.2612 m^3/t。按分源预测法，以开采瓦斯含量最大的B_1煤层为例，对采煤工作面、掘进工作面、采区和全矿井的瓦斯涌出量进行预测。经预测矿井瓦斯相对涌出量为3.501 m^3/t，绝对瓦斯涌出量为8.86 m^3/min，属低瓦斯矿井。

3）煤尘爆炸性与煤层自燃倾向性

各煤层煤粉的火焰长度多为100~500 mm，扑灭火焰所需的岩粉量为48%~85%，各煤层煤尘爆炸性指数26.34%~42.96%，均大于15%，煤尘均具有爆炸性。

根据地质报告，矿区内各煤层自燃发火情况如下：B_0 煤层，不自燃～很易自燃；B_1 煤层，不自燃～不易自燃；B_2 煤层，不自燃～易自燃；B_3 煤层，不易自燃；B_4^1 煤层，易自燃～不易自燃；B_4^2 煤层，不易自燃；B_6、B_7 煤层，不易自燃发火的煤。各煤层多属于不易自燃发火煤层，但局部易自燃或很易自燃。

4）地温

矿区内浅部无地温异常区，各生产矿井井温在10～12 ℃之间。

地质部门在东部的ZK502孔和西部的ZK001孔进行了简易井温测量，未发现高温地层，地温变化正常。ZK001孔地温梯度为3.8 ℃/100 m（10月份测量），ZK502孔地温梯度为1.9 ℃/100 m。

5）水文地质条件

井田划分了3个含（隔）水层（段），即第四系冲洪积孔隙潜水强含水层（Ⅰ）、中侏罗统西山窑组孔隙裂隙承压中等富水含水层（Ⅱ）、中侏罗统头屯河组弱含水层（Ⅲ）。

由含水层的性质分析，西山窑组孔隙裂隙承压含水层（Ⅱ）是由中～粗砂岩组成的稳定、无构造影响、岩石坚硬、裂隙不发育的含水层，尽管其露头补给水源充沛，但地层充水方式是通过远距离裂隙缓慢渗透，故含水层性质为水文地质条件中等；由钻孔涌水试验资料分析，单位涌水量为0.23～0.247 L/s·m，渗透系数为0.14～0.324 m/d，应属水文地质条件中等类；由地质勘探和设计预算的首采区与一水平水量均大于150 m^3/h，应属水文地质条件复杂类。

8.2.2.2 矿井开拓开采现状

1. 井田境界、储量及建设规模

井田境界由14个坐标拐点的连线圈定。井田东西长9.7 km，南北宽3.15 km，井田面积约20.0166 km^2，资源储量为655.8452 Mt。

矿井建设规模1.20 Mt/a，主要环节预留5.00 Mt/a的能力。

矿井采用斜井开拓方式。

矿井投产时共有主井、副井、回风井3个斜井井筒，井筒特征见表4-8-16。

表4-8-16 井筒特征表

序号	名称		井筒		
			主斜井	副斜井	回风斜井
1	井口坐标	X/m	4849608.5	4849530.0	4848514.223
		Y/m	29461848.5	29461895.5	29461747.172
2	井口设计标高/m		+1451.4	+1453.4	+1635.152
3	提升方位角		7°30′	7°30′	
4	设计净宽/m		3.5	3.8	3.6
5	设计净断面/m^2		10.41	12.51	11.21
6	井底标高/m		+1255	+1255	+1432
7	井筒倾角		15°35′23″	16°35″39″	25°
8	井筒斜长/m		731	695	481
9	井筒装备		胶带输送机、管路、线缆	单钩串车提升、管路、线缆	台阶、扶手、氮气管路

主斜井主要担负矿井的煤炭提升任务，兼作矿井进风，主斜井内设胶带输送机、排水管路、消防洒水管路和线缆。

副斜井主要担负矿井的矸石、材料、设备等辅助提升和人员升降任务。副斜井井筒内设消防洒水管路、通信电缆，铺设轨道，为矿井的主要进风井，并兼作安全出口。

回风斜井主要担负矿井的回风任务并兼作安全出口。

主、副斜井均布置在工业场地之内，风井位于工业场地南侧约1 km处，矿井通风方式为中央分列式，现生产水平标高为+1255 m。

井底车场设有主要硐室：中央水泵房、中央变电所、井下消防材料库、井下爆炸材料发放硐室、井下电机车充电硐室等。

采煤方法采用综采采煤法，+1255B_{4-2}煤层布置1个综采工作面，2个综掘工作面和1个炮掘工作面。

2. 采区及工作面主要技术特征

一采区东翼可采走向长为1750 m，西翼可采走向长为2280 m（B_4^2在1勘探线逐渐尖灭，故B_4^2煤层在西翼走向长度为1500 m）。一采区东翼B_4^2煤层工作面服务年限为8个月，B_4^1煤层工作面服务年限为14个月；一采区西翼B_4^2煤层工作面服务年限为6.8个月，B_4^1煤层工作面服务年限为18.2个月。

3. 应急预案

根据突发事件应急处置的需求,坚持以人为本、预防为主、常抓不懈的方针,规范煤矿事故应急管理和应急响应程序,增强预防、防范煤矿事故风险和事故灾难的能力,最大限度地减少事故灾难造成的人员伤亡和财产损失,保护职工群众的生命安全,维护社会稳定。

（1）建立和健全煤矿企业安全信息平台。

（2）健全完善安全隐患公布及排查制度。

（3）在井口和生产调度指挥中心设置预警预报栏公布和安全撤退路线。

（4）矿井和当地气象站、地震、水利及供电部门建立信息热线。

4. 矿井避灾路线

矿井避灾路线图如图4-8-3所示。

发生水灾时，由带班干部统一指挥，首先切断电源，组织人员排水、引水进仓。若水势凶猛，撤退时应首先避开水头冲击，然后向高处撤离。灾区上侧人员按照工作面灾区→工作面回风巷→回风上山→斜风井→地面。

当发生瓦斯、煤尘、火灾灾害时，作业人员立即背对灾害地点趴下，佩戴好自救器，当冲击波过后由灾害地点→进风巷→进回风巷联络巷→绕道→轨道上山→水平井底车场→副井→地面。

5. 矿井劳动人员定岗定员

矿井定岗定员见表4-8-17。

由表可知，全矿在籍人数为355人，实际在岗人员定额为298人，最大班下井人数中采区人员（井下生产人员）需60人，计算领导、职能部门人员可能下井的情况下，最大班下井人数按68人计。

8.2.2.3 矿井安全避险系统现状

矿井安全避险“六大系统”除紧急避险系统外，均比较完善，且具有较高的技术水平

表4-8-17 矿井定岗定员表

序号	类别	出勤人数					替补人员	在籍人员
		一班	二班	三班	四班	合计		
一	原煤生产人员							
(一)	管理人员							
1	矿机关							
	矿长(兼党委书记)	1	0	0	0	1	0	1
	后勤副矿长	1	0	0	0	1	0	1
	安全生产矿长	1	0	0	0	1	0	1
	机电副矿长	1	0	0	0	1	0	1
	总工程师	1	0	0	0	1	0	1
	小计	5	0	0	0	5	0	5
2	生产指挥调度部							
	部长(兼统计)	1	0	0	0	1	0	1
	采掘工程师	2	0	0	0	2	0	2
	机电工程师	2	0	0	0	2	0	2
	地测工程师(兼安全)	1	0	0	0	1	0	1
	生产调度	1	1	1	1	4	0	4
	小计	7	1	1	1	10	0	10
	管理人员合计	12	1	1	1	15	0	15
(二)	生产人员							
1	井下生产人员							
(1)	综采队(2个)							
	工长(兼验收、安全)	1	1	1	1	4	1	5
	采煤机司机(兼维修)	2	2	2	1	7	2	9
	支架工	3	3	3	1	10	4	14
	司机(兼维修)	2	2	2	2	8	3	11
	端头、超前支护工	2	2	2	0	6	2	8
	综采队小计	10	10	10	5	35	12	47
	综采队合计	20	20	20	10	70	24	94
(2)	掘进队							
①	综掘队(4个)							
	工长(兼验收、安全)	2	2	2	2	8	2	10
	掘进机司机(维修)	8	8	8	4	28	4	32
	输送机司机(维修)	4	4	4	4	16	2	19
	支护工、杂工及其他	12	12	12	8	44	4	48
	小计	26	26	26	18	96	12	108
②	普掘队							

表4-8-17（续）

序号	类别	出勤人数					替补人员	在籍人员
		一班	二班	三班	四班	合计		
	工长（兼验收、安全）	1	1	1	1	4	1	5
	爆破工	1	1	1	0	3	1	4
	打眼、支护工	2	2	2	0	6	1	7
	杂工	1	1	1	2	5	1	6
	小计	5	5	5	3	18	4	22
	掘进队合计	31	31	31	21	114	16	130
(3)	机运队（井下）							
	工长（兼安全员）	1	1	1	1	4	1	5
	中央泵房、变电所	2	2	2	1	7	2	9
	带式输送机操作维修	2	2	2	2	8	2	10
	防火、防尘、互检、通风	2	2	2	1	7	2	9
	机车司机	2	2	2	1	7	1	8
	机运队合计	9	9	9	6	33	8	41
	井下生产人员合计	60	60	60	37	217	48	265
2	地面生产人员							
	地面变电所、配电室	2	2	2	0	6	2	8
	风机房	1	1	1	0	3	1	4
	机电维修	2	2	2	0	6	1	7
	火药库	1	1	1	0	3	1	4
	通信及安全监控	1	1	1	0	3	1	4
	材料管理	1	1	1	0	3	1	4
	采样及化验	1	1	1	0	3	1	4
	其他	1	1	1	0	3	1	4
	地面生产人员合计	10	10	10	0	30	9	39
	生产人员合计	70	70	70	37	247	57	304
	原煤生产人员合计	82	71	71	38	262	57	319
二	非原煤生产人员							
1	综合部					0		0
	部长（政工、宣教、团妇）	1	0	0	0	1	0	1
	计划、采购、供应、物资管理	3	0	0	0	3	0	3
	劳资、统筹、资管、审计	2	0	0	0	2	0	2
	生活服务、接待、保卫	2	1	1	0	4	0	4
	小计	8	1	1	0	10	0	10
2	生产服务人员	10	3	3	0	16	0	16
	服务人员小计	18	4	4	0	26	0	26

表4-8-17（续）

序号	类　别	出勤人数					替补人员	在籍人员
		一班	二班	三班	四班	合计		
3	生活服务人员	6	2	2	0	10	0	10
	非原煤生产人员合计	24	6	6	0	36	0	36
	全矿人员合计	90	77	77	38	298	57	355

和安全可靠性。

1. 监测监控系统

矿井装备 KJ352 安全监控系统。建设于 2007 年底，已运行了 4 年时间，并于 2010 年 3 月进行了升级改造，目前运行状况良好。

地面中心站由主机、备机、接口及避雷器组成，当主机出现故障时备机自动运行。供电电源由 UPS 供电，当交流电停电后可提供大于 2 h 以上的后备电源。地面与井下通过电缆连接，通讯方式采用 RS485 串行通讯。

监测监控系统工作方式：各类传感器→井下分站→KJT-2A 型传输接口→计算机，地面计算机实时显示井下各类传感器数据变化情况。

2. 通信联络系统

矿井对外至神新公司架设 16 芯通信光缆线路，矿井与公司的电话中继线及视频电视使用光缆中的 4 芯，有线电视网络使用光缆中的 4 芯，计算机网络使用光缆中的 4 芯，4 芯为备用芯。

现有 ZS3000 程控调度机 200 门两台，井下小灵通系统已使用。在主副井绞车房、井底车场、采掘工作面等地均已安装电话，符合相关规定。

相关人员及单位保证能够随时取得联系，矿调度电话保证 24 h 有人值守。通过矿有线电话、移动电话等通信手段，保证各有关方面的通讯联系畅通。建立公司救护基地、对口救援医疗救护中心、矿山应急救援组的通信联系数据库。应急预案小组内有关机构和人员做到即时联系，矿生产调度指挥中心负责保障本矿应急通信、信息网络畅通。

3. 压风自救系统

矿井压风系统中心站建于 2007 年。中心站设备安设在矿井制氮房内，站内安装两台 SRC-250SA 型空气压缩机，单台供气量 20 m^3/min，额定排气压力为 1 MPa，每台空压机配备一储气罐，通过压风管路向井下用风地点输送压缩空气。

地面主压风管路管径 ϕ110 mmPE 管，最高抗压强度为 1.6 MPa，通过主斜井通往井下，井下压风管路主要选择 PE 复合管材，主管路管径 ϕ110 mm，支管路管径 ϕ80 mm、ϕ50 mm，管路最高抗压强度为 1.6 MPa，均符合要求。

4. 供水施救系统

矿井有完善的防尘供水系统，供水方式为集中供水。在距副斜井以西 20 m 的山上建立了两个 200 m^3 沉淀池（标高 +1502 m），共计 400 m^3，并建立反渗透系统进行水处理，然后输入井下使用。主要管材管径为 ϕ110 mmPE 管（铺设于副斜井）和 ϕ108 mm 无缝钢管（铺设于主斜井），工作面及其他用水地点管径为 ϕ80 mm、ϕ50 mm 无缝钢管，供水量能满足矿区工业广场和井下各作业地点的用水要求。供水管路全长32010 m。井下所有采掘工作面、硐室等各用水地点均按照《煤矿安全规程》的要求敷设了供水管路和供水阀门，现供水系统运行正常，布置符合井下安全生产的要求。

5. 人员定位系统

人员定位系统采用“人员定位+无线通讯”方案。结合KJ139（A）人员考勤定位系统结构的特点，通过定位分站加读卡器的系统结构，对井下人员流动的主要巷道、硐室进行信号覆盖，检测人员分布和人员流动状况。为保证作业人员位置准确性，读卡器安装位置距离岔道口最少50 m，对采区、采煤工作面、掘进工作面等重点安全、生产管理区域作重点监测。

8.2.3 矿井主要灾害分析

根据类比工程有关统计资料及矿井自身的特点，该矿委托有关机构编制的安全评价报告书中提出，在生产过程中存在18种危险、有害因素，主要包括：冒顶、地压灾害，瓦斯危害，矿井水灾，矿井火灾，煤尘危害等。

8.2.3.1 主要灾害分析

1. 冒顶地压灾害

矿井煤层顶底板岩石稳固性属中等—差的类别，有可能发生地压灾害，可能的表现形式为采场顶板大范围垮落、陷落和冒落，采空区大范围垮落和陷落，巷道或采掘工作面的片帮、冒顶等。事故发生的可能性主要取决于围岩性质和采取的顶底板控制措施的有效性。

（1）采空区大范围垮落、陷落。采空区大范围垮落的直接后果是产生强大的冲击波，引起岩体塌陷和将采空区大量的有毒有害气体排挤到作业场所。由此产生的危害主要包括：造成人员伤亡，破坏设备、设施，引起水、火、瓦斯、煤尘等其他重大事故的发生，造成垮落带上部的岩体塌陷，产生进一步的灾害等。

（2）采场顶板大范围垮落、陷落和冒顶。其后果是破坏采场和周围的巷道，造成人员伤亡，破坏设备和设施，造成生产秩序的紊乱，破坏矿井供电系统、通风系统，造成供电中断、通风受阻。

（3）巷道或采掘工作面片帮、冒顶。可能造成人员的伤亡，破坏设备、设施及通风系统，可能引起其他重大事故的发生。

2. 瓦斯危害

矿井为低瓦斯矿井，绝对瓦斯涌出量和相对瓦斯涌出量均较低，但低瓦斯矿井也存在发生瓦斯爆炸的可能性。井下一旦发生瓦斯爆炸，产生的高温、高压和大量有毒有害气体形成破坏力很强的冲击波，不仅造成严重的人员伤亡，而且会严重摧毁矿井巷道和井下设备，甚至可能引起煤尘爆炸、井下火灾、顶板冒落等灾害，导致矿毁人亡。瓦斯爆炸产生的冲击波、高温和有毒有害气体均能造成严重的人员伤亡。

3. 矿井水害

矿井水文地质条件，由钻孔涌水试验资料分析应属水文地质条件中等类；由地质勘探和设计预算的首采区与一水平水量均大于150 m^3/h，应属水文地质条件复杂类。矿井存在水害威胁。

一旦地表水体及地下水系统通过岩石裂隙、废弃巷道、透水层、钻孔水与采空区、巷道、采掘工作面连通，地表水或地下水可能涌入采空区或直接进入采、掘工作面，导致工作面甚至矿井被淹，造成人员伤亡及财产损失。

4. 火灾危害

矿井煤层具有自然发火危险，可能发生内因火灾。同时，矿井机械化程度较高，输送机胶带及电缆等可能着火，引起矿井外因火灾。

一旦发生矿井火灾，可能产生大量的高温火烟（火流附近的高温常达1000 ℃以上），同时产生大量CO、CO_2等有毒有害气体，随高温火烟一起流入井下各作业场所，造成人员大量伤亡。也可能引起瓦斯、煤尘爆炸，造成井下风流逆转，或产生再生火流。

5. 煤尘危害

矿井煤层煤尘具有爆炸性，存在发生煤尘爆炸的可能性。一旦发生煤尘爆炸事故，会造成与瓦斯爆炸相同的危害后果。

8.2.3.2 主要灾害的影响

对该煤矿主要灾害存在的场所进行分析，结果见表4-8-18。

表4-8-18 主要危险、有害因素存在场所

序号	危险、有害因素	存 在 场 所	备 注
1	冒顶、地压灾害	采掘工作面、井下巷道	以采掘工作面为主
2	瓦斯危害	采掘工作面、回风巷道、硐室	以采掘工作面、工作面上隅角为主
3	矿井水灾	采掘工作面、断层、钻孔附近、井底车场、巷道、地面工业广场	全矿井
4	矿井火灾	采掘工作面、采空区、巷道、硐室等	全矿井
5	矿尘、煤尘危害	井下所有产尘点（采掘工作面、装运点）	以采掘工作面为主
6	其他危险、有害因素		
(1)	其他有毒、有害气体	盲巷盲井、采空区、通风不良的巷道、回风巷、硐室	
(2)	中毒窒息	盲巷盲井、采空区、回风巷、工作面、硐室	以通风不良巷道为主

综合主要灾害的后果分析：对人员造成伤亡是灾害发生后所产生的冲击、高温、有毒有害气体中毒、窒息等。

8.2.4 矿井紧急避险系统设计

矿井监测监控、人员定位、压风自救、供水施救、通信联络系统已经比较完善，本次设计的重点是井下紧急避险系统。

8.2.4.1 技术方案选择

依据矿井井筒、井底车场、主要巷道、设备布置、采掘布局、采煤方法、避灾路线、应急预案、主要灾害等的情况，分析矿井的主要危险有害因素有6种：冒顶、地压、瓦斯、水灾、火灾、煤尘；从存在的场所和影响的范围看：从进风口到掘进工作面，从掘进工作面再到回风井口，离散性较大，表现为较大的不确定性；水灾和火灾两项覆盖到全

井。针对矿井危害有害因素的影响范围和程度，为确实提高矿井在突发紧急情况下遇险矿工安全避险的能力和水平，根据紧急避险方式的组合原则，该矿井下紧急避险系统建设可有如下几种结合方式可供选择：

（1）避难硐室＋钻孔＋“五大系统”改造。

（2）避难硐室＋救生舱＋“五大系统”改造。

（3）避难硐室＋“五大系统”改造。

（4）救生舱＋“五大系统”改造。

（5）避难硐室＋避险条带＋自救器。

由于该矿地面地形复杂，矿井采用反斜井开拓，井底车场位置与对应地面工业场地位置距离远，设计永久避难硐室位于井底车场处，从井上下对照图可以看出，永久避难硐室对应地面为主副斜井与回风斜井之间的山谷，无道路通向该地（山谷），修路困难，不具备钻孔施工条件。且电路、水路、风路等均无法直达该地点，若采用钻孔式布置，则需单独回设水、电、暖、风等线路，一是投资过大；二是多占用线路煤柱，显然不可取，故钻孔方式可进行排除。

硐室＋硬（软）体救生舱技术上可实现，可重复利用性好。但救生舱布置所需断面大，故井巷工程量不省；且救生舱本身造价高，容量受限，每个救生舱仅能容纳 10～12 人，因工作面人员较多，需救生舱 12 个（每舱 10 人），仅救生舱投资就达 2500 万以上；加之布置灵活性差，舱内供给时间受限，“五大系统”的联接易受破坏，总体投资高，维护工作量大，故该形式不予采用。

硐室＋避险条带施工方便，布置灵活，硐室不受地面及采动影响，避险条带本身具备六大系统的功能，投资小，实用性强；抗破坏能力强，沿着避灾路线布置，加之有地面避险指导，因此该方式具有不多占用巷道断面、施工简单方便、灾害区域全覆盖、费用省的特点。因此，综合考虑新疆煤炭产量相对较低、巷道断面较小等的特点，设计推荐采用“硐室＋避险条带”的避险方式。

方案提出后，经国内外相关情况的充分调研和比对分析，与矿方充分的沟通交流，并根据专家论证会的意见，设计确定矿井总的避险技术路线为“自救器＋硐室＋条带”紧密结合，用以满足生存条件的不限时和定时、内供和外供相结合的多种避险需求。用自救器解决避毒呼吸到达避难硐室的避险，用优化硐室位置设计解决所服务区范围内的空间避险，选用避险条带系统解决地面避险指导和井下避灾路线上随时随地避险的问题。

根据已确定的技术路线，矿井紧急避险系统的避险模式为：

（1）报警通告快速撤离避险模式（适用于水灾撤离避险）。

（2）报警通告避毒撤离避险模式（适用于有毒有害气体情况下短距离撤离避险）。

（3）报警通告原地自救避毒及通讯的避险模式（适用于避灾路线上撤离和避毒结合的避险）。

（4）报警通告硐室避毒、避高温冲击的避险模式（适用于一时没有条件撤离的人员避险）。

在设计建设结构上，采用一体化集成技术。通过地面 3 个平台（避险指挥平台、避险控制平台、避险演练平台）和井下点线结合（避灾路线上的避险条带）将安全避险“六大系统”融为一体。

设计的安全避险“六大系统”总体布局如图4-8-4所示。

（1）井下避难硐室8个。其中，永久避难硐室1个，临时避难硐室5个，开放式硐室2个。

永久避难硐室设置在井底车场靠近上山处，额定避险人数80人。

临时避难硐室分别布置在：+1432 m水平回风石门（5号硐室），为回风水平及B_2煤层的掘进工作面服务，额定避险人数20人；W1143回采工作面联络巷（1号硐室），为回采工作面及两顺槽服务，额定避险人数18人；E114（2）2回采工作面联络巷（2号硐室），为回采工作面及两顺槽服务，额定避险人数18人；东翼两掘进巷道的联络巷（3号硐室），为两掘进工作面服务，将来为回采工作面服务，额定避险人数18人；西翼两掘进巷道的联络巷（4号硐室），为两顺槽掘进工作面服务，将来为回采工作面服务，额定避险人数18人。

开放式避难硐室的位置分别设在回采工作面的顺槽巷道中，距工作面200～300 m的范围内。

（2）避险条带总长度共计7600 m。其中，热灾避灾路线4800 m，冷灾避灾路线2800 m。

热灾避灾路线上水感、温感、CO、CO_2、CH_4等传感器监测点共计1068个，人员定位无线基站及精确定位装置共计346个，通信联络对讲电话、广播、大屏幕、撤离指示等装置共计680个，压风自救呼吸点装置共计532个，供水施救饮水点装置共计346个。

冷灾避灾路线上水感、温感、CO、CH_4等传感器监测点共计545个，人员定位无线基站及精确定位装置共计175个，通信联络短信装置共计343个，压风自救装置共计316个，供水施救装置共计175个。

地面设置有控制中心、供给中心、指挥中心，分别设置在调度室、供气室内、会议室内。通过条带有机连接，形成井上井下避险网络，满足避险指导和控制。

8.2.4.2 避难硐室

该煤矿共设计井下避难硐室8个。其中，永久避难硐室1个，临时避难硐室5个，开放式硐室2个。

1. 永久避难硐室

1）位置的确定

该煤矿采用主、副反斜井开拓，井筒斜长700 m左右，运输水平+1255 m，一采区中央4条沿煤层上山至回风+1432水平，目前采掘工作面均在一采区内。一采区东翼可采走向长1750 m，西翼可采走向长2280 m。根据矿井开拓开采现状及南北、东西巷道的布置，设计将永久避难硐室设置在井底车场靠近上山处、全矿井的中央，永久硐室向南经井底车场大巷到主、副井筒，向北经4条上山到回风石门、回风斜井，向东进入东翼采掘工作面，向西进入西翼采掘工作面，可以服务全矿井。

2）容量确定

矿井最大班下井68人，永久硐室容量确定为80人，可满足需求。

3）结构与尺寸设计

永久避难硐室采用向外开启的两道门结构。外侧第一道门采用既能抵挡一定强度的冲击波，又能阻挡有毒有害气体的防护密闭门；第二道门采用能阻挡有毒有害气体的密闭门。两道门之间为过渡室，密闭门之内为避险生存室。

防护密闭门上设观察窗，门墙设单向排水管和单向排气管，排水管和排气管应加装手动阀门。过渡室内应设压缩空气幕和压气喷淋装置，可通过与矿井压风系统相连的压风管路向永久避难硐室供气。

防护密闭门和紧急逃生门抗冲击压力不低于0.3 MPa，门墙周边掏槽，深度不小于0.2 m。

永久硐室总长度30 m，净宽4.5 m，净高3 m，断面为半圆拱形；采用砌碹支护，支护厚度300 mm。

过渡室长度2 m，面积10 m^2，一次性可进入10人。

生存室长度27.1 m，总面积142.95 m^2，辅助硐室21 m^2，生存室净面积121.95 m^2，按每人应有不低于1 m^2 的使用面积，考虑一定的富裕系数，可以满足有关规定的要求。

永久避难硐室的结构如图4－8－5所示。

4）主要配置

避难硐室生存条件保障主要有硐室自备生存条件和条带供给生存条件两种方式。自备生存条件主要包括配备食品、自救器、人体排泄物收集处理装置及急救箱、照明设施、工具箱、灭火器等辅助设施。条带供给生存条件主要包括接入的条带式紧急避险装备；从地面中心站经副井到井底车场，进入永久避难硐室，为硐室提供电源、水、氧气、通讯。

设计配备避毒呼吸面罩不少于110个，对讲装备5个，电话1部，水/营养液数量不少于200 L/d，监视装置1个，广播1个，大屏幕1个，硐室人员定位装置1台。

对硐室内外 CH_4 监测点3个，O_2 监测点2个，CO监测点3个，CO_2 监测点2个，温度监测点3个，湿度监测点1个，水位监测点5个。

2. 临时避难硐室

设计将5个临时避难硐室分别布置在：+1432 m水平回风石门（5号硐室），为回风水平及 B_2 煤层的掘进工作面服务，额定避险人数20人；W1143回采工作面联络巷（1号硐室），为采煤工作面及两顺槽服务，额定避险人数18人；E114（2）2回采工作面联络巷（2号硐室），为回采工作面及两顺槽服务，额定避险人数18人；东翼两掘进巷道的联络巷（3号硐室），为两掘进工作面服务，将来为回采工作面服务，额定避险人数18人；西翼两掘进巷道的联络巷（4号硐室），为两顺槽掘进工作面服务，将来为回采工作面服务，额定避险人数18人。每个临时避难硐室的服务区域、硐室容量等，依据各区域人员情况确定，并进行参数统一，易于管理。

临时避难硐室采用向外开启的两道门结构。外侧第一道门采用既能抵挡一定强度的冲击波，又能阻挡有毒有害气体的防护密闭门；第二道门采用能阻挡有毒有害气体的密闭门。两道门之间为过渡室，密闭门之内为避险生存室。防护密闭门上设观察窗，门墙设单向排水管和单向排气管，排水管和排气管应加装手动阀门。过渡室内应设压缩空气幕和压气喷淋装置。

临时避难硐室基本结构参数：高2.5 m，宽4 m，长7 m。过渡室高2.5 m，宽4 m，长1 m，一次可进入5人。生存室高2.5 m，宽4 m，长6 m。生存室净面积24 m^2，按每人应有不低于0.9 m^2 的使用面积，考虑一定的富裕系数，可以满足有关规定的要求。支护形式为砌碹。

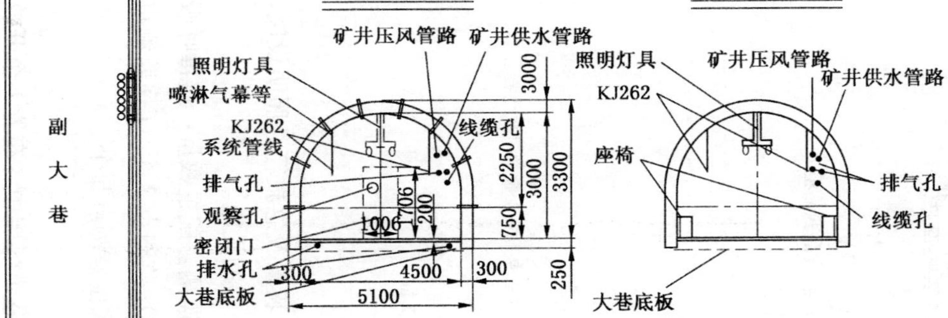

80 人永久避难硐室装备明细

序号	设备名称	序号	设备名称
1	过滤室气幕喷淋系统	10	食品存贮柜
2	过滤室压缩空气吹洗系统	11	无线通讯
3	空气净化处理装备	12	有线通讯（防爆电话机）
4	急救急救药品及设备	13	室外气体监测CO、CO_2、CH_4、温度及湿度)
5	急救担架	14	过渡气体监测CO、CO_2、CH_4、温度及湿度)
6	抢救折叠床	15	内部防爆节能灯
7	自救器	16	便携式矿灯
8	灭火装置	17	CO、CO_2、CH_4、温度及湿度检测便携仪
9	化学药品柜		

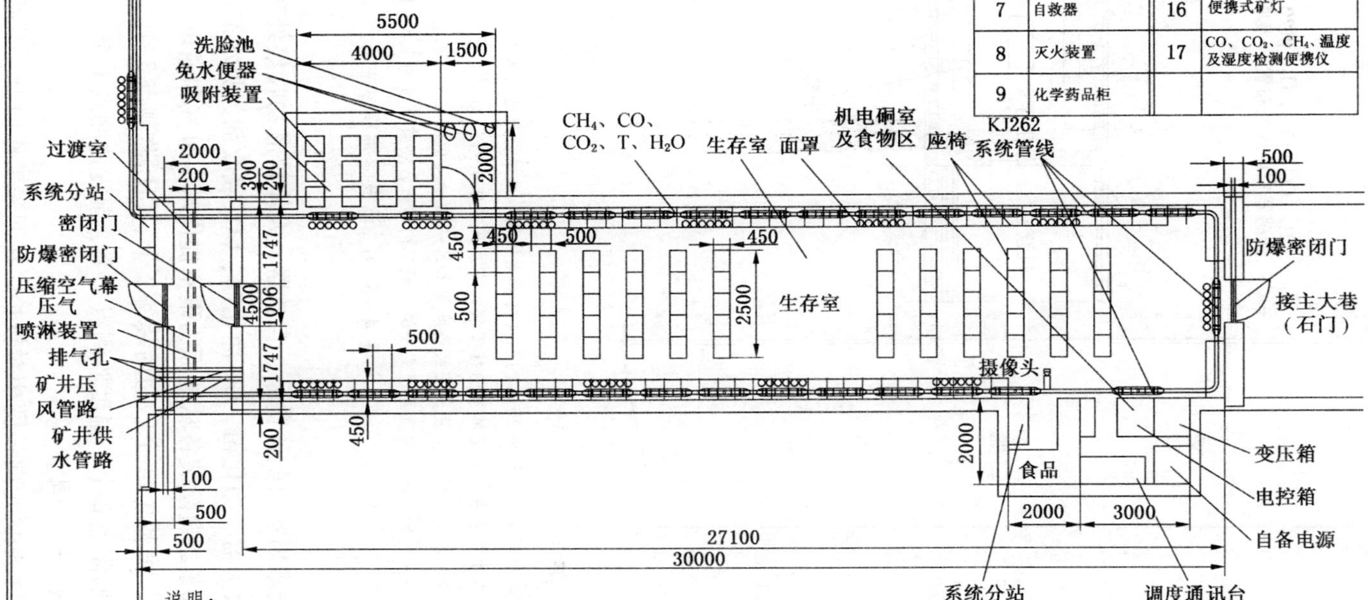

说明：
1. 硐室采用料石砌碹支护，墙体采用 C30 混凝土现浇，拱为 M45 料石砌筑，支护厚度为 300 mm；
2. 防爆门及密闭基础采用混凝土现浇，水泥标号为 C30，防爆门浇注厚度为 500 mm，密闭门浇注厚度为 300 mm；
3. 硐室底板标高位高于车场底板最小不小于 200 mm；
4. 调度平台（操作台）上方贴墙布置有显示屏等

图 4－8－5　永久避难硐室设计方案

临时避难硐室布置如图4-8-6所示。

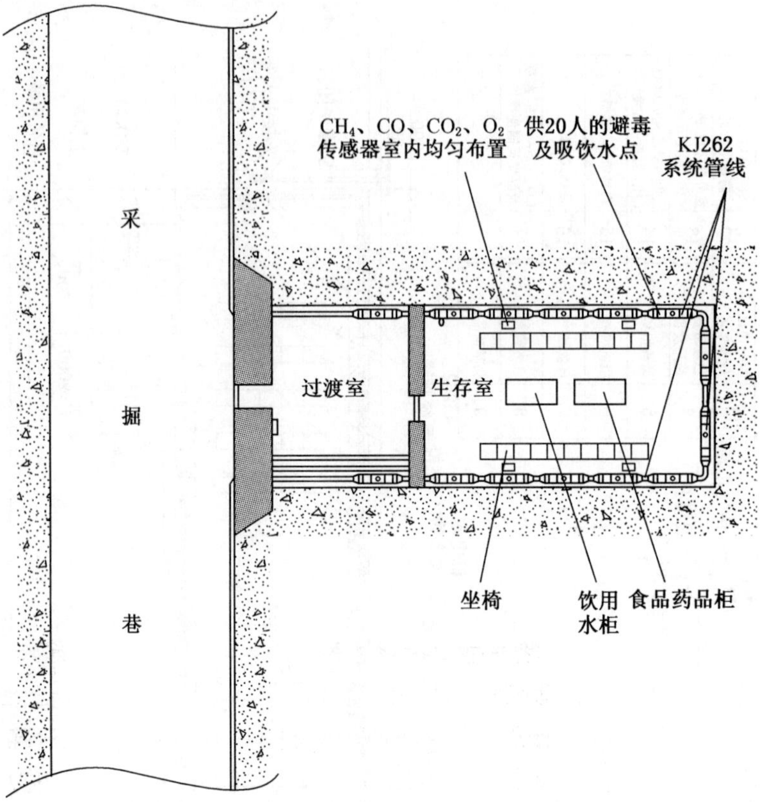

说明：

1. 距离临时硐室前后至少20 m的范围内救生线须采用煤壁凹槽式安装，与硐室专用救生带采用软连接。
2. 硐室专用救生带沿硐室墙壁悬挂安装，安装高度0.8~1.2 m。
3. 大屏幕为墙壁悬挂式安装，安装高度为1.5~1.7 m。
4. 硐室内4种传感器为墙壁悬挂式安装，硐室内均布，安装高度为1.5~1.7 m

图4-8-6 临时避难硐室布置

临时避难硐室内配备食品、自救器、人体排泄物收集处理装置及急救箱、照明设施、工具箱、灭火器、净化箱、CO净化剂、CO_2吸收剂、吸水剂等辅助设施。

条带式紧急避险装备从地面为硐室提供水、氧气和通讯、监测。配置数量：避毒呼吸面罩24个、饮水点24个、通话装备2个、CH_4监测点3个、O_2监测点2个、CO监测点3个、CO_2监测点2个、温度监测点3个、湿度监测点1个、水位监测点5个。

3. 开放式避难硐室

由于西翼采区走向长度相对较长，在回采工作面上、下两巷道煤层中各布置1个开放式避难硐室，作为临时硐室功能覆盖的延伸，分别设置在回采工作面的上、下巷道中，距工作面200~300 m。

条带式紧急避险系统从临时避难硐室沿顺槽巷道进入开放硐室。开放硐室提供避毒呼吸面罩10个、饮水点10个、通话装备2个。

开放硐室结构参数：长6 m，宽4.0 m，高2.5 m。支护形式为锚索网。开放式避难硐室布置如图4-8-7所示。

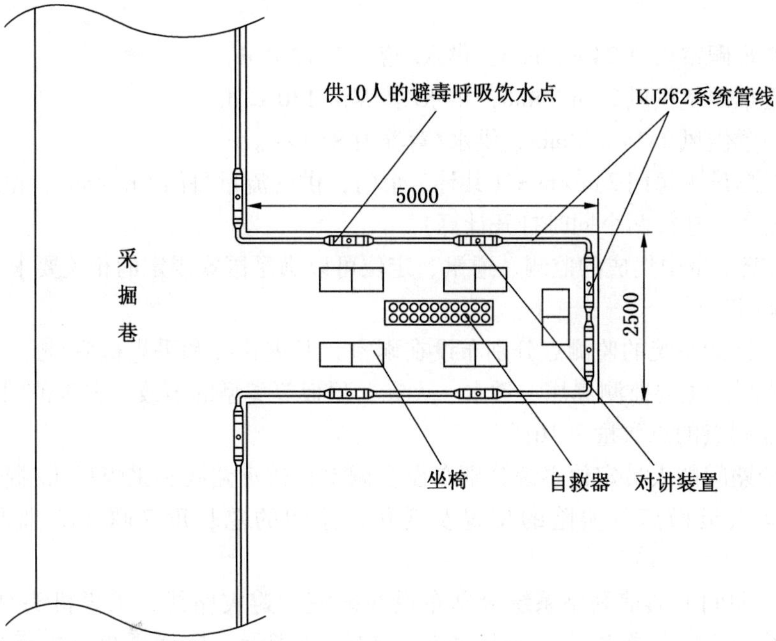

图4-8-7 开放式避难硐室布置

8.2.4.3 避险条带及系统

1. 概述

采用KJ262煤矿救援信息及辅助系统构成避险条带。该系统集成了用于避灾指导及避险的监测系统、人员定位、通信联络、压风自救、给水施救等系统的综合功能，并与矿井正常生产过程中使用的相关系统相对独立。其组成主要包括各类传感器、传输分（基）站、通讯接口、抗破坏救生管线、地面主机及指挥系统等，救生管线内布设压风、供水及监测监控、人员定位、通信联络等管线，以实现对这些管线的有效保护。

在矿井实际安装时，利用从地面通往井下的抗破坏救生管线连接永久避难硐室、临时硐室和开放式硐室（或可移动式救生舱），实现对避难硐室的供气、供水、监测和通信联络；并按照井下人员分布，在从工作面到井口的避灾路线沿线设置自救点，装配避毒式面罩及相应监测传感器，遇险人员在该处避险时，在避毒呼吸的同时不摘面罩便可进行通话、饮水（营养液）并显示使用人员位置，由此实现点避险（避难硐室）与线避险（救生管线形成的避险条带）的有机结合。

同时，在避灾路线上的避险条带中可设置相应传感器、指示和通讯装置，对事故类型、灾害范围、次生灾害发生情况等进行监测，对遇险人员撤离、原地自救或进出避难硐室提供信息、指示或发出指令，满足井下避灾和地面救援指挥的需要。

KJ262 系统总避险供气能力 30 m^3/min，总供水/营养液能力 200 L/d。

由地面供给的避险用风量按井下 4 组用风量计算：条带供气满足井下作业 68 人、永久硐室 80 人、临时硐室 90 人及风门用风。根据避险的实际特点，前 3 组用风实际上是一组人用风，以最大用风峰值 90 人为代表计算，再加以 10% 裕度，总人数 100 人用气，约 30 m^3/min。

给永久避难硐室供风 24 m^3/min，供水/营养液 72 L/d。

给临时避难硐室供风 27 m^3/min，供水/营养液 130 L/d。

给条带面罩供风 2.14 m^3/min，供水/营养液 85 L/d。

给门供风总量为每门 2 m^3/min（共计 7 个门，供气流量每门 1 m^3/min，由于避毒需要开关门速度要快，故按两个同时打开计算）。

KJ262 系统条带中集成的监测、通讯、定位可以满足国家规定的相关要求。

2. 位置确定

（1）避灾监测系统的监测点分别布设在硐室、避灾路线和采煤机头/掘进头。灾变期间可以连续监测，主要监测爆炸、透水、火灾、顶板等类型的事故。灾害范围监测的总长度 7600 m，监测点的总数量 2016 个。

（2）灾变期间的人员定位系统分别布设在硐室、避灾路线和采煤机头/掘进头。连续监测灾变期间人员撤离及避险的位置及变化，监测的总长度 7600 m，监测点总数量 538 个。

（3）灾变期间的通信联络系统分别布设在硐室、避灾路线、采煤机头/掘进头、控制中心、供给中心、指挥中心。利用条带上的灯光指示、广播播报、文字播报、对讲通话、无线短信等多种手段通知到井下遇险人员。通讯的总长度 7600 m，通讯点总数量 1066 个。

（4）避险和救援用供风系统分别布设在硐室、避灾路线和采煤机头/掘进头上，为紧急情况下有条件撤离的人员提供随时随地避毒呼吸的生存条件；为暂时无法撤离人员在巷道中提供避毒呼吸条件；为一时无法撤离人员在硐室内和避灾路线上提供生存条件。具有避毒巷道总长度 7600 m，具有避险条带的硐室 4 个，供气点总数量 1188 个。

（5）避险和救援用饮用水/营养液系统分别布设在硐室、避灾路线和采煤机头/掘进头，为紧急情况下有条件撤离的人员提供随时随地饮水/营养液的生存条件；为暂时无法撤离人员在巷道中提供饮水/营养液条件；为一时无法撤离人员在硐室内和避灾路线上提供饮水/营养液条件。具有饮水/营养液的巷道总长度 7600 m，具有避险的硐室 6 个，饮水/营养液总数量 566 个。

在避灾路线上和硐室内，上述 5 个系统通过避毒用多功能面罩再次集成，以满足遇险人员在避毒呼吸的情况下，不摘呼吸面罩即可接受地面通话指导、饮水/营养液的需求。

根据灾变期间连续工作的需求，在主巷道及采掘巷道上采取多项抗破坏措施，抵御事故破坏的长度 7600 m，抗破坏措施 17 个。

3. 功能设计

KJ262 集成了避灾指导和井下安全避险所需的监测监控、人员定位、通信联络、压风自救、给水施救等系统的综合功能，根据矿井的实际需要，进行具体、针对性的功能设计。

1）避险监测系统

避险监测系统不同于现有日常安全生产所用的监测监控系统，设置在避灾路线上的专用管线中，用于对灾变期间的相关参数变化进行连续监测，从而指导决策指挥人员对事故类型、事故范围和次灾范围进行分析和判断，有效解决人员在灾变情况下快速安全升井的问题。

避险监测系统在符合《煤矿井下紧急避险建设管理暂行规定》相关要求的情况下，增加了避险撤离指导用的监测部分。《煤矿井下紧急避险建设管理暂行规定》要求的监测：永久硐室和临时硐室内外环境参数总监测点数量 72 个。避险撤离指导用的监测：从各采掘作业面到副井口及回风井口总监测点数 2376 个。详细配置如下：

（1）事故灾害类型的监测。

① 爆炸事故类型：CH_4/CO/温度/矿震/矿音传感器。

② 透水事故类型：H_2O/温度传感器。

③ 冒顶事故类型：温度/矿震/矿音传感器。

④ 发火事故类型：温度/CO 传感器。

（2）事故灾害范围的监测。

① 爆炸事故灾害冲击范围监测：距离 7600 m。

② 有毒有害气体扩散漂移范围监测：距离 7600 m。

③ 透水灾害范围监测：距离 7600 m。

④ 冒顶灾害范围监测：距离 4000 m。

⑤ 发火灾害范围监测：距离 7600 m。

（3）避险监测传感器的数量。

① 永久避难硐室（1 个）：传感器总数 18 个（有高度要求的传感器用通用接口连线解决）。

② 临时避难硐室（5 个）：传感器总数 90 个（有高度要求的传感器用通用接口连线解决）。

③ 开放式避难硐室（2 个）：传感器总数 4 个。

④ 主巷巷道的热灾避灾路线：传感器总数 2170 个。

⑤ 主巷巷道冷灾避灾路线：传感器总数 1113 个。

⑥ 采掘巷道避灾路线：传感器总数 2030 个。

避险监测设备分布配置见表 4－8－19。

表 4－8－19 避险监测设备分布配置表

序号	名称		地点	长度/空间	项目	间隔/m	数量
1	硐室	永久硐室（1 个）	+1255 m 水平	100 m²	CH_4		4
					CO		4
					CO_2		2
					O_2		2
					温度		3
					H_2O		3

表4-8-19（续）

序号	名称		地点	长度/空间	项目	间隔/m	数量
1	硐室	临时硐室（5个）	W1143回采面（1号）、E114回采面（2号）、东翼掘进巷（3号）、西翼掘进巷（4号）、+1432 m水平回风石门（5号）	28 m^2	CH_4		20
					CO		20
					CO_2		10
					O_2		10
					温度		15
					H_2O		15
		开放硐室（2个）	回采顺槽中距工作面200～300 m	24 m^2	CH_4		2
					CO		2
2	避灾路线	热灾路线	副井口—井底车场—架空车上山—各采掘巷道	6800 m	温度	6、200	700
					H_2O	6、200	700
					CH_4	500、200	43
					CO	500、200	43
					矿音	500	9
					矿震	500	9
					冒顶	6	666
		冷灾路线	各采掘巷道回风巷—1432水平联络巷—回风斜井—回风井口	4800 m	温度	6、200	356
					H_2O	6、200	356
					CH_4	500、200	29
					CO	500、200	29
					矿音	500	5
					矿震	500	5
					冒顶	6	333
3	掘进工作面（5个）		E1146运输巷、E1146回风巷、W1145回风巷、W1145运输巷、B_2回风立眼炮掘		温度		5
					H_2O		5
					CH_4		5
					CO		5
					矿音		5
					矿震		5
					冒顶		5

2）避险人员定位系统

人员定位系统主要是对永久避难硐室和临时避难硐室内外和避灾线路上的人员移动情况进行监测；从采掘作业面到副井口进行人员移动情况监测；从采掘工作面到回风井口进行人员移动情况监测。

（1）定位设备类型。

管线定位和无线定位。

（2）定位设备位置和数量。

主巷巷道热灾避灾路线：每隔 200 m 设置 1 个无线定位基站，可以对 200 m 人员进行区域范围定位；冷灾避灾路线：每隔 200 m 设置 1 个无线定位基站，可以对 200 m 人员进行区域范围定位。

采掘巷道：每隔 6 m 设置 1 个位置精确定位装置，可以对采掘巷道人员进行精确位置的定位。

避险人员定位系统设备分布及配置见表 4-8-20。

表 4-8-20 避险人员定位设备分布配置表

<table>
<tr><th>序号</th><th colspan="2">名　　称</th><th>地　　点</th><th>长度/m</th><th>项目</th><th>间　隔</th><th>数量</th></tr>
<tr><td rowspan="2">1</td><td rowspan="2">硐室</td><td>永久硐室
（1 个）</td><td>+1255 m 水平</td><td></td><td>无线基站</td><td>硐室内外
各设置 1 个</td><td>2</td></tr>
<tr><td>临时硐室
（5 个）</td><td>W1143 回采面（1 号）、E114 回采面（2 号）、东翼掘进巷（3 号）、西翼掘进巷（4 号）、+1432 m 水平回风石门（5 号）</td><td></td><td>无线基站</td><td>硐室内外
各设置 1 个</td><td>10</td></tr>
<tr><td rowspan="4">2</td><td rowspan="4">避
灾
路
线</td><td rowspan="2">热灾路线</td><td rowspan="2">副井口—井底车场—架空车上山—各采掘巷道</td><td rowspan="2">6800</td><td>精确定位</td><td>6 m</td><td>666</td></tr>
<tr><td>无线基站</td><td>200 m</td><td>34</td></tr>
<tr><td rowspan="2">冷灾路线</td><td rowspan="2">各采掘巷道回风巷—1432 水平联络巷—回风斜井—回风井口</td><td rowspan="2">4800</td><td>精确定位</td><td>6 m</td><td>333</td></tr>
<tr><td>无线基站</td><td>200 m</td><td>24</td></tr>
<tr><td>3</td><td colspan="2">掘进工作面
（5 个）</td><td>E1146 运输巷，E1146 回风巷，W1145 回风巷，W1145 运输巷，B_2 回风立眼炮掘</td><td></td><td>无线基站</td><td>每个掘进工作面设置 1 个</td><td>5</td></tr>
</table>

3）避险通信联络系统

避险通信联络系统不同于现有的生产通信联络系统，系统设置在避灾路线上的专用管线内，用于灾变情况下井上人员对井下遇险人员进行避险指导，实现井下人员快速撤离升井和紧急避险。

避险通信联络系统主要由满足标准要求的通信联络：对永久避难硐室和临时避难硐室内及缓冲区与地面进行的通信联络，共 27 个；超出标准要求的通信联络：从采掘作业面到副井口与地面进行的通信联络；从采掘工作面到回风井口与地面进行的通信联络，共 1039 个。

（1）通信联络设备类型。

由对讲通话设备、井下文字播报设备、井下广播播报设备、逃生灯光指示设备、短信呼叫设备 5 种类型构成。

（2）通信联络设备。

主巷热灾避灾路线通信联络设备 1373 个，冷灾避灾路线通信联络设备 695 个。每隔 200 m 设置一个短信呼叫基站。

采掘巷道：每隔6 m设置1个与井上通话设备和1个逃生指示设备，并在采掘巷道距工作面20 m处设置1个井下文字广播设备。

避险通信联络设备分布及配置见表4-8-21。

表4-8-21 避险通信联络设备分布配置表

序号	名称		地点	长度/m	项目	间隔/m	数量
1	硐室	永久硐室（1个）	+1255 m水平井底车场		无线基站 播报大屏幕 通话		2 1 5
		临时硐室（5个）	W1143、E114、东翼、西翼、+1432 m水平		无线基站 播报大屏幕 通话		10 5 10
		开放硐室（2个）	回采工作面上、下巷道中，距工作面200～300 m		通话		4
2	避灾路线	热灾避灾路线	副井口—井底车场—架空车上山—各采掘巷道	6800	通话、指示	6	1332
					无线基站 播报大屏幕	200	34 7
		冷灾避灾路线	各采掘巷道回风巷—1432水平联络巷—回风斜井—回风井口	4800	通话、指示	6	666
					无线基站 播报大屏幕	200	24 5
3	掘进工作面（5个）		E1146运输巷、E1146回风巷、W1145回风巷、W1145运输巷、B_2回风立眼炮掘		无线基 站通话		5 5

4）避险压风自救系统

避险压风自救系统不同于现有的生产压风自救系统。煤矿现有的压风自救系统主要用于生产过程中的压风设备使用，一旦发生灾变，现有的压风系统可能遭到破坏，无法在灾变期间为井下遇险人员提供生存条件。避险压风自救系统设置在避灾路线上有效保护的专用管线内，能够抵御井下灾害事故的破坏，为井下遇险人员提供生存保障条件。

（1）供风自救设备类型。

供风管路、避毒呼吸面罩。

（2）供风自救设备位置和数量。

主巷热灾避灾路线：每隔200 m设置1处避险自救站，提供10人同时呼吸的避毒呼吸面罩。

采掘巷道：每隔6 m设置1个可供1人呼吸的避毒呼吸面罩，在采掘巷道距工作面10 m处设置1组可供24人同时呼吸的避毒呼吸面罩。

避险压风自救设备分布及配置见表4-8-22。

表4-8-22 某煤矿避险压风自救设备分布配置表

<table>
<tr><th>序号</th><th colspan="2">名 称</th><th>地 点</th><th>长度/m</th><th>项目</th><th>间 隔</th><th>数量</th></tr>
<tr><td rowspan="3">1</td><td rowspan="3">硐室</td><td>永久硐室（1个）</td><td>在+1255 m水平井底车场</td><td></td><td>呼吸面罩</td><td></td><td>100</td></tr>
<tr><td>临时硐室（5个）</td><td>W1143、E114、东翼、西翼、+1432 m水平</td><td></td><td>呼吸面罩</td><td></td><td>140</td></tr>
<tr><td>开放硐室（2个）</td><td>在回采工作面的上、下巷道中，距工作面200~300 m</td><td></td><td>呼吸面罩</td><td></td><td>10</td></tr>
<tr><td rowspan="4">2</td><td rowspan="4">避灾路线</td><td rowspan="2">热灾路线</td><td rowspan="2">副井口—井底车场—架空车上山—各采掘巷道</td><td rowspan="2">6800</td><td>避毒呼吸面罩</td><td>6 m/0.5 m</td><td>706</td></tr>
<tr><td>自救站</td><td>10个/200 m</td><td>140</td></tr>
<tr><td rowspan="2">冷灾路线</td><td rowspan="2">各采掘巷道回风巷—1432水平联络巷—回风井口</td><td rowspan="2">4800</td><td>避毒呼吸面罩</td><td>6 m</td><td>333</td></tr>
<tr><td>自救站</td><td>10个/200 m</td><td>90</td></tr>
<tr><td>3</td><td colspan="2">掘进工作面（5个）</td><td>E1146运输巷、E1146回风巷、W1145回风巷、W1145运输巷B_2回风立眼</td><td></td><td>避毒呼吸面罩</td><td>每个掘进工作面设置20个</td><td>100</td></tr>
</table>

5）避险供水施救系统

避险供水施救系统不同于现有生产中的给水系统，煤矿现有的给水系统主要是针对生产过程中洒水喷淋使用，一旦发生灾变，现有的给水系统可能会遭到破坏，无法在灾变期间为井下遇险人员提供生存用水。而避险供水施救系统设置在避灾路线上有效保护的专用管线内，能够抵御井下灾害事故的破坏，可为井下遇险人员提供生存用水。

（1）供水施救设备采用自救饮水装置。

（2）供水施救设备位置和数量。

主巷（热灾避灾路线）：每隔200 m设置1处避灾自救站，可为10人提供自救饮水装置。

采掘巷道：每隔6 m设置1个可供1人自救饮水的装置。

供水施救设备分布及配置见表4-8-23。

表4-8-23 供水施救设备分布配置表

<table>
<tr><th>序号</th><th colspan="2">名 称</th><th>地 点</th><th>长度/m</th><th>项目</th><th>间隔/m</th><th>数量</th></tr>
<tr><td rowspan="3">1</td><td rowspan="3">硐室</td><td>永久硐室（1个）</td><td>+1255 m水平井底车场</td><td></td><td>避毒饮水</td><td></td><td>100</td></tr>
<tr><td>临时硐室（5个）</td><td>W1143、E114、东翼、西翼、+1432 m水平</td><td></td><td>避毒饮水</td><td></td><td>100</td></tr>
<tr><td>开放硐室（2个）</td><td>回采工作面上、下巷道中，距工作面200~300 m</td><td></td><td>避毒饮水</td><td></td><td>20</td></tr>
</table>

表4-8-23（续）

<table>
<tr><th>序号</th><th colspan="2">名　称</th><th>地　点</th><th>长度/m</th><th>项目</th><th>间隔/m</th><th>数量</th></tr>
<tr><td rowspan="4">2</td><td rowspan="4">避灾路线</td><td rowspan="2">热灾避灾路线</td><td rowspan="2">副井口—井底车场—架空车上山—各采掘巷道</td><td rowspan="2">6800</td><td>避毒饮水</td><td>6</td><td>666</td></tr>
<tr><td>避毒饮水</td><td>200</td><td>140</td></tr>
<tr><td rowspan="2">冷灾避灾路线</td><td rowspan="2">各采掘巷道回风巷—1432水平联络巷—回风井口</td><td rowspan="2">4800</td><td>避毒饮水</td><td>6</td><td>333</td></tr>
<tr><td>避毒饮水</td><td>200</td><td>9</td></tr>
<tr><td>3</td><td colspan="2">掘进工作面
（5个）</td><td>E1146运输巷、E1146回风巷、W1145回风巷、W1145运输巷B_2回风立眼炮掘</td><td></td><td>避毒饮水</td><td></td><td>5</td></tr>
</table>

6）避险条带地面控制

地面避险控制设有控制中心、供给中心、指挥中心。

控制中心具有监测井下各种信息变化，发现异常，并通知报警；随时与井下人员和地面人员进行通话联络；分析和判断井下所发生灾变的类型、波及范围和时间、地点等，为救援决策提供信息依据。

供给中心为井下提供气、水以及电。气和水处于常压状态，随时准备为井下人员提供生存条件；气和水均进行压力和流量的控制，各种信息和状态传递到控制中心。

指挥中心作为井下发生灾变时的决策中心，与控制中心通过网络进行信息共享，可随时发布并下达各种救援指令。

8.2.4.4　自救器

自救器200个，分别设置在1个永久避难硐室、5个临时避难硐室和2个开放式避难硐室。

8.2.4.5　避险路线的调整

1. 避险条带

设置在热灾避险路线、冷灾避险路线和采掘进风巷及回风巷道上。具体从地面控制中心到中心站，经副井井筒到+1255 m井底车场永久避难硐室，主线路从永久避难硐室经架空人车上山至回风石门临时避难硐室（5号硐室），由临时避难硐室至回风石门经风井通至地面；第一支线路从永久避难硐室经上山至W1143回采工作面临时避难硐室（1号硐室），沿顺槽到开放避难硐室至工作面；第二支线从永久避难硐室经上山至E114（2）2回采工作面临时避难硐室（2号硐室），沿顺槽至回采工作面；第三支线路从永久避难硐室经上山至东翼掘进工作面临时避难硐室（3号硐室），沿两个掘进巷道至掘进工作面前15 m处；第四支线路从永久避难硐室经上山至西翼掘进工作面临时避难硐室（4号硐室），沿两个掘进巷道至掘进工作面前15 m处；从永久避难硐室经运输上山一线路经轨道上山一线路至回风石门，有机结合形成整体防护。

2. 避灾路线

1）W1143回采工作面

冷灾：W1143工作面进风巷、回风巷→临时避难硐室→联络石门→架空行人上山→回风石门→临时避难硐室→斜风井。

热灾：W1143 工作面→进风巷、回风巷→临时避难硐室→联络石门→架空行人上山→联络石门→永久避难硐室→车场大巷→副斜井。

2）N1143 回采工作面

冷灾：N1143 工作面→进风巷、回风巷→开放避难硐室→进风巷、回风巷→临时避难硐室→架空行人上山→回风石门→临时避难硐室→斜风井。

热灾：N1143 工作面→进风巷、回风巷→开放避难硐室→进风巷、回风巷→临时避难硐室→架空行人上山→联络石门→永久避难硐室→车场大巷→副斜井。

3）掘进工作面

冷灾：掘进工作面→临时避难硐室→联络石门→架空行人上山→回风石门→临时避难硐室→斜风井。

热灾：掘进工作面→临时避难硐室→联络石门→架空行人上山→联络石门→永久避难硐室→车场大巷→副斜井。

8.2.4.6 应急预案的调整

依照该矿现有的事故灾难应急救援综合预案的编制总原则，以地面控制指挥为中心，建立和健全煤矿安全避险信息平台和井下避灾路线，为有条件撤离的遇险人员提供升井指导，为没有条件升井的遇险人员，提供快速进出硐室避险或原地避险信息及生存条件。调整后的预案应该具有快速撤离避险、随时随地巷道避险、硐室避险的能力。主要调整以下两方面。

1. 地面控制避险指导信息

（1）灾害信息监测。灾害监测，根据监控中心报警显示情况，确定发生异常巷道、地点及种类，根据事故指示异常及屏幕上各种传感器动作时间，异常波动的同步情况，确定遇险人员位置，形成初步结论。一方面向上级报告；另一方面向井下人员核实，反复观察、报告、核实，最后确定事故的类型，灾害范围和遇险人员位置。

（2）灾情信息报告。避险指导命令下达，根据避险核实结果下达避险命令，分巷道、硐室、不同灾害、不同位置，按 4 种避险模式，同时要求供给中心调整好供给压力，准确下达到每个人。继续坚持灾情变化的监测，及时报告，核实确认，下达避险命令，如此循环执行。

（3）事故救援。根据灾害监测情况、井下遇险人员分布位置，可以通过加大地面供气压力、水/营养液变换调整，满足遇险人员的生存条件。在灾害范围清楚的情况下，救援队员可以及时准确地近距离实施救援。

2. 井下 4 种避险模式合理应用

井下 4 种避险模式：报警通告快速撤离避险模式（适用于水灾撤离避险），报警通告避毒撤离避险模式（适用于有毒有害气体情况下短距离撤离避险），报警通告原地自救避毒及通讯避险模式（适用于避灾路线上撤离和避毒结合的避险），报警通告硐室避毒、避高温冲击的避险模式（适用于一时没有条件撤离的人员避险）。根据避险系统的不同避险模式，指导在不同位置、不同环境的遇险人员合理使用，确保安全和撤离。

8.2.5 紧急避险设备及安装

8.2.5.1 避难硐室设备组成和安装方式

避难硐室分为 3 种：永久避难硐室、临时避难硐室、开放避难硐室。

1. 永久避难硐室系统组成及安装

永久避难硐室避险设备由地面供给部分和自备设备部分组成。地面供给部分包括地面供给中心装备及井下专用供给管线；自备设备部分包括 9 大系统：密闭空间系统、供氧系统、空气净化系统、监测系统、通讯系统、动力保障系统、照明系统、生存保障系统、排气排水系统。

地面供给部分的供给中心装备包括空气压缩机、储气罐、储水箱等，井下专用供给管线由气、水、电、通讯 4 根管线组成，从地面供给中心输送到永久避难硐室。

自备设备部分的密闭空间由过渡室及生存室构成，采用防爆门及密闭门双层防护；供氧系统由条带供氧、氧气瓶及附属设备组成；空气净化系统由净化箱、CO 净化剂、CO_2 吸收剂、吸水剂等组成；监测系统由条带监测和便携仪监测组成，可监测 CH_4、CO_2、CO、O_2、温湿度等参数；通讯系统由条带提供的对讲装置、播报装置、大屏显示装置及矿用电话和其他无线通讯装置组成；照明系统由防爆日光灯、矿灯组成；生存保障系统由自救器、食品、饮用水、急救箱、担架、工具箱、集便器等组成；排气排水系统由排气管路、排水管路、单向排气、排水阀等组成。

永久避难硐室安装方式见施工相关文件。

2. 临时避难硐室系统组成及安装

临时避难硐室避险设备由地面供给部分和自备设备部分组成。地面供给部分包括地面供给中心装备及井下专用供给管线；自备设备部分包括 8 大系统：密闭空间系统、供氧系统、空气净化系统、监测系统、通讯系统、照明系统、生存保障系统、排气排水系统。

地面供给部分的供给中心装备包括空气压缩机、储气罐、储水箱等组成，井下专用供给管线由气、水、电、通讯 4 根管线组成，从地面供给中心输送到各临时避难硐室。

自备设备部分的密闭空间由过渡室及生存室构成，采用防爆门及密闭门双层防护；供氧系统由条带供氧、氧气瓶及附属设备组成；空气净化系统由净化箱、CO 净化剂、CO_2 吸收剂、吸水剂等组成；监测系统由 CH_4 传感器、CO_2 传感器、CO 传感器、O_2 传感器、温湿度计、矿用摄像仪等组成；通讯系统由矿用电话、对讲装置、播报大屏幕及其他无线通讯工具组成；照明系统由防爆日光灯、矿灯组成；生存保障系统由自动苏生器、隔绝式压缩氧自救器、食品、饮用水、急救箱、担架、工具箱、集便器等组成；排气排水系统由排气管路、排水管路、单向排气、排水阀等组成。

临时避难硐室安装方式见施工相关文件。

3. 开放避难硐室系统组成及安装

开放避难硐室避险设备由条带（KJ262 系统）进入开放避难硐室，提供 10 人用避毒面罩和对讲装置，10 台自救器。

8.2.5.2 避险条带装备组成和安装方式

1. 避险条带装备基本组成

避险条带装备主要有地面和井下两部分组成。

地面装备主要包括指挥平台、控制平台、供给平台。指挥平台主要由控制主机、对讲装备、终端显示装备等组成；控制平台主要由控制主机、对讲装备、通讯接口装备、终端显示装备等组成；供给平台主要由空气压缩机、储气罐、储水箱及附属装备组成。

井下装备主要包括进风主巷装备、回风主巷装备、采掘巷装备、永久避难硐室装备、临时避难硐室装备、开放避难硐室装备、掘进工作面装备、采煤工作面装备等。进风主巷装备主要由气、水、电、通讯 4 根管线、主巷自救站装备、抗破坏冗余装备、水减压装备、无线基站等组成；回风主巷装备由无线基站组成；采掘巷装备由救援平台装备、救生线、抗破坏冗余装备、无线基站等组成；永久避难硐室装备由硐室专用分站、硐室专用救生带、语音文字播报装备、防爆摄像仪等组成；临时避难硐室装备由硐室专用救生带、语音文字播报装备、防爆摄像仪等组成；开放避难硐室装备由硐室专用救生带组成；掘进工作面装备由工作面救生带、语音文字播报装备组成；采煤工作面装备由无线基站组成。

2. 避险条带装备安装方式

1）地面部分

（1）紧急避险指导控制中心。控制中心拟设在矿井调度室，室内设备背光放置，摆放要平稳固定，便于人员通行。传输线缆出户后建议选择空架方式进行施工，架空时线缆确保供电、通讯无阻，可根据实际情况在特殊地段选择地埋施工方式。

（2）紧急避险供给中心。供给中心设置在地面一层，距井口 30 m 以上，但不应超过 100 m,无现有房屋的需新建供给中心房屋。供给中心占地面积大于 50 m^2,举架高度 2.7 ~ 3.0 m。设备布局合理、便于维护；具备 660 V/3000 W、380 V/20 kW 动力电和 220 V/3000 W 照明电，需要配置避雷器并做接地处理，内设应急供给设备区。

（3）紧急避险指挥中心。指挥中心拟设在煤矿会议室，室内设备布局摆放合理，便于使用与维护，可根据现场实际情况进行调整。

2）井下部分

（1）主巷救援管线安装方式。主巷救援管线安装方式主要有 3 种：地埋铺设方式、巷道赶角铺设方式、煤壁悬挂铺设方式。设计该矿井主巷救援管线安装方式采用地埋铺设方式。

（2）主巷救援管线上各功能点的安装方式。主巷救援管线上各功能点如多功能自救站、抗破坏冗余、水减压装置、管线节点等，均采用壁龛方式安装。

（3）采掘巷救生管线安装方式。采掘巷救生管线安装方式主要分为 3 种：煤壁半凹槽铺设方式、巷道赶角铺设方式、煤壁悬挂铺设方式。根据该矿井采掘巷道的实际情况，救援管线安装方式采用煤壁半凹槽铺设方式为主，3 种方式相结合进行安装。

（4）无线基站、播报大屏幕、矿用隔爆摄像仪等设备的安装方式。可以采用壁龛安装方式或煤壁悬挂安装方式，也可根据井下巷道的实际情况及施工的难易程度进行确定，建议采用壁龛安装方式。

8.2.5.3 自救器

除下井矿工随身携带自救器外，井下还配备自救器数量 200 个。其中永久避难硐室 80 个，临时避难硐室 100 个，开放式避难硐室 20 个。

8.2.6 管理及维护

8.2.6.1 管理机构与管理职责

1. 管理机构

为保证煤矿紧急避险系统建设更加完善，避险设备管理制度落实到位，达到矿井紧急避险系统建设的目的，应成立避险设备管理制度领导组织机构：

组长：矿长、书记。

常务副组长：总工程师。

副组长：生产矿长、安全矿长、机电矿长。

成员：矿长助理、采掘副总、机电副总、调度室主任、安标办主任等 12 个单位的主任。

组织机构下设紧急避险管理办公室。办公室设在调度室，调度室主任为应急管理办公室主任。

矿长是全矿紧急避险系统管理制度的第一责任人，总体负责全矿紧急避险系统管理制度的落实。总工程师具体负责全矿紧急系统管理制度的编制、会审、执行，各种演习和演练方案的修订。各分管矿领导对分管专业的紧急避险系统应急管理的贯彻、学习、执行工作全面负责。各职能部室、区队按照紧急避险系统的具体职责分工，进行专业化管理，具体负责各部门管理制度的落实。

2. 管理职责

为保证紧急避险系统设备正常的使用、维护、管理，保证设备安装规范、保护有效、稳定可靠运行，提升矿井安全防护水平，规定各部门管理职责如下：

1）生产技术部

（1）负责整个矿井紧急避险设施的布置，要充分考虑矿井各采区作业人员的数量，科学合理布置各种避险设施。

（2）负责永久避难硐室、临时避难硐室的设计，并监督施工单位按照设计要求施工。

（3）按照矿井采掘工作面生产接续计划，有计划、有步骤地施工避难硐室。

（4）当矿井紧急避险系统进行调整后，要及时通知矿所有部门、区队，要求各部门、区队进行贯彻学习。

（5）协助总工程师制定详细的《紧急避险应急演练》方案，每年至少演练 1 次。

2）调度室

（1）矿应急避险管理办公室设在矿调度室，要统计矿井紧急避险系统各设施日常运行情况。

（2）随时调度矿井各紧急避险设施的工作状态。

3）设备管理部

（1）确定专职人员对紧急避险设施进行日常维护和管理，保证其始终处于正常待用状态。

（2）对紧急避险设施及配套设备进行维护和检查，并按产品说明书要求定期更换部件或设备。

（3）组织人员对避险设备的系统性功能进行测试和试运行，满足要求后方可通过验收。

4）机电队

（1）要将紧急避险设施与矿井安全监测监控、人员定位、压风自救、供水施救、通信联络等系统相连接，形成井下整体的安全避险系统。

（2）按照紧急避险维护管理制度，配合厂家对紧急避险设施进行检查、维护。

5）质量标准化办公室

（1）将了解紧急避险系统、正确使用紧急避险设施作为入井人员安全培训的重要内容，确保所有入井人员熟悉井下紧急避险系统，掌握紧急避险设施的使用方法，具备安全避险基本知识。

(2) 制定矿井紧急避险系统培训计划、实施方案，达到全体员工对各种避险设施人人会使用、个个会操作的目的。

(3) 紧急避险设施内应悬挂或张贴简明、易懂的使用说明，指导避险矿工正确使用。

(4) 按照规定在采掘工作面、开拓大巷等巷道内悬挂紧急避险设施的具体位置指示牌板，引导避险人员安全撤离、避险。

6) 通风队

(1) 保证入井人员配备额定防护时间不低于30 min的自救器，入井人员应随身携带。

(2) 按照紧急避险维护管理制度对紧急避险设施的一氧化碳、二氧化碳、甲烷、硫化氢等气体含量进行检查，并与避险设施的在线监测系统进行核对，发现异常及时汇报。

(3) 及时更新绘制矿井避灾路线图，在矿井避险路线图内明确标注紧急避险设施的位置。

7) 运转队

(1) 负责紧急避险设施的入井运输。

(2) 随着采掘工作面回采的推进，负责工作面巷道内紧急避险设施的移动。

8) 队组

(1) 负责其责任范围内紧急避险设施的日常看管、卫生等质量标准化工作。

(2) 配合运转队对其责任范围内的紧急避险设施进行移动。

(3) 作为责任主体，负责本队组职工使用紧急避险设施的管理工作。

8.2.6.2 避险系统管理制度

1. 地面避险控制管理

1) 地面设备状态管理

连续供电能力管理、供气能力管理、应急维修管理、设备完好管理。

2) 地面设备运行管理

(1) 首次登记管理。应在系统首次登记时，对矿井、巷道、设备等位置信息和人员、班组、部门等岗位信息进行管理，并做好登记备份，以保证系统的正常运行。

(2) 首次自动化设定管理。在初次安装时，应对监测异常、设备故障、人员违章等进行设定及记录，以保证日常设备执勤工作。

(3) 日志管理。应定期对系统内监测、设备、人员等日志进行管理，包括备份、查询等，建议记录有效时间为3个月。

(4) 备份管理。应定期对系统内监测、通讯、人员情况等数据进行备份，以便于系统分析、日常维护，建议备份有效时间为9个月，不能超过1年。

3) 地面设备预警管理

水灾预警设定管理、瓦斯（煤尘）爆炸预警设定管理、发火灾害预警设定管理、供气供水压力地面预警设定管理、井下压力不足预警设定管理、设备变更合格预警管理、井下设备运行异常预警管理、传感器变动预警设定管理等。

2. 井下避险装备管理

1) 永久避难硐室管理

自备装备供给管理，包括对供氧系统、排毒系统、食物、饮用水、废物处理、动力、防爆门气幕喷淋压力等的管理。

专用管线供给管理，包括对监测、地面通知显示、通讯、避毒面罩供气、营养液等的管理。

自救器管理，包括对定期更换、补齐等的管理。

2）临时避难硐室管理

自备供给管理，包括对供氧系统、排毒系统、食物、饮用水、废物处理、防爆门气幕喷淋压力等的管理。

专用管线供给管理，包括对监测、地面通知显示、通讯、避毒面罩供气、营养液等的管理。

自救器管理，包括对定期更换、补齐等的管理。

3）避灾路线上避险条带管理

包括对保持常压状态、保持供气新鲜、保持供水新鲜、主巷传输延长、条带转面、条带掘进和回采跟踪移动、临时硐室变更、开放避难硐室变更、避险演练等的管理。

8.2.6.3　避险设备日常维护

应定期对系统软件及硬件设备进行维护，并对维护的项目内容、维护结果等做好记录，维护项目内容如下。

1. 地面避险装备维护

（1）井上控制中心、供给中心、指挥中心须专人操作、专人管理。

（2）供给中心油水分离器须定时进行清理。

（3）供给中心水箱内的水须每周更换1次。

（4）定期检查电气设备和仪器仪表的完好性以及是否正常运行。

（5）生化传感器3个月须重新调校1次（避险监测是采用相对量测量，只调校零点），水位、温度、矿音、矿震、定位传感器由控制系统自动校准。

2. 井下避险装备维护

（1）条带供气管路在矿井正常工作时期须保持正常供气压力。

（2）条带水管内的水在煤矿正常工作时须放空。

（3）面罩、饮水嘴用后须放回原位。

（4）工作面救生线须随工作面推进而移动（60～100 m调整1次）。

（5）矿井应建立避难硐室专门的管理制度，设专人管理，定期检查。

（6）硐室内食品、水和急救药品应在有效期内，过期或失效的必须及时更换。

（7）氧气瓶应有专人负责，定期检查，若压力低于额定压力的95%，应及时补充，定期检测压风供气装置的完好性，压风压力和压风供气量应符合压风自救供气系统要求。

（8）净化系统中所使用的化学药剂应封装保存。若未使用，CO_2吸收剂、CO吸收剂、活性炭、吸湿剂等化学药剂应根据其有效使用期分别管理，如果发生变色失效，应及时更换。

（9）硐室内外生化传感器3个月须重新调校1次，水位、温度、矿音、矿震、定位传感器由控制系统自动管理。

（10）定期检查硐室内电气设备和仪器仪表的完好性以及是否正常运行。

（11）硐室内面罩、饮水嘴等避险装备用后须放回原位。

8.2.7 避险设备运行及操作

8.2.7.1 地面指挥控制系统

1. 控制平台操作方法

控制平台操作人员需经专门培训，能够熟悉控制平台操作程序和操作方法，定期预警设定，依靠异常设定的报警声音，对设备进行操作。

异常情况下，要严格遵守操作流程、预案、日志，保证指导到位、通讯畅通。

2. 供给平台操作方法

查看供给平台内部管路连接是否完好，按下供给控制平台功能选择按钮，选择压力窗口显示的内容，调节控制阀门，选择供给类型（空气/氧气、水/营养液），调节旋钮，控制供给流量，保持供给压力。备用电源、气箱压力自动调整。

8.2.7.2 紧急避险设备操作

1. 地面避险控制操作方法

预警设置操作：共5大项28小项。

井下异常报警操作：根据报警提示信息，向上级汇报，根据决策命令，进行具体下达撤离指令（包括全井撤离、原地待援等），具体操作步骤见操作说明书。

2. 井下紧急避险设备操作方法

1）永久（临时）避难硐室避险设备操作方法

根据自己的判断和地面指导的方法进入硐室，关好防爆门、密闭门，防止毒气进入，依据硐室内监测的 O_2 和 CO 的情况，选择更换避毒面罩或是弥漫呼吸。如果选择避毒面罩，首先打开盖，取出配戴使用；选择弥漫呼吸，即打开供气开关。使用其他相关设备依照操作规程。根据地面指示，人员可以撤离时在确保安全的情况下，关好门，离开硐室，安全升井。条带系统与永久避难硐室结合如图4-8-8所示。

2）避灾路线上条带避险设备操作方法

图4-8-8 条带系统与永久避难硐室结合

根据地面的各种信息和指令，用自救器短距离离开现场或选择原地避毒自救。可以撤离时，根据地面指示，在确保所在位置没有毒气的情况下，关上开关，快速升井或在巷道上二次避毒通讯。

不同灾害条件下的具体操作流程如下：

（1）矿井水灾避险。根据条带上发布的报警命令（向井口、向井口相反方向撤离或原地与地面通话），采取避险流程：按照报警指示灯的命令→快速撤离/与井上人员通话→沿冷灾避灾路线升井。

（2）瓦斯灾害避险。根据条带上发布的报警命令（向井口、向井口相反方向撤离或原地与地面通话），采取避险流程：按照报警指示灯/文字播报/语音播报/短信呼叫的各种命令→与井上人员通话/快速撤离/原地自救/进入避难硐室避险→文字播报/语音播报/短信呼叫/与井上人员通话→沿热灾避灾路线升井。

（3）矿井火灾避险。根据条带上发布的报警命令（向井口、向井口相反方向撤离或原地与地面通话），采取避险流程：按照报警指示灯/文字播报/语音播报/短信呼叫的各种命令→与井上人员通话/快速撤离/原地自救/进入避难硐室避险→文字播报/语音播报/短信呼叫/与井上人员通话→沿着热灾避灾路线升井。避毒呼吸面罩5步操作流程如图4-8-9所示。

图4-8-9　避毒呼吸面罩5步操作流程

（4）冒顶地压灾害避险。根据条带上发布的报警命令（向井口、向井口相反方向撤离或原地与地面通话），采取避险流程：按照报警指示灯/文字播报/语音播报/短信呼叫的命令→与井上人员通话/快速撤离/原地自救/进入避难硐室避险→文字播报/语音播报/短信呼叫/与井上人员通话→沿地面指导的避灾路线升井。

（5）煤尘爆炸灾害避险。根据条带上发布的报警命令（向井口、向井口相反方向撤离或原地与地面通话），采取避险流程：按照指示灯/文字播报/语音播报/短信呼叫的命令→与井上人员通话/快速撤离/原地自救/进入避难硐室避险→文字播报/语音播报/短信呼叫/与井上人员通话→沿热灾避灾路线升井。

8.2.8 避险装备应用培训

针对领导决策层、操作维护层和避险应用层依照预案进行避险装备定期培训，以提高应对突发灾情的避险指挥、处理和自救能力，从而最大限度地发挥避险装备的避险效果。

（1）领导决策层培训。避险系统的主要功能和作用，了解紧急避险系统的技术路线、设计思想、避灾原则。

（2）控制中心（操作维护层）操作培训。主要培训日常使用操作步骤、维护方法、预警设定，保证系统正常使用和运行；异常使用操作，遇到报警是设备异常还是灾害异常；能够熟练读懂井下事故发生地点、范围等信息，利用设备与井下遇险人员通讯核实；熟悉井下避险设备摆放位置和使用方法，能够按流程熟练操作避险装备。

（3）井下避险人员（避险应用层）培训。主要培训避险装备的合理使用，多种避险装备的选择使用，对避灾路线上避险装置的位置、数量熟知，对避险装备指示、文字、广播、短信熟练应用，对硐室内所有装备熟知位置、熟悉操作。

8.2.9 投资估算

“六大系统”项目建设总投资×××万元，包括设备费、安装费、工程费、硐室建设费。

8.3 紧急避险系统设计范例3

此范例为中煤平朔煤业有限责任公司某矿紧急避险系统方案设计。

矿井特点：矿井隶属中煤能源集团公司，始建于2003年6月，设计生产能力350万t/a，2005年9月竣工投产；2006年7月核定生产能力1000万t/a。矿井采用斜井、立井混合开拓方式，共其主井、副井为斜井，回风井为立井。大巷东西向布置、双翼开采，主水平布置在9号煤层中，4号煤层设置辅助水平。矿井通风方式为中央并列式，通风方法为抽出式，即主斜井和副斜井进风，回风立井回风。目前，矿井生产队组分布在4号煤层、9号煤层的太西采区作业，其中4号煤层布置1个综采面、2个掘进工作面，9号煤布置1个综采准备面、1个掘进工作面。采用“三八”工作制，每班正常下井工作人员280人，最多工作人员330人。

设计特点：设计采用“自救器+避难硐室+可移动式救生舱”有机结合形式。根据矿井在未来五年以上采煤工作面都布置在9号煤层的实际情况，在9号煤层B段辅运巷和主运巷之间建设1个永久避难硐室，有2个进出口，均设在避灾路线上，服务年限在5~10年。考虑到4号煤层开采的实际情况，不设立永久性避难硐室，而是设置可移动救生舱，满足该煤层的紧急避险需要。对于在矿井其他地点，主要依靠自救器和设置中继站提高应急避险的续航能力。

可能需关注的问题：最好增加设计概述，对设计有一个总体描述；进一步强化对矿井安全风险的分析，以进一步明确矿井在突发紧急情况下的紧急避险需求；应考虑在突发紧急情况下矿井安全监测监控系统失效时，永久避难硐室应有独立的安全监（检）测设备设施或系统，对硐室内外的环境参数进行检测或监测，并明确监（检）测环境参数的种类及设备仪表的数量；过渡站的设置可有效提高依靠自救器安全逃生的续航能力，宜进一步明确其设计原则和依据；生命绳上方向标等的设置应有利于引导遇险人员安全快速逃生。

8.3.1 矿井基本情况

按照国家有关规定，目前矿井监测监控、人员定位、压风自救、供水施救和通信联络等五大系统建设完备，设备先进，管理完善，基础牢固，为建设紧急避险系统建设提供了良好的基础条件。

8.3.1.1 开采技术条件

1. 煤层顶底板特征

从井田的钻孔资料分析，开采煤层顶板岩性大致分为3种类型：砂岩、泥岩、泥灰岩；底板岩性大致分为2种类型：泥岩、砂岩。测试结果表明砂岩、灰岩抗压强度大，属于稳定型；泥岩抗压强度较小，属于中等稳定。从上窑区的开采情况分析，直接顶板为泥岩或砂岩，随着工作面的回采，顶煤的回收，能够自行垮落，顶板较易管理。

2. 煤层赋存及开采情况

现回采的4号煤层平均厚度10.47 m，9号煤层平均厚度13.75 m。

采用斜井、立井混合开拓方式，其中主井、副井为斜井，回风井为立井。大巷东西向布置、双翼开采，主水平布置在9号煤层中，4号煤层设置辅助水平。

矿井通风方式为中央并列式，通风方法为抽出式，即主斜井和副斜井进风，回风立井回风。

目前，矿井生产队组在4号煤层、9号煤层的太西采区作业。其中，4号煤层布置1个综采工作面、2个掘进工作面，9号煤布置1个综采准备面、1个掘进工作面。

3. 矿井瓦斯

根据2007年瓦斯等级鉴定报表，上窑区绝对 CH_4 涌出量0.2723 m^3/min，相对 CH_4 涌出量0.0098 m^3/t；绝对 CO_2 涌出量10.0633 m^3/min，相对 CO_2 涌出量0.3609 m^3/t。鉴定时矿井日产量40147 t，属低瓦斯矿井。

依据上窑区 CH_4、CO_2 相对涌出量最大值计算，太西区达到10.0 Mt/a 的生产能力时，绝对 CH_4 涌出量0.21 m^3/min，绝对 CO_2 涌出量7.59 m^3/min，故太西区按低瓦斯矿井设计。

根据《山西省平（鲁）-朔（县）矿区马关河西区详查地质报告》，瓦斯含量在太西区南部煤层深埋地区有增高的趋势，在生产中应予以注意。太西区投产以后，应尽快进行瓦斯涌出量及等级鉴定，根据鉴定结果重新修改通风设计。

4. 煤尘

太西区各煤层挥发分均大于36%，根据山西省煤炭工业局综合测试中心2003年12月20日提交的检验报告，上窑区4、9号煤层煤样的火焰长度为400 mm，岩粉用量为

80%，煤尘均具有爆炸危险性。

根据山西煤矿设备安全技术检测中心2006年7月10日提交的检验报告，上窑区4号层煤层煤样火焰长度75 mm，岩粉用量75%；9号层煤样火焰长度130 mm，岩粉用量80%，煤尘具有爆炸危险性。

5. 煤的自燃倾向性

根据山西省煤炭工业局综合测试中心2003年12月20日提交的检验报告，上窑区4号煤层煤样的吸氧量为0.8184 cm^3/g，自燃倾向性为Ⅰ类，属容易自燃煤层；上窑区9号煤层煤样吸氧量0.8667 cm^3/g，自燃倾向性为Ⅰ类，也属容易自燃煤层。

根据山西煤矿设备安全技术检测中心2006年7月10日提交的检验报告，4号层煤样吸氧化量0.68 cm^3/g，自燃倾向性为Ⅱ类，属自燃煤层；9号层煤样吸氧量0.48 cm^3/g，自燃倾向性为Ⅱ类，属自燃煤层。该矿井采用注氮和注凝胶灭火方法，生产过程中没有发生煤层或浮煤自燃现象。

周边的煤矿（旧井）均发生过井下煤层自燃现象；据对另一煤矿（旧2号井）的调查，煤场存放5000 t以上的煤堆，100天以上会自燃，被雨淋或注水后更易自燃。

8.3.1.2 采区人员分布

各采区人员分布情况见表4-8-24。

表4-8-24 各采区人员分布情况表

采区名称	工作面人数	施工单位	作业方式/班	小班正常作业人数/班	小班最多作业人数/班
太西4煤	14108工作面	综采队	3	30	34
	14110辅运巷	掘进一队	3	25	28
	14110主运巷	掘进三队	3	25	29
小计				80	91
太西9煤	19106工作面	综采准备队	3	30	34
	19107主运巷	掘进二队	3	20	23
小计				50	57
其他生产辅助人员			3	150	182
合计				280	330

8.3.1.3 “六大系统”现状

1. 监测监控系统

该矿安全监控系统采用KJ86系统，2004年12月建成并投入使用。2008年1月，依据《煤矿安全监控系统通用技术要求》（AQ6201—2006）的规定，对系统进行了升级改造，升级为KJ86N系统。

KJ86N煤矿安全监控系统以“工业以太环网+CAN总线”为数据传输平台，结合CAN总线传感器，使系统在传输距离、传输速度、可靠性、信息实时性以及系统集成能力等方面具有良好性能。

目前，该井下共配备 CH_4、CO、风速、温度等各类传感器共190台，按照《煤矿安全监控系统及检测仪器使用管理规范》（AQ1029—2007）的规定覆盖全矿，符合国家要求。装备的传感器数量和种类齐全，系统风瓦电闭锁、瓦斯超限断电及故障闭锁功能稳定，运行良好，完全能够满足矿井安全生产的需要。

2. 人员定位系统

该矿人员（含车辆）定位系统2007年1月建成投入使用，采用KJ251系统。2011年7月，对该系统进行了升级改造，升级为KJ399矿用人员管理系统。该系统采用“Z-NET”综合通信平台，Zigbee技术实现井下人员和车辆的精确定位（≤20 m）。由地面管理计算机及软件、人员定位分站、人员标识卡等组成，可实现对矿井入井人员实时监测、跟踪定位、轨迹回放、考勤统计、报表查询的功能。

目前，共安装井下定位基站128台，所有入井人员以及车辆全部安装定位卡，安装情况符合《煤矿井下作业人员管理系统使用与管理规范》的相关规定。

3. 压风自救系统

该矿压风系统2009年8月建成并投入使用。采用地面集中压风方式，在太西地面工业广场建设压风车间，车间内安装6台M300双螺杆空压机，两用两备两检修。井下压风管路系统由地面钻孔铺设的1路DN200无缝钢管给太西4煤采区及太西9煤采区集中供风。采区主干线管路全部铺设DN200无缝钢管，各采掘巷道支线管路全部铺设DN100无缝钢管，矿井辅运、主运等主要巷道铺设DN50无缝钢管。全矿压风管路共43400 m，每隔200 m设置1个压风三通阀门，目前已覆盖各采掘工作面、主要硐室、主要辅运、主运、回风大巷以及副斜井等，可以满足在发生突发事故时，井下作业人员现场自救。

4. 供水施救系统

该矿供水施救系统2004年6月建成并投入使用。上窑区设置主、副蓄水池，通过上窑回风立井铺设的2路DN200钢管作为井下供水水源。2009年8月，太西地面工业广场建成并投入使用，该工业广场设置主、副蓄水池，通过地面钻孔铺设的2路DN200无缝钢管给全矿正常供水。该系统中的蓄水池水源全部来自井下排水，经过地面水处理车间处理后，再供往井下使用，实现了循环使用，节约资源。上窑区蓄水池作为备用水源，两个系统可以相互切换，互为备用。全矿供水管路共53747 m，每隔200 m设置1个供水三通阀门，目前已覆盖各采掘工作面、主要硐室、主要辅运、主运、回风大巷以及副斜井等，可以满足井下突发事故时作业人员的供水施救需要。

5. 通讯联络系统

矿井调度通讯系统2004年12月建成并投入使用，采用CC08-S系统。2008年8月将原系统改造为SP30CN调度通讯。该系统井下电话均接入矿内调度交换机，井上办公电话通过信息中心交换机接入公网。公网电话可通过矿内总机转井下电话（自动转接）。由PC调度台、软键盘调度台、井下通讯电缆和矿用防爆电话机组成，具备强插、强拆、任意接听、调度代答、转接、呼叫等待、多方通话、调度会议、调度录音、呼叫保留、调度组呼/群呼、故障代答等功能。

采用KTH33型防爆电话机，具有无应答自动摘机功能。地面主通风机房、井下变电所、水泵房等要害场所均安装2部KTH33型防爆电话机，且1部为直通电话，摘机后自动拨通矿调度室。采掘工作面、各转载点、给煤机、采掘巷道口等其他地点均安装防爆电话机，共计安装81部，满足矿井安全生产的需求。

8.3.1.4 井下避灾路线

逃生过程中合理使用紧急避险系统进行避险。若正常避灾路线受阻，则立即撤离至最近的应急救生舱或永久避难硐室内等待救援。

1. 避火灾

避火灾的一般原则：迅速辨认出风流的方向，尽快佩戴自救器由捷径绕至新鲜风流处，并迅速向调度室汇报。如果火势不大应尽快组织人员进行直接灭火；如果火势较大应尽量控制火势的蔓延，并迅速通知受火灾影响区域的人员撤离灾区；当巷道内已充满烟雾，切不可惊慌，要沉着冷静地在有经验的老工人或班组长的带领下，俯身有秩序地撤退至最近的避难硐室或救生舱；当无路可退时，应尽量利用临时构筑物或两道风门之间形成临时避难硐室，设法与外界联系，努力维持改善自身的生存条件，等待救援。

避火灾路线：如果工作面发生火灾，工作面火源上风侧进风巷的人员从工作面进风巷撤出。工作面火源下风侧及其回风顺槽的人员在能穿越火区的条件下，从进风侧撤出，否则佩带好自救器从回风巷经联络巷风门撤出，在无法撤离地面时选择撤离至最近的紧急避险设施内。

例如，14108工作面发生火灾时的避灾路线：14108工作面作业地点→14108工作面辅运顺槽→可移动救生舱。太西9煤B段发生火灾时的避灾路线：太西9煤B段作业地点→太西9煤辅运大巷B段→永久避难硐室。

2. 避水灾

避水灾的一般原则：遵循沿标高较高的巷道撤退，当水势较大时，应尽量避开泄水主流，防止被流动的木料和矸石撞伤；当无法撤退时，可选择标高尽可能高的巷道避灾等待救援。

太西9煤B段发生水灾无法撤离至地面时则按以下避灾路线进入井下永久避难硐室避险：太西9煤B段作业地点→9煤辅运大巷B段→永久避难硐室。

8.3.1.5 应急预案组织机构

为了加强对煤矿井下灾害事故应急处理工作的领导，保证事故应急响应及时和抢救工作迅速有效，减少和降低事故发生所造成的人身伤害和财产损失，事故发生后应立即启动应急预案。

1. 应急领导小组

总指挥：矿长。

副总指挥：党委书记、总工程师、生产副矿长、安全副矿长、机电副矿长、矿长助理

成员：采掘副总工程师、机电副总工程师、副主任政工师、调度主任、地测部主任、技术部主任、通风队长、设备管理部主任、运转队长、驻矿安监站长、机电队长，质标办主任、综合办主管、党群工作部主管、经营管理部主管、各采掘队长。

2. 应急抢险指挥部

应急抢险指挥部设在矿调度室，总指挥：矿长。

应急领导小组下设5个专业组：

（1）技术方案组。

组长：总工程师。

成员：通风副总工程师、采掘副总工程师、机电副总工程师、各单位技术主管。

（2）现场抢救工作组。

组长：生产副矿长。

成员：采掘副总、各单位负责人。

（3）供风供电通讯组。

组长：机电副矿长。

成员：矿长助理、机电副总工程师、机电队副队长、通风队副队长、机电设备管理部副主管。

（4）安全监督协调组。

组长：安全副矿长。

成员：调度室主任、质标办主管、驻矿安监站长、调度室副主管。

（5）生活后勤保障组。

组长：矿党委书记。

成员：副主任政工师、机电管理部主管、辅运队队长、综合办主任、党群工作部主任、综合治理办主任。

3. 应急领导小组、专业组及成员职责

1）领导小组职责

当事故发生后，由领导小组根据事故性质，共同制定抢险救灾应急方案，统一组织指挥事故应急抢险工作。

2）指挥部职责

负责上传下达事故应急抢险领导小组的指示，统一调度指挥抢险救灾工作。

3）领导小组成员职责

（1）矿长：组织应急领导小组研究制定抢险救灾方案，指挥抢险救灾工作。在人员按正常避灾路线撤离受阻时，应立即命令相关人员撤离到井下永久避难硐室或救生舱中等待救援。

（2）矿党委书记：负责抢险救灾过程中的生活后勤保障和治安保卫工作，组织相关部门为抢险救灾工作提供所需资金、材料、设备和物资。

（3）总工程师：负责组织制定抢险救灾技术方案，编制抢险救灾安全技术措施，协助矿长指挥抢险救灾工作。

（4）生产副矿长：落实抢险救灾应急方案，负责事故现场抢险救灾的具体指挥工作。

（5）安全副矿长：负责抢险救灾安全技术措施的落实，保障抢险救灾工作中的安全；组织相关部门对事故原因进行调查分析，编制事故分析报告。

（6）机电副矿长：负责指挥机电、运输部门开展抢险救灾工作，组织调运抢险救灾工作所需机电设备；协调做好抢险救灾过程中的供电、通讯及运输保障工作，确保紧急避险系统处于最佳备战状态。

4）专业组职责

（1）技术方案组职责：负责日常技术资料、图纸的收集整理；负责专项事故应急预案的编制和修订，督导各区队学习；根据事故和矿井安全避险系统的实际情况，制定抢险救灾技术方案和措施，为指挥部决策提供技术依据。必要时，可尽快委托实力雄厚的科研单位提供技术支持；收集整理有关事故处理信息资料，提供事故报告需要的相关数据；制定恢复生产的安全技术措施。负责制定紧急避险系统的使用及训练方案。

（2）现场抢救工作组职责：参加抢险救灾的全过程，根据救灾指挥部批准的事故处理方案，组织相关人员配合矿山救护队开展抢险救灾工作，并对事故处理方案进行检查确认，保证抢险救灾工作安全顺利开展；发现不安全因素立即提出安全可靠的补救措施。做好紧急避险各系统的日常维护及运行管理工作，确保各系统处于最佳备战状态。

（3）供风供电通讯组职责：日常熟悉井下各采掘通风、供电线路，及时更新各采掘供电系统图和排水系统图；负责日常井下巷道内“一通三防”设施、通信线路的检查、维修，确保井下通信畅通；负责日常检查“一通三防”设施、供电、排水、通讯系统设备完好，发现问题及时处理；负责应急救援期间井下基地指挥部电话安装和通讯线路维护，保证通信畅通；负责应急救援时的供电和物资供应；负责灾变通风系统的调整；按照指挥部命令，积极参加抢险救灾，及时完成任务。

（4）安全监督协调组职责：负责对抢救工作和入井人员的控制实行有效的监督工作；对事故现场进行保护、交通疏散和秩序维护工作，保证救援工作顺利进行；监督检查各项工作安全措施的落实和救援进度；协调救援工作，传达指挥部指令；收集、汇报救灾情况；按照指挥部命令，安全高效完成其他任务。在井口候车室、井下主要作业地点等人员集中和重要地点设置紧急避险系统的位置示意图，在井下巷道内设置通向紧急避险系统的指路标识，并在紧急避险系统处设置快速操作示意图。

（5）后勤保障组职责：负责事故抢救和处理过程中的治安保卫工作，维持矿区的正常秩序，不准闲杂人员入矿，并在井口附近设专人警戒，严禁闲杂人员逗留、围观；负责事故抢险过程中物资及设备、人员的协调组织工作，协调抢险中出现的问题；迅速对矿区内各通往受灾区域的道路实行交通管制，疏导其他非救灾抢险车辆和人员改走其他通道，确保抢险、救灾通道畅通无阻；组织清点人数，组织抢救、疏散受灾区域或危险区域的人员；组织做好伤亡人员的家属临时安顿工作，协调有关善后处理问题；按照指挥部命令，安全高效完成其他任务。

8.3.1.6 应急响应程序

1. 事故的汇报程序

（1）当矿井发生灾害事故时，事故现场的负责人要及时向矿调度室汇报。汇报时要讲清灾害事故发生的时间、地点、性质、影响范围、灾害程度等，且电话附近留人值守，随时和调度室保持联系。

（2）矿调度室接到事故汇报后，做好汇报记录，并立即将事故情况汇报矿值班领导、矿相关部门和公司调度室。

（3）矿值班领导接到事故汇报后立即到调度室启动应急预案，成立抢险救灾指挥部，组织相关部门开展抢险救灾工作。

2. 抢险救灾工作要求

（1）事故灾害发生后矿所有部门和人员必须服从抢险指挥部的指挥、调遣。

（2）在抢救人员未到达现场之前，事故单位及现场人员应开展自救工作，在抢救过程中必须注意安全。

（3）事故单位技术人员应及时准确向指挥部提供现场人员名单、员工详细资料和培训档案，协同技术科、安监站提供有效的技术资料。

（4）抢险救灾工作必须严格按照抢险救灾应急方案和抢险救灾安全技术措施进行，做到安全、有序、快速、有效。

（5）做好紧急避险各系统的日常维护和运行管理工作，确保紧急避险系统运行良好，处于最佳的备战状态。遇灾后，要合理使用紧急避险系统进行逃生和抢险救灾工作，若按正常避灾路线撤离受阻时，应立即命令相关人员撤离到井下永久避难硐室或救生舱中等待救援。

3. 处理事故必备的技术资料、材料、设备、救护队伍

（1）矿井通风系统图、反风试验报告及反风时保证反风设施完好可靠的检查报告。

（2）矿井供电系统图和井下电话的安装地点。

（3）井下消防洒水管路、排水管路和压风管路系统图。

（4）地面和井下消防材料库的位置及储备的材料、设备、工具的品名和数量记录表。

（5）井上下对照图，地面铁路、公路、钻孔、水管及其他存放材料、设备和工具的地点等。

（6）矿救援设备台账、矿井紧急避险系统布置图等相关图纸及资料。

4. 安全迅速撤出人员的措施

（1）发生事故后，指挥部根据灾害的类别，确定受威胁区域，矿调度室负责用电话通知受威胁区域人员，电话不通时由救护队人员到受威胁区域利用音响设备通知受威胁区域人员。所需材料设备：电话、扩音喇叭。

（2）抢救生产技术组负责在矿井避灾路线图上标明人员撤退路线及该路线上需设的照明设备、路标、自救器及临时避难硐室的位置。

（3）根据灾害的类别和程度，由抢救生产技术组制定风流控制方案，由指挥部下达风流控制命令。矿井主要进风巷和硐室发生火灾时，为抢救井下工作人员，如需进行全矿井反风，反风前必须将火源进风侧的人员撤出；采取风流短路措施时，必须将受影响区域内的人员全部撤出。

（4）发生事故后，矿调度室负责通知有关段队、矿灯房、考勤室准确统计当班井下人数及其姓名，统计已上井的人数和姓名，以便分析灾区人员数量及其分布。

（5）事故发生后，指挥部根据事故的类别分析图纸确定救护队员向遇险人员接近的路线。

（6）根据遇险人员所处位置的具体情况，采用打钻或利用已铺设的高压管路，向待救人员供给空气、食物和水。

（7）若按正常避灾路线撤离受阻时，应立即命令相关人员撤离到井下永久避难硐室或救生舱中等待救援。

8.3.2 危险源分析

8.3.2.1 瓦斯、煤尘、自然发火危险

2010年9月山西煤矿设备安全技术检测中心对该矿的瓦斯等级鉴定为低瓦斯矿井，鉴定结果见表4-8-25。

瓦斯危险源的存在地点主要是采煤工作面、掘进工作面、采空区、井下通风不良场所。

表4-8-25 矿井瓦斯等级鉴定情况

煤 层	绝对涌出量/($m^3 \cdot min^{-1}$)		相对涌出量/($m^3 \cdot t^{-1}$)	
4煤	CH_4	0.1887	CH_4	0.0098
9煤	CH_4	0.0673	CH_4	0.2869

根据山西煤矿设备安全技术检测中心对煤矿进行的煤尘分析测定，矿井煤尘爆炸指数为38.21%，属于易燃强爆煤尘。存在的主要地点是采煤工作面、掘进工作面、各个工作面巷道、煤巷及煤尘易集聚的地方。

煤层自燃发火期在4~6月左右，自燃发火等级为Ⅱ级。

8.3.2.2 水文地质情况

矿井主要含水层为奥陶系灰岩岩溶含水层，山西组、太原组砂岩裂隙含水层，预测2010年太西采区总涌水量为520 m^3/h左右，上窑区涌水量为200 m^3/h左右。

8.3.2.3 冒顶片帮危险

矿井存在冒顶片帮事故的地点主要发生在矿井主要可采煤层4、9号煤层，工作面初采、过断层、过老硐、过应力集中区、过顶板破碎带、过巷道交叉点、工作面上下端头、煤壁区。掘进工作面多发生在过断层、过应力集中区、过老巷、过顶板破碎带、过巷道交叉点。

8.3.3 紧急避险系统设计

8.3.3.1 设计目标

煤矿紧急避险系统是为了提高矿井安全防护和应急救援水平，尽力保障井下作业人员的生命安全。紧急避险系统设计，通过分析现有安全生产条件，结合救生舱和避难硐室的技术特点，合理协调和组织防护体系的各个要素，构建起覆盖全矿井的安全防护网。

按照国务院23号文件的要求，设计坚持以下3个原则：

(1) 完善井下的避险设施。在综采工作面和掘进工作面分别布置可移动式救生舱，在9号煤层B段辅运巷附近设置1个永久避难硐室，为矿工提供避难场所。在改善井下防护的同时，将提高井下作业人员灾后自救的心理素质。

(2) 建立完整的避险系统。避险系统不只是救生舱，而是一个有机整体。设计中结合本矿的基础条件，既全面落实国家对避险系统的组成、功能的要求，又实现避险系统与煤矿现有五大系统的有效衔接，使得安全防护水平再上新台阶。

(3) 引进先进的防护技术。按照防护水平公司的要求，在落实国家规定的过程中，把好的产品、先进的技术应用进来，建成功能齐全、技术先进、保障有力的避险系统，走在中煤集团乃至全国煤炭行业避险系统建设的前列。

8.3.3.2 设计依据

(1)《国务院关于进一步加强企业安全生产工作的通知》(国发〔2010〕23号)。

(2)《国家安全生产监督管理总局国家煤矿安全监察局关于建设完善煤矿井下安全避险“六大系统”的通知》(安监总煤装〔2010〕146号)。

(3)《国家安全生产监督管理总局国家煤矿安全监察局关于印发〈煤矿井下紧急避险系统建设管理暂行规定〉的通知》(安监总煤装〔2011〕15号)。

(4)《国家安全生产监督管理总局国家煤矿安全监察局关于印发〈煤矿井下安全避险

“六大系统”建设完善基本规范（试行）〉的通知》（安监总煤装〔2011〕33号）。

（5）公司关于尽快落实和完善“六大系统”的有关要求。

（6）矿井地质报告。

（7）矿井设计说明书、矿井采掘工程平面图、矿井避灾路线图、矿井生产能力和每班的最多工作人数及主要分布区域、大巷、平巷及联络巷道各类保护煤（岩）柱尺寸图。

8.3.3.3　设计原则

1. 合理布置

根据该矿危险源分析、采掘面布置和人员分布情况，可移动式救生舱布置在采煤工作面及掘进工作面内。

救生舱和避难硐室的部署位置主要考虑因素：避难空间及其保护的人员可能面临的事故；矿工工作地点与避难空间的距离；避难空间外部设施（压风、供电、供水等系统）与避难空间的连接；矿井发生事故时避难空间邻近区域的状况。综合以上因素，确定全矿井救生舱和避难硐室的分布，矿用可移动式救生舱和避难硐室两者相互协调、相互补充，连同该矿原有的避灾路线和应急预案，构建完整的避难系统。

2. 满足所有人员

通过设置可移动式救生舱、避难硐室，能够保证井下每名矿工在灾害发生时都有自己的避难空间。通过设立过渡站，保证救援人员和遇险人员有更换自救器的安全空间。建成后，在编制劳动定员标准时，将人数落实到井下采、掘、机、运、通等各个环节、各个岗位，确立井下工作人员与避难位置的一一对应关系。

3. 方便遇险人员快速进入

为方便遇险人员方便快捷进入避难空间，在紧急出口处、避灾路线上等地点，对永久避难硐室、临时避难硐室、救生舱、过渡站位置进行明显的标注。同时，还要采用4种定位方式帮助遇险人员快速、准确地知道灾情和找到避难空间：

（1）利用矿井现有广播系统及时报告灾情及位置。

（2）在避难空间入口处安装声音报警装置，提醒遇险人员知道就近避难空间大致方位。

（3）在避难空间入口处装设频闪灯，明示避难空间的具体位置。

（4）在井下所有采掘工作面、巷道、硐室和一切工作场所，安设“生命绳”，遇险人员在工作场所和移动过程中能立刻找到，并沿此绳指示方向迅速准确地进入避难空间或逃离遇险区域。

8.3.3.4　紧急避险系统整体布局

根据以上原则，考虑该矿井下人员主要分布在4号煤层和9号煤层，2个工作面，4个掘进头。按照《煤矿井下紧急避险系统建设管理暂行规定》要求，根据该煤矿在未来5年以上采煤工作面都布置在9号煤层的实际情况，在9号煤层B段辅运巷和主运巷之间建设1个永久避难硐室，有2个进出口，均设在避灾路线上，服务年限在5~10年。考虑到4号煤层开采的实际情况，不再设立永久性避难硐室，而是设置可移动式救生舱，满足该煤层工作区域人员的紧急避险需要。

这样设计主要基于以下考虑：

（1）该煤矿的采掘工作面均布置在太西采区，采煤工作面布置在4号煤层和9号煤层。因此，永久避难硐室、可移动式救生舱设在4号煤层和9号煤层采区安全出口的路线上。

（2）永久避难硐室建在采区大巷内标高较高的位置，同时充分考虑 14110 工作面内 X_2 陷落柱可能导通奥灰水引起矿井水灾，威胁 14111、14112 和 14113 工作面人员的安全，具体位置选择在太西区辛家窑背斜附近，经现场勘验该位置顶、帮条件均较好。

（3）永久避难硐室的选择有利于地面应急时地面钻孔布置。现设计的永久避难硐室地表位于两条水泥公路中间，地表为一平台，避难硐室距通往太西村的公路 180.7 m，距通往某煤矿的公路 100.9 m，硐室距地表深 323 m，施工地面钻孔较为方便。

综上所述，结合平朔某煤矿地质、采掘工作面布局等情况，确定在 9 号煤层建立 1 个永久避难硐室、在 4 号煤层设立可移动式救生舱。对于其他地点，由于矿井采用斜井开拓，主要依靠自救器和设置中继站提高应急避险的续航能力。

矿井紧急避险系统整体布局分别如图 4－8－10 和图 4－8－11 所示。

8.3.4 永久避难硐室设计

8.3.4.1 硐室的位置选定

根据该矿具体条件，永久避难硐室位置选择在 9 号煤层 B 段辅运巷和主运巷之间的避灾路线上。主要考虑以下 3 方面因素：

（1）该位置避开了地质构造带、高温带、应力异常区及透水危险区，位于采区最高位置。

（2）该位置地表位于两条水泥公路中间，地表为一平台，避难硐室距通往太西村的公路 180.7 m，距通往附近某煤矿公路 100.9 m，硐室距地表深 323 m，施工地面钻孔较为方便。

（3）经现场勘验，该位置顶、帮条件均较好。

（4）在服务期间不受采动影响。

永久避难硐室位置井上下对照图如图 4－8－12 所示。

8.3.4.2 硐室的结构与支护

硐室设置在主辅运巷道间的煤柱内，呈“Z”形布置，分别朝着皮带运输巷和辅助运输巷设进出口。该结构与直通形硐室相比，能更有效地缓冲灾害时可能造成的冲击波对硐室的直接破坏，同时还能尽可能地减少对煤柱稳定性的影响。

硐室分为过渡室和生存室两部分。最外面的门为防护密闭门，与 C30 强度钢筋混凝土浇筑的防爆墙形成一体，墙体周边掏槽 0.8～1.4 m，能承受 0.3 MPa 以上的爆炸冲击力，可抵御高温烟气，隔绝有毒有害气体。内门为密闭门。两道门之间为过渡室，密闭门里面是生存室。在过渡室内设有气幕装置和喷淋装置，目的是为了防止人员进入避难硐室时将有毒有害气体带入生存室内。两道门上均设有观察窗。在防爆墙体和密闭墙上，各设加装手动阀门的单向排水管和加装自动泄压阀的单向排气管。自动泄压阀的工作压力为 355 Pa。

根据该服务区域的生产人员，确定该避难硐室设计额定人数为 100 人。硐室净高 2.9 m，生存室面积 191 m^2，有效使用面积 160 m^2，人均 1.6 m^2。过渡室的尺寸为 4.8 m × 5.2 m（长×宽），有效使用面积 25 m^2。服务年限为 5～10 年。

硐室顶板采用锚、网、喷支护及锚索加强支护，两帮采用混凝土浇注支护并贴面砖，底板为素混凝土铺底加铺地板砖。

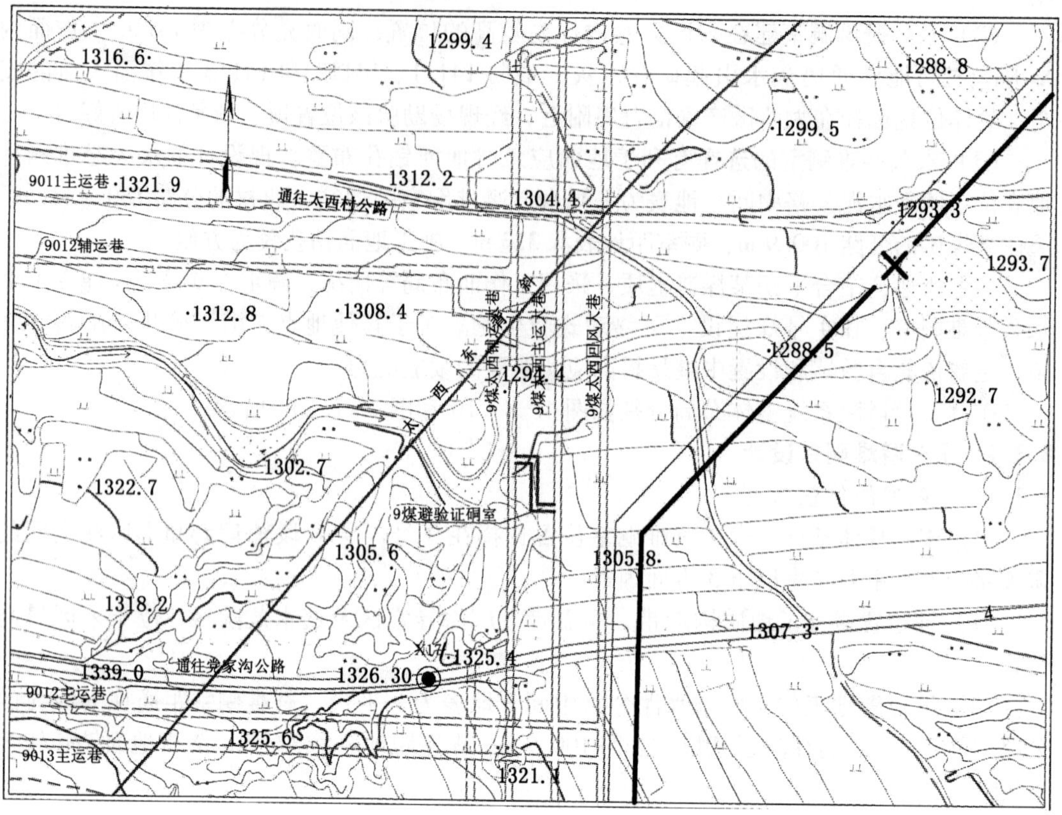

图 4-8-12　永久避灾硐室位置井上下对照图

8.3.4.3　硐室的功能系统构成

为了保证在矿井发生灾害事故时，为无法及时撤离的遇险人员提供生命保障的密闭空间，硐室内设置 12 个功能系统：风淋系统、供氧系统、制冷系统、净化系统、压风系统、除湿系统、通讯系统、监测监控系统、供水系统、人员定位系统、动力照明系统和辅助系统。

1. 风淋系统

分为气幕和喷淋两部分。其中，气幕系统有 3 个特点：

(1) 采用气刀作为喷气设备，侧面单向冲洗，气流均匀密布，形成全覆盖的冲洗气流，强度大、效果好。

(2) 采用矿井压风与自备压缩空气联动供气。在矿井压风系统没有被损坏的情况下，由矿井压风为气幕供气；在矿井压风系统被损坏的情况下，将自动转换自备压缩空气供气，同时设有 1 个旁路手动阀门备用。自备压缩空气可在有效冲洗情况下连续供气 24 min。

(3) 气幕系统与防护密闭门形成“闭锁自控”。门开即冲洗，及时有效地防止了避险人员进入硐室时有毒有害气体的侵入。

喷淋系统首先与矿井压风相连。在矿井压风系统被损坏的情况下，需要手动转换到自备压缩空气瓶给喷淋系统供气，能够在 20 min 内将 CO 浓度由 400×10^{-6}降到 24×10^{-6}以下。

2. 供氧系统

设计 3 级供氧方式，保证硐室内部的氧气需求：

（1）井下压风供氧。供风量不低于每人 0.3 m^3/min。

（2）自备供氧。按照供氧量不低于每人 0.5 L/min 的要求。

供氧量计算如下：

$$Q=A\times T\times B$$

式中 Q——需配备的总氧气量，L；

A——可供使用的人数，人；

T——供氧时间，不小于 96 h；

B——供氧量不低于每人 0.5 L/min。

100 人供氧量 $Q=288000$ L。设计采用美国 Norris310 型氧气瓶，1 个氧气瓶氧气量为 13905.872 L，则用气瓶数 =288000/13905.872≈20.71 个。考虑 1.2 的备用系数，该硐室选用 24 个氧气瓶。

（3）地面钻孔压风供氧。设置硐室直达地面的钻孔。该钻孔内径上下相同，为 244 mm，套管壁厚 8.94 mm，管壁承压 20 MPa。在该钻孔内，设有 $\phi108$ mm 的风管、电缆、水（流食）管、监测监控和通讯线等。其中风管与硐室内矿井压风、压风控制柜相连。同时，公司现在就备有可移动压风机、发电机和供水设施，可以随时启用。钻孔套管布置方式如图 4-8-13 所示。

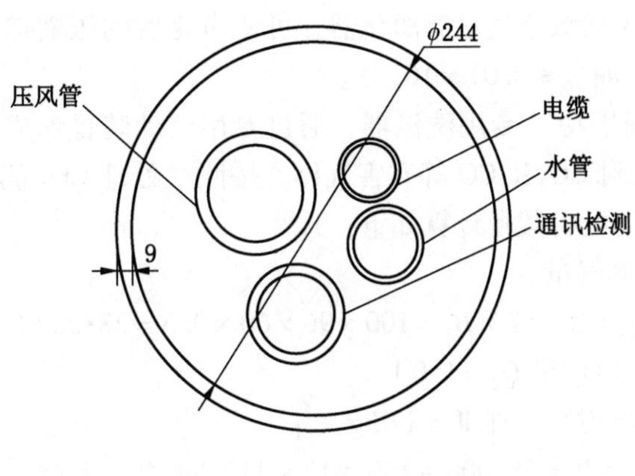

图 4-8-13 钻孔套管布置方式

3. 制冷系统

采取涡流管制冷、液态二氧化碳制冷、化学制冷 3 种措施，确保硐室温度控制在 35 ℃以内。

（1）涡流管制冷。利用矿井压缩空气在涡流室内的旋转，实现能量转换，分离出高温气体和低温气体，通过调节温度控制阀，调节冷气流和热气流的流量，将热气流通过设置在防爆墙上的管道排到硐室外，冷气流随着压缩气体，通过设置在硐室顶部的排气管道排放到生存室内，达到调节温度的目的。如果矿井压风系统被破坏，涡流管制冷措施停止，启用其他制冷措施。涡流管制冷示意图如图 4－8－14 所示。

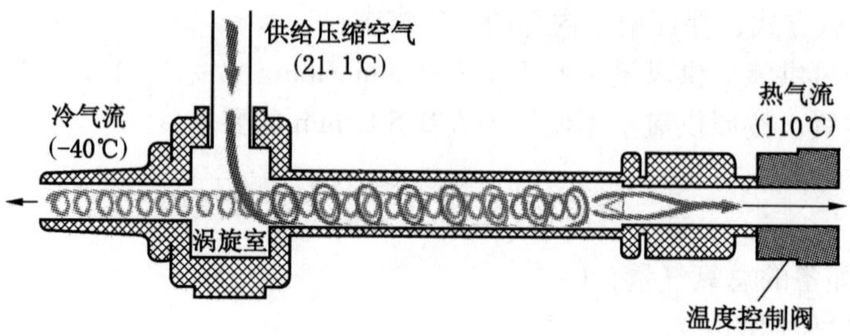

图 4－8－14　涡流管制冷示意图

（2）液态二氧化碳制冷。该降温系统为无源降温系统，以液态二氧化碳为制冷剂，通过二氧化碳的相变吸热实现制冷，并利用二氧化碳的膨胀做功推动马达，带动风扇工作，在无外界动力输入的情况下，依靠系统本身实现制冷和推动硐室内部空气循环。该系统有 3 组气瓶，每组 8 个，固定在一个支架上，所有气瓶连接在一个汇流排上，确保系统安全。

（3）化学制冷。使用新型化学制冷剂，在化学反应过程中，吸收热量达到制冷效果。

4. 净化系统

设计 3 种净化措施，可以组合使用：

（1）采用 C、T、A 三级空气过滤净化器，可使净化后的压缩空气达到医疗用气水平（含尘量≤0.01 μm，含油量≤0.01×10^{-6}）。

（2）采用“中煤斯塔特”专用洗涤器，通过专用气动装置形成气流，空气通过洗涤器上方的专用芯筒，吸附 CO_2和 CO 等有害气体。按照“处理 CO_2 能力不低于每人 0.5 L/min”的规定，专用芯筒配备数量计算如下：

100 人需配备的总氧气量

$$Q_1 = A_1 \times T \times B_1 = 100 \times 96 \times 60 \times 0.5 = 288000\ \text{L}$$

每公斤吸附剂吸收 CO_2 量 $Q_2 = 150$ L。

每个芯筒含 17 kg 吸附剂，即 $W = 17$ kg。

则芯筒个数 $M = Q_1 \div Q_2 \div W = 288000 \div 150 \div 17 \approx 112.94$ 个。考虑 1.2 的倍数，共配备了 136 个专用芯筒。

（3）在化学制冷过程中，通过气体循环去除有毒有害气体，制冷的过程中还能实现净化空气。

5. 压风系统

某矿采用地面集中压风方式，共安装 6 台 M300 双螺杆空压机（单机额定流量为 56.0 m^3/min，电机功率为 300 kW，电压等级为 10 kV），井下压风管路系统由地面钻孔铺设的 1 路 DN200 的无缝钢管给太西 4 煤采区及太西 9 煤采区集中供风。压风管路统一刷蓝色油漆，采区主干线路全部铺设 DN200 无缝钢管，各采掘巷道支线管路全部铺设 DN108 无缝钢管，矿井辅运、主运等主要巷道铺设 DN50 无缝钢管。全矿压风管路共 43400 m，每隔 200 m 设置 1 个压风三通阀门，安装 1 组压风自救装置。目前，已覆盖各个采掘工作面、主要硐室、主要辅运、主运、回风大巷以及副斜井等。

硐室通过埋深 600 mm 的压风管路与矿井压风自救系统连接，经压风控制柜对矿井压缩空气减压、消噪、过滤、净化和控制，再经布置在硐室生存室内的 17 个出气点上的新型变径喷头，使得风流在硐室内均匀分布，并通过泄压阀形成硐室内气流。同时，矿井压风接到过渡室的气幕装置和喷淋装置上。在矿井压风系统没有损坏的情况下，由矿井压风向气幕和喷头供气，实现过渡室内有害气体的去除。如矿井压风系统被破坏，可自动切换到自备高压空气瓶供气系统。

6. 除湿系统

采用新型材料的“除湿帘”，能吸收空气中的水分子，实现硐室内湿度不大于 85%。除湿帘规格为 1000 mm × 150 mm × 20 mm，平时卷起放在柜子里，使用时直接悬挂在柜子外侧或墙上，操作简单，吸湿力强，无滴水。另外，由于设计了较有效的制冷措施，只要温度控制的好，即使湿度相对比较大，人体的感觉也不会太难受。

7. 通信系统

采用 4 种通讯方式：

（1）采用 KXT23 矿用 IP 网络广播系统并结合灾害报警系统，及时通知避难硐室内的人员，听从指挥，等待救援的到来。

（2）利用矿井已有的 KTW134 - S 矿用无线通讯调度系统，该系统基于多功能 Z - NET 综合通信平台，利用 WiFi 技术实现井上下通讯联络。目前，井下共安装无线通讯基站 116 台，实现了无线信号覆盖整个矿井。全矿共配备小灵通 305 部，达到了副班长以上人员全部人手一部，可以随时报告现场情况。

（3）采用 SP30CN 调度通讯系统，该系统中所有井下电话均接入矿内调度交换机，避难硐室设有一部直通地面调度室的防爆电话，摘机后自动拨通矿调度室。

（4）配备透地通讯系统。目前，在中煤集团领导的直接关注下，已决定引进美国透地通讯技术。这项技术已经在美国成功使用 400 m 井深，正在试验 700 m 井深。

8. 监测监控系统

矿井采用 KJ86N 监测监控系统，以“工业以太网 + CAN 总线”为数据传输平台，结合 CAN 总线传感器，使系统在传输距离、传输速度、可靠性、信息实时性以及系统集成能力等方面具有良好性能。该系统由地面中心站、井上下分站、电源箱、各种智能传感器、传输电缆和系统软件组成。

硐室内配备多合一监测监控设备，能够监测硐室内外的 CO、CO_2、O_2、CH_4、H_2S、温度和湿度的变化，同时安设烟雾传感器、粉尘传感器、水位传感器，并在环境参数超限时发出警报，提醒硐室内人员采取相应措施保证环境的稳定，探测器周边增加补光装置。

9. 供水施救系统

在太西地面工业广场设置主、副蓄水池（储水量 2000 m^3），通过地面钻孔铺设的 2 路 DN200 无缝钢管给全矿正常供水。供水管路统一刷绿色油漆，井下主干线路全部铺设 DN200 无缝钢管，综采工作面主运巷道铺设 DN100 的钢管，辅运巷道铺设 DN150 的钢管，辅运大巷以及回风大巷等防尘消防管路铺设 DN100 钢管。全矿供水管路共 43200 m，每隔200 m设置供水三通阀门1个，安装1组供水施救装置。目前，已覆盖各个采掘工作面、主要硐室、主要辅运、主运巷道、回风大巷以及副斜井等。

硐室通过埋深600 mm的供水管路与矿井供水系统连接，为遇险人员提供可以直接引用的深井水，形成供水施救系统，并可为紧急情况下输送液态营养物质创造条件。在矿井供水系统被损坏的情况下，可使用自备饮用水。自备饮用水按照每人每天1.8 L的量供配备，是国家规定的1.2倍。

10. 人员定位系统

采用KJ399矿用人员管理系统。该系统基于多功能Z－NET综合通讯平台，利用Zigbee技术实现井下人员和车辆的精确定位。由地面管理计算机及软件、人员定位分站、人员标识卡、动态目标识别卡等组成，可实现矿井入井人员实时监测、跟踪定位、轨迹回放、考勤统计、报表查询等功能。

通过设在硐室内的人员定位读卡器，避险人员进入硐室后即可探测到每个人的相关信息，使矿井调度室能及时掌握避险人员的位置，为制定正确的救援方案提供信息。

11. 动力照明系统

利用埋深600 mm的预埋管，将矿井供电系统用专用电缆接入硐室内，通过漏电保护和照明综保设备，确保硐室内监测、通讯和照明的安全使用。同时，除遇险人员自身携带的矿灯可以用于照明外，硐室内还备有部分无线矿灯，确保硐室在96 h内有照明。

12. 辅助系统

目前按额定避险人数的1.2倍，配备高能量军用食物和饮用水。同时，配备隔绝式45 min有效防护时间的自救器、医疗急救设备、工具包、灭火器、机械打包式马桶、储物柜、座椅等辅助设施。

8.3.5 可移动式救生舱

8.3.5.1 救生舱的布置

井下作业人员分布在2个回采工作面和4个掘进工作面。由于回采工作面和掘进工作面不断推进，需要避险的位置也随之变化，这就要求现场的避险设施应随之移动。因此，在工作面及巷道内采用可移动式救生舱，用于附近人员的紧急避险。

可移动式救生舱距离避险人员的最大距离，应为人员在合理的状态下，采用合理的装备，以合适的行走方式，在自救器持续时间限度内行走的距离。自救器持续时间按照正常值的50%内测算，原因如下：

（1）危险环境中人员不安、焦虑会对自救器持续时间产生不利影响。

（2）灾变情况下行走，可能会碰到各种难以预料的困难。

（3）突发紧急情况下井巷的浓烟浓度可能极大，需要采用爬行的方式移动。

由于该矿井为低瓦斯、无突出矿井，按照《煤矿井下紧急避险建设管理暂行规定》要求，在距离采掘工作面1000 m范围内设置可移动式救生舱。

8.3.5.2 救生舱数量和位置

可移动式救生舱的数量和容纳，取决于所服务区域内的作业人员人数。总容量能够容纳该区域所有作业人员，并且留有10%的安全系数，供特殊情况下可能出现的本区域超额人员避险。

如果救生舱直接布置在现有的巷道内，不仅影响正常通风、运输、行人，而且很难抵挡爆炸和透水形成的冲击波。所以，应将救生舱放置在巷道两帮开凿的专用停放硐室内，能够在一定程度上缓冲冲击波的影响。由于该矿巷道设置在煤层中，拓展硐室相对比较容易。

根据井下巷道类型，可移动式救生舱布置地点为：

（1）在14108、14109工作面辅运巷，距工作面前端1000 m处，分别布置1台可移动式救生舱。

（2）在14103、14110两个掘进工作面，距前端1000 m处，分别布置1台可移动式救生舱。

（3）考虑到太西4煤工作面距副斜井较远，在太西4煤采区辅运大巷附近布置1台救生舱，作为临时避难硐室。

（4）在太西9煤采区辅运大巷布置1台可移动式救生舱。

（5）由于掘进工作面人员相对较少，在太西9煤2个掘进面选择在距前端1000 m范围内的联络巷中，选择放置1台可移动式救生舱。

8.3.5.3 可移动式救生舱的性能参数、配置

略。

8.3.5.4 可移动式救生舱的应用

救生舱布置在矿井巷道中，其工作状态分为以下两种：

（1）待机状态。在矿井巷道内，救生舱绝大部分时间处于等待紧急使用的状态，称为待机状态。在待机状态下，所有设备都能随时使用并满足要求，确保矿井突发事故时救生舱能够立即投入使用，为避险人员提供安全可靠的避难空间。待机状态时，救生舱应是常闭的，需要专人定期检测。

（2）救援状态。救援状态指矿井发生事故后，无法及时撤离的避险人员进入邻近的救生舱，依靠救生舱提供的生命维持系统生存。救生舱在救援状态下可能存在以下两种情况：

① 事故发生后，矿井压风、供水、供电、通讯等系统未受损坏或仅局部故障，在救生舱内避难的人员还能够依靠这些原有系统。在这种情况下，救生舱内各系统在外界条件支持下持续运行并将舱内空气质量、温度、湿度保持在较好的水平。因此，在外部支持状态下，舱内人员的生命维持时间、生存舒适度能得到大幅度提升。

② 当矿井事故较为严重时，矿井压风、供水、供电、通讯等系统被破坏，被困矿工在救生舱内，将无法获取外部支持，只能依靠救生舱自身系统储备，独立维持舱内人员的生存。独立维持状态是救生舱极限状态，舱内空气环境、热环境水平将低于有外部系统支持的情况，只能维持舱内避险人员96 h的生存时间。

8.3.6 过渡站

在美国、澳大利亚、南非等国家，过渡站应用非常广泛。过渡站在美国被称为“小型氧气自救器柜”，在澳大利亚被称为“过渡站”。主要是为避险人员、救援人员在逃离或施救过程中，提供安全的更换自救器、充氧、或稍事休息的无毒环境空间。这将为井下人员（包括下井施救人员）提供除了避难硐室、救生舱以外的安全空间。鉴于目前配备的自救器额定防护时间很难满足遇险人员进入避险设施内或到达井口的需要，在避灾路线上设置这样的过渡站，无疑是一种对井下自救措施的有力补充。在征求意见过程中，得到

了国家煤监局有关领导、专家的认可。

目前,《煤矿井下紧急避难建设管理暂行规定》中还没有要求必须配备过渡站。考虑到该矿的基础条件和有关领导对系统建设的要求,借鉴国外先进经验,在避险系统中增加了过渡站。分别在太西4煤和9煤避灾路线上选择合适的位置各放置1台过渡站,以便于在灾变时期接力避灾需求。

过渡站与救生舱一样,在安置过程中,与矿井自有的压风、供水、供电、通讯等系统相连接。在这种情况下,过渡站自身同样有二级安全措施:

(1)连接井下空气的过滤系统,只要井下有压风系统没有被破坏,即有无限的空气供应。

(2)通过过渡站内存贮的压缩氧和二氧化碳洗涤器提供的可呼吸空气。以100%独立状态运行时,能够提供9 h可呼吸空气。二氧化碳洗涤器是由氧气瓶中的压缩空气驱动。过渡站在内部设有气闸式透明塑料条挂帘,可以降低闭合状态下毒气的进入。

过渡站内装有储物架,可容纳50个备用自救器。有1个进口门和1个出口门,以供人员通过。每个门上装有厚重塑料门帘,减少污染物进入主舱。除自救器外,过渡站内还存放食品、饮用水、通信装置和急救箱等。

8.3.7 生命绳

在美国,生命绳应用非常广泛。“生命绳”是紧急逃生绳,旨在井下出现火灾或爆炸时,帮助遇险人员撤离矿井,或进入避险设施。井下发生紧急情况下,特别是只有在用手能触摸的情况下,可提高遇险人员成功逃离的概率。因为生命绳配有坚固的定位标(锥),只能朝着定位标(锥)指向的方向行走,这样就可以引导遇险人员定位走向避险设施或井口位置,解决在井下迷失方向或无光情况下的撤离问题。

生命绳的线轴是不同材质的线绳,并每隔一定距离安装示向标。所有定位标(锥)与绳都是防火性材质。在实际使用中,定位标(锥)的尺寸与形状应能够避免遇险人员受伤。为了提高安全性,所有定位标(锥)都应牢固固定到线轴上,同时每隔一定距离在各个定位标(锥)上贴上反光带。这样,可以帮助更加快速地定位到生命绳,并指明了逃生前行的正确方向。

8.3.8 避灾基本原则

矿井灾害发生后,矿山救护队往往不能立即到达事故地点实施抢救。在事故初期,在场矿工如能及时采取措施,正确地展开自救互救,则可以减轻事故的危害程度,减少人员伤亡。所谓“自救”就是在矿井发生意外灾变事故时,在灾区或受灾变影响区域的每个人员进行避灾和保护自己的方法。“互救”则是在有效地自救前提下妥善地救护他人。事故瞬间的自救与互救是遇险人员能够躲避到井下避灾系统的前提和保障。事故初起,在事故地点及附近的工作人员应注意做好以下几点工作:

1. 及时汇报

(1)灾害事故发生后,在事故地点及附近的人员应利用电话或派出人员等方法,迅速将事故的性质、发生地点、原因和危害程度向矿井调度室汇报。井下其他区域的人员,在发现异常现象后,也应及时汇报。

(2)根据事故的性质和蔓延趋势,以最迅速有效的方式,向可能受威胁区域的人员发出警报通知。

（3）在事故抢救期间，应随时向矿调度室汇报灾区状况和救灾工作进展情况（如现有抢救力量、人员的情绪及身体状况、救灾的现有条件、事故发展趋势及后果、所采取的措施及所取得的效果等），也可对下一步抢救工作的开展提出意见和建议。

2. 主动抢险

根据现场灾情和条件，现场人员应及时进行抢险救灾工作，严禁盲目蛮干和惊慌失措，避免贻误消除灾害的有利时机。在保证自身安全的条件下利用现场的设备材料全力抢险。抢险行动要统一指挥，严禁各行其是。灾害严重、条件困难或短时难以消除灾害时，应尽最大努力将事故控制在最小限度、防止灾情扩大。救灾要切实注意自身安全，如果灾区条件恶化、危及现场人员安全，有中毒、窒息、爆炸、二次突水、突出等现象，应及时撤离，防止事故扩大。

3. 安全撤离

当灾害发展迅猛，无法进行现场抢救，或灾区条件急剧恶化，可能危及现场人员安全，以及接到命令要求撤离时，现场人员应有组织地撤离灾区。撤离灾区时应遵守下列行动准则：

（1）沉着冷静。要保持清醒的头脑，临危不乱；同时要树立坚定的信心，并在各环节上做好充分准备，谨慎妥善地行动。

（2）认真组织。老工人和党员干部要发挥带头作用，人员要统一行动，听指挥，任何情况下都不得各行其是、盲目蛮干。

（3）团结互助。所有遇险人员要发扬团结互助的精神和先人后己的风格，互相照顾、同心协力到达安全地点。

（4）加强安全防护。撤退前，所有遇险人员要使用好必备的防护用品和器具，行动途中不得盲目狂奔乱跑。遇积水区、冒落区等危险地段，应先探明情况、谨慎行进。

（5）选择正确的撤退避灾路线。确定撤退的路线，尽量选安全条件好、距离短的避灾路线，切忌图省事或怀着侥幸心理冒险行动，也不能犹豫不决而贻误时机。如在短时间内无法安全撤离，遇险人员应在灾区内进行自救和互救，安全避灾，努力维持和改善自身生存条件，等待救护人员的救援。为使在井下出现各种意外情况时，遇险人员能够安全撤出，每一矿井都应在灾害预防和处理计划中规定各类事故的避灾路线；在矿井巷道与交叉路口有醒目的安全出口的标志牌；井下人员应熟知避灾路线，每年应进行1次预防灾害的演习；避灾路线、避难硐室都应有明显标志，并指定人员检查是否完好。避灾路线指示牌样式如图4-8-15所示。

图4-8-15 避灾路线指示牌样式

8.3.9　管理和维护

加强对紧急避险设施的日常维护管理，切实做好各种设备设施的检修维护、急救物资的更新补存，确保各种设施完好处于备用状态。

1. 明确管理责任

矿应急管理办公室（机电设备管理部）是紧急避险设施管理的牵头部门，总体负责永久避难硐室的日常维护管理工作，必须安排专人负责管理。

2. 加强技术培训

培训内容为永久避难硐室系统、结构、操作规程、设备操作流程等，作业人员培训后考试合格后，持证上岗，做到专业化维护管理。

3. 避险设备设施的检查维护和物资更新

（1）压风（供氧）、供电、通信、监测监控、降温、除湿、供水、人员定位、动力照明等系统，由机电设备管理部监管。机电设备管理部要制定具体的管理办法，明确责任人。

（2）必须按规定及时校验、更换硐室内各种仪器、仪表，确定其正常运行。

（3）硐室内急救药品每月进行检查，查看药品是否失效、短缺，及时更换、补存。

（4）发现氧气瓶（空气瓶）压力小于额定压力的 95% 时，应及时更换。更换完毕后，要对氧气瓶（空气瓶）的供气系统进行全面调试，保证完好可靠。

（5）机电队要对永久避难硐室供电、监测监控等所使用的电器设备每月进行 1 次防爆完好性检验，发现问题并及时处理。

（6）机电队必须建立日常仪器调校、设备维护及药品、食品检查更换的专用台账。

（7）除专业维护、专项培训、专业检查（参观）人员外，其他人员不得随意进入永久避难硐室。硐室防爆密闭门平常应处于关闭状态，每 2 天打开硐室内压风、供氧系统使硐室通风 30 min。

（8）机电设备管理部等相关部门要明确硐室内各种设备、材料、物资的供应程序，确保永久避难硐室日常管理的物资维修保障。

（9）永久避难硐室外两侧出、入口前后每隔 100 m 要有醒目指示牌，引导人员到达永久避难硐室。

4. 培训与演练

应将紧急避险系统作为应急救援体系的一部分进行专业管理，同时要定时进行技术培训，确保每位员工都会使用。

每年应进行紧急避险演练。演习期间人员在永久避难硐室内要严格按照“永久避难硐室应急响应组织流程”、“永久避难硐室操作规程”、“某煤矿永久避难硐室设备操作规程”等执行。

8.3.10　建设工期

略。

8.3.11　投资估算

略。

8.4 典型应急预案范例

设置井下避灾路线、编制“矿井灾害预防与处理计划”及灾害事故应急预案、加强职工的避灾避险培训，是保证在矿井突发紧急情况下遇险人员安全逃生的重要措施，也是国家法律法规的明文规定。根据《煤矿井下紧急避险系统建设管理暂行规定》的要求，在矿井紧急避险系统建设完善过程中，应切实提高矿井突发紧急情况下遇险矿工安全逃生的保障能力，并根据紧急避险设施的建设情况，对避灾路线和灾害事故应急预案进行优化调整。本节选择某煤矿瓦斯煤尘爆炸事故专项应急预案、井下火灾事故专项应急预案和井下水害事故专项应急预案作为范例进行了阐述。

8.4.1 某煤矿瓦斯、煤尘爆炸事故专项应急预案

8.4.1.1 事故类型和危害程度分析

1. 瓦斯爆炸危害程度分析

该矿自投产以来，未发生过瓦斯爆炸事故。

矿井历年瓦斯等级鉴定结果均为低瓦斯矿井。2010 年鉴定结果：矿井相对瓦斯涌出量为 0.29 m^3/t，矿井绝对瓦斯涌出量 2.12 m^3/min。矿井在正常生产条件下，采区最大相对瓦斯涌出量 0.37 m^3/t；采煤工作面最大相对瓦斯涌出量 0.44 m^3/t。依据上述结果，确定该矿为低瓦斯矿井，矿井无高瓦斯区。

在我国煤矿开采实践过程中，低瓦斯矿井也曾发生过多次重特大事故。在该矿九采区煤巷的掘进过程中，曾出现过瓦斯异常涌出现象。虽然瓦斯涌出的绝对量不多，但涌出的气体成分中瓦斯的浓度很高，个别地点达到30%以上。瓦斯涌出异常规律如下：

（1）沿空掘进巷道和采空区的联系较为复杂，掘进工作面处于低负压区或由于通风系统的突然变化使得掘进工作面风压突然降低，导致采空区内瓦斯大量涌入掘进巷道，该掘进工作面则出现瓦斯涌出异常现象。

（2）掘进巷道初次与封闭性构造裂隙导通，使得构造内的游离瓦斯快速涌入掘进工作面，出现瓦斯涌出异常现象。

（3）孤岛采煤面，工作面进、回风巷均沿空布置，与采空区漏风联系更为复杂，瓦斯涌出量比平常高出数倍。

（4）位于低风压区的采煤工作面，漏风较多，瓦斯涌出量大。

（5）沿空掘进巷道、孤岛采煤面、位于低风压区的采煤工作面，其瓦斯涌出受通风系统状态影响大，瓦斯涌出明显不均衡。

综上所述，该矿存在发生瓦斯爆炸事故的可能性。

2. 煤尘爆炸危害程度分析

2002 年，该矿进行了煤尘爆炸性鉴定，结果显示，$3_{上}$、$3_{下}$、$16_{上}$、17 号煤层均有煤尘爆炸性。

煤炭生产和运输过程中不可避免的会产生大量煤尘。根据矿井现场的实际情况及测尘数据的分析，矿井产生煤尘的主要尘源有：采煤工作面机组割煤时的滚筒处、综放工作面的放煤口、采煤工作面爆破作业地点、综掘工作面掘进机割煤时的截割头附近、煤巷掘进工作面的爆破作业地点等，而且上述地点均具备产生高温热源的条件，如果防尘措施不力，发生煤尘爆炸的可能性是存在的。其他工作地点发生瓦斯爆炸且存在大量积尘，或者

运煤斜巷发生跑车事故扬起积尘也可能引发煤尘爆炸。

危害程度：煤尘爆炸能够造成大量人员伤亡、设备毁坏、停产、资源浪费等，尤其是有可能将积尘扬起，造成二次、三次的连续爆炸事故。连续爆炸是煤尘爆炸的一个重要特征，它会使矿井遭受严重破坏，甚至有可能造成矿井报废。

8.4.1.2 应急处置基本原则

(1) 以人为本，安全第一。应急救援工作要把抢救遇险人员生命安全放在首位，加强应急救援人员的安全防护，最大限度地减少人员伤亡。

(2) 统一领导，分级管理。矿长负责指导、协调矿井事故应急救援工作。分管矿领导及有关部门科室领导按照各自职责和权限，负责事故的应急管理和应急处置工作。

(3) 安全逃生、现场自救互救和安全避险有机结合。在矿井突发紧急情况时，首先要保证遇险人员安全逃生；并充分发挥现场人员自救互救的作用；在逃生被阻或逃生不能的情况下，保证遇险人员安全避险，遇险人员要树立信心，等待救援。

(4) 预防为主，科学救援。坚持“安全第一，预防为主，综合治理”的方针，坚持事故应急救援与预防相结合，依靠科技进步，不断改进和完善应急救援的装备、设施和手段，努力实现一队多能，培养井下所有职工应急救援意识并发挥其作用。

8.4.1.3 组织机构及职责

1. 应急组织体系

专业应急救援队伍与各单位配合的组织形式。

2. 应急组织指挥机构

成立井下瓦斯、煤尘爆炸事故应急救援指挥部，负责组织指挥应急救援工作。指挥部下设8个专业组，分工负责应急救援过程中的各项工作。

指挥部成员接到矿井发生井下瓦斯爆炸事故的通知后，必须迅速到矿调度室集合，根据事故性质、范围及事故处理计划的规定，调动各方面的力量，迅速组织应急救援。

矿总工程师是处理井下瓦斯、煤尘爆炸事故的全权指挥者（在矿总工程师未到之前由值班矿领导负责指挥），在矿通风副总和通防科长、矿山救护中队队长的协助下，制定应急救援作战计划。

指挥部下设8个专业组，其组长、职责、成员详述如下：

(1) 现场指挥组。

组长：通风副总工程师。

职责：主要负责指挥现场应急救援工作，及时处理突发灾变事故。

成员由通防科长和有关区队负责人组成。

(2) 抢险救灾组。

组长：救护中队队长。

职责：具体负责实施指挥部制定的应急救援方案和安全技术措施。

成员由应急救援指挥部紧急调集的有关单位跟班负责人组成。

(3) 技术组。

组长：技术科科长。

职责：主要研究制定应急救援技术方案和措施，解决事故应急救援过程中遇到的技术难题。

成员由技术科、地测科、通防科技术负责人组成。

(4) 物资供应组。

组长：经济运行科长。

职责：主要负责保证应急救援中物资和设备的及时调度和供应。

成员由经济运行科有关人员组成。

(5) 警戒保卫组。

组长：保卫科长。

职责：主要负责井下瓦斯爆炸事故发生后的人员疏散、戒严和维持秩序、交通等工作。

成员由保卫科有关人员为主组成。

(6) 医疗救护组。

组长：矿医院院长。

职责：主要负责受伤人员的医疗救护和检测检疫工作。

成员由医院有关人员组成。

(7) 后勤保障组。

组长：矿办主任。

职责：主要负责食宿接待、车辆调度等工作。

成员由矿长办公室、物业管理公司有关人员组成。

(8) 动力保障组。

组长：机电副总工程师。

职责：主要负责灾区应急停送电、主要通风机保持正常运转等工作。

成员由机电科、供电工区、运转工区有关人员组成。

8.4.1.4 预防与预警

1. 危险源监控方式、方法

1) 瓦斯爆炸危险源监控方式、方法

(1) 安全监控系统。目前矿井使用KJ95N型安全监测监控系统。中心站设立在矿调度室，有两台监控主机，一台工作一台备用，配有长时间不间断电源和防雷电保护；最大监控分站汇接容量为256台；信号传输为RS485集成芯片共模传输。系统断电功能可分为三级实现，就地可有分站来实现局部区域的远距离断电，也可由地面主机根据用户设定向其他分站发出控制命令来实现异地断电（在矿范围内），传感器也可以输出断电信号就地断电，并在主机屏幕上有醒目的报警条显示，显示传感器的数值地点及报警时间。系统可以实现多个传感器对一个设备断电控制，也可实现一个传感器对多个设备断电控制。

通防科负责安全监测监控系统的维护，根据相关文件要求设置和调校各类传感器。矿调度室设有监测终端，调度值班员能够发现传感器报警并及时通知相关人员。

(2) 矿井束管监测系统。矿井建立了KSS－200型束管监测系统，主要由粉尘过滤器、单管、束管、分路箱、抽气泵、气体采样控制柜、监控微机、束管专用色谱仪、打印输出设备、系统软件等组成。系统自动控制24 h在线监测，实现无人职守。

系统在微机控制下可将井下任意地点的气体，通过已敷设的束管连续不断的抽至井上气相色谱仪中进行精确分析，实现对CO、CO_2、CH_4、C_2H_2、C_2H_4、C_2H_6、O_2、N_2等气体含量的在线监测。其分析结果在用实时监测报告、分析日报表两种方式提供给相关机构的同时，自动存入数据库中，以便对某种气体含量的变化情况进行分析，预报煤炭自燃的趋势。在不进行束管监测时，可由人工定点取样分析，直接输出分析报告和图谱。

通风工区负责束管监测系统的维护和使用，并将气体分析结果及时报送通防科和通风副总。

（3）通风工区编制瓦斯检查设点计划，瓦斯检查员按照要求进行巡回检查。检查结果填入瓦斯班报和瓦斯日报表，瓦斯日报表每日由矿长和矿总工程师审阅。瓦斯检查工下井时应检查安全监控设备及电缆是否正常，使用便携式甲烷监测报警仪或光学瓦斯检测仪与甲烷传感器进行对照，将检查结果报监测值班人员。当两者读数误差大于允许误差时，先以读数较大者为依据，采取安全措施，同时通知通防科。通防科必须在8 h内完成对两种设备的调校。安全监测值班人员必须每天打印安全监测日报表，并报通防科值班人员审核、矿长和矿总工程师审阅。

（4）矿长（包括副职）、矿总工程师（包括副职）、安监处长（包括副职）、安监处主任工程师，采、掘、巷修、通风区队长（包括副职）及工程技术人员，爆破工、班长、采煤机司机、掘进机司机、流动电钳工、安监员应佩带便携式甲烷检测报警仪。测风员、瓦斯检查工、沿空掘进巷道的区长、班组长要配备便携式甲烷氧气两用报警仪。

（5）采煤机、掘进机上悬挂便携式甲烷检测报警仪，由司机负责监护。当采煤机、掘进机工作时，由司机随身携带便携式甲烷检测报警仪；当其停止工作时，应将便携式甲烷检测报警仪悬挂在采煤机、掘进机的上方。当便携式甲烷检测报警仪显示瓦斯浓度达到1.0%时，停止作业，切断电源，汇报矿调度室，进行处理。

（6）爆破作业必须执行“一炮三检制”和“三人联锁爆破制”。

2）煤尘爆炸危险源监控方式、方法

（1）测尘员按照《煤矿安全规程》规定进行周期、定点测尘。

（2）通防科对采掘工作面开工前的综合防尘设施进行验收。

（3）通风部门的瓦斯检查员、通风工、防火检查工等必须检查其巡回检查路线上防尘设施情况和巷道积尘情况。

（4）采掘工作面防尘的监督检查采取检查表的方式。检查表应列出区域内应具有的防尘设施及完好状况、区域内的巷道冲刷及粉尘积聚情况等。安监员必须认真对照检查，填写清楚，发现问题，必须立即督促整改，并将检查表报安监处值班领导。采掘工作面配备专责防尘人员，每班负责责任区内的防尘工作，并把名字填写到防尘管理牌板上。

（5）矿每月组织两次通防检查。

（6）矿各级管理人员、质量验收员下井时必须检查巷道积尘情况。

2. 瓦斯、煤尘爆炸事故预防措施

1）瓦斯爆炸事故预防措施

井下容易发生瓦斯积聚的地点是采掘工作面和通风不良的场所，防止瓦斯积聚，要从以下几个方面采取措施：

（1）保证工作面的供风量。要完善通风系统，保护好通风设施；加强局部通风管理，禁止无计划停风；实行分区通风，不使用《煤矿安全规程》禁止的串联通风。

（2）避免出现任何形式的盲巷。长期不用的巷道必须及时封闭。

（3）及时处理采煤工作面回风隅角的瓦斯积聚。采用的方法主要有风障引流、移动泵站采空区抽放、尾巷排放、增加风量、密实工作面上下隅角以减少向采空区漏风、充填置换等，也可以改变工作面的通风方式来消除瓦斯积聚的现象。

（4）及时处理掘进工作面的局部瓦斯积聚。掘进工作面或巷道的瓦斯积聚，通常出现在一些冒落空洞或裂隙发育、瓦斯涌出量较大的地点。处理方法主要有充填法、引风法、风筒分支排放法、钻孔抽放法以及用黄泥抹缝等。

（5）防止刮板输送机底槽瓦斯积聚。要保持底槽畅通并经常运转，或用压风排除底槽积聚的瓦斯。

2）煤尘爆炸事故预防措施

（1）防尘工区负责建立和维护矿井防尘供水系统。没有防尘供水管路的采掘工作面不得生产。所有通风巷道以及煤仓放煤口、溜煤眼放煤口、卸载点等地点都必须敷设防尘供水管路。防尘供水管路中必须安设支管和阀门，带式输送机巷道中每隔 50 m 设置支管和阀门，其他巷道每隔 100 m 设置支管和阀门。

（2）防尘工区负责保证防尘水源水量充足，满足防尘用水的要求。地面防尘用水贮水池必须经常保持不少于 200 m^3 的水量。水质清洁，水中悬浮物含量不得超过 150 mg/L、粒径不大于 0.3 mm，水的 pH 值在 6 ~ 9.5 范围内；按照相关文件要求安设和维护水质过滤器和水压表。

（3）井下所有煤仓和溜煤眼都应保持一定的存煤，不得放空。有涌水的煤仓和溜煤眼可以放空，但放空后放煤口闸板必须关闭，并设置引水管。井下煤仓放煤口、溜煤眼放煤口、输送机转载点和卸载点都必须安设喷雾装置或除尘器，作业时进行喷雾降尘或用除尘器除尘。

（4）采煤机必须安装内外喷雾装置。截煤时必须喷雾降尘，内喷雾压力不得小于 2 MPa，外喷雾压力不得小于 1.5 MPa，喷雾流量应与机型相匹配。如果内喷雾装置不能正常喷雾，外喷雾压力不得小于 4 MPa。无水或喷雾装置损坏时必须停机。液压支架和放顶煤采煤工作面的放煤口，必须安装喷雾装置，降柱、移架或放煤时同步喷雾。破碎机必须安装防尘罩和喷雾装置或除尘器。采煤工作面回风巷应安设风流净化水幕。

（5）掘进工作面必须采取湿式钻眼、爆破前后冲刷井壁巷帮、使用水炮泥、爆破喷雾、装岩（煤）洒水和净化风流等综合防尘措施。掘进机作业时，应使用内、外喷雾装置。内喷雾装置的使用水压不得小于 3 MPa，外喷雾装置的使用水压不得小于 1.5 MPa；如果内喷雾装置的使用水压小于 3 MPa 或无内喷雾装置，则必须使用外喷雾装置和除尘器。

（6）各综合防尘设施必须正常使用并保持完好。出现喷嘴雾化不好、堵塞、丢失现象时，必须及时维修、更换、补充。

（7）防尘工区必须做好综放和综采工作面的煤层注水工作，确保注水效果，减少粉尘生成量。

（8）杜绝煤尘堆积。矿井各相关单位必须严格按照冲刷制度的要求对井下巷道进行清扫、冲洗煤尘，巷道中的浮煤必须定期清扫运出。

3）防止点火源的出现

防止出现点火源的原则是：禁止一切非生产火源，对生产中可能产生的火源要严格管

理和控制。主要从以下几个方面采取措施:

(1) 防止明火。禁止在井口房、主要通风机房和瓦斯泵站周围20 m范围内使用明火或吸烟；严禁携带烟草和点火物品下井；井下禁止使用电炉和使用灯泡取暖；防止煤炭自燃；防止火区复燃等。

(2) 防止出现电火花。矿井必须采用防爆型电气设备；井口和井下设备必须设有防雷电和防短路保护装置；所有电缆接头不准有“鸡爪子”、“羊尾巴”和明接头；不准带电作业；严禁在井下拆开、敲打、撞击矿灯的灯头和灯盒等。

(3) 防止出现炮火。不准使用变质或不合格的炸药，必须使用与该矿井瓦斯等级相适应的安全炸药；爆破作业要符合《煤矿安全规程》要求，要使用水炮泥，炮眼封泥要装满填实，防止打筒；禁止放明炮、糊炮；禁止使用明接头或裸露的爆破母线等。

(4) 防止撞击摩擦火花。随着机械化程度的提高，机械设备之间的撞击、截齿与坚硬岩石之间的摩擦、坚硬顶板冒落时的撞击、金属表面的摩擦等，都有可能产生火花点爆瓦斯、煤尘。因此要采取各种措施，如利用合金工具、喷水降温等，防止产生撞击火花，引发爆炸事故。

(5) 防止其他火源。防止地面雷电或其他突发电流通过管道传到井下而引爆瓦斯、煤尘；防止出现静电火花等。

4) 防止瓦斯、煤尘事故扩大的措施

瓦斯、煤尘爆炸的突发性、瞬时性，使爆炸事故往往难以进行救助，因此要采取措施防止爆炸事故的扩大。

(1) 要建立完善合理、抗灾能力强的通风系统。

(2) 进行应急培训，使井下职工熟悉一旦发生爆炸事故时的撤出路线和躲避地点。

(3) 在主要通风机的出风井处安设防爆门和反风设施。

(4) 所有入井人员都应携带自救器并能够熟练使用。

(5) 井下要安设隔爆设施。根据矿井的实际情况，设计采用隔爆水棚隔绝瓦斯、煤尘爆炸的传播，隔爆水棚分为主要隔爆棚及辅助隔爆棚。

主要隔爆棚应在下列地点设置：矿井两翼与井筒相连通的主要运输大巷和回风大巷；相邻采区之间的集中运输巷道和回风巷道；相邻煤层之间的运输石门和回风石门。水量要求：按巷道断面计算，不小于400 L/m^2。

辅助隔爆棚应在下列地点设置：采煤工作面进风、回风巷道；采区内的煤和半煤岩掘进巷道；采用独立通风，并有爆炸危险的其他巷道；隔绝与煤仓、装载点相通的巷道。水量要求：按巷道断面计算，不小于200 L/m^2。

各相关单位应每周至少检查一次隔爆棚的安装地点、数量、水量及安装质量是否符合要求，发现问题及时采取措施进行处理。

3. 瓦斯、煤尘爆炸预警行动

1) 瓦斯爆炸预警行动

(1) 瓦斯检查员发现任何地点的瓦斯浓度超过《煤矿安全规程》规定时，必须及时汇报矿调度室。矿调度室按照“瓦斯超限就是事故”的原则，将瓦斯超限地点和瓦斯浓度等内容汇报给矿总工程师。矿总工程师负责召集通防专业人员查找原因，进行处理并编制处理报告。

（2）“一炮三检”过程中发现瓦斯浓度超过《煤矿安全规程》规定时，禁止爆破，并按上条程序进行汇报处理。

（3）巷道贯通前，综合机械化掘进巷道在相距50 m前、其他巷道在相距20 m前，地测部门必须下达贯通通知单，施工单位和通风工区必须编制巷道贯通专项安全技术措施，通防科对措施进行审批。

（4）排放瓦斯工作必须制定专项安全技术措施，由救护队执行。

（5）瓦斯传感器发生报警时，调度值班人员应命令超限地点及影响范围内人员立即停止工作，切断电源，将人员撤到安全地点，并向矿总工程师和值班领导汇报。矿总工程师通知通风副总、机电副总、调度室主任、通防科长、通风工区区长、监测组长等人员分析原因并制定措施，进行处理。

（6）安监处、通防科定期分析、研究可能导致瓦斯爆炸事故的信息，汇报矿总工程师，研究确定应对方案；矿总工程师及时通知通防科、技术科、通风工区等单位采取针对性的措施预防事故发生。若发生事故，矿长应立即启动矿综合应急预案，组织实施救援，同时请求上级机构协调增援。

2）煤尘爆炸预警行动

煤尘爆炸事故预警的条件：一是出现了煤尘堆积现象，二是出现高温火源。煤尘堆积现象是指煤尘存在井巷表面连续长度超过5 m、厚度超过2 mm的现象。

（1）测尘员按照《规程》的规定进行周期、定点测尘。测尘结果通过报表和电话汇报等形式上报给通防科、通风副总。发现粉尘浓度异常增高，必须及时汇报给矿总工程师，并简要汇报原因。

（2）通防科对采掘工作面开工前的综合防尘设施进行验收。综合防尘设施不合格，采掘工作面不得开工，设施安装单位负责整改。

（3）通风等部门的下井职工必须检查其巡回检查路线上的防尘设施情况和巷道积尘情况。发现防尘设施损坏或者巷道煤尘堆积现象，及时汇报给工区值班人员。防尘工区值班人员负责安排人员进行整改。不属于本单位职责范围内的上述现象，汇报通防科，由通防科安排相关单位整改。

（4）矿每月组织两次通防检查。检查结果由通防科汇总并将问题发给各相关单位，各单位进行整改。

（5）矿各级管理人员、质量验收员下井时必须检查巷道积尘情况。发现煤尘堆积现象及时汇报安监处，由安监处信息办负责落实隐患整改情况。

（6）井下任何人发现各种非控制火源，必须立刻汇报矿调度室，并启动“井下火灾事故现场处置方案”。

（7）安监处、通防科定期分析、研究可能导致煤尘爆炸事故的信息，汇报矿总工程师，研究确定应对方案；矿总工程师及时通知通防科、技术科、通风工区等单位采取针对性的措施预防事故发生。若发生事故，矿长应立即启动矿综合应急预案，组织实施救援，同时请求上级机构协调增援。

8.4.1.5 信息报告程序

1. 报警系统

井下各采掘工作面、综机安装撤除地点、巷修工作地点、各采区变电所、中央变电所、人行车车场、候车上下车场或者其他需要安设电话地点，均设置可以直通矿调度室的电话；采煤工作面还安装了载波通讯系统。报警系统由调度室和使用电话单位共同维护。

2. 信息报告程序

1）轻伤或三级非伤亡事故信息报告与处置

（1）矿井发生轻伤或三级非伤亡事故后，现场人员要立即开展自救和互救，并立即报告本单位负责人和调度室、安监处。调度室报告值班矿领导。

（2）矿领导接到事故报告后，应迅速组织救援，安排相关部门调查分析后，填写“职工伤亡事故月报表”，按月向集团公司总调度室、安监局报告。

2）重伤或二级非伤亡事故信息报告与处置

（1）矿井发生重伤或二级非伤亡事故后，现场人员要立即开展自救和互救，并立即报告本单位负责人和调度室、安监处。调度室报告值班矿领导和分管矿长（总工程师）、矿长，同时立即向集团公司总调度室、安全监察局汇报，时限不超过 10 min。

（2）分管矿长（总工程师）、矿长接到事故报告后应迅速组织救援，矿长应在 1 h 之内向当地煤矿安全监管部门和煤矿监察机构报告。

3）死亡或一级非伤亡事故信息报告与处置

（1）矿井发生死亡或一级非伤亡事故后，现场人员要立即开展自救和互救，并立即报告本单位负责人和调度室、安监处。调度室报告值班矿领导和分管矿长（总工程师）、矿长，同时立即向集团公司总调度室、安全监察局汇报，时限不超过 10 min。

（2）分管矿长（总工程师）、矿长接到事故报告后应迅速组织救援，矿长应在 1 h 之内向当地煤矿安全监管部门和煤矿监察机构报告。

3. 事故报告内容

事故报告内容应包括事故发生单位、时间、地点、伤亡情况、事故简要经过及事故原因初步分析、事故报告人姓名等。

8.4.1.6　应急处置

1. 响应分级

按照瓦斯、煤尘爆炸事故发生的地点，预计事故灾难的可控性、严重程度和影响范围，将瓦斯、煤尘爆炸事故应急响应级别确认为Ⅰ级响应。

出现下列情况时启动Ⅰ级响应：造成或可能造成 1 人及以上死亡，或造成 3 人及以上中毒、重伤，或造成一级非伤亡事故。

2. 响应程序

瓦斯、煤尘爆炸事故发生后，矿长应立即启动综合应急预案，并立即向集团总调度室和安监局汇报，请求支援。

3. 瓦斯、煤尘爆炸事故处置措施

（1）当井下人员发现附近有空气颤动、咝咝的空气流动声等爆炸前的预兆时应背向空气颤动的方向，俯卧倒地，面部贴在地面，闭住气暂停呼吸，用毛巾捂住口鼻，用衣物盖住身体。当爆炸发生后，现场人员在保障人身安全的情况下应立即向调度室汇报，并立即组织灾区及受威胁区域人员撤离现场，调度室通知有关领导和部门。

（2）爆炸发生后，遇险人员应立即戴上自救器，并搀扶不能行走的伤员沿避灾路线迅速撤至地面。

(3) 矿领导必须立即组织矿山救护队进行现场侦察，准确探明事故的地点、范围和气体成分，发现火源，立即扑灭，并切断灾区电源，防止二次爆炸。矿山救护队及时将现场侦察结果反馈给指挥部，由总指挥决定对外发布预警信息的范围和内容，安监处负责具体执行。矿总指挥要根据汇报情况及时通知可能受灾害影响地点的人员迅速撤离。

(4) 在确认无二次爆炸危险时，首先到达事故现场的救护小队应对灾区进行全面侦察，查清遇险遇难人员数量及分布地点，发现幸存者立即佩戴自救器救出灾区，发现火源立即扑灭。为了排除爆炸产生的有毒有害气体，抢救人员时要在查清确无火源的基础上尽快恢复通风。在侦察中遇到冒顶无法通过时，救护小队要迅速退出寻找其他通道进入灾区。进入灾区前要切断电源，并注意检查灾区内各种有毒有害气体浓度，检查温度及通风设施的破坏情况。穿过支架被破坏的巷道时，要架好临时支架，保证退路安全。进入灾区行动要谨慎，防止碰撞产生火花，引起爆炸。

(5) 处理瓦斯、煤尘爆炸事故的主要任务：一是首先组织救护中队侦察灾区情况，抢救遇难人员；二是如果爆炸引起火灾，要及时扑灭，防止引起二次爆炸；三是采取最快的措施恢复灾区通风；四是寻找根源，查明引爆原因。

(6) 瓦斯、煤尘爆炸事故的具体救助措施：

① 迅速组织两个救护小队抢救遇难人员。到达事故现场的小队应首先侦察爆炸区域的情况，检查 CH_4、CO、CO_2 的含量，按照先抢救伤员、后抢救遇难者的原则，积极抢救受困人员。在抢救受困人员时，要注意遇难人员的姿势和倒向，做好记录。在抢救中严禁不佩戴呼吸器的人员进入爆炸区域，防止中毒扩大事故。

② 在组织抢救遇险人员的同时，要组织通风人员向灾区附近运送局部通风设备，准备迅速恢复爆炸区域的通风系统。

③ 如果爆炸区域巷道距离长、温度高、烟雾大、巷道冒落严重，应迅速采取安装局部通风机、逐段接风筒、逐段稀释烟雾的方法抢救遇难人员。这种方法处理瓦斯、煤尘爆炸事故，既能保证速度，又安全稳妥。

④ 矿调度室通知有关区队、矿灯房、自救器发放室准确统计当班井下人数及其姓名，统计已上井的人数及姓名，以便分析灾区人员数量及分布。同时通知供应科启用应急救援材料，通知医院准备急救伤员。矿医院应立即启动创伤急救预案。需要时，由应急救援指挥部紧急联系其他医疗救护队伍和医疗器械参与救护。

⑤ 指定一名副矿长负责签发下井许可证，并通知矿灯房、自救器发放室和副井、混合井口，没有下井许可证不准发放矿灯、自救器，不准下井。

⑥ 选定井下救护基地，指定一名副矿级领导担任井下救护基地指挥。落实井下救护基地所需的通讯设备、救灾器材等。选定安全岗哨位置及其人员，明确其任务。

⑦ 命令应急救援人员进入灾区引导人员撤退。得知人员受困在灾区时，一方面设法与受困人员联系，稳定其情绪；另一方面立即报告指挥部采取果断措施组织救援。

⑧ 指挥部根据井下灾情报告，将抢险人员组成二线、三线力量。当应急救援人员不足时，应及时报告集团公司请求支援，并及时满足井下各种需要，千方百计完成撤人抢险任务。同时采取安全措施保护抢险人员，尽力避免事故扩大。

⑨ 事故处理结束后，指挥部指定有关部门和人员收集整理事故调查报告，并进行全面分析，对事故发生原因、抢救处理过程、重要的经验教训以及今后应采取的预防措施

等，形成文件上报和存档。

（7）现场自救措施：

① 当采煤工作面发生爆炸事故时，现场人员应立即佩戴好自救器，事故上风侧人员要逆风撤出，事故下风侧人员要设法经最短路线撤退到新鲜风流中。如巷道破坏严重，退路被阻时，应千方百计疏通巷道。若巷道难以疏通，应集中在避难硐室等安全地点待救。

② 当井下掘进工作面发生爆炸事故时，现场人员应立即佩戴好自救器，迅速撤至新鲜风流中。如巷道破坏严重，退路被阻时，应千方百计疏通巷道。若巷道难以疏通，应集中在避难硐室等安全地点待救。

③ 由于佩带自救器之后，灾区人员相互之间无法用语言进行交流，区队现场跟班人员或者班组长要利用肢体语言组织职工撤离。撤离时跟班领导（班组长）或者有经验的职工在前，其他职工依次排在其后，按照有效的避灾路线进行撤离。有时灾区能见度很低，灾区职工可以手牵手进行撤离，切忌职工不服从指挥。

④ 爆炸引起矿井火灾或者风流紊乱，将会扩大事故灾害范围，因此受灾区事故威胁人员在接到矿调度室发布的撤离命令之后，应由现场跟班人员组织循避灾路线安全撤离。

⑤ 遇险人员佩戴自救器循相应的避灾路线外撤过程中，当安全出口被封堵，或由于自救器安全防护时间较短，在其防护时间内不能撤至地面或其他安全地点时，遇险人员应进入避难硐室避险或更换自救器。避难硐室具备安全防护、氧气供给保障、有害气体去除、环境监测、通讯、照明、人员生存保障等基本功能，在无任何外界支持的情况下额定防护时间不低于96 h。正确地选择进入临时避难硐室，往往能对受难人员发挥很好的救护作用。进入避难硐室避险后，应立即通过直通电话汇报矿调度室。汇报内容包括避险人数、避灾路线、人员身体状况、硐室内外环境和气体情况、硐室装备运行状况及灾害发生情况等信息。避险时，应保持安静，避免不必要的体力消耗和空气消耗，借以延长避灾时间。在硐室通讯中断情况下，可间断地敲打铁器、岩石等，发出呼救信号。全体避险人员要坚定信心，相信在各级领导和职工的努力下，一定会安全脱险。

⑥ 遇险人员佩戴自救器循相应的避灾路线撤至井底车场过程中，由于自救器安全防护时间较短，在其防护时间内不能撤至井底车场时，遇险人员应进入附近的过渡站更换自救器，然后再循避灾路线尽快撤至井底车场或其他安全地点。

⑦ 灾变情况下，若出现矿灯损坏、烟雾较大等情况，特别是出现严重影响视线、只能用手触摸的紧急情况时，遇险人员应手握生命绳，靠生命绳及其反光标、导向锥的指引，尽快撤至井底车场或其他安全地点。

8.4.1.7 应急物资与装备保障

救护中队处理矿井瓦斯、煤尘爆炸事故所需的应急物资由救护队根据相关法律法规要求配备并维护保养。

井上下设有消防材料库，井下消防材料库设在七采辅助下山上车场（-350 m水平）及混合井下井口候罐硐室处（-432 m水平），井上消防材料库设在通风工区地面车间。井上下消防材料库由通风工区按照“矿井灾害预防和处理计划”的要求进行配备和维护。

采掘工作面避灾路线上设有临时避难硐室。避难硐室具备安全防护、氧气供给保障、有害气体去除、环境监测、通讯、照明、人员生存保障等基本功能，在无任何外界支持的情况下额定防护时间不低于96 h。

矿医院配备医疗应急物资。井口设置保健站，并配备相应的医疗设备。

8.4.2 某煤矿井下火灾事故专项应急预案

8.4.2.1 事故类型和危害程度分析

矿井火灾事故可分为内因火灾和外因火灾。矿井火灾的发生和季节关系不明显，火灾事故的发生取决于火灾三要素同时存在。

1. 内因火灾危害程度分析

2002 年，该矿对煤层自燃倾向性进行了鉴定，结果显示，$3_上$、$3_下$、$16_上$、17 号煤层均为二类自燃煤层。具体情况详见表 4－8－26。

表 4－8－26 煤层自燃倾向等级鉴定报告表

试样编号	采样地点	工业分析			着火温度/℃			Δ	自燃倾向分类
		M_{ad}	A_d	V_{daf}	$T_氧$	$T_原$	$T_还$		
2002～250	$93_上$ 14 上顺 $3_上$ 号煤层	1.07	8.13	43.68	320	325	348	28	二类
2002～251	9303 上顺 3 号煤层	1.68	18.65	41.97	328	330	360	32	二类
2002～252	－432 m 水平井底车场 17 号煤层	1.94	3.93	44.34	330	338	358	28	二类
2002～253	－432 m 水平大巷 $16_上$ 号煤层	1.87	5.87	45.10	338	340	368	30	二类

备注：一类为容易自燃；二类为自燃；三类为不易自燃。

采煤工作面煤炭自燃主要发生在工作面周围的停采线、联络巷、老巷、工作面进回风巷至采空区 20 m 纵深范围内，尤其以停采线处最为普遍。主要是因为这些地方丢煤多、外部漏风严重和措施不力等造成。矿井 $3_上$ 号煤层主要采用综放无煤柱开采技术，由于沿空巷道沿底板一次掘进，巷道服务时间长，相邻采空区留有大量浮煤，且已氧化升温，因此，巷道沿空侧自然发火几率较大。

掘进工作面沿空、顶空掘进巷道的相邻采空区、切眼、停采线、溜煤眼、老硐室及老火区、巷道高冒处、断层处等地点是内因火灾防治的重点。

2. 外因火灾危害程度分析

外因火灾可以发生在矿井的任何地点，但多发生在井口、井筒、井底车场、机电硐室、火药库以及安有机电设备的巷道或工作面内。外因火灾的特点是：突然发生，来势凶猛，如果不能及时发现，往往可能酿成恶性事故，一定条件下还能够引起爆燃或者爆炸。但外因火灾的燃烧往往发生在可燃物表面，救灾人员能接近火源，如果发现得及时，还是容易扑救的。

8.4.2.2 应急处置基本原则

参见“瓦斯、煤尘爆炸事故专项应急预案”相关设计。

8.4.2.3 组织机构及职责

1. 应急组织体系

采用专业应急救援队伍与各单位配合的组织形式。

2. 应急组织指挥机构

1）Ⅰ级应急组织指挥机构

Ⅰ级应急组织指挥机构执行综合应急预案中的相应内容。

2）Ⅱ级应急组织指挥机构

成立井下火灾事故应急救援指挥部，负责组织指挥应急救援工作。指挥部下设8个专业组，分工负责应急救援中的各项工作。

总指挥：总工程师。

成员：各专业组负责人。

指挥部设在调度室，负责承办指挥部交办的有关事项、应急救援工作的组织协调和对外信息发布工作。

Ⅱ级应急组织指挥体系结构如图4－8－16所示。

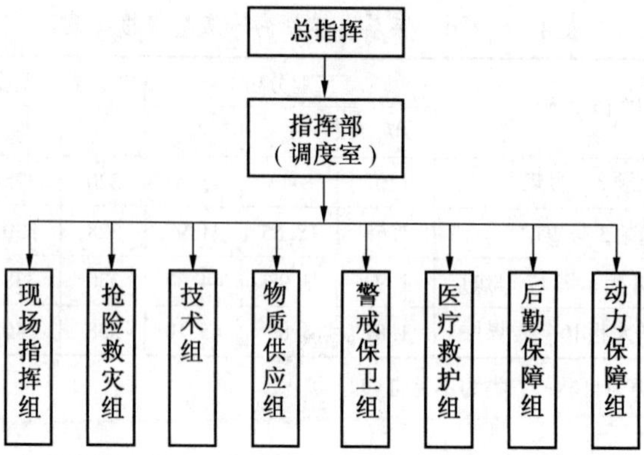

图4－8－16　Ⅱ级应急组织指挥体系结构图

指挥部成员接到矿井发生井下火灾事故的通知后，必须迅速到矿调度室集合，根据事故性质、范围及事故处理计划的规定，调动各方面的力量，迅速组织应急救援。

矿总工程师是处理井下Ⅱ级火灾事故的全权指挥者（在矿总工程师未到之前由值班矿领导负责指挥），在矿通风副总和通防科长、矿山救护中队队长的协助下，制定应急救援作战计划。

指挥部下设8个专业组，其组长、职责、成员详述如下：

（1）现场指挥组。

组长：通风副总工程师。

职责：主要负责指挥现场应急救援工作，及时处理突发灾变。

成员由通防科长和有关区队负责人组成。

（2）抢险救灾组。

组长：救护中队队长。

职责：具体负责实施指挥部制定的应急救援方案和安全技术措施。

成员由应急救援指挥部紧急调集的有关单位跟班负责人组成。

（3）技术组。

组长：技术科科长。

职责：主要研究制定应急救援技术方案和措施，解决事故应急救援过程中遇到的技术难题。

成员由技术科、地测科、通防科技术负责人组成。

(4) 物资供应组。

组长：经济运行科长。

职责：主要负责保证应急救援中物资、设备的及时调度和供应。

成员由经济运行科有关人员组成。

(5) 警戒保卫组。

组长：保卫科长。

职责：主要负责井下火灾事故发生后的人员疏散、戒严和维持秩序、交通等工作。

成员由保卫科有关人员为主组成。

(6) 医疗救护组。

组长：矿医院院长。

职责：主要负责对受伤人员的医疗救护和检测检疫工作。

成员由医院有关人员组成。

(7) 后勤保障组。

组长：矿办主任。

职责：主要负责食宿接待、车辆调度等工作。

成员由矿长办公室、物业管理公司有关人员组成。

(8) 动力保障组。

组长：机电副总工程师。

职责：主要负责灾区应急停送电、主要通风机保持正常运转等工作。

成员由机电科、供电工区、运转工区有关人员组成。

3) Ⅲ级应急组织指挥机构

Ⅲ级应急组织由事故单位组织成立应急领导小组，成员由事故单位跟班管理人员、班组长组成，单位负责人任组长，是处理井下Ⅲ级火灾事故的全权指挥者。

8.4.2.4 预防与预警

1. 危险源监控方式、方法

(1) 安全监控系统。

参见“瓦斯、煤尘爆炸事故专项应急预案”相关设计。

(2) 矿井束管监测系统。

参见“瓦斯、煤尘爆炸事故专项应急预案”相关设计。

2. 井下火灾事故预防措施

1) 外因火灾预防措施

(1) 井下从事电焊、气焊和喷灯焊接等工作时，必须严格执行《煤矿安全规程》的有关规定，并制定严格的安全措施，报有关领导批准。严格按制定的安全措施组织施工。

(2) 井下必须使用取得产品安全标志的煤矿许用炸药和煤矿许用电雷管，严禁使用产生火焰的爆破器材和爆破工艺。

(3) 所有电气设备防爆性能必须达到《煤矿安全规程》要求，过电流、漏电、过负荷和欠压释放等保护装置齐全，灵敏可靠；井口和井下电气设备必须有防雷击和防短路的保护装置。

（4）严格井口检身制度，严禁携带烟草和点火物品下井；工业场地内的主井、副井、混合井、中央风井、白马河风井井口附近20 m内严禁烟火；井下严禁使用灯泡取暖和使用电炉。

（5）井下严禁存放汽油、煤油和变压器油，使用过的棉纱、布头、纸和润滑油等必须存放在盖严的铁桶内，并由专人定期送地面处理。严禁将剩油、废油泼洒在井巷或硐室内。

（6）井下火药库、机电硐室、材料库、工具房、井底车场、使用带式输送机或液力偶合器的巷道以及采掘工作面附近的巷道中，都应备有灭火器材；所有机电硐室、火药库都必须至少存放0.2 m^3 的灭火砂；必须定期检查灭火器材，并及时更换。所有工作人员都必须熟悉灭火器材的使用方法，并熟悉本职工作区域内灭火器材的存放地点。

（7）带式运输机的防滑、防跑偏等防护设施和烟雾报警、自动洒水等安全设施必须齐全、灵敏可靠。

2）内因火灾预防措施

（1）井下巷道必须做到设计合理，通风系统稳定、简单，通风设施齐全，从设计上满足防灭火的要求。不尾随采煤工作面掘进。

（2）实施均压调风措施。工作面停采封闭后及时采取均压措施，使工作面进回风巷两密闭的风压差减小，进而减小漏风以达到防止向采空区供氧的目的，防止采空区煤炭自燃。

（3）综放工作面巷道掘进过程中出现的顶煤破碎、冒落区域、地质构造区域，沿空掘进过程中因片帮、躲避硐、联络巷、裂隙等与采空区沟通的区域，必须及时采取喷浆等堵漏措施，并对浮煤进行阻化处理。

（4）加强自然发火的预测预报工作。要充分利用束管、色谱分析、红外探测及KJ95N监测监控系统分析可疑地点的气体成分和温度变化情况，发现火灾隐患及时采取措施进行处理。

（5）坚持对采煤工作面实施采后注浆措施，完善注浆系统。在条件允许的情况下，最大限度地增大注浆量，消除火灾隐患，尤其是工作面开切眼、停采线必须加大注浆量，尽量将其上、下两头三角充实。

（6）工作面推过后，应对不再使用的联络巷及时进行注炉渣充填或者使用固化粉煤灰充填，以确保有效封堵漏风。

（7）采煤工作面的放水孔、注浆孔、泄水井等，在工作面采过后必须及时封堵，有水的要采取安设U型管或建带反水池的密闭等措施，做到防火、泄水兼顾。

（8）采用走向长壁方式布置工作面时，应避免把采区上、下山布置在落差较大的断层附近，以避免工作面停采线或开切眼留在断层附近。

（9）依据现场条件及自然发火威胁的区域范围，有针对性地采取注氮、注液态 CO_2 等防火措施，依靠氮气、液态 CO_2 的压力，以氮气、液态 CO_2 置换采空区的氧气，惰化自然发火威胁区域。

（10）坚持每月排查一次自然发火隐患，对排查出的隐患点应制定切实可行的防治措施进行处理。

3. 预警行动

（1）外因火灾比较直观，初期火势较小，容易控制，现场人员应充分利用灭火器材或其他可以利用的灭火工具直接灭火。出现外因火灾时必须及时汇报矿调度室。如果火灾规模较大，现场人员不能直接扑灭火灾时，应尽快将火灾的地点、范围、性质等情况向调度室汇报，并积极组织受火灾威胁区域人员循避灾路线尽快撤离灾区。

（2）内因火灾的主要征兆有：附近巷道煤、岩、空气和水温升高；湿度加大，出现雾气；有煤油味、汽油味或焦油味；CO、CO_2 浓度升高，O_2 浓度降低，人接近火源附近有头痛、闷热、四肢无力的感觉；出现火炭、火焰、烟雾等现象。井下人员发现上述征兆后，必须立即向调度室汇报，自燃程度严重、危及人员安全时要立即组织人员撤离灾区。现场如能直接灭火，必须立即采取直接灭火措施。

8.4.2.5 信息报告程序

参见“瓦斯、煤尘爆炸事故专项应急预案”相关设计。

8.4.2.6 应急处置

1. 响应分级

按照矿井火灾事故发生的地点，预计事故灾难的可控性、严重程度和影响范围，将矿井火灾事故应急响应级别分为Ⅲ级响应（一般事故）、Ⅱ级响应（较大事故）、Ⅰ级响应（重大事故）等。

出现下列情况时启动Ⅲ级响应：造成或可能造成 1 ~ 2 人轻伤，或造成 1 ~ 2 人中毒，或造成三级非伤亡事故。

出现下列情况时启动Ⅱ级响应：造成或可能造成 1 ~ 2 人重伤，或造成 3 人及以上轻伤，或造成二级非伤亡事故。

出现下列情况时启动Ⅰ级响应：造成或可能造成 1 人及以上死亡，或造成 3 人及以上中毒、重伤，或造成一级非伤亡事故。

2. 响应程序

（1）Ⅲ级响应。由单位负责人或现场负责人启动井下火灾事故现场处置方案，必要时请求分管副矿长（总工程师）启动本专项应急预案。

（2）Ⅱ级响应。由分管副矿长（总工程师）启动本专项应急预案，必要时请求矿长启动生产安全事故综合应急预案。

（3）Ⅰ级响应。由矿长启动生产安全事故综合应急预案，必要时请求集团公司支援。

响应分级程序如图 4 - 8 - 17 所示。

3. 井下火灾事故处置措施

（1）采煤工作面发生火灾事故时，正常通风情况下一般要从事故上风侧利用灭火器或者消防管路灭火。当火势无法控制时，现场人员应立即佩戴好自救器，事故上风侧人员要逆风撤出；事故下风侧人员要设法经最短路线，撤退到新鲜风流中。如巷道破坏严重，退路被阻时，应千方百计疏通巷道。若巷道难以疏通，应集中在避难硐室等安全地点待救。

（2）掘进工作面发生火灾事故直接灭火无效时，现场人员要立即佩戴好自救器，迅速撤至新鲜风流中。如巷道破坏严重，退路被阻时，应千方百计疏通巷道。若巷道难以疏通，应集中在避难硐室等安全地点待救。

（3）现场人员用水灭火必须注意的问题：

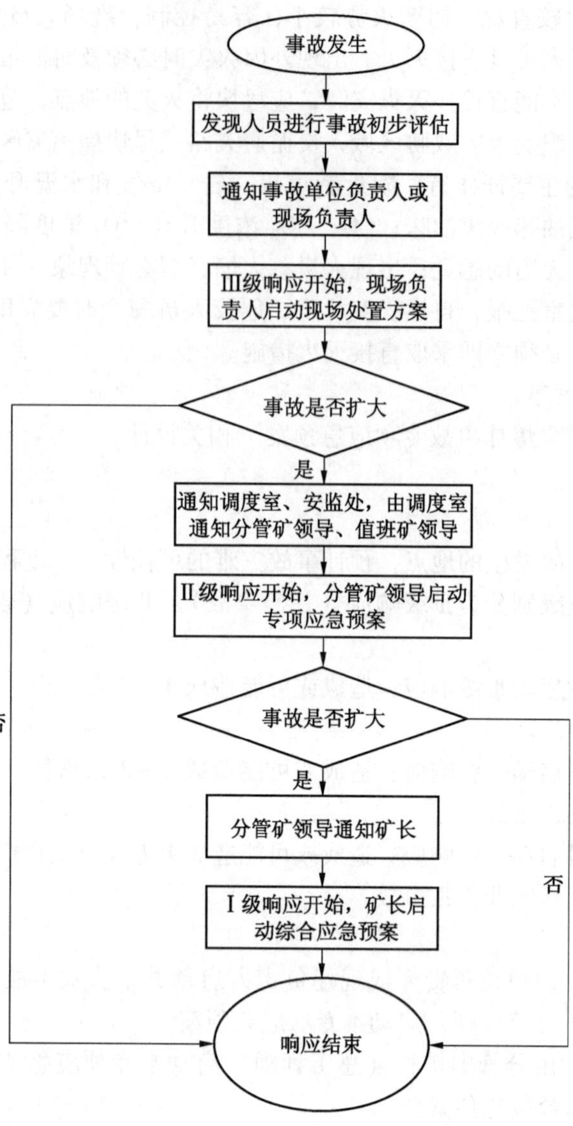

图4-8-17　响应分级程序流程图

① 要有足够的水量。水量不足不仅难以灭火，而且有可能贻误战机，造成火势扩大。

② 用水灭火时人要站在事故上风侧工作，水流由火源的边缘逐渐地推向中心，以免产生过量的水蒸气伤人。

③ 必须保持一个畅通的排烟通道，以防高温的水蒸气和烟流返回伤人。

④ 不能用水扑灭带电的电气设备火灾，也不宜扑灭油料火灾。

(4) 矿井火灾引起瓦斯煤尘爆炸或者风流紊乱，将会扩大事故灾害范围，因此受灾害事故威胁的人员，在接到矿调度室发布的撤离命令之后，应由现场跟班人员组织循避灾路线安全撤离。由于佩戴自救器之后，灾区人员相互之间无法用语言进行交流，区队现场跟班人员或者班组长要利用肢体语言组织职工撤离。撤离时跟班领导（班组长）或者有经验的职工在前，其他职工依次排在其后，按照有效的避灾路线进行撤离。有时灾区能见度很低，灾区职工可以手牵手进行撤离，切忌职工不服从指挥。撤退时不可惊慌失措，盲目行动，首先有组织地向火灾燃烧的相反方向撤退，最好利用平行巷道，迎着新鲜风流绕过火区，进入安全地点。

在有烟雾的巷道中撤退时，应当注意：

① 在有烟雾的巷道中停留避难或是建立避难场所的可能性不大。所以，应当采取果断措施迅速脱离现场，撤到有新鲜风流的巷道。

② 必须及时佩戴好自救器，若自救器失效，应捂湿毛巾。

③ 位于火源进风侧人员，应迎着新鲜风流撤退。如果位于火源回风侧的人员距火源较近，附近有脱险的通道，而且又有脱险的把握时，可以逆烟撤退，迅速穿过火区撤到火源进风侧。如果位于火源回风侧的人员距火源较远，在烟气没有到达之前，可顺着风流尽快从回风出口撤到新鲜风流中去。如果在撤退途中遇到烟气有中毒危险时，应迅速佩戴好自救器，尽快通过捷径绕到新鲜风流中去。

④ 撤退途中，如果有平行并列巷道或交叉巷道时，应靠有平行并列巷道或交叉巷口的一侧撤退，并随时注意这些出口的位置。在烟雾大、视线不清楚的情况下，要摸着巷道壁前进，以免错过连通出口。在烟雾不严重的情况下，应尽量躬身弯腰、低头快速前进；如烟雾大、视线不清或温度高时，则应尽量贴着巷道底板和巷道壁，摸着铁道或管道等快速爬行撤退。

⑤ 在高温浓烟的巷道中撤退时，还应注意用水浸湿毛巾、衣物，或向身上淋水等办法进行降温，或是利用随身衣物遮挡头部，以防高温烟气的刺激。

⑥ 如果在自救器有效作用时间内不能安全撤退时，应寻找有压风管路的地点，用压风呼吸。

⑦ 无论逆风或顺风撤退都无法躲避着火巷道或火灾烟气的危害时，应迅速进入避难硐室或构筑临时避难所，等待救援。

⑧ 在任何危险紧急情况下都不能惊慌，不要狂奔乱跑。否则，既易疲劳，降低抵抗能力、分析能力和行动能力，过度的紧张和恐惧还会造成精神及行动失常。

（5）妥善避灾。

① 遇险人员佩戴自救器循相应的避灾路线外撤过程中，当安全出口被封堵，或由于自救器安全防护时间较短，在其防护时间内不能撤至地面或其他安全地点时，遇险人员应进入避难硐室避险或更换自救器。避难硐室具备安全防护、氧气供给保障、有害气体去除、环境监测、通讯、照明、人员生存保障等基本功能，在无任何外界支持的情况下额定防护时间不低于96 h。正确地选择进入临时避难硐室，往往能对受难人员发挥很好的救护作用。进入避难硐室避险后，应立即通过直通电话汇报矿调度室，汇报内容包括避险人数、避灾路线、人员身体状况、硐室内外环境和气体情况、硐室装备运行状况及灾害发生情况等信息。避险时，应保持安静，避免不必要的体力消耗和空气消耗，借以延长避灾时间。在硐室通讯中断情况下，可间断地敲打铁器、岩石等，发出呼救信号。全体避险人员要坚定信心，相信在各级领导和职工的努力下，一定会安全脱险。

② 遇险人员佩戴自救器循相应的避灾路线撤至井底车场过程中，由于自救器安全防护时间较短，在其防护时间内不能撤至井底车场时，遇险人员应进入附近的过渡站更换自

救器，然后再循避灾路线尽快撤至井底车场或其他安全地点。

③ 灾变情况下，若出现矿灯损坏、烟雾较大等情况时，特别是出现严重影响视线，只能用手触摸的紧急情况时，遇险人员应手握生命绳，靠生命绳及其反光标、导向锥的指引，尽快撤至井底车场或其他安全地点。

（6）井下火灾事故的具体救助措施。井下发生火灾时，矿领导及有关人员的首要任务是保护井下人员的安全，即应迅速从危险区撤出与救灾无关的人员，同时采取一定的通风措施防止风流逆转而扩大灾情。

① 扑灭井下火灾时，抢救指挥部应根据火源位置、火灾波及范围、人员分布及瓦斯涌出情况，迅速而慎重决定通风方式和通风控制措施。

② 进风井口、井筒、井底车场、主要进风道和硐室发生火灾时，为了抢救井下人员，应采取反风措施。

③ 救护队员到达火灾现场，首先应从进风侧灭火，为控制火势，可采取措施设置水幕，拆除木背板（岩石坚固时），及时建造临时防火密闭等措施阻止火势蔓延。

④ 用水灭火时，为了防止水煤气爆炸，水流不要对准火焰中心，而应从火焰的外围喷洒，随着燃烧物温度的降低，逐步逼向火源中心。

⑤ 扑灭电器火灾，必须首先切断电源；电源无法切断时，严禁使用非绝缘灭火器材灭火。

⑥ 进风的下山巷道着火时，必须采取防止火风压造成风流紊乱和风流逆转的措施。

⑦ 灭火时，应采取措施防止瓦斯积聚；如积聚的瓦斯可能涌入火区，应加强巷道通风。

⑧ 采煤工作面发生火灾时，正常通风的情况下，一般要从事故上风侧利用灭火器和消防管路灭火。

⑨ 独头巷道发生火灾时，要在维持局部通风机正常通风的情况下积极灭火。救护队员到现场后，要保持独头巷道的通风原状，进行侦察后再采取措施。火灾发生在独头巷道迎头时，在通风的情况下，瓦斯浓度不超过2%，可直接灭火；若发生在巷道中段时不得直接灭火，要远距离封闭。

⑩ 所有能通往危险地带的风路都要设置警戒牌，在警戒区内除做灭火的有关工作外，不允许进行其他工作。为了掌握灾变情况，必须由专人负责检查现场的气体情况，检查人员应配备瓦斯、氧气、一氧化碳便携式检定仪，并随时采样送井上进行分析。

8.4.2.7 应急物资与装备保障

救护中队处理井下火灾事故所需的应急物资由救护队根据相关法律法规要求配备并维护保养。

井上下设有消防材料库，井下消防材料库设在七采辅助下山上车场（－350 m 水平）及混合井下井口候罐硐室处（－432 m 水平），井上消防材料库设在通风工区地面车间。井上下消防材料库由通风工区按照“矿井灾害预防和处理计划”的要求进行配备和维护。

采掘工作面避灾路线上设有临时避难硐室。避难硐室具备安全防护、氧气供给保障、有害气体去除、环境监测、通讯、照明、人员生存保障等基本功能，在无任何外界支持的情况下额定防护时间不低于96 h。

矿医院配备医疗应急物资。井口设置保健站，并配备相应的医疗设备。

8.4.3 某煤矿井下水害事故专项应急预案

8.4.3.1 事故类型和危害程度分析

1. 危险源的确定

依据矿井地质报告、下组煤 -432 m 水平补充勘探地质报告，结合矿井开采实际情况，矿井水害主要来自：

(1) 采空区及局部巷道积水。

(2) 上组煤顶板砂岩及侏罗系红层含水层，为顶板砂岩裂隙水、靠近井田东部边界开采断层水威胁。

(3) 下组煤开采时底板奥灰水威胁。

2. 危害程度分析

上组煤（$3_{上}$、$3_{下}$ 煤）开采主要充水含水层为 3 煤顶板砂岩及侏罗系红层。下组煤（$16_{上}$、17 煤）开采主要充水含水层为第$十_{下}$层石灰岩、第十四层石灰岩及奥陶系石灰岩。

3 煤顶板砂岩是上组煤开采时的主要充水含水层，厚度 3.28 ~ 39.54 m，平均 13.80 m，主要为中细砂岩，为裂隙承压含水层，单位涌水量为 0.00203 ~ 0.038 L/s · m，涌水形式以采后采空区涌水为主。侏罗系红层为一红色砂岩层，属孔隙—裂隙含水层，单位涌水量 0 ~ 0.186 L/s · m。该层水赋存极不均匀，裂隙发育层段一般都含裂隙水，甚至会形成富水段，而在裂隙不发育层段含水则较少。开采过程中导水裂隙带波及侏罗系红层富水部位时，易产生工作面采后涌水，若排放水工程及排水设备不能满足需要，易造成工作面受淹，影响正常生产。另外，经分析上组煤开采不受底板水威胁。

第$十_{下}$层石灰岩厚 3.31 ~ 9.03 m，平均 5.21 m，以静储量为主，富水性较差。该层是第 $16_{上}$ 层煤的直接顶板，是下组煤开采的直接充水含水层。第十四层石灰岩厚 0.30 ~ 14.79 m，平均 7.37 m，揭露厚度不稳定，属于溶穴裂隙承压水，为弱含水层，补给条件不良，以静储量为主，正常区段无水，对采掘影响较小。奥陶系石灰岩是煤系地层的基底，富水性弱至中等，且顶部富水性相对较差，如无异常构造裂隙连通深部的奥灰水，则对下组煤的开采无大的影响。17 煤至奥灰厚度一般为 68.79 ~ 84.05 m，平均 76.35 m，其中泥质岩类较多，厚层铝质泥岩的完整程度较高，多数泥质岩完整性属于较好的等级。奥灰与十四灰之间有一层稳定分布的铁质泥岩，厚 4.20 ~ 11.50 m，平均 6.43 m，且该层强度较大，对阻隔奥灰水向上渗流起主要作用。下组煤 -432 m 水平水文地质条件类型为中等型，井田内未发现岩溶陷落柱，煤层底板隔水层厚度、工程地质性质、岩层的组合对阻止底板突水较为有利，在正常条件下底板隔水层能阻抗奥灰水的压力，但在构造发育地段，也不能排除奥灰水突入矿井的可能，应引起重视。

8.4.3.2 应急处置基本原则

参见“瓦斯、煤尘爆炸事故专项应急预案”相关设计。

8.4.3.3 组织机构及职责

1. 应急组织体系

采用专业应急救援队伍与各单位配合的组织形式。

2. 应急组织指挥机构

1) Ⅰ级应急组织指挥机构

Ⅰ级应急组织指挥机构执行综合应急预案中的相应内容。

2）Ⅱ级应急组织指挥机构

成立矿井Ⅱ级水害事故应急救援指挥部，负责组织指挥应急救援工作。指挥部下设 7 个专业组，分工负责应急救援过程中的各项工作。

总指挥：总工程师。

成员：各专业组负责人。

指挥部设在调度室，负责承办指挥部交办的有关事项、应急救援工作的组织协调和对外信息发布工作。

Ⅱ级应急组织体系结构如图 4－8－18 所示。

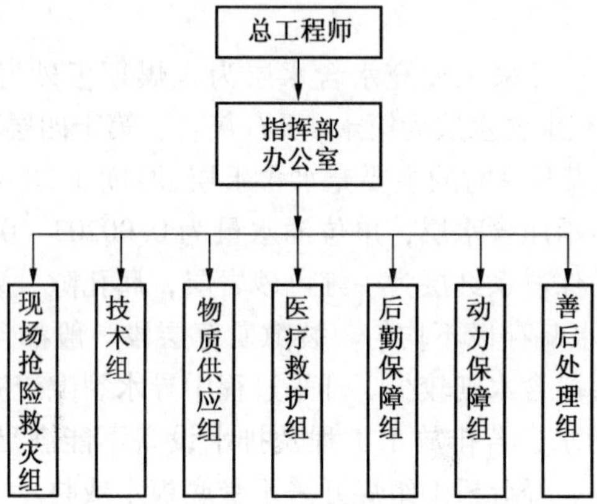

图 4－8－18　Ⅱ应急组织指挥体系结构图

指挥部成员接到矿井发生水害事故的通知后，必须迅速到矿调度室集合，根据事故性质、范围及事故处理计划的规定，调动各方面的力量，迅速组织应急救援。

矿总工程师是处理Ⅱ级水害事故的全权指挥者，在副总工程师的协助下，制定应急救援作战计划。

指挥部下设 7 个专业组，其组长、职责、成员详述如下：

（1）现场抢险救灾组。

组长：救护中队队长、调度室主任。

职责：负责制定并实施现场处置方案，指挥现场应急救援工作，及时处理突发灾变，向指挥部反馈现场处置情况。

成员：救护中队、调度室、保卫科、各有关区队负责人。

（2）技术组。

组长：副总工程师。

职责：主要制定应急救援技术方案和措施，为应急救援提供技术保障。

成员：地测科、技术科、通防科、运输科技术负责人。

（3）物资供应组。

组长：经济运行科科长。

职责：负责保证应急救援中物资和设备的及时供应。

成员：由经济运行科有关人员组成。

(4) 医疗救护组。

组长：医院院长。

职责：负责对受伤人员的医疗救护和检测检疫工作。

成员：医院有关人员。

(5) 动力保障组。

组长：机电科科长、运转工区区长。

职责：主要负责应急供电、排水工作。

成员：机电科、供电工区、运转工区有关人员组成。

(6) 后勤保障组。

组长：矿长办公室主任。

职责：负责食宿接待、车辆调度等工作。

成员：矿办、接待中心、物业管理公司有关人员。

(7) 善后处理组。

组长：工会副主席。

职责：负责事故分析和上报工作，受伤人员家属安抚、抚恤、理赔等善后处理工作。

成员：地测科分管副科长及工资科、财务科、居民委员会负责人。

3) Ⅲ级应急组织指挥机构

Ⅲ级应急组织由事故单位组织成立应急领导小组，成员由事故单位管理人员组成，单位负责人任组长。现场处置方案执行作业规程有关规定。

8.4.3.4 预防与预警

1. 危险源监控方式、方法

采用观察、探测、预测预报等方式作为监测方法。

2. 井下水害事故预防措施

1) 回采工作面水害预防措施

(1) 工作面回采前应进行详细的水文地质分析，凡水文地质条件不清或预计涌水量较大的工作面，要积极开展水文地质探查，查明充水含水层（体）富水部位和构造富、导水情况，并提出详细防治措施。

(2) 下组煤工作面回采前，应采用先进的物探技术，对工作面底板富水性进行探测，查清底板含水层富水性，评价突水危险性。

(3) 回采工作面必须有完善的排水系统，排放水能力应不小于预计最大涌水量的1.5倍，工作面排水设备需保持配套完好，并委派专人进行管理维护，确保能随时启动排水，其备用排水设备也应配备齐全完好。

(4) 当导水裂隙带范围内的含水层或老空积水影响安全开采时，必须超前探放水并建立疏排水系统。

(5) 采煤工作面或其他地点发现有挂红、挂汗、空气变冷、出现雾气、水叫、顶板淋水加大、顶板来压、底板鼓起或产生裂隙出现渗水、有臭味等突水预兆时，必须停止作业，立即报告矿调度室，发出警报，撤出所有受水威胁地点的人员。

(6) 各采煤队应认真传达学习施工措施，井下工人应熟知避灾路线，在发生水灾时立即报告矿调度室，发出警报，所有受水威胁地点的人员及时撤离危险区域。整个避灾路线要躲开突水所流经的地方，并要保持支护完整，通风畅通，有路标指示，坡度大的地段要设置扶手或绳索。

2）掘进工作面水害预防措施

（1）坚持“预测预报、有疑必探、先探后掘、先治后采”的原则，对掘进迎头前方预计异常地质构造时，进行超前探测。探水安全距离不得小于 30 m，确保排除隐患后方可向前掘进。

（2）下山掘进迎头应配备完善配套的排水设备，排水能力应达到设计要求，排水管路应紧跟迎头，杜绝迎头积水现象。

（3）沿空巷道施工时，必须认真排查采空区泄水密闭和泄水钻孔畅通情况，对堵塞的反水池和放水钻孔应进行疏通处理。同时分析采空区内可能的积水情况，发现积水应超前探放，确保排除采空区积水威胁。

（4）地测科水文地质人员应经常观测迎头水文地质情况，及时进行预测预报，杜绝水害事故发生。掘进区队应随时观察迎头水文情况，发现突水征兆，对人身安全及安全生产可能造成威胁时，区队值班人员首先利用工作地点的通讯工具向矿调度室汇报。调度室值班人员应通知水文专业人员及时到井下现场调查，分析研究水情现状并预测水情发展趋势，为领导制定治理方案提供准确的技术资料。

（5）在掘进受水体威胁的巷道之前，要编制专门的防治水措施。

（6）巷道揭穿含水层、地质构造带前，必须编制探放水和注浆堵水措施。

（7）在断层防水煤柱边缘位置掘进时，必须边掘边探，保证防水煤柱尺寸符合设计规定。

（8）井巷揭露的主要出水点或地段，要进行水温、水量、水质等地下水动态观测和分析，防止滞后突水。

（9）各掘进区队应认真传达学习施工措施，井下工人应熟知避灾路线。在发生水灾时立即报告矿调度室，发出警报，所有受水威胁地点的人员及时撤离危险区域。整个避灾路线要躲开突水所流经的地方，并要经常保持支护完整，通风畅通，有路标指示。坡度大的地段要设置扶手或绳索。

3）采空积水区及密闭内侧有积水的巡查措施

为避免因采空区和密闭墙内侧积水情况不清，造成水灾事故的发生，需对采空积水区及内侧有水的密闭墙进行定期巡查，发现问题及时处理。具体预防和处理措施如下：

（1）由矿总工程师组织相关技术人员每季度进行一次采空积水区和内侧有水的密闭墙的积水情况排查，准确掌握积水量、积水范围及其排泄情况。

（2）内侧有积水的密闭墙由通防工区密闭监测人员定期进行巡查，重点监测密闭出水口出水情况、密闭墙内积水变化情况。发现出水口淤塞，应立即进行疏通处理，确保排泄水畅通。发现密闭墙内积水变化较大、存在突水威胁时，应及时向矿调度室汇报，并通报地质测量科，及时采取措施进行处理。

（3）当采空区积水和密闭墙内积水影响安全生产时，应立即采取措施进行处理。由通防工区根据现场实际条件进行探放水，确保排除积水威胁。

4）防止注浆溃浆的措施

（1）注浆安全措施中必须详细分析有可能出现溃浆事故的地点，并制定严格的防范措施。

（2）每次注浆前，必须首先检查注浆地点附近的密闭质量，密闭质量不符合标准要求时，严禁注浆。

（3）注浆地点附近溜煤眼下的溜煤嘴必须固定牢固。否则，必须采取加固措施。

（4）注浆过程中，必须安排专人巡回检查注浆地点附近密闭及溜煤眼的泄水情况，若密闭内水位增高幅度较快，泄水量较小时，必须及时采取停止注浆、排泄积水措施，以防止冲垮密闭。

3. 预警行动

矿井透水的预兆有：巷道壁或煤壁“挂汗”；煤层变冷；淋水加大，顶板来压或底板鼓起并有渗水；出现压力水流；煤层有水挤出，并产生“嘶嘶”声；工作面有害气体增加；煤壁或巷道壁“挂红”、酸度大，水味发涩和有臭鸡蛋味；煤发潮发暗。

由于矿井突水水源不同，发生透水前的预兆各有特点：

（1）老空水透水预兆。由于老空水积存时间较长，水量补给排泄差，常称“死水”。透水预兆有：挂红、水味发涩，或出现雾气等现象。

（2）断层水透水预兆。通常情况下，断层水水量补给较充分，常称“活水”，透水预兆有：采掘工作面出现来压、淋水增大，遇断层带中有淤泥时，水较混浊多呈黄色等。

（3）顶板水透水预兆。顶板来压，淋水增大，采掘工作面空气变冷，采后老塘涌水突然增大等。

（4）底板溶洞透水预兆。当采掘工作面接近石灰岩溶洞水时，可能出现顶底板来压、裂隙渗水现象，水多呈灰色或灰黄色，带有嗅味，有时也有挂红现象。

现场人员发现有以上预兆时必须停止作业，立即报告矿调度室。班组长通过喊话等形式发出警报，按照避水灾路线撤出所有受水威胁地点的人员。

8.4.3.5 信息报告程序

参见“瓦斯、煤尘爆炸事故专项应急预案”相关设计。

8.4.3.6 应急处置

1. 响应分级

按照水害事故严重程度和影响范围，将事故应急响应级别分为Ⅲ级响应（一般事故）、Ⅱ级响应（较大事故）和Ⅰ级响应（重大事故）。

出现下列情况时启动Ⅲ级响应：造成或可能造成1～2人轻伤，或造成三级非伤亡事故。

出现下列情况时启动Ⅱ级响应：造成或可能造成1～2人重伤，或造成3人及以上轻伤，或造成二级非伤亡事故。

出现下列情况时启动Ⅰ级响应：造成或可能造成1人及以上死亡，或造成3人及以上重伤，或造成一级非伤亡事故。

2. 响应程序

（1）Ⅲ级响应：由单位负责人或现场负责人负责启动井下水害事故现场处置方案。

（2）Ⅱ级响应：由矿总工程师负责启动井下水害事故专项应急预案。

（3）Ⅰ级响应：由矿长启动生产安全事故综合应急预案，必要时请求集团公司支援。

3. 处置措施

（1）发现突水预兆时不要盲目进行直接处理，以避免事故的扩大。应及时汇报，可采取采掘作业规程中安全技术措施规定的方式处理。

（2）Ⅱ级水害事故发生后，立即启动本预案，成立应急救援指挥部。指挥部成立后首先听取当班值班领导的灾情汇报。矿总工程师听取水灾情况汇报后，立即组织人员依据矿井灾害预防和处理计划结合灾情实际，提出事故处理方案，下达应急救援作战指令。

（3）透水后，应在可能的情况下迅速观察和判断透水的地点、水源、涌水量、发生原因、危害程度等情况，根据矿井灾害预防与处理计划中规定的撤退路线迅速撤离。若水势很猛，冲力很大，撤退时一定要注意向高处走，沿着上山方向进入一水平（-350 m 水平），或就近进入回风巷，迅速撤退到透水地点以上的水平进而出井，而不能进入透水地点附近及下山的独头巷道。另外，撤离前，应设法将撤离路线向调度室汇报。

（4）水泵房人员在接到透水事故报警后，要立即关闭泵房两侧的密闭门，启动所有水泵，把透出的水尽快排出。未接到救灾领导的撤退命令时，绝对不可离开工作岗位。

（5）撤离过程中，要紧靠巷道一侧，抓牢支架或其他固定物体，尽量避开压力水头和泄水主流，并注意防止被水中滚动的矸石和木料撞伤。

（6）如透水后巷道中的照明和路标被破坏、迷失了行进方向时，遇险人员应朝着有风流通过的上山巷道方向撤退。

（7）在撤离沿途和所经过的巷道交叉口，应留设指示行进方向的明显标志，以提示救护人员注意。

（8）如出路已被隔断，应另觅他路，迅速寻找井下位置最高、离井筒或大巷最近的地方暂时躲避。同时定期在轨道或水管上敲打发出呼救信号。

（9）如唯一的出路被水封堵无法撤离时，应有组织地在独头上山附近躲避，等待救援人员的营救。这是因为独头上山附近空气因水位上升逐渐压缩，能保持一定的空间和空气量。严禁盲目潜水逃生等冒险行为。

（10）人员撤离到竖井需从梯子间上去时，应遵守秩序，禁止慌乱和争抢。行动中手要抓牢，脚要蹬稳，切实注意自己和他人的安全。

（11）被矿井水害围困时的避灾自救措施：

① 当现场人员被涌水围困无法退出时，应迅速进入预先筑好的避难硐室中避险，或选择合适地点快速筑建临时避难硐室避险。如系老空透水，则须在避难硐室处建临时挡墙或吊挂风帘，防止被涌出的有害气体伤害。进入避难硐室前，应在硐室外留设明显标志。

② 在避险期间，遇险矿工要有良好的精神心理状态，情绪安定、自信乐观、意志坚强。要坚信上级领导一定会组织人员快速营救；坚信在班组长和有经验老工人的带领下，一定能够克服各种困难，共渡难关，安全脱险。要做好长时间避险的准备，除轮流担任岗哨、观察水情的人员外，其余人员均应静卧，减少体力和空气消耗。

③ 避险时，应用敲击的方法有规律、间断地发出呼救信号，向营救人员指示躲避处的位置。

④ 被困期间断绝食物后，即使在饥饿难忍的情况下，也应努力克制自己，决不嚼食杂物充饥。需要饮用井下水时，应选择适宜的水源，并用纱布或衣服过滤。

⑤ 长时间被困在井下，发现救护人员到来营救时，避灾人员不可过度兴奋和慌乱。

得救后，不可吃硬质和过量的食物。要避开强烈的光线，以防发生意外。

（12）矿调度室通知有关区队、矿灯房、自救器发放室准确统计当班井下人数及其姓名，统计已上井的人数及姓名，以便分析灾区人员数量及分布。同时通知供应科启用应急救援材料，通知医院准备急救伤员。

（13）指定一名副矿长负责签发下井许可证，并通知矿灯房、自救器发放室和副井、混合井口，没有下井许可证不准发放矿灯、自救器，不准下井。

（14）选定井下救护基地，指定一名副矿级领导担任井下救护基地指挥。落实井下救护基地所需的通讯设备、救灾器材等。选定安全岗哨位置及其人员，明确其任务。

（15）命令应急救援人员进入灾区引导人员撤退；得知人员受困在灾区时，一方面设法与受困人员联系，稳定其情绪；另一方面立即报告指挥部，采取果断措施组织救援。

（16）指挥部根据井下灾情报告，将抢险人员组成二线、三线力量。当应急救援人员不足时，应及时报告集团公司请求支援，以满足井下各种需要，千方百计完成撤人抢险任务。同时采取安全措施保护抢险人员，尽力避免事故扩大。

（17）根据掌握的灾情及处理方案的要求，对应急救援队员做好战前思想动员，勉励队员树立信心、发扬不畏艰险、敢打敢拼的特别能战斗精神。

（18）事故处理结束后，指挥部指定有关部门和人员收集整理事故调查报告，并进行全面分析，对事故发生原因、抢救处理过程、重要的经验教训以及今后应采取的预防措施等，形成文件上报和存档。

8.4.3.7 应急物资与装备保障

（1）水灾事故应急救援物资和设备储备由机电科负责储备和管理，必须保障救灾物资、设备足额储备，状态完好。

（2）救援物资设备的调运。根据救援的需要，由应急救援指挥部随时调运各种物资和设备。

8.5 典型硐室建设范例

在我国煤矿井下紧急避险系统建设完善过程中，许多煤矿在科研院所、高等院校的协助下作了很多有益的探索，取得了很多好的经验。一些典型的避难硐室设计建设案例值得借鉴。

8.5.1 兖矿集团南屯煤矿永久避难硐室设计建设

兖矿集团南屯煤矿井田面积 35.2 km^2，1966 年 9 月 1 日破土动工，1973 年 12 月 26 日移交生产。矿井原设计生产能力 1.5 Mt/a，1987—1991 年进行了改扩建，2006 年矿井核定生产能力 4.0 Mt/a。矿井采用立井开拓，中央并列和一翼对角混合式通风，设 -350 m 和 -432 m 两个生产水平，生产采区为一水平七采区、九采区和二水平十一采区。矿井采用走向倾斜长壁采煤方法，较厚煤层为综放或综采，薄煤层为炮采或综采采煤工艺。矿井为低瓦斯矿井，开采煤层具有自然发火倾向，煤尘具有爆炸危险性。为进一步提高矿井安全保障能力，针对南屯煤矿主要灾害危险和目前采掘情况分析，设立 1 个永久避难硐室和 13 个临时避难硐室，对永久避难硐室进行了专门设计。

8.5.1.1 硐室位置及规模

针对南屯煤矿为低瓦斯、煤尘具有爆炸危险性特点，且从未曾发生过火灾、瓦斯或煤尘爆炸、冒顶、水害等事故，结合矿井采区分布、开采技术条件等，选择在距离矿井井口相对较远、通风系统相对复杂、避灾路线相对较长的九采区，设计建设一处永久避难硐室，服务于九采区采掘工作面及其附近区域。

具体位置选择时，在充分考虑可能发生的区域性火灾、瓦斯或煤尘爆炸、冒顶、水害等因素，顶板完整、支护完好、安全出口符合《煤矿安全规程》要求，避开地质构造带、高温带、应力异常区以及透水危险区，保证其服务期间不受采动影响破坏，并结合区域灾害避灾路线，采区永久避难硐室优化综合确定在九采区 -350 m 水平主轨下山上部车场与九采区 -350 m 水平回风巷之间，距九采区 -350 m 水平主轨下山上变坡点 210 m。硐室设置于主采煤层底板较坚硬的粉砂岩与细砂岩互层中，岩层稳定，满足永久避难硐室的建设要求。具体位置如图 4-8-19 所示。

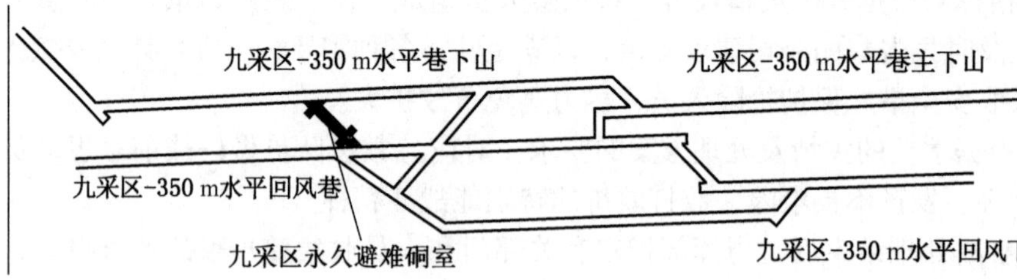

图 4-8-19 采区永久避难硐室位置图

永久避难硐室的额定人数，按《煤矿井下紧急避险系统建设管理暂行规定》要求，满足所服务区域同时工作的最大人员的紧急避险需要，并考虑不低于 1.2 的备用系数。根据硐室服务区域的人员分布，确定避难硐室额定人数为 80 人。

硐室设置于主采煤层底板坚硬的粉砂岩稳定岩层中，无地质构造带、高温带、应力异常区以及老空积水危险区。

8.5.1.2 硐室结构及井巷工程

设计永久避难硐室由 2 个过渡室、1 个生存室和 4 个辅助硐室组成。辅助硐室包括 2 个 CO_2 钢瓶硐室、1 个电源硐室和 1 个卫生间。各硐室规格参数见表 4-8-27。

表 4-8-27 永久避难硐室内各硐室规格参数表

硐室名称		净长/m	净宽/m	净高/m	断面形状	净断面/m^2	净体积/m^3	掘进断面/m^2	支护方式
过渡室（单个）		3.9	3	3	半圆拱形	8	32	12.7	钢筋混凝土砌碹
生存室		27	3	3	半圆拱形	8	217	12.7	钢筋混凝土砌碹
辅助硐室	CO_2 钢瓶硐室（单个）	4	3.9	2.3	矩形	9	36	14.2	钢筋混凝土砌碹
	电源硐室	2.5	2.5	2.3	矩形	5.7	14.4	8.7	钢筋混凝土砌碹
	卫生间	1.5	1.2	2.1	矩形	2.5	3.8	4.5	钢筋混凝土砌碹

永久避难硐室设计采用钢筋混凝土砌碹支护，混凝土强度等级为C35。硐室底板采用混凝土地面，厚100 mm，硐室地面高于相邻巷道底板不小于200 mm。硐室采用向外开启的两道门结构：外侧第一道门采用能抗冲击压力不低于0.3 MPa冲击波的防护密闭门，还能阻挡有毒有害气体，门墙周边掏槽，深度不小于200 mm，墙体为C35钢筋混凝土浇筑，并与岩体接实，保证足够的气密性。第二道门采用能阻挡有毒有害气体的密闭门。两道门之间为过渡室，密闭门之内为生存室。

防护密闭门上设观察窗，门墙设单向排水管和单向排气管，生存室内设置两趟单向排气管和一趟单向排水管，排水管和排气管均加装手动阀门。硐室接入压风系统、供水、监测监控、人员定位、通讯和供电电缆等与外界连通的各种管线，在墙体内预埋管线加以保护，实现有害气体隔离。

8.5.1.3 硐室生命保障系统

永久避难硐室各生命保障系统布置如图4-8-20所示。

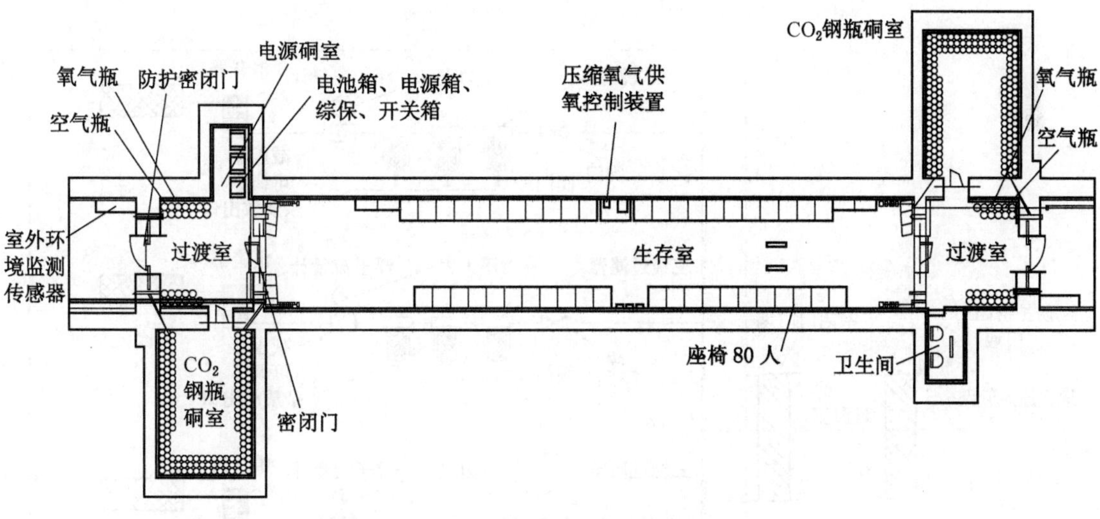

图4-8-20 永久避难硐室各生命保障系统布置

1. 供氧系统

煤矿个体呼吸防护装备（自救器）防护时间短，只能放在井下避难硐室内作为备用供氧设备或离开避难硐室逃生时供氧使用，不适用永久避难硐室长时间稳定供氧。避难硐室主要采用压风系统供氧和压缩氧气供氧两种方式。同时，避难硐室位置由地表施工直达硐室的钻孔（直径250 mm），钻孔地表出口有必要的保护装置并储备2台自带动力压风机。

1）压风系统供氧装置

压风系统供氧装置利用矿井压风系统作为气源，压缩空气经压风管路进入生存室，经过阀门后进行水、灰尘、油的三级过滤，经过预先设置的减压器、浮子流量计、消音器进入气体输出端，为硐室内避险人员提供新鲜、舒适的空气，并在永久避难硐室内形成正压，避免外界气体侵入硐室。

首先核算避难硐室人员需风量，计算确定压风供氧装置主要技术参数。依据《煤矿井下紧急避险系统建设管理暂行规定》，矿井压风自救系统应能为紧急避险设施供给足量氧气，接入的矿井压风管路应设减压、消音、过滤装置和控制阀，压风出口压力在0.1~0.3 MPa之间，供风量不低于每人0.3 m^3/min，连续噪声不大于70 dB。按该区域避险人数为80人计算，所需总供风量为24 m^3/min。

技术参数：

（1）人均供风量不小于0.3 m^3/min。

（2）硐室内氧气浓度18.5%~23.0%。

（3）减压器入口压力不小于0.8 MPa、出口压力0~0.6 MPa（可调节）。

（4）输出流量不小于24 m^3/min。

（5）浮子流量计量程0~8 m^3/min，分度值0.3 m^3/min。

布置方式：在生存室座椅两侧布置4套压风系统供氧装置，装置的入口通过管路与压风系统管路连接，如图4-8-21所示。

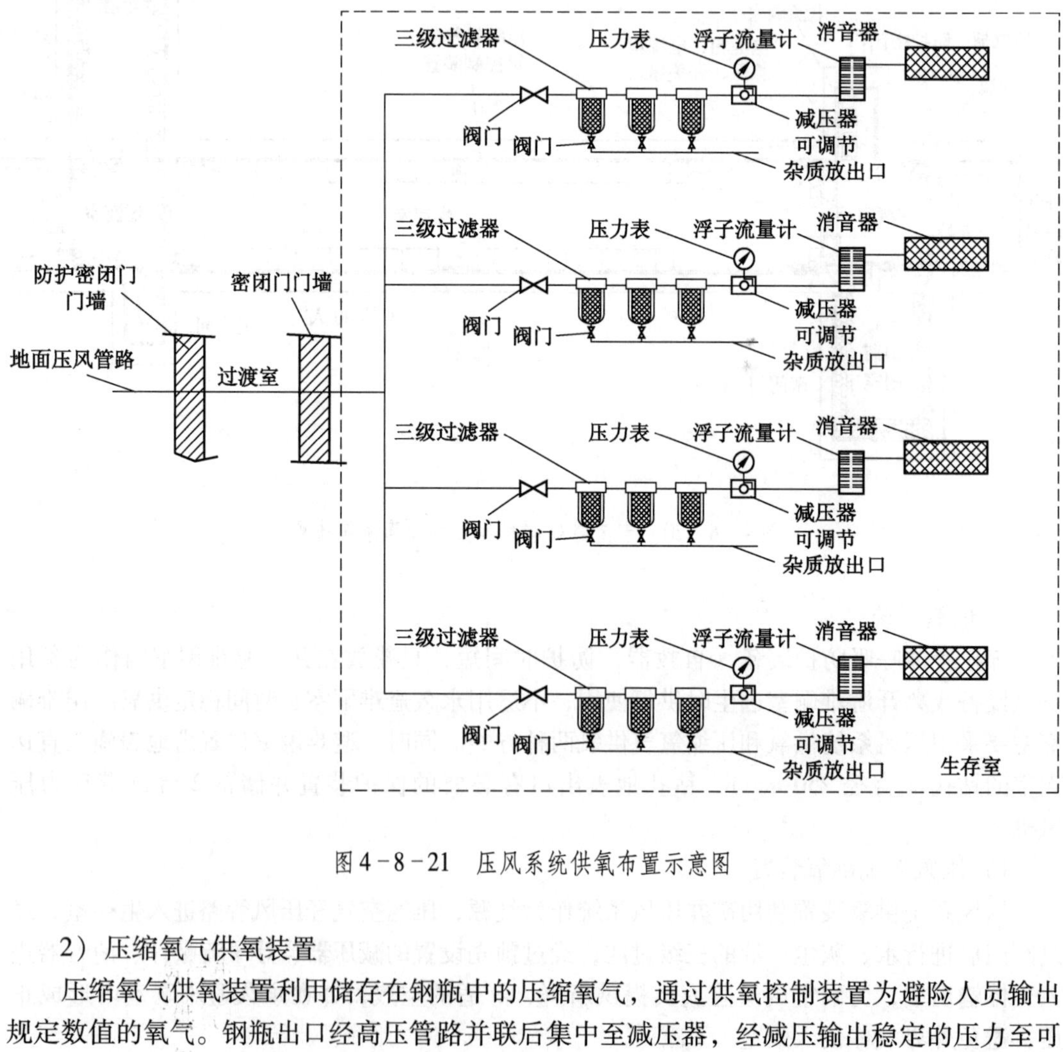

图4-8-21 压风系统供氧布置示意图

2）压缩氧气供氧装置

压缩氧气供氧装置利用储存在钢瓶中的压缩氧气，通过供氧控制装置为避险人员输出规定数值的氧气。钢瓶出口经高压管路并联后集中至减压器，经减压输出稳定的压力至可调节浮子流量计，可根据避险人员数量进行手动调节氧气输出量。

根据《煤矿井下紧急避险系统建设管理暂行规定》计算避险人员需氧量。由于在灾变期间进入永久避难硐室内避险的人数可能随时变化，按人体对氧气的消耗量 Q_1 =0.5 L/min 考虑，为了有效控制不同数量避险人员时供氧量的输出，设计选择可调节流量计。

主要技术参数：

（1）人均供氧量0.5 L/min。

（2）硐室内氧气浓度18.5% ~23.0%。

（3）供氧系统用的减压器入口压力不小于15 MPa，出口压力0~0.5 MPa（可调节）。

（4）最大流量不小于60 L/min。

（5）浮子流量计量程0~60 L/min，分度值0.5 L/min。

布置方式:在进风侧和回风侧的过渡室内分别放置工作压力为15 MPa、水容积为80 L的氧气钢瓶14支、13支（共计27支）。两侧的氧气钢瓶经高压管路并联与减压器输入口连接，减压器及浮子流量计放置在生存室墙壁上，方便避险人员调节、观察压力及供氧流量数值。

压缩氧气供氧装置布置如图4-8-22所示。

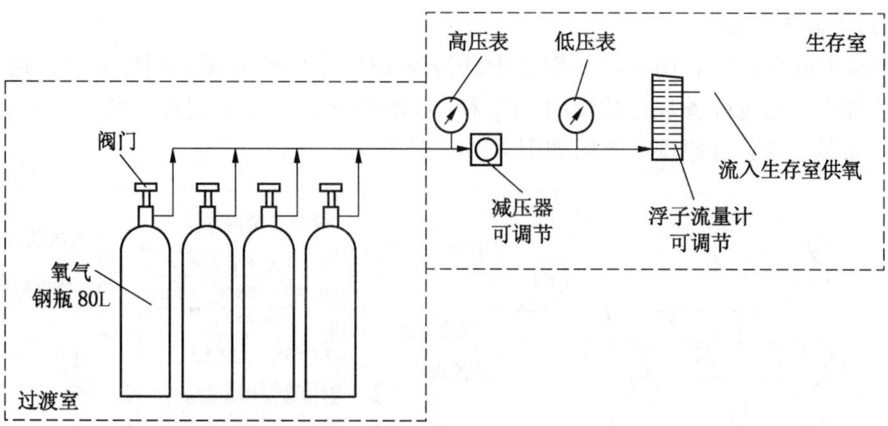

图4-8-22 压缩氧气供氧装置布置示意图

2. 有害气体去除过滤系统

紧急避险设施应具备有害气体去除设施。过滤降温除湿系统是对避险人员在密闭的避难硐室中长时间呼吸所产生的及避险人员由硐室外带入的 CO_2、CO 等有毒有害气体，通过 CO_2 和 CO 吸收剂进行吸收过滤；对由于人体散热及来自于外部空间的热源传入而导致的温升，以及由于人体呼出饱和湿度的气体及人体汗液蒸发的湿度进行控制和调节。

1）CO_2、CO 吸收剂数量的确定

根据《煤矿井下紧急避险系统建设管理暂行规定》要求，有害气体去除设施处理 CO_2 的能力不低于每人0.5 L/min，处理CO的能力应能保证在20 min内将CO浓度由0.04%降到0.0024%以下。在整个额定防护时间内，紧急避险设施内部环境中 O_2 含量应在18.5% ~23.0%之间，CO_2 浓度不大于1.0%，甲烷浓度不大于1.0%，CO浓度不大于

0.0024%，温度不高于35 ℃，湿度不大于85%，并保证紧急避险设施内始终处于不低于100 Pa的正压状态。

按避险人数80人考虑，CO_2 吸收剂吸收 CO_2 的能力应不低于40 L/min。设计每盒 CO_2 吸收剂15 kg，配备132盒 CO_2 吸收剂。

有害气体去除设施处理CO的能力应能保证在20 min内将CO浓度由0.04%降到0.0024%以下，以及人体呼吸产生的CO量为2 mg/m³，计算并考虑灾害时期产生的CO气体可能进入避难硐室内，且每个空调需要配备1盒CO吸收剂，设计配备4盒CO吸收剂（其中1盒备用）。

主要技术参数：

（1）对 CO_2 的吸收（排除）能力：不低于每人0.5 L/min。

（2）对CO的吸收（排除）能力：应能保证在20 min内将CO浓度由0.04%降到0.0024%以下。

（3）硐室内 CO_2 浓度：不大于1.0%。

（4）硐室内CO浓度：不大于0.0024%。

（5）空气：温度不大于35 ℃，湿度不大于85%。

布置方式：CO_2 和CO吸收剂放置在避难硐室座椅下的储物箱中。

2）过滤降温除湿

过滤降温除湿系统利用储存在钢瓶中的液态 CO_2 作为动力源和制冷介质，通过管路输送至装置中，通过配备规定数量的 CO_2 和CO吸收剂同时完成过滤、降温、除湿功能。过滤降温除湿集成装置原理示意图如图4-8-23所示。

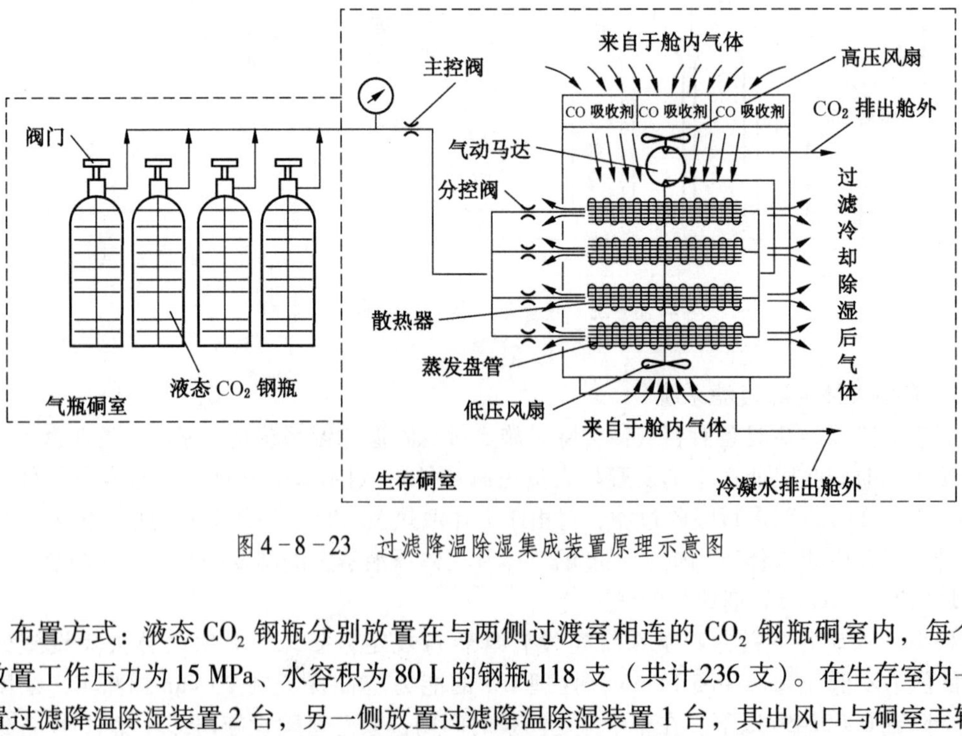

图4-8-23 过滤降温除湿集成装置原理示意图

布置方式：液态 CO_2 钢瓶分别放置在与两侧过渡室相连的 CO_2 钢瓶硐室内，每个硐室放置工作压力为15 MPa、水容积为80 L的钢瓶118支（共计236支）。在生存室内一侧放置过滤降温除湿装置2台，另一侧放置过滤降温除湿装置1台，其出风口与硐室主轴线角度为3.5°。CO_2 钢瓶硐室内的 CO_2 钢瓶由铜管并联后与过滤降温除湿装置相连。

3. 压缩空气幕及压气喷淋系统

由于避险人员在开启避难硐室防护密闭门过程中会带入 CO 等有毒有害气体及烟尘，极易造成对避险人员的二次伤害。为此，应安装压缩空气幕及压气喷淋装置，以防止人员进入时有毒有害气体进入及对带入时的有毒有害气体进行冲洗、排出。

设计利用压风自救系统压气及储存在钢瓶中的压缩空气，通过减压器控制稳定的输出压力至防护密闭门联动开关。当防护密闭门开启时，压缩空气由气幕向外喷出，产生非常均匀和细密的喷雾，以消除过渡室内悬浮的烟尘。

在进风侧和回风侧的过渡室内分别放置工作压力为 15 MPa、水容积为 80 L 的空气钢瓶 8 支。其中每 4 支钢瓶通过高压管路并联后与减压器输入口连接，减压器输出口与防护密闭门联动开关相连，两个防护密闭门联动开关经并联后与放置在密闭门上方的喷气气幕及空气雾化喷嘴相连。同时，供水水管与供水减压器输入口连接，供水减压器输出口经防护密闭门联动开关与空气雾化喷嘴相连。工作原理如图 4-8-24 所示。

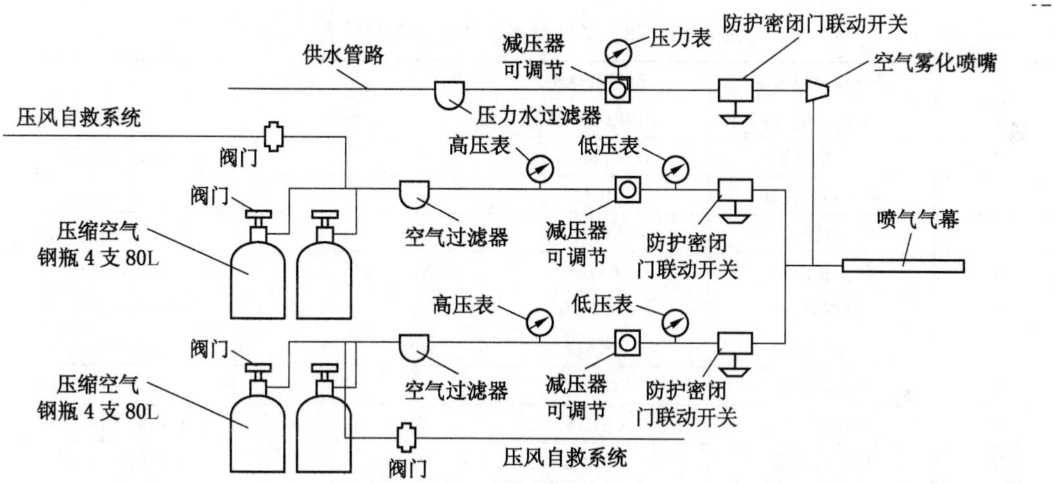

(a) 进风侧过渡室

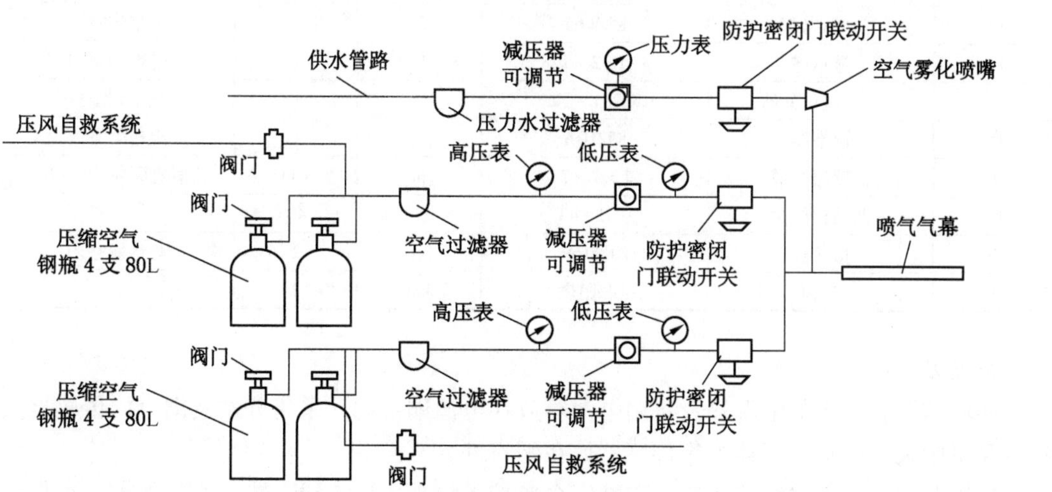

(b) 回风侧过渡室

图 4-8-24 压缩空气幕及压气喷淋装置配置及原理示意图

主要技术参数：

(1) 压缩空气减压器入口压力不小于 15 MPa，出口压力 0 ~ 0.6 MPa（可调），流量不小于 4100 L/min。

(2) 供水水管减压器入口压力 2.5 ~ 4.5 MPa，出口压力 0 ~ 0.6 MPa（可调），流量不小于 3 L/min。

4. 环境监测装置

永久避难硐室环境监测装置可用于采集和显示硐室内外气体（CO、CO_2、O_2、CH_4 等）浓度、温度、压力等，供硐室内避难人员掌握和判别灾害环境，并根据硐室内配套救生设备及时采取自救措施，最大限度地保证避险人员的生命安全。

硐室环境监测装置由 KDW1140/12J 矿用隔爆兼本安型直流稳压电源箱、DXB120/24J 矿用隔爆型备用电池箱、JHC12J 本安型监视器、电缆及避难硐室内外气体（CO、CO_2、O_2、CH_4）浓度、温度、压力等传感器组成。系统配置见表 4-8-28。

表 4-8-28　环境监测装置设备及材料表

序号	设备及材料名称	型号及规格	单位	数量	备　注
1	直流稳压电源箱	KDW1140/12J	台	2	避难硐室内
2	备用电池箱	DXB120/24J	台	2	避难硐室内
3	本安型监视器	JHC12J	台	2	避难硐室内
4	CH_4 传感器	KGJ7C	台	3	避难硐室内、外
5	压力传感器	GPD3	台	2	避难硐室内
6	温度传感器	GWP100	台	3	避难硐室内、外
7	湿度传感器	HS24LF	台	1	避难硐室内
8	CO 传感器	KGA21B	台	5	避难硐室内、外
9	O_2 传感器	GYH25	台	5	避难硐室内、外
10	CO_2 传感器	GRG5H	台	3	避难硐室内、外
11	监控分站	KJF16B	台	1	避难硐室内
12	分站电源	KDW65	台	1	避难硐室内
13	显示屏	KXH32 × 128	台	1	避难硐室内
14	人员定位分站	KJ251 - F2	台	1	避难硐室内
15	读卡器	KJ210A	台	1	避难硐室内
16	传感器电缆	1 × 7 × 7	m	100	避难硐室内、外
17	四通接线盒	JHH - 4T	个	40	
18	摄像仪	KBA169	台	2	避难硐室内
19	光缆	4 芯阻燃	km	2	

布置方式：

环境监测装置中的电源箱及备用电池箱放在电源硐室内，采集分站及硐室内传感器放在生存室中央，硐室外气体采集传感器放在硐室外。

环境监测装置传输线路相对于矿井安全监控系统独立，专线专输，专门保护，可保证局部区域灾害破坏矿井安全监控系统时能正常传输监测信息。

5. 供电系统

供电系统主要由1台矿用隔爆型真空电磁启动器、1台照明信号综合保护装置、19台矿用隔爆兼本质安全型LED照明灯、2台矿用隔爆兼本质安全型直流稳压电源箱、2台矿用隔爆型备用电池箱及61个荧光棒等组成。

主要技术参数：

(1) QBZ－30/660 (380) 矿用隔爆型真空电磁启动器放置在电源硐室中，输入为AC660 V，输出为660 V，为避难硐室环境监测装置、救灾通信装置、UPS电源等提供交流输入电源。

(2) QBZ－2.5/660 (380) M (A) 照明信号综合保护装置放置在电源硐室中，输入为AC660 V，输出为127 V。

(3) 矿用隔爆兼本质安全型直流稳压电源箱和矿用隔爆型备用电池箱，日常为监测系统分站和传感器提供电源，应急时为监测系统分站、传感器提供后备电源(不小于96 h)。

(4) DJS36/127L矿用隔爆兼本质安全型LED照明灯分别在进风侧过渡室布置2台，回风侧过渡室布置2台，生存室布置10台，进风侧液态CO_2钢瓶硐室布置2台，回风侧液态CO_2钢瓶硐室布置2台，卫生间布置1台。

6. 通信系统

永久避难硐室设置通过监控系统与地面连通的语音电子牌板系统，能够文字显示并语音告知撤离路线和撤离方法。硐室还设有与矿调度室直通的电话、无线通信基站（包括备用无线子机）及可视对讲电话，能够最大限度保证灾变期间的通讯安全可靠。

(1) 语音电子牌板系统。KXH32×128矿用本安型信号牌适用于煤矿井下，可作为信号指示器或信息发布装置，它可根据总线命令显示相应内容。

(2) 无线通讯系统。KT106矿用无线通讯系统以Wi－Fi无线网络技术和TCP/IP协议为基础，以工业以太环网为主干传输平台，采用有线网络与无线终端相结合的方式，可实现语音、定位、视频传输，能够实时读取监控系统数据，支持一键呼救等功能，并可与矿区有线电话系统实现互联互通，如图4－8－25所示。

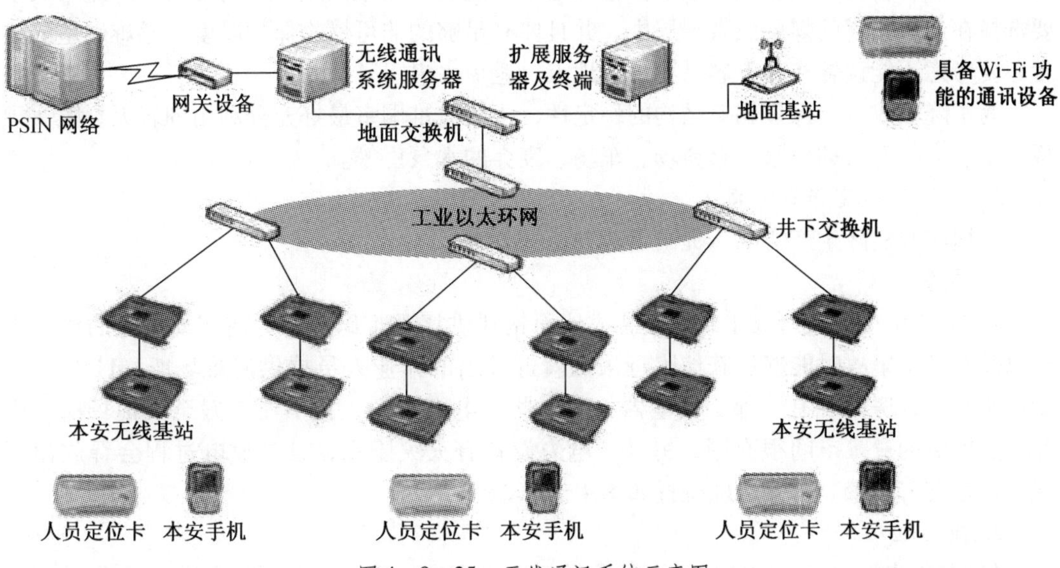

图4－8－25　无线通讯系统示意图

7. 个体防护装备及其他辅助设施

按规定和额定人数，配备矿灯、自救器、食品、饮用水，并考虑 1.2 的备用系数。同时，配备急救物品、苏生器等。

8. 施工与验收

根据避难硐室设计方案，编制了硐室施工设计。设计建设工期 110 天，其中：硐室施工 80 天，各生命保障系统安装及调试 25 天，紧急避险应急演练 4 天，验收 1 天。

施工中，矿井部门分工明确，矿井安全监测监控系统、矿井供水施救系统由通防部门负责；井下人员定位系统由电讯站、井口信息负责；井下紧急避险系统由掘进部门负责；矿井压风自救系统由机电部门负责；矿井通信联络系统、语音广播系统由电讯站、调度室负责。

施工及安装完成后，先后进行 10 多次各项试验，包括对避难硐室温度、湿度单项控制试验，CO、CO_2 等去除能力单项试验等等，并顺利通过集团公司验收。

8.5.2　某煤矿永久避难硐室

该煤矿核定生产能力 1.9 Mt/a。属高瓦斯矿井，2、3、7、8 号煤层具有自然发火倾向，各煤层均具有煤尘爆炸危险性。根据矿井紧急避险系统建设方案，在井下建设永久避难硐室，其中 1 个永久避难硐室采用地面钻孔供氧方式。以下主要介绍该永久避难硐室的相关设计。

8.5.2.1　永久避难硐室布置原则

避难硐室在各类巷道有着不同的分布特点。井下避难系统是由一系列分布合理的多种避难空间相结合的有机整体。避难硐室布置在矿井的各种巷道中，且应设在采区避灾路线上。井下工作人员分布密度不同、煤尘瓦斯爆炸冲击波在不同结构巷道的传播特点及巷道功能各异，决定了避难硐室种类和分布状况各有不同。

避难硐室不宜设置在变电所、火药库、燃油存贮设施或者停车点等存在安全隐患的地点。避难硐室还应该远离各种地质构造区域，如断层、岩层断裂破碎带、岩脉，不受地震活动或其他扰动的影响。大的地下位移如地震可能破坏避难硐室及其内部设备。避难硐室要选择在足够强度的煤层或者岩层中，并且要有足够的非可燃物保护厚度。避难硐室的位置还要考虑不能设置在井下容易积水的地点，避免水患。

为了降低成本、保证硐室结构的稳定性，永久避难硐室最好充分利用围岩无裂隙、顶板完整、支护有力的硐室、存料场、车场、废弃的水泵房等。

8.5.2.2　避难硐室布置方案

根据矿井实际生产情况，提出了两种备选方案。

1. 方案一

将 1150 中央变电所及水泵房改装成地面钻孔供氧避难硐室，为南北翼采区的作业人员以及在发生事故时能够从其他附近采区就近逃出的作业人员提供避难场所。1150 中央变电所及水泵房内现有综保、变电器、变压器等电力设备，且不便于搬至其他场所，因此，能提供的避难空间很有限；另外，电力设备有火灾隐患，且充放电过程会释放出氢气，也是灾害隐患。具体选址位置如图 4－8－26 所示。

2. 方案二

将 1150 非常材料库改装成地面钻孔供氧避难硐室，为南北翼采区的作业人员及发生

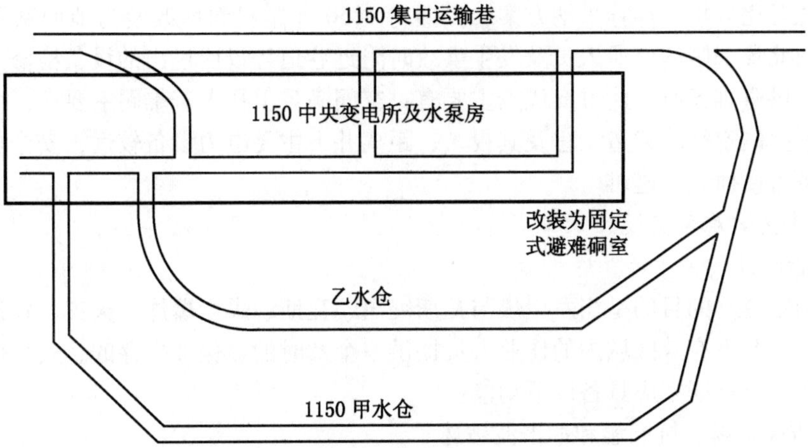

图4-8-26 1150 中央变电所及水泵房位置示意图

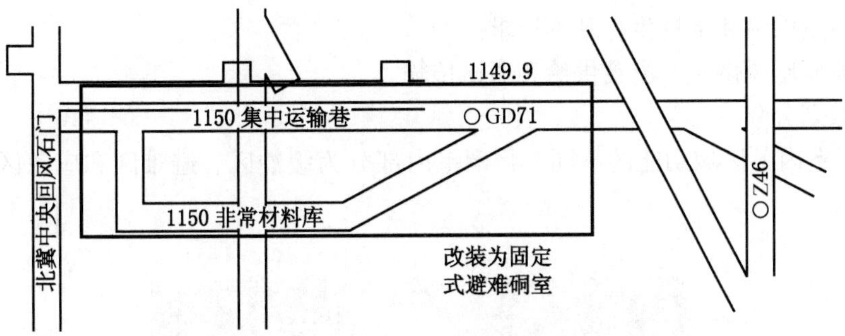

图4-8-27 1150 非常材料库位置示意图

事故时附近巷道等场所逃出的设备检修人员及其他作业人员提供避难场所。1150 非常材料库位于1150 集中巷西侧，材料库现在处于空闲状态，可以现行改装，且空间较大，能满足避难硐室空间需求。具体选址位置如图 4-8-27 所示。

3. 方案对比分析

从空间需求、安全性能、经济投入、避难便捷等几个方面对上述两方案进行对比分析，从而推荐出较优方案。具体分析见表 4-8-29。

表4-8-29 地面钻孔供氧避难硐室方案对比分析

项目 方案	空间需求	安全性能	经济投入	避难便捷
方案一	变电所内有电力设备，空间有限	电力设备本身及充放电过程释放出氢气，有火灾隐患	现成硐室，可节省硐室初步建造投入	附近场所工作人员可便捷入内避难
方案二	材料库空置，空间较大	距离电力设备较远，安全性能好	现成硐室，可节省硐室初步建造投入	附近场所工作人员可便捷入内避难

经上述对比分析，推荐采纳方案二。即将1150非常材料库改装为地面钻孔供氧避难硐室，为南北翼采区的作业人员及发生事故时附近巷道等场所逃出的设备检修人员及其他作业人员提供避难场所。此方案优点主要有：空间满足100人避难硐室要求；由现成硐室改装，可减少硐室初步建造工程及其投入；距离井下主要电力设备较远，安全隐患少；附近工作人员可便捷入内避难。

8.5.2.3 永久避难硐室设计

1. 功能设计

避难硐室建立的目的是当发生煤与瓦斯突出、瓦斯、煤尘爆炸、火灾、冒顶片帮等灾害事故时，为井下有效区域内的作业人员提供一个及时的、保证生存的、安全可靠的避难空间。因此，避难硐室应具备以下功能：

（1）防火防爆、抗高温和冲击波破坏。

（2）隔绝有毒有害气体。

（3）氧气供给和空气净化。

（4）信息通讯和信号传输。

（5）能量供给和维持生存基本需求。

（6）地面压风供氧、流食供给和通讯传输。

2. 区域划分

根据硐室内各区域功能的不同，将硐室内部分为缓冲区、避难区和应急区，如图4-8-28所示。

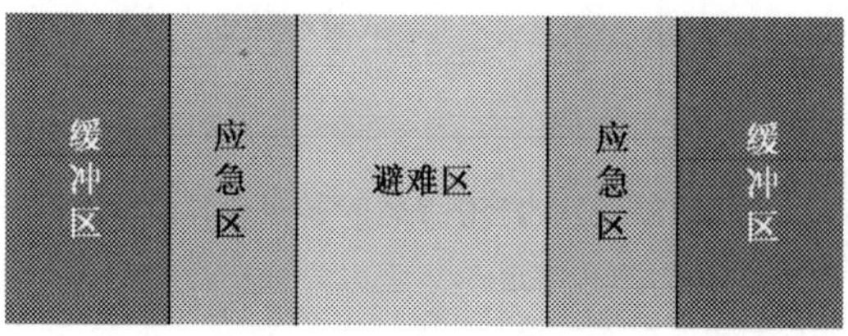

图4-8-28 固定式避难硐室区域分布图

缓冲区的功能是防止有毒有害气体伴随避难人员的进入而污染硐室内部的空气，区域内设有气幕隔离系统、卫生设施和地面钻孔管路控制系统。

避难区的功能是为避难人员提供氧气、水、食物等维持生存所必须的物质，区域内设有压风布气系统（包括地面压风和井下压风）、密闭缓冲系统、生氧净化器供气系统等。

应急区的功能是为受伤的避难人员提供简单的医疗救治，安全地等待救援人员的到来，区域内设有简单医疗药品、设备和担架等。

3. 规格尺寸

规格：根据1150水平避难硐室的选址方案，结合推荐选址处周围有效区域内人员分布情况，设计避难硐室额定避险人数100人。

尺寸：根据1150水平非常材料库的水文地质、矿压分布情况，结合设计规模，保证人均面积不小于1.0 m^2，设计应急区及避难区总长度25.5 m；垂直90°侧巷帮距为5 m、

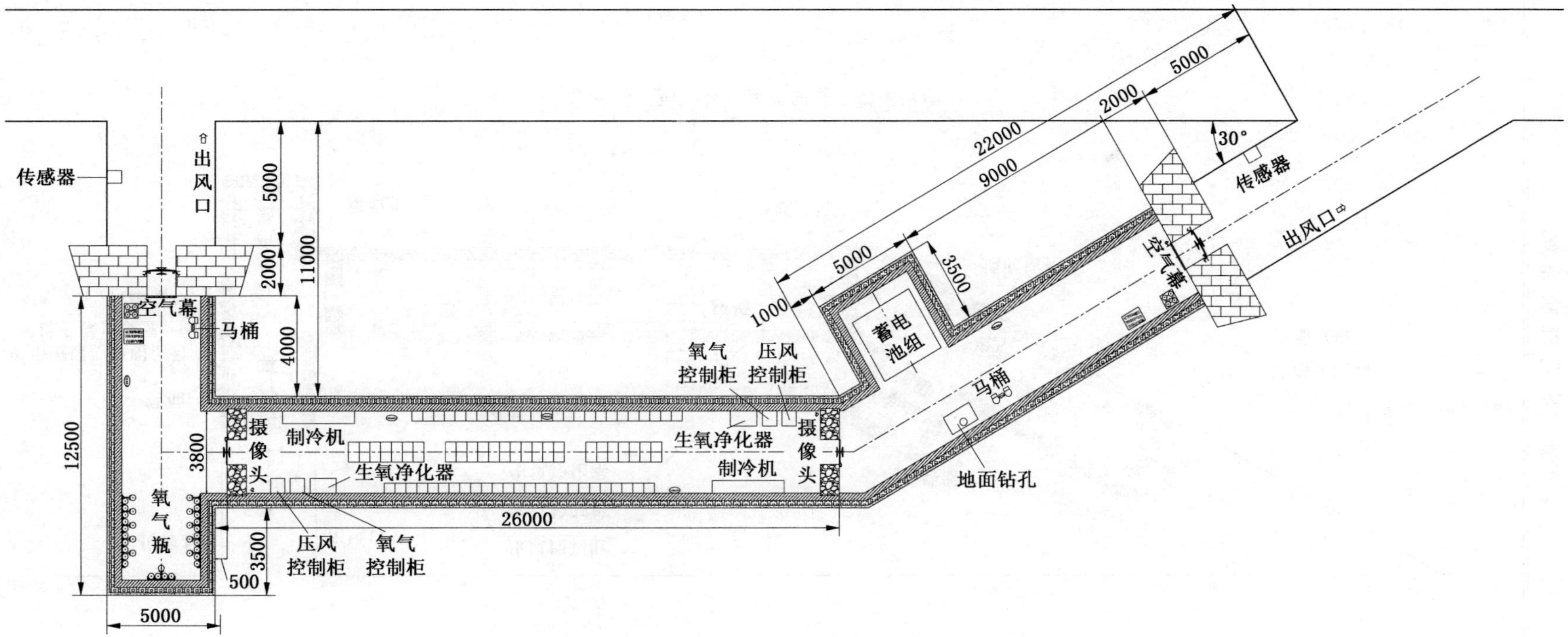

图4-8-29　永久避难硐室规格尺寸

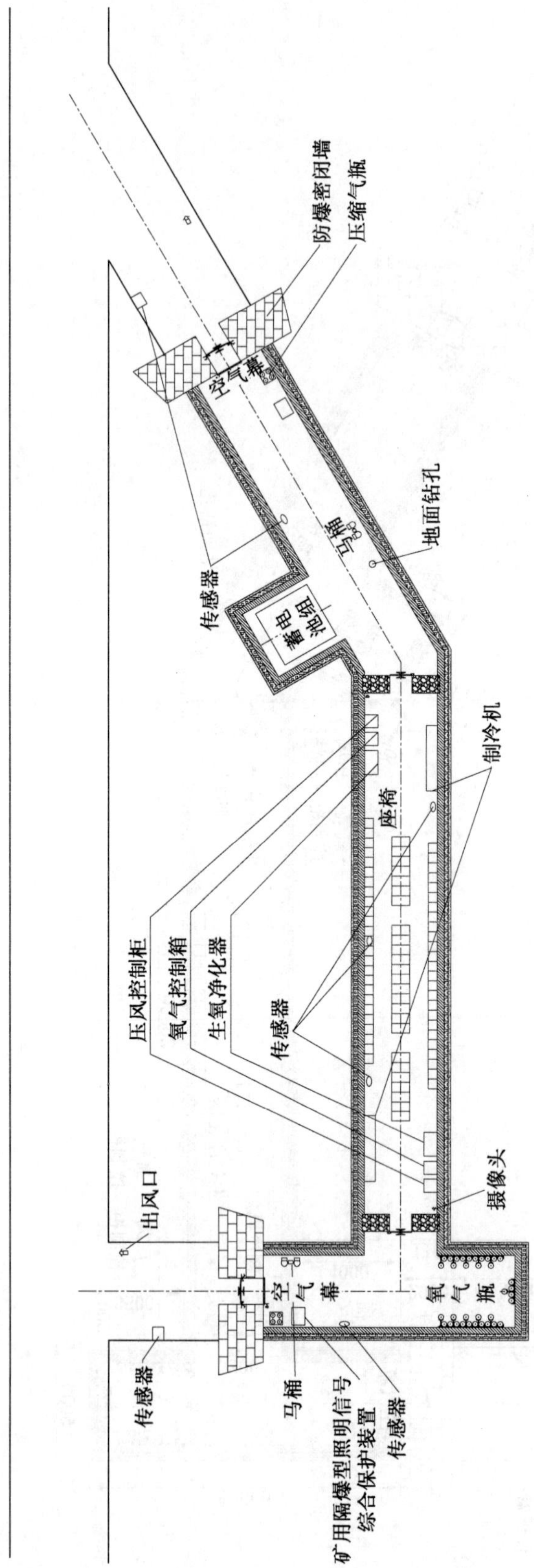

图4-8-30　永久避难硐室内部布置图

缓冲区长度各为 10.4 m；倾斜 30°侧巷帮距短边 5 m、缓冲区 17 m；硐室整体截面为宽 5.0 m、总高 5.35 m。具体尺寸及内部布置如图 4-8-29 和 4-8-30 所示。

4. 支护方式

根据选址处岩体的硬度及矿压情况，整个避难硐室截面形状设计为直墙圆拱形，根据截面形状和以往支护经验，避难硐室由岩体向避难硐室内部支护方式分别为锚杆、锚网和锚索联合支护方式；喷浆层；密闭缓冲层；钢筋混凝土层。具体支护层分布如图 4-8-31 示。

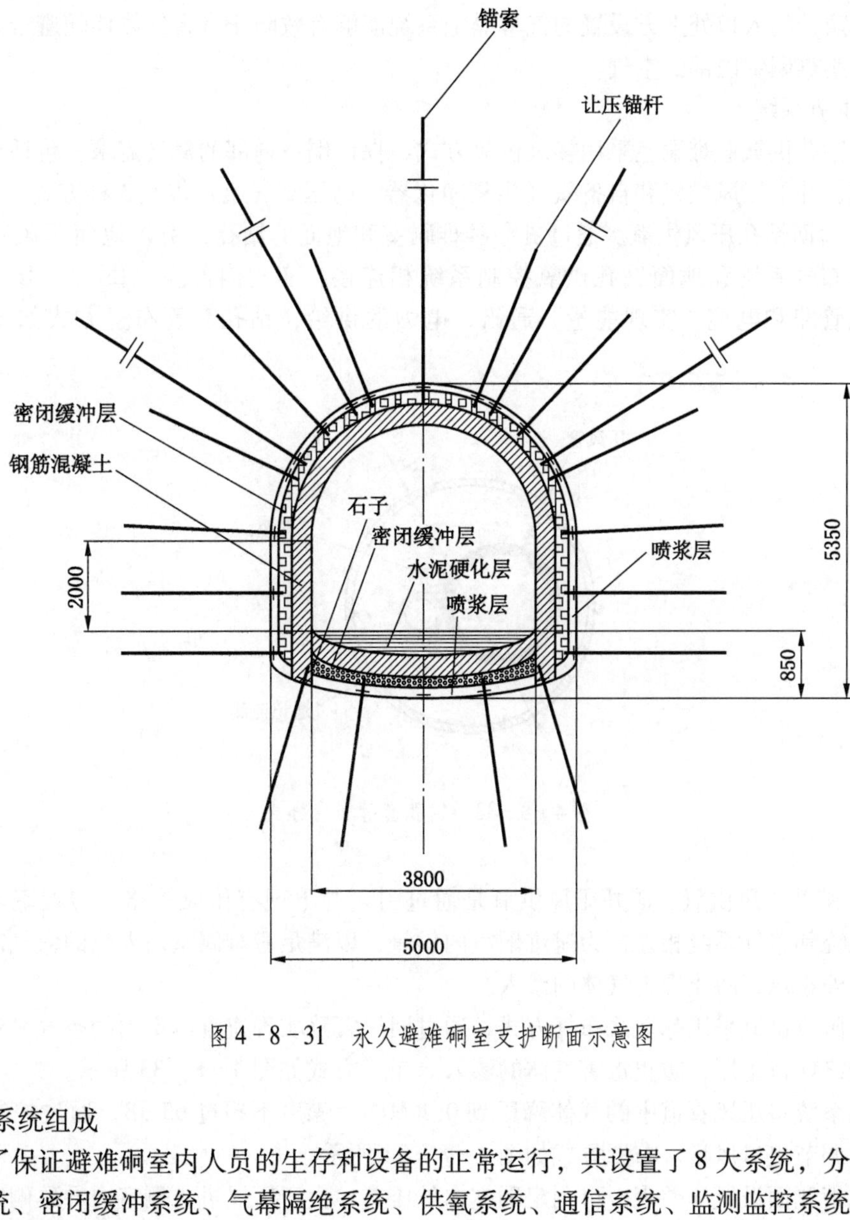

图 4-8-31 永久避难硐室支护断面示意图

5. 系统组成

为了保证避难硐室内人员的生存和设备的正常运行，共设置了 8 大系统，分别是防火防爆系统、密闭缓冲系统、气幕隔绝系统、供氧系统、通信系统、监测监控系统、制冷系统及附属系统。

1）防火防爆系统

避难硐室的防火防爆系统包括防火防爆密闭门和防火防爆密闭墙，分别设置在避难硐室的两侧，要求该系统能够抵抗瞬时1000 ℃高温、持续260 ℃高温12 h，抗冲击波1.5 ~ 2 MPa。防爆密闭门的开启应灵活、快捷、手动，密闭性良好。

2）密闭缓冲系统

避难硐室内的密闭缓冲系统包括外层防爆密闭门、墙；缓冲空间内的二道密闭门；避难硐室四周的密闭缓冲层。该系统能够防止毒害气体的渗入，缓解矿压和周围采动对硐室整体结构和支护的破坏。

3）气幕隔绝系统

外层防护门入口处上方设置的气幕隔绝系统能够有效防止毒害气体伴随避难人员的进入而污染避难硐室内部的空气。

4）供氧系统

地面钻孔供氧避难硐室采用多级供氧方式，保证硐室内部的氧气需求。包括地面钻孔压风供氧、井下压风供氧和自备氧（生氧净化器、高压氧气瓶）供氧3种方式。

（1）地面钻孔压风供氧。通过贯穿避难硐室和地面的钻孔，引入地面压风管路，与硐室内的布气系统和地面钻孔供氧控制系统相连接，实现内部空气供给；引入流食管路、通讯管路和电缆，实现能量、通讯、电力的供给，钻孔套管布置方式如图4-8-32所示。

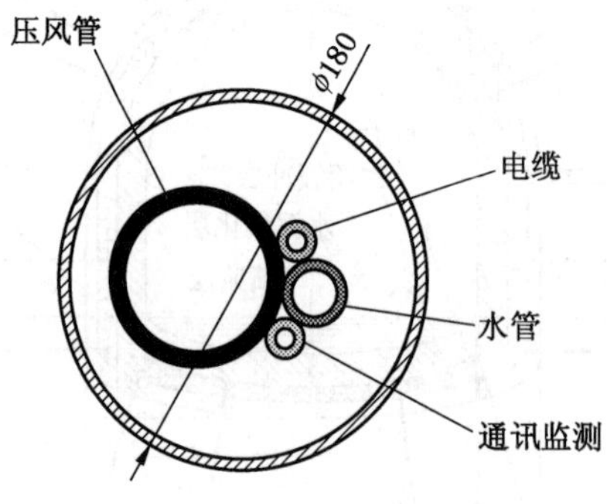

图4-8-32 钻孔套管布置方式

（2）矿井压风供氧。矿井压风供氧是通过引入井下现有压风管路，与硐室内部的压风控制系统和布气系统相连接为避难硐室内供氧，以满足避难硐室内人员的氧气需求，同时形成内外正压，防止毒害气体的渗入。

矿井压风供氧采用弥散式布气方式，通过回风管路实现避难硐室内的空气循环。避难硐室内始终保持正压，防止毒害气体的渗入。布置方式如图4-8-33所示。

压风系统将压风管道中的气体降压到0.1 MPa，噪声不超过65 dB，通过控制压风控制柜阀门调节出口风量。布置方式如图4-8-34所示。

压风柜侧面设置压差表，可测定硐室内外压差，由于压风进入硐室内导致硐室内压力过高时，通过泄压阀排气控制硐室内外压差，保证硐室内外压差处于200 ~ 1000 Pa。

（3）自备氧供氧。自备氧供氧有生氧净化器和高压氧气瓶供氧两种方式。

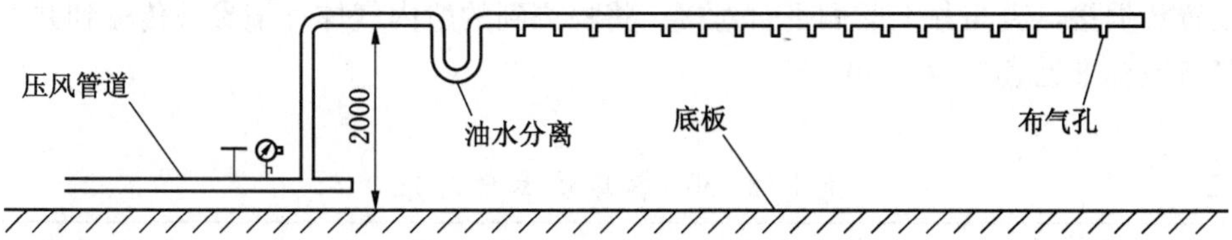

图4-8-33 弥散式供风

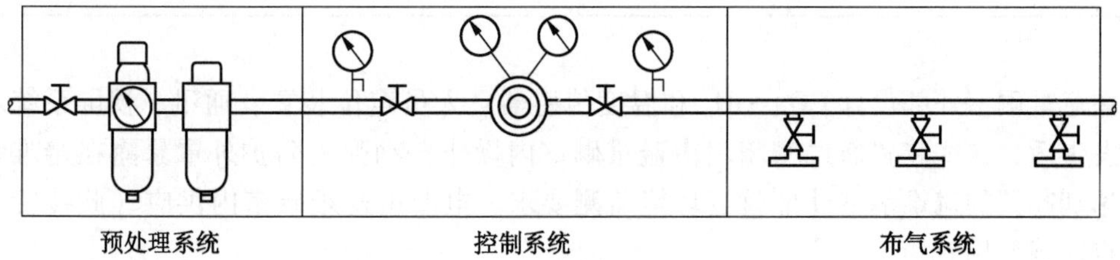

图4-8-34 压风系统原理图

生氧净化器供氧是通过生氧净化器设备，在释放氧气的同时去除空气中多余的CO_2、水和有毒有害气体，达到供氧、除毒及调节空间内湿度的目的。该系统的启动可保证避难硐室内100人96 h的氧气需求，出气端压力为0.1 MPa左右。

CO_2去除设备主要由过滤床及风机两部分构成。净化器中的药剂需要定时更换，药剂颜色由红变白即为失效，需更换药剂包。根据传感器示数和语音提示开启或关闭净化器，若气体环境正常时监测仪表提示关闭净化器。

高压氧气瓶供氧是外接12MPa高压氧气气瓶组，由汇流排进行总控制，最后汇集到一体机中与过滤气体混合均匀后供避难人员呼吸。气瓶中的高压氧气经过减压，使氧气降为0.1~0.2 MPa的常压氧气，便于硐室内的避难人员正常呼吸。此外，汇流排中氧气流量可根据不同人数容量进行调节。

三种供氧方式的启动原则是：在地面钻孔压风系统启动前，优先采用井下压风供氧；若井下压风系统中断或破坏，立即开启氧气瓶向硐室供氧。若地面压风系统已启动，则优先选用地面压风系统向硐室供氧。

5）通信系统

保证硐室内至少两种有线和无线的通讯方式，利用现有的电话、广播并结合灾害报警系统，及时汇报避难硐室内的人员情况，听从指挥，等待救援的到来。

6）监测监控系统

避难硐室内多合一监测监控设备能够同时监测硐室内部及外部的CO、CO_2、O_2、CH_4、H_2S气体浓度、温度和湿度的变化，并在以上环境参数超限时发出警报功能，提醒硐室内的人员采取相应的措施保证环境的稳定。例如，如果CO_2浓度超过0.8%时，仪表提示CO_2浓度过高，应开启空气净化装置。硐室外两侧分别放置3个传感器，每组包括一个CH4传感器、一个CO传感器和一个烟雾传感器。

设置数据接口，与井上监测平台对接，将检测到的舱内气体环境参数传输到井上。各项环境参数标准见表4-8-30。

表4-8-30　各环境参数标准

参　数	安全范围	参　数	安全范围
O_2	18.5%～23.0%	H_2S	≤0.0006%
CO_2	0.3%～0.8%	CH_4	≤0.5%
CO	≤0.0024%	温度	≤30℃

在避难硐室外部设计CO、CH_4和温度传感器、人员定位装置、通讯、视屏系统。当灾害发生后，这些装置通过密闭门由避难硐室内操作自动弹去防护外罩暴露在避难硐室外，达到起码的避难硐室外部就近环境监测要求，电源由避难硐室内供应（此装置为灾变重点区域使用）。

此外，还应考虑信号电缆进入避难硐室连接接口。即便是深埋地下的有线线缆，都可能因灾害的发生而被损坏，由于冲击波的危害而可能失去应有的作用，最后导致二次灾害并可能通过此通道进入避难硐室。因此，应考虑接口的抗爆性及密闭性问题。

7）制冷除湿系统

对于温度较高的避难硐室，通过采用硐室专用的制冷除湿设备，降低硐室内的温度，同时去除人体和空气中的多余湿度。一般避难硐室采用专门设计的蓄冷空调控制硐室内温湿度，依靠冷量储存有效地解决外部持续高温环境下的硐室内制冷除湿问题。正常情况下，硐室的外部煤矿专用防爆制冷机组可依靠矿井电力维持运行，完成硐室内冷量储备后，以较低的电能消耗维持蓄冷设备运行；当矿井发生事故造成电力供应中断或外部机组受损停止运行时，硐室内可以通过蓄冷设备释放储存冷量来平衡人体散热、设备放热甚至外部传热，完全不存在灾变时期需要外部动力维持或向外传热的问题，是目前矿井外部恶劣环境下避难硐室内温湿度控制的最可靠手段。

根据实际选址处硐室岩体的导热和空间温度情况，选用合适的制冷除湿系统，进行具体的制冷系统设计。

8）附属系统

附属系统应能够保证救援人员到来之前，维持硐室内避难人员的基本生活需求，包括照明系统、动力系统、水、食物、卫生设备、标志标识、急救箱、灭火器和自救器等。

（1）照明系统：硐室内主要采用照明矿灯为避难人员提供照明。

（2）动力系统：硐室内部设有大功率蓄电池，当外部电源切断时，可供硐室内净化器风机、监测仪表的能量需求，电池蓄电量可保证设备运行96 h。

（3）水：按人均每天500 mL配备。

（4）食物：配备军用压缩饼干，按人均2000 kJ、每人每天两块配备。

（5）卫生设备：备有机械打包式马桶，可对人体排泄物打包密封。

（6）标志标识：硐室内部设有清晰可见的标志，各设备张贴使用说明，并张贴避难硐室操作规程和应急响应流程，指导避难人员进行自救。

（7）急救箱：配有体温计、包扎带、止痛药等，可对伤员进行简单的救护。

（8）自救器：采用隔绝式自救器，额定防护时间 45 min，便于紧急情况下转移。

8.5.2.4 施工相关问题

1. 密闭墙施工

防爆密闭墙位置周边必须全部掏槽，见硬底、硬帮；并用水冲洗，清除残余岩粉，使混凝土墙和岩体紧密结合；嵌入巷道周边深度不小于 1.5 m。严格按 C40 混凝土配料比配料。

防爆密闭墙内部配筋，间排距为 400 mm × 400 mm × 400 mm，防爆门处加密为 200 mm × 200 mm × 200 mm。防爆门门框预留钻孔，便于钢筋穿过，保证整体抗压强度。

防爆墙必须一层层的浇筑，每次浇筑完都必须进行震动棒振捣，连续注混凝土时，要振捣密实，不能留有空隙，尤其是墙体顶部，一定要结顶密实。特别注意门下方、管道下方的混凝土振捣。捣固设备为风动振捣器，捣固厚度以 400 mm 为宜，捣固间距不大于 450 mm。每班收工前要将浇筑混凝土顶面做成不规则形状，以增加每班浇筑的混凝土接触面的强度。

二道墙施工处，不进行钢筋混凝土支护，仅留出钢筋，将二道墙处钢筋与支护钢筋进行搭接，保证气密与强度。二道墙设置双层钢筋，间排距为 200 mm × 200 mm，钢筋保护层为 40 mm，钢筋采用 ϕ20 螺纹钢，配筋也采用 ϕ20 螺纹钢。钢筋搭接长度为 750 mm。

防爆密闭墙、二道墙位置正上方打锚杆预留端口，便于后期门体吊装。

2. 硐室内部二次支护

钢筋混凝土支护，混凝土厚度 0.3 m，钢筋布置为单层钢筋。钢筋保护层为 40 mm，钢筋采用 ϕ20 螺纹钢，配筋也采用 ϕ20 螺纹钢。钢筋搭接长度为 750 mm。钢筋间排距为 200 mm × 200 mm。混凝土强度 C30。

防爆墙和支护混凝土均采用气密性混凝土，在拌和普通混凝土时掺入一定比例的硅灰、粉煤灰和高效减水剂（FDN）而成。其作用机理是利用硅灰、粉煤灰的高化学活性，改善混凝土整体结构和界面状况，使之起到微粒填隙、孔结构细化、贯通毛孔数量减少和孔隙率降低的作用；而高效减水剂有早强、高强和分散作用，从而可有效地提高混凝土的密实度，达到封闭瓦斯、防水及防腐的目的。具体配比根据现场材料测试得到。

3. 硐室内部管路布置

1）硐室内部整体管路布置

固定式避难硐室内部压风管路布置如图 4 - 8 - 35 所示。

避难硐室二道墙管道预留布置如图 4 - 8 - 36 所示。

避难硐室内预埋管路布置如图 4 - 8 - 37 所示。

2）管路吊装

管路接头均采用法兰连接，避难硐室内部管线穿越防护闭隔墙时，为保证密闭与强度，预埋带有密闭翼环的密闭穿墙短管，如图 4 - 8 - 38 所示。

现在管道支吊架预埋在避难硐室内部混凝土结构中，由于管道线路的载荷都相对较小，钢筋混凝土结构能够满足要求。布气管支吊架采用预埋螺丝的方式。布置如图 4 - 8 - 39 所示。

3）内部装饰

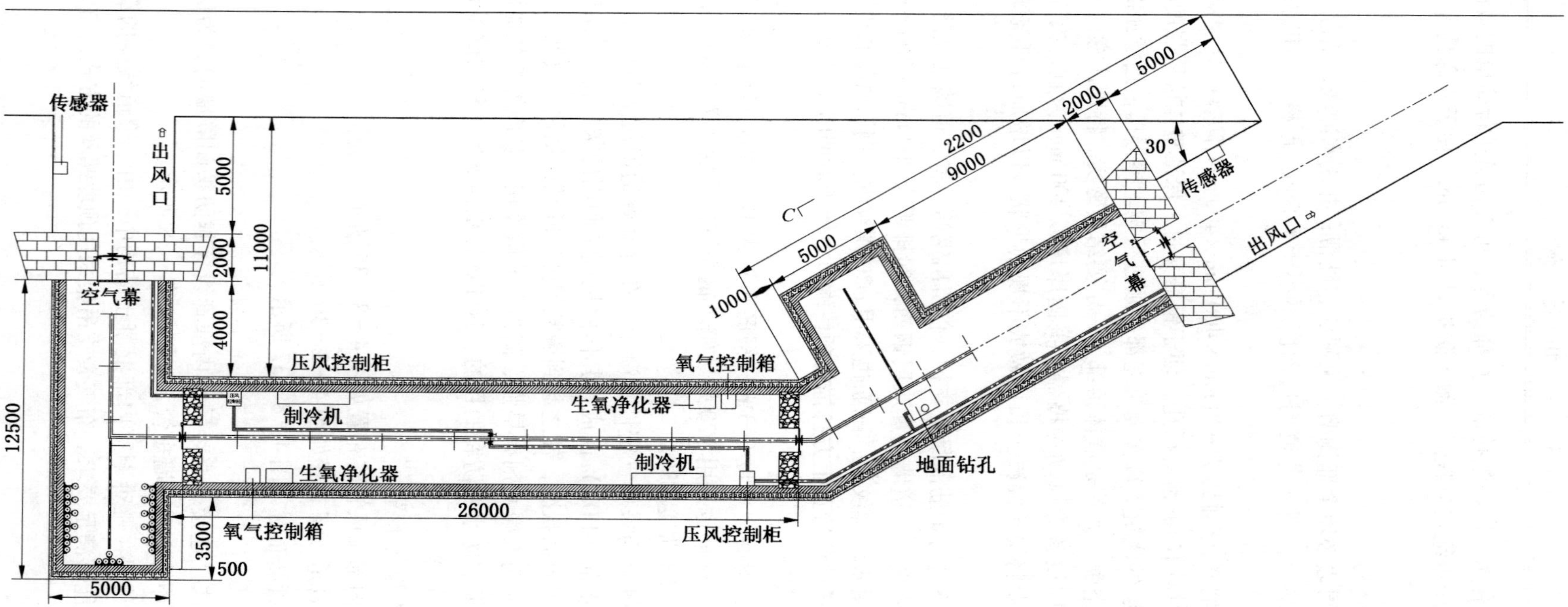

图 4-8-35 压风管路整体布置示意图

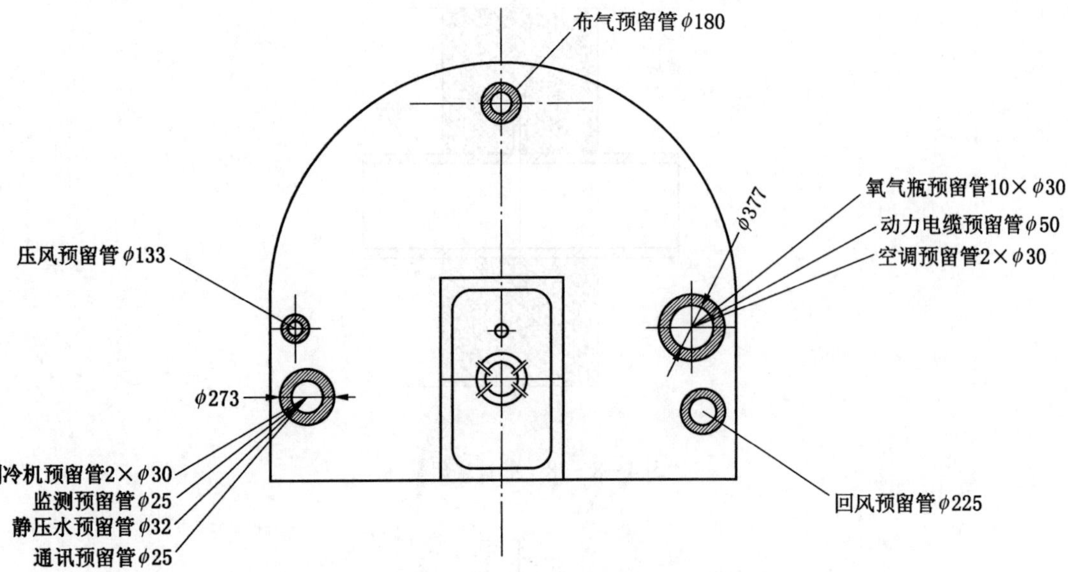

图4-8-36　硐室二道墙管道预留布置示意图

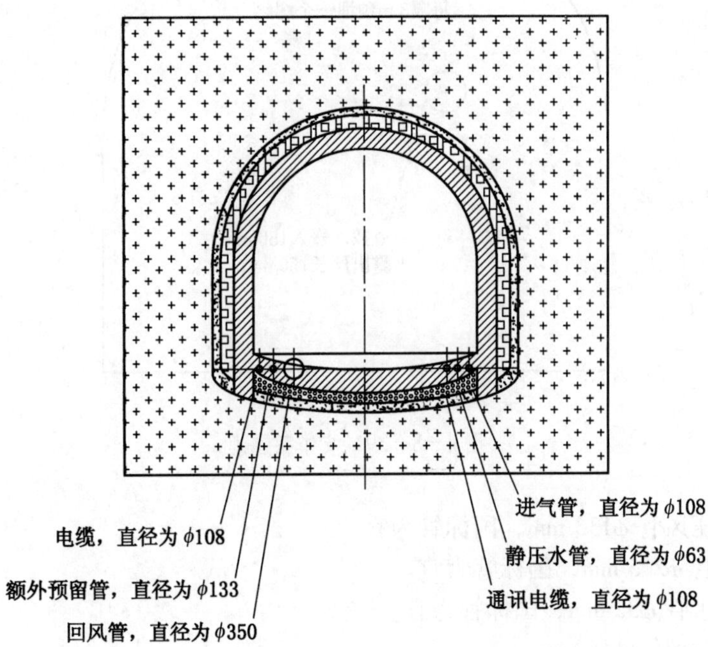

图4-8-37　硐室预埋管路布置示意图

内部进行混凝土支护处理后，墙体表面喷涂白水泥，地面水泥硬化铺设防静电、阻燃地毯。各设备上配有操作说明，管线上配有说明和气流走向。

4）相关管路线缆

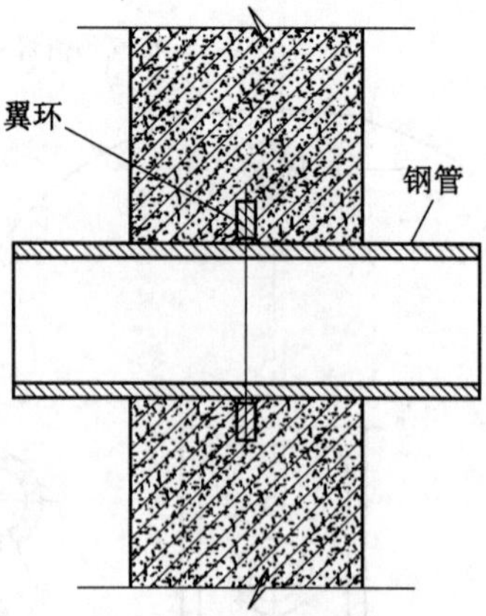

图4-8-38 管道密闭翼环

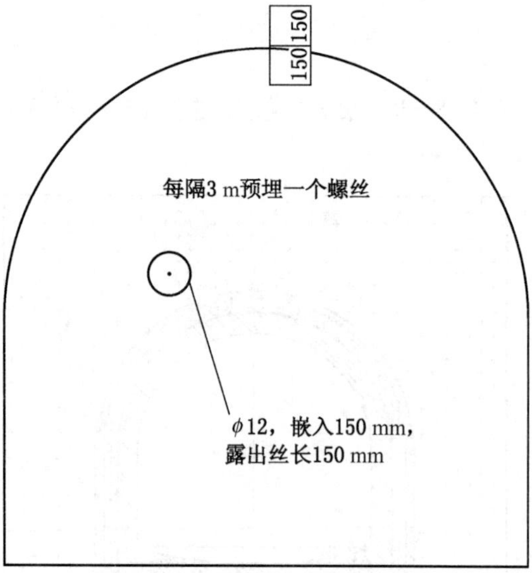

图4-8-39 支吊架预埋

（1）矿井压风管 ϕ133 mm，国标管为宜。

（2）回风管 ϕ225 mm，国标管为宜。

（3）静压水管 ϕ32 mm，国标管为宜。

（4）布气预留管 ϕ180 mm。

（5）动力电缆，660 V 和 127 V，负荷 10 kW。

（6）通信电缆，满足通信、监测监控要求，传输以光缆为宜。

（7）综保。

各种管路以喷塑管为宜，保证强度和耐腐，管路预埋地下 1 m。

动力电缆和通信电缆在进入避难硐室前预埋地下，宜采用穿管铺设，管径根据电缆大小决定。

8.5.3 松藻打通－矿临时避难硐室

松藻煤电公司打通一矿属严重的煤与瓦斯突出矿井。1970 年建成投产，初期设计生产能力 0.6 Mt/a，1985 年扩建为 1.5 Mt/a，2010 年核定生产能力 1.8 Mt/a，目前正在进行 2.4 Mt/a 的技改扩能工作。矿井总进风量 24400 m^3/min，总排风量 24600 m^3/min。建矿以来，累计发生煤与瓦斯突出 260 次，最大突出煤量 1408 t，最大突出瓦斯量 8.2 万 m^3，矿井绝对瓦斯涌出量 230 m^3/min，相对瓦斯涌出量 80 m^3/t，矿井抽采瓦斯量 125 m^3/min。根据矿井紧急避险系统建设方案，在 N18 号平石门处建设临时避难硐室。设计的主要依据是《防治煤与瓦斯突出规定》、《煤矿井下紧急避险系统建设管理暂行规定》等的相关要求。

8.5.3.1 硐室位置与结构设计

根据矿井生产布局和人员分布，在东区西翼 N18 号平石门，利用原风巷联络巷建设临时避难硐室。临时避难硐室具体位置如图 4－8－40 所示。

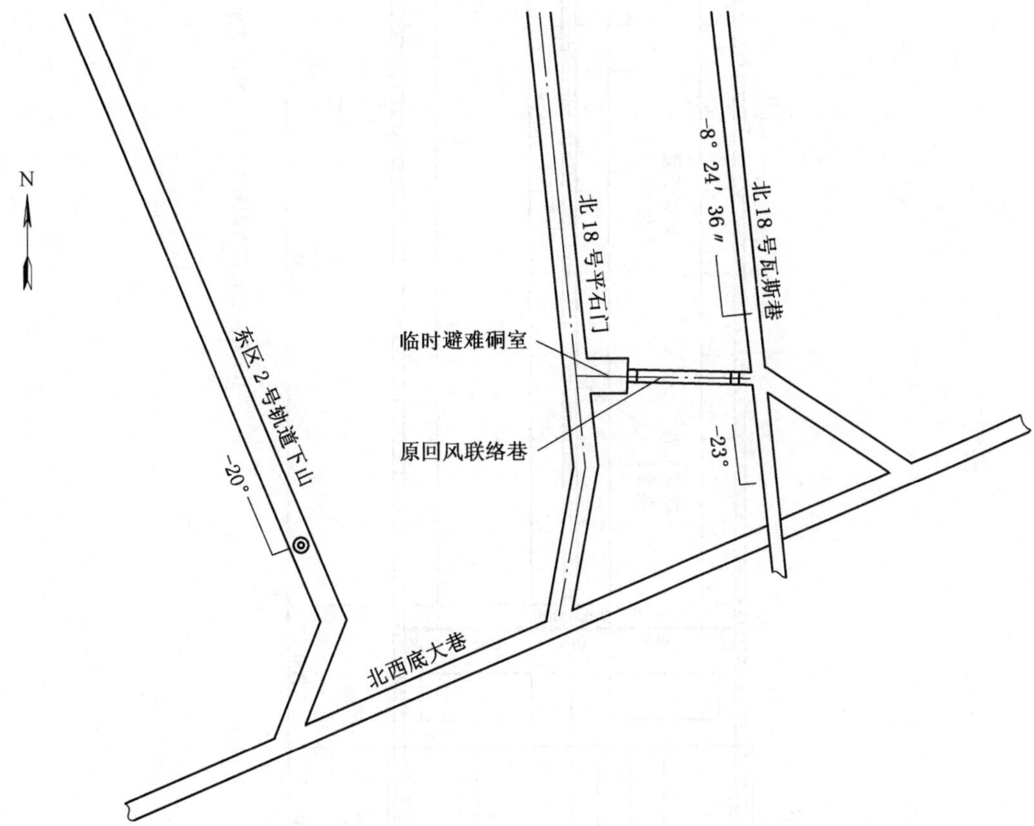

图 4－8－40 东区西翼采区临时避难硐室位置图

该硐室位于煤层中。顶板为茅口灰岩，为Ⅰ类顶板，无地质构造，无淋水、无岩溶瓦斯等。

按额定避险人数 30 人进行设计。设计硐室长 9.6 m、净宽 3.0 m、净高 3.0 m，净断面面积为 8.03 m^2，硐室面积 18 m^2。临时避难硐室施工设计平面图如图 4－8－41 所示。

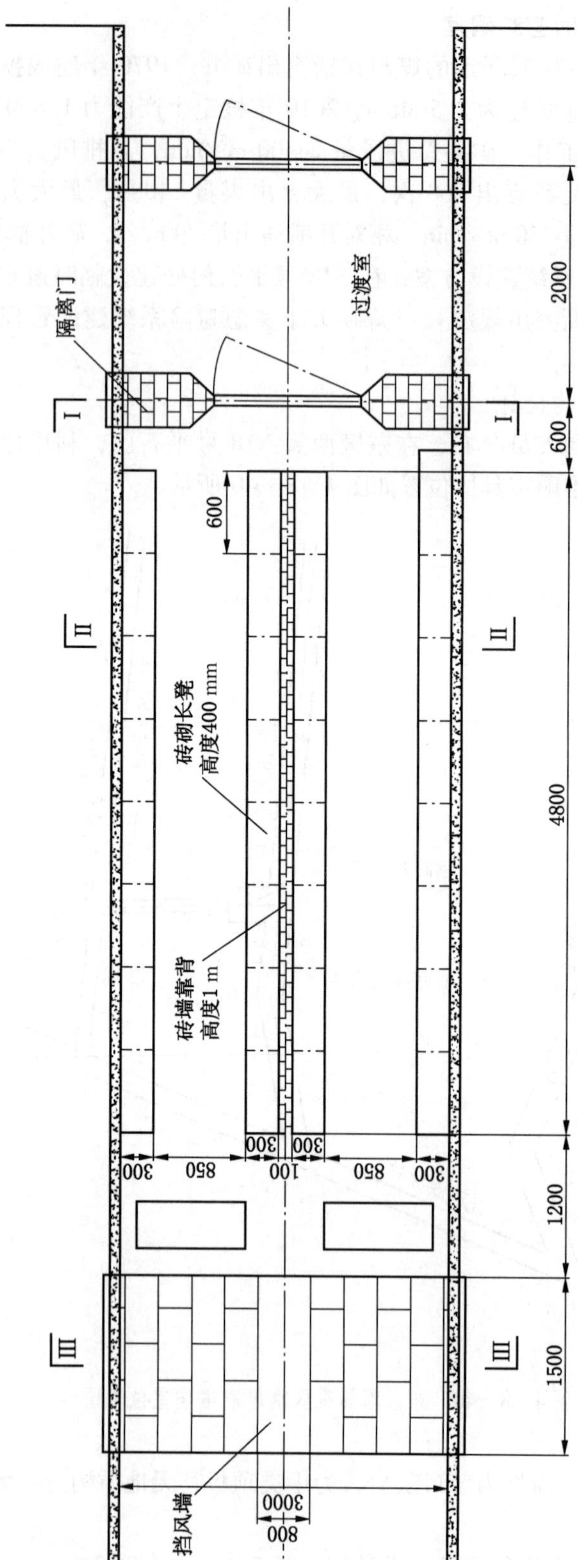

(a) 采区临时避难硐室平面布置图 (1:30)

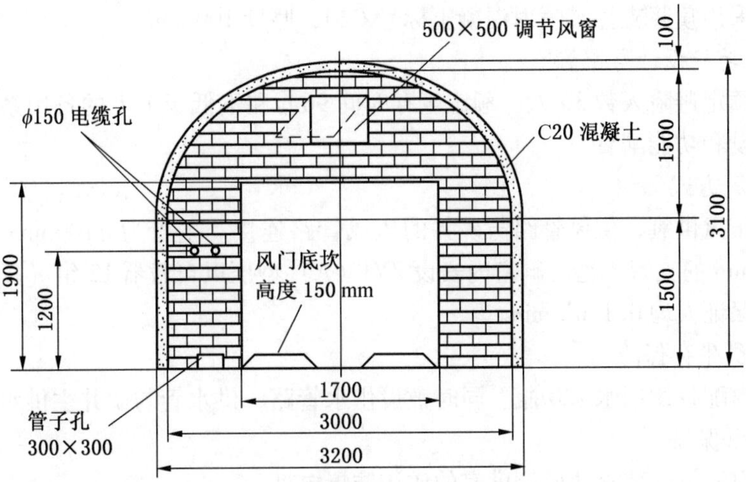

(b) Ⅰ—Ⅰ断面图 (1:50)

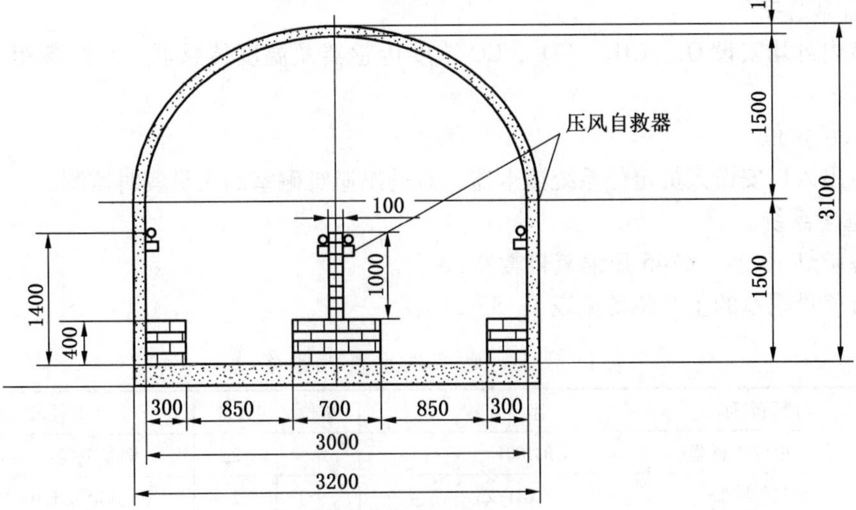

(c) Ⅱ—Ⅱ煤层巷道断面图 (1:50)

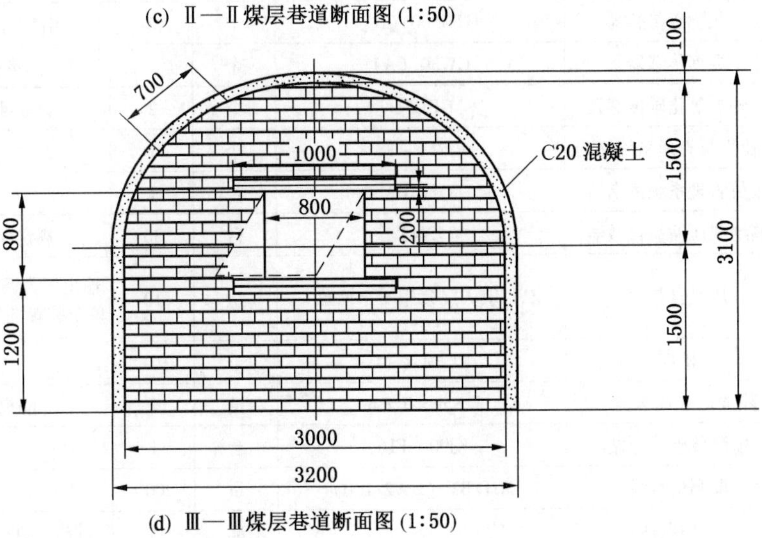

(d) Ⅲ—Ⅲ煤层巷道断面图 (1:50)

图 4-8-41 东区西翼采区临时避难硐室施工设计平断面图

硐室采用喷浆支护。喷射混凝土标号 C20，厚度 100 mm。

8.5.3.2 功能设计与配置

按照额定避险人数 30 人、额定生存时间 96 h 和不低于 1.1 的备用系数进行永久避难硐室的建设和功能配置。

1. 供氧方式

采用压风供氧，供风管路与矿井的压风管路连接。主管为 ϕ100 mm 的钢管，硐室内敷设 ϕ25 mm 的支管 3 趟。硐室内安设 ZYJ（A）型压风自救器 12 组（每组供 4 人使用）。供风能力保证人均 0.1 m^3/min。

2. 人员生存保障

硐室内配备饮用水 120 瓶。同时敷设供水管路，供水管与矿井主供水管路连接。

3. 通讯保障

硐室内安设一部直通矿调度室的矿用防爆电话。

4. 监测监控

硐室内外均安设 O_2、CH_4、CO_2、CO 浓度传感器及温度传感器，并配备相应便携式检测仪表。

5. 人员定位

硐室出入口安设人员定位系统读卡器，对进出避难硐室的人员实时监测。

6. 逃生系统

配备矿灯 10 盏，ZY45 压缩氧自救器 36 台。

临时避难硐室的主要装备见表 4-8-31。

表 4-8-31 避难硐室救生装备表

序号	产品名称	型号	单位	数量	主要技术参数
1	红外甲烷传感器	GJG100H（A）	个	2	测量范围：0~100%
2	氧气传感器	GHY25	个	2	测量范围 0~25%
3	一氧化碳传感器	GTH500（B）	个	2	测量范围 $0\sim500\times10^{-6}$
4	温度传感器	GW50（A）	个	2	测量范围 0~50 ℃
5	红外二氧化碳传感器	GRG5H	个	2	测量范围 0~5%
6	作业人员管理系统终端	KJ251-F8	个	1	
7	人员管理系统读卡器	KJF210A	台	1	
8	隔绝式压缩氧自救器	ZY45	台	36	额定保护时间 45 min
9	压风自救器	ZY-J(A)(每组4个面罩)	组	10	输出压力调整范围：0.09 MPa，单个装置耗气量 150~200 L/min
10	矿灯	KL2M（A）	个	10	
11	隔离门/(高×宽)	1.8 m×0.8 m	道	2	隔离门有观察窗
12	监测传感器分站	KJ90-F16	台	1	
13	监测信号线	MHYBV（2×2/1.0）	m	2000	
14	矿用电话		部	1	符合 MT/T 289 的有关规定
15	矿泉水		瓶	120	

8.5.3.3 建设工期

东区西翼 N18 号平石门采区临时避难硐室于 2010 年 1 月 10 日开工建设，2010 年 1 月 25 日竣工，工期 16 天。

8.6 避险设施操作规程范例

合理使用紧急避险设施是充分发挥其重要作用的关键。因此，应根据紧急避险设施的组成结构及功能特点，编制简单明了、可操作性强的操作规程，并作为下井职工安全培训和应急演练的主要内容。本节分别选用避难硐室和可移动式救生舱的操作手册为范例进行阐述。

8.6.1 避难硐室操作手册

8.6.1.1 避难硐室概况

1. 概述

依据《煤矿井下避难所试点建设基本要求（试行）》和《煤矿井下紧急避险系统建设管理暂行规定》，开发设计了该煤矿井下避难硐室，以供发生灾变时遇险人员安全避险使用。

2. 主要用途

当井下发生火灾、爆炸、突出等灾害事故后，井下人员所佩戴的自救器在额定防护时间内步行不能安全撤至地面时，为其提供一个安全避险空间，对外能够抵御高温烟气，隔绝有毒有害气体，对内提供氧气、食物、水并去除有毒有害气体等，创造基本生存条件，为应急救援创造条件、赢得时间。

3. 使用环境条件

（1）适用于存在火灾、煤与瓦斯突出、瓦斯煤尘爆炸、塌方等危险的矿井。

（2）额定防护时间 96 h，保持舱内温度 35 ℃以下。

（3）相对湿度：0～85%。

4. 工作条件

可在避难硐室与外部的空气、水、食物、电力全部隔绝的状态下，依靠硐室内储备的物品为避险人员提供至少 96 h 以上的生存条件支持。

5. 主要技术参数

避难硐室的主要技术参数见表 4-8-32。

表 4-8-32 避难硐室的主要技术参数

额定防护人数	10～100 人
额定防护时间/h	>96
硐室内温度/℃	≤35
压缩氧气供氧	0.5 L/min·人，生存硐室内氧气浓度在 18.5%～23% 之间
相对湿度/%	≤85
泄压速率（气密性）	≤(350±20) Pa/h
CO_2 吸收能力	≥0.5 L/min·人
CO 处理能力	20 min 内将 CO 浓度由 0.04% 降到 0.0024% 以下

6. 安全使用注意事项

1）一般情况下的安全使用方法

（1）打开避难硐室外的压风进口阀门。

（2）扳动过渡室门手柄，打开过渡室门。

（3）进入过渡室并关闭过渡室门（此时请勿打开生存室门）。

（4）打开压缩空气瓶阀门，开启喷淋装置，进行洗气。

（5）打开生存室门，进入生存室后关闭生存室门。

（6）按避难硐室操作手册，进行后续操作。

警示：

（1）不经洗气就直接进入生存室，可能会将灾区有毒有害气体带入生存室，危害硐室内人员的生命安全。

（2）用带油污的手或工具去开动氧气瓶阀、安装或修理氧气管路，可能会引起发火。

（3）进入生存室后未按硐室内的操作手册进行操作，可能导致避难硐室不能发挥应有的作用，不能达到应有的防护时间和效果。

2）异常情况下的紧急处理措施

（1）如果用带油污的手去操作氧气瓶阀门、安装或修理氧气管路发生着火时，先关闭阀门，并使用灭火器，对准火源将其扑灭。

（2）避险人员长时间在密闭状态下生存，要注意生存室内的氧气浓度，氧气浓度应控制在 18.5% ~23% 之间。如氧气浓度超过此范围时，应及时调节供氧量或补充空气。

8.6.1.2　避难硐室操作说明

灾变发生后，避险人员在自救器有效防护时间内无法逃离至地面时，应按救灾路线和相应指示迅速前往避难硐室。在硐室外打开压风管路阀门，从两侧过渡室进入生存室。请按照以下图示说明进行操作。

1. 避难硐室外部设施

硐室外设有通讯电话。当救护人员到达硐室外时可以通过电话与生存室内避险人员联系，以便了解生存室内人员生存状况。

硐室外设有氧气、CO、CO_2、CH_4、温度传感器，检测硐室外部环境数据。传感器数据直接显示在机电硐室内的监控分站上，避险人员能够准确掌握硐室外部环境状况。

避难硐室外设有单向排气阀，人员请勿靠近，严禁堵塞。

2. 进入过渡室操作

通过防火密封门上的观察窗口查看过渡室内是否有人正在进行洗气。注意：如果有人正在洗气，等其洗气结束后迅速进入过渡室。

确认过渡室内无人后，旋转右侧上、下门手柄打开过渡室门进入过渡室。进入后立即将过渡室门关闭。

3. 气幕洗气系统操作

1）压缩空气洗气操作

当人员进入过渡室后，首先打开所有压缩空气瓶阀门（把所有压缩空气瓶阀门打开到位）。每侧过渡室均有空气钢瓶 8 只。

此时空气减压器排气压力已经预设气压至 0.3 MPa，请勿旋动！打开压缩空气瓶管路控制球阀。

2）压风洗气操作

打开气幕喷淋装置的控制球阀，空气由喷嘴向外喷出气幕对人员进行洗气，洗气过程大约需要 20 ~30 s（每次过渡室内洗气人数不得超过 8 人）。

4. 氧气供给系统操作

1）医用氧气供氧操作

完全打开位于 1 号气瓶硐室及 2 号气瓶硐室的所有氧气瓶（蓝色）阀门（逆时针为打开，顺时针为关闭），每间气瓶硐室均有氧气瓶 20 只。

打开生存室两侧的两个氧气流量控制装置的控制阀门。此时氧气减压器排气压力已经预设为 0. 4 MPa，请勿旋动!

打开硐室两侧的两个氧气流量计（逆时针开大，顺时针为关小），将每个流量设置为：人数 ×0. 5 L/min。流量计出口有气体喷出即表示氧气已经供给。例如：硐室内总共有 10 人，则需氧气流量为 5 L/min，因为硐室两侧均有氧气流量计，所以单侧的流量计流量开启至 2. 5 L 即可（请勿开启双倍供氧量）。

注意：当氧气传感器显示氧气浓度超出 18. 5% ~23% 范围时，可缓慢旋转氧气流量计的旋钮来调节硐室内氧气浓度。

2）压风供氧系统操作

逆时针旋转 90°打开压风三级过滤装置前端的不锈钢球阀。

听到消音器发出声音确认有压风吹出表示此时压风供氧系统已开启（硐室内共 4 个压风供氧出口均需打开）。压风供氧减压装置已设置好，请勿随意改动。

5. 过滤降温除湿系统操作

1）开启液态 CO_2 气瓶

逆时针旋转手轮打开 CO_2 硐室门。进入后顺时针旋转手轮关闭 CO_2 硐室门。

将 1 号及 2 号气瓶硐室内的 CO_2 气瓶（灰色）阀门全部打开（逆时针为打开，顺时针为关闭）。每间气瓶硐室均有 CO_2 气瓶 175 只。打开 CO_2 气瓶管路控制球阀。回到生存硐室后迅速关闭 CO_2 硐室门。

注意：避难硐室正常工作状态下，请密闭好 CO_2 硐室门。

2）运行空调

完全打开空调主控阀（阀手柄逆时针为打开，顺时针为关闭），逆时针旋转 90°。

检查并确认液态 CO_2 压力，高压表数值应大于 600 psi。psi 是英制压力单位，1 psi = 6. 895 kPa，600 psi =4. 137 MPa。

打开过滤除湿降温集成装置左边的降温阀门 TCV –1、2、3、4，由下而上依次打开（逆时针为开，顺时针为关）。

开启阀门的数量控制送风量与制冷量，当硐室内温度不超过 35 ℃后依次关闭 2、3、4 阀门，自行调节硐室内温度（阀门开启越多液态 CO_2 消耗量越大）。

注意：在压风系统被破坏的情况下，温度控制阀 TCV –1、2、3、4 中 TCV –1 应处于完全开启状态。当生存室内的温度、湿度及 CO、CO_2 浓度在安全范围内时，为节省硐室内储备，可根据实际情况减少温度控制阀 TCV –1、2、3、4 开启的个数。

当液态 CO_2 即将用尽，过滤除湿降温集成装置无法正常运行时，打开紧急气体旁路系统。并确认温度控制阀 TCV－1、2、3、4 已经全部打开。将低压表数值控制在 30 ~ 50 psi 范围内。

注意：打开紧急气体旁路系统控制阀会加速液态 CO_2 的消耗，从而缩短系统运行时间。

3）吸附剂放置

从吸附剂存放专用地点内取出两盒 CO_2 吸附剂，用刀具小心切开铝箔。将吸附剂放置在过滤除湿降温集成装置中间和凹槽中。

注意：当生存室内 CO_2 浓度无法降至 1% 以下，或者吸附剂颜色变为浅紫色时应及时更换 CO_2 吸附剂（生存室内 CO_2 浓度由 CO_2 传感器显示）。

从吸附剂存放专用地点内取出一盒 CO 吸附剂，用刀具小心切开铝箔。将 CO 吸附剂放置在过滤除湿降温集成装置凹槽中。

注意：凹槽标识应和吸附剂标识（CO）一致，确保药品放置到正确的凹槽中。CO 吸附剂一经充装放置，请勿更换或移除。当生存硐室内 CO 浓度无法降至 0.0024% 以下时，再更换 CO 吸附剂（生存室内 CO 浓度由 CO 传感器显示）。

警示：当生存室内氧气、CO 和 CO_2 的浓度达到人体呼吸要求（氧气浓度为 18.5% ~ 23%，CO 浓度小于 0.0024%，CO_2 浓度小于 1%）的安全浓度后，方可取下佩戴的自救器。

6. 硐室内监控传感器

生存室两侧顶端设置有 CH_4 浓度、CO_2 浓度、CO 浓度、O_2 浓度、温度和压力传感器，可通过读取传感器显示数值确认生存空间的生存环境。

气瓶硐室内顶端设置有 CO_2 浓度、CO 浓度、温度和压力传感器，可通过读取传感器显示数值确认气瓶硐室环境参数。

机电硐室内顶端设置有 CO_2 浓度、CO 浓度、温度和氧气浓度传感器，可通过读取传感器显示数值确认机电硐室环境参数。

卫生间内顶端设置有 CO_2 浓度、CO 浓度、温度和氧气浓度传感器，可通过读取传感器显示数值确认卫生间内的环境参数。

7. 通讯电话

生存室内的电话可以直接与矿调度室进行通话，以便救援人员了解生存室内避险人员的生存状况。

启动救灾通讯电话，保证与地面救援指挥中心联系通畅，及时准确地报告遇险人员的数量和健康状况、舱内设备运行及事故发生情况等相关信息，等待救援。

8. 卫生设施

解手完毕踩下坐便器踏板，完成机械打包后放下坐便器上盖。抽出储便盒，将里面打包好的塑料集便袋取出放到指定位置。

9. 自救设施

储物柜中放置有化学氧自救器，当外部环境允许逃离生存室或生存室内系统供给不能保证人员生命安全时，避险人员应佩戴好自救器迅速转移。

10. 其他物品

储物柜上面及内部分别配备有急救包一个，工具箱 2 个，压缩干粮 15 箱，矿泉水

1008瓶。

注意：食品为军用压缩饼干，一包4块，每人每天一包约为5200 kJ；饮用水为矿泉水，一瓶为596 mL，每人每天饮水量为1500 mL。

11. 电气设备启动顺序

进入避难硐室，在动力电源未被破坏的前提下要按顺序启动QBZ－80/660（380）型矿用隔爆型真空电磁启动器、QBZ－30/660（380）型矿用隔爆型真空电磁启动器及ZBZ－2.5/660（380）型照明综合保护开关，以供照明、视频、采集及显示避难硐室内、外气体的浓度。以上设备均放置在机电硐室内。

图4－8－42为QBZ－80/660（380）型矿用隔爆型真空电磁启动器，为避难硐室内电气设备提供动力电源。启动方式：将箱体右侧的绿色按钮按下。

图4－8－42　QBZ－80/660（380）型矿用隔爆型真空电磁启动器

图4－8－43为QBZ－30/660（380）型矿用隔爆型真空电磁启动器，为避难硐室内电气设备提供动力电源。启动方式：将箱体右侧的绿色按钮按下。

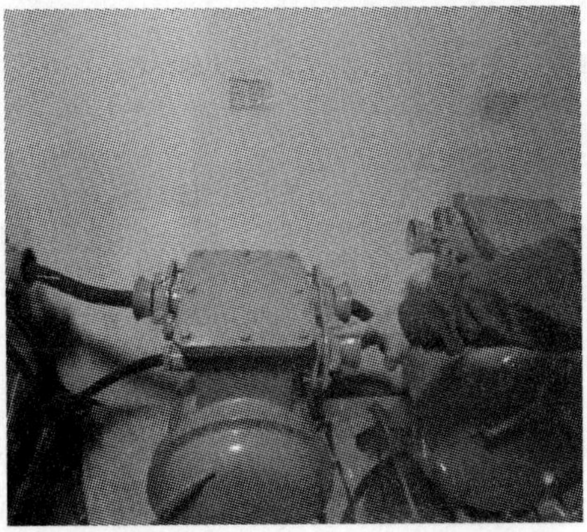

图4－8－43　QBZ－30/660（380）型矿用隔爆型真空电磁启动器

图 4 - 8 - 44 为 ZBZ - 2.5/660（380）型照明综合保护开关，共 2 台。启动方式：将箱体右侧的绿色按钮按下。

图 4 - 8 - 44　ZBZ - 2.5/660（380）型照明综合保护开关

图 4 - 8 - 45 为 KJ2007F1 型井下分站及 KDW6B 型矿用隔爆兼本安型电源箱，共 4 套。为硐室内、外传感器的数据显示及采集上传提供动力。启动方式：将 ZBZ - 2.5/660（380）型照明综合保护开关启动后正常运行。

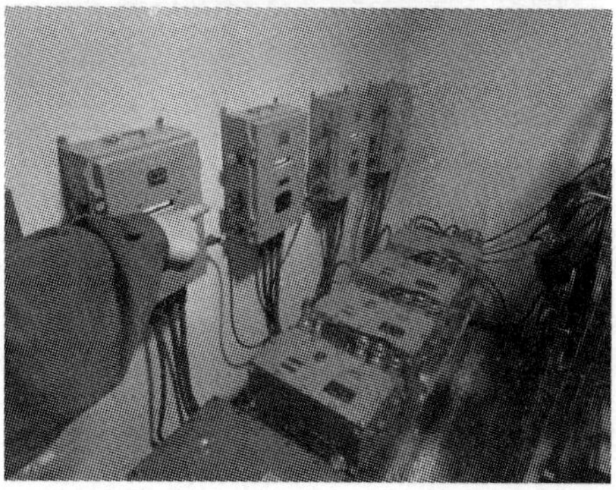

图 4 - 8 - 45　KJ2007F1 型井下分站及 KDW6B 型矿用隔爆兼本安型电源箱

图 4 - 8 - 46 为 KJFT - 1 型监测分站，共 2 台，当硐室内动力电源被切断后间断性的为硐室外传感器供电并显示硐室外传感器数据。此设备已与 KJFY - 1 型本质安全型多路电源箱连接不需要额外启动。

图 4 - 8 - 47 为 KJFY - 1 型本质安全型多路电源箱，共 8 台。当动力电源被切断 2 h 后保证为硐室内主要传感器不间断供电 96 h。此设备与 2 个带有航空插头的 6 通接线盒相连，启动时将 2 个黑色航空插头分别与 2 个 6 通接线盒上的航空插头连接。

避难硐室电器部分启动顺序为：先启动 QBZ - 80/660（380）型矿用隔爆型真空电磁启动器和 QBZ - 30/660（380）型矿用隔爆型真空电磁启动器，再启动照明综合保护开关。在没有交流动力电源时，8 台 KJFY - 1 型本质安全型多路电源箱投入使用。步骤：当硐室内动力电被切断 2 h 后将 2 个黑色航空插头分别与 2 个六通接线盒上的航空插头对

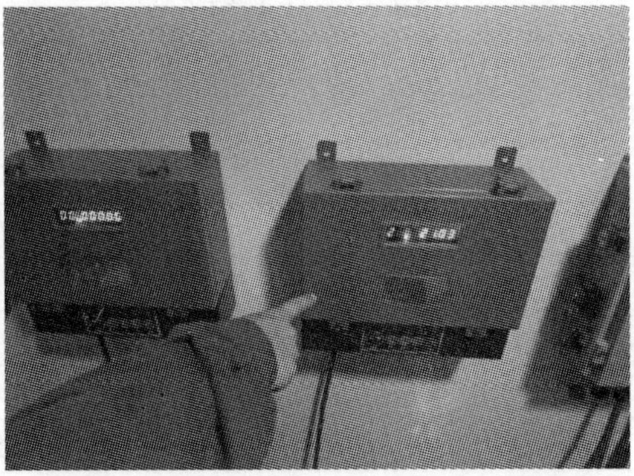

图 4－8－46 KJFT－1 型监测分站

图 4－8－47 KJFY－1 型本质安全型多路电源箱

接。每个 6 通接线盒上共 4 个航空插头，当插入第一个航空插头 24 h 后，第一台电源箱电力用尽，换下一个航空插头插入。

8.6.1.3 故障分析与排除

避难硐室设备设施故障分析与排除见表 4－8－33。

表 4－8－33 避难硐室设备设施故障分析与排除

故障现象	原因分析	处理方法
空调不制冷	未打开空调主控制阀	打开空调主控制阀
	未打开供气钢瓶阀门	打开供气钢瓶阀门
	未打开温度控制阀	顺序打开温度控制阀 TCV－1、2、3、4
	CO_2 钢瓶为空瓶	检查气压和钢瓶重量
风扇停止转动	没有供气	确认供气装置已经连接
	如果在供气状态	轻轻拨转风扇叶片

表4-8-33（续）

故障现象	原因分析	处理方法
CO_2 含量增加	过滤失败	检查吸附剂，确认已正确安装
	风扇叶片无法转动	检查并确认风扇叶片可以转动
	温度控制阀没有打开	打开温度控制阀
	主控制阀没有打开	打开主控制阀
空调器噪音	阀门没有密封	反复开关阀门，加固密封和润滑
底部漏水	排水管堵塞	检查并确认排水管畅通
气马达停止工作	液态 CO_2 已经耗尽	打开紧急旁路控制阀
	降温速度过快	关闭温度控制阀2、3、4减缓降温

当空调装置无法正常运行时，使用紧急气体旁路系统。装置左侧为紧急气体旁路系统控制阀。

注意：仅在空调装置无法正常运行时才使用紧急气体旁路系统。

在打开紧急气体旁路系统控制阀之前，请确认温度控制阀 TCV-1、2、3、4 已全部打开。方向朝外，慢慢地打开紧急气体旁路系统控制阀，此时低压表显示为 30 psi 左右（低压表在装置前方面板上）。通过打开紧急气体旁路系统，将使用储存在1号及2号气瓶硐室内钢瓶及管路中残余的 CO_2 气体。

8.6.1.4 保养、维护

1. 安全警示

（1）气瓶属特种设备，要严格按照《气瓶安全监察规程》安全使用。

（2）搬运氧气瓶，人工移动时，要小心谨慎，轻搬轻放，禁止用肩扛或横在地上滚动；远距离搬运要戴好瓶帽，使用专用车运送，不得混装；安装和开关操作氧气瓶时，手和工具要严防沾有油污，绝对禁油。

（3）备用电池需要每隔3个月进行充放电1次，每年需要定期更换备用电池。

2. 日常维护、保养、校准

煤矿企业应建立紧急避险设施的技术档案，准确记录紧急避险设施设计、安装、使用、维护、配件配品更换等相关信息。

煤矿企业应建立紧急避险系统管理制度，确定专门机构和人员对紧急避险设施进行维护和管理，保证其始终处于正常待用状态。保持避难硐室内及其周围的清洁。

加强对干部、工人的技术培训，指导避险矿工正确使用。

定期对避险设施及配套设备进行维护和检查，并按产品说明书规定定期更换部件及设备，每次检查/检修后要关闭好避难硐室门。

保证储存的食品、水、药品等始终处于保质期内，外包装应明确标示保质日期和下次更换时间。

经检查发现避险设施不能正常使用时，应及时维护处理。采掘区域的避险设施不能正常使用时，应停止采掘作业。

煤矿企业按规定编制的矿井灾害预防与处理计划、重大事故应急预案、采区设计及作业规程中应包含井下紧急避险系统的相关内容。

煤矿企业每年应将井下紧急避险系统建设和运行情况，向县级以上煤矿安全监管部门和驻地煤矿安全监察机构书面报告1次。

3. 检修周期

（1）每天应对紧急避险设施进行1次巡检，设置巡检牌版，做好巡检记录。煤矿负责人应对紧急避险设施的日常巡检情况进行审查。

（2）每10天应对设备电源进行1次检查和测试。

（3）按《煤矿安全规程》规定，定期对传感器进行校准。

（4）月检：每月对配备的高压气瓶进行1次余量检查及系统调试，气瓶内压力低于额定压力的95%时，应及时更换；每月对配备的压缩氧气、空气瓶进行1次余压检查，气瓶内压力低于10 MPa时，应及时补气；对液态CO_2气瓶每月检查一次，查看其是否有泄漏，如发生泄漏，应及时补充。

（5）年检：每年对各种压力表进行1次强制性检验；每年对避险设施进行1次系统性的功能测试，包括气密性、电源、供氧、有害气体处理等。

（6）每3年对高压气瓶进行1次强制性检测。

8.6.2 矿用可移动式救生舱操作规程

8.6.2.1 准备进入救生舱

（1）救生舱定位。由于在紧急情况下矿井能见度有限，因此在无法疏散时，第一步就是确定救生舱的位置。

（2）确定佩戴帽灯和自救器进入舱内。

（3）打开救生舱外门，确定频闪灯位置。它安放在过渡舱内壁上。摘下频闪灯，揭下末端的胶条即可使用。将带磁性的频闪灯吸附在钢制救生舱外壁上。

（4）根据操作指南，在储物区找到气体探测器。

8.6.2.2 进入过渡舱

（1）按照规定人数进入过渡舱。继续佩戴自救器。进入后，关闭外门。

（2）继续佩戴自救装置，使用气体探测器检查气体浓度。按照读数采取行动：

① 当CO含量低于0.005%，O_2含量高于19.5%时，打开内门进入主舱。

② 当CO含量高于0.005%，或者O_2氧气含量低于19.5%时，需要净化过渡舱。打开位于主舱门左上方的净化阀门，检查矿井压风系统是否可用。如果可用，打开净化阀净化阀是一弹簧辅助式闭合阀，保持“打开”位置开始净化。如果矿井压风系统不可用，则以逆时针方向慢慢旋开压缩气瓶阀门，释放空气。空气瓶放置在过渡舱左侧的角落。

（3）监测CO和O_2含量，直到CO含量低于0.005%、O_2含量高于18.5%时，关闭净化阀。根据需要净化空气，确保净化阀重新闭合。

8.6.2.3 进入生存舱

（1）打开内门进入生存舱。检查生存舱内空气质量，如果O_2含量小于19.5%，则继续佩戴自救装置。打开位于舱内左上角的空气控制阀。空气控制阀是弹簧辅助式闭合阀，必须使阀门保持在“打开”位置。有一根拉链能够使阀门保持在“打开”位置，打开阀门会使矿井压风进入生存舱。

（2）如果由于某种原因使矿井压风不可用，必须立刻启动洗涤器。当O_2含量大于

18%，可以取下自救器。若自救器属于可关闭式装置，请关闭自救器以备再用。

（3）如果救生舱外仍有人员，关闭内门以便他们进入过渡舱，并将气体探测器留在过渡舱。任何进入过渡舱的人员必须检测 CO 和 O_2 含量。在进入主舱之前，如有需要还须履行净化步骤。

（4）所有人员安全进入救生舱后，过渡舱内门保持打开状态。每隔 2 h 进行 1 次 CO 和 CH_4 检测，从而确保舱内良好的空气供给。

8.6.2.4　启动洗涤器

若矿井压风不可用，非常重要的一步是，第一个进入救生舱的人需要立即启动洗涤器。洗涤器启动步骤：

（1）慢慢打开压缩空气瓶和氧气瓶上的所有气阀。

（2）沿逆时针方向拧开黑色阀门。这些阀门位于洗涤器后方的舱壁上。

（3）从洗涤器侧面的凹槽内取出氧气流量计。它安装在弹性软管上以便垂直放置。

（4）沿逆时针方向旋转氧气流量计旋钮，根据舱内人数设定读数。

（5）拆开储存在洗涤器下方的碱石灰芯筒的包装。注意：在拆开芯筒之前必须在包装上扎孔，方便拆卸。在座位下面帆布袋里有螺丝刀，可以用来扎孔。

（6）将芯筒放置在洗涤器顶部托盘槽内。注意不要破坏洗涤器盒里的泡沫材料。芯筒应该与洗涤器盒子的外沿对齐，保持芯筒之间无缝隙。

8.6.2.5　监测生存舱内气体

使用便携式气体探测器，每隔 2 h 检测 1 次舱内气体状况并记录。如果 O_2 含量超过 23%，调节旋钮，降低氧气流量；如果 O_2 含量低于 18.5%，调节旋钮，增加氧气流量。调整完毕后，继续监控环境状况，维持 O_2 含量在 18.5% ~23% 之间。

8.6.2.6　更换芯筒

（1）根据洗涤器架上的图表更换芯筒。

（2）芯筒表面颜色由白变紫表明洗涤器处于运行状态，而不是表示芯筒需要更换。

重要提示：每 2 h 检测 1 次 CO_2 含量。若 CO_2 含量高于 0.5%，检查芯筒是否正确放置。检查并确保风扇发动机正常运行，如有异常请更换。经检查需要换芯筒时，请更换芯筒。

8.6.2.7　故障处理

若风扇发动机出现故障，洗涤器还配有备用发动机。

风扇发动机拆卸步骤：

（1）拆除风扇发动机，首先需沿顺时针方向旋转氧气流量计旋钮，直至将其关闭。

（2）将置于风扇发动机正上方的两个芯筒拿出来。

（3）将风扇发动机后面软管接口处的螺母松开，拔出软管。

（4）拆下 4 个翼型螺母，取下洗涤器架上的风扇网罩。

（5）松开发动机后面的翼型螺钉。

（6）将风扇和发动机取出。

（7）沿顺时针方向旋转风扇后侧的发动机轴环，取下叶片。

（8）采用相反的步骤，将扇叶安装到新的发动机上。

（9）将发动机和风扇重新装到风扇架上，拧紧翼型螺钉。

（10）重新安装风扇网罩。

（11）重新把软管连接到发动机上。

（12）将芯筒放回到洗涤器架顶部。

（13）启动空气供应，参照氧气流量图表调节氧气流量。

（14）若两台发动机都出现故障，或出于其他任何原因，洗涤器停止运行，从帆布袋内取出螺丝刀，卸下芯筒四角的螺钉，将吸附剂倒空到舱内地板上，分散铺开，仍可吸收空气中的有毒有害气体。

8.7 避难硐室工业试验方案范例

避难硐室工业试验是对避难硐室各项功能指标的全面检验，是避难硐室交付使用前的验证性试验。根据《煤矿井下紧急避险系统建设管理暂行规定》对避难硐室的有关规定和“矿井紧急避险系统建设方案”，为保证避难硐室工业性试验的有序进行，制定本方案。

8.7.1 试验目的

验证避难硐室设计思路的正确性、空间结构的合理性、综合性能的可靠性、使用操作的方便性和系统配置的先进性。

8.7.2 试验地点

一水平矿新建避难硐室内。该硐室由过渡室和生存室组成，过渡室有效使用面积20 m^2，生存室有效面积168 m^2；压风供给每人0.3 m^3/min，自备氧供给每人0.5 L/min；额定可容纳人数100人，在无任何外界支持的情况下，额定防护时间不低于96 h；配有12大生命保障系统，包括风淋系统、供氧系统、制冷系统、净化系统、压风系统、除湿系统、通讯系统、监测监控系统、供水系统、人员定位系统、动力照明系统和辅助系统。

8.7.3 试验时间

20××年××月11日—15日。其中：11日下午做准备工作；12日为空载试验；13日上午9:00准备，9:30参加试验人员正式入井；13日上午10:00日至15日上午10:00，全员载人试验（100人48 h）。

8.7.4 试验人员

进硐室试验人员100人，人员具体安排略。

8.7.5 空载试验项目

8.7.5.1 气幕喷淋

（1）试验目标：过渡室内设压缩空气幕和压气喷淋装置，气幕与防爆密闭门自动闭锁。

（2）试验手段：开启防爆密闭门，观察气幕与防爆密闭门开启是否联动；观察和调试喷淋装置是否可以由压风供给手动转换到自备压缩空气供给。

8.7.5.2 气密性试验

（1）试验目标：硐室内始终处于不低于100 Pa的正压状态；回风管泄压阀的开启压力为355 Pa左右（根据硐室内体感情况，可以根据实际情况调节泄压压力，以加大硐室内空气循环）。

（2）试验手段：测试避难硐室气密性。利用现有的手动阀门和压力表，在备用管内伸出软管，做好密封，接上U型压差计，做好接口的密封措施。同时关闭所有门，钻孔处不得有任何泄漏，且不得采用设计以外的任何密封措施。

打开压风手动阀门，向硐室内通入压缩空气，使硐室内外压差接近500 Pa时，调小阀门，使硐室内外压差稳定保持在(500±20) Pa范围内；关死阀门，保持30 min。每5 min用U型压差计记录压差值1次；然后再重复做两次，计算压力下降速率。硐室内压力下降速率统计平均值应不大于（300±20）Pa/h。

8.7.5.3 CO处理能力

（1）试验目标：硐室过渡室内的喷淋系统在20 min内将CO浓度由0.04%降到0.0024%以下；硐室内的CO浓度小于0.0024%。

（2）试验手段：由救护队员向过渡室内放入CO，浓度达到0.04%。随后打开喷淋系统，进行空气稀释，将CO浓度降低到0.0024%。利用计时器记录CO浓度降至0.0024%的时间。试验过程中，通过CO传感器、四合一气体探测器和机械式吸管测试仪（由救护大队提供）测量气体浓度。

8.7.5.4 通讯系统

（1）试验目标：接入矿井通讯系统；钻孔有通讯电缆接入。

（2）试验手段：检测及调试已经接入的通讯系统设备。钻孔通讯电缆不测试。

8.7.5.5 监测监控系统

（1）试验目标：接入矿井监测监控系统；钻孔有监测电缆接入。

（2）试验手段：调试接入的监测监控设备。钻孔监测电缆不测试。

8.7.5.6 供水供电系统

（1）试验目标：接入矿井供水、供电系统；钻孔有流食管和供电电缆。

（2）试验手段：调试接入的供水、供电设备。钻孔的流食管和供电电缆不测试。

8.7.6 载人试验项目

8.7.6.1 供氧供气

（1）试验目标：矿井压风自救系统能为永久避难硐室供给足量氧气。压风出口压力维持在0.1~0.3 MPa之间，供风量不低于每人0.3 m^3/min，连续噪声不大于70 dB，内部环境中氧气含量始终维持在18.5%~23.0%之间。

（2）试验手段：通过氧气传感器和四合一探测器测量供应量，每隔30 min记录数据，共试验时间48 h；通过流量计测量矿井压风和自备供氧的流量；通过计时器记录氧气维持的时间；通过噪音检测计测试连续噪声；利用压差计测量压力差。

以上检测分两个阶段：第1~24 h，矿井压风；第25~48 h，自备供氧。

8.7.6.2 空气净化

1. CO_2

（1）试验目标：硐室处理CO_2的能力大于每人0.5 L/min；硐室内CO_2浓度小于1.0%。

（2）试验手段：通过CO_2传感器、四合一气体探测仪和机械式吸管测试仪（由救护大队提供）测量气体浓度。在生存室内每隔30 min记录数据，试验时间48 h。

2. CH_4

（1）试验目标：硐室内CH_4浓度小于1.0%。

（2）试验手段：通过 CH_4 传感器、四合一气体探测器和机械式吸管测试仪（由救护大队提供）测量气体浓度。在生存室内每隔 30 min 采集一次 CH_4 数据，试验时间 48 h。

8.7.6.3 硐室内环境

1. 温度

1）压风（涡流管制冷）情况下（第 1 ~ 24 h）

（1）试验目标：硐室内温度维持在 35 ℃以下。

（2）试验手段：在未开启 CO_2 制冷和化学制冷设备情况下，通过硐室内温度传感器或手持式测温仪，测试温度，每隔 30 min 采集一次温度数据，试验时间 24 h。

2）CO_2 制冷情况下（第 25 ~ 32 h）

（1）试验目标：硐室内温度维持在 35 ℃以下。

（2）试验手段：在只开启 CO_2 制冷设备情况下，通过硐室内温度传感器或手持式测温仪，每隔 30 min 采集一次温度数据，试验时间 8 h。

3）化学制冷情况下（第 33 ~ 40 h）

（1）试验目标：硐室内温度维持在 35 ℃以下。

（2）试验手段：在只开启化学制冷设备情况下，通过硐室内温度传感器或手持式测温仪，每隔 30 min 采集一次温度数据，试验时间 8 h。

4）CO_2 制冷及化学制冷同时使用情况下（第 41 ~ 48 h）

（1）试验目标：硐室内温度维持在 35 ℃以下。

（2）试验手段：在同时开启 CO_2 制冷及化学制冷设备情况下，通过硐室内温度传感器或手持式测温仪，每隔 30 min 采集一次温度数据，试验时间 8 h。

2. 湿度变化

（1）试验目标：硐室内湿度小于 85%。

（2）试验手段：通过硐室内手持式测湿仪和水银式湿度计，在生存室内每隔 30 min 采集一次湿度数据，试验时间 48 h。

8.7.6.4 人员体征

（1）试验目标：硐室提供给充足的食物、水等生命维持必需品；试验人员在避难硐室对温度和湿度的综合感觉。

（2）检测手段：人员对温度和湿度的综合感觉（舒适、正常、难受）。在生存室内每隔 30 min 采集一次数据，试验时间 48 h。

8.7.7 试验准备

8.7.7.1 组织工作

试验设领导小组，负责审定试验方案、协调试验中的重大问题。现场设总指挥、副总指挥，负责现场组织、处置突发事件、确保后勤保障、新闻发布等。领导小组组成略。

同时，为全力做好工业性试验，成立 3 个工作小组，分别为技术组、联络协调组和后勤保障组。要求所有参与人员要有组织、有纪律，服从指挥，听从安排。试验必须在指挥部的统一指挥下进行。

技术组职责：负责培训工作；负责避难硐室内部的检查；负责各种仪器仪表的准备、检查；负责指导调整避难硐室与外部系统的连接；负责指导调整试验过程中的仪器、仪表；负责解决试验过程中出现的技术问题。

联络协调组职责：负责联系试验方案的审批工作；负责与各相关方的联络协调；负责协调培训工作；负责各种会议的组织、记录；负责试验数据的收集整理、试验后的总结和试验报告的编制。

后勤保障组职责：负责试验人员的安顿工作；负责医疗保障；负责人员救护；负责试验人员的生活保障。

8.7.7.2 小组分工

1. 硐室内

试验人员分为若干小组，由现场指挥部指定每组组长。在此基础上，明确以下 2 个工作小组职责和人员组成：

（1）操作维护组：负责与调度室和硐室外沟通情况，决定试验状态；负责监测监控设备的调整、使用；协助调试各系统设备。人员组成略。

（2）测试记录组：分 4 个小组，四六制作业，负责每 30 min 记录硐室内各种参数并填表。人员组成略。

2. 硐室外

硐室外设 3 个现场值班组，负责与硐室内联系，决定试验状态。人员组成略。

3. 身体状况检查

所有进入硐室参试人员必须身体健康，无精神病、高血压、心脏病史。所有入井参试人员由矿医院统一组织体检，体检内容为体重、血压、心率和情绪状况。指标不符合要求的不得进入硐室参加试验。特殊情况，由现场指挥部决定是否进入硐室。

4. 事前培训

由公司和项目组召开专题会议，参加人员为各组负责人、救护、医疗和后勤保障人员。培训内容包括国家有关政策、矿井紧急避险系统建设方案、主要系统使用注意事项、应急措施、心理辅导等，并对硐室内的组织纪律提出要求；培训型式为课堂讲解演示及实际操作演练。

5. 事前检查

项目组负责对避难硐室内部进行准备检查。准备一支水银温度计和一支机械式湿度计，并准备避难硐室外通讯用固定电话，由联络组编制试验用临时通讯录。

6. 其他

后勤保障组准备试验期间硐室内人员的食品、饮水、常用药品（感冒、腹泻等）、毛巾、吸水海绵、眼罩、杂志及扑克牌等娱乐用品。准备铺满生存室的泡沫垫子，供试验人员躺在地上休息。

救护大队准备 10 个气体采集包，地面随时进行气体检验分析。

矿医院对参加试验人员进行体检。11 日下午 3 点在矿医院，15 日上午 10 点在井口。升井体检后洗澡、就餐。

8.7.8 试验实施

（1）由后勤保障组在试验前负责避难硐室的准备工作，包括车辆（入、升井和应急）及体检。技术组负责现场指导，并检查试验前的各项准备工作是否充分。联络协调组负责编组、通讯录，组织各组组长会议、新闻报道等。同时，硐室内各组组长负责各组人员管理，注意人员情绪。

（2）试验开始前，试验人员、第一组硐室外值班人员及相关辅助人员全部就位。硐室内外连接正常。

（3）20××年××月13日10时整，参试人员分成两组开始进入避难硐室。

第一组60人，从辅运巷一侧过渡室进入，采用矿井压风气幕喷淋。第一次进入40人，第二次进入20人。进入硐室后，由指定人员监测过渡室内一氧化碳含量和达到符合标准的时间，符合标准后，试验人员进入生存室。

第二组40人，从主运巷一侧过渡室进入，采用自备气幕喷淋。进入硐室后，由指定人员监测过渡室内一氧化碳含量和达到符合标准的时间，符合标准后，试验人员进入生存室。

（4）人员进入硐室后，操作维护组从洗涤柜中取出二氧化碳洗涤器，放置在生存室指定位置。打开洗涤器架侧面的凹槽，拉出氧气流量计，弯曲弹性软管，使之垂直安装，从柜子内取出芯筒。打开芯筒包装，并将芯筒放在洗涤器托盘槽内，开启二氧化碳洗涤器。芯筒按常规应24 h更换一次。如果在非满员的情况下，芯筒更换时间间隔可参照洗涤器架上的图表。

（5）人员进入硐室后，测试记录组第一小组立即开始值班，先采集记录硐室内O_2、CO、CO_2、CH_4、H_2S、温度、湿度、氧气流量计指数等参数，并向硐室外值班人员汇报。以后每6 h进行交接班。负责参数观察采集人员须使用便携式测试仪，每30 min记录一次，并将硐室内人员情况、各种设施运转情况一并向硐室外值班人员汇报。

（6）负责参数观察采集人员，按照以下要求操作有关设备：

① 试验期间要求氧气含量应在18.5%～23%之间。在自备供氧状况下，如发现超出额定数值范围，由操作维护组负责立即调整氧气流量计，将氧气含量调整到额定范围之内，并及时向硐室外值班人员汇报。

② 试验期间二氧化碳浓度不大于1.0%。如果二氧化碳浓度超过1.0%，由操作维护组负责立即汇报硐室外值班人员，并更换洗涤器上的芯筒。需要时，由操作维护组安排人员取出二氧化碳挂帘，悬挂在指定位置。由测试记录组通过测定仪测试二氧化碳浓度，并记录数据。

③ 试验期间要求一氧化碳浓度不大于0.0024%。在一氧化碳浓度超过0.0024%时，操作维护组向硐室外值班人员汇报，并使用一氧化碳吸附剂。同时，由操作维护组进行气体采集，递给硐室外值班人员，由救护队在硐室外进行分析化验，确定是否真正超标。

④ 试验期间要求甲烷浓度不大于1.0%。在甲烷浓度大于1.0%时，由操作维护组人工通过泄压阀强制排气。

⑤ 试验期间要求温度不高于35 ℃。在温度达到25 ℃时，不论矿井压风是否正常，由操作维护组负责启动二氧化碳制冷设备（制冷系统Ⅰ）。达到28 ℃时，同时启动化学制冷设备（制冷系统Ⅱ）。以上温度控制根据现场情况可以调整为28 ℃和30 ℃。

⑥ 试验期间要求湿度不大于85%。在湿度达到70%时，由操作维护组负责启用除湿挂帘，首次使用10个。在湿度达到75%时，再启用10个挂帘。以后视湿度情况，增加挂帘数量。

⑦ 试验期间，如果H_2S含量达到0.00066%时，由试操作维护组通过泄压阀进行强制通风，通过加大空气流量，稀释H_2S含量，使其低于上述标准。

(7) 过渡室内设有垃圾处理袋、便携式马桶及垃圾袋，请将垃圾及粪便装袋放在过渡室，以防止气味混入生存室内。

(8) 硐室内试验人员实行灯光睡觉管制。晚上9时关灯，要求人员必须睡觉，可以在地面，也可以在凳子上，要有序谦让。早上7时开灯。

(9) 20××年××月15日10时整，试验结束。参试人员应按组从辅运巷一侧过渡室走出硐室，按秩序乘车上井。升井人员立即在井口进行体检，同样测量每位试验人员的体重、血压、心率及情绪状况，并填入原《体格健康检查表》。随后，参试人员到指定地点洗澡、就餐。升井后参试人员第一顿饭只能进食流食，宜清淡忌油腻。

(10) 整理试验数据，出具试验报告。

8.7.9　应急预案

(1) 工业试验由现场指挥部统一指挥，一旦出现紧急情况，应立即启动本预案。

(2) 编制试验期间临时通讯录。避难硐室内外通讯畅通，每30 min与硐室外通话一次。

(3) 试验开始后，后勤保障工作要立即投入运行，医院救护人员24 h要有人值班，随时待命，直至试验结束。救护队要24 h待命救援，并随时准备接收硐室气体采集包进行检验分析。

(4) 硐室外值班人员要全过程值守，每30 min检查一次仪表情况，与硐室内通话一次，询问硐室内各种仪器仪表是否正常、人员情绪状况是否稳定等。

(5) 硐室内负责人和各组组长要随时注意参试人员的情绪，多与人员交流，鼓励大家平心静气，少活动。若发现人员确实有无法容忍的情况，要及时向现场指挥部汇报。

(6) 若硐室内 O_2 浓度小于18.5%、大于23%时，或者CO浓度大于0.0024%、CO_2 浓度大于1%、CH_4 浓度大于1%、温度大于35 ℃、湿度大于85%时，要及时采取调整措施。在采取措施后仍无法恢复到额定范围并且有试验人员无法忍受时，由现场指挥部决定终止试验。

8.7.10　记录表格

略。

第5篇　压风自救系统

1　压风自救系统的组成及作用

压风自救系统是利用矿井的压风系统为压风自救装置提供安全可靠的气源，为井下避难人员实现自救的供气系统。一般由地面空气压缩机系统、输气管路和终端用气装置组成。

终端用气装置即压风自救装置，一般安装在硐室、有人工作场所附近、人员流动的井巷等地点，特别是突出煤层采掘工作面附近、爆破时撤离人员集中地点、工作面回风系统中有人作业地点、矿井避难硐室和救生舱内必须配置压风自救系统。

矿井压风自救系统主要适用于下列方面：

（1）当井下发生煤与瓦斯突出等事故，自救器失效或人员来不及使用自救器，无法逃离灾区时，由压风管道供风给该装置进行避灾自救。

（2）采掘工作面突然停风，瓦斯等有毒有害气体浓度升高，导致缺氧，巷道较长，人员不能迅速安全地撤出。

（3）掘进工作面发生冒顶，且冒顶量大，垮落煤矸石堵塞巷道全断面，风筒被埋压，冒顶区以内无风。

（4）与自救器配合使用，作用相同，互为补充。当自携过滤式自救器发生故障或配用过滤器不能安全到达新鲜风流时，应在撤出途中到避难硐室或利用压风自救系统进行自救，等待救援。

（5）遇到其他事故灾害时紧急自救使用。

（6）避难硐室、移动救生舱内人员避险时的救援用气。

1.1　空气压缩机站

1.1.1　空气压缩机站的配置

空气压缩机站配置主要包括供配电设施、空气压缩机、冷却循环系统、监测监控及各种保护、管路、管路附件及储气装置等，如图 5－1－1 所示。

1.1.2　空气压缩机站的作用

空气压缩机站的作用主要有两方面：一是为矿井用风机械提供空气动力源；二是为井下应急避险系统提供稳定新鲜空气。

1.1.3　空气压缩机站的保障

空气压缩机站的安装位置、设备选型及设计原则必须保障矿井在整个服务期限内，能够安全可靠的供给用风机械及矿井灾害时人员的安全用风；能够满足输送距离最远、用气量最多的工作面风动机械及矿井抢险救灾的压风自救系统足够风量和压力的压缩空气。因此必须做到：

（1）可靠的供电系统。供电电源必须实现双回路供电，电源来自上级变（配）电所的不同母线段，设备分列运行，控制回路和辅助电源必须与空气压缩机有同等可靠的备用

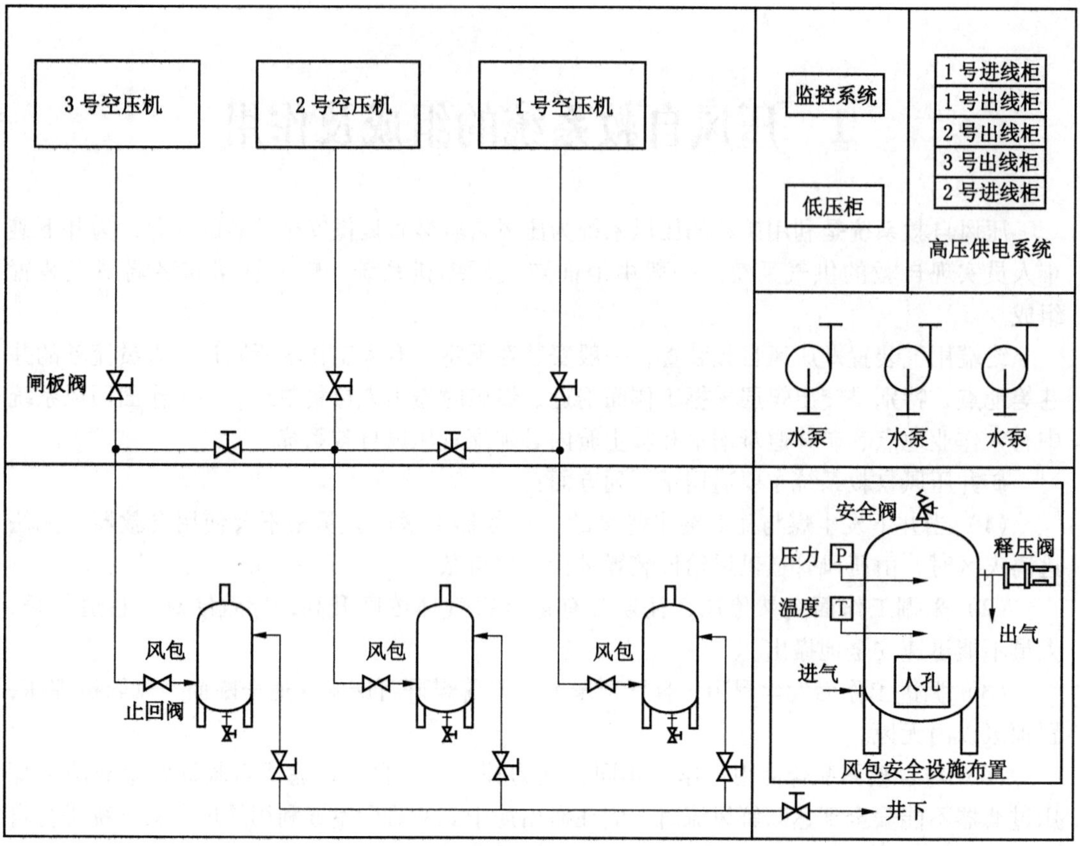

图5-1-1　压风机站设备布置示意图

电源。

（2）必须有工作、备用的空气压缩机，备用空气压缩机的能力不得小于工作空气压缩机总能力的30%，同一压缩机站应选用同型号的空气压缩机，且备用空气压缩机必须保证完好状态。

（3）每一台空气压缩机必须有独立的储气罐，满足持续、稳定的气源供应，且储气能力不小于表5-1-1要求。储气罐安装位置应考虑在通风顺畅、阴凉低温处，风包温度、压力应实现在线监测，所配备安全阀、释压阀必须满足《煤矿安全规程》第439条要求。

（4）空气压缩机站必须配备培训合格的操作工，对实现联机自动控制且具备远程控制功能的可不安排操作工，但必须保证每天1次的巡回检查。

（5）采用水冷的空气压缩机必须配备冷却水循环系统，冷却水必须采用软化水或纯净水，应有同等能力的备用泵。

（6）压缩空气站在厂（矿）内的布置必须满足避免靠近散发爆炸性、腐蚀性和有毒气体以及粉尘等有害物的场所，位于场内全年风向最小频率的下风侧。压缩空气站与有噪声、振动防护要求场所的间距，应符合国家现行的标准规范（GB 50029—2003）的规定。

（7）在空气压缩机组、管道及其建筑物上，应采取隔声、消声和吸声等降低噪声的措施。压缩空气站的噪声控制值，必须符合《工业企业噪声控制设计规范》（GB/J 87）和《城市区域环境噪声标准》（GB 3096）等现行国家标准的规定。

（8）压风自救系统地面空气压缩机的选型应优先考虑螺杆式空气压缩机，如采用往复式空气压缩机应考虑配置后部冷却器和空气净化装置。

（9）空气压缩机站必须装设和煤与瓦斯突出相关的自动启动装置，使压气站在发生瓦斯突出时能在 1 min 内自动投入运行、供给压气。

表 5-1-1　空压机配备储气罐容积要求

空压机额定排气能力/（$m^3 \cdot min^{-1}$）	10	20	40	>40
储气罐容积/m^3	2	4	8	≥10

1.2　输气管路的组成及作用

输气管路是连接空气压缩机站与终端用气装置的中枢，其组成包括：主管、干管、支管、连接法兰、快速接头、弯头、管路三通（多通）、管道阀门、压力表、气水（油）分离器等装置。

1. 主管

主管主要承担全矿井、矿井一翼的输气任务，一般是指空气压缩站至井筒、井筒内、大巷敷设的管路。它的计算管长度应以矿井服务年限内最远采区（盘区）至空压机站的距离来考虑。

2. 干管

干管是指连接主管与支管的管路，它的计算管长度按达到设计产量时采区（盘区）内敷设的输气管路的最大长度。

3. 支管

支管是指由支（干）管到终端用气的管路，它的计算管长度按达到设计产量时采区（盘区）到终端用气地点的最大长度。

4. 快速接头

快速接头有卡箍式与插接式两种，主要作用与法兰相同。卡箍式快速接头由卡箍、端接、密封橡胶圈、螺栓和螺母等组成。插接式快速连接装置的主要作用是用在终端临时用气或小型风动机械用气与支管的三通连接，是一种不需要工具就能实现管路连通或断开的接头。其结构与外形较丰富，一般有两端开闭式、两端开放式、单路开闭式。主要由母体、母体套圈、钢珠滚动锁紧体、子体阀门、O 形密封圈组成。

5. 管道阀门

管道阀门是在压缩气体系统中，用来控制压缩气体的方向、压力、流量的装置，具有导流、截止、节流、止回、分流或溢流卸压等功能。按其功能分为：

（1）截断阀。截断阀又称闭路阀，其作用是接通或截断管路中的介质。截断阀类包括闸阀、截止阀、旋塞阀、球阀、蝶阀和隔膜阀等。

（2）止回阀。止回阀又称单向阀或逆止阀，其作用是防止管路中的压缩气体倒流。

（3）安全阀。安全阀的作用是防止管路或装置中的气体压力超过规定数值，从而达到安全保护的目的。

（4）调节阀。调节阀类包括调节阀、节流阀和减压阀，其作用是调节压缩气体的压力、流量等参数。

（5）分流阀。分流阀类包括各种分配阀和疏水阀等，其作用是分配、分离或混合管路中的不同介质。

（6）排气阀。排气阀是管道系统中必不可少的辅助元件，往往安装在制高点或弯头等处，排除管道中多余气体、提高管道路使用效率及降低能耗。

1.3　终端用气装置

终端用气装置是指矿井抢险救灾系统中用于矿井灾害后保证人员正常呼吸的终端装置，一般包括永久避难硐室、临时避难硐室、移动救生舱及掘进工作面临时呼吸自救系统。

掘进工作面临时呼吸自救系统是一种将压缩空气减压、节流和净化，使其达到适宜人体呼吸的隔离式呼吸保护装置，用于长期有毒气体或缺氧的环境下。目前国内常用的临时呼吸自救系统类型有面罩式和防护袋式。

1.4　压风自救系统的作用

压风自救系统是为井下避难人员实现自救的永久性装置，其主要作用是为救生场所提供符合下列条件的新鲜空气。

（1）救生场所在整个额定防护时间内，保证紧急避险设施内部环境中，人员呼吸所需氧气含量在 18.5% ~23.0% 之间。

（2）及时供给救生场所新鲜空气，保证有毒有害气体浓度不得大于以下数据：CO_2，1.0%；CH_4，1.0%；CO，0.0024%。

（3）保证救生场所温度、湿度为适宜人员长期生存条件，温度为 22 ~ 35 ℃，湿度为 40% ~85%。

（4）保证救生场所室内处于相对压力大于或等于 100 Pa 且小于 500 Pa 的正压状态。

（5）保证提供的压缩气体及救生场所空气中的油气含量小于 1×10^{-6} (v/v)。

（6）由管道输送压缩空气，其终端出气口噪音小于 70 dB。

1.5　压风自救系统的建设原则

煤矿企业压风自救系统应在按照《煤矿安全规程》要求建立压风系统的基础上，满足在灾变期间能够向所有采掘作业地点提供压风供气的要求，建设完善的压风自救系统。

1. 空气压缩机

（1）空气压缩机应设置在地面。对于深部多水平开采的矿井，空气压缩机安装在地面难以保证对井下作业点有效供风时，可在其供风水平以上 2 个水平的进风井井底车场安全可靠的位置安装，并取得煤矿矿用产品安全标志，但不得选用滑片式空气压缩机。

（2）空气压缩机在满足供气需求的同时，至少要有 1 台备用。

（3）空气压缩机应符合国家标准、行业标准和《煤矿安全规程》等规定的要求，应配备压力表、安全阀等，对水冷空气压缩机必须装设断油、断水、超温等安全保护装置。

（4）空气压缩机宜采取顺序控制，实现自动化运行，并具有联网通讯和远程监控功能。

（5）空气压缩机应装备在线监控监测系统，以便有关人员可以随时了解空气压缩机的运行情况。

（6）在空气压缩机站宜设置储气罐，并应在储气罐的出口管道上加装释压阀。释压阀的口径不得小于出风管的直径。储气罐应设在室外阴凉处，储气罐内的温度应保持在120 ℃以下，并装有超温保护装置，在超温时可自动切断电源和报警。

2. 压风自救管道

（1）所有矿井采区避灾路线上（采掘工作面范围内）均应敷设压风管道，并设置供气阀门，间隔不大于200 m。水文地质条件复杂和极复杂的矿井应在各水平、采区和上山巷道最高处敷设压风管道，并设置供气阀门。

（2）压风自救系统的管道规格应按矿井需风量、供风距离、阻力损失等参数计算确定，但主管道直径不小于100 mm，采掘工作面管道直径不小于50 mm。

（3）井下使用多套压风系统的应进行管道联网。

（4）压风管道应接入避难硐室和救生舱，并设置供气阀门，接入的矿井压风管道应设减压、消音、过滤装置和控制阀，压风出口压力在0.1～0.3/MPa之间，供风量不低于0.3 m^3/(min·人)，连续噪声不大于70 dB。

（5）井下压风管道的应敷设应牢固平直，并采取保护措施，防止灾变破坏。进入避难硐室和救生舱前20 m的管道应采取保护措施（如在底板埋管或采用高压软管等）。

（6）主送气管路应装集水放水器。在供气管路与自救装置连接处,要加装开关和油水分离器。压风自救系统阀门应安装齐全,阀门扳手要在同一方向,以保证系统正常使用。

3. 压风自救装置

（1）煤与瓦斯突出矿井应在距采掘工作面25～40 m的巷道内、爆破地点、撤离人员与警戒人员所在的位置以及回风巷有人处等地点至少设置一组压风自救装置；在长距离的掘进巷道中，应根据实际情况增加压风自救装置的设置组数。每组压风自救装置应可供5～8人使用。其他矿井掘进工作面应敷设压风管道，并设置供气阀门。

（2）压风自救装置应符合《矿井压风自救装置技术条件》（MT 390—1995）的要求，并取得煤矿矿用产品安全标志。

（3）压风自救装置应具有减压、节流、消噪声、过滤和开关等功能，零部件的连接应牢固、可靠，不得存在无风、漏风或自救袋破损长度超过5 mm的现象。

（4）压风自救装置的操作应简单、快捷、可靠。避灾人员在使用压风自救装置时，应感到舒适、无刺痛和压迫感。压风自救系统适用的压风管道供气压力为0.3～0.7 MPa；在0.3 MPa压力时，压风自救装置的供气量应在100～150 L/min范围内。压风自救装置工作时的噪声应小于85 dB。

（5）压风自救装置安装在采掘工作面巷道内的压缩空气管道上，设置在宽敞、支护良好、水沟盖板齐全、没有杂物堆的人行道侧，人行道宽度应保持在0.5 m以上，管道敷设高度应便于现场人员自救应用。

压风自救系统应有完善的监测控制系统，保证压风自救系统的可靠性。

2　压风自救系统的选型

2.1　空气压缩机的选型

2.1.1　空气压缩机的选型原则

所谓合理选择矿山压气设备，就是在整个矿井服务年限内，在用风量达到最大时，能提供足够数量的压缩空气，从而保证能为最远距离工作的风动机械提供供气压力；还要综合考虑压缩机组和压缩机站的投资与运行费用等综合性的技术经济指标，使之符合经济、安全、适用的原则。具体来说，有以下几个方面。

（1）空气压缩机的选择必须满足生产工艺所需要的流量和压力的要求，即要求压缩机的运行工况点经常保持在高效区间运行，这样既节省动力又不易损坏机件。

（2）所选择的压缩机既要体积小、重量轻、造价便宜，又要具有良好的特性和较高的效率。

（3）具有良好的抗喘振性能，运行平稳、寿命长。

（4）结构简单，操作方便，配件易于购置。

（5）所选择压缩机站，工程投资少，运行费用低。

2.1.1.1　活塞式空气压缩机（容积式空气压缩机）

活塞式空压机结构形式有多种。按气缸排列方式可以分为立式、卧式、角度式、对称平衡式和对置式 5 种；按压缩级数可以分为单级式、双级式和多级式 3 种；按设置方式可以分为移动式和固定式 2 种；按气缸润滑方式可以分为无润滑空气压缩机和有润滑空气压缩机 2 种；按控制方式可以分为卸荷式和压力开关式 2 种。其中，卸荷式控制方式是指当贮气罐内的压力达到调定值时，空压机不停止运转而通过打开卸荷阀进行不压缩运转。这种空转状态称为卸荷运转；而压力开关式控制方式是指当贮气罐内的压力达到调定值时，空压机自动停止运转。

活塞式空压机的优点是结构简单，使用寿命长，并且容易实现大容量和高压输出。缺点是振动大、噪声大，且因为排气为断续进行，输出有脉冲，需要贮气罐。

2.1.1.2　螺杆式空气压缩机

螺杆式空气压缩机根据压缩机的润滑方式可以分为干式（无油）和喷油螺杆式空气压缩机；按结构形式分为开启式和封闭式。喷油螺杆式是干式螺杆式的发展，目前大都生产喷油式空气压缩机。喷油螺杆压缩机又可分为单螺杆式空气压缩机及双螺杆式空气压缩机。根据现场需要也可制作成固定式和移动式，固定式由电动机驱动，移动式通常由柴油机驱动。

1. 螺杆式空气压缩机的优点

（1）可靠性高：螺杆式空气压缩机零部件少，没有易损件，因而它运转可靠，寿命长，大修间隔期可达 $(4\sim8)\times10^4$ h。

（2）易于操作与维护：操作人员不必经过专业培训，可实现无人值守运转。

（3）动力平衡性好：螺杆式空气压缩机没有不平衡惯性力，机器可平稳地高速工作，可实现无基础运转。

（4）适应性强：具有强制输气的特点，排气量几乎不受排气压力的影响，在宽广范围内能保证较高的效率。

（5）多相混输：转子齿面留有间隙，因而耐液体冲击，可压送含液气体、含粉尘气体、易聚合气体等。

2. 螺杆压缩机的缺点

（1）造价高及加工工艺精度高：转子齿面是一空间曲面，需利用特制的刀具，在价格昂贵的专用设备上进行加工。另外，对螺杆式空气压缩机气缸的加工精度也有较高的要求。

（2）不适合高压场合：由于受到转子刚度和轴承寿命等方面的限制，螺杆式空气压缩机只能适用于中、低压范围，排气压力一般不能超过 3.0 MPa。

（3）螺杆式空气压缩机的油路系统比较复杂。

（4）由于其具有较强的平衡性，能高速运转，因此功耗相对较高。

2.1.1.3 离心式空气压缩机

1. 离心式空压机的优点

（1）离心式空压机的排气量大，排气均匀，气流无脉冲。

（2）运转平衡，操作可靠，运转率高。

（3）机内不需要润滑油，密封效果好，泄露现象少。

（4）易损件少，维护费用及人员少，运转周期长。

2. 离心式空压机的缺点

（1）操作的适应性差，气体的性质对操作性能有较大影响。在开车、停车、运行中，负荷变化大。

（2）气流速度大，流道内的零部件有较大的摩擦损失。

（3）有喘振现象，对机器的危害极大。

2.1.2 空气压缩机的选型计算

1. 空气压缩机供气量的计算

1）根据矿井人员自救系统需要计算

（1）永久避难硐室用风量 Q_1：

$$Q_1 = 1.2 \times \sum_{N_1=1}^{M} (n_1 \times q_1 \times N_1) \tag{5-2-1}$$

式中 n_1——永久避险硐室额定避险人数；

q_1——人均需求风量，取 0.3 m^3/min；

N_1——永久避险硐室个数。

（2）临时避难硐室用风量 Q_2：

$$Q_2 = 1.1 \times \sum_{N_2=1}^{M} (n_2 \times q_2 \times N_2) \tag{5-2-2}$$

式中 n_2——临时避险硐室额定避险人数；

q_2——人均需求风量 0.3 m^3/min；

N_2——临时避险硐室个数。

（3）可移动式救生舱用风量 Q_3：

$$Q_3 = 1.1 \times \sum_{N_3=1}^{M}(n_3 \times q_3 \times N_3) \tag{5-2-3}$$

式中 n_3——可移动式救生舱额定避险人数；

q_3——人均需求风量 0.5 m^3/min；

N_3——临时避险硐室个数。

（4）掘进工作面临时呼吸自救系统用风量 Q_4：

$$Q_4 = \sum_{N_4=1}^{M}(n_4 \times q_4 \times N_4) \tag{5-2-4}$$

式中 n_4——临时避险硐室额定避险人数；

q_4——人均需求风量，采用面罩式为 100 L/min，采用自救袋式为 150 L/min；

N_4——临时避险硐室个数。

压风自救系统所需风量 Q 为

$$Q = Q_1 + Q_2 + Q_3 + Q_4 \tag{5-2-5}$$

2）根据矿井风动机械所需风量计算

以全矿各班生产中耗气量最大的班次作为计算依据。同时考虑到矿井使用风动工具在工作过程中不连续性，负荷波动性比较大的因素，进行负荷分析，了解不同单位使用风动工具的规律性，考虑管理漏气、机具磨损增加的耗气量以及海拔高度对供气量的影响。因此，矿井空压机必须提供总的供气量为

$$Q_f = \alpha_1 \alpha_2 \gamma \sum m_i q_i k_i \tag{5-2-6}$$

式中 α_1——沿管道全长的漏风系数，取 1.10～1.20；

α_2——风动工具的磨损耗气量增加系数，取 1.10～1.15；

γ——海拔高度修正系数（表 5-2-1），当海拔高度不大于 1000 m 时应取 1，当海拔高度大于 1000 m 时，每增高 100 m 系数应增加 1%；

m_i——同型号风动工具同时使用台数；

q_i——每台风动工具的耗气量，m^3/min（表 5-2-2）；

k_i——同型号风动工具同时使用系数（表 5-2-3）。

表 5-2-1 海拔高度修正系数

海拔高度/km	500	600	700	800	900	1000	1100	1200	1300	1400	1500
γ	1.05	1.06	1.07	1.08	1.09	1.10	1.11	1.12	1.13	1.14	1.15

表 5-2-2 煤矿常用风动机械规格

风动工具名称及型号	使用压力/MPa		耗气量/($m^3 \cdot min^{-1}$)	接管内径/mm	
	压力	水		压气	水
风镐 G-7 型	0.5		1	16	
风镐 G-10 型	0.5		1.2	16	
风镐 03-11 型	0.4		1	16	
混凝土喷射机 HP2-5 型	0.3~0.4	0.3~0.4	6		
手持式凿岩机 Y-26 型	0.5	0.2~0.3	2.5	19	13
气腿式凿岩机 7655 型	0.5	0.3	3.2	25	13
气腿式凿岩机 YT-24 型	0.5	0.3	2.9	19	13
气腿式凿岩机 YT-27 型	0.5		3.3	25	13
导轨式凿岩机 YGP28 型	0.45		4.5	25	13
导轨式凿岩机 YGP35 型	0.5	0.3~0.5	6.5		
导轨式凿岩机 YG40 型	0.5	0.3~0.5	5	25	13
导轨式凿岩机 YG80 型	0.5		8.5	38	19
双向导轨式凿岩机 YGPS34 型	0.5		5		
双向导轨式凿岩机 YGPS42 型	0.5	0.3~0.4	5		
导轨式独立外回转凿岩机 YGZ40 型	0.5	0.4~0.5	4.2		
导轨式独立外回转凿岩机 YGZ50 型	0.5~0.65	0.4~0.6	8.8	32	13
导轨式独立外回转凿岩机 YGZ70 型	0.5~0.7	0.4~0.6	7	32	13
导轨式独立外回转凿岩机 YGZ90 型	0.5~0.7	0.4~0.6	11	38	19
向上式高频凿岩机 YSP44 型	0.5		4.5		
向上式高频凿岩机 YSP45 型	0.5		5	25	13
井下潜孔钻机 100B 型	0.6~0.7		10~12		
露天潜孔钻机 KQ150 型	0.5~0.6		11		
露天潜孔钻机 KQ200 型	0.5~0.7		20		
轮胎式露天凿岩台车 CT400A 型	0.5		8	38	
履带凿岩台车 CL-1 型	0.5		13		
轨道式凿岩台车 CGZ-700 型	0.6		9		
气动抓岩机 HZ-4 型	0.5~0.7				
气动抓岩机 HZ-6 型	0.5~0.7		3.5~5		
气动抓岩机 ZCZ-26 型	0.45~0.7		12~18		
装运机 CG-12 型	0.5~0.7		9		
装运机 C-30 型	0.5~0.7		20	38~50	16
气动绞车 JFH-2 型	0.45~0.6		2.6~2.8		
气动绞车 JFH-0.5 型	0.6				
锻钎机 IR-50 型	0.5~0.7		3~4		
锻钎机 21-90 型	0.5~0.7		3~4		
磨钎机 FM125 型	0.5		1.3	19	
铆钉机 M28 型	0.5~0.6		0.9	16	
冲击式铆钉机 MDGC30 型	0.5		1.4	16	
气铲 04-6 型	0.5		0.6	13	
淬火水槽			0.5		
重油炉			0.5		
气砂轮 S150 型	0.5		1.2	16	
气动闸门			0.5~1.5		
喷浆机 ZPG-II 型	0.15~4		0.5~0.8		
喷浆机 CHP-250 型混凝土鼓轮式	0.4~0.6		0.8		

表5-2-3 同时工作系数

同型号风动机具同时工作台数	≤10	11~30	31~60
K_i	1.00~8.05	8.05~0.75	0.75~0.65

由于井下巷道采用锚喷支护，混凝土喷射机使用增加，其耗风量计算应考虑同类设备的同时使用率（表5-2-4）。由于喷射机自身耗气量较大，计算时应考虑与其他风动工具的同时使用率问题，应尽量避开生产使用风动工具的高峰时间，在检修班内使用。

表5-2-4 混凝土喷射机同时使用台数

序 号	使用台数	同时使用台数
1	≤3	1~2
2	4~7	2~3
3	8~11	3~4

2. 空气压缩机出口压力的计算

根据压风自救装置压力源的压力为0.3~0.7 MPa，风动机械设计取0.5 MPa。计算公式如下：

$$P = P_p + \sum \Delta P_i + 0.1 \tag{5-2-7}$$

式中 P——空气压缩机的出口压力，MPa；

P_p——风动工具压力，MPa；

$\sum \Delta P_i$——最远一路管道各段损失之和，可按每公里管长压力损失0.03~0.04 MPa计算；

0.1——《煤炭工业矿井设计规范》规定的用气地点压力高于风动工具额定压力0.1 MPa。

3. 空气压缩机单机流量和台数的确定

根据计算得出空气压缩机总的供气量和估算的出口压力，查阅相关产品样本挑出满足要求的空气压缩机的型号和台数。所有工作空压机的总供气量应大于或尽可能接近所需的供气量。选择时尽量做到设备投资少，压缩机站占地面积小，使用灵活性大，同时要考虑设备的供应情况等。

地面空气压缩机站工作空气压缩机台数 N_g 的计算如下：

$$N_g = Q/q \tag{5-2-8}$$

式中 Q——矿井所需压缩空气总量，m³/min；

q——所选空气压缩机排气量，m³/min。

备用空气压缩机台数 N_b 的计算如下：

$$N_b = N_g \times K \tag{5-2-9}$$

式中 K——空气压缩机备用系数，取30%。

地面空气压缩机站原则上不得多于5台，备用风量不少于总风量的30%。在矿井产能较大、输气距离较远的矿井，建议在每个回风井场地同时新建地面空气压缩机站，实现分区供风，增强矿井抢险救灾的可靠性。设备应选用同一型号、同一制造厂的空气压缩机，以便于站房的配件的互换，有利于操作、管理和维修，如果选用不同型号的空压机，其备用量应按最大一台检修时，其余各台的总供气量仍能满足所需耗气量的原则来确定。

2.2 输气管路的选型

2.2.1 输气管路的选型原则

输气管路是连接空气压缩机站与终端用气装置的枢纽，必须保证将所需的压缩空气输送到用风地点。输气管路应具有如下特点：压降小、漏风少、不易损坏等，且具有抗腐蚀、抗冲击、抗高温、抗弯曲、抗挤压等能力，能适应煤矿生产及井下各种地质条件及灾害，如水灾、火灾、瓦斯及煤尘爆炸、地鼓、片帮、冒顶等。

输气管道的压降主要影响风动机械的正常工作，从表5-2-2可以看出，一般井下风动机械所需的压缩空气压力都在0.5 MPa以上，管道直径偏小，弯头、变径等各种管道附件偏多、过小都是输气压力下降的主要原因。

漏风直接反应的是管道附件质量和安装质量，漏风不仅仅是风量的不足，同时也造成了输送压力的快速下降，直接影响矿井风动机械的正常工作，在矿井发生灾害时，肯定难以保证抢险救灾人员避难的用风要求，所以选用质量可靠、久经耐用的产品，加上优质的工程质量是解决输气管道漏风的第一要素。

压缩空气一般是比较洁净的，仅含有一定的油气，管道内部一般不会腐蚀。但矿井井下环境恶劣，含有大量的有毒有害气体，如CO_2、H_2S、SO_2、NO、NO_2等，这些有毒有害气体极易溶于水，生成腐蚀性极强的酸性液体与水雾，对外露的铁质管道造成氧化腐蚀作用，生成蓬松的Fe_2O_3、Fe_3O_4。它们非常容易吸附水汽，形成含有一定酸性物质的湿润锈痕锈斑，更进一步加快管道腐蚀破坏。

煤矿井下还有一些有害气体为易燃易爆气体，如CH_4、H_2、CO，在自身浓度、氧气浓度达到爆炸条件时，只要遇见火源就会立即爆炸，甚至引起破坏性更强的煤尘爆炸，其强大的冲击力、极高的气体温度会对输气管道造成极大的破坏。

地鼓是井工开采矿井的另一危害，主要有以下几个原因：①铝质泥岩底板遇水膨胀；②开采深度延伸、地质构造、孤岛开采等矿压现象引起的释放层面鼓胀。地鼓的力量很大，能够引起敷设在底板上各种管道、轨道的弯曲与破坏。片帮、冒顶同样是造成输气管道弯、压、砸等损坏的主要原因。

矿井的水灾事故是矿井极易发生的一种危害极大的事故，主要原因是：①多水平开采的采空区积水；②开采煤层承受奥陶纪地下水的承压开采；③浅层开采地表水体、河流的灌入等。输气管道在水害时受到浮力作用的破坏。

2.2.2 主干线输气管道的选型计算

主干线输气管道包括地面空气压缩机站到进入井口、井筒、矿井主要水平大巷所敷设的输气管道。一般受到的矿井灾害除水灾外的其他灾害影响较小，从矿井压风自救系统来说不仅起到连接输气作用，更应该有储气、压缩空气净化等功能。

1. 空气压缩机的出口压力

空气压缩机出口压力一般为0.7~0.80 MPa，地面空气压缩机站的储气罐安全阀设定值为额定压力的1.1倍，释压阀设定值为额定压力的1.25～1.4倍。也就是说，输气管道承受的最大压力为0.88MPa，根据风动机械用风要求，设计取0.5MPa计算，具体计算见式（5－2－7）。

2. 空气输气管路的选型计算

选择输气管道主要是选择管径和管材，同时计算出压力在管道中的损失。

从空气压缩机站至采掘工作面的输气管路固定不动，一般选用焊接钢管或无缝钢管，因为考虑到压风自救系统的安全性和合理性，必须选用无缝钢管，管壁厚度为3～6 mm。

压气管道的选型计算包括两部分内容：合理选择压气管道直径，计算最远一路压气管道的压力损失并校核是否满足风动机械工作压力的要求。

1）输气管径的选择

每一段管径计算的依据是通过该段管的压缩空气流量，此流量的计算方法与空气压缩机所需供气量的计算一样，同时使用系数往往取较大值，常偏大地选用计算流量。根据流体力学的压力损失，各段管径的计算式为

$$d=\sqrt[5]{\frac{18618\beta RTl_0G^2}{\Delta pP}}$$

$$G=60\gamma Q \tag{5-2-10}$$

式中 β——摩擦系数，$\beta=2.86/G^{0.148}$；

R——空气常数，$R=287(\mathrm{N\cdot m})/(\mathrm{kg\cdot K})$；

T——管内平均绝对温度，一般为$T=346$ K；

l_0——该管段计算长度，又称选径管长，m；

G——通过该管段的空气重量流量，N/h；

γ——空气重度，$\gamma=12\ \mathrm{N/m^3}$；

Q——通过该管段的空气体积流量，$\mathrm{m^3/min}$；

Δp——自压缩机站至工作面金属管道末端的压力损失，一般取$\Delta p=10^5$ Pa；

P——管内平均绝对压力，一般为$p=8.5\times10^5$ Pa。

将以上数据代入并化简可得

$$d=6.563Q^{0.37}l_0^{0.2} \tag{5-2-11}$$

根据计算的管径，选取稍大于其值的标准管径，选取管径应注意干管计算长度的确定。干管是主要的输气管道，一般是指井筒、运输大巷敷设的管路，它的计算长度应以矿井服务年限内，最远采区上下山至空气压缩机站距离来考虑。

2）校验管路的压力损失

取最远一路管道进行验算，该管道中各管段的压力损失ΔP_i由下式计算：

$$\Delta P_i=10^{-12}\frac{L}{D_g}Q_i^{1.85}\times N \tag{5-2-12}$$

式中 L——该管段实际管长，m；

D_g——该管段的标准管径，m；

Q_i——该管段的空气流量，$\mathrm{m^3/min}$；

N——安全系数，取1.10。

要求主管、干管的压力损失不得大于0.05 MPa。

3）管壁厚度的选择

$$\delta_{\min}=\frac{NPd_i}{2[\sigma]\phi-NP}+c \qquad (5-2-13)$$

式中 P——管道内气体压力，MPa；

$\delta_{\min}$——管壁厚度，mm；

N——安全系数，取1.5～2.5；

$[\sigma]$——管道许用应力，MPa；

ϕ——焊缝系数，无缝管取1，直缝取0.8；

c——附加壁厚，初选壁厚 $\delta>6$ mm 时，$c\approx0.18\delta$；初选壁厚 $\delta<6$ mm，$c=1$ mm。

2.2.3 支线输气管路的选型计算

支管是指分支管路，它的计算管长可按达到设计产量时采区工作面至主（干）管道末端距离来考虑。

支线管道选型计算、校验计算与主管、干管一样，其压力损失不得大于0.1 MPa。

总压力损失 ΔP 为各管段压力损失之和，此最远一路管道有 n 段管道组成，即

$$\Delta P=1.1\times\sum_{i=1}^{n}\Delta P_i \qquad (5-2-14)$$

根据《煤炭工业矿井设计规范》的要求，用风地点的供气压力要比风动机械工作压力高0.1 MPa，即

$$P_{\mathrm{H}}-\Delta p\geqslant P_{\mathrm{e}}+0.1 \qquad (5-2-15)$$

式中 P_{H}——压缩机额定排气压力，MPa；

P_{e}——风动机械工作压力，MPa。

国家安监总局发布的“煤矿井下安全避险‘六大系统’建设完善基本规范”要求中指出：主管路直径不小于100 mm，采掘工作面管路直径不小于50 mm。

2.2.4 终端用气装置配套管路的选型计算

终端用气装置配套管路的选型主要指由主（干）管道、支线管道到终端用气装置的连接管路，主要考虑压风自救系统用风的风量要求。

1. 连接在主（干）管道上救生装置的连接管路的选型

一般在主（干）管道上连接的救生装置为永久避难硐室、临时避难硐室。

管径选型计算如下：

$$d_{\mathrm{n}}=\sqrt[5]{\frac{18618\beta RTl_0G^2}{\Delta PP_{\mathrm{n}}}}$$

$$P_{\mathrm{n}}=P-\Delta P_i \qquad (5-2-16)$$

式中 ΔP——为配套管路压降，取500 Pa；

P_{n}——主（干）管与连接管路的连接点绝对压力，Pa；

P——地面压风机站出口压力，MPa；

ΔP_i——地面压风机站到主（干）管与连接管路的连接点的压降。ΔP_i 的计算及其他参数见式（5-2-12）。

连接管路直径应选用不小于上述公式计算的结果，也不得小于永久避难硐室、临时避

难硐室终端用气配套接头的规格。

2. 连接在支线管道上的压缩自救装置管路选择

一般在支线管道上连接的救生装置为临时避难硐室、移动救生舱、掘进工作面临时呼吸自救系统等，管径选择同连接在主（干）管道上救生装置的连接管路的选型，只是 P_n 为支管与连接管路连接点的绝对压力，ΔP_i 包括主（干）管和支管的压降。同样需要说明的是，连接管路的直径应不小于计算结果，同时不得小于终端用气装置配套接头规格。

2.3　冷却水泵及管路系统的作用与选型计算

2.3.1　冷却水泵的作用

空气压缩站冷却水泵就是给需要冷却水的冷却器供水的设备，一般水冷系统分为循环供水和直流供水两种。煤矿一般都采用的是循环供水。空气压缩机冷却水泵的管路配置包括有：吸水管路（采用潜水电泵的不需要）、排水管路、闸阀、吸水龙头（自吸泵不需要）、灌引水装置、软化水装置等。

2.3.2　冷却水泵的选型计算

1. 冷却水量的计算

冷却水量可按下式计算，即

$$Q_w = \frac{Q'}{c(T_1 - T_2)} \tag{5-2-17}$$

式中　Q_w——空气压缩机所需冷却水量，kg/h；

Q'——空气压缩系统总排气热量，J/h；

c——水的比热（常数），取 4.02×10^3 J/(kg·℃)；

T_1、T_2——冷却水的进水、排水温度（实际运行其冷却水进水、排水温差 $T_1 - T_2$ 在 5～15 ℃之间），℃。

2. 冷却水泵所需要的扬程

在循环供水系统中，冷却水泵所需要的扬程 H 为

$$H = H_x + H_p + H_j + \sum \Delta H \tag{5-2-18}$$

式中　H_x——水泵吸水高度，水泵轴心至最低水位的高差，m；

H_p——水泵轴心至喷嘴的标高差，m；

H_j——空压机本身冷却系统的阻力损失，一般为 1.5～3.0 m；

$\sum \Delta H$——供水管路总的阻力损失，m。

根据空气压缩站冷却水量及所需水压即可选择水泵。

3. 热水泵所需的扬程

冷却水塔热水泵的扬程可用下式计算：

$$H = H_x + H_p + H_b + \sum \Delta H \tag{5-2-19}$$

式中　H_p——排水高度，水泵轴线至喷水池喷嘴之间的垂直距离，一般取 2～4 m，至水塔喷嘴之间的垂直距离为 4～8 m；

H_b——喷嘴的工作压力水柱高度，一般为 4～6 m。

2.3.3　冷却水管的选择

冷却水管的直径 d 可按下式计算：

$$d = 4 \times \sqrt{\frac{Q}{\pi V}} \tag{5-2-20}$$

式中　Q——冷却水量，m^3/s；

V——管中水的经济流速（对吸水管≤1 m/s，排水管 1～2.0 m/s，回水管为 1 m/s），m/s。

2.3.4　储气罐的选择与计算

地面集中供风的空气压缩机站必须安设储气罐，每台空气压缩机有单独的储气罐。

1. 储气罐的作用

储气罐是压缩机不可缺少的组成部分，也起着至关重要的作用，主要作用有：

（1）保证空气压缩机停机后一定时间内的正常供风。

（2）往复式空气压缩机产生的空气动力源为脉动式，直接影响风动机械的正常运转，对矿井避险救灾系统的人员呼吸同样不利。储气罐可以减少由于压缩机不连续排气产生的压力脉动，实现供气和用气的均衡作用。

（3）油（水）气分离作用。其一，常态下的大气含有一定的水分，在同样温度下，压缩气体的溶水量会大大下降，储气罐内大部分水汽会冷凝为液态。其二，大部分空气压缩机采用压缩机油润滑，所排压缩气体含有一定的油汽，与水汽一样冷凝在储气罐内，经储气罐下部排污口可以排除，储气罐为压风供气系统的一级油（水）气分离装置。

（4）风动机械同时运转性极差，工作压力要求基本一致，储气罐可以保证一定压力范围的空气动力供应。

（5）对空气压缩机起压力保护作用。在空气压缩机安全阀失效时，储气罐上的安全阀动作以保证供气系统不会出现过高气压。

（6）隔爆及缓冲作用，压缩空气温度过高时，可能引起压缩气体中的油汽爆炸，储气罐前的逆止阀起到与空气压缩机的隔绝作用，同时储气罐出风口的释压阀及时释放爆破压力，保证爆炸的压缩气体不会沿供风管路殃及矿井压风供气系统。

2. 储气罐容量的选型

储气罐容积可按以下两种方法计算：

第一种方法：

当 $Q<6\ m^3/min$ 时，$V_c = 0.2Q$，m^3；当 $Q = 6 \sim 30\ m^3/min$ 时，$V_c = 0.15Q$，m^3；当 $Q>30\ m^3/min$ 时，$V_c = 0.1Q$，m^3。

其中 Q 为空气压缩机每分钟排气量，V_c 为储气罐容积。

第二种方法：

$$V_c = Q \times \frac{P_0}{P_1} \tag{5-2-21}$$

式中　Q——空气压缩机排气量，m^3/min；

P_0——吸入空气的绝对压力，Pa；

P_1——空气压缩机排气绝对压力，Pa。

通常每台空气压缩机都配有一个储气罐，如果是多台空气压缩机共用一个储气罐时，上述 Q 值为共用储气罐的各机组排气量之和。

另外，在选择储气罐的时候要严格按照 GB 150—2011《固定式压力容器》标准生产的产品。选择储气罐还有一种不错的方法就是按照空气压缩机的耗气量的1/6或者1/10去选择，这种选择纯属经验，没有依据。所以在选择储气罐时尽量参考以上公式。

上述计算是从风动机械的供气要求方面进行储气罐容量的选择，而从压风自救的要求方面选择就必须符合表5-1-1要求。

2.4　空气压缩机的供配电

空气压缩机是煤矿的主要动力设备，其运行性能及可靠性直接关系到矿井的安全生产。而矿井空气压缩机依靠矿井供电系统提供能源，因此对矿山进行可靠、安全、经济的供电，对提高经济效益及保证安全生产等各个方面都有十分重要的意义。

2.4.1　供配电的原则

矿井空气压缩机供配电系统应依据《煤炭工业矿井设计规范》（GB 50215—2005）、《矿山电力设计规范》（GB 50070—2009）等现行相关国家标准和规定及《煤矿安全规程》的要求，遵循相关的供配电系统原则，确保矿井空气压缩机安全、稳定、可靠地运行。

1. 安全可靠

矿井空气压缩机的供配电系统首先需要满足矿井空气压缩机供电可靠性及电能质量的要求。

根据矿山电力负荷分级的规定，矿井主要空气压缩机属于矿山二级负荷，其供电电源应采用两回电源线路供电，保证两回电源线路中的任意一个回路中断供电时，另一个供电回路能够及时供给矿井全部主要空气压缩机的电力需求。

而现在矿井主要空气压缩机不仅为各种风动机械及风动工具提供动力，同时也为井下压风自救装置提供压缩空气。矿井主要空气压缩机既是风动机械设备的动力源，更是灾害发生时保障作业人员人身安全的生命之源。因此在条件允许的情况下，其供电电源应采用双独立电源供电，保证一个电源中断供电时，另一个电源不会同时受到损坏，且电源容量能够满足矿井全部主要空气压缩机的电力需求。

2. 先进合理

矿井空气压缩机供配电系统所采用的设备和器材，应符合国家或行业的产品技术标准，并应优先选用效率高、能耗低、性能先进的成套设备和定型产品，注重新技术、新工艺、新设备在矿井空气压缩机供配电系统中的应用，自动化程度要适应系统的需要。

3. 适应性强

矿井空气压缩机供配电系统应从矿井实际出发，在满足现有风动机械设备和压风自救系统要求的同时，结合矿井的长远发展规划，考虑随着矿井产量的日益扩大、井工开采深度的不断延深，矿井所需压缩空气量增大，合理确定供配电系统，适应矿井长期发展的需要。

4. 经济适用

在经济上相差不多时，应尽量采用高电压直接供电，减少一次性投资及电能损耗，做到既经济又环保。

2.4.2　空气压缩机的电气控制

1. 低压绕线型电动机电气控制

空气压缩机配备低压绕线型电动机时，电控设备一般采用频敏变阻器启动，但一般不具备温度和压力保护装置。空气压缩机低压绕线型电动机频敏变阻器启动控制主电路如图5－2－1所示。

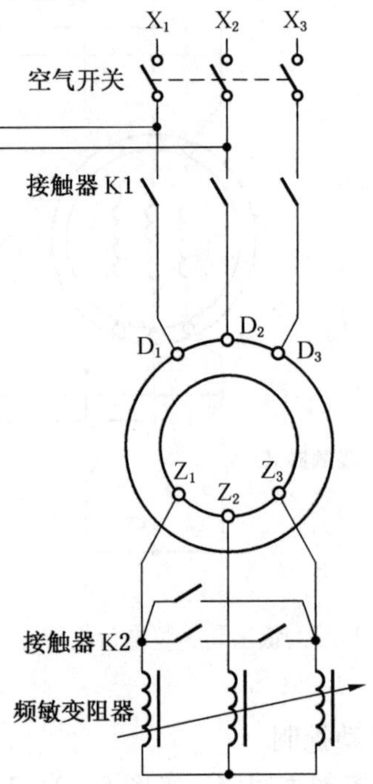

图5－2－1 空气压缩机低压绕线型电动机频敏变阻器启动控制主电路

空气压缩机低压绕线型电动机使用频敏变阻器启动时，先合上空气开关，按下启动按钮SB后，交流接触器K1得电，接通主电路，电机转子串入频敏变阻器通电启动，经过一段时间延迟后，交流接触器K2得电，将频敏变阻器短接，电机正常运行。

频敏变阻器是一个变电阻与变电抗的并联组合，其功率因数小于1，在相同启动电流的情况下，功率因数越高，启动转矩越大，但特性较软；功率因数较低，启动转矩稍小，但上部特性较好。同时频敏变阻器结构简单，占地面积小，很少需要维护，有近似恒转矩的启动特性，可以满足矿山空气压缩机低压绕线型电动机的启动要求。

2. 低压鼠笼型电动机电气控制

矿山空气压缩机配备低压绕线型电动机，其电动机碳刷架与滑环维修工作量大，且绕线型电动机制造成本较高，特别是防爆型绕线电动机比鼠笼型电动机的成本要高很多，因此现在矿井空气压缩机多配备鼠笼型电动机。

鼠笼型电动机的电气控制方式比较多，低压小型的可以直接启动，中型的则采用星—三角启动控制，也可采用自耦变压器降压启动、软启动、变频启动等。

低压鼠笼型电动机星—三角启动控制主回路，如图5－2－2所示。空气开关合闸后，主电路处于准备工作状态。按启动按钮SB后接触器K1得电，电动机Y形启动。电动机启动后，按时间原则先让接触器 K1 失电，然后接触器 K2 得电，电动机成△接法运行。

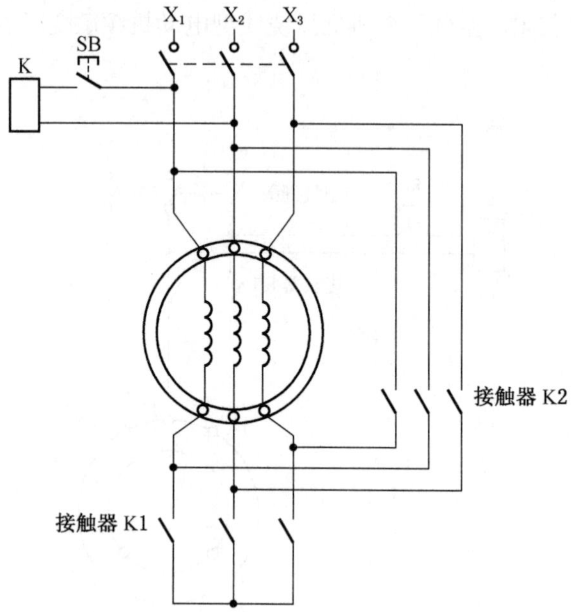

图 5-2-2 低压鼠笼型电动机星—三角启动控制主电路

3. 自耦变压器降压启动控制

自耦变压器降压启动控制主回路，如图 5-2-3 所示。空气开关合闸后，主电路处于准备状态。将转换开关接通，使控制回路得电，按下启动按钮 SB，接触器 K1 得电，通过自耦变压器接通电动机，电动机降压启动。经过一段时间延迟后，接触器 K1 失电，接触器 K2 得电，电动机正常运转。

4. 高压同步电动机电气控制

矿井空气压缩机配备高压同步电机时，其电控设备一般均由三部分组成：定子部分配备高压开关柜；转子部分采用可控硅励磁整流柜；自动保护装置具有温度、压力保护。

5. 矿井空气压缩机的变频控制

目前大型矿井多选用大功率的螺杆式空气压缩机为井下气动设备提供气压，其年耗电量比较大。由于井下设备较多，且用风时间不固定，用风量不稳定，因此空压机必须连续运转。当井下用风量小时，会导致空气压缩机长时间低负荷运行，电能损耗增大并加剧了设备的磨损，增加了运行成本。如负荷小时将设备停机或部分设备停机，将导致操作频繁，缩短设备寿命，而且会影响用风设备及风动工具的正常工作。而近年出现的级联多电平高压变频器拖动高压大功率电动机的方案，具有对电网无冲击、可靠性高、节能效果显著、输出谐波小、输入功率因数高等优点，已成为目前发展的主流趋势。

图 5-2-4 所示为空气压缩机的变频控制示意图，变频控制系统通过压力变送器测得的风包压力值，与压力的设定值相比较得到差值，经过 PID 调节器计算出变频器作用于异步电动机的频率值。由变频器输出的相应频率和幅值的交流电，在电动机上得到相应的转

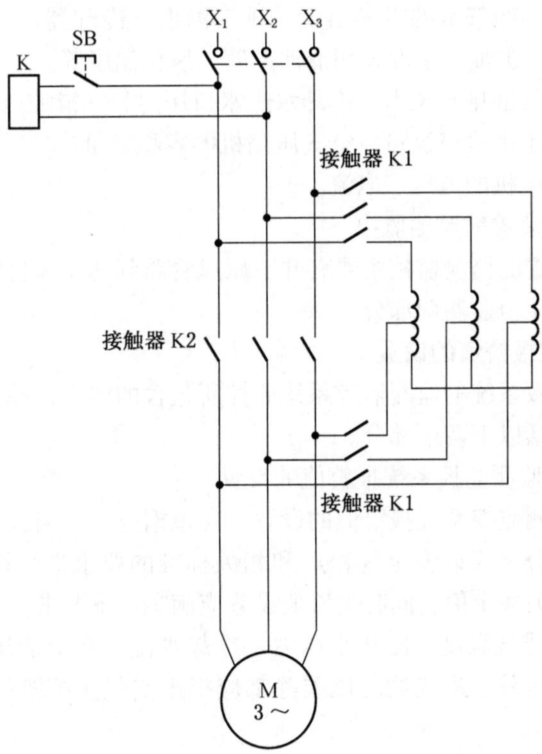

图5-2-3　自耦变压器降压启动控制主回路

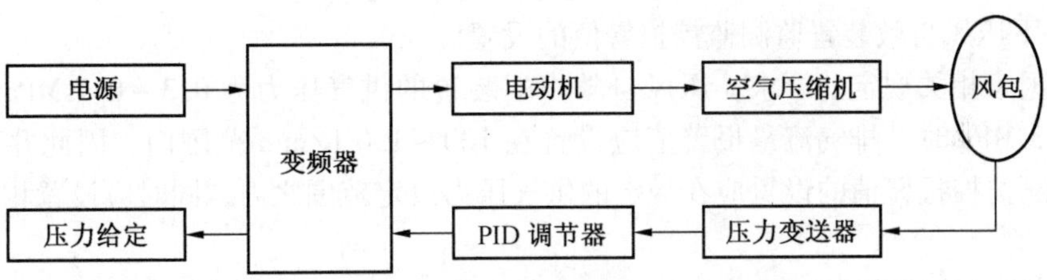

图5-2-4　空气压缩机的变频控制示意图

速。空气压缩机输出相应的压缩空气输出至风包，使压力变化，直到风包压力与给定压力值相同。

2.5　压风自救系统的监测监控及保护装置

压风自救系统的监测监控及保护装置主要包括两个部分，即空气压缩机站的监测监控及保护装置和井下压风自救装置的监测监控及保护装置，可接入全矿的综合自动化系统，进行统一管理。

2.5.1　系统监测监控的内容

1. 空气压缩机站的监测监控

空气压缩机站的监测监控主要由以下几部分组成：

（1）温度：包括各级气缸的吸气温度、排气温度，冷却器出气口温度，冷却水进水总管水温、排水水温，主轴承温度，润滑油温度，风包温度等。

（2）压力：各级气缸排气压力，冷却水进水口压力，润滑油压力，风包压力。

（3）流量：冷却水进水口流量，空气压缩机的容积流量。

（4）电量：驱动电机的电压、电流。

2. 井下压风自救装置的监测监控

井下压风自救装置的监测监控主要有井下压风管路到达压风自救装置终端的压力监测和压风自救装置输出压力监测两部分。

2.5.2 系统监测监控报警值的设置

根据井下压风自救系统的监测监控系统监控所包含的内容，井下压风自救系统的监测监控报警值的设置包括以下两个部分。

1. 空气压缩机站监测监控系统报警值的设置

空气压缩机站监测监控系统报警值的设置，应根据空气压缩机站所选用的空气压缩机的具体运行情况，结合《煤矿安全规程》和相关标准的要求进行设置，报警值设置不能超过空气压缩机的相关额定值，同时报警值设置应满足以下要求：

（1）排气压力、排气温度、冷却水压力、冷却水温、润滑油压力、润滑油温度、油过滤压差、汽水分离压差、进气滤芯压差等都应根据空气压缩机的性能要求，设定报警上、下限报警值。

（2）空气压缩机排气温度报警值的设置：单缸不能超过 190 ℃，双缸不得超过 160 ℃。

（3）风包内温度报警值的设置应不超过 120 ℃。

2. 井下压风自救装置监测监控报警值的设置

根据国家相关规定的要求，压风自救终端装置的供气压力为 0.3 ~ 0.7 MPa，当供气压力为 0.3 MPa 时，排气流量报警值应设置在 100 ~ 150 L/min 范围内。因此井下压风自救装置监测监控报警值的设置应在规定的供气压力设定范围之内，同时应设置相应的排气流量监测。

2.5.3 系统保护装置的作用

井下压风自救系统保护装置的设置是为了使矿井空气压缩机能够安全、高效地运转，保证压气管路畅通，确保压风自救装置的可靠运行。井下压风自救系统的保护装置有释压阀、断水保护装置、润滑油系统的超温断油保护装置及其他保护装置，各保护装置及其作用如下：

1. 释压阀

释压阀是一种安装在空气压缩机排气管上的安全保护装置。当系统中的压力超过工作压力时，它就自动开启，把多余的气体排掉，使系统压力降低到正常的工作压力，从而保护矿井空气压缩机的安全运转，进而实现压风自救系统的可靠性。

2. 断水保护装置

冷却水路循环系统，在排水漏斗的下面装设有停水断路器，当矿井空气压缩机冷却循环水中断或水量下降到额定量的 1/3 时，发出断水报警或自动停机信号，保证矿井空气压缩机在开机前接通冷却水循环系统。

3. 润滑油系统的超温断油保护装置

该装置是为了保证在空气压缩机启动之前使油泵投入工作，防止在无润滑油的情况下启动空气压缩机，确保空气压缩机运动机构中润滑油路畅通，油压正常。

4. 其他保护装置

为了确保矿井空气压缩机的可靠运转，矿井空气压缩机的主控制回路中集成空气压缩机的温度保护、压力保护等，通过检测传感器实时监测各种温度、压力、压差等参数，通过与报警上下限的比较，根据控制要求，发出报警或停机命令，保护空气压缩机可靠运转。

2.5.4　系统保护装置动作设置

井下压风自救系统保护装置动作主要分为两种，即声光报警和自动停机。

1. 声光报警

当矿井空气压缩机的排气压力、排气温度、冷却水压、冷却水温、润滑油压力、润滑油温度、油过滤压差、汽水分离压差、进气滤芯压差、风包温度等超限时，井下压风自救系统保护装置应发出声光报警。

2. 自动停机

当矿井空气压缩机冷却水压、润滑油压力、电动机电压和电流、轴承温度过高时发出声光报警，还应有自动停机功能。

3　压风自救系统的配置与安设

3.1　空气压缩机站的安装地点及环境要求

3.1.1　井下压风自救系统用风对环境的要求

1. 供气装置的要求

压气管道供气压力为0.3～0.7 MPa时，每个装置的排气量应在100～150 L/min范围内，应满足剧烈运动后和紧张状态下正常人吸气60～80 L/min的标准。

2. 管路固定的要求

管路敷设要牢固平直，压风管路每隔3 m吊挂固定一次，岩巷段采用金属托管配合卡子固定，煤巷段采用钢丝绳吊挂。支管应不少于一处固定，阀门扳手要在同一方向且平行于巷道。

3. 汽水分离器安装的要求

在主送气管路中要装集水防水器。在供气管路进入与自救系统连接处时，要加装开关，后边紧接着安装汽水分离器。

4. 连接方式的要求

系统最好采用同时与进风巷、回风巷压风管路连接的连环方式。

5. 阀门安装的要求

不得存在缺少阀门、阀门损坏或不起作用、无减压阀的现象，也不得存在出气量大小不一的现象。进入采掘工作面巷口的进风侧要设有总阀门。

6. 管路材料的要求

压风干管选用无缝钢管，并采取防护措施，防止因灾变而被破坏。

7. 安装地点的要求

压风自救系统应该安装在宽敞、支护良好、没有杂物堆放的人行道侧，人行道侧宽度应保持0.8 m以上，管路安装高度为距底板0.5 m。压风管路应敷设至回采工作面的材料巷和运输巷、掘进顺槽，距采掘工作面25～40 m的巷道内，爆破地点、撤离人员与警戒人员所在的位置，以及回风道有人作业处、紧急避险硐室、采区带式输送机巷和采区轨道巷最高点等地点。

3.1.2　地面空气压缩机站安装地点的选择

空气压缩机站安装场所的选定如果不认真考虑的话，就会造成维修困难与空气品质不良等后果，所以适当的安装场所是正确使用空气压缩机系统的先决条件。因此，地面空气压缩机站安装地点的选择要考虑以下因素。

（1）选择采光良好的宽阔场所，以利于操作、保养和维修时所需的空间和照明。

（2）选择空气湿度低、灰尘少、空气清新且通风良好的场所，避免水雾、酸雾、油雾、多粉尘和多纤维的环境。

（3）按照 GB 50029—2003《压缩空气站设计规范》的要求，压缩空气站机器间的采暖温度不宜低于 15 ℃，非工作时间机器间的温度不得低于 5 ℃。

（4）当空气压缩机吸气口或机组冷却风吸风口设于室内时，其室内环境温度不应大于 40 ℃。

（5）如果工厂环境较差，灰尘多，须加装前置过滤设备，以保证空气压缩机系统零件的使用寿命。

（6）在单台排气量大于或等于 20 m^3/min，且总安装容量大于或等于 60 m^3/min 的压缩空气站，宜设检修用起重设备，其起重能力应按空气压缩机组的最重部件确定。

（7）预留通道和保养空间，按照 GB 50029—2003《压缩空气站设计规范》的要求，空气压缩机组与墙之间的通道宽度按排气量大小在 0.8～1.5 m 之间选取。

3.2 输气管道的铺设与配置

输送管路是连接空气压缩机站与终端用气装置的枢纽，其铺设质量的好坏、管件配置是否齐全合格直接关系到矿井发生灾害时能否完成压缩空气输送任务。针对不同地质条件、开采深度、可能发生灾害的类型、管理条件、矿井产能力等对管道铺设的不同要求，只有做到针对性与普遍性，才能真正起到安全保障与抢险救灾的作用。

3.2.1 输气管道的铺设条件与要求

3.2.1.1 输气管道的铺设条件

煤矿生产过程的主要灾害有火灾、瓦斯爆炸、煤尘爆炸、水灾、煤与瓦斯突出、顶板事故等。

管道铺设可能遇到的生产条件有裸岩（煤）巷、料石砌碹、工字钢棚支护、锚杆（索）喷浆、锚（杆）网等。

管道铺设可能遇到的地质条件有：

（1）巷道底板为石灰岩、砂岩、页岩、泥质页岩、铝质泥岩、煤等；顶板为煤、石灰岩、砂岩、页岩、泥质页岩、铝质泥岩等。

（2）无矿压显现（不明显、明显）、缩帮、片帮等。

（3）无地鼓、地鼓不明显、明显、具有破坏性等。

（4）顶板完整、有碎石掉落、大面积垮落、具有冒顶可能等。

总之矿井的地质条件分为：简单、较简单、较复杂、复杂 4 类。

综上所述，管道铺设必须符合地质条件、灾害类型及生产条件 3 个方面的要求。

3.2.1.2 输气管道的铺设要求

1. 火灾条件下管道铺设的要求

火灾为煤矿生产过程的主要灾害之一，它的主要危害是高温与有害气体，对压风管道及管道铺设的主要要求是：

（1）能够承受高温气体，管道不会引起变形、破裂。

（2）管道附件与密封件能够承受高温气体，不会产生因热膨胀、燃烧引起漏风、卡死等破坏。

（3）压缩气体管道及附件具有一定的隔热性能，不会因热传导引起压缩气体温度升高。自燃煤层、容易自燃煤层的输气管道及管道铺设必须具备耐高温、隔热性能。

2. 瓦斯爆炸、煤尘爆炸条件下管道铺设的要求

瓦斯爆炸、煤尘爆炸为煤矿生产过程的主要灾害之一，它的主要危害是冲击波、高温与有害气体，特点是时间很短，为瞬间破坏性很强的矿井灾害，对压风管道及管道铺设的主要要求是：

（1）能够承受巨大外部气体剧烈膨胀、冲击波等对管道及附件的破坏。

（2）能够承受高温气体，管道不会引起变形、破裂。

（3）管道附件与密封件能够承受高温气体，不会产生因热膨胀、燃烧引起漏风、卡死等破坏。

（4）压缩气体管道及附件具有一定的隔热性能，不会因热传导引起压缩气体温度升高。所有煤矿的输气管道及管道铺设必须具有抗冲击、耐高温、隔热等性能。

3. 水灾条件下管道铺设的要求

水灾为煤矿生产过程的主要灾害之一，它的发生具有一定的突发性，其种类较多，有废弃巷道积水、采空区积水、地表水体、承压水体等，其危害性质也不相同。废弃巷道积水可能积水不多，危害性不大，突发时往往对作业人员或地势较低的作业人员造成淹水事故，一般没有预兆；采空区积水变化较大，受地表降水、地表水体、上部含水层、隔水层及采空年代等影响，其水量可能会达几十万立方米，一般都有透水预兆，如煤体挂汗吐红、作业地点变得湿冷、水雾汽增加、对矿井具有极大破坏性；地表水体主要是河流、水库及塌陷坑积水，受地表降水、开采深度、地层岩性等影响，一般有一定的透水预兆，作业地点出现流水黄泥色、腐殖物等，对矿井的破坏性非常大，往往造成淹井事故；承压水体为底层中奥陶纪石灰岩受地层水的侵蚀溶解后形成的溶洞积水，水量很大，承受上部岩体重量，不同地区其储存深度不一样，承压程度也不一样，一般都有一个不变的水位。水灾事故对矿井的破坏性非常大，基本都是矿井报废。

针对上述分析，对压风管道及管道铺设的主要要求是：

（1）由于管道输送的是气体，其比重远远小于水的比重，必须承受浮力对管道的破坏。

（2）能够承受水体冲击作用。

（3）水位较高时输气管道及附件必须能够承受一定的水压，不至于压风管路灌入水体。

4. 煤与瓦斯突出条件下管道铺设的要求

煤与瓦斯突出事故是在很短时间内从煤（岩）体内向采掘作业点空间喷出数吨乃至数万吨煤（岩）和瓦斯，瞬间摧毁井巷设施、破坏通风系统，造成人员被掩埋或密闭在一定空间，有时还会造成瓦斯和煤尘爆炸事故，是高瓦斯矿井及具有瓦斯动力现象矿井的最严重灾害之一。一般作业过程有一定的预兆，如煤体吐水、挂汗、吐红、煤炮声响、岩体自行脱落、地鼓、矿压增大、瓦斯异常、煤尘异常、温度异常、岩体突鼓及作业过程中频繁出现卡钻、顶钻、钻机过载等现象。其破坏性是瞬间急速抛洒煤（岩）体，为矿井瞬间局部突发事件。对压风管道及管道铺设的主要要求是：

（1）能够承受煤（岩）体的压砸。

（2）能够承受其次生灾害——瓦斯和煤尘爆炸对管路及铺设的要求。

5. 顶板事故条件下管道铺设的要求

顶板事故的发生受开采条件、顶板压力、岩性等条件作用，只要管理得好是可以避免发生的，它对输气管路的破坏主要是压、砸。对压风管道及管道铺设的主要要求是：

（1）能够承受煤（岩）体的压、砸。

（2）管道附件经顶板岩石、煤体的压砸不会造成漏气、卡死等现象。

6. 裸岩巷和料石砌碹巷中管道铺设的要求

裸岩巷一般是岩性较好，矿压小，无采动影响的岩体巷道。料石砌碹巷道一般为矿井永久巷道，其支撑强度高，使用寿命长。上述两种巷道一般不会出现顶板垮塌、片帮、地鼓等事故，对输气管路及管道铺设的要求有：

（1）管道铺设不得影响矿井运输、行人等要求。

（2）管道及附件应尽量离开地表、水沟等，做好防腐工作。

7. 工字钢棚支护条件下管道铺设的要求

一般矿井在采区上下山巷道中采用工字钢棚支护，服务期与采区服务期相同，受一定的采动影响，会出现顶板漏岩、垮塌、片帮等事故影响，特别是开采后期巷道的维护和维修工作量明显增加。对输气管路及管道铺设的要求有：

（1）能够承受煤（岩）体的压、砸。

（2）管道附件经顶板岩石、煤体的压砸不会造成漏气、卡死等现象。

（3）管道的铺设不得影响巷道维修、人员通行及材料、原煤运输等要求。

8. 锚杆（索）喷浆巷道中管道铺设的要求

锚杆（索）喷浆巷道为大型矿井大巷沿底板岩层布置，且巷道围岩岩性较好，采用一次爆破成巷技术，对输气管路及管道铺设的要求与料石砌碹巷道一样。另一种为大型矿井的采区上下山及中小型矿井大巷支护方式，大部分中小型煤矿由于服务期较短，一般采用沿煤层布置矿井集中运输巷与集中轨道巷，巷道起伏不定。对输气管路及管道铺设的要求是：

（1）输气管道必须能够适应巷道的起伏变化。

（2）输气管道应在巷道低洼处安设自动排水（油）装置，能够及时排空管道中的积油、积水。

9. 锚网支护条件下管道铺设的要求

锚网支护为大型矿井的采区上下山、采煤工作面顺槽等巷道的常用支护方式，受采动影响较大，经常会出现顶板冒顶、煤墙片帮、缩帮、地鼓等现象，特别是矿压显现明显，底板岩性为铝质泥岩的巷道，地鼓缩帮现象非常严重。对输气管路及管道铺设的要求是：

（1）能够承受煤（岩）体的压、砸。

（2）管道附件经顶板岩石、煤体的压砸不会造成漏气、卡死等现象。

（3）能够承受或消除因缩帮、地鼓等地质现象产生的应力。

3.2.2 输气管道附件的配置与要求

在1.2中已经叙述了输气管道的组成与作用，所有管道及管道元件必须执行GB/T 1047—2005标准，主要附件有连接法兰、快速接头、弯头、管路三通（多通）、管道阀门、压力表等。

1. 连接法兰

连接法兰为两个输气管道的连接件，其主要特点是拆卸方便、强度高、密封性能好。

法兰连接的安装必须保证两个法兰保持平行、法兰的密封面不能碰伤，做到清理干净。法兰所用的垫片应选用耐高温材料。法兰分螺纹连接（丝接）法兰和焊接法兰，压缩空气的输气管道采用的法兰连接必须采用焊接法兰。连接法兰的选择必须按 GB/T 9113.1—2000 执行。

2. 快速接头

快速接头有卡箍式与插接式两种，主要作用与法兰相同。卡箍式快速接头由卡箍、端接、密封橡胶圈、螺栓和螺母等组成，主要特点为方便快捷、强度高、密封性能好，平行度、同心度要求不高。卡箍式快速接头的密封橡胶应具有耐高温、耐油等性能。

插接式快速连接装置一般用于终端临时用气或小型风动机械用气与支管的三通连接。其特点是机构复杂、形式多样、插接方便，一般有两端开闭式、两端开放式、单路开闭式，用于输送压缩空气要求采用单路开闭式，快速接头材质必须选用钢铁材料。插接式快速连接装置按 GB/T 1047—2005 选择标准尺寸，分类和技术要求必须符合 GB/T 16693—1996 的规定。

3. 弯头、管路三通（多通）

弯头、管路三通（多通）为改变输气管道方向的连接管件，方式与种类很多，弯头、管路三通（多通）的相关要求按 GB/T 12459—2005 执行。

4. 管道阀门

管道阀门具有调节输气管道的截止、调节、导流、防止逆流、稳压、分流或溢流泄压等功能，是管道输送气体的必要元件，其选择与应用必须按 GB/T 19672—2005、GB/T 9113.1—2000 执行，并遵守以下规则：

（1）阀门选用的第一原则是阀门的密封性能必须符合压缩气体输送的要求。内漏符合标准 GB/T 13927—1992《通用阀门　压力试验》，不允许有外漏现象。

（2）正确选择阀门的类型。阀门类型的正确选择是以对压缩空气输送需要的综合估计为先决条件的，在选择阀门类型的同时，应首先了解每种阀门的结构特点和性能。一般阀门的类型选择，如输气干管的截止阀，一般为 DN 型闸板阀；支管上用球型闸阀；管道直径大于 300 mm 的输气干管可选用蝶阀等。

（3）确定阀门的端部连接。在螺纹连接、法兰连接、焊接端部连接中，前两种连接最常用，其中螺纹连接形式的价格比法兰连接形式低得多，一般在较小口径阀门中优先选用。

（4）阀门主要零件材质的选择。选择阀门主要零件的材质，首先应考虑管道输气的物理性能（温度、压力）和化学性能（腐蚀性）等，同时还应了解管道输送气体的清洁程度（有无固体颗粒）。除此之外，还要参照国家和使用部门的有关规定的要求。正确合理地选择阀门的材料可以获得阀门最经济的使用寿命和最佳的性能。阀体材料选用顺序大致按照铸铁—碳钢—不锈钢，密封圈材料选用顺序为橡胶—铜—合金钢—F4；确定流经阀门的流量；压力等级选用按照由低到高顺序；阀门壳体材料应选用碳素钢（WCA、WCB、WCC），其适应温度为 -29 ~ 425 ℃，阀门内件常用材质一般为 416 型不锈钢（40RC）、440 型不锈钢（60RC）。阀门密封面常用材料为青铜、316L、17 - 4PH、Cr13。

5. 压力表

压风自救系统的压力表测量的压力为相对压力，单位为 MPa，测量精度等级为 1 级或 1 级以下。压力表的选型必须按 GB/T 1226—2010 执行，仪表按螺纹接头及安装方式分为：直接安装压力表、嵌装（盘装）压力表、凸装（墙装）压力表，一般选用径向直接安装压力表。

压力表的技术要求：仪表正常工作环境温度为 -40 ~ +70 ℃；仪表正常工作环境振动条件应不超过 GB/T 4439 规定的 V. H. 3 级；仪表的压力部分一般使用至压力测量范围的 3/4；在下列条件下，仪表的基本误差、回差、轻敲位移及指针偏转的平稳性应符合有关规定：①环境温度为 (20 ±5)℃；②仪表处于正常工作位置；③负荷变化均匀。压力表的基本误差见表 5-3-1，压力表的承受超（静）压值见表 5-3-2。

表 5-3-1　压力表的基本误差

精确度等级	基本误差限（以量程的百分比计）/%			
	零点		测量范围 90% 以上部分	测量范围其余部分
	带止销	不带止销		
1.0	1.0	±1.0	±1.6	±1.0

注：1. 仪表的精确度等级由“除测量范围 90% 以上部分外的其余部分”的基本误差限来表示。
2. 对于有特殊要求的仪表，经用户与厂商协商后，可在测量范围上限值的 10% 以下、90% 以上区域内降低一个精确度等级。

仪表的示值回差应不大于基本误差限的绝对值。指针偏转的平稳性在测量过程中，仪表的指针不应有跳动和停滞现象；轻敲位移在测量范围内的任何位置上，用手指轻敲（使指针能自由摆动）仪表外壳时，指针指示值的变动量应不大于基本误差限绝对值的 1/2；当使用环境温度偏离 (20 ±5)℃时，仪表的示值误差（包括零点）分别不应超过下式规定的范围：

$$\Delta = \pm(\delta + K\Delta t)$$

式中　δ——基本误差限的绝对值，%；

Δt——$|t_2 - t_1|$，℃；

t_2——环境温度范围，℃；

t_1——当 t_2 高于 25 ℃时，为 25 ℃；当低于 15 ℃时，为 15 ℃；

K——0.04%/℃；

Δ——环境温度偏离 (20 ±5)℃时的示值误差允许值，表示方法与基本误差相同，%。

表 5-3-2　压力表的承受超（静）压值

压力部分上限值/MPa	负荷（压力部分上限值）/%		时间/h
	超压	静压	
0.1 ~ 6	125		0.5

仪表标度线的型式和比例应符合 JB/T 9253 规定，其长标度线采用半粗线，对 2.5 级和 4 级仪表允许采用粗线。粗线的宽度应不大于 1.2 mm。仪表的中标度线和短标度线的宽度应不大于粗线宽度的 1/3。

3.3　压风自救装置的配置

压风自救装置是在不具备装设临时避难硐室移动救生舱的情况下，增设的一种简易救灾装置。压风自救装置的单体数量必须满足掘进工作面作业人员每人 1 个（套），并有不低于作业人员总数的 20% 的余量。每组压风自救装置内安装的单体自救装置个数一般为 5～8 个，每个单体自救装置耗气量 100～150 L/min，所供气体中的油气含量不得大于 0.0001%，每组压风自救装置的总供风量不得小于 1.5 m^3/min。掘进距离大于 500 m 时，必须增设 1 组同等数量的压风自救装置。

压风自救装置应安装在作业地点简易壁式硐室的靠帮侧，不得影响工作面的安全通行，不受掘进机械、爆破、人员走动等影响，壁式硐室深度不得小于 0.6 m，高度不得小于 1.8 m，长度为适宜 1 个自救站所配呼吸装置为宜；要求支护良好、顶板完整稳定，周边没有杂物堆放，且呼吸自救装置下面不得有无盖板水沟或积水现象，不得有顶板淋水。人行道宽度要保持在 0.5 m 以上，管路安装高度距底板 1.2～1.3 m。

防护袋式压风自救装置安装高度一般为 1～1.2 m，以方便避灾人员顺利进入防护袋，并能舒适地蹲坐在里面。面罩式压风自救装置安装高度应距底板 0.5 m 左右，便于现场人员自救和互救。

面罩式压风自救装置的防护罩连接软管耐压不得小于 1.2MPa，具有阻燃、耐磨、抗静电、抗碱酸腐蚀，极度良好的抗化学性，弯曲半径小等性能。防护罩必须具有安装方便、拆卸容易、阻燃、耐高温、防水、高强度、抗皱折等优点，一般采用折叠悬挂的方式存放。

呼吸自救装置的连接装置采用两端开闭式的快速接头，必须保证快速连接、拆装方便，断开状态时子体与母体的阀门各自闭合，能够瞬间阻断气体流动；链接时子体插入母体时，母体与子体的阀门互相推动而打开，流体流通，O 形圈能完全阻断流体的渗漏。

呼吸自救装置与输气支管间的管道阀门必须采用密封性能好、开关方便、耐腐蚀、耐磨损的 90°旋转开关的球星阀门。

过滤器必须有效过滤压缩空气中的灰尘、油气、铁锈和水分等有害物质，除净率不小于 90%，工作压力范围为 0.1～1 MPa，气体通过能力不小于 150 L/min。

面罩式的压风自救装置是将压缩空气变为避险人员能够自由呼吸的新鲜空气的装置，适应供气压力 0.1～0.8 MPa，处理后的气体压力为 100～150 Pa，流量在处理后的压力下不小于 80 L/min。

减压阀为自救袋式压风自救装置的高压气体减压装置，适应供气压力 0.1～0.8 MPa，处理后的气体压力为 100～200 Pa，流量在处理后的压力下不小于 150 L/min，噪音不得超过 45 dB。

流量计主要是在日常维护检查时确认每一自救单元是否处于完好状态，适应压力不大于 500 Pa，量程：面罩式，0～200 L/min，自救袋式，0～500 L/min。

4　压风自救系统的建设与维护管理

4.1　压风自救系统的建设

4.1.1　基本要求

（1）空气压缩机应安装在地面；深部多水平开采时，空气压缩机安装在地面难以保证有效供风的，可在供风水平的进风井车场安装空气压缩机。空气压缩机在满足供气需要的同时，要至少有1台备用。井下使用多套压风系统的应进行管路联网。井下严禁使用滑片式空气压缩机。

（2）空气压缩机配备符合国家标准、行业标准和《煤矿安全规程》等规定要求的压力表、安全阀、油润滑，水冷空压机必须装设断油、断水、超温等安全保护装置；压力表必须定期校准。安全阀和压力调节器必须动作可靠，安全阀动作压力不得超过额定压力的1.1倍。空气压缩机吸气口必须设置过滤装置。

（3）使用闪点不低于215 ℃的空气压缩机油。

（4）压风泵站内所有设备必须具有产品生产合格证，设备布置符合设计要求，有直通调度室的电话。入井设备有“MA”标志证书，电气设备符合防爆要求。

（5）压风管材应使用钢管，钢管规格满足区域供风强度和风量要求，压风量满足供风区域人员紧急情况下的需要（每人供风量不小于0.1 m^3/min），管径不小于37 mm。

（6）工作时噪声应小于85 dB(A)。

（7）安装要求：

① 压风管路和阀门型号符合设计要求，连接紧密、不漏风；在立井井筒中，每隔100～150 m宜装设中间直管座和伸缩器；在管路安装的较低点，应安装油水分离器，定期排放。

② 突出矿井压风自救系统应当达到下列要求：

a. 压风自救装置安装在采掘工作面和避灾路线巷道的压缩空气管道上，间距不大于100 m。

b. 在以下每个地点都应至少设置一组压风自救装置：距采掘工作面25～40 m的巷道内、爆破地点、撤离人员与警戒人员所在的位置、避难硐室以及回风道有人作业处等。在长距离的掘进巷道中，应根据实际情况增加设置。

c. 每组压风自救装置应可供5～8个人使用，平均每人的压缩空气供给量不得少于0.1 m^3/min，且压风自救装置的数量应能满足服务区域人员的需要。

d. 压风自救装置要安装在地点宽敞、支护良好、没有杂物堆积的人行道侧，人行道宽度要保持在0.8 m以上，管路阀门安装高度距底板1.2～1.3 m，便于现场人员使用压风自救装置。

③ 其他矿井采掘作业地点、避难硐室及避灾路线巷道均需安装压风管路，并设置供

气阀门，间距不大于 100 m。

④ 井下压风管路要采取保护措施，防止灾变破坏。

⑤ 避灾路线巷道若设置临时避难硐室（间距不超过 1000 m），可不设压风自救装置。

4.1.2　技术管理要求

（1）煤矿企业必须制定压风自救系统管理制度，制定泵站司机、维护维修人员岗位责任制、操作规程、设备检查检修制度，明确负责压风泵站、管路和自救装置等设施维护、维修的部门和人员。

（2）压风泵站必须有专人值班，维护、维修人员必须每天对空气压缩机、管路及其附属设施进行检查，发现问题及时处理，并建立设备台账、设备故障记录表、巡查和检修记录。

（3）绘制压风自救管路布置图，并根据实际生产作业区域的变化及时修改、调整和审批，需要时能随时打印出图。

（4）每天至少要对压风自救系统进行 1 次供气试验，每次试验时间不少于 30 min，保证系统各环节正常使用，并做好相关记录。

（5）防爆电气设备入井前，应检查其“产品合格证”、“防爆合格证”“煤矿矿用产品安全标志”及安全性能，检查合格并签发入井合格证后，方准入井。

对于极少数煤矿，建设此压风自救系统仅是为了遇灾自救时使用，应定期开机、验机。

4.2　空气压缩机站的管理制度

4.2.1　空气压缩机的完好标准

1. 机体完好标准

（1）气缸无裂纹，不漏水，不漏气。

（2）排气温度：单缸不超过 190 ℃，双缸不超过 160 ℃。

（3）阀室无积垢和炭化油渣。

（4）阀片无裂纹，与阀座配合严密，弹簧压力均匀。

（5）十字头滑板运转时无异常响声，滑板与滑道间隙、活塞与气缸余隙符合有关技术文件规定。

2. 冷却系统完好标准

（1）水泵符合完好标准。

（2）冷却系统不漏水。

（3）冷却水压力不超过 0.25 MPa。

（4）冷却水出水温度不超过 40 ℃，进水温度不超过 35 ℃。

（5）中间冷却器及气缸水套要定期清扫，水垢厚度不超过 1.5 mm。

（6）中间冷却器、后冷却器不得有裂纹，冷却水管无堵塞、无漏水。后冷却器排气温度不得超过 60 ℃。

3. 润滑系统完好标准

（1）气缸润滑必须使用压缩机油，其闪点不低于 215 ℃，并应经过化验，有化验合格证。

（2）有十字头的曲轴箱，油温不大于60 ℃；无十字头的曲轴箱，油温不大于70 ℃。

（3）曲轴箱一般应使用机油润滑，如果曲轴箱的油能进入气缸，必须使用与气缸用油牌号相同的压缩机油。

（4）气缸以外部分的润滑，用油泵供油时油压为0.1～0.3 MPa，润滑油必须经过过滤，过滤装置应完好。

4. 安全装置与仪表完好标准

（1）压力表、温度计齐全完整，灵活可靠，每年校验1次。

（2）中间冷却器、后冷却器、风包必须装有安全阀。安全阀必须灵活可靠，其动作压力不超过使用压力的10%，每年校验1次。

（3）在风包主排气管路上应安装释压阀，释压阀动作灵活可靠，动作压力要高于工作压力0.2～0.3 MPa。

（4）压力调节器灵敏可靠。

（5）水冷式空气压缩机有断水保护和断水信号，灵敏可靠。

（6）空气压缩机应有断油保护或断油信号，灵敏可靠。

（7）安放测量排气温度的温度计时，其套管插入排气管内的深度不小于管径的1/3，或按厂家规定。气缸排气口应装有超温时能自动切断电源的保护装置。

5. 风包、滤风器与室内管路

（1）空气压缩机的进出风管和风包每年清扫1次。

（2）风包要有入孔和放水孔。

（3）滤风器要定期清扫，间隔期不大于3个月。

6. 运转和出力

（1）空气压缩机的盘车装置应与电气系统相闭锁。

（2）运转无异常响声和异常振动。

（3）排气量每年要测定1次，在额定压力下，不应低于设计值的90%。

（4）有压风管路系统图、供电系统图。

4.2.2　空气压缩机的维护

空气压缩机维护的通用要求主要有设备完整无损、运行参数正常、无泄漏、润滑油选用正确、设备与工作场地整洁、做好工作日记等。

（1）设备完整无损，处于良好状态，压力、温度、电流、电压均应在正常范围内，不能偏离过大。

（2）空气压缩机应无漏油、漏水和漏气现象。

（3）保持仪表的完整齐全，指示准确，并按期校验。

（4）管路、线路整齐，清洁畅通，绝缘良好。

（5）冷却液与润滑油的质量应符合要求。不能混用不同的润滑油，但如经不同有种相容性分析，确定不会产生可能导致危险情况的不利后果，可例外。

（6）新空气压缩机和大修后的空气压缩机，首次运行200 h后，应更换润滑油，清洗运动部件和油池油箱，并清洗或更换油过滤器。若排出的润滑油经过滤化验，符合润滑油质量要求时，或不超过石油化工行业标准SH/T 0538—2000《轻负荷喷油回转式空气压缩机油换油指标》的规定时，可继续使用，加油时要过滤。

（7）油位应符合要求。

（8）安全装置（如安全阀、保险装置、自控或保护装置）灵敏可靠，防爆防雷和接地装置应符合要求。

（9）设备与工作场地整齐、清洁、无灰尘、无油渍、标牌齐全，连接可靠。

（10）认真填写记录和运行日志。

4.2.3　设备定期保养制度

空气压缩机是在高温、高压条件下连续运转的动力设备，经过长期的运行，其零部件会有不同程度的磨损，使其性能降低甚至失效。为了保证空气压缩机应有的性能，持续、正常地供气，要求操作和维护人员必须遵照有关规定，认真做好空气压缩机的定期保养工作。

压缩机的保养可分为一级保养、二级保养和三级保养。各级保养的规定和具体内容如下。

1. 一级保养

一级保养应每天或每班进行。保养内容如下：

（1）检查润滑油位，包括循环润滑油和注油润滑油，油量不足时应加油。检查注油器注油情况，合理供油。

（2）检查仪表指示值，更换指示值不准或已坏仪表，补齐缺损仪表。

（3）检查油过滤器和空气滤清器压差是否超限，对超限的过滤器给予修理、更换。

（4）检查喷油压缩机油分离前后的压差。

（5）检查各操作开关和压力调节器的工作情况。

（6）检查压缩机油污异常声响及泄漏情况。

（7）清洁机器和环境。

（8）做好保养记录。

2. 二级保养

不同的压缩机二级保养的内容和时间间隔有所不同。

（1）喷油螺杆式压缩机和滑片压缩机要求每月做以下保养：取油样，观察润滑油是否变质；检查排气温度计是否失灵；清洁机组外表面。

（2）活塞式压缩机二级保养要求：每运转 1000 h 取油样，分析润滑油的污染情况和物理性质，根据分析结果，确定润滑油继续使用，还是处理后再用或更换，并清洗或更换过滤器芯或网；根据淋洒式冷却器管外结垢和生物聚集情况，洗刷冷却器管；每运转 2000 h 清洗气阀 1 次，清洗阀座、阀盖积炭，检查气阀气密性；每 2000 h 清洗或更换空气滤清器，并检查气缸吸气口到空气滤清器之间部分有无灰尘，并擦洗；清洗油过滤器；每运转 2000 h，检查运动部件紧固螺纹有无松动，防松装置有无松动或失效，摩擦面有无拉毛现象。

3. 三级保养

对螺杆压缩机和滑片压缩机，每 3 个月进行 1 次三级保养，内容如下：

（1）清洁冷却器外表面、风扇叶片和机组周围灰尘。

（2）清洗放气消声器。

（3）给电动机前后轴承加润滑脂。

（4）检查所有软管有无破裂和老化迹象，根据情况更换软管。

（5）检查电器元件，清洁电控箱内的灰尘。

（6）喷油压缩机运行2500 h后应换油，但在一年中如运行不足2500 h，一年后也应换油。应使用制造厂推荐的闪点高于220 ℃的回转压缩机油或汽轮机油。当压缩机内润滑油经试验分析，指标不超过要求时，可不换油。不同油种不得相互混杂。

（7）当空气滤清器阻力过大，通常压缩机仪表盘指示灯有所显示，此时，应更换滤清器滤芯。

（8）当油分离器两端压差是开车之初的3倍或最大压差达到0.1 MPa时，应更换芯子。若油分离器芯子两端压差数值为零，说明芯子有故障或气体短路，此时应立即更换芯子。

（9）对滑片压缩机，应按照供方规定，按时更换滑片。

活塞式压缩机的三级保养，在压缩机运行4000 h后进行，具体内容有：

（1）换润滑油，清洗油过滤器，更换滤芯。

（2）清洗空气滤清器，更换滤芯或滤网。

（3）检查仪表控制系统，修复或更换失效和动作不可靠的元器件，校正仪表。

（4）检查、校正流量调节装置。

（5）校正安全阀。

（6）检查运动部件的磨损情况和紧固锁紧装置，磨损严重或间隙过大时应修理或更换。

（7）清洗注油器和注油器油泵组成。

（8）检查吸、排气阀的密封情况和活塞环、导向环的磨损情况，更换已损坏的阀片和弹簧，更换磨损过大的活塞环和导向环。

（9）大型压缩机在进行三级保养时，应检查曲轴箱水平和驱动机水平是否发生变化，若由于地基沉降不均，水平发生变化，应进行调整。

（10）检查压缩机和驱动机联轴器的径向跳动和端面跳动，若跳动值超出规定，应进行调整。

（11）检查活塞杆跳动，并使其保持在0.07 mm以内。

（12）清理冷却器换热面的水垢，对风冷式冷却器可用压缩空气吹扫。

（13）对压缩机或机组进行全面检查，包括管路、电路和各部分连接，使压缩机或机组全面达到完好水平。

4.2.4 设备包机制度

（1）包机人员严格按照《煤矿安全规程》及《设备运行维护保养制度》进行检修，做到设备完好。

（2）包机人员必须对所包设备，做到懂原理、知性能、会维修。

（3）包机人员必须掌握设备运行状况，各种保护必须定期实验，确保灵敏可靠。

（4）包机人员要认真按照规定时间、内容进行检查维护，检修后要认真填写记录，对发现的问题做好记录。在设备运行和检修中发现问题，应立即向领导汇报，并及时提供解决方法和步骤。

（5）包机人员应保管好设备的配件、工器具等。

(6) 包机人员在检修、日常巡查中要做到安全操作。

4.2.5 要害场所管理制度

(1) 机房门口要悬挂“要害场所，闲人免进”标志牌。

(2) 外单位参观人员及上级领导检查工作时，必须有机运一队人员陪同，否则不准入内。

(3) 检查和参观人员，要认真填写登记簿，并填上陪同人员的姓名及出入时间。

(4) 机房内不准有明火，工作时要有安全可靠的措施。

(5) 机房内要保持卫生清洁，光线充足，使用的备件、材料、工具要存放整齐，禁止机房内放其他物品。

(6) 机房内要配备足够的防火用具，灭火器要保证能够正常使用，沙箱沙量充足。

(7) 值班司机要严守岗位，不得脱岗。

(8) 外来人员参观时一律不准触摸各种开关、旋钮和一切电气设备，以防发生意外。

(9) 严禁携带危险品进入机房。

4.3 空气压缩机站悬挂（存放）的图纸及牌板

1. 空气压缩机站供电系统图

该图是反应地面空气压缩机站实际供电的系统图，包括动力回路、控制回路，必须做到清晰、准确、端子编号与实际相符，做到分管技术人员、操作人员、维修人员一目了然，事故或故障时能够很方便地对照图纸找到问题并及时解决问题。

2. 设备布置图

设备布置图包括主机、辅机、供配电设备、控制设备等，并以示意方式反映出储气罐的各种保护及检测装置。

3. 压风管道布置图

压风管路布置图为机房到储气罐出口的管道示意图，包括管道的各种闸阀及保护装置等，并说明主要用气地点、要求风量、压力等。

4. 空气压缩机工作原理图

空气压缩机工作原理图以示意图的形式表示，图上必须反映出进气、出气、运动副等内容。

5. 空气压缩机冷却系统图

空气压缩机的冷却系统，必须反映出空气压缩机站冷却系统的所用设备、管路及附件等。采用空冷可不做要求。

5　压风自救系统建设使用实例

漳村煤矿于1958年建井，先后经过两次改扩建，设计生产能力为0.15 Mt/a，实际年生产能力达到3 Mt。漳村煤矿井田位于沁水煤田东缘中段，东起3号煤层露头线，西部与常村矿井田相接，北以文王山南断层为界，南与王庄、石圪节井田相接，走向长3.5 km，倾斜长7.9 km，面积27.66 km^2。现开采的3号煤层平均厚度6.45 m，走向近似南北，倾向西，倾角3°~7°，一般为5°，属缓倾斜煤层，局部地区受构造影响，倾角增加到15°左右。煤层埋藏深度一水平为120~260 m，二水平平均为350 m。煤层赋存稳定，构造简单，存在一些小型断层和宽缓褶曲，二水平陷落柱较为发育。煤层平均单轴抗压强度10.12 MPa，煤质中硬（$f=1\sim2$），节理发育、易破碎。直接顶为页岩或泥页岩（$f=3\sim5$），厚度1.65~3.88 m，并夹有0.3 m厚的煤层。基本顶为中粒砂岩（$f=4\sim6$），厚度变化较大，一般为3.32~14 m，平均为7.7 m。直接底为砂质泥岩，厚度一般为0.5~2.0 m，平均为1.2 m，中等硬度，基本稳定。

漳村煤矿在进行二次扩建的同时，对采区进行了优化设计。结合井田走向短、倾斜长的特点，对原设计的走向长壁、上下山布置采区方式进行了变更，主要采用了带区式布置方式，工作面为倾斜长壁开采。

一水平内，按采区式准备的回采工作面共14个，按片盘式准备的回采工作面共4个，按带区式准备的回采工作面共22个，二水平全部按带区式布置工作面，按初步设计共布置5个带区，即20、21、22、23、24带区。

漳村煤矿井下压风自救系统是由地面风机房、井下管网、终端施救装置组成。

1. 井下压风自救系统气源

漳村煤矿井下压风自救系统用空气压缩机安装在新风井地面压风机房。由3台空气压缩机作为压力源，供井下作业、压风自救系统用风，总压风量为165 m^3/min，额定压力为0.8 MPa。新风井空气压缩机房的布置如图5-5-1所示。

其中有2台风冷电动压风机和1台水冷电动压风机，均采用6 kV高压供电，供电系统图如图5-5-2所示。

2. 井下压风自救系统管路

漳村煤矿井下压风自救系统所用管路为公用管路，既为井下风动设备提供动力，也为井下压风自救系统提供气源。

漳村煤矿井下压风自救系统所用管路材料为钢管，主管路直径为150 mm，采区管路直径为150 mm，各采掘面支管路直径为100 mm；管路敷设由新风井地面压风机房经新风井井筒延伸到二水平各采区巷道。覆盖21、22、23、25采区，最后延伸到各个采掘工作面及临时作业点。

而一水平设井下移动压风机，为一水平各作业点风动机械及压风自救系统提供动力源，全矿压风自救管路长度共计约10000 m。

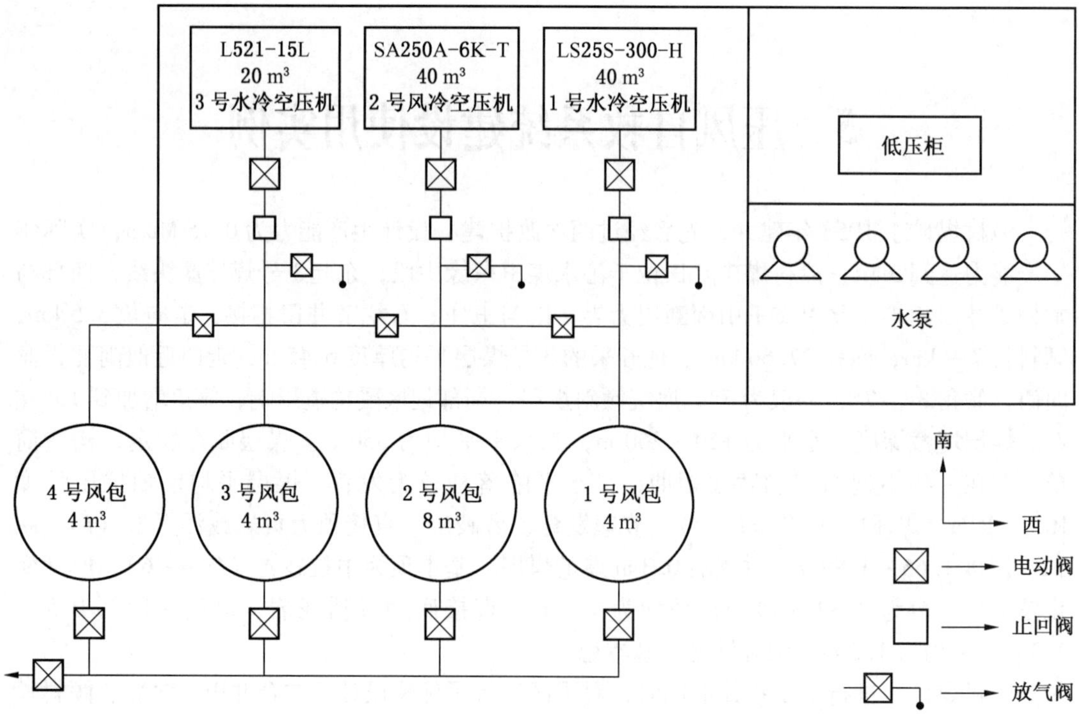

图 5-5-1　新风井空气压缩机房的布置

（1）在管路的首尾处安设了阀门，在长距离巷道内，每间隔 500 m，增加 1 处阀门并设立三通接头。

（2）管路经过各采区时安设阀门并设立了三通接头。

（3）采区压风施救管路延伸到了采掘工作面，设立了阀门、三通接头、安装施救装置。

3. 井下压风自救系统终端呼吸装置

漳村煤矿压风自救系统终端呼吸装置的型号为 ZYJ 型。

（1）煤巷掘进工作面自掘进面回风口开始，每 500 m 设置一组压风自救袋，每组自救袋数量为 5 个，靠近窝头一组不少于 15 个，随掘进面延伸及时前移，始终保持距窝头 25 ~ 40 m 的距离；爆破撤人地点安装一组压风自救装置（5 个袋）。

（2）回采工作面在距采面下安全出口以外 50 ~ 100 m 范围内设置自救袋，自救袋个数为 30 个。

（3）压风自救袋安装在地点宽敞、支护良好、没有杂物堆积的人行道侧，人行道宽度要保持在 0. 8 m 以上，管路安装高度距底板 1. 2 ~ 1. 3 m，自救袋的袋底距底板 0. 5 m，便于现场人员自救应用。

（4）急救硐室设立了压风自救装置。

（5）人员临时躲避点设立了闸阀并设立了压风自救装置。

第6篇　供水施救系统

1　供水施救系统的组成及作用

建设供水施救系统的目的：矿井正常生产时期，能够满足矿井生产、防尘、打钻等用水的需要；矿井发生灾害时，能起到消防灭火效果，并能发挥向被困区域人员输送饮用水和营养液的功能。供水施救系统建设可使矿井生产安全系统进一步完善，使矿井安全保障水平上一个新台阶，提升煤矿职工职业健康安全水平，提高煤炭行业在国内和国际上的形象。

建设供水施救系统的意义：供水施救系统是有效遏制煤矿重特大事故，有效降低矿井瓦斯、煤尘、火灾事故危害程度的综合治理体系；是以人为本、安全发展理念的重要体现；是坚持预防为主，综合、系统、严密、持续改进的安全生产保障体系与运行模式。因此，供水施救系统建设意义重大。安监总煤装〔2011〕33 号文件明确要求：煤矿企业必须结合自身安全避险的需求，建设完善供水施救系统。

1.1　供水施救系统的组成

1.1.1　矿井供水施救系统的建设或改造方式

矿井供水施救系统主要由水处理系统、输送管道、营养液入口、阀门、净化过滤装置、井下饮水装置等组成。根据我国矿井供水系统的现状，基本可分为以下两种建设或改造方式：

第一种　地面建立水处理系统，将达到生活饮用水标准的饮用水通过专用管道输送至井下使用。由于这种方式需要铺设较高标准的管路系统。因此，此种建设改造方式适用于新建矿井和需要进行管路系统较大改造的矿井。

第二种　污水经沉淀池初步处理成符合防尘消防系统用水水质的水，通过防尘消防管路输送到井下，经过设置在应急避难硐室、饮水点和其他硐室的水处理设备处理后达到生活饮用标准的水。该方式的特点为改造快，适用于现有大部分管路系统改造困难的矿井。

1.1.2　井下供水施救系统的组成

供水施救系统井下部分主要由以下部分构成：

（1）管路输送系统。主要由各种不同管径的管道、阀门、增减压装置、压力表、流量表、三通阀等组成，还必须配备符合国家标准的消防接头。

（2）饮水装置。井下大巷、采区大巷、主要采掘面入口处的管路上应设置营养液入口。井下各个硐室和采掘工作面以及重要区域的人员集中地点，必须设置能够供人员饮用的饮水终端装置，并符合相关的卫生标准。饮水终端装置要有保护装置，防止损坏和发生灾害时被砸坏。

根据供水施救系统的第二种建设方法，井下硐室或人员工作地点设置净水装置，可以避免大的管路系统改造，而使水质达到饮用水的质量要求。

1.2 供水施救系统的建设原则

(1) 煤矿企业必须结合自身安全避险的需求，建设完善的供水施救系统。

(2) 供水水源应引自消防水池或专用水池。有井下水源的，井下水源应与地面供水管网形成系统。地面水池应采取防冻和防护措施。

(3) 供水施救管道。

① 所有矿井采区避灾路线上（采掘工作面范围内）应敷设供水管道，压风自救装置处和供压气阀门附近应安装供水阀门。

② 供水施救管道宜使用井下消防洒水管道。对于有些矿井因设备需要采用纯净水冷却系统的，可独立设置纯净水管道并兼做供水施救管道。

③ 供水系统应保证供水管道及每个用水设备和器具均在允许的压力范围内工作，在必要时应设置加压或减压设施以满足最不利供水点的要求。

④ 当供水系统采用井下水源或井下管道延伸后出现压力不足时，在井下宜设置加压泵，给水加压设施宜按固定加压泵站要求设计。

⑤ 需减压的井下管道宜采用减压阀降低下游管道的压力，在减压阀前的管道上应设过滤器。

⑥ 供水施救管道可采用枝状管网，有条件时宜形成环状管网；在干管直线段应每隔一段距离设一个检修阀。管道的规格应保证在计算流量下各用水点的水压均能满足用水需要。

⑦ 矿井供水施救管道应接入紧急避险设施，并设置供水阀，水量和水压应满足额定数量人员避险时的需要，接入避难硐室和救生舱前的 20 m 供水管道要采取保护措施。

(4) 供水施救系统应能在紧急情况下为避险人员供水、输送营养液提供条件。

(5) 供水施救系统应有完善的监测控制系统，保证供水施救系统的可靠性。

2　供水施救系统建设

2.1　地面水净化处理系统建设

供水施救系统中，向井下供应的水必须符合国家生活饮用水卫生标准。水源为深井水或民用自来水，且经检测达到饮用水要求的，可以直接供水；对于达不到要求的，需要建设地面水净化处理系统对其进行多级处理。煤矿一般都处在缺水地区，水源相对比较紧缺，可以考虑使用矿井水作为水源，对其进行多级处理后，供入井下使用，达到循环利用的目的。

在需要建立水处理系统的矿井，水处理系统力求简单，减少中间环节，符合矿井实际需要。对于水处理系统，可供选择的工艺众多，但是整个处理流程基本相同。水处理系统工艺设计一般遵循以下原则：

（1）严格执行国家有关标准，确保处理后的水各项指标达到生活饮用水卫生标准。

（2）采用技术先进、经济可行的处理工艺，降低工程投资和水处理成本。

（3）采用的水处理设施应高效、节能，运行、维修方便且能长久正常运行。

（4）构筑物布置时力求紧凑合理，占地面积小，且管理方便。

（5）采用可靠的监测监控系统，确保处理水量和出水水质。

（6）保证水处理设施与周围环境协调一致，最大限度地发挥建设项目的环境效益、经济效益和社会效益。

地面水处理设施的处理能力应与矿井用水量相适应，并有20%的富裕量。

2.1.1　矿井用水量

煤矿井下消防、防尘系统的最大设计日用水量应为井下消防用水量与井下防尘日用水量之和。

1. 煤矿井下消防用水量计算

（1）井下同一时间的火灾次数应按一次考虑。一次火灾消防用水量应按下式计算：

$$Q_x = \sum 0.06 q_i t_i$$

式中　Q_x——井下一次火灾消防用水量，m^3；

0.06——从L/min换算到m^3/h的常数；

q_i——某消防用水项的流量指标，L/min；

t_i——某用水项的火灾延续时间，h。

（2）一个矿井井下消火栓总流量应按7.5 L/s计算。每个消火栓的计算流量应按2.5 L/s计算。火灾延续时间应按6 h计算。

（3）固定灭火装置的用水量应按下列规定计算：

① 当成套购置定型产品时，其用水量应采用该设备生产厂提供的用水量参数。

② 当井下采用的固定灭火装置为非标准设计时，应根据保护范围的面积、设计喷嘴

数量和喷水强度计算。设计参数应根据试验资料选取。

③ 上述装置的灭火延续时间应按 2 h 计算。

（4）消防储备水量应按一次火灾消防用水总量计算。消防储备水池补充水的流量应按补充时间不超过 48 h 计算。

2. 井下防尘日用水量计算

井下防尘日用水量应按下式计算：

$$Q_{\mathrm{d}}=k\sum 0.06q_{\mathrm{i}}t_{\mathrm{i}}$$

式中　Q_{d}——井下防尘日用水量，m^3/d；

k——富余系数，取 1.25～1.35；

q_{i}——某用水项的流量指标，L/min；

t_{i}——某用水项一天中的使用时间，h。

（1）需要进行煤层注水的矿井，其煤层注水的用水量计算应符合下列规定。

① 静压注水应根据工作面产量按吨煤注水量计算。吨煤注水量应采用试验结果，无试验数据时可根据煤层特性在 20～35 L 范围内取值。

② 动压注水应按①计算的用水量确定注水泵的型号，并以设计选定的注水泵的额定流量纳入总用水量计算。

③ 注水时间应采用试验结果。无试验数据时，在注水与采煤平行作业的情况下可按每天 16 h 或 18 h 计算；在注水与采煤交错作业的情况下可按每天 8 h 计算。

（2）采掘工作面的防尘用水量应根据不同采掘方法按下列要求确定。

① 普采、综采、综放工作面的防尘用水量计算应符合下列规定。

a. 采煤机的内、外喷雾及冷却水总流量应按设备的设计流量计算。在配备喷雾泵的情况下应按喷雾泵的额定流量计算。

b. 支架、放顶煤、装煤机、溜煤眼喷雾的流量均宜按喷嘴的数量和单个喷嘴的流量计算。

c. 无资料时各项用水的每日工作时间可取下列数值：

普采喷雾泵站	10 h
综采喷雾泵站	8 h
综放喷雾泵站	8 h
移架喷雾（普采工作面无此项）	10 h
放顶煤喷雾（普采及综采无此项）	8 h
装煤机喷雾	12 h
溜煤眼喷雾	12 h

② 机掘工作面的防尘用水量：掘进机喷雾及冷却用水量宜按机组或喷雾泵额定流量取值，但不得低于 80 L/min。在缺乏资料时可取 80 L/min。日工作时间按 10 h 计算。

③ 炮采及普掘工作面的防尘用水量计算应符合下列规定。

a. 湿式煤电钻或凿岩机每台用水量应根据技术资料取值，无资料时可取 5 L/min，每日工作时间按 8 h 计算。

b. 爆破喷雾的单位时间用水量宜按喷雾设备的额定流量取值，缺乏资料时可取 20 L/min，每日工作时间按 2 h 计算。

c. 装煤机、装岩机喷雾用水量宜按喷嘴流量及数量计算。每日工作时间按 10 h 计算。

（3）转载点、煤仓、溜煤眼及净化风流水幕等处的喷雾降尘用水量宜按喷嘴用水量计算。运输大巷中的喷雾设施每日工作时间可按 18～24 h 计算，采区内的其他设施每日工作时间可按 16 h 计算。

（4）井下混凝土施工用水量应按混凝土搅拌机的数量计算。每台用水量可取 25 L/min，每日工作时间可按 10 h 计算。

（5）冲洗巷道用水量应按下列各部位同一时间使用的供水阀数量计算。采掘工作面附近，每个工作面使用 1 个；转载点附近，每 2 个转载点使用 1 个；带式输送机巷道，每 1000 m 使用 1 个；各顺槽、采区上下山，每 2000 m 使用 1 个；轨道大巷及回风大巷，每 3000 m 使用 1 个。每个供水阀用水量可按 20 L/min 计算。冲洗巷道每日工作时间可按 3 h 计算。

日用水量超过 3 m^3 的瓦斯抽采打钻、地质打钻等其他井下设备需从井下消防、洒水系统取水时，其用水量应根据设备的额定用水流量及每天工作时间计算。

人员饮水装置水嘴额定流量宜为 0.04～0.06 L/s，用水量为井下所有饮水装置水嘴用水量总和。

2.1.2　水处理设施建设

（1）预沉调节池、污泥池（合建）。为使结构紧凑以及方便预沉调节池、澄清净水装置的静压排泥，预沉调节池和污泥池可以合建。主要设备有提升泵、液位计、污泥泵、控制装置等。

预沉调节池的主要功能：对原水进行均质和均量调节，为后续处理工艺提供稳定的进水水质和水量。采用钢筋混凝土结构。

污泥池的主要功能：接收预沉调节池和澄清池的排泥，并将煤泥送至洗煤厂回收。

（2）澄清净水装置是地面水处理系统的重要部分，在该设备中可以高效去除悬浮物，降低出水浊度；同时通过加药，使整个水处理系统处理效果进一步提高。

（3）加药设备。在原水进入澄清净水装置前分别投加絮凝剂和助凝剂，通过电性中和、吸附架桥和网捕或卷扫的作用，使污水中的悬浮物絮凝成为较大粒径的颗粒物，提高其沉降能力。助凝剂的投加可以大大提高絮凝效果，使水处理效果更好。

（4）中间水池。中间水池一般与生产消防水池、生活回用水池合建，一般采用钢筋混凝土结构。

中间水池的功能：贮存澄清净水装置的处理水，并为后续的机械过滤装置提供吸水池，起到中间过渡的作用。

（5）机械过滤器的主要功能为进一步降低处理水中的悬浮物含量，提高处理水的质量。该装置采用钢结构，一般由机械过滤器、加压泵、反洗泵等组成。

（6）消毒设备。消毒设备设于工艺车间内，包括氯酸钠和盐酸储间。一般安装在机械过滤器出水总干管和反渗透出水总干管上。

（7）生产消防水池。收集上级水过滤处理系统的处理水，是生产用水和消防用水的供水点，同时也作为反渗透装置的供水池。生产消防水池与中间水池和生活回用水池合建，生产消防水池采用钢筋混凝土结构。

（8）反渗透装置。保证达到深度回用水质要求。出水水质能达到国家相关生活饮用水卫生规范标准。装置的水处理能力应按照矿井实际需水量进行设计。

（9）生活回用水池。收集深度处理的处理水，为用户提供回用水取水点。

2.2 供水施救系统输送管路的建设

根据供水施救系统的建设宗旨和目的，井下输送管路要达到以下要求：

（1）管道敷设要全面，布满整个井下巷道网络，矿井所有避灾路线上应敷设供水管路，供水管路应接入紧急避险设施，并设置供水阀，水量和水压应满足额定数量人员避险时的需要，压风自救装置处和供压气阀门附近应安装人员饮水装置。

（2）管道要采用钢管，敷设方式合理，强度要达到能有效避免爆炸冲击、巷道冒顶时岩石砸落等灾害的冲击。特别是接入避难硐室和救生舱前的 20 m 供水管路，要采取埋设或外保护等强化保护措施。采取埋设的，以埋入底板以下 10 cm 为宜。

（3）管道直径、阻力满足供水能力的要求，卫生条件要符合要求。

（4）管道的敷设要做好防腐蚀处理。

2.2.1 管道的类型

国家安全生产监督管理总局《关于印发金属非金属地下矿山安全避险“六大系统”安装使用和监督检查暂行规定的通知》（安监总管一〔2010〕168 号）中明确规定：井下供水管路应采用钢管材料，并加强维护，保证正常供水。

根据相关规定和矿井井下环境以及抗灾的需要，选用钢质材料作为井下供水管道。钢管种类很多，适宜井下使用的主要有无缝钢管、焊接钢管和复合钢管。

1. 无缝钢管

无缝钢管按制造方法分为热轧管和冷轧（拔）管。冷轧（拔）管的最大公称直径为 200 mm，热轧管最大公称直径为 600 mm。在管道工程中，管径超过 57 mm 时，常选用热轧管，管径小于 57 mm 时常用冷轧（拔）管。

无缝钢管一般用普通碳素钢、优质碳素钢、普通低合金钢和合金结构钢制造，用于制作输送液体管道。

无缝钢管在同一外径下有多种壁厚，承受的压力范围较大。通常钢管长度，热轧管为 3 ~ 12.5 m，冷轧（拔）管为 1.5 ~ 9 m。

2. 焊接钢管

焊接钢管一般由碳素软钢制造，是管道工程中最常用的一种小直径的管材。适用于输送水、煤气、蒸汽等介质。

3. 复合钢管

复合钢管是以焊接钢管为中间层，内外层为聚乙（丙）烯塑料，采用专用热熔胶，通过挤压成型方法复合成一体的管材。

实际使用中主要有钢塑复合管、涂塑钢管两种。钢塑复合管由于其优越的性能，在各行业普遍推广。其优点主要有：

（1）耐高压。

（2）双面防腐，耐腐蚀、耐高温。

（3）导热系数低，冬季不需保温，夏季不结露。

（4）内壁光洁，不结垢，水头损失比钢管低 30%。

（5）质量轻、运输及施工方便。

（6）50 年使用寿命无需更换，可大幅降低维修费用。

（7）中间层可 100% 隔绝气体、液体的渗漏，使管子同时具有金属管和塑料管的优点，剔除了各自的缺点。

（8）符合国家饮用水管道卫生标准，永久性防止管道生锈腐蚀，保证水质卫生，使用安全可靠。

目前可用于矿井供水的复合材料钢管为金属基复合材料管。因增强体不同又有不同品种，其特点是既有钢管的强度，又有塑料的防腐蚀性能。

2.2.2 管道选型计算

1. 管径计算

管径选择应根据主管、支管、分管不同流量需求计算，可按下式计算：

$$D = 0.1457\left(\frac{Q}{V}\right)^{\frac{1}{2}}$$

式中 D——管道内径，m；

Q——管道内水的流量，m^3/min；

V——管道内水的流速，m/min。

2. 管道阻力计算

根据管径、流量的不同应分段计算阻力，每段管道摩擦阻力可按下式计算：

$$h_f = 9.8\frac{L\Delta}{k_0 d^5}Q^2$$

式中 h_f——某段管道的摩擦阻力，Pa；

L——管道长度，m；

Δ——水的密度，kg/m^3；

Q——管道的水流量，m^3/h；

k_0——管道摩擦阻力系数；

d——管道内径，cm。

3. 钢管管壁厚度计算

钢管管壁厚度应按下式进行计算：

$$\delta = \delta' + c$$

$$\delta' = \frac{p \times D_w}{2.3 \times ([\sigma] \times \varphi - 6.4) + p}$$

无缝钢管 $$c = 0.15(\delta' + 1)$$

式中 δ——计入附加厚度后的管壁计算厚度，cm；

δ'——管子计算壁厚，cm；

c——计入制造负偏差和腐蚀的附加厚度，cm；

p——计算管段的最大工作压力，MPa；

D_w——管子外径，cm；

φ——管子焊缝系数，无缝钢管可取 1，螺旋焊接钢管双面焊（全部探伤）可取 1，螺旋焊接钢管双面焊（不探伤）可取 0.7；

$[\sigma]$——管材许用应力，MPa。

不同类型、不同型号管材的许用应力可按表 6－2－1 取值，若管材钢号不详，可按 10 号钢取值；若为其他钢号，许用应力可按屈服强度的 0.4 倍或抗拉强度的 0.25 倍取值。

表 6－2－1　各种钢管的许用应力　　MPa

钢　号	无缝钢管	螺旋焊接钢管（双面焊，全部探伤）	直缝焊接钢管
10	85	85	79
15	95	95	89
20	100	100	92

2.2.3　管道水压要求

井下用水、设备的供水水压应根据用水设备的要求确定，应符合下列要求：

（1）供水阀处及接入一般用水设备处的水压应不低于 0.3 MPa。

（2）接入凿岩机及湿式煤电钻的水压应不低于 0.2 MPa，且不高于压缩空气的压力。

（3）接入加压泵站水箱或水池进水口的水压应不低于 0.2 MPa。

（4）接入上述设施的水压不宜高于 1.6 MPa，否则应采取减压措施。

（5）采掘工作面采用水压达到 0.4～10 MPa 的高压喷雾时，宜由高压喷雾泵提供。

（6）直接接入喷雾设施的水压不宜低于 1.0 MPa。

（7）井下灭火时消火栓栓口处水压应不低于 0.35 MPa，且不超过 1.0 MPa，出水压力超过 0.5 MPa 时应采取减压措施。

（8）井下消防、洒水管道的静水压力不宜超过 4.0 MPa。

（9）井下饮水装置水嘴最低工作压力不得小于 0.03 MPa。

供水系统应保证供水管道及每个用水设备和器具均在允许的压力范围内工作，必要时应设置加压或减压设施，以满足最不利供水点的水压要求。

2.2.4　管道敷设

1. 管道敷设的原则

（1）布置管路，应综合考虑井下巷道的布置、地面水处理站的位置以及矿井的发展规划等因素。

（2）尽量避免或减少主干管路系统运行过程中进行频繁改动。

（3）管路应敷设在曲线段最少、距离最短的巷道中。

（4）设置在运输巷道内的管路，应将管路架设在一定高度并且加以固定，防止矿车撞坏管子。

（5）所布置的管路一旦发生故障，管路的水不会流入采掘工作面。

（6）管路布置应方便运输、安装、维修和日常检查。

2. 管道敷设的要求

供水管道一般采用吊挂方式敷设，供水施救管道吊挂要充分考虑矿井抗灾能力和巷道情况。一般矿井的灾害中只有顶板冒顶、透水、瓦斯突出和瓦斯爆炸可能形成封闭受困区域，而这些灾害大多发生在采掘工作面的顺槽。因此，管路一般考虑敷设在服务年限长或永久性的矿井大巷、采区主要巷道。采掘工作面顺槽内管道的敷设应根据不同的情况采取不同的敷设方式。

（1）管道系统可采用枝状管网；有条件时宜设计成环状管网。

（2）管网进水口位置的选择及管网的布置应使管道中水的流向与巷道中的风向一致或在火灾时能够临时改变成一致。

（3）井下管网应在每个支管起点附近位置设控制阀。

（4）在干管的直线管段应每隔一段距离设一个检修阀。两个检修阀中间的干管、供水阀或其他洒水点的总数不宜超过10个，且两阀中间的距离不宜超过500 m。

（5）管道的规格应保证在计算流量下各用水点的水压均能满足用水点中各用水项的需要，且经济合理。

（6）阀门、管件的规格宜与相关的管道一致，但在需减压的管道上安装的阀门规格可适当缩小。

3. 敷设管道前的准备工作

（1）管子安装前应逐节检查，不得有裂纹，法兰盘对接处应平整，不得有破损现象。

（2）管道弯曲部分小于等于90°的要设弯头，严禁拐死弯。

（3）管路安装前，应根据设计要求测量管座、管卡或弯头座的支承梁位置，并进行梁的加工和安装。

（4）管子、弯头、三通、异径管及伸缩器等，在安装前应做耐压试验，试验压力为工作压力的1.5倍，至少应比工作压力大0.5 MPa，且无渗水现象。

（5）安装前，应按设计要求对所有管件进行防腐处理。

（6）经过防腐处理的管子及管件须待漆膜防腐层形成后，方可吊装和搬运，并在吊装和搬运中注意保护漆膜防腐层，损坏的防护层应及时修补。

（7）将经过防腐处理的管子及管件妥善运至现场，并摆放整齐。

（8）将需用的工具、材料运到现场，数量要充足，品种、规格符合要求。

（9）管道工负责人要向施工人员讲清工作内容、人员分工及安全注意事项，每位工作人员要穿戴好安全防护用品。

4. 管道敷设连接

立井井筒水管无论是法兰连接还是焊接连接，在下端与支承梁刚性连接的水管管路段，当上端支承梁时，均宜设置管路伸缩装置与上端支承梁连接，以消除温度应力和防止管路移位甚至失稳。虽然迄今不少矿井水管管路未装伸缩装置也未发生影响生产的事故，但也有些矿井的水管管路发生严重移位，有的竖向变形，使直管座螺栓拉断；有的侧向移位。

水管连接方式：条件允许时，应采用焊接连接，垂直管段宜采用外套管贴角焊接；焊接施工应符合现行《煤矿安全规程》的有关规定；焊条应根据钢管母材材质选择，施焊工艺应符合国家现行有关焊接标准的规定；焊接后，整条管路应按规定进行水压试验；不便焊接处，管路可采用法兰连接。无法进行焊接和法兰连接的地方可以部分或全部采用快速管接头。

（1）为了防止管路锈蚀，安装前应对管路外部涂抹防腐剂。

(2) 在巷道敷设管路时，为防止管路下滑，应采用管卡将管道固定在巷道支架上，管卡间距根据巷道倾角决定。

(3) 应尽量将管道敷设平直、坡度一致，尽量减少弯头、阀门等附属管件的数量，避免急转弯。

(4) 井下敷设管道，为了牢固可靠，在矿井大巷、采区主要巷道和服务年限长的巷道内采用焊接工艺连接，在采掘工作面顺槽服务时间短的巷道可以采用法兰连接接合。法兰盘中间应夹有胶皮垫，且垫的厚度最好不小于 5 mm。

(5) 异径管连接时，不准插接。

(6) 法兰盘的平面应垂直于管子中心线，其倾斜度不得超过规定数值。

(7) 法兰盘应与管子连接牢固，所选螺栓长度应符合标准要求。

(8) 连接管路用的法兰盘及衬垫应符合要求，同一规格管子使用的法兰盘应一致。

(9) 紧固螺栓时应对称进行，用力要均匀，不可用力过猛，所用工具要合适。

(10) 吊装绳索、钩环、连接螺栓等连接件应有足够的安全系数。

(11) 凡是新敷设的管道都必须进行密封性试验，杜绝跑、冒、滴、漏现象。

(12) 仪表管座开孔位置应安装在直线管道上，不得安装在弯曲管道上，同时要考虑维修观察方便。

(13) 主管道上的开口直径应与接管座或支管内径一致，不得把接管座或支管插入主管道内焊接。

2.3　供水阀的设置位置及安装要求

2.3.1　供水阀的设置位置

(1) 设有供水管道的各条大巷、上下山及顺槽每隔 100 m（带式输送机巷道为 50 m）宜设置规格为 DN25 的供水阀。

(2) 掘进巷道中岩巷每 100 m、煤巷每 50 m 宜设置规格为 DN25 的供水阀。

(3) 溜煤眼、翻车机、转载点等需要冲洗巷道的位置。

(4) 湿式凿岩及湿式煤电钻的引水管或分水器的引水管、注水泵、喷雾泵及吸水桶的进水管，宜通过软管与供水系统的供水阀相接。供水阀的规格必须与用水点的最大流量匹配。

(5) 重点保护区域及井下交通枢纽的 15 m 以内：

① 主、副井筒马头门两端。

② 采区各上下山口。

③ 变电所等机电硐室入口。

④ 爆炸材料库硐室、检修硐室、材料库硐室入口。

⑤ 掘进巷道迎头。

⑥ 回采工作面进、回风巷口。

⑦ 带式输送机机头。

(6) 有火灾危险的巷道内：

① 斜井井筒、井底车场、带式输送机大巷每隔 50 m 处。

② 用可燃性材料支护的巷道每隔 50 m 处。

③ 岩石大巷、石门每隔 300 m 处。

（7）应急避险硐室和移动救生舱处都应设置供水阀。

2.3.2　供水阀的安装要求

（1）供水阀应由带阀门的三通支管及水龙带接口组成。

（2）供水阀口安装高度可根据巷道情况确定，但宜设置在距巷道底面 0.8 ~ 1.6 m 的范围之内。

（3）供水阀设置应标志明显、使用方便，不妨碍井下其他设备的工作，且不易因物体碰撞而受损坏。

（4）在设有专用消防加压泵或电动消防切换阀且井下条件允许时，应在供水阀附近设置启动按钮。

（5）在井下下列部位应设置水龙带、水枪及与供水阀的接口件等器材的存放点：

① 入口设有供水阀的机电硐室、仓库硐室附近。如相距不到 150 m，可设集中存放点。

② 带式输送机机头上风侧的供水阀附近。

③ 采区的上下山口。

④ 除以上地点之外的其他设有供水阀的巷道内，每 500 m 距离或靠近联络巷的位置。

（6）水龙带存放点的设置及器材的配置应符合下列原则：

① 水龙带应采用适合于井下使用及长期存放的材质。

② 水龙带接口应与供水阀匹配，或配备与供水阀连接的专用接管件。

③ 每个水龙带存放地至少存放两卷 25 m 长的水龙带，并宜同时存放 50 m 左右 D25 消防卷盘及与供水阀连接的专用连接管件等。

④ 水龙带、水枪及接管件存放在标志明显、取用方便、靠近供水阀的地方，且不得妨碍井下其他设备的工作。

2.4　供水施救监测监控系统建设

供水施救系统的监测监控要尽可能地与现有矿井监测监控系统融合，充分利用现有系统的资源，通过增加相应的传感器，实现对供水施救系统的监测监控功能。监测监控系统要能够监测到各个阀门开关状态、压力、流量等参数，能够控制主要阀门，能够在水管管网压力、流量等参数出现异常时，进行报警。

3　供水施救系统建设使用实例

本章主要介绍潞安集团漳村煤矿在矿井供水施救系统建设方面的具体做法。漳村矿以前的供水系统主要为井下生产、防尘、消防使用，无法达到在灾害时期供水施救的需求；通过对供水施救系统的改造，矿井建立了地面水深度处理系统，处理后的水质能达到生活饮用水卫生标准，通过铺设的高标准的专用管路系统输送至井下，当发生灾害时可以实现供水施救。

1. 矿井基本情况介绍

漳村煤矿是潞安矿业（集团）公司下属的一座国有大型矿井，先后被原煤炭部首批命名为现代化矿井、部特级质量标准化矿井、部特级高产高效矿井，曾被国家环境保护委员会命名为“全国环境保护先进企业”。

漳村矿于 1958 年建井，设计年生产能力为 150 万吨，先后经过两次改扩建，现核定年生产能力为 360 万吨，实际的年生产能力也达到 300 多万吨。矿井目前开采山西组的 3 号煤层，煤层平均厚度为 6.57 m，属于近水平煤层。

为完善供水施救系统建设，现根据《煤矿安全规程》、《国务院关于进一步加强企业安全生产工作的通知》（国发〔2010〕23 号）、《潞安集团建设完善煤矿井下安全避险“六大系统”工作方案》等有关文件规定，编制了漳村矿供水施救系统技术改造建设方案。改造完成后实现了在矿井灾变时，为井下供给足够的饮用水和营养液，达到抢险救灾、实施救援的目的。

2. 地面水净化处理系统

漳村矿为了建设高标准的供水施救系统，完善矿井的安全装备，重新打了深水井，建设了以反渗透技术为主的地面水深度处理系统。矿井现有的供水施救系统为双地点双水源供水系统，一是新风井防尘、消防供水系统；二是专用供水施救系统。

漳村矿矿井废水处理程序：新风井供水系统利用矿井净化水处理后作为防尘、消防用水，供水源是新风井水池，管路系统为静压管路管网。矿井废水首先进入预沉调节池进行水质调节，待沉淀下来一部分较重的煤泥后进入中间水池，再通过中间水池内的污水泵将其送入反应池进行加药反应，然后进入竖流沉淀池，通过加药絮凝去除废水中的细小悬浮物及部分有机物，上清液流入到集水池内。由过滤提升泵送入全自动净水器进行过滤，进一步过滤掉水中的细小悬浮物，供井下生产和澡堂用水。漳村矿具体的水处理流程如图 6－3－1 所示。

专用供水施救系统是专用供水给养系统，供水源由专用深井泵抽水到地面的专用清水池，经管路输送到水深度处理系统，实施一系列的水质处理，得到符合生活饮用水卫生标准的水，并设有专用储水罐（储蓄营养液）与井下专用清水管相连接，可通过阀门进行转换，供井下施救系统使用。

通过控制阀门，两系统可单独使用也可联合使用。防尘、消防系统采用静压供水，管

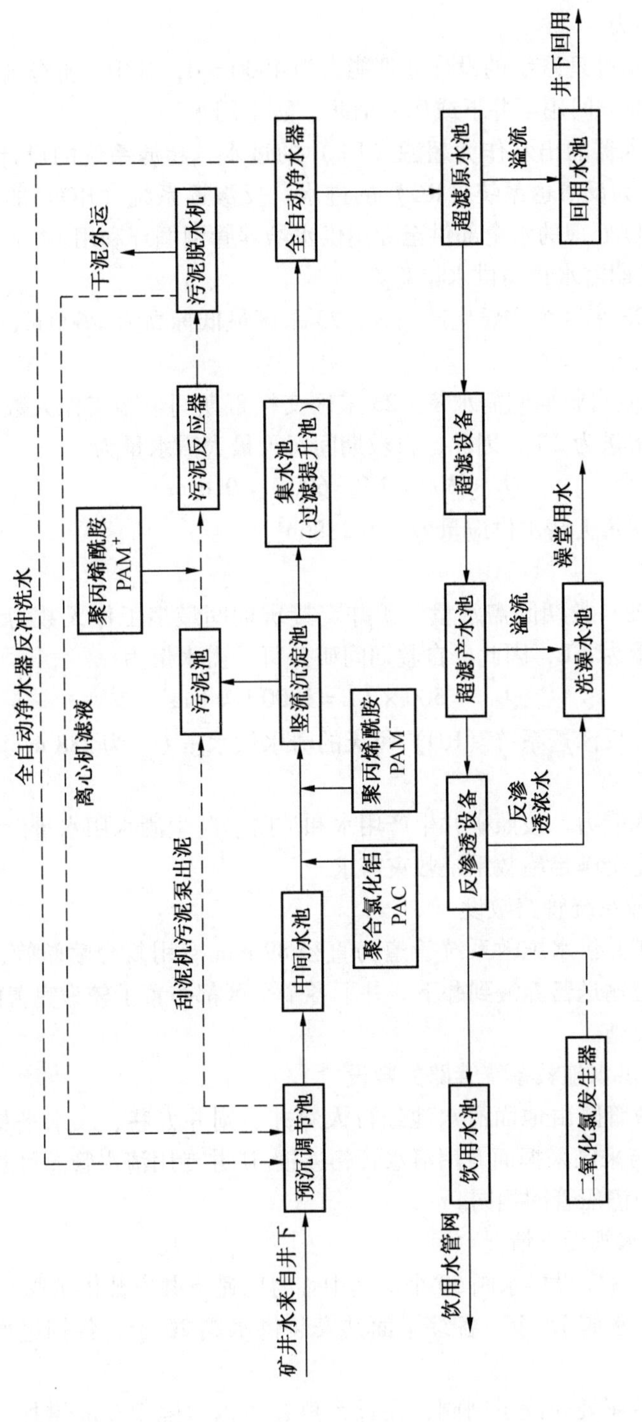

图6-3-1　漳村矿水处理及深度处理流程

路系统为静压管路管网。供水施救系统为静压供水与动压供水相结合，一般使用时采用静压供水；当发生应急情况需添加营养液等时，管路阻力增大，流量减小，为保证正常供应，需开启增压泵，向井下输送营养液。

1）系统处理能力

（1）矿井地面水处理系统的设计处理能力为 4500 t/d，其中一部分通过深度处理系统继续处理，另外一部分回用至井下或作为消防、防尘用水等。

（2）全自动净水器的出水作为超滤（UF）的进水，超滤系统的设计产水能力为 336 吨/天，超滤产水作为反渗透系统（RO）的进水。反渗透系统（RO）的实际产水能力为 288 吨/天，经过深度处理的水全部供至专用供水给养管网循环利用。

2）矿井应急时期需水量与供水量验算

漳村矿现在以 23 采区为主要生产采区，23 采区最低标高为 +600 m，地面 5 号井清水池标高为 +1500 m。

（1）23 采区灾变自救期间需水量。23 采区交接班期间最多工作人数为 300 人，一个成年人每天正常需水量为 2 L，因此，自救期间每天最大需水量为

$$Q_{23}=300\times 2\ \mathrm{L}=600\ \mathrm{L}=0.6\ \mathrm{m^3}$$

漳村矿正常期间每天清水供应量 $Q_{总}$ 为 288 $\mathrm{m^3}$。

故 $Q_{总}>Q_{23}$。

（2）全矿井灾变自救期间需水量。矿井交接班期间最多工作人数为 500 人，一个成年人每天正常需水量为 2 L，因此，自救期间矿井每天需水量为

$$Q_{全矿}=500\times 2\ \mathrm{L}=1000\ \mathrm{L}=1\ \mathrm{m^3}$$

漳村矿正常期间反渗透系统（RO）每天的清水供水量 $Q_{总}$ 为 288 $\mathrm{m^3}$。

故 $Q_{总}>Q_{全矿}$。

漳村矿目前供水能力，按照矿井生产用水和消防、防尘洒水用水量设置。通过上述计算，清水总供水量完全满足施救系统救灾需求。

3. 井下供水施救系统管路敷设

漳村矿新建的矿井供水施救系统管道为直径 89 mm 专用复合喷塑管，当输送营养液时，可以直接从管道输送营养液到井下。井下各个采区都布置了较为完善的供水施救系统饮水点、供水阀等设施。

1）漳村矿井下供水施救系统管路的敷设

漳村矿供水施救管路由地面清水池经行人斜井、副井大巷、二水平材料巷后分支到 21、22、23 各个采区与采区采掘面专用清水管相连接。矿井专用清水管总计长度约 14000 m。辅助供水施救系统与静压管网相同。

2）清水管网供水阀设立情况

矿井供水施救系统安设供水阀 50 个。其中临时躲避点共安装供水阀 5 个，采区巷口、主要行人通道安装供水阀 15 个，各综采面共安装供水阀 20 个，各掘进面共安装供水阀 10 个。

（1）在管路的首尾处安设了闸阀；在长距离巷道内每隔 500 m 增加一处闸阀并设立供水阀。

（2）管路经过各采区时设立了闸阀并设立了供水阀。

（3）采区清水管路延伸到了采煤工作面，设立了闸阀、供水阀。

（4）采区材料巷的清水管路与掘进面静压水管三通相连，一旦发生灾变，可通过阀门开关转换，实现向掘进面供液施救。

（5）急救硐室设立供水阀。

（6）《处灾计划》规定的人员临时躲避点设立了闸阀并设立了供水阀。

4. 井下供水施救监测监控系统

漳村矿在现有矿井安全监控系统的基础上进行改进，增加了各个阀门开关状态、压力、流量等参数监测传感器，并能通过监测监控系统控制主要阀门。在水管管网压力、流量等参数出现异常时进行报警。实现了供水施救系统的在线监测。

第7篇　通信联络系统

1　系统的作用、功能与体系结构

《国务院关于进一步加强企业安全生产工作的通知》（国发〔2010〕23号）和《国家安全生产监督管理总局国家煤矿安全监察局关于建设完善煤矿井下安全避险“六大系统”的通知》（安监总煤装〔2010〕146号）要求煤矿要安装监测监控系统、井下人员定位系统、紧急避险系统、压风自救系统、供水施救系统和通信联络系统等技术装备；按照在灾变期间能够通知人员撤离和实现与避险人员通话的要求，进一步建设完善矿井通信联络系统。

矿井通信系统又称矿井通信联络系统，是煤矿安全生产调度、安全避险和应急救援的重要工具。

1.1　矿井通信系统的特点

矿井通信系统是矿井生产调度和抢险救灾的重要工具。煤矿井下是一个特殊的工作环境，因此，矿井通信系统不同于一般地面通信系统，它具有如下特点：

（1）电气防爆：煤矿井下具有甲烷等可燃性气体和煤尘，因此，矿井通信设备必须是防爆型电气设备，并宜采用安全性能好的本质安全型防爆措施。

（2）无线传输衰耗大：煤矿井下空间狭小，且有风门、机车等阻挡体，巷道倾斜，有拐弯和分支、巷道表面粗糙等，无线传输衰耗大。

（3）设备体积小：煤矿井下空间狭小，因此，矿井通信设备的体积，特别是天线体积不能很大，便携式移动台更要注意设备的体积和重量。

（4）功率小：本质安全型防爆电气设备的最大输出功率为25 W左右。为将矿井通信设备制成本质安全型防爆电气设备，设备的功率一般较小。

（5）抗干扰能力强：煤矿井下空间窄小，机电设备相对集中、功率大，电磁干扰严重，特别是大型机电设备启停、架线电机车电火花等对通信设备干扰大，故矿井通信设备应具有较强的抗干扰能力。

（6）防护性能好：矿井通信设备应具有防尘、防水、防潮、防腐、耐机械冲击等性能。

（7）电源电压波动适应能力强：井下电网电源电压波动范围为75%～110%，甚至达到75%～120%，因此，矿井通信设备应具有较强的电源电压波动适应能力，特别当电网停电时，应由备用电源维持不小于2 h的正常工作。

（8）抗故障能力强：煤矿井下环境恶劣，设备故障率高，人为破坏事件时有发生，因此，矿井通信系统应具有较强的抗故障能力，当系统中某些设备发生故障时，不会造成整个系统瘫痪，其余非故障设备仍能继续工作。

（9）服务半径大：矿井通信服务半径一般为十几千米，同一般建筑物内、公路隧道、铁路隧道等限定空间的移动通信相比，服务半径较大。

（10）信道容量大：煤矿井下是一个移动的工作环境，随着煤炭的开采，巷道的开拓与掘进，工作场所一直在移动，现有有线调度电话均受到局限。随着移动通信系统可靠性、通信质量的提高、功能的完善、成本的降低，通信系统将承担着大量的生产调度与救灾通信的任务，因此需要通信系统具有较大的信道容量。另外，井下电机车等移动设备的监控和便携式仪器入网也需信道容量较大的移动通信网。

（11）移动速度慢：矿井移动通信系统的移动台的移动速度较慢，这主要是因为矿井运输工具主要为带式输送机、电机车、单轨吊车、斜井绞车、罐笼等，其运行速度远远低于火车、汽车等陆地运输工具。

1.2　系统组成及工作原理

矿井通信系统包括矿用调度通信系统、矿井广播通信系统、矿井移动通信系统、矿井救灾通信系统。煤矿应装备矿用调度通信系统，积极推广应用矿井广播通信系统和矿井移动通信系统；救护队应装备矿井救灾通信系统。

矿用调度通信系统一般由矿用本质安全型防爆调度电话、矿用程控调度交换机（含安全栅）、调度台、电源、电缆等组成，如图7-1-1所示。矿用本质安全型防爆调度电话实现声音信号与电信号转换，同时具有来电提示、拨号等功能。程控调度交换机控制和管理整个系统，具有交换、接续、控制和管理功能。调度台具有通话、呼叫、强插、强拆、来电声光提示、录音等功能。

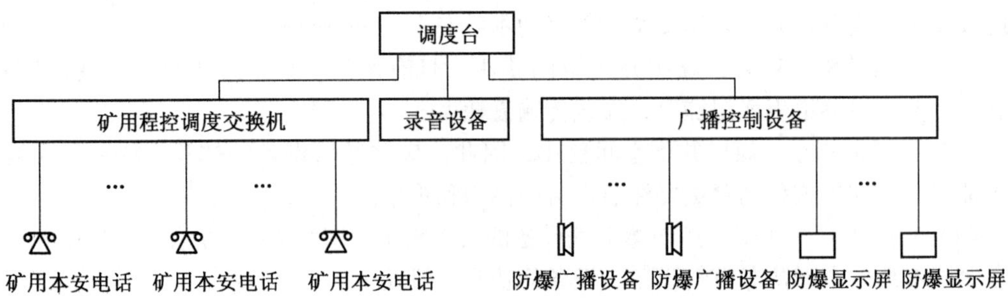

图7-1-1　矿用调度通信系统和矿井广播通信系统

矿井广播通信系统一般由地面广播录音及控制设备、井下防爆广播设备、防爆显示屏、电缆等组成，如图7-1-1所示。地面广播录音及控制设备具有广播、录音、控制等功能，一般由矿用程控调度交换机和调度台承担。防爆广播设备将电信号转换为大功率声音信号，及时广播事故地点、类别、逃生路线等。防爆显示屏显示事故地点、类别、逃生路线等信息。

矿井移动通信系统一般由矿用本质安全型防爆手机、矿用防爆基站、系统控制器、调度台、电源、电缆（或光缆）等组成，如图7-1-2所示。矿用本质安全型防爆手机实现声音信号与无线电信号的转换，具有通话、来电提示、拨号、短信等功能，部分本安防爆手机还具有图像功能。矿用防爆基站实现有线/无线转换，并具有一定的交换、接续、控制和管理功能。系统控制器控制和管理整个矿井移动通信系统的设备，具有交换、接续、控制和管理等功能。调度台具有通话、呼叫、强插、强拆、广播、来电声光提示等功能。

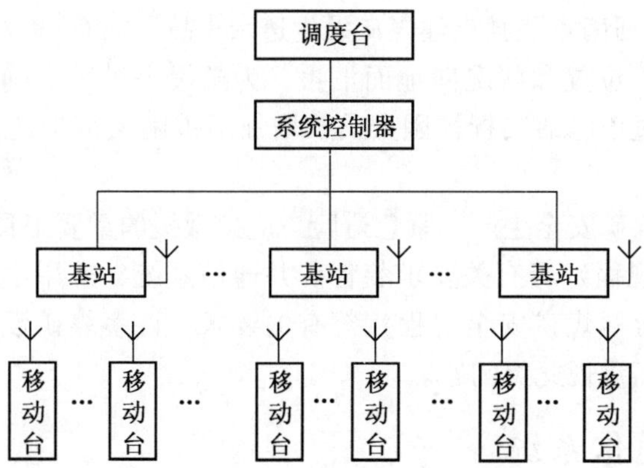

图7-1-2　矿井移动通信系统

矿井救灾通信系统一般由矿用本质安全型防爆移动台、矿用防爆基站（含话机）、矿用防爆基站电源（可与基站一体化）、地面基站通信终端、电缆（或光缆）等组成，如图7-1-3所示。矿用本质安全型防爆移动台实现声音信号与无线电信号的转换，具有通话、呼叫、来电提示等功能。矿用防爆基站实现有线/无线转换，具有交换、接续、控制、管理、通话、呼叫、来电提示等功能。地面基站通信终端具有通话、呼叫、来电提示等功能。

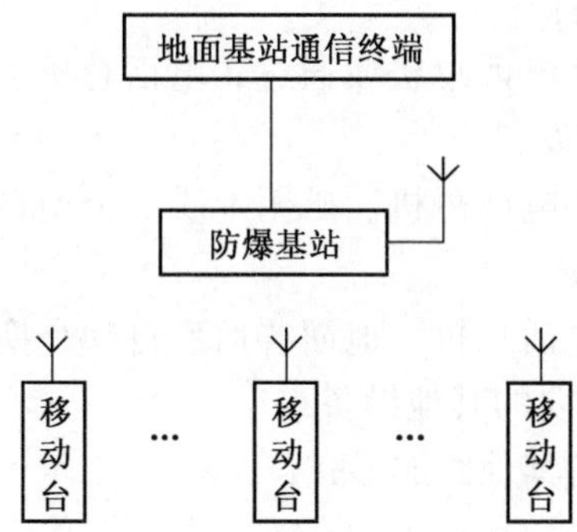

图7-1-3　矿井救灾通信系统

1.3　系统作用及救援案例

矿井通信系统的作用有：

（1）煤矿井下作业人员可通过通信系统汇报安全生产隐患、事故情况、人员情况等，并请求救援等。

（2）调度室值班人员及领导可通过通信系统通知井下作业人员撤人、逃生路线等。

（3）日常生产调度通信联络等。

（4）矿井救灾通信系统主要用于灾后救援。

2007年7月29日河南省陕县支建煤矿发生透水事故，共有69人被困。被困人员通过电话及时将被困人数、位置和状况向地面汇报，为救援提供了准确信息，缩短了救援时间。同时有关人员通过该电话安抚被困人员，增强了被困人员生还信心。最终被困的69人成功获救。

矿井通信系统是煤矿安全生产、紧急避险、应急救援的重要工具，然而目前部分煤矿没有按照《煤矿安全规程》等有关要求装备矿井通信系统，矿用本质安全型防爆电话装备数量和地点均不符合《煤矿安全规程》等有关要求，许多煤矿没有装备防爆语音广播设备，因此相关部门需重视此类问题。

1.4 矿用调度通信系统

1.4.1 矿用调度通信系统特点

（1）防爆型式：煤矿生产调度通信系统的防爆型式为地面普通型兼矿用本质安全型。

（2）交换型式有以下3种：

① 人工接续；

② 自动接续；

③ 人工接续与自动接续兼备。

（3）规格，按系统容量划分规格，一般应从以下两列数字中选取：

① 30，60，90，100，120，150，180，270门等；

② 32，64，128，256门等。

（4）组成形式有以下几种：

① 煤矿生产调度人工交换电话总机或通过式电话总机、矿用本质安全型电话机、地面普通型电话机及必要的其他设备；

② 煤矿生产调度自动交换电话总机、矿用本质安全型自动电话机、地面普通型电话机及必要的其他设备；

③ 煤矿生产调度通过式电话总机、地面普通型自动交换机、矿用本质安全型自动电话机、地面普通型电话机及必要的其他设备；

④ 能实施相关标准要求的其他组成形式。

1.4.2 技术要求

1.4.2.1 环境条件

煤矿生产调度电话总机的机房环境条件从表7-1-1中选取。

表7-1-1 煤矿生产调度电话总机的机房环境条件

工作场所	温度/℃	相对湿度/%	大气压力/kPa	噪声/dB(A)
有空调设备的可控环境	10～30	≤75	80～106	≤60
有保温保暖及通风的室内	0～40	≤90		
无供暖条件的室内	-10～40			

煤矿井下用电话机及其他设备的环境条件为：

（1）环境温度：一般为 -5～40 ℃，选用其他温度等级时应符合 MT 209 第 4.2 条的规定；

（2）平均相对湿度：不大于 95%（25 ℃）；

（3）大气压力：80～106 kPa；

（4）环境噪声：一般不大于 75 dB(A)；

（5）有爆炸性混合物，但无显著振动和冲击，无破坏绝缘的腐蚀性气体。

1.4.2.2　基本性能

1. 绳路及中继线路

绳路及中继线路应不少于表 7－1－2 的规定。

表 7－1－2　绳路及中继线路

绳路数	人工交换	自动变换
调度话路/线	2	2
交换绳路/线	2	总容量的 10%
中继线路/线	6	6

2. 调度功能

（1）调度通过手机以及扩音对讲方式均能与系统内的任一用户实现无阻塞通话，并具备：

① 调度呼叫用户时，总机台上应有发铃显示，话机应有收铃响应，用户摘机后总机应能自动截铃；

② 用户呼叫调度时，总机台上应有可闻信号及地址显示。

（2）系统有双向急呼功能，并具备：

① 用户应能紧急呼叫调度，此时总机应有区别于正常呼叫的可见可闻信号及地址显示；

② 调度应能紧急呼叫任一个、一组或全部用户，总机有相应显示，话机应有区别于正常振铃的可闻信号；

③ 自动或人工投入录音设备。

（3）调度能监视用户的通话状态，并具备监听、插入和强拆功能。

3. 交换功能

通过人工接续或自动接续的方式，可实现用户间的呼叫通话，总机台上应有相应的操作显示及用户的状态显示。

4. 显示功能

（1）总机调度台上每门用户至少应具备以下显示：

① 用户呼叫调度；

② 调度呼叫用户；

③ 用户通话；

④ 用户紧急呼叫调度；

⑤ 调度紧急呼叫用户。

（2）井下用户话机应具备以下显示：

① 按键行程小于 1 mm 时的报键指示；

② 用户摘机显示；

③ 用户发急呼显示。

（3）应具备电源与备用电源切换显示。

5. 录音功能

系统应具备手动录音、自动录音、手动录音和自动录音兼备中的一种录音功能。

6. 汇接功能

（1）通过中继线路能实现与其他通信系统的连接。

（2）调度与中继用户通话过程中需暂停时，总机应具备将通话用户保留，再与中继用户继续通话的功能。

（3）通过专用汇接装置，总机的用户线可与煤矿井下局部通信装置（又称子系统）连接。

7. 通播功能

调度能将煤矿井下用户话机全部或部分打开，实现话音通播，此时录音设备应自动或手动投入。

8. 电源自动切换功能

设备用电源应能实现自动切换。备用电源的要求由各自产品标准规定，但其容量应保证系统连续运行不低于 2 h。

1.4.2.3 选择性能

系统可选择以下性能：

（1）催挂久不挂机的用户；

（2）会议通话；

（3）显时、计时、录时；

（4）系统自检；

（5）屏幕显示及打印；

（6）有线无线转接；

（7）连选；

（8）其他功能。

1.4.3 技术指标

1. 电源电压及工作电压

（1）电源电压为交流 50 Hz、220 V，电压波动范围为 85% ~110%。

（2）话机的供电电压在 60 V、48 V 及 24 V 3 个等级中选取。

（3）系统中其他设备的供电电压等级应符合 GB 156 的规定。

2. 通信距离

系统的最大通信距离一般应为 25 km 或 30 km，用户线路参数在表 7-1-3 中选取。

表7-1-3　系统最大通信距离

用户线路参数	最大通信距离	
	15 km	10 km
最大线路电阻（不包括电话机）/kΩ	1.2	0.8
最小绝缘电阻/kΩ	15~20	15~20
最大线间电容/μF	0.9	0.6
每公里最大线路电感/($mH \cdot km^{-1}$)	0.8	0.8

3. 呼叫

（1）调度正常呼叫用户时，话机振铃一般采用的断续比为1∶1(1 s振，1 s停)或1∶4(1 s振，4 s停)。

（2）用户呼叫调度时，总机的蜂音信号一般采用的断续比为1∶1(1 s振，1 s停)，频率为（450±50）Hz。

（3）调度紧急呼叫用户时的话机振铃及用户紧急呼叫调度时的总机蜂音应明显区别于正常状态的振铃和蜂音。紧急呼叫蜂音的断续比为1∶1(0.5 s振，0.5 s停)，频率为（450±50）Hz。

（4）各种呼叫振铃、蜂音、信号音的频率及断续比应在各自系统标准中明确规定，断续时间偏差分别不超过±10%。呼叫音响应符合以下规定：

地面调度总机：蜂音响度不低于60 dB(A)；

井下用户话机：振铃响度不低于80 dB(A)。

4. 本质安全参数

在系统标准中应明确规定以下本质安全参数：

（1）下井用户线最高开路电压及话机最高输入直流电压；

（2）下井用户线最大短路电流及话机最大输入直流电流；

（3）下井用户线最高铃流开路电压及话机最高输入铃流电压；

（4）下井用户线最大铃流工作电流及话机最大输入铃流电流；

（5）影响系统本质安全性能的其他参数。

1.4.4　其他要求

1. 结构要求

系统中设备应符合MT 209第7章、第8章、第9章及11.3条的有关规定，井下话机的外壳防护等级应不低于IP 43。

2. 外观要求

组成系统的设备应完整，并具有产品合格证，系统中设备的外观应符合MT 209第6章的有关规定。

3. 安全要求

系统中从总机引出的用户线应采取避雷措施，系统中设备应符合MT 209第11章的有关规定。

4. 防爆性能

系统及系统中所有的本质安全型设备及本质安全电路均应符合 GB 3836.1 及 GB 3836.4 的规定，并通过国家指定的防爆检验单位审查检验合格。

1.5 多基站矿井移动通信系统技术要求

多基站矿井移动通信系统应符合《MT/T 1115　多基站矿井移动通信系统通用技术条件》等有关标准的规定，系统中的设备应符合相关标准的规定，并按照经规定程序批准的图样及文件制造和成套。

1.5.1 环境条件

系统中用于机房、调度室的设备，应能在下列条件下正常工作：①环境温度：15 ~ 30 ℃；②相对湿度：40% ~70%；③温度变化率：小于 10 ℃/h，且不应结露；④大气压力：80 ~ 106 kPa；⑤《GB/T 2887　电子计算机场地通用规范》规定的尘埃、照明、噪声、电磁场干扰和接地条件。

除有关标准另有规定外，系统中用于煤矿井下的设备应能在下列条件下正常工作：①环境温度：0 ~ 40 ℃；②平均相对湿度：不大于 95%（25 ℃）；③大气压力：80 ~ 106 kPa；④有爆炸性气体混合物，但无显著振动和冲击、无破坏绝缘的腐蚀性气体。

1.5.2 供电电源

地面设备交流电源：①额定电压：380 V/220 V，允许偏差 -10% ~ +10%；②谐波：不大于 5%；③频率：50 Hz，允许偏差 ±5%。

井下设备交流电源：①额定电压：127 V/380 V/660 V/1140 V，允许偏差，专用于井底车场、主运输巷：-20% ~ +10%；其他井下产品：-25% ~ +10%；②谐波不大于 10%；③频率：50 Hz，允许偏差 ±5%。

1.5.3 系统组成

系统一般由移动台（处于运动中或停在某未定地点进行通信的无线电收发设备，它包括手持台、便携台和车载台等）、矿用基站（用于煤矿井下无线接入的固定无线电收发设备）、基站电源（可与基站一体化）、系统控制器（控制和管理整个矿井移动通信系统的设备，具有交换、接续、控制和管理等功能）、调度终端（对接入系统的移动台等进行指挥、调度和管理的设备，可与系统控制器一体化）、电缆（或光纤、漏泄电缆）、接线盒、中继器（可缺省）、避雷器、软件和其他必要设备组成。

1.5.4 主要功能

1.5.4.1 系统主要功能

系统应具有移动台与移动台、移动台与固定电话之间互联互通功能。

系统宜能对不同用户设置不同的优先权（为保证重要用户及时申请到信道，通过对用户设置不同的优先级，用于信道繁忙时选呼、组呼和全呼的队列），并能对申请信道的用户按优先权的不同和申请的先后顺序排队（当信道繁忙时，系统可对申请信道的用户按优先权排队，对于同等优先级的用户申请，按先申请先排队的原则排队）。

系统宜具有连续服务功能，即对于在通话中由于超出服务区域造成的通话中断，当该移动台重新进入服务区域时能连续通话。

系统宜具有用户限时功能。为避免用户因忘记挂机、长期超出服务区域等原因造成对信道的无效占用，系统对用户每次通话给予最大时间限定。当用户通话时间超过最大允许时间时，系统会中断用户对信道的占用，将信道分配给排队的用户。当没有其他用户申请时，系统对通话的用户不限时。系统按优先权的高低确定通话时间的长短。

系统宜具有分布管理功能（在同一个基站服务区域内的移动台的呼叫及通话，由该基站管理，而不必经过控制中心），以提高系统抗故障能力和应用范围。

系统宜具有移动台位置登记功能。由移动台发出信号，即当移动台开机时自动将识别码发送出去，然后每隔一定时间自动重发一次，基站收到移动台的识别码后，系统则认为该移动台在该基站服务区内。

系统应具有越区切换功能。越区切换保证移动台由一个基站服务区进入另一个无线连续覆盖的基站服务区时，通话连续。当进入的另一个基站服务区没有空闲信道时，移动台也不用重新拨号，一旦信道空闲，系统将优先把空闲信道分配给越区通信的移动台。

系统应具有非法用户禁用功能。为防止因移动台丢失和数据被盗所引起的非法使用，系统将禁止非法用户进入。

系统应具有自诊断和故障指示功能，系统应具有对调度终端、控制中心、基站等进行定时或连续诊断功能，当发生故障时，及时报警并指示故障位置。

系统应具有数据传输、中继汇接、备用电池过放电告警及过充过放保护功能。系统宜具有计费、短信功能。

供电电源在规定的电压波动范围内变化时，系统的交换、接续、通话、通信距离、容量等应符合要求。

系统应进行工作稳定性试验，通电时间不小于 7 天，系统的交换、接续、通话、通信距离、容量等应符合要求。

系统应能通过《GB/T 17626.3—2006　电磁兼容　试验和测量技术　射频电磁场辐射抗扰度试验》规定的、试验等级不低于 1 级的射频电磁场辐射抗扰度试验，系统应能正常工作。系统应能通过《GB/T 17626.4—2008　电磁兼容　试验和测量技术　电快速瞬变脉冲群抗扰度试验》规定的、试验等级不低于 1 级的电快速瞬变脉冲群抗扰度试验，系统应能正常工作。系统应能通过《GB/T 17626.5—2008　电磁兼容　试验和测量技术　浪涌（冲击）抗扰度试验》规定的、试验等级不低于 1 级的浪涌（冲击）抗扰度试验，系统应能正常工作。

系统平均无故障工作时间（MTBF）应不小于 800 h。

系统中用于煤矿井下的设备应为防爆型电气设备，移动台应为本质安全型防爆电气设备。防爆型设备应符合《GB 3836.1　爆炸性气体环境用电气设备　第 1 部分：通用要求》、《GB 3836.2　爆炸性气体环境用电气设备　第 2 部分：隔爆型“d”》、《GB 3836.3　爆炸性气体环境用电气设备　第 3 部分：增安型“e”》、《GB 3836.4　爆炸性气体环境用电气设备　第 4 部分：本质安全型“i”》的规定。

1.5.4.2　移动台主要功能

移动台应具有选呼（输入被叫方电话号码呼叫被叫方）功能。

经授权的移动台应具有组呼（输入组呼编号呼叫该组的所有电话；组呼可同时将有关信息快速通报给许多用户，也可召开多方会议研究工作；组呼可选择实时、等待和中断 3 种方式）和全呼（输入全呼编号呼叫系统内全部电话；全呼可同时将有关信息快速通报给许多用户，也可召开多方会议研究工作；全呼可选择实时、等待和中断 3 种方式）

功能。

移动台应具有急呼（当用户遇到紧急情况时，可使用专用键急呼调度终端，调度终端应能接收内部用户的紧急呼叫，显示紧急呼叫的用户号码，优先处理并自动录音，紧急呼叫可选择优先排队和中断2种方式）功能。

移动台应具有重拨（当信道繁忙或无线信号较弱而没有申请到信道时，手机自动重拨，免除用户重新按键）功能。

移动台应具有脱网（当基站、控制中心和电缆发生故障时，在无线直通范围内的移动台可直接通话）功能。

移动台应具有超出服务区域提示功能和当前信道繁忙提示功能。移动台应具有短信收发功能和低电压报警功能。

1.5.4.3 调度终端主要功能

调度终端应无阻塞呼叫内部用户，可强拆、强插中继或用户，应符合调度通信畅通无阻的要求。

调度终端应能接收内部用户的紧急呼叫，显示紧急呼叫的用户号码，声光报警，优先处理并自动录音。

调度终端应具有全呼和组呼功能。

调度终端宜具有召开多方会议的功能，用户可以随时发言，调度终端也可控制某用户发言或终止发言，外线入中继用户也可参加会议。

调度终端应能同时处理多路呼叫而互不干扰，具体路数由相关标准规定。

调度终端应具有中继汇接功能，具有扬声通话和通话录音功能。

调度终端应具有用户或中继的状态指示，用户对调度终端的各种呼叫均可通过不同的声、光提示及号码显示，用户状态明了，调度员可以方便地运用强插、强拆等功能实施监控。

1.5.5 主要技术指标

移动台到基站天线之间的无线通信距离应不小于10 m；基站至系统控制器之间的有线通信距离应不小于10 km。

基站数量、移动台数量、基站内可同时通话移动台数量和基站间可同时通话移动台数量由相关标准规定。

基站和移动台无线发射功率由相关标准规定，但应对人身健康无伤害。基站和移动台无线接收灵敏度由相关标准规定。基站和移动台无线发射频率由相关标准规定。

移动台蓄电池连续工作时间应不小于11 h，其中，通话时间应不小于2 h。在电网停电后，基站备用电源向基站连续供电时间应不小于2 h。

1.6 矿井救灾通信系统技术要求

矿井救灾通信系统及有关设备应符合《MT/T 1129 矿井救灾通信系统通用技术条件》的相关规定，系统中的其他设备应符合国家及行业有关标准的规定，并按照经规定程序批准的图样及文件制造和成套。

1.6.1 环境条件

矿井救灾通信系统中用于机房、调度室的设备，应能在下列条件下正常工作：①环境温度：15～30 ℃；②相对湿度：40%～70%；③温度变化率：小于 10 ℃/h，且不得结露；④大气压力：80～106 kPa；⑤《GB/T 2887 电子计算机场地通用规范》规定的尘埃、照明、噪声、电磁场干扰和接地条件。

除有关标准另有规定外，系统中用于煤矿井下的设备应在下列条件下正常工作：①环境温度：0～60 ℃或0～40 ℃连续工作，并能在不超过60 ℃的高温下不连续工作：40 ℃时，工作时间不小于25 min；45 ℃时，工作时间不小于20 min；50 ℃时，工作时间不小于15 min；55 ℃时，工作时间不小于10 min；60 ℃时，工作时间不小于5 min；②平均相对湿度：95%（25 ℃）；③大气压力：80～106 kPa；④有爆炸性气体混合物和悬浮矿尘，但无显著振动和冲击。

1.6.2 地面设备交流电源

地面设备交流电源应满足下列要求：①额定电压：380 V/220 V，允许偏差－10%～＋10%；②谐波：不大于5%；③频率：50 Hz，允许偏差±5%。

1.6.3 系统组成

系统一般由移动台、基站（含话机）、基站电源（可与基站一体化）、地面基地通信终端、电缆、光缆（可缺省）、接线盒、中继器（可缺省）、避雷器、软件和其他必要设备组成。

1.6.4 主要功能

基站应具有与移动台通话、与地面基地通信终端通话的功能，语音通信宜采用双工制。

移动台之间应具有通话功能，语音通信宜采用双工制。移动台应具有与地面基地通信终端通话的功能，语音通信宜采用双工制。

地面基地通信终端、基站和移动台应具有发起急呼、全呼的功能。

基站应能脱网独立工作，基站与其无线覆盖范围内的移动台、移动台之间应具有通话功能。

移动台宜具有脱网工作功能，在没有基站无线覆盖的条件下，移动台之间可以直接通话。

系统宜具有甲烷、一氧化碳、氧气、温度等监测功能。

系统宜具有图像监视、图像、声音和数据存储功能。

系统宜具有组呼、网络通信功能。

系统应进行工作稳定性试验，通电试验时间不小于7天，其主要功能和主要技术指标应不低于相关标准的要求。

系统应能通过《GB/T 17626.3—2006 电磁兼容 试验和测量技术 射频电磁场辐射抗扰度试验》规定的、试验等级不低于1级的射频电磁场辐射抗扰度试验，系统应能正常工作。系统应能通过《GB/T 17626.4—2008 电磁兼容 试验和测量技术 电快速瞬变脉冲群抗扰度试验》规定的、试验等级不低于1级的电快速瞬变脉冲群抗扰度试验，系统应能正常工作。系统应能通过《GB/T 17626.5—2008 电磁兼容 试验和测量技术 浪涌（冲击）抗扰度试验》规定的、试验等级不低于1级的浪涌（冲击）抗扰度试验，系统应能正常工作。

系统平均无故障工作时间（MTBF）应不小于800 h。

用于煤矿井下的设备应为防爆型电气设备，其输入输出信号应是本质安全型。移动台应为本质安全型防爆电气设备。基站宜为本质安全型防爆电气设备。防爆型设备应符合《GB 3836.1　爆炸性气体环境用电气设备　第1部分：通用要求》、《GB 3836.2　爆炸性气体环境用电气设备　第2部分：隔爆型“d”》、《GB 3836.3　爆炸性气体环境用电气设备　第3部分：增安型“e”》、《GB 3836.4　爆炸性气体环境用电气设备　第4部分：本质安全型“i”》的规定。

1.6.5　主要技术指标

地面基地通信终端、基站、移动台之间的传输距离应符合下列要求：①基站至地面基地通信终端之间的传输距离应不小于10 km；②移动台到基站之间的传输距离应不小于300 m，宜不小于500 m；③移动台到移动台之间的传输距离应不小于300 m，宜不小于500 m。

系统可配置的移动台的数量应不小于18台。

地面基地通信终端、基站、移动台的话音音质均应不低于3级。

当基站与移动台之间采用无线通信时，基站和移动台无线发射功率由相关标准规定，移动台发射功率不宜大于5 W。当基站与移动台之间采用无线通信时，基站和移动台无线接收灵敏度由相关标准规定。当基站与移动台之间采用无线通信时，基站和移动台无线发射频率由相关标准规定。

蓄电池使移动台连续工作时间应不小于11 h，其中通话时间应不小于2 h（收、发用时相等时）。地面基地通信终端及基站在蓄电池供电的情况下，连续工作时间应不小于11 h。

1.7　装备要求

（1）矿井通信系统应符合有关标准要求，取得矿用产品安全标志准用证和防爆合格证。

（2）用于煤矿井下通信设备必须是防爆型电气设备，在电缆和光缆上传输的信号必须是本质安全型信号。用于煤矿井下的电话必须是矿用本质安全型防爆电话。

（3）煤矿必须装备矿用调度通信系统。用于煤矿井下的调度电话必须是矿用本质安全型防爆电话。调度电话应直接连接设置在地面的地面一般兼本质安全型调度交换机（含安全栅），并由调度交换机远程供电。为防止煤矿井下因事故停电，影响系统正常工作，严禁调度电话由井下就地供电，或经有源中继器接调度交换机。调度电话至调度交换机的无中继通信距离应不小于10 km。调度电话至调度交换机应采用矿用电缆连接。

（4）矿井地面变电所、地面通风机房、主副井绞车房、压风机房、井下主要水泵房、井下中央变电所、井底车场、运输调度室、采区变电所、上下山绞车房、水泵房、带式输送机集中控制硐室等主要机电设备硐室、采掘工作面、突出煤层采掘工作面附近、爆破时撤离人员集中地点、采区和水平最高点、井下避难硐室（或救生舱）等必须设有直通矿调度室的调度电话。

（5）积极推广应用矿井广播通信系统，当发生险情时，及时通知井下人员撤离。用于煤矿井下的通信设备必须是防爆型电气设备，在电缆和光缆上传输的信号必须是本质安全型信号。系统应具有扩音广播功能，宜具有显示功能。发生险情时，系统应能通过广播和显示牌，通知事故地点、类别、撤离路线等。井下各行人巷道和作业地点应设置广播设备，宜设置显示牌。

(6) 积极推广应用矿井移动通信系统，以提高通信的及时性和有效性。但需要注意的是，矿井移动通信系统和矿用IP电话通信系统均不能替代矿用调度通信系统，这是因为矿井移动通信系统的基站和矿用IP电话通信系统的井下网络交换等设备均需井下供电，其抗灾变能力远远低于不需井下供电的矿用调度通信系统。

(7) 矿井移动通信系统具有通信及时和便捷的优点，特别适合煤矿井下移动的作业环境和流动作业人员。煤矿井下带班领导、技术人员、区队长、班组长、瓦斯检查员、安全检查员、电钳工等流动作业人员，宜配备矿用移动电话，以便及时通报安全隐患、紧急避险和调度指挥。

(8) 救护队应装备矿井救灾通信系统。

(9) 完善管理制度，制定事故应急预案，在发生灾变时迅速通知井下人员撤离避险。

矿井通信系统是煤矿井下安全避险“六大系统”之一，是煤矿生产调度、安全避险和应急救援的重要工具。为提高生产率、及时通报事故隐患和应急避险，煤矿必须装备矿用调度通信系统，积极推广应用矿井移动通信系统和矿井广播通信系统。矿山救护队应装备矿井救灾通信系统。

2 矿用调度通信与广播通信系统

随着信息化技术和能源行业的迅速发展，信息化需求在煤矿行业日益旺盛。矿用调度通信系统与广播通信系统在解决煤矿安全保障、通信管理、生产组织等实际问题中发挥着巨大作用，为此本章主要研究矿用调度通信系统与广播通信系统的有关内容。

2.1 矿用调度通信系统的组成

矿用调度通信系统的特点是结合了语音和调度通信的功能，其主要功能包括呼叫、监听、插话、夺话、强拆、分组、组呼、单听、听说、添加/删除临时成员、设置/取消主席、录音等。矿用调度通信系统可以分为两大类：以程控交换机为核心的矿用程控调度通信系统和以数据网络（IP Network）为传输平台的矿用 IP 调度通信系统。依据传输介质的不同，还可以分为矿用有线调度通信系统和矿用无线调度通信系统，但就目前的技术现状，完全的矿用无线调度通信系统尚无产品，技术上尚不成熟，多数是形成有线和无线相结合的矿用调度通信系统，而且矿用调度通信系统的无线部分常与移动通信、定位功能相融合，视煤矿企业的具体需求，矿用调度通信系统往往与移动通信、定位系统是合一的。

目前，国内大部分矿井调度系统装备大、设备结构复杂，并且各自独立，不能达到安全生产、信息资源共享的要求。智能化综合调度系统为矿井的安全高效生产和抢险救灾提供了可靠的指挥装备。矿用调度系统属于矿用电子和通讯技术应用领域，是根据我国矿业的实际需求研究开发的，特别适合在矿业作业环境恶劣的条件下使用。

矿用有线程控调度通信系统一般由矿用本质安全型防爆调度电话、矿用程控调度交换机（含安全栅）、调度台、电源、电缆等组成，如图 7-2-1 所示。矿用程控调度交换机、调度台和电源设置在地面，矿用本质安全型防爆调度电话设置在煤矿井下。矿用本质安全型防爆调度电话实现声音信号与电信号转换，同时具有来电提示、拨号等功能；程控调度交换机控制和管理整个系统，具有交换、接续、控制和管理功能；调度台具有通话、呼叫、强插、强拆、来电声光提示、录音等功能。

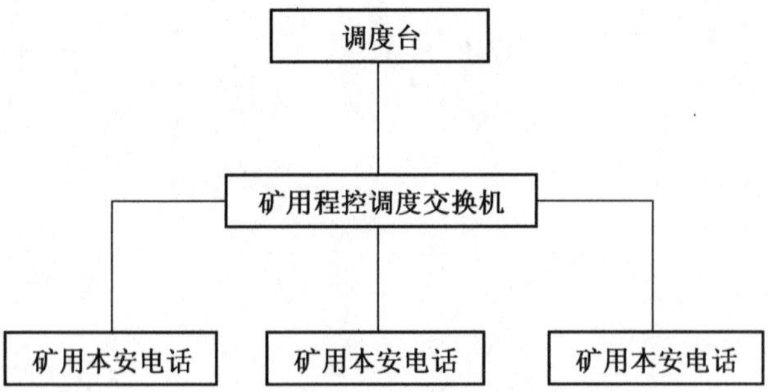

图 7-2-1 矿用有线程控调度通信系统组成

矿用有线调度通信系统除用于日常生产调度通信联络外，煤矿井下作业人员可通过通信系统汇报安全生产隐患、事故情况、人员情况，并请求救援等。调度室值班人员及领导通过通信系统通知井下作业人员撤离、逃生路线。

矿用调度通信系统不需要煤矿井下供电，因此，系统抗灾变能力强。当井下发生瓦斯超限停电或故障停电时，不会影响系统正常工作。矿用有线程控调度通信系统的布置如图7－2－2所示，当发生顶板冒落、水灾、瓦斯爆炸等事故时，只要电话和电缆不被破坏，就可与地面通信联络。矿用调度通信系统抗灾变能力优于其他矿井通信系统。2007年7月29日，河南陕县支建煤矿发生淹井事故，该班下井人数102人，其中33人及时升井，69人被困井下，事故后其他通信设施都被破坏，只有事故矿井井口的一部调度通信电话能正常工作，抢险救灾的过程中，正是通过这部电话井上随时可以和井下保持联络沟通，这种沟通极大地鼓舞了被困人员的信心，为救援工作的顺利开展提供了可靠的技术支持。

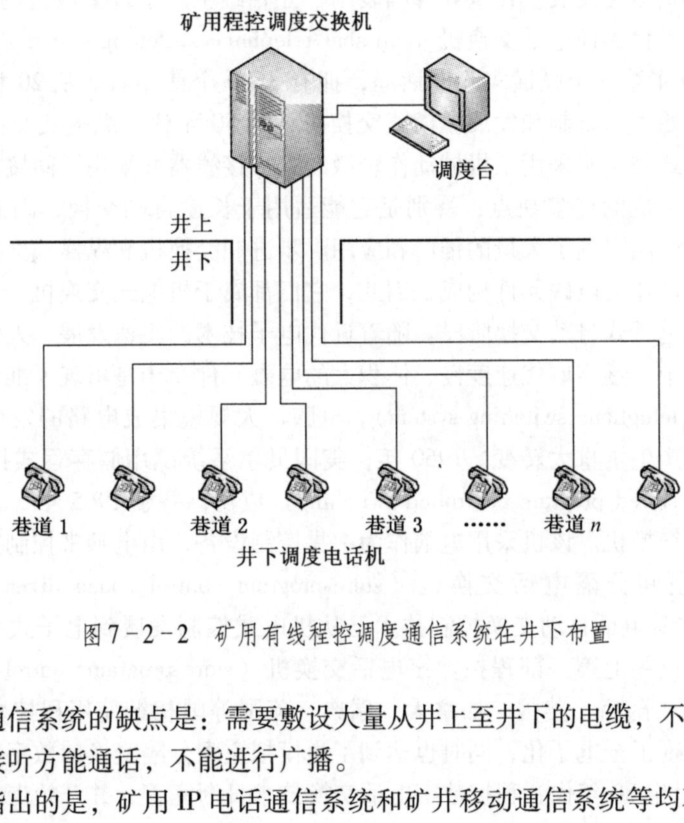

图7－2－2　矿用有线程控调度通信系统在井下布置

矿用调度通信系统的缺点是：需要敷设大量从井上至井下的电缆，不能做到覆盖全矿井，需要有人接听方能通话，不能进行广播。

特别需要指出的是，矿用IP电话通信系统和矿井移动通信系统等均不得替代矿用调度通信系统。

2.2　矿用调度交换机

电话通信要解决3个问题：第一是语音信号的发送和接收；第二是语音信号的传输；第三是语音信号的交换。第一个问题由电话机来解决，第二个问题由各种类型的传输介质来解决，第三个问题则由各种类型的电话交换设备来解决。这3个部分只要有系统地结合起来，就能构成一个完整的电话通信系统。而电话交换设备，是整个电话通信网路中的枢纽，有着相当重要的作用。自从一百多年前电话发明以来，电话交换技术的发展大体经历了3个阶段：

第一阶段是人工交换阶段。电话一发明，由于要求各地电话机之间灵活地交换连接，于是很快发明了交换机。最早采用的是磁石式电话交换机（magneto telephone exchange），接着出现了共电式电话交换机（common battery telephone exchange），这些都是人工交换机，必须由接线生（operator）来完成使用者电话间的接线和拆线，其特点是设备简单、容量小，需占用大量人力，话务员工作繁重，速度又慢，因此，人工交换机逐渐被自动交换机所取代。

第二阶段是机电式自动交换阶段。自动交换机是靠使用者发送号码（被叫使用者的位址编号）进行自动选线的。世界上第一部自动交换机是1898年由美国人史端乔（almon b. strowger）发明的，这是一台步进式ipm电话交换机（step by step telephone exchange），1892年，世界上第一个步进式ipm自动电话局在美国印第安纳州拉波特设立，因此，自动电话交换机得到迅速发展，在世界各国装用，并相继生产了许多改进的机型。1926年，瑞典研制出了第一台纵横电话交换机（crossbar telephone switching system），并在松兹瓦尔（sundsvall）设立了第一个纵横实验电话局，拥有3500个使用者。从20世纪30年代起，美国等国家也开始大力研制和发展纵横式交换机，到50年代，纵横式交换机已达到成熟阶段。由于纵横式交换机采用了机械动作轻微的纵横接线器并采用了间接控制技术，使它克服了步进式交换机的许多缺点，特别是它能适用于长途自动交换，因此50年代以后，纵横式交换机在各国得到了大量的推广和应用。步进制交换机和纵横式交换机的主要元件都采用具有机械动作的电磁元件构成，因此，它们都属于机电式交换机。

第三阶段是电子式自动交换阶段。随着近代电子技术的飞速发展，人们开始把电子元件应用到交换机中，逐步取代速度慢、体积大的电磁元件，于是出现了准电子电话交换机（quasi-electronic telephone switching system）。电脑、大规模集成电路的发展及应用，使自动交换机的发展产生了重大转变。1960年，美国贝尔系统试用储存程式控制（以下简称程控）交换机（stored program controlled switching）成功，并于1965年5月开发了世界上第一部程控电话交换机。该机采用电脑作为中央控制设备，由电脑来控制接续工作，该交换机属于程控空间分隔电话交换机（store-program control space division telephone exchange），它意味着电话自动交换控制技术已从机电式控制发展到电子式程序控制。1970年，法国设立了世界上第一部程控数字电话交换机（store-program control digital telephone switching system）。随后，美国、加拿大、瑞典、英国等国相继使用程控数字交换机。程控数字交换机实现了全电子化，同时也达到了由模拟空间分隔交换向数字分时交换的重大转变。到了20世纪80年代，程控数字电话交换技术日渐完善，并开始走向交换技术发展的主导地位。

从自动交换机的产生至今已有一百多年的历史了，其发展也经历了好几代产品。如果从自动交换机内部传输资讯的方式来区分，它可分为模拟方式的电话交换机和数字方式的电话交换机。模拟方式的电话交换机对使用者的模拟信号直接进行交换，如早期的步进制交换机、纵横式交换机以及空间分隔电子交换机。

2.2.1　矿用程控调度交换机的特点

程控调度交换机是在电话交换机的基础上采用国际电信联盟（ITU）标准设计、开发而成，矿用程控调度交换机在煤矿专网中应用广泛。矿用程控调度交换机作为煤炭行业专业通信系统，需要有许多普通电话交换机无法提供的功能。普通交换机只能提供基本的电话通信业务和其他的一些基本功能，比如前转、呼叫等待、回叫、会议、免打扰、转移等。对于煤炭行业的调度需求来说，这些基本功能远远不能满足要求。因此，专业的矿用程控调度交换机应运而生，它不仅提供了一般程控交换机的电话通信业务，还提供了丰富的适用于矿用调度工作的调度功能。矿用调度通信系统的特殊性，要求它具有操作便捷、呼叫快速、稳定可靠等特点，而矿用调度交换机在这些方面比电话交换机明显加强。

矿用程控调度交换机一般采用时分制式交换，控制方式多采用主处理器热备份运行、全分散的控制方式。由于要在矿井这种特殊的环境中工作，矿用程控交换机内一般设有外界强电干扰自动复原和自诊断系统等保护装置，环境适应能力较强，具有自检功能，可自动检查电话网络故障，可异地通过网络编程及时排除软件故障。

2.2.2　矿用程控调度交换机的功能

功能上矿用程控交换机除了提供强插、强拆、热键呼入呼出、状态显示外，还可以提供更适合应用的调度功能，如选择应答、共屏振铃、多级别优先呼叫、多路由自动选择等，这些功能使得调度通信工作可操作性更强。调度交换机的强插、强拆，不仅可以对内部分机操作，也可以对跨局交换机用户操作。矿用调度交换机的功能可达上百种，这些功能是普通程控交换机无法提供的。

矿用程控交换机不仅可以实现有线调度与无线调度合一，行政用户与调度用户合一，排队、录音功能，而且还可以与各类交换机、调度机汇接组网，既能适应模拟通信环境，又能适应数字通信环境。

2.2.3　矿用程控调度交换机的系统组成

矿用程控调度交换机系统由调度主机、调度台、终端维护、调度录音系统以及分机组成。各自功能如下：①调度主机可根据用户需求采用不同的配置，实现所有呼叫功能、交换功能、调度功能及组网功能，可实现调度用户和行政用户两网合一，充分利用资源；②调度台是进行具体操作的平台，通过设置按键与被叫号码相对应，使调度台呼叫做到一键到位；调度员通过调度台可观察所有调度用户的使用状态，进行调度操作，可实现强插、强拆、强接、监听、选呼、转接、来电显示、叫醒服务、报警、排队、语音系统等上百种程控调度功能，可加装多路数字自动录音系统，对多路通话进行自动录音存放在计算机硬盘中，满足煤炭行业调度通信的需要；③终端维护控制与维护调度交换机主机的工作，包括数据管理、维护、会议电话管理和计费管理等功能；④调度录音系统对整个属于调度机系统任何调度总机或分机进行重要通话录音；⑤分机可以实现来话转移，遇忙转移，遇忙回叫，来话代接，分机定时/非定时叫醒，呼叫铃流区分，分机免打扰，分机话费查询，分机序号、号码、级别查询，分机来话提示，分机录音电话，分机来电主叫显示等功能。

2.2.4　矿用程控调度交换机的工作原理

矿用程控交换机的主要任务是实现用户间通话的接续，基本划分为两大部分：话路设备和控制设备。话路设备主要包括各种接口电路（如用户线接口和中继线接口电路等）和交换（或接续）网络；控制设备主要包括中央处理器（CPU）、存储器和输入/输出设备。

矿用程控交换机实质是采用计算机进行“存储程序控制”的交换机，它将各种控制功能编成程序，存入存储器，利用对外部状态的扫描数据和存储的程序来控制管理整个交换系统的工作。

1. 交换网络

交换网络的基本功能是根据用户的呼叫要求，通过控制部分的接续命令建立主叫与被叫用户间的连接通路。在纵横制交换机中它采用各种机电式接线器（如纵横接线器，编码接线器，笛簧接线器等）；在程控交换机中采用由电子开关阵列构成的空分交换网络和由存储器等电路构成的时分接续网络。

2. 用户电路

用户电路又称为用户线接口电路，实现各种用户线与交换之间的连接。根据应用环境和交换机制式的不同，用户电路也有多种类型。对于程控数字交换机来说，主要有与模拟话机连接的模拟用户线电路（ALC）及与数字话机、数据终端（或终端适配器）连接的数字用户线电路（DLC）。

3. 出入中继器

出入中继器是中继线与交换网络间的接口电路，用于交换机中继线的连接。它的功能和电路与所用的交换系统的制式及局间中继线信号方式有密切的关系。对模拟中继接口单元（ATU），其作用是实现模拟中继线与交换网络的接口，基本功能一般有：

（1）发送与接收中继线状态信号；

（2）转发与接收记发器信号（被叫号码信息）；

（3）供给通话电源；

（4）供给信号音；

（5）提供接收的线路信号给控制设备。

交换机的中继器通过中继线与另一交换机连接，采用用户环路信令，此时模拟中继器的功能等效为一部“话机”。若采用其他复杂的信号方式，则由中继器实现相应的话音、信令的传输控制功能。

数字中继线接口单元（DTU）的作用是实现数字交换网络与数字中继线之间的接口，通过 PCM 时隙传送中继线信令，由于数字中继线传送的是 PCM 群路数字信号，因而它具有数字通信的一些特殊问题，即要解决信令配合、信号传送和同步 3 方面的问题。

数字中继接口单元的基本功能包括帧与复帧同步码产生，连零抑制，帧调整，码型变换时钟恢复，告警处理，帧同步搜索及局间信令插入与提取等。

4. 控制设备

控制部分是数字调度交换机的核心，其主要根据外部用户与内部维护管理的要求，执行各种命令和存储程序控制相应硬件实现交换管理功能。

微处理器是数字调度交换机控制设备的主体，常按其控制工作方式与配置的不同分为集中控制和分散控制两类。

为了提高处理能力及增强系统的灵活性与可靠性，更好地适应软硬件模块化的要求，程控交换系统的分散控制程度逐步提高，已广泛采用分布式控制方式。

2.2.5 矿用程控交换机系统运行

程控调度交换机系统初始化后，根据数据存储器中用户事件表启动循环执行基本级程序。每隔一定时间被周期级程序中断而进入周期级程序，周期级程序将扫描信息登记到数据区，处理完毕后再返回中断点，继续循环执行基本级程序。基本级程序取出数据区登记信息，并进行内部分析和输出处理，其运行流程如图 7－2－3 所示：

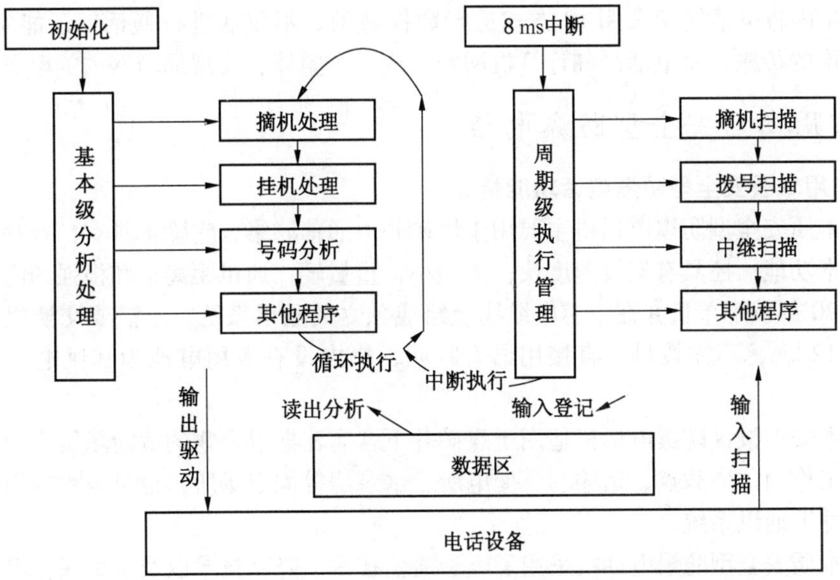

图 7－2－3　矿用程控交换机系统运行流程图

2.2.6　矿用程控用户交换机

矿用程控用户交换机（Private Branch Exchange PBX），俗称集团电话，它被广泛地运用在企业办公机构中，极大地提高了企业的工作效率。PBX 是一种特殊用途的电话交换设备，一般由外线与分机构成。它有若干电话共用一条或多条外线，不需要专职的话务员和维护人员。当外线呼入时，可由任一部电话应答，并可以转给所需的被叫。它具有的功能一般有会议电话、缩位拨号、热线服务、群呼、遇忙回叫、呼叫转移、呼出限制、呼叫等待、停电自动转移等，企业和公司内部之间的通话可以不经过上级市话局，从而减轻了市话局及其到用户交换机中继线的话务量和投资。

传统的 PBX 是利用电路交换的原理来实现集团电话的功能，但传统的 PBX 存在不少问题，首先是它对新兴的 CTI（计算机与电话集成）和 VoIP 支持不够，而且传统的 PBX 都采用的是专用技术，缺乏开放性和标准性，并且价格昂贵。随着 Internet 的流行，基于 TCP/IP 协议的 IPPBX 应运而生。由于是基于 IP 的特点，IP 程控用户交换机可以远程组网，解决大型企业与分支间的通讯需要。IPPBX 使用 TCP/IP 协议，利用包交换的原理，在以太网上实现了数据通信的功能。IPPBX 的出现可以解决传统 PBX 的缺点：由于 IPPBX 基于开放的 TCP/IP 协议，有众多的产品支持，因此能够降低过高的设备、维护和升级等费用；由于 IPPBX 建立在一个开放的标准 IP 上，所有的产品都遵循相同标准，互操作性强，而传统的 PBX 含有各个厂家的专有技术，产品之间互操作性、兼容性较差。故采用 IPPBX 可以大大节省以前使用传统产品时维护专有设备的费用。IPPBX 的扩展性能好，当需要在已有的 PBX 上扩充多个分支电话时，老的 PBX 设备大多不支持这种扩充，必须换掉内部模块，这是一笔不小的开销，而若采用 IPPBX，只要用一半左右的钱就够了。而且 IPPBX 能直接使用便宜的普通模拟电话，不像传统 PBX 需要配备昂贵的专用数字电话。

IPPBX 内各电话终端采用 IP 方式进行数据通信，不仅能进行通话，还能实现文本、数据、图像的传输，将电话网和计算机网统一成一个整体，实现局域网内的电子办公。

2.3 矿用本质安全型防爆电话

2.3.1 矿用本质安全型防爆电话功能特点

矿用本质安全型防爆电话机主要用于煤矿井下通信联络，它除了具有扩音呼叫、双方对讲等基本功能，还具有架设速度快，体积小，重量轻，通讯距离远和很强的防尘、防潮特点。由 20 部以下单机并在二芯电缆线上组成独立的通讯系统，不需要交换机。通话距离不小于 12 km，不需拨号，直接用语音呼叫，机内设有专用电池为其供电，不需外接电源。

矿用本安型按键防爆电话机适用于煤矿井下含有瓦斯混合物的危险场所，同时用于采煤、掘进工作面、装载点、运输巷、变电所、水泵房等固定场所，也可与程控用户电话交换机组成井下通讯系统。

矿用本质安全型防爆电话机采用了电子通信技术、降噪技术以及全集成化电路，是一种高抗噪声性能、高可靠性的通信终端，能和现有的地面交换机或调度总机配接，组成煤矿井下抗噪声生产调度通信系统。防爆电话机不仅可用于煤矿井下，也可广泛用于其他高噪声、高温、高湿、重污染等恶劣工作环境。

2.3.2 本安防爆电话耦合器

本安防爆电话就是本质安全型防爆电话，耦合器又叫安全栅，是连接调度台（或交换机）与本安电话机的通信设备，它把调度台（或交换机）送来的非本安信号经过隔离限制后转换成本安信号，再将语音信号送给本安电话机，构成本安系统，从而完成安全场所对危险场所的生产调度指挥和通讯联络工作。因此，本安防爆电话耦合器是煤矿、石油化工、军工等易燃易爆危险场所的重要防爆通讯设备。正是由于本安防爆电话耦合器的研究与开发，使得防爆电话机的设计大为简化。并且随着本安电话耦合器设计的改进和产品的更新，对防爆电话机的技术参数影响越来越小，性能不断提高。该耦合器电路结构简单，元件少，成本低，参数选择合理，可连续调节限定电流，能适应负载和电源电压的变化，具有性能良好、工作可靠、实现容易等优点。

通常的本安防爆电话耦合器是采用串在回路中的限流电阻来限制短路电流的。通过输入电压的大小来控制继电器的转换，从而改变限流电阻的值，达到限制电路中电流的目的。这种设计有以下的局限性：

（1）继电器触点极数有限，限流电阻不能连续调节。

（2）由于限流电阻的值必须在输入电压为最高时选择，其阻值较大，对电话机信号的衰减较大，影响传输距离。

（3）耦合器的参数是在确定信号变化范围的情况下选定的，耦合器适应电网电压变化和负载（电话机）变化的能力较差。为了提高本安防爆电话耦合器的技术性能，引入电流负反馈，较好地实现了限制电话机中电流的目的。

本安电话耦合器安装在安全场所，其输入端与非本安端的调度台（或交换机）直接相连，为非本安端，而它的输出端引线可直接引入煤矿、石油化工等危险场所，属本安端。由于耦合器将两端联系起来，所以对本安端的引线无特殊要求，即使负载短路，也不会引燃可燃性气体，从而保证了本安端负载的安全使用。

2.3.3　矿用本质安全型防爆电话机机盖设计分类

电话机在现场是壁挂式，为方便使用，电话机键盘及振铃扬声器都装在前面的机盖上，所以电话机机盖的设计对整体防爆性能和使用性能，以及美观程度都非常重要。因为机盖内部为隔爆型电气，即把隔爆部分放在隔爆腔内，而键盘和振铃部分根据使用情况、电气指标和防爆型式实现的难易程度，做成本质安全型，按键与振铃扬声器放在外面，两部分之间通过电缆引入装置连接。

具体设计方案有两种。一种设计是将键盘用螺钉在外边固定，而振铃扬声器考虑防护作一个罩固定在机盖外边，然后把两部分与隔爆腔的引线采用电缆引入装置。这种设计电话机前面机盖全是连结螺钉，而键盘和扬声器在工作现场容易被破坏，同时外观看起来不美观。另外一种设计是将键盘、振铃扬声器在机盖内部固定，按键部分在盖上钻孔从内部衬出，扬声器所对应机盖前面钻蜂窝孔用来传声，机盖钻孔内部安装不锈钢网用来防尘，然后将两部分在内部用里盖扣上，里盖与机盖通过隔爆面连接，这样就形成了一个本安腔，本安腔与隔爆腔间电气连接采用密封圈式电缆引入装置。这种结构的特点是，内部产生的爆炸压力使得里盖与机盖之间的隔爆面间隙有缩小的趋势，使得防爆性能更可靠，同时，克服了键盘和振铃扬声器在外固定的缺陷。

2.4　矿用调度台

2.4.1　矿用调度台的发展

矿用调度台的发展经历了调度功能从单一到多种、控制方式从人工到程控、设备体制从模拟到数字的发展过程。随着通信网的数字化，数字时分交换技术取代了模拟空分交换技术，出现了数字程控调度台。此类调度台系统，由大规模集成电路、数字技术和微型单片计算机系统技术组成，使得调度台系统的可靠性以及话音质量得到了进一步完善和提高，调度台智能化水平更高，用户界面更友好，操作更方便，使用范围更广。

2.4.2　矿用调度台的组成

矿用调度台是矿用调度交换机的前台设备，主要进行矿用调度语音通信。硬件由调度键盘、话筒（两个）组成，具有语音通讯、快速录音查询功能，是矿用调度通信系统中重要的前台设备。调度台作为调度主机的一个重要功能组件，在整个调度系统中处于核心地位，作为调度中心指挥生产的直接实施者，在整个系统中不可或缺。调度台作为调度生产指挥系统中的一种专用通信设备，其实时性强、可靠性高。

矿用调度台也是煤炭企业进行具体操作的平台。调度员可以通过调度台观察所有调度用户的使用状态，进行调度操作。调度台通过设置按键与被叫号码相对应，使调度台呼叫做到一键到位。调度台采用丹麦键，分 64 键、128 键、192 键与 256 键 4 种。

2.4.3　矿用调度台的功能

（1）鉴别调度人员权限功能。

（2）对组织结构及无线用户的查询跟踪功能，系统能显示各个用户的通话状态。

（3）通信功能。主要负责调度人员与被调度人员的通信联系，传送话音和数据指挥命令，主要包括选呼、组呼、紧急呼叫、监听、录音、转接和数据通信等功能。

（4）管理功能。对系统管辖内所有用户按不同方式进行分类，并对其所具有的权限和基本属性进行设置和管理，可对用户多级优先级设置。一般可以将无线网络中的服务对象分为以下几类：无线用户、用户组、组织（不同用户组的组合）和工作站（即调度台），可对无线用户临时编组。管理功能主要是对用户进行创建、设定、删除等操作。

矿用调度台是专用指挥调度系统，除具备通用的功能外，更注重群体电话的调度和管理，通过调度台可为调度人员提供全网透明的友好界面，操作简单方便。它具有完善的硬件冗余、软件容错，分散控制，双电源无缝备份等技术，有效地保障了调度台设备可靠的运行。

2.4.4 交换机调度台接口

交换机调度台接口是交换机内专门负责与调度台通信的一个模块。其主要功能是：保持与调度台工控机的通信，随时向调度台汇报整个通信系统的状况，处理调度台传来的命令，并向中央交换与控制模块报告，同时负责调度电话与数字交换机的信号转换。调度台接口基本采用 RS432、RS232、B+D、2B+D 等接口与主机相连，把主机用户端口的状态数据传送给调度台，并将调度台的操作数据传送给主机，实现生产调度指挥的透明简便。另外，只需在按键式键盘上进行“单键直呼”的按键操作即可实现自动呼叫，无需记号。

2.4.5 基于 IP 技术的矿用调度台

现有的煤矿指挥调度系统仍以数字程控交换技术为主，一般建立在固定电话网上。此方式易受制于线路，缺乏灵活性，这是由于线路的故障极易造成调度的失效；易受制于底层传输网络，新的应用扩展尤其是数据、音频、视频的融合应用无法实现。随着通信技术日新月异的发展及 IP 网络向世界各个角落的延伸，IP 通信技术已经成为通信技术的主流，IP 网络作为基础的通信架构也必然成为未来的发展方向。

基于 IP 技术的矿用调度台采用 IP 语音技术实现，可在 PC 机上安装调度软件，与调度机之间通过网络连接，从而不受地理位置、布线等限制，可以实现远程部署。调度台由 2 个（可扩充到 4 个）IP 话音处理单元和 1 个显示控制单元组成，即 1 个调度台具备支持 2 个调度人员进行一键直通操作，称作双席调度台。双席调度台设有左、右 2 部调度话机共用一个显示控制单元。每个 IP 话音处理单元可以选择使用 4 种送受话器进行通话：一是标准电话手柄（接 FXS 口）；二是免提驻极体话筒和扬声器（接 E&M 接口）；三是手持送话器和扬声器（接 E&M 接口）；四是头戴式耳机话筒（接 FXS 口）。显示控制单元按键可以灵活配置作为直接访问键和功能键；可以采用触摸显示屏模式，用于实现一键到位式的呼叫处理、各种调度；可以采用普通显示器、投影屏等；也具备显示控制单元调度界面所具备的用户状态显示功能，能够正确显示用户的各种状态，包括空闲、通话、振铃及挂机、对方号码、时间等信息。显示控制单元简单便捷，操作友好的显示界面（可以根据用户的具体应用重新定制）确保了调度指挥的可靠、实时、便捷。

2.5 矿用广播通信系统

矿用广播系统在矿井有着广泛的应用，如紧急预警、救灾应急、指挥抢险、现场管理等。矿井广播通信系统一般由地面广播录音及控制设备、井下防爆广播设备、防爆显示屏、电缆、备用电源等组成，系统结构如图7-2-4所示。广播录音及控制设备设置在地面，防爆广播设备和防爆显示屏设置在井下。由于防爆广播设备和防爆显示屏的功率较大，因此需井下供电，当井下发生瓦斯超限停电或故障停电等，会影响系统正常工作，因此防爆广播设备和防爆显示屏应配有不小于2 h的备用电源。

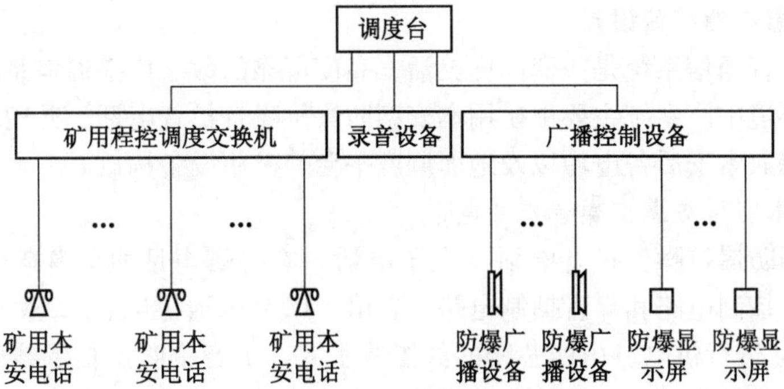

图7-2-4 煤矿井下广播通信系统结构图

行人巷道、采掘工作面等作业场所应设置广播扩音设备。当煤矿井下发生瓦斯超限、瓦斯爆炸、瓦斯突出、透水、火灾、顶板冒落等事故时，调度室可通过矿井广播通信系统，将事故类别、事故地点、逃生和撤离路线等及时通知井下作业人员。

地面广播录音及控制设备具有广播、录音、控制等功能，一般由矿用程控调度交换机和调度台承担。防爆广播设备将电信号转换为大功率声音信号，及时广播事故地点、类别、逃生路线等。防爆显示屏用于显示事故地点、类别、逃生路线等信息。

2.5.1 系统的作用与特点

矿用广播扩音通信系统有以下两方面的作用：

（1）在日常的生产指挥作业中，可以实现音乐广播，下达通知、指令，以及在井下嘈杂的环境中找人；

（2）在突发险情发生的第一时间，井上调度人员能够利用该系统及时地与井下双向对讲，了解井下状况，并通过广播有序地指挥井下人员进行疏散，最大限度地减少人员伤亡和财产损失。

矿用广播扩音通信系统主要特点有：

（1）系统结构可以任意拓扑、多级延伸，可以根据井下的布局需要进行设备安装，实现井下广播通信全覆盖；

（2）铠装阻燃电缆抗砸、抗震、防火，是构成高性能通信系统的必要条件，通信线路可靠性程度高；

（3）设备一般采用厚度大约为5 mm的碳钢作外壳，能够承受上千千克的砸压；具有良好的防水性能；采用了本安设计，可以安装在井下任意角落；内置本安可充电电池，保证即使在停电后还可以有不小于两小时的通话时间；

（4）调度不仅可以对井下进行分区广播或对全体进行广播，还可以实现双向通话，即调度既可以广播指挥，井下又可以向调度报警；

（5）地面调度除了可以定位报警区域，并进行录音记录外，还可以对不同区域播放不同的警报声音，以区分对不同区域不同危险程度的警报；

（6）采用网络环网冗余设计，确保系统通信的可靠性；

（7）支持任意的拓扑结构，在工作面等发生变迁时，网络重组方便快捷，能够很方便地进行局部广播设备的安装。

2.5.2 矿用防爆广播扩音设备

矿用广播扩音通信系统是一套高度灵活、高度可靠的数字广播通信系统，它可以安装在极其恶劣的环境中。系统主要由矿用本安型防爆抗噪音扩音电话、矿用本安型扩音电话用中继器、隔爆兼本安后备电源以及地面调度平台等矿用设备构成。

2.5.2.1 矿用本安型防爆抗噪音扩音电话

矿用本安型防爆抗噪音扩音电话（电子电话）在防爆电话机的基础上，增加了自动控制电路、扩音控制电路和噪音抑制电路。它由+12 V电池供电、220 V交流电或其他交流电变压到12 V进行供电，由四芯线的红黑线引入，扩音喇叭由白绿线引出。它具有环境噪音抑制功能和截音功放功能，能够有效地改善通讯效果，广泛用于各种声音嘈杂的综采工作面、选煤厂、电厂、有瓦斯煤尘易爆等危险场所。这类扩音电话通话声音清晰、功率大、振铃声级高，一般分为有主机和无主机两种。

1. 主要功能

（1）进行通话和扩音广播呼叫；

（2）分级控制方式，分散功率放大器，系统可靠性高；

（3）与程控交换机、调度总机等多种通信系统接口；

（4）分站具有抗噪声性能，可在115 dB高噪声环境下清晰通话；

（5）具有全呼、群呼、选呼功能，各站之间可任意选呼通话；

（6）具有缩位拨号、强插、强拆等功能；

（7）便于安装维护；扩充容易，只需从就近的电缆分线即可增加新的站；

（8）话站、扬声器采用全封闭结构，可安装于任何恶劣环境；

（9）具有联动控制功能；

（10）具有良好的抗雷击和过压保护性能；

（11）具有智能抗噪、智能扩音、自动开机、自动挂机、无人值守、全呼、组呼、单呼、双工对讲、防尘、防水等功能特点。

2. 操作过程

（1）电话被叫。当电话被呼叫，程控交换机的铃流被扩音电话接收，扩音电源自动打开。振铃音由喇叭传出，（可带动声光指示）振铃3~5声后，铃声自动停止，电话机自动接通，主叫电话语音直接被传呼。若无人接听，扩音延时一段时间后自动挂机。若话柄被提取，扩音振铃或扩音传呼停止，转入抗噪音通话状态。打开扩音开关，可扩音播出通话内容。

（2）电话主叫。电话取机，听拨号音，拨号，被叫取机，抗噪音通话。按扩音键可扩音播出。

（3）做扩音机使用。取话柄，按扩音电话机上的“*”键或“#”键自动打开扩音按键，话柄的送话器作话筒使用，可开小型现场会议。

（4）复位按键校正话机的状态，使电话机更稳定。

（5）具有噪音的工作面电话机听到振铃声音取机，按“紧呼”按键可以听到主叫话机传来的声音，松开“紧呼”按键可以和主叫话机双向通话。

3. 重要技术指标

（1）本质安全参数见表7－2－1。

表7－2－1　矿用本安型防爆抗噪音扩音电话本安参数表

最大输入直流电压	DC30 V～DC48 V	最大输入收铃电流	45 mA
最大输入直流电流	DC30 mA	扩音工作电源	+12 V，500 mA
最大输入收铃电压	40 V（25～1500 Hz）	输入交流电压	220 V；127 V均可

（2）主要技术参数见表7－2－2。

表7－2－2　矿用本安型防爆抗噪音扩音电话技术参数表

使用环境条件	环境温度	－20～40 ℃
	相对湿度	≤98%（25 ℃时）
号盘参数	频率组合	低频群频率697 Hz　770 Hz　852 Hz　941 高频群频率1209　1336　1477
电声参数	客观发送参考当量	≤+15 dB
	客观接收参考当量	≤+2 dB
	客观侧音参考当量	≥+10 dB
振铃声级		>85 dB(A)
扩音振铃声级		>150 dB
扩音功率		10～30 W

2.5.2.2　矿用本安型扩音电话用中继器

矿用本安型扩音电话用中继器采用多端口级联通信实现网络任意拓扑多级扩展，并具有音频编解码、压缩、解压缩功能，挂接矿用本质安全型扩音电话实现语音播放。矿用本安型扩音电话用中继器的主要特点在于能够增加传输距离及扩大节点数量。

2.5.2.3　隔爆兼本安后备电源

隔爆兼本安后备电源允许在甲烷、煤尘等爆炸危险环境中使用，体积小巧，重量轻，装拆移位使用十分方便，并有两组被控开关可实现断电闭锁、解锁控制功能，适用于向各种矿用本质安全型设备提供电源。

2.5.2.4　地面调度平台

地面调度平台可以向井下进行分区广播，井下可以向调度报告情况，实现矿井上井下的双向通话。调度台还具有通话、呼叫、强插、强拆、来电声光提示、录音等功能。

2.5.3　矿用防爆显示设备

防爆液晶显示屏是提高煤矿安全生产水平、改善生产环境的重要设备，是矿井标准化建设的重要设施之一。主要应用在提升机控制、架空乘人索道控制、带式输送机控制、风机、水泵控制等方面，也可应用于矿山公共信息的显示。目前煤矿企业井下防爆显示设备主要指的是防爆型 LED 显示屏。

2.5.3.1　隔爆型液晶显示屏

隔爆型液晶显示屏具有防尘、防水、防爆的特点，主要用于和 PLC 进行通信，在线读取 PLC 内部数据以及开关信号的状态，将相关的数据、信息以形象的图形或动画在液晶屏上表达出来，使操作者能清楚掌握系统当前的运行状况，实现了友好的人机界面。其显示信息可根据不同的应用场合设置，也可根据煤矿企业需要定制不同规格、型号等。

2.5.3.2　矿用隔爆兼本质安全型显示屏

1. 主要特点

矿用隔爆兼本质安全型显示屏为隔爆兼本安型设计，具有双屏双色、流动显示汉字、一机多用等特点，它有多种输入方式供选择，通过简单的设置，可用于绞车运输巷、索车运输巷、皮带运输巷、巷道风门处、掘进迎头、平巷机车拐弯处作为安全警示信号之用。矿用隔爆兼本质安全型显示屏发出语音提示的同时，LED 显示屏将显示红色报警内容，报警停止后，LED 显示屏将显示绿色警示语句及当前的日期和时间。LED 显示屏具有 RS232 通信接口，可以通过电脑修改显示内容。

2. 技术参数

矿用隔爆兼本质安全型显示屏主要技术参数见表 7-2-3。

表 7-2-3　矿用隔爆兼本质安全型显示屏主要技术参数

项　目	参　数	项　目	参　数
	PJ127		PJ127
电源电压	AC127 V	发光管工作电压	DC5 V
工作电流	200 mA	发光管工作电流	≤200 mA
本安最大开路电压	DC5 V	光可见度	显示屏显示的红色汉字应在黑暗中 20 m 可见
本安最大短路电流	1.8 A	语言音响声级	≥85 dB
扬声器工作电压	AC5 V	红外探测距离	≥5 m
扬声器工作电流	≤520 mA	重量	一般在 16 kg 左右

3　矿井移动通信系统

3.1　系统组成

矿井移动通信系统技术可以分为透地通信、感应通信、漏泄通信、WiFi、3G、PHS(小灵通)、CDMA 等。

3.1.1　矿井透地通信系统

透地通信是以大地为电磁波传播媒质，电磁波穿透大地的无线通信方式。透地通信系统由地面发射装置和井下的便携接收装置组成。由于大地地层是一种具有不同介电常数的半导电介质，根据 Maxwell 基本原理（在所有各点，变化的磁场可以激发涡旋电场，变化的电场可以激发涡旋磁场）可以得出，只要在半导电传输介质的地层中形成变化的电场，就能够在半导电传输介质的地层中形成变化的磁场，而大地是一种导电媒质，属于导电或半导电介质，透地通信的电波传播介质就是大地。矿井透地通信系统主要由信号发射机、发射天线、无线信道（大地)、信号接收机、接收天线 5 个主要部分组成，其原理框图如图 7－3－1 所示。

图 7－3－1　矿井透地通信系统原理框图

地下无线通信的电磁波传播介质是大地，电磁波在大地中传输衰减严重，并且衰减规律是频率越高衰减越严重，为避免较大的传输衰减，透地通信的工作频率一般选择为特低频（300～3000 Hz)，天线辐射电磁波的基本规律是要求所辐射的电磁波的波长与天线尺寸相当，辐射电磁波频率越低，天线尺寸就越大，对发射特低频段的天线，其发射天线一般长达数十千米；另外，低频段天线的效率很低，为使电磁波穿透大地到达井下，发射功率就要增大，这使发射机和发射天线难以制成本质安全型防爆电气设备，这就进一步限制了系统在井下的使用。由于以上的原因使透地通信的发射天线通常架设在地面，井下难以架设，因此透地通信通常以传呼方式单向通信，限制了系统的使用，当然由于发射天线在地面，这种通信方式的抗灾变能力比其他通信方式强很多。矿井透地通信系统的结构图如图 7－3－2 所示。

3.1.2　感应通信系统

感应通信是通过架设专用感应线，或者利用巷道内已有的导体（如电机车架空线、照明线等）进行导波的通信方式。当感应线附近的发射机发射电磁波时，电磁波感应到感应线上,产生感应电流,该电流在感应周围产生信号场强,沿途的接收机天线可因感应而接收信号,经放大和处理,获得发射机发出的信息,完成通信过程,这就是感应通信的原理。

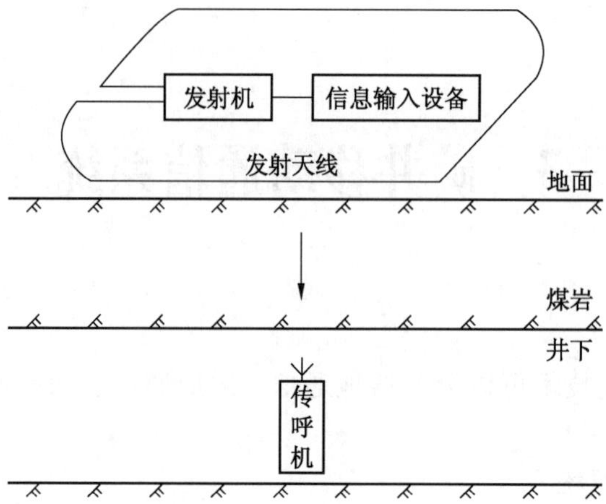

图7-3-2　透地通信系统结构图

在感应通信中，感应线可以是单线（一根导线）方式与大地构成回路，这样，巷道就像是一条由导线和巷道壁两根导体所组成的双线传输线，此时，巷道中除了波导波模外，还存在一个没有截止频率的传输线波模，这种由巷道和导线构成的传输线与同轴电缆比较相似，但巷道损耗较大，因此这种波模称为同轴波模或者单线波模。

也可以采用双导线自成回路方式，这时环线的周长通常比电磁波的波长要大，这种结构起到传输线的作用。基地台连接在传输线上，移动台天线与传输线的磁场耦合。当基地台发送的电磁波在感应线上传输时，以感应线为中心形成了交变的电磁场，只要移动台位于这个电磁场的有效距离内，便会感应到相应的电压，经过放大、检波便可获得基地台发来的信号。反之，当移动台发出信号，在感应线内同样会产生相应的电流信号，由感应线传送到基地台。

感应通信具有结构简单、易实现的优点，特别是在应急救援时，可在未布线的空间，依靠其他导体作为媒介，也可在线路间断情况下完成通信；由于传输线的衰减率一般是随着频率的增加而增加的，因此在感应通信系统中只能利用较低的传播频率，一般在中频段。感应通信系统结构图如图7-3-3所示。

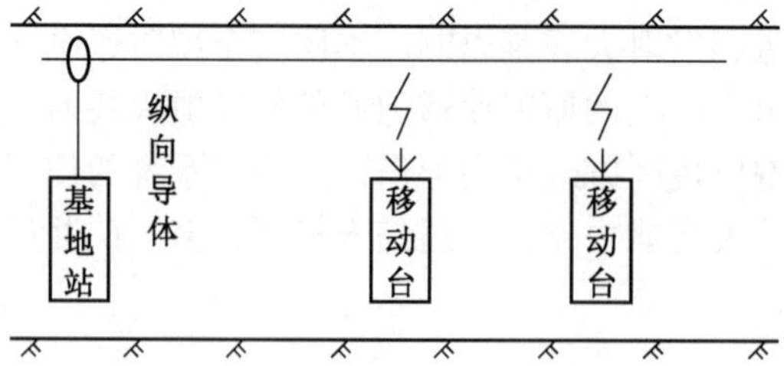

图7-3-3　感应通信系统结构图

由于传输导线非常接近巷道壁，导线之间的电容远远小于导线和巷道壁之间的电容，这意味着导线与导线之间的耦合非常微弱。

感应通信的中频段电磁波具有一定的穿透巷道岩石的能力，感应通信系统利用巷道内已有的纵向导体，可以省去架设专用感应线的麻烦，节省了材料。但由于感应通信的工作频率仍然较低，所以该通信系统有信道容量小、电磁干扰大的缺点，而且天线的体积较大，携带不便，通常为背心型或跨肩带型。

3.1.3 漏泄通信系统

漏泄通信是利用特制的表面连续开孔或疏编的同轴电缆（又称漏泄电缆）沿巷道传输无线信号的通信方式。漏泄电缆在通信系统中具有传输线和天线两方面的特性，实际上是一种连续型天线，电磁波的传播以电缆内导体作为“去线”，以外导体作为“回线”。如图7－3－4所示，当基地电台电磁波沿电缆导线传输时，在电缆内传输的电磁波从开孔或疏编孔辐射到周围空间产生漏泄场，各个移动台可从中获取能量从而实现与基地台通话；同样移动台发出的电磁波，也会耦合到电缆内，与基地台通信。

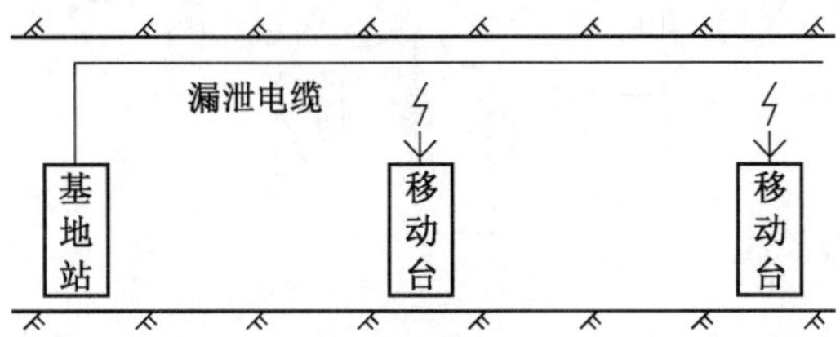

图7－3－4　漏泄通信系统

漏泄通信系统利用漏泄馈线边传输边辐射的特点传输无线信号，因此系统受巷道形状、截面、分支、拐弯、倾斜和巷道围岩介质等外界环境影响小，信道较稳定，系统各项性能均优于透地和感应通信系统。漏泄通信系统一般工作在VHF频段，与中频感应通信相比具有信道容量大，性能稳定的优点，是一种适合于地下有限空间的通信形式。漏泄无线通信技术比较成熟，在英、美等国已广泛应用。国外典型的系统有澳大利亚矿用技术公司生产的VDV井下移动电话系统、英国DAC公司的986 L系统、比利时的INDEX/DELOGNE系统、美国的MOTOROLA井下通信系统和加拿大FLEXCOM无线漏泄通信系统等，国内主要有KT6、KT6A、KT11等系统。

但是，由于电磁波在沿漏泄电缆传输时不断向周围空间辐射电磁能量，电缆中的电磁信号变得越来越弱，因此在漏泄通信系统中通常采用大量的双向中继器延长通信距离。中继器的加入增加了系统成本，而且任何一个中继器的故障都会造成中继器以远的部分系统瘫痪，这便形成了漏泄通信的固有缺点，即可靠性低；井下的恶劣环境造成漏泄电缆的性能大幅度下降，系统设备多，馈线长，给系统维护造成很大不便。

3.1.4 矿井多基站小区制通信系统组成

小区制移动通信系统也叫“蜂窝”系统，是将所有要覆盖的地区划分为若干个小区，每个小区分别设有一个基站，它与处于其服务区内的移动台建立无线通信链路。若干个小区组成一个区群，区群内各个小区的基站可通过电缆、光缆或微波链路与移动交换中心（MSC）相连。地面公网小区制移动通信系统的基本单元是由7个小区组成的“蜂窝”，如图7-3-5所示，一个“蜂窝”中7个小区的无线电频率各不相同，这样的“蜂窝”单元的无缝拼接就拓展了无线通信覆盖区域，这种方法可以使无线电频率得到复用，地面的GSM通信系统、CDMA通信系统、小灵通通信系统都是采用这种结构。

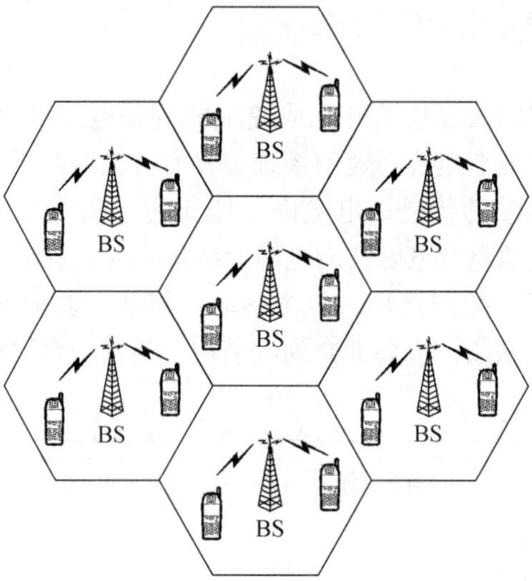

图7-3-5 地面小区制移动通信“蜂窝”单元示意图

地面通信覆盖区域是平面的，而井下通信覆盖区域是煤矿井下条状的巷道，因此，矿井移动通信系统没有必要采用地面的蜂窝结构，煤矿井下移动通信系统采用如图7-3-6所示的链状结构。

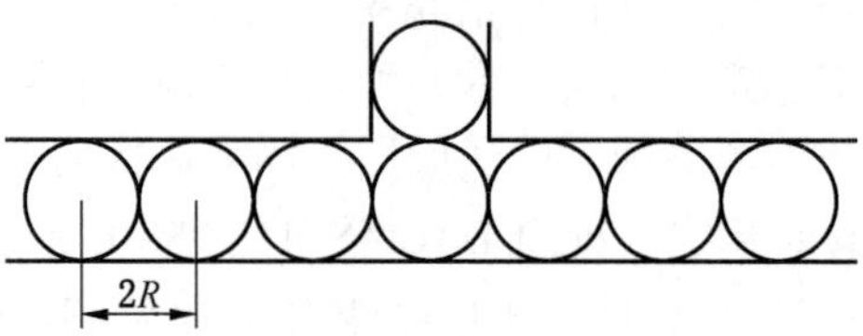

图7-3-6 煤矿井下小区制通信系统结构示意图

煤矿井下小区制通信系统由移动台、基站、交换机和电缆等组成，如图7-3-7所示。基站每隔一定距离$2R$（R为无线传输距离）和在巷道急拐弯处设置，基站具有本小区移动台管理和有线/无线转接功能，基站与交换机之间用电缆或光缆连接。交换机具有系统管理、越区切换、调度电话、有线电话网接入等功能。在本小区内，移动台与移动台之间可实现无线直通，或经基站转接通信。若要实现移动台A与移动台B通信，移动台A所在区域的基站X将移动台A发出的无线信号转换为有线信号经电缆或光缆传输，再经交换机和电缆或光缆与移动台B所在区域的基站Y接通，基站Y将有线信号转换为无线信号供移动台B接收，移动台B发送、移动台A接收与上述过程相反，从而实现了跨区移动通信。在该种通信方式中，任一基站发生故障，只会影响局部通信，不会影响整个系统。

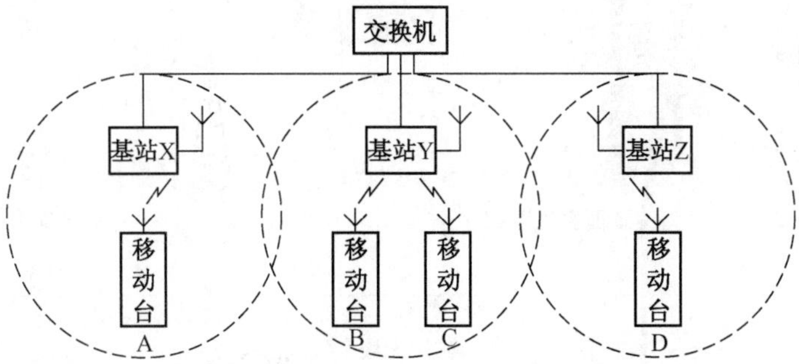

图 7-3-7 煤矿井下小区制通信系统组成

煤矿井下小区制通信系统根据基站和移动台通信链路采用的协议不同可以分为 WiFi 通信系统、CDMA 通信系统和小灵通通信系统等。

3.1.4.1 PHS（小灵通）通信系统

无线市话小灵通基于本地电话网，因此它与固定电话一样实行单向收费，同时采用与固定电话相同的费率标准。以固定电话的价格，享受本地移动电话的方便是无线市话小灵通最突出的特点。矿用小灵通技术来源于公众移动电信网络中的 PHS 系统，是通过对 PHS 系统按防爆要求进行处理和改造后形成，主要实现井下及地面的无线语音业务功能。在井下应用时，主要对矿井主巷道和各主分叉巷道进行无线覆盖，并将井下通信信号传送到地面无线接入平台，从而保证井下人员可随时与地面进行通信。

小灵通的空中接口与宏蜂窝移动通信系统的空中接口的最大差别在于基站发射功率。一般的移动通信系统基站的发射功率在 20 W，甚至更高，小灵通基站的最大发射功率只有 500 mW，两者相差了 40 倍。由于小灵通发射功率低，自然覆盖半径小，每个基站的蜂窝半径只有百米级，与宏蜂窝移动通信基站的公里级的半径无法相比，因此，也影响了空中接口的特性和处理方式。小灵通语音通信采用 32 kbit/sADPCM 编码技术，该技术是传统 64 kbit/sPCM 编码技术的改进，数据量降低为传统 PCM 的 1/2，效果却不相上下。因此，小灵通的音质与固定电话没有多大区别，小灵通终端的最大发射功率只有 10 mW，功耗很低。小灵通技术的引进，是在中国电信没有移动牌照以及移动双向收费、话费比较贵而采取的一种临时过度通信手段。目前，随着移动和电信业的重组，电信运营商都得到了移动的牌照，手机单向收费和移动通信话费越来越便宜，小灵通的市场越来越小。小灵通的主要生产厂商 UT－斯达康已经明确不生产了，小灵通系统以后的维护和配件都将变得十分困难。

3.1.4.2 矿用 CDMA 通信系统

图 7-3-8 给出了矿用 CDMA 通信系统结构。

系统主要由地面局端机（包括服务器、操作维护子系统、无线交换机、分站控制器、分站、功率分配器、功率合成器、近端光模块）、井下覆盖网（包括光分线盒、光合路/

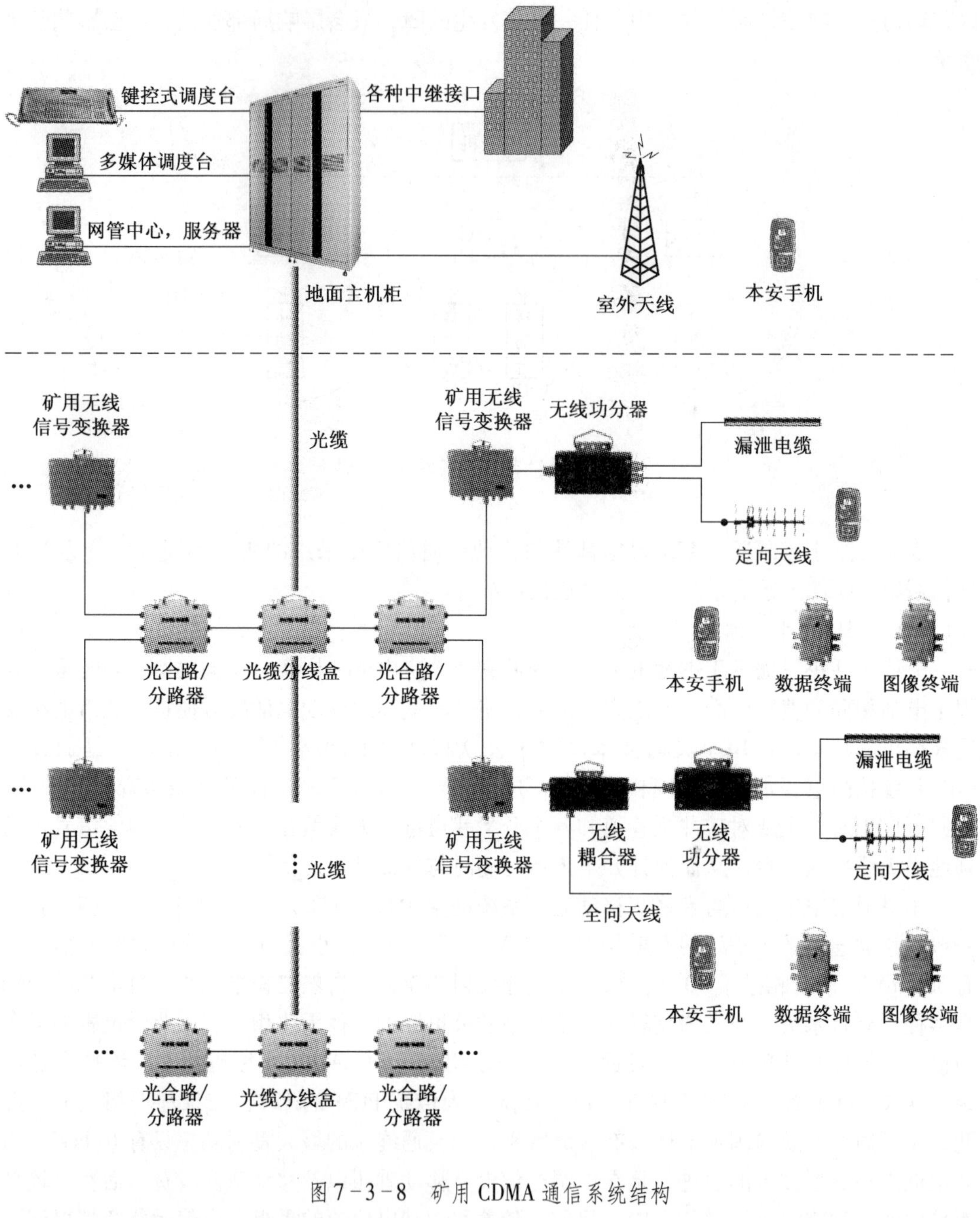

图7-3-8　矿用CDMA通信系统结构

分路器、矿用无线信号变换器、无线耦合器、无线功分器、漏泄电缆、定向天线）及相应的终端设备（包括数据终端、视频终端、无线手机等）组成。

矿用CDMA无线通信系统在某些方面克服了小灵通的一些缺点，具有信号稳定，通话清晰，移动性好，抗干扰能力强，支持无线高速分组数据业务等特点。但是，该系统的地面主机和井下终端设备直接通过光缆直接连接，终端设备没有交换功能，一旦接入的光缆发生断缆，整个井下的通信都将中断。因此，该系统的抗灾变能力差，而且系统还是以语音通信为主，缺乏宽带数据传输能力。

3.1.4.3 矿用 WiFi 通信系统

WiFi 全称为 Wireless Fidelity，是一种无线局域网数据传输的技术与规格，也就是 IEEE 所定义的无线通信标准 IEEE802.11。移动台通过 AP（Access Point）接入局域网，AP 一般称为网络桥接器或接入点，它是当作传统的有线局域网络与无线局域网络之间的桥梁。IEEE802.11 标准发表于 1997 年，其中定义了介质访问接入控制层（MAC 层）和物理层。随后，IEEE 又发布了一些补充协议，包括物理层的补充协议 IEEE802.lla/b/g 和其他一些服务相关协议。总的来说，WiFi 属于短距离无线技术，覆盖范围可达几百米，使用的是 2.4 GHz 附近的频段。WiFi 有着"无线版本以太网"的美称，世界上至少有 80% 以上的局域网采用以太网技术，其几乎可以视为以太网标准在无线领域的延伸。

3.2 矿用本质安全型防爆手机

3.2.1 煤矿井下应用本质安全型防爆手机的组成

矿用本质安全型防爆手机主要应用于煤矿井下，可以实现声音信号与无线电信号转换，部分本安防爆手机还具有图像功能。目前市面上的本安防爆手机主要有 3 类：GSM 手机、TDMA 手机、WiFi 手机。有些厂家的手机产品在煤矿井下可以作为井下通讯的防爆手机使用，在地面上可以作为 GSM 等广域网手机使用，实现一机多用。

目前矿用本质安全型防爆手机硬件组成一般包括射频部分、语音/信道编码部分、电源部分、控制部分和外壳，具体电路原理如图 7-3-9 所示。

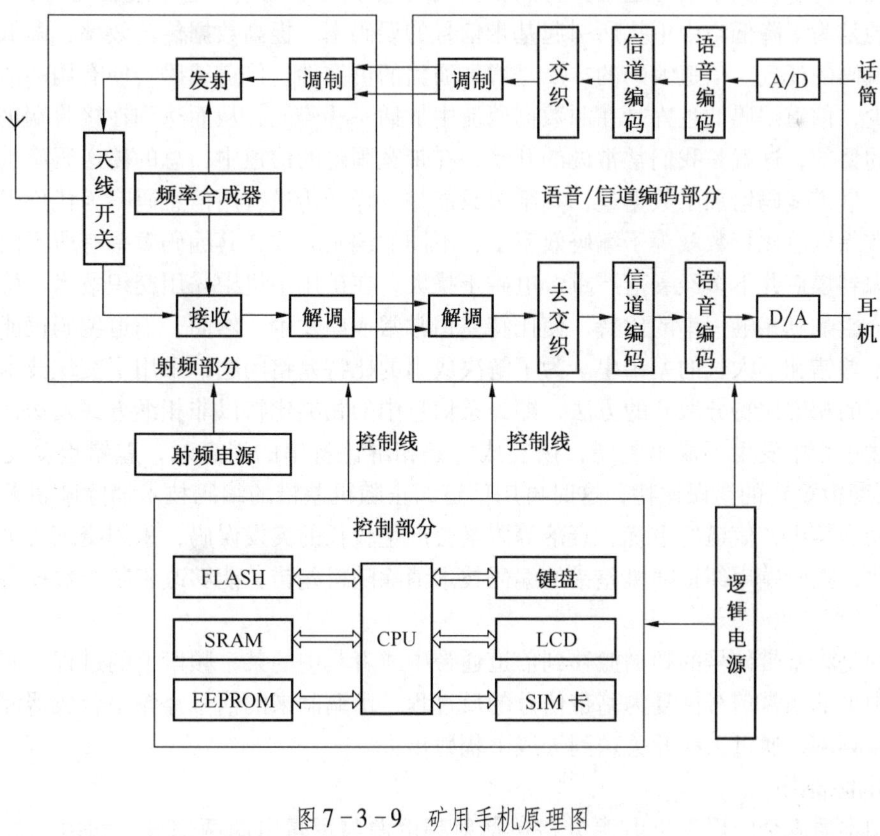

图 7-3-9 矿用手机原理图

1. 射频部分

射频部分由射频发射电路、射频接收电路、频率合成器、天线开关电路 4 部分组成。射频发射电路主要完成语音基带信号的调制、变频、放大等功能；射频接收电路主要完成接收信号的滤波、放大、解调等功能；频率合成器为手机提供收发信电路中所需的各类固定/可变的本地振荡，手机要求其频率合成器与中央处理器相配合，以完成信道扫描和自动选择频点功能，并将其锁定在所选择的载频频点上。在手机越区切换时，CPU 可以根据新基站的广播消息迅速高效调节本地振荡频率，以改变手机的收、发信载频频点，维持通信。天线开关电路是手机接收电路的第一级电路，同时也是发射电路的最后一级电路，天线收、发共用一根天线，为了隔离收发信电路，将手机的收、发信工作时隙错开。

2. 语音/信道编码部分

语音编码是一种信源编码，语音编码就是对模拟的语音信号进行编码，将模拟信号转化成数字信号，从而降低传输码率并进行数字传输。语音编码的基本方法可分为波形编码、参量编码（音源编码）和混合编码。波形编码是将时域的模拟话音的波形信号经过取样、量化、编码而形成的数字话音信号，参量编码是基于人类语言的发音机理，找出表征语音的特征参量，对特征参量进行编码，混合编译码是结合波形编译码和参量编译码之间的优点。波形编译码器虽然可以提供高话音的质量，但在数据率低于 16 kb/s 的情况下，在技术上还没有解决音质的问题。

无线传输信道的主要特点是基带信号所受到的干扰远大于有线信道中的干扰，在移动通信系统中为了让数字信号适应其特点，需要对基带信号处理，这个过程称为信道编码，主要目的是为了降低空中干扰所引起基带信号的误码率。提高数据传输效率，降低误码率是信道编码的任务。信道编码的本质是增加通信的可靠性。信道编码会使有用的信息数据传输减少，信道编码的过程是在源数据码流中加插一些码元，从而达到在接收端进行判错和纠错的目的，这就是我们常常说的开销，在带宽固定的信道中，总的传送码率也是固定的，由于信道编码增加了数据量，其结果只能是以降低传送有用信息码率为代价了。将有用比特数除以总比特数就等于编码效率了，不同的编码方式，其编码效率有所不同。

考虑到煤矿井下多经衰落严重、电磁干扰大，在矿用手机中采用交织技术，持续较长的噪声会影响到相继一串的比特，使比特差错常常成串发生。然而，信道编码仅能检测和校正单个差错和不太长的差错串。为了解决成串的比特差错问题，采用了交织技术：把一条消息中的相继比特分散开的方法，即一条信息中的相继比特以非相继方式发送，这样即使在传输过程中发生了成串差错，恢复成一条相继比特串的消息时，差错也就变成单个（或者长度很短）的错误比特，这时再用信道纠正随机差错的编码技术消除随机差错。在矿井移动通信中，信道的干扰、衰落等因素会产生较长的突发误码，采用交织就可以使误码离散化，接收端用纠正随机差错的编码技术消除随机差错，能够改善整个数据序列的传输质量。

调制是将基带信号的频谱搬移到信道通带中或者其中的某个频段上的过程，而解调是将信道中来的频带信号恢复为基带信号的反过程，由调制来的信号经频率合成器混频为手机的工作频率，通过天线开关送到天线上辐射出去。

3. 电源部分

矿用本质安全防爆手机电源电路包括射频电源与逻辑电源两部分，均由手机电池提供。在矿用本质安全防爆手机中安装的电池组只能由几个单体电池串联而成，电池组中的所有单体电池应具有同样的电化学特性、单体电池结构和额定容量，并且由同一制造商制造，单体电池的类型应符合《GB 3836.1—2010　爆炸性环境　第1部分：设备　通用要求》中23.3的规定。

4. 控制部分

控制部分对整个手机的工作进行控制与管理，其中包括开机操作、频率控制、功率控制、切换控制、收发信机控制以及外部接口、键盘、显示控制等。

3.2.2　煤矿井下应用本质安全型防爆手机的必要性

本质安全型电气设备的防爆原理是通过限制电气设备电路的各种参数，或采取保护措施来限制电路的火花放电能量和热能，使其在正常工作和规定的故障状态下产生的电火花和热效应均不能点燃周围环境的爆炸性混合物，从而实现了电气防爆。由于本安型电气设备的电路本身就是安全的，所产生的火花、电弧和热能都不会引燃周围环境爆炸性混合物，因此本安型电气设备不需要专门的防爆外壳，这样就可以减小设备的体积和重量，简化设备的结构。因此，本安型电气设备具有安全可靠、结构简单、体积小、重量轻等优点，是一种比较理想的防爆电气设备。煤矿监控、通信、控制、信号等弱电系统和设备应优选本质安全型，矿井移动通信系统的终端设备应选本质安全型防爆手机。手机内部本安电路对外壳间应能承受交流50 Hz、电压500 V历时1 min的工频耐压试验，无击穿和闪络现象且漏电流不大于5 mA。矿用本质安全防爆手机中的小元件，如晶体管或电阻，当其温度超过温度组别允许的温度时，在按照《GB 3836.1—2010　爆炸性环境　第1部分：设备　通用要求》中26.5.3的规定试验时小元件应不引起点燃。手机在正常工作和故障状态，本安电路各元器件及外壳的最高表面温度应不超过150 ℃。

手机电路部分的电容、电感或感性线圈，特别是电池组等储能元件，是影响电路本安性能的主要瓶颈。手机处于某种特定的故障时，电池组短路有可能产生电火花；手机电路部分的电容、电感或感性线圈等储能元件，在出现短路或开路故障时，也会在其周围产生电火花，本质安全型手机电路的设计就是要保证在电路故障情况下，通过电路保护环节的设计限制电火花的能量。

3.2.3　矿用本安手机语音编码的方式

矿用本质安全型手机在接收音频信号时，使用音频功率放大器放大麦克风信号，使用模拟低通滤波器来获得需要的语音信号，然后进行A/D转换，以获取音频码流，不同的语音编码方法的A/D转换和音频码流是不同的。采样后数据经过处理打包后，驱动无线模块把数据发送至射频模块发射部分。矿用本质安全型手机把从射频模块接收的数据，进行协议分析，从中提取音频数据，进行D/A转换，通过模拟低通滤波器，把数字音频码流转换为模拟声音信号送至扬声器。矿用本质安全型手机语音部分工作原理如图7-3-10所示。

选择矿用手机的话音编码技术主要考虑能满足矿用本安手机信道的要求。由于矿用本安手机使用的带宽有限，所以要求话音编码的速率低。同时移动通信使用的无线信道衰落和干扰会引起较高的误码率，因而编码算法应还有较好的抗误码能力。另外，从用户的角度出发，还应有较好的话音质量和较短的时延。语音编码按编码原理分为下列3大类：

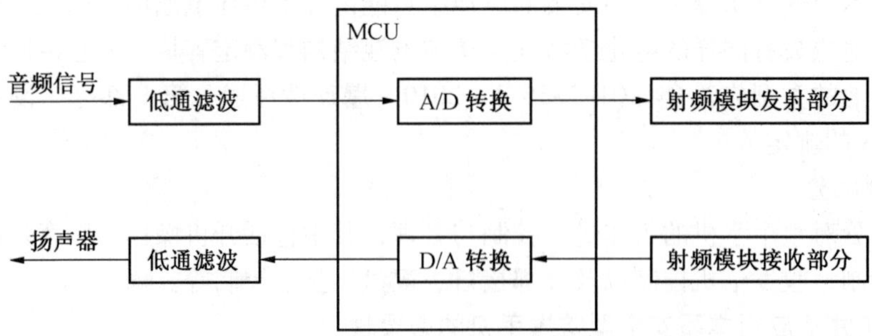

图7-3-10 矿用本质安全型手机语音部分工作原理图

1. 波形编码

基本原理是在时间轴上对模拟话音信号按照一定的速率来抽样，然后将幅度样本分层量化，并使用代码来表示。在接收端将收到的数字序列经过解码恢复到原模拟信号，保持原始语音的波形形状。这种方式话音质量高，编码速率高，如 PCM 编码类（a 率或 u 率 PCM、ADPCM、ADM），编码速率为 16～64 kb/s，语音质量好。

2. 参数编码

根据语音信号产生的数学模型，对语音信号特征参数提取后进行编码的方式（将特征参数变换成数字代码进行传输）。在接收端，将特征参数结合数学模型，恢复语音，力图使重建语音保持尽可能高的可懂度，重建语音信号的波形同原始语音信号的波形可能会有相当大的区别。如线性预测（LPC）编码类，编码速率低，仅为 1.2～2.4 kb/s，自然度低，对环境噪声敏感。

3. 混合编码

将波形编码与参数编码相结合，在 1.2～2.4 kb/s 速率上能够得到高质量的合成语音。混合编码既包括若干语音特征参量，又包括部分波形编码信息，以达到波形编码的高质量和参量编码的低速率的优点。

几种常见编码方式的对比见表 7-3-1。从表 7-3-1 中可以看出，话音编码方式有高速（32 kbps 以上）、中速（4.8～16 kbps）和低速（2.4 kbps 以下）。它们各有各的优缺点，从而各有各的适用的地方，如高速话音编码方式的话音质量高，但占的带宽大，适合于宽带信道；中速话音编码方式话音质量稍差，同时占用的带宽也小；而低速话音编码方式话音质量较差，但所占用的带宽最小，适合于对话音质量要求不是很高的窄带信道。

结合矿井的工作实际，归纳起来，矿用本安手机对话音编码的要求如下：

（1）对话音的质量要求不是很高，对话音自然度要求不高；

（2）由于带宽受限，编码速率应尽可能低；

（3）应有较强的抗噪声干扰和抗误码性能；

（4）对编译码时延要求不是很高；

（5）编译码器必须简单，性能价格比高；

（6）功耗小，工作电压低，以延长手机电池的使用时间。

表7-3-1 几种编码方式的对比

编码名称	传输速率/kbps	时延/ms	主观评分（MOS）	复杂度
PCM（G711标准）	64		4.3	1
ADPCM（G722标准）	32		4.1	10
△M，CVSD	32		3.8	0.1
LD-CELP	16	2	4.0	10
SBC-ADPCM	16	7	2.92	12
RPE-LTP	13	30	3.54	10
CELP	4.8	35	3.7	100
LPC-10	2.4	35	2.5	10

表7-3-1中的CVSD虽然MOS只有3.8，但它的电路最为简单，复杂度最低，功耗较低，易于本安设计，并且抗误码能力强，在误码率为10^{-2}的条件下还有较高的清晰度，同时技术成熟，是目前最适合于矿用本安手机的话音编码方式。

3.3 矿用防爆基站及天线

3.3.1 矿用防爆基站功能及原理

基站是指在移动通信系统中，在一定的无线信号覆盖区内，通过移动通信交换中心，与移动电话终端之间进行信息传递的无线电收发信电台，一般包括两部分：基站收发台（BTS）、基站控制器（BSC）。

基站收发台（BTS）：包括无线传输所需要的各种硬件和软件，如发射机、接收机、支持各种小区结构所需要的天线、连接基站控制器的接口电路以及收发信台本身所需要的监测和控制装置等。基站收发台完全由基站控制器（BSC）控制，主要实现无线传输，完成无线与有线的转换、无线分级、跳频等功能。除硬件本身包括无线收发信机和天线外，还有与无线接口相关的信号处理电路。

基站控制器（BSC）：BSC管理无线网络，包括无线小区及其无线信道、无线设备的操作、维护以及移动台的业务过程，并提供基站与移动交换中心的接口。其具体功能是：

（1）无线基站的监控与管理，通过语音信道上的内部软件测试及环路测试来监控基站工作；

（2）无线资源的管理，为每个小区配置业务及控制信道，收集各种数据，诸如呼损量、切换成功率、无线环境等，以实现网络故障及设备故障的检测；

（3）处理与移动台的连接，包括连接的建立与释放，同时对连接进行监视，通过检测信号强度来保证好的连接质量；

（4）定位和切换，定位功能是通过分析信号强度决定是否进行切换；

（5）基站系统的操作与维护，如系统数据管理、软件安装、告警处理、采集测试数据及收发装置的测试等。

矿用防爆基站位于煤矿井下，通过电缆或光缆与基站控制器（位于井上）连接，有效传输距离可以达到10 km。矿用防爆基站可以实现有线/无线转换，并具有一定的交换、接续、控制和管理功能。根据不同的基站功率，可以实现不同程度、不同范围的信号覆盖，同时可以提供语音及稳定可靠的数据业务。井下基站一般安装在巷道壁上，通常作为免维护的设备，可靠性高。

由于矿井移动通信系统基站的功能远比移动台复杂，其功耗也相应的比移动台大。目前国内移动通信系统基站有是本质安全型的，也有是本安兼隔爆型的，本安兼隔爆型基站是指电路并不完全是本安的，仅有部分电路是本安的，其输入输出的信号必须是本安型信号，而且本安电路和非本安电路的连接应该满足《3836. 2—2000　爆炸性气体环境用电气设备　第 2 部分：隔爆型“d”》的有关要求。

3. 3. 2　矿用本安兼隔爆型基站隔爆外壳的要求

作为应用于煤矿井下的电气设备，矿用本安兼隔爆型基站具有隔爆外壳，这种外壳能够承受通过外壳任何接合面或结构间隙进入外壳内部的爆炸性混合物在内部爆炸而不损坏，并且不会引起外部爆炸性气体环境的点燃。因此，隔爆外壳需要具有以下主要性能：

（1）耐爆性，这是隔爆外壳以一定安全系数承受住爆炸压力而不发生破坏和危险变形的一种特性。

（2）隔爆性，这是隔爆外壳在正常状态下，防止爆炸从外壳的结构间隙和连接处孔眼中传到周围介质中去的一种特性。

（3）隔爆外壳的外表面在任何状态下都不允许被加热到点燃周围爆炸性介质的危险温度。

（4）机械强度，这是隔爆外壳无论在正常状态下，还是在被认可的事故状态下（例如，在顶板塌落等情况下的冲撞碰击），经受运输和使用的机械作用而不破坏其防爆性能的一种特性。

隔爆外壳具有以下的指标或构成部分：

（1）容积：外壳的内部总容积。如果外壳和内装部件在使用中不可分开，其容积是指净容积。

（2）隔爆接合面或火焰通路：隔爆外壳不同部件相对应的表面或外壳连接处配合在一起，并且能够阻止内部爆炸传播到外壳周围爆炸性气体环境的部位。

（3）隔爆接合面宽度：从隔爆外壳内部通过接合面到隔爆外壳外部的最短通路。

（4）距离：当隔爆接合面被组装隔爆外壳部件的紧固螺钉孔分隔时，隔爆接合面的最短通路。

（5）隔爆接合面间隙：电气设备外壳组装完成后，隔爆接合面相对应表面之间的距离。对于圆筒形隔爆接合面，间隙是两直径之差。

（6）最大试验安全间隙：在相关标准中规定的条件下进行 10 次试验，均能够阻止爆炸通过 25 mm 长接合面传播的最大间隙。

3. 3. 3　矿用防爆基站的天线覆盖

在移动通信系统中，基站是通过无线收发信机建立与终端设备之间的无线信道，从而实现语音和数据通信。天线作为基站收发信号的关键设备，对于系统的通信质量起到至关重要的作用。天线参数是反映天线性能的物理量，天线的主要性能参数如下：

（1）天线的辐射强度和辐射功率。天线的辐射场可以根据电流分布求得，根据辐射场可以求得天线在空间的辐射功率密度，进而通过计算一封闭面内通过的所有电磁波功率通量求得辐射功率。辐射强度为每单位立体角内天线的辐射功率，用来反映天线在空间的能量分布情况。

（2）工作频带宽度。即频带范围，是指中心频率到天线特性所能达到最低限时的两侧频带的范围，f_H 和 f_L 分别表示合理性能范围内的最高工作频率和最低工作频率，中心频率为 f_C，则对于窄带天线，有带宽 $B=\frac{f_H-f_L}{f_C}\times100\%$；对于宽带天线，带宽 $B=\frac{f_H}{f_L}$。

（3）辐射阻抗和输入阻抗。天线的辐射阻抗用于反映天线的辐射能力，其定义为“假设天线的辐射功率被一等效阻抗所吸收，该阻抗上所流过的电流为天线上某处的电流，则此等效阻抗为天线的辐射阻抗”。天线的输入阻抗为天线输入端所呈现的阻抗，对于天线的功率而言，一部分以电磁波形式辐射到周围空间，另一部分在损耗在天线上。

（4）极化方式。天线的极化方式实质上指的是天线所辐射电磁波的极化方式。电磁波的极化指的是传播过程中其电场矢量的方向和幅度随时间变化的状态，极化方式分为线极化、圆极化和椭圆极化。就线极化而言，以入射面为参考可分为平行极化和垂直极化，工程中通常将地方取为参考面，将电场矢量与入射平面平行的极化（在与大地垂直的平面内）称为垂直极化；电场矢量与入射平面垂直（电场矢量平行与大地）的极化称为水平极化，这里的入射面是与大地垂直的平面，而地面设为反射面。

（5）增益系数。天线的增益系数的定义是“设被研究天线和作为参考的方向性点源天线的输入功率分别为 P_{in} 和 P_{in0}，则被研究天线的增益系数 G 的定义为当输入功率 $P_{in}=P_{in0}$ 时，被研究天线在它的最大辐射方向上产生的功率密度（或辐射场模值的平方值或辐射强度）之比”。

（6）方向性。天线的方向性是指相同的远区距离下，天线的辐射特性与空间方向性的关系。衡量天线方向性一般参考方向性函数与方向图，然而方向图函数不能够直观地体现天线的方向性性能，因此一般以方向图作为衡量天线方向性的最直观的依据。①水平面方向图：指仰角（射线与地面的夹角）为某常数时，场强随水平方位角变化的图形。②垂直面方向图：指方位角为常数时，场强随仰角变化的图形。对于方向性较强的天线而言，其方向图可能会包含多个波瓣：主瓣、副瓣、后瓣。其中，主瓣是包含最大辐射方向的波瓣，辐射正方向上除主瓣外其他所有的波瓣都称为副瓣，后瓣是指主瓣正后方的波瓣。主瓣的宽度直接影响天线的方向性，某全向天线与定向天线的主要性能参数见表7－3－2。

表7－3－2 某全向天线与定向天线主要性能参数

	全向天线	定向天线		全向天线	定向天线
频率范围/MHz	2400～2483	2400～2483	极化方式	垂直	垂直
带宽/MHz	83	83	最大功率/W	50	100
增益/dBi	5	13	接头型号	N座	N座
水平面波瓣宽度/(°)	360	35	天线尺寸/mm	450	470
垂直面波瓣宽度/(°)	16	35	重量/kg	0.3	1
驻波比	≤1.5	≤1.5	支撑杆直径/mm	40～50	40～50
输入阻抗/Ω	50	50			

在一般通信领域，通信基站对于天线有如下要求：

(1) 为了节省发射机的功率，基站天线应具有尽可能高的增益；

(2) 天线能在要求的频段内工作并具有相对宽的带宽；

(3) 天线的辐射方向图需要满足要求，能够将基站信号理想地覆盖到需求的范围内；

(4) 天线与无线信号收发设备之间具有良好的阻抗匹配；

(5) 天线体积尽可能小，结构尽可能紧凑；

(6) 天线多采用线极化方式。

然而，不同于一般通信领域的无线信号覆盖环境，煤矿井下是一个特殊的工作环境。煤矿井下具有甲烷等可燃性气体和煤尘，空间狭小，且有风门、机车等阻挡体、巷道倾斜、有拐弯和分支、巷道表面粗糙等，传输损耗大，通信设备特别是天线体积不能太大，发射功率要小，本质安全性防爆电气设备的最大输出功率为 25 W 左右，井下狭小空间内机电设备相对集中、功率大，电磁干扰严重，设备要具有防尘、防水、防潮、机械冲击等性能，要有较强的抗故障能力，其相比建筑物、公路、铁路隧道等环境，服务半径较大。另外，煤矿井下是一个移动的工作环境，随着煤炭开采，巷道的开拓和掘进，工作面也相应移动，加之系统要承担生产调度、安全监控和救灾通信的任务，因此需要较大的信道容量和较好的通信质量。

综合以上的实际特点，在煤矿井下实现无线信号覆盖，天线作为信号收发装置，直接影响着基站信号的覆盖效果乃至整个系统的通信效果。天线在发射时的作用是将发射机产生的高频能量以相同频率的电磁波能量向周围辐射，而在接收时的作用是有选择地将一定方向上或是一定目标发射或者发射的电磁波接收并转换为同频率的电流作为接收机的输入信号。

普通的全向天线辐射信号不具有方向性，在水平方向图上表现为 360°均匀辐射电磁波，因此在煤矿井下现实环境下，即煤矿井下巷道为条状或者带状有分支的结构，出于安全考虑设备的发射功率受限，大范围地采用全向天线会造成天线发射功率的利用效率低、覆盖效果（覆盖距离、信号强度）不理想的情况。

定向天线，是指在某一个或者某几个特定方向上发射及接收电磁波特别强，而其他方向上发射及接收电磁波则为零或极小的一种天线，其在水平方向图上表现为一定角度范围辐射，在垂直方向图上表现为有一定的宽度的波束。定向天线的副瓣电平很低，能量主要集中在主瓣内，即在该范围内辐射电磁波能力特别强，在其他区域辐射较弱。相比全向天线，定向天线的增益相对高，适合于远距离点对点通信，具有方向性，抗干扰能力比较强。图 7－3－11 为 65°15 dBi 定向天线方向图。

针对煤矿井下的实际情况，在进行无线信号覆盖时，应采用全向天线和定向天线结合的覆盖方案，总的来说就是针对人员管理功能采用全向天线，针对通信功能采用定向天线。

3.4　矿用调度台

3.4.1　矿用调度台性能要求

矿用调度台（以下简称调度台）包括显示器、控制按键及拨号按键。显示器用于显示交换机及用户工作状态，调度台上各种功能的控制开关大多是按键和触摸屏形式的，调

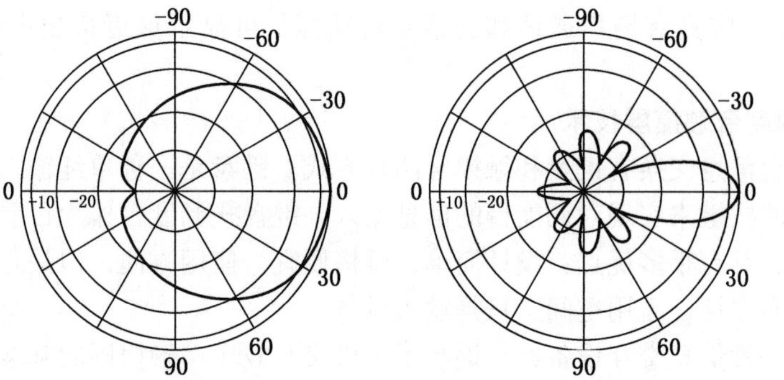

图 7-3-11　65°15 dBi 定向天线方向图

度员通过调度台完成中继接续、群呼、全呼、急呼、强拆等控制操作，用户和中继线呼叫调度员时，调度台上都有灯光显示，调度台的每个用户按键都有对应指示灯，每个用户的忙闲状态也能在调度台上显示出来。调度台主要功能如下：

（1）调度台应具有完成单个呼叫的功能。调度员可以呼叫系统内的任一用户。调度台对单一用户的呼叫应包括优先呼叫和紧急呼叫。系统应提供多级优先功能，以便在系统繁忙时，重要的用户能够先得到系统服务。调度员可以控制优先级的分配，将不同等级的优先权分配给不同的通话组，紧急呼叫为最高优先级。调度台应能接收内部用户的紧急呼叫，调度台可以声、光告警并显示出紧急呼叫用户的识别码，优先分配信道给紧急呼叫，如果此时没有空闲信道，优先权最低的用户占用的信道被拆掉，提供给紧急呼叫使用。

（2）全呼功能。调度员可通过调度台呼叫系统内的所有用户。

（3）组呼功能。系统内的用户可分为一些通话组，调度员和某些有权限用户可以呼叫通话组内的全部用户。

（4）选呼功能。调度台可选择系统中任一手机作为通话对象，进行一对一的通信。选呼具有保密性，一旦具有选呼性的呼叫建立起来，系统中的其他手机就不可能被分配到此通话信道上以听取别人的通话内容。

（5）动态临时编组。在某些特殊情况下，可能需要将几个分属于不同通话组的个别用户组织到一起进行通信。它由调度员根据生产工作的需要，通过在管理终端上输入指令改变个别用户的通话组。动态临时编组在为应付突发事件、临时性活动而组建指挥调度网时尤其方便和重要。

（6）调度员设置的特权用户具有召开多方会议、电话转移、缩位呼叫等功能。

（7）应具有中继汇接功能，即外线用户入中继，通过调度员操作可接通另一用户，通话时调度员可退出或插入。

（8）应具有离台调度功能，即通过设置值班话机，由值班话机应答呼叫调度的电话并完成转接。

（9）调度台既可采用键盘式操作方式，每键对应一个用户或中继，并带有该用户或中继的状态指示灯，也可采用触摸屏方式操作。用户对调度台的各种呼叫均可有不同的声、光提示及号码显示，用户状态一目了然，调度员可方便地运用强插、强拆功能实施监控。

（10）调度台应具有扬声通话和通话录音功能，可显示最近拨出电话号码、日期及时间。

3.4.2　矿用调度台触摸屏技术

矿用调度台信息交换有键盘和触摸屏两种方式。键盘是一种单纯输入设备，是由用户通过敲击键盘的按键来实现对调度台的信息输入。键盘式调度台作为目前矿井移动通信系统的应用形式，具有很多优点：设计简单，价格便宜，使用方便，但是它也存在着明显的缺陷：按键容易损坏，占用空间，只是输入设备。

触摸屏是一种信息交互设备，它提高了人机交互效率。触摸屏的基本原理是用户用手指或者其他物体触摸安装在显示器前端的触摸屏时，所触摸的位置（以坐标形式）被触摸屏控制器检测，并通过接口送到主机，从而确定输入的信息。触摸屏调度台是由用户通过触摸屏幕输入信息以实现对计算机的控制，触摸屏技术向用户提供了良好且友善的交互界面。触摸屏调度台具有以下特点：

（1）操作简便，只需手指触摸电脑屏幕上的有关部门按钮，便可进入相应的界面。

（2）界面友好，操作人员不需要很高的专业知识便可清楚明白电脑屏幕上的所有信息、提示、指令，其界面适合各层次、各年龄的人员。

（3）信息丰富，信息存储量几乎不受限制，任何复杂的数据信息，都可纳入多媒体系统，而且信息种类丰富。

（4）响应迅速，对大容量数据查询，触摸屏输入数据比键盘录入有很大的优势。

（5）安全可靠，长时间连续运行，对系统无任何影响，系统稳定可靠，正常操作不会出错、死机；维护容易，系统包括一个与演示系统界面完全相同的管理维护系统，可方便地对数据内容进行增、删、改等管理操作。

（6）扩充性好，具有良好的扩充性，可随时增加系统内容和数据，并为今后的联网、多数据库的操作等提供方便。如果调度移动通信系统更新或者添加设备，只需要进行相应的软件更新即可，节省了大量的人力和物力。

触摸屏从低档到高档，从红外线、电阻式到电感感应式，现在又发展到表面声波检测，更先进的体波声波触摸屏正在研制中，触摸屏性能越来越高，技术越来越先进。由于触摸屏的特点，对其有以下的要求：透明度高、定位准确、长时间保持准确、工作电压可靠、不影响美观和不易被破坏等。

触摸屏系统一般由 3 部分组成：①传感器（触摸屏）：检测用户以触摸屏幕方式输入的信息；②触摸屏控制部件：接收用户在触摸点信息，转换为数字信号并送给主机，同时还接收主机命令并加以执行；③驱动程序及软件工具，应用软件通过驱动程序与屏幕交换信息。

3.4.2.1　电阻触摸屏

电阻触摸屏的感应器部分（图 7－3－12）是一块多层复合薄膜，由一层玻璃或有机玻璃作为基层，表面涂有一层透明的导电层（ITO 膜），上面再盖有一层外表面经过硬化处理、光滑防刮的塑料层。它的内表面也涂有一层 ITO。在两层导电层之间有许多细小（小于千分之一英寸）的透明隔离点把它们隔开 ITO 即氧化铟，弱导电体，是所有电阻技术触摸屏及电容技术触摸屏都用到的主要材料。控制器向玻璃的两个邻角加 5 V 电压，并把另外两角接地，于是电阻栅格在玻璃屏上形成从矩形的一边到另一边的线性变化的梯度电压。当手指触摸屏幕时，平常相互绝缘的两层导电层就在触摸点位置有了一个接触，因其中一面导电层接通 Y 轴方向的 5 V 均匀电压场，使得侦测层的电压由零变为非零，控制器侦测到这个接通后，进行 A/D 转换，并将得到的电压值与 5 V 相比即可得触摸点的 Y 轴坐标，同理得出 X 轴的坐标。

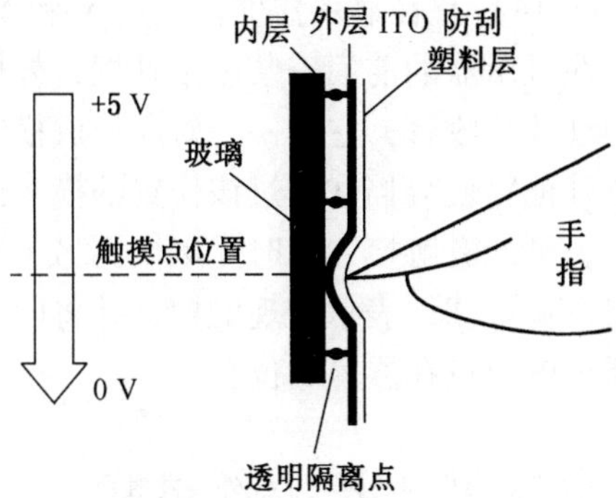

图 7-3-12　电阻式触摸屏

电阻式触摸屏价格便宜且易于生产，因而仍是人们较为普遍的选择。四线式、五线式以及七线式、八线式触摸屏的出现使电阻触摸屏的性能更加可靠，特点如下：

（1）透光率较低，清晰度不好。

（2）分辨率高。

（3）防尘、防污。

（4）成本低，但寿命不长久。

（5）五线电阻触摸屏有所改进，清晰度较高，寿命相对较长。

3.4.2.2　电容触摸屏

电容触摸屏的感应器是一块四层复合玻璃屏，内表面和夹层覆有 ITO 导电土层，玻璃的最外层只有 0.0012 mn 的矽土玻璃保护层，如图 7-3-13 所示。工作原理：当手指触摸屏幕时，人体电场、手指和工作面便形成一个耦合电流，由于工作面上有高频信号，手指便吸收一个很小的电流，控制器通过计算电流的强弱，确定出触摸点位置。

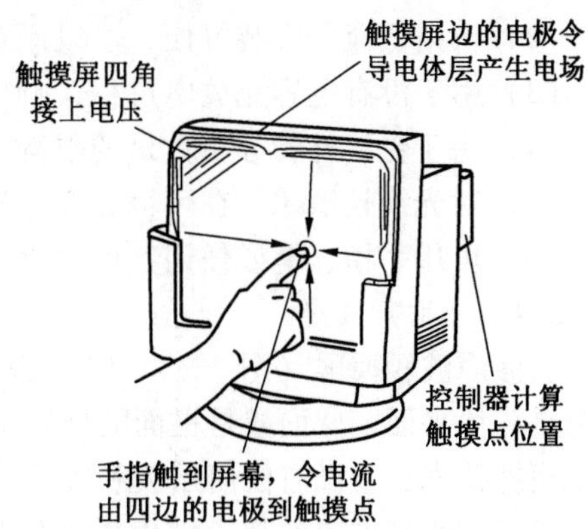

图 7-3-13　电容触摸屏

电容触摸屏的特点：

（1）“漂移”。因为耦合电容的方式是不稳定的，它直接受温度、湿度、手指湿润程度、人体体重、地面干燥程度影响，受外界大面积物体的干扰也非常大，所以会不可避免会出现漂移、定位不准确等现象。

（2）最外层极薄的玻璃，正常情况下防刮擦性能非常好，但工艺上要求在真空下制造，要求较高。

（3）外界电感和磁感会导致触摸屏失灵，所以不适用于金属机柜。

（4）电容屏的另一个缺点是操控员戴手套或手持不导电的物体触摸时无效，因为需要导体形成耦合电容，吸走部分电流，这一点性能相比电阻式触摸屏较差。

3.4.2.3　红外线触摸屏

红外线触摸屏（图 7－3－14）是在显示器屏幕利用 X 和 Y 方向上密布的红外线矩阵来监测并定位用户的触摸。在显示器的前面安装一个外框，外框里设计有电路板，从而在屏幕四边排布红外发射管和红外接收管，它们一一对应形成横竖交叉的红外线矩阵。用户在触摸屏幕触摸时，手指或其他物就会挡住经过该位置的横竖红外线，触摸屏扫描时发现并确信有一条红外线受阻后，可能有触摸，同时立刻换到另一坐标再扫描，如果再发现另外一轴也有一条红外线受阻，黄灯亮，表示发现触摸，并将两个发现阻隔的红外对管位置报告给主机，经过计算判断出触摸点在屏幕的位置。

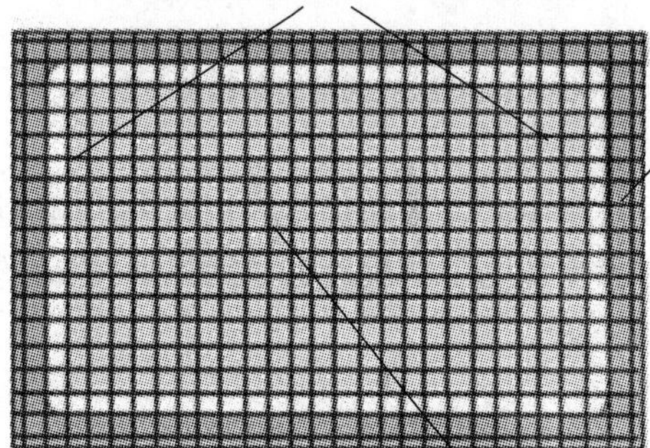

图 7－3－14　红外线触摸屏

红外线触摸屏特点：

（1）不受电流、电压和静电干扰，适宜用于某些恶劣的环境。

（2）价格低廉，安装方便，可以用在各档次的计算机上。

（3）由于没有电容充放电过程，响应速度比电容式快。

（4）由于受红外管分布数量的限制，分辨率较低，通常为 32×32。

（5）对光线较敏感，在环境光变化较大时会误判甚至死机。

（6）可用手指、笔或任何其他可阻挡光线的物体来触摸。

3.4.2.4　表面声波屏

表面声波触摸屏（图 7－3－15）也是靠障碍物的遮挡来确定触摸点位置，其触摸屏部分是一块平面、球面或是柱面的玻璃平板，安装在显示屏前面。这块玻璃平板区别于别类触摸屏技术在于没有任何贴膜和覆盖层。其工作原理为：玻璃屏的左上角和右下角各固定了竖直和水平方向的超声波发射换能器，右上角则固定了两个相应的超声波接收换能器，玻璃屏的四个周边则刻有 45°角由疏到密间隔非常精密的反射条纹，当发射器向一个方向发射 5MHz 短脉冲时，被各接收器返回部分声波，当手指或其他能够吸收或阻挡声波能量的物体触摸屏幕时，X 轴途经手指部位向上走的声波能量被部分吸收，反应在接收波形上即某一时刻位置上波形有一个衰减缺口，计算缺口位置即得触摸坐标。

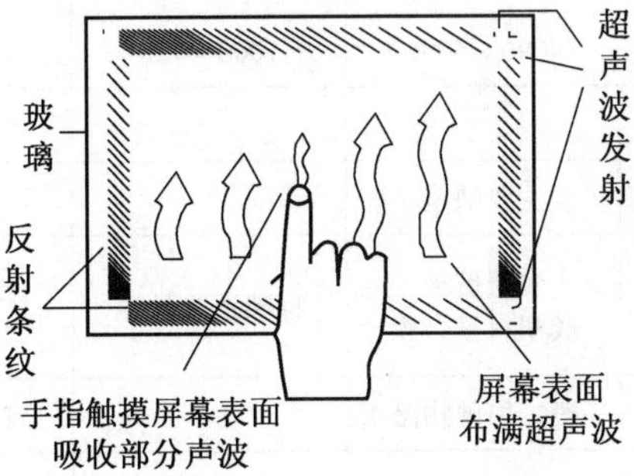

图7-3-15 表面声波触摸屏

表面声波触摸屏的特点：

（1）性能稳定、精度高、寿命长、清晰美观。

（2）没有绝对漂移，安装后不需再进行校对，直接采用笛卡尔直角系，数据转换无失真。

（3）反应速度快，反应灵敏度高于其他类触摸屏。

（4）表面声波触摸屏的缺点是表面的灰尘和水滴也阻挡表面声波的传递，导致信号衰减严重，此时触摸屏变得很迟钝。

3.4.2.5 几种触摸屏的比较和选择

几种常见触摸屏的性能比较见表7-3-3。电阻式触摸屏价格成本低，精度可以达到单个像素的精度，靠压力确定触摸位置，但是它硬度低，易产生划痕，清晰度低，透光率差。电容式触摸屏价格成本较高，其原理是靠操作者与触摸屏形成电容耦合，所以只能通过手指头操作，非生物体，如指甲，笔都无法操作，电容式触摸屏的精度有效范围在 1 cm^2 左右。表面声波触摸屏性能稳定、精度高、寿命长、清晰美观，适合公共场所使用。红外线触摸屏是利用密布的红外线矩阵来检测并定位用户的触摸，任何触摸物体都可改变触点上的红外线而实现触控屏操作，不受电流、电压和静电干扰，适宜用于某些恶劣的环境。

表7-3-3 常见触摸屏的特性比较

类别 / 性能	表面声波	电 容	红 外	五线电阻	四线电阻
清晰度	很好	字符图像稍模糊		较好	字符图像稍模糊
反光性	很少	较严重		有	有
透光率	92%	80% 左右	92% ~100%	80% 左右	80% 左右
色彩失真		有			有

表7-3-3（续）

性能＼类别	表面声波	电　容	红　外	五线电阻	四线电阻
分辨率	4096×4096	4096×4096	1000×720	4096×4096	4096×4096
压力轴响应	有				
漂移		主要缺陷			
材质	纯玻璃	多层玻璃或塑料复合膜	框架透光外壳	多层玻璃或塑料复合膜	多层玻璃或塑料复合膜
防刮擦	非常好	一般，怕硬物敲击		较好，怕锐器	主要缺陷
野蛮使用	不怕	一般	不怕	好，但怕锐器	差
反应速度	10 ms	15~24 ms	50~300 ms	10 ms	10~20 ms
多点触摸	智能判断	中心点	左上角	中心点	中心点
光干扰	无	无	不能超范围	无	无
电磁场干扰	无	有	无	无	无
缺陷	长时间灰尘积累	怕电磁场干扰	不能挡住透光部分	怕锐器划伤	怕划伤

从技术原理角度来讲，触摸屏是一套透明的绝对定位系统，它有以下特点：

（1）必须保证是透明的，触摸检测装置是在显示屏的上面，透光性要好。

（2）必须是绝对坐标，反应要准确、灵敏。

（3）检测触摸并准确定位。

3.5 3G技术

3G，全称为3rd Generation，其中文含义就是指第三代数字通信。3G最早由国际电信联盟（ITU）于1985年提出，当时被称为未来公众陆地移动通信系统（Future Public Land Mobile Telecommunication System，FPLMTS），1996年更名为IMT-2000（International Mobile Telecommunication-2000），意思是该系统的工作频段是2000 MHz，最高业务速率可达2000 kbit/s，曾经预期在2000年左右得到商用。到目前为止，国际电信联盟（ITU）已确定W-CDMA、cdma2000、TD-SCDMA以及WiMAX四大主流无线接口标准。

第一代移动通信系统采用频分多址（FDMA，Frequency Division Multiple Access）的模拟调制方式，主要缺点是频谱利用率低，信令干扰话音业务。第二代移动通信系统主要采用时分多址（TDMA，Time Division Multiple Access）的数字调制方式，优点是提高了系统容量，并采用独立信道传送信令，使系统性能大大改善，但系统容量仍然有限，越区切换性能不够完善。CDMA是Code Division Multiple Access（码分多址）的缩写，它是第三代移动通信系统的技术基础，CDMA系统以其频率规划简单、系统容量大、频率复用系数高、抗多径能力强、通信质量好、软容量、软切换等特点显示出巨大的发展潜力。

由ITU综合各国标准化组织提出的建议，从1998年开始制定和不断完善第三代移动通信标准IMT-2000。最终，ITU一共确定了全球四大3G标准，它们分别是W-CDMA、

cdma2000、TD-SCDMA 和 WiMAX。

1. W-CDMA

W-CDMA 也称为 WCDMA，全称是 Wideband CDMA，也称为 CDMA Direct Spread，意为宽带码分多址接入，或者宽频分码多工存取，是基于 GSM 网发展出来的 3G 技术规范，它是由欧洲提出的宽带 CDMA 技术。

WCDMA 系统的主要技术参数和协议配置见表 7-3-4。

表 7-3-4　WCDMA 系统的参数和协议配置

WCDMA	
上行频段	1920 ~ 1980 MHz，1850 ~ 1910 MHz，1710 ~ 1785 MHz
下行频段	2110 ~ 2170 MHz，1930 ~ 1990 MHz，1805 ~ 1880 MHz
双工方式	FDD/TDD（频分双工/时分双工）
多址方式	DS - CDMA（直接序列扩频码分多址）
基站同步	异步
码片速率	3.84 兆码片/s
帧长	10 ms
载波带宽	5 兆码片/s
多速率	可变的扩频因子和多码
检测	使用导频符号或公共导频进行相关检测
多用户检测、智能天线	标准支持，应用时可选
业务复用	具有不同服务质量要求的业务复用到同一连接中

WCDMA 的系统构架如图 7-3-16 所示。

从结构和功能两方面来看，WCDMA 系统由 CN（核心网）、UTRAN（无线接入网）和 UE（用户终端设备）3 部分组成。核心网 CN 与无线接入网 UTRAN 的接口定义为 Iu 接口，无线接入网 UTRAN 与用户终端设备 UE 的接口定义为 Uu 接口，另外核心网还可以与外部网络进行通信，以提供更丰富的业务。

用户终端设备主要包括处理单元、射频单元、协议栈模块和应用层软件模块，其物理实体包括移动设备和 UMTS（通用移动通信系统，兼容 GSM，又被称为 3G GSM）用户识别模块两部分。移动设备是负责无线通信的无线终端，UMTS 用户识别模块是一张智能卡，负责执行算法、存储、密钥及终端所需的一些预约信息。

WCDMA 系统可以支持 GSM/GPRS 的 BSS（基站子系统）和 UTRAN 两种接入网络技术，所以系统中可能有 3 种终端：GSM/GPRS 终端、WCDMA 终端以及同时支持 GSM/GPRS 和 WCDMA 接入的双模终端。

无线接入网（UTRAN）由节点 B（NODE B）和无线网络控制器（RNC）构成。其中无线网络控制器对应于 GSM 网中的基站控制器（BSC），主要负责无线资源管理、节点 B 的控制管理和与核心网络 CN 的接口 3 项基本功能。节点 B 对应于 GSM 网中的基站收发信台（BTS），主要完成无线环境测量、内外环功率控制、无线信道编/解码、射频调制 4

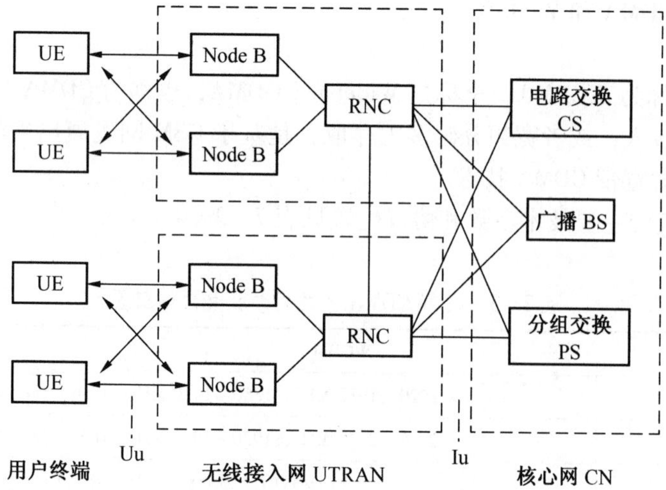

图 7-3-16　WCDMA 的系统构架图

项基本功能。

核心网负责处理 WCDMA 系统内的语音呼叫、数据会话以及与外部网络的交换和跌幅。

2. CDMA 2000

CDMA 2000（Code Division Multiple Access 2000）是国际电信联盟 ITU 的 IMT-2000 标准认可的无线电接口，也是 2G cdmaOne 标准的延伸，它是由窄带 CDMA（CDMA IS95）技术发展而来的宽带 CDMA 技术，也称为 CDMA Multi-Carrier，由美国高通北美公司为主导提出，摩托罗拉、Lucent 和后来加入的韩国三星都有参与，韩国现在成为该标准的主导者，目前中国电信采用这一 3 G 方案。

CDMA 2000 的关键参数和协议设置见表 7-3-5。

表 7-3-5　CDMA 2000 参数和协议设置表

	CDMA 2000
上行频段	1920 ~ 1935 MHz
下行频段	2110 ~ 2125 MHz
双工方式	FDD/TDD（频分双工/时分双工）
多址方式	直接扩频或多载波扩频
基站同步	异步
扩频速率	3. 6864 兆码片/s
帧长	20 ms
载波带宽	5 MHz、10 MHz、20 MHz
扩频码周期（可变）	4 ~ 256
时隙长度（功控组）	1. 25 ms
调制方式	下行：QPSK；上行：BPSK

CDMA 2000 系统构架如图 7－3－17 所示。

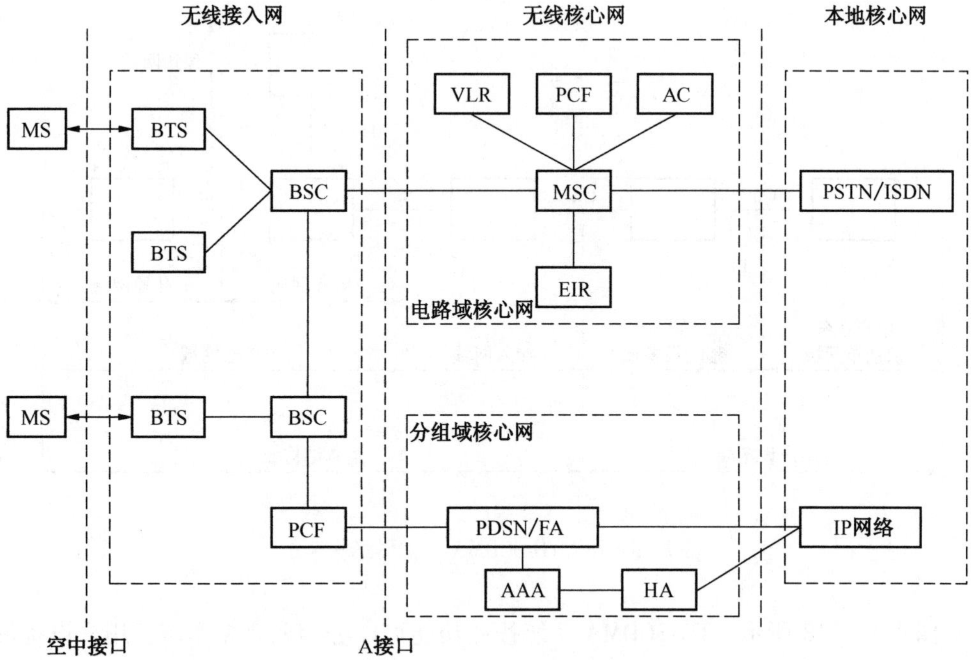

图 7－3－17　CDMA 2000 系统构架图

如图 7－3－17 所示，CDMA 2000 主要由移动台 MS、无线接入网、无线核心网以及本地核心网组成，而无线核心网又分为电路域核心网和分组域核心网。CDMA 2000 系统中的主要的接口有 MS 和 BTS 之间的 Um 空中接口、IS－95 标规定的 BTS 与 BSC 之间 A 接口等。

无线接入网主要包括基站收发系统 BTS、基站控制系统（主要是 BSC）和分组控制功能模块 PCF。其中，PCF 主要负责与分组数据业务有关的无线资源的控制，是 CDMA 2000 1x 为分组业务而增加的部分，可视其为分组域的一个组成部分。

无线核心网主要包括电路域和分组域。电路域核心网负责话音业务，主要由移动交换中心 MSC、访问位置寄存器 VLR 和鉴权中心 AC 组成。分组域核心网建立在 IP 技术基础上，主要包括分组业务数据节点 PDSN，外地代理 FA，认证、授权、计费功能服务器 AAA 和本地代理 HA。

本地核心网络主要包括 PSTN/ISDN 网和分组域的 IP 网络。

3. TD－SCDMA

TD-SCDMA（Time Division-Synchronous CDMA）意为时分同步 CDMA，该标准是由中国大陆独自制定的 3G 标准，1999 年 6 月 29 日，由中国原邮电部电信科学技术研究院（大唐电信）向 ITU 提出。该标准将智能无线、同步 CDMA 和软件无线电等当今国际领先技术融于其中，在频谱利用率、对业务支持具有灵活性、频率灵活性及成本等方面有独特优势。

TD-SCDMA 系统网络构架如图 7－3－18 所示。

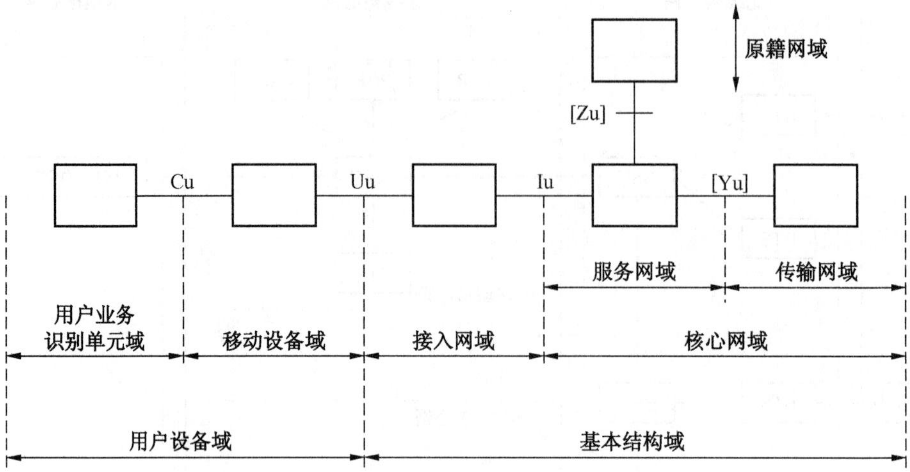

图 7－3－18　TD-SCDMA 系统网络构架图

如图 7－3－18 所示，TD-SCDMA 系统按照功能可以分为两个基本域：用户设备域和基本结构域。

用户设备域由不同功能的各种类型设备组成，如双模的 GSM/UMTS 用户终端、智能卡等。用户设备域可进一步分为移动设备域和用户业务识别单元域。移动设备域主要完成无线传输和应用，其接口和功能与 UMTS 的接入层和核心网结构有关，而与用户无关；用户业务识别单元包含清楚而安全地确定身份的数据和过程，这些功能一般存入智能卡中，它只与特定的用户有关，而与用户所使用的移动设备无关。

基本接入结构域可以进一步被分为接入网域和核心网域。前者由与接入技术相关的功能模块组成，并直接与用户相连，而后者的功能与接入技术无关，两者通过开放接口连接。

接入网域由一系列的物理实体来管理接入网资源，并向用户提供接入到核心网域的机制。核心网域包括支持网络特征和通信业务的物理实体，提供包括用户位置信息的管理、网络特性和业务的控制、信令和用户信息的传输机制等功能。核心网域又可以分为服务网域、原籍网域和传输网域。其中，服务网域与接入网域相连，其功能是呼叫的寻路和将用户数据与信息从源传输到目的。服务网域和原籍网域联系，以获得和用户相关的数据和业务，同时也和传输网域联系，以获得和用户无关的数据和业务。原籍网域管理用户永久的位置信息，用户业务识别单元和原籍网域有关。传输网域是服务网域和远端用户间的通信路径。

4. WiMAX

WiMAX（Worldwide Interoperability for Microwave Access）全名是微波存取全球互通，又称为 802.16 无线城域网，是又一种为企业和家庭用户提供“最后一英里”的宽带无线连接方案。将此技术与需要授权或免授权的微波设备相结合之后，由于成本较低，将扩大宽带无线市场，改善企业与服务供应商的认知度。2007 年 10 月 19 日，国际电信联盟在日内瓦举行的无线通信全体会议上，经过多数国家投票通过，WiMAX 正式被批准成为继 WCDMA、CDMA2000 和 TD－SCDMA 之后的第四个全球 3G 标准。

WiMAX 网络体系结构如图 7－3－19 所示。

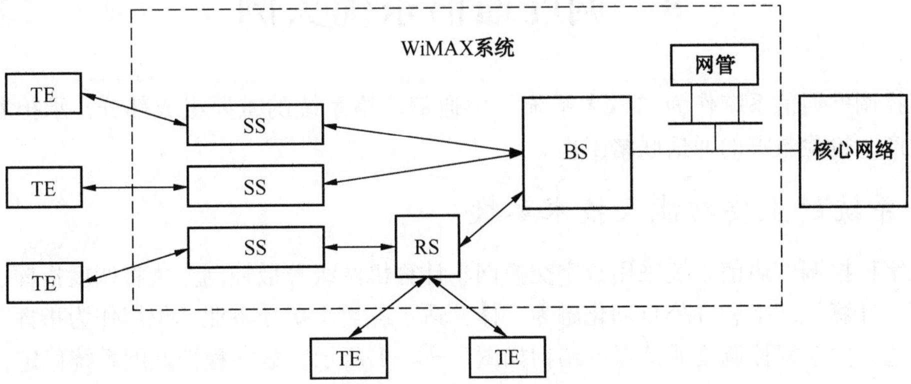

图 7－3－19　WiMAX 网络体系结构图

如图 7－3－19 所示，WiMAX 系统由网管系统、基站 BS、用户基站 RS、接力站 SS 组成，但图中为了完整地表述系统的实现，另外添加了用户终端设备 TE 和核心网络。

WiMAX 连接的核心网络通常为传统交换网或因特网，WiMAX 提供核心网络与基站间的连接接口，但 WiMAX 系统并不包括核心网络。基站提供用户基站与核心网络间的连接，通常采用扇形/定向天线或全向天线，可提供灵活的子信道部署与配置功能，并根据用户群体状况不断升级扩展网络；用户基站属于基站的一种，提供基站与用户终端设备间的中继连接，通常采用固定天线，并被安装在屋顶上，基站与用户基站间采用动态适应性信号调制模式；接力站通常在点到多点的体系结构中用于提高基站的覆盖能力，也就是说充当一个基站和若干个用户基站（或用户终端设备）间信息的中继站，接力站面向用户侧的下行频率可以与其面向基站的上行频率相同，当然也可以采用不同的频率。WiMAX 系统定义用户终端设备与用户基站间的连接接口，提供用户终端设备的接入，但用户终端设备本身并不属于 WiMAX 系统。网管系统用于监视和控制网内所有的基站和用户基站，提供查询、状态监控、软件下载、系统参数配置等功能。

4 调度通信系统实例

程控调度通信系统作为“六大系统”中通信联络系统的重要组成部分，承担着煤矿安全生产、抢险救灾的通信联络工作。

4.1 系统的主要功能及技术参数

数字程控调度通信系统采用数字交换网、计算机两级分散控制方式将调度指挥、计算机指挥、计算机网络和办公自动化融为一体，适于各类工矿企事业单位用作为指挥、调度通信系统。数字程控调度通信系统结构如图7-4-1所示。数字程控调度系统稳定，目前已经在全国各主要矿区都有使用业绩。

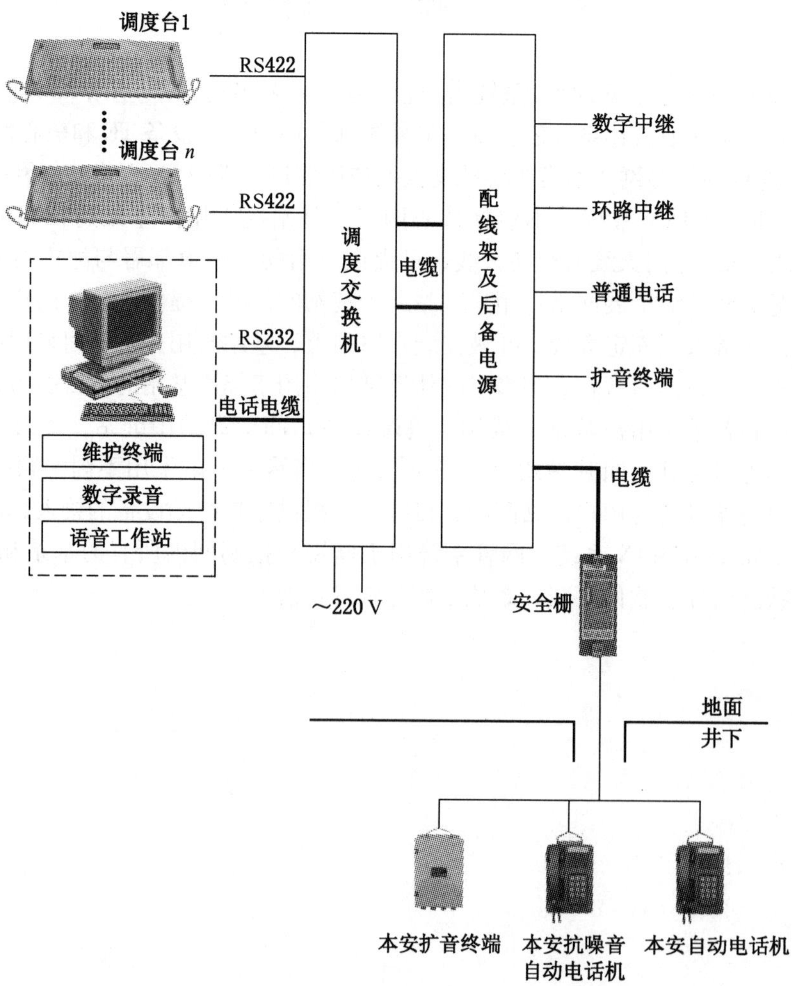

图7-4-1 数字程控调度通信系统结构图

1. 系统功能

（1）可实现单键直呼用户、转接、强插、强拆、会议、保留、组呼、夜服等调度功能；

（2）可组织多达48方参加的大型会议；

（3）可设置多个调度台，调度台上还可以等离子中文显示来电用户号码和单位名称，设置系统局数据等；

（4）设置触摸屏，调度台可实现电脑调度；

（5）提供数字中继（2B + D，30B + D）、载波中继、E/M中继、环路中继等多种接口，可组成全数字与数模混合的多级专用网或多级调度网，实现等位拨号；

（6）组成多级专用网或多级调度网时，可集中维护；

（7）可接入多种用户终端，包括普通自动电话机、本安自动电话机、地面扩音装置等；

（8）具有设置内部用户限制、多级权限、多级优先权功能，高级别用户可以强插低级别用户；

（9）具有音乐保留及音乐证实功能，系统具有电脑话务员功能；

（10）分机具有报号、报时功能；

（11）系统信号标准、传输标准、同步方式和计费性能符合原邮电部部颁标准，也可根据不同专业电话通信网的要求，提供相应适合信号方式的软件新版本。

2. 系统特点

（1）多席位调度，每席位分主、副调度，各席位可同时操作，互不影响；

（2）中继接口与信令完善，组网功能强；

（3）适于多种用户终端接入；

（4）全部电路板均为智能化，使用最新的HCMOS集成电路与交换机专用芯片，集成度大，元件种类与电路板种类少，且各种电路板槽道可互换，功能与容量配置非常便利；

（5）系统易于维护，可带电拔插电路板，且各槽位可互换，系统板卡可不停机测试。

3. 主要技术参数

1）容量

16 - 3000门任选，用户数量可为64、80、128、192、256、512、1024、2048等，每板用户16个；中继线数量为16、32等，其中2线环路中继板每板16路，4线E、M中继每板4路，PCM数字中继每板32路（一号信令，内含6路MFC多频信号）。

2）传输指标

（1）分机至分机或中继至分机传输衰耗：2 ~ 7 dB。

（2）衰耗频率特性：

300 ~ 400 Hz，0.6 ~ 2 dB；

400 ~ 600 Hz，0.6 ~ 1.5 dB；

600 ~ 2400 Hz，0.6 ~ 0.7 dB；

2400 ~ 3000 Hz，0.6 ~ 1.1 dB；

3000 ~ 3400 Hz，0.6 ~ 32 dB。

（3）非线性失真：电平在 - 45 ~ + 3 dB范围。

4.2　系统主要产品

1. 本质安全型自动电话机

（1）防爆型式：矿用本质安全型，Ex[ib]I。

（2）拨号方式：P/T兼容。

（3）振铃响度：90 dB。

（4）最大通信距离：15 km。

（5）使用环境噪声：不大于75 dB。

（6）调度机或交换机的安全性要求：必须符合矿用安全耦合器的非本安输入条件。

2. 矿用安全耦合器

（1）防爆型式：矿用一般型兼本质安全型，防爆标志为Ex[ib]I。

（2）非本质安全侧：最高输入直流电压60 V，直流电流60 mA；最高输入铃流电压90 V，20～60 Hz，铃流电流100 mA。

（3）本质安全侧：最高开路直流电压60 V，最大直流短路电流29 mA；最高铃流开路电压56 V，最大铃流短路电流34 mA。

（4）传输衰耗：安全耦合器对话音的传输衰耗小于0.5 dB。

3. 配置

主要设备配置表见表7-4-1。

表7-4-1　主要设备配置表

<table>
<tr><th>序　号</th><th colspan="2">设 备 名 称</th><th>防爆形式</th><th>备　注</th></tr>
<tr><td>1</td><td colspan="2">维护计算机</td><td></td><td>备用</td></tr>
<tr><td>2</td><td colspan="2">调度键盘</td><td></td><td>必备</td></tr>
<tr><td rowspan="9">3</td><td rowspan="9">交换机</td><td>主控板</td><td rowspan="9"></td><td rowspan="9">必备</td></tr>
<tr><td>用户板</td></tr>
<tr><td>环路中继板</td></tr>
<tr><td>数字中继板</td></tr>
<tr><td>二次电源板</td></tr>
<tr><td>一次电源</td></tr>
<tr><td>机框</td></tr>
<tr><td>背板</td></tr>
<tr><td>机柜（19″1.4M）</td></tr>
<tr><td>4</td><td colspan="2">本安自动电话机</td><td>Ex[ib]I</td><td>必备</td></tr>
<tr><td>5</td><td colspan="2">安全耦合器</td><td>Ex[ib]I</td><td>必备</td></tr>
<tr><td>6</td><td colspan="2">电池（48 V/50 A·h）</td><td></td><td>必备</td></tr>
</table>

5 移动通信系统实例

矿用无线通信系统主要用于煤矿生产调度通信联络，是煤矿安全生产、减人提效、提高生产率和设备利用率、紧急避险的重要工具，在煤矿安全生产、紧急避险、应急救援中发挥着重要作用，是煤矿安全避险“六大系统”的重要组成部分。

采用矿用无源双树冗余备份网络结构和抗灾变方法的矿用无线通信系统，具有抗灾变能力强、抗故障能力强、可靠性高、传输时延小、高速宽带、技术先进、便于使用与维护等优点。基站等设备停电或故障，不会影响整个系统正常工作。当光缆发生断缆等故障时，能毫秒级快速自动切换到备份线路传输。

系统传输带宽为 $N \times 1000$ M，具有无线/有线多种接入方式，可接入工业电视、人员定位、监测监控、语音通信等设备，是一种高可靠性、宽带、标准化矿用信息传输平台，它必将引领煤矿通信、视频监控、人员定位、监测监控技术发展方向。

系统具有语音通信、短信通信、数据传输、图像传输、语音调度、无线中继等功能，提供专业品质的图形化用户界面，能够动态显示出各个终端的实时状态。

系统采用集中管理模式管理移动用户的接入，实现基站集中配置、基站自动下载配置、文件和软件版本自动更新，使得基站在布置、升级、配置上不再需要用户的频繁干预，给系统维护带来了方便。系统所有关键部件均可冗余配置，并支持热插拔，保证系统在恶劣环境下长时间稳定运行。系统及其配套产品已通过煤炭工业常州通信监控产品质量监督检验中心的防爆检验和性能试验，取得了矿用产品安全标志证书和防爆合格证。

KT168 系统特点如下：

(1) 基站支持双上行链路接入方案，链路故障自动互切换。

(2) WiFi 语音客户在基站覆盖区无缝漫游。

(3) 基站覆盖重叠区基站 WiFi 无线用户数自动均衡。

(4) 5 G 和 2.4 G 双频同时工作，为 WiFi 无线客户提供接入服务的同时，提供无线链路桥接入网。

(5) 支持点到点、点到多点（多达 8 条链路）无线链路桥接。

(6) 3 个以太网光接口可接入工业电视、IP 电话、监控设备等，并可以进行网络扩充。

(7) 有 2 h 后备电源系统。

(8) 有完善的鉴权和保密机制，防止非法用户进入和窃听。

(9) 支持基站远程下载，提供软件在线升级能力。

5.1 系统的技术优势

(1) 系统首创矿用无源双树冗余备份网络结构和抗灾变方法，抗灾变能力强，抗故障能力强，可靠性高，传输时延小，高速宽带，技术先进，便于使用与维护。煤矿井下巷道布置呈树形，因此，树形网络结构最适合在煤矿井下应用。无源双树形冗余备份网络结构，系统中不串接任何有源设备，因此，系统中任何设备停电或故障均不会影响系统正常工作。当光缆发生断缆等故障时，能毫秒级快速自动切换到备份线路传输。无源双树冗余网络结构，克服了星形网络结构和环形网络的不足：

矿用星形网络结构：电缆和光缆用量大、投资大、接点多、故障率高、安装与维护工作量大。

矿用环形网络结构：串接在环网上的设备停电和设备故障均会影响系统正常工作，系统光缆和电缆断缆等故障均会影响系统正常工作，特别是系统中2点及2点以上停电或故障，会造成故障点间的设备无法与系统通信，即使是双环系统也无法解决该类问题。环形网络串接的设备越多，传输时延越大。

（2）统一高速传输平台，具有语音通信、人员定位、工业电视、生产监控等功能。

（3）无线中继。基站既可通过光缆接入系统，又可通过无线中继接入系统，进一步提高了系统可靠性和抗灾变能力；基站还可以用于不便于使用光缆和临时施工场所。

（4）基站具有开盖断电功能，避免了带电维修作业。

5.2 系统的主要功能

（1）传输线路故障监测与处理功能：当传输线路发生故障时，能自动切换到备份线路传输。

（2）选呼和双向通话：系统内手机与手机之间、手机与调度台之间、手机与IP电话之间、IP电话与调度台之间具有选呼和双向通话功能。

（3）无缝漫游：系统内手机可在各基站间无缝漫游。

（4）短消息：调度台与手机、IP电话等调度终端（以下简称调度终端）、调度终端与调度终端间可进行短消息单发、群发、转发等，并有来信提示。

（5）数字录音：系统可自动录音用户的每一次通话。

（6）人机对话：便于系统生成、参数设置、功能调用、控制命令输入等。

（7）操作权限管理：参数设置、控制等必须使用密码操作，并具有操作记录。

（8）对非法用户禁用功能。

（9）自诊断和故障指示：能对控制中心、调度台、调度机、基站等进行定时或连续诊断功能，当发生故障时，及时报警并指示出故障位置。

（10）无线中继功能。

（11）系统具有备用电源，当电网停电后，备用电源能保证系统正常工作。

（12）调度通信功能：

① 调度台可对调度终端通话实现监听、强拆、强插、代接、通话转移、通话转接、禁话等；

② 调度台可同时处理多路呼叫而互不干扰；

③ 调度台和授权的调度终端能以语言和语音文件播放的方式实现广播；

④ 调度台和授权的调度终端可同时召开96方会议，调度用户可随时发言，随时退

出，召开会议者可控制会议时间；

⑤ 双向急呼功能，调度台能用紧急呼叫号码呼叫任一个、一组或全部调度用户，调度终端有紧急呼叫文字显示和规定的振铃声；调度用户能用紧急呼叫号码呼叫调度，调度台可显示紧急呼叫的用户号码，并有规定的振铃声；

⑥ 调度台可通过图标颜色和文字指示调度终端的状态：呼叫、振铃和通话；

⑦ 授权的手机用户具有组呼和全呼功能。

5.3　主要技术指标

1. 通信距离

（1）基站与手机间无线通信距离不小于 250 m；

（2）基站与基站间无线通信距离不小于 500 m；

（3）基站至控制中心的距离不小于 20 km；

（4）基站下行光接口通信距离不小于 20 km。

2. 系统容量

（1）具有 20 条光路，每一条光路可接入 32 个基站；

（2）每台基站可容纳 20 部手机同时通话；

（3）每台基站具有 2 个上行光端口，3 个下行光端口，可无线接入 8 台基站；

（4）可注册手机数 2000；

（5）可召开 96 方会议。

3. 无线工作频段

（1）基站与基站间无线工作频段：5. 725 ~5. 850 GHz；

（2）手机与基站间无线工作频段：2. 4 ~2. 483 GHz。

4. 误码率

误码率不大于 10^{-8}。

5. 备用电源工作时间

电网停电后，备用电源保证系统连续工作时间不小于 2 h。

6. 网络结构

系统网络结构为无源双树冗余结构。

7. 传输方式

系统的传输方式为有线与无线相结合的传输方式。系统控制器与基站间、基站与下行设备间采用有线传输方式；基站与基站间、基站与手机间采用无线传输方式。

5.4　系统组成及工作原理

矿用无线通信系统由地面中心站和井下设备组成。

地面中心站一般由系统控制器、调度机、调度台、网管服务器、语音服务器（与调度机一体）、电源避雷器、IP 话机若干等组成。

井下设备由矿用本质安全型手机、矿用隔爆兼本质安全型通信基站（含电源）、矿用无源分光器、光缆接续盒、光缆和其他必要设备等组成。系统基本配置见表 7 －5 －1，连接如图 7 －5 －1 所示。

表7-5-1 系统基本配置

序　号	设备名称	防爆型式	安标准用证和防爆合格证
1	基站	隔爆兼本安型	MHC110103 CCCMT11.0003
2	手机	本质安全型	MHC110102 CCCMT11.0002
3	分光器	—	MHC110101
4	调度机	地面一般型	MHC110100
5	调度台	地面一般型	MHC110100
6	系统控制器	地面一般型	MHC110100
7	网管服务器	地面一般型	MHC110100
8	IP话机	地面一般型	MHC110100
9	光缆	—	MHC110100

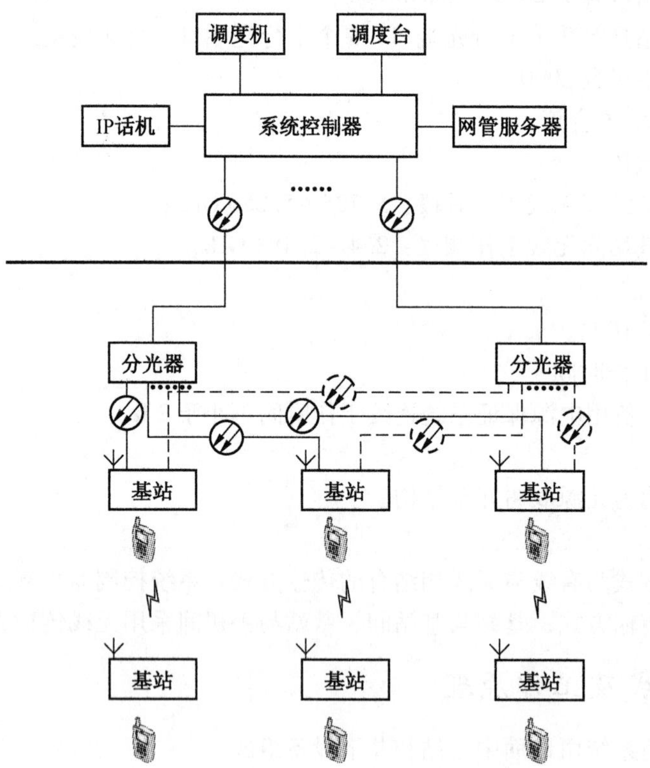

图7-5-1 系统连接示意图

基站通过光纤网络覆盖主干巷道、分支巷道，通过无线方式覆盖采区或不便于光缆布置的地方。

手机通过无线网络与基站通信，基站将无线信号转换成有线信号通过光纤网络传输到地面系统控制器，通过系统控制器与地面调度台、调度机、IP 话机交换信息。

5.5 矿用隔爆兼本安型通信基站

矿用隔爆兼本安型通信基站是应矿井安全生产、管理、通信、应急救援等需求开发的一款面向大、中型煤矿的功能强大、使用灵活的产品，与系统控制器配合组网，可为用户提供无线接入服务、数据接入服务、视频接入服务等。提供两个上行连接端口，可实现上行链路故障自动互切换，提供多达 8 条的无线桥接链路，可使基站在有线脱网后以无线方式通过其他基站入网及有线覆盖不便时无线接入。基站具有高带宽、高冗余性能、通讯质量好等特点。

5.5.1 使用条件

1. 工作条件

（1）环境温度：0 ~ 40 ℃；

（2）平均相对湿度：不大于 95% （25 ℃）；

（3）大气压力：80 ~ 106 kPa；

（4）有甲烷、煤尘爆炸性气体混合物的环境，但无显著振动和冲击、无破坏绝缘的腐蚀性气体的场合。

2. 贮运条件

（1）环境温度：-40 ~ 60 ℃；

（2）平均相对湿度：不大于 95% （25 ℃）。

5.5.2 供电电源

1. 交流供电电源

（1）额定电压：127 V，允许偏差 -25% ~ +10%；

（2）输入视在功率：不大于 65 V · A。

2. 备用电池

（1）类型：铅酸蓄电池；

（2）型号：DHB12120 12V12AH；

（3）充电电压：小于或等于 15 V；

（4）充电方式：浮充；

（5）放电截止电压：10.5 ~ 11.0 V；

（6）转换时间：小于或等于 0.5 s；

（7）工作时间：不小于 2 h。

5.5.3 基本功能

（1）基站具有无线/有线转换、手机等 WiFi 无线设备接入功能。

（2）基站具有下行以太网光接口，可接入工业电视、电话和监控设备等。

（3）基站具有双上行光端口，可实现上行链路的故障自动备份。

（4）基站具有可同时工作的两个射频端口，可同时实现基站无线桥接及手机接入功能。

（5）基站具有工作状态指示功能，能够显示电源状态、端口状态、各模块工作状态。

（6）基站具有备用电源工作功能。

5.5.4　主要技术指标

1. 端口数量

（1）5 G 射频口 1 个，2.4 G 射频口 1 个；

（2）上行光端口数量 2 个；

（3）下行光端口数量 3 个。

2. 基站与基站间通信

（1）射频口：5 G 射频口；

（2）通信距离：不小于 500 m；

（3）协议：802.11 a；

（4）工作频率：（5.725 ~5.850）GHz；

（5）调制方式：OFDM；

（6）工作信道：1；

（7）发射功率：－15 ~0 dBm；

（8）接收灵敏度：不大于－70 dBm。

3. 基站与手机间通信

（1）射频口：2.4 G 射频口；

（2）通信距离：不小于 250 m；

（3）协议：802.11 b/g；

（4）工作频率：2.4 ~2.483 GHz；

（5）调制方式：OFDM、DBPSK、DQPSK、CCK；

（6）工作信道：3 个（1，6，11）；

（7）发射功率：－30 ~ －10 dBm；

（8）接收灵敏度：不大于－80 dBm；

（9）每台基站可以容纳 20 部手机同时通话。

4. 天线

1）2.4 G 定向天线

天线罩材质：ABS。

2）5G 全向天线

天线罩材质：玻璃钢。

5. 天线与基站间连接

用同轴电缆连接，长度小于 2 m。

6. 光接口

1）上行光接口

——单模单纤；

——协议：802.3 ah；

——波长：上行 1310 nm，下行 1490 nm；

——接收灵敏度：－30 dBm；

——发射光功率：0 ~ －5 dBm。

2）下行光接口

——单模双纤；

——协议：TCP/IP；

——波长：1310 nm；

——接收灵敏度：－35 dBm；

——发射光功率：－15～－8 dBm。

5.5.5 产品外观

1. 前面板

基站前面板如图7－5－2a所示，前面板上有"MA"标志、防爆标志Exd[ib]I、显示窗、铭牌及警示语"断电后5 min开盖"，指示灯含义见表7－5－2，铭牌内容如图7－5－2b所示。

表7－5－2 指示灯的含义

模块	指示灯	状态	含义
电源模块	Power（主电源指示灯）	红灯亮	供电正常
		灭	电源关闭或电源故障
	BATT（备用电源指示灯）	绿灯亮	备用电源供电
		灭	备用电源关闭或电源故障
网络模块	Diag（诊断指示灯）	红灯亮	系统正在自检或系统故障
		灭	自检成功并且设备正常工作
	Link（上行光接口指示灯）	绿灯亮	上行光链路建立
		绿灯闪	上行光链路正在建立
		灭	上行光链路未建立或上行光接口未连接
	Link/Act LAN接口指示灯	绿灯亮	以太网链路已建立
		绿灯闪	接口正在接收或发送数据
		灭	以太网链路未建立或以太网接口未连接
无线模块	11/a	绿灯快闪	5 G天馈口正在进行数据收发
		绿灯慢闪	5 G天馈口链路工作正常
		常灭	5 G天馈口链路未初始化或故障
	11/b/g	绿灯慢闪	2.4 G天馈口链路工作正常
		绿灯快闪	2.4 G天馈口正在进行数据收发
		灭	2.4 G天馈口链路未初始化或故障
	PWR电源指示灯	绿灯常亮	模块正常上电
		常灭/闪烁	电源未接好或模块工作异常

2. 侧面板

侧面板如图7－5－3所示。右侧面板上有10个喇叭嘴，1～9号喇叭嘴的用途见表7－5－3。

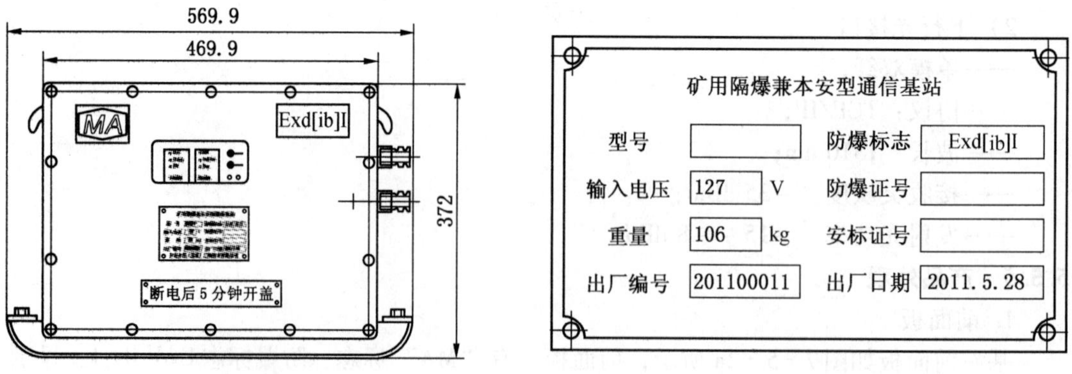

(a) 基站前面板　　(b) 铭牌内容

图7-5-2 基站前面板

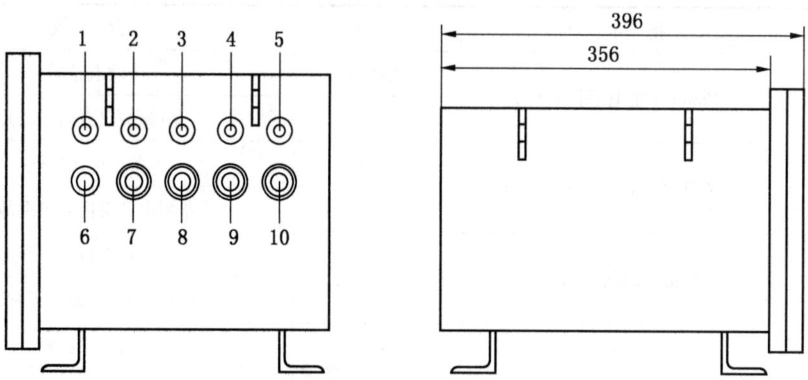

图7-5-3 基站侧面板

表7-5-3 喇叭嘴的用途

序号	名称	用途
1	UPLAN1	上行光端口，通过KLH32分光器连接到系统控制器
2	UPLAN2	
3	DOWNLAN1	10/100 M下行光端口，连接其他光网络设备
4	DOWNLAN2	
5	DOWNLAN3	
6	5 G天馈口	5 G全向天线或馈线连接端口
7	2.4 G1 天馈口	2.4 G定向天线或馈线连接端口
8	2.4 G2 天馈口	
9	Power 交流电源接口	接入127 V交流电源

5.5.6 组成及工作原理

基站由电源模块、备用电池、一分二功分器、网络模块和无线模块组成，如图7-5-4所示。

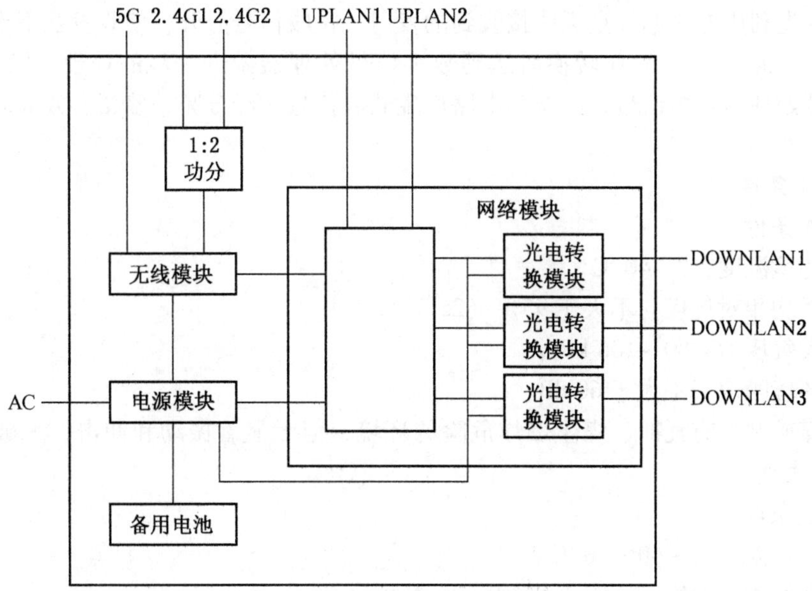

图7-5-4　KT168-F基站组成图

基站首先注册到系统控制器，系统控制器给基站分配传输带宽后开始数据传输。

下行数据：系统控制器以广播的方式向基站发送数据包，各基站选择接收自己的数据包，丢弃其他数据包。

上行数据：基站先把各个用户发来的数据缓存起来，等待它的发送时隙，当它的发送时隙到来时，把缓存的数据以全线速1 Gbps突发方式发送。

5.5.7　安装使用

在准备安装之前，应对设备的安装条件进行检查，以保证设备长期处于良好的运行环境之中。

1. 安装选址

易受电磁干扰（发射电台、变电站）及电压不稳、震动大或强噪声的环境不利于设备的工作，因此设备不要安装在这样的环境中。安装地点应该干燥，严禁在易积水、渗水、滴漏、结露等地方进行设备安装。最终，应根据通信网络规划和通信设备的技术要求，综合考虑电力、交通等因素，选择符合通信设备工程环境设计要求的地址安装。

2. 供电

检查安装地点的供电是否稳定，应做到接线简单，操作安全，调度灵活，检修方便。

3. 天线安装

根据工程实际勘察结果，制定天线安装方案。

5.6　矿用本安型手机

矿用本安型手机是一款高性能的、多用途的矿用单模手机，主要用于实现持机者之间的无线语音传输，适用于地面及井下需要无线语音通讯的地方。手机主要由射频部分、逻辑部分和电源部分组成。射频部分又是由接收信号部分和发送信号部分组成。手机在接收信号时，首先利用专用芯片把天线接收到的发射、接收信号分开，使收发互不干扰，通过滤波、放大、混频，经 A/D 转换后送到数字信号处理器做进一步的处理。发射信号时，由数字信号处理器给出信号，经振荡电路产生载波信号，经分频、鉴相、放大后送到天线放射出去。

5.6.1　使用条件

1. 工作条件

（1）环境温度：0 ~ 40 ℃。

（2）平均相对湿度：不大于 95%（25 ℃）。

（3）大气压力：80 ~ 106 kPa。

（4）环境噪声：不大于 60 dB。

（5）煤矿井下有瓦斯、煤尘爆炸危险的环境，但无显著振动和冲击、无破坏绝缘的腐蚀性气体场所。

2. 贮运条件

（1）贮存温度：−40 ~ 60 ℃。

（2）平均相对湿度：不大于 95%（25 ℃）。

（3）振动：加速度 20 m/s^2。

（4）冲击：峰值加速度 500 m/s^2。

5.6.2　主要功能

（1）通话功能：手机具有和其他手机、调度台进行通话的功能。

（2）短信功能：手机具有收发短信、短信群发功能。

（3）通讯录功能：手机具有存储、查找通讯录功能，并可为记录设置个性铃声。

（4）其他功能：手机具有日历、秒表、计算器功能，还可通过 PING 测试按键操作，具有手动或自动 PING 功能。

5.6.3　主要技术指标

（1）工作电压为 3.7 V，由锰酸锂电池供电，型号为 PL123450，规格为 3.7 V/1500 mA · h，内串保护元件，并浇封，最高开路电压：4.2 V，最大短路电流：2.8 A。

（2）工作电流：待机工作电流：不大于 10 mA；最大工作电流：500 mA。

（3）通讯协议：IEEE802.11b/g。

（4）调制方式：OFDM、DBPSK、DQPSK、CCK。

（5）工作信道：1、6、11 信道。

（6）发射功率：−20 dBm。

（7）接收灵敏度：不大于 −76 dBm。

（8）工作频段：2.4 ~ 2.4835 GHz。

（9）振铃响度：不小于 70 dB。

5.6.4　外形尺寸及质量

（1）外形尺寸（长 × 宽 × 高）：102 mm × 45 mm × 25 mm。

（2）质量：约 100 g（含电池）。

5.7　矿用分光器

煤矿用分光器是最新开发的专用于煤矿井下对光信号进行分路的产品，以某分光器产品为例，该产品有两个1：32 SC型分光部件，可实现2路光信号的1：32分光。

5.7.1　产品特点

（1）箱体经静电环氧喷涂，美观耐用。

（2）箱体防护等级为IP54以上。

（3）设备安装采用正面操作，操作和维护方便。

（4）集熔接、分光、配线一体化。

（5）箱体采用钣金材质，强度高。

（6）有可靠的光缆固定、接地装置。

（7）各路光纤线路丝印标示清晰。

5.7.2　使用条件

1. 工作条件

（1）工作温度：－5～40 ℃。

（2）相对湿度：不大于98%（25 ℃）。

（3）大气压力：80～110 kPa。

（4）有甲烷、煤尘爆炸性气体混合物的环境，但无显著振动和冲击、无破坏绝缘的腐蚀性气体的场合。

2. 贮运条件

（1）贮存温度：－40～60 ℃。

（2）振动：加速度50 m/s^2。

（3）冲击：峰值加速度500 m/s^2。

5.7.3　基本功能

（1）具有恢复光缆护套的完整性和光缆加强构件的机械连续性的性能。

（2）提供光缆中金属构件的电气连通、接地或断开的功能。

（3）具有使光纤接头免受环境影响的功能。

（4）提供光纤接头的安放和余留光纤存贮的功能。

5.7.4　技术指标

（1）最大容量：96芯。

（2）单个纤盘容量：16芯。

（3）2只1：32分光器。

（4）进缆孔：6根。

（5）分光器插入损耗小于18 dB。

5.7.5　产品结构

分光器产品结构如图7－5－5所示，内部组件名称见表7－5－4。

表7－5－4　分光器内部组件名称

序　号	名　　称	序　号	名　　称
1	分光部件一体化模块（两个1×32）	3	光缆固定接地板（正面一个，侧面一个）
2	半圆形绕纤环	4	熔接盘（6个）

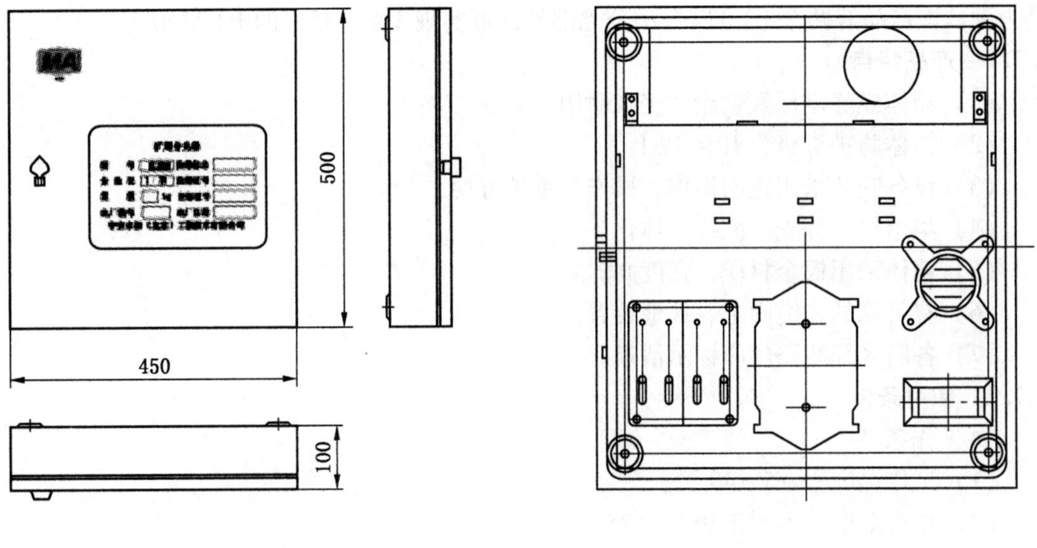

(a) 分光器外观结构　　(b) 分光器内部结构

图7-5-5　分光器结构

5.7.6　布线操作说明

(1) 将光缆从分光器的左下角引入（图7-5-6）。

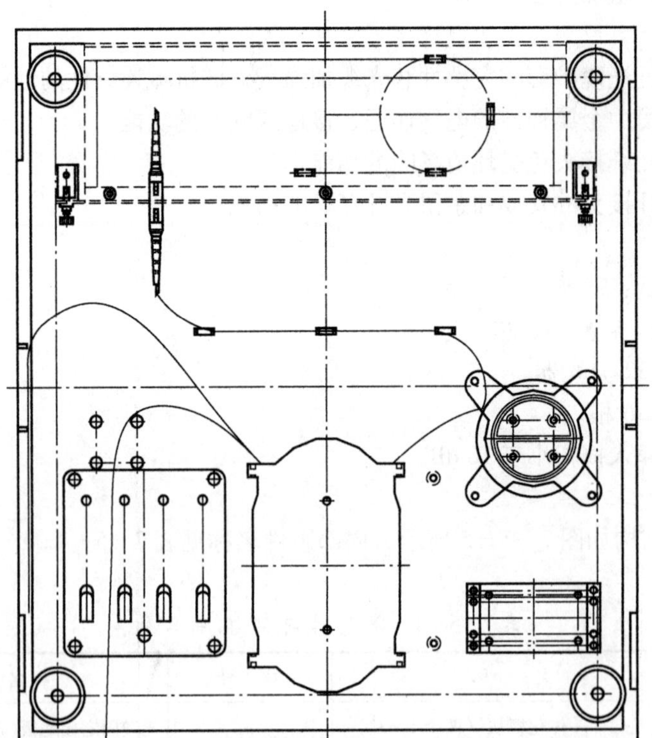

图7-5-6　光缆引入及走纤示意图

（2）清洁光缆，剥去光缆外皮，光缆开剥长度 L = 1.8 m + 光缆开剥处至熔接盘的距离（可视实际情况变化），铠甲层预留 100 mm，中心加强芯预留 100 mm，两侧加强芯预留 80 mm，如图 7－5－7 所示。

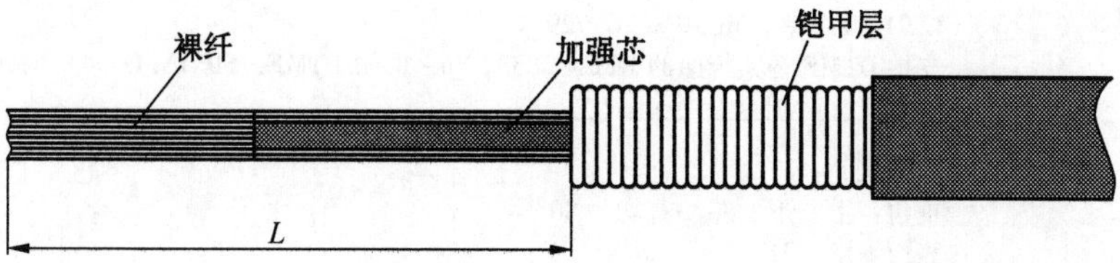

图 7－5－7　光缆剥线示意图

（3）清洁光纤，将光纤穿入圆管或用螺旋管保护好。光缆的开剥处缠上绝缘胶带。

（4）将光缆加强芯插入接地装置钢芯锁杆的圆孔内，用螺钉紧固。接地块可靠接地，用喉箍将光缆固定于接地装置板上。

（5）将套有保护管的光纤引入到熔接盘里，与里面的尾纤熔接。

（6）将光纤（光缆）的冗余部分绕于绕纤环上，同时用扎带将光缆固定于分光器上。

5.8　移动通信系统调度台

移动通信系统调度台是针对行业用户推出的专业调度台，提供了可视化图形调度界面，实现了调度用户状态的一目了然，调度操作的点击操作最大限度上提高了调度的速度。一体化的设计让调度台结构更紧凑，外观大方美观，专业的设计保证了调度台的高可靠性，多种配置资源，提高使用的灵活性。

嵌入式触摸屏，包含 Windows 操作系统，集成了调度台系统程序，支持双手柄，内置大功率广播，并配备声光报警设备。

5.8.1　技术规格

调度台的技术规格见表 7－5－5。

表 7－5－5　调度台的技术规格

规　格	描　述
支持的操作系统	Windows XP/7
网络接口	1 个 100/1000 M LAN 口
语音特性	语音编码/压缩：G.711 A－Law/U－Law，G.729 舒适噪声、静音抑制、回波抵消、时延抖动/丢包补偿 DTMF Relay：带内 DTMF Relay、RFC－2833，SIP INFO
支持的标准	RFC 2327－SDP RFC 2617－HTTP Digest Authentication RFC 2976－SIP INFO Method RFC 3261－SIP RFC 3264－Offer/Answer model with SDP RFC 3265－SIP－specific Event Notification

表7-5-5（续）

规格	描述
支持的标准	RFC 3515 - SIP REFER Method RFC 3842 - A Message Summary and Message Waiting Indication G. 711（A率、Mu率），G. 729 支持DTMF音频传递的RFC-2833，In-band DTMF，SIP INFO
物理特性	屏幕尺寸：17寸 视角：上、下、左、右均为80° 表面硬度：3H 透光率：亮面材料>83%，雾面材料>7% 敲击寿命：>1000万次，笔划寿命：>100万次 触点抖动时间：<5 ms 分辨率：4096×4096 线性：<1.5%
环境指标	操作温度：-20~70 ℃ 存储温度：-28~80 ℃

5.8.2 主要特性

（1）提供专业品质的图形化用户界面，可动态显示成员实时状态。

（2）先进的音频处理技术，保证高品质的语音质量。

（3）支持左右双手柄。

（4）内置大功率广播，实现调度电话的扬声收听。

（5）配备声光报警设备。

（6）支持内置/外放声音输入、输出设备的切换，可根据需要选择外放音箱、麦克，声音输入、输出设备增益可调。

（7）支持多达11条线路的通话。

（8）多业务融合：基于IP架构，集语音、数据、视频业务为一体，提供视频回传、语音调度、数据上传等多种调度手段。

（9）多网融合：无缝融合多种通信网络（IP、PSTN、GSM、CDMA、WiFi、WiMAX、McWiLL、模拟集群以及数字集群等），实现有线、无线的融合，固网和移动网络的融合；多种对外通讯接口可以在不同情况下最大限度保障通讯畅通。

（10）技术先进：基于IP架构，从功能上到将来的扩容上都具有传统调度系统无法具备和超越的先进性，整个系统可以向统一通信和NGN网络平滑过渡。

5.8.3 主要功能

1. 调度操作

（1）呼叫、对讲；

（2）强插、强拆；

（3）代接、禁话、监听；

（4）组播、通播、会议。

2. 监控功能

能够通过图标颜色和文字指示出用户状态：呼叫、振铃、通话、不在线。

3. 呼叫及通话

(1) 拨号呼叫；

(2) 来电接听；

(3) 多线路切换；

(4) 左右手柄通话切换；

(5) 可选择内置或外放声音输入/输出源。

4. 管理功能

(1) 分组管理，灵活快捷的设置人员分组，做到按需调度；

(2) 账号管理；

(3) 权限管理；

(4) 热线管理；

(5) 功能键定义：可根据需要定义常用的功能键，并定义在操作界面的显示顺序。

5.8.4 调度台外型结构

1. 前面板

前面板由触摸屏和左右两个话筒手柄构成。登入 Windows 系统后，用户可以直接点击触摸屏或通过键盘或通过鼠标登录多媒体调度系统进行调度操作；通过摘取话筒手柄或使用外放声道收听或下达指令。

2. 后面板

后面板外型结构如图 7-5-8 所示。

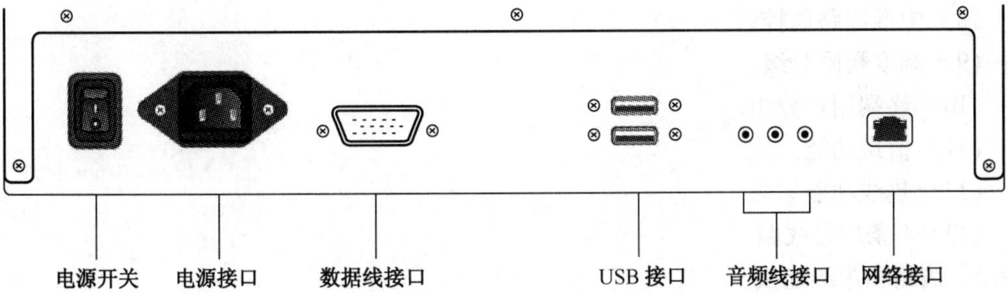

图 7-5-8 后面板外型结构

后面板主要是各种接口，接口说明如下：

(1) 电源开关；

(2) 电源接口：用于连接电源线；

(3) 数据线接口：用于连接扩展触摸屏的视频数据线；

(4) USB 接口：用于连接键盘或鼠标；

(5) 音频线接口：用于连接耳机或麦克风；

(6) 网络接口：调度台通过此接口接入网络。

5.9　移动通信系统调度机

调度机是整个移动通信系统的核心，调度台和调度终端都必须连接到调度机才能够正常工作；调度机通过网关设备能够连接到 PSTN、PBX、卫星网络、GSM/CDMA 等外部通讯系统，而且可以通过集群对接网关调度模拟集群、数字集群下的用户。

5.9.1　主要特性

（1）利用 IP 网络作为通信的承载网，可以让调度台、调度终端与调度机之间不再有距离限制，可以实现跨地域的联合办公。

（2）分布式调度系统可以让客户实现异地的联动，并且可以实现系统的扩容。

（3）不但能够通过传统的 E1、FXO 等接口连接其他交换设备，而且还能够通过 SIP 协议与软交换平台互联。

（4）分等级的多调度台机制，可以让调度系统更符合客户现行的行政、指挥等级制度。

5.9.2　业务功能

（1）强插、强拆。

（2）会议、广播。

（3）监听、录音。

（4）转接。

（5）点击呼叫。

（6）拨号呼叫。

（7）终端状态监控。

（8）中继线路监控。

（9）调度权限分级。

（10）终端用户分组。

（11）值班功能。

（12）热线功能。

（13）4 条应答线路。

5.9.3　线路和中继连接

（1）支持 FXO 连接到 PSTN。

（2）支持 E1/T1 连接到 PSTN。

（3）支持 FXS 连接模拟话机。

（4）支持 IP 中继，可以直接连接私有 IP 语音核心网或 ITSP IP 电话服务营运商。

（5）支持 SIP IP 电话。

（6）支持 SIP 软电话、SIP 客户端。

（7）每个系统都有 1 个标准的以太网接口。

（8）可以与 VOIP SIP 网络中其他元素（媒体网关、回话边界控制器、应用服务器等）互通。

5.9.4　电源要求

调度机采用模块开关电源，对交流电源输入参数要求如下：

（1）额定输入电压：AC200～240 V。

（2）频率：50～60 Hz。

（3）整机功耗：不大于 300 W。

5.9.5　网络连接

将网线的一端接到调度机后面板的以太网 WAN 口上；将网线的另一端连接到系统控制器的普通网口上。

5.9.6　主要技术指标

（1）最大并发呼叫数：256。

（2）最大注册用户数：2000。

（3）最大会议组数：5。

（4）最大调度用户数：2000。

（5）最大调度广播数：120。

（6）最大调度会议数：96。

（7）最大并发录音数：50。

（8）最大录音文件数：10000。

6 矿用语音广播应急系统实例

6.1 系统简介

矿用语音广播应急系统在煤矿井下的安装使用，作为煤矿安全系统的一个重要组成部分，为煤矿安全生产提供一种有效的通讯手段。矿用语音广播应急系统的扩音通讯装置采用了 DSP 军用数字降噪声技术和全集成化电路设计，是一种高抗噪声性、高可靠性的通信产品，可以安装在巷道、候车室、架空乘人装置沿线、皮带沿线、采煤工作面、掘进工作面等岗位上，完全消除呼叫盲点，使井下作业人员、休息人员可以清晰听见扩音站广播的报警声和报警语音。

紧急情况下，调度人员可根据具体情况，将紧急处理预案语音通过矿用语音广播应急系统紧急广播。井下扩音站将反复播放报警声和报警语音，及时通知井下作业人员迅速疏散和撤离，并对采取的安全措施和应急救援提供必要的信息帮助。这样可以最大程度上避免安全事故的发生，最大程度上减少安全事故造成的损失。

交接班时，矿用语音广播系统可以播放宣传教育、事时新闻、背景音乐等内容，对增强职工安全意识、娱乐职工文化生活、实现人文化管理起到积极的作用。

矿用语音广播应急系统具有优越的性能特点：

（1）利用井下光纤环网来构成广播通讯系统，充分利用了原有的环网设备和通讯电缆，使广播通讯系统的技术面貌更加先进、系统的安装更为简便。

（2）具有广播和通讯两种功能。

话站接入话机后，可实现调度与话站的扩音通讯及双工通话功能；也可实现话站与话站的扩音通讯及双工通话功能；话站在的广播状态中，不影响与调度之间通讯联络功能，也不影响与其他话站之间的通讯联络功能。

（3）话站广播音质和广播响度良好。

话站可广播报警声、报警语音、背景音乐、宣传语音,且话站播放的音乐和语音音质良好。

在距话站 0 ~ 100 m 的直巷道中，可清晰听见报警声和音乐声；在距话站 0 ~ 60 m 的直巷道中，可清晰听见广播语音。

（4）广播的安全性和可靠性高。

为了确保广播系统工作的安全性和可靠性，系统的广播信号传输采用低电平、小信号传输方式；系统的广播功率放大采用各扩音站分散放大方式；各扩音站的供电采用就地交流供电方式。

6.2 系统组成及结构

矿用语音广播应急系统由井上部分和井下部分组成。井上部分包括网络广播控制计算机（以下简称广播计算机）、网络寻呼麦克风（以下简称麦克风）、IP－PBX 网络语音交换机（以下简称语音交换机）、网络交换机。井下部分包括矿用隔爆兼本安型无线基站控制器（以下简称无线基站控制器）、矿用隔爆型通信电源（以下简称通信电源）、扩音通讯装置控制器（以下简称扩音通讯控制器）、数字抗噪声扩音话站（以下简称扩音站）、矿用本安数字抗噪声电话机（以下简称电话机）、隔爆兼本安电源（以下简称电源）、矿用通讯电缆等。系统具体组成框图如图 7-6-1 所示。

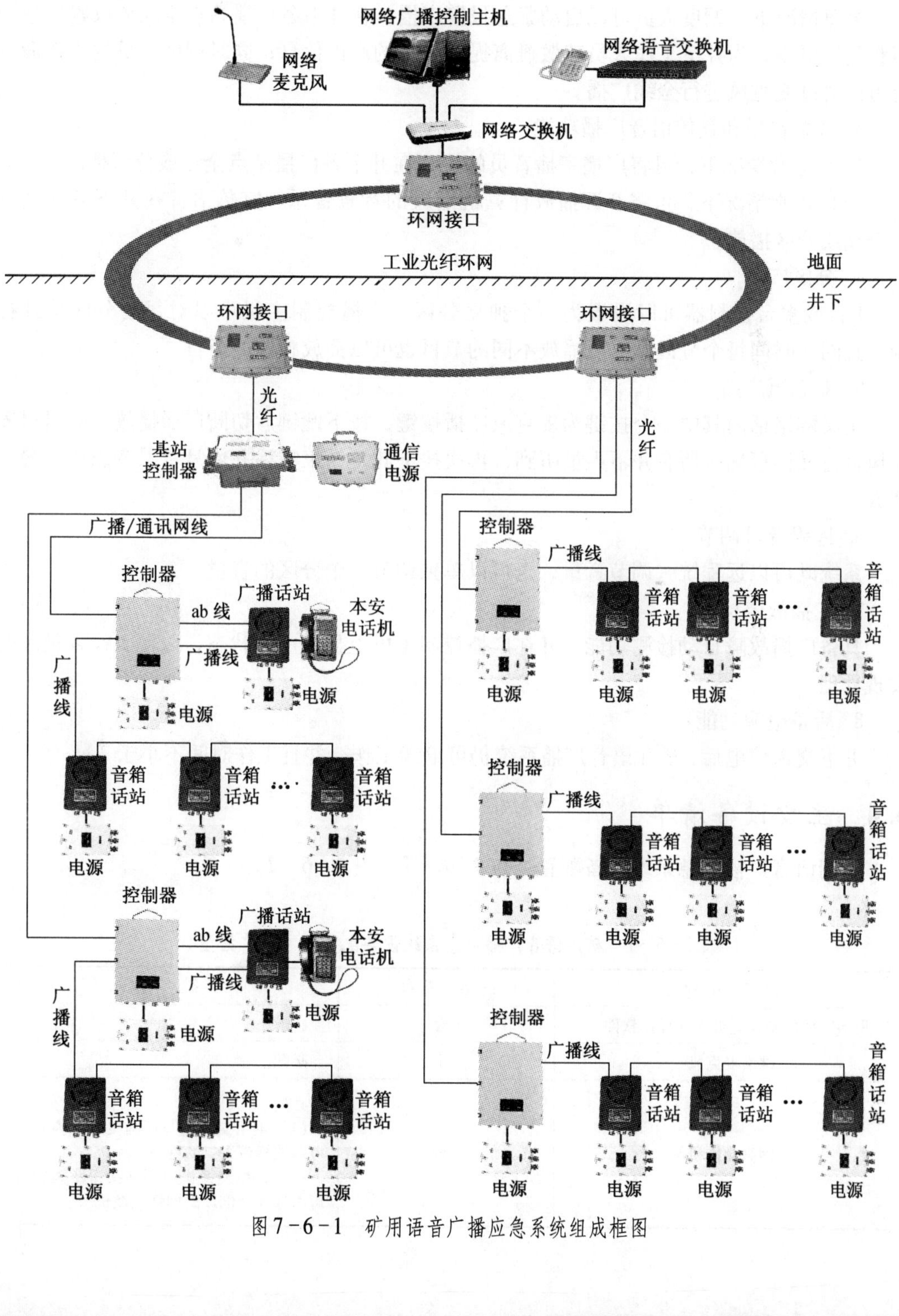

图 7-6-1 矿用语音广播应急系统组成框图

6.3　系统的功能特点

1. 交换通讯

系统通过与地面语音交换机联网，可实现话站拨号交换和扩音通讯功能。

2. 紧急报警广播功能

紧急情况下，调度人员可以启动紧急报警广播，在井下各广播站点全线播放紧急报警声和告警语音，为井下工作人员疏散撤离提供必要的声讯信息；同时调度人员的指挥命令也可以通过麦克风进行全线广播。

3. 背景音乐和宣传语音广播功能

（1）正常情况下，可将广播室播音员的语音在井下各广播站点全线或分区播放。

（2）正常情况下，可将音源播放计算机播放的背景音乐、宣传语音在井下各广播站点全线或分区播放。

4. 分区广播

1 台或多台控制器可以设置为一个独立分区，广播控制主机可以对每个分区单独控制，且同一时间每个分区既可以播放不同的节目也可以播放相同的节目。

5. 麦克风广播

定义网络话筒其中一个按键为麦克风广播按键，按下此键后切断广播播放，此时对麦克风进行喊话可确保所有井下人员听到，再次按下此键结束喊话并恢复背景音乐或报警声播放。

6. 远程音量调节

系统既可以远程统一调节音量，也可以单独调节一个分区的音量。

7. 广播故障检测

具备广播故障自动检测功能，并在广播控制主机上显示广播状态，以便工作人员及时发现处理。

8. 后备电源功能

井下交流停电后，矿井语音广播系统仍可继续工作，并且工作时间不小于 2 h。

6.4　主要设备清单

矿用语音广播应急系统设备配置见表 7－6－1、表 7－6－2。

表 7－6－1　矿用语音广播应急系统设备配置表（纯广播型）

设备名称	数量	备注
网络广播控制计算机（含操作软件）	1 套	必配。
网络麦克风	1 个	必配。
网络交换机	1 台	必配。 （1）网络交换机与环网接口距离较远，可以选择带光口的网络交换机。 （2）网络交换机与环网接口距离较近，可以选择全电口的网络交换机

表 7-6-1（续）

设备名称	数量	备注
扩音通讯装置控制器	若干	必配。 （1）控制器内配置 1 块网络广播板、1 块光电转换模块；控制器通过网线/光纤接入工业环网；控制器直接用网线接入时，需占用接入设备 1 个电口。 （2）控制器配置的数量，可根据实际需求、环网接口的安装位置及扩音话站位置来决定。 （3）控制器在 2 km 距离内，可总线接入 20 个扩音站
数字抗噪声扩音话站	若干	必配。 （1）数量根据用户要求确定。 （2）话站之间的连接方式为总线连接
隔爆兼本安电源	若干	必配。电源的数量是控制器与扩音话站数量之和

表 7-6-2 矿用语音广播应急系统设备配置表（广播通讯型）

设备名称	数量	备注
网络广播控制计算机（含操作软件）	1 套	必配。
网络麦克风	1 个	必配。
网络语音交换机	1 台	选配。 （1）系统只需要广播一种功能时，网络语音交换机可以省略。 （2）系统需要广播和通讯两种功能时，根据电话机的数量，选择网络语音交换机的型号
网络交换机	1 台	必配。用于将井上设备接入环网系统。 （1）网络交换机与环网接口距离较远，可以选择带光口的网络交换机。 （2）网络交换机与环网接口距离较近，可以选择全电口的网络交换机
矿用隔爆兼本安型无线基站控制器	若干	必配。 （1）每台无线基站控制器通过光纤直接与环网接口（空余）连接，接入“光纤环网”。 （2）每台无线基站控制器可接入 2 台控制器（根据控制基站电口数量而定）。 （3）每台控制器可以连接 1 台可打电话的话站
矿用隔爆型通信电源	若干	必配。通信电源的数量与无线基站控制器数量相同

表7-6-2（续）

设备名称	数量	备注
扩音通讯装置控制器	若干	必配。 （1）控制器配置为1块网络广播板、1个网络语音网关。 （2）每台控制器可以连接1台可打电话的话站。 （3）控制器在2 km距离内，可总线接入20个话站（音箱）。 （4）控制器的数量与可打电话话站的数量相同
数字抗噪声扩音话站	若干	必配。 （1）数量根据用户要求确定。 （2）话站之间的连接方式为总线连接
矿用本安数字抗噪声电话机	若干	选配。数量根据用户要求确定
隔爆兼本安电源	若干	必配。电源的数量是控制器与扩音话站数量之和

6.5　主要设备介绍

6.5.1　矿用抗噪声扩音通讯装置控制器

6.5.1.1　概述

扩音通讯控制器安装在井下，位于无线基站控制器的附近，由隔爆兼本安电源为其供电，并通过网线与无线基站控制器连接。扩音通讯装置控制器通过电缆与扩音站连接后，组成广播通讯子系统。

6.5.1.2　工作原理

控制器主要由网络音频模块、音频中继模块、语音网关/网络交换机模块组成，其中网络音频模块实现对子系统中扩音站通讯/广播控制；音频中继模块实现对音频信号的中继处理输出；语音网关模块实现电话信号的转换输出。工作原理框图如图7-6-2所示。

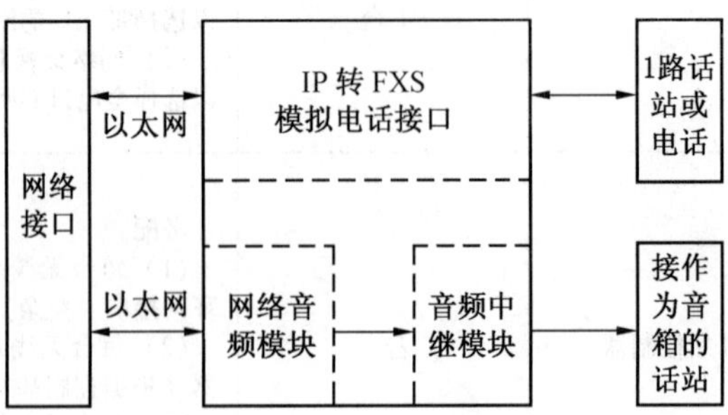

图7-6-2　工作原理框图

6.5.1.3　主要技术指标

（1）防爆型式：

矿用本安型，标志为“Ex[ib]Ⅰ”。

（2）控制器与网络连接：

接口数量：2个；

传输方式：全双工TCP/IP电传输；

传输速率：10 Mbps/100 Mbps自适应；

信号工作电压峰峰值：1~5 V；

最大传输距离：100 m(MHYV4×2(1/0.97 mm) 护套通信电缆)。

（3）控制器与话站电话线连接：

电话连接端口：1个；

最大连接距离：2 km（采用矿用通信电缆，线径截面不小于1.5 mm^2）；

电话线端口输出：

最高直流电压：50 V；

最大直流电流：25 mA；

最高铃流电压：50 V；

最大铃流电流：25 mA；

铃流：频率（25±1）Hz，信号音：（450±3）Hz；

断续比：铃流1∶4；忙音0.35∶0.35。

（4）控制器与话站广播音频连接：

广播音频连接端口：1个；

最大连接距离：2 km（采用矿用通信电缆，线径截面不小于1.5 mm^2）；

广播音频端口输出幅度：网络广播控制主机播放1 kHz的正弦波信号文件，且音量为100%时，输出信号幅度不小于1000 mV（有效值）；

广播音频端口输出信号失真度：网络广播控制主机播放1 kHz的正弦波信号文件，且音量为100%时，输出信号失真度不大于5%。

（5）额定工作电压：直流12 V；工作电流：不大于600 mA。

6.5.2 矿用数字抗噪声扩音话站

6.5.2.1 概述

扩音话站安装在井下需要广播的地方，例如皮带沿线、采煤工作面、掘进工作面等岗位，架空乘人装置沿线、巷道沿线、候车室等人员流动较大或人员集中的地方，由隔爆兼本安电源为其供电，并通过电缆接入扩音通讯控制器。

6.5.2.2 工作原理

扩音话站由处理器板、接口板、接线板和喇叭4部分组成。

处理器板：由CPU、信令收发电路、工作参数配置开关及功率放大器等组成。

接口板：由总线接口电路、抗噪声电话机接口、DTMF检测电路及数字抗噪声模块等组成。

接线板：由若干个接线端子组成。

工作原理框图如图7-6-3所示。

6.5.2.3 主要技术指标

（1）防爆形式：

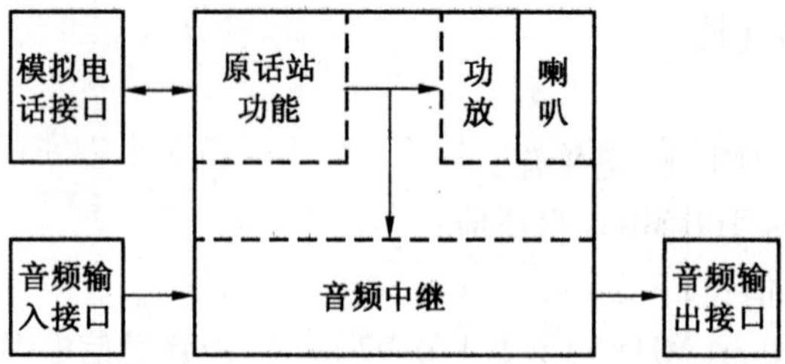

图 7-6-3　工作原理框图

矿用本质安全型，标志为“Ex[ib] I”。

（2）话站与控制器连接：

与控制器电话线连接端口：1 个；

音频输入端口：1 个；

最大连接距离：2 km（采用矿用通信电缆，线径截面不小于 1.5 mm^2）。

控制器电话线输入：

最高直流电压：50 V；

最大直流电流：25 mA；

铃流：频率（25 ±3）Hz，信号音：（450 ±20）Hz；

断续比：铃流 1∶4；忙音 0.35∶0.35。

（3）话站与抗噪声话机连接：

连接端口：1 个；

最大连接距离：10 m（采用矿用通信电缆，线径截面不小于 1.5 mm^2）。

（4）话站与话站音频连接：

音频输出端口：1 个；

音频连接数量：不多于 2 台；

音频连接最大传输距离：2 km（采用矿用通信电缆，线径截面不小于 1.5 mm^2）。

（5）扩音响度。

在话站的 ab 线端口，输入 300 mV/1 kHz 正弦波信号；或在话站的音频端口，输入 1000 mV/1 kHz 正弦波信号，此时话站扩音响度不小于 100 dB(A)。

（6）扩音失真度。

在话站的 ab 线端口，输入小于 300 mV 正弦波信号（1 kHz）；或在话站的音频端口，输入小于 1000 mV 正弦波信号（1 kHz），此时话站扩音失真度不大于 5%。

（7）频率响应。

话站扩音频率响应不大于 6 dB(300 ~3400 Hz)。

（8）额定工作电压和电流。

话站额定工作电压：直流 12 V、直流 24 V；工作电流：直流 12 V 不大于 680 mA；直流 24 V，恒流 24 mA。

（9）抗噪声性能。

语音清晰度：话站在 90 dB(A) 的噪声环境下语音清晰度不小于 70% 。

6.5.3 矿用本安数字抗噪声电话机

6.5.3.1 概述

矿用本安数字抗噪声电话安装在井下需要双向广播通讯的地方，例如采煤工作面、掘进工作面等岗位，架空乘人装置沿线、巷道沿线、候车室等人员流动较大或人员集中的地方，它由控制器馈电提供电源，通常和扩音站配合使用，并通过电缆接入扩音通讯控制器。

（1）抗噪声电话机外壳采用防静电材料制作，防水、防尘、防腐蚀，适用于极为恶劣的环境。

（2）采用 DSP 数字抗噪声技术，适合在各种高噪声环境使用。

（3）键盘为全密封带夜光轻触按键，铃流呼叫声光显示，并设有紧急呼叫、挂断和重拨键。

（4）壁挂式安装，采用新开发的叉簧开关机构，抗噪声电话机上无任何可动零部件。

6.5.3.2 工作原理

抗噪声电话机由数字抗噪声电话机板、蜂鸣器、手柄和拨号键盘 4 部分组成。抗噪声电话机内部采用 DSP 数字信号处理器，对话筒内持续的音频和噪声混合电信号进行处理，并经输出处理后送往其他话机。

6.5.3.3 主要技术指标

（1）防爆型式：

矿用本质安全型，标志为“Ex[ib]Ⅰ”。

（2）本质安全参数：

最高输入馈电电压：60 V；

最大输入馈电电流：34 mA；

最高输入铃流电压：56 V；

最大输入铃流电流：38 mA。

（3）振铃响度：不小于 95 dB(A)。

（4）语音清晰度：话站在 90 dB(A) 的噪声环境下语音清晰度不小于 70% 。

（5）最大通信距离：10 km。

（6）馈电电压：馈电电压 48 V。

6.5.4 矿用隔爆兼本安电源

6.5.4.1 概述

矿用隔爆兼本安电源是一种允许在甲烷、煤尘等爆炸危险环境中使用的电源，体积小巧，重量轻，装拆移位使用十分方便。

6.5.4.2 工作原理

电源的功能是将输入的 AC127V 转换为两组本安电源输出，可作为通用的本安不间断电源使用。127 V 交流电从接线端子接入，经保险丝到 AC/DC 模块，得到 27.5 V 直流电，分 3 路，一路给后备电池充电，一路经 LM2675 稳压模块稳压，再经过双重过压短路保护电路，得到 12 V 稳压电源，额定电流 500 mA，还有一路通过 DC/DC 模块稳压，以 24 V/24 mA 的恒流源输出，供抗噪声电话机使用。后备电池经干簧管后接入接线端子。

6.5.4.3　主要技术指标

（1）防爆型式：

矿用隔爆兼本质安全型，标志为“Exd[ib]Ⅰ”。

（2）输入：

电压：交流 127 V；

电压波动范围：75% ~110%；

额定输入视在功率（V · A）不大于 250。

（3）输出：

12 V/500 mA，24 V/24 mA 恒流，两路输出不共地。

（4）备用电源：

电池容量：镍氢电池，D 型，1.2 V/5Ah（18 节串连）；

最高充电电压不大于 25.5 V。

第8篇　常村煤矿井下安全避险“六大系统”实例

1 煤矿安全避险“六大系统”概述

按照2010年7月19日，国务院安全生产委员会办公室下发的《国务院关于进一步加强企业安全生产工作的通知》（国发〔2010〕23号），文件提出建设完善煤矿井下安全避险“六大系统”的相关要求：煤矿、非煤矿山要制定和实施生产技术装备标准安装监测监控系统、井下人员定位系统、紧急避险系统、压风自救系统、供水施救系统和通信联络系统等技术装备，并于3年之内完成。逾期未安装的，依法暂扣安全生产许可证、生产许可证。8月24日，国家安全监管总局办公厅下发了《国家安全监管总局 国家煤矿安监局关于建设完善煤矿井下安全避险“六大系统”的通知》（安监总煤装〔2010〕146号），文件中对煤矿井下安全避险“六大系统”的重要性、建设目标要求、组织领导、系统管理、监管监察等五方面提出了针对性的指导意见。

煤矿安全避险“六大系统”包括:监测监控系统、人员定位系统、紧急避险系统、压风自救系统、供水施救系统、通信联络系统。监测监控系统由各类传感器、传输光缆分站、监测终端构成,能够实现对井下有毒有害气体、烟雾、温度、风速以及通风设备、设施(风机、风门)开停状态的实时、在线、连续监测,并对超过监测阈值的监测量发出声光警报,在灾变时期可为救灾指挥决策提供依据。人员定位系统能够实现人员入井考勤、井下人员定位及轨迹追踪。紧急避险系统由自救器、井下移动救生舱、井下永久避难硐室构成,能实现灾变时期遇险人员的紧急避险,为遇险人员提供食物、饮水、紧急医疗、地面通信、避险空间内外环境参数监测。压风自救系统由地面空气压缩机、压风管路、井下压风自救装置构成,在事故发生时能够提供压风供氧,防止人员窒息。供水施救系统由地面供水池及水处理设备、供水管路、各类闸阀构成,能够为遇险人员提供饮水、营养液供给等。通信联络系统由有线通信系统、井下无线通信系统及应急呼救系统构成,能够实现遇险人员与地面救灾指挥部的双向通信联络。六大系统是一个有机整体,它们之间共同作用,为遇险人员提供必要的生存空间与维生的基本条件。六大系统的核心是紧急避险系统,而紧急避险系统中的避难硐室担负着人员避难基地、通信联络基地、救灾现场指挥基地、救护人员中转基地的重要作用。

建设完善煤矿井下安全避险“六大系统”是“以人为本”安全发展理念的重要体现，是坚持预防为主，有效降低事故危害程度、防范遏制重特大事故的综合治理措施，是建设坚实的煤矿安全技术保障体系的重要内容。

山西潞安矿业集团公司常村煤矿是全国第一家开展井下“六大系统”建设的矿井，该矿于2009年12月开始建设，基于井下移动救生舱及永久避难硐室的矿井“PCPR”新型安全防护体系［源头预防（Prevention）、过程控制（Control）、安全防护（Protection）、应急救援（Rescue）］，并以该体系建设为依托，率先建设完成了煤矿井下安全避险“六大系统”，成为全国首座新型安全防护体系示范矿井，大力推动了本质安全型矿井建设。本篇以常村煤矿安全避险“六大系统”建设为实例，详细介绍了煤矿井下安全避险“六大系统”在该矿的规划、建设、运行、管理等内容，供各煤矿企业参考。

2 监测监控系统

2.1 监测监控系统概况

常村煤矿瓦斯监测监控系统所选用的设备为常州自动化研究所研发的KJ95N型瓦斯监测监控系统。2008年初常村煤矿在井下建设完成了千兆工业以太网自动化信息平台，同时对瓦斯监测监控软件系统进行了升级，由KJ95型升级为KJ95N型，使之符合国家AQ1029和AQ6201标准。目前瓦斯监控系统已经通过标准RS485总线接口和标准协议集成到了该自动化信息平台上，在井下各采掘工作面、进回风巷道、硐室，以及地面储装运、主要通风机等位置设置了各类传感器，用于监测各种环境及设备工况参数。各种传感器所采集的监测信息通过工业以太网系统传送到了地面生产调度指挥中心。调度监控中心站及现场均有声、光报警，并可通过远动控制开关来实现瓦斯（风）电闭锁、故障闭锁以及其他必要的断电控制功能，监测监控系统示意图如图8-2-1所示。

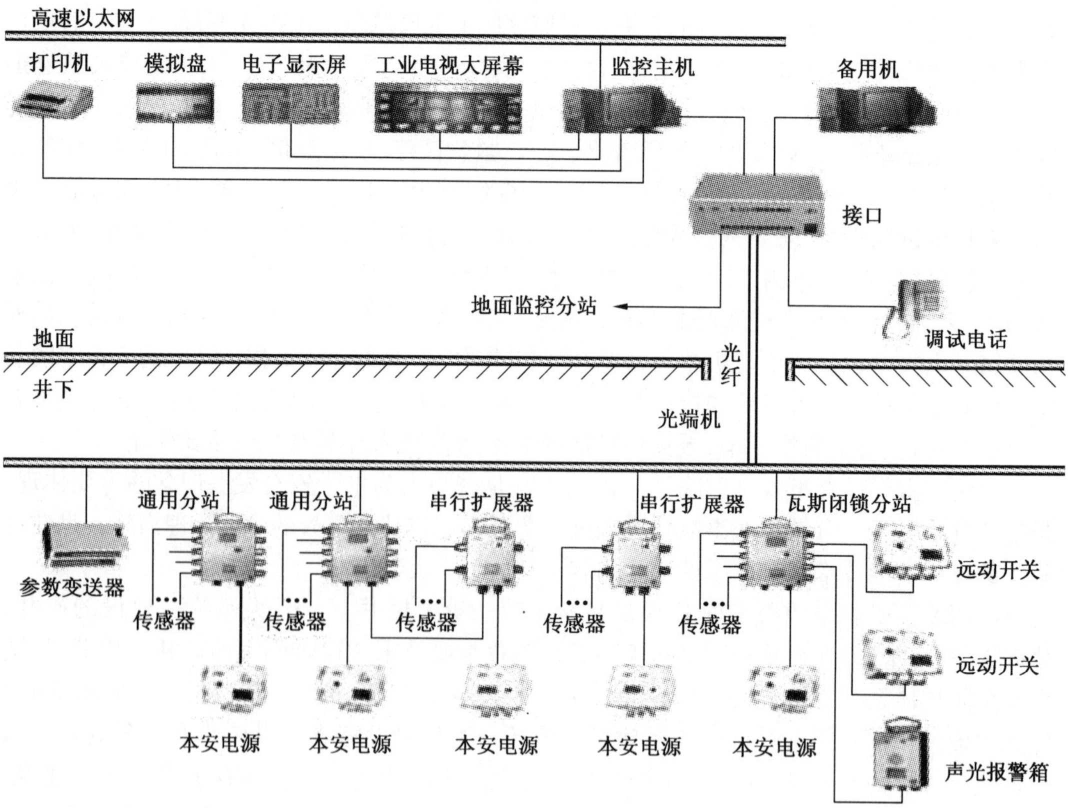

图8-2-1 监测监控系统示意图

目前常村煤矿井下瓦斯监测监控系统最远传输距离已达 10 km，系统具备甲烷断电仪或甲烷（风）电闭锁装置的全部功能，以及故障闭锁功能。当与闭锁控制有关的设备未投入正常运行或故障时，能够切断该监控设备所监控区域的全部非本质安全型电器设备的电源并闭锁；当与闭锁控制有关的设备工作正常并稳定运行后，则自动解锁。系统同时具有自诊断功能，当系统传感器、分站、中心站、传输线路等任一环节发生故障时，能够立即判断故障类型、位置，发出声音、文字报警提示，同时记录故障时间，以便于查询及打印；当井下现场设备发生故障时，能就地显示故障类型、位置、原因等。

KJ95N 型监测监控系统功能简介：

（1）KJ95N 型监测监控系统在地面中心站配备有两台监控主机，实现双机冗余热备份。当一台设备出现故障时，可以自动切换到另一台，为了防止数据丢失或控制失效，系统配有图形工作站及打印机，具备报警、显示、存储、浏览和打印报表的功能。

（2）系统内所有操作均具有帮助功能。在中文菜单提示下完成，可以方便地点击图形，即点即得所需信息，可随时显示监测数据、图形、曲线和报警点及数值。

（3）系统具有模拟量实时曲线和历史曲线显示功能。在同一坐标上用不同颜色显示最大值、平均值、最小值等曲线。在同一屏上，同时显示多个模拟量曲线，并设时间标尺，可显示出对应时间标尺的模拟量。

（4）系统具有实时存盘功能。在存盘项目中，除重要监测模拟量的实时监测存盘记录应保持 24 h 以外，其余均应保存 1 年以上。

（5）系统具有报表、曲线、动态图形、自诊断、定时打印功能。用户可根据自己需要方便的设置各类表格，对各类报警信息进行处理，传感器超限时有声光报警显示，并在主机和工作站终端上都有报警，主机屏幕上有醒目的报警条，显示传感器的数值、地点及报警时间等信息，而且还能通过瓦斯短信报警系统将瓦斯超限报警的信息最快的发送到相关人员的手机上，以方便及时处理和调度指挥。

常村煤矿的瓦斯监控系统及设备均具有合格有效的“四证一标志”，全部实现 24 小时稳定运行并通过工业以太网网管系统与矿井的安全生产信息局域网络系统实现了联网。在矿井任何地方都可通过工作站浏览、共享监控系统内的各种信息。常村煤矿的瓦斯监控系统同时与潞安集团公司安全监控网联网，将系统实时监测的信息上传至公司安全监控网络，实现了对安全监测数据的远程监控。

常村煤矿监测监控系统装备符合《煤矿安全规程》及煤炭行业颁布的相关标准规范要求。目前系统正常稳定运行，常村煤矿部分 S6 采区安全监测监控系统图如图 8－2－2 所示。

2.2 监测监控系统建设规划

2.2.1 常村煤矿监测监控系统建设目标

常村煤矿将严格按照集团公司“监测监控”和“一通三防”分站的各项要求，精心组织，严格落实，高质量地完成监测监控、安全生产信息管理系统的各项工作，并努力降低系统的故障率，为矿井的安全生产和“一通三防”工作发挥着重要作用。同时在目前监测监控系统的基础上，集成现有成熟的自动化技术，真正实现系统自动化、管理信息化、功能智能化。从而确保矿井监测监控系统在功能完善、数据准确、断电可靠、处置迅速等各方面提升到一个新的高度。

常村煤矿强化监测监控联网信息系统的维护与管理工作，确保监测监控系统实时监测的各类信息高效稳定地上传至公司安全监控网络，实现对安全监测数据的远程监控。

2.2.2　常村煤矿监测监控系统建设方案措施

常村煤矿将根据《煤矿安全监控系统及检测仪器使用管理规范》（AQ 1029—2007）和《潞安集团公司安全监控系统使用管理实施细则》等相关规定的要求，逐一对照、完善矿井监测监控系统的各项功能，建立健全矿井监测监控系统的各项管理办法和制度，确保矿井监测监控系统高效稳定运行。

2.2.3　常村煤矿监测监控系统建设、完善、提升总体规划

常村煤矿瓦斯监测监控系统通过技术部门的不断改造和升级，目前基本能够满足矿井安全生产和应急救援的需要。但为了进一步提高“系统”的可靠性和稳定性，常村煤矿按照国家安全生产监督管理总局发布的《煤矿井下安全避险“六大系统”建设完善基本规范（试行）》，结合潞安集团公司《质量标准化精品矿井》的建设要求，2011 年将在原有高标准管理的基础上，主要完善提升以下几个方面的内容：

（1）监测监控系统的安装严格与矿井采掘进度保持一致。目前随着常村煤矿采掘深度的不断延伸，虽已及时对 S6 采区和 470 水平进行了监测监控系统的延伸和安装，但由于 S6 采区和 470 水平目前还没有完全形成系统，这两个采区的监控系统还属于临时系统。下一步将根据现场实际情况，逐步完善这两个采区的监测监控主传输和供电系统的安装。

（2）提升瓦斯监控分站供电保障能力。通过双 18V 直流电源切换模块将两台电源互为热备。当一台电源发生故障时，另一台电源会实现无缝切换，从而保证监控分站供电的可靠性、稳定性。

（3）为提高监测监控系统信息化、智能化管理水平，充分保障系统的可靠性、稳定性。按照要求增设“瓦斯监测监控以太网系统”，以保证瓦斯监测信息数据传输稳定可靠。

（4）根据井下 S3、S5、S6、470 采区避难硐室和移动救生舱的形成情况，按照规定要求及时安装各种环境监测传感器和视频监测装置等设备，将紧急避险系统的监测监控纳入日常管理中。

（5）依据 AQ 标准针对各类传感器布置进行补充完善，保证监控有效。

2.3　监测监控系统管理制度

为切实加强对监测监控系统的管理，明确各部门在监测监控系统管理中的职责，确保监测监控系统完善及日常运行稳定可靠，充分发挥监测监控系统的避险、预警作用，根据潞矿安字〔2010〕659 号文件要求，常村煤矿制定以下管理制度：

（1）常村煤矿自动化中心负责对矿井监测监控系统技术业务监管、检查、考核工作。

（2）潞安通信公司负责集团公司—常村煤矿监测监控数据传输线路的管理维护工作。

（3）职教部门按相关标准要求，负责组织、制定并落实好监测监控系统中各工种的专业技能、上岗资格的培训事宜，确保各工种持证率达 100%。

（4）为了切实使用、发挥好监测监控系统的先进功能，有效利用系统提供的各种专业数据及参数，最大化的为安全生产各专业、各部门提供服务，严格执行山西省煤矿安全

监控系统各项规章制度（包括操作规程、岗位责任制、值班制度、技术资料管理制度、设备管理制度、系统设备和传输设备的定期检修制度、网络运行管理制度、监控故障报告制度、监控异常上报制度等），常村煤矿建立健全上述各项制度并严格按照制度执行，确保安全监控系统正常稳定运行。

（5）为保证断电、撤人、停工等应急措施及时有效地执行到位，常村煤矿已制定出符合本矿实际情况的监测监控系统事故应急预案。

（6）常村煤矿现执行以下管理制度：

①《潞安矿业（集团）公司安全监控系统使用管理实施细则》（潞矿技字〔2008〕180号文件下发）。

②《〈潞安矿业（集团）公司安全监控系统使用管理实施细则〉补充规定》（潞矿技字〔2009〕176号文件下发）。

③《传感器误报警故障防范措施》（潞技便字〔2009〕26号文件下发）。

④《潞安集团安全监控系统异常信息反馈、处理制度》（潞矿安通调技字〔2010〕333号文件下发）。

⑤《关于加强安全监控系统及装置故障追查和考核管理的有关规定》（潞矿技字〔2010〕348号文件下发）。

⑥ AQ 1029—2007《煤矿安全监控系统及检测仪器使用管理规范》。

⑦《常村煤矿井下监（集）控、通信等系统管理规定》（潞矿常煤自字〔2010〕19号文件下发）。

⑧《常村煤矿井下监（集）控、通信等系统五小电器检查考核补充规定》（潞矿常煤自字〔2010〕138号文件下发）。

3 人员定位系统

3.1 人员定位系统概况

常村煤矿人员定位系统选用的是重庆煤科院研发的KJ251A型系统，2007年10月通过招标引进安装。截至2010年10月份，已覆盖井下所有巷道、工作面，所有入井人员全部佩戴人员定位标识卡。

常村煤矿人员定位管理系统主要分布在井上、井下两大地区。

（1）井上部分。机电科、供应科、网厂、矸石山门房、矸石砖厂、石料场、副井南北码头及副井的东、南、北门，主要用于监测人员上下井及各种车辆装卸料过程，并对其进行定位。

（2）井下部分。S、N520大巷及所有采区的井下南北码头、南北车场、各候车硐室及避难硐室、火药库、各采区轨道上下山、带式输送机上下山、回风上下山的巷口和巷尾、移动救生舱附近、各掘进巷道前进方向100 m处、综采工作面带式输送机运输巷口、轨道运输巷口、瓦斯排放巷口、各起吊点、各卸载点等处，主要用于人员及车辆定位与跟踪，人员定位示意图，如图8-3-1所示。

（3）网络组成。常村矿井下人员定位系统建有独立的光纤百兆环网平台，具备自愈、自检功能，一处网络接点故障不会造成“点”与“区”的监测盲点，系统安装后备电源系统，停电后能够保持不小于两小时的不间断监测。目前井下共安装人员定位网络交换机10台。

（4）系统组成。人员跟踪定位及考勤管理系统主要由监控计算机、系统软件、传输平台、人员定位分站、动态目标识别器、人员标识卡、车辆标识卡和传输线路等组成，系统实现了双机热备。具备数据管理、信息编码、数据通信、统计存储、屏幕显示、查询打印、报表打印、画面编辑、网络通信传输等功能，并与集团公司和省相关管理部门实现联网。

系统主要功能有实时监测、查询统计、员工管理、考勤管理等，能实时掌握井下队组作业人员情况，尤其是单岗作业人员的活动轨迹，为矿山的安全生产和灾变情况下及时营救创造了便捷的信息平台，最大限度地保证了员工的生命安全。系统运行期间，通过技术部门的几次技术改造，增加了欠压提示、门禁区域报警提示功能，结合常村煤矿的考勤形式增加了考勤功能，为了在灾变后能为抢救伤员争取时间，在个人信息表里增加血型项，灾变发生后可及时根据伤员编号，第一时间把伤员个人信息传往医院，最大限度的为抢救伤员创造条件。目前常村煤矿井下人员定位系统能够满足相关技术要求，常村煤矿人员定位系统，如图8-3-2所示。

3.2 人员定位系统建设规划

3.2.1 常村煤矿人员定位系统建设目标

常村煤矿人员定位系统的建设目标为运行稳定、覆盖全面、定位准确、信息完善。上

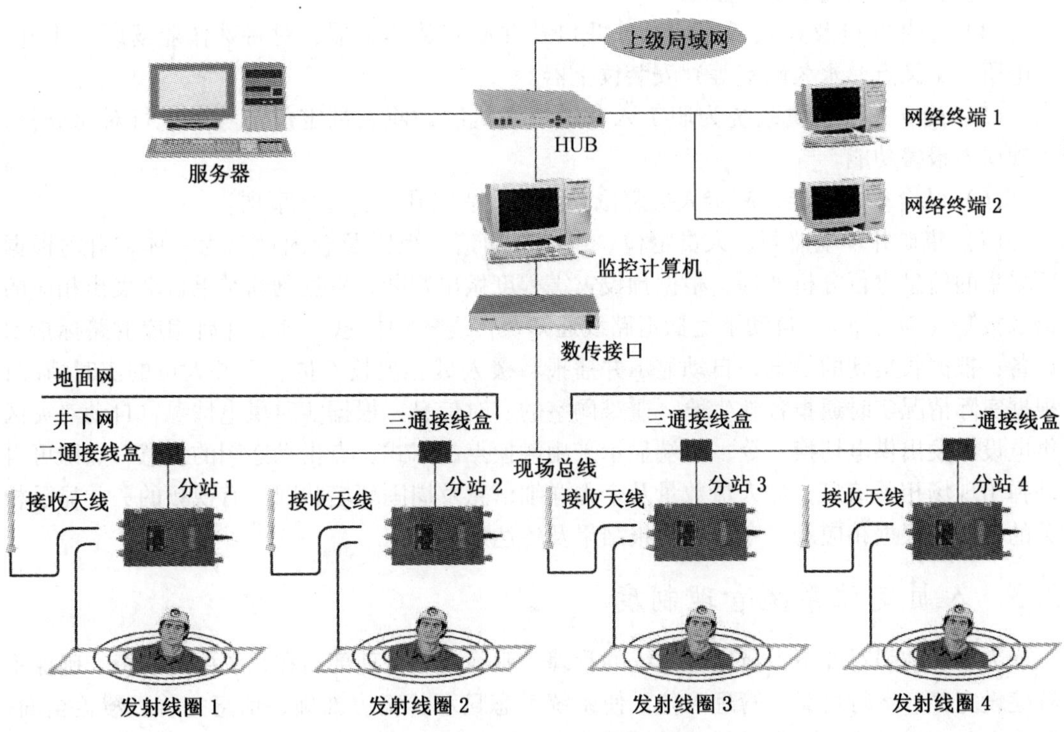

图 8-3-1 人员定位示意图

传联网系统运行稳定，省、集团公司、相关管理部门可及时掌握煤矿井下人员分布及作业情况。特别是与矿井的紧急避险设备设施进行配套安装使用，在避难硐室的两端、救生舱内或附近安装读卡器；灾变情况下能准确掌握紧急避险系统内人员情况。

3.2.2 常村煤矿人员定位系统建设方案措施

(1) 常村煤矿根据《煤矿井下作业人员管理系统使用与管理规范》（AQ 1048—2007）和《山西省煤矿井下作业人员管理系统管理规定（试行）》及《煤矿井下作业人员管理系统通用技术条件》（AQ 6210—2007）的要求，完善、提升井下人员定位系统，并建立健全井下人员定位系统管理办法和制度。

(2) 自动化中心及矿安监部门将采取动态和静态相结合的检查方式，对人员定位系统运行情况及联网上传情况加大治理力度，确保系统稳定可靠运行。

(3) 常村煤矿在人员定位系统实施、设计、安装时，严格按照《煤矿安全规程》、机电防爆 50 条及质量标准化规定进行安装。

3.2.3 常村煤矿人员定位系统建设总体规划

(1) 根据《煤矿井下作业人员管理系统使用与管理规范》（AQ 1048—2007）和《山西省煤矿井下作业人员管理系统管理规定（试行）》及集团公司信息中心下发的《人员定位管理规定》的要求，人员定位系统必须有双向通信功能，因此，矿井人员定位系统需要进行双向升级改造。

(2) 人员识别卡需要根据使用年限及时进行更换，确保识别系统的可靠性、灵敏性。

（3）完善提升井口检卡装置。

（4）主井井口及井底、西坡风井井口及井底安装读卡器，对特殊作业场所（水仓、变电所、交叉点、永久硐室等）安装读卡器。

（5）确立人员定位系统为职工入井的考勤机制，使人员定位与考勤进行对比分析，实现误差报警功能。

（6）结合相关标准，制定人员定位系统的改造、升级、完善事项。

（7）集矿井环境监测、人员定位、供电、通信、视频及仓内信息为一体，自动根据所采集的信息进行分析处理，根据预设灾害程度做出判断，根据判断结果自动发出相应的语音报警（对井下）、自动下达撤退路线通知及传送各种信息、自动开启相应的路标指示设备；根据收集到的信息，自动显示并播报救援人员、被救人员、升井人员的实时情况；根据实际情况实时通报各救生舱、避难硐室的实时信息；根据实时供电情况，自动对灾区供电设施发出供电切换口令；终端显示采用触摸点击方式，点击动态图的任意一点即可自动弹出现场相关信息，如人员数量及个人详细信息及周围环境状况，有视频的一并显示相关的场所；根据相应的口令语音通报结果及传达信息。

3.3 人员定位系统管理制度

为切实加强对井下人员定位系统的管理，明确各级管理部门在系统中的职责，确保系统建设完善、运行可靠、管理到位，使系统动态显示、定位准确、信息完善、覆盖全面，对灾变起到指导作用，常村煤矿根据潞矿安字〔2010〕659号文件要求，特制定以下管理制度。

（1）自动化中心负责常村煤矿人员定位系统的技术业务指导工作和监督检查考核工作。

（2）常村煤矿自动化中心负责联系、协调、督促工作人员定位系统数据传输线路的管理和维护工作。

（3）职教部门负责组织、制定并落实好井下人员定位系统中各工种的专业技能、上岗资格的培训工作，确保井下人员定位系统队伍的专业素质及业务技能达相关标准要求，各工种持证率达100%。

（4）各矿井管理维护部门必须实现对矿井入井人员的动态管理，准确掌握各个区域作业人员的情况。完善相关制度，做好系统使用和升级工作，达到人员定位系统动态显示、定位准确、运行可靠的要求。

（5）新水平、新采区、新开工作面必须根据生产变化及时安装人员定位系统。

（6）常村煤矿人员定位系统严格执行以下管理制度：

①《煤矿井下作业人员管理系统使用与管理规范》（AQ 1048—2007）。

②《山西省煤矿井下作业人员管理系统管理规定（试行）》（晋煤安发〔2007〕2002号文件下发）。

③ 常村煤矿井下监(集)控、通信系统管理规定(潞矿常煤自字〔2010〕19号文件下发)。

④《煤矿井下作业人员管理系统通用技术条件》（AQ 6210—2007）。

4 紧急避险系统

4.1 紧急避险系统概况

紧急避险系统由井下避难硐室、移动救生舱、应急逃生和个人防护设施组成。目前，常村煤矿已为入井人员配备额定防护时间不低于 30 min 的自救器（ZH30）。2010 年已经在 N_3 采区完善永久避难硐室各个系统，在 N 3－3带式输送机巷、N 3－8轨道运输巷、N3－8 带式输送机巷、N3 带式输送机尾变电所联络巷（利用放置移动救生舱作为临时避难硐室使用）已经成功投入备用矿用可移动救生舱 8 台（J MAH－96/8 A 型），常村煤矿后期还需要在其他采区布置救生舱 58 台，分别设置在各采掘工作面，永久避难硐室 2 个，分别设置在 S6 采区和 470 水平；临时硐室 5 个，分布于各采区；计划 2012 年 4 月全部建设完善覆盖全矿井的紧急避险系统。N3 采区部分紧急避险系统图，如图 8－4－1 所示。

4.2 紧急避险系统建设规划

4.2.1 常村煤矿紧急避险系统建设目标

常村煤矿紧急避险系统构建后，将从根本上提高矿井应对灾害的能力，提升矿井应急救援水平，最大限度降低矿井事故造成的损伤。在矿井灾害事故发生时能够为矿工提供避难的空间，为营救创造条件，保障人员生命安全。

4.2.2 常村煤矿紧急避险系统建设原则

（1）突发紧急情况时井下在自救器额定防护时间内人员不能安全撤至地面的作业区域，必须建设井下避险设施。常村煤矿为高瓦斯矿井，应按照高瓦斯矿井的设计规范，建设采区避难硐室或设置可移动救生舱。

（2）高瓦斯和低瓦斯矿井在距离采掘工作面 1000 m 范围内建设避难硐室或设置可移动式救生舱。

（3）设计长度小于 1000 m 且距采区避难硐室距离超过 1000 m 的掘进巷道，在巷道口建设避难硐室或设置可移动式救生舱。

（4）掘进工作面超过 1000 m 或距离上一组避险设施超过 1000 m 时必须完成移动救生舱或避难硐室的安装调试，确保距工作面 1000 m 范围内有完善的紧急避险系统。

（5）针对瓦斯排放巷、尾巷在掘进期间紧急避险设置，调整施工顺序，先施工轨道运输巷，后施工瓦斯排放巷、尾巷，利用联络巷与轨道运输巷沟通，将移动救生舱设置在轨道运输巷，确保避险需求。

4.2.3 常村煤矿井下紧急避险系统建设总体规划

常村煤矿为高瓦斯矿井，根据规定，高瓦斯矿井应在距离采掘工作面 1000 m 范围内建设避难硐室或设置可移动式救生舱。结合常村煤矿生产衔接情况，对矿井紧急避险系统做如下布置（表 4－1、表 4－2）：

表 8-4-1　常村煤矿安全避险系统移动救生舱安装网络

序号	采区	可移动式救生舱(台)	布置地点	井巷工程完工时间/(年．月)	施工队组	备　注
1	S3 采区	2	S3-6 带式输送机运输巷	2011.6	掘预备队	作为临时硐室
2		4	S3-9 综采工作面	2011.2	掘预备队	两工作面进、回风巷各 2 个
3	470 采区	2	470 水平东翼带式输送机运输巷	2011.10	工程公司机掘队	470 水平按照工作面考虑，先考虑 3 个距离远的掘进头每面 2 台，共 6 台（备用 2 台），共 8 台
4		2	470 水平东翼辅助运输巷	2011.10	川九炮掘队	
5		2	470 水平东翼进风巷	2011.10	工程公司机掘队	
	小计	12				
6	S5 采区	2	S5-5 轨道运输巷口	2011.6	置于联络巷	服务于 S5-3 及邻近工作面
7		2	S5-10 轨道运输巷掘进工作面	2011.7	综掘 1.2 队	工作面进、回风巷 2 台
8		2	S5-10 带式输送机运输巷掘进工作面	2011.9	综掘 1.3 队	工作面进、回风巷 2 台
9		4	S5-9 综采工作面	2010.12	综掘 1.1 队	两工作面进、回风巷各 2 台
	小计	10	S5 采区与 S6 采区共用			
10	S6 采区	2	S6-2 带式输送机运输巷掘进工作面	2010.12	综掘 1.2 队	两工作面进、回风巷各 2 台
11		2	S6-2 轨道运输巷掘进工作面	2011.3	综掘 5.2 队	
12		2	S6-3 带式输送机运输巷掘进工作面	2012.3	综掘 3.1 队	工作面进、回风巷 2 台
13		2	S6-5 轨道运输巷掘进工作面	2012.1	开拓机掘组	工作面进、回风巷 2 台
14		2	S6-6 轨道运输巷掘进工作面	2012.4	综掘 5.2 队 2 组	工作面进、回风巷 2 台
15		2	S6-7 轨道运输巷掘进工作面	2011.6	综掘 3.1 队	两工作面进、回风巷各 2 台
16		2	S6-7 带式输送机运输巷掘进工作面	2011.7	综掘 2.3 队	
	小计	14				

表8-4-1（续）

序号	采区	可移动式救生舱（台）	布置地点	井巷工程完工时间/（年．月）	施工队组	备 注
17	N翼采区	2	N1-3轨道运输巷掘进工作面	2011.8	综掘3.2队	两工作面进、回风巷各2台
18		2	N1-3带式输送机运输巷掘进工作面	2011.2	综掘3.2队	
19		2	N3-1带式输送机运输巷掘进工作面	2011.1	综掘2.1队	两工作面进、回风巷各2台
20		2	N3-1轨道运输巷掘进工作面	2011.1	综掘2.2队	
21		2	N1轨道运输巷	2011.3	综掘3.2队	服务于N1采区
22			N3-3带式输送机运输巷	2010.5	综掘2.2队	已投入备用
23			N3-3轨道运输巷	2010.4	综掘2.2队	
24			N3-8综采工作面（备采面）		2010年施工结束	已投入备用
25			N3-7带式输送机运输巷掘进工作面	2011.5	综掘2.2队	两工作面进、回风巷各2台
			N3-7轨道运输巷掘进工作面	2010.9	综掘2.1队	
	小计	10				
	合计	46	移动救生舱备用10台			

注：1. 移动救生舱按照每个掘进工作面2台、综采面4台进行配置，搬家倒面时，移至下一个工作面；跨采区搬家，由机电科统一协调。

2. S6采区永久硐室2011年底完成井巷工程及质量标准化工作，设备设施由机电科组织招标、购买。

表8-4-2 常村煤矿避险硐室布置情况

序号	采区	永久避难硐室（套）	布置地点	井巷工程完工时间/（年．月）	施工队组	备 注
1	470采区	1	470一号回风大巷与运输大巷间			
2	S6采区	1	S6皮带上山与S6轨道上山联络巷	2011.7	炮掘队2组	
合计		2				

表8-4-2（续）

序号	采区	临时避难硐室(套)	布置地点	井巷工程完工时间/(年.月)	施工队组	备 注
1	470采区	2	具体位置待定			
2	S6采区	2	具体位置待定			
3	S5采区	1	具体位置待定			
合计		5				

注：1. 以上规划按照设备的正常购买排定，若因设备采购招标、采掘衔接变更等原因延误工期，计划实施时间顺延。紧急避险具体布置位置根据采掘衔接及时进行相应变更。

2. 470水平开拓期间，在掘进工作面设置可移动救生舱，根据巷道延伸情况具体确定。

3. 临时避难硐室在没有具体设备之前，采用两台可移动救生舱代替。

4.3 紧急避险系统管理制度

常村煤矿定期完善井下紧急避险系统管理制度、值班制度及岗位责任制度，加强日常管理；对紧急避险系统设备要按照集团公司设备管理办法建立台账并整理完善系统图纸等基础资料。根据井下采掘系统变化情况，及时编制作业措施和规程，补充建立完善避险装备。

（1）根据采掘衔接，由总工办牵头根据作业计划，及时安排队组编制作业措施和规程。

（2）避险装备的完善，由机电科、自动化中心根据避险系统施工情况，必须及时安装、完善避险系统所需装备及辅助系统。

（3）机电科、自动化中心应提前购置避险装备及配套设施，确保避险装备的完善。

（4）常村煤矿由安监科牵头每月对紧急避险系统设备完好情况进行检查，加强系统维护，保证系统灵敏可靠。

（5）在检查过程中出现的问题，应及时上报分管矿领导，并组织整改、处理。

（6）常村煤矿安监科、调度室要设专人对检查结果进行汇总，并备案记录。

（7）常村煤矿每月由调度室牵头对系统的使用进行一次应急演练，确定系统使用方法和路线。

（8）应急演练结束后，矿调度室要及时对演练情况进行总结分析，对演练过程出现的问题拿出针对性措施，由安监科牵头，调度室、通风科、总工办配合修订完善应急预案，并详细确定系统使用方法和路线。

（9）对各项工作的开展，安监科、调度室都要有汇总及记录台账备案。

（10）常村煤矿教育科要将紧急避险系统操作应用纳入新工人培训内容，确保每名职工都能正确使用紧急避险系统。

（11）常村煤矿教育科牵头、安监科配合，每季度对全体下井职工进行分批次、分阶段的井下自救器及避难硐室的使用培训，确保全矿每个员工都能够掌握井下避险系统的操作。

（12）负责安全调度的安全员，采用现场抽查的方式，对下井员工进行动态检查，对不能够掌握避险系统操作的员工下岗强训。

（13）安监科及安监部门牵头，各业务科室配合，将对避险系统现场抽查作为业务保安的头等工作。

（14）各基层队组把对避险系统及其操作写入教案，利用周二、周五以及班前会加强对员工的培训。

（15）紧急避险系统配备的食品每天不少于5000 kJ/人，饮用水每天不少于1.5 L/人。由管理单位负责检查更换。食品提前保质期3个月更换；饮用水提前保质期1个月更换。

（16）紧急避险系统内食品、饮用水由后勤中心统一报计划，避难硐室、救生舱管理单位开领料单，经调度室、企管科、财务科签字后到后勤中心领取。

（17）日常维护管理工作，各分管单位必须指派专人负责管理。专职管理员必须具有5年以上工作经验，经教育科专门培训后，方可上岗。

（18）紧急避险管理单位发现氧气瓶（空气瓶）压力不达要求时，应及时进行更换。

（19）各种传感器参照行业标准及公司相关规定执行。

（20）非专业人员不得随意移动或改变紧急避险设备。

（21）各设备日常维护规范参照《设备日常使用维护管理手册》。

5　压风自救系统

5.1　压风自救系统概况

常村煤矿压风自救系统目前由中央压风机房和西坡压风机房向井下提供压缩空气。中央压风机房设有 SA－250－6K 型风机 5 台，各相应配备有 250 kW 三相异步电动机，实行两用两备一检修制，主要向井下 S3 采区、S4 采区、N1 采区、S＋520 大巷、N＋520 大巷、＋470 水平供风，每台风机排气量为 40.5 m^3/min，排气压力为 0.85 MPa；西坡压风机房配有 SA－250－6K 型风机 3 台，各相应配备有 250 kW 三相异步电动机，实行一用一备一检修制，主要向 S5、S6 采区供风，每台风机排气量为 40.5 m^3/min，排气压力为 0.80～0.85 MPa。

常村煤矿于 2010 年在全公司（潞安集团公司）率先开展了应急救援体系建设工作，并成功举办了国内首次煤矿安全救援现场会。其中压风自救系统于 2010 年 12 月顺利完成基本建设，井下各采掘一线已实现压风自救。目前，常村煤矿压风自救系统正在进一步规范化、标准化、完善化。

常村煤矿现使用巷道总长为 16850 m，压风管路铺设 14500 m（剩余 2350 m 为瓦斯排放专用巷道，无人作业）。

管路说明：520 水平运输大巷布设一趟主压风管，压风管出副井后分出两个分支，分别通往北翼采区和南翼采区。副井底的供风范围：N3 采区至 S3 采区，西坡风井的供风范围：S4 采区至 S6 采区。

主管控制说明：在副井底南北码头均布设有 ϕ250 的阀门分别控制往南北采区的送风。北翼采区部分，在 3 号交叉点有一个 ϕ250 的阀门控制 N3、N1 采区的送风，风管分别通往主井和 N1、N3 采区。

S520 采区部分，在 S1 车场口北侧有一个 ϕ250 的阀门控制往 S1 采区和南翼采区的送风；南侧有一个 ϕ250 的阀门控制南部的送风；S4 采区口有一个 ϕ150 阀门将副井的送风与西坡风井的送风隔开，通往 S4 采区后有一个 ϕ100 的阀门控制通往 S4 采区的送风；在 S4 至西坡风井之间分布有两个 ϕ125 的阀门控制通往 S4 采区的送风；西坡风井处有 1 个 ϕ150 的阀门控制通往 S4 采区的送风和两个 ϕ200 的阀门控制西坡风井的送风和 S5、S6 采区的送风；在 S5 采区口有一个 ϕ125 的阀门控制 S5 采区的送风；S6 采区车场有一个 ϕ125 的阀门，控制 S6 采区的送风。各采区掘进面及综采工作面巷道口均有单独的阀门控制本巷道的压风。

5.2　压风自救系统建设规划

5.2.1　压风自救系统建设目标

矿井压风自救系统，由若干组矿井压风自救装置构成，利用井下压风管路贯穿整个矿井，安装在掘进、回采工作面和其他大量人员集中作业处，主要用于井下煤与瓦斯突出事故或其他原因造成的缺氧情况时自救防护使用。通过建立完善的压风自救系统，所有采掘作业地点在灾变期间能够通过压风自救系统提供新鲜氧气。井下作业人员每人配备一套供风终端送风装置，当有煤和瓦斯突出预兆出现以及工作面缺氧时工作人员可就近进入矿井压风自救装置安设处，有效利用压风自救系统避免有害气体的侵害。在避难硐室、移动救生舱安装处预留出风口，并安装油水分离器；确保避险设施内所用压风清洁、可靠。灾害未对矿井压风系统造成破坏时，可以为避险设施提供氧气。

5.2.2　压风自救系统建设规划及实施方案

常村煤矿计划将原有压风自救系统进行升级，实现地面在线监测。在原有压风自救系统基础上进行升级，并对不符合标准的管路进行更换，在常村煤矿压风自救系统实现高起步、高标准。常村煤矿升级的压风自救系统主要由以下几部分组成：空气压缩机、储气罐、送气管路、阀门、油水分离器、远程控制监测装置及压风自救装置等，压风自救系统安装图如图 8－5－1 所示，压风自救系统图如图 8－5－2 所示。

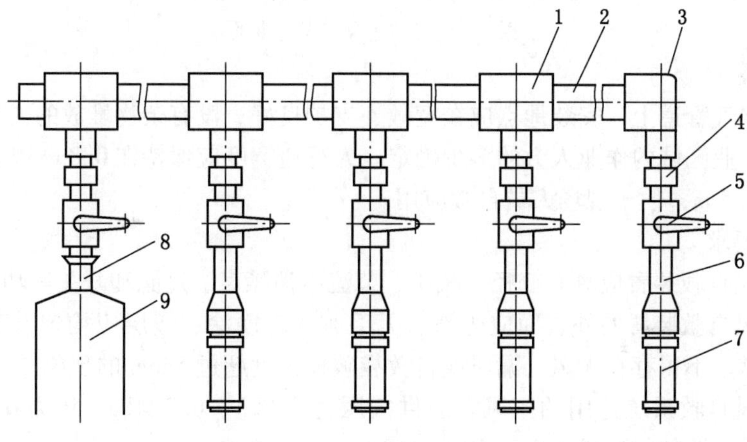

1—三通；2—气管；3—弯头；4—接头；5—球阀；6—气管；7—自救器；8—卡子；9—防护袋

图 8－5－1　压风自救系统安装图

1. 建设基本要求

（1）回采工作面回风巷在距安全出口外 25～50 m 范围内设置一压风三通阀门装置并安装一组压风自救装置；回风巷有人固定作业地点安装一组压风三通阀门装置并安装一组压风自救装置；进风巷在安全出口外 50～100 m 范围内设置一组压风三通阀门装置并安装一组压风自救装置。

（2）煤巷掘进工作面自掘进面回风口开始，距迎头 25～40 m 的距离设置一压风三通阀门装置，然后每 500 m 设置一组压风三通阀门装置并安装一组压风自救装置；岩巷掘进工作面距迎头 50～100 m 安装一组压风三通阀门装置并安装一组压风自救装置；迎头向外每隔 500 m 和爆破警戒地点各安装一组压风三通阀门装置并安装一组压风自救装置。

（3）采区巷道每 500 m 要安设一组压风三通阀门装置，并安装一组压风自救装置。

（4）压风供应泵站设置在地面，压风自救系统安装在掘进工作面巷道和回采工作面

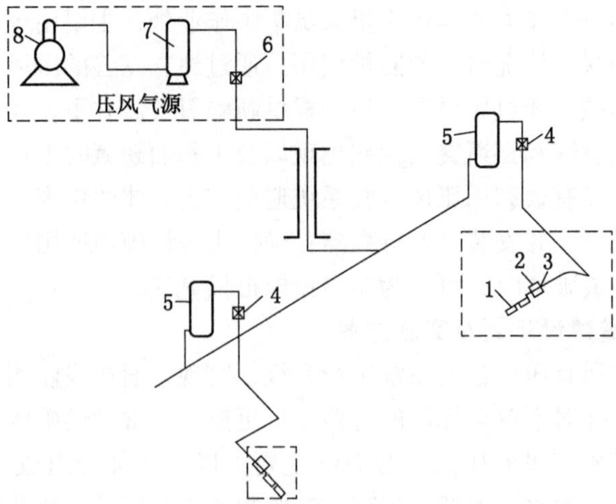

1—压风自救装置；2—远程控制监测装置；3—电控阀门；4—阀门；
5—油水分离器；6—阀门；7—储气罐；8—空气压缩机

图8-5-2 压风自救系统图

巷道内压缩空气管道上，安装地点应在宽敞、支护良好、没有杂物堆放的人行道侧，安装数量根据该作业区域内作业人数的多少确定。人行道宽度应保持在0.8 m以上，管路安装高度距底板1.5 m，便于现场人员自救应用。

2. 技术要求

（1）压风自救装置应具有变径、减压、节流、消噪声、过滤和开关等功能。

（2）压风自救装置的外表面应光滑、无毛刺，表面涂、镀层应均匀、牢固，零部件的连接要可靠，不得存在无风、漏风或自救袋破损长度超过5 mm的现象。

（3）压风自救系统适用的压风管道供气压力为0.3～0.7 MPa，压力在0.3 MPa时，每台压风自救装置的供气量不少于100～150 L/min范围内。

（4）压风自救装置工作时的噪声不得大于85 dB(A)。

（5）压风自救系统的管路规格不小于：压风自救主管路（矿井一翼主压风管路）为ϕ150 mm；压风自救分管路（采区主压风管路）及岩巷掘进工作面为ϕ75 mm；煤巷掘进工作面、回采工作面为ϕ50 mm。

5.3 压风自救系统管理制度

为全面提升常村煤矿的安全防护水平，确保压风自救系统的使用可靠，常村煤矿根据本单位实际情况制定压风自救系统管理制度如下。

（1）井下各采掘工作面压风自救系统（安装标准、安装数量）在编写作业规程时必须一并写入，各掘进工作面的压风自救系统由各掘进队组负责安装，回采工作面由安装队负责安装。

（2）管路的敷设要牢固平直，管路每间隔3 m吊挂一次，管路吊挂要标准。

（3）各压风自救系统的使用单位负责系统的维护、保养，必须确保系统的安全性、完好性，不得有漏风、无风现象。

(4) 机运一队与西坡工区要有效确保压风机的安全可靠运行，不得出现一次无计划停风现象。

(5) 回采工作面在生产过程中，由回采队组负责对系统进行维护、管理、保养。

(6) 各采掘工作面的瓦斯检查员为本工作面的压风自救系统义务监督员（专职或兼职)，并负责对本区域的压风自救系统进行检查，发现问题及时督促责任队组进行整改。

(7) 运输队组在运输物料时不得碰撞损坏系统各部位，在进行物料堆放时不得影响压风自救系统的使用。

(8) 压风自救系统如有停风需要时必须办理有关停风申请，并报请有关领导批复后方可停风。

(9) 各压风自救系统使用单位必须建立制度，对本队组范围内的系统进行维护、保养、管理。

(10) 各队组在压风自救系统使用完毕后要及时将系统拆除，拆除回收的设备要摆放整齐，不得挪作他用，应及时与有关单位联系上交。

6 供水施救系统

6.1 供水施救系统概况

常村煤矿井下供水系统采用洒水与消防合流制，井下用水通过地面处理站处理后，符合井下用水水质标准的清水作为水源，由地面800 m^3 蓄水池静压供水，在井深400 m的副立井井筒内敷设 ϕ150 mm供水管路，井底供水压力达到4.0 MPa，在副井底分成南、北码头两回路，通过南、北码头减压阀限压供给各采区用水，通过南、北码头实现了井下静压双回路供水。

为了保证全矿井下用水的安全、稳定、可靠和充足，2010年3月投运了北翼采区恒压供水系统；2011年1月投运了南翼采区恒压供水系统，南、北两翼恒压供水系统既能静压回路供水，又可实现恒压回路供水。通过恒压供水系统全面实现矿井静压供水异常时的及时补充。

6.2 供水施救系统建设规划

6.2.1 常村煤矿供水施救系统建设目标

常村煤矿供水施救系统建设的总体目标为系统完备、设施齐全、管理到位、运行可靠。具体目标：

(1) 完善现有防尘、消防供水系统，做到系统到位、管路及配属设施齐全、水量充足、水压合理、水质达标，满足正常生产用水和灾变时人员供水避险施救需要，实现地面在线监控，构建本安型供水施救避险保障系统，坚决遏制"一通三防"重大事故。

(2) 建立和完善矿井供水给养系统，做到系统到位、管路及配属设施齐全、水量充足、水压合理、水质达标、满足灾变时人员供水给养需要，有效降低事故危害程度。

(3) 严格按照《煤矿井下供水施救系统通用技术要求》完善常村煤矿供水施救系统，使系统具有防尘供水、供水水源优化调度、应急供水、过滤水源、管网异常报警及监测等功能。

6.2.2 常村煤矿供水施救系统建设方案

目前常村煤矿除副井筒、S520大巷副井底至S3采区口（辅助生产供水系统）敷设内径为 ϕ150 mm的管路外，其他巷道均为 ϕ125 mm、ϕ100 mm等管径，而公司要求井下所有采区及主要巷道管路内径必须为 ϕ150 mm，因此，常村煤矿大部分巷道管路安设不符合标准，故需对不符合标准巷道管路进行改造。

1. 需改造地点及长度统计（表8－6－1）

2. 安设标准

(1) 供水施救管路为永久设施，施救管路对接口全部使用法兰盘接口，确保各连接

表8-6-1 供水施救改造管路统计

地 点	长度/m	地 点	长度/m
N1 轨道及 N3 辅助进风巷	1500	N1 回风巷及 N31 号回风巷	2000
N3 运输上山	1700	470 水平大巷	1500
N 翼 2 号回风巷	2400	N3 轨道上山	1700
N31 号回风上山	1700	N32 号回风上山	1700
S520 大巷	5100	N520 大巷	3200
S 翼带式输送机巷	5100	N 翼带式输送机巷	5100
S6 轨道巷	1300	S6 轨道上山	2000
S6 运输上山	2000	S5 轨道下山	1900
S5 回风下山	1900	S5 运输下山	1900
S61 号回风上山	1400	S42 号回风巷	1100
S62 号回风上山	1400	S3 轨道下山	2000
S3 回风下山	2000	S3 运输下山	2000
共计/m	53600		

部件牢固可靠，连接处密封严密，无跑、冒、滴、漏现象。同时，受巷道运输条件限制，大巷管路敷设于巷道顶部，使用 ϕ40 mm 圆钢制作托梁，每根管路设两处托点，分别在距接口 1 m 位置；每 50 m 及井底车场主要硐室、采区变电所口附近 15 m 安设三通；采区施救管路与大巷主管施救管路对接，共对接点 5 处；各岔口下端主管路 10 m 范围内安设控制阀门，采区管路口安设控制阀门，采区口阀门平时为常开状态，采区发生灾变，关闭主施救管路采区下端阀门，减少给养物品的流失。工作面进、回风巷管路使用原供水管路，符合供水施救系统要求，不需进行改造。

（2）供水施救管路各切换点、各采区口、各采掘工作面口必须安设消防栓装置。

3. 施救站安设

（1）综采工作面。综采工作面有 N3－3 工作面、S5－3 工作面、S3－9 工作面、S0 工作面，在每个工作面机头、机尾各设 1 施救站，共计 8 个，施救站通过 50 接口分出 5 个分支接 ϕ13 mm 阀门供施救用水。以上供水施救装置要随着工作面的回采不断向后移设。

（2）掘进工作面。掘进工作面有 N3－7 运输巷，N3－1 运输巷，N1－3 运输巷，S5－9 运输巷，S6－2 运输巷，S6 探巷，各掘进巷道在距工作面 50 m 范围内各设 1 处施救站，共计 11 组，施救站通过接口分出 8 个分支接 ϕ13 mm 阀门供施救用水。以上供水施救装置要随着工作面的推移不断向前移设。

（3）各采区候车硐室、变电所及带式输送机机头、机尾等。

① S1、S2、S3、S4、S5、S6、N1、N3 候车硐室及副井底，共计需安设 9 个。

② S6 轨道巷、S6 轨道上山、S6 运输上山，共计 8 个。

③ S5 轨道下山、S5 运输下山，S 翼 5 号带式输送机巷，共计 7 个。

④ S3 轨道下山、S3 运输下山、S 翼 3 号带式输送机巷、S 翼 4 号带式输送机巷、S 翼 2 号带式输送机巷、共计 12 个。

⑤ N1 轨道巷、N1 带式输送机巷，共计 4 个。

⑥ N3 轨道巷、N3 轨道上山、N3 运输上山、N3 带式输送机巷，共计 8 个；共计 67 个。

4. 过滤器安装

（1）副井 N 码头需安设 1 个过滤器。

（2）S6 轨道巷、S6 轨道上山、S6 运输上山、S 翼 1 号、2 号回风口各安装 1 个，共计需安设 5 个过滤器。

（3）S5 轨道下山、S5 运输下山、S 翼 5 号带式输送机巷、S5 回风下山、S4－1 号回风巷口各安装 1 个，共计需安装 5 个过滤器。

（4）S3 轨道下山、S3 回风下山、S3 运输下山、S 翼 3 号带式输送机巷、S 翼 4 号带式输送机巷、S 翼 2 号带式输送机巷、S2－1 旧轨口各需安装 1 个，共计需安装 7 个过滤器。

（5）S1 轨道下山口、470 水平大巷口各需安装 1 个，共计需安装 2 个过滤器。

（6）N1 轨道巷、带式输送机巷、N1 回风口各需安装 1 个，共计需安装 3 个过滤器。

（7）N3 轨道巷、N3 轨道上山、N3 运输上山、N3 带式输送机巷、N3－1 号、2 号回风上山口各需安装 1 个，共计需安装 6 个过滤器。

5. 流量测量装置安装

在各采区轨道运输巷、带式输送机运输巷、回风口及各工作面进、回风巷口安设流量测量装置，共计 48 个，用于监测供水管内水量情况。

6.3　供水施救系统管理制度

常村煤矿认真贯彻执行《潞安集团建设完善井下安全避险“六大系统”工作方案》（潞矿安字〔2010〕659 号）文件的要求，有效遏制重特大事故，减低矿井瓦斯、煤尘、火灾事故危害程度，根据《煤矿安全规程》、《潞安集团“一通三防”管理规定》及相关管理和技术标准，制订《常村煤矿供水施救系统管理制度》。

供水施救系统工作是建设坚实的煤矿安全技术保障体系的重要组成部分，矿各相关部门必须高度重视；矿井必须结合本单位实际建立健全供水施救系统管理制度、检查检修制度、各级领导和职能部门责任制和各工种岗位责任制，并认真贯彻执行，配备供水施救系统所需要的安装、操作、维护、保养、检修、检验等专职管理、技术、值班等人员，所有供水施救系统工作人员需具备相应资格，持证上岗。

供水施救系统实施细则如下：

（1）矿井井下所有采掘作业地点、硐室和其他人员较集中的地点，必须有健全完善的供水施救系统，保证在灾变期间能够实现提供应急供水的要求。没有完善的供水施救系统和设施不得生产。

（2）矿井防尘、消防系统所用永久性水池的容量不得小于 200 m^3，贮水量不得小于井下连续 2 h 的用水量，并有备用水池，其容量不得小于永久性水池的一半。要安装过滤和净化设施，要有防冻和防杂物掉入的措施，根据情况及时清挖。确保供水施救系统用水的水量和水质，后勤中心每半年对水质化验一次并将化验结果报供水施救系统建设办公室（抽采科）备案。水质的基本标准：水中悬浮物含量不超过 30 mg/L,粒径不大于 0.3 mm，pH 值在 6 ~9 之间。

（3）矿井新采区防尘、消防系统所用管路，采区及以上巷道中铺设的主管路内径尺寸不小于 150 mm，其余所有巷道管路的内径尺寸不小于 100 mm。管路不得通过封闭区域，管路要吊挂平直、不拐死弯、接口不花接不漏水，采掘巷道管路安设距工作面不得大于 50 m。所有管路上每 50 m 设置一个三通阀门，此外在井底车场附近的主要硐室以及各采区候车硐室、采区变电所口、带式输送机头、带式输送机尾附近 15 m 以内以及变配电硐室口、巷道风门之间各设置一个三通阀门。三通阀门上必须设置能够连接直径为 50 mm 管路的接口，带式输送机巷道内的管路三通上还要固定一条长 20 m 以上、直径不小于 25 mm 的胶管，并整齐盘绕在转动轮上，盘放在行人侧。所有阀门都要安设在巷道行人侧，支管和阀门（手把）要齐全、完好、灵活、可靠，不冒水。采区管路上每个采掘面巷道接口处和所有硐室入口处必须设置消防栓。管路系统中按系统等级和需要安设入井前、采区、工作面等多级水质过滤器并及时清洗，进入采掘面前的管路上装备高质量的水质过滤装置。

（4）矿井防尘、消防系统净化处理后可作为供水给养系统，也可建设专用供水给养系统，无论何种方式，供水给养系统的水质都必须符合国家生活饮用水标准，并确保水量、水压及防冻、阀门、三通等设施的齐全完好。供水给养管路在地面的适当位置要设置专用三通阀门，专供救灾时向供水管路中灌装牛奶、营养液等生活必需品。

（5）矿井防尘、消防系统和供水给养系统所用管路都必须有足够强度，保证灾害中不致破坏，都要严格按规定进行水量、水压、水质的测定化验工作，在用水点处安装阀门和压力、流量测定装置，当水压不足时加装增压设备。矿井防尘、消防系统最远区域的用水地点的水量和水压要分别满足不小于 0.6 m^3/min 和不小于 0.4 MPa 的要求。

（6）供水施救系统所有水池、管路和附属设施必须指定专人每周巡检一次，做好检查记录并报供水施救系统建设办公室（抽采科）备案，检查记录要包括责任范围内供水施救系统设备运行情况、管路长度、附属设施（管卡、三通、阀门、消防栓等）型号与数量等，巡检时发现的问题应及时处理。

维护管理具体划分：

① 供水队负责地面水池及附属设施的巡检。

② 抽采队负责采区以上除带式输送机巷外其他巷道管路及附属设施的巡检。

③ 带式输送机队负责采区以上带式输送机巷管路及附属设施的巡检。

④ 各生产队组负责本队组责任区域内管路及附属设施的巡检。

（7）供水施救系统安装、设置、维护及检查标准除本制度中另有规定的外，仍执行公司、矿《“一通三防”管理制度》、《“一通三防”安全质量标准化考核标准》中有关消防、防尘系统的有关规定与标准。

7　通信联络系统

7.1　通信联络系统概况

目前，常村煤矿井下调度通信系统已基本满足矿井日常安全调度指挥工作和应急抢险救灾工作的需求。整个通信网络建立在以调度电话通信为主体、无线小灵通通信为辅助、应急救援喊话通信为先导的覆盖整个矿井全天候通信网络系统，为矿山安全生产和抢险救灾提供可靠的通信平台。

7.1.1　调度电话通信

调度电话覆盖整个矿井上、下的变电所，主副井井口、井底、火药库、各硐室、主副运输系统的各转载点、各采掘工作面的巷道口、工作面、风机口、各临时作业地点等地都装有调度电话，在此基础上各重要作业场所还安有调度直通电话，实现与集团公司通信网络进行全天候，数字中继透明连接的调度通信系统，形成调度通信与地面行政通信完全一体化的全数字化通信网络系统。

7.1.2　井下无线小灵通移动通信

常村煤矿井下小灵通移动通信系统已覆盖井下 S、N520 大巷以及 S3、S5、N3 采区的轨道上下山。矿井中层以上管理人员、部分要害部门、部分单岗作业人员配备了无线小灵通，小灵通的使用提高了安全管理水平。无线小灵通系统目前已与矿井调度、行政通信系统进行了联网运行，有力地保障了井下的通信联络。

7.1.3　应急救援喊话通信系统

2010 年 5 月，常村煤矿在 N3 采区安装了紧急避险应急救援喊话通信系统，覆盖 N3 采区各个巷道，既可以满足矿井日常生产时的普通通信联络，又可以实现灾变前后整个区域的预警、喊话、呼叫播放、呼叫定位等功能，并与调度室进行了联网。此系统的建立可使调度对井下 N3 采区任何区域喊话、扩播、呼叫监听，井下人员也可以随时与地面联系，系统还可以根据队组的需要扩展建立分区通信管理体系。

7.2　通信联络系统建设规划

7.2.1　通信联络系统建设目标

常村煤矿严格按照潞矿安字〔2010〕659 号文件精神，建立通信稳定、调度及时、反应迅速的矿井通信联络系统，根据各矿本身条件与需求，完善调度通信、无线小灵通通信、应急救援紧急扩音通信三大系统建设，真正做到信息稳定、调度及时、反应迅速的矿井通信联络系统，特别是实现灾变期间及时通知作业人员随时撤离现场，实现避险人员随时通话的目标，并与地面通信系统形成调度通信与地面通信完全一体化的全数字化通信网络系统。

7.2.2　通信联络系统建设方案

(1) 利用现有资源，根据新旧采区衔接时间，合理分配资源，保证新旧采区调度通信的占有量和备用量。

(2) 保证通信系统的备品备件库存，随时对有故障的通信设备、设施进行修理及更换，保证通信系统的畅通。

(3) 对新采区、新工作面及时安装调度直通电话。

(4) 完善无线小灵通通信系统，完成地面工业区、井下S6采区、470采区、矿井总回风巷、采区回风巷、主煤溜沿线、采区煤溜沿线及地面储、装、运区域的无线通信的覆盖率，争取做到全矿井的全面覆盖。

(5) 继续完善紧急避险应急救援通信系统的建设，在S6、S5、S3采区及470水平安装应急救援喊话通信系统、无线通讯系统及程控电话。建立健全以队组为分支，生产调度为中心的应急救援喊话通信体系。

7.3 通信联络系统管理制度

为切实加强通信系统管理，明确各级管理部门责任，确保系统运行可靠，使灾变时能够充分发挥通信联络系统的指导功能，常村煤矿按照潞矿安字〔2010〕659号文件要求，参照有关规程规定和实施细则，结合本单位实际情况，特制定以下管理制度。

(1) 自动化中心负责常村煤矿各种通信系统的监督管理及业务指导工作。

(2) 各通信系统网络的维护与管理：

① 集团通信公司负责集团公司到矿井主干通信传输线路的维护和管理工作。

② 自动化中心负责地面通信机房至井下各巷道通信网络的维护和管理工作。

③ 各作业队组负责本队作业范围内的通信线路及设施的维护管理和质量标准化工作。

④ 临时作业地点和单岗作业地点及看护地点，其职责范围内的通信线路及设施由所在队组进行维护和质量标准化工作。

⑤ 地面中心机房至井口凡有通信线路的地点，严禁在其周围15 m范围内施工建设，如确需施工建设，必须提前通知自动化中心，在自动化中心指导下方可开工，并由施工单位对通信设施进行可靠防护，确保不被破坏。

⑥ 井下各巷道在进行拉底、扩帮、挑顶、喷白等修复作业时，必须对通信设施进行有效防护，并通知自动化中心验收方可开工，施工完毕后要对通信线缆及设施进行杂物清理，并以质量标准化要求进行悬挂。

(3) 通信设备的使用管理：

① 各单位调度电话的使用与维护由各单位自己管理。

② 小灵通使用由个人维护，由于使用不当造成损坏、丢失，由本人进行全额赔偿。

③ 各作业地点、煤溜沿线等地的调度电话由各场所队组进行维护。

④ 小灵通基站、天线由所在地队组进行看护和巡查，发现问题及时上报自动化中心，由于看护不当造成的损坏或丢失，由责任队组承担。

⑤ 应急救援喊话通信系统是灾变或事故发生后，最有效、最及时的传达、汇报、接收单元，任何单位和个人都必须正确使用，由所在区域队组或个人看护，造成损坏或无正当理由长时间占用，一经发现按常村煤矿红线管理处理。

⑥ 所有通信联络系统的安装必须符合质量标准化规定。

⑦ 所有设备的保护接地装置（包括电缆的铠装、铅皮、接地芯线）和局部接地装置，应与主接地极连接成 1 个总接地网。

⑧ 地网的接地电阻值必须定期进行测定，地面每年一次，井下每季度一次；井下接地网上任何一点所测接地阻值不得超过 2 Ω。

⑨ 使用中的通信设备应有编号、标志牌、完好牌、责任牌，并填写正确、清晰。

⑩ 通信系统维护部门必须对电话号码和配线架做好记录，及时更新与补充。

⑪ 通信部门要绘制井下通信布置图，标明设备使用地点及号码。

⑫ 所有通信系统必须指定专职人员进行操作并按规定进行检查和检修。

⑬ 通信系统的使用、维护、保养必须指定专人负责，做到职责明确、责任到人。

⑭ 矿井通信设备使用期限到期必须强制报废，禁止超期服务的通信设备及器材在井下使用。

8 安全避险“六大系统”监察办法

根据《国家安全监管总局 国家煤矿安监局关于建设完善煤矿井下安全避险“六大系统”的通知》要求：各地煤矿安全监管部门、煤炭行业管理部门要加强日常监管，强化监督检查，推动各煤矿企业按照规划和方案加快建设进度。为进一步完善责任、落实责任，使“六大系统”监管责任到人、管理到位、实施有序，特制定安全监察管理办法，具体内容如下。

（1）各系统主管科室必须建立各系统管理制度、检查检修制度、值班制度、操作规程、岗位责任制，并认真贯彻执行。

（2）各系统正常运行所需要的操作、维护、保养、调校等专职管理人员、技术人员、值班人员等，工作人员必须具备相应的资格，持证上岗。

（3）必需设立专门的各系统管理机构，并有矿领导分级管理，各系统主管科室必需制定专门的系统故障应急预案，预案中应明确故障处置程序、故障处置负责人和具体处置人员。

（4）各系统都必须有与井下现场实际相符的系统图，并随着变化每月进行一次更新填绘，并报送安监科和调度室。

（5）各系统的安全管理人员和上岗操作人员的岗位操作标准要纳入安全日常检查中，对无证上岗和岗标不合格人员要进行下岗培训。

（6）各系统的实施方案必须由对应部门认真制定，并按照实施网络图认真实施。

（7）各相关资料未按期报送的，对部门或单位负责人按矿相关标准考核，报送资料弄虚作假的部门或单位负责人按矿相关标准考核。

（8）安全避险“六大系统”建设完善各项工作未按《实施纲要》按期完成的，对责任部门或单位按矿相关标准考核，并对责任单位、部门负责人挂钩考核。

（9）各系统图纸未按期及时更新或图纸与现场不符的，对责任部门或单位责任人按矿相关标准考核。

（10）各业务部门要根据《实施纲要》要求及时将每月的工程纳入生产作业计划，未按照《实施纲要》标准纳入作业计划的按矿相关标准考核，施工队组未按照计划完成的对施工队组负责人和队组按矿标准进行考核。

（11）该监管办法自下发之日起执行。

附录一　国家安全监管总局　国家煤矿安监局关于建设完善煤矿井下安全避险“六大系统”的通知

安监总煤装〔2010〕146 号

各产煤省、自治区、直辖市及新疆生产建设兵团煤炭行业管理、煤矿安全监管部门，各省级煤矿安全监察机构，司法部直属煤矿管理局，有关中央企业：

按照《国务院关于进一步加强企业安全生产工作的通知》（国发〔2010〕23 号，以下简称《通知》）关于“煤矿和非煤矿山要制定和实施生产技术装备标准，安装监测监控系统、井下人员定位系统、紧急避险系统、压风自救系统、供水施救系统和通信联络系统等技术装备，并于 3 年之内完成”的要求，为建设完善煤矿井下监测监控、人员定位、紧急避险、压风自救、供水施救和通信联络等安全避险系统（以下简称安全避险“六大系统”），全面提升煤矿安全保障能力，现就有关事项通知如下：

一、提高对煤矿建设完善安全避险“六大系统”重要性的认识

《通知》在深刻分析当前安全生产面临的新形势、新挑战和突出问题，准确把握安全生产客观规律的基础上，针对落实企业安全生产主体责任作出了全面细致的部署，措施更加具体、责任更加明确、要求更加严格，具有很强的针对性、指导性和可操作性，是当前和今后一个时期指导全国煤矿安全工作的纲领性文件。《通知》特别强调，要建立坚实的技术保障体系，强制推行先进适用的技术装备；同时对建设完善煤矿井下安全避险“六大系统”提出了明确的目标任务和时间要求，严格规定“逾期未安装的，依法暂扣安全生产许可证、生产许可证”。各地区、各单位和广大煤矿企业要迅速把思想统一到《通知》精神上来，充分认识建设完善安全避险“六大系统”是以人为本、安全发展理念的重要体现，是坚持预防为主，有效降低事故危害程度、防范遏制重特大事故的综合治理措施，是建设坚实的煤矿安全技术保障体系的重要内容，从而进一步增强使命感、紧迫感，切实加强领导、落实责任、强化措施，加快推进安全避险“六大系统”的建设完善工作。

二、建设完善安全避险“六大系统”的目标要求

（一）建设完善矿井监测监控系统。煤矿企业必须按照《煤矿安全监控系统及检测仪器使用管理规范》（AQ 1029—2007）的要求，建设完善安全监控系统，实现对煤矿井下瓦斯、一氧化碳浓度、温度、风速等的动态监控，为煤矿安全管理提供决策依据。要加强系统设备维护，定期进行调试、校正，及时升级、拓展系统功能和监控范围，确保设备性能完好，系统灵敏可靠。要健全完善规章制度和事故应急预案，明确值班、带班人员责任，矿井监测监控系统中心站实行 24 小时值班制度，当系统发出报警、断电、馈电异常信息时，能够迅速采取断电、撤人、停工等应急处置措施，充分发挥其安全避险的预警作

用。2010年底前，全国所有煤矿要完成监测监控系统的建设完善工作。

（二）建设完善煤矿井下人员定位系统。煤矿企业必须按照《煤矿井下作业人员管理系统使用规范》（AQ 1048—2007）的要求，建设完善井下人员定位系统，并做好系统维护和升级改造工作，保障系统安全可靠运行。所有入井人员必须携带识别卡（或具备定位功能的无线通讯设备），确保能够实时掌握井下各个作业区域人员的动态分布及变化情况。要进一步建立健全制度，发挥人员定位系统在定员管理和应急救援中的作用。2010年底前，中央企业和国有重点煤矿企业的所有煤矿要完成井下人员定位系统的建设完善工作；2011年底前，其他所有煤矿要完成井下人员定位系统的建设完善工作。

（三）建设完善井下紧急避险系统。煤矿企业必须按照《煤矿安全规程》的要求，为入井人员配备额定防护时间不低于30分钟的自救器。煤与瓦斯突出矿井应建设采区避难硐室，突出煤层的掘进巷道长度及采煤工作面走向长度超过500米时，必须在距离工作面500米范围内建设避难硐室或设置救生舱。煤与瓦斯突出矿井以外的其他矿井，从采掘工作面步行，凡在自救器所能提供的额定防护时间内不能安全撤到地面的，必须在距离采掘工作面1000米范围内建设避难硐室或救生舱。2012年6月底前，所有煤（岩）与瓦斯（二氧化碳）突出矿井，中央企业和国有重点煤矿中的高瓦斯、开采容易自燃煤层的矿井，要完成紧急避险系统的建设完善工作；2013年6月底前，其他所有煤矿要完成紧急避险系统的建设完善工作。

（四）建设完善矿井压风自救系统。煤矿企业必须在按照《煤矿安全规程》要求建立压风系统的基础上，按照所有采掘作业地点在灾变期间能够提供压风供气的要求，进一步建设完善压风自救系统。空气压缩机应设置在地面；深部多水平开采的矿井，空气压缩机安装在地面难以保证对井下作业点有效供风时，可在其供风水平以上两个水平的进风井井底车场安全可靠的位置安装，但不得使用滑片式空气压缩机。井下压风管路要采取保护措施，防止灾变破坏。突出矿井的采掘工作面要按照《防治煤与瓦斯突出规定》（国家安全监管总局令第19号）要求设置压风自救装置。其他矿井掘进工作面要安设压风管路，并设置供气阀门。2010年底前，全国所有煤矿要完成压风自救系统的建设完善工作。

（五）建设完善矿井供水施救系统。煤矿企业必须按照《煤矿安全规程》的要求，建设完善的防尘供水系统；除按照《煤矿安全规程》要求设置三通及阀门外，还要在所有采掘工作面和其他人员较集中的地点设置供水阀门，保证各采掘作业地点在灾变期间能够实现提供应急供水的要求。要加强供水管路维护，不得出现跑、冒、滴、漏现象，保证阀门开关灵活。2010年底前，全国所有煤矿要完成供水施救系统的建设完善工作。

（六）建设完善矿井通信联络系统。煤矿企业必须按照《煤矿安全规程》的要求，建设井下通信系统，并按照在灾变期间能够及时通知人员撤离和实现与避险人员通话的要求，进一步建设完善通信联络系统。在主副井绞车房、井底车场、运输调度室、采区变电所、水泵房等主要机电设备硐室和采掘工作面以及采区、水平最高点，应安设电话。井下避难硐室（救生舱）、井下主要水泵房、井下中央变电所和突出煤层采掘工作面、爆破时撤离人员集中地点等，必须设有直通矿调度室的电话。要积极推广使用井下无线通讯系统、井下广播系统。发生险情时，要及时通知井下人员撤离。2010年底前，全国所有煤矿要完成通信联络系统的建设完善工作。

三、加强对建设完善安全避险“六大系统”的组织领导

各煤矿企业是建设完善安全避险“六大系统”的责任主体，煤矿企业主要负责人要高度重视，落实分管负责人和具体分管部门，明确工作职责，组织做好安全避险“六大系统”的建设完善工作。要根据各矿实际，制定切实可行的工作规划和方案，明确安全避险“六大系统”建设完善的目标、任务、措施及进度安排。要建立投入保障制度，提足用好煤炭生产安全费用，加大安全投入，从人、财、物等各方面保证建设进度。要建立定期检查制度，针对存在的问题，研究有针对性的措施，从设计、施工、验收等环节严格把关，科学组织施工，保证建设工程质量。各煤矿企业要按规定的时限和要求全面完成安全避险“六大系统”建设完善工作，并将安全避险“六大系统”建设进展情况每季度向省级煤矿安全监管部门报告。

各地煤炭行业管理、煤矿安全监管部门和驻地煤矿安全监察机构要按照职责分工，明确分管领导和业务部门，扎实推进安全避险“六大系统”建设完善工作。要坚持分类指导、稳步推进的原则，由煤矿安全监管部门牵头，会同煤炭行业管理部门和驻地煤矿安全监察机构组织制定本地区安全避险“六大系统”建设规划，并率先建成一批安全避险示范矿井；要组织专家开展技术指导，督促煤矿企业落实建设完善“六大系统”的工作措施，确保工作落实到位；要及时总结推广安全避险“六大系统”建设完善工作经验，并对进展较好的煤矿企业给予表彰。请各省级煤矿安全监管部门于2010年11月30日前将本地区安全避险“六大系统”建设规划上报国家煤矿安监局。

四、加强对安全避险“六大系统”的管理

各煤矿企业要建立安全避险“六大系统”的管理制度。要加强安全避险“六大系统”的日常管理，整理完善各系统图纸等基础资料，并根据井下采掘系统变化情况，及时补充建设完善安全避险“六大系统”。要定期对各系统完好情况进行检查，加强系统维护，保证系统灵敏可靠。要建立应急演练制度，科学确定避灾路线，编制应急预案，每年开展一次安全避险“六大系统”的联合应急演练。要赋予企业生产现场带班人员、班组长和调度人员在遇到险情时第一时间下达停产撤人命令的直接决策权和指挥权；加强入井人员培训，使其熟悉各种灾害情况的避灾路线，并能正确使用安全避险设施，充分发挥其作用。

五、加强对建设安全避险“六大系统”的监管监察

各地煤矿安全监管、煤炭行业管理部门要加强日常监管，强化监督检查，推动各煤矿企业按照规划和方案加快建设进度。驻各地煤矿安全监察机构要把安全避险“六大系统”的建设纳入监察工作重点，依照相关法律法规标准，严格监察执法，严厉处罚违法违规行为，对不能按期完成建设要求的，依法暂扣安全生产许可证。要结合安全生产许可证的颁发管理，督促基建、整合技改矿井在投入生产前完成安全避险“六大系统”建设。各地要由省级煤矿安全监管部门牵头，会同省级煤炭行业管理部门和驻地煤矿安全监察机构，每半年开展一次安全避险“六大系统”建设进展情况的检查，并将进展情况及时报国家煤矿安监局。

请各省级煤矿安全监管部门及时将本通知转发到各产煤市（地）、县（区）和辖区内所有煤矿企业。

二〇一〇年八月二十四日

附录二 国家安全监管总局 国家煤矿安监局关于印发煤矿井下紧急避险系统建设管理暂行规定的通知

安监总煤装〔2011〕15号

各产煤省、自治区、直辖市及新疆生产建设兵团煤矿安全监管、煤炭行业管理部门，各省级煤矿安全监察机构，司法部直属煤矿管理局，有关中央企业：

为深入贯彻落实《国务院关于进一步加强企业安全生产工作的通知》（国发〔2010〕23号）精神，规范煤矿井下紧急避险系统建设管理工作，充分发挥井下紧急避险系统在安全避险中的重要作用，进一步提高煤矿安全保障能力，依据有关法律法规、规章和规定，国家安全监管总局、国家煤矿安监局制定了《煤矿井下紧急避险系统建设管理暂行规定》。现印发给你们，请遵照执行。

所有井工煤矿应按照规定要求建设完善煤矿井下紧急避险系统，并符合“系统可靠、设施完善、管理到位、运转有效”的要求。2012年6月底前，所有煤（岩）与瓦斯（二氧化碳）突出矿井，中央企业所属煤矿和国有重点煤矿中的高瓦斯、开采容易自燃煤层的矿井，要完成紧急避险系统的建设完善工作。2013年6月底前，其他所有煤矿要完成紧急避险系统的建设完善工作。

国家安全生产监督管理总局
国家煤矿安全监察局
二〇一一年一月二十五日

煤矿井下紧急避险系统建设管理暂行规定

一 总 则

1. 为促进和规范煤矿井下紧急避险系统的建设完善和管理工作，根据《国务院关于进一步加强企业安全生产工作的通知》（国发〔2010〕23号），制定本规定。

2. 本规定适用于煤矿井下紧急避险系统的设计、建设、使用、维护和管理，并作为煤矿安全监管部门对煤矿井下紧急避险系统建设、使用、管理等实施监督检查和煤矿安全监察机构实施安全监察的依据。

3. 煤矿企业是煤矿井下紧急避险系统建设管理的责任主体，负责紧急避险系统的建设、使用和维护管理工作。各级煤矿安全监管部门负责本行政区域内煤矿井下紧急避险系统建设、使用、管理等的日常监管。各级煤矿安全监察机构负责对所驻辖区内煤矿井下紧急避险系统的建设、使用、管理等实施监察。

二　紧急避险系统

4. 煤矿井下紧急避险系统是指在煤矿井下发生紧急情况下，为遇险人员安全避险提供生命保障的设施、设备、措施组成的有机整体。紧急避险系统建设的内容包括为入井人员提供自救器、建设井下紧急避险设施、合理设置避灾路线、科学制定应急预案等。

5. 井下紧急避险设施是指在井下发生灾害事故时，为无法及时撤离的遇险人员提供生命保障的密闭空间。该设施对外能够抵御高温烟气，隔绝有毒有害气体，对内提供氧气、食物、水，去除有毒有害气体，创造生存基本条件，为应急救援创造条件、赢得时间。紧急避险设施主要包括永久避难硐室、临时避难硐室、可移动式救生舱。

永久避难硐室是指设置在井底车场、水平大巷、采区（盘区）避灾路线上，具有紧急避险功能的井下专用巷道硐室，服务于整个矿井、水平或采区，服务年限一般不低于5年。

临时避难硐室是指设置在采掘区域或采区避灾路线上，具有紧急避险功能的井下专用巷道硐室，主要服务于采掘工作面及其附近区域，服务年限一般不大于5年。

可移动式救生舱是指可通过牵引、吊装等方式实现移动，适应井下采掘作业地点变化要求的避险设施。

6. 所有井工煤矿应为入井人员配备额定防护时间不低于30分钟的自救器，入井人员应随身携带。

7. 紧急避险设施的建设方案应综合考虑所服务区域的特征和巷道布置、可能发生的灾害类型及特点、人员分布等因素。优先建设避难硐室。

8. 紧急避险设施应具备安全防护、氧气供给保障、有害气体去除、环境监测、通讯、照明、人员生存保障等基本功能，在无任何外界支持的情况下额定防护时间不低于96小时。

（1）具备自备氧供氧系统和有害气体去除设施。供氧量不低于0.5升/分钟·人，处理二氧化碳的能力不低于0.5升/分钟·人，处理一氧化碳的能力应能保证在20分钟内将一氧化碳浓度由0.04%降到0.0024%以下。在整个额定防护时间内，紧急避险设施内部环境中氧气含量应在18.5%~23.0%之间，二氧化碳浓度不大于1.0%，甲烷浓度不大于1.0%，一氧化碳浓度不大于0.0024%，温度不高于35摄氏度，湿度不大于85%，并保证紧急避险设施内始终处于不低于100帕的正压状态。采用高压气瓶供气系统的应有减压措施，以保证安全使用。

（2）配备独立的内外环境参数检测或监测仪器，在突发紧急情况下人员避险时，能够对避险设施过渡室（舱）内的氧气、一氧化碳，生存室（舱）内的氧气、甲烷、二氧化碳、一氧化碳、温度、湿度和避险设施外的氧气、甲烷、二氧化碳、一氧化碳进行检测或监测。

（3）按额定避险人数配备食品、饮用水、自救器、人体排泄物收集处理装置及急救箱、照明设施、工具箱、灭火器等辅助设施。配备的食品发热量不少于5000千焦/天·人，饮用水不少于1.5升/天·人。配备的自救器应为隔绝式，有效防护时间应不低于45分钟。

9. 各紧急避险设施的总容量应满足突发紧急情况下所服务区域全部人员紧急避险的需要，包括生产人员、管理人员及可能出现的其他临时人员，并应有一定的备用系数。永久避难硐室的备用系数不低于1.2，临时避难硐室和可移动式救生舱的备用系数不低于1.1。

10. 所有煤与瓦斯突出矿井都应建设井下紧急避险设施。

其他矿井在突发紧急情况时，凡井下人员在自救器额定防护时间内靠步行不能安全撤至地面的，应建设井下紧急避险设施。

11. 煤与瓦斯突出矿井应建设采区避难硐室。突出煤层的掘进巷道长度及采煤工作面推进长度超过500米时，应在距离工作面500米范围内建设临时避难硐室或设置可移动式救生舱。

其他矿井应在距离采掘工作面1000米范围内建设避难硐室或设置可移动式救生舱。

12. 紧急避险系统应有整体设计。设计方案应符合国家有关规定要求，经过企业技术负责人批准后，报属地煤矿安全监管部门和驻地煤矿安全监察机构备案。

新建、改扩建煤矿建设项目安全设施设计专篇中应包含煤矿井下紧急避险系统的设计，并符合本规定有关要求。

13. 紧急避险设施应与矿井安全监测监控、人员定位、压风自救、供水施救、通信联络等系统相连接，形成井下整体性的安全避险系统。

矿井安全监测监控系统应对紧急避险设施外和避难硐室内的甲烷、一氧化碳等环境参数进行实时监测。

矿井人员定位系统应能实时监测井下人员分布和进出紧急避险设施的情况。

矿井压风自救系统应能为紧急避险设施供给足量氧气，接入的矿井压风管路应设减压、消音、过滤装置和控制阀，压风出口压力在0.1～0.3兆帕之间，供风量不低于0.3米^3/分钟·人，连续噪声不大于70分贝。

矿井供水施救系统应能在紧急情况下为避险人员供水，并为在紧急情况下输送液态营养物质创造条件。接入的矿井供水管路应有专用接口和供水阀门。

矿井通信联络系统应延伸至井下紧急避险设施，紧急避险设施内应设置直通矿调度室的电话。

14. 紧急避险设施的设置要与矿井避灾路线相结合，紧急避险设施应有清晰、醒目、牢靠的标识。矿井避灾路线图中应明确标注紧急避险设施的位置、规格和种类，井巷中应有紧急避险设施方位的明显标识，以方便灾变时遇险人员迅速到达紧急避险设施。

15. 紧急避险系统应随井下采掘系统的变化及时调整和补充完善，包括及时补充或移动紧急避险设施，完善避灾路线和应急预案等。

16. 可移动式救生舱应符合相关规定，并取得煤矿矿用产品安全标志。紧急避险设施的配套设备应符合相关标准的规定，纳入安全标志管理的应取得煤矿矿用产品安全标志。

三　避　难　硐　室

17. 避难硐室应布置在稳定的岩层中，避开地质构造带、高温带、应力异常区以及透水危险区。前后20米范围内巷道应采用不燃性材料支护，且顶板完整、支护完好，符合安全出口的要求。特殊情况下确需布置在煤层中时，应有控制瓦斯涌出和防止瓦斯积聚、煤层自燃的措施。永久避难硐室应确保在服务期间不受采动影响，临时避难硐室应在服务期间避免受采动损害。

18. 避难硐室应采用向外开启的两道门结构。外侧第一道门采用既能抵挡一定强度的冲击波，又能阻挡有毒有害气体的防护密闭门；第二道门采用能阻挡有毒有害气体的密闭门。两道门之间为过渡室，密闭门之内为避险生存室。

防护密闭门上设观察窗，门墙设单向排水管和单向排气管，排水管和排气管应加装手动阀门。过渡室内应设压缩空气幕和压气喷淋装置。永久避难硐室过渡室的净面积应不小于3.0 米^2；临时避难硐室不小于2.0 米^2。

生存室的宽度不得小于2.0 米，长度根据设计的额定避险人数以及内配装备情况确定。生存室内设置不少于两趟单向排气管和一趟单向排水管，排水管和排气管应加装手动阀门。永久避难硐室生存室的净高不低于2.0 米，每人应有不低于1.0 米^2 的有效使用面积，设计额定避险人数不少于20 人，宜不多于100 人。临时避难硐室生存室的净高不低于1.85 米，每人应有不低于0.9 米^2 的有效使用面积，设计额定避险人数不少于10 人，不多于40 人。

19. 避难硐室防护密闭门抗冲击压力不低于0.3 兆帕，应有足够的气密性，密封可靠、开闭灵活。门墙周边掏槽，深度不小于0.2 米，墙体用强度不低于C30 的混凝土浇筑，并与岩（煤）体接实，保证足够的气密性。

利用可移动式救生舱的过渡舱作为临时避难硐室的过渡室时，过渡舱外侧门框宽度应不小于0.3 米，安装时在门框上整体灌注混凝土墙体，四周掏槽深度、墙体强度及密封性能要求不低于防护密闭门的安装要求。

20. 采用锚喷、砌碹等方式支护，支护材料应阻燃、抗静电、耐高温、耐腐蚀，顶板和墙壁的颜色宜为浅色。硐室地面高于巷道底板不小于0.2 米。

21. 有条件的矿井宜为永久避难硐室布置由地表直达硐室的钻孔，钻孔直径应不小于200 毫米。通过钻孔设置水管和电缆时，水管应有减压装置；钻孔地表出口应有必要的保护装置并储备自带动力压风机，数量不少于2 台。避难硐室还应配备自备氧供氧系统，供氧量不小于24 小时。

22. 接入避难硐室的矿井压风、供水、监测监控、人员定位、通讯和供电系统的各种管线在接入硐室前应采取保护措施。避难硐室内宜加配无线电话或应急通讯设施。

23. 避难硐室施工前，应有专门的施工设计，报企业技术负责人批准后方可实施。

24. 避难硐室施工中应加强工程管理和过程控制，确保施工质量。

避难硐室施工、安装完成后，应进行各种功能测试和联合试运行，并严格按设计要求组织验收。

四 可移动式救生舱

25. 选用的救生舱应符合有关标准规定，其适用范围和适用条件应符合所服务区域的特点，数量和总容量应满足所服务区域人员紧急避险的需要。

26. 救生舱应具备过渡舱结构，不设过渡舱时应有防止避险人员进入救生舱内时有害气体侵入的技术措施。过渡舱的净容积应不小于1.2米^3，内设压缩空气幕、压气喷淋装置及单向排气阀。

生存舱提供的有效生存空间应不小于每人0.8米^3，应设有观察窗和不少于2个单向排气阀。

27. 救生舱应具有足够的强度和气密性。舱体抗冲击压力不低于0.3兆帕。在+500±20帕压力下，泄压速率应不大于350±20帕/小时；舱内气压应始终保持高于外界气压100~500帕，且能根据实际情况进行调节。

28. 救生舱应选用抗高温老化、无腐蚀性、无公害的环保材料。舱内颜色应为浅色，外体颜色在煤矿井下照明条件下应醒目，宜采用黄色或红色。

29. 救生舱的设置地点和安装应有设计和作业规程，并严格按照产品说明书进行。在安装救生舱的位置前后20米范围内煤（岩）层稳定，采用不燃性材料支护，通风良好，无积水和杂物堆积，满足安全出口的要求，不得影响矿井正常生产和通风。

30. 接入救生舱的矿井压风管路、供水管路及通讯线路应采取防护措施，具有抗冲击破坏能力，管路与救生舱应采用软联接。

31. 救生舱安装完成后应进行系统性的功能测试和试运行，满足要求后方可通过验收。

32. 拆装、运输和移动救生舱时应有保护措施，编制操作规程和安全技术措施，保证拆装、运输和移动过程中不损坏救生舱。救生舱移动后应进行一次系统检查和功能测试。

五　维护与管理

33. 煤矿企业应建立紧急避险系统管理制度，确定专门机构和人员对紧急避险设施进行维护和管理，保证其始终处于正常待用状态。

34. 紧急避险设施内应悬挂或张贴简明、易懂的使用说明，指导避险矿工正确使用。

35. 煤矿企业应定期对紧急避险设施及配套设备进行维护和检查，并按产品说明书要求定期更换部件或设备。

应保证储存的食品、水、药品等始终处于保质期内，外包装应明确标示保质日期和下次更换时间。

每天应对紧急避险设施进行1次巡检，设置巡检牌板，做好巡检记录。煤矿负责人应对紧急避险设施的日常巡检情况进行检查。

每月对配备的高压气瓶进行1次余量检查及系统调试，气瓶内压力低于额定压力的95%时，应及时更换。每3年对高压气瓶进行1次强制性检测，每年对压力表进行1次强制性检验。

每10天应对设备电源进行1次检查和测试。

每年对紧急避险设施进行1次系统性的功能测试，包括气密性、电源、供氧、有害气体处理等。

36. 经检查发现紧急避险设施不能正常使用时，应及时维护处理。采掘区域的紧急避险设施不能正常使用时，应停止采掘作业。

37. 矿井灾害预防与处理计划、重大事故应急预案、采区设计及作业规程中应包含紧急避险系统的相关内容。

38. 应建立紧急避险设施的技术档案，准确记录紧急避险设施设计、安装、使用、维护、配件配品更换等相关信息。

39. 煤矿企业应于每年年底前将紧急避险系统建设和运行情况，向县级以上煤矿安全监管部门和驻地煤矿安全监察机构书面报告。

六　培训与应急演练

40. 煤矿企业应将了解紧急避险系统、正确使用紧急避险设施作为入井人员安全培训的重要内容，确保所有入井人员熟悉井下紧急避险系统，掌握紧急避险设施的使用方法，具备安全避险基本知识。

对紧急避险系统进行调整后，应及时对相关区域的入井人员进行再培训，确保所有入井人员准确掌握紧急避险系统的实际状况。

41. 煤矿应当每年开展1次紧急避险应急演练，建立应急演练档案，并将应急演练情况书面报告县级以上煤矿安全监管部门和驻地煤矿安全监察机构。

七　监　督　检　查

42. 各级煤矿安全监管部门应将本地区煤矿井下紧急避险系统建设情况作为安全监管的重要内容，各级煤矿安全监察机构应将煤矿井下紧急避险系统建设和维护管理情况作为监察工作重点，纳入年度安全监管监察执法工作计划，定期开展监督检查。

43. 煤矿安全监管部门和煤矿安全监察机构要严格执法，对不能按期完成紧急避险系统建设或建设不符合本规定要求的，依法暂扣其安全生产许可证或提请有关部门暂扣煤炭生产许可证，责令限期整改；逾期仍未完成的，提请地方人民政府依法予以关闭。

44. 新建、改扩建煤矿建设项目安全设施设计专篇中未包含煤矿井下紧急避险系统有关内容，或有关内容不符合本规定要求的，其安全专篇不予通过审查。

45. 新建、改扩建煤矿建设项目未按安全设施设计专篇要求完成紧急避险系统建设的，其安全设施竣工验收不予通过。

已通过审批、正在实施中的新建、改扩建煤矿建设项目，应在规定的时限内完成紧急避险系统建设。

八　附　　则

46. 各省级煤矿安全监管部门可以根据实际情况制定实施细则。

47. 本规定自印发之日起施行。

附录三 煤矿井下安全避险“六大系统”建设完善基本规范（试行）

安监总煤装〔2011〕33 号

一 总 则

1. 为规范和促进煤矿井下安全避险“六大系统”的建设完善工作，根据《国务院关于进一步加强企业安全生产工作的通知》（国发〔2010〕23 号）、《煤矿安全规程》和相关标准，制定本规范。

2. 本规范适用于煤矿井下安全避险“六大系统”的建设完善及检查验收工作。

3. 煤矿井下安全避险“六大系统”（以下简称“六大系统”）是指监测监控系统、人员定位系统、紧急避险系统、压风自救系统、供水施救系统和通信联络系统。所有井工煤矿必须按规定建设完善“六大系统”，达到“系统可靠、设施完善、管理到位、运转有效”的要求。

4. 煤矿企业是建设完善“六大系统”的责任主体，煤矿企业主要负责人是建设完善“六大系统”的第一责任人。煤矿企业要落实建设完善“六大系统”分管负责人和具体分管部门，明确工作职责，完善工作制度，组织做好“六大系统”的建设完善工作。

5. 地方各级负有煤矿安全监管职责的部门（以下简称煤矿安全监管部门）会同煤炭行业管理部门负责本行政区域内“六大系统”建设完善工作的日常监管。驻地各级煤矿安全监察机构负责对辖区内“六大系统”建设完善工作的监察执法。

二 监测监控系统基本要求

6. 煤矿企业必须按照《煤矿安全监控系统及检测仪器使用管理规范》（AQ 1029—2007）的要求，建设完善监测监控系统，实现对煤矿井下甲烷和一氧化碳的浓度、温度、风速等的动态监控。

7. 煤矿安装的监测监控系统必须符合《煤矿安全监控系统通用技术要求》（AQ 6201—2006）的规定，并取得煤矿矿用产品安全标志。监测监控系统各配套设备应与安全标志证书中所列产品一致。

8. 甲烷、馈电、设备开停、风压、风速、一氧化碳、烟雾、温度、风门、风筒等传感器的安装数量、地点和位置必须符合《煤矿安全监控系统及检测仪器使用管理规范》（AQ 1029—2007）要求。监测监控系统地面中心站要装备 2 套主机，1 套使用、1 套备用，确保系统 24 小时不间断运行。

9. 煤矿企业应按规定对传感器定期调校，保证监测数据准确可靠。

10. 监测监控系统在瓦斯超限后应能迅速自动切断被控设备的电源，并保持闭锁状态。

11. 监测监控系统地面中心站执行24小时值班制度，值班人员应在矿井调度室或地面中心站，以确保及时做好应急处置工作。

12. 监测监控系统应能对紧急避险设施内外的甲烷和一氧化碳浓度等环境参数进行实时监测。

三　人员定位系统基本要求

13. 煤矿企业必须按照《煤矿井下作业人员管理系统使用与管理规范》(AQ 1048—2007）的要求，建设完善井下人员定位系统。应优先选择技术先进、性能稳定、定位精度高的产品，并做好系统维护和升级改造工作，保障系统安全可靠运行。

14. 安装井下人员定位系统时，应按规定设置井下分站和基站，确保准确掌握井下人员动态分布情况和采掘工作面人员数量。矿井人员定位系统必须满足《煤矿井下作业人员管理系统通用技术条件》（AQ 6210—2007）的要求，并取得煤矿矿用产品安全标志。定位分站、基站等相关设备应符合相应的标准。

15. 所有入井人员必须携带识别卡（或具备定位功能的无线通讯设备)。

16. 矿井各个人员出入井口、重点区域出入口、限制区域等地点均应设置分站，并能满足监测携卡人员出入井、出入重点区域、出入限制区域的要求；巷道分支处应设置分站，并能满足监测携卡人员出入方向的要求。

17. 煤矿紧急避险设施入口和出口应分别设置人员定位系统分站，对出、入紧急避险设施的人员进行实时监测。

18. 矿井调度室应设人员定位系统地面中心站，配备显示设备，执行24小时值班制度。

四　紧急避险系统基本要求

19. 煤矿企业必须按照《煤矿井下紧急避险系统建设管理暂行规定》（安监总煤装〔2011〕15号）建设完善紧急避险系统。

20. 紧急避险系统应与监测监控、人员定位、压风自救、供水施救、通信联络等系统相互连接，在紧急避险系统安全防护功能基础上，依靠其他避险系统的支持，提升紧急避险系统的安全防护能力。

21. 紧急避险设施应具备安全防护、氧气供给保障、有害气体去除、环境监测、通讯、照明、动力供应、人员生存保障等基本功能，在无任何外界支持的条件下额定防护时间不低于96小时。

22. 紧急避险设施的容量应满足服务区域所有人员紧急避险需要，包括生产人员、管理人员及可能出现的其他临时人员，并按规定留有一定的备用系数。

23. 紧急避险设施的设置要与矿井避灾路线相结合，紧急避险设施应有清晰、醒目的标识。

24. 紧急避险系统应随井下采掘系统的变化及时调整和补充完善，包括紧急避险设施、配套系统、避灾路线和应急预案等。

25. 紧急避险设施的配套设备应符合相关标准的规定，纳入安全标志管理的应取得煤矿矿用产品安全标志。可移动式救生舱应符合相关规定，并取得煤矿矿用产品安全标志。

五 压风自救系统基本要求

26. 煤矿企业在按照《煤矿安全规程》要求建立压风系统的基础上，必须满足在灾变期间能够向所有采掘作业地点提供压风供气的要求，进一步建设完善压风自救系统。

27. 空气压缩机应设置在地面。对深部多水平开采的矿井，空气压缩机安装在地面难以保证对井下作业点有效供风时，可在其供风水平以上 2 个水平的进风井井底车场安全可靠的位置安装，并取得煤矿矿用产品安全标志，但不得选用滑片式空气压缩机。

28. 压风自救系统的管路规格应按矿井需风量、供风距离、阻力损失等参数计算确定，但主管路直径不小于 100 毫米，采掘工作面管路直径不小于 50 毫米。

29. 所有矿井采区避灾路线上均应敷设压风管路，并设置供气阀门，间隔不大于 200 米。有条件的矿井可设置压风自救装置。水文地质条件复杂和极复杂的矿井应在各水平、采区和上山巷道最高处敷设压风管路，并设置供气阀门。

30. 煤与瓦斯突出矿井应在距采掘工作面 25 ~ 40 米的巷道内、爆破地点、撤离人员与警戒人员所在的位置以及回风巷有人作业处等地点至少设置一组压风自救装置；在长距离的掘进巷道中，应根据实际情况增加压风自救装置的设置组数。每组压风自救装置应可供 5 ~ 8 人使用。其他矿井掘进工作面应敷压风管路，并设置供气阀门。

31. 主送气管路应装集水放水器。在供气管路与自救装置连接处，要加装开关和汽水分离器。压风自救系统阀门应安装齐全，阀门扳手要在同一方向，以保证系统正常使用。

32. 压风自救装置应符合《矿井压风自救装置技术条件》（MT 390—1995）的要求，并取得煤矿矿用产品安全标志。

33. 压风自救装置应具有减压、节流、消噪声、过滤和开关等功能，零部件的连接应牢固、可靠，不得存在无风、漏风或自救袋破损长度超过 5 毫米的现象。

34. 压风自救装置的操作应简单、快捷、可靠。避灾人员在使用压风自救装置时，应感到舒适、无刺痛和压迫感。压风自救系统适用的压风管道供气压力为 0.3 ~ 0.7 兆帕；在 0.3 兆帕压力时，压风自救装置的供气量应在 100 ~ 150 升/分钟范围内。压风自救装置工作时的噪声应小于 85 分贝。

35. 压风自救装置安装在采掘工作面巷道内的压缩空气管道上，设置在宽敞、支护良好、水沟盖板齐全、没有杂物堆的人行道侧，人行道宽度应保持在 0.5 米以上，管路敷设高度应便于现场人员自救应用。

36. 压风管路应接入避难硐室和救生舱，并设置供气阀门，接入的矿井压风管路应设减压、消音、过滤装置和控制阀，压风出口压力在 0.1 ~ 0.3 兆帕之间，供风量不低于 0.3 米^3/分·人，连续噪声不大于 70 分贝。

37. 井下压风管路应敷设牢固平直，采取保护措施，防止灾变破坏。进入避难硐室和救生舱前 20 米的管路应采取保护措施（如在底板埋管或采用高压软管等）。

六　供水施救系统基本要求

38. 煤矿企业必须结合自身安全避险的需求，建设完善供水施救系统。

39. 供水水源应引自消防水池或专用水池。有井下水源的，井下水源应与地面供水管网形成系统。地面水池应采取防冻和防护措施。

40. 所有矿井采区避灾路线上应敷设供水管路，压风自救装置处和供压气阀门附近应安装供水阀门。

41. 矿井供水管路应接入紧急避险设施，并设置供水阀，水量和水压应满足额定数量人员避险时的需要，接入避难硐室和救生舱前的 20 米供水管路要采取保护措施。

42. 供水施救系统应能在紧急情况下为避险人员供水、输送营养液提供条件。

七　通信联络系统基本要求

43. 煤矿必须按照安全避险的要求，进一步建设完善通信联络系统。

44. 煤矿应安装有线调度电话系统。井下电话机应使用本质安全型。宜安装应急广播系统和无线通信系统，安装的无线通信系统应与调度电话互联互通。

45. 在矿井主副井绞车房、井底车场、运输调度室、采区变电所、水泵房等主要机电设备硐室以及采掘工作面和采区、水平最高点，应安设电话。紧急避险设施内、井下主要水泵房、井下中央变电所和突出煤层采掘工作面、爆破时撤离人员集中地点等地方，必须设有直通矿井调度室的电话。

46. 距掘进工作面 30～50 米范围内，应安设电话；距采煤工作面两端 10～20 米范围内，应分别安设电话；采掘工作面的巷道长度大于 1000 米时，在巷道中部应安设电话。

47. 机房及入井通信电缆的入井口处应具有防雷接地装置及设施。

48. 井下基站、基站电源、电话、广播音箱应设置在便于观察、调试、检验和围岩稳定、支护良好、无淋水、无杂物的地点。

49. 煤矿井下通信联络系统的配套设备应符合相关标准规定，纳入安全标志管理的应取得煤矿矿用产品安全标志。

八　管　理　维　护

50. 煤矿应建立健全“六大系统”管理机构，配备管理人员、专业技术人员、值班人员和维护人员等。

51. 煤矿应建立健全“六大系统”管理制度，明确责任。“六大系统”管理机构实行 24 小时值班制度，当系统发出报警、断电、馈电异常、系统故障等信息时，及时上报并处理。

52. 煤矿应加强“六大系统”的日常管理，整理完善各系统图纸等基础资料。

53. 煤矿应随井下生产系统的变化，及时调整和补充完善“六大系统”。

54. 煤矿应建立应急演练制度，科学确定避灾路线，编制应急预案，每年开展一次

“六大系统”联合应急演练。

55. “六大系统”电气设备入井前，应检查其“产品合格证”、“煤矿矿用产品安全标志”和防爆、各项保护功能等安全性能。

56. 煤矿应加强系统设备日常维护，定期对各系统完好情况进行检查，定期进行调试、校正，及时升级、拓展系统功能和监控范围，确保设备性能完好，系统灵敏可靠。

57. 煤矿每季度至少应测试一次备用电源的放电容量或备用工作时间。备用电源不能保证设备连续工作时间达到标准时间的80%时，应及时更换。

58. “六大系统”维护人员应定时检查、测试在用设施设备及附件的完好状态，发现问题及时处理，并将检查、测试、处理结果报矿井调度中心站。

59. “六大系统”中任何子系统发生故障时均应立即维护，在恢复正常运行前必须制定安全技术措施，确保其服务范围内的作业人员安全。

九 验 收

60. 验收组织单位应根据“六大系统”建设完善基本要求、建设完成时限和有关规定、标准组织验收。按企业安全生产属地监管要求，煤矿（包括中央管理煤矿企业下属煤矿）“六大系统”建设完善工程由其所在地省级煤矿安全监管部门组织或委托省辖市（地）煤矿安全监管部门组织验收。验收报告报省级煤矿安全监管部门备案，同时抄报省级煤矿安全监察机构。

61. 煤矿企业或煤矿按规定时限完成“六大系统”的各子系统建设完善工作，应对建设完善工程进行预验收，预验收合格的，方可向验收单位提出验收申请。

62. 验收组织单位自收到煤矿企业或煤矿验收申请之日起20个工作日内，应对“六大系统”或“六大系统”的子系统建设完善工程组织现场验收。

63. 煤矿企业或煤矿申请“六大系统”建设完善工程验收时，应当提交下列资料：

（1）验收申请书。

（2）预验收报告。内容包括“六大系统”建设完善工程设计、施工、管理和试运行情况；预验收的时间、内容、方式、人员、发现问题整改情况；预验收结论等。

（3）设计和管理的有关文件、资料，主要包括：

①“六大系统”设计资料、图纸及审批文件。

②“六大系统”管理制度。含管理及维护人员岗位责任制，值班制度；操作规程、故障处理期间的安全措施；值班、操作和维护人员配备、培训规定；安全仪表计量检验制度等。

③ 系统运行和管理资料。含设备布置图、设备台账、报表、值班记录、维修记录等。

④ 煤矿事故应急救援预案。

（4）设备、设施清单及产品安全标志证、检测检验报告。

（5）其他需要提交的材料。

64. 验收单位应当成立“六大系统”建设完善工程项目验收工作机构，按照“建设完善一个、组织验收一个”的原则，及时组织对提出申请煤矿的“六大系统”建设完善工程进行验收。

65. 验收单位收到验收申请后，应组织相关工程技术人员和专家对申请材料进行审查，审查合格的，对“六大系统”建设完善工程进行现场验收。发现下列情形之一的，为验收不合格：

（1）设计变更未按规定程序审批的；

（2）系统设备设施及数量不符合设计要求的；

（3）系统功能不完备或运行不稳定，不能满足安全生产和安全避险需要的；

（4）未按规定建立“六大系统”维护管理制度的；

（5）系统相关资料缺失或不全的。

十　监　督　检　查

66. 各级煤矿安全监管部门、煤炭行业管理部门应对煤矿建设完善“六大系统”的进展、验收、管理维护等情况进行监督检查，督促煤矿企业按照规定时限和建设完善基本要求完成建设完善工作。煤矿安全监察机构应将煤矿建设完善“六大系统”进展情况纳入煤矿安全监察计划。

67. 煤矿安全监管部门、煤矿安全监察机构对未按规定期限和内容完成“六大系统”建设完善的煤矿企业要责令其限期整改，逾期未完成整改的，责令停产整顿。

68. 新建、改（扩）建、整合重组煤矿建设项目安全设施设计中未包含“六大系统”有关内容，或有关内容不符合本规范要求的，安全设施设计审查不予通过。

69. 新建、改（扩）建、整合重组煤矿建设项目未按要求完成“六大系统”建设的，其安全设施竣工验收不予通过。

已通过设计审批，正在实施中的新建、改（扩）建、整合重组煤矿建设项目的安全设施设计中，未包含“六大系统”建设有关内容的，应在2011年6月底前，补充完善安全设施设计中的“六大系统”设计，并按“三同时”有关要求，在规定的时限内完成“六大系统”建设完善工作。

十一　附　　则

70. 各省级煤矿安全监管部门可根据实际情况制定实施细则。

71. 本规范自印发之日起施行。

附录四　国家安全监管总局　国家煤矿安监局关于煤矿井下紧急避险系统建设管理有关事项的通知

安监总煤装〔2012〕15 号

各产煤省、自治区、直辖市及新疆生产建设兵团煤矿安全监管、煤炭行业管理部门，各省级煤矿安全监察机构，司法部直属煤矿管理局，有关中央企业：

为进一步执行好《煤矿井下紧急避险系统建设管理暂行规定》（安监总煤装〔2011〕15 号，以下简称《暂行规定》），加快推进煤矿井下紧急避险系统建设工作，现就有关要求通知如下：

一、关于井下紧急避险系统的设计

1. 矿井紧急避险系统的整体设计和永久避难硐室设计，应当在煤矿企业和具备紧急避险系统研发经验的机构配合下，由具备煤炭行业专业（矿井）设计资质的机构完成。

2. 紧急避险系统设计中应当坚持科学合理、因地制宜、安全实用的原则，根据矿井具体条件和突发紧急情况下矿工安全避险实际需求，建设井下紧急避险系统，并与监测监控、人员定位、压风自救、供水施救、通信联络等系统相连结，确保在矿井突发紧急情况下遇险人员能够安全避险。

3. 紧急避险系统设计的基本内容，应当包括矿井基本情况分析、矿井安全风险分析、紧急避险设施设计、自救器配置、避灾路线优化与应急预案完善、管理体系与规章制度、安全培训与应急演练、设备选型与投资概算等。具体设计方案应当进行技术经济分析、方案优选和充分的论证。

二、关于避难硐室建设

1. 永久避难硐室的建设。除应当符合《暂行规定》第 11 及 17 ~ 22 条目的要求外，还应当具备应急逃生出口或采用 2 个安全出入口。有条件的矿井应当将安全出入口或应急逃生出口分别布置在 2 条不同巷道中。如果布置在同一条巷道中，2 个出入口的间距应当不小于 20 米。

2. 煤与瓦斯突出矿井的采区避难硐室应当按照永久避难硐室的标准建设。

3. 临时避难硐室的建设。采（盘）区布置永久避难硐室的，该采（盘）区内采掘工作面的临时避难硐室应当符合《防治煤与瓦斯突出规定》（国家安全监管总局令第 19 号）第 102 条的要求，且硐室隔离门应当满足气密性要求，门墙设单向排气管，硐室内应当存放足量食品、急救用品及防护时间不小于 45 分钟的隔离式自救器，安设压风自救装置。采（盘）区没有永久避难硐室的，该采（盘）区内采掘工作面的临时避难硐室应当符合《暂行规定》有关要求。

4. 各类避难硐室内均必须接入矿井压风系统，配置环境检（监）测仪器仪表，能够对氧气、甲烷、二氧化碳、一氧化碳等进行检测或监测。

三、关于永久避难硐室的生存条件保障

1. 关于《暂行规定》第 8 条目规定的避难硐室的氧气供给保障要求。煤矿企业可根据矿井实际，在进行安全技术分析的基础上，采取钻孔、专用管路、自备氧等不同方式作为永久避难硐室的供氧方式。

钻孔供氧方式是指在地面或井下布置大直径钻孔，通过钻孔为避难硐室供给氧气（空气），并借助钻孔实现通风、供电、通信等。钻孔供氧应当在地面或至少在该硐室所在水平以上 2 个水平的进风巷道上开孔，确保供氧安全可靠。

专用管路供氧方式是指从地面通过井巷或钻孔布设具有有效保护的专用管路至避难硐室，通过专用管路为避难硐室供给氧气（空气），并可借助该管路实现通风、供电、通信等功能。

自备氧供氧方式是指在避难硐室内储存足够氧气（空气）或设置自生氧装置，在突发紧急情况下主要依靠自备氧气（空气）或自生氧装置为避险人员提供氧气。

采用钻孔供氧、专用管路供氧的永久避难硐室内，应当储存保证气幕和压风喷淋需要的压缩空气。采用自备氧供氧的避难硐室，采用压缩氧供氧的，供氧管路应当进行脱脂处理；采用自生氧装置的，应当经充分的安全评估，保证自生氧装置可靠起动及在避难硐室整个额定防护时间内均衡供氧。

2. 关于《暂行规定》第 8 条目规定的避难硐室氧气（空气）供给、有害气体去除、温湿度调节、动力供应等要求。对于布置有大直径钻孔、专用管路的永久避难硐室，在无外界供风、供电等支持情况下的额定防护时间不得低于开启钻孔、专用管路等供风、供电系统所需的最大时间。煤矿企业可在设计计算和测试的基础上，对避难硐室利用钻孔或管路进行氧气（空气）供给、有害气体去除、温湿度调节、通信联络、动力供应等能力进行评估。如用钻孔或专用管路不能保证可靠实现相关功能的，应当合理设计、选择自备氧气（空气）供给、有害气体去除、温湿度调节、大容量后备电源等设备设施。

四、关于紧急避险设施的安全标准

1. 避难硐室配套用防爆电气设备、安全仪器仪表、救援设备、非金属制品等纳入煤矿矿用产品安全标志管理的产品，应当符合相关标准并取得煤矿矿用产品安全标志；高压气瓶、压力仪表等纳入特种设备安全管理的产品，应当符合相关标准和管理要求；配备的食品、饮用水、急救用品等，应当符合国家相关标准和管理规定。

2. 可移动式救生舱必须取得煤矿矿用产品安全标志，并在其使用说明书规定的环境条件下安装、使用。对于在《暂行规定》发布前部分试点建设单位为满足试点建设需要，引进已取得国外安全许可的可移动式救生舱，经煤矿企业总工程师批准，可在试点矿井进行工业性试应用。在工业性试应用期间，煤矿企业应当制定安全技术措施，确保试应用安全。

五、关于紧急避险设施建成后的功能测试

1. 煤矿企业应当按照《暂行规定》第 24、32 条目等的要求，对建设、安装完成后的永久避难硐室及救生舱进行功能测试。测试的主要内容包括：气密性检测，在500±20帕压力下泄压速率应当不大于350帕/小时；正压维持检测，在设定工作状态下紧急避险设施内部气压应当始终保持高于外界气压100~500帕，且能根据实际情况进行调节；压风系统检测，压风系统供风能力应当不低于每人每分钟0.3立方米，噪声不高于70分贝；气幕和压风喷淋系统检测，气幕应当覆盖整个防护密闭门；高压管路承压检测，在1.5倍使用压力下保压1小时，压力应当无明显下降。

2. 煤矿企业应当进行硐室安全避险模拟综合防护性能试验，研究确定适合本矿区避险设施建设的经验和相关参数。

请各省级煤矿安全监管部门及时将本通知精神传达到辖区内各煤矿企业。

国家安全监管总局

国家煤矿安监局

二〇一二年一月二十日

图书在版编目（CIP）数据

煤矿井下安全避险“六大系统”建设指南/孙继平主编. --北京：煤炭工业出版社，2012

ISBN 978-7-5020-3999-8

Ⅰ.①煤… Ⅱ.①孙… Ⅲ.①煤矿-矿山安全-指南 Ⅳ.①TD7-62

中国版本图书馆 CIP 数据核字（2012）第 020266 号

煤炭工业出版社　出版

（北京市朝阳区芍药居 35 号　100029）

网址：www. cciph. com. cn

煤炭工业出版社印刷厂　印刷

新华书店北京发行所　发行

*

开本 787mm × 1092mm 1/16　印张 50　插页 6

字数 1189 千字

2012 年 3 月第 1 版　2012 年 3 月第 1 次印刷

社内编号 6822　定价 280.00 元

图书在版编目（CIP）数据

ISBN 978-7-5020-3999-8

中国版本图书馆CIP数据核字（2012）第022250号

http://www.cciph.com.cn